Renewable Energy

POWER FOR A SUSTAINABLE FUTURE

THIRD EDITION

Edited by Godfrey Boyle

THIRD EDITION

Renewable Energy

POWER FOR A SUSTAINABLE FUTURE

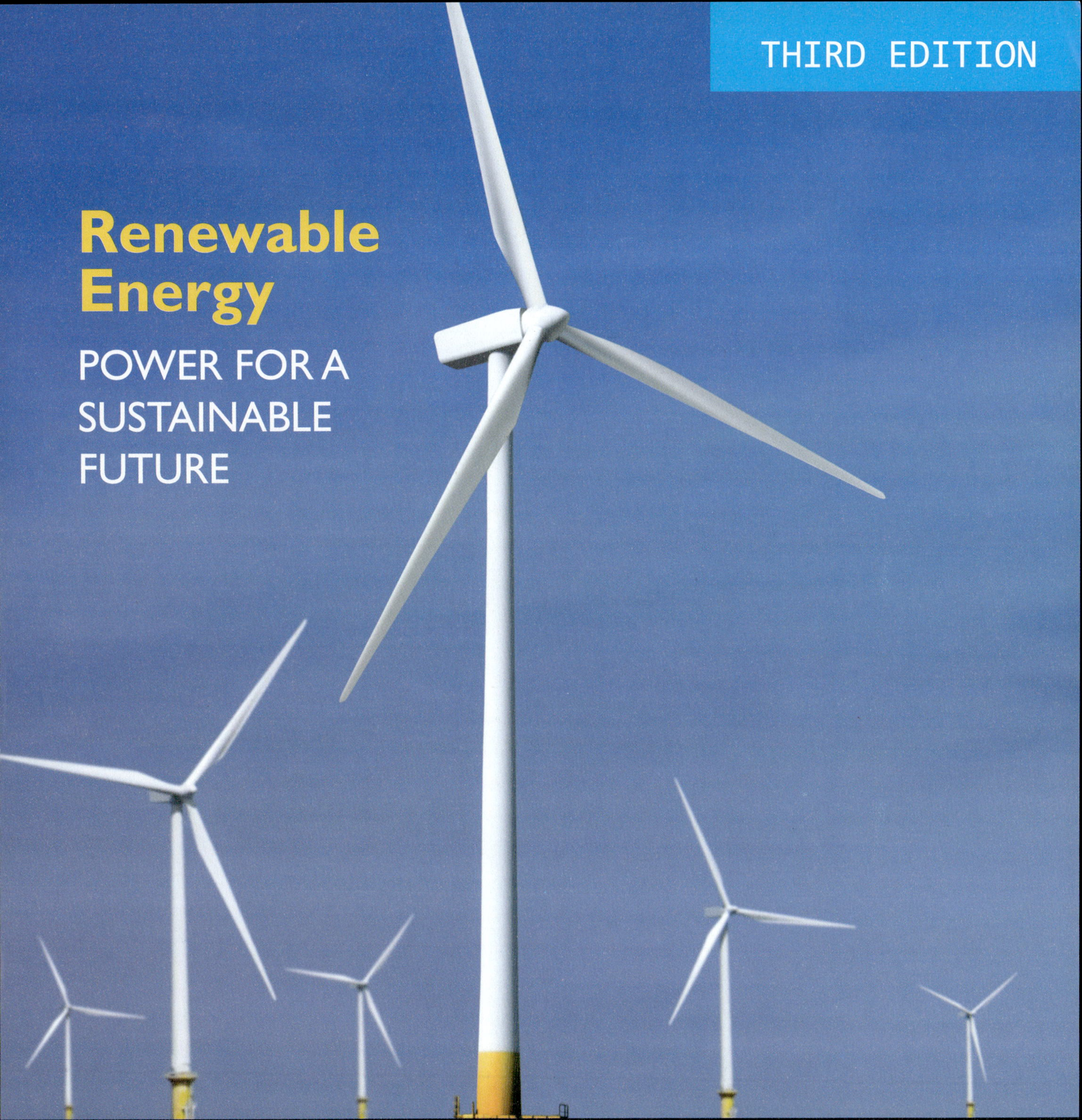

신재생 에너지

김원정 창원대 물리학과
류준형 동국대 원자력 · 에너지 시스템공학과
박찬우 전북대 기계설계공학부
이동건 한국산업기술대 에너지전기공학과
이인범 포항공대 화학공학과
조홍현 조선대 기계공학과

신재생 에너지

Renewable Energy, third edition

발행일 2014년 8월 1일 초판 1쇄
지은이 Godfrey Boyle
옮긴이 김원정 · 류준형 · 박찬우 · 이동건 · 이인범 · 조홍현
펴낸이 김준호
펴낸곳 한티미디어 | **주소** 서울시 마포구 연남로 1길 67 1층
등 록 제15-571호 2006년 5월 15일
전 화 02)332-7993~4 | **팩스** 02)332-7995
ISBN 978-89-6421-185-4 (93530)
정 가 35,000원

마케팅 박재인 노재천 정상권 | **편집** 김윤경 박새롬 | **관리** 김지영

이 책에 대한 의견이나 잘못된 내용에 대한 수정 정보는 한티미디어 홈페이지나 이메일로 알려주십시오.
독자님의 의견을 충분히 반영하도록 늘 노력하겠습니다.
홈페이지 www.hanteemedia.co.kr | **이메일** hantee@empal.com

저자서문

향후 전 지구적인 에너지 수요를 깨끗하고 안전하며 지속가능한 방법으로 공급할 수 있을까?

현재의 소비 수준으로 보아 현존하는 에너지 시스템은 건강과 자연 환경에 좋지 않은 영향을 주고 있다. 특히 화석연료를 태우는 동안 발생하는 이산화탄소를 포함한 온실 효과 기체들은 지구의 기후에 전례 없는 변화를 야기하고 있다.

현 수준이 계속 유지된다면 현 세기의 중반까지는 전 세계 인구가 약 90억 명에 이를 것이다. 또한 에너지 효율성이 엄청나게 좋아지지 않는다면 1차 에너지에 대한 수요량이 약 50% 정도 증가할 정도로 큰 위협이 될 것이다.

기후 변화를 완화시키고자 한다면 탄소 배출을 하지 않거나 낮은 수준으로 배출하는 에너지 원으로 옮겨가야 한다는 것에 대해 상당한 합의가 이루어지고 있다. 이 책에서 논의하는 신재생에너지는 기본적으로 탄소 배출이 없거나 아주 낮은 수준이며, 일반적으로 화석연료나 원자력 에너지에 비해 지속 가능한 방법이다. 다만 몇몇 기술은 현재 시점에서 아직 개발 중에 있거나 비용 면에서 부담이 가기도 한다.

신재생에너지 3판은 1996년 1판 발간 이후 현저한 발전상을 반영하고 있다. 신재생에너지는 빠르게 주요 에너지원으로 자리를 잡아가고 있다. 이러한 발전에 힘입어 연구, 개발, 설치에 대한 적절한 수준의 투자가 지속된다면 21세기 중반이 되면 신재생에너지가 전 세계 에너지 수요량의 상당부분을 공급할 수 있을 것이라는 인식이 관련 분야 종사자, 정치인, 대중들 사이에 널리 퍼지고 있다.

이러한 가능성이 실현되기 위해서는 신재생에너지의 물리적 기술적 원리, 경제적 면과 환경에 미치는 영향, 기존 에너지 체계에 결합하는 방법 등에 대한 전문가가 필요하다.

이 책은 이러한 이해를 위한 기본적은 내용을 제공하기 위해 저술되었다. 미래에 지속가능한 에너지를 만드는 데 관심이 있는 대학생, 전문가, 정치인 및 대중을 위해 작성되었다.

이 책은 그 자체로 활용이 되거나 이 책과 연계된 Energy Systems and Sustainability 라는 책과 같이 활용할 수 있도록 구성되어 있다. Energy Systems and Sustainability는 현재의 에너지 수요량과 이용 실태, 전통적인 에너지원, 석유, 석탄, 천연가스, 원자력 에너지의 환경을 포함한 다양한 주제 및 경제성을 다루고 있다.

이 책이 현존하는 에너지 체계의 지속성에 대한 문제들을 해결하기 위한 주요한 방법으로 신재생에너지에 대한 이해를 증진하는 데 기여하기를 기대해 본다. 또한 복잡하면서도 매혹적이고 중요성이 점점 증대되고 있는 주제에 대한 열정이 전달되기를 바란다.

Godfrey Boyle

Professor of Renewable Energy, The Open University

3판의 새로운 점

3판은 최근 자료, 기술적인 진보, 전 세계적으로 진행된 새로운 개발, 기존 에너지 체계에 신재생에너지의 결합을 반영하도록 보완하였다. 이를 반영하기 위해 신재생에너지의 경제적 사회적 환경적 영향에 대한 분량을 늘렸다. 단위환산과 비용 분석에 참고 자료를 2부분으로 나누었다. 각 장의 마지막에 그 장에서 다룬 내용을 취합하여 요약해 두었다.

저자 정보

Godfrey Boyle is Professor of Renewable Energy at The Open University

Bob Everett is a Lecturer in Renewable Technology at The Open University

Dick Morris is a retired Senior Lecturer in Systems at The Open University

Jonathan Scurlock is renewable energy advisor to the UK National Farmers' Union and a visiting research fellow at The Open University

Janet Ramage is a visiting lecturer at The Open University

David Elliott is Professor of Technology Policy at The Open University

Derek Taylor is an architect and visiting lecturer at The Open University

Les Duckers is Principal Lecturer in Environmental Management at Coventry University

John Garnish is a consultant and former director of Geothermal programmes at the European Commission

Geoff Brown. The late Geoff Brown was Professor of Earth Sciences at The Open University

Gary Alexander is a retired Senior Lecturer in Telematics at The Open University

역자서문

미래에 신재생에너지가 주류 에너지원으로 등장할 것이라는 사실을 의심하는 사람은 없을 것이다. 다만 그 시기가 언제가 될 것이냐는 논란의 여지가 있다.

또한 신재생에너지의 정의 자체는 정치적, 학문적 배경에 따라 조금씩 차이가 존재하고 있는 것도 사실이다. 그럼에도 불구하고 다수가 공유하는 신재생에너지의 주요 요소로는 지속가능성과 환경 무해성을 반드시 포함하여야 할 것이다.

이러한 관점에서 이 책이 다루는 주제들은 신재생에너지의 한 축을 이루고 있다. 풍력이나 태양전지(태양광 발전)처럼 현재에도 전 세계적으로 활발하게 적용되고 있는 분야에서부터 개념적으로는 가능하지만 여러 환경 문제들과의 충돌로 인해 일부에서 시험적으로 운영되고 있는 조력까지 광범위하게 다루고 있다. 특히 바이오에너지의 경우 환경적, 정책적 문제가 동반되고 있음에도 불구하고 이 책의 논의 대상으로 포함하고 있다.

개정된 3판은 원저자가 1, 2판에서 미흡했던 부분을 상당 부분 보완하면서도 전체적인 맥락을 유지하기 위해 노력한 흔적이 역력하다. 특히 영국 중심으로 서술되었음에도 불구하고 각 기술들의 주요 물리적 현상을 이해하는 데 어려움이 없도록 잘 소개하고 있으며, 영국 외에 전 세계적인 동향 등을 소개함으로써 영국 중심의 시각을 벗어나고자 한 것은 매우 중요한 변화라 판단된다.

본 번역서는 대학에서 비전공자들에게 신재생에너지를 소개하는 과목으로 활용이 가능하며, 전공자들에게는 신재생에너지 전반을 소개하는 전공 입문으로서 충분히 활용 가능할 것으로 판단된다.

본 번역서는 가능하면 원저자의 저술 의도를 해치지지 않으면서도 독자의 이해를 돕기 위해 직역을 바탕으로 부분적인 의역을 시도하였다. 또한 단위 등의 경우 국내 독자들에게 익숙한 단위로 변경해 두었다는 점을 밝혀둔다. 심모원려 했음에도 불구하고 일부 번역이 미흡한 점이 있을 것으로 생각되나 번역이라는 작업의 어려움을 독자들께 이해를 구하는 바이다.

역자 일동

차례

Chapter 10 재생에너지 통합 447

Appendix A 에너지의 수학–빠른 참조 515

Chapter 1

재생에너지 소개

1.1 도입

막대한 양의 태양 복사로부터 주로 유래하는 재생에너지는 인류가 활용하는 가장 오래된 형태의 에너지이자 동시에 가장 현대적인 에너지이기도 하다.

태양 빛을 직접 이용하는 방식과 바이오에너지, 수력, 풍력처럼 태양 빛을 간접적으로 이용하는 모든 형태의 태양에너지는 인류 문명의 기반이 된 에너지이다. 인류의 조상이 최초로 불을 사용했다는 것은 물과 이산화탄소라는 원료를 태양 빛의 도움을 받아 식물이 광합성을 통해 만들어낸 것을 이용했다는 것을 뜻한다. 인류는 물과 바람의 흐름을 동력화해 곡물을 갈고, 관개하며 범선이 나아가게 하는 방법을 발전시켰고 이러한 물과 바람의 흐름은 근원적으로 태양에 의한 대기와 바다의 가열 때문이다. 문명이 더욱 발전하면서 건축분야에서도 실내조명과 난방의 효율성을 높이기 위해 태양 빛과 열을 더 많이 활용하고자 했으며 이 때문에 인위적인 난방 및 조명의 필요성을 줄여왔다.

태양, 나무, 물, 바람을 동력화하는 기술은 산업혁명 초기까지 지속해서 발전했다. 그러나 화석연료로는 처음으로 대량 생산이 가능한 석탄의 장점이 명백해지면서 에너지 효율이 높은 석탄은 짧은 시간에 나무, 바람, 물을 대체했다. 오늘날에는 화석연료의 세쌍둥이인 석탄, 석유, 천연가스가 전 세계 에너지의 80%를 제공하고 있다.

화석연료로 인한 공기 오염, 광산사고와 매장량의 한계 같은 환경 및 사회적 문제에 대한 우려가 지난 수 세기 동안 간헐적으로 제기되었다. 그러나 석유가격이 급격하게 올랐던 '석유파동'과 환경운동이 활발해진 1970대에는 화석연료의 고갈 가능성이 심각하게 대두되었고 화석연료의 지속적인 사용은 지구의 생태계와 기후를 불안정하게 할 수 있다는 염려가 제기되었다(3절 참조).

제2차 세계대전 이후 원자력에너지의 개발은 화석연료를 대체하는 값싸고 깨끗한 에너지원에 대한 희망을 품게 했다. 몇몇 국가에서 원자력에너지가 확대되고 있으나 비용, 안전, 사용 후 핵연료 폐기와 무기용 핵연료 정제 등에 대한 우려 때문에 원자력에너지 개발은 정체되고 있다.

화석연료와 원자력에너지의 '지속가능성'에 대한 우려가 증가하면서 재생에너지에 대한 관심이 최근에 증가하고 있다. 이상적으로 **지속 가능한 에너지원**은 다음의 조건을 만족시켜야 한다.

- 계속 사용해도 고갈되지 않음
- 오염물질을 배출하지 않음
- 환경문제를 일으키지 않음
- 건강에 해로운 물질이 없음
- 사회적 정의에 위배되지 않음

현실적으로 이러한 이상에 근접하는 에너지원은 몇 가지 되지 않는다. 그러나 이 책에서 '재생'은 화석연료 혹은 핵연료보다 더 지속 가능한 것으로 다루었다. 즉, 이 책에서 다루는 에너지들은 근본적으로 고갈되지 않으며 온실효과 물질 혹은 오염물질을 매우 적게 배출하고 건강에 무해한 것들이다.

재생에너지에 대해 자세한 이야기를 하기 전에 기본적인 에너지에 대한 개념을 소개하고자 한다.

힘(force), 에너지(Energy), 일률(power)

에너지(energy)라는 단어는 그리스어 en(영어 in)과 ergon(영어 work)에서 유래한다. 과학적인 개념의 **에너지**(광의로 '일을 할 수 있는 능력')는 연료의 연소, 기계의 운행, 전지의 충전 같은 다양한 과정의 공통 특징을 드러내기 위해 사용된다. 이러한 현상들은 **다양한 형태의 에너지**로 기술할 수 있다. 즉 열에너지, 화학에너지, 운동에너지, 전기에너지, 중력에너지 등으로 표현할 수 있다.

이 책은 전반적으로 국제적으로 통용되는 SI 단위계를 사용하고 있다. 1960년 과학계는 통일된 SI 단위계(프랑스어로 Systéme Internationale d'Unités) 사용에 합의했다. SI 단위계에는 미터(meter, m), 킬로그램(kilogram, kg), 초(second, s)의 3가지 기본 단위를 사용하고 그 외의 단위는 이 3가지로부터 유도해 사용한다. 예를 들어 단위 시간당 거리(m/s)라는 속도의 단위는 기본 단위에서 유도된다. 이러한 유도 단위 중에 힘의 단위인 뉴턴(newton, N), 일의 단위인 줄(joule, J), 일률의 단위인 와트(watt, W) 등은 고유한 명칭의 단위를 사용하기도 한다.

표 1.1 10의 거듭제곱 접두어

기호	접두어	거듭제곱
k	kilo	10^{3}
M	mega	10^{6}
G	giga	10^{9}
T	tera	10^{12}
P	peta	10^{15}
E	exa	10^{18}

큰 단위의 양을 표시하기 위해서 k와 M 같은 접두어를 단위계 앞에 붙여 사용하며 자주 사용되는 단위의 표기 방법은 그림 1.1에 제시해 두었다(전체 접두어 표기 방법은 부록 A 참조).

물체의 운동을 변화시키기 위해서는 **힘(force)**이 필요하며 SI 단위계로 힘의 단위는 newton(N)이다. 1 N은 1 kg의 물체에 작용해 1 m/s^2의 가속도를 발생시키는 힘이다. 좀 더 일반적으로 아래와 같이 표현할 수 있다.

힘(N) = 질량(kg) × 가속도(m/s^2).

따라서 유도 단위인 N은 kg m/s^2와 동등하다.

마찰력이 작용하는 실제 상황에서는 물체가 일정한 속도로 운동하려면 마찰력을 극복하기 위한 힘이 필요하다.

힘이 작용해 물체를 운동시킨다면 항상 **에너지**가 관련된다. 에너지의 단위는 joule(J)이며 1 J은 1 N의 힘이 물체에 작용해 1 m를 이동시키는데 필요한 에너지 양이다. 에너지는 다음과 같이 정의할 수 있다.

에너지(J) = 힘(N) × 이동거리(m).

따라서 유도 단위인 J은 N m과 동등하다.

에너지와 파워(power)라는 용어는 비공식적으로 동등하게 사용되기도 한다. 예를 들어 wind energy와 wind power는 같은 의미로 사용되기도 한다. 하지만 과학적으로는 이 둘을 구분해 사용할 필요가 있다. **일률(power)**은 한 형태의 에너지가 다른 형태의 에너지로 변환 혹은 에너지 이동의 비율을 의미한다. 일률의 단위는 와트(watt, W)이고, 1 W는 초당 에너지(J)로 정의된다. 100 W짜리 전구는 100 J의 전기에너지를 빛(그리고 '쓸모없는' 열)으로 변환시키는 것을 의미한다. 또한 power는 종종 전기(electricity)라는 의미로 사용되기도 하나, 과학적으로는 power는 항상 에너지의 전달 혹은 변환과 관련되어 있다.

경우에 따라서는 에너지를 주어진 시간에 사용된 일률로 측정하는 것이 편리할 때가 있다. 전열기의 일률이 1 kW이고 1시간 동안 사용했다면 전열기는 1 kWh의 에너지를 소비한 것이다. 이는 1초당 1,000 J의 에너지를 사용했고 3,600초를 유지했으므로 1 kWh = 3,600 × 1,000 = 3.6 × 10^6 J(3.6 MJ)에 해당한다.

종종 에너지는 단순히 석탄이나 석유 등 연료의 양으로 표현된다. 국가적인 에너지 통계를 제시할 때는 '석유 100만 톤과 동등한 에너지(toe)'를 나타내는 단위를 사용하기도 한다(통상단위와 변환 인자는 부록 A 참조).

에너지 보존 법칙: 열역학 제1법칙

이 책에서 다루는 재생에너지 기술은 한 형태의 에너지를 다른 형태의 에너지로 변환시키는 것과 관련된다(많은 경우의 최종 산물은 전기이다). 에너지가 다른 형태의 에너지로 변환되는 과정에서 에너지의 총량은 변하지 않는다. 에너지가 항상 보존된다는 원칙을 열역학 제1법칙이라 한다. 발전소의 전기에너지 발전량이 투입된 연료의 에너지양 보다 적다면 연료의 에너지 중 일부는 폐열 같은 다른 형태의 에너지로 변환된 것이다.

전체 에너지양이 보존된다면 에너지를 소모한다는 것은 무엇을 의미할까? 엄격하게 말해 에너지를 소모할 수 없다. 다만 에너지의 형태를 변환할 뿐이며 에너지화할 수 있는 연료를 소모할 뿐이다. 연료를 엔진에서 연소한다는 것은 연료에 저장된 화학에너지를 열로 변환하고 이를 다시 자동차의 운동에너지로 변환시키는 것이다. 풍력 발전기는 공기의 흐름으로부터 운동에너지를 얻어 전기에너지로 변환시키고 이렇게 획득한 전기에너지는 다시 전구의 필라멘트를 가열해 빛에너지를 방출하도록 할 수 있다.

에너지의 형태

다양한 형태의 에너지는 기본적으로 4종류로 분류할 수 있다 : 운동에너지, 중력에너지, 전기에너지 및 원자력에너지.

운동에너지

모든 움직이는 물체는 **운동에너지**를 가지고 있다. 운동에너지는 속력의 제곱에 질량을 곱하고 2로 나눈 것이다:

$$\text{운동에너지} = 1/2 \times \text{질량} \times \text{속력}^2$$

이때 에너지는 J, 질량은 kg, 속력은 m/s의 단위를 가진다.

물체 내부의 운동에너지는 물체 온도와 관련이 있다. 모든 물질은 원자 혹은 원자가 결합한 분자로 구성되어 있다. 공기와 같은 기체는 자유롭게 움직이고 고체 혹은 액체를 구성하는 원자 혹은 분자는 정도의 차이가 있지만 속박되어 있으며 끊임없이 진동하고 있다. **열에너지**(혹은 단순히 열)는 이러한 빠른 무질서한 운동에 연관된 운동에너지를 의미한다. 물체 온도가 높을수록 물체를 구성하는 분자의 운동은 빠르다. 온도는 과학이론과 가장 자연스럽게 합치하는 물리량이다. 즉, 절대온도 0 K(kelvin, 켈빈)는 0의 분자 운동에 해당한다. 일반적으로 사용되는 섭씨온도(°C)에서 0°C는 물이 어는 온도이고, 100°C는 물의 끓는 온도에 해당한다. 두 가지 온도는 아래와 같은 관계에 있다.

$$\text{절대온도(K)} = \text{섭씨온도(°C)} + 273.$$

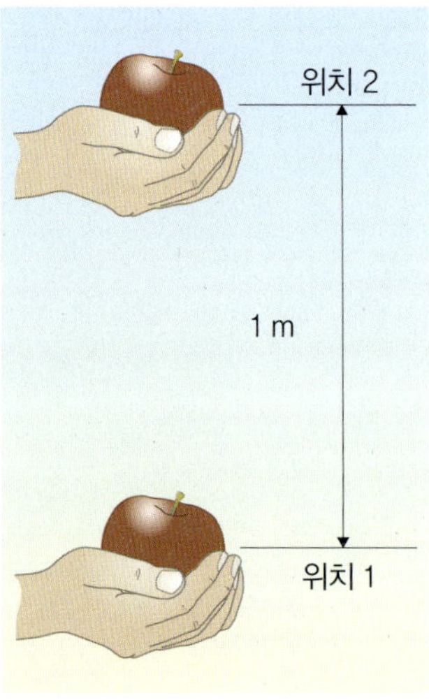

그림 1.1 • 100 g의 사과를 1 m 들어 올리는데 필요한 에너지는 약 1 J이다.

중력에너지

두 번째 기본적인 에너지의 형태는 **중력에너지**이다. 지구상에서 물체를 들기 위해서는 에너지가 필요하다. 중력이 물체의 운동 방향에 거슬러 물체를 아래쪽으로 끌어당기기 때문이다. 사과와 같은 물체를 머리 위로 들면 드는데 투입된 에너지는 **중력 위치에너지**(종종 단순히 '위치에너지' 혹은 '중력에너지'로도 불린다)의 형태로 물체에 저장된다. 들었던 물체를 놓아보면 저장되어있던 에너지가 운동에너지로 전환되는 것을 관찰할 수 있다. 지구의 중력이 물체를 지구 중심 쪽으로 끌어당기는 힘을 물체의 무게(weight)라 하고, 무게는 질량 m에 중력가속도 g(9.81 m/s^2)를 곱한 것이다(일상생활에서는 질량과 무게를 동일하게 간주하지만, 과학적으로는 이 두 가지는 다른 것임에 주의하자). 높이 H까지 들려진 질량 m인 물체의 위치에너지는 다음과 같다.

$$\text{위치에너지} = \text{힘} \times \text{높이} = \text{무게} \times \text{높이} = m \times g \times H = mgH.$$

전기에너지

중력이 일상의 물체에 영향을 주는 유일한 힘은 아니다. 눈으로 볼 수 없는 작은 범위에서 중력의 영향은 매우 미미하며 전기적인 힘이 물체를 구성하는 원자나 분자를 흩어지지 않게 붙잡는 역할을 한다. 이러한 힘과 관련된 **전기에너지**가 세 번째 기본적인 에너지 형태이다. 모든 원자는 전기적으로 대전 된 입자인 전자가 원자핵 주변을 끊임없이 움직이는 구조로 생각할 수 있다. 원자들이 모여 분자 혹은 고체를 형성할 때 전자의 분포는 바뀌게 된다. 원자 수준에서 **화학에너지**는 전기에너지로 간주할 수 있다. 연료가 연소할 때 연료가 간직한 화학에너지는 열에너지로 변환한다. 기본적으로 원자 수준에서 전자에 의한 전기에너지는 연소의 결과물인 분자의 운동에너지로 변환된다.

좀 더 익숙한 형태의 전기에너지는 **전류**에 의해 전달된다. 전류란 금속과 같은 물체 내에서 전자들의 흐름이라 할 수 있다. 금속의 경우 금속을 구성하는 원자들은 한 개 혹은 두 개 정도의 전자를 내놓으며 이러한 전자들은 물체 내부에서 자유롭게 이동한다. 이러한 '자유전자(free electron)'들은 금속이 전류를 전달하도록 해준다. 금속 내부의 전자들은 금속 내부의 격자들과 끊임없는 충돌을 통해 에너지를 잃어버리기 때문에(이러한 이유로 전류가 흐르면 전선이 뜨거워진다) 전자들의 지속적인 흐름을 유지하기 위해서는 일정한 에너지를 계속 공급해야 한다. 전압(단위는 볼트 혹은 V)은 전류를 유지하는 데 필요한 에너지의 측정 도구이다. 전기제품에 공급된 일률(단위는 와트 혹은 W)은 전압과 전류(단위는 암페어 혹은 A)의 곱으로서, 다음과 같다.

$$\text{일률(W)} = \text{전류(I)} \times \text{전압(V)}.$$

일반적으로 발전소에서 연료를 태워 고압의 증기를 발생시키고 고압의 증기가 터빈을 회전시켜 발전기를 작동시킨다. 발전기는 1832년 마이클 패러데이(Michael Faraday)가 발견한 작동 원리(자기장 내에서 회전하는 전선에는 전압이 유도된다)를 따른다. 따라서 전선에 전기회로를 연결한다면 전류가 흐르게 된다. 이제 전기에너지는 회로에 연결하는 장치의 종류에 따라 열, 빛, 운동 등으로 변환이 가능하다. 따라서 전기는 멀리 떨어진 곳에서 새로운 형태의 에너지로 변환이 가능하도록 해주는 매우 편리한 중간 형태의 에너지이다.

또 다른 형태의 전기에너지는 전자기파이다. 좀 더 정확하게는 **전자기에너지**라 할 수 있으며 태양에너지가 지구에 도달하는 방식과 관련된 에너지이다. 전자기에너지는 물체에 따라 다르지만 모든 물체가 내 뿜고 있으며 파동의 형태로 진공을 통해서도 에너지를 전달할 수 있다. 파장에 따라 분류해 보면 전자기파에는 X-선, 자외선, 가시광선, 적외선, 라디오파와 마이크로파가 있다.

원자력에너지

네 번째 기본적인 에너지 형태인 **원자력에너지**(Nuclear energy, 종종 원자핵에너지 혹은 핵에너지라 불리기도 한다)는 원자의 중심에 있는 원자핵과 관련된다. 원자력에너지를 활용하는 방법은 제2차 세계대전 동안 군사적 목적에서 개발되었고 이후에 평화적 목적으로 전기를 생산하는 방법이 개발되었다. 원자력 발전소는 기본적으로 화력 발전소와 동일하며 다만 연료를 태우는 장치 대신에 우라늄 원자가 쪼개지는 핵분열(fission) 과정에 의해 막대한 양의 열을 내놓는 원자로로 바뀐 것이다.

태양에너지의 원천은 역시 원자핵에서 기인한다. 태양에서는 핵분열이 아닌 막대한 양의 수소 원자들이 핵융합을 통해 헬륨으로 변환되는 과정에서 엄청난 양의 빛을 발생시킨다. 태양을 모방해 전기를 발생시키기 위한 핵융합로를 만들기 위해 지난 수십 년간 시도해왔으나 아직 성공하지 못하고 있다.

에너지 변환과 효율

에너지의 형태를 변환할 때 사용할 수 있는 에너지 산출량은 투입한 에너지의 양보다 클 수는 없다. 에너지 투입량에 대한 산출량의 비를 변환과정 **효율**(**efficiency**)이라 한다.

효율(%) = (에너지 산출량/에너지 투입량) × 100

수력이나 고효율 전기모터의 경우 90% 정도이고 석탄을 이용한 화력 발전은 35~40% 정도이며(폐열은 제외) 일반적인 내연기관은 10~20% 정도의 효율을 보인다. 효율은 일부 설계를 통해 향상시킬 수도 있으나 대부분 에너지 변환 과정에 내재된 문제로 인해 해결이 어렵다.

위에서 언급한 시스템의 에너지 변환 효율의 차이는 기계적 혹은 전기적 에너지로 변환하면서 **열기관**(**heat engine**)과 관련되기 때문이다. 무작위로 움직이는 분자의 운동에너지인 열(heat)은 근원적으로 무질서한 에너지이며 이러한 무질서한 에너지를 질서정연한 에너지인 기계적 혹은 전기적 에너지로 변환시킬 수 없다. 이는 **열역학 제2법칙**의 핵심적인 내용으로서 모든 열기관의 효율에는 반드시 한계가 있다는 것이다. 저온의 열 형태로 일부 에너지는 반드시 외부로 빠져나가게 된다(좀 더 자세한 내용은 2장의 Box 2.4에서 확인).

발전소의 경제성을 생각한다면 단순히 효율만을 따져보기보다는 생산성을 검토할 필요성이 있다.

가능한 최대 발전량에 대한 주어진 기간 동안 실제 발전량의 비율인 이용률(capacity factor, CF)은 이러한 목적에 잘 부합한다. 1 MW인 발전소가 1년(365일 x 24시간 = 8760시간) 동안 최대로 가동된다면 8760 MWh를 생산하며, 이는 1 혹은 100%의 이용률에 해당한다.

설비량이 1 MWh인 풍력 발전기가 일정하지 않은 바람으로 인해 1년에 3000 MWh를 발전한다면, 이용률은 (3000/8760) = 0.342 = 34.2%이다.

이용률은 반드시 년간으로 계산 할 필요는 없으며, 주간 혹은 월간으로 계산할 수도 있다.

1.2 현대의 에너지 사용

전 세계 에너지 공급

각 분야에서 최종 사용자에게 도달하는 에너지는 몇 번의 연속적인 에너지 변환을 거쳐 도달한다. 예를 들어 발전소에서 석탄을 전기에너지로 변화해 각 가정으로 분배하면 이를 이용해 가정의 물을 가열한다. 석탄이 탈 때 방출되는 에너지를 **1차 에너지(primary energy)**라 한다. 송전하는 과정에서 잃어버린 에너지를 제외하고 최종 사용자에게 도달한 에너지를 **배송된 에너지(delivered energy)**라 한다. 물을 가열하는 과정에서 잃어버린 에너지를 제외하고 수도꼭지 등을 통해 사용 가능한 에너지를 **유용한 에너지(useful energy)**라 한다.

전 세계의 모든 형태의 1차 에너지의 소비량은 20세기 동안 10배 이상 증가했다. 2009년 소비량은 502 EJ 혹은 12,000 Mtoe이다(그림 1.2). 그림 1.2에서처럼 총에너지의 4/5가 화석연료이다. 2009년에 전 세계 인구는 약 68억이므로 1인당 연간 에너지 소모량은 약 74 GJ로서 하루에 석유 약 5.5리터에 해당한다.

그러나 이 표는 중요한 내용을 보여주지 않고 있다. 북미에서는 일인당 연간 약 250 GJ을 소모하며 유럽인은 북미인의 약 1/2을 소모하는 반면, 가난한 나라에서는 약 1/5을 소비하고 있으며 대부분 에너지는 그 지역에서 획득 가능한 '바이오 연료'이다.

그렇다면 에너지원으로서 재생에너지 기여도는 어떠한가? 그림 1.2에 보다시피 전통적인 바이오매스, 수력과 기타 재생에너지를 합치더라도 2009년 전 세계 1차 에

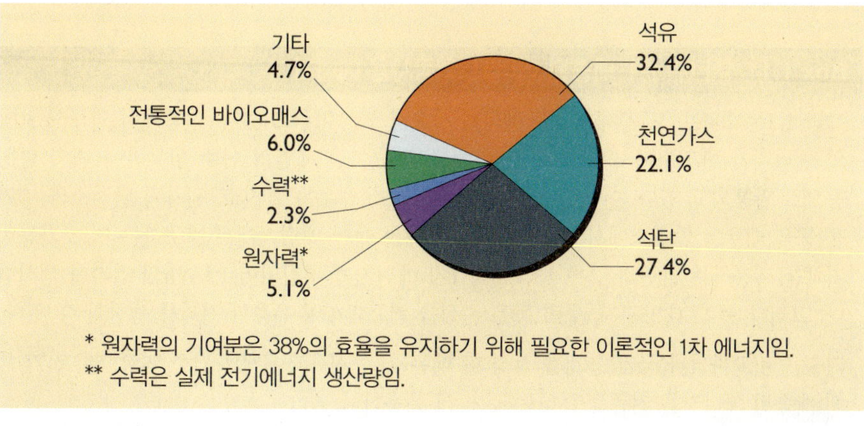

그림 1.2 • 2009년 전세계 1차 에너지 소모량에 대한 각 에너지원의 기여도 백분율. 기타는 '신' 바이오에너지, 태양 및 지열에너지, 풍력, 조력, 폐기물을 합한 것이다(출처: BP 2010, IEA 2009, WWEA 2010에 기반한 저자의 계산).

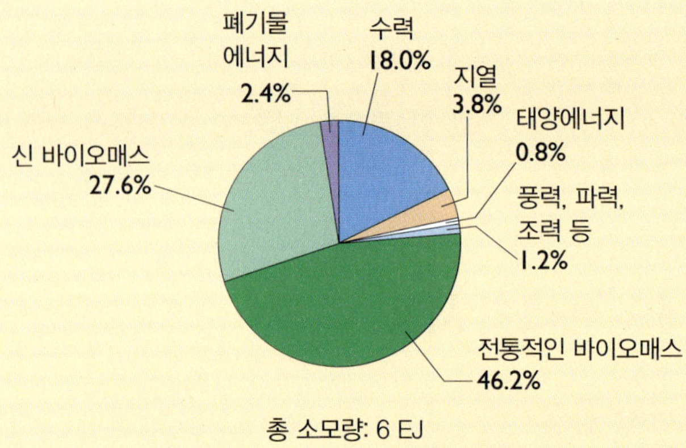

그림 1.3 • 2008년 전 세계 재생에너지의 기여도 추정 백분율(출처: IEA 2009, BP 2010에 기반한 저자의 계산).

너지 공급량의 13% 정도로 추산되고 있다. 그림 1.3은 2008년도 재생에너지의 기여도를 보여주고 있다.

개발도상국에서 주로 이용되는 '전통적인 바이오매스'(장작, 풀, 배설물 등)의 기여도가 30 EJ로 가장 많으며 이들 대부분은 상업적 거래가 이루어지지 않아 국가 통계에 잡히지 않으므로 실제 소비량을 정확히 추정하기가 어렵다. '신 바이오매스'가 그 다음으로 많으며 이는 에너지용으로 재배된 목재와 곡물, 바이오가스, 에탄올이나 바이오디젤 같은 바이오연료로 구성된다. 이들은 거래가 이루어지고 있으므로 소모량에 대해 어느 정도 정확한 추정이 가능하다. 수력은 그 다음으로서 전 세계 1차 에너지의 약 2%를 공급하고 있다. '신 바이오매스', 지열, 태양에너지, 풍력, 조력, 파력 등이 그림 1.2의 기타 에너지를 구성한다.

화석연료로부터 전기를 생산하는 대부분의 방법과 몇몇 재생에너지는 '폐열'이 발생한다. 따라서 1차 에너지로서 재생에너지의 기여도 계산은 일부 혼동을 일으키기도 한다. 재생에너지의 비율을 계산할 때 **최종 에너지 소비 총량**으로 비교하기도 한다(Box 1.1 참조).

Box 1.1 1차 에너지, 배송된 에너지, 최종사용 에너지

그림 1.2는 2009년도 전세계 1차 에너지 사용량을 보여주고 있다. 이중에서 약 25~30%의 에너지가 발전소에서 폐열로 버려지고 있다. 이런 폐열의 아주 일부만이 지역 난방 등으로 활용되고 있다. 이러한 낭비는 화석연료를 태우는 발전소, 원자력 발전소와 폐기물 등을 태우는 발전소에서 발생하고 있다. 예를 들어 매립지에서 발생하는 연소 가능한 기체를 이용하는 발전의 경우 4 kWh의 1차 에너지가 투입되어 1 kWh의 전기를 생산한다. 그러나 풍력, 태양전지, 수력 등은 손실을 최소화하여 유용한 전기를 생산할 수 있다.

기술을 비교하거나 국가 통계를 작성 할 때는 최종 사용자에게 도달한 연료, 열, 전기 등의 배송된 에너지를 기준으로 하는 것이 더 유용하다.

2009년 유럽연합(CEC 2009)은 국가별 재생에너지 기여도를 **최종 에너지 소비 총량** (**gross final energy consumption**)으로 표기하도록 하고 있다. 이는 최종 소비자에게 전달된 배송된 에너지를 기준으로하고 다음의 두 가지를 포함한다(1. 송전 과정에서의 전력 손실과 지역난방에서 열 손실, 2. 에너지 관련 기업(발전소 혹은 정유공장)에서의 전기 혹은 열 소모량). 그러나 1차 에너지 그림에 포함되었던 발전 과정에서의 대규모 열손실은 포함하지 않는다.

최종 에너지 소비총량으로 통계를 취합하면서 수력, 태양전지, 풍력이 효율이 낮은 화석연료, 원자력과 폐열이 발생하는 재생에너지에 비해 돋보이게 되며 발전 효율의 향상이 필요함을 일깨워 준다.

언제까지 화석연료를 사용할 수 있을까? 현재와 같은 사용량을 유지한다면 석탄은 약 120년, 석유는 약 45년, 천연가스는 약 60년 사용 가능할 것이다(BP 2010). 그러나 그 이전에 화석연료(특히 석유) 채굴량이 더 큰 문제가 될 수 있다. 현존하는 유전의 수명은 유한하며 채굴이 끝나면 다른 것으로 대체되어야 한다. 현재의 채굴량을 유지하기 위해서 새로운 유전을 대규모로 개발해야 한다. 그러나 새로운 유전을 계속 발견하기는 더더욱 어려운 문제이다(그림 1.4). 국제에너지기구(International Energy Agency)는 채굴이 쉬운 유전보다는 채굴이 어렵고 비용이 많이 드는 극지방이나 심해 유전이 남아 있을 뿐이라고 밝혔다(IEA 2010a).

> 석유 고갈에 대한 영국의 Energy Research Centre의 연구에 따르면 2030년 이전에 전통적인 원유 생산 최대치에 도달할 가능성이 높으며 2020년 이전일 개연성이 매우 높은 정도로 가능성을 가지고 있다.
>
> (Sorrell et al, 2009)

따라서 비록 대량의 원유 매장량은 전 세계적으로 분포하겠지만 전체적으로 전통적인 원유 생산량은 일정하거나 감소할 가능성이 있다.

영국에서 에너지 사용

대부분의 국가에서 에너지 수요는 공식적으로 4개의 주요 분야로 분류한다 : 가정용, 상업 및 기관용, 산업용, 수송용.

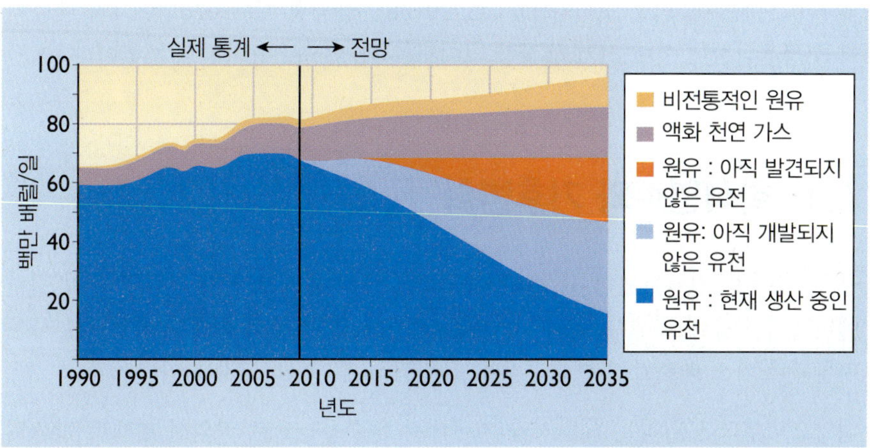

그림 1.4 • IEA에 의한 현 원유 생산량을 유지하기 위한 미래 전망(출처: IEA 2010a).

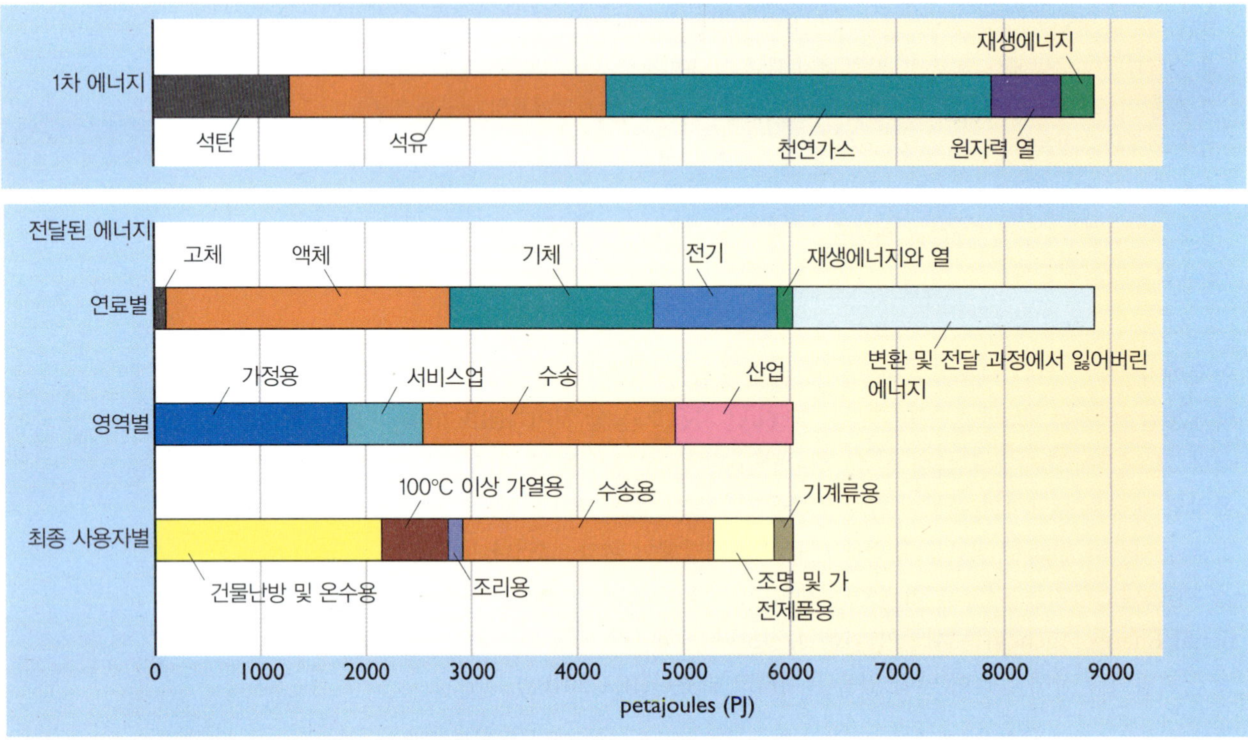

그림 1.5 • 2009년 영국의 연료로서의 1차 에너지 및 전달된 에너지(출처: DECC 2010a, DECC 2010b). 두 번째 그래프의 '전기'는 재생에너지에 의한 전기 포함, '재생에너지 및 열'은 수송용 바이오연료와 열병합발전의 열 포함.

그림 1.5에 나타난 것처럼 영국에서 1차 에너지의 약 1/3은 발전소의 '폐열' 포함한 에너지 전환 및 전달 과정에 잃어버린다. 손실되는 에너지양은 국가 전체의 건물 난방 및 온수에 필요한 에너지 요구량보다 더 많은 것이다. 또한 에너지가 최종 사용자에게 전달되어도 비효율적인 사용으로 인해 많은 낭비가 발생한다(10장에서 에너지 시스템에 대해 좀 더 자세히 논의하고자 한다).

2009년 영국에서 1차 에너지원으로서의 재생에너지의 기여는 약 3.3%로 매우 작다(그림 1.5와 그림 1.6(a)). 그러나 전기 공급원으로서의 재생에너지의 기여도는 조금 더 높아서 2009년 약 6.7%이며 이는 주로 풍력과 약간의 수력, 폐기물 발전 및 바이오매스에 의한 것이다(DECC, 2010b). 영국정부는 2020년에 1차 에너지로서 재생에너지에 의한 전기 생산량 기여도를 약 15%로 증가시킬 계획이다.

1.3 화석연료와 기후변화

공해, 산성비, 천연자원의 고갈, 방사능 오염 등의 문제로 인해 화석연료 및 원자력 에너지의 사용에 대해서는 많은 반대가 있다. 이러한 문제 중에서 화석연료 사용에 따른 온실가스 배출로 인한 기후변화를 간략하게 언급하고자 한다.

태양으로부터 도달하는 에너지와 지구에서 우주공간으로 적외선 형태로 방출되는 에너지 사이의 균형에 의해 지구 표면의 온도는 일정한 수준을 유지하게 된다(2장

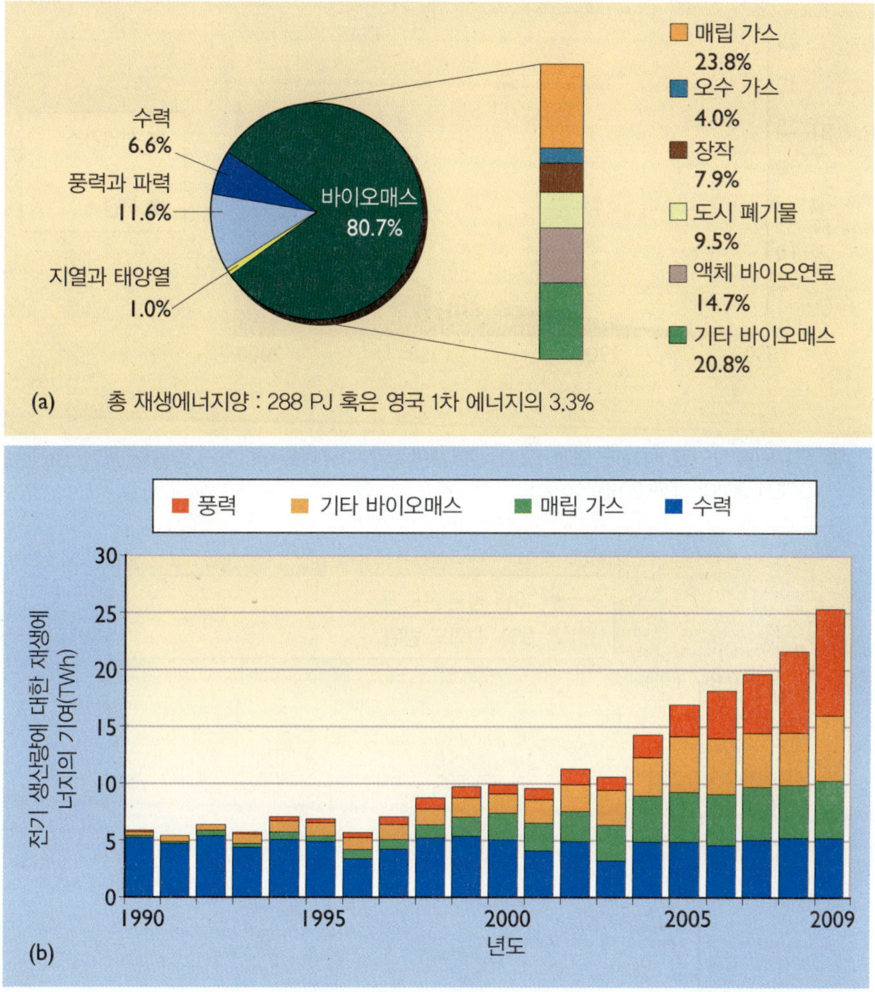

그림 1.6 • (a) 2009년 영국의 재생에너지의 1차 에너지원에 대한 기여도. 재생에너지의 대부분은 풍력, 바이오매스, 수력이고 총 6,875 Mtoe에 해당하며 이는 288 PJ에 해당한다. (b) 1990~2009년 동안 영국에서 재생에너지에 의한 전기 생산 증가 경향. 2009년 영국 전기의 6.7%를 재생에너지로 생산했다(출처 : DECC 2010b).

의 그림 2.5 참조). 대기가 없다면 지표면 온도는 −18°C 정도일 것이다. 대기 중에는 '온실가스(greenhouse gas)'로 불리는 수증기, 이산화탄소, 메탄 등이 있으며 이들은 지구에 도달하는 태양 빛(자외선에서 근적외선까지)을 통과시키고 지구로부터 방출되는 파장이 긴 원적외선의 탈출을 방지한다. 자연적인 '온실효과(greenhouse effect)'는 지구 온도를 생명 활동에 적합한 15°C로 유지하도록 하는 필수 요소이다.

산업화 이후 인간의 활동은 대기 중에 온실가스를 추가했으며 특히 화석연료 사용으로 인해 이산화탄소가 증가했다. 1950년 이래 화석연료로부터 방출된 CO_2의 양은 엄청나다(그림 1.7). 과학자들은 '인간 활동에 기원하는' 온실가스가 1950년 대비 2005년 지구 표면 온도를 평균 약 0.7°C 증가시킨 것으로 추산하고 있다(IPCC, 2007a, 그림 1.8). '기후 변화에 관한 정부 간 패널(Intergovernmental Panal on Climate Change, IPCC)'의 추산에 따르면 온실가스 배출량을 줄이지 않는다면

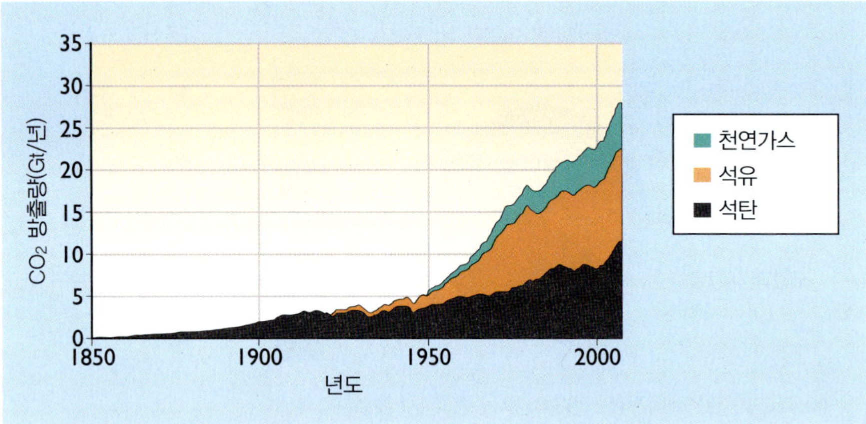

그림 1.7 • 화석연료 사용에 의한 1850~2009년 동안 이산화탄소(CO_2) 방출량(출처: Boden et al 2010, IEA 2010b, BP 2010).

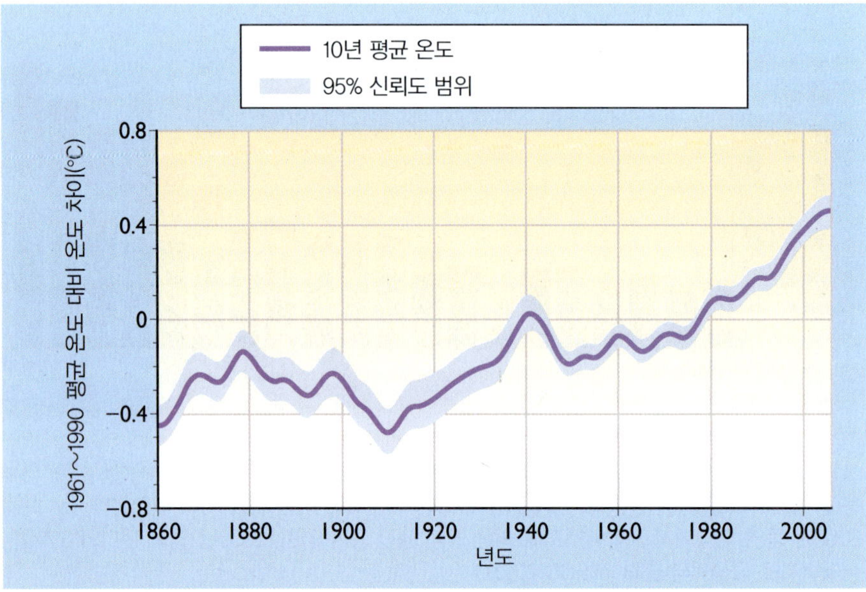

그림 1.8 • 1961~1990년 동안의 평균에 대비한 1860~2005년 기간 동안 관측된 지구 표면 평균 온도(출처: IPCC 2007a).

21세기 말에는 계산 방식에 따라 차이는 있지만 지구 표면 온도가 약 1.4~5.8°C가 증가한다고 한다. 이러한 온도 상승은 홍수나 가뭄 같은 극단적인 기상변화의 증가와 농업 및 생태계에 급격한 변화를 가져올 수 있다. 21세기 말이면 바닷물의 열팽창으로 인해 평균 해수면이 약 0.5 m 정도 상승이 예상되며 이러한 상승은 저지대를 침수시킬 것이다. 2100년 이후, 혹은 더 빠른 시기에 남극의 빙하가 녹는다면 해수면의 더 큰 상승이 예견된다.

기후 변화는 화석연료의 연소과정에서 배출되는 이산화탄소가 주요 원인으로서 이의 배출량을 줄여야 할 것이다. 연구에 따르면 산업혁명 이전 온도보다 2°C 이내로 2050년의 온도를 유지하기 위해서는 이산화탄소 방출량의 80%를 줄여야 할 것으로 보고 있다. 이는 지금 당장 이산화탄소 배출량을 급격하게 줄여야 한다는 것을 의미한다(Allen et al 2009). 이 정도로 이산화탄소 배출량을 감소시키기 위해서는 이산화탄소 배출량이 거의 없거나 0인 재생에너지로 전환해야 할 필연성이 있다.

1.4 재생에너지원

재생에너지는 '자연에서 생성되는 연속적 혹은 반복적인 에너지의 흐름에서 획득한 에너지(Twidell and Weir, 1986)'라고 정의할 수 있다. 혹은 '사용 후에도 똑같은 정도로 채워지는 에너지의 흐름(Sorensen, 2000)'이라고 할 수 있다.

그림 1.9는 지구상에서 재생에너지원의 기원과 에너지양을 보여주고 있으며 이들 대부분은 태양 복사에서부터 기원한다는 것을 알 수 있다. 지구에 도달하는 연간 540만 EJ의 태양 복사 중에서 약 30%는 우주 공간으로 반사되어 나간다. 원리

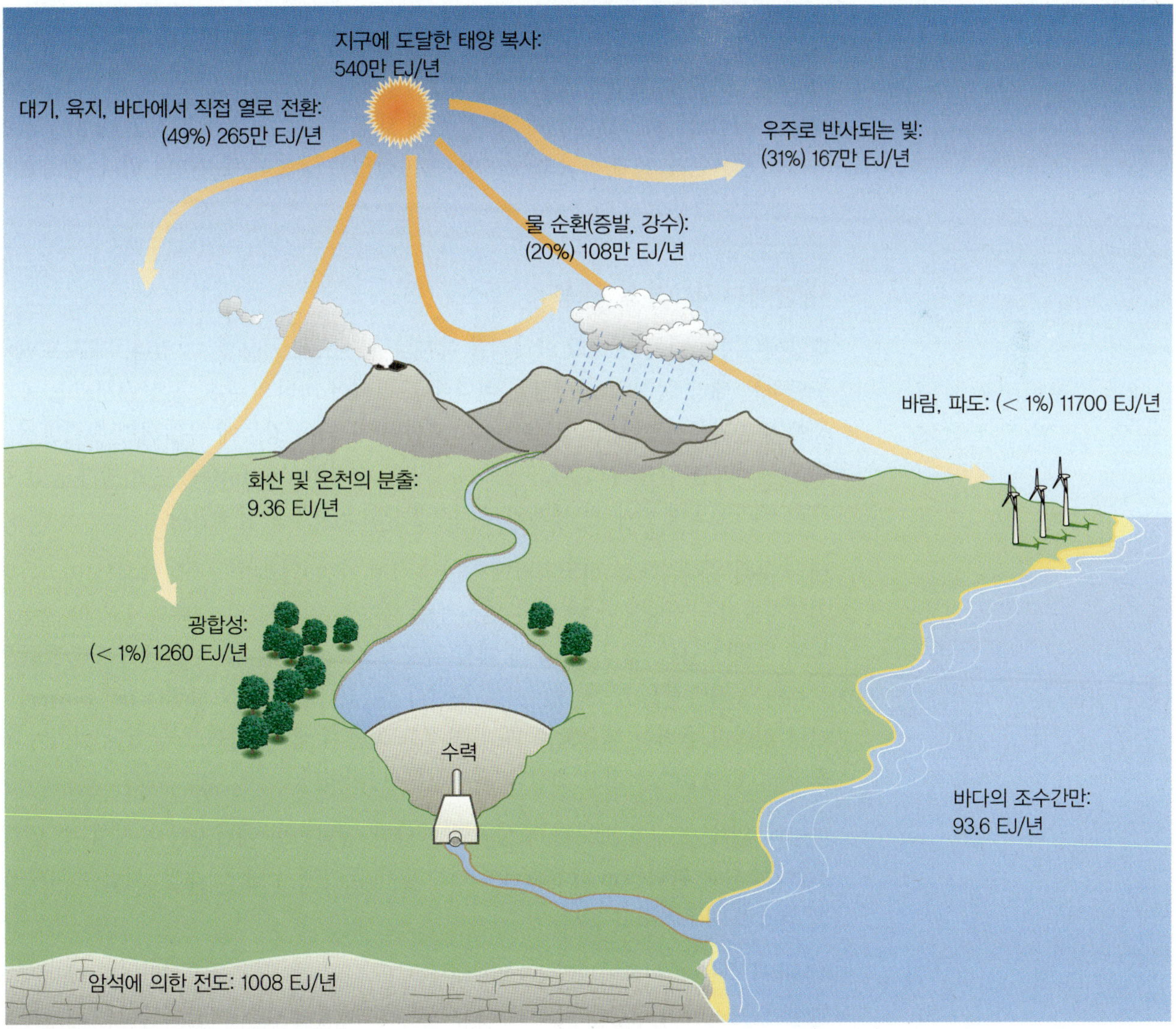

그림 1.9 • 다양한 형태의 재생에너지는 지구에 도달하는 연간 약 540만 EJ의 태양 복사에 의존한다.

적으로는 나머지 70%인 약 380만 EJ이 지구상에서 이용 가능하며 이는 2009년도 전체 화석연료와 원자력에너지 사용량인 약 462 EJ의 8,200배에 해당하는 양이다(바이오연료와 수력을 포함한 전 세계의 에너지 소비량은 502 EJ이다). 태양에서 기원하지 않는 두 가지 재생에너지(바다 조수간만의 차와 지구 내부의 열인 지열)가 표에 포함되어있다.

태양에너지: 직접 사용

태양 복사는 다양한 방법으로 직접 유용한 에너지로 전환할 수 있다. 태양열을 흡수해 물을 데우거나 실내 난방이 가능하다. 건물을 '수동적 태양 이용법(passive solar, 자연형 태양 이용법)'으로 설계한다면 태양에너지를 건물 난방이나 조명을 향상하는데 사용할 수 있다.

거울로 태양에너지를 집속시켜 전기 생산을 위한 고온의 증기를 발생시킬 수 있다. 이러한 '태양열-발전'을 이용한 발전소는 미국과 스페인에서 상업적으로 가동되고 있다. **태양열에너지** 변환은 2장에서 다루고 있다.

지붕이나 건물의 외관에 설치한 태양전지(photovoltaic, PV)를 이용해 태양 복사로부터 직접 전기를 생산할 수 있다. 현재 태양전지를 이용한 발전은 비용이 많이 들지만 생산단가가 계속 감소 중이며 관련 산업은 급속히 팽창하고 있다. **태양전지**는 3장에서 다루고 있다.

태양에너지: 간접 사용

태양에너지는 다른 형태의 에너지를 통해 간접적으로 사용할 수 있다. 지구 표면에 도달하는 태양 복사의 상당량은 바다에 흡수되어 바다의 온도를 상승시키고 공기 중에 수증기를 증가시킨다. 수증기가 모여 비가 되어 강물에 유입되면 수력발전을 통해 에너지를 얻을 수 있다. 5장에서 설명할 **수력(hydropower)**은 20세기 동안 꾸준히 증가했으며 현재 전 세계의 전기사용량의 약 1/6을 담당한다.

태양 빛의 입사각도는 적도지방에서는 수직에 가깝고 고위도 지방에서는 비스듬해 적도지방이 극지방보다 더 많은 열을 받는다. 이러한 이유로 해류와 공기의 흐름을 통해 막대한 양의 열이 적도지방에서 극지방으로 전달된다. 이런 에너지의 흐름으로부터 풍력발전을 통해 에너지를 수확할 수 있다. 7장에서 **풍력(wind power)**을 다룰 것이며 풍력이 대규모로 개발된 것은 최근 수십 년 사이에 일어난 일이며 가장 빠르게 성장하는 전기 생산용 '신' 재생에너지이다.

바람에 의해 바다에 파도가 생성되면 다양한 방법으로 에너지를 수확할 수 있다. 8장에서 다룰 **파력(wave power)**에 대해 많은 국가에서 연구, 개발, 시험을 위해 많은 투자가 이루어지고 있다.

4장에서 다룰 **바이오에너지(bioenergy)**는 또 다른 형태의 간접적인 태양에너지의 발현이다. 식물의 광합성을 통해 태양 빛은 물과 대기 중의 이산화탄소를 탄수화물로 바꾸며 탄수화물은 더 복잡한 분자의 기본을 이루게 된다. 나무 혹은 다른 '바이오연료(biofuel)' 형태의 바이오매스(biomass)는 주된 에너지원 중의 하나이며 특히 개발도상국에서는 더욱 그렇다. 바이오매스로 만든 기체나 액체 연료는 몇몇 국가에서 매우 중요한 에너지원이다. 바이오연료는 폐기물로부터도 얻을 수 있으며 대부분은 기본적으로 유기체에서 기원한다.

바이오연료가 소모되는 비율과 동일하게 식물들이 다시 자란다면 바이오연료는 재생에너지이지만 불행하게도 꼭 그렇지만은 않다. 바이오연료가 연소되는 동안 내어놓은 CO_2는 식물이 자라면서 소모하는 CO_2와 상쇄되지만 비효율적으로 연소된다면 다른 온실효과 물질을 심각하게 배출할 것이다.

태양과 무관한 재생에너지

태양 복사와 관련 없는 두 가지의 재생에너지원은 조력(*tidal energy*) 및 지열(*geothermal energy*)이다.

6장에서 논의될 **조력(tidal energy)**은 종종 파력과 혼동되지만 그 발생 기원은 전혀 다르다. 조수간만은 달의 인력과 이보다 작은 태양 인력의 영향으로 발생하며 지구의 자전에 따라 해수면의 상승과 하강이 발생한다. 낮은 댐 혹은 둑을 만들어 밀려오는 해수를 저장했다가 다시 바다로 흘려보내면서 터빈을 돌려 전기를 생산하는 방식으로 조수간만으로부터 에너지를 수확할 수 있다.

또한 기본적으로 조수 현상에 동반된 현상인 해수면 아래를 흐르는 강한 해류로부터 에너지를 수확할 수도 있다. 해류 터빈과 같은 다양한 형태의 기구를 이용해 에너지를 수확하기 위한 검증이 진행되고 있다.

지구 내부로부터 발생하는 열을 이용하는 것이 **지열에너지(geothermal energy)**이며 이에 대한 것은 9장에서 다루고 있다. 지구 내부는 지구가 생성될 때 중력에 의한 압축으로 고온을 유지하고 있으며 이에 더해 지구 내부에서 방사능 물질의 붕괴로 추가적인 열이 발생하고 있다.

지표면 아래 고온의 암석이 존재하는 곳에서는 지하수가 가열될 수 있다. 이 방식은 수 세기 동안 온수나 증기를 발생시키는 데 활용되어 왔다. 몇몇 국가에서는 지열 증기를 이용해 발전하거나 물을 가열해 난방에 활용하고 있다.

주변의 암석으로부터 공급되는 열 이상으로 증기나 온수를 만들게 되면 그 지점은 냉각되어 인근에 새로운 구멍을 뚫어야 한다. 만약 이렇게 지열을 이용한다면 엄밀한 의미에서 재생에너지는 아니다. 그러나 주변에서 공급되는 에너지보다 적은 양의 에너지를 사용해 재생 가능한 방식으로 지열의 활용이 가능하다.

1.5 미래를 유지하기 위한 재생에너지

재생에너지원은 이미 전 세계의 1차 에너지의 상당한 부분을 제공하고 있다. 21세기의 후반부 50년 동안에는 재생에너지가 더 많은 비율을 차지할 것이라는 장기적인 에너지 전망에 대한 연구에 대해 10장에서 다룰 계획이다. 영국을 포함한 유럽연합의 향후 수십 년간의 재생에너지 전망에 대해 다루고 1장을 마무리하고자 한다.

2009년 유럽연합은 '20:20:20' 계획을 의결했다. 이는 2020년에 이산화탄소 배출량 20% 감축과 전체 최종 에너지 소비 총량에 대해 재생에너지의 비율을 20% 달성을 계획하고 있다. 이러한 목표를 달성하기 위해 각국은 자국의 기후와 여건에 맞추어 목표를 채택하고 있다. 영국은 2020년에 1차 에너지의 15%를 재생에너지로 충당하고자 한다(유럽연합 2011).

유럽연합 회원국은 20:20:20 계획에 따른 자국의 목표를 달성하기 위한 재생에너지 실행계획을 준비해야 한다. 영국 정부의 실행계획(DECC 2010c)에는 2020년에 최종 에너지 소비 총량의 15%를 재생에너지로 공급하기 위해 아래와 같은 내용을 포함하고 있다.

- 전기 수요의 30%를 재생에너지로 공급
- 난방 수요의 12%를 재생에너지로 공급
- 수송 수요의 10%를 재생에너지로 공급

위의 3가지 목표를 달성하기 위해 영국 정부는 다음과 같은 몇 가지 방안을 마련하고 있다.

- 대규모 전기 생산자는 생산량의 일정 부분을 재생에너지로부터 의무적인 생산
- 재생에너지 기술을 이용한 소규모 생산자의 전기를 고가로 구매하는 '청정에너지 환급'
- 열을 생산하는 재생에너지 기술의 발전을 장려하기 위한 지원금 제공
- 수송용 연료 공급자는 연료에 일정한 비율의 바이오연료를 의무적인 혼합
- 재생에너지 및 효율 향상 계획을 지원하기 위한 금융지원

영국 기후변화 위원회는 2011년 재생에너지 관련 보고서(CCC 2011)에서 2030년까지 정책과 정책의 효율성에 따라 다르겠지만 재생에너지의 기여를 아래와 같은 정도에 이를 것으로 전망하고 있다.

- 전기 공급의 35~65%
- 난방 수요의 35~50%
- 수송용 에너지의 11~25%
- 최종 수요 총량의 28~46%

1.6 요약

분석에 따르면 향후 수십 년간의 재생에너지에 대한 전망은 희망적이다(10장에서 좀 더 자세한 미래 전망을 논의할 것이다).

다음 장부터는 각각의 재생에너지의 물리적 원리, 주요 기술, 비용, 환경적 영향, 잠재력, 미래전망에 대해 논의하고자 한다. 먼저 대부분의 다른 재생에너지의 기초가 되는 태양에너지에 대해 논의하고자 한다.

References and further information

Allen, M., Frame, D., Frieler, K., Hare, W., Huntingford, C., Jones, C., Knutti, R., Lowe, J., Meinshausen, M., Meinshausen, N. and Raper, S. (2009) 'The exit strategy', *Nature Reports Climate Change*, Issue 5 [online], doi:10.1038/climate.2009.38 http://www.nature.com/climate/2009/0905/full/climate.2009.38.html (accessed 3 October 2011).

Boden, T. A., Marland, G. and R. J. Andres (2010) *Global, Regional, and National Fossil-Fuel CO_2 Emissions* [online], Carbon Dioxide Information Analysis Center, Oak Ridge National Laboratory, U.S. Department of Energy, Oak Ridge, TN., http://cdiac.ornl.gov/trends/emis/tre_glob.html (accessed 3 October 2011).

BP (2010) *BP Statistical Review of World Energy 2010*, London, The British Petroleum Company; available at http://www.bp.com (accessed 3 October 2011).

CCC (2011) *The Renewable Energy Review*, London, The Committee on Climate Change, available at http://hmccc.s3.amazonaws.com/Renewables%20Review/The%20renewable%20energy%20review_Printout.pdf (accessed 3 October 2011).

CEC (2009) *Directive 2009/28/EC on the promotion of energy from renewable sources*, Commission of the European Communities, available at http://eur-lex.europa.eu (accessed 20 September 2011).

DECC (2010a) *Digest of United Kingdom Energy Statistics 2010 (DUKES)*, Department of Energy and Climate Change; available at http://www.decc.gov.uk/en/content/cms/statistics/publications/dukes/dukes.aspx (accessed 3 October 2011).

DECC (2010b) *Energy in Brief 2010*, Department of Energy and Climate Change; available at http://www.decc.gov.uk/en/content/cms/statistics/publications/brief/brief.aspx (accessed 3 October 2011).

DECC (2010c) *National Renewable Energy Action Plan for the United Kingdom*, Department of Energy and Climate Change; available at http://www.decc.gov.uk/en/content/cms/meeting_energy/renewable_ener/uk_action_plan/uk_action_plan.aspx (accessed 3 October 2011).

European Union (2011) *Renewable Energy Targets by 2020*, available at: http://ec.europa.eu/energy/renewables/targets_en.htm (accessed 1 November 2011).

Everett, B., Boyle, G. A., Peake S. and Ramage, J. (eds) (2012) *Energy Systems and Sustainability: Power for a Sustainable Future* (2nd edn), Oxford, Oxford University Press/Milton Keynes, The Open University.

IEA (2009) *Renewables and Waste in World in 2008* [online], http://www.iea.org/stats/renewdata.asp?COUNTRY_CODE=29 (accessed 3 October 2011).

IEA (2010a) *World Energy Outlook 2010*, Paris, International Energy Agency.

IEA (2010b) *CO_2 emissions from Fuel Combustion (2010 edition): Highlights* [online]: Paris, International Energy Agency; http://www.iea.org/co2highlights/ (accessed 3 October 2010).

IPCC (2007a) *Climate Change 2007: The Physical Scientific Basis*, Cambridge University Press. http://www.ipcc.ch/publications_and_data/publications_and_data_reports.shtml (accessed 23 October 2011).

IPCC (2007b) *Climate Change 2007: Synthesis Report. Contribution of Working Groups I, II and III to the Fourth Assessment Report of the Intergovernmental Panel on Climate Change*, Geneva, IPCC.

Sorensen, B. (2000) *Renewable energy* (2nd edn), London, Academic Press.

Sorrell, S., Speirs, J., Bentley, R., Brandt, A. and Miller, R. (2009) *Global Oil Depletion: An assessment of the evidence for a near-term peak in global oil production*, Report for United Kingdom Energy Research Centre; available at http://www.ukerc.ac.uk/support/Global%20Oil%20Depletion (accessed 3 October 2011).

Twidell, J. and Weir, A. (1986) *Renewable Energy Resources*, London, E. and F. N. Spon.

WWEA (2010) *World Wind Energy Report 2010*, WWEA, http://www.wwindea.org (accessed 21 November 2011).

Chapter 2

태양에너지 축적 방법

2.1 도입

우리가 1장에서 보았듯이 태양은 우리의 재생가능에너지 공급원 중 가장 궁극적인 원천이다. 태양이 신으로 여겨진 긴 역사 때문에 태양복사에너지의 직접적인 사용은 엔지니어와 건축가 같은 사람들에게 강한 매력을 가진다.

이 장에서 우리는 태양열 또는 열에너지를 모으기 위해 적용되는 몇 가지 방법에 주목한다. 태양광을 직접적으로 전기로 변환하는 태양전지(PV)는 다음 장에서 다루어진다. 태양에너지 축적 방법은 많고 다양하다. 따라서 본 책에서는 이에 대한 간단한 소개와 나아가 좀 더 깊이 있게 공부하는 데 관심 있는 사람들을 위해 심도 있는 관련 지식을 제공하고자 한다.

어떤 종류의 시스템이 태양열에너지를 모으기 위해 사용될 수 있나?

대부분의 저온 태양열 가열 시스템은 가시광선은 투과시키지만 적외선은 차단하는 특별한 능력을 가진 유리에 많이 의존한다. 높은 온도의 태양열을 모으기 위해서는 태양복사를 집중시키기 위해 거울을 사용하는 것이 보다 용이하다. 실제적으로 두 유형의 태양열 시스템은 다양한 형태로 이용할 수 있다.

능동적 태양열 난방장치: 이것은 보통 태양 복사열을 모으기 위해 건물 지붕에 설치된 별개의 태양열 집열기를 포함한다. 일반적으로 집열기는 구조가 간단하고 온도는 낮으며(100°C이하) 가정 내 온수 또는 수영장을 가열시키기 위해 사용된다.

수동적 태양열 난방장치: 이 용어는 두 가지의 약간 다른 의미를 지닌다.

- 좁은 의미로는 그것은 살기에 알맞은 공간을 가열하기 위해 요구되는 에너지를 줄이기 위해 건물 안으로 직접 들어가는 태양에너지의 흡수를 의미한다(즉, 공간 가열이라 부른다). 일반적으로 수동적 태양열 난방장치 시스템은 모인 에너지를 순환시키기 위해 공기를 사용하고 별다른 펌프나 팬(fan)을 사용하지는 않는다. 이에 따라 실제로 집열기는 건물의 구성요소이다.
- 넓은 의미로는 에너지 소모가 적은 빌딩설계의 전반적인 과정을 의미하는데 특히 겨울철에 얻은 적은 양의 태양열로 건물의 열 수요를 효과적으로 줄이는 것을 의미한다. 열 부하에 대한 태양열의 상당한 기여는 인상적으로 보일지라도 우리가 주목해야 하는 것은 전체 화석연료 소비를 최소화함으로써 최소한의 비

용을 이룩하는 것이다.

채광: 이것은 충분한 자연광이 가능할 때 인공조명을 소등하는 컨트롤 사용과 정교한 건축 설계를 통해 자연광을 최대한 사용하는 것을 의미한다.

태양열 엔진: 이것은 능동적 태양열 난방장치의 확장된 형태로 전력을 생산하기 위해 증기터빈을 운전할 때 작동유체를 충분한 온도로 높이기 위해 보다 복잡한 집열기를 사용한다. 매우 다양한 형태가 있지만 태양열을 이용한 전기는 캘리포니아에 있는 대형 곡면거울을 사용한 발전소에서 수백만 와트 규모가 생산되어진다.

이 장에서는 간략하게 열펌프에 대해 설명한다. 열펌프는 외부에서 열에너지를 끌어들이며, 2009년 외부 환경인 EU Renewable Energy Directive(CEC, 2009)에서 신재생 에너지로 분류되었다. 공기 열펌프로부터 얻어진 열은 비록 태양 복사에 전체적으로 의존되진 않지만 때때로 '태양에너지'로 분류된다. 지열 열펌프로부터 얻어진 열은 제9장에서 추가적으로 설명 되어진 '지열에너지'로 EU Directive에서 분류되어진다.

태양에너지를 효율적으로 이용하는 방법은 특정한 지역의 날씨를 주의 깊게 관찰하고 이해하는 것에서 시작이 된다. 실제로 지역 날씨에 부적절한 건물 건축으로부터 우리의 많은 에너지 문제가 시작된다. 예를 들어 남부 유럽에서 흔히 사용되는 태양 기술의 경제성은 북부 스코틀랜드로 이동했을 때 문제가 될 수 있다.

하지만 이 장에서 설명된 방법들의 대부분은 지난 세기 동안 시도되고 검증되어 왔다. 심지어 현대의 태양열 전기 발전소 중 가장 훌륭한 것은 20세기 초에 지어졌던 시스템에서 효율이 향상된 형태이다. 모든 에너지 시스템 중에서 태양열에너지를 사용하는 기술은 현행 가격에서 화석 연료에 근거를 둔 '종래의' 시스템과 경쟁하기에 충분히 저렴한 시스템으로 생산이 가능하다.

2.2 지붕형 태양열 온수 가열기

대부분의 사람들에게 '태양열 가열기'는 지붕형 태양열 온수 가열기를 의미한다. 2010년 초에 유럽에는 35,000,000 m^2의 태양열 집열기가 설치되었고 영국에서는 570,000 m^2, 독일에서는 13,000,000 m^2 수집기가 설치되었다(ESTIF, 2011). 가장 많이 이용되는 태양열 온수 가열기는 평판 집열기이다. 여기에는 두 가지의 기초 시스템 형태가 있다. 즉 펌프 구동 시스템 또는 열 사이펀 구동 시스템이다.

그림 2.1 • 지붕에 설치된 태양열 패널(Arcon 사진 제공).

펌프 구동 태양열 온수 가열기

이것은 유럽 북부에서 가장 흔한 형태이다. 그림 2.2에서 볼 수 있듯이 전형적인 평판펌프 시스템은 세 개의 요소로 구성된다.

1. 그림 2.1에서 볼 수 있듯이 집열기 패널은 전형적으로 3~5 m^2이고 태양과 대면

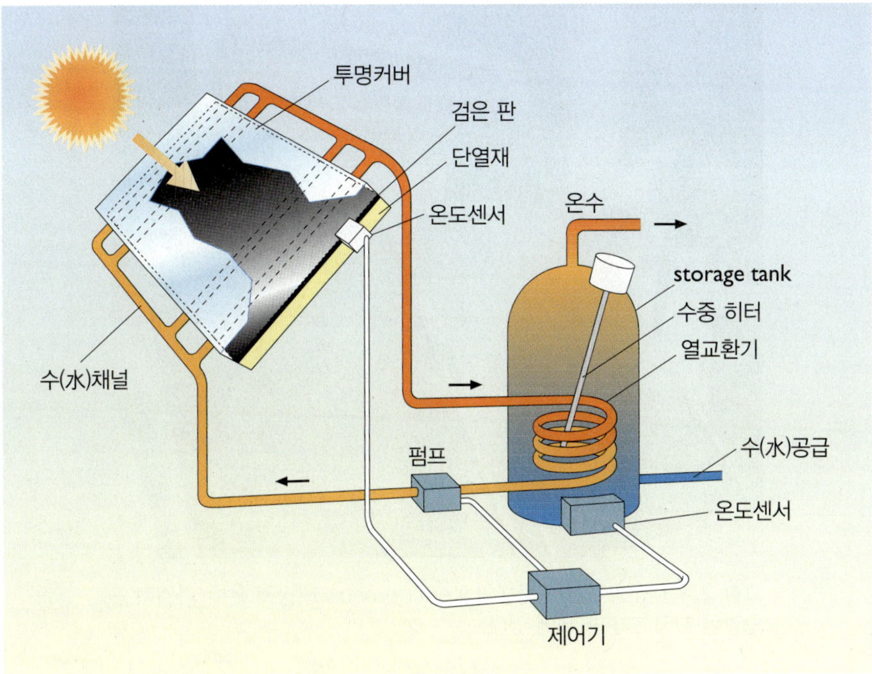

그림 2.2 • 펌프로 작동되는 능동적 태양열 온수 가열기.

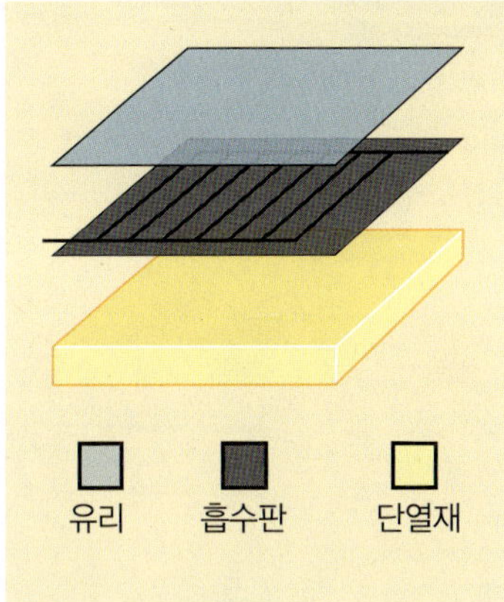

그림 2.3 • 태양열 패널의 구성.

하기 위해 기울어져 있으며 전형적인 각도를 가진 집의 지붕에 설치된다. 이 패널은 보통 세 개의 구성요소로 이루어져 있다(그림 2.3 참조). 주요 흡수 장치는 물이 순환하는 구리 관과 결합된 철판이다. 이 판에는 태양열 흡수를 최대화하기 위해 특별한 검은 페인트가 사용된다. 보통 유리 또는 플라스틱의 단일 시트로 덮여 있으며 전체 조립은 열손실을 차단하기 위해 뒷부분이 단열되어 있다.

2. 저장 탱크는 전형적으로 약 200 ℓ의 용량을 가지며 종종 가정 내 온수 실린더에 따라 두 배의 용량을 가지기도 한다. 이것은 보통 물의 사용을 위한 투입형 전기 히터를 포함한다. 탱크는 전형적으로 50 mm 두께의 유리섬유 또는 폴리우레탄 폼으로 전체가 단열되어 있다. 패널로부터 들어오는 온수는 탱크의 바닥에 위치한 열 교환기를 통해 순환한다.

3. 패널에서 저장고로 열을 전달하기 위한 펌프 순환 시스템. 센서는 집열기가 뜨거워져 전기 순환 펌프가 구동할 때를 감지한다. 유럽 북부에서 집열기는 빙점에 가까운 온도에서 견뎌야 하기 때문에 순환하는 물은 부동액을 포함한다. 비독성 프로피렌 글리콜이 종종 사용된다(자동차 엔진에서 흔하게 사용되는 유독 에틸렌 글리콜을 대신해 사용됨).

영국에서, 현장 시험 결과는 이러한 시스템은 일반적으로 1,100 kWh/y 또는 가정 온수의 40% 이상을 제공할 수 있는 것이 좋다(EST, 2011a).

Thermosyphon 태양열 온수 가열기

그림 2.4처럼 실외에 저장 탱크를 설치하기에 안전하고 춥지 않은 기후에서는 보다

그림 2.4 • 전형적인 지중해의 thermosyphon 태양열 온수 가열기 – 단열된 저장고가 맨 위에 있다.

간단한 열 사이펀 장치가 사용될 수 있다. 이 디자인은 순환펌프가 필요 없게 된다. 저장탱크로 열을 운반하기 위해 집열기 패널로부터 오는 온수는 자연 대류에 의해 상승하며 이에 따라 저장탱크는 집열기 위에 설치한다. 가열된 물은 패널을 통하여 직접 순환하기 때문에 열 교환기는 필요하지 않다. 또한 일반적으로 저장 탱크는 열수요량을 맞추기 위한 보충으로 투입형 전기 가열기를 추가 설치해 날씨가 흐린 날에 사용한다.

지중해 시스템은 보통 평평한 지붕을 가진 건물에 설치하기 위해 받침대 없이 서 있도록 디자인된다. 이런 나라에서 높은 태양 복사열 강도를 고려해서 집열기 면적은 보통 약 2 m^2로 설계되어 팔린다.

2.3 태양 복사의 성질 그리고 이용성

태양 복사의 파장

태양은 초당 400만 톤의 비율로 수소를 헬륨으로 바꾸는 거대한 핵융합 반응체이다. 태양은 약 6,000°C의 높은 표면온도에 의해 에너지를 사방으로 방출한다. 이 복사 중에서 지구에 도달하는 양의 약 1/3은 반사된다. 그 나머지는 흡수되고 결국 장파장인 적외선 복사에너지로 우주 공간으로 다시 보내어진다. 지구는 받은 만큼의 에너지를 다시 빛으로 방출하므로 살아가기에 적합한 온도로 안정된 균형을 맞춘다.

우리는 태양 복사를 하얀 빛으로 인지한다. 사실 이것은 장파장의 적외선(빨간 빛보다 긴)에서 자외선(보랏빛보다 짧은)까지 다양한 파장의 빛을 포함하고 있다. 파장분포의 모양은 태양 표면의 온도에 의해 결정된다(그림 2.5 참조).

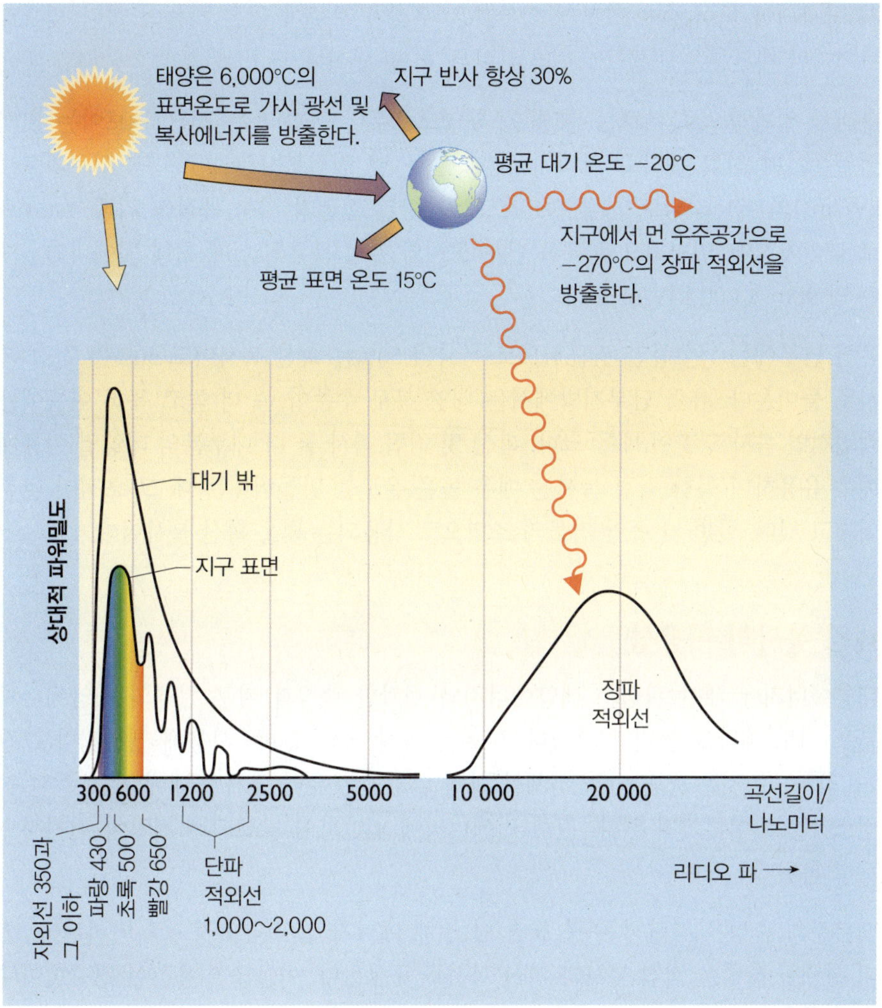

그림 2.5 • 지구로부터 오고 가는 복사열 에너지.

−20°C의 평균대기온도와 15°C의 표면온도를 가진 지구는 절대온도인 −273°C보다 단지 몇 도 높은 우주공간으로 장파 적외선 에너지를 사방으로 발산한다. 우리는 이 방출 복사열을 잊고 사는 경향이 있지만 그것의 영향은 날씨가 맑은 밤에 복사열이 대기나 우주공간으로 방출됨에 따라 서리가 발생하는 것에서 볼 수 있다.

저온 태양열에너지 축적 기술은 대부분 유리와 태양의 복사는 통과를 허용하지만 장파 적외선을 차단하는 선택적인 특성을 지니는 표면을 이용한다. 증기엔진과 같은 고온 적용을 위한 태양에너지의 사용은 주로 복합거울을 사용해 태양에너지를 집중시키고 있다.

직접 그리고 확산 복사

태양 빛이 대기에 부딪힐 때, 구름 막에 의해 어느 정도의 빛이 사방으로 산란된다. 이 산란된 빛의 일부분은 확산 복사로 지구로 돌아온다. 지면에서는 이것이 하늘에서 방사되어 들어온다. 그것의 일부분은 우리가 보듯이 맑은 하늘의 파란 빛으로 보이지만 대부분은 구름들로부터 산란된 '하얀' 빛이다.

우리가 일반적으로 부르는 '햇빛'은 태양으로부터 직접 오는 것으로 보이는 빛의 일부분이며 직접 복사로 알려져 있다. 맑은 날 직접복사는 1 m^2 당 킬로와트(1 kW/m^2)의 에너지밀도가 될 수 있으며, 태양열 집열기 시험 목적을 위해 '1sun'으로 불리어진다. 일반적으로 유럽 남부 도시와 유럽 북부의 실제 최대 빛에너지밀도는 약 900~1,000 kW/m^2이다.

유럽 남부에는 1년 동안 평균적으로 복사의 50%는 확산 복사이고 50%는 직접 복사로 들어온다. 유럽 남부지방에서는 태양 복사 수준이 좀 더 높고 특히 여름에는 직접적인 복사 영향이 매우 크다. 확산 및 직접 복사 둘 다 대부분의 태양열 이용에 매우 유용하며 특히 직접 복사는 매우 높은 온도를 만들어내는 데 그 초점이 맞추어지고 있다. 한편 낮 동안 건물의 조명으로 사용되는 빛은 확산 복사이다.

태양 복사의 이용성

태양에너지에 대한 관심은 태양에너지의 정확한 측정과 지구 전역의 태양에너지 분포 지도 제작을 불러 일으켰다. 이것은 통상 솔라미터를 사용해 행해진다(그림 2.6 참조). 이것은 둥근 하늘 전체를 향해 열려있는 유리 덮개 아래에 잘 보정된 열전소자들로 이루어져 있다. 전체 빛에너지에 비례하여 발생되는 전압이 전기적으로 기록된다.

대부분의 측정은 간단히 수평 표면 당 전체 에너지 입사량 측정으로 기록된다. 좀 더 상세한 측정은 직접 복사와 확산 복사로 구분한다. 이들을 이용하여 경사면이나 수직면에 도달하는 복사량을 수학적으로 계산할 수 있다. 우리가 예상한 것과 같이, 수평면 위의 연 총 태양복사는 2,000 $kWh/m^2 y$ 이상으로 적도 근처에서 가장 높게 나타나고, 특별히 화창한 사막지역에서 높게 나타난다. 이것은 전형적으로 약 1,000 kWh/m^2y를 받는 북부 유럽보다 더 많다. 태양열 발전소와 같은 많은 실험적 프로젝트들은 2,500 kWh/m^2y에 도달하는 남미 또는 1,500 kWh/m^2y 정도의 스페인, 북부 프랑스와 같은 지역에서 건설되었다.

유럽에서는 여름이 겨울보다 햇볕이 잘 든다는 것은 명백하다. 그러나 그것은 에너지 면에서 무엇을 의미할까?

7월 평균 유럽 북부(예: 아일랜드, 영국, 덴마크 그리고 독일 북부)에서 수평 표면 당 태양 복사열은 하루당 4.5~5 kWh/m^2 정도이다(그림 2.7 참조). 5 kWh는 영국의 일반적인 가정의 온수 사용량의 절반에 해당한다. 만약 우리가 일반 가스보일러 또는 심야 전기를 사용했었다면 우리는 이 열의 사용량에 의해 2009년 영국 내 연료 가격으로 약 25P의 돈을 지불했어야만 할지도 모른다. 유럽 남부에서(스페인, 이탈리아 그리고 그리스) 7월 태양 복사 수준은 하루 당 6~7 kWh/m^2 정도로 좀 더 높다.

그림 2.6 • 솔라미터(또한 피라노미터라고도 불린다).

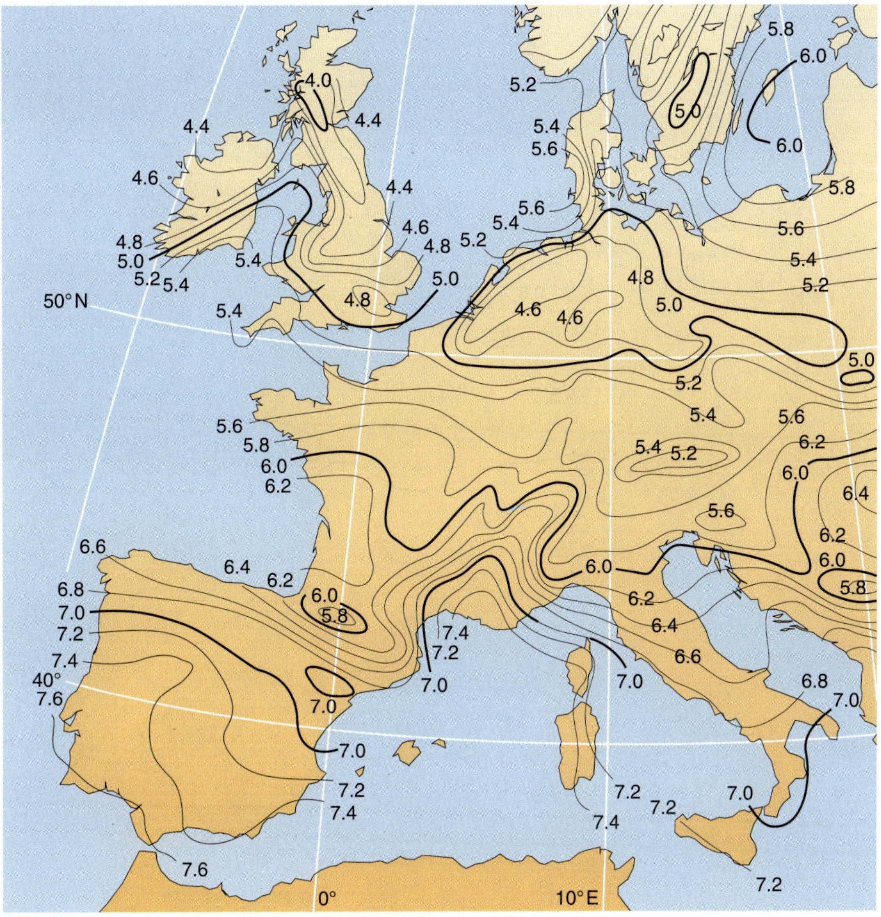

그림 2.7 • 수평 표면에서 하루당 태양 복사(kWh/m2) 유럽연합 – 7월 (출처:CEC, 1994).

하지만 겨울에 태양 복사의 양은 훨씬 낮다. 1월 평균 유럽 북부에서는 7월 태양 복사의 단지 1/10인 하루당 약 0.5 kWh/m^{2}의 태양 복사 값을 가지지만(그림 2.8 참조) 유럽 남부에서는 여전히 하루당 1.5~2 kWh/m^{2}의 상당한 양의 태양 복사가 있다.

이것은 우리가 유럽 북부에서 여름에 에너지를 필요로 하는 적용 장소를 찾을 필요가 있다는 것을 의미한다. 유럽 남부에는 겨울에 1년 내내 적용을 고려하기에 충분한 복사가 있다.

기울기와 방향

지금까지 우리는 수평면 위의 태양 복사에 관해 이야기 해왔다. 가능한 복사량을 많이 수집하기 위해, 표면은 남쪽(북반구라 가정하면)을 바라보고 태양을 향하여 기울어져야 한다. 얼마나 기울어져야 하는지는 위도와 태양열이 필요한 시기에 따라 달라진다.

만약 지표면과 표면 사이의 경사각이 위도와 같다면 3월과 9월 한낮에 태양광선은

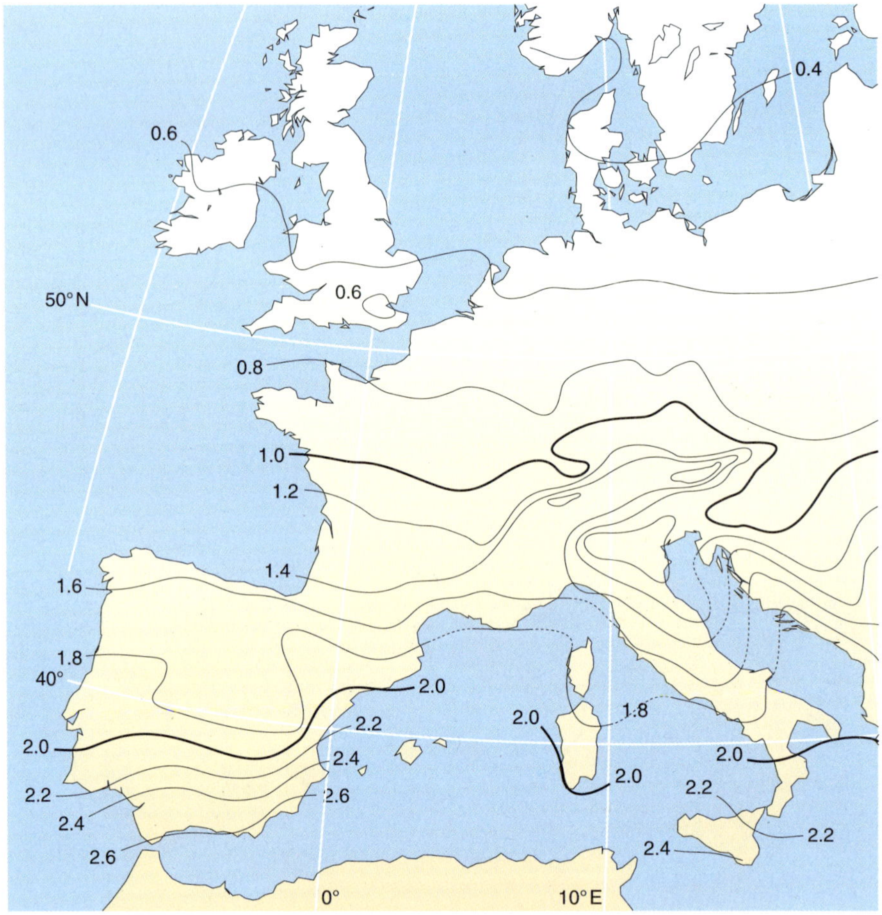

그림 2.8 • 수평 표면에서 하루당 태양 복사(kWh/m²) 유럽연합 – 1월 (출처:CEC, 1994).

표면에 직각이 될 것이다(그림 2.9). 여름과 겨울의 차이도 고려해봐야 한다. Box 2.1은 왜 위도가 높은 나라(영국과 같은)가 겨울보다 여름에 왜 더욱 더 많은 태양 에너지를 받는가를 설명하고 있다.

(복사량이 가장 많은) 여름에 태양광 수집을 최대화하기 위해 경사각은 위도보다 작아야 한다. (복사량이 많이 필요한)겨울에 태양광 수집을 최대화하기 위해 경사각은 위도보다 커져야 한다(그림 2.12).

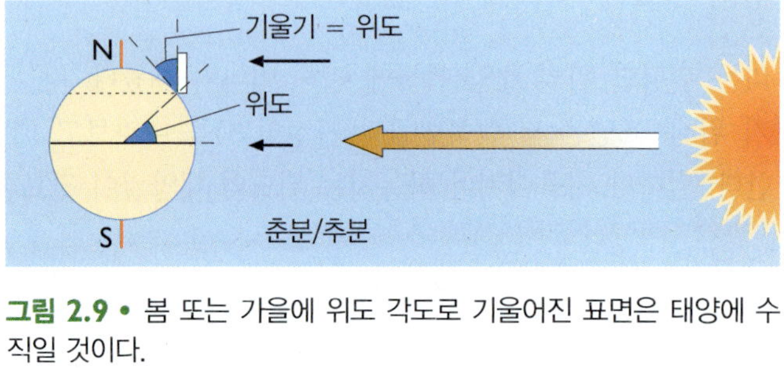

그림 2.9 • 봄 또는 가을에 위도 각도로 기울어진 표면은 태양에 수직일 것이다.

Box 2.1 태양 복사와 날씨

만약 태양의 에너지 출력이 일정하다면 왜 영국은 겨울보다 여름에 복사량이 더 많은가?

지구는 공전면에 대해 기울어진 자전축을 갖는다. 6월에 북극은 태양 쪽으로 기울어진다. 그래서 태양광선은 북반구에 수직으로 입사되고 태양은 하늘에서 좀 더 높게 나타난다(그림 2.11). 12월에 북극은 태양으로부터 기울어져 멀어지고 땅에 낮은 에너지 밀도(즉, 보다 적은 kWh가 하루당 육지의 각 m^2에 도달한다)를 가지는 태양광선이 입사한다.

또 다른 중요한 요소는 태양의 고도가 낮으면 태양빛은 대기층을 많이 통과해야 하며, 이로인해 우주공간으로 산란해 흩어질 기회를 더 많이 갖게된다. 태양이 수직에 60° 기울어져 있을 때 태양의 최고 에너지 밀도는 태양이 머리 위에 수직으로 있을 때의 1/4로 떨어질 것이다. 이 주제는 다음 3장에서 다시 논의될 것이다.

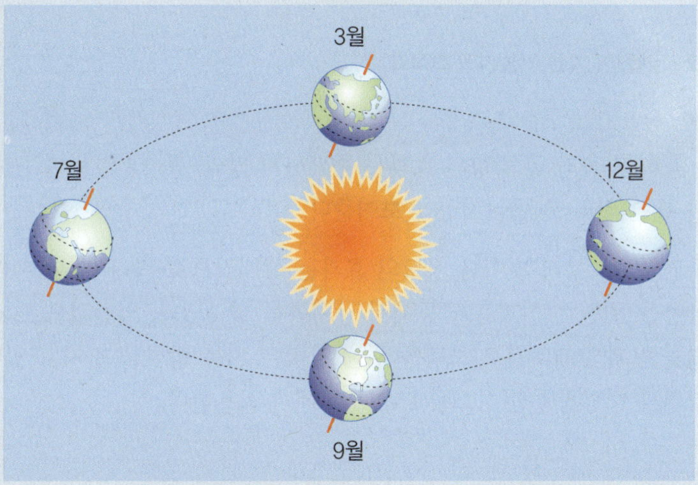

그림 2.10 • 지구는 공전면에 23.5°로 기울어진 축을 따라 태양 주위를 돈다.

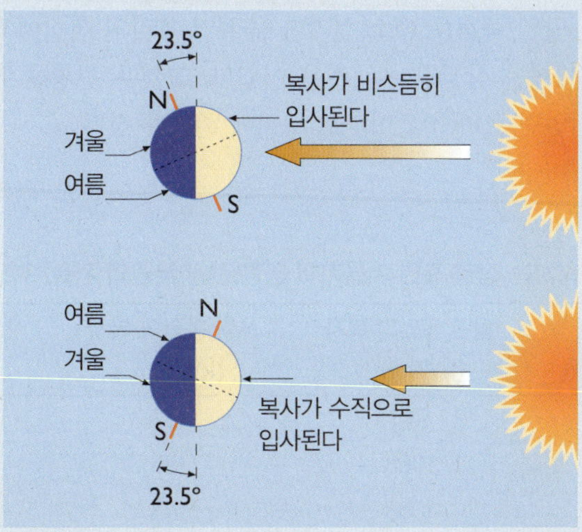

그림 2.11 • 지구의 자전축의 기울어짐 때문에 여름과 겨울이 발생한다.

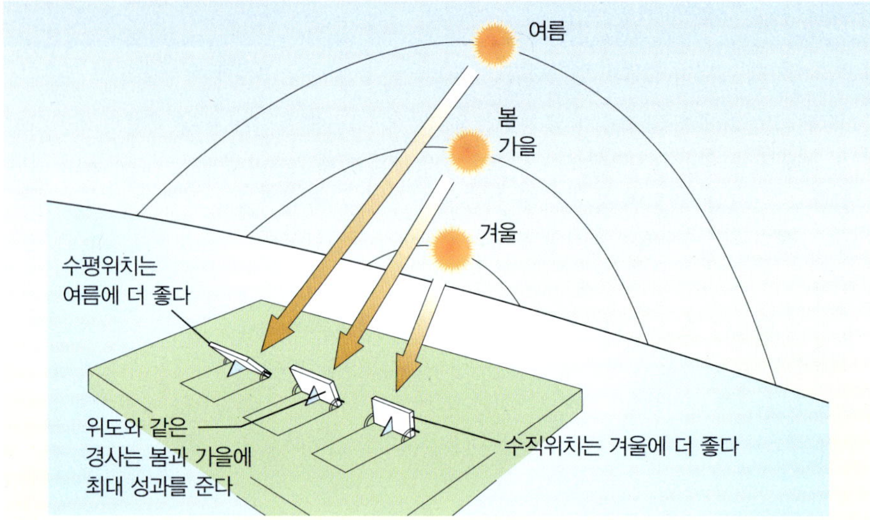

그림 2.12 • 계절에 따른 기울기의 최적화.

다행히도 특히 기울기 및 방향의 효과는 중요하지 않다. 표 2.1은 런던 근처의 다양한 경사진 표면 위의 총 에너지양을 보여준다.

유사하게 남쪽으로부터 벗어난 정도의 효과는 상대적으로 작다. 대부분 태양 가열 기술의 응용을 위한 수집기는 남동에서 남서쪽을 향해있다. 일반적으로 기존의 대다수 건물들은 태양에너지 시스템을 위해 알맞은 지붕 방향을 가지고 있다. 이 결론은 태양열과 태양광발전 시스템(PV) 모두에서 적용한다.

2.4 유리의 마술

대부분의 저온 태양열 축적은 다소 신기한 물질인 유리의 성질에 의존한다. 유리로 된 창문이 없는 세계를 상상한다는 것은 어렵다. 그것은 평평한 유리를 만들기 위한 공정이 발명되었던 로마시대 이후로 도처에 존재해 왔다.

표 2.1 남쪽을 향하는 집열 표면 기울기의 영향(런던 부근의 자료, 위도 52°N)

기울기/°	일년 동안의 복사 (kWh/m²)	6월 동안의 복사 (kWh/m²)	12월 동안의 복사 (kWh/m²)
0 - 수평	944	153	16
30	1068	153	25
45	1053	143	29
60	990	126	30
90 - 수직	745	82	29

출처: Achard and Gicquel, 1986.

투명도

유리의 가장 중요한 광학적 성질은 가시광선과 적외선 중 파장이 짧은 빛을 통과시키는 투명성이다. 하지만 유리는 태양열 집열기 또는 그 뒤의 건물로부터 재복사되는 적외선 중 파장이 긴 빛은 통과시키지 못한다(그림 2.13).

과거 몇 세기 동안 가시광선을 통과시키는 유리의 투명성을 증가시키고 빠져나가는 열을 막는 유리의 성능을 향상시키기 위해 수많은 노력들이 행해져 왔다.

제조업자들은 가능한 한 높은 투명성을 가진 유리를 만들기 위해 노력하고 있다. 바꿔 말하면 그들은 유리를 통해 통과하는 빛의 비율인 투과율의 최대화를 시도하고 있다. 그들은 보통 유리의 철 성분을 최소화함으로써 구현할 수 있다. 유리와 비슷한 광학 성질을 가진 특정 플라스틱이 유리 대신 사용될 수 있다. 비록 자외선으로부터 플라스틱이 손상되는 것을 보호해야 하지만 유리와 비슷한 광학의 물성치를 가지는 순수 플라스틱은 유리를 대신해 사용할 수 있었다.

표 2.2는 흔하게 사용되는 유리의 광학적인 성질을 보여준다. 표에서 보듯이 유리가 햇빛에 대한 투과율이 높다는 것을 알 수 있지만(1.0에 가까운) 수치를 비교해 보면 장파 적외선 투과율이 매우 낮은 것도 알 수 있다.

열 손실 메커니즘

많은 연구와 개발이 창문과 태양열 집열기의 유리를 통한 열 손실을 줄이는 방향

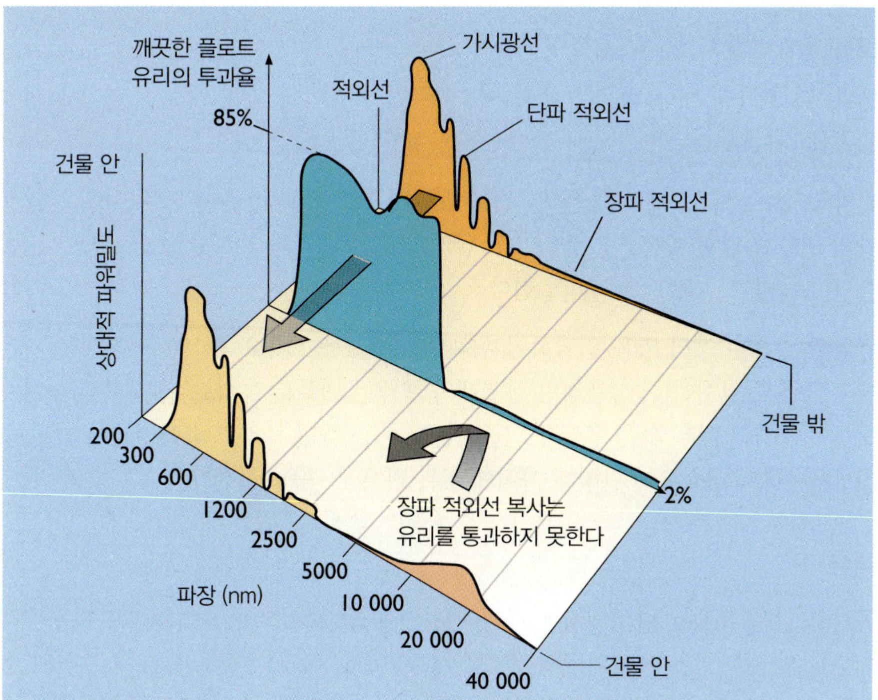

그림 2.13 • 유리의 투과율 스펙트럼.

표 2.2 흔하게 사용되는 유리 물질의 시각적인 성질

물질	두께 (mm)	태양 투과율	장파 적외선 투과율
플로트 유리(일반적인 창 유리)	3.9	0.83	0.02
저철분 유리	3.2	0.90	0.02
방풍 유리	3.1	0.82	0.02
불소수지(tedlar)	0.1	0.92	0.22
폴리에스터(mylar)	0.1	0.87	0.18

으로 진행되어 왔다. 열에너지는 두 면의 온도가 다른 곳에서 어떤 물질을 통해 흐른다.

이 에너지 흐름의 비율은 다음과 같은 것에 의존한다.

- 두 면 간의 온도 차이
- 열 흐름을 위해 이용 가능한 전체 면적
- 물질의 단열 상태

작은 창문보다 큰 창문에서, 따듯한 날보다 추운 날에 더 많은 열이 손실된다는 것은 분명하다. 어떻게 이런 열 손실이 발생하고 그것이 최소화될 수 있는지를 이해하기 위해 우리는 열전달과 관련된 세 가지 메커니즘. 즉, 전도와 대류 그리고 복사 열 전달을 검토해볼 필요가 있다.

전도

어떤 물질 내에서 열에너지는 뜨거운 곳에서 차가운 곳으로 전도에 의해 흘러갈 것이다. 열 흐름에 대한 비율은 위의 처음 두 가지 요인에 의해 재료의 열 전도성에 의존할 것이다.

일반적으로 금속은 매우 높은 열 전도성을 가지고 있고 작은 온도 차이에도 많은 양의 열을 전달할 수 있다. 유리 시스템의 구조물이 금속으로 만들어지면 열 손실을 최소화하기 위해 단열되어야 한다.

단열재는 작은 양의 열을 전달하기 위해 큰 온도 차이를 요구한다. 여전히 공기는 매우 좋은 단열재이다. 실용적인 단열재의 형태는 대부분 유리로 된 창문 사이에서 보듯이 공기의 매우 작은 포켓에 의존하는데 예를 들면 플라스틱 단열재에 있는 공기방울이나 유리섬유계 단열재 사이에 있는 작은 기공을 볼 수 있다.

대류

공기와 같은 유체는 따뜻해짐에 따라 팽창되고 밀도가 작아져 결과적으로 상승해 대류로 알려져 있는 유체의 흐름을 일으킬 것이다. 이것은 창문을 통해 주위의 열 이동에 대한 주요한 방법 중 하나이다(그림 2.14 참조). 이중창, 공기층과 유리판 사이에서의 대류는 공기와 유리의 안쪽 그리고 바깥쪽 표면에서 발생한다. 대류 영

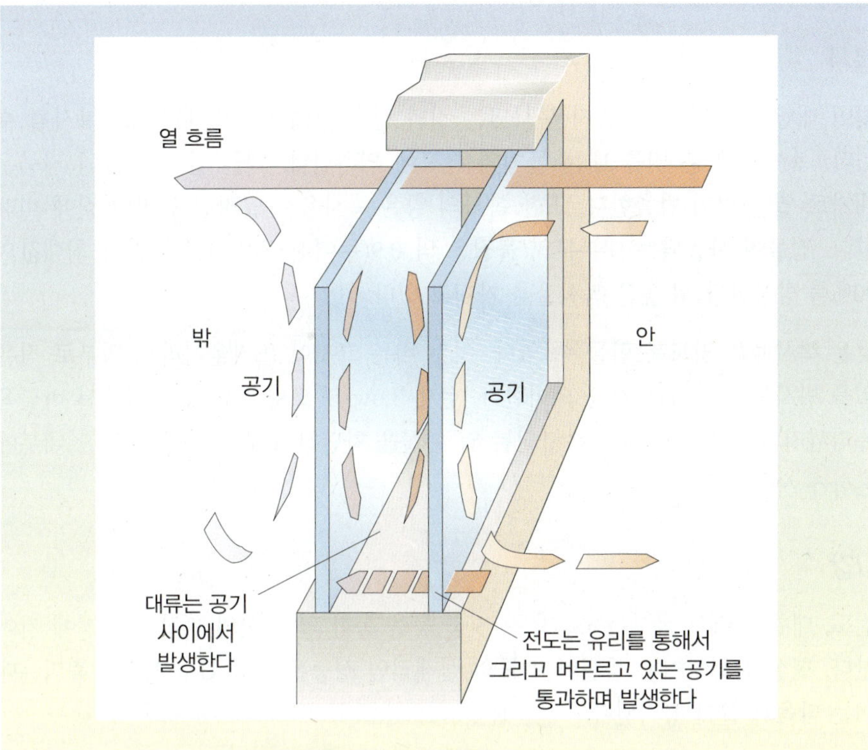

그림 2.14 • 열이 이중 유리창으로부터 어떻게 달아나는가. 공기층은 보통 6~10 mm이다. 만약 그것이 너무 좁다면 공기가 전도를 할 수 있는 오직 작은 두께만이 있기 때문에 대류는 어렵지만 전도는 쉬울 것이다. 만약 공기층이 너무 넓다면 대류 흐름은 쉽게 순환할 수 있다. 추가적으로 공기층을 통과하는 적외선 복사가 있으며, 이는 복사율이 낮은 코팅을 통해 줄일 수 있다.

향은 아르곤, 크립톤 또는 이산화탄소와 같은 무겁고 유연성이 작은 기체 분자를 이중 유리창에 채움으로써 줄일 수 있다.

대류는 또한 기체 운동에 용이한 공간을 제한함으로써 줄일 수 있다. 이것은 위에서 언급된 단열재용 물질이 사용되는 주요한 방법이다.

단열 기체 방울이 있는 투명한 플라스틱을 이용해 다양한 형태의 투명한 단열재가 현재 개발 중에 있다. 이 물질들은 결국 창문(혹은 벽)의 개념에 혁명을 일으킬지도 모르지만 현재 그 물질들은 외부 영향에 강하지 않고 날씨와 자외선의 영향으로부터의 보호가 필요하다.

또 다른 방법으로는 이중창 사이의 공기를 제거할 수도 있다. 대류는 진공에서 발생하지 않는다. 그러나 진공을 적용하는 기술을 가능하게 하기 위해서는 매우 높은 진공이 요구되며 또 창문을 사용하는 기간인 50년 또는 그 이상의 기간 동안 진공이 유지되어야만 할 것이다. 또한 창문은 외부의 공기압력 하에 내부로 붕괴되는 것을 막기 위해 내부에 지지대가 필요하다. 이 지지대는 유리 사이를 지나는 열을 전도시켜 전체적으로 단열성능을 약간 감소시키게 된다. 대류의 영향을 줄이기 위한 간단한 방법은 유리창 추가 또는 두 개의 유리 사이에 투명한 플라스틱 필름을 삽입하거나 이중창을 세 겹 또는 네 겹의 창으로 바꾸는 것이다.

복사

빛이 태양으로부터 지구까지 복사되는 것과 같은 방법으로 열에너지는 복사될 수 있다. 복사의 양은 빛을 내는 물체의 온도에 의존한다. 예를 들어 건물의 지붕은 대기로 열을 멀리 방출한다. 또한 복사의 양은 복사율로 알려진 표면의 질에 비례한다. 건물에 사용되는 대부분의 물질은 약 0.9(주어진 온도에서 이론상 최대값의 90%를 방사한다)의 높은 복사율을 가지고 있다.

낮은 복사율을 갖도록 만들 수 있다. 이는 비록 그것이 뜨거울지라도 외부로 적은 열을 방사할 것이라는 것을 의미한다. 현재 'Low-E' 코팅은 안쪽 유리에서 바깥쪽 유리까지의 공기층을 지나 복사되는 열 손실을 차단하기 위해 이중 유리창 내부에 흔하게 사용된다.

*U*값

전도, 대류 그리고 복사는 벽, 창문, 지붕 등을 통한 열 손실의 복잡한 과정에 기여한다. 현실적으로 어떤 특별한 건물의 실제적인 성능은 보통 U값으로 산출되는데 이는 다음과 같이 정의된다.

$$1\ m^2\text{를 통한 열 흐름} = U\text{값} \times \text{온도 차이}$$

*U*값의 단위는 W/m^2K^2이다. 제1장 온도에서 지적했듯이 섭씨온도(°C) 또는 절대온도(K)로 측정 할 수 있다. 온도의 크기가 모두 동일하므로 온도 차이는 °C나 K으로 측정되며, *U*값은 종종 $W/m^2°C$ 단위로 작성한다.

낮은 *U*값은 더 좋은 단열성을 가진다. 표 2.3은 다양한 창문용 유리들의 전형적인 *U*값(정확한 값은 세부 사항에 따라 달라진다) 제공한다. 비교의 방법으로 불투명 유리 섬유 단열재 10 cm는 0.35 $W/m^2°C$의 *U*값을 갖는다. Box 2.2는 에너지 손실 값을 계산한 예이다.

표 2.3 흔하게 사용되는 유리 물질의 광학적 성질

유리타입	W/m^2K
단일유리	4.8
이중유리 (일반유리, 공기주입)	2.7
이중유리 (하드코팅 낮은 방사율, 방사율 = 0.15, 공기주입)	2.0
이중유리 (하드코팅 낮은 방사율, 방사율 = 0.2, 아르곤주입)	2.0
이중유리 (소프트코팅 낮은 방사율, 방사율 = 0.055, 아르곤주입)	1.7
삼중유리 (소프트코팅 낮은 방사율, 방사율 = 0.055, 아르곤주입)	1.3

출처: BRE, 2005.

Box 2.2 U값과 열 손실

하루 중 실외와 실내 온도가 각각 5°C와 20°C일 때 면적이 2 m^2인 단일 유리창을 통한 열 손실의 비율은 무엇인가?

$$2 \times 4.8 \times (20 - 5) = 144 \text{ W}$$

표 2.3은 이 유리창에 대한 *U*값이 4.8 W/m^2K이고 손실 비율이 2 × 4.8 × (20 − 5) = 144 W라는 것을 보여준다. 만약 온도 차가 24시간 내내 똑같이 유지된다면 총 손실은 3.5 kWh이상일 것이다. 표 2.3에 보이는 가장 좋은 유리를 이용한다면 열 손실을 약 1 kWh로 줄여줄지도 모른다.

2.5 저온 태양열에너지 이용

우리는 태양 복사가 어떻게 낮은 온도의 열을 만들어 내는지 알아보았다. 이것은 얼마나 유용한가?

우리가 1장에서 보았듯이 영국에서는 연료 최종용도의 거의 1/2이 저온 가열을 위한 것이다. 실내에 공급된 에너지 사용의 80% 이상은 이러한 형태이다(그림 2.15 참조).

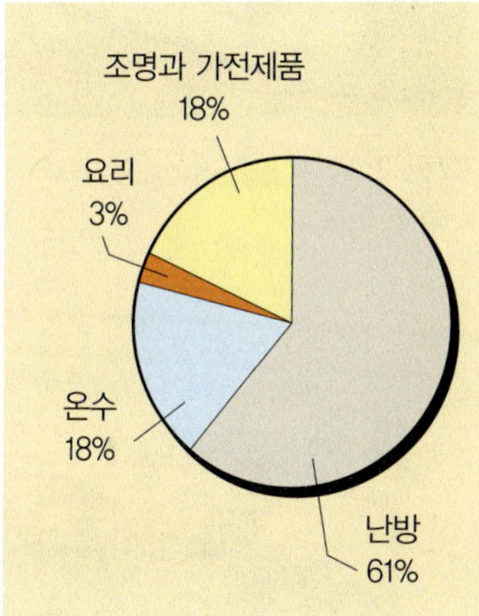

그림 2.15 • 2009년도 영국 가정의 에너지 사용(DECC, 2011a).

비록 간단한 태양열 시스템이 원칙적으로는 이러한 열을 공급하기 위해 이상적인 방법이라 할지라도 그곳에는 다른 잠재적인 요소들이 있다. 이는 다음과 같다.

- 기존 형식의 전력 발전소 또는 산업 공정으로부터 나오는 폐열에 의해 제공되는 지역난방
- 작은 규모의 열 병합 발전소
- 열 펌프(Box 2.3 참조)

이것들 모두는 좀 더 심층적인 개발을 할 만한 가치가 있고 태양열의 가열과는 달리 대부분 1년 내내 가동할 수 있다는 장점을 가지고 있다. 다양한 이유 때문에 가정보다는 상업과 산업용 건물에서 이용 가능하다.

수영장은 또 다른 잠재적인 사용처이다. 그동안 많은 수영장이 존재하지 않았기 때문에 유럽의 총 에너지 소비의 상당한 비율을 차지하지 않았지만 개별적으로 막대한 에너지 사용처가 될 수 있다. 남부 유럽에 있는 큰 실내 수영장은 1년 내내 지속적으로 수영장 가열을 위해 m^3 당 1 kW를 사용한다. 이런 종류의 시설은 위에 나열된 기술들의 주요한 적용 대상이다.

보통 가열하지 않는 실외 수영장이 많지만 본 적용의 목적은 사람들이 햇볕이 잘 들고 따뜻한 날에 실외 수영장을 사용하기 위해 물을 수영하기에 적합하도록 만드는 데에 있다. 이것은 이상적인 태양열 가열장치를 위한 분야이다.

가정 내 온수 가열 장치

능동적 태양열 가열장치에 있어서 가정 내 온수 가열 분야는 유럽에서 아마도 가장

Box 2.3 열 펌프

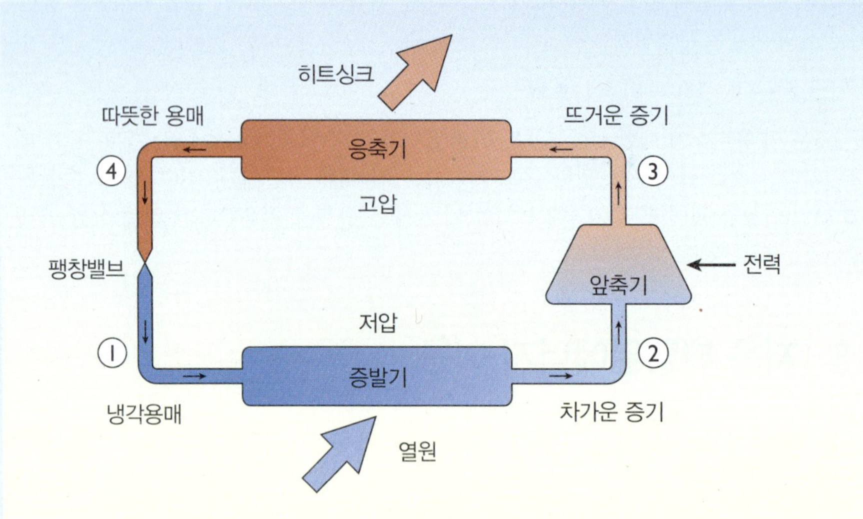

그림 2.16 • 열펌프의 개략도(출처:EST,2010).

그림 2.17 • 공기 소스 열펌프의 팬-코일 부품.

그림 2.18 • 지열펌프의 해구에 놓여있는 증발기 파이프.

열 펌프는 냉동보다는 가열을 위해 사용되는 것을 제외하고는 냉동기와 매우 흡사하다. 그림 2.16에서 일반적인 타입의 주요 모식도를 볼 수 있다. 히트 펌프 공정은 저온(통상적으로 약 −15°C 대기압보다 높은 압력에서 높은)에서 비등 특수 냉매액의 사용에 의해 가능하게 된다. 그림 2.16에서 (1)지점은 이것은 낮은 압력에서 차가운 액체로 시작한다. 용액을 증기로 변환하기 위해 에너지(소위 증발잠열이라 부른다)가 반드시 필요하다. (2) 냉매는 증발기라고 불리는 열 교환기에서 열을 흡수하고 기화한다. (3)증기 열은 압력과 온도를 증가시켜 전동 압축기에 들어간다. (4)뜨거운 증기는 다른 열 교환기로 들어가고, 그것은 따뜻한 액체로 응축 및 증발 잠열을 제공하는 응축기로 들어간다. 마지막으로 기화 온도가 떨어지고 압력손실이 생기는 팽창 밸브 또는 스로틀을 통해 기화되거나 온도가 떨어진다. 그 다음 사이클을 반복한다.

전반적으로 열은 응축기에서 고온으로, 증발기에서 저온에서 '펌핑' 된다. 국내 냉장고의 경우 열은 냉장 칸 내부의 증발기에 흡수된다. 따라서 그것의 온도를 저하하고 냉장고 뒷면의 응축기를 펌핑함으로서 열은 자신의 부엌을 따뜻하게 한다.

건물의 열 펌프(더 일반적으로 에어컨라고도 함)를 가열 또는 냉각에 사용될 수 있다. 증발기를 가열하는 데 사용하는 경우는 어딘가에 외부 환경에 있다.

공기 자원 열 펌프는 그림 2.17에서 나타낸 것과 같이 팬 코일 유닛을 가질 가능성이 있다. 지상 근원 열 펌프는 흙에 묻혀 파이프를 사용한다. 이들은 그림 2.18에서 깊은 10 m 이상 또는 더 깊은 수직 시추공이 있을 수 있다. 이러한 시스템은 9장에 설명되어 있다.

열은 일반적 중앙난방 시스템에 의해 외부 환경으로부터 건물 안의 응축기로 펌핑 된다. 가열 온도는 가열의 목적에 충분히 유용하다. 에너지(일반적으로 전기)는 물론 압축기를 작동하기 위해 필요한 것이다. 전기 출력에 대한 열 출력의 비율은 성능 계수(COP)로 알려져 있다. 영국에 설치된 시스템이 일반적으로 2~3의 값(EST, 2010)을 갖는다. 중간물에서 작동하기 위해 증발기는 외부 온도가 매우 낮은 경우(−5°C까지, 영국)에도 외부 환경으로부터 열을 흡수 할 수 있어야 한다. 이 요구 사항은 잠재적 공기자원 열 펌프의 성능을 제한한다. 땅에(또는 호수나 강에서) 증발기 코일을 매장하는 것은 겨울 조건에서보다 더 안정된 온도 환경을 제공하고 더 높은 COP가 발생할 수 있다.

공기자원 열 펌프에서 외부 환경에서 도출되는 열이 공정에서 외기로부터 냉각이 즉시 수행된다. 지열 펌프에서 동일한 과정이 일어난다. 하지만 지상(단일 온도 또는 2)을 냉각함으로써 열은 큰 영역과 장시간 동안 공기로부터 아래로 흘러 내려간다.

2009년 유럽 연합(*EU*) 신재생 에너지 지침(CEC, 2009)에서 열 펌프로부터 열을 얻는 즉, 열 출력과 전기 입력의 전력차이는 신재생 에너지로 분류된다. 공기자원 열 펌프에서 사람들은 'areothermal' 이라고 부른다. 강이나 호수에서 사람들은 수열과 '고체 지구 표면 아래에 열의 형태로 저장된 에너지가' 지열로 분류된다.

분류된 이 시스템은 혼란의 원천이 될 수 있다. 열 펌프의 열이익은 국가의 신재생 에너지 통계의 기능을 하기 시작하고 그들의 성능을 함께 태양 복사로 분류 될 수 있다. 지상자원 열 펌프는 9장에 설명 된 대로 수직 시추공 열 교환기를 사용해 특히 '지열 히트 펌프'로 분류 될 가능성이 있다.

큰 잠재적 수요처다. 그것은 1년 내내 계속되는 수요가 있고 여름에 충분한 양의 햇빛이 있을 때도 계속적으로 필요하다. 2009년 영국에서 이것은 총 국가 공급 에너지 사용의 약 5%를 차지했다. 전형적인 영국 가정은 이 용도를 위해 하루에 약 13 kWh의 에너지를 사용한다. 현실적으로 이것의 많은 양이 폐열로 손실될 수 있다. 단열되지 않은 온수 실린더와 외피가 씌워지지 않은 파이브 구조들이 주요 원인이 되며 심지어 태양열 온수 가열기가 이러한 결함으로부터 피해를 입을 수 있다.

영국에서는 들어오는 물이 보통 토양의 온도에 가까운 약 12°C인데 1년 동안 약간 변화하며 그것은 최대 60°C까지 가열되어야 한다. 많은 문헌에서 45°C 정도의 낮은 온도가 적당하다고 말하지만 따뜻한 물속에서 증식하는 레지오넬라 프네움오필라 세균에 의해 발생되는 병원성 레지오넬라병(재향군인병)에 대한 최근 우려때문에 높은 온도에 대한 수요를 증가시키고 있다.

가정 내 온수 가열기는 보통 3개의 방법 중 하나로 행해진다.

- 온수 저장 실린더에 있는 투입형 가열기를 이용하는 전기에 의한 가열 방법
- 온수 저장 실린더 내의 열 교환 코일에 중앙 가열 보일러(보통 가스 연료를 사용한) 또는 지역별 가열 공급 시스템에 의해 열을 공급받아 온수를 가열하는 방법
- 보통 가스 또는 전기에 의해 에너지가 공급되는 순간온수기에 의한 방법

영국에서 천연가스는 실내 가열기를 위한 주요한 연료이다. 다음 10절에서 자세히 설명될 것이다. 천연가스를 태움으로써 얻어지는 열은 화석연료로부터 생산된 전기를 사용하는 것보다 이산화탄소를 덜 생산한다. 태양열이 천연가스를 대체한다면 kWh당 약 0.2 kg의 이산화탄소 배출을 줄일 수 있다. 이를 영국에서 생산되는 전기로 대체해서 계산해보면 kWh당 약 0.5 kg의 CO_2 배출을 줄일 수 있다..

그러나 더 따뜻한 국가 가정의 대다수는 1년 내내 전기 온수 가열기를 사용한다. 예를 들어 석탄 발전소의 비율이 높은 그리스에서 태양열 온수 가열기는 전기를 대신할 것이고, 그에 따라 CO_2방출 절약양은 단위 kWh의 열량 당 이산화탄소 0.7 kg에 가깝게 될 수 있다(IEA, 2011). 또한 이러한 나라에서는 영국처럼 겨울보다 여름에 냉각과 공기조절에 대한 수요 증가와 함께 국가 전기 수요가 최고치를 이룬다. 그러므로 모든 설치된 태양열 온수 가열기는 연료 절감에서 뿐만 아니라 새로

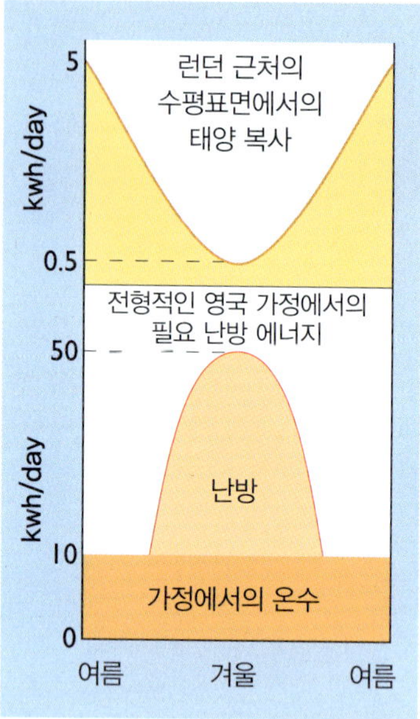

그림 2.19 • 영국에서 태양 복사는 실내 난방 수요와 일치하지 않는다.

운 발전소 건설에서도 동등하게 중요한 역할을 한다. 또 다른 방법을 내놓자면 화석연료 전기를 대신할 수 있는 곳에서 태양열이 저온 가열 목적으로 사용되면 이것은 아마도 광전지를 만드는 것 또는 동등한 양의 잉여 전기를 생산해내기 위해 태양열 전기 시스템을 만드는 것만큼 유익하다.

가정 내 실내 난방

실내 난방은 건물의 내부 공간을 약 20°C로 따뜻하게 하는 것과 관련된다. 영국에서 실내 난방은 국가의 공급 에너지 중 거의 20%를 소비하지만 아직 오직 45°C의 물로만 운전될 수 있는 적절한 난방 시스템이 없다. 그것은 오로지 **난방을 하는 계절** 동안 발생하는 상황이다. 비록 영국 건물에서 난방을 9월 중순부터 4월까지 연장할지라도 우리가 나중에 수동적인 태양열 난방에 대한 섹션에서 볼 수 있듯이 실내 난방에 필요한 열은 위치와 단열재 수준에 의해 상당히 다양해질 수 있다. 하지만 북 유럽의 많은 경우와 같이 영국에서도 이것의 적용에 대한 근본적인 문제가 있는데 그것은 태양 복사열의 유용성이 열에 대한 총체적인 수요와 완전히 일치하지 않았다는 것이다(그림 2.19 참조). 특정한 지역에서 비록 1년 전체에 대한 태양 복사열의 양이 건물 가열 요구를 훨씬 초과할지라도 난방을 하는 계절 동안 그 복사열의 양은 상당히 적다는 것이다.

공간 가열을 위한 태양에너지의 적합성이 지역 기후에 의존한다는 것은 중요하다. 교과서에는 웅장한 태양열 건물을 보여줄지 모르지만 이것은 오직 겨울에 차가움과 따뜻함을 둘 다 가지고 있는 특별한 지역에 적합할지도 모른다.

여름에 영국은 같은 위도에 있는 다른 유럽 국가의 태양 복사열의 양과 유사한 양의 복사열을 받는다. 하지만 겨울은 다르다. 영국은 비교적 온화한 겨울을 가지고 있다.

하지만 겨울 태양 복사열은 주로 위도에 의존하게 된다. 그림 2.20에 나타난 것처럼 런던의 1월 평균 온도는 프랑스 남부의 온도와 사실상 일치한다(5°C 윤곽선을 따라가라).

북쪽의 유럽인은 왜 겨울 동안 남쪽으로 갈까? 정답은 그곳이 좀 더 따뜻하기 때문이다. 우리가 그림 2.8에서 보았듯이 프랑스 남쪽은 런던에서 한겨울에 지표면이 받은 태양 복사열의 3배만큼 많은 복사열을 받는다.

넓게 말하면 서유럽의 기후는 네 구역으로 나눌 수 있다(그림 2.20).

1. 북유럽 연안 지역: 한겨울에 적은 태양 복사열을 가진 추운 겨울, 온화한 여름
2. 중유럽 연안 지역: 적당한 양의 태양 복사열을 가진 시원한 겨울, 온화한 여름
3. 대륙 지역: 적당한 양의 태양 복사열을 가진 매우 추운 겨울, 뜨거운 여름
4. 남부와 지중해 지역: 많은 양의 태양 복사열을 가진 온화한 겨울, 뜨겁고 햇빛이 잘 드는 여름

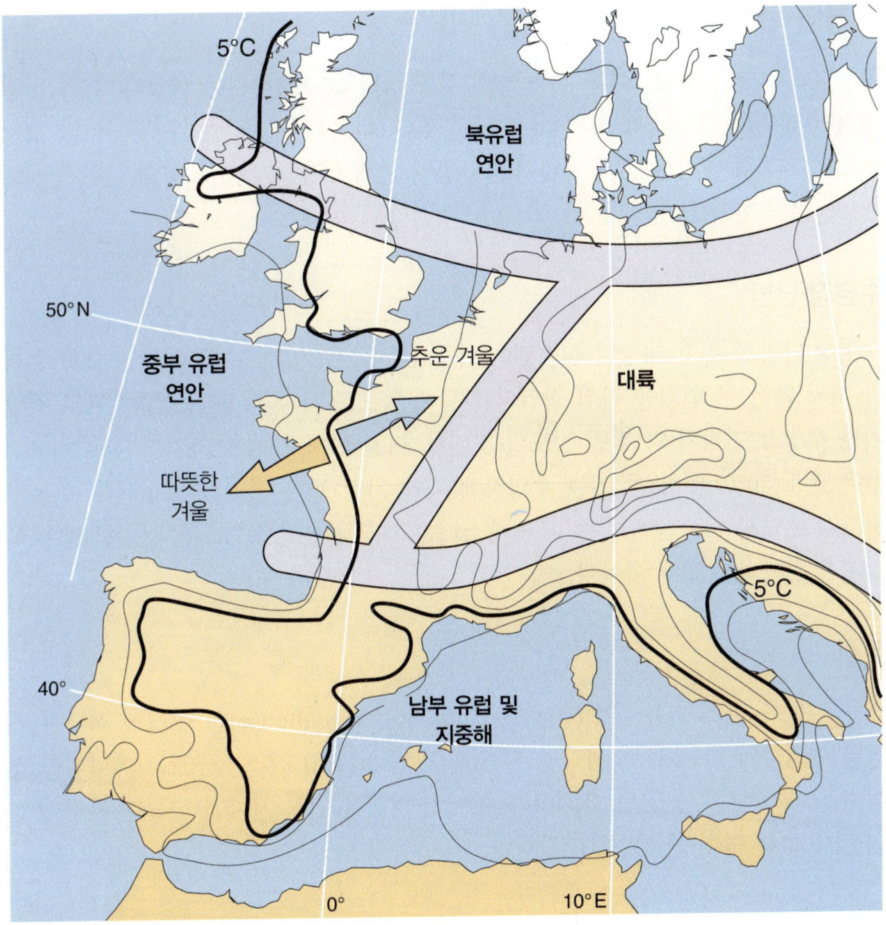

그림 2.20 • 유럽의 기후 지역. 영국의 겨울은 유럽의 나머지 지역과 비교하여 온화하다. 5℃의 등고선은 1월의 평균기온이다.

많은 태양열 실험 연구 프로젝트가 3번과 4번지역 주변과 피레네 산맥과 알프스 산맥 주변 지역에서 이루어졌다는 것은 어떠한 우연의 일치도 아니다. 또한 이런 종류의 기후는 미국 중부에 있는 콜로라도의 전형적인 날씨이고 그 밖에도 태양열 난방 가구가 많은 또 다른 지역이 많이 있다.

넓게 보면 수동 태양열 난방은 건물 디자인에 대한 기후의 미묘한 영향에 관련한 것이다. 이런 평가가 없으면 환경에 부적절한 건물을 만드는 것은 너무 쉽다.

BC 1세기에 로마 건축가 비트루비우스가 말했다.

> 만약 집에 대한 우리의 설계가 정확하게 되려면 우리는 집이 지어지는 곳의 국가와 기후를 고려하면서 시작해야만 한다. 이집트와 스페인 등에서 적당한 집이 로마나 다른 기후 지역에서는 적당하지 않을 수 있다. 이것은 지구의 한 부분은 태양의 진로에 일직선이지만 다른 곳은 태양으로부터 멀기 때문이다. 집의 설계가 기후의 다양성에 따라야만 한다는 것은 명백하다.
>
> Butti와 Perlin에서 인용, 1980

태양열 난방 시스템의 다양성

현실적으로 '능동적인' 것과 '수동적인' 것을 정확히 구분하기는 힘들다. 그들은 전체적인 범위의 가능성과 함께 서로 섞여 있다. 다음의 예시들은 우리가 이미 고려해왔던 지붕형 태양열 온수 가열기를 포함해 현재 이용 가능한 태양열 난방 장치의 범위를 설명한다.

수영장 난방

수영장 난방을 위한 태양열 시스템은 아주 간단할 수 있다. 수영장 물은 보통 유리를 끼지 않은 큰 면적을 가진 집열기를 통해 펌프로 퍼 올려진다. 전형적으로 집열기는 수영장 면적의 약 절반 정도일 것이다. 다른 난방 형태를 가지지 않고 비교적 낮은 온도(20°C 이하)에 있는 수영장에 대해 가장 좋은 결과가 달성된다. 목표가 반드시 수영하는 사람에게 좀 더 만족스러운 수영장 온도를 만드는 것만큼 많은 에너지를 절약하는 것은 아니다.

온실

건물의 남쪽 면에 있는 온실(conservatory 또는 greenhouse)은 살기에 적당한 태양열 집열기의 한 종류로 생각될 수 있다(그림 2.21(a) 참조). 공기는 에너지를 건물 뒤로 운반하는 열 운반 유체이다. 에너지 저장은 건물 자체가 하는데 특히 온실의 뒤에 있는 벽이 에너지를 저장한다.

축열벽(Trombe wall)

축열벽(프랑스 발명가 펠릭스 트롬브가 발명한 후 이름 지어짐)에서 온실은 저장소 벽 앞에 있는 얇은 공기층으로 대체되었다(그림 2.21(b)). 이는 태양열 집열기와 바로 뒤의 열 저장소로 구성된다. 태양 복사는 저장고를 따뜻하게 하고 내부로부터 집으로 열이 발산된다. 햇볕이 잘 드는 날 공기는 공기층을 통해 뒤쪽에 있는 집안으로 순환된다. 밤과 추운 날에는 공기 흐름이 차단된다.

이 개념은 다양한 형태가 될 수 있다. 작은 집열기 패널을 건물의 기존 벽에 직접 설치할 수 있다. 극단적으로 공기 통로는 생략될 수 있고 벽은 투명한 단열재로 간단히 덮여질 수 있다.

직접 획득형

직접 획득형은 모든 수동 태양열 난방 장치 시스템의 가장 간단하고 흔한 형태이다(그림 2.21(c)). 모든 유리로 된 건물은 일부 범위에 이것을 활용한다. 태양광선은 간단히 창문을 통과하고 내부로 흡수된다. 만약 건물의 열 용량이 충분히 크다면 열 획득은 유용할 것이고 건물의 열 용량이 작다면 햇볕이 잘 드는 날에는 건물이 과열될 수 있으므로 거주자는 불쾌감을 느낄 수 있다.

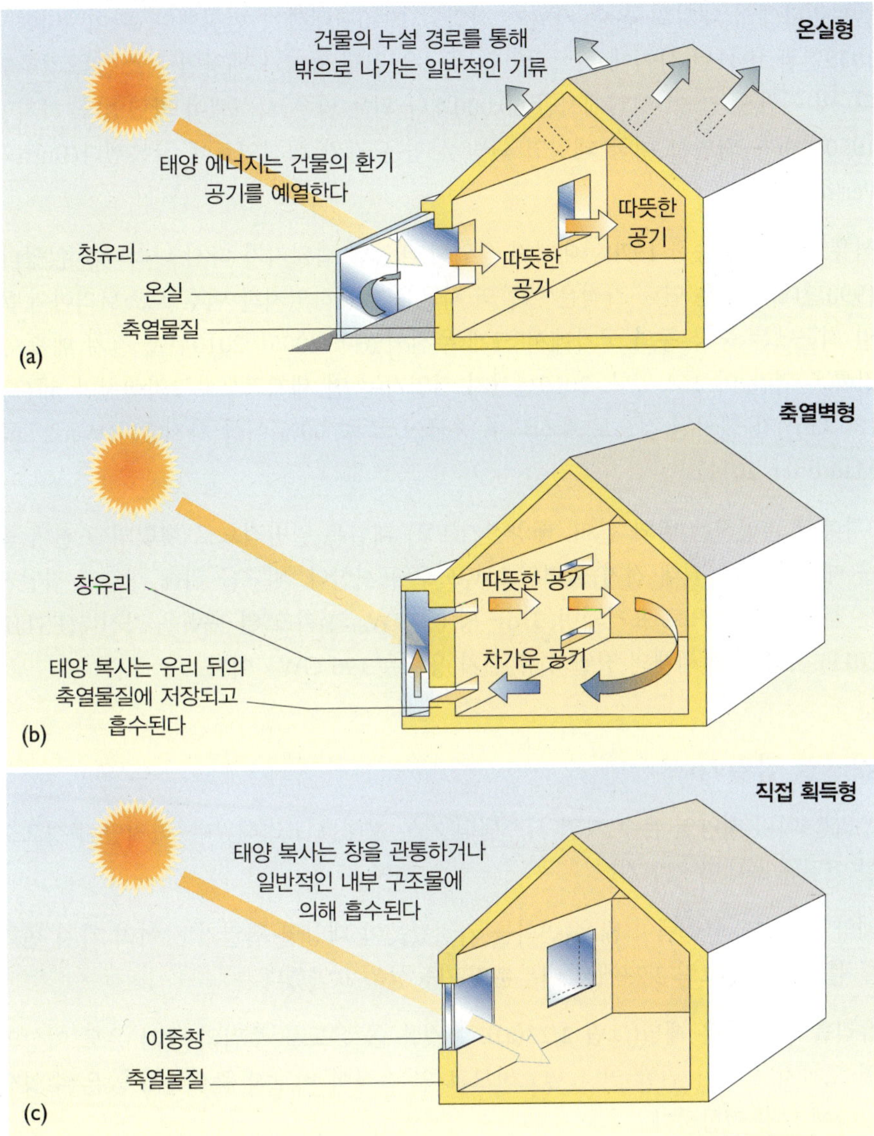

그림 2.21 • 수동 태양열 시스템의 다른 유형: (a)온실형, (b)축열벽형, (c)직접 획득형.

2.6 능동적 태양열 난방 장치

역사

태양열 온수기는 단순히 일반 창문 뒤에 물탱크를 위치시킴으로써 만들 수 있다. 사실상 1890년대 미국에서 생산된 초기 시스템의 대부분이 지금 것이나 다름없다. 우리가 알고 있듯이 열 사이펀 태양열 온수기는 1909년 캘리포니아 윌리암 J. 베일리에 의해 독자적으로 개발되었다. 그 시스템은 뜨거운 물을 밤새도록 유지시켜주는 단열된 탱크를 가지고 있었기 때문에 베일리는 그의 사업을 낮과 밤 태양열 온수기 회사라고 불렀다(그림 2.22). 값이 싼 천연가스 지역을 발견으로 인해 그의 사업이 문을 닫은 1920년대까지 그는 약 4,000개의 시스템을 팔았다.

그림 2.22 • 약 1915년경 베일리의 thermosyphon 태양열 온수 가열기 광고.

플로리다에서 태양열 온수 가열기 사업은 1940년대까지 번창했다. 마이애미에서 1935년과 1941년 사이에 건설되었던 새로운 집의 80%가 태양열 시스템을 갖추었다. 이 기간 동안 이 지역에서만 60,000개나 되는 많은 시스템이 팔렸었다. 하지만 1950년대가 되면서 미국 태양열 난방 산업은 값싼 화석연료에 굴복했다(Butti와 Perlin, 1980).

석유 가격이 상승한 1970년대까지 상업적 태양열 집열기가 다시 나타나지 않았다. 1990년대의 낮은 연료 가격은 이들의 사용을 억제하였지만 이후 오스트리아와 독일 최근에는 중국 등의 국가에서 크게 추진되었다. 2005~2010년에 걸쳐 매출 성장률은 연간 약 16%였다. 2010년까지 집열기는 전 세계적으로 2억 8천만 m^2(즉, 280 km^2)가 설치된 것으로 추산되며 중국이 그 중 60% 이상 차지했다(Weiss and Mauthner, 2011).

3장에서 설명하는 바와 같이, 태양전지(PV) 패널은 일반적으로 햇빛의 조건이 좋을 때 생산하는 최대 전기 출력인 kW_p으로 표시한다. 비교를 위해 태양열 집열기는 최대 열 출력으로 표기되며, 1 m^2 당 0.7 kW_{th}의 피크 열 출력을 가진다(ESTIF, 2011). 추정된 전세계의 집열기 총 설치 용량은 196 GW_{th} 이다.

태양열 집열기

우리는 이미 태양열 온수 가열 시스템의 기본 형태를 고려해왔다. 하지만 구성요소를 어떻게 선택할 것인가?

태양열에너지 시스템이 많은 변화를 가져왔듯이 태양열 집열기도 여러 가지 변화를 볼 수 있다. 그림 2.23에서 대부분의 가능성을 요약했다.

유리를 끼지 않은 패널(그림 2.23(a)). 이것은 물 온도를 주위의 공기 온도 이상의 몇 도까지 올리기 위한 열만 필요하므로 열 손실이 비교적 중요하지 않은 수영장 난방에 가장 적합하다.

평면식 공기 집열기(그림 2.23(b)). 이것은 물 집열기만큼 흔하지는 않고 주로 작물 건조에 응용된다.

평면식 물 집열기(그림 2.23(c)). 이것은 중국을 제외하고 가정용 태양열 온수가열기의 주축이다. 보통 그것은 단일 유리판뿐만 아니라 추가적인 두 번째 유리층을 가지기도 한다. 때때로 플라스틱판을 쓰기도 한다. 유리 시스템이 정교해질수록 외부 공기와의 사이에 유지될 수 있는 온도 차이가 좀 더 높게 된다.

흡열판은 입사하는 태양 복사의 거의 전부 흡수하게 하는 매우 검은 표면을 가진다. 다시 말해 그것은 높은 흡열성을 가진다. 대부분의 일반적인 검은 페인트는 입사하는 복사의 약 10%를 반사한다(흰 표면은 검은 표면과 비교하여 70~80%의 복사를 반사한다). 일부 패널은 열 손실을 줄이기 위해 장파 적외선에서는 낮은 복사율, 가시광선에서 높은 흡열성을 가지는 표면을 사용한다.

두꺼운 구리나 강철 시트에 납땜된 알루미늄 패널과 작은 구경의 구리 파이프로 만

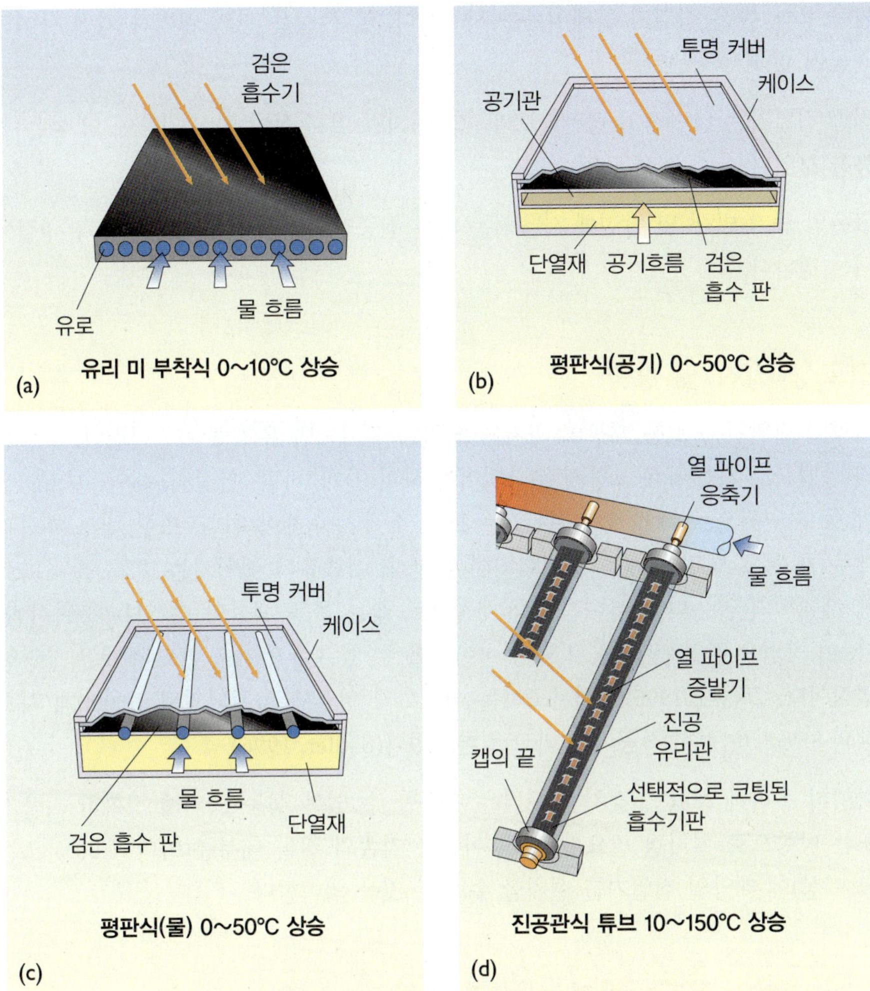

그림 2.23 • 저온 집열을 위한 태양열 집열기.

들어진 압축된 강철 중앙 라디에이터를 포함하여 최근에 많은 흡열기 판의 설계가 성공적으로 시험되었다. 일반적으로 흡열기판은 최소한의 열 손실을 가지고 모인 에너지를 물로 전달하기 위해 높은 열 전도성을 가져야만 한다.

진공관형 태양열 집열기(그림 2.23(d)). 이러한 형태가 나타나는 예로서는 형광등과 유사한 모듈 튜브 세트가 있다. 흡열기판은 각 튜브의 중심 아래에 있는 금속 조각이다. 대류 열 손실은 튜브에서 진공에 의해 억제된다. 흡열기판은 모인 에너지를 배열의 맨 위에 있는 선두 파이프를 따라 순환하는 물로 옮기기 위해 특별한 열 파이프(heat pipe)를 사용한다. 열 파이프는 많은 양의 열을 옮기기 위해 비등 유동체의 열적 성질을 이용한 장치이다. 액체는 속이 빈 관에 일정한 압력으로 채워지며, 따라서 액체는 '뜨거운' 쪽에서 끓게 되고 기체는 '차가운' 쪽에서 응축된다. 이러한 튜브는 고체인 금속으로 이루어진 것보다 수십 배 큰 열 전도성을 가지며 작은 온도 상승에도 많은 양의 열을 전달할 수 있다.

중국에서 일반적으로 사용되는 대안 설계는 이중벽 유리 튜브에 들어있는 물의 순환을 통해 좁은 집열기 블레이드를 사용한다. 열 손실은 관의 내벽과 외벽 사이의 진공에 의해 억제된다.

진공 집열기는 일반적인 평판형보다 고가이지만 열 손실이 적어 겨울에 더 나은 성능을 보인다.

고온의 증기 발생 및 발전에 사용되는 다른 집중형 집열기 디자인은 뒷부분 9절에서 설명한다.

견고성, 장착 및 방향

태양열 집열기는 보통 지붕에 설치되며 일단 설치되면 유지보수가 어렵다. 누설방지 방법으로 지붕에 견고하게 부착되어야 하며 안개, 바람, 산성비, 해염 그리고 우박 등 자연적으로 해를 입힐 수 있는 모든 것에 대비해야 한다. 또한 내부 부식과 매우 큰 온도 범위에 대비해 시험되어야 한다. 이중유리 집열기는 만약 열이 빠르게 제거되지 않는다면 한여름에 잠재적으로 끓는 물을 생산할 수 있는 능력이 있다. 이 방법으로 20년 또는 그 이상 살아남을 수 있는 무언가를 만드는 것은 상당한 업적이다. 그러나 1995년 설문조사는 여태까지 영국에 설치되었던 49,000개 시스템의 85%가 여전히 작동 중이라고 결론지었다(Sadler, 1996).

다행히 우리가 보았던 것처럼 패널은 수용할 수 있는 성능을 위해 정확한 기울기 또는 방향으로 설치될 필요가 없다. 이것은 기존의 건물 대부분(아마도 50% 또는 그 이상)에 태양열 집열기를 설치할 수 있는 것을 의미한다.

능동 태양열 공간난방과 계절 간 저장

지금까지 우리는 오직 몇 m^2의 집열기를 가진 가정용 태양열 온수 가열기에 대해 세부사항을 살펴보았다. 만약 매우 큰 저장 탱크와 함께 아주 큰 집열기가 갖추어진다면 이론상 태양열에너지는 건물 수요의 더 많은 부분을 공급할 수 있어야 한다. 그러나 앞서 지적했듯이, 태양 복사는 공간난방이 가장 필요한 한겨울에 가장 적다.

만약 저장 탱크를 충분히 크게 만든다면 여름철 태양 에너지를 저장하여 겨울에 사용할 수 있을 것이다. 이것은 **계절 간 저장**으로 알려져 있다. 그러나 이것의 어려움은 과소평가되지 않아야만 한다. 집에 공급하기 위해 필요한 온수 저장고의 부피는 집 자체와 거의 같은 크기일 수 있다. 또한 이런 저장 탱크는 여름부터 겨울까지 열을 유지하기 위해 50 cm 두께의 단열재가 필요할지도 모른다. 부피에 대한 표면적(열 손실)의 비율을 줄이기 위해서는 매우 큰 저장 탱크를 만드는 것이 이익이다. 이러한 이유로 큰 건물이나 구역 난방에 사용되기에는 제약이 있다.

능동형 태양 공간 난방 시스템이 만들어졌지만, 실제로는 일반적으로 능동형 태양열 난방을 하나 더 제공하는 것보다 단열을 통해 난방비를 절약하는 것이 더 경제적이라는 것이 입증되었다.

그림 2.24 • 덴마크 마르스탈에 구역 난방 시스템을 제공하는 18,000 m^2 배열의 집열기

태양열 지역난방

태양 집열기를 대량으로 구입가능하고 건립 할 수 있는 대규모 프로젝트는 경제적으로 문제가 있다. 1980년대 이후 주로 덴마크, 스웨덴, 독일 등 유럽 대륙에 지역난방 시스템을 위한 태양열 집열기 건설이 꾸준히 증가하고 있다. 집열기 배열은 매우 크다. 그림 2.24와 같이 18,000 m^2 크기의 집열기는 12,100 m^3 상당의 열 저장소를 가지고 있으며, 1,600 가구의 난방에 필요한 연간 열 요구량의 30%를 공급하고 있다. 이는 가구 당 11 m^2의 집열기에 해당한다. 이는 향후 15,000 m^2 정도 집열기 면적을 늘리고 75,000 m^3 의 저장소 용량을 늘릴 예정이다. 이를통해 지역난방 시스템을 위한 열 생산의 비중을 55%정도로 늘리고자 한다(Sunmark, 2011).

2.7 수동적 태양열 난방

유래

모든 유리로 된 건물은 이미 어느 정도 수준까지 태양열을 효율적으로 다룰 수 있는 집열기를 갖추고 있다. 이러한 기술의 사용은 로마시대로 거슬러 올라가는데 로마인은 그들의 공용 회의장소나 목욕시설에 유리를 사용했다. 하나의 예로 폭 2 m 높이 3 m인 창 개구부가 폼페이에서 발견되었다.

로마제국의 멸망 후, 천년 동안 매우 큰 유리를 찾아 볼 수 없었고 17세기 말에 이르러서야 2 m^2의 시트를 만들 수 있는 판유리 제작과정이 프랑스에서 재등장하게 되었다.

그럼에도 불구하고 18~19세기의 도시들은 사람들로 복잡했으며 대부분의 건물은 빛이 잘 들지 않았다. 그것은 선구적인 도시개혁자들이 한층 발전된 설계를 한 19세기 말까지 지속되었다. 그들은 박테리아를 죽이는 자외선을 발견한 후 태양빛에 의학적 효과가 있다고 생각하게 되었다. 따라서 태양빛과 신선한 공기는 비누공장 작업자들을 위해 지어진 Liverpool 근처의 Port Sunlight처럼 영국에서 'new towns'의 슬로건이 되었다.

그때 당시의 개혁자들은 자외선이 창문을 통과하지 못한다는 것을 알지 못했지만,

많은 양의 햇빛을 모으기 위해 꾸준히 노력해왔다. 그것은 겨울에 밝은 빛에 노출되는 것이 인체의 호르몬 균형을 유지하는 데 있어 필요하다는 것을 알았기 때문이다. 빛이 없다면 사람들은 한겨울에 우울해지기 쉬울 것이다.

영국에서는 풍부한 석탄 공급 덕분에 최근까지 연료비를 절감시키기 위해 태양에너지를 사용하는 것에 거의 관심이 없었다. 그러므로 미국과 프랑스 건물들의 영향을 받은 Wallasey School 건물은 신기한 것이었다(그림 2.25와 그림 2.26 참조).

집열기로서 직접 획득형(direct gain) 건물

Wallasey School 건물은 고전적인 방식의 직접 획득형 구조이다. 이것은 자연형 태양열에 요구되는 중요한 특징을 가지고 있다.

1. 태양 빛을 얻기 위한 남쪽을 향한 큰 유리창
2. 열적으로 뛰어난 구조물(콘크리트나 벽돌쌓기). 이것은 낮 동안에 저장한 열에너지를 밤까지 유지한다.
3. 열을 유지하기 위해 구조물의 외곽에 두꺼운 단열재를 둔다.

그림 2.25 • 1961년에 지어진 Wallasey 학교(Cheshire, 영국).

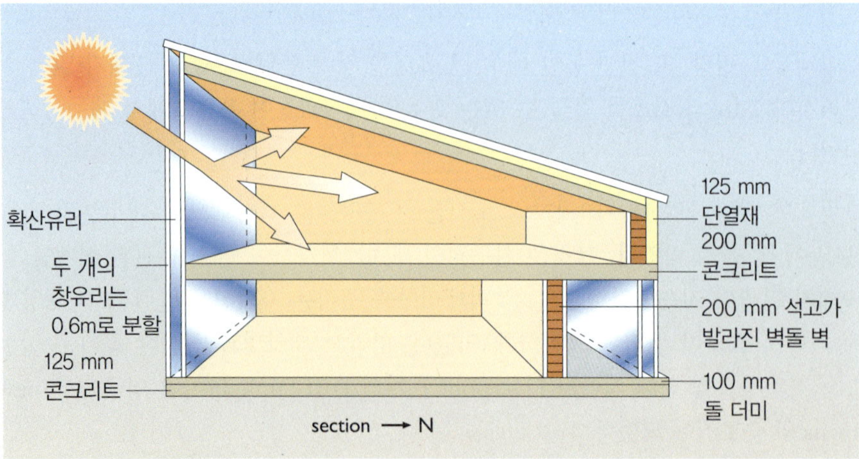

그림 2.26 • Wallasy학교 – 단면도.

이러한 건축물이 들어선 후에는 원래 기름을 연료로 쓰도록 설치된 난방 시스템이 불필요하게 되어 한동안 사라졌다. 그리고 백열등과 학생들의 체열로부터 나온 에너지와 태양에너지의 혼합에 의해 난방되는 건물이 되었다.

자연형 태양열난방 대 초단열

Wallasey School 건물도 저에너지 건물 중 하나지만 다른 것들도 있다. 1975년 Wales의 Machynlleth에 지어진 Wates house(그림 2.27)는 영국에서 최초의 '초단열' 건물 중 하나였다. 이 건물의 특징은 450 mm두께의 벽 단열재와 작은 4중 유리로 된 창문이다. 이것은 당시 영국의 집들이 일반적으로 단일 유리로 지어졌으며 벽 단열재가 없었고 불과 25 mm의 다락 단열재가 요구되는 새로운 규정이 막 소개되고 있었기 때문에 혁신적인 설계였다.

산골짜기 낮은 곳에 위치한 Wates house는 특히 자연형 태양열 시스템에 부적합한 장소다. 사실 이것은 풍력터빈에 의해 전기적으로 난방하고 빛을 밝히려고 하였다.

수동 태양열 또는 초단열의 두 가지 방법 중 어느 것이 더 좋은 것인가? 이 질문에 답하기는 쉽지 않다. 수동 태양열에 대한 설계 기술은 건물에서의 에너지 흐름을 이해하고 그것을 최대한 활용해야 한다. 겨울철 난방에 필요한 열을 모으기 위해 충분한 태양열을 획득할 필요가 있고 이는 높은 단열 수준에 의해 감소시킬 수 있다. 태양에너지는 적절한 조명을 위해 필요하지만 여름철의 너무 많아서 과열되어서는 안 된다.

창의 에너지 평형

우리는 자연형 태양열 요소의 한 종류로 남쪽에 면해 있는 창문을 생각해볼 수 있다. 태양 복사는 낮 동안 이루어지고 건물의 내부 온도가 밖의 온도보다 더 높아지면 열은 밖으로 다시 전도, 대류, 복사가 이루어질 것이다.

그림 2.27 • Machynlleth의 초절연 Wates 집.

하나의 질문은 창문이 알짜에너지 이득을 제공하기 위해 바깥으로 나가는 열보다 안으로 들어오는 열이 많은지 하는 것이다. 그 답은 여러 가지 요인에 따라 달라진다.

1. 건물의 평균 내부 온도
2. 평균 외부 온도
3. 사용가능한 태양 복사
4. 창문의 열 투과율, 방향과 명암
5. 단일 유리인지 다중 유리인지(심지어 더 좋은 단열상태인지)에 따라 변하는 창문의 *U*값

그림 2.28은 평균 내부온도가 18°C인 런던 부근의 건물에 대해 남쪽 창문의 매월 평균 에너지 평형을 보여준다. 12월, 1월의 추운 달에는 단일창과 이중창 모두 알짜에너지가 손실된다. 하지만 가을과 봄(11월과 3월)에 이중창은 열의 수요에 긍정적인 기여자가 된다. 그것의 효율(성능계수)은 밤에 열을 단열시킴으로써 더 향상될 수 있다.

우리는 이것을 프랑스 북쪽에 있는 Avignon부근 Carpentras의 비슷한 에너지 평형과 비교할 수 있다(그림 2.28). 이곳은 런던보다 낮은 위도에 있지만 한겨울에 런던만큼 춥다. 그러나 더 많은 햇빛이 든다. 들어오는 태양 복사가 한겨울일지라도 밖으로 나가는 열보다 매우 많고 에너지 평형 또한 꽤 긍정적이다.

난방 시즌 그리고 공짜열 이득

다시 영국으로 돌아가서 태양에너지를 얼마나 잘 활용할 수 있는지 고려해보자.

장기간의 난방을 하는 계절에는 남쪽에 면한 이중창이 좋을 것이다. 그것은 아마도 10월, 11월, 3월, 4월 동안에 남는 열을 제공할 수 있다. 다시 말해서 매우 짧은 시

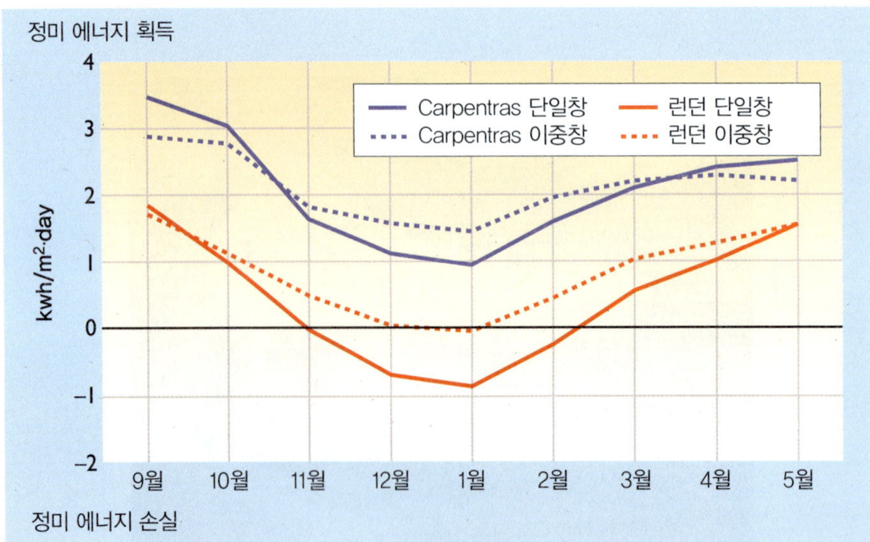

그림 2.28 • 창문에너지 균형 : 런던 그리고 프랑스의 남쪽에 위치한 카르팡트라.

간 난방을 하는 계절에는 다른 달에 비해 효율적이지 못하다. 12월과 1월에는 사용하기에 충분하지 않다.

난방을 하는 계절이 얼마나 지속되는가?

이 질문에 답하기 위해서 우리는 빌딩의 공간, 단열 표준 그리고 이른바 '공짜'열(free heat) 획득을 고려해야만 한다.

바깥의 공기온도보다 내부를 더 따뜻하게 유지하기 위해서 전형적인 건물에서는 열을 공급할 필요가 있다. 내부와 외부의 온도 차이가 더 클수록 더 많은 열이 공급될 필요가 있다. 여름에는 어떠한 열도 공급할 필요가 없지만 한겨울에는 많은 양의 열이 필요할 것이다. 한 해 동안 공급할 필요가 있는 총 열의 양을 '총 난방 요구량'이라고 한다.

이것은 세 가지 열원으로부터 공급되어야 할 것이다.

1. '공짜열 이득'. 건물 안에서 발생하는 보통의 활동으로부터 나오는 건물의 난방부하에 기여하는 에너지이다. 사람의 체열 그리고 요리, 목욕, 형광등, 가전제품에서 발생하는 열을 말한다. 개별적으로 발생하는 꽤 작은 열이다. 총체적으로 그것들은 총 열 수요에 중요한 기여를 한다. 전형적인 영국 건물에서, 이것은 15 kWh/day 정도 된다.

2. 주로 창문을 통해 얻는 수동 태양열 이득

3. 정상적인 난방 시스템으로부터 오는 화석연료에너지

예를 들어 잘 단열되지 않았던 1970년대의 영국 건물(비슷한 건물이 북부와 중부 유럽에 있다)의 매월 평균 총 난방 요구량을 고려해보자. 그림 2.29에서 알 수 있듯 이것은 따뜻한 봄과 가을 보다 추운 겨울에 더 높게 나올 것이다. 바깥의 공기온도가 더 높은 여름에 이러한 난방의 수요는 거의 0까지 떨어진다.

그림 2.29처럼 한 해 동안 이 특정한 건물에 대해서 총 난방 요구량은 21,000 kWh 이며, 이중 5,000 kWh는 공짜열이고 3,000 kWh는 태양열 획득으로부터 왔다(우리는 태양열 획득값을 계산하기 전에 공짜열 취득값을 계산한다).

달리 말하면 평범한 건물은 이미 14%의 자연 태양열을 얻는다. 보통의 화석연료 난방시스템에 의해 공급되는 순수 난방 요구량은 단순하게 열 수요값 즉, 13,000 kWh 이다. 이것은 9월 중순부터 5월 말까지 공급되어야 할 것이다.

이중벽과 다락의 단열과 단일유리 대신 이중창을 사용함으로써 건물의 열 소비를 절감하는 것이 가능하다. 이것은 총 난방 요구량을 감소시킬 것이고, 그림 2.30에서 보여주듯이 한 해 동안 공짜열 획득과 일반적인 태양열 획득이 건물의 내부온도를 유지시켜줄 것이다. 이와 같은 단열수준은 2002년의 영국 건물 규정과 같으며 이후 더욱 강화되었다.

난방을 하는 계절은 10월과 4월 말 사이로 줄어든다. 총 11,000 kWh의 난방 요구량 중에서 5,000 kWh는 여전히 공짜열 획득으로부터 나오지만 향상된 단열의 결

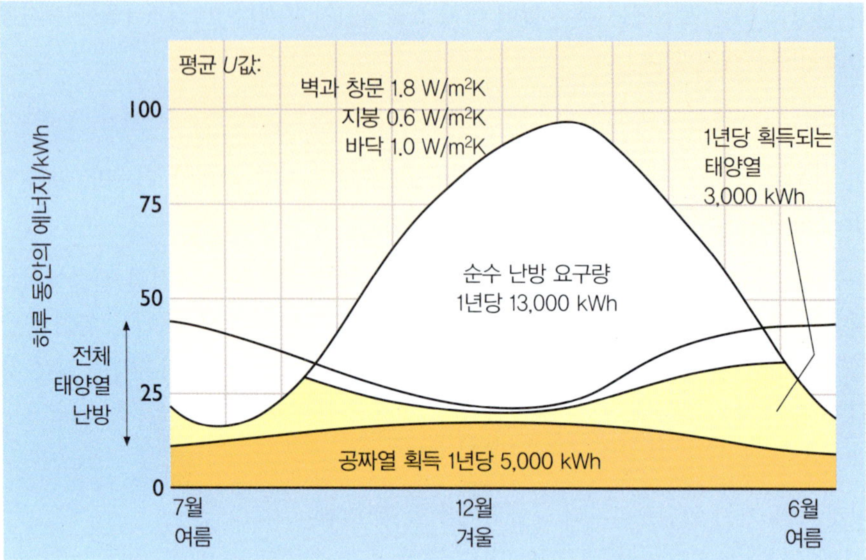

그림 2.29 • 1970 년대의 영국의 전형적인 저조한 절연 집의 순 공간 난방 수요에 기여.

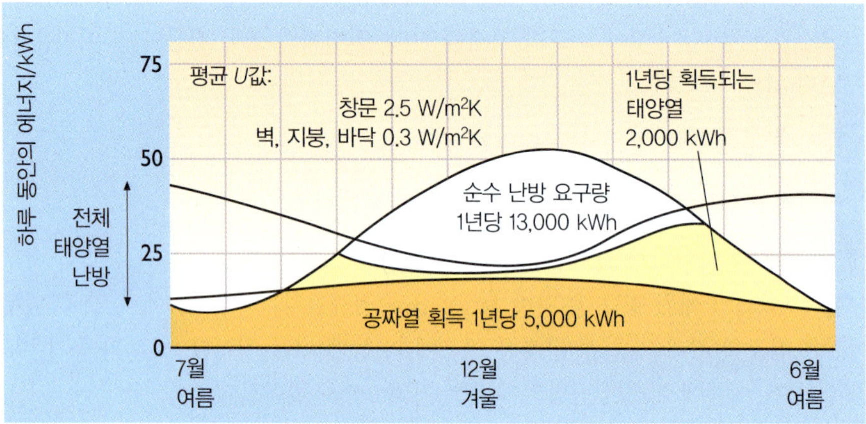

그림 2.30 • 일반적으로 디자인되었지만 합리적으로 잘 절연된 집의 순 공간 난방 수요에 기여.

과 때문에 단지 2,000 kWh만 태양열로 충당가능하다. 최종적으로 4,000 kWh의 에너지를 정상적인 열 시스템으로부터 공급받을 것이다.

집을 단열시킴으로써 화석연료 난방에 있어 1년에 9,000 kWh의 에너지가 절약될 것이며, 태양열의 기여(우리의 임의의 회계시스템을 사용)는 3,000 kWh에서 2,000 kWh까지 떨어질 것이다.

그것은 가전제품의 효율과 개선된 조명을 사용함으로서 공짜열 획득은 줄어들 수 있다. 영국의 통계는 2009년에 요리를 함으로써 소비되는 에너지양이 1970년 보다 더 감소했다. 조명 및 냉장고의 사용으로 인한 에너지도 1990년대 후반부터 하락하기 시작했다. 그러나 이것은 텔레비전과 가정용 컴퓨터 등의 가전제품 사용의 증가로 인해 상쇄되었다(DECC, 2011a). 또한 이 모든 것은 열에너지를 제공한다.

건물의 난방 요구량을 더 줄일 수 있는 2가지 방법이 있다.

1. 추가적인 단열을 하는 방법. 만약 200 mm나 더 두꺼운 단열을 사용해 건물이 초단열된 상태가 된다면 가장 추운 계절이나 가장 흐린 계절을 제외하고는 열부하가 거의 완벽하게 사라질지도 모른다. 태양 이득은 필수가 되지 않을 수 있다.

2. 한겨울에 태양의 이용을 확실하게 해주도록 적절한 유리창을 제공한다.

어느 방법을 선택할 것인가는 그 지역의 날씨와 단열 재료와 유리의 상대적인 비용에 따라 달라진다. 단위면적당 단열벽의 가격이 성능이 좋은 단열유리보다 상당히 저렴한 경향이 있다. 그것은 또한 건물의 아름다움과 내부의 천연 일광의 필요에 따라 달라질 수 있다.

Passivhaus 디자인

독일에서 초단열에 대한 아이디어는 1990년대에 개발 된 PassivHaus의 표준 형태로 추진되었다. 집은 종래의 수동적인 대형 난방 시스템이 필요하지 않다(BRE, 2008). 이러한 디자인 양식은 현재까지 전 세계에 걸쳐 30,000개의 건물에 사용되었다. 이 디자인은 공간 난방수준을 낮추기 위해 두꺼운 단열재, 좋은 품질의 창문과 밀폐 구조를 사용하고 있다. 그런 다음 주로 가전제품, 거주자 체열과 태양 이득에 의해 가열 될 수 있다.

Passjvhaus 방식은 주로 새로운 건물에 적용되어 있지만 그들이 적절하게 단연되어 있는 경우, 기존 건물의 열 성능이 크게 향상 될 수 있다. 1990년대 후반에 처음 남서 독일(그림 2.31) Ludwigshafen에서 1950년대에 지어진 아파트는 다음 열적 현대화를 부여했다 :

- 최소 200 mm 두께의 지붕 및 벽의 단열재(그림 2.32 참조)
- 열 손실을 줄이기 위한 아르곤이 충전된 삼중 창문과 낮은 방사율로 코팅된 유리
- 열 회수와 기계 환기(MVHR): 들어오는 신선한 공기를 나가는 공기로 예열하

그림 2.31 • Ludwigshafen의 Brunck Estate,Ludwigshafen, 영국.

그림 2.32 • 지붕위의 절연 폼의 블록이 놓여있는 상태.

여 열을 회수한다.

- 연료 전지 기반의 열병합 발전 (CHP) 장치(연료 전지에 대한 자세한 내용은 제 10장 참조).

공간 난방 에너지 사용량(즉, 난방 시스템에 의해 공급되는)은 단위면적당 연간 210 kWh에서 약 1/7인 30 kWh로 줄어들었다. 이것은 m^2 당 210 kWh 바닥 면적에서 7가지 요인에 의해 감소 것을 보여 주었다. 30 kWh는 3 ℓ 난방 기름의 에너지 함량과 동일하다. 따라서 이 프로젝트 이름은 '3 ℓ 하우스'이다(Luwoge, 2008).

보편적인 자연형 태양열 기술

건물 안에서 자연 태양열을 최대한 활용할 수 있는 몇 가지 기본적인 규칙이 있다.

1. 총체적인 열 손실을 줄이기 위해 잘 단열되어야만 한다.
2. 반응이 빠른 효율적인 난방시스템이어야 한다.
3. 남쪽을 향해야 한다(남동쪽으로부터 남서쪽까지 어느 곳이든지 좋다). 북쪽으로 화장실과 같은 작은 방이 있는 거실이 있어야 하는 것처럼 유리는 남쪽에 집중되어야 한다.
4. 한겨울 태양으로부터 열을 얻기 위해 다른 건물에 의해 과도하게 가려진 곳을 피해야 한다.
5. 여름철에 과도하게 가열되는 것을 피하기 위해 열적 용량이 커야한다.

이러한 기준은 위의 순서대로 1970년대 후반 영국 Milton Keynes에 있는 Pennyland 단지에 지어진 몇 개의 자연형 태양열을 갖춘 집을 설계하는데 사용되었다. 그 설계과정(그림 2.33 참조)은 조심스럽게 비용이 책정되었고 컴퓨터에 의해 에너지효과가 평가되었다.

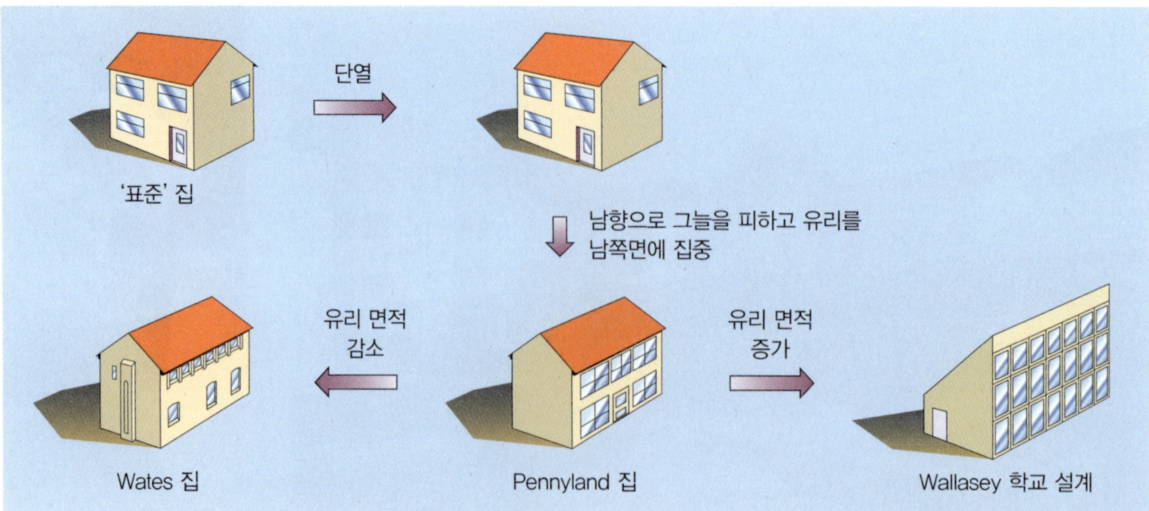

그림 2.33 • 저에너지 하우징의 디자인 단계.

그림 2.34 • pennyland의 수동적 태양열 주택 – 남쪽의 고도 – 메인 거실의 대형 창문은 남쪽에 직면하고 있다.

그림 2.35 • pennyland의 수동적 태양열 주택 – 북쪽의 고도 – 북쪽의 작은 창문들.

그 건물은 Wallasey School 건물과 Wates house 사이의 중간적인 형태를 가지고 있다. 집들은 남향이고, 유리가 너무 많은 것도 너무 적은 것도 아니며, 주거실은 남쪽에 치우친 형태의 건물이다(그림 2.34~그림 2.36 참조).

이러한 건물의 단지가 지어졌고 최종 건물이 조심스럽게 평가되었다. 이러한 과정 끝에 위에 언급된 1~5의 단계로 지어진 집은 예년에 지어진 평범한 집보다 저온 히팅에서 겨우 절반 정도의 가스를 소비하는 것으로 밝혀졌다. 추가 비용은 총 건축 비용의 2.5% 정도 되었고 원금 회수 시간은 4년 정도 되었다.

여기서 우리는 자연형 태양열에 관한 넓은 의미에서와 좁은 의미에서의 정의에 관해 생각해 본다. 넓은 의미에서의 자연 태양열은 에너지를 절약하는 모든 생각(위에 언급된 1~5)을 포함하고 좁은 의미에서는 태양열에 기초를 두는 관점(위의 3~5)들만 생각하는 것이다.

이 프로젝트에서 단열과 효율적인 난방은 많은 양의 에너지를 절약했지만 약 500kWh/year정도의 유용한 공간 난방에너지는 3~5포인트를 적용시킴으로써 절약되었다(Capman et al., 1985).

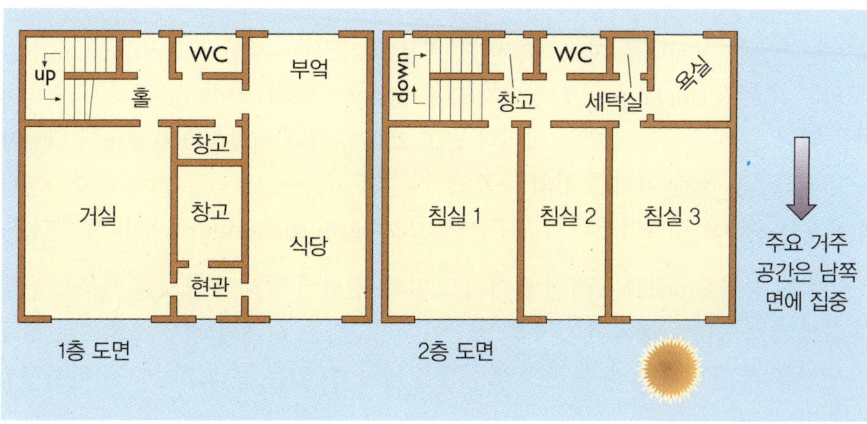

그림 2.36 • Pennyland 바닥 설계.

바꿔 말해 500 kWh은 단열조건이 똑같은 상태에서 태양열을 갖춘 집과 그렇지 않은 집 사이에서의 에너지 소비의 차이이다. 우리는 이러한 값을 자연태양열 순이득(marginal passive solar gain)이라 부른다. 우리가 그림 2.29와 그림 2.30에서 보았던 것처럼 심지어 태양열을 갖추지 않은 집도 약간의 태양열 이득을 가지고 있다. 우리가 하는 것은 그것을 최대화 시키는 것이다.

자연태양열 순이득을 생산하는 과정에서 드는 추가 비용을 계산하는 것은 다소 어렵다. 결국 자연형 태양열 난방기는 추가로 장착하는 것이 아니라 건물 자체이다. 여러 건물 설계와 배치에 대한 비용 연구에서 적당한 자연태양열 순이득은 최소의 추가 비용이 들 수도 있다는 것을 보여주었다.

좁은 의미에서 자연형 태양열은 그저 적절한 방법의 결과물로 거의 돈이 들지 않는다. 통합적인 저에너지 건축물 설계의 좀 더 넓은 의미에서 보면, 에너지 절약은 몇몇의 태양열 요소와 창유리 포함 여부, 에너지 보존 측정 그리고 다른 어떤 것도 아닌 전체적인 비용에 대해 균형을 갖추어야 한다.

단열비용 절감과 자연형 태양열 취득사이에서의 균형은 또한 그 지역 날씨에 의존한다. 실제 가장 큰 자연형 태양열을 갖춘 빌딩은 추운 겨울 동안 높은 수준의 햇빛을 가지는 날씨를 고려하여 지어진다.

온실 그리고 아트리움

직접 취득형 설계는 새로운 건물을 위한 것이다. 그것은 기존의 건물에는 충분히 적용될 수 없다. 하지만 온실이 새로운 건물에 포함될 수 있는 것처럼 오래된 많은 건물에 대해서도 남쪽 면에 온실을 추가할 수 있다(그림 2.37).

부착식 온실은 값이 비싸고 일반적으로 단지 에너지 절약이라는 측면으로만 정당성을 가질 수 없다. 더욱 그것은 난방을 하지 않는 어떤 면적에 지어진다. '신중' 이라는 강한 말이 여기에 필요하다. 온실은 단지 그 집의 다른 면적과 똑같이 난방을 하지 않는다면 에너지를 절약한다. 다만 다른 방과 중앙난방 장치 시스템에 연결된 방열기를 갖춘 것처럼 보일 수 있다. 이와 같이 세워진 집 하나는 다른 미가열 온실을 갖춘 10가구의 에너지 절약을 쉽게 상쇄시킬 수 있다.

그림 2.37 • 빅토리아 테라스 하우스의 온실.

새로운 건물이 설계대로 지어진다면 그 비용이 감소될 수 있다. Nottinghamshire에 있는 새로운 Hockerton 주택 단지(그림 2.38)는 'Wallasey school' 유형의 디자인을 폭이 넓은 온실과 결합한 것이다(EST, 2003). 벽과 지붕이 300 mm의 단열재로 단열되었을 뿐만 아니라 집의 뒤쪽도 추운 겨울 날씨로부터 보호하고 추가열량을 주는 흙(땅)으로 지어졌다. 이것은 대지보호(earth sheltering)로 알려져 있다.

유리로 된 중앙홀(atria)은 점점 많아지고 있다. 간단히 말해서 그것은 사무실 건물의 중앙에서 유리를 통과하는 빛의 공간이다. 또 다른 사례의 경우 쇼핑거리 전체는 난방을 하지 않지만 밝은 환경의 공간을 만들 수 있는 유리 지붕으로 만들어질 수 있다.

그림 2.38 • 1998 년에노 샘프 턴의 Hockerton에 완성된 이러한 낮은 에너지 주택은 폭이 넓은 온실, 두꺼운 절연 및 대지보호의 특색을 가진다.

또 '신중' 이라는 강한 말이 여기에 필요하다. '가열'된 상점은 활짝 문을 열어 '미가열'된 순환 공간에 전체의 정면을 보인다. 이는 불필요한 열 손실을 발생시킨다.

그늘진 곳은 피하기

자연형 태양열 설계에 관한 한 가지 중요한 관점은 다른 건물에 의해 빛이 차단되지 않는다면 한겨울 자외선은 거실공간으로 들어올 수 있다는 것이다. 이는 건물의 공간을 잘 배분하여야 한다.

이것을 하기 위한 많은 설계조언이 있지만, 하나의 유용한 도구는 태양궤적도(sun-path diagram)이다(그림 2.39). 주어진 위도 상에서 이 그림은 하늘에서 태양이 이

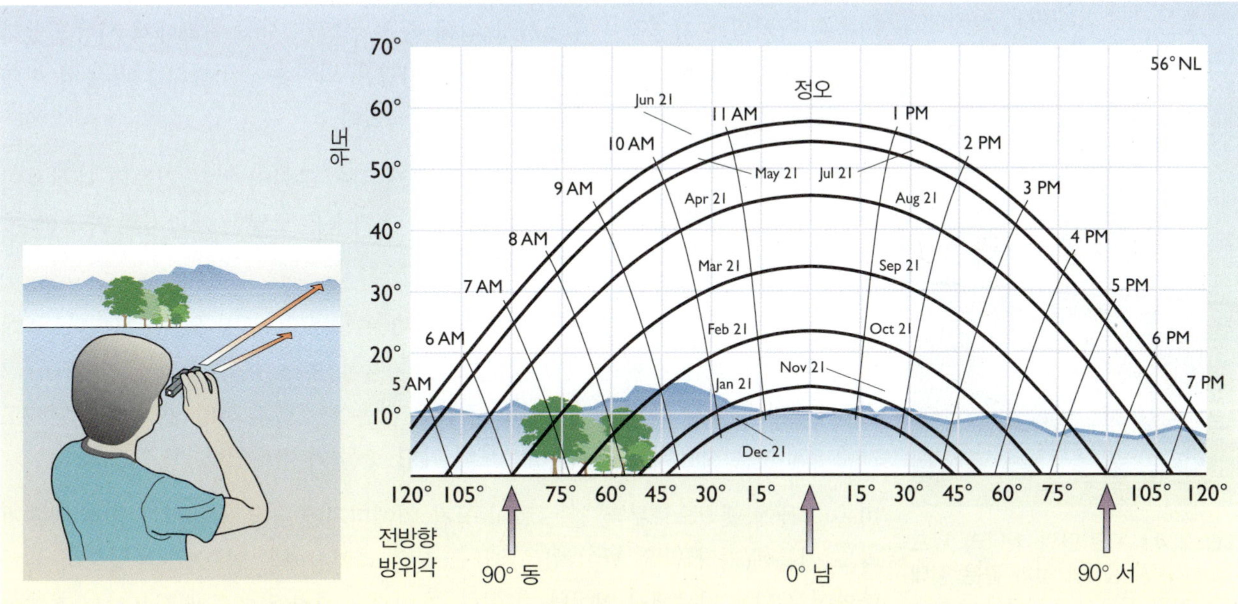

그림 2.39 • 태양 경로 도표의 공제선을 그리는 것은 그늘 생성에 대한 중요한 정보를 제공할 수 있다. 태양의 경로는 58 ° N이며, 거의 Glasgow나 Edinburgh의 위도에 가깝다.

동하는 길을 보여준다.

실제로 주변의 나무와 빌딩까지 그려 넣으면 어떤 달의 어떤 날에 집에 들어오는 햇빛의 양이 적은지 알 수 있다. Pennyland의 건축물은 12월 중순의 한낮에 햇빛이 잘 들도록 배치되었다.

하지만 우리는 그 지역에 햇빛이 비치게끔 빛을 차단하는 나무들을 자르는 것이 바람직한 것인지 물어봐야 할 필요가 있다. 넓은 의미에서 수동적인 태양열 난방에서 최대 이득을 얻기 위해서는 다른 규칙을 따를 필요성이 있다.

건물은 강한 겨울바람으로부터 보호되어야 한다.

컴퓨터 모델링에서 Pennyland에 지어진 건물과 같은 집들에 비해 쉘터링(sheltering)은 각 건물 당 1년에 약 500 kWh 정도의 자연형 태양열 순이득과 거의 비슷한 에너지 절약을 얻을 수 있다고 해석되었다.

그림 2.40 • 거울은 2차 세계 대전 전에 좁은 런던 거리에서 사용가능한 일광을 집진시키려는데 사용되었다.

겨울바람은 어디에서 오는가? 이것은 그 지역의 미세기후에 의존한다. 영국의 많은 지역에서 강한 바람은 남서쪽으로부터 온다. 그러므로 모든 건물의 남서쪽 방향으로 나무를 줄지어 심어 놓는다면 가장 이상적일 것이다. 하지만 겨울 자외선을 차단하지 않고 바람으로부터 피난처를 제공하는 것이 가능한가? 따라서 건물 배치는 예술이 되어가고 있다. 모든 장소는 다 다르고 거기에 맞는 적절한 해결책이 필요하다.

2.8 자연광

자연광은 우리 모두가 당연하게 여기는 유용한 것이다. 20세기 중반 전까지 인위적인 빛으로 그것을 대체하는 것은 비용이 매우 많이 들었다(Everett et al., 2012). 큰 거울은 가치있는 자연광을 수집하기 위해 좁은 런던 도시의 거리에서 사용되었다(그림 2.40). 저렴한 전기가 공급되면서 자연광은 외면을 받아왔고 대부분의 현대식 건물들은 전기적인 빛을 활용하도록 설계되었다.

그림 2.41 • 런던의 카나리 워프(Canary Wharf)의 것과 같은 현대 깊은 계획 사무실 건물들은 여름에 과열을 생성 할 수 있으므로, 센터에서 지속적인 인공조명이 필요하다.

전통적으로 건물은 자연광을 사용하도록 설계된다. 그렇지 않은 건물의 대부분이 빈민촌이었고 당연히 철거되었다. 2010년 영국 가정은 도달한 에너지의 약 2.6%를 조명에 사용하였다.

하지만 일부 사무실에서는 총소비 에너지의 30% 정도를 조명에 사용하였다. 현대식 공장과 하이퍼마켓들은 거의 창문도 없이 지어진다. 런던의 Canary Wharf(그림 2.41)와 같은 '딥 플랜(deep-plan)' 건물은 많은 사무실과 태양 빛이 비출 때에도 꾸준하게 빛을 사용해야하는 중앙복도와 계단 층을 가지고 있다.

비록 겨울에 햇빛으로부터 얻는 열이 공간 열에너지에 유용하게 기여할 수 있을지라도 여름에(가장 많은 빛이 있을 때) 그것은 과열상태를 일으킬 수 있으며 특히 단열이 잘되는 건물에서 일어날 수 있다. 자연광을 가장 유용하게 사용하는 것이야말로 에너지와 공조 측면에서 절약하는 방법이다.

자연광은 에너지 보존과 자연형 태양열 시스템의 결합이다. 그것은 이용 가능한 자연광을 최대한 활용하는 것을 목표로 한다. 그 세부사항들은 19세기의 뛰어난 건물들로부터 찾을 수 있다. 전통적인 기술은 다음을 포함한다.

- 자연광이 모든 방과 복도를 비추도록 하는 '쉘로우 플랜(shallow plan)'설계
- 건물 중심에 빛의 공간
- 지붕으로 들어오는 빛
- 빛이 방의 내부 깊숙이 비추도록 해주는 긴 창문
- 전반적인 건물 내부를 비추는 것보다 작업공간을 직접 비추도록 설계

다른 실험적인 기술로 빛을 공간에 직접 비추도록 방향을 조절 할 수 있는 거울이 있으며 광학섬유와 덕트를 사용한기술이 있다.

인공적인 빛이 사용될 때 그것을 효율적으로 사용하는 것이 중요하며 자연광을 사용할 수 있게 되면 차단되어야 한다. 제어시스템은 광전지가 충분한 자연광을 감지했을 때 인위적인 빛의 양을 감소시키도록 설치될 수 있어야 한다. 이러한 에너지 보존 기술에 대한 원금 회수는 매우 짧아질 수 있고 50% 절약 또는 그 이상 절약이 가능하다.

새로운 건물을 설계하는데 있어 빛의 설계와 열의 설계 사이에 하나의 갈등이 있다. 큰 건물은 작은 건물보다 단위 체적 당 표면적이 더 작다. 그 건물은 겨울에 난방이 덜 필요할 것이다. 모든 건축도 마찬가지로 어떠한 쉬운 답은 없으며 항상 절충해 나가야한다.

2.9 태양열 엔진과 전기발전

지금까지 우리는 단지 낮은 온도에서 태양에너지를 적용하는 것에 대해 고려해 왔다. 태양의 광선이 거울을 사용해 모아진다면 충분히 높은 온도를 얻어 증기엔진을 가동시키기 위한 물을 끓일 수 있을 것이다. 또한 이것은 물을 펌핑하거나 전기발전기를 가동시키는 등 기계적인 일을 생산할 수 있다. 이 태양열 전기 발전은 집중 태양광 발전(CSP)으로 알려져 있다.

이 시스템은 오랜 역사를 가지고 있고 많은 현대의 발전소는 100년 전에 지어진 것과 거의 다르지 않다. 사실 값싼 기름과 가스가 1920년대에 나타나지 않았다면 햇빛이 좋은 나라에서는 태양열 엔진이 당연한 것처럼 발전했을지도 모르는 일이다.

집중 태양 집열기

BC 212년경 아르키메데스가 Syracuse 요새를 포위한 로마인들의 배에 불을 붙이기 위해 그리스 전사의 반짝반짝 윤이 나는 청동 방패의 반사력을 사용했다는 것은 유명한 전설이다. 비록 그 전설이 사실이 아닐지라도 1973년에 있었던 그리스

해군의 실험은 60명의 사람들이 1 m × 1.5 m 거울을 이용하여 50 m거리에서 나무배트에 불을 피울 수 있다는 것을 보여주었다.

60개의 거울이 같은 목표지점에서 입사광선을 완벽하게 반사했다면 그 시스템은 60의 집중률을 가지고 있다고 말할 수 있다. 하나의 입사광선이 800 W/m^{2}의 세기를 가지고 있는 것을 고려해 보면 그 목표물은 대략 전기밥솥의 방울이 울릴 때의 에너지 밀도와 동등한 48 kW/m^{2}의 세기를 받는다.

조향 거울의 사용은 후에 현대 '파워 타워' 시스템의 기초를 형성한다.

태양에너지를 모으기 위해 가장 흔히 사용되는 방법은 패러볼릭 거울을 사용하는 것이다. 특별한 형상을 가진 거울의 축과 평행하게 입사하는 모든 광선은 한 점으로 집중될 것이다(그림 2.42(a)). 하지만 그 광선이 축과 평행하지 않다면 그것은 한 점을 통과하지 않을 것이다. 그러므로 그 거울이 태양을 따라가야만 가능하다.

선 집중이나 홈통형 집열기의 중심을 통과하는 파이프에 태양빛은 모인다(그림 2.42(b)). 파이프는 고온 열전달 유체인 미네랄 오일을 운반한다. 이러한 시스템은 주로 발전을 위한 증기를 생성하는데 사용된다. 집열기는 아래위로(고도) 또는 동쪽에서 서쪽으로 태양을 추적하고 선회할 수 있다. 선 집중 집열기는 수평 또는 수직으로 세울 수 있다.

점 집중이나 접시형 집열기 형태에 있어서 광선은 그 거울의 중심에 있는 보일러에 집중될 것이다. 최적의 성능을 발휘하기 위해 그 축은 항상 태양을 직접적으로 향하고 있어야 한다. 즉, 그것은 높이와 방위각 둘 다 태양을 따라가야 할 필요가 있다.

대부분의 거울은 뼈대에 고정된 곡면이나 평평한 유리판으로 조립되어 있다.

빛을 모으는 시스템과 집중률을 고려한 설계의 복잡성 사이에는 상반관계(trade off)가 있다. 잘 만들어지고 잘 설계된 접시형 집열기는 1,000 이상의 집중률을 얻을 수 있다. 선 집중 PTC형 집열기는 50의 집중률을 가지나 이것은 대부분의 발전소 시스템에 적합하다. 필요한 집중률은 원하는 목표 온도와 관련있다.

입사 태양에너지가 어떤 수단에 의해 멀리 운반되지 않는 한, 대상은 들어오는 방사선이 주변 공기로의 열 손실과 균형을 이루어 평형상태에 이를 것이다. 열손실은 대류와 적외선 에너지의 재복사에 의해 주로 발생하며 표면적과 바람에 의존한다. 선 집중 PTC형 집열기는 200~400°C의 온도를 얻을 수 있다. 접시형 시스템은 1,500°C 이상의 온도를 얻을 수 있다.

시스템에 태양에너지가 도달하는 것보다 많은 양의 에너지를 전달할 수 있는 집열기는 없다. 하지만 도달된 에너지를 작은 면적으로 집중시키면 가능하다.

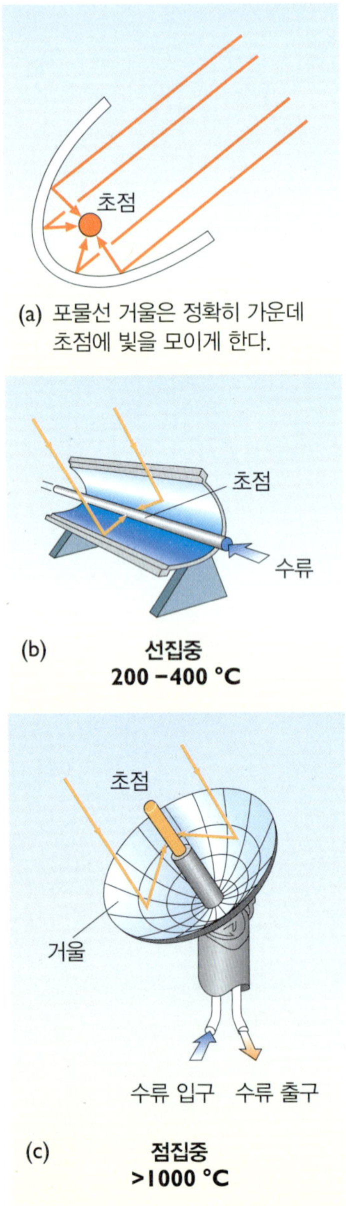

그림 2.42 • 고온 응용 프로그램에 대한 포물선 거울 (a) 집중에 대한 이론, (b) 선집중과 통집열기, (c) 점집중과 접시형 집열기.

초기 태양열 엔진 시대

태양에너지를 기계적인 일로 변환시키는 과정은 19세기에 시작되었다. 1860년대 프랑스가 값싼 화석연료의 공급이 부족했던 시기에 Tours에서 온 수학교수 Augustin Mouchot는 그 문제의 답을 찾아냈다. 태양열을 이용한 증기동력엔진이

그림 2.43 • Abel Pifre의 태양열 집열기.

었다. 1870년대와 1880년대에 Mouchot와 그의 조수 Abel Pifre는 그림 2.43처럼 태양열 인쇄기에서부터 태양열 와인, 조리기 심지어는 냉장고를 가동하는 태양열 엔진에 이르는 일련의 기계들을 만들었다.

그들의 기본적인 집열기 설계는 그 촛점에 증기보일러를 갖춘 패러볼릭 집열기이다. 증기 파이프는 땅에 있는 왕복기관(증기 열차 엔진처럼)에 연결되어 있다.

이러한 시스템은 인정할만한 것일지라도 기본적으로 낮은 태양 복사밀도와 낮은 효율성을 가지고 있었다.

태양에너지로 동작하는 엔진의 문제를 이해하기 위해 열역학 제2법칙을 고려해볼 필요가 있다(Box 2.4 참조).

Box 2.4 카르노 효율과 열기관

증기기관은 충분히 잘 알려진 것이다. 고압의 증기를 생산하기 위해 물을 끓여서 작동한다. 이 고압의 증기는 에너지를 추출할 수 있는 팽창기로 가고 상대적으로 저압의 증기는 배출된다. 이 팽창기는 왕복기관이나 터빈이 될 수 있다. 이런 시스템은 열 기관이라고 알려져 있다.

모든 열 기관은 열역학 제2법칙에 따라 효율적인 면에서 기본적인 제약을 받는다. 열기관은 고온(T_{in})에서 열을 얻고 저온(T_{out})에서 열을 잃으면서 일을 한다. 이상적인 경우에 얻을 수 있는 최대효율은 다음과 같이 주어진다.

$$\text{최대효율} = 1 - \frac{T_{\text{out}}}{T_{\text{in}}} \; (T_{in},\ T_{out}\text{는 } K\text{온도})$$

이 이상적인 효율은 18~19세기의 프랑스 과학자 Sadi Carnot의 이름을 따서 카르노효율이라 불린다.

예를 들어 패러볼릭 홈통 집열판으로 부터 터빈은 350°C의 증기를 받아 30°C의 냉각탑으로 보낸다. 이것의 효율을 계산하면

$$1 - (30 + 273)/(350 + 273) = 0.51$$

즉 51%이다.

여러 가지 손실 때문에 실제 효율은 약 25%이다.

터빈을 이용하는 시스템은 열역학의 다른 선구자인 William Rankine의 이름을 따서 랭킨 사이클이라 불린다.

일반적으로 물을 끓이려면 온도가 최소한 100°C는 돼야 한다. 아마 이것은 단일의 태양열 집열기에서는 얻기 힘들 것이다. 그리고 끓는점이 낮은 유체를 사용하면 좀 더 작동하기 편리할 것이다. 이렇게 하기 위해서 배출증기를 다시 액체로 만들고 보일러로 보내는 역할을 맡는 응축기를 사용하는 '폐쇄 순환'을 사용해야만 한다.

시스템은 열 펌프(Box 2.3을 보라)에서의 냉각제와 비슷한 끓는점이 적당하게 낮은 안전한 유기 화학물을 사용하는 것으로 발달되었다. 터빈과 유기유체를 사용하는 시스템은 유기 랭킨사이클이나 ORC로 불린다. 이는 보통 태양열 온수와 9장에 기술되어있는 OTEC 시스템과 지열 발전의 형태를 이용한다.

이런 저온 시스템은 낮은 효율을 갖기 쉽다. 예를 들어 상대적으로 저온인 85°C의 증기를 공급받는 열 기관의 이론적인 카르노효율은 평평한 접시형 태양열 집열기에서 배출증기 온도가 35°C일 때 겨우 14%이다.

초기 프랑스의 태양열 증기엔진은 아주 높은 온도에서 증기를 생산할 능력이 없었고 그 결과 그것들의 열효율은 좋지 않았다. 따라서 1/2마력(현재의 진공청소기의 동력보다 적은) 엔진을 가동시키기 위해 40 m^{2}의 면적에 해당하는 기계가 필요했다.

1890년대쯤 프랑스에서 이것은 화석연료의 공급과 경쟁하지 못했는데 그것은 광산과 철도에 대한 투자가 늘어난 결과였다.

20세기 초 미국에서는 Frank Shuman이라는 한 기업가가 같은 원리를 이용하여 큰 PTC형 집열기를 만들었다. 그는 가장 우수한 잠재능력이 여름 날씨에 발휘될 것이라고 깨달았다. 그는 많은 견본을 만든 후에 이집트의 Meadi에서 프로젝트를 하기 위해 재정적으로 충분한 후원금을 모았다. 각각 80 m의 길이와 4 m의 폭을 가진 5개의 PTC형 집열기가 사용되었다. 그 집중부의 핀 형의 쇠파이프는 증기를 엔진으로 전달했다.

1913년 55마력을 생산하는 그의 시스템은 영국 정부의 Lord Kitchener을 포함해 많은 인사에게 증명되었다. 그 시기에 이집트에서의 화석연료의 비용을 고려해 볼 때(그것은 영국으로부터 수입되어야 했다) 원금이 회수되는 기간은 단지 4년 정도였을 것이다.

1914년까지 Shuman은 Sahara에서 20,000 m^{2}에 해당하는 집열기를 만드는 것에 대해 고려하고 있었으며 이는 2억 7천만 마력을 생산하는데 이는 1909년에 캐낸 모든 화석연료의 양 정도에 해당된다(전반적인 역사를 이해하기 위해 Butti와 Perlin를 보라). 제1차 세계대전이 시작되었고 즉시 싼 석유의 시대가 왔다. 따라서 태양열 증기 엔진에 대한 관심이 사라졌고 이러한 상태가 거의 반세기 동안이나 지속되었다.

새로운 태양열 시대

태양열 엔진은 우주시대의 등장과 함께 되살아났다. 1945년 영국의 과학자이자 작가인 Arthur C. Clarke가 TV을 통해 세계적으로 방송했던 가능성 있는 미래 '인공위성'에 대해 설명했을 때 그것(인공위성)은 하나의 태양열 증기엔진에 의해 가동될 예정이었다. 사실 25년 후 그러한 인공위성이 구체화될 때쯤 광전변환공학(3장을 보라)은 신뢰할 만한 전기의 근원으로서 발전되어 있었다.

또 다른 경우 우주로켓, 유도미사일과 핵반응장치는 화석연료의 연소반응에서 나오는 오염없이 고온에서 부품들이 테스트될 수 있는 시설이 필요했다. 1969년 프랑스의 Pyrenees에 있는 Odeillo에서 8층 높이의 패러볼릭 거울을 만들어 이러한 문제를 해결했다. 이것은 북쪽의 많은 일광반사장치(태양을 쫓는 평면거울)를 향하고 있다. 이러한 거대 거울은 그 집중부에서 온도는 3,800°C에 이르나, 그 집중부의 면적은 단지 50 cm^2이다.

파워 타워

1980년대 초, 처음으로 진지하고 거대한 실험용 전기발전계획이 고온 활용을 위해 만들어졌다. 다음은 현재 집중 태양광 전력(CSP)플랜트로 알려져 있다. 일부는 타워의 상단 중앙 수신기에 태양 광선을 집중시키기 위해 '파워 타워' 유형을 이용해 지상에 자연광 반사의 큰 배열을 사용했다(그림 2.44). 챔버는 증기를 직접 만들거나 미네랄 오일 또는 용융염과 같은 열전달 유체의 온도를 올리고 이를 지상으로 보내 증기를 발생시키도록 해준다. 증기는 전기를 생산하는 터빈을 구동하는데 사용된다.

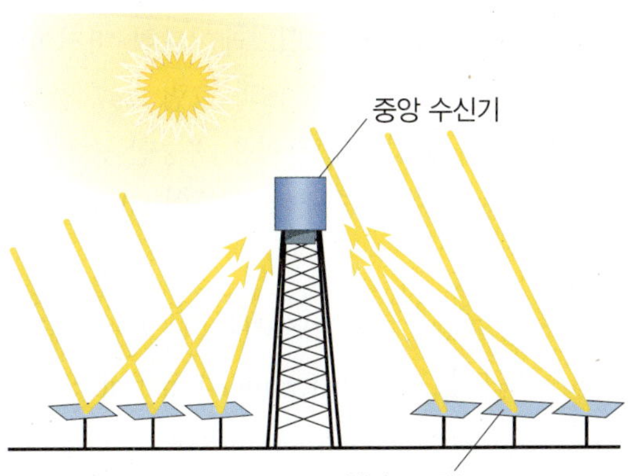

그림 2.44 • 지상에서 조종 헬리오스탯거울의 배열에 의해 가열되는 파워 타워의 중앙 수신기.

그림 2.45 • 지상에서 조종 헬리오스탯거울의 배열에 의해 가열되는 파워 타워의 중앙 수신기.

California Barstow에 있는 10 MW급 태양열 시스템인 'Solar One'은 좋은 예이다. 처음에 Barstow 발전소는 열을 증기보일러로 운반하기 위해 특별한 고온 합성 기름을 사용했다. 1995년대에는 Solar Two로 재건설되었으며 1996년에서 1999년 사이에 그것은 500°C 이상에서 용융염을 사용하였다(이것은 200도 이상의 융점을 가지는 질산나트륨 및 질산칼륨의 혼합물을 포함). 이는 열저장소를 가지고 있으며 24시간 전기를 생산하도록 만들었다.

최근에는 이 기술은 스페인 남부 Seville 근처의 두개의 발전소에 사용되었으며, 2007년에 11 MW Planta Solar 10(PS10), 2009년에 Planta Solar 20(PS20)이 운영되고 있다(그림 2.45). 이들의 열저장소는 제한적이어서 백업으로 천연 가스를 사용할 수 있다. 2011년에 운전되기 시작한 새로운 세비야 근처의 Gemasolar 20 MW 플랜트는 용융염을 사용한 열저장소를 증가시켰다.

PTC형 집열기 시스템

태양열을 통해 얻은 대부분의 전기는 California Mojave 사막에 있는 Luz International에 의해 개발된 큰 태양열 발전에서 생산된다. 1984년과 1990년 사이에 Luz는 13~80 MW급을 생산하는 9개의 태양에너지 발전시스템(SEGS)을 만들었다. 1913년 Shuman의 계획안을 대대적으로 업그레이드한 버전이었는데 그것은 넓은 장소에 PTC형 집열기를 사용한다(그림 2.46과 그림 2.47 참조). 일련의 프로젝트는 거울 유리를 구매하는 것과 상업적으로 이용 가능한 증기터빈을 사용하는데 있어 규모의 경제를 증가시키는 것에 집중했다. 최근의 80 MW SEGS는 484,000 m^2의 집열기 면적을 가지고 있다.

집열기는 합성오일을 섭씨 390°C까지 가열하는데 그때 열교환기를 통해 고온의 증기를 생산할 수 있다. 최근 몇 년 동안 Kramer Junction(SEGS III to VII)의 5개 공장은 연간 14%의 공장 효율성과 최대 21.5%(Solarpaces, 2010)의 피크 효율을 기록했다. 상업적으로 이용 가능한 태양광 발전 시스템과 비교할 만하다.

SEGS 발전소는 주로 오후에 사용하는 냉방기를 가동시키기 위해 전기를 발생시

그림 2.46 • 남부 캘리포니아 Kramer Junction 에서 SEGS 태양열 수집기 지역.

그림 2.47 • SEGS 태양열 수집기 지역 - 조감도.

키는 화석연료와 경쟁하기 위한 것이었으며 수십 년 동안 이러한 목적은 성공적으로 달성되었다. 1992년 가스가격의 하락으로 인해 태양열 발전에서 생산된 전기의 가격이 고정되어 있어 Luz 회사는 재정적인 어려움을 가져왔다. 하지만 새로운 발전소에 대한 계획들이 지연되었을지라도 그들은 저렴하게 꾸준히 운영을 해왔다. 2007년 미국에서 대규모 태양열 발전소인 Nevada Solar One에서 64 MW 패러볼릭 홈통형 발전소의 시운전을 다시 시작했다.

지구 온난화에 대한 우려로 캘리포니아 주는 2020년까지 재생에너지로부터 전기의 33%를 충당하고자 계획을 세웠다. 이로인해 4 GW급 집중형 태양열 발전을 제안하였으며, 아의 대부분은 PTC형이다. 제안된 발전소의 일부는 태양-화석연료를 복합발전을 한다. 즉, 낮에는 태양열발전, 저녁에는 저장된 열을 이용ㅇ한 발전, 밤에는 천연가스를 이용해 발전한다. 천연가스와 태양열을 함께 사용하면 증기터빈을 최고온도와 최고효율로 운영할 수 있어 열역학적인 장점이 있다.

프레즈넬 거울 시스템

프레즈넬 거울 시스템은 파워 타워와 패러볼릭 디자인 사이의 중간이다. 선형적으로 상승하는 집열기는 평면거울의 조종 스트립에 의해 가열된다. 이 온도상승 성능을 제한했지만 그것은 단지 지상에 장착된 평면거울을 필요로 하고 잠재적으로 패러볼릭 홈통형 시스템보다 더 저렴하다. 프로토 타입의 5 MW 발전소는 캘리포니아 베이커스 필드 인근에 2008년부터 운영되기 시작했다.

Parabolic dish형 집열기 시스템

집열기에서 오는 태양열을 개별 엔진으로 보내는 대신 거울에 태양열을 엔진의 집중부에 직접 넣는 것이 하나의 방법일 수 있다. 이것은 작은 증기엔진과 스털링엔진 둘 다 시도되어 왔다.

스털링엔진은 Everett et al., 2012에 설명되었다시피 긴 역사를 가지고 있다(그것

그림 2.48 • 2010년 애리조나 Maricopa에 건설된 25 kW급 스털링 엔진을 장착한 60개의 파라볼릭 집열기.

은 1816년에 발명되었다). 증기엔진은 700°C를 넘는 입력온도에서 작동할 때 근본적인 어려움이 있을지라도 알맞은 재료로 된 스털링 엔진은 1,000°C까지 높은 온도에서 작동하도록 만들 수 있으며 더 높은 효율을 얻을 수 있다. 현재 이러한 엔진을 사용하는 실험용 태양열 시스템은 하루 평균 30%에 이르는, 전반적으로 높은 변환효율을 낸다.

각각 25 kW급 스털링 엔진들 구동할 수 있는 60개의 접시들의 예비 테스트 장치가 2010년(그림 2.48) 애리조나에 건립되었다. 분명하지는 않지만 수백 개의 접시들을 필요한 멀티 메가와트 프로젝트의 제안 여부는 계속 진행될 것이다.

저온 시스템

위의 시스템은 높은 온도 생산에 의존하고 있다. Box 2.4에 설명된 대로 이것은 발전 효율을 극대화하기 위해 필수적이다. 또한 주어진 출력에 필요한 면적을 최소화한다. 그러나 다른 저온 시스템들로 시도되었고 관심을 끌고 있다.

태양 연못

태양열 전기 생산에 대한 하나의 다른 접근방식은 평평한 판 집열기의 한 종류로서 크고 농도가 높은 호수를 이용하는 태양 연못이다. 그 호수에 소금농도의 적당한 변화를 주고(바닥에는 농도가 높은 소금물, 위에는 담수를 둔다) 물이 충분히 깨끗하면 태양에너지는 그 연못의 바닥으로 흡수된다.

뜨겁고 농도가 높은 소금물은 위로 올라올 수 없다. 왜냐하면 그것은 위층에 있는 담수보다 밀도가 높기 때문이다. 물의 위층은 열을 차단하는 담요의 역할을 해 바닥에서의 온도가 약 90°C에 도달할 수 있게 한다. 이것은 유기랭킨사이클(ORC)엔진을 작동시킬 수 있는 충분히 높은 온도이다. 하지만 상대적으로 낮은 온도에 대한 열역학적 한계는 낮은 태양열-전기 변환효율을 의미하며 그것은 전형적으로 2%보다 낮다. 그럼에도 불구하고 1980년대 이스라엘에서 20 ha의 호수로부터 얻어지는 5 MW급 전력 생산 시스템이 시연되었다. 이러한 시스템에 대한 장점은 호수의 큰 열용량으로 인해 열저장소의 역할을 하여 전기발전을 낮이나 밤 또는 필요할 때 할 수 있다는 것이다.

현실적으로 이 시스템은 단점을 가지고 있다. 많은 양의 깨끗한 물이 소금농도의 변화를 유지하기 위해 필요하다. 그 많은 물을 사막에서 찾기는 어려울 것이다. 실제로 태양 연못에 대한 가장 좋은 이용방법은 담수 플랜트에서 담수를 만들기 위해 열을 발생시키는 것인데 그 담수 플랜트는 깨끗한 물을 유지하고 또는 마실 수 있을 정도의 충분히 깨끗한 물을 만든다.

해양 온도차 발전(OTEC)

해양 온도차 발전은 바다를 태양열 집열기로 사용한다. 그것은 바다의 따뜻한 표면과 바닥의 차가운 물 사이에서의 작은 온도차를 이용한다(그림 2.49). 1,000 m 혹은 그 이상 되는 수심이 깊은 열대의 바다는 20°C의 온도차가 발생하며 ORC 엔진을 구동하기에 충분하다.

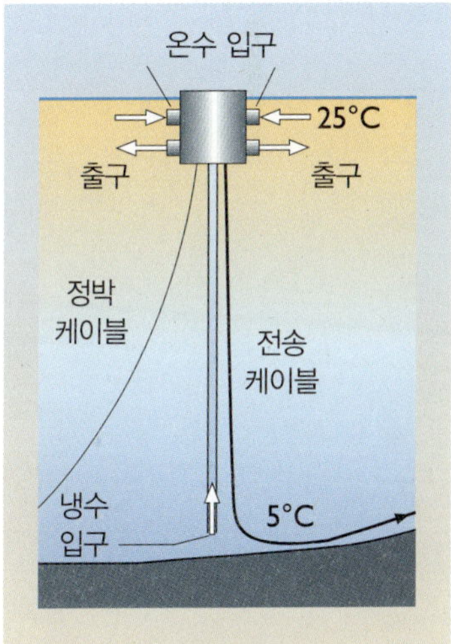

그림 2.49 • 플랫폼위에 띄운 해양열에너지 컨버터(OTEC).

이론적인 효율이 낮고, 사용되는 유기랭킨사이클시스템이 작동하기 위해 온도를 미세하게 맞춰야 할 필요가 있을지라도, 이용 가능한 매우 많은 양의 물이 있다. 이 기술은 전력 생산을 위한 연료를 수입해야하는 섬에서 상당한 관심을 가지고 있다.

처음 1930년대 Caribbean에 있는 배 위에서 행한 실험은 어느 정도 성공적이었다. 상당한 온도차를 얻기 위해 꽤 깊은 곳에서 물을 끌어올려야만 했고, 전반적인 시스템은 물을 끌어올리는 데 사용한 에너지보다 더 많은 에너지를 생산하지 못했다. 1970년대에 성공적인 50 kW급 OTEC 장치는 미국 록히드 마틴 회사에 의해 하와이에서 테스트되었다. 2009년에 US 해군은 하와이 대학과 함께 연구를 계속하기 위해 900만 달러에 회사와 계약을 체결했다.

기술적인 어려움은 엄청나다. 10 MW 전기를 생산하기 위해 OTEC 장치는 1,000 m 깊은 바다에 정박해 열교환기를 통해 따뜻하고 차가운 두 가지 물을 초당 약 500 m^3에서 퍼올려야 한다.

태양 굴뚝

그림 2.50 • 스페인 Manzanares에서 1981–1989 사이에 작동된 프로토타입의 50 kW급 태양열 상승기류 타워.

태양 굴뚝은 매우 큰 온실에서 생산된 따뜻한 공기가 긴 굴뚝을 통해 올라가도록 설계 되어있다. 상승하는 공기는 굴뚝 아래에 있는 에어터빈을 돌리는데 사용되어 전기를 생산하기 위한 발전기를 작동시킨다. 이것은 간단한 원리이다 하지만 대규모 건설은 그리 간단하지 않다. 1981년 스페인 Manzanares에 지어진 50 kW 급 장치는 따뜻한 공기를 195 m의 굴뚝으로 보내기 위해 직경 240 m 정도 되는 온실 집열기를 설치했다(그림 2.50).

이는 규모의 경제가 작동한다. 매우 더운 지역에서 최적의 비용으로 설치된 발전소는 직경 3.6 km인 집열기를 두고 950 m의 굴뚝을 만들어 100 MW급 전기를 생산할 수도 있다(Schlaich, 1995). 하지만 그러한 설계는 단지 약간의 따뜻한 공기를 생산하기 때문에(계산에 의하면 35°C 정도의 온도상승이 추정된다) 총 발전효율은 약 1.3% 정도로 낮을 것이다. 그러므로 이러한 시스템은 고온을 축적하는 집열기를 사용해 동등한 출력을 생산하는 면적보다 상당히 더 많은 땅의 면적이 필요할 것이다.

그러나 집열기 아래의 땅의 에너지 저장량은 한계가 있어서, 저녁에는 한두시간 정도밖에 발전할 수 있다. 200 kW급 프로토 타입은 중국 내몽골 Jinshawan에 건설되 있고, 몇몇 국가에서 멀티 메가와트 발전소에 대한 계획이 존재한다.

2.10 경제성, 잠재적이고 환경적인 영향

Bailey의 'Day and Night' 태양열 온수기 회사의 표어는 '구세주와 같은 태양에너지는 무료다'이다. 그렇다 하더라도 그 회사는 여전히 집열기 장치의 사용에 대한 비용을 소비자에게 부과해야 한다. 다행히도 태양열 시스템의 경제성에 대한 평가는 큰 문제를 일으키기 않는다. 대부분 태양열 난방 시스템은 규정된 난방 발전소나 건물 설비로 여겨질 수 있고 종종 자금회수기간에 대한 단순한 관념들이 적절한 평가를 한다(부록 B를 보라). 태양열 발전소는 작은 가스나 디젤 발전소와 비슷한 평가와 같은 기대수명을 가지고 있다. 다만 그 차이는 연료비용이 없다는 점이다.

가정용 능동형 태양열 온수기

수집기 측면에서 주거용 건물에 대한 온수는 세계 태양열 시장의 대부분을 차지한다. 2010년에 영국은 '태양 공원'(총 설치 면적)에 유리 및 진공관 집열기를 약 570,000 m^{2}에 설치했다고 추정했다(ESTIF, 2011). 이는 2001년 이후 거의 4배 증가를 나타낸다. 이것은 독일에 설치된 면적 13,000,000 m^{2}와 대조를 이룬다.

현존하는 영국 건물의 50%는 태양열 온수기를 설치하기에 알맞은 곳이다. 이러한 잠재성이 2025년까지 완전히 활용한다면, 대략 1,200만 개의 시스템 즉, 약 500,000,000 m^{2}의 면적에 해당하는 집열기가 필요할 것이다. 이것은 매년 석유와 가스를 약 34.6 PJ(9.6 TWh)정도 절약할 수 있다. 또한 대략 영국 이산화탄소 방출량의 1%를 감소시킬 수 있다(DTI, 1999).

같은 DTI 연구에서 영국에서는 약 100,000개의 수영장이 있고 심지어 수영장의 수가 2025년까지 두 배로 늘어날지라도 절약되는 잠재 에너지양은 7% 이상 추가될 것이고 가정용 온수기의 잠재 에너지양보다 많을 것이라고 제안했다.

2011년 작성 당시 영국의 태양열 온수기의 판매량은 낮고 가격은 높다. Energy Saving Trust (EST)에 따르면 영국에서 설치된 전형적인 태양열 온수기의 비용은 £4,800이다. 최근의 현장시험 결과에 따르면 적절한 태양열 시스템은 가스난방에 비해 연간 £55, 전기침수온수기에 비해 연간 £80를 절약할 수 있다고 추정할 수 있다. 가스난방에 비해 년간 230 kg의 CO_2 정도, 전기 침수가열에 비해 년간 510 kg

의 CO_2 절감할 수 있을 것으로 추정된다(EST, 2011B).

태양열 난방기로 교체했을 때 가스는 87년, 전기는 60년이라는 원금 회수기간이 걸린다. 이러한 원금 회수기간은 다소 실망스럽다. 하지만 CO_2 발생의 절약은 '탄소세'를 부여함으로서 금전적인 가치를 얻을 수 있다(앞으로 10장, 3절에서 논의 된다). CO_2 톤당 £40의 값이라면 가스는 75년, 전기에 대해서는 48년으로 투자 회수시간을 줄일 수 있다.

앞서 지적했듯이(작업에 대한 전기의 상당한 양을 필요로 하긴 하지만) 태양열 수집은 열 펌프와 같은 다른 에너지 절약 장치와 경쟁에 있다. 기후 변화에 대한 영국위원회(CCC)는 가정용 태양열 패널의 열의 평준화 비용('균등화 비용'에 대한 설명은 부록 B 참조)은 약 27 p/kWh 정도 일 것으로 추정하고 있다. 기존의 편리한 가스보일러(보일러 자체의 비용을 포함)의 6.8~10.5 p/kWh의 값과 열 펌프의 10.9~18.6 p/kWh를 비교했다(CCC, 2011).

좀 더 멀리 봤을 때 경제적으로는 더 유망하다. 중부와 남부 유럽에서 태양열은 가스와 전기 모두와의 가격 경쟁력을 가진다(ESTTP, 2009). 남부 유럽에서 더 많은 햇빛이 있기 때문에 이 시스템은 영국에서와 같이 집의 m^2 당 두 배의 에너지를 생성 할 수 있다. 그리스에서의 태양열 온수기 소유비율이 높고 연간 15만~20만 m^2 판매된다는 것은 놀라운 일이 아니다.

하지만 그리스는 1999년에 오스트리아의 인구 당 집열기 면적을 추월한 것은 다소 놀라운 일이다. 1995년과 1998년 사이에 설치의 비율은 연간 약 200,000 m^2이었다. 2008년과 2009년에는 약 350,000 m^2 으로 증가했다(ESTIF, 2011). 태양에 의한 물 난방의 초기 인기 상당부분은 '자기 스스로 하라' 계획의 성공에 기인했다.

유럽연합(EU-27)에서 태양열 집열기 판매량은 2,000개 이상으로 2000년과 2010년 사이에 세 배 이상 판매되었으며, 관련 주요 국가는 독일, 오스트리아, 프랑스, 그리스, 이탈리아, 스페인이다.

좀 더 멀리 봤을 때 중국은 세계 설치 용량의 약 60%(2009년 최대 열용량 100 GW)를 차지했다. 이들 중 90% 이상은(그림 2.51 참조) 열사이폰 장치와 진공관을 쓴다(Weiss Maunthner, 2011). 많은 공급 업체 사이의 경쟁과 대량생산으로 인해 집열기 가격은 중국 외 지역에서의 가격의 1/3 정도이다(IPCC, 2011).

그림 2.51 • 진공관 집열기를 사용하는 일반적인 중국 태양열 히터

환경에 미치는 영향 때문에 영국에서 태양열 온수 방식은 작아질 가능성이 높다. 사용되는 재료는 일상적인 건물과 배관의 것과 같다. 태양열 집열기는 일반 지붕과 같은 빛을 가져 시각적으로 구별되지 않게 설치할 수 있다. 저장 탱크는 지붕 아래 공간에 설치된다. 평면 지붕에 설치된 시스템은 시각적으로 불편할 수 있다. 이것은 집열기의 문제가 아니라 위에 있는 저장탱크의 문제이다(베일리의 낮과 밤 태양열 온수기 회사는 또한 이 문제에 직면했다. 그것은 저장 탱크를 굴뚝으로 위장하기 위해 제안했다).

다른 목적으로 사용가능한 도시의 상당부분을 차지하는 대규모 지역난방 배열(그림 2.24)의 경우 상황이 조금 다를 수 있다.

수동형 태양열 난방 그리고 자연광

제조의 좁은 의미에서 태양 에너지양의 증가는 직접 유용한 공간 난방을 제공한다. 수동적 태양열은 무료로 매우 경제적이다. 그것은 어느 정도 자연광의 수동적 태양열 난방 및 사용은 이미 일반 건물의 기능을 있다는 것을 명심해야한다. 영국의 에너지 수요는 0.5 EJ 정도 감소했다(DECC, 2011b). 이것은 국가의 신재생 에너지 통계에 나타나지 않는 현상이다.

특히 수동적인 태양열 난방을 사용하도록 설계된 건물은 일반적으로 그들의 거주자에게 잘 적용되었으며 이것은 건축가에 대한 관심이다. 그러나 가능성은 건물 재고품의 낮은 교체비율에 의해 제한된다.

거기에서 더 나아가 'passivhaus'는 개조 프로젝트를 포함한 전체 난방 에너지 수요를 줄이기 위한 의미로 그 잠재력은 거대하다. 그러나 곤란하게도 많은 열 생산 제품을 포함한 건물의 절연 태양에너지의 사용이 더 중요하고 우둔한 겨울 중순에 난방시즌을 줄일 가능성이 있다.

채광을 활용하는 건물을 설계하는 것은 에너지 절약 및 수동 태양열 난방에 대한 고려 사항을 모두 포함한다. 따뜻한 나라에서 자연광이 훨씬 더 중요할 수 있다. 여름에 조명 전기의 사용을 줄이고 에어컨 비용을 절약해야 한다.

햇빛을 최대한 활용할 수 있도록 건물을 설계해 세우는 것은 세기의 건축 전통의 일부가 되었다. 그것은 일반적으로 환경적 이익으로 간주하고 이미 많은 마을과 도시를 형성하고 있다. 예를 들어 1904년 미국 매사추세츠의 보스턴 시의회는 100 m 높이의 마천루에 대한 제안에 직면했을 때 다른 건물의 음영의 분석을 의뢰했다. 그 결과에 만족하지 않았고 건물 높이에 엄격한 제한을 부과했다.

그러나 여기에 주의의 단어가 필요하다. 영국에서 새로운 마을 만들기 전통은 기존 도시의 더러움과 달리 '빛과 공기'의 건강 측면의 빅토리아 개념에 부분적으로 기반하고 있다. 이 건물에 태양에너지가 더 잘 침투한다는 측면에서 도움이 되었다. 반면에 낮은 건물 밀도의 조장은 거대한 엄청난 양의 교외 운송 에너지를 소비했다.

태양열 엔진과 전기발전

초기의 선구자들이 깨달은 것처럼 햇빛이 잘 비치는 곳에 태양열 발전 시스템을 설치하는 것은 이익이 된다. 높은 온도로 발전시키기 위해(열역학적으로 효율적인 작동을 하기 위해) 그 지역의 날씨에서는 많은 양의 직접적인 태양 복사가 있어야 한다. 확산 태양 복사는 그렇게 하지 못한다. 1980년대 광전변환공학에 대한 지속적인 열정과는 대조적으로 1990년대 낮은 화석연료 값은 태양열 전기발전에 대한 흥미를 꺾었다. 태양전지에 대한 지속적인 열정과 달리 2005년부터 새로운 태양열 발전소의 건설과 더불어 몇 기가 와트 발전소가 현재 전 세계적으로 진행 중에 있다.

현재 더운 사막 지역에서는 태양열에너지가 태양광발전 시스템보다 값이 저렴하다. 만약 두 가지 요소(Quashning and Blanco, 2001)에 의해 태양전지 가격이 떨어질지라도 이 지역은 여전히 이대로 있을 것이다. 이 기술은 또한 열저장소와 기존의 화석연료 증기 발전소의 통합을 위한 잠재력을 가지고 있다. 미국에서 열저장소가 없는 패러볼릭 발전소에서 전기비용은 킬로와트 당 약 17~20 미국 센트(kw 당 10.6~12.5펜스)로 추정된다(Solarpaces, 2010). 이 비용의 대부분은 초기 자본 투자에 대한 상환으로 구성되어 있다. 운영 및 유지 보수비용은 kw 당 약 3센트(kw 당 2펜스)로 추정된다(Greenpeace/ESTELA/Solarpaces, 2009).

6시간 동안 열을 저장할 경우 비용은 kWh 당 20~30 미국 센트(kWh 당 12.5~18.8p 정도)로 상승한다(IPCC, 2011). 이 기술은 1990년대에 미국에서 값싼 천연가스와 경쟁 할 수 있지만 경제성(낮은 이산화탄소 배출량)은 미국이나 스페인 등의 국가에 있는 건설의 재기를 지원하기 위해 충분히 좋다.

또한 그러한 시스템들의 기술에 대한 총 잠재성은 어마어마하다. 1914년으로 돌아가서 Frank Shuman은 사하라 사막에서 20,000 miles^2(50,000 km^2)에 해당하는 집열기를 계획하고 있었다. 오늘날의 발전소를 고려해보면 이것은 대지의 1 km^{2}은 100~130 GWh 급의 전기발전용량을 수반할 수 있다(Greenpeace/ESTELA/Solarpaces, 2009). 한 해 동안의 상대적인 가용성을 무시하였을 때, 3,000km2의 대지는 영국의 모든 전기를 공급하기에 충분하며, 35000 km^2 (네바다 주면적의 약 12%)의 대지는 미국의 전기를 모두제공하기에 충분하다.

큰 도시의 전기수요를 충족시킬 수 있는 거리에 있는 햇볕이 잘 드는 사막이 필요하다. 캘리포니아에서 모하비사막이 이상적이다. 유럽, 중앙 및 남부스페인 등 지중해 남부 국가들은 북아프리카 그리드링크에 대한 제안으로 가능성(10 장, 10.8 절 참조)이 있다.

문제는 부하에 출력을 전달하는 적절한 방법을 찾아야 하는 것 이다. 장거리 송전을 사용하지만, 제조방법 및 수소의 분포가 다른 가능성이 될 수 있다. 미래의 '수소 경제'의 가능성은 10 장에서 설명한다.

태양열발전소의 환경적인 영향은 어느 정도 복합적이다. 큰 문제는 필요한 요구되는 토지양의 부족이다. 그것을 무언가를 위해 사용하는 것은 물리적으로 어려울 수 있다. 이것은 터빈이 매우 넓게 분포되어있고 작물이 밑으로 성장할 수 있는 풍력발전 단지와는 다르다. 또한 CSP 플랜트는 거울의 먼지를 닦아내기 위해 일정량의 물을 필요로 한다. 이 사막지역에서 구하기 어려울 수 있다.

태양연못과 태양열 상승 기류 프로젝트는 그들의 낮은 열역학적 효율 때문에 CSP 발전소보다 더 큰 영역을 필요로 한다.

OTEC 시스템의 환경적 결과는 복합적이다. 순환된 영양분을 펌핑하는 물의 상당한 양은 물고기의 삶의 양을 증가시킨다고 주장하였다. 반면에, 용해된 이산화탄소는 해양심층수로부터 나올 수 있다. 따라서 이것은 신재생에너지 발전의 혜택을 부정한다. 오직, 이후 실험을 통해 이러한 문제를 해결할 것이다.

2.11 결론

태양 에너지는 얻기 위한 자원이다. 필요로 하는 모든 것은 필수적인 하드웨어를 생산하는 것이다.

이 장에서는 가장 기본적인 '활성 태양' 기술을 소개한다. ; 옥상 태양 온수기. 이것은 영국(가장 화창하지 않은 국가)에서 제한된 잠재력을 가지고 있지만, 이것은 지중해국가들에서 널리 사용되고 있으며 최근 중국에서 이것의 사용에 대한 놀라운 성장을 일으켰다.

2.3 절은 '빛(단파 복사)'과 '열(장파 복사)'의 중요한 차이에 대한 태양복사의 본질에 대하여 설명하였다. 태양의 방해 광선인 직접 복사는 집열기에 수집되는 것이 가장 중요하다. 그리고 산란복사는 자연 빛이 가장 중요하다. 연중 태양복사 총량은 국가에 따라 다르며, 낮은 위도(적도에 가까운)에서 더 많다. 평판 집열기에 떨어지는 복사의 양은 위치의 위도에 따른 적절한 기울기의 이해를 요구한다.

2.4 절은 빛을 투과하지만 장파적외선(열)의 재방사선을 차단하는 능력, 특히 유리 및 다른 플라스틱유약재료의 특성을 알아보았다. 그것은 열손실의 세 가지 메커니즘을 설명했다 : 이중 광택 창 맥락에서 전도, 대류 및 방사. 열 손실의 측정으로 U-value 값을 소개하고 U-value 값이 감소 될수 있는 창문을 설계하는 방법을 설명했다.

2.5 절은 태양에너지, 특히 국내 태양 물 난방과 공간 난방에 대한 몇 가지 가능한 저온응용 프로그램을 설명했다. 겨울 공간난방에 대한 필요성은 지역기후에 크게 의존함을 지적했다. 또한 '태양' 기술을 이용한 외부 환경의 열 그리고 저온 열 생산을 위한 방법과 직접적인 관련은 없지만 '열펌프'를 소개했다. 이 절은 건물의 필수적인 부분인 태양 집열기에 적용되는 세가지 '수동적인 태양' 기술을 간략하게 묘사하였다 : 온실, Trombe 벽 그리고 직접적인 태양 집열기.

2.6절은 '활성 태양열 난방'에 대하여 알아보았으며, 4가지 기본적인 집열기 유형 및 응용 프로그램에 대하여 자세하게 설명하였다.

2.7절은 수동 태양열 난방에 관한 복잡한 주제를 설명하였다. 특히 태양열 집열기 및 실제 난방 에너지 수요에 관하여 및 남향 창에 대한 '직접적인 이득' 설계를 하였다. 차례로 자사의 절연 등급과 사람, 조명 및 가전제품에서 오는 '자유 열 이익'의 역할과 관련이 있다. 그것은 '태양' 과 '초절연' 설계 사이의 선택에 대하여 논의하였다. 후에 최근 passivhaus 프로젝트의 형태로 표현하였다. 그것은 간단하게 다른 형태의 태양열 기술을 설명하였다 : 온실, 아트리아 및 그늘을 피하기 위한 도구로써 태양경로 다이어그램 사용.

2.8절은 인공조명의 과도한 사용을 피하기 위해 자연광의 사용에 대하여 간략하게 설명하였다.

2.9절은 현재 태양광발전(CSP)으로 알려져 있는, 엔진을 작동시키고 특히 전기를 발전시키기 위한 태양열 에너지의 사용에 대해 알아보았다. 집중형 집열기의 간단한 형태에 대해 설명하였다. : 선집중 또는 패러볼릭, 점집중이나 접시형태의 집열기. 그것들은 1980년대 캘리포니아의 대규모 CSP 발전소에서 사용되었고, 2005년 이래로 건설의 부흥이 일어났다. 또한 중앙 수신기에 태양광선을 집중하는데 사용되는 평면거울이나 헬리오스탯이 설치되는 '전력타워'을 도입하였다. 이러한 형태는 스페인에 건설된 새로운 CSP 발전소의 기초가 되었다. Box 2.4 는 전반적으로 높은 엔진효율을 얻기 위해 높은 온도를 달성하는 것의 중요성을 설명하였다. 또한 다른 저온시스템에 사용되는 유기랭킨사이클(ORC)를 도입하고 태양연못, 해양 열 에너지 전환(OTEC), 태양상승기류 타워를 간단히 설명했다.

마지막으로 2.10 절에서는 태양열시스템의 경제적, 잠재적이고 환경적인 영향에 대하여 알아보았다. 영국에서 열펌프는 더 경제적일 수 있지만, 태양열온수기는 중앙과 남부유럽에서 매우 실용적이다. 중국에서 태양열 온수기의 대량 생산이 낮은 집열기 비용을 주도하고 지난 십 년간 집열기 매출의 대단한 성장을 보였다. CSP의 경제성은 미국 단독적으로 다양한 기가와트 급 새로운 건설에 대한 제안을 지원하기에 충분히 좋다.

전 세계적으로, 태양열 난방 및 CSP 발전에 대한 전망은 매우 좋다. 열펌프 및 Passivhaus 에너지 보존 기술과 같은 다른 '태양열' 기술들은 세계적으로 이산화탄소 배출을 줄이기 위한 상당한 가능성을 제공한다.

References

Achard, P. and Gicquel, R. (eds) (1986) *European Passive Solar Handbook* (preliminary edition), Commission of the European Communities, DG XII.

BRE (2005) *SAP 2005 – The Government's Standard Assessment Procedure for Energy Rating of Dwellings*, Watford: Building Research Establishment, [online] available from: http://www.projects.bre.co.uk/SAP2005 (accessed 13 September 2011).

BRE (2008) *Passivhaus primer: Introduction, An aid to understanding the key principles of the Passivhaus Standard*, Watford: Building Research Establishment, [online] available from: http://www.passivhaus.org.uk (accessed 20 September 2011).

Butti, K. and Perlin, J. (1980) *A Golden Thread: 2500 Years of Solar Architecture and Technology*, London: Marion Boyars.

CCC (2011) *The Renewable Energy Review*, London: Committee on Climate Change, [online] available from: http://theccc.org.uk (accessed 23 September 2011).

CEC (1994) *'Solar Radiation', European Solar Radiation Atlas Volume 1*: Report EUR 9344, Directorate for General Science.

CEC (2009) *Directive 2009/28/EC on the Promotion of Energy from Renewable Sources*, Commission of the European Communities, [online] available from: http://eur-lex.europa.eu (accessed 20 September 2011).

Chapman, J., Lowe, R. and Everett, R. (1985). *The Pennyland Project*, Energy Research Group, Milton Keynes, UK: Open University, [online] available from: http://oro.open.ac.uk/19860/ (accessed 20 September 2011).

DECC (2011a) *Energy Consumption in the United Kingdom: data tables*, Department of Energy and Climate Change, [online] available from: http://www.decc.gov.uk (accessed 18 September 2011).

DECC (2011b) *Digest of UK Energy Statistics (DUKES): Chapter 7 – Renewable Energy Sources*, [online] available from: http://www.decc.gov.uk (accessed 2 February 2012).

DTI (1999) *New and Renewable Energy: Prospects in the UK for the 21st Century – Supporting Analysis*, ETSU-R122, Department of Trade and Industry.

EST (2003) *The Hockerton Housing Project*, Energy Efficiency Best Practice in Housing New Practice Profile 119, Energy Saving Trust, [online] available from: http://www.est.org.uk (accessed 13 September 2011).

EST (2010) *Getting Warmer: a Field Trial of Heat Pumps*, Energy Saving Trust, [online] available from: http://www.energysavingtrust.org.uk (accessed 13 September 2011).

EST (2011a) *Here Comes the Sun: a Field Trial of Solar Water Heating Systems*, Energy Saving Trust, [online] available from: http://www.energysavingtrust.org.uk (accessed 13 September 2011).

EST (2011b) *Solar Water Heating*, Energy Saving Trust website, [online] available from: http://www.energysavingtrust.org.uk (accessed 23 September 2011).

ESTIF (2011) *Solar Thermal Ma+rkets in Europe*, European Solar Thermal Industry Federation, [online] available from: http://www.estif.org (accessed 19 September 2011).

ESTTP (2009) *Solar Heating and Cooling for a Sustainable Energy Future in Europe*, European Solar Thermal Technology Platform, Brussels, [online] available from: http://esttp.org (accessed 24 September 2011).

Everett, B., Boyle, G. A., Peake, S. and Ramage, J. (eds) (2012) *Energy Systems and Sustainability: Power for a Sustainable Future* (2nd edn), Oxford, Oxford University Press/Milton Keynes, The Open University.

Greenpeace/ESTELA/Solarpaces (2009) *Concentrating Solar Power: Global Outlook 2009*, Greenpeace/European Solar Thermal Electricity Association/IEA Solarpaces, [online] available from: http://www.greenpeace.org (accessed 23 September 2011).

IEA (2011) *CO2 emissions from fuel combustion: highlights: data tables*, International Energy Agency, Paris, [online] available from: http://www.iea.org (accessed 14 October 2011).

IPCC (2011) *Special Report on Renewable Energy*, Intergovernmental Panel on Climate Change, [online] available from: http://www.ipcc.ch (accessed 24 September 2011).

Luwoge (2008) *Das 3-Liter-Haus*, [online] available from: http://www.luwoge.de (accessed 20 September 2011).

REN21 (2011) *Renewables 2011 Global Status Report*, Renewable Energy Policy Network for the 21st Century, Paris, [online] available from: http://www.ren21.net (accessed 14 October 2011).

Solarpaces (2010) *Annual Report, IEA Solar Power and Chemical Energy Systems*, [online] available from: http://www.solarpaces.org (accessed 22 September 2011).

Sunmark (2011) *Marstal district heating*, [online] available from: http://www.sunmark.com (accessed 16 October 2011).

Schlaich, J. (1995) *The Solar Chimney – Electricity from the Sun*, Edition Axel Menges, Stuttgart.

Weiss, W. and Mauthner, F. (2011) *Solar Heat Worldwide*, IEA Solar Heating and Cooling Programme, AEE INTEC, Austria, [online] available from: http://www.iea-shc.org (accessed 24 September 2011).

Further reading

Baker, N. V., Franchiotti, A. and Steemers, K. A. (1993) *Daylighting in Architecture – A European Reference Book, Luxembourg: European Commission Handbook EUR 15006 EN.*

Duffie, J. A. and Beckman, W. A. (2006) *Solar Engineering of Thermal Processes*, 3rd edition, New York: John Wiley. [A classic textbook on the physics and engineering of solar thermal energy systems.]

Goulding, J. R., Lewis, J. O. and Steemers, T. C. (eds.) (1992) *Energy in Architecture – The European Passive Solar Handbook*, Batsford. [A mine of technical information, highly recommended.]

Mazria, E. (1979) *Passive Solar Energy Book*, Rodale Press. [A classic beautifully illustrated introduction to design for passive solar heating.]

Stine, W. B. and Geyer, M. (2001) *Power from the sun*, available at http://www.powerfromthesun.net (accessed 22 September 2011). [A thorough online book covering most aspects of solar design with online solar calculators.]

Chapter 3

태양전지

3.1 도입

2장에서는 태양에너지를 이용해 발생시킨 고온의 증기로 발전기를 돌려 전기를 만드는 과정을 공부했다. 이 장에서는 태양 복사로부터 보다 직접적으로 전기를 생산하는 방법에 대해 공부하고자 한다. **태양전지(photovoltaic)**는 태양에너지를 직접 전기로 변환시키는 장치이다(주: photovoltaic은 '태양전지' 혹은 '태양광발전'으로 번역된다).

태양전지는 가장 이상적인 에너지 변환 장치라고 할만하다. 앞장에서 논의했듯이 현 인류가 사용하는 화석연료와 원자력에너지의 합보다 약 8,000배에 이를 정도로 지구상에서 가장 풍부한 에너지원인 태양에너지로부터 에너지를 수확하는 장치이다.

가장 일반적인 형태의 태양전지는 지각에서 두 번째로 풍부한 실리콘이 주원료이다. 기계적인 구동 부분이 없으므로 마모가 발생하지 않고 이상적으로는 수명이 무한대이다. 더욱이 태양전지의 산출물은 사용하기 가장 유용한 형태인 전기이다.

먼저 태양전지의 역사와 물리적 기본 원리를 간단하게 짚어보고 단결정 실리콘을 이용한 소자의 효율 향상 방법과 비용 절감의 방안을 다양하게 알아보고자 한다. 다음으로 박막을 이용한 비결정질 태양전지에 대해 알아보고 새롭고 대두하고 있는 다양한 혁신적인 태양전지에 대해 논의하고자 한다. 다음으로 태양전지 셀(cell) 및 모듈(module)의 전기적 특성에 대해 알아보고자 한다. 다음으로 독립전원으로서의 태양전지, 건물의 전력 계통에 연계된 태양전지 및 대규모 전력 생산 방법에 대해 논의하고자 한다. 태양전지를 이용한 전기 생산의 경제적 환경적 영향에 대해 알아보고 마지막으로 전력망 연계 방법과 미래의 성장 가능성에 대한 전망을 짚어보고자 한다.

3.2 간략한 태양전지 역사

'photovoltaic'이라는 단어는 그리스어로 빛을 의미하는 *photos*와 전자의 운동을 유발하는 기전력의 단위인 volt가 합성된 단어이다. 볼트(*volt*)는 전지의 발명자인 이탈리아 물리학자 Alessandro Volta 백작의 이름에서 따온 것이다. 따라서 photovoltaic라는 단어는 빛으로부터 전기를 생산하는 것을 의미한다.

광전효과(photovoltaic effect)는 프랑스 물리학자 Edmond Becquerel(그림 3.1)이 1839년 수용액 전지 실험을 발표하면서 이 실험에 전극으로 사용된 은판이 햇빛에 노출되었을 때 전압의 증가를 발표한 것이 그 유래이다.

그림 3.1 • 광전효과를 발견한 Edmond Becquerel.

1877년 Cambridge의 과학자인 W. G. Adams와 R. E. Day가 셀레늄이 빛에 노출되었을 때 전기적 특성의 변화에 대한 논문을 왕립협회에 제출하면서 고체에서 광전효과를 처음 보고했다(Adams and Day, 1877). 셀레늄은 황과 유사한 비금속 원소이다.

1833년 뉴욕의 전기공인 Charles Edgar Fritts가 오늘날 실리콘 태양전지와 비슷한 셀레늄 태양전지를 만들었다(그림 3.2). 이는 얇은 셀레늄 판, 매우 얇은 금 전선과 보호용 유리로 구성되었으며 효율은 매우 낮았다. 태양전지의 효율은 태양전지에 도달하는 태양에너지에 대한 변환된 전기에너지의 비율로 정의된다. 초기 태양전지의 효율은 1% 미만이었다. 그럼에도 불구하고 셀레늄 소자는 가시광선에 잘 반응하여 촬영용 노광기로 많이 사용되었다.

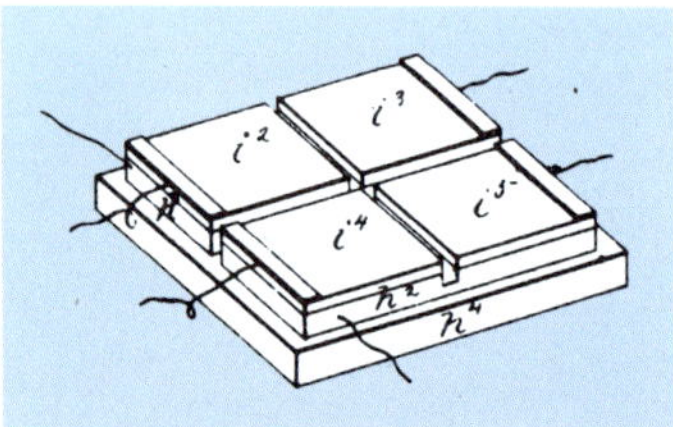

그림 3.2 • 1884년 Charles Edgar Fritts이 미국 특허를 신청한 태양전지 그림.

이런 초기 소자의 비효율성의 원인은 수십 년 후인 20세기 초반에 Max Planck 같은 물리학자들이 물질의 기본적인 성질에 대한 새로운 통찰을 제시하면서 이해되었다.

근대적인 고효율 태양전지의 개발은 1950년대 새로운 발견으로 인해 시작되었다. 미국 뉴저지주의 Bell 연구소의 Darryl Chapin, Calvin Fuller, Gerald Pearson을 포함한 과학자들이 **반도체(semiconductor)**에 빛을 조사하고 특성을 연구했다(그림 3.3). 반도체는 게르마늄, 실리콘 같은 비금속 물질로서 그 전기적 특성이 전기저항이 매우 작은 금속과 전류를 통과시키지 않는 절연체의 중간값을 가지며 이러한 이유로 반도체라 한다.

그 이전인 1948년 Bell 연구소의 연구원인 Bardeen, Brattain, Shockley는 반도체를 이용해 혁명적인 소자인 트랜지스터(transistor)를 발명했다. 트랜지스터는 초고순도 실리콘 결정에 붕소나 인 같은 불순물을 첨가한 반도체로 만들었다. **도핑(doping)**이라고 하는 불순물을 첨가하는 방법에 따라 반도체의 전기적 특성을 매우 유용한 방식으로 변화시킬 수 있다(자세한 설명은 뒷부분 참조).

1953년 실리콘의 광전효과에 대한 기초 연구를 축적한 Bell 연구소의 Chapin-Fuller-Pearson 연구진은 광전효율이 향상된 '첨가'된 실리콘을 만들었다. 그다음 해에 이를 논문으로 발표했으며(Chapin et al. 1954) 실리콘 태양전지의 변환 효율을 6%까지 증대시켰다. Bell 연구소는 농촌 지역 전화기의 증폭기에 전원을 공급하기 위한 태양전지를 시연했으나 전원으로 사용하기에는 가격이 너무 비쌌다.

그러나 1958년 미국의 두 번째 인공위성인 Vanguard I의 조그마한 무선 송신기의 전원으로 사용되었다. 성공적인 첫 번째 적용 이후 태양전지는 인공위성의 전원으로 지속적으로 사용되었다(그림 3.4와 그림 3.5).

지난 수십 년 동안 태양전지의 효율은 계속 향상되었고 비용은 계속 줄었다. 일반

그림 3.3 • Bell 연구소의 선구적인 태양전지 연구진인 Pearson(왼쪽), Chapin(가운데)과 Fuller(오른쪽)가 초기 태양전지의 빛에 대한 반응을 측정하고 있다.

그림 3.4 • 1958년에 발사된 미국의 두 번째 인공위성인 Vangaurd I의 송수신기는 6개의 작은 태양전지를 장착하고 있다.

적인 전기 공급 비용이 지나치게 비쌀 수 있는 외딴곳의 무선통신, 조명 및 다른 전기기구의 전원으로 태양전지 사용은 확대되었으며 가정과 산업체 등에서 소비되는 전력의 상당 부분을 공급하고 있다. 독일, 이탈리아, 스페인, 프랑스, 캐나다, 미국 등에서는 수 MW급 발전소를 운영하고 있기도 하다.

결정 실리콘 태양전지 **셀**(*cell*)의 최고 효율은 실험실 수준에서 25%까지 이르고 있다(Box 3.1 참조). 판매되고 있는 실리콘 태양전지 **모듈**(*module*)의 효율은 약 20% 정도이다(Green et al 2011).

2000년에서 2010년까지 태양전지 설비량은 약 20배 증가했으며 모듈의 가격은 W 당 $2 이하로 떨어졌고 전체 시스템은 W 당 $4 이하로 떨어졌다(그림 3.6과 그림 3.7). 이렇듯이 태양전지의 가격 효율성의 향상은 계속될 것으로 판단된다.

그림 3.5 • 국제우주정거장(ISS)은 130 kW급 태양전지판으로부터 전기를 공급받는다.

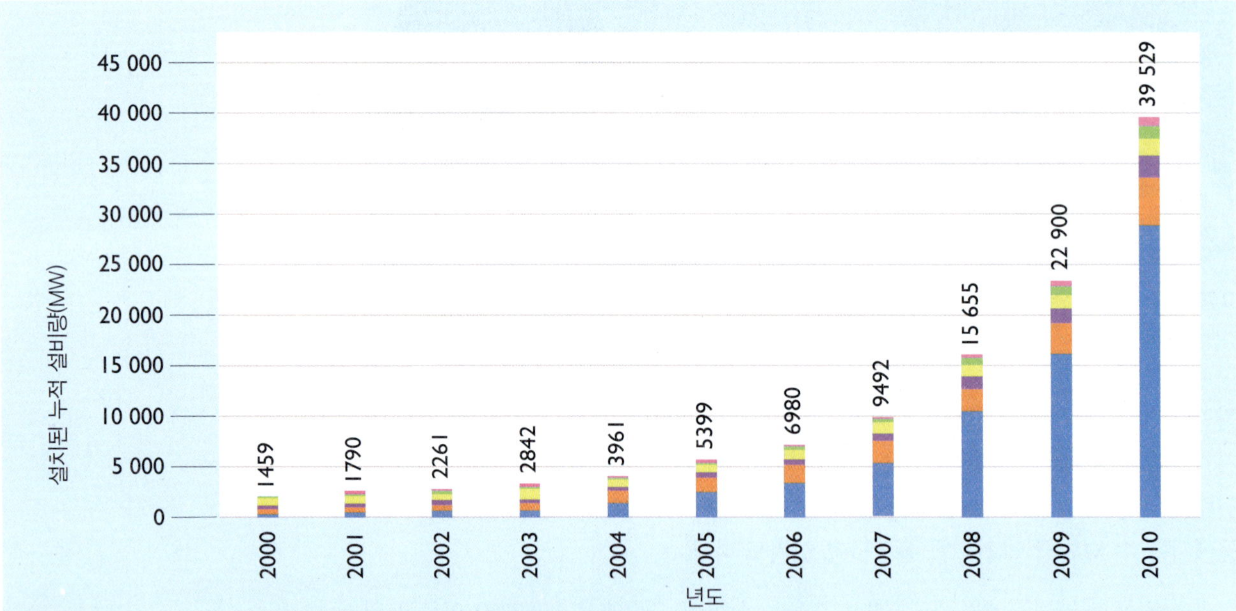

	2000	2001	2002	2003	2004	2005	2006	2007	2008	2009	2010
중국	19	30	45	55	64	68	80	100	145	373	893
APEC	38	43	49	57	66	80	112	170	466	718	1191
기타	758	814	894	971	1000	1010	1128	1190	1303	1427	1844
북미	146	177	222	287	379	496	645	856	1205	1744	2727
일본	318	452	637	860	1132	1422	1708	1919	2149	2632	3622
EU	181	275	414	613	1319	2324	3307	5257	10 387	16 006	29 252
Total(MW)	1459	1790	2261	2842	3961	5399	6980	9492	15 655	22 900	39 529

그림 3.6 • 2000~2010년 기간 동안 설치된 누적 태양전지 전력 설비량(출처: EPIA 2011). APEC는 아시아-태평양 주변 21개국.

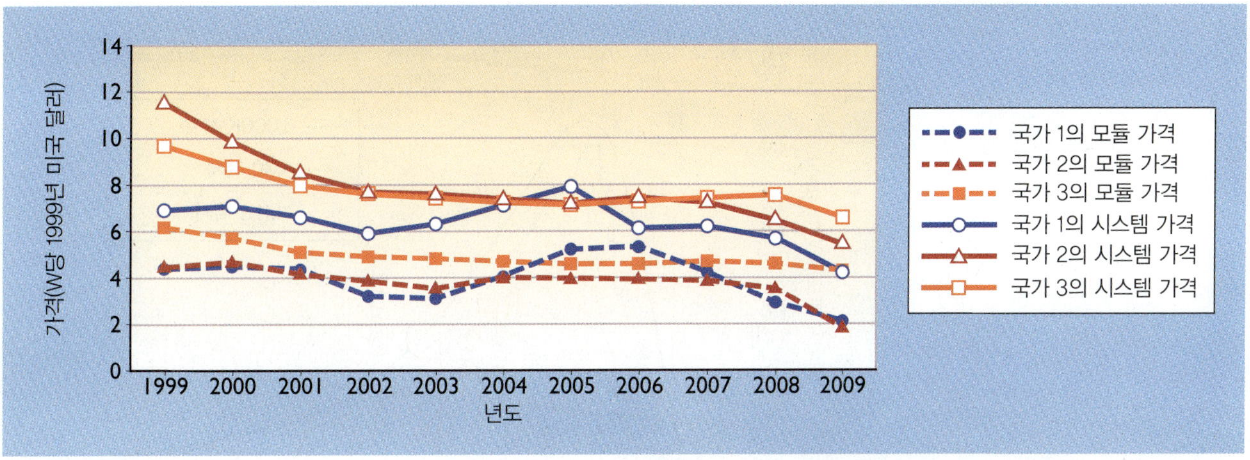

그림 3.7 • 1999~2009년 태양전지 시스템과 모듈 가격(1999년 미국 달러 가치 기준). (출처: IEA 2010a).

Box 3.1 태양전지 셀과 모듈의 표준 시험 조건

국제적으로 합의된 표준 시험 조건에 따라 태양전지 셀과 모듈의 성능을 측정해야 한다. 기본적으로 셀이나 모듈의 온도는 25°C여야 하며 셀에 입사되는 태양복사 일률(power)은 제곱미터(m^2) 당 1,000 W이고 **대기가중치 1.5 G(Air Mass 1.5 G)**라고 알려진 태양 복사 일률 분포(spectral power distribution)를 가져야 한다(이때 G는 'global'을 의미하며 이는 직접 복사와 확산 복사를 모두 포함한다).

태양 복사 일률 분포는 파장에 따른 태양 빛의 세기 분포 그래프이다. '대기가중치(Air Mass 혹은 Air Mass Coefficient)'는 태양 빛이 관측자(혹은 태양전지 모듈)에게 도달할 때 빛이 통과해야 하는 대기의 두께 영향을 표현하는 개념이다. 우주 공간에는 태양 빛에 영향을 주는 대기가 존재하지 않는다. 지구 대기 바로 바깥쪽에서 태양 빛의 일률 밀도는 약 1,365 W/m^2이다. 지구의 대기에 들어오기 직전의 태양 복사 일률 분포를 **대기가중치 0(Air Mass 0, AM0)** 분포라 한다.

대기를 구성하는 다양한 성분(산소, 질소, 오존, 수증기, 이산화탄소 등)은 태양 빛을 파장에 따라 선택적으로 감쇄시킨다. 태양 빛이 통과해야 하는 길이가 증가함에 따라 감쇄는 증가한다. 태양이 자오선(머리 바로 위)에 있을 때 태양 광선이 태양전지 모듈에 도달할 때까지 통과해야 하는 대기의 거리가 가장 짧다. 이 조건에서 태양 복사 일률 분포를 **대기가중치 1(Air Mass 1, AM1)** 분포라 한다. 관측자는 해수면 높이에 있다고 가정하고 대기가중치는 태양이 자오선과 각도를 이룰 때 태양 빛이 통과하는 거리와 태양이 자오선 상에 있을 때 통과하는 거리의 비로 정의된다. 간단한 삼각함수를 이용하면(그림 3.8) 표준 시험 조건에서 요구하는 대기가중치 1.5는 태양이 자오선에서 48° 떨어진 위치에 있을 때라는 것을 알 수 있다. 즉, cos 48° = 0.67이고 이의 역수는 1.5이다.

$$\text{대기가중치} \approx \frac{1}{\cos\theta}$$

대기가중치 0과 1.5일 때의 태양 빛의 분포는 그림 3.9와 같다.

셀이나 모듈의 최고 출력(최대 watt, Wp)은 AM 1.5의 분포를 가진 시험기의 전등이 1,000 W/m^2의 일률일 때 최고 출력을 의미한다.

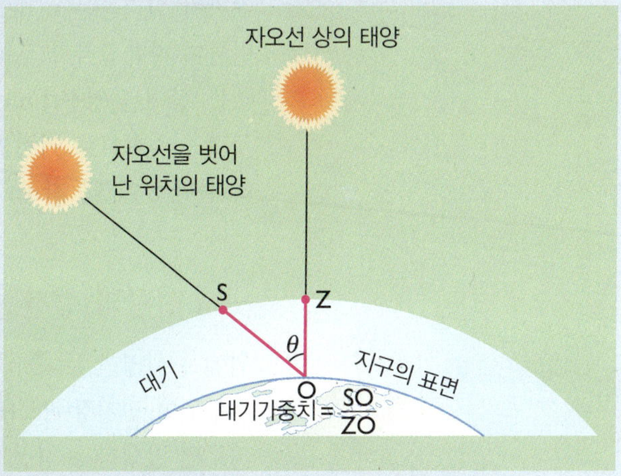

그림 3.8 • 대기가중치는 태양이 자오선으로부터 어느 특정 각도에 있을 때 햇빛이 통과하는 대기의 길이와 태양이 자오선에 있을 때 통과하는 대기 길이의 비이다.

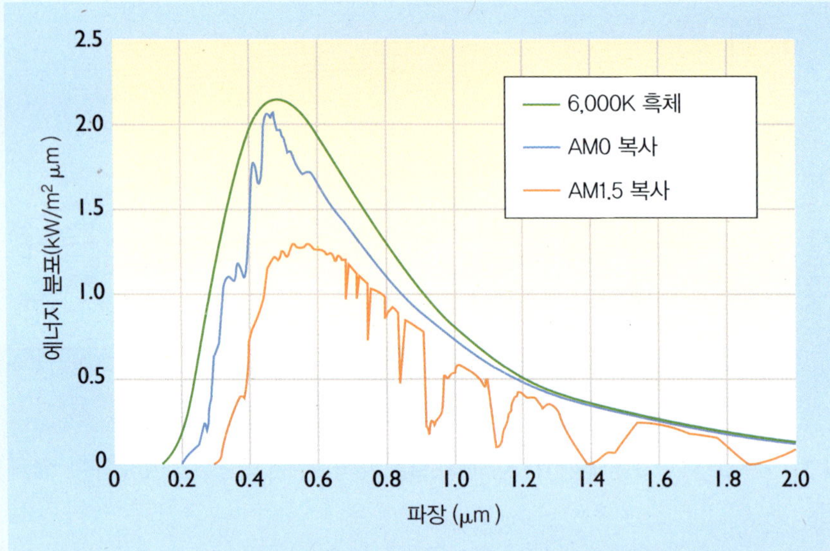

그림 3.9 • 대기가중치 0과 1.5일 때 태양 복사의 파장 일률 분포. 태양이 6,000K의 완벽한 복사체('흑체')라고 가정할 때 예상되는 이론적인 파장 일률 분포.

3.3 실리콘 태양전지: 기본 원리

반도체와 '첨가(doping)'

기본적으로 일반적인 태양전지 셀은 p-형 반도체와 n-형 반도체의 접합으로 이루어져 있다. 이런 반도체는 주로 실리콘이므로 먼저 실리콘 반도체에 대해 알아보자. 물론 태양전지는 다른 물질로도 만들 수 있으나 이는 뒤에서 검토하도록 하자.

n-형 반도체는 실리콘 결정이 추가적인 자유전자를 가지도록 소량의 불순물(주로 인)을 '첨가'해 만든다. **전자**는 음의 전하를 갖는 아원자 입자이므로 이런 불순물이 첨가된 실리콘은 **n(negative)-형** 반도체이다. p-형 반도체 역시 실리콘 결정으로 만들며 자유전자가 부족하도록 소량의 불순물(주로 붕소)을 첨가해 만든다. 전자가 없는 상태를 **양공(hole)**이라 한다. 음전하인 전자가 없다는 것은 양으로 대전 된 것과 동일하므로 이런 방법으로 불순물이 첨가된 실리콘을 **p(positive)-형** 반도체라 한다(Box 3.2 참조).

p-n 접합과 광전 효과

위에서 설명한 두 종류의 반도체를 결합해 **p-n 접합**을 만들 수 있다. 이 경우에 접합부위에 **전기장(electric field)**이 형성된다(이 전기장은 플라스틱 빗을 털옷에 문지르면 발생하는 정전기장과 같다. 전기장은 음전하를 한 방향으로 움직이게 하며 양전하를 다른 방향으로 움직이게 한다). 그러나 p-n 접합은 단순한 기계적인 접합이 아니며 접합을 가로질러 'p'에서 'n'으로 급격하지 않게 점차 특성이 변화한다.

태양전지의 핵심인 p-n 접합부위에 빛이 도달하면 어떤 현상이 일어나는가?

빛은 **광자(photon)**라 불리는 에너지를 가진 작은 입자의 흐름이라고 볼 수 있다. 적절한 파장을 가진 광자가 p-n 접합부위에 도달하면 그곳에 있는 전자에게 에너지를 전달해 전자들이 더 높은 에너지 상태로 가도록 한다. 전자들은 주변의 원자들 간에 소위 '가전자(valence)' 결합을 형성해 물질을 결합시키는 역할을 하며 이동할 수 없다. 그러나 전자들은 '여기(exited)' 상태에서 물질 내부를 자유롭게 움직이며 전류가 통하도록 한다. 전자들이 움직여나간 자리에는 양공을 남기고 이들 정공 역시 이동할 수 있다(Box 3.2). 그림 3.10의 '자동차 주차'를 도식적으로 표현한 그림 3.10은 전자와 정공의 움직임과 유사하다.

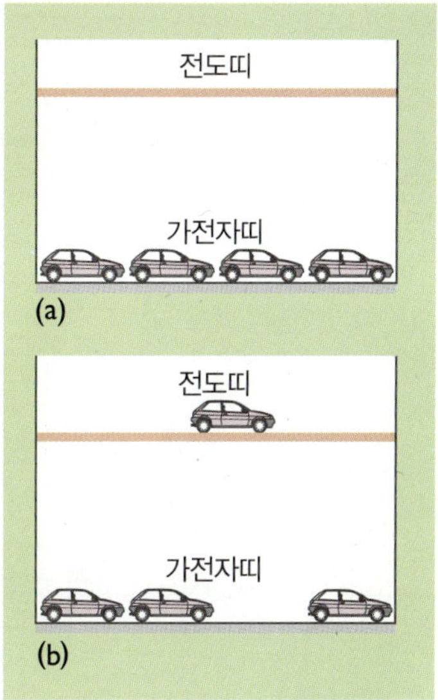

그림 3.10 • '주차'와 유사한 반도체에서 전도과정 (a) 주차장 아래층이 가득 차면 자동차('가전자 띠'의 전자를 나타냄)는 움직일 수 없다. 위층이 비어있다면 (b) 자동차 한 대(전자)는 위층('전도 띠'를 나타냄)으로 '올라간다'면 자유롭게 움직일 수 있다. 이렇게 한대가 올라가면서 아래층에는 '빈자리(양공)'를 남기고 자동차들이 아래층(가전자 띠)에서 움직이는 것을 허용한다(출처: Green, 1982).

p-n 접합이 형성되면 접합면 근처의 n-형 내부의 전자는 가까이 있는 p-형의 양공에 이끌려 결합한다. 유사하게 p-형의 양공은 부근의 n-형의 전자에 이끌려 결합한다. 이 결과로 접합 주변의 n-형은 정상적인 n-형보다 상대적으로 양으로 대전 되고 접합 주변의 p-형은 정상적인 p-형보다 상대적으로 음으로 대전 된다. 이는 접합 주변에 역전기장이 형성된 것과 같다: p-형 쪽은 음으로 n-형 쪽은 양으로 대전된다. 접합 주변 영역은 전하(전자와 양공)가 줄어들게 되며 이를 **공핍영역(depletion region)**이라 한다.

접합 부근의 전자는 빛에 의해 전도 띠로 '올라'가며 정공을 가전자 띠에 남긴다. 두 전하 운반자(전자–양공 쌍)가 생성된 것이다. 접합 부근의 역전기장의 영향으로 전자는 n-영역으로 주로 이동하고 정공은 p-영역으로 주로 이동한다. 이 과정을 반도체의 에너지 준위로 파악할 수 있다(그림 3.12). 입사된 빛에 의해 전도 띠로 올라간 전자는 접합 부근의 전기장의 영향을 받아 n-형 영역으로 마치 '언덕 아래로 굴러 내려가는 것'처럼 생각할 수 있다. 유사하게 양공은 역시 전기장의 영향을 받아 p-형 영역으로 '날아 올라가는 것'으로 생각할 수 있다.

n-영역으로 이동하는 전자의 흐름은 물리적 정의에 따르면 전류이다. 전류가 흐를 수 있는 외부 회로가 연결되어 있다면 셀의 전면에 있는 금속을 통해 궁극적으로 반도체 밖으로 빠져나가게 된다. 한편 양공은 반대쪽으로 이동해 셀의 반대쪽 면에 있는 금속에 도달하고 여기에서 외부 회로에서 들어오는 전자에 의해 '채워진다'.

전력을 생산하기 위해서는 태양전지 셀은 전자의 흐름에 의한 전류뿐만 아니라 전압도 생성해야 하며 이는 p-n 접합에 형성된 내부 전기장에 의해 제공된다. 전형적인 150 × 150 mm 크기의 실리콘 결정 태양전지 셀은 약 0.5 V의 전압을 생성하고 약 4 W의 최대 전력을 생산한다.

단결정 실리콘 셀

최근까지 태양전지는 주로 극단적으로 순수한 **단결정 실리콘**(단일한 연속적인 격자구조를 갖는 실리콘 결정, 그림 3.11)으로 제작되었다. 단결정 실리콘은 다결정 실리콘을 녹인 액체로부터 작은 실리콘 핵을 천천히 끌어 올리면서 성장시키는 정교하면서도 비용이 많이 드는 **초크랄스키(Czochralski)** 방법으로 성장시킨다. 이 방법은 원래는 전자 소자용 실리콘을 위해 개발되었다. 단결정 실리콘을 이용한 태양전지 셀 및 모듈 공정을 요약해 그림 3.13에 제시해 두었다.

Box 3.2 결정질 실리콘, 첨가, p-n 접합과 태양전지 셀

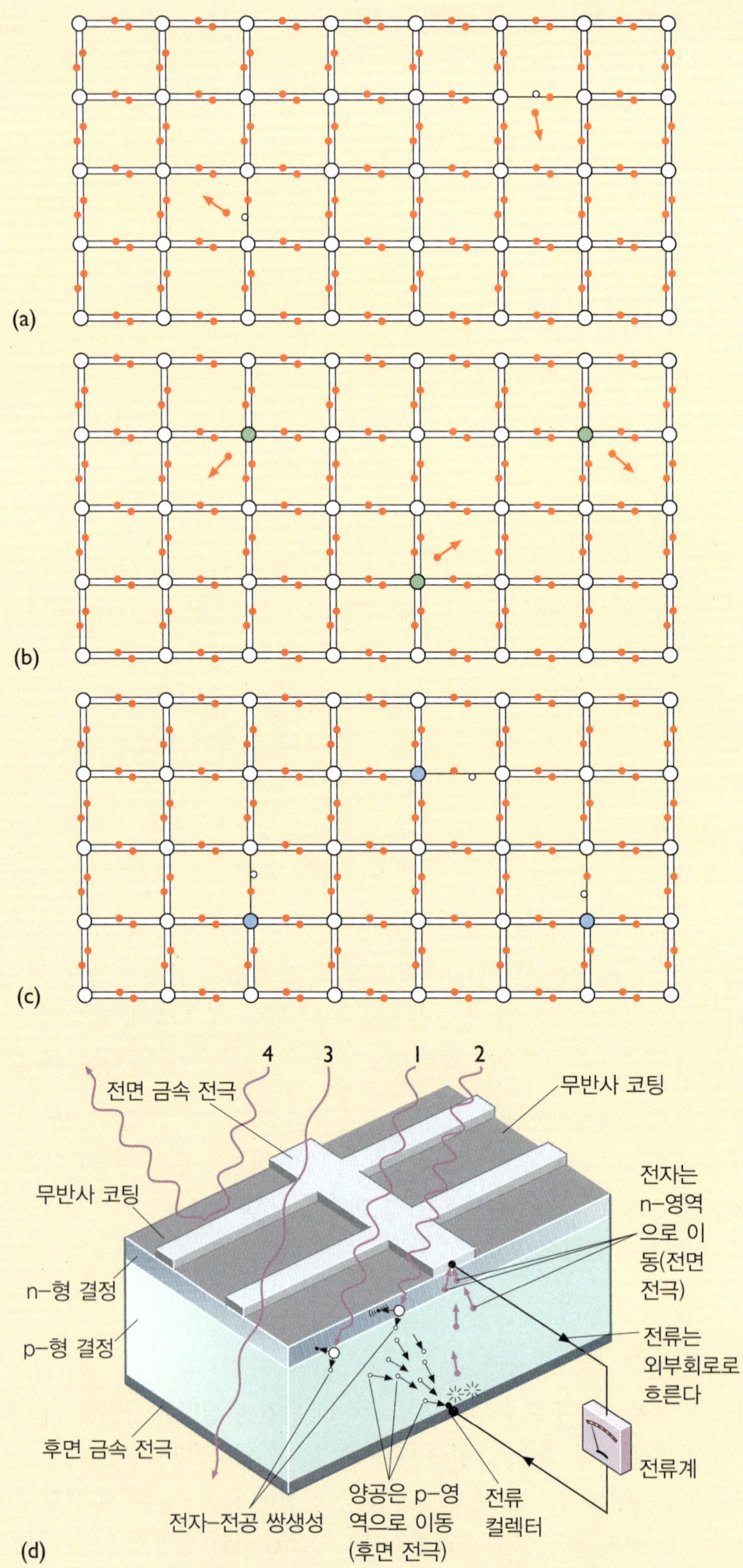

그림 3.11 (a) 순수한 실리콘 결정은 입방구조를 가지며 간략하게 표현하기 위해 2차원의 평면으로 나타냈다. 실리콘 원자는 4개의 '가전자'를 가진다. 각 원자는 같은 거리에 있는 주변의 4개의 원자와 2개의 전자(작은 점)를 공유함으로써 결정 격자에 고정되어 있다. 때때로 열적 진동이나 광자가 전자를 전도 띠(conduction band)라고 불리는 에너지 준위로 자발적으로 이동할 만큼의 에너지를 공급한다. 전도 띠에서 전자(화살표 붙은 작은 점)는 결정 내에서 자유롭게 움직이며 전류를 전달한다. 전자가 결합한 위치에서부터 움직여 나가면 그 자리는 양의 전하를 띠는 '양공'(작은 열린 원)을 남긴다.

(b) n-형 실리콘 결정은 미량의 인을 첨가해 만들 수 있다. 각각의 인 원자(큰 녹색 원)에는 5개의 가전자가 있으므로 5개 모두가 결정 격자에 수용될 수 없다. 따라서 n-형 결정은 여분의 자유전자(화살표 있는 작은 점)를 가지게 된다.

(c) p-형 실리콘 결정은 미량의 붕소를 첨가해 만들 수 있다. 각각의 붕소 원자(큰 파란 원)에는 3개의 가전자가 있으므로 3개의 실리콘 원자와는 2개의 전자를 공유하나 마지막 4번째 실리콘 원자와는 1개의 전자를 공유한다. 따라서 p-형 결정은 양공을 가지게 된다.

(d) 실리콘 태양전지 셀은 p-형 실리콘 웨이퍼에 얇은 n-형 실리콘이 다른 한 면에 있는 형태이다. 적당한 에너지를 가진 광자가 접합면 부근의 실리콘 원자를 만나면(1), 전자 하나를 떼어내고 양공을 남긴다. 전자를 전도 띠로 여기 시키는 데 필요한 에너지를 밴드 갭(band gap)이라한다(그림 3.12). 여기 된 전자는 n-형 실리콘으로 이동하고 양공은 p-형 실리콘으로 이동한다. 이후 전자는 셀의 전면에 있는 전류 컬렉터(collector) 혹은 전극으로 이동해 외부 연결 회로를 통해 흐르는 전류가 되고 다시 p-형 실리콘 층에 재주입 되어 남아있던 양공과 결합하게 된다. 광자의 에너지가 밴드 갭보다 더 크면(2), 전자-양공 쌍을 생성시키고 여분의 에너지는 열로 변환한다. 광자의 에너지가 밴드 갭보다 작으면(3) 아무런 반응 없이 셀을 통과하므로 에너지를 잃지 않는다. 광자 중 일부는 무반사 층이 있음에도 불구하고 전면에서 반사되기도 한다(4). 또한 일부 광자는 결정 표면을 일부 가리고 있는 전류 컬렉터에 의해 방해를 받기도 한다. (출처: Chalmers, 1976)

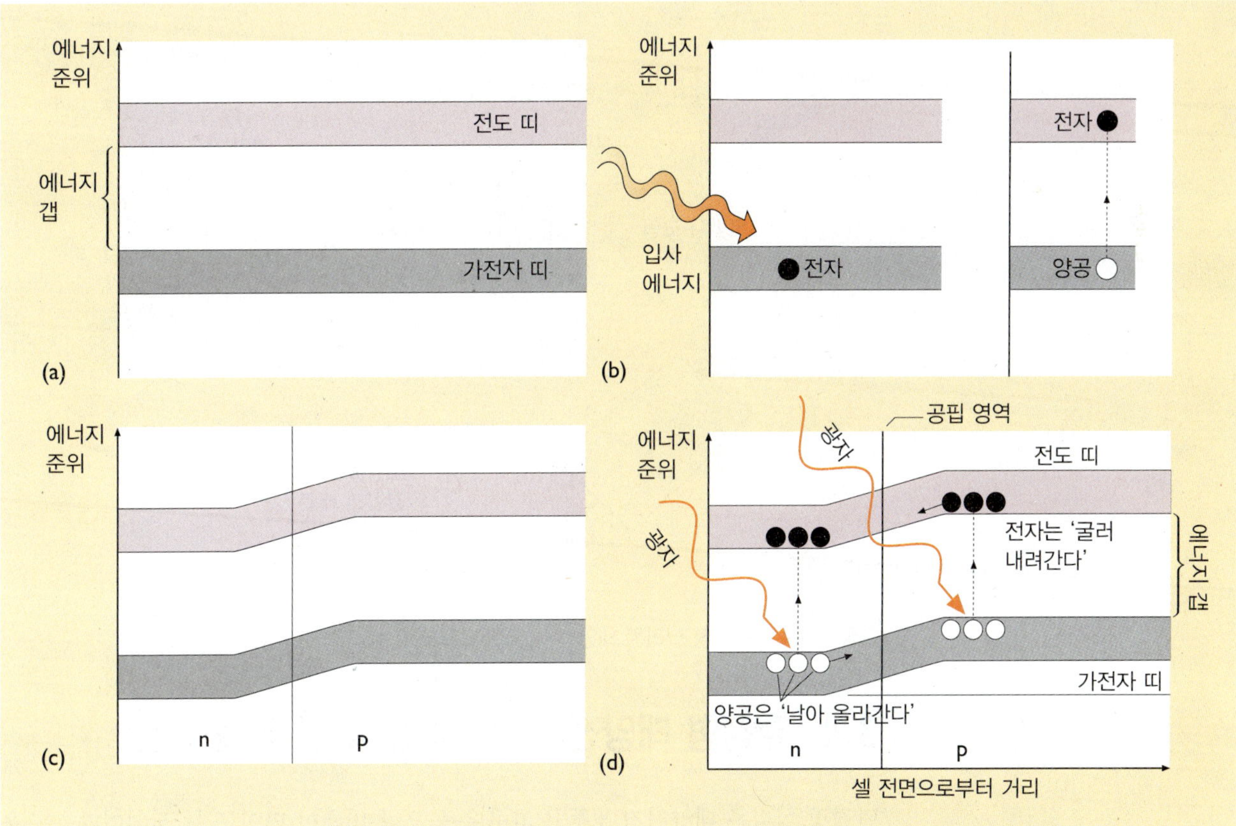

그림 3.12 • (a) 정상('진성') 반도체의 에너지 띠: (b) 전자는 빛(혹은 열)으로부터 에너지를 받으면 전도 띠로 올라갈 수 있으며 가전자 띠에 '양공'을 남긴다. (c) n-형 반도체와 p-형 반도체가 결합해 p-n 접합을 형성하면 서로 다른 에너지 띠는 결합해 다시 정렬해서 전기장을 발생시킨다. (d) p-n 접합에서 광자는 가전자 띠로부터 전자를 전도 띠로 여기시킬 수 있다. 전자는 n-영역으로 '굴러 떨어지고' 양공은 p-영역으로 '날아 올라간다'.

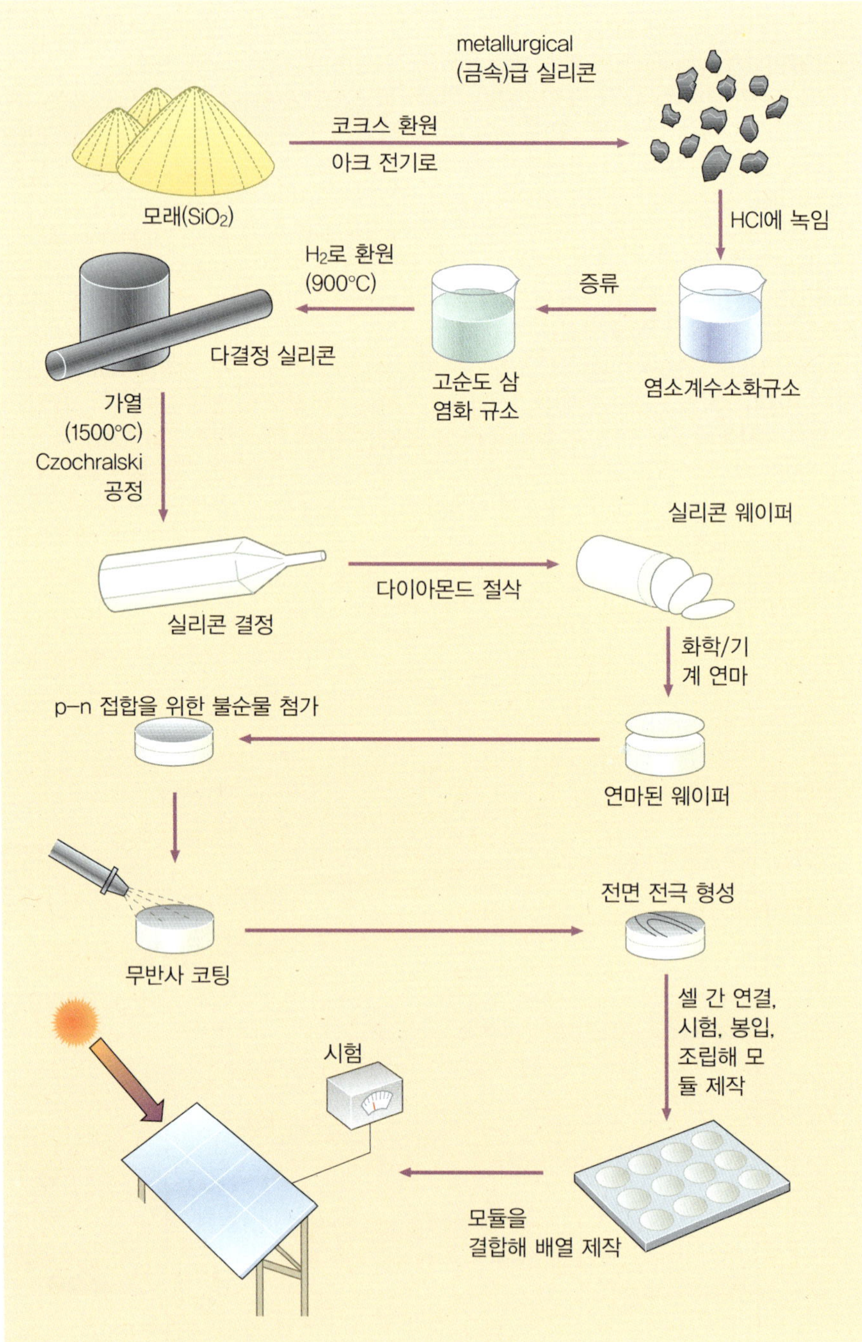

그림 3.13 • 단결정 실리콘 태양전지 셀과 모듈의 전체 공정.

3.4 결정형 태양전지: 비용 절감 및 효율 향상

단결정 실리콘 태양전지 모듈은 효율은 높으나 비용이 많이 드는 작업이다. 즉, 초크랄스키 공정은 느리며 숙련공이 필요하고 노동 및 에너지 집약형 작업이다. 또한 고효율 셀은 극단적으로 순수한 '전자 소자용' 실리콘을 사용하기 때문에 추가 비용이 상승한다. 그러나 효율이 조금 낮지만 저렴하고 덜 순수한 '태양전지급' 실리콘을 이용해 태양전지를 제작할 수 있다.

태양전지 셀이나 모듈의 비용 절감 혹은 효율 향상을 위한 다양한 방법이 지난 30여 년간 개발되었다. 이런 방법에는 단결정보다는 띠 형태의 다결정 실리콘을 이용하는 것이나 갈륨비소(GaAs) 같은 다른 반도체를 사용하는 것이 있다.

다결정 실리콘

다결정(Polycrystalline) 실리콘은 작은 단결정으로 구성되어 있다. 태양전지 셀은 다결정 실리콘으로부터 다양한 방법으로 만들 수 있다. 액상의 다결정 실리콘을 입방형으로 굳히고 얇은 실톱으로 잘라서 얇은 정사각형 기판으로 만들고 단결정 셀을 만들 때와 동일한 방법으로 태양전지를 제작한다(그림 3.14).

또 다른 방법은 실리콘 용액으로부터 다결정의 얇은 '띠'를 만드는 것이다. 주요 공정 중 하나는 미국의 Mobil Solar사에서 개발한 '양단을 제한한 필름 성장(edge defined film-fed growth, EFG)'이다.

다결정 실리콘은 단결정 태양전지보다 제작이 쉽고 저렴하다. 그러나 빛에 의해 생성된 전송자(전자와 양공)는 다결정 내의 독립된 단결정 구역인 결정립(grain)들의

그림 3.14 • 다결정 실리콘은 단결정 실리콘으로 이루어진 '결정립(grain)'의 무작위한 배열로 구성되어 있다.

경계에서 재결합할 수 있기 때문에 효율이 낮다. 그러나 각 결정립의 크기를 크게 하고 빛이 결정립 깊이 침투토록 결정의 방향을 아래-위쪽으로 정렬 시키면 효율을 상당히 향상시킬 수 있다. 이를 포함한 다양한 방법을 이용한 상품성 있는 다결정 태양전지 모듈은 15% 이상의 효율을 가진다.

다결정 실리콘 막

일반적인 실리콘 태양전지는 도달하는 빛 대부분을 흡수하기 위해 약 150~200 μm의 두께를 가진다. 그러나 몇몇 회사에서는 빛을 포획하는 기술을 통해 실리콘의 두께를 줄이고 있다. 또한 다결정 실리콘을 세라믹이나 유리 위에 얇게 증착해 태양전지 모듈을 만들기도 한다(Greenet al 2011). 얇은 막으로 만드는 것보다 좀 더 두껍다는 의미에서 '후막(thick film)'이라 하기도 한다.

갈륨비소

태양전지에 적합한 물질로 실리콘이 유일한 것은 아니다. **화합물 반도체(compound semiconductor)**라 불리는 갈륨비소(GaAs)도 사용할 수 있다. GaAs는 실리콘과 유사한 결정 구조를 가지나 Ga과 As가 교대로 존재한다. GaAs는 빛 흡수율이 높아서 원리적으로는 태양전지 응용에 매우 적합하며 매우 얇은 층으로도 충분하다. GaAs는 실리콘보다 더 큰 밴드 갭을 가지며 지상에서 태양 빛을 흡수하기에 이론적으로 가장 적합한 값이다(Box 3.3). 따라서 단결정 실리콘 셀보다 GaAs로 만든 셀의 효율이 더 높다. 온도가 올라가면 실리콘 태양전지 셀은 효율이 감소하나 GaAs 셀은 고온에서도 급격한 효율 감소 없이 사용할 수 있다. 이러한 이유로 GaAs는 집중형(concentrating) 태양전지 시스템에 적합하다(6절 참조). 다른 한편 GaAs를 생산하는 공정이 상대적으로 비용이 더 들며 Ga과 As가 풍부한 물질이 아니어서 GaAs는 실리콘보다 상당히 비싸다. GaAs 셀은 비용에 상관없이 고효율이 필요한 인공위성용이나 태양전지 경주용 자동차 같은 경우에 사용된다(그림 3.15).

3.5 박막 태양전지

태양전지를 결정만으로 만드는 것은 아니다. 비정질 실리콘, $CuIn(Ga)Se_2$, CdTe 등 다양한 물질을 이용해 박막화 된 태양전지를 제작 할 수 있다.

비정질(amorphous) 실리콘

태양전지는 **비정질 실리콘(amorphous silicon, a-Si)**의 얇은 막으로도 만들 수 있다. 비정질 실리콘에서 원자는 실리콘 결정에서보다 상대적으로 덜 질서 정연하다. a-Si에서 모든 원자가 주변의 원자와 완전히 결합하지 않았기 때문에 '미결합(dangling bond)'을 가지고 있으므로 불순물 첨가로 추가된 여분의 전자를 흡수할

Box 3.3 밴드 갭과 태양전지 셀의 효율

양자물리학에 따르면 물질 내부의 전자는 몇몇 에너지 준위 혹은 '띠(band)' 중 하나에 해당하는 에너지만을 가질 수 있다. 그림 3.11에서 보았듯이 주변 원자와 전자를 '공유'함에 의해 물질 내부의 원자를 잡아주는 전자는 물리학자들에 의하면 **가전자 띠(valence band)**라 불리는 낮은 에너지 상태를 차지한다.

경우에 따라 일부 전자는 에너지를 얻어 **전도 띠(conduction band)**라 부르는 높은 에너지 준위로 이동할 수 있다. 전도 띠의 전자는 물질 내부에서 이동할 수 있으며 전류를 흐르게 한다(그림 3.12). 띠 사이에는 **에너지 갭(energy gap)** 혹은 **밴드 갭(band gap)**이 있으며 그 크기는 물질에 따라 다양하고 그 단위는 매우 작은 단위인 전자볼트(eV)로 표시한다(부록 A 참조).

전기가 잘 통하는 금속은 전도 띠에 전자가 매우 많으며 전기가 잘 통하지 않는 부도체는 전도 띠에 전자가 매우 적다. 순수한 상태의 반도체(혹은 진성반도체)는 전도 띠에 금속보다는 적지만 약간의 전자가 있으며 이런 진성반도체에 약간의 불순물을 '첨가'해 전도 특성을 크게 향상시킬 수 있다.

광자가 태양전지 셀의 불순물이 첨가된 n-형 반도체에 도달해 전자에 에너지를 전달하면 전자가 가전자 띠에서 전도 띠로 '여기' 되도록 한다. 이때 광자는 최소한 밴드 갭과 동일한 에너지를 가져야 한다. 광자의 에너지가 밴드 갭보다 작은 경우는 전자를 가전자 띠에서 전도 띠로 여기시키지 못하고 그냥 '낭비'된다. 에너지가 밴드 갭보다 매우 큰 경우에는 전자를 여기시키고 여분의 에너지는 열로 변환된다. 이런 낭비되는 에너지로 인해 태양 빛을 전기로 변환시키는 태양전지 셀의 효율이 100%가 되지 못한다(또 다른 이유는 셀에 도달하는 모든 광자가 흡수되지 않기 때문이다. 즉, 일부는 반사된다).

광자의 에너지는 진동수에 직접 관련이 있기 때문에 태양 빛 중에서 짧은 파장(높은 진동수)을 가지는 광자는 가시광선 중 파란색에 가까우며 파장이 긴 붉은색의 광자보다 더 큰 에너지를 가진다. 태양 빛의 파장 분포는 기상과 고도에 따라 크게 변화한다(Box 3.1 참조). 빛을 전력으로 변환하는 최대 효율을 달성하기 위해 태양전지 셀에 도달하는 빛의 에너지와 사용하는 물질의 밴드 갭이 잘 맞아야 한다는 것은 명백하다. 일반적으로 태양전지로 사용되는 반도체는 1.0~1.9 eV 정도의 밴드 갭을 가지며 실리콘은 1.1 eV의 밴드 갭을 가진다.

'빛을 붙잡는' 기술의 장점을 최대한 활용해 잡을 수 있는 모든 광자가 흡수된다면 단일 접합 실리콘 태양전지의 이론적인 최대 변환 효율은 약 30% 정도이다(Wenham et al, 2007). 그러나 여러 개의 접합을 이용해 각 접합이 특정한 파장의 빛을 흡수할 수 있도록 설계한 다중 접합 셀은 이론적으로 더 높은 효율을 가지며 무한개의 접합을 이용한다면 66%까지 가능하나 실제 제작된 다중 접합 소자의 효율은 이에 미치지 못하고 있다(6절 참조).

상업적으로 구매 가능한 단일 접합 실리콘 단결정 태양전지 모듈(태양전지 셀과는 다름)의 최대 효율은 현재 약 20% 정도이다(Green at al 2011). 태양전지 모듈의 효율은 실험실에서 구현한 셀의 효율에 비해 아래와 같은 이유로 낮다.

- 실험실의 최적 조건에서 한 개의 셀에서 얻은 효율에 비해 대량생산 방식으로 만든 소자의 효율을 일정하게 높게 유지하기 어려움.
- 실험실의 소자는 일반적으로 빛을 반사하지 않거나 봉입되어 있지 않음.
- 태양전지 모듈은 일반적으로 셀 사이와 모듈의 프레임같이 전력을 생산하지 않는 비활성 영역이 있음.
- 셀 사이에 연결된 전선의 저항 및 셀의 합선 방지용 다이오드 저항에 의한 손실.
- 전기적으로 서로 특성이 다른 셀을 직렬 연결함에 의한 부정합에 의한 손실.

수 있으므로 p-n 접합의 효율을 낮추게 된다.

그러나 이런 문제는 a-Si 셀의 일반적인 제작과정에서 해결할 수 있다. 실리콘과 수소를 포함한 기체(예로 silane, SiH_4)와 미량의 첨가물(일반적으로 붕소)을 전기적으로 분해해 기판 위에 얇은 a-Si 막을 형성할 수 있다. 이 중에서 수소는 여분의 전자를 제공하고 이는 실리콘의 미결합 부분과 결합해 실리콘과 수소의 합금을 형성한다. 첨가물은 물질의 전도도를 향상시키는 일반적인 역할을 담당하는 전하 전달자가 된다.

a-Si을 이용한 태양전지는 p-형과 n-형 반도체의 접합과는 약간 다른 형태를 띤

그림 3.15 • 호주 횡단 대회인 '2009 World Solar Challenge'에서 우승한 Tokai 대학과 일본 자동차 회사가 공동으로 제작한 태양전지 자동차. 평균 100.54 km/h(낮 시간)의 속력으로 2,998 km를 29시간 49분에 주파했다. 이 차는 Sharp사의 2,174개의 효율 30%의 III–V 삼중접합 태양전지를 장착하고 있다(출처: Sharp Solar).

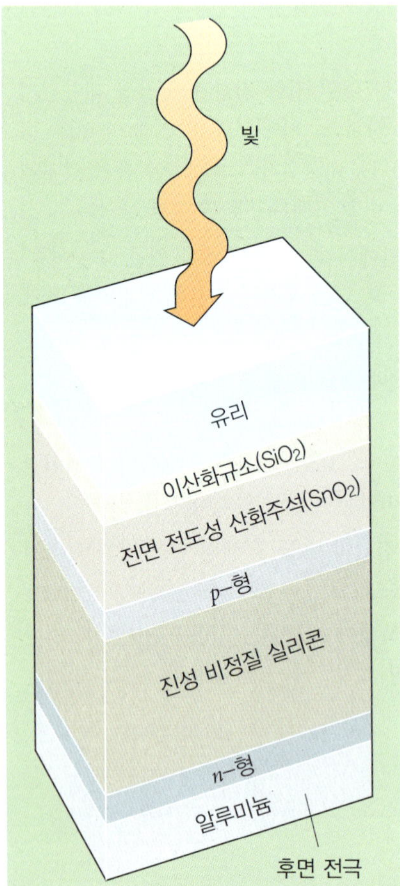

그림 3.16 • 비정질 실리콘 셀의 구조. 위쪽 전극은 투명하면서도 전도성이 있는 주석산화물(ITO)을 유리에 증착한 것이다. 이산화규소는 유리와 주석산화물 사이에서 '장벽 층(barrier layer)'을 형성한다. 아래쪽 전기 접합은 알루미늄이다. 이 사이에 p–형, 진성(i), n–형 비정질 실리콘이 있다.

다. 'p-i-n' 접합이라 불리는 형태를 보이며 이는 제일 위쪽에 매우 얇은 p-형 a-Si층이 있고 첨가물이 없는 '진성(intrinsic) 반도체(i)' a-Si층이 있으며 마지막으로 n-형의 얇은 a-Si층이 있다. 그림 3.16이 그 구조를 보여주고 있다. a-Si에서 광전효과는 결정 Si과 동일하다. 다만 a-Si에서 밴드 갭은 더 넓으나 조금은 일정하지 않은 값을 가진다.

비정질 실리콘 셀은 결정 실리콘을 이용한 경우보다 매우 저렴하다. a-Si는 빛을 잘 흡수하므로 더 얇게(또한 저렴하게) 구현할 수 있다. a-Si의 제작과정은 결정 실리콘보다 낮은 온도에서 가능하므로 에너지 사용량이 적으며 연속적인 생산이 가능하며 대면적 셀을 제작하기 위해 강철, 유리, 플라스틱 같은 딱딱하거나 유연한 물질에 증착할 수 있다.

그러나 단결정 혹은 다결정 실리콘 셀에 비해 a-Si 셀은 효율이 낮으며 현재 실험실에서 제작된 단일 접합 a-Si 셀의 효율은 약 10%이다(Green et al 2011). 더욱이 a-Si 모듈은 수개월 안에 효율이 약 20% 정도 감소했다가 안정화된다. 제작 업체들은 효율 감소를 감안해 안정화된 상태를 추산한 모듈의 출력을 표기해 판매한다.

비정질 실리콘 셀은 효율보다는 가격이 더 중요한 다양한 제품의 전원으로 많이 사용되고 있다.

a-Si 셀의 효율 향상과 성능 감소 문제를 해결하기 위해 다양한 시도가 있었으며 가장 성공적인 방법 중 하나는 다중 접합 a-Si 소자 개발로서 성능 저하를 감소시켰으면서도 효율을 약 10% 정도로 향상 시켰다(6절 참조).

CuIn(Ga)Se_2

비정질 실리콘이 태양 전지용 박막의 유일한 물질은 아니다. 많은 박막 기술

중에서 가장 가능성이 높은 물질은 화합물 반도체인 $CuInSe_2$(CIS), $CuInGaSe_2$ (CIGS), CdTe이다. 이들을 기반으로 하는 모듈은 현재 소량이지만 생산 단계에 있다.

박막형 CIGS 셀은 실험실 수준에서 가장 높은 효율인 약 19%이고 CIGS 모듈은 약 15%의 안정적인 효율을 보이고 있다(Green et al 2011).

CdTe

상대적으로 간단하며 저렴한 전기도금 방식으로 CdTe를 이용해 박막형 태양전지를 만들 수 있다. CdTe의 밴드 갭은 최적 값에 가까우며 CdTe 모듈은 a-Si처럼 초기 성능 감소 없이 약 12% 이상의 효율을 보이고 있다(Green et al 2011). 그러나 매우 독성이 강한 Cd를 포함하고 있어서 제작, 사용, 폐기 및 재활용 과정에서 주의해야 한다(11절 참조).

3.6 기타 태양전지 기술

다중 접합(multi-junction) 태양전지 셀

태양전지 셀이나 모듈의 효율을 높이는 방법 중 하나는 '적층' 혹은 다중 접합 방법이다. 둘 혹은 그 이상의 p-n 접합을 적층하고 각 층은 태양 빛의 스펙트럼 중 특정 부분에서 에너지를 획득하는 방법이다.

비정질 실리콘의 밴드 갭은 탄소(C)와 합금하면 증가해 파란색 빛에 더 잘 반응하고 게르마늄(Ge)과 합금을 하면 밴드 갭이 감소해 붉은색 빛과 더 잘 반응하게 된다. 일반적으로 밴드 갭이 큰 a-Si 접합을 위쪽에 두어 파란색 계통의 높은 에너지를 흡수하고 그 아래에 밴드 갭이 작은 a-Si 접합을 두어 붉은색 계통의 낮은 에너지 빛을 흡수하도록 한다. 다중접합 a-Si 모듈은 약 8% 정도의 안정적인 효율을 보이고 있다.

'III-V족' 화합물 반도체를 이용한 다중접합 태양전지를 제작한다면 더 높은 효율을 구현할 수 있다. 이때 III족 및 V족이란 주기율표의 3족(Al, Ga, In) 및 5족 원소(N, P, As, Sb)를 일컫는다.

그림 3.17처럼 $GaInP_2$ 접합을 제일 위에 두어 파란색 영역의 빛을 흡수하고 GaAs 층을 가운데 두어 노란색 영역의 빛을 흡수하고 제일 아래쪽에 Ge 층을 두어 붉은색 영역의 빛을 흡수한다. 이러한 형태의 태양전지 제작은 비용이 많이 들지만 효율이 매우 높다. 모듈을 대량 생산하는 경우에도 약 28%의 효율을 보이고 있으며 실험실 수준에서는 약 40% 효율을 보인다. 이러한 제품은 방사선에 영향을 적게 받고 고온에서도 작동되므로 주로 우주선과 뒤에서 언급할 집중형 태양전지 시스템에 사용된다.

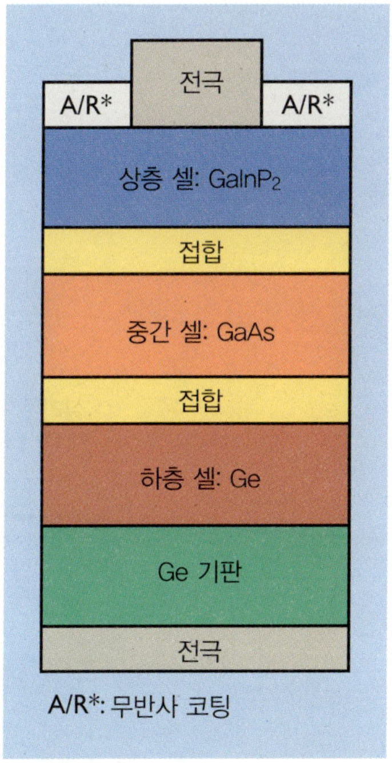

그림 3.17 • 위성용 및 집중형 태양전지 발전을 위한 삼중접합 III–V 태양전지 셀의 구조.

집중형(concentrating) 태양전지 시스템

태양전지 셀로부터 더 많은 에너지를 얻는 방법 중 하나는 2장에서 언급한 것과 유사하게 거울이나 렌즈를 이용해 입사광을 셀에 집중시키는 것이다. 이 방법은 셀의 면적을 줄일 수 있다는 장점이 있다. 빛을 모으는 정도에 따라 다르며 경우에 따라 2배 혹은 수백 배 혹은 수천 배로 빛을 모을 수도 있다. 빛을 모으는 시스템은 평면 배열 상태에서 입사되는 에너지와 동일한 면적의 빛을 모으는 장치가 필요하다.

집중률을 최대로 유지하기 위해서는 햇빛을 최대로 받을 수 있도록 다양한 센서, 모터, 조정 장치를 이용해 셀이 항상 태양을 향하도록 수평 및 수직의 두 축을 조절한다(그림 2.42). 이 방법에 따르면 셀 온도가 올라가므로 다중 접합 III-V 태양전지를 사용하는 것이 유리하다. 집중률을 낮은 경우에는 한 개의 축만을 구동하는 것이 좋다.

대부분의 집중형 시스템은 직사광만을 사용한다. 그러나 이는 햇빛의 절반 정도가 분산되는 영국과 같은 나라에서는 문제가 되지만 직사광의 비율이 높은 지역에서는 유리한 방식이다.

실리콘 구(sphere)

미국의 TI사는 태양전지를 제작하기 위해 mm 크기의 작은 다결정 실리콘을 얇은 알루미늄 막 사이에 일정하게 분산시키는 기발한 방법을 개발했다. 더 나아가 그림 3.18처럼 일본의 Clean Venture 21사는 각각의 작은 실리콘 구를 육각 모양의 알루미늄 반사판에 배열하여 빛을 모으는 혁신적인 방법을 개발했다(Graham-Rowe 2007, CV21 2008). 이 기술은 아직 상업화되지 않았다.

광전화학(photoelectrochemical) 셀

태양에너지로부터 저렴하게 전기를 생산하는 혁신적인 광전화학 방법이 스위스 로

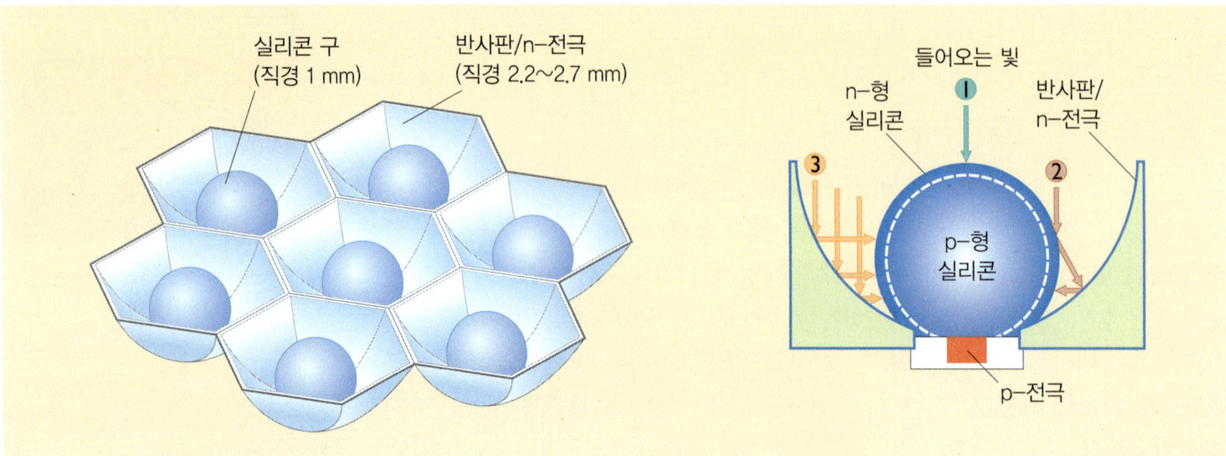

그림 3.18 • '실리콘 구' 태양전지의 작동 원리. 작은 실리콘 결정 구를 육각모양의 작은 반사판에 설치하면 빛은 경로에 무관하게 실리콘 구에 흡수된다.

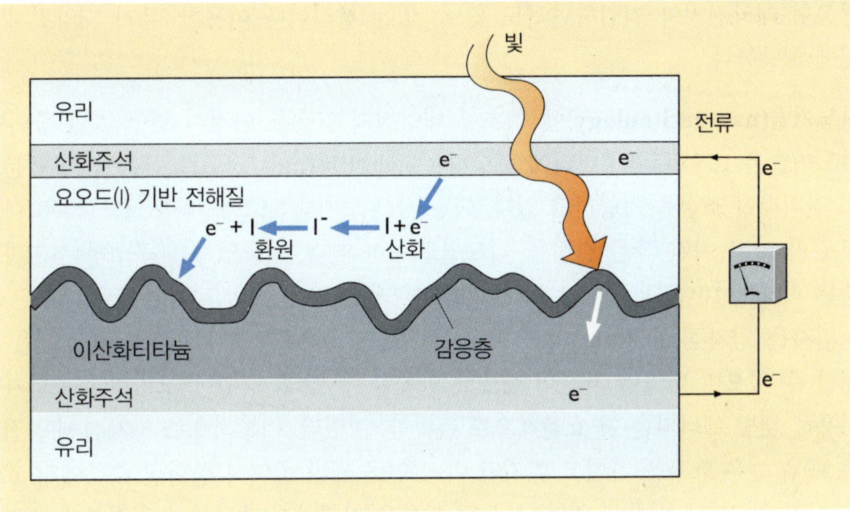

그림 3.19 • 로잔의 스위스 연방 기술연구소에서 개발된 광전화학 태양전지의 작동 원리.

잔의 연방기술연구소의 연구자들에 의해 개발되었다(엄밀하게는 광전화학 소자는 액체를 이용하므로 고상소자인 광전소자는 아님). Becquerel의 선도적인 태양전지 실험은 액체를 기반으로 하므로 광전화학 방법으로 햇빛으로부터 전기를 생산하는 것은 새로운 사실은 아니다.

스위스 연구자들은 제작 경비가 매우 저렴하면서도 예전보다 높은 효율을 성취했다. 이 방법은 기본적으로 얇은 주석산화물(SnO_2) 투명전극이 입혀진 두 장의 얇은 유리판으로 구성되어 있다(그림 3.19). 이 중 한 장에는 반도체인 이산화티타늄(TiO_2)이 얇게 입혀져 있다.

TiO_2의 표면은 빛에 대한 흡수도를 높이기 위해 극단적인 표면 거칠기를 갖고 있다. 거친 표면의 TiO_2에는 분자 한 개 두께 정도의 루테늄(Ru) 혹은 오스뮴(Os)을 포함하는 분자 '감응' 염료 층을 두었다. 이 '감응' TiO_2와 다른 유리판 사이는 요오드(I) 기반 전해질의 층으로 이루어져 있다.

적절한 파장의 빛을 흡수하면 감응 층은 전자 한 개를 TiO_2의 전도 띠에 주입한다. 이렇게 생성된 전자는 아래쪽 전도 층(후면 전극)으로 이동해 외부 회로로 전달된다. 그리곤 다시 위쪽 전극으로 재진입, 요오드 용액의 산화-환원 과정을 주도한다. 전해질은 다시 감응 TiO_2 층에 전자를 제공해 전체 과정이 계속되도록 한다.

스위스 연구진은 AM 1.5의 햇빛 조건에서 10% 효율과 장기적인 안정성을 달성했고 주장하고 있다. 이 방법에 의한 태양전지는 소량이지만 제작되고 있다(Grätzel 1991, 200 1; O"Regan and Grätzel 1991; O"Regan et al., 1993; jayaweera et al 2008 참조).

새로운 태양전지 기술

새로운 광전기술에 대한 다양한 첨단 연구가 진행되고 있다. 위에서 언급한 염료 감응형 태양전지와 저렴하면서도 휠 수 있는 폴리머를 이용한 '유기 태양전지'가 이에 해당한다.

나노기술(nanotechnology)에 기초한 태양전지 기술은 여전히 연구 개발 중이다. 나노기술은 10억 분에 1미터에 해당하는 나노미터(nm) 정도로 작은 원자나 분자의 인위적인 조절을 겨냥하고 있다. 이런 작은 입자나 구조를 '나노입자' 혹은 '나노구조'라 하고 이런 작은 결정을 '나노결정'이라 한다. 나노입자를 구성하는 원자의 수는 적게는 10여 개에서 많게는 10,000여 개 정도이다. 반도체 물질로 구성된 나노입자를 '양자점(quantum dot)'이라 한다. 양자점은 그 크기에 따라 밴드 갭을 조절할 수 있으며 다양한 파장의 햇빛에 반응할 수 있다. 다양한 크기의 나노입자를 이용해 햇빛 에너지를 더 효율적으로 흡수할 수 있다. 이론적으로 양자점 태양전지는 매우 높은 효율을 가지고 있지만 아직 연구 개발 중이며 실험실 수준에서 효율은 아직 약 5%에 머물고 있다. 분산된 필름을 저렴하게 제작하고 적절하게 배열할 수 있다면 이상적인 태양에너지 수집기를 제작할 수 있다. 이 부분은 아직 미개척 분야이며 급격하게 변화하는 분야이다.

3.7 실리콘 태양전지 셀 및 모듈의 전기적 특성

전형적인 실리콘 태양전지 셀은 태양광 배터리로서 사용되며 약 0.5 V의 전압을 발생시키고 햇빛의 세기에 따라 비례적으로 전류를 생산한다.

태양전지 셀을 효과적으로 사용하기 위해 다양한 전자제품에 연결되었을 때 어떻게 동작하는지 파악할 필요성이 있다. 그림 3.20은 가변 저항 R에 단일 실리콘 태양전지 셀이 흘려주는 전류(I)를 측정하기 위한 전류계와 양단에 발생하는 전압(V)

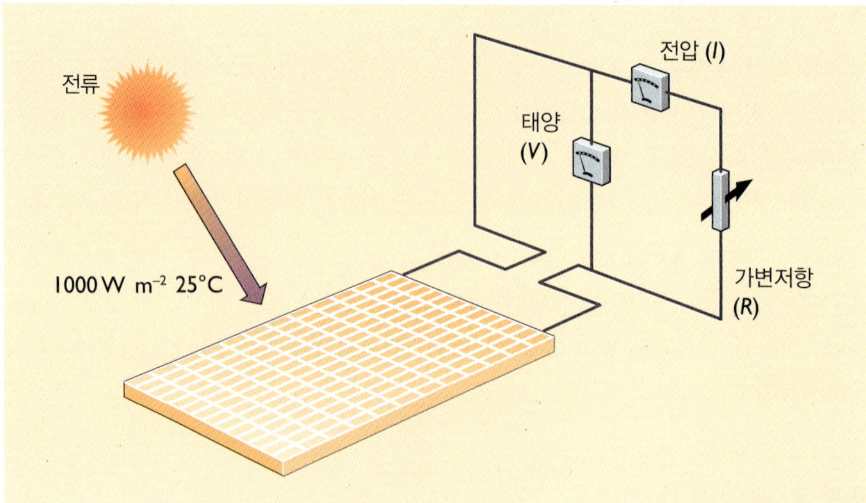

그림 3.20 • 저항변화에 대한 전류 및 전압변화를 측정하기 위한 가변저항, 전류계, 전압계가 연결된 태양전지 셀.

을 측정하는 전압계를 보여주고 있다. 셀은 표준검사 조건에서 측정된 것으로 가정하자(Box 3.1 참조).

저항이 무한대일 때(셀이 저항에 연결되지 않은 것과 같은 '개방회로(open circuit)') 전류는 최소(0)이고 양단간에 전압은 최대이며 이를 **개방회로전압(open circuit voltage** (V_{oc}))이라 한다. 한편 저항이 0이면 셀은 실제로 '단락회로'이며 회로의 전류는 최대가 되는 **단락회로전류(short circuit current** (I_{sc}))를 나타낸다.

부하저항을 0에서 무한대로 변화시키면 전류(I)와 전압(V)은 그림 3.21에 보여준 것처럼 변화할 것이다. 이를 셀의 'I-V 특성' 혹은 'I-V 곡선'이라 한다. 출력 전력(전압과 전류의 곱)은 I = 0이므로 V_{oc}에서 0이고, V = 0이므로 I_{sc}에서 역시 0이 된다. 이 두 조건 사이에서는 출력 전력이 증가하다가 감소하므로 셀이 생산하는 최대 전력이 존재한다. 이를 I-V 곡선의 **최대 전력점(maximum power point (MPP)**)이라 한다.

표준시험 조건인 1,000 W/m^{2}보다 태양 복사가 약할 때는 전반적인 I-V 특성의 경향은 유지되나 곡선 아래의 면적이 감소하고 최대 전력점은 아래쪽으로 그리고 왼쪽으로 이동한다(그림 3.21). 햇빛의 세기에 따라 단락회로전류는 직접 비례하고 개방회로전압은 상대적으로 변화가 적다. 그러나 개방회로전압은 셀 온도가 올라감에 따라 선형적으로 감소한다.

태양전지로 실제 전기제품에 전력을 공급할 때, 태양 빛의 세기는 시간에 따라 급변한다. 따라서 대부분의 태양전지 시스템은 '최대 전력점 유지' 소자를 이용해 태양전지가 항상 MPP 부근에서 동작하도록 부하 저항을 스스로 변화시키도록 설계되어 있다.

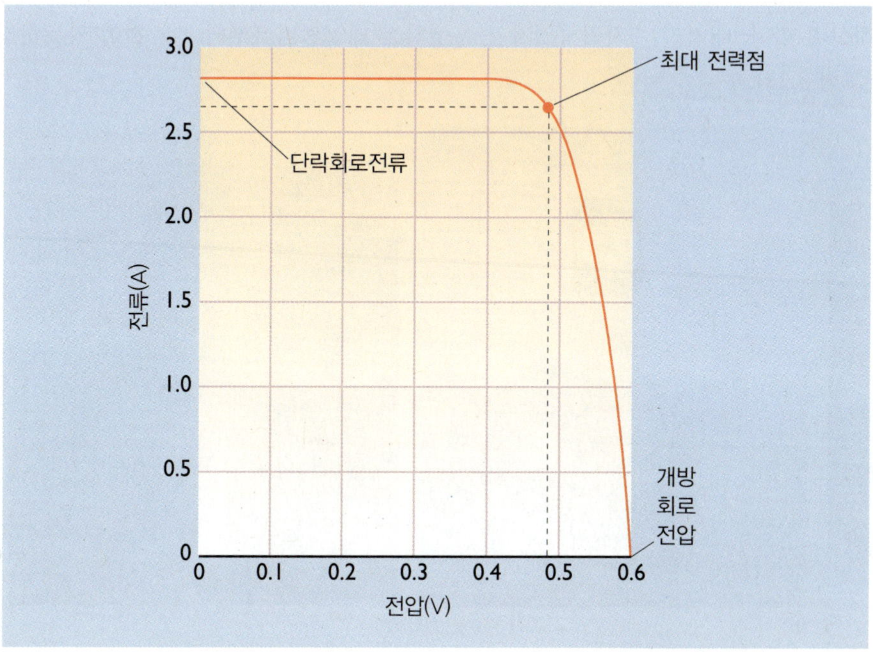

그림 3.21 • 표준시험 조건에서 전형적인 실리콘 태양전지 셀의 전류–전압(I-V) 특성.

위에서 보았듯이 전형적인 실리콘 태양전지 셀은 약 0.5 V의 전압을 생산한다. 태양전지 모듈을 구성하는 기술과 방법에 따라 생산되는 전력량은 다양하며 일반적으로 1.4~1.7 m^2의 모듈은 60~72개 정도의 셀로 구성되고 약 120~300 W 정도의 최대 전력 생산 능력이 있다.

3.8 독립전원으로서의 태양전지

전통적인 전기 송배전 방식으로 전력을 공급하기 불편하거나 비용이 많이 드는 곳의 전력 공급 방식으로 태양전지 모듈을 많이 사용하고 있다. 또한 지속적인 전력 공급을 위해 배터리를 충전하기도 한다. 몇몇 예는 그림 3.22에 제시되어 있다.

그러나 상당수의 '개발도상국'은 전력망이 존재하지 않거나 조악하며 특히 농촌 지역은 매우 열악해 모든 형태의 에너지가 비싼 편이다. 이러한 곳에서 태양전지는 다른 형태의 에너지 공급 방식보다 경쟁력이 있으며 매우 빠르게 성장하고 있다. 특히 태양 복사 조건이 좋은 곳에서는 더욱 유리하다. 태양전지를 이용한 양수 장치, 백신을 안전하게 보관하기 위한 태양전지 냉장고, 조명, 라디오, 오디오, 비디오를 작동하기 위한 가정용 등의 태양전지 시스템, 태양전지를 이용한 무선 전화기와 거리 조명 등의 응용이 있다.

개발도상국의 수많은 사람은 석유램프나 초를 아직도 이용하고 있다. 이들은 매우 비효율적인 조명기구일 뿐만 아니라 타는 동안에 발생하는 연기는 건강에 유해하며 화재의 위험도 있다. 이 문제를 해결하기 위해 '십억 생명을 위한 조명'이라는 프로그램을 2008년에 Energy and Resources Institute에서 시작하였다(Terry 2011). 구식 조명을 효율이 높은 형광등이나 LED를 배터리로 작동시키는 조명으로 대체하고자 한다. 배터리는 지역사업자가 운영하는 태양전지로부터 재충전이 가능하다(그림 3.23).

그림 3.22 • (a) 태양전지 주차 계기, (b) 항해 부표, (c) 원격 측정 장치.

Box 3.4 태양전지 시스템의 규모

특정 응용을 위해 몇 개의 태양전지 모듈이 필요한지 혹은 충전용 배터리 용량이 얼마나 필요한지 정확하게 알기 위해 태양전지 시스템 설계자는 다음을 파악해야 한다:

- 일별, 주별, 계절별 전력 수요량이 얼마인가?
- 시스템이 설치된 곳의 일별, 주별, 계절별 태양 복사의 변화는 어떠한가?
- 태양전지 모듈의 경사각과 방향은 어떻게 할 것인가?
- 태양이 비치지 않는다면 배터리가 전기를 공급해야 하는 기간은 얼마인가?

주어진 장소와 기후 조건에 따라 태양전지 시스템의 규모와 비용을 계산해주는 컴퓨터 프로그램도 개발되어있다(IEA 2011, 1999).

그림 3.23 • '십억 생명을 위한 조명' 프로젝트의 일환으로 인도의 태양광 발전에 의한 램프 충전소.

3.9 전력망에 연결된 태양전지 시스템

가정용 태양전지 시스템

선진국의 대부분 지역은 전력 생산이 불안정한 태양전지나 다른 재생에너지를 지원해주는 전력망에 쉽게 접근할 수 있다. 이러한 곳에서는 태양전지 시스템의 거대한 '배터리'로 기존 전력망을 이용하는 것이 현명한 선택이다. 태양전지에서 생산한 잉여 전력을 기존 전력망이 흡수해 다른 소비자가 사용하도록 하거나 전통방식의 전력 생산량을 줄일 수 있다. 태양전지 시스템의 출력이 불충분한 밤이나 흐릴 때에는 전력망을 통해 전통적 방식으로 생산된 전기를 사용할 수 있다.

전력망에 연결된 태양전지 시스템에서는 '전력망-정류형 변환기(grid-commutated inverter)' 혹은 '동기 변환기(synchronous inverter)'가 태양전지에서 생산된 DC를 전력망이 받아들일 수 있는 전압과 주파수의 AC로 변환시켜준다. 이때 전력

그림 3.24 • 전력망에 연계된 4kW의 단결정 태양전지와 태양열 난방 시스템을 지붕 일부로 장착한 영국의 옥스퍼드에 있는 집. 태양전지는 가정에 필요한 전기를 공급하고 잉여분으로 소형 전기자동차를 충전하는데 사용된다.

을 망에 판매하거나 구매한 정도를 전력계로 측정할 수 있다. 기존 주택에는 태양전지 모듈을 거치대를 설치하고 그 위에 설치할 수 있으며 신규 주택의 경우 지붕의 전체 혹은 일부에 설치할 수 있다(그림 3.24).

태양전지 시스템으로부터 에너지 획득

태양전지에서 연간 생산하는 에너지양은 다양한 요소에 의해 광범위하게 영향을 받는다.

- 설치한 위치의 연간 태양 복사 에너지양. 이는 주변 지역의 기상 상태로부터 어느 정도 유추할 수 있다.
- 태양전지의 방향과 경사각. 효율적인 에너지 생산을 위해 태양전지는 남쪽을 향하는 것이 유리하며 경사각은 위도와 유사한 값을 가지는 것이 좋지만 계절적인 에너지 수요에 맞추어 경사각을 변화시킬 수 있다.
- 태양전지의 최대 전력 생산량(혹은 필요한 태양전지 면적).
- 태양전지 모듈의 에너지 변환 효율.
- 온도에 따른 에너지 변환 효율의 변화.
- 햇빛의 분포 변화에 따른 효율 변화의 정도. 태양의 남중고도 변화에 따라 영향받으며 구름이 끼거나 대기 중의 수증기량에 따른 영향을 받는다.
- 먼지가 쌓이거나 주변의 나무나 건물에 의해 효율 감소하는 정도.
- DC를 AC로의 변환 효율, 태양전지 시스템과 최종 소비자와 연결하는 과정에서의 에너지 손실(생산된 전력의 약 10%).

비주거용 건물의 태양전지 시스템

태양전지를 상업, 기관 및 산업용 건물의 지붕이나 벽체에 설치하면 태양전지 설치비용을 절감할 수 있다. 몇몇 고급 사무용 건물의 외장재는 태양전지 설치비용이 초과하기도 한다.

상업용 및 산업용 건물은 주로 낮 시간 동안 사용되므로 태양이 비추는 시간과 일치한다. 그러므로 태양전지에 의해 생산된 전력을 사용한다면 전력망에서 '소비자' 가격으로 구매해야 하는 전력 수요를 줄일 수 있다. 몇몇 국가에서는 태양전지로 생산한 전력을 고가로 전력회사에 되파는 정책을 시행하고 있다.

전력망에 연결된 태양전지 시스템을 설치한 비주거용 건물의 예는 독일, 일본, 네덜란드, 이탈리아, 영국, 미국에 많이 있다(그림 3.26, 그림 3.27, 그림 3.28 참조).

전력망에 연결된 대형 발전소

지역 혹은 역내 전력망에 전력을 공급하기 위한 다수의 수 MW급의 대형 태양전지 발전시스템이 독일, 스위스, 이탈리아, 미국에 건설되었다(그림 3.29 참조).

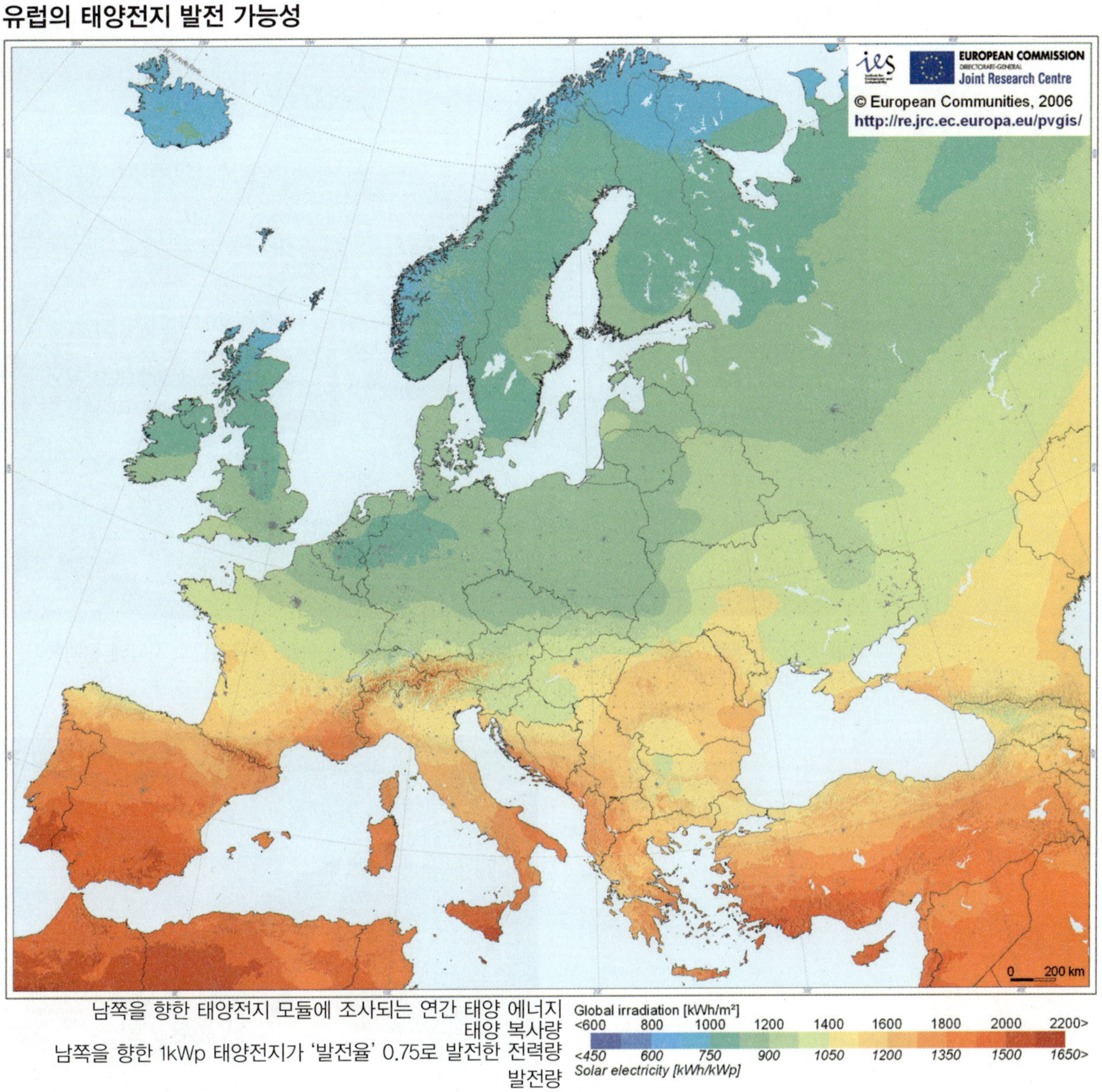

그림 3.25 • 유럽의 일조량 지도. 이상적으로 방향을 잡은 태양전지판의 연간 에너지 수확량. '발전율'은 태양전지의 이론적 최대 발전량에 대한 실제 발전율의 비.

건물에 설치된 태양전지 시스템과 비교하면 대형 태양전지 발전소는 대량의 태양전지 모듈 및 관련 장치를 구매 및 설치함에 따라 경제적 이점이 있으며 태양 복사가 유리한 지역에 설치할 수 있다. 다른 한편 생산된 전기는 그 자리에서 사용되지 않고 전력망을 통해 분배되어야 하므로 송전손실이 발생하기도 한다.

대형 발전설비는 상당한 토지가 필요하므로 도로나 철길 옆처럼 사용하지 않는 땅일지라도 구매하거나 임대해야 하므로 비용이 추가된다(그림 3.30). 이러한 땅은 태양전지 발전용으로뿐만 아니라 종종 다른 목적으로 겸용되기도 한다. 그림 3.31처럼 태양전지가 설치된 지역을 친환경적으로 설계할 수 있다. 특히 겨울철에 태양

그림 3.26 • 네덜란드 Amersfoort의 1MW의 태양전지를 가정, 학교, 공공기관의 지붕에 설치했다. 태양전지는 지역 전기회사의 소유이며 집주인에게는 비용을 지급하고 있다.

그림 3.27 • 영국의 선더랜드 근처의 Doxford의 사무실 건물의 남쪽 벽면에 설치된 73kW급 태양전지. 이 건물은 난방과 조명에 필요한 에너지를 줄이기 위한 수동 태양 설계와 에너지 효율적 설계를 채택했다.

전지판이 다른 판에 의해 가려지지 않도록 하기 위해서는 땅의 30~50% 정도만 사용하게 되며 나머지 공간을 야생동물을 위한 공간으로 활용할 수 있다.

대형 태양전지 발전소는 위도가 높은 지역보다는 연간 총 태양 복사가 훨씬 풍부한 지역에서 더 유리하다. 북아프리카 혹은 남캘리포니아 같은 지역은 위도가 높은 지역보다 연간 총 태양 복사량이 클 뿐만 아니라 하늘이 더욱 깨끗하다. 이는 직사광

그림 3.28 • 영국 Milton Keynes의 The Open University에 설치된 30 kW급 실리콘 결정 태양전지.

그림 3.29 • 미국 네바다 주의 Boulder city에 설치된 48 kW급 발전소(출처: Sempra generation).

이 대부분이라는 것을 뜻하므로 태양 추적이나 집중 시스템을 좀 더 효율적으로 만들 수 있어 연간 에너지 생산량을 증가시켜준다. 이런 방식으로 생산된 전기의 가격은 추적 장치가 없는 방식에 비해 현저히 저렴하다.

위성 태양 발전 시스템

일부에서 평가하듯 가장 환상적이면서도 가장 야심 찬 '전력망 연계' 태양전지 발전 방안은 40여 년 전에 제기된 '위성 태양 발전 시스템'이다(Glaser, 1972; 1992). 기본 개념은 각각이 50 km^2가 넘는 거대한 태양전지판을 지구의 정지궤도에 올려놓고 수 GW의 전력을 생산하는 것이다(그림 3.32). 생산된 전력을 마이크로파로 변환하고 이를 직경 1 km인 송신 안테나로 지상의 10 km^2 짜리 수신 안테나로 전송하는 것이다. 수신된 전력을 AC로 변환해 기간 전력망을 통해 분배하고자 했다.

이 계획의 장점은 이론적으론 구현 가능하다는 것이다. 지상의 태양전지는 최대

그림 3.30 • 스위스의 저가의 토지인 도로 옆에 설치된 태양전지.

1,000 W/m^2의 태양광을 받으나 우주 공간에서는 온전히 1,365 W/m^2의 에너지를 받을 수 있다. 또한 아주 드물게 일어나는 일식을 제외하고는 이런 강한 태양광을 항상 받을 수 있다. 무중력이면서 공기가 없으므로 바람과 기후에 대해 걱정할 필요도 없으므로 거대하면서도 가벼운 태양전지를 사용할 수 있다. 다만 운석은 문제가 될 수도 있다.

한편 이를 건설하기 위해서는 기술적 경제적 문제는 지대하다. 1979년 가격으로 790억 달러가 필요하며 30년의 건설기간이 필요한 것으로 조사되었다.

2001년 미 우주항공국(NASA)에서 재검토한 결과는 1970년대 이후 태양전지 및 우주 기술이 비약적으로 발전하였음에도 불구하고 이 개념을 실현하기 위해서는 엄청난 R&D 자금을 들여 극적인 비용 절감과 기술 발달이 필요하다는 것이었다.

일본은 2020년에 위성을 궤도에 올려 생산된 전력을 지구로 전송하는 시험을 하고 2030년대에는 위성 태양 발전 시스템을 운용할 계획을 2009년에 발표했다.

그림 3.31 • 영국 Lincolnshire에 2011년에 풍력 발전 단지에 설치한 1 MW급 태양 발전소. 태양광 발전이 어려운 겨울에는 풍력으로 주로 발전하고 여름에는 태양광 발전이 증가해 발전의 불균일성을 서로 상쇄.

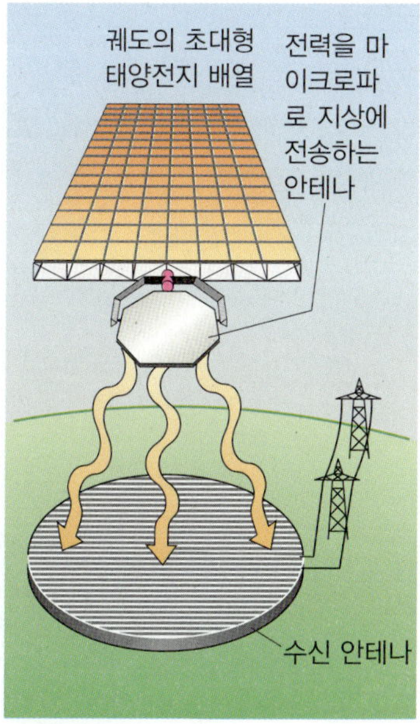

그림 3.32 • 위성 태양 발전 시스템의 개념도.

그러나 이런 방식에 대해 몇 가지 논란이 있다. 위성 태양 발전 시스템을 위해서는 막대한 자금이 필요하므로 몇몇 부유한 국가만이 가능하다. 이 방식은 에너지를 한 곳에 집중되게 만들어 분산형이 가지는 내재적인 장점에 역행한다는 염려가 있다. 이 방법에 적용되는 마이크로파가 건강에 영향을 미칠 수 있다는 점도 제기된다. 특히 빔이 항상 수신 안테나를 향하도록 하는 장치가 오작동하는 경우에는 문제가 되며 통신 및 전파 천문 관측과의 혼선 역시 문제가 된다.

3.10 태양전지에서 생산한 에너지의 비용

다른 에너지원과 마찬가지로 태양전지에서 생산된 에너지의 kWh당 비용은 기본적으로 자본비용과 운영비용으로 구성된다(이에 대해서는 부록 B에서 자세히 다루었다).

태양전지 발전의 자본 비용은 일반적으로 전력 생산량에 비례한다. 이는 태양전지 모듈의 가격뿐만 아니라 '부대비용(balance of system, BoS)'을 포함해야 한다. 부대비용에는 태양전지를 제외한 모듈을 연결하는 비용, 지지대, 토지 및 기초(건물에 설치하지 않는 경우), 전선, 정류기, 스위치, 변환기, 미터기도 포함되며 저장용 배터리나 전력망에 연결하는 비용도 포함된다.

비록 초기 비용은 상대적으로 비싸지만 태양전지 시스템의 운용비용은 다른 재생에너지나 비 재생에너지에 비해 낮다. 태양전지 시스템은 연료가 필요하지 않을뿐더러 다른 재생에너지와 달리 구동 부분이 없으며(추적 시스템은 예외) 풍차보다 유지비용이 아주 적다(배터리를 포함하는 태양전지 시스템은 추가적인 유지가 필요하다).

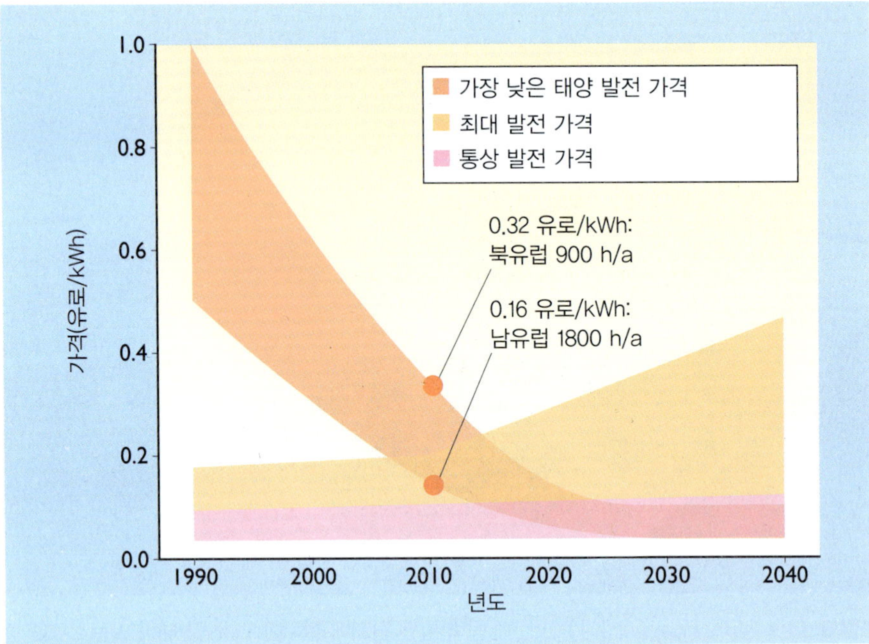

그림 3.33 • 전력 단가와 태양전지 발전 비용 비교. 1990~2010년은 실제 값이고 그 이후는 전망치. h/a는 연간 일조시간.

지난 수십 년 동안 태양전지로 생산한 전력의 가격은 꾸준히 감소하고 있으며 통상적인 전력 생산 방식의 가격은 증가하고 있다. 그림 3.33처럼 일부 태양광이 양호한 지역에 설치한 태양전지의 전력 생산 단가는 비싼 전기 생산 방식의 단가와 비슷한 수준에 이르고 있다. 이러한 경향이 유지된다면 2020년대에는 저렴한 전기 생산 시스템과도 비슷한 수준에 이를 것으로 전망된다.

태양전지로 생산한 전력의 가격이 전통적인 방법에 의해 생산된 전력의 가격과 비슷해지기 위해서는 태양전지의 설치 가격이 추가로 감소해야 한다. 지난 수십 년간을 돌아보면 태양전지 생산량이 2배 증가하면 생산 단가가 약 20% 감소했으며 2~3년마다 생산량은 2배로 증가했다(아래 참조).

여기에 더해 부대비용의 감소도 필요하다. 시간이 지나면서 경험이 축적된다면 인버터를 포함한 부품의 대량생산을 통해 가격은 내려갈 것이다. 그림 3.34는 2011년도의 대형 태양전지의 비용을 분석한 것으로서 장기적으로 2020, 2030, 2040년의 비용을 예측한 것이다. 2030년이 되면 비용이 절반 수준으로 떨어지고 2040년에는 약 1/4수준으로 떨어질 것으로 예견되고 있다(기후변화 위원회 2011).

3.11 환경 영향과 안전

태양전지 시스템의 환경 영향과 안전

환경에 대한 영향은 아마도 태양전지가 다른 재생에너지나 비 재생에너지보다 가

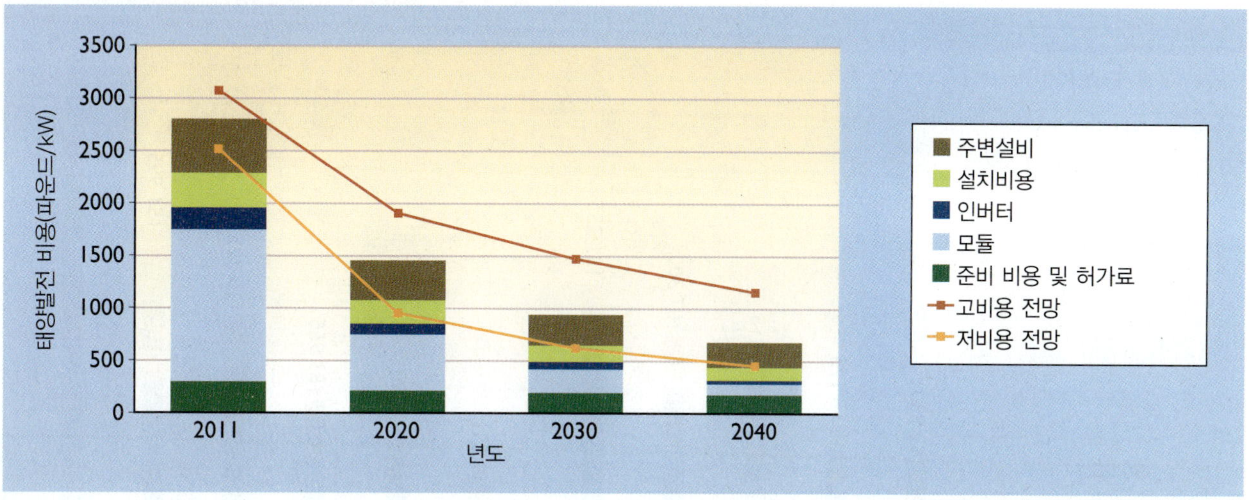

그림 3.34 • 2010, 2020, 2030, 2040년 영국의 태양전지 시스템의 가격 전망(출처: CCC 2011). 땅에 설치된 10 MW급 태양 발전소를 기준으로 하고 있음. 실선은 다양한 비용 변화에 전망치의 범위.

장 낮을 것이다. 일상적인 운영 과정에서 태양전지 에너지 시스템은 오염된 기체나 액체를 배출하지 않으며 방사능 물질을 배출하지도 않는다. 실리콘 태양전지의 경우 아주 미량의 붕소나 인 같은 첨가물이 있다(그러나 위험물질을 함유한 CIS나 CdTe 모듈의 경우 화재가 발생하면 소량이지만 위험물질을 배출하게 될 것이다).

태양전지는 구동부품이 없으므로 기계적으로 안전하며 소음도 없다. 그러나 다른 전기 제품과 마찬가지로 약간의 감전 위험성은 있다. 특히 소형 태양전지 시스템의 전압인 12~48 V보다 상당히 높은 전압을 사용하는 대형 시스템에서는 감전의 위험성이 존재한다. 그러나 최악의 상황일지라도 태양전지에 의한 전기적 위험성은 다른 전기적 장비에 의한 위험성보다 크지는 않다.

물론 태양전지는 시각에 영향을 준다. 지붕에 설치된 태양전지는 이웃에서 볼 수 있으며 개인의 미적 감각에 따라 호불호가 결정될 것이다. 몇몇 회사에서는 태양전지를 지붕 재료와 유사하게 만들어 전통적인 모듈보다는 덜 눈에 띄게 하기도 한다(그림 3.35).

이미 언급하였듯이 건물에 장착한 태양전지는 신규 토지가 필요 없지만 수 MW급의 대형 시스템은 대규모 토지에 설치되며 이는 일정 부분 시각적인 영향을 미치게 된다. 스위스 같은 나라에서는 대규모 태양전지를 도로나 철도의 소음장벽으로 설치하고 있다. 논쟁의 소지가 있지만 이 같은 경우에는 태양전지가 총체적으로 환경 영향을 줄이고 있다.

태양전지 생산에서의 환경 영향과 안전

제조 중에 극단적인 대규모 사고가 발생하지 않는다면 실리콘 태양전지 제조과정이 환경에 미치는 영향은 전반적으로 미미하다. 대부분의 태양전지 셀을 구성하는 주요 물질인 실리콘은 원칙적으로 위험성이 없다. 그러나 미량이지만 몇몇 태양전

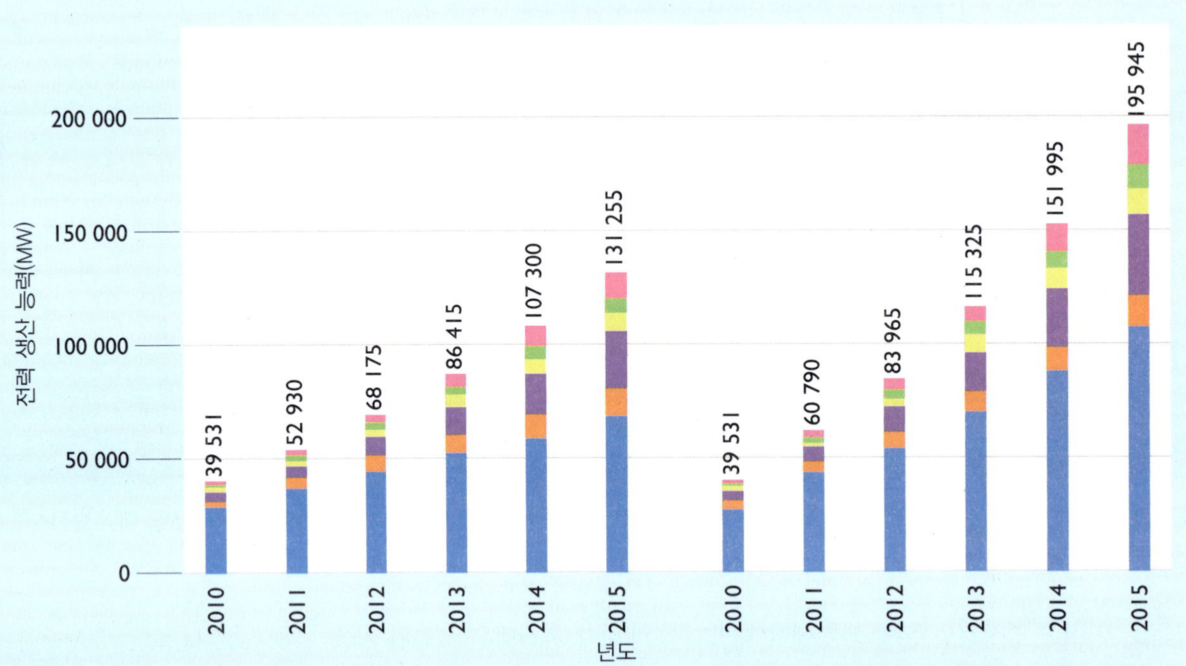

	2010	2011	2012	2013	2014	2015	2010	2011	2012	2013	2014	2015
중국	893	1643	3143	5143	7643	10 643	893	1893	3893	6893	11393	18393
APEC	1191	1605	2347	3274	4577	6089	1191	1858	3189	4918	7076	9480
기타	1844	2644	4144	6144	8144	10 144	1844	2844	4644	7144	9644	12 144
북미	2727	4477	7827	12 227	17 677	24 177	2727	6227	10 927	17 727	25 627	35 627
일본	3622	4672	5922	7422	9172	11 172	3622	4872	6372	8122	10 122	12 622
EU	29 252	37 817	44 812	52 222	60 072	68 992	29 252	42 977	54 802	70 382	87 992	107 492
합계(MW)	39 531	52 930	68 175	86 415	107 300	131 255	39 531	60 790	83 965	115 325	151 995	195 945
	EPIA 중간 수준 전망(누적)						EPIA 정책 지원 전망(누적)					

그림 3.35 • 2010~2015년 설치된 태양전지 전력 생산 능력 누적치 전망(출처: EPIA 2011). APEC은 21국으로 구성된 아시아-태평양 국가 포함.

지 제조에는 위험물질이 포함되어있다. 카드뮴은 CdTe 모듈 제작에 포함되며 CIS 및 CIGS 모듈 제작에도 위험물이 포함되어 있으나 이를 포함하지 않는 새로운 제조과정이 최근에 도입되고 있다.

여느 화학 공정과 마찬가지로 사고나 고장에 따른 유해한 화학물질 오염의 가능성을 방지하기 위해 설계와 운영과정에서 주의를 기울여야 한다.

비록 태양전지의 가용기간은 길지만 궁극적으로 수명이 다하면 폐기 혹은 재활용해야 할 것이다. 다수의 유럽 제조사에서는 이미 태양전지 모듈을 재활용하고 있으며 강제적인 재활용 규정이 EU 차원에서 준비 중이다.

태양전지의 에너지 균형

태양전지에 대해 잘못 알려진 사실 중 하나는 태양전지가 수명이 다할 때까지 생산하는 에너지의 양이 이를 제조하는 데 사용한 에너지양과 거의 같다는 것이다.

단결정 실리콘 태양전지를 위한 실리콘 정제 및 초크랄스키법에 의한 결정 성장은 에너지 소모량이 많고 셀의 효율이 낮아 생산하는 총 전력량이 작은 초기 태양전지에서는 맞는 말이다.

그러나 최근에 도입된 태양전지 제조과정과 효율이 향상된 얇은 태양전지의 에너지 균형은 좀 더 유리해졌다. 최근의 연구(Fthenakis et al 2009) 결과에 따르면 제조과정에 투입된 에너지와 동일한 양의 에너지를 태양전지가 생산하는 데 걸리는 시간(에너지 회수 기간)이 상당히 짧은 것으로 나온다(태양 복사량이 연간 약 1,700 kWh인 남부 유럽인 경우) 단결정 실리콘 태양전지 모듈의 에너지 회수 기간은 1.8년이고 실리콘 띠 태양전지는 1.2년, CdTe는 0.8~1.1년이다.

3.12 태양전지 전력망 연계와 미래 전망

전력망 연계

태양전지가 전통적인 에너지원보다 비용 효율성이 지속해서 향상된다면 태양전지 출력의 단기-중기-장기적인 변화에 대처하기 위해 국가 차원의 에너지 수급체계는 어떤 변화가 필요한가?

중위도 국가에서 태양전지는 여름에 전력생산을 많이하고 겨울에는 적은 양을 생산한다. 맑은 날 낮에는 태양전지의 전력 생산을 신뢰할 수 있으나 구름이 해를 가리면 출력은 급격하게 감소한다. 태양전지의 전력 생산량의 변화가 전체 전력망의 전력 공급량보다 상대적으로 적다면 이러한 변화에 대응하는 것은 큰 문제가 아니다. 전체 전력망은 이미 대규모 수요량의 변화에 대응하도록 설계되어있으며 유사하게 태양전지 같은 유동적인 전기공급원에도 대응할 수 있다. 태양전지 발전에 의한 전력 생산량의 변화를 줄이기 위해서는 태양전지 발전소의 설치 장소를 늘린다면 기후 변화의 영향을 줄 일 수 있다.

그러나 태양전지 및 풍력과 같은 변동성 있는 다른 신재생 에너지원의 전력 공급량이 증대된다면 수력이나 가스터빈 같은 '반응이 빠른' 발전방식을 늘리고 단기적인 에너지 저장을 늘려야 한다(태양전지 및 타 신재생 에너지를 기존 전력망과 연계하는 내용은 10장에서 좀 더 자세히 다루었다).

성장하는 태양전지 시장

그림 3.36에서처럼 전 세계에 설치된 태양전지 발전능력은 2000년 약 1.5 GW에서 2010년 40 GW로 급격히 증가하고 있다(EPIA 2011). 이러한 경향이 유지된다면 약 2~3년마다 설비량이 2배씩 증대된다는 것을 의미한다. 그림 3.35에서 알 수 있듯이 태양전지 설비량의 상당 부분은 EU에 의한 것이고 기타 국가의 기여도는 상대적으로 낮다.

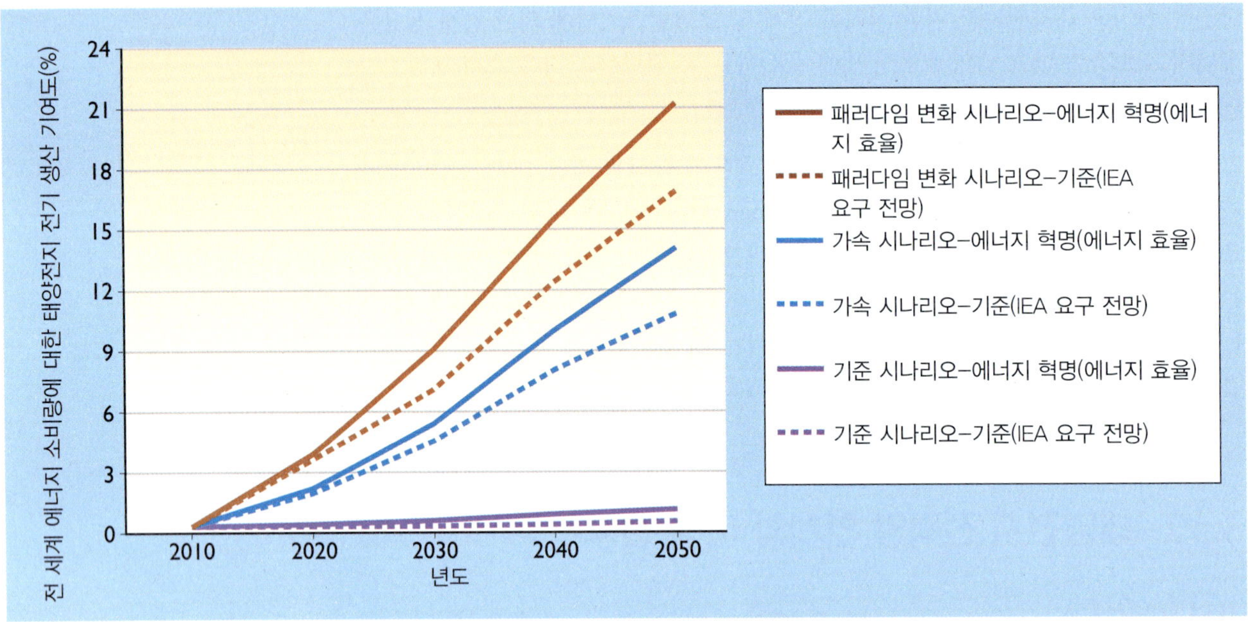

그림 3.36 • 다양한 가정에 따른 2010~2050년 전 세계 전기 생산에서 태양전지 기여도.

2010년 태양전지 모듈 제조 능력의 2/3인 27 GW를 단결정 및 다결정 실리콘 태양전지가 차지하고 있어 시장을 주도하고 있다. EPIA는 아래와 같이 보고하고 있다:

제조 능력의 약 50%는 중국이 보유하고 있으며 대만(약 15%), EU(약 15%), 일본(약 10%), 미국(약 5%) 정도이다.

2010년에 전 세계의 박막형 태양전지 제조 능력은 3.5 GW이고 2011년에 5 GW, 2012년에 6~8.5 GW에 이를 것이다. 현재 CI(G)S 모듈은 박막형 태양전지의 15%를 차지하고 나머지를 CdTe와 실리콘 박막형 태양전지가 균분하고 있다. 2012년에는 박막형 태양전지 제조 능력은 각 기술이 동등하게 점유할 것으로 예상한다. 결정질 태양전지의 상당 부분이 중국에서 제조되고 있으나 박막형 태양전지 생산업체는 미국, 일본, 말레이시아를 위시한 다른 국가에 있다(EPIA 2011).

태양전지의 장기 미래 전망

그림 3.35에서처럼 EPIA는 2015년까지의 태양전지 설치량은 계속 증가할 것으로 전망하며 정책의 지원 정도에 따라 131~196 GW의 설치량을 2015년에 달성할 것으로 예상하고 있다. 2015년에 EU의 점유율은 약 40%로 감소하고 중국, 태평양 주변국, 일본, 미국에서 많이 증가할 것으로 예상하고 있다.

유럽태양전지산업협회(EPIA)는 환경단체인 Greenpeace와 공동으로 2000년부터 태양전지의 장기 미래전망 보고서인 Solar Generation 주기적으로 발행하고 있다. 2000년 이래로 실제 태양전지의 성장세는 Solar Generation의 예측치를 계속 상회하고 있다. 최근의 Solar Generation(EPIA 2011)은 2050년도에 전기 사용 효율성의 증대와 태양전지의 선호에 따른 패러다임의 변화에 의해 전 세계 전기 사용량 공급량의 21%를 태양전지가 차지할 것으로 보고 있다(그림 3.36).

국제에너지기구(IEA)는 Energy Technology Prospective라는 자체보고서에서 2050년에 40,000 TWh 전 세계 전기 수요량의 11%를 태양전지가 공급할 것으로 조금은 낮게 보고 있다(그림 3.37).

장기전망치는 여러 요인으로 인해 불확실한 부분이 존재한다. 그럼에도 불구하고 태양전지의 미래 전망이 밝다는 것은 의심의 여지가 없다.

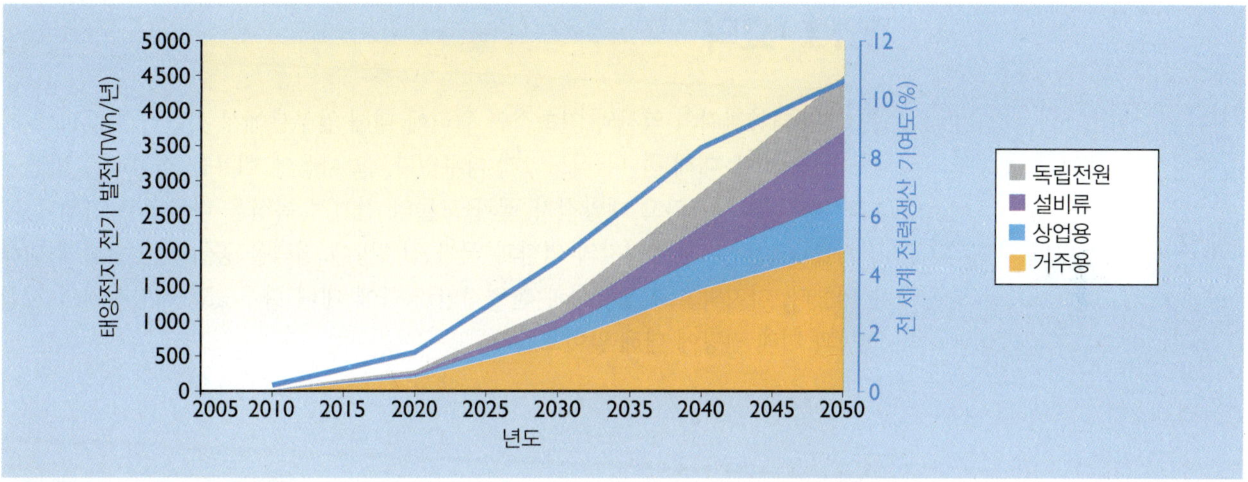

그림 3.37 • 국제에너지기구(IEA)의 2010~2050년 전 세계 태양전지 성장 전망. 2050년 태양전지 발전(파란색 선)의 기여도는 11%(출처: IEA 2010b).

그림 3.38 • 1인승 태양전지 동력 Solar Impulse 비행기. 2011년 5월 11일 스위스에서 벨기에로 비행했음. 480 km를 평균 고도 1,828 m에서 평균 50 km/h의 속력으로 비행했다. 11,625개의 22% 효율의 단결정 실리콘 태양전지 셀이 날개와 꼬리에 장착되어 있다. 4개의 7.5 kw 전기모터가 프로펠러를 구동시키고 리튬폴리머 배터리가 장착되었다.

태양전지로 동력원으로 하는 1인승 비행기를 설계 제작해 세계 일주를 하고자 하는 'Solar Impulse' 계획이 있다(그림 3.38). 이 프로그램의 책임자(Piccard와 Borschberg)는 태양전지 비행기로 전통적인 비행기를 대체하고자 하는 것은 아니다. 첫 번째 장거리 비행 후 Piccard는 이 프로그램의 목적이 '비행 혁명을 이루는 것이 아니라 사람들이 재생에너지, 에너지 절약, 신기술을 생각할 때 심적인 자세의 혁신을 일으키는 것이다'라고 했다(Solar Impulse 2011a).

3.13 요약

이 장은 태양전지의 역사와 기초적인 원리에 대해 앞부분에서 간단히 다루고 실리콘 태양전지에 대해 좀 더 심도있게 다루었다. 그 다음에 비용을 절감하는 방법에 대해 다루었다. 그리고 태양전지 셀과 모듈의 전기적 특성을 다루었고 가정 등에 전기를 공급하는 태양전지의 역할과 국가 전력망에 전력을 공급하는 방법에 대해 논의했다. 마지막으로 경제성과 환경적인 영향에 대해 다루었고 태양전지의 시장 전망과 미래 전망에 대해 알아보았다.

References

Adams, W. G. and Day, R. E. (1877) 'The action of light on selenium', *Proceedings of the Royal Society*, London, Series A, vol. 25, p. 113.

Becquerel, A. E. (1839) 'Recherches sur les effets de la radiation chimique de la lumière solaire au moyen des courants électriques' and 'Mémoire sur les effets électriques produits sous l'influence des rayons solaires', *Comptes Rendus de l'Académie des Sciences*, vol. 9, pp. 145–9 and pp. 561–7.

Chapin, D. M., Fuller, C. S. and Pearson, G. L. (1954) 'A new silicon p–n junction photocell for converting solar radiation into electrical power', *Journal of Applied Physics*, vol. 25, pp. 676–7.

Chalmers, R. (1976) 'The photovoltaic generation of electricity', *Scientific American*, October, pp. 34–43.

CV21 (2008) *Spherical Silicon Solar Cells with Micro Reflector Cups* [online], Clean Venture 21 http://www.cv21.co.jp/en/images/pdf/a401en.pdf (accessed 15 June 2011).

CCC (2011) *The Renewable Energy Review*, London, The Committee on Climate Change, available at http://hmccc.s3.amazonaws.com/Renewables%20Review/The%20renewable%20energy%20review_Printout.pdf (accessed 3 October 2011).

EC JRC (2011) *PV Potential Estimation Utility* [online], http://re.jrc.ec.europa.eu/pvgis/apps4/pvest.php (accessed 11 November 2011).

Edwards, L. (2009) '$21 billion orbiting solar array will beam electricity to Earth', *Physorg.com* [online], 15 September http://www.physorg.com/news172224356.html (accessed 13 September 2011).

EPIA (2011) *Global Market Outlook for Photovoltaics to 2015*, Brussels, European Photovoltaics Industry Association; available at http://www.epia.org/publications/photovoltaic-publications-global-market-outlook/global-market-outlook-for-photovoltaics-until-2015.html (accessed 4 October 2011).

EPIA/Greenpeace (2011) *Solar Generation 6: Solar Photovoltaic Electricity Empowering the* World, Brussels, European Photovoltaic Industry Association and Amsterdam, Greenpeace International; available at http://www.greenpeace.org/international/Global/international/publications/climate/2011/Final%20SolarGeneration%20VI%20full%20report%20lr.pdf (accessed 4 October 2011).

Fthenakis V. M., Kim H. C., Raugei M. and Kroner J. (2009) 'Update of PV energy payback times and life-cycle greenhouse gas emissions', *24th European Photovoltaic Solar Energy Conference and Exhibition*, Hamburg, September 21–5, 2009.

Glaser, P. (1972) 'The case for solar energy', *Proceedings of the Annual Meeting of the Society for Social Responsibility in Science, Conference on Energy and Humanity*, Queen Mary College, London, September 3, 1972.

Glaser, P. (1992) 'An overview of the solar power satellite option', *IEEE Transactions on Microwave Theory and Techniques*, vol. 40, no. 6, pp. 1230–8.

Graham-Rowe, D. (2007) 'Focusing light on silicon beads'. *Technology Review*, 13 November [online], http://www.technologyreview.com/Energy/19696/ (accessed 15 June 2011).

Grätzel, M. (1991) "The Artificial Leaf: Molecular Photovoltaics Achieve Efficient Generation of Electricity from Sunlight', Research Report, Coordination Chemistry Reviews, Vol 111, 6 December, pp. 167–174.

Grätzel, M. (2001) 'Photoelectrochemical Cells' *Nature*, vol. 414, pp. 338–344.

Green, M. (1982) *Solar Cells,* New York, Prentice-Hall.

Green, M. A., Emery, K., Hishikawa, Y., Warta, W. and Dunlop, E. (2011) 'Solar cell efficiency tables (Version 38)', *Progress in Photovoltaics: Research and Applications,* vol. 19, no. 5, pp. 565–72.

IEA (2010a) *Trends in Photovoltaic Applications*, International Energy Agency, Report IEA PVPS T1-19:2010; available at http://www.iea-pvps.org/index.php?id=92&eID=dam_frontend_push&docID=823 (accessed 5 October 2011).

IEA (2010b) *Energy Technology Perspectives, 2010*, Paris, International Energy Agency.

IEA (2011) *World-wide Overview of Design and Simulation Tools for Hybrid PV systems*, International Energy Agency, Report IEA-PVPS T11-01:2011.

Jayaweera, P. V. V., Perera, A. G. U. and Tennakone, K. (2008) 'Why Grätzel's cell works so well' *Inorganica Chimica Acta*, vol. 361, no. 3, pp. 707–11.

Ohl, R. S. (1941) *Light Sensitive Device*, US Patent No. 2402622; and *Light Sensitive Device Including Silicon*, US Patent No. 2443542: both filed 27 May.

O'Regan, B. and Grätzel, M. (1991) 'A low cost, high efficiency solar cell based on dye-sensitised colloidal TiO2 films', *Nature*, vol. 235, pp. 737–40.

O'Regan, B., Nazeeruddin, M. K. and Grätzel, M. (1993) 'A very low cost, 10% efficient solar cell based on the sensitisation of colloidal titanium dioxide films', *Proceedings of 11th European Photovoltaic Solar Energy Conference*, Montreux, 1992, Gordon and Breach.

Poupee, K. (2009) 'Japan eyes solar station in space as new energy source', *Physorg.com*, 8 September [online] http://www.physorg.com/news176879161.html (accessed 13 September 2011).

Sharp Solar (2009) http://sharp-world.com/corporate/news/091029.html (accessed 5 November 2011).

Speirs, J., Gross, R., Candelise, C. and Gross, B. (2011) *Material Availability: Potential constraints to the future low-carbon economy*, UK Energy Research Centre, UKERC/WP/TPA/2011/002 [online], http://www.ukerc.ac.uk/support/tiki-download_file.php?fileId=1687 (accessed 13 September 2011).

Solar Impulse (2011a) *From Payerne to Brussels* (video) [online], http://www.solarimpulse.com/sitv/index.php?lang=en (accessed 13 September 2011).

Solar Impulse (2011b) *Solar Impulse: around the world in a solar airplane* [online], http://www.solarimpulse.com (accessed 13 September 2011).

TERI (2011) *Lighting a Billion Lives* [online], http://labl.teriin.org/ (accessed 13 September 2011).

Treble, F. C. (1999) *Solar Electricity: a layman's guide to the generation of electricity by the direct conversion of solar energy (2nd edn)*, Oxford, The Solar Energy Society.

Wenham, S., Green, M., Watt, M. and Corkish, R. (2007) *Applied Photovoltaics* (2nd edn), London, Earthscan.

Chapter 4

바이오에너지

4.1 도입

바이오에너지는 집합적으로 **바이오매스**라고 언급되는 최근까지 생명체였던 목재, 짚 또는 동물의 배설물 같은 물질에서 유도되는 에너지의 일반적인 용어이다. 우드 펠릿, 목탄, 바이오에탄올, 바이오디젤 모두는 바이오매스로부터 유래된 에너지가 풍부한 물질의 예이다.

모든 지구의 생명체 즉 바이오매스는 **생물권**이라 불리는 얇은 표면층에 존재한다. 이는 지구 총 질량의 아주 작은 부분에 해당하나 인간의 관점에서는 아주 막대한 화학에너지 저장소이다(1장 참조). 이들 대부분은 인간이 사용하기에 유용하지 않으나 이들이 태양으로부터의 에너지를 **광합성**(여기서 광은 빛과 관련되며 합성은 함께 놓는다는 뜻이다) 과정을 통해서 지속적으로 보충하는 저장소라는 것이다. 이것은 대기로부터 이산화탄소를 효과적으로 취하고 이를 이용해 생명체가 만들어지고 이러한 과정 중에 산소를 방출한다(1장, 그림 1.9 참조). 매년 지구에 도달하는 태양에너지의 아주 작은 부분만이 땅의 유기물에 의해 이런 방법으로 고정되지만 그럼에도 불구하고 매년 바이오매스로부터 화학에너지로 고정되는 양은 1장에서 정의되었듯이 세계의 총 1차 에너지 소비량의 2배에서 7배 사이에 해당한다.

지구의 대기를 유지하는데 바이오매스의 역할이 중요하다. 학교 지구본에 붙은 먼지를 터는 것처럼 만약 어떤 것이 지구상의 모든 식물체를 쓸어 버리면 겨우 십억 중의 한 부분 정도의 질량 손실이 있을 뿐이다. 그러나 이러한 극미한 변화의 물리적인 결과는 엄청날 수 있다. 더 이상 대기에 산소를 공급해 줄 수 없을 것이고 대기는 질소, 산소, 이산화탄소와 같은 기체의 특정한 혼합물이 되어 결과적으로 지구는 그 표면 상태를 유지한다.

자연에서 식물의 바이오매스로 저장된 에너지는 일련의 변환을 통해 전파된다. 여기에는 생명체에서 **호흡**(실질적으로 광합성의 반대임)과 같은 **신진대사적** 과정과 열에너지의 재복사 및 물의 **증발** 같은 물리적 과정들을 포함된다(그림 4.1). 이것은 주변 대기로 에너지를 전달해 결국 저온의 열로서 지구로부터 발산된다. 일부 바이오매스는 일 년 안에 신진대사될 것이나 또한 나무의 목재와 토양 유기물 조성인 **부식토**로 수십 년에 걸쳐서 축적될 수 있다. 작은 일부분은 난방 하기 위해 전통적으로 태워지는 **토탄**으로 수 세기 동안 축적될 수 있으며 일부 적은 비율은 수백만 년 동안 주요 화석연료인 석탄, 석유, 가스가 되기도 했다.

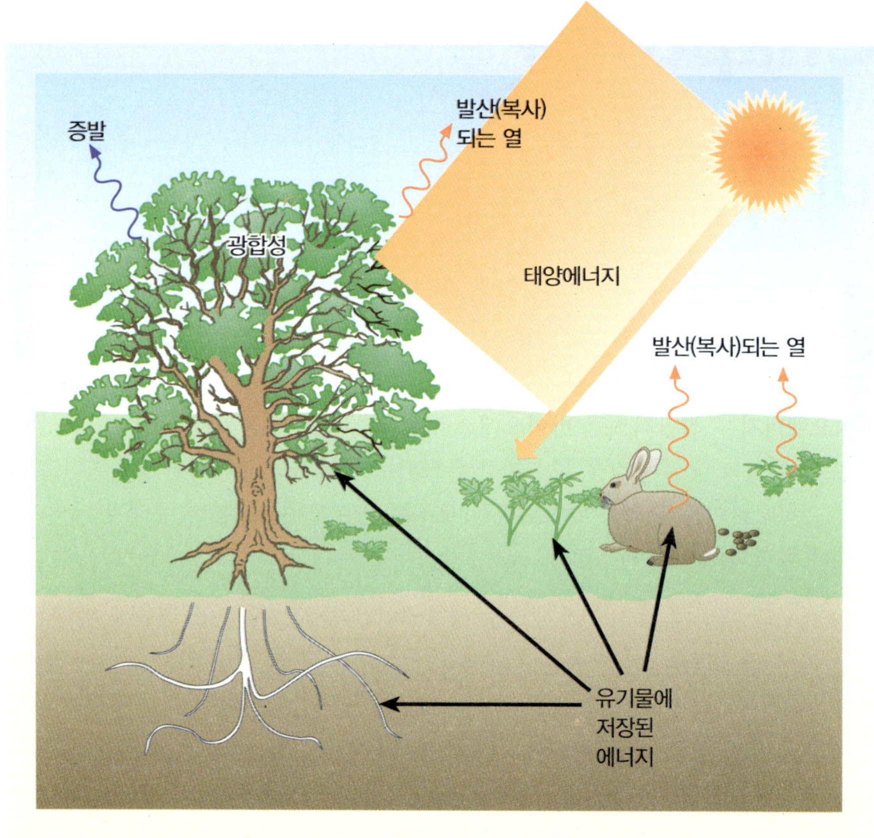

그림 4.1 • 지협적 규모의 바이오에너지 순환. 추가로 동물과 식물 잔여물(뿌리 포함) 분해로부터 나온 탄소의 일부분은 주요 탄소 저장소인 토양 유기물로 변형된다.

이러한 과정의 의의는 만약 화학에너지를 저장하는 단계에 개입해 바이오매스의 일부를 '획득'할 수 있다면 우리는 이것을 **연료**로 사용할 수 있다는 점이며 연료는 보통 연소를 통해, 화학 조성의 변화를 통해 유용한 에너지를 방출한다. 장작, 쌀겨와 다른 식물 혹은 동물 잔여물 같은 물질은 간단하게 태워져서 열을 생산할 수 있고 많은 개발도상국에서 이러한 **전통적 바이오매스**는 여전히 요리, 난방, 조명을 위한 에너지 소비의 많은 부분을 담당하고 있다. 바이오매스는 또한 발전용 스팀을 만들기 위해 태워지거나 목탄, 바이오가스, 바이오에탄올, 바이오디젤 같은 중간체의 **바이오연료**로 전환될 수도 있다(일부 국가에서는 '바이오연료' 용어를 액체 연료에 한정하나 이 장에서 우리는 고체, 액체, 기체 형태를 다 묘사하기 위해 사용함을 주의하라). 이러한 바이오연료는 기존의 난방 연료를 대체하거나 자동차 동력이나 발전을 위한 어떤 형태의 엔진에 동력을 주기 위해 사용될 수 있다. 최근 수십 년간 **'새로운'** 또는 **최신 바이오매스**란 용어는 주로 더 산업화된 국가가 크고 상업적인 규모로 처리되는 바이오매스 물질의 특징을 표현하는데 쓰여 왔다.

바이오연료의 소비가 자연적인 공급 수준을 넘지 않으면 바이오연료의 연소는 더 이상의 열을 발생시키지 않으며 자연적인 과정에서 발생되는 것 보다 더 많은 이산화탄소를 만들지 않는다. 이는 인류가 세계의 자연환경을 해롭게 하지 않으면서 실질적으로 지속 가능한 에너지 자원을 얻은 것이다. 하지만 특히 생산 공정에서 화석

연료가 사용될 때처럼 실제로 항상 이렇지는 않으며 그 외에도 고려해야 할 다른 사항들도 있다.

Box 4.1에서 전 세계적인 바이오매스의 양과 관련된 에너지 흐름에 대한 일부 기초 데이터를 요약하고 있다. 갓 수확한 바이오매스는 총 질량의 약 50~80%의 수분 함량(m.c)을 가지고 있다. 만일 공기-건조(싱싱한 풀이 건초로 바뀔 때처럼)가 된다면 수분 수준은 자연적으로 약 20~25%로 떨어진다. 다양한 수분 함량을 갖는 물질에 의해 야기되는 혼란을 피하고자 바이오매스의 수율은 마치 바이오매스를 오븐에서 건조된 것 같이 종종 0% 수분함량을 가정하는 '건조 톤'으로 인용된다.

4.2 바이오에너지의 과거와 현재

목재에서 석탄으로

최근까지만 해도 연료의 역사는 실제로 바이오연료의 역사였다. 이미 3,000년 전에 석탄을 태운 증거가 있음에도 불구하고 그 기여는 약 1800년까지 상대적으로 적었다. 실제로 바이오에너지는 산업혁명까지는 열을 위한 나무, 빛을 위한 동물지방으로 만든 수지 양초, 주요 육상 운송 수단이었던 말과 소를 위한 '연료'로서의 농업 작물과 같이 여전히 삶의 많은 영역에서 지배적이었다.

바이오연료로부터 화석 연료로의 이동은 산업혁명의 핵심적 특징이었다. 수 세기 동안 철 제련을 위해 필요한 고온은 나무로부터 얻은 목탄을 사용한 용광로에서만

Box 4.1 바이오매스 – 기본적인 자료

여기의 거의 모든 자료는 상당한 불확실성을 동반하고 있다.

세계 총량	
생물체의 총 질량[1]	약 1,800 billion 건조 톤
육상 식물 총 질량[1]	1,800 billion 건조 톤
해양 총 질량[1]	4 billion 건조 톤
세계 인구(2009)	6.8 billion
1인당 육상 식물 바이오매스	270 건조 톤
육상 바이오매스에 저장되는 에너지[2]	25,000 EJ
연간 순 육상 바이오매스 생산[2]	130 billion 건조/년
세계 에너지 비교	
육지 바이오매스에 의한 에너지 저장 속도[2]	2400 EJ/년 (76 TW)
총 1차 에너지 소비 (2009)[3]	502 EJ/년 (15.9 TW)
바이오에너지 소비[4]	50 EJ/년 (1.6 TW)
식량으로 소비된 에너지[5]	29 EJ/년 (0.9 TW)

출처: 1 Slesser and Lewis, 1979; 2 Haberl et al., 2007; 3 BP, 2010; 4 IEA Bioenergy, 2009; 5 Derived from WHO, 2003.

얻을 수 있었다. 석탄의 불순물과 다양성으로 인해 석탄을 제련에 사용하기 부적합하였으며, 목탄처럼 바꾸기 위한 초기 노력은 별로 성공하지 못했다. 그러나 1700년대 초 효과적으로 목탄이 생산되었고 몇 십 년 이내에 지금은 **코크스**라 불리는 이 새로운 연료는 성장하는 산업 부문 도처에서 목탄을 대신했다.

석탄에 대한 수요의 증가는 더 깊은 채굴을 유발하였고 매우 깊은 곳의 물을 퍼내기 위해 석탄을 주원료로 하는 초기 증기기관을 만들게 했다. 19세기 말까지 석탄의 소비는 산업화된 국가들에 집중되었다. 20세기에는 석유와 천연가스가 융성했지만 석탄 소비 또한 1900년과 2008년 사이에 7배로 증가한 것은 주목할 가치가 있다(EIA, 2010).

21세기는 석탄으로부터 바이오매스로의 전환 역과정을 보게 될까? Box 4.1의 자료에서 바이오매스에서의 연간 에너지 저장이 연간 세계 총 1차 에너지 소비의 대략 5배이므로 이것이 이론적으로 가능하다는 것을 보여 준다. 그러나 최근에는 바이오에너지 공정을 취하는 데 제한을 줄 수 있는 많은 경제적인 요인들이 생겼다.

현재 바이오매스의 기여

바이오에너지에 대한 많은 출처로부터 총 세계 에너지 기여의 신뢰성 있는 자료를 얻는 것은 어려운 작업이다. 화석연료와 달리 바이오에너지는 생산과 소비에 대한 상세한 보고서를 제시하는 세계적인 기업이 없다. 실제로 전통적인 바이오매스의 사용은 종종 재무 거래를 전혀 포함하지 않고 지역적이며 기록 없이 거래가 이루어진다. 최근 몇 년 동안 국제 에너지 기구(IEA)는 신재생 에너지의 합의된 구분에 기반해 국가의 자료를 수집하려고 노력했으나 그들은 그 수치가 여전히 상당한 불확실성을 수반한다고 경고한다. 전통적인 바이오매스의 세계 연간 1차 에너지 기여에 관한 최근 자료는 40~60 EJ 범위에서 감소 추세이다(IEA Bioenergy, 2009). 1장의 그림 1.2는 9 EJ 정도의 추가되는 산업적으로 처리된 바이오매스와 함께 30 EJ의 기여를 근거로 한다(BP, 2010).

자세한 사항은 불확실할 수 있으나 인류가 사용하는 총 에너지의 적어도 10%를 차지하는 바이오매스는 세계 대부분에서 4번째로 큰 에너지 자원이다(El Bassam, 2010). 이것은 개발도상국의 총 1차 에너지 소비의 약 1/3을 차지하고(우간다 같은 가장 빈곤한 일부 국가에서는 90%까지) 총 연간 기여도 계속해서 증가하고 있다. 개발도상국이 산업화되면서 화석연료 사용 쪽으로 변화하면서 바이오매스의 세계 1차 에너지에 기여 비율은 조금씩 감소하고 있지만 중국 1차 에너지의 약 10%, 인도의 35%를 차지하면서 이들이 보다 진보될지라도 여전히 중요하게 남는다(El Bassam, 2010).

특히 대규모 산림 산업(임업) 혹은 잔여물 및 폐기물의 처리에 대해 잘 개발된 기술을 가진 산업화된 국가에서조차 바이오매스로부터의 에너지 기여는 중요하다. 바이오매스가 1차 에너지의 약 20%를 보급하는 스웨덴과 핀란드에서는 펄프와 제지 산업의 잔여물의 이용은 중요하다. 그리고 가정 난방, 지역 난방 및 열병합발전(CHP)

에 대한 향상된 시스템은 1980년대 이래로 스웨덴의 바이오에너지 이용양을 2006년 인구 1인당 거의 50 GJ에 이르도록 5배 증가시켰다(Bjorheden, 2006). 영국에서 바이오에너지 기여는 1990년대 동안 연간 약 7% 증가했고 2009년에 총 230 PJ 또는 1인당 3.8 GJ에 도달했다(DECC, 2010a, 또한 1장, 그림 1.6 참조).

4.3 태양에너지 저장소로서 바이오매스

바이오에너지를 사용하는 데 있어 주요 메커니즘은 광합성이며 식물이 주위 환경으로부터 이산화탄소와 물을 취해서 이들을 식물 바이오매스로 변환시키기 위해 빛으로부터 에너지를 이용한다.

$$6CO_2 + 6H_2O + \text{빛에너지} \rightarrow C_6H_{12}O_6 + 6O_2$$

이 식의 오른쪽 첫 화합물은 **탄수화물**인 포도당($C_6H_{12}O_6$)이다(Box 4.2 참조). 두 번째 생산물은 대기로 방출되는 산소이다. 비록 포도당은 최종의 '야채 물질'일 필요는 없으나 연이은 바이오매스 생성 반응에서의 결정적 연결 물질이다. 그러므로 식물은 이산화탄소와 물을 탄수화물이나 그와 유사한 물질로 변환하기 위해, 대기로 산소를 방출하면서 태양에너지를 사용해 자란다.

포도당 분자는 이것이 만들어진 이산화탄소와 물 분자에 있는 총합보다 더 많은 화학에너지를 함유하고 있다. 식물 안에서 포도당은 전분과 셀룰로스를 포함한 더 복잡한 탄수화물로 전환되거나 단백질과 다른 성분을 형성하도록 질소와 다른 원소와 합쳐질 수 있다.

형성된 일부 에너지가 풍성한 탄수화물은 호흡 과정을 통해 식물 안에서 분해되면서 단백질과 다른 성분을 합성하는 힘을 주는 에너지를 방출한다. 호흡은 광합성의 반대과정으로 산소를 취하고 이산화탄소를 내놓으며 에너지를 방출한다. 동물에 의해 소비되거나 부패하는 식물 물질은 관여된 다른 생명체에 의해 사용될 에너지를 방출하면서 또한 호흡을 수행한다. 생물 조직체 안에서의 과정에 관여된 모든 에너지는 궁극적으로 열로 나타난다. 그러므로 우리는 연속 공정을 갖게 되는데 태양으로부터 에너지가 장기간 저장되는 탄소기반의 바이오매스 형태로 저장되고 다른 조직체에서 소비된다. 시간이 흐름에 따라, 거의 모든 바이오매스가 호흡하면서 궁극적으로 지구 밖으로 재복사되는 에너지를 방출하고 이산화탄소를 대기 중으로 되돌린다(그림 4.2). 그러므로 탄소는 생물권 주변으로 순환되면서 에너지는 이를 통해 흐른다.

변환 효율

작물의 수율은 연간 헥타르 당 생산되는 바이오매스의 질량이다. 바이오에너지를 위해 특별히 재배된 에너지 작물에 대해 수율은 명백히 그 작물로부터 얻을 수 있는 에너지가 먼저 주도적이 된다. 수율은 위치, 기후 및 일기, 토양의 성질, 관개,

Box 4.2 바이오매스에 있는 탄소 함유 화합물

생물권에서 탄소는 주요 원소이며 모든 살아있는 조직체를 구성하는 단순하고도 복잡한 분자를 다양하게 형성하기 위해 다른 원소와 여러 범위로 화합되면서 발견된다.

탄수화물이란 용어는 탄소, 수소, 산소로만 구성된 화합물을 언급하는데 일반적으로 $C_x(H_2O)_y$ 형태를 갖는다(x와 y는 다를 수 있으나 결정적으로 수소: 산소의 비는 2:1이다). 이 장에서 언급될 중요한 탄수화물은 다음과 같다.

포도당 – 간단한 당분으로 $C_6H_{12}O_6$ 화학식을 가진다. 이 작은 탄수화물 분자는 함께 연결되어 고분자 체인이 될 수 있다.

전분 – 많은 포도당 단위로 구성된 고분자로 $(C_6H_{10}O_5)n$ 식으로 나타낼 수 있다. 여기서 하첨자 n은 함께 연결된 많은 동일한 $C_6H_{10}O_5$ 단위가 있음을 표시한다.

셀룰로스 – $(C_6H_{10}O_5)n$ 식을 갖는 또 다른 고분자로 조직 구조 형성을 허락하는 별도의 전체 구조로 되어 있어 식물 세포벽에 중요한 조성 성분이다.

헤미셀룰로스 – 다양한 당분 단위를 함유한 복잡한 고분자로(즉, 단순 포도당 기본 단위 이상으로 구성된 고분자) 식물 세포벽에서 셀룰로스와 함께 발견된다.

논의될 다른 유기(탄소 함유) 화합물은 다음과 같다.

리그닌 – 탄소, 산소, 수소를 함유한 고분자 유기 **화합물**로 복잡한 구조를 가지며 나무에서 발견된다.

지방질 – 일종의 탄소, 수소, 산소를 함유한 화합물로 생물조직에 함유된 기름과 지방을 나타내는 일반적인 용어이다.

단백질 – 질소를 함유해 수많은 고분자 체인을 구성할 수 있는 크고 매우 복잡한 유기 분자. 단백질은 복잡한 접힌 구조를 가진다.

살아있는 조직체에서는 반응이 주변 온도와 압력에서 일어나는 것을 가능하게 하는 특수한 효소(촉매로 작용하는 특수한 단백질) 작용으로 이러한 다른 형태의 화합물이 합성되고 분해된다.

에너지 관점에서 단지 탄소와 수소로 구성된 **탄수화물**은 또한 중요하다. 이들은 지표면 아래에서 높은 온도와 압력에서 일어나는 반응으로 전에 살았던 물질로부터 주로 형성된다.

영양소 등의 많은 요인 및 식물의 선택으로 좌우된다. 에너지 작물에 대해 1 ha의 면적에서 연간 생산되는 식물체의 공기-건조 질량은 1 건조 톤으로 적거나 혹은 좋은 주위 환경에서는 30 건조 톤만큼 많을 수 있다. 에너지 항목으로 이는 대강 15~400 GJ의 범위를 나타낸다.

이러한 수율은 태양에너지로부터 바이오매스의 에너지로 전환되는 극히 낮은 변환 효율을 나타낸다. 예를 들어 연간 전달되는 평균 태양에너지가 m^2 당 약 1,000 kWh인 북유럽을 고려해 보자(2장 참조). 이 지역에서 에너지 작물은 매년 헥타르당 대략 200 GJ 정도의 수율을 내는데 태양에서 바이오에너지로의 변환 효율이 1%의 약 2/3에 해당한다(Box 4.3 참조).

첫째로 중요한 사실은 연간 태양 복사에너지의 대부분이 광합성에 비효율적이라는 점이다. 일부 빛이 식물을 완전히 놓치거나 좋지 않은 계절 동안 도착한다. 태양에

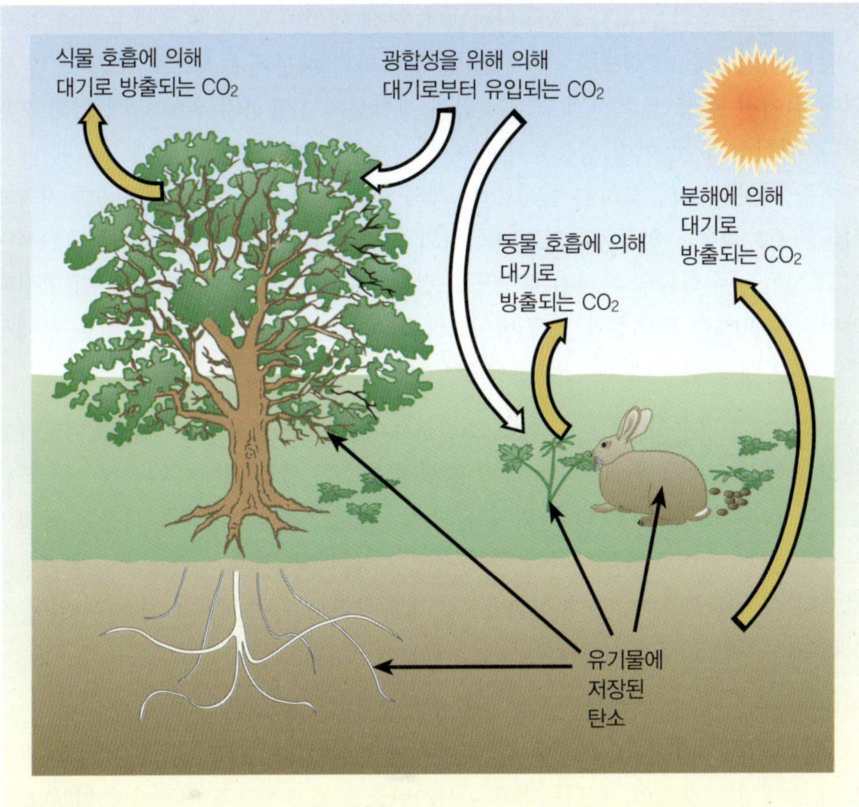

그림 4.2 • 지역 규모에서 탄소 순환. 이 과정의 본질적인 특징은 아래 화학방정식으로 나타낼 수 있다.

너지를 사용할 식물에 충분한 물과 영양분이 공급되지 않을 수 있으며, 질병, 해충(빛을 잡을 수 있는 작물 잎의 면적을 감소시키는), 잡초(빛과 영양분에 대해 경쟁하는)의 영향이 있을 수 있다. Box 4.3에 나타난 나머지 손실은 식물과 햇빛의 상호작용에 구체적으로 나타난다. 인간의 눈처럼 잎도 태양 스펙트럼 일부에만 감응

Box 4.3 태양에너지의 전환

태양 복사에 의해 전달되는 연간 에너지가 kWh/m^{2}y인 영국 남부 같은 지역의 토지 1헥타르(ha)에 대해 고려해 보자.

1,000 kW는 3.6 GJ이고 1 ha는 10,000 m^{2}이므로 연간 총 에너지는	36,000 GJ
이 중 8분의 1정도의 손실 후(본문 참조)에 적당한 시간에 작물에 도달한다고 보면	
연간 에너지의 12%가 성장하는 잎에 도달한다	4,320 GJ
이 중의 50%가 광합성적으로 활성화된 복사이다	2,160 GJ
이 중의 85%의 성장하는 잎에 의해 포획된다	1,836 GJ
그 중의 21%가 저장된 화학에너지로 전환된다	386 GJ
이 중 40%를 광호흡으로 잃거나 식물을 유지하기 위한 호흡에 소비하고 남는	231 GJ

이는 성장 식물에 도달하는 태양 복사의 약 5.3%이고 원래의 총 연간 에너지의 0.64% 불과하다.

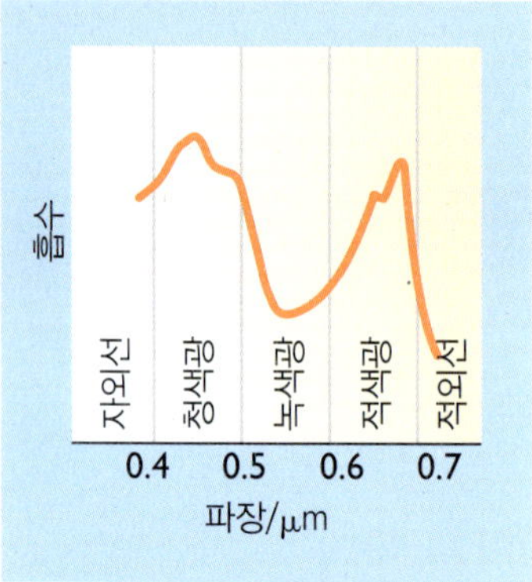

그림 4.3 • 태양 스펙트럼의 다른 부분에 대한 잎의 상대적인 흡수.

하며 그 흡수 패턴을 그림 4.3에 나타냈다. 녹색 영역이 푹 패는 것에 주의하라: 나뭇잎은 적색 혹은 청색보다 녹색광을 덜 흡수하기 때문에 녹색으로 보인다. 잎 표면에 떨어진 '유용한' 복사의 약 85%만이 광합성에 사용하기 위해 잎에 의해 포획된다. 광합성의 첫 번째 생성물이 위에서 설명한 일반 반응에서의 포도당에 대해 보여준 여섯 개보다 오히려 실제로 세 개의 탄소 원자를 함유하므로, 온대 지역의 식물은 **C3 식물**로 언급된다. C3 광합성의 근본적인 생화학은 흡수된 빛의 21%만이 고정된 탄수화물의 에너지 함량으로 전환됨을 의미한다. 마지막으로 이 고정된 에너지의 40%는 단백질과 기타 바이오매스의 성분을 합성하기 위해 식물 안에서 호흡하는 데 쓰인다.

C3 식물에서 유용한 세 개의 탄소 화합물보다는 오히려 **포스포글리코레이트**라고 불리는 독성 분자를 만들어내는 주요 광합성 효소를 통해 잎에서 유용한 이산화탄소보다 상대적으로 너무 많은 빛이 실제로 손상을 이끈다. 광호흡 과정은 독성의 포스포글리코레이트를 분해하기 위해 전에 저장된 에너지를 사용함으로써 손상으로부터 식물을 보호하는데 이산화탄소를 방출하면서 이런 작용을 하는 데 있어 저장된 에너지의 30%까지 허비한다.

열대지역의 식물은 더 강한 빛 때문에 빛으로부터 유발되는 손상의 위험이 더 크다. 일부 열대 지역의 식물 특히 풀 과(예를 들어 옥수수, 사탕수수)의 것들은 광합성이 수행되는 장소인 세포들 내에 이산화탄소를 효과적으로 집중시켜 언제나 이산화탄소가 결핍되지 않으므로 손상의 위험이 없다. 이들은 광합성의 첫 번째 생성물로서 네 개의 탄소를 포함한 분자를 만들어낸다. 이들 **C4 식물**에서의 근본적인 광합성 효율이 C3 과정보다 낮지만 허비적인 광호흡의 필요성을 피함으로써 이런 식물들은 잠재적으로 C3 식물보다 더 높은 수율의 바이오매스를 생산할 수 있다(광합성에 관한 더 자세한 취급은 Hall and Rao(1999) 참조하라).

열대지역에서 성장한 C4 식물에 대해서 Box 4.3의 5.3%는 대략 6.7%까지 늘어날 수도 있으며 전체 효율이 1% 가까이 된다. 그리고 훌륭한 작물 관리는 포획되어 사용되는 태양 복사의 비율을 증가시킬 수 있다. 그럼에도 불구하고 식물은 예를 들어 10~20%의 효율로 태양으로부터의 전기 에너지 전환을 이룰 수 있는 태양전지(PV)보다 훨씬 덜 효율적인 태양에너지 변환기로 남아 있다. 그러나 식물은 빛을 잡는 표면적 m^2 당 현재 매우 저렴하다.

4.4 연료로서의 바이오매스

연료란 무엇인가?

연료는 그것으로부터 유용한 에너지를 뽑아낼 수 있는 물질이다. 바이오매스를 연료로 사용할 때 에너지 방출은 일반적으로 태우는(연소) 것과 관련된다. 연소의 일부 근본적인 특징은

- 공기, 더 정확하게는 산소가 필요하다.
- 연료는 화학적 성분의 주된 변화를 거친다.
- 열이 생산된다. 즉, 에너지가 방출된다.

예를 들어 바이오연료의 한 형태이면서 화석연료인 천연가스의 주요 성분인 메탄을 고려해 보자. 각 메탄 분자는 하나의 탄소와 4개의 수소 원자들로 구성되어 있다: CH_4. 대기 중의 산소는 두 개의 원자로 구성된 분자(O_2)를 가지고 있으므로 완전 연소에서 각 메탄 분자는 두 개의 산소 분자와 반응한다:

$$CH_4 + 2O_2 \rightarrow CO_2 + 2H_2O + \text{에너지}$$

이 과정에서 방출되는 열에너지는 원래 연료와 산소의 화학에너지와 반응 결과 생기는 이산화탄소와 물의 화학에너지 사이의 차이이다. 이 열에너지는 실제로는 연료(이 경우엔 메탄)의 **에너지 함량**(또는 열 함량 또는 열 값)으로 언급되는 것이 일반적이다.

위에서 본 반응은 탄소와 수소를 함유하는 연료들의 필수적인 연소 특징을 보여준다. 화합물이 공기 중의 산소와 상호 작용해 이산화탄소와 보통 스팀 형태의 수증기인 물을 만들어낸다. 생명 조직체에서의 호흡도 이와 유사하나 거의 주변의 온도에서 일어난다. 만약 연료의 조성과 그 분자를 구성하는 화학 원소들의 상대 질량을 안다면 우리는 주어진 양의 연료가 타면서 만들어내는 이산화탄소의 양이 얼마인지 예측할 수 있다. (Box 4.4와 표 4.1 참조.)

다양한 생물학적 물질 1톤 혹은 1 m^3의 연소로 생산되는 에너지는 비교를 위해 주요 화석 연료와 함께 표 4.2에 보였다. 석탄과 대부분의 바이오연료는 그 조성이 변하며(Box 4.5) 톤당 에너지 함량은 여기서 보인 평균값에서 크게 다를 수 있음에

Box 4.4 연료 연소로부터의 이산화탄소

예로 메탄의 연소를 다루면 탄소와 산소 원자의 질량은 각각 수소 원자의 질량의 12배와 16배이다. 따라서 연소 방정식에서 항목들의 질량을 연상할 수 있다.

$$CH_4 + 2O_2 \rightarrow CO_2 + 2H_2O$$
$$12 + (4 \times 1) + 2 \times (2 \times 16) \rightarrow 12 + (2 \times 16) + 2 \times (2 \times 1 + 16)$$

그러므로 CH_4 16톤이 연소해 CO_2 44톤을 배출함을 알 수 있다.

만약 생성된 수증기가 응축된다면 천연가스의 에너지 함유량은 55 GJ/t이나 응축되지 않는다면 50 GJ/t에 불과하다(Box 4.5 참조). 따라서 천연가스 1톤이 연소해 2.75톤(2,750 kg)의 CO_2를 배출하고 55 GJ의 열을 생산한다.

석탄 이외의 다른 화석연료는 메탄보다 화학적으로 더 복잡하지만(비록 많은 연료가 메탄과 같은 탄화수소이며 거의 전부 수소와 탄소로 구성되어 있다) 그 연소는 유사한 과정이다. 톤당 생산되는 열은 오히려 줄어드나 높은 탄소/수소 비를 가지기 때문에 톤당 더 많은 CO_2가 발생해 단위 열 생성량 당 CO_2는 커진다(표 4.1 참조). 대부분이 탄소인 석탄은 단위 열 생성량 당 가장 많은 CO_2를 배출하는 연료 중 하나이다. 석탄과 석유는 또한 타서 이산화황이 되는 황을 함유할 수 있다. 이 황은 배기가스에서 정제되거나 포집되어 비료로 사용될 수 있다.

표 4.1 열 함량(순수 칼로리값, Box 4.5 참조)과 CO_2 배출.

연료	열함량 (GJ/t)	배출되는 CO_2/kg GJ^{-1}
석탄	24	94
석유	41	79
천연가스	48	57
공기-건조장작	~15	~80*

석탄, 석유, 목재의 조성과 수분 함량은 상당히 다양할 수 있음을 주의하라. 그러므로 이 수치는 전형적인 값이다.

*만약 목재가 지속 가능하게 성장하면 즉, 나무가 수확된 곳을 대신하도록 심어지고 완전히 연소한다면 그 모든 과정의 CO_2 배출은 0에 가까워야 한다(출처: DECC, 2011, AEA, 2011).

표 4.2 여러 형태의 바이오매스와 화석연료의 건조질량 및 부피 단위당 연료의 전형적인 열에너지 함량(순수 칼로리값, Box 4.5 참조).

Fuel	Energy content	
	GJ/t	GJ/m^3
장작 (자연상태, 60% 습분)	6	7
장작 (공기건조, 20% 습분)	15	9
장작 (오븐에서 건조, 0% 습분)	18	9
차코울	30	*
종이 (신문 묶음)	17	9
분뇨 (건조)	16	4
풀 (갓 자른 것)	4	3
옥수수 곡물 (자연건조)	19	14
짚 (수확된 것)	15	1.5
사탕수수 잔해물 (버개스)	17	10
국내 폐기물 (수집된 것)	9	1.5
상업용 폐기물 (영국 평균)	16	*
국내 난방유	43	36
석탄 (국내 난방, 평균)	28	50
천연가스 (공급압력 상태)	48	0.04

*는 물질의 구체적인 형태에의 의존성을 나타낸다(출처: Biomass Energy Center, 2011a로부터 얻은 데이터를 포함한다).

주의하라. m^3 당 에너지는 물질의 밀도에 달려있고 심지어 더 광범위하게 변화할 수 있다.

바이오매스 활용하기

에너지 자원으로서 바이오매스를 활용하는 데 있어 중요한 문제는 바이오매스를 적절한 형태로 처리하는 필요성이다. 이러한 처리공정에 투입되는 물질은 **에너지 작물** 형태로 의도적으로 키워진 식물이나 짚, 동물의 배설물, 인간의 하수를 포함한 **폐기물, 잔여물** 또는 **부산물/공동 생성물**도 될 수 있다. 산출물로는 유용한 열이

Box 4.5 에너지와 수분 함량과 칼로리값

앞에서 물이 일반적인 연료의 불가피한 연소 생성물임을 알았다. 물은 연료 안에 있는 수소의 연소나 연료 안에 있는 수분 함량이 증발 결과로 나타난다. 물은 고온의 수증기(스팀)로 나타나고 수증기의 냉각과 압축에 의해 다소간 여분의 열이 얻어질 수 있다.

연료가 태워질 때 나오는 잠재적인 열 출력은 두 개의 다른 칼로리값으로 종종 인용된다. 바이오매스, 산업 폐기물, 석탄, 석유에 대한 값은 연료의 더 낮은 열값 (LHV) 또는 순 칼로리값(NCV)으로 보통 인용된다. 이 값은 생성된 어떤 수증기도 응축되지 않는다는 것을 가정한다. 그러나 만약 응축된다면 또한 총 칼로리값(GCV)이라고 불리는 더 높은 열값(HHV)이 적절하다. 석탄이나 기름 같은 연료에 대해 LHV와 HHV사이의 차이는 매우 작아서 대강의 계산에서는 종종 무시되나 천연가스의 경우에는 무시되지 않을 수 있다. 천연가스는 연소가 Box 4.4에 설명되었듯이 주로 메탄이다. 이 경우 GCV는 LCV 보다 약 10% 더 높다. 수소(10장에서 논의됨)에 대해 그 차이가 17%이다.

화석연료와는 달리 바이오매스는 에너지에 기여하지 않으면서 질량을 더하는 연소 전 수분 함량이 높다. 또한 이 물은 가열 및 증발을 위한 에너지양을 흡수하고 있다. 일반적으로 수분 함량이 10%씩 증가하면 대강 11%까지 NCV가 감소한다. 실제는 어렵겠지만 신선한 녹색 식물을 태울 때, 물을 모두 응축시키는 것은 열 배출량을 50% 이상까지 증가시킬 수 있다.

수분 함량은 바이오매스 물질이 자연적으로 부패하는 속도에도 영향을 미친다. 짚이나 공기-건조 장작같이 더 마른 물질은 상대적으로 장기간 저장될 수 있지만 젖은 물질은 처리되지 않을 경우 빠르게 부패한다.

나 각종 고체, 액체, 기체 바이오연료일 수 있다. 그림 4.4는 일반적인 바이오매스 1차 자원, 이와 관련된 전환 공정, 생성물을 보여준다.

그림 4.4에서 바이오매스 자원은 식물로부터 직접 유래된 1차 물질, 인류 활동으로 인한 원하지 않거나 사용되지 않은 기타 생산물인 2차 **'폐기물'**로 나뉜다. 바이오매스에너지로 자격을 얻기 위해서 폐기물은 궁극적으로 스스로 재생적이며 식물-근거의 물질로부터 유래될 필요가 있다. 1차 자원은 목재, 셀룰로스, 전분, 기름의 네 부류 식물-유래 물질과 미생물로 분리된 그룹으로 나뉜다. 이 분류는 정확하지 않으나 일반적 지침으로서 쓸모가 있다. 바이오매스 물질의 처리공정은 **물리적**(갈고, 펠릿화 등), **열화학적**(열이 관련된), **생화학적**(다른 살아있는 유기체를 사용하는) 방법을 포함한다.

다음 두 절에서 어떤 형태의 물질이 각각 1차 및 2차 바이오매스에너지로 고려되는지를 보고자 한다. 7~9절에서 바이오매스의 물리적, 열화학적, 생화학적 처리공정을 논의할 것이다.

4.5 1차적인 바이오에너지 자원 : 식물 물질

바이오에너지를 제공하기 위해 특별하게 재배된 식물의 형태인 에너지 작물은 최근 관심을 끌고 있다. 이것은 순수 이산화탄소 배출량을 줄이기 위해 화석연료에

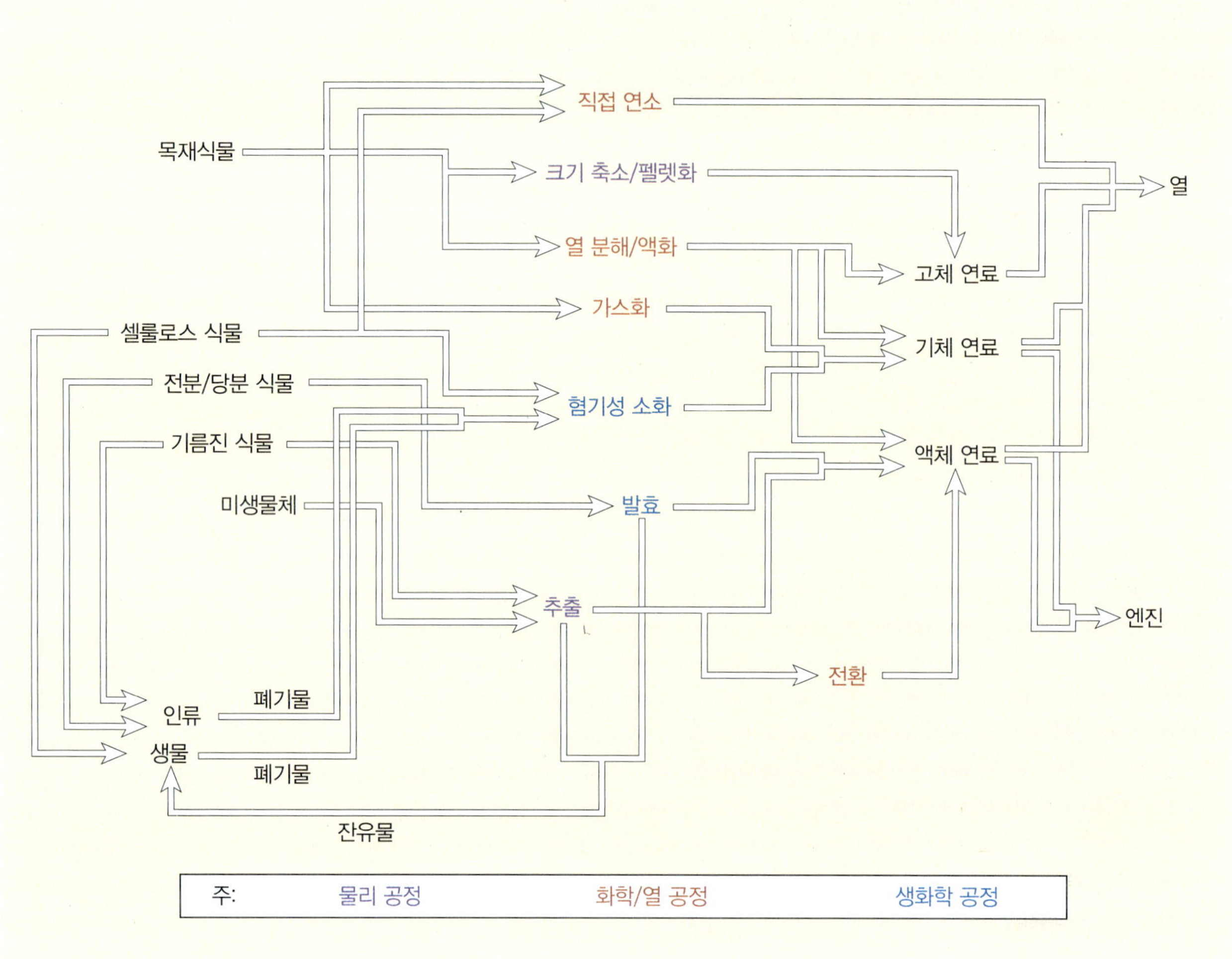

그림 4.4 • 에너지 자원으로서 바이오매스를 활용하는 데 있어 바이오매스의 일부 주요 분류 개요와 관련된 공정(그림은 입력과 공정의 모든 가능한 조합을 보여주지 않는다).

대한 대체재의 필요성과 다른 나라의 의존을 줄이기 위해 화석연료 자원 없이 자국의 절감 도구로서 주로 부합되어 왔다. 지역의 기후, 토양 등에 의해 부여된 특별한 여건이나 제약에 좌우되면서 이러한 요인들의 상대적 중요성은 나라에 따라 다르다. 그림 4.5는 관여된 바이오매스의 물리적 및 화학적 본성에 따라 폭넓게 에너지 작물을 분류했으며 각각의 예는 아래와 같다.

- 목재 바이오매스 – 나무는 목재 바이오매스의 주요 자원이다. 목재 자체는 탄화수소, 리그닌, 셀룰로스, 헤미셀룰로스의 복잡한 혼합물이다. 이것은 나무의 구조적 강도를 제공하며 상대적으로 부패하지 않는다.
- 셀룰로스 바이오매스 – 관련된 헤미셀룰로스와 함께 셀룰로스는 식물 세포벽의 주요 성분이다. 셀룰로스는 지구상에서 가장 풍부한 유기 거대 분자이다. 해초의 세포벽은 주로 셀룰로스와 헤미셀룰로스인 반면 풀과 같은 지상의 초본 식물과 밀과 옥수수 같은 식용 작물 또한 소량(목재 식물보다 상대적으로)의 리그닌과 리그노셀룰로스(리그닌, 셀룰로스, 헤미셀룰로스의 조합체)를 함유하고 있다.

그림 4.5 • 단벌기 벌채.

- 전분/당분 바이오매스–전분은 곡물을 포함한 많은 씨앗과 감자와 같은 덩이줄기에 있는 에너지 저장을 형성하는 비교적 단순한 탄화수소이다. 더 단순한 당분의 고농도는 사탕수수의 줄기와 사탕무의 뿌리에서 일어난다.
- 기름진 바이오매스 – 기름은 기름씨 유채, 대두, 기름야자 같은 일부 씨앗에 들어있는 저장물질의 근거를 형성한다.
- 미생물체 – 가능한 새로운 '에너지 작물'은 세포 안에 고농도의 기름을 가질 수 있는 미세조류에 의해 표현된다.

이러한 일반적인 분류는 구조와 에너지 수율 정보를 제공하는 표 4.3에 요약확장되

표 4.3 1차 바이오에너지 자원의 폭넓은 일반화 된 분류.

분류	주요 에너지–풍부성분	구조적 강도/자연적 쇠퇴에 대한 저항	예	건조물의 전형적인 년간 수율 (t/ha)
목재 바이오매스	리그닌/리그노 셀룰로스 (복잡한 탄화수소)	높음	나무 (낙엽 또는 목재)	10 (중도)에서 20 (열대)
셀룰로스 바이오매스	셀룰로스/리그노 셀룰로스 (복잡한 탄화수소)	중간	풀, 물, 수선화, 해초	10 (중도)에서 60 (열대 수생식물)
전분/당분 작물	더 단순한 탄화수소	낮음	곡물(옥수수, 사탕수수, 밀)	10 (중도곡물)에서 35 (사탕수수)
기름진 작물	지분(즉 기름/지방)	낮음	기름씨(유채, 해바라기, 기름야자)	8에서 15
미생물체	기름	낮음	미세조류	알려지지 않음 – 여전히 추리적임

어 있다. 일부 작물은 주로 당분이나 전분 함량을 위해 재배되나 지탱하는 리그노셀룰로스 구조 물질이 사용될 수 있는 상당한 정도까지 이 분류는 중복된다는 것을 명심해야 한다. 다른 형태의 바이오매스의 기계적 강도와 자연적 분해의 감수성은 작물의 저장과 처리과정에 영향을 끼친다.

헥타르당 총 바이오매스 수율에 대한 표 4.3의 값은 모든 토지 위의 물질의 오븐-건조 질량 톤으로서 측정된다. 전분이나 기름 같은 특정 성분의 수율은 제시된 수치보다 더 적으며 작물로부터 제품에 이르는 처리 과정에 좌우된다. 총 수율은 성장조건에 좌우되며 보여준 범위 내에서 폭넓게 변한다.

많은 비목재 식물은 식량을 제공하기 위해 현재 농업적으로 사용되나 전분/당분, 기름 또는 주로 셀룰로스인 비특정 조직을 제공하면서 바이오에너지를 위해 사용될 수도 있다. 가능한 범위를 지적하면서 El Bassam(2010)은 에탄올 생산에 사용될 수 있는 100 종류 이상의 목록을 제시했다. 또한 그는 식용 작물 성장에 현재 문제가 되는 건조 혹은 반건조 지역에 적합한 약 70종을 실었다. 각각은 특정 조건에 유용한 후보자가 될 수 있는 서로 다른 특성(물 요구량, 질소 고정 능력 등)이 있다.

목재 바이오매스

주로 인간의 활동이 없는 곳인 높은 위도와 적도 지역에서 나무는 대량으로 서식하고 있다. 잘 관리된 숲은 나무가 성장함에 따라 대기 중 이산화탄소를 줄이고 수 세기까지 이산화탄소를 저장하면서 잘렸을 때 화석연료의 대체물을 제공하는 지속가능한 연료 자원을 제공할 수 있다. 일부 국가는 숲과 처리 잔여물(가지, 나무 껍질, 톱밥 등)을 열과 전기를 제공하기 위해 사용했지만 종전의 임업에서 에너지 생산은 동일했다. 목재 연료, 통나무, 펠릿의 가정에서 사용은 중앙 유럽, 스칸디나비아, 기타 지역에서 잘 발전되었으며 목재는 많은 개발도상국에서 요리와 난방을 위해 여전히 필수적인 연료이다. **수정된 전통적 임업**에서 바이오매스는 주된 생산물이 아니지만 제조 공정 전체의 일부분일 수 있다. 예를 들면 침엽수는 일반적인 밀도보다 높게 심어 몇 년 후에 잘 자랄 수 있도록 솎아내면서 이때 얇게 조각낸 나무를 생산하기 위해 통합된 수확 기술이 이용된다. 나머지 나무들은 정상적인 방법으로 성장한다. 통나무 제품을 위한 통나무와 바이오에너지 목적을 위해 우드칩을 동시에 빼내는 통합된 수확 시스템도 기여할 수 있다.

에너지 자원으로서 나무를 사용하는 것은 환경적 논쟁에서 애매한 위치를 차지한다. 최악에는 '임업'은 토양과 수집되지 않는 잔여물로부터 순간적인 다량의 이산화탄소를 배출하면서 세계 대부분의 천연림을 죽이는 것을 내포할 수 있다. 통제되지 않는 벌목은 환경적 문제뿐 아니라 나무가 산업의 에너지 소비에 기여하는 국가의 생산 능력을 저하하는 경제적인 문제도 가져올 수 있다. 예를 들어 브라질에서 매년 1,200만 톤 이상의 목탄이 생산된다(Kato et al., 2005). 14세기 영국에서도 유사한 문제가 있었지만 흑사병으로 인구의 1/3이 죽음으로써 일시적으로 문제가 '해결되었다'. 지난 십여 년간 개발도상국의 숲은 가정용으로 나무를 베어내는 지역 사람들이 증가함에 따라 파괴되고 있었다는 초기의 관점은 사라졌다. 그 증거로 이들 소규모 사용자의 대부분이 지방의 산개된 지역에서 나무를 모으며 대규모 산림의 소실은 상업적 임업, 목탄 생산, 혹은 다른 작물을 기르기 위한 토지 정리의 결과이기 때문이다(UNDP, 2000). 비록 누군가는 지속가능 하지 않은 잔재물의 임업이 잠재적인 '신재생'으로 포함되어야 하는지에 대해 의문을 가질 수 있다 하더라도 여기서 언급된 목재는 주목적인 연료 용도로 벌목되지 않기 때문에 실제로는 이 책의 내용으로 보지 않는다.

최근에 에너지 생산만을 위해 심어지고 수확되는 목재 작물에 대한 관심이 증가하고 있다. 이들에 대한 가장 흔한 관리는 **단벌기 임업**(**SRF**)이고 '윤작'은 8~20년마다 주기적인 벌목으로 나무가 다시 심어지거나 적절한 종류에 대해 그루터기로부터 다시 자라도록 남겨진다. 후자는 또한 **단벌기 벌채**(**SRC**)로 알려졌으며 개암나무, 버드나무와 다른 빨리 성장하는 나무의 윗부분을 잘라주는 몇 백 년 된 관행을 언급하고 있다(벌채 관리가 끝난 후 결과로 생겨난 잡목 숲은 시골의 매력적인 특징으로 남아있다). 최근에는 잘린 가지의 종류에 따라 헥타르 당 3,000~15,000줄기로 심어진다. 1~4년 후 땅에 가깝게 잘라내면 그것은 여러 개의 줄기나 혹은 단일 줄기 나무로 다시 자란다. 작물은 종류와 위치에 따라 2~7년 이상 동안 성장하게 두었다가 다시 줄기는 낮은 그루터기로 잘려서 수확된다. 비록 영국에서 서양물푸레나무, 개암나무, 버드나무의 전통적인 벌채지는 더 긴 주기로 수확되지만 그루터기는 다시 자라고 주기는 대략 30년 동안 반복된다. 헥타르 당 10건조 톤의 연간 수확량이 북유럽에서 달성되어야 하고 더 우호적인 지역에서는 30건조 톤까지 달성되어야 한다. 충분한 물, 적절한 비료와 제초 작업이 최대한의 지속적인 수확량을 위해 필요하다. 최신 수확 기계들은 그 자리에서 수송, 저장, 훗날의 쓰임에 적합하도록 짧은 길이로 줄기를 자를 수 있다.

단벌기 벌채의 한가지 명백한 용도는 열의 공급이며 지역난방을 위해 약 18,000 ha의 버드나무 벌채를 에너지로 공급하는 스웨덴이 가장 성공적인 적용의 예이다. 단독의 연료로나 석탄과 함께 태워지는 단벌기 벌채를 이용한 전기 생산은 약 30 MW 용량의 에너지 작물을 연료로 하는 유럽에서 상당한 주목을 받고 있다.

유럽 이외에도 미국, 인도, 호주, 뉴질랜드에서 단벌기 벌채가 일부 개발되고 있는데 여기서는 유칼립투스 종류가 자란다. 에너지원으로서의 가치 외에도 척박한 토지를 개선할 수 있는 잠재력이 있어 관심을 받고 있다. 호주에서는 경작하는 동안 지각없는 관개로 인해 올라가는 염분 수준 때문에 수백만 헥타르의 곡물 토지가 생산할 수 없게 되어가고 있다. 단벌기 벌채를 위해 약 100 m 간격으로 줄지어 유칼립투스를 기르는 것은 나무가 염분을 견딜 수 있고 많은 물 수요를 가질 수 있으므로 물 고원을 낮추는 데 도움이 될 수 있다. 수위를 낮추는 것은 염분을 다시 낮은 수준으로 되돌린다. 그러나 포르투갈 같이 물 공급이 빠듯한 지역에서 작물의 많은 물 사용에 대한 우려가 있다.

셀룰로스 물질

비목재(초본) 식물의 구조적 통일성은 주로 셀룰로스에 의해 제공된다. 인류는 셀룰로스를 소화할 수 없으나 셀룰로스는 양, 가축, 기타 초식동물을 위한 주요 식량 자원을 형성한다. 셀룰로스는 짚과 모든 주요 식량 작물의 기타 지탱 조직의 주요 성분이다. 온대 기후에 적합하면서 가장 평범하게 고려되는 셀룰로스 바이오에너지 작물은 C4 초본 식물인 **억새**이다(그림 4.6). 이것은 아시아와 아프리카에서 유래되었으나 일부 형태는 북유럽에서 자랄 수 있고 1990년대 연구는 영국에서 매년 헥타르 당 18건조 톤까지 수확할 수 있다고 제시했다. 이것은 짧은 부분이 새로운 작물을 심는데 사용될 수 있는 **근경**이라고 불리는 특정 조직의 울창한 지하 망에 의해 생장해 재생산한다. 억새의 굵은 줄기는 낮은 수분 함량(20~30%) 때문에 직접 연소하기에 적합하다. 북유럽에 씨앗을 내리지 못했지만 이것은 공격적인 잡초가 될 것 같지 않다.

초본 작물은 목재 바이오매스에 비해 보통의 농장 기술을 사용해 재배될 수 있는 장점을 가지고 있으며 더 이상 필요 없을 때 새로운 작물을 일구기가 상대적으로 쉬우므로 토지 활용에서 유연성을 가진다. 옥수수와 새로운 각종 사탕수수같이 당분이나 전분 함량을 위해 우선적으로 키운 농작물은 풀과 사료 무와 함께 바이오에너지를 위해 전체가 사용되는 것이 증가하고 있다. 동물 먹이로 사용될 때 이러한 작물은 거의 공기가 통하지 않는 조건에서 신선한 물질을 저장함으로써 종종 **싱**

(a) (b) (c) (d) (e)

그림 4.6 • 셀룰로스 바이오매스를 위한 일부 가능한 식물들. (a) 고사리, (b) 억새, (c) 구내라, (d) 켈프, (e) 물 히야신스.

그림 4.7 • 종전의 농업 기계를 사용해 수확되는 억새.

싱한 목초로 보존된다. 이러한 신선한 목초는 동물 배설물과 함께 혐기성 소화(9절 참조)를 위한 고에너지 원료로 사용될 수 있다.

이러한 일반적 분류에 있는 또 다른 비농업 물질은 비록 건조된 잎이 원예 뿌리덮개와 가축 잠자리 짚으로 사용되지만 영국에서는 잡초로 간주하는 고사리(양치식물)를 포함한다. 1980년대 더 좋은 대형 대황 같은 식물로 심히 공격적인 일본 매듭 잡초와 **구내라**를 포함한 각종 다른 초본 종류들이 가능한 바이오에너지 작물로 조사되었다.

억새, 기타 풀, 갈대 카나리아 풀은 일반적으로 식량 작물용과 동등하게 적합한 농지를 사용해 바이오에너지용으로 재배된다. 반대로 고사리 같은 잡초 종류는 보통 경작하기 어려워 식량을 거의 생산하지 못하는 토지에서 자란다. 잡초 종류가 퍼지는 것은 조절되어야 하나 성공적으로 퍼진다면 바이오에너지를 위해 이들을 사용하는 것은 식량 작물로부터의 토지 다양화를 통해 식량 생산에 영향을 주어서는 안 된다.

열대 지역에서 저수지와 관개수로에 문제를 야기하면서 매우 빨리 자라는 열대성 잡초인 물 수선화는 이중 혜택을 제공하면서 바이오에너지 사용을 위해 수확함으로써 조절하는 것이 가능하다. 얕은 물에서 자라 토지 사용과 경쟁이 되지 않는 켈프 같은 대형 해초는 셀룰로스 자원이 되기에는 너무 먼 경쟁자이다.

전분/당분 작물

그림 4.5에서 보듯 액체 연료로서 에탄올을 생산하도록 발효될 수 있는 것들의 주요

(a) (b) (c)

그림 4.8 • 전분/당분 작물 : (a) 사탕수수, (b) 옥수수 수확, (c) 사탕무.

바이오매스에너지 성분은 당분과 전분이다. 이를 지탱하는 셀룰로스 조직은 주요 셀룰로스 작물과 같은 방법으로 사용될 수 있다. 집필 당시 바이오에너지 목적으로 세계적으로 가장 널리 재배되는 작물은 사탕수수와 옥수수였다. 이 둘은 유리한 에너지 수지를 위해 필요한 높은 수율을 가진 C4 작물이다(최종 에너지 출력 대비 좋은 에너지 입력 비율 – 10절 참조). 사탕수수는 그 이름이 의미하듯 5 cm 직경 줄기에 저장된 설탕 수액(12~16%의 설탕 함량)을 위해 폭넓게 재배되고 있다.

사탕수수는 세계 북위 37도와 남위 31도 사이의 지역에 국한되며 2008년 세계 총 생산량 약 15억 톤 중 브라질이 5억 톤을 생산한다(El Basaam, 2010). 인도 또한 상당량의 사탕수수(연간 약 3억 톤)를 생산한다. 사탕수수는 에탄올 생산을 위해 사용되는 당즙(설탕 결정화 후 남는 액체)과 함께 먹는 설탕을 위해 주로 재배된다. 사탕수수는 억새와 같은 방식으로 번식하나 근경이 아닌 땅 위 줄기 부분을 사용하며 수율이 감소하기 전에 여러 차례 줄기 수확이 이루어지고 작물은 다시 심어야 한다. 반면 이 분류에 속한 거의 모든 다른 작물들은 씨앗을 뿌려 한번 수확하는 1년생 식물이다. 옥수수는 다양한 위도에서 재배될 수 있으며 2007년 7.85억 톤의 세계 생산량 중 미국이 약 3억 톤을 재배하고 있다(El Basaam, 2010). 전분의 감자 덩이줄기같이 밀(2007년 세계 총 생산량은 7.25억 톤), 쌀, 보리, 수수와 같은 곡물은 잠재적으로 전분을 생산할 수 있다. 2006년 감자의 세계 생산량은 3.15억 톤으로 중국이 최대 생산자이다. 또한 당분이 풍부한 작물인 단 수수는 사탕수수보다 물을 덜 요구하며 반-건조 지역에서도 자랄 수 있다. 1년에 2모작이 가능하며 수율을 개선하거나 유럽 기후에 적합한 하이브리드를 개발하기 위한 유전자적 잠재력이 있다. 유럽에서 관심을 갖는 당분이 풍부한 또 다른 작물은 사탕무이며 신선한 뿌리는 15~20% 당분을 함유하고 있다.

사탕수수 버개스(사탕수수의 섬유 잔유물)와 옥수수에서 나온 짚(옥수수의 사료용 줄기와 잎)과 기타 곡물도 셀룰로스 작물과 같은 방식으로 에너지를 위해 사용될 수 있다. 짚과 버개스는 '폐기물' 제품으로 다음 절에서 고려된다.

기름씨 작물

해바라기, 기름씨 유채, 대두는 씨앗 기름을 위해 폭넓게 재배되는 반면, 열대지역에서는 야자가 주요 작물이다. 2005~2006년 세계적인 식물기름의 총 생산량은 1.1억 톤으로 이 중 0.34억 톤은 야자에서 나오고 비슷한 양이 대두에서 나온다(El Basaam, 2010).

이러한 다양한 작물에서 나온 기름은 추가 화학적 처리가 있든 없든 압축에 의해 추출되며 바이오디젤(8절)로 알려진 디젤 대체유로 전환될 수 있다. 위에서 고려한 전분/당분 작물과 같이 지금은 종종 동물 사료로 사용되는 이러한 처리로부터 남는 잔류물이 있으나 바이오에너지 원료가 될 수 있다. 이러한 모든 작물로부터 나온 기름은 음식, 화장품 등에 수없이 사용되고 있다. 인도네시아와 필리핀에서는 열대우림을 야자기름 조림지로 전환하는 것에 대한 불길한 예감이 널리 퍼져 있으며 바이오에너지를 위한 야자유 사용은 이러한 문제를 증가시킬 수 있다.

생생한 노란색의 기름씨 유채(캐나다에서는 변형 유채인 캐놀라로 또한 알려짐)는 최근 수십 년간 많은 국가에서 익숙하다. 두 가지 일반 형태가 있는데 – 겨울을 나도록 가을에 심어지는 겨울 종류와 서리 손상을 피하고자 같은 해 심고 수확되나 총 재배기간이 더 짧고 약간 수율이 더 낮은 봄 종류이다. 2006년 유채씨의 세계 생산량은 4천 7백만 톤으로(El Basaam, 2010) 적은 양의 작물 중의 하나로 유럽에서 잘 개발되어 사용되는 바이오연료이다. 아메리카 대륙에서 유래된 작물 중 하나로 해바라기는 기름과 씨앗을 위해 남유럽에서 폭넓게 재배되고 있다. *Jatropha Curcus*와 *Pongamia pinnata* 같이 일부 먹지 못하는 기름을 만드는 식물은 인도에서 정부 정책으로 최근 사용됐다. 이들은 비교적 더 적은 노력으로 재배될 수 있고 또한 울타리 물질로 사용될 수 있으나 진행 중인 정책의 결과는 집필 당시 나와 있지 않았다.

대두는 중간 위도에서 광범위하게 재배되는데 2006년 세계 총 생산량 2.2억 톤 중 미국, 브라질, 아르헨티나의 총 생산량은 1.8억 톤이다(El Basaam, 2010). 야자유처럼 콩기름은 전체 제품 범위로 널리 사용되고 있으며 인류와 가축 사료를 위한 단백질의 주요 자원이다. 콩과의 작물이라는 면에서 대두는 다른 초본 작물보다 장점을 가지고 있다. 뿌리에 존재하는 박테리아를 통해 공기로부터 질소를 고정할 수 있기 때문에 외부로부터의 질소 비료 공급에 덜 좌우된다. 세계적으로 대두 경작의 정도는 대두가 정확한 시간에 꽃을 피울 수 있는 특별한 낮 길이에 대한 필요성으로 인해 제한 받는다(비록 이것은 잠재적으로 품종개량 프로그램으로 극복될 수 있다). 대두는 직접 유전자 조작(GM)을 겪은 첫 번째 작물 중 하나로 폭넓게 사용되는 제초제에 저항하도록 박테리아 유전자를 가지고 있다. 이것은 경작을 단순화하나 주로 영국과 유럽에서 식료품에 GM 작물을 사용하는 것에 대한 지속적 논란을 제공하고 있다.

논의된 대부분 셀룰로스, 전분 및 기름씨 작물은 현대 농업에서 익숙하므로 새로운 농업 기술을 필요로 하지 않는다. 과거에는 주로 식량 생산과 제조된 비료의 높은 수준에 맞추기 위해 품종개량이 되어 왔다. 비료 생산은 상대적으로 에너지가 많이 드는 공정으로, 적용된 주요 식물 영양소 킬로그램 당 30~40 MJ를 필요로 한다(NNFCC, 2010). 이와 함께 토양 준비, 씨 뿌림, 수확을 위해 발생하는 에너지 비용은 작물의 순 에너지 수율에 영향을 끼친다(10절 참조). 이들을 많이 재배한다는 것은 해충과 질병이 이들과 함께 진화하는 시간을 가져왔다는 것과 식량과 바이오매스 작물 사이를 비교적 쉽게 오갈 수 있다는 것을 또한 의미한다. 따라서 살충제 제조와 사용은 고려되어야 한다. 조류같이 현재 광범위하게 사용되지 않는 더 외래적인 식물을 고려하는 것은 유익할 수 있다.

미세조류와 기타 미생물

해초는 거대 조류의 한 형태이나 물속에는 광합성을 하는 단일-세포 미세조류와 시아노박테리아도 있다. 이들은 잠재적으로 다음과 같이 매우 매력적인 자원을 만들 수 있다.

- 이들은 물에서 자라며 폭넓은 범위의 염도와 온도를 견뎌낸다
- 다른 생산물에 사용될 수 있는 토지를 차지하지 않는다.
- 적절한 조건에서 조류 세포는 높은 비율의 기름을 함유할 수 있으며 시아노박테리아는 실제로 주변으로 기름을 분비한다: 기름 추출 후의 미생물 잔여물은 에너지 자원으로 사용될 수 있다.
- 식물 영양소로 오염된 물을 정제하는데 사용될 수 있으며 결과적으로 기름을 포함한 바이오매스는 에너지를 위해 사용될 수 있다는 제안이 있다(Clarens et al., 2010).
- 일부 종류는 발전소로부터 나온 이산화탄소를 포집하는 후보 물질로도 간주한다.

비록 이들의 가능성은 긍정적으로 평가되고 관련 분야의 연구는 수십 년간 수행됐

그림 4.9 • 에너지 자원으로서의 미세조류 사용을 위한 가능한 바이오 반응기 설계.

으나 집필 당시 상업적인 기름 생산 설비는 없다(조류 생산을 위한 바이오 반응기에 대한 수많은 설계 제안과 일부 파일럿 공장에도 불구하고). 영양 보충제로서 **스피루리나** 미세조류를 생산하기 위한 조류 '농장'이 있는데 가장 큰 것이 캘리포니아에 있으며—여기서 얻어진 경험은 대규모 야외 시스템을 개발하는데 사용될 수 있다. 그러나 영양소 부족이나 성장에 대한 유사한 제약 같은 스트레스 상태에서 미세조류의 세포들이 대량의 기름을 생산하기 때문에 미세조류는 근본적인 문제를 안고 있다(Griffiths and Harrison, 2009). 그러므로 주어진 면적에서 나오는 기름 수율을 제한하는 총 조류 성장과 기름 함량 사이에는 경제적 비교가 있을 수 있다. 시아노박테리아의 사용은 심지어 더 모험적이며 집필 당시 집중적인 투자와 연구가 진행중이다.

4.6 2차적인 바이오에너지 자원: 폐기물, 잔여물, 공동생성물

'비에너지' 용도의 바이오매스 이용으로 인한 짚이나 쌀겨 같은 물질은 종종 '폐기물'로 버려지나(이 시점에서 환경 규제에 종속된다) 이 폐기물 또한 에너지를 위한 바이오매스의 잠재적 자원이다. 이들은 공동생성물이며 가끔 주요 생성물 공급망의 일부로 수집되고 수송되기 때문에, 에너지용으로 키운 식물이나 숲보다 훨씬 더 싼 경향이 있다. 또 다른 잠재적 바이오매스 자원은 도시 및 산업 폐기물 혼합물로서 이들은 탄소를 함유하므로 태워지면 에너지를 방출한다. 이런 산업 폐기물이 **신재생** 자원으로 간주되어야 하는지는 논쟁거리이다. 최근 몇 년 동안 화석연료로부터 합성되는 고분자 물질(플라스틱)을 제외하고 진짜 신재생으로서 오직 생물학적 근원의 폐기물만을 간주하는 것이 관습이 되었다.

이번 절에서는 먼저 임업, 농업, 목축업에서 바이오매스를 사용하다 발생하는 공동생성물과 잔여물을 살펴본다. 그리고 다음으로 가정용 폐기물(좀 더 일반적인 도시 폐기물)을 살펴보고 마지막으로 산업 공정에 연관된 특정 폐기물을 살펴볼 것이다.

목재 잔여물

가지치기와 벌채 작업은 약 15%의 **임업 잔여물**을 발생시킨다. 현재 이것은 종종 썩도록 그 위치에 버려지며, 일부는 수확 기계에 의한 토양 피해를 막기 위해 바닥재 형태로 사용될 수 있다. 잔여물은 썩을 때 영양분 유지하고 이산화탄소를 느리게 방출한다는 환경적 장점을 가지고 있다. 하지만 더 폭넓은 활용을 위해 수송할 때 그것들의 큰 부피와 불편한 형태는 비경제적이다. 그러나 많은 국가에서 점점 통합된 수확 기술의 개발과 함께 열이나 전력 생산의 목적으로 잔여물 일부를 사용하고 있다. 스웨덴에서는 임업 잔여물로부터 연료칩을 만들어 약 30년 동안 사용하고 있으며 활용 비율도 매년 10%씩 증가하여 연간 2천만 m^3까지 증가할 것으로 추정되고 있다. 대부분의 잔여물(71% 이상)은 목재의 최종 벌채에서 온다(Kuiper and Oldenburger, 2006).

영국에서 장작으로 사용되는 잔여물의 양은 확실하진 않으나 연간 약 100만 건조 톤 정도 될 것으로 생각된다(ETSU, 1999). 비교하자면 영국의 연료용 통나무(나무 그루터기와 가지)의 총 판매량은 2005년 4십만 톤에서부터 2009년 100만 톤 이상으로 증가했다(Forestry Commission, 2010).

온대성 작물 공동생성물

세계적으로 두 가지 주된 온대성 곡물인 밀과 옥수수 잔여물의 양은 연간 10억 톤 이상으로 에너지 함량은 15~20 EJ로 추산된다. 잔여물은 깔짚, 동물 사료 등으로 이용되고 있으므로 잔여물이라기보다는 공동생성물이라 불릴 수 있으나 주요 곡물 경작지에서는 상당량이 토양으로 되돌려지도록 사용되지 않고 남아있다. 1970년대에 영국에서는 매년 생산되는 짚 대부분을 밭에서 태웠으나 대기 오염 문제로 1992년 말부터는 밭에서 태우는 것이 금지되었다. 유럽 전역에서 유사한 법률이 제정되었다. 1990년대에 중국에선 이전에 난방과 취사에 사용되던 이 잔여물들이 '현대' 연료들로 대체되면서 밭에서 태워지던 잉여분이 남아 유사한 오염문제를 경험하였다. 이 경우 해법으로 바이오매스를 연료로 하는 마을 규모의 가스화 장치(8절 참조)를 도입해 가정에 가스를 분배했다. 개별 짚-연료 화로에서의 직접 연소보다 오염배출은 감소하고 전환 효율은 높아졌다.

바이오에너지를 자원으로 사용하기 위해 짚은 곤포로 포장되어 밭에서 제거되며 건조한 곳에서 저장되고 사용처로 이동되어야 한다. 짚은 15 GJ/t까지의 에너지 밀도를 가지지만, 상대적으로 질량 밀도가 낮다. 곤포에서 1톤은 약 6 m^3의 부피를 차지하며 이는 수송과 저장을 비경제적으로 만든다.

여러 유럽 국가에서 이미 짚을 태우는 다양한 경험이 있는데, 덴마크(Box 4.6)는 지역난방을 위해 열병합발전 설비에서 연간 1.2 Mt을 사용하는 프로그램을 시행 중이다. 짚은 2020까지 영국의 에너지 수요의 3.2%까지 제공할 것으로 추정된다(DTI, 2004). 2000년에 영국에서 가동된 짚을 연료로 하는 첫 번째 발전소는 세계에서 가장 큰 단일 공장으로 매년 0.2 Mt을 사용한다. 다른 고체 연료와 함께 짚을 태우는 미국의 타코마의 35 MW 발전소가 있으며, 여기에서는 총에너지의 40%를 바이오매스에서 얻는다.

열대성 작물 잔여물

세계의 두 가지 주된 열대성 곡물인 사탕수수와 쌀의 연간 잔여물의 총 에너지 함량은 대략 18 EJ로 추정되며(온대성 작물의 총량과 유사함) 상당한 양이 이미 연료로 이용되는 중이다.

펄프와 제지공장에서 목재 잔여물이 사용되는 것과 똑같이 사탕수수의 섬유질 잔

Box 4.6 아베도르-2, 짚을 태우는 열병합 발전소

1996년 덴마크 정부는 발전소에서의 석탄 연소를 금지했다. 덴마크에 있는 570 MW의 아베도르-2 발전소(그림 4.11)는 바이오매스를 태우도록 설계되었으며 기존의 250 MW 석탄연소 복합발전소 인근에 있다. 프로젝트 승인조건으로 SK Power는 순 배출량을 줄이기 위해 세 개의 석탄연소 발전소를 해체해야 했다. 아베도르-2 발전소는 가스터빈, 화석연료 보일러, 바이오매스 보일러의 조합을 사용하고 있다. 이 발전소는 18만 가구에 지역난방을 공급할 수 있고 80만 가구의 전력 소비를 제공할 수 있다.

공장이 처음 지어질 때 천연가스가 총 연료 소비량의 85%를 기여하도록 기대되었다. 그러나 천연가스 가격이 솟구치자 2001년 초 바이오연료가 주요 연료 자원으로 결정되었다. 이 시스템은 30만 톤의 짚펠릿을 필요로 하는데 적어도 이의 절반은 지역의 자원에서 온다. 발전소로 수송된 후 펠릿은 작은 입자 크기로 다시 갈아진다(펠릿 원료의 물류와 수송비의 개선은 이 공정의 에너지와 경제적 비용을 보상하고도 남는다).

바이오에너지 발전소는 짚 저장 장치, 보일러, 재분리기, 재와 비산재 처리장치로 구성된다. 배기가스 필터는 입자의 대기방출을 제한한다. 하부 재는 비료로 재활용된다.

여물인 **버개스**는 설탕 공장에서 전력의 생산을 위한 스팀을 만들기 위해 연료로 사용된다. 6~7개월 동안의 사탕수수 분쇄 과정에서 종종 여분이 남게 되며 이때 버개스를 수송하는 것은 비경제적일 수 있으나, 잉여 전기를 판매할 수 있는 것은 사업 다각화의 기회가 된다. 과거에는 반년 동안만 가능하였던 전력 판매의 문제로 투자가 제한되었으나, 많은 국가의 에너지 시장 자유화로 전망이 밝아지고 있어 이제는 많은 설탕 제조공장에 효율적인 보일러가 설치되어 있다. 분쇄하지 않을 때는 목재 잔여물을 사용하여 연중 발전을 계속할 수 있다는 잠재성 또한 관심을 끌고 있으며 버개스의 펠릿화는 더 쉬운 수송과 활용을 가능하게 한다. 그러나 이들의 수분 함량은 여전히 활용에 있어 문제가 되고 있다.

그림 4.10 • 아베도르-2 짚 연소 발전소.

개선된 전기 전환효율과 함께 폐기물의 회수율 향상으로 전 세계 제당 산업은 50 GW 정도의 발전 능력을 가질 수 있다. 브라질에서 지금의 2~3%와 비교해 볼 때 발전의 15%는 2015년까지 버개스로부터 유래될 수 있다고 예측된다. 인도에서는 보일러를 고급화함으로써 제당공장에서 여분의 전력을 생산하는 버개스 열병합 발전 프로그램이 성공적으로 운영되고 있다. 인도에서 버개스 열병합발전의 추정된 잠재력은 약 5,000 MW로 이 중 약 1,500 MW는 이미 설치되었다(Purohit and Michaelowa, 2007)

쌀겨는 세계에서 가장 일반적인 농업 잔여물 중의 하나로 제분되지 않은 쌀에서 건조 중량의 약 1/5을 차지한다. 1999년 약 4천만 톤의 쌀겨가 중국에서 생산되었는데(Jin et al, 2002) 전 세계적으로는 약 1.4억 톤이 만들어진다. 쌀겨는 다른 바이오매스연료와 비교해 연소에 문제를 일으키는 높은 실리카(석회) 함유량을 가지지만 그 균일한 재질 덕분에 가스화 같은 기술에 적합하다. 쌀겨 발전소는 중국, 인도, 태국, 기타 쌀 재배 국가에서 조업되고 있다.

기타 중요한 농업잔여물은 갈린 견과류 껍질, 겨자 줄기, 황마 줄기 등으로 인도와 같은 개발도상국에서 요리에 비효율적으로 사용되고 있으며 가스화 같은 기술에 의해 더 잘 활용될 수 있다(Kishore et al, 2004).

동물 폐기물

동물의 배설물은 온실가스의 주된 근원이 될 수 있다. 들에 쌓이고 있는 초식동물에서 나온 배설물은 배설물에 기생하는 다양한 유기체의 호흡을 통해 산소를 취하고 주로 이산화탄소 방출하면서 **호기성으로** 분해된다. 이는 실제적으로 탄소 중립이며 식물 영양소(특히 질소)를 토양으로 되돌려 준다. 그러나 대량으로 저장된 젖은 슬러리(가축으로부터 발생)는 **혐기성으로**(공기 부재로 인해) 분해되면서 이산화탄소보다는 오히려 메탄을 방출한다. 미국 메탄 배출의 8%가 배설물 처리과정에서 발생하는 것으로 추정되었다(EPA, 2010). 엄격하게 관리되지 않을 때 농장 슬러리는 심각하게 지역 수로를 오염시킬 수 있으며, 혐기성 분해는 또다른 온실가스인 산화질소를 방출한다. 집중적인 동물 사육, 악취 및 수질 오염에 대한 엄격한 환경 관리, 재생에너지 장려책으로 인해 농민들에게 혐기성소화에 투자하도록 유도하고 있으며, 여기서 발생한 바이오가스를 포집해 농장에서 사용하거나 에너지로 사용되기 위해 판매할 수 있다.

닭의 변과 짚, 나무 대팻밥 등의 물질의 혼합물인 **가금 쓰레기**는 다른 배설물과 비교해 볼 때 수분 함량이 낮으며 9~15 GJ/t 범위의 에너지 함량을 가지면서 발전을 위한 직접 연소가 가능하다(Box 4.7).

지난 세기에 첫 번째 큰 '하수 처리장'이 세워진 이래로 영국에서 행해졌듯이 하수 원수를 초기에 침적시킬 때 얻어지는 반고체 잔여물인 **하수 오니**는 혐기적으로 처리될 수 있다. 여기에서 발생하는 메탄올을 함유한 바이오가스의 많은 양은 단순히 타올랐지만(태워지다), 양이 증가하고 있는 지금 현장에서 열과 전기를 생산하기

Box 4.7 가금 쓰레기로부터의 전력

가금 배설물만으로 운영되는 세계에서 가장 큰 바이오매스 발전소는 2008년 네덜란드 Moerdijk에서 문을 열었다. 1.5억 유로의 발전소는 매년 대략 44만 톤의 닭 배설물을 에너지로 전환한다. 36.5 MW의 설비능력으로 운전되면서 매년 270 TWh 이상의 전기를 만들어낼 수 있다. 발전소는 네덜란드의 닭 폐기물의 1/3이 에너지로 전환되도록 의도되었으며 국가의 닭 배설물과 관련된 환경 문제를 줄이고 있다.

12.7 MW 출력 규모의 최초의 영국 발전소는 주변 가금류 농장으로부터 매년 14만 톤의 쓰레기를 사용하면서 Suffolk의 Eye에서 1992년 조업이 시작되었다. 두 번째 13.5 MW 공장은 이듬해에 가동되었고 1998년에 38.5 MW 공장이 뒤를 따랐는데 이것은 1998년 영국에서 가장 컸으며 매 년 42만 톤의 쓰레기를 소비한다. 연소 후 남는 잔여물은 비료로 판매되며 한 공장은 동물 사체 처분 시 나온 물질을 태우도록 전환되었다. 이 세 가지 프로젝트는 NFFO(비화석연료 의무화, 1990년부터 1998년까지 운전된 저탄소 전기 생산을 위한 정부의 유인책 기구)에 의해 지원되었다.

위해 사용된다. 오니 잔여물은 기계적 압축으로 물을 제거하고 소각하면 더 많은 열과 전기를 만들어낸다. 2005~6년 영국에서의 수처리 업체는 약 500 GWh의 전기를 만들어냈는데(POST, 2007), 이는 수처리 업체에서의 총 에너지 사용량의 약 6%에 불과하다.

도시 고형 폐기물

세계의 산업화된 국가들에서는 가구당 고체 폐기물을 매년 1톤 이상 발생시킨다. 각 가정에서 구입한 음식물의 25%가 버려지면서 매년 2천만 톤의 음식물 쓰레기가 영국에서 발생하고 있다(WRAP, 2009). 미국 가정은 매년 약 4천만 톤을 버리고 있다(Kantor et al., 1997). 대부분의 가정 쓰레기는 톤당 약 9 GJ 에너지 함량을 갖는 도시 고형 폐기물(MSW)로 수집된다(그림 4.11). 그러므로 1톤의 쓰레기를 버리는 영국의 평균 가정은 원칙적으로 약 90 GJ의 연간 총 에너지 소비량 중 1/10을 그 자신의 폐기물로부터 공급할 수 있다.

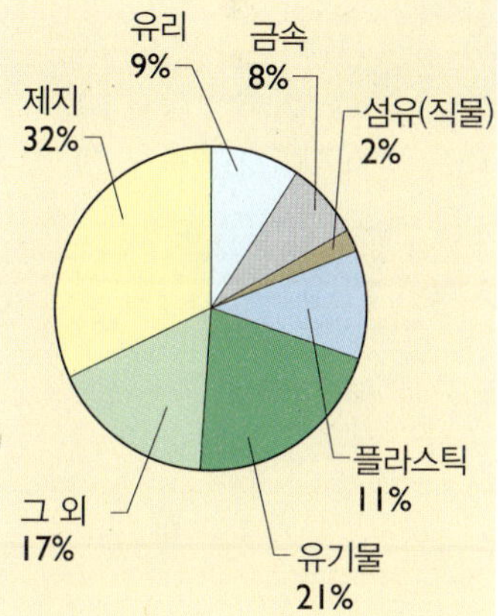

그림 4.11 • 영국의 도시 고형 쓰레기의 평균 조성. 총량의 약 55%는 유기물이다.

유럽 및 다른 대륙의 많은 국가에서 열을 회수하는 쓰레기 연소를 통한 폐기물로부터의 에너지(EfW) 생산은 폐기물 처리의 중요한 수단이다. 열은 지역난방 혹은 전력을 생산하는데(종종 열병합발전 설비에서) 직접적으로 이용될 수 있다. 성공적인 재활용-비료화 프로그램을 가진 국가들은 EfW도 동시에 활용하였고, 이는 대부분의 서부 유럽 국가들에서 도시 고형 쓰레기 처리의 30~60%에 해당한다. 2009년 280만 톤의 도시 쓰레기를 소각함으로써 약 390 MW 전기가 영국에서 얻어졌다(DECC, 2010a). 영국의 일부 MSW 연소 발전소는 발생하는 열을 활용하기도 한다(그림 4.12). 세계 설비 용량은 3 GW 이상이며 유럽에 약 절반 정도가 있다.

폐쇄된 채석장 같은 지역을 이용한 쓰레기 매립은(현재 도시 고형 쓰레기의 75%가 매립되는 영국과 미국을 포함해) 많은 나라에서 주로 사용하는 처리 방법이다. 대부분의 다른 국가에서는 작은 비율로 매립하며(어떤 경우 전혀 없음), 유럽대륙에서는 60% 정도의 MSW를 소각하고 있다(그림 4.13). 영국에서는 법률 제정과 세

그림 4.12 • 1994년 가동을 시작한 SELCHP(남동 런던 열병합 발전소)는 연간 42만 톤의 도시 고형 쓰레기를 소각하도록 설계되어 31 MW 터보 발전기에 사용할 수증기와 지역난방 계획에 쓸 열을 생산한다(비록 최근 후자는 실현되지 못하고 있지만).

금으로 인해 매립되는 MSW양이 점점 줄어들면서 당국은 물질 회수 및 에너지 회수를 포함한 폐기물 처리의 방법을 다양화하고 있다. MSW가 신재생 에너지 자원으로 간주하는 정도는 비유기 및 화석연료 유래 성분의 양에 따라 달라지므로 논쟁거리가 된다.

인도와 같은 일부 개발도상국에서의 MSW의 조성과 특성은 매우 다를 수 있다. 종이나 플라스틱 같은 쓰레기는 거의 전부 비공식적이고 조직화되지 않은 넝마주이들에 의해 제거되어 재순환되면서 소각에 적절하지 않은 젖은 쓰레기와 건축 잔해를 남긴다.

상업 및 산업 폐기물

유기물에서 유래하는 상업 및 산업 폐기물은 연료로 사용될 수 있다. 영국에서는 연간 약 36 Mt의 폐기물이 발생하며 약 2/3는 태울 수 있는 것이다(예를 들어 가구산업에서 연간 20만 톤의 잘라낸 부스러기와 톱밥을 태우는 것으로 추정되고 있으나(BFM, 2005) DEFRA(2008)는 7만 톤으로 훨씬 더 낮게 평가하고 있다).

상업적 식품 처리 설비에서 나오는 폐기물은 배출 전에 수질 오염을 방지하도록 처리되어야 한다. 많은 음식물 쓰레기는 전통적으로 특히 돼지 같은 동물 사료로 사용되었으나 질병 전염 문제로 유럽과 기타 지역에서는 이러한 용도의 사용이 제한

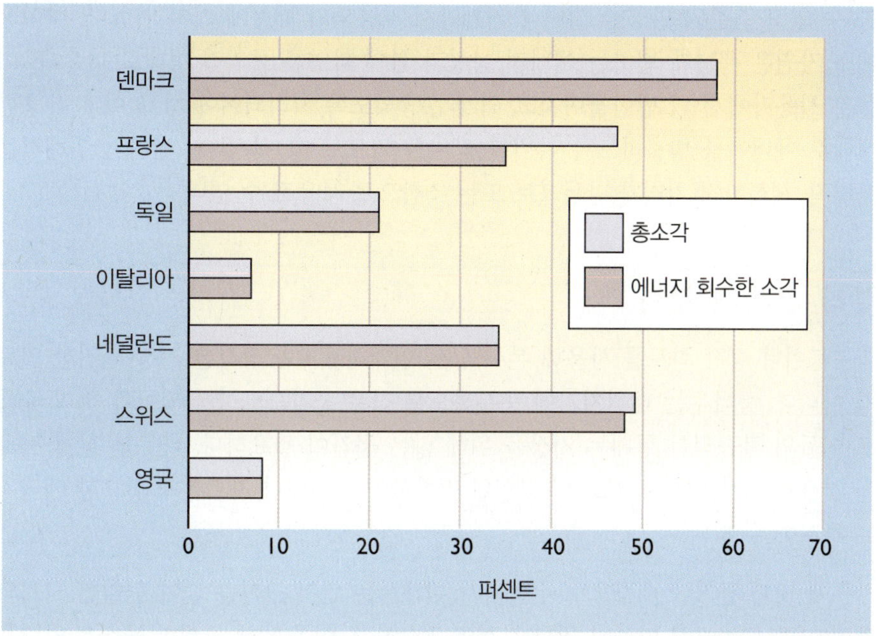

그림 4.13 • 에너지 회수 여부에 따른 선택된 유럽 국가에서의 MSW 소각 분담량. 나머지 폐기물의 대부분은 매립된다.

됐다. 그러나 일반적인 음식물 쓰레기 본성은 혐기성 소화(분해)의 유용한 기질로의 사용을 가능하게 한다.

육류 가공 중에 제거된 원하지 않는 지방 조직이나 폐식용유 형태의 지방은 높은 에너지 밀도를 가지며 잠재적으로 직접 연소나 바이오디젤로의 전환에 적합하다.

반드시 모두 태워야 하는 병원 폐기물은 에너지 회수를 할 수 있도록 위생 당국에서 그 폐기물 취급 장비의 질을 향상시켰다. 대략 20만 톤의 의료 폐기물이 영국에서 발생하며 이 중 26,450톤은 톤당 약 15 GJ 에너지 함량을 가지고 있어 고온 처리를 필요로 한다(DEFRA, 2007).

영국에서 매년 처리되는 5천만개의 타이어 대부분은 재활용에 부적합하나 톤 당 에너지 함량은 32 GJ으로 주요 연료 자원의 구성요소가 된다. EU 법률에 따르면 2003년부터 폐기물 매립지에 타이어를 통째로 폐기하는 것이 금지되었고 잘린 타이어는 2006년부터 금지되었다. 2008년 7만 5천 톤 이상의 폐기 타이어를 사용하는 Lafarge Cement에서는 타이어를 석탄이나 코크스를 부분적으로 대체하는 데 사용하고 있다(Sapphire Energy Recovery, 2009).

4.7 바이오매스의 물리적 처리

우리는 이제 바이오매스 자원으로부터 그림 4.4에서 보여주듯이 바이오매스가 처리되고 사용되거나 사용될 방법들에 대한 단계로 넘어가고자 한다. 석유나 천연가스 같은 고급 연료는 에너지 밀도가 높고 저장하기 쉬워 언제 어디서나 필요할 때 쓸 수 있고 기존의 다양한 설비나 기계에서 사용되기 때문에 가치가 있다. 바이오매스 자원은 폭넓게 변하는 에너지 함량과 함께 다양한 물리적 형태로 나온다. 이들은 사용자에게 더 받아들여지고 쉽게 수송되도록 처리되어야 하고 이후 유용한 형태로 에너지를 방출하도록 특별한 장치를 필요로 할 것 같다. 이러기 위해서는 물리적, 생화학적 처리가 단독으로 또는 조합으로 사용될 수 있다.

분리, 분쇄, 펠렛화

화톳불이나 장작 화로를 사용해 본 사람은 인지하겠지만 장작은 가장 편리한 연료가 아니다. 통나무는 태워지기에 충분하도록 작은 조각으로 전환되어야 하며 때때로 이들의 불규칙한 형태는 저장을 위해 많은 공간이 필요하다. 나무를 잘게 자르는 것은 처리하기에 더 쉽고 더 균일한 장작을 만들어내나 자르는데 필요한 에너지는 무시할 수 없다.

자루에 넣어 팔거나 대량으로 수송되기 위해서는 먼저 크기를 줄여 균일한 크기의 펠렛(그림 4.14)으로 만들기 위한 과정이 필요하고, 이를 위해 미세한 물질은 압력을 받아 작은(직경이 약 6~10 mm) 다이를 통과하게 된다. 유사한 기계가 버개스 원료를 펠렛화 하기 위해 사용될 수 있으며 가정 화로에서 산업 공장까지 적용되기 위해 전세계적으로 연간 7백만 톤의 펠렛이 거래되고 있다. 캐나다가 최근까지 이 시장을 주도하면서 연간 약 150만 톤을 수출하고 있으나 유럽연합의 거래도 2003년 130만 톤부터 꾸준히 늘어나고 있다. 2010년 영국에서의 생산량은 주로 스코틀랜드에서 연간 2백만 톤을 넘는 것으로 추정된다(European Pellets Centre, 2008).

아베도르 공장에서와같이 1 t/m^3(장작보다 밀도가 더 높음)를 초과하는 고밀도 펠렛화 된 짚을 생산하기 위한 시스템이 개발되었다. 이를 통해 보일러에 자동으로 주입되고 수송 및 저장 비용이 줄어들게 되었다. 가정 난방을 위해 짚 조개탄이 일부 상업적으로 성공적인 생산과 판매가 되었다.

분쇄와 펠렛화는 버개스는 톤당 0.1에서 0.4 GJ(Jannasch et al., 2002), 나무는 톤당 0.7 GJ(Risovic et al., 2008)의 에너지 입력이 필요하다. 원료를 건조할 필요성

(a) (b)

그림 4.14 • (a) 나무 펠렛 공장, (b) 생산된 펠렛 견본.

이 있는 경우 전체 에너지 비용은 톤 당 4 GJ까지 높아진다(Mani, 2006). 그러나 이 에너지 비용은 연소효율이 자연건조된 장작의 77%와 비교해 볼 때 83%까지 올라가므로 부분적으로 상쇄될 수 있다(USDA, 2007).

가정용 및 산업용 쓰레기도 또한 펠렛화할 수 있다. 그 내용물은 다양하며 수분 함량은 높은 경향(20% 이상)이 있으며 에너지 밀도는 석탄의 약 1/30이다. 따라서 가정용 쓰레기는 수송에 큰 비용이 들며 이런 형태의 연료에 특화되어 설계된 연소 공장이 필요하다.

폐기물 가공 연료(RDF)는 도시 및 산업 쓰레기로부터 얻어진 제품들을 일컫는 용어이다. 기계적 생물학적 전처리(MBT) 공장은 금속과 불에 타지않는 성분을 쓰레기로부터 분리하고 유기 성분들은 생물학적 처리를 이용해 더 구분된다. 이를 통해 종이, 플라스틱, 섬유의 마른 잔여물로 주로 구성된 더 많은 에너지 함량과 낮은 밀도의 잔여물이 만들어진다. 예를 들어 음료수 용기나 PVC로 오염된 PE/PET병 같이 재활용될 수 없는 자원으로부터 분리된 마른 가연성 물질인 패키지화 된 연료(PDF)나 공정 처리된 연료(PEF)는 보통 RDF보다 질이 높다. 치밀화된 폐기물 가공 연료(d-RDF)라고 알려진 가장 완전히 가공된 제품은 연소성 부분을 분리해 가루로 분쇄하여 초기 물질 에너지 밀도의 20배를 갖는 고체 연료 펠렛으로 압축 · 건조되어 만들어진다. 2000년에 유럽에는 약 50개의 공장이 있으며 연간 3 Mt의 연료를 만들어내고 있다(WRc, 2003).

기름 추출

유채씨, 대두, 기름야자 같은 작물의 기름은 씨앗 안에 함유되어 있는데 씨앗에는 식물 배아도 포함되어 있고 보호를 위해 구조적인 껍질이나 표피를 가지고 있다. 기름은 짜거나 기름을 남은 물질로부터 분리하기가 더 쉽도록 하거나 점도가 더 적게 되도록 용해하는 **용매**를 사용해 이러한 주변 섬유질로부터 분리되어야 한다. 상용화된 기름씨 추출은 다음과 같은 많은 단계로 되어 있다 :

- 씨앗 세척 – 외부 물질을 제거함
- 가열 – 기름 추출의 용이성을 증가시키기 위해 씨앗을 예열함
- 탈피 – 씨앗 껍질을 제거함
- 박편화 – 표면적을 늘리기 위해
- 조절 – 박편화된 씨앗을 재가열함
- 기계적 추출 – 짜고 압출이나 팽창에 의해
- 용매 추출 – 기름을 최대한 추출하기 위해

기계적 추출을 위해 사용되는 전형적인 압출기는 나사의 힘으로 체위의 재료를 압착하여 기름을 짜고 찌꺼기는 체에 모아 분리배출한다(그림 4.15).

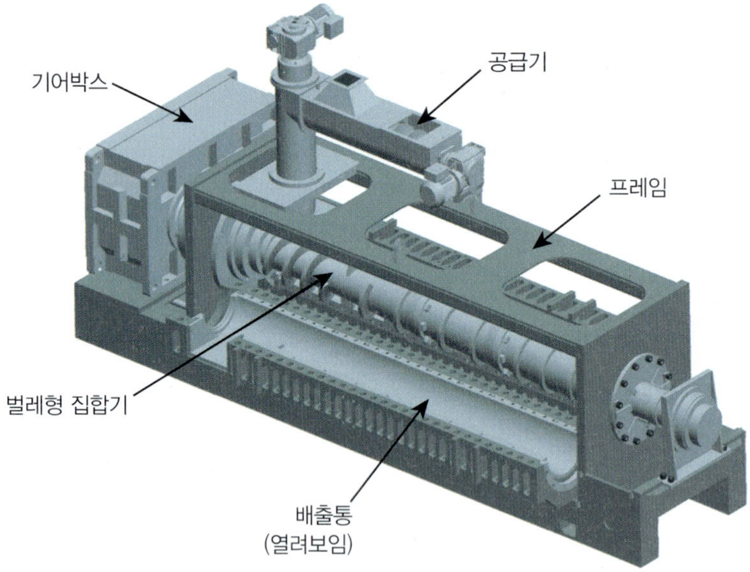

그림 4.15 • 씨앗에서 기름을 추출하기 위한 나사 압출기 모양.

수송과 저장

바이오매스에너지 물질의 수송과 저장은 더 큰 발전을 위한 가장 큰 도전과제이다.

정의에 의해 초기의 바이오물질은 성장하기 위해 빛을 취하는 면적(토지나 물)이 필요하며 이후 넓은 면적으로부터 사용처로의 추수, 수집, 수송하고 저장하기 위해 추가 처리도 필요하다. 많은 바이오매스 물질은 비교적 낮은 질량 밀도를 가지므로 다른 에너지가 풍부한 물질보다 더 적은 양을 저장하기 때문에 바이오매스를 사용하는 경우 에너지 비용이 늘어난다. 더우기 현재의 수송방법은 화석연료에 지배를 받기 때문에 바이오매스에너지 시스템의 지속성에 영향을 주고 있다.

앞서 언급하였듯이 바이오매스는 종종 수분 함량이 높고 정확히 자연에 의존하므로 천연적인 부패에 다소 영향을 받을 수 있다. 곡물, 짚, 나무 같은 일부 물질은 자연 건조로 안정화될 수 있으나 더 많이 젖은 물질은 강제 공기 건조나 습기를 제거하기 위한 열 사용을 해야 하는데 이는 다시 에너지가 필요하다. 생풀과 같은 셀룰로스 물질에 대한 대안은 신선 보존법같이 밀봉된 용기 안에 저장하는 것이다. 용기를 밀봉하는 것은 공기를 배제하고 짧은 시간 후에 정상적인 부패를 정지시킨다. 이러한 접근은 강제 건조보다 더 적은 추가 에너지 투입이 필요하다.

4.8 열화학 처리

열화학 처리는 바이오매스를 에너지적으로 더 유용한 형태로 전환하기 위해 열이나 화학반응물질의 사용을 수반한다. 이런 공정에서 나온 생성물은 열이거나 중간 제품의 기체나 액체 연료이다.

고체 바이오매스의 연소

대부분의 바이오매스는 초기에는 고체이고 이 형태에서 그 자리 혹은 멀지 않은 곳에서 열을 생산하기 위해 태워질 수 있다. 이는 분류, 분쇄, 압축 혹은 공기 건조를 포함하는 상대적으로 단순한 물리적 공정들을 초반에 필요로 한다.

직접 연소는 유용한 에너지를 방출하는 단순한 공정이다. 불행히도 매우 비효율적이며(Box 4.8에 예를 들었음) 각종 오염물질을 배출한다.

값비싼 연료를 효과적으로 사용하기 위해 난로나 보일러를 설계하는 데에는 연소를 포함한 일련의 공정에 대한 이해가 필요하다. 에너지를 생산하기보다는 오히려 소비하는 첫 번째 공정은 연료에서 수분을 증발시키는 것이다. 이후 물질의 온도를 발화점까지 높이기 위해 더 많은 에너지가 공급되어야 한다. 일단 연소하기 시작하면 모든 고체 연료는 두 가지 연소성 성분을 가지고 있기 때문에 두 단계로 일어난다. **휘발성 물질**은 연료 온도가 높아지면 증기나 기체 혼합물로 방출된다. 이것의 연소는 나무나 석탄이 타는 동안에 관찰되는 작은 화염의 분출을 일으킨다. 고체는

Box 4.8 장작불로 1 *l*의 물 끓이기

1 *l*의 물을 끓이기 위해서 얼마만큼의 나무가 필요할까?

이 질문에 대답하기 위한 첫 단계는 다음 식을 응용하는 것이다.

필요 열에너지 = 질량 × 온도 증가 × 물의 비열 용량

주의: 어떤 물질의 비열 용량(때로는 비열이라고 불림)은 이 물질 1 kg을 온도 1켈빈 올리는데 전달되어야 하는 J로 표시된 에너지의 양이다.

자료

물의 비열	= 4,200 J/kgK
물의 1 *l*의 질량	= 1 kg
마른 나무의 열량(표 4.1)	= 15 MJ/kg
마른 나무 밀도	= 600 kg/m^3
1 cm^3	= 10^{-6} m^3

계산

1 *l*의 물을 20°C에서 100°C까지	
가열하는 데 필요한 열 에너지	= 80 × 4200 J
	= 336 kJ
나무 1 cm^{3}를 태울 때	
방출되는 열에너지	= 15 × 600 × 10^{-6} MJ
	= 9.0 kJ
필요한 나무의 부피	= 336 ÷ 9.0
	= 37 cm^3 (말하자면 두 개의 200 mm 막대기)

경험상 얇은 200 mm 장작 두 개보다 아주 많이 필요하다. 하지만 작은 나무 조각을 사용하도록 잘 설계된 폐쇄형 난로에서는 4배 정도 적은 양으로도 물을 끓일 수 있다. – 25%효율

불연성 물질과 더불어 **숯**으로 구성된다. 불연성 물질은 클링커, 슬래그나 재가 되지만 주로 탄소인 숯은 이산화탄소를 발생시키며 탄다.

어떤 스토브, 난로나 보일러도 이들 증기를 굴뚝으로 단순히 날려 없애는 것이 아니라 태우는 것까지 보장되도록 설계되어야 한다. 또한 공기는 연료를 태움으로써 작은 입자들로 얻어질 수 있는 고체 숯까지 잘 도달해야 한다. 미세하게 분할된 연료는 비산재나 배기가스에서 제거되어야만 하는 분진이 될 수 있으므로 문제를 일으킬 수 있다. 따라서 공기 유입은 제어되어야 한다: 너무 적은 산소 공급은 불완전연소를 일으켜 유독한 일산화탄소를 생산하게 되고 너무 많은 공기는 배기가스에 열을 운반함으로써 에너지를 낭비하게 된다. 이것이 공기 중에서 나무를 태울 때 효율이 약 10%에 불과한 이유가 된다.

고체 바이오연료를 태우는 최신 시스템은 난방과 온수를 공급하는 작은 가정용 스토브로부터 MW급의 열을 생산하는 커다란 보일러까지 그 크기가 다양하다. 85% 이상의 연소 효율(열 생성량/바이오연료 열량)은 잘 설계된 최신 시스템에서 이루어질 수 있다.

바이오매스 연소로부터 나오는 오염물질

바이오매스 연소는 다양한 오염물질을 발생시킨다. 지난 몇 십 년 동안 개발도상국에서는 개선된 난로를 설계하고 보급하는 많은 프로그램이 시행되었는데 연료 소비와 주택 안쪽으로 들어오는 매연의 배출 양쪽 모두를 줄이는 공동의 목적이 있었다. 영국에서는 배출이 여전히 주요 관심사이며 특히 도시 고체 폐기물이 탈 때 그렇다.

목재와 같은 바이오매스로부터 공기 중으로 배출되는 것은 석탄보다는 일반적으로 낮으나 고체 바이오매스 연소에서 나오는 배기가스는 미연소 입자를 제거하기 위해 특별한 처리를 필요로 한다. 발전을 위해 보일러에서 석탄과 **함께 연소하는** 바이오매스는 효과적으로 온실가스와 입자 방출을 '희석한다'. 따라서 석탄만 연속적으로 연소하는 경우 필요한 추가적인 오염물질 제거 장치의 설치가 필요 없다(Faaij, 2006). 전형적으로 공동연소 방식의 5~10%가 바이오매스이나 벨기에와 네덜란드에서는 40%까지 사용됐다. 비록 연료 전달 시스템이 장착되거나 개조되어야 하나 기존 석탄 보일러에 적절한 변경으로 공동연소가 가능하므로 비용 면에서 효율적이다.

도시나 산업 쓰레기로부터 유래된 바이오매스의 경우 공장으로부터 배출이 허용되는 여러 오염물에 대해 엄격한 기준이 있다. 우려되는 오염물은 이산화황, 염화 및 불화수소, 카드뮴과 수은 같은 중금속, 다이옥신 같은 복합 유기 화합물이 포함된다. 유럽에서는 이러한 열과 전기 발전소로부터의 배출을 폐기물 소각 기준에 따라 규제하고 있다.

열 분해와 가스화

이와 관련된 공정에는 완전연소 없이 유용한 생성물을 만들어내도록 분해하는 방식으로 바이오매스 물질의 가열을 포함한다. **열 분해**는 연료를 목탄 형태의 더 나은 연료로 가공하기 위한 제일 단순하고 거의 확실한 가장 오래된 방법이다. 훨씬 더 제어된 형태의 열 분해와 가스화와 유사한 기술은 고체, 기체, 액체 바이오연료를 만들어내도록 개발됐다.

목탄과 배소

목탄은 전통적으로 목재를 벌목하는 숲에서 생산되었다. 흙을 덮은 적층된 목재로 되어있는 가마는 일반적으로 300~500°C에서 공기가 거의 없을 때 며칠 동안 연기를 낼 수 있는데 이 과정을 **느린 열 분해**라 한다. 휘발성 물질은 날아가고 목탄은 남겨진다(목탄 성분은 바로 위에서 언급했다). 목탄은 원래 나무의 에너지 밀도의 2배를 가지고 더 높은 온도에서 타는 거의 순수한 탄소이므로 고품질의 연료 이용에 간단하고 효율적인 난로를 설계하기가 훨씬 쉽다. 그러나 1톤의 목탄을 위해서는 4~10톤의 나무가 필요하고 만일 휘발성 물질을 수집하려는 시도가 없다면 초기 에너지 함량의 3/4까지 잃어버릴 수 있다. 또한 이 공정은 기화된 타르와 기름과 불완전 연소 생성물을 대기에 배출하는데 이런 목탄 제조 연료 사이클은 아마도 세계에서 가장 많은 오염물을 만들어내는 공정일 것이다(수많은 프로젝트와 연구가 목탄 제조 연료 사이클의 에너지 효율을 개선하고 오염물 배출을 줄이기 위해 시도되었다).

전통적인 목탄 제조는 매우 비효율적이나 목탄은 적어도 깨끗하고 효율적으로 연소하는 큰 장점을 가지고 있다. 이것은 음식을 대기 중에 노출된 불로 요리하거나 통풍시설이 빈약한 집 내부의 비효율적 스토브에서 요리가 이루어지고 있는 개발도상국에서 특히 중요하다. 케냐의 '지코'같이 지역적으로 생성된 각종 프로젝트는 목탄 스토브 설계를 개선했으며 성공적이라는 평판을 받았다(더 자세한 정보는 UNDP, 2000과 Anderson et al., 1999를 참조하라).

배소는 200~340°C 범위에서 바이오매스에 대한 산업적 규모의 열화학 처리이다. 이러한 열처리 공정에서 바이오매스(특히 헤미셀룰로스)만 부분적으로 분해되면서 가소성 휘발물질을 방출한다. 남게 되는 고체의 배소된 바이오매스(가끔 바이오석탄이라고 불림)는 약 30% 더 높은 에너지 함량을 가지고 있으며 처음 바이오매스와 비교해 밀도는 증가하고 염소 같은 바람직하지 못한 성분의 함량은 감소한다. 배소된 바이오매스는 소수성으로 대기로부터 수분을 흡수하지 않는다. 이것은 석탄과 같이 장기간 대기에 노출되어 저장될 수 있으므로 특히 석탄과 같이 연소하기에 알맞다. 이것은 또한 우드칩이나 펠렛보다 더 쉽고 싸게 운송될 수 있다. Mitchell 등(2007)은 장작 잔여물로부터 얻어진 배소된 펠렛은 난방유의 GJ 당 12유로(GJ 당 £10.7)와 비교해 볼 때 GJ 당 4~6유로가 될 것으로 예측했다(£1 = 1.15유로로 가정). 비록 공정의 경제성은 완전히 검정되어야 하지만, 배소를 위한 시험 공장이나 전시 장치들은 많은 곳에서 만들어지고 있다. 기존의 석탄 발전소에서 함께 연소되어지기 위해 배소된 바이오매스를 대규모로 생산하고 거래하는 것에 대해서는 상당한 전망이 있다.

열 분해

목재를 목탄으로 변환시키는 전통적인 느린 열 분해 공정은 상당량의 에너지를 허비하나 열 분해라는 용어는 이제 보통은 휘발성 성분을 수집하고 액체 연료, 즉 **바이오오일**을 생산하기 위해 그것들을 응축시키는 것을 목적으로 하는 공정들에 적용된다. 앞서 언급하였듯이 휘발성 물질이 숯보다 더 많은 에너지를 운반한다는 바이오매스의 특성상 이 공정은 보다 효율적이어야 한다. 도시 고형 폐기물과 플라스틱 폐기물의 열 분해에 대한 파일럿 연구는 비교적 높은 에너지 효율을 보이고 있다.

열 분해는 조심스레 공기 공급을 제어하면서 바이오매스를 가열한다. 물론 연소해서는 안되고 목적이 액체 생성물이므로 가스화는 최소화되어야 한다. 원료와 조업 조건에 따라 다양한 오일, 산, 물, 고체 숯, 비응축가스가 나오므로 결과적인 반응은 예측하기 복잡하고 어렵다. 바이오오일은 보통 석유 에너지 함량의 약 절반 정도를 가지며 제거되어야 하는 산성 오염물질을 포함한다. 하지만 바이오오일은 열병합 발전의 석유 대체물로 사용될 수 있으며 혹은 다양한 화합물과 연료를 생산하기 위해 정제될 수도 있다.

기본적인 공정의 변형에는 200~300°C에서 유기 용매를 이용하여 고체를 기름 같은 생산물로 용해하는 가용매 분해와 500~1300°C의 온도와 높은 압력(50~150 기압 사이)을 필요로 하는 빠른 열 분해를 포함한다. 휘발성 물질의 포집이 함께 되는 빠른 열 분해는 상업적인 목탄 생산에 사용되나 액체 연료에 대한 이 방법은 파일럿이나 데모 단계에 있다(Sims, 2002).

가스화

이름이 의미하듯이 **가스화**는 고체연료로부터 기체연료가 만들어지는 열화학 공정이다. 가스화는 새로운 공정이 아니며 석탄 가스화의 생성물인 '석탄 가스'나 '타운 가스'는 영국에서 널리 사용됐고 수십 년 동안 다른 곳에서도 '목재 가스'는 난방, 조명, 및 자동차 연료에까지 사용됐다. 목재 가스화기는 제2차 세계대전동안 석탄 부족으로 인해 다시 등장했다 할지라도 1970년까지 둘 모두 천연가스에 의해 대체되었다. 쌀겨 가스화기는 인도네시아, 중국, 말리에서 성공적으로 조업 되고 있으며(Manurung and Beenackers, 1990) 인도에서는 꾸준히 늘어나고 있다.

최신 가스화기에는 다양한 설계가 존재하나 기본적으로 두 가지 기본 공정 있다. 뜨거운 수증기와 산소가 고체 연료와 상호작용하는 한가지 기본적인 공정은 필수적이다. 먼저 바이오매스 연소는 제한된 공기 공급에서 가열된 고체로부터 휘발물질이 연소공기에서 나온 질소와 함께 메탄, 일산화탄소와 수소의 혼합물을 방출한다. 기체에서 타르는 응축을 통해 제거되고, **발생로 가스**만 남긴다. 생산된 기체의 에너지 함량은 천연가스의 약 1/10인 3~5 MJ/m^{3}이 된다. 그러나 이것은 내연기관을 돌리기에 충분하다.

이러한 기본적인 저온 가스화 공정 대부분은 순수한 탄소인 숯 잔여물을 남길 수 있다. 이 숯 잔여물도 매우 높은 온도(약 1,000°C)에서 스팀을 주입하면서 태움으로써 가스화될 수 있다. 이 온도는 스팀을 수소와 산소로 분해하기에 적당히 높은 온도이며(산소는 탄소와 합쳐진다) 일산화탄소, 수소, 질소의 혼합물을 만들어낸다. 이것은 수성가스로 알려졌다. 실제로 가스화기의 설계, 운전 온도, 사용된 연료에 따라 발생로 가스와 **수성가스**가 둘 다 동시에 만들어질 수 있으며 필요한 스팀은 연료 자체에서 온다.

공기가 아닌 산소를 사용함으로써 높은 질의 기체를 만들 수 있으나, 산소는 공기의 저온 액화에 의해 생산되어야 한다. 산소를 사용하는 완벽한 산업용 가스화 공정은 화학적으로 제거될 황화합물, 타르, 암모니아 같은 불순물을 함유한 일산화탄소와 수소를 생산한다. 이는 **합성가스**라고 불린다.

합성가스로부터 메탄올 같은 고급 액체연료를 포함한 대부분의 탄화수소 화합물이 합성될 수 있다. 합성의 첫 번째 단계는 얻고자 하는 제품에서 요구하는 비율대로 수소와 일산화탄소의 비율을 조절하는 것이다. 예를 들어 메탄올은 CH_3OH이므로 각 CO에 대해서 H_2 분자 2개가 필요하다.

1920년대에 이를 개발한 화학자들의 이름으로 불리는 **Fischer-Tropsch** 공정은 두 성분이 고온, 고압에서 적절한 촉매를 통과하면서 초기에 기체로 형성된 생산물은 응축된다(촉매는 그 자신은 변화하지 않고 화학 반응에 영향을 주는 물질이다). 합성가스 조성과 공장 조건에 좌우되는 그 반응의 결과는 액체나 기체상태의 탄화수소들의 혼합물이다.

고체 연료의 에너지로부터 생긴 기체의 에너지까지의 총 변환 효율은 상대적으로 간단한 시스템의 40% 정도만큼 작은 것부터 잘 설계된 설비의 75% 이상까지 넓은 범위로 다양하다. 작은 가스화 설비(300 kW)를 상업적으로 이용할 수 있으며 종종 작은 발전기로 구동되는 가스 기관과 결합해 있다. 지역에서 나온 농작물이나 숲 폐기물을 연료로 해 1990년대 중반 이래로 10~30 MW 범위의 데모 설비가 작동되고 있었다. 그러나 이러한 공장은 타르 생성을 피하고자 낮은 수분 함량을 갖는 표준화된 연료가 필요하므로 인기가 제한되고 있다(Faaij, 2006).

바이오매스 가스화기로부터 얻어진 생성물이 정제되거나 가스 터빈을 돌리는데 사용될 수 있다면 지역발전을 위해 바이오매스를 연료로 하는 통합된 복합 가스 터빈 설비(BIGCC)의 가능성이 제기된다(Box 4.9). 목재, 버개스, 쌀겨를 연료로 한 파일럿 데모 공장은 1990년대 중반부터 미국, 유럽, 중국에서 시험되면서 5~25 MW 범위의 전기를 생산하고 있다(일반적인 스팀과 가스터빈, 가스화 공정에 대하 상세한 내용은 Everett et al., 2012, 일부 바이오매스 가스화 공장에 대한 내용은 Sims, 2002를 참조하라).

수열 처리

표 4.3처럼 복잡한 탄수화물, 셀룰로스, 리그노셀룰로스는 생물학적 공정으로 부수기에는 상대적으로 어려우므로 더 가치 있는 바이오연료를 만들기 위한 진보된 생물학적 처리도 쉽지 않다. 파쇄와 같은 기계적 처리는 온수와 압력을 사용해 리그닌화된 구조를 더 부수는 생화학적 공정들과 수열처리를 위한 유용한 표면적의 증가를 가져온다. **스팀 폭발**은 바이오매스에서 리그닌을 제거하여 셀룰로스와 기타 고분자 탄수화물(헤미셀룰로스 같은)을 다음 단계에서 분쇄할 수 있도록 노출시키기 위한 전처리방법이다. 스팀 폭발은 일반적으로 압력하의 물로 바이오매스를 약 200°C까지 가열한다. 그러고 나서 갑자기 압력을 방출함으로써 바이오매스가 부수어지고 폭발하게 되면서 많은 리그닌을 드러낸다. 스팀 폭발 후의 물질은 여전히 리그닌과 합쳐진 많은 양의 셀룰로스를 가지고 있는데 남아있는 셀룰로스와 리그닌을 분리하기 위해 **산수분해**나 **과산화** 처리 같은 공정으로 더 처리되어야 한다.

명백히 이러한 처리는 에너지가 필요하나 짚과 기타 리그노셀룰로스 물질의 에너지 가치를 높이기 위해 통합된 공정의 한 부분으로 가치가 있을 것이다. 수열처리 때문에 별로 영향을 받지 않는 리그닌은 건조된 후 공정의 일부인 고체 연료로 사용될 수 있다(Inbicon, 2010).

에스테르 교환 반응

압축 점화 엔진을 개발한 공로로 본인의 이름을 사용한 루돌프 디젤 박사는 다양한 식물유 이용을 시연했다. 계속해서 많은 시도를 했으나 다른 경우에서 살펴봤듯이 저렴한 원유가 시장을 지배했다.

어떤 식물유는 위에서 언급한 대로 식물로부터 추출된 후 최신의 디젤 엔진에서 순수하거나 혼합된 디젤연료와 함께 직접 태워질 수 있으나 대부분의 적용에서 엔진이나 연료 시스템에 소규모의 변경을 요구한다. 식물유를 바이오디젤로 고급화하는 것은 엔진 변경 없이 석유 디젤을 대체하거나 혼합할 수 있게 해준다.

Box 4.9 발전소 터빈 시스템

세계 발전소의 대부분은 발전기를 구동하는 **증기 터빈**에 사용되는 고온 고압의 수증기를 생산하기 위해 연료를 태워 열을 사용한다(그림 4.16). 수증기 온도는 기술적인 이유로 약 600°C까지로 제한되므로 최대 카르노 효율은 약 65%, 실제 효율은 대략 45%이다(2장의 Box 2.4 참조).

1,000°C나 그 이상의 온도에서 뜨거운 기체의 연소 생성물에 의해 직접 구동되는 **가스 터빈**은 더 높은 효율을 가져야 하나 최고의 향상이 **복합 사이클 가스 터빈**(CCGT) 시스템에서 성취된다. 이것은 가스 터빈에서 나오는 기체가 증기 터빈의 증기를 늘리는 데에 매우 뜨겁다는 사실을 활용한다. 터빈 날개를 더럽히거나 부식되지 않게 하려면 기체는 매우 청정해야 한다. 이는 현재의 거의 모든 가스 터빈 혹은 복합 사이클 가스 터빈 설비에서 천연가스나 휘발된 경유를 태우는 이유이다.

송 분야에서 바이오연료의 몫에 대해 5.75%의 목표를 제안했으나 이를 성취한 회원국은 손꼽을 정도이다. 책이 쓰여질 당시, 유럽연합 신재생 에너지 강령은 모든 27개 회원국이 2020년까지 수송에서 10%의 신재생 에너지 기여도를 달성해야 한다고 서술하고 있다.

따뜻한 기후의 국가에서는 종종 에스테르 교환 반응 없이 디젤에 식물유를 30%까지 혼합해 사용한다. 코코넛유는 필리핀에서 견인차와 화물자동차에 사용되고 브라질에서는 야자유와 피마자유가, 남아프리카에서는 해바라기유가 사용된다. 그러나 보통 식품 및 화장품 시장이 더 나은 가격을 지불할 수 있기 때문에 이들의 적용은 디젤 연료가 비싸고 공급이 부족한 곳이거나 연료기준이 덜 엄격한 곳으로 한정된다.

비록 세계적 과잉 여부에 따라 가격이 변하지만 바이오디젤을 생산할 때 만들어지는 글리세롤은 식품 및 화장품 산업에서 사용되는 비싸게 팔 수 있는 부산물이다. 글리세롤의 또 다른 대안은 위에서 설명한 합성가스와 유사한 열화학 공정을 사용함으로써 바이오메탄올의 자원으로 사용하는 것이다. 바이오메탄올은 석유를 대체할 휘발유 혼합물을 만드는데 사용될 수 있으며 분자당 네 개의 수소 원자는 메탄올이 효과적으로 수소를 저장하는 수단이 됨을 보여준다. 메탄올은 수소자동차에 쓰이는 수소로 전환될 수 있으며 자동차 자체에도 사용되는데 직접 메탄올 **연료전지**는 메탄올을 수소로 전환해 전기를 발생시킨다(연료전지에 대한 언급은 10장을 참조하라).

4.9 생화학 처리

생화학 처리는 바이오매스를 더욱 유용한 형태의 바이오에너지로 전환하기 위해 미생물을 사용한다. 공정은 종래의 화학적 및 물리학적 단계를 포함할 수 있으나 근본적인 단계는 생물학적이다.

혐기성 소화

혐기성 소화의 과정은 복잡하나 이것은 박테리아가 유기 물질을 당으로 분해한 다음에 다양한 산으로 그리고 최종 메탄, 이산화탄소, 약간의 황화수소 등을 포함한 혼합기체인 **바이오가스**로 분해된다. 원료로는 분뇨나 하수, 음식물 쓰레기, 버린 음식, 농업 잔여물, 푸른 상태로 수확된 특별히 재배된 목초 작물이다. 소화는 젖거나 마른 시스템에서 일어날 수 있다. **젖은** 시스템에서 원료는 일반적으로 80~95% 수분을 함유한 슬러리로 전환되고 온도제어가 되는 특별 목적의 **소화조**로 들어간다. 젖은 혐기성 소화 시스템에서 많이 나오는 물은 단점이 될 수 있으며 '**마른**' 소화 시스템에서 소화조에 있는 수분 함량은 매우 낮다. 이것은 재료를 혼합하는데 더 많은 에너지를 필요로 하나 많은 물을 처분할 필요는 없다.

그림 4.18 • 스코틀랜드에 있는 농촌 소화 공장.

소화조의 크기는 인도나 중국 농촌에 있는 대략 1 m^3의 작은 '가정용' 단위(대략 200갤론)에서부터 전형적인 농장을 위한 100~1,000 m^3 (그림 4.18)이거나 10,000 m^3 이상의 거대 설비까지 다양한 범위를 가지고 있다. 투입은 연속적이거나 회분식일 수 있고 소화는 10일부터 몇 주까지 계속될 수 있다.

박테리아 활동 자체는 소량의 열을 발생시키나 더 추운 기후에서는 **박테리아가 가장 잘 성장하는 소화**를 위한 35°C나 더 빠른 **호열성** 공정을 위한 55°C 유지하기 위해 추가 열이 요구된다(두 공정에는 서로 다른 그룹의 미생물들이 관여된다). 최악에는 모든 가스는 이 목적을 위해 태워질 수 있으나 순 에너지 배출량은 0이 되고 다른 수단에 의해 폐기물이 처리될 경우 소요되는 화석연료와 비용 절감을 고려해 볼 때 이 공장은 제 역할을 한다. 소화 후 남는 고체 잔여물(**소화 잔여물**)의 조성은 시스템과 본래 원료에 좌우되나 본래 원료에서 나온 많은 질소와 다른 영양소가 포함되어 있으며 존재하는 다량의 박테리아와 함께 비료와 토양 조절에 사용될 수 있다.

잘 작동되는 소화조에서는 투입물의 건조 톤 당 메탄을 50~75% 포함하는 바이오가스 200~400 m^3를 생산하면서 톤 당 약 8 GJ의 평균 에너지 산출한다. 건조 변이나 하수의 연료에너지의 절반 정도에 불과하지만 이 공정은 청정한 연료를 얻고 환경적으로 나쁜 요소(예를 들면 냄새, 수자원에 대한 위험요소)를 줄이면서 가치 있는 공장 영양소를 효과적으로 순환시킨다.

소화조에서 생산된 바이오가스는 열을 생산하는 데 사용하며 거대한 내연기관에서 전력을 위해 발전기를 구동하는데도 사용한다. 만약 타거나 여과에 의해 이산화탄소와 황화수소를 제거되도록 개선된다면 얻어지는 **바이오메탄**은 천연가스와 비슷해지며 자동차 연료로 사용되거나 폭넓은 분배를 위해 천연가스 배관으로 주입될 수 있다. 일부 물 산업 기업이 자신의 차량을 위해 가동하고 있는 것처럼 불꽃 점화 엔진을 사용하는 자동차나 트럭은 경유와 바이오메탄 연료를 둘 다 쓰도록 전환될 수 있다.

혐기성 소화 산업의 미래 발전은 바이오가스 수율을 높이기 위해 원료를 전처리하고 소화 잔여물의 가치를 높이기 위해 서로 다른 분량의 영양소를 함유한 고체와 액체로 분리하는 후처리를 포함한다. 연구의 관심은 더 높은 고온에 적응된 미생물의 사용함으로써 더 빠른 생산을 제공하는 극한의 호열성이 포함된다. 또 다른 연구에는 **박테리아를 가장 잘 성장시키는 방법**이 포함되는데 추운 기후에서 소화조 가열의 필요성을 줄인 더 낮은 온도에 적응된 조직체가 될 것이다.

2011년의 혐기성 소화

유럽 농부들의 협동조합으로 세워진 대규모의 집중화된 혐기성 소화 공장은 분뇨 및 슬러리를 다른 생분해성 폐기물과 함께 소화하면서 에너지 판매 및 폐기물 처리 비용의 두 가지 수입을 올린다. 덴마크에서 이런 공장은 매년 3 PJ(0.8 TWh) 정도를 이미 공급하고 있으며 네덜란드에서는 설치된 생산능력이 약 130 MW에 이르고 있다(IEA 2010b). 영국에서 이런 종류의 첫 번째 대규모 혐기성 소화 공장이 2002년 데본에서 상용화되었다. 덴마크와 독일에서 성공이 증명된 설계를 바탕으로 초기에 Holsworthy 공장은 지역 식품 처리공장에서 나온 폐기물과 함께 28개의 인근 농장으로부터 받은 146,000톤의 슬러리를 매년 사용하면서 2.1 MW 발전 능력 설비에 들어가는 에너지를 공급했다. 소화 잔여물은 기여한 농장이나 다른 농장으로 되돌려져서 토양에 뿌려지나 상대적으로 높은 분뇨 수송 비용은 Holsworthy 공장이 대부분 식품 처리 폐기물을 취급하는 쪽으로 변경되어야 함을 의미하게 된다.

혐기성 소화를 위해 환경 및 농촌 업무 실행 계획을 하는 영국의 정부부처는(DEFRA, 2009) 2020까지 50 kW 중간급 크기의 농장용 공장을 1,000개 건설할 목표를 세웠다. 이들은 영국에서 회수할 수 있는 분뇨의 약 20~25%를 활용하며 원료를 공급하기 위해 추가 작물 재배를 하려고 작물을 회전하는데 약 100~150,000ha의 토지가 필요 하다. 필요한 면적은 총 18 Mha 농지 면적의 비교적 상당 부분을 차지하고 있다. 전형적으로 1.5 MW 정도의 발전 능력을 보이는 추가 200개의 폐기물-근거 혐기성 소화 공장은 2020년까지 유기원료 1,000만 톤 정도를 처리할 수 있는데 이는 영국의 총 음식물 쓰레기 발생량의 절반은 된다.

독일은 유럽에서 가장 큰 바이오가스 생산국으로 이미 2009년 말에 4,500개의 혐기성 소화 공장을 갖추고 있었으며 이는 총 약 1.7 GW 발전 능력에 해당한다. 이러한 혐기성 소화 공장의 대부분은 옥수수 같은 작물과 분뇨를 사용하는 농촌 지역에서 개발되었다. 가스를 고급화하고 가압하기 위한 소규모 장치를 사용해 바이오메탄을 천연가스 배관망에 주입하는 더 큰 폐기물-근거의 혐기성 소화 공장에 대한 관심이 높아지고 있다. 압축 바이오가스(CBG)나 극저온 액화 바이오가스(LBG)를 사용하도록 채택된 전용자동차나 이중 연료 자동차도 사용되고 있다. Ahrer(2008)은 농지 1ha의 산출물에서 얻어진 바이오메탄은 같은 면적에서 얻어진 바이오디젤보다 2배까지 적절한 자동차에 동력을 제공한다고 언급했다.

여기에서 유럽 농촌을 위한 재정적 지원이 주요 기여항목이 된다. 약 11,000 취업자를 고용하는 독일의 바이오가스 영역은 다른 나라에게도 혐기성 소화 개발을 위

그림 4.19 • 인도에 있는 소규모 바이오가스 공장.

한 유용한 모델을 제공하고 있다.

지난 수십 년 동안 개발도상국은 바이오가스 설비에 대해 많은 기획을 했다. 1970년 대 중국의 주요 프로그램은 초기에 700만 이상의 소규모 소화조를 갖추었으나 많은 실패를 경험했다. 더 나은 기술과 인프라 지원을 갖춘 다음 추진에서는 1990년대 중반까지 성공적으로 운영된 약 500만 가정용 설비가 설치되었다. 인도에서는 1998년 말까지 400만 바이오가스 공장이 설치되었고(그림 4.19) 1,200만이 잠재적으로 확인되었다(Ministry of New and Renewable Energies, 2010). 많은 개발도상국에서 공공 바이오가스 설비를 도입하려는 시도는 혼합된 재산의 형태와 부딪치게 되며 바이오가스의 소비 형태의 장점에 비해 동물 배설물 '소유권'의 균형이라는 커다란 문제 때문에 소화조의 자본 비용은 전형적인 소규모 농민에게는 손댈 수 없는 범위가 된다. 인도 정부에서는 가정-규모의 바이오가스 공장에 대해 현금 지원을 했으며 더 가난한 농부에게는 더 많은 지원금을 제공했다. 전형적인 농촌 소화조 가격은 2011년에 약 £200이며(지원금 없이) 네 마리의 가축의 배설물이 필요하다. 네팔, 스리랑카, 기타 개발도상국에서도 유사한 바이오가스 개발 계획이 있다. 교토의정서에서의 청정 개발 기구(CDM) 도입으로 인해 발전을 위한 여러 개의 큰 공장들이 인도와 다른 나라에서 개발 중이다.

매립가스

현재 영국의 혐기성 소화 생산능력의 대부분은 실제로 매립 영역에 있다. 대부분의 도시 고형 쓰레기는 생물적 근원의 물질이며(그림 4.11) 깊이 매립해 처분하는 것은 혐기성 소화가 자연적으로 발생하게 하는 적절한 조건을 제공한다. 매립지에서 메탄이 만들어지기까지는 10년이 소요되며, 메탄을 안전하게 연소하도록 시스템이 갖추어져 있고, 이 매립가스(LFG)를 포집해 사용하자는 아이디어는 1970년에 산업단지로 개발되었다.

매립지에서의 자연적인 소화과정은(그림 4.20(a)) 용기 안에서 며칠이나 몇 주보다 오히려 수 년에 걸쳐 일어난다. 매립가스 지역 개발에 있어 각 지역은 매립된 후 침투가 불가능한 물질로 층을 쌓고, 가스는 20 m까지의 깊이에 위치한 일련의 서로 연결된 구멍 뚫린 관으로 포집된다(그림 4.20(b)). 잘 정리된 큰 매립지에는 수천 킬로미터의 관이 있어 시간당 최대 1,000 m^3 가스를 모을 수 있다.

이론적으로 좋은 지역에서 폐기물 톤 당 평생 수율은 150~300 m^3 가스 범위에 놓이며 메탄 부피는 50%와 60% 사이이다. 이는 쓰레기 톤 당 5~6 GJ의 총 에너지 출력량을 제시하나 실제 영국의 평균 가스 추출 속도로 볼 때 폐기물 톤 당 열에너지 출력량(포집된 대로)은 2 GJ보다 오히려 적으며 종종 극단적으로 변화하는 수율은 폐기물의 정확한 조성과 매립지의 조건에 좌우된다.

가스는 직접 화로, 화덕, 보일러에 사용될 수 있으나 매립지 가까이에는 사용자가 극히 드물어 가스는 점차 발전에 사용되고 있다. 발전기는 주로 내부 연소 엔진이나 가스 터빈으로 구동된다. 한 지역에서 더 작은 엔진-발전기를 여러 개 사용하면 발전 설비에 더 좋은 공급을 제공할 수 있으며 각 장치는 가스 출력이 떨어짐에 따라

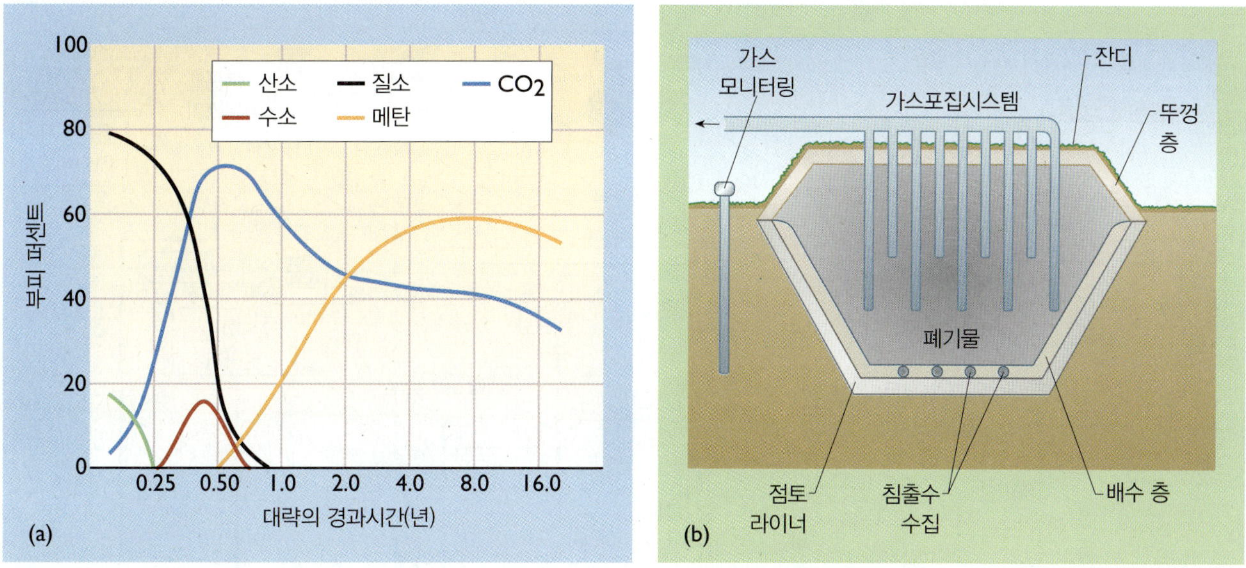

그림 4.20 • (a) 매립지에서의 가스 조성 변화, (b) 매립가스 추출.

제거된다(그림 4.20(a)). 가스로부터 전기를 얻는 에너지 효율이 25%라고 할 때 시스템의 전체 효율은 10% 미만으로 떨어지게 된다. 100만 톤의 도시 고형 폐기물을 발생시키는 지역에서는 15~20년 동안 2 MW 정도의 전력 설비가 가능하다. 낮은 에너지 전환 효율에도 불구하고 매립가스 공장은 영국에서 가장 경제적으로 매력 있음이 입증되었고 2008년에는 66 PJ를 공급할 수 있는 가장 큰 단위 바이오매스 자원이었다(Slade et al., 2010). 그러나 유럽 매립 강령은 매립되는 폐기물의 양의 감소를 요구하고 있으므로 장기적으로 매립가스의 장래는 덜 우호적으로 보인다.

매립되기보다는 도시 고형 폐기물들은 더 잘 제어된 혐기성 소화에도 쓰일 수 있다. 이러한 조건에서 가스 수율은 더 높아지며 소화의 기간도 수 주에 다 이루어진다. 소화기에 대한 원료는 슬러리 상태로 희석되고 하수와 섞인 도시 고형 쓰레기의 유기성 성분이다. 그림 4.21은 우선 도시 고형 쓰레기로부터 유용한 물질을 회수하고, 소화를 통해 메탄을 생산하고 마지막으로 남은 고체의 연소열을 이용해 전력을 생산하는 복잡한 시스템 전체를 나타냈다.

에탄올 생산을 위한 발효

발효는 일련의 미생물, 일반적으로 효모의 작용으로 바이오매스 원료로부터 얻은 단순한 당을 알코올과 이산화탄소로 전환하는 또 다른 **혐기성 생물학적** 과정이다. 필요한 생산물인 **에탄올**(C_2H_5OH)은 열을 가하는 증류로 다른 성분에서 분리되는데, 에탄올을 끓인 후 냉각시켜 액체로 응축시킨다. 바이오에 근거한 에탄올(바이오에탄올)은 일정 부분의 에탄올을 포함하는 휘발유인 **가소홀**에 휘발유 희석제로 가장 많이 사용된다. 고농도 제품(전형적으로 85% 에탄올과 15% 휘발유 – E85로 명명됨)은 스웨덴, 미국, 브라질에서 '다종 연료 자동차'에 사용되는데 브라질에서는 많은 자동차가 100% 바이오에탄올로 달린다. 적절한 엔진 개조를 통해 에탄올

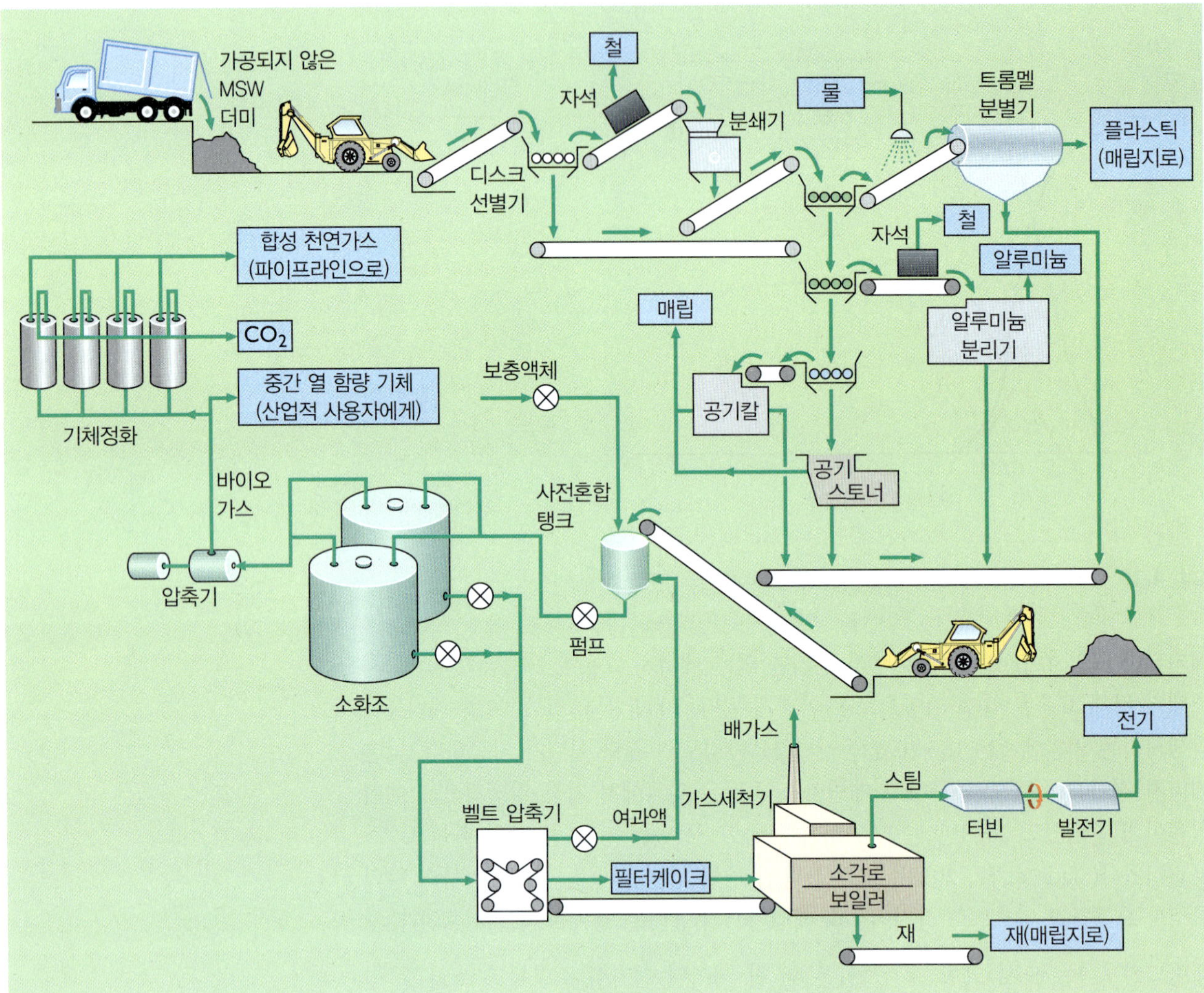

그림 4.21 • 금속을 회수하고 플라스틱을 제거한 후 남은 것을 혐기성 소화하는 설비를 갖춘 통합된 폐기물 공장. 소화기에서 나오는 고체 잔존물은 전력생산을 위해 연료로 사용된다.

을 직접 연소하므로 연료주입 장치에 작은 변화가 필요하며 엔진 제어장치와 통신이 되는 연료 혼합 검출기를 일반적으로 사용한다.

발효는 당이 필요하므로 명백한 근원은 사탕수수이며 이는 브라질의 PRO-ALCOOL이라는 가소홀 프로그램의 기초가 된다. 주 탄수화물이 녹말인 식물은 녹말을 당으로 전환하는 초기 가공이 필요하다. 이러한 전환은 씨앗이 발아할 때 자연적으로 발생하므로 씨앗을 축축하게 만들어 발아가 시작되고 당이 생성된 후, 분해를 막도록 급히 건조된다.

발효 결과 얻어지는 액체는 증류로 정제된 약 10%의 에탄올을 포함한다. 농도를 높이기 위한 증류 공정은 상당한 열 입력이 필요하며 이는 일반적으로 곡물 잔여물에 의해 공급된다. 에탄올의 에너지함량은 약 30 GJ/t 혹은 리터 당 0.024 GJ이다. 따라서 1톤의 옥수수로부터 생산된 360 *l*의 에탄올(표 4.4)은 8.6 GJ의 에너지양을 가진다. 곡물에 현존하는 19 GJ/t (표 4.2)와 비교해 볼 때 발효의 변환 효율이 비교적 낮으나 기술은 잘 개발되어 있고 다양한 원료를 유용한 생산물로 전환할 수

표 4.4 몇 가지 작물에 대한 에탄올 수율.

원료	톤당 리터[1]	연간 헥타르당 리터[2]
사탕수수(수확된 줄기)	70	400~12 000
옥수수(낟알)	360	250~2000
카사바(뿌리)	180	500~4000
고구마(뿌리)	120	1000~4500
목재	160	160~4000[3]

[1] 이는 주로 발효될 수 있는 원료의 비율에 달려있다.

[2] 그 범위는 수율의 전세계적 차이를 반영한다.

[3] 뒤쪽 수치는 이론적 최고값이다.

있다. 유일한 기체 부산물은 탄산음료에 사용되는 이산화탄소이다. 이산화탄소는 또한 새로운 바이오매스 자원이나 원예 작물의 생산을 높이기 위해 온실에서도 사용될 수 있다.

사탕무는 영국에서 처음 세워진 연산 7,000만 톤 생산능력의 바이오에탄올 공장의 원료였다(NNFCC, 2007). 2006년 7.1 Mt의 영국 수확물 중 650,000톤의 사탕무가 기존의 경작자들로부터 필요했다(NNFCC, 2007). 곡물을 근거로 한 2개의 영국 바이오에탄올 공장은 지역에서 자란 약 100만 톤의 밀로부터 연간 약 4억 리터를 생산할 수 있는 능력을 각각 갖추고 있다. 2006년 영국의 밀 수확량은 1,470만 톤이었다(NNFCC, 2007; Royal Society, 2008).

당 잔여물에서 에탄올을 생산하는 브라질의 PRO-ALCOOL 프로그램은 세계에서 가장 큰 상업적 바이오매스 시스템이다. 이는 유가가 높고 설탕 가격이 낮았던 1975년 확립되어 그 초기 25년 동안 화석 연료 수입을 줄여 $400억을 절약했고 그

(a)

(b)

그림 4.22 • (a) 사탕수수, (b) 브라질의 에탄올 생산공장.

덕분에 외채에 붙는 이자를 추가로 절약할 수 있었다. 생산량은 1980년대 후반과 1990년대 연간 120~150억 리터로 정체되었으나 다종 연료 자동차 도입이 있었던 2003년부터 다시 계속 증가하고 있다. 2009년 약 250억 리터의 브라질 에탄올 생산은 미국(400억 리터)에 의해서만 추월되었고 유럽연합의 생산량(40억 리터에 불과)을 크게 앞지르고 있다. 2008년 브라질에서는 처음으로 에탄올연료가 석유보다 더 소비되었으며 브라질은 지금 40억 리터까지 매년 미국과 유럽 및 다른 시장에 수출하고 있다.

바이오에너지를 위한 에탄올 생산의 실행 가능성은 세계의 설탕과 원유 가격, 정부 정책에 결정적으로 좌우된다. 지난 40여 년에 걸쳐 이런 요인은 모두 광범위하게(종종 빠르게) 변화되었다. 미국은 **옥수수**로부터 바이오에탄올을 생산하는 긴 역사를 가지고 있다(Henry Ford에 의해 장려됨). 그러나 다른 바이오연료 사업과 함께 저렴한 석유가 시장을 파괴했다. 최근에 낮은 옥수수 가격과 높은 석유 가격은 중서부의 주요한 곡물을 재배하는 주들을 중심으로 소소한 부흥을 이끌었다. 연간 전 세계 연료용 에탄올 생산은 2000년 이후 급격하게 증가해 약 200억 리터에서 거의 900억 리터에 이르렀다(이는 매일 약 100만 배럴의 석유에 해당함). 에탄올을 석유와 섞는 것은 현재 많은 나라에서 허가되었거나 강제로 실시되고 있다. 10%의 에탄올을 함유한 E10 제품은 아마도 가장 널리 퍼져있고 일부 미국 주에서는 강제사항이다.

바이오에탄올은 수화된 셀룰로스 강화제에 있는 바이오에탄올로 만들어진 청정 연소 연료인 에탄올 젤을 생산하는데 사용될 수 있다. 에탄올 젤을 사용하도록 특별히 고안된 요리용 화덕이 선진국에서 여가와 캠프용으로 개발되었다(여러 종류의 기존 아프리카 요리용 화덕에 맞춘 에탄올 젤도 있다). 이러한 요리기구에 있어 에탄올 젤은 40% 정도의 가열 효율을 보이면서도 매우 제어 가능하며 쉽게 불붙는 연료이다. 나이지리아, 짐바브웨, 말라위, 남아프리카를 포함한 여러 아프리카 국가로 판매가 되기 시작하였다. 에탄올 젤은 장작이나 등유의 대체재로 사용되면서 이산화탄소 배출과 실내 공기 오염을 줄임으로써 개발도상국의 요리에 있어 심각한 문제를 깨끗하고 제어할 수 있고 신재생할 수 있는 열로 해결할 수 있다(UN Foundation, 2008). 서양 가정에서도 동경의 초점으로 에탄올 화덕이 인기리에 성장하고 있다는 것은 공교롭지만 산업적으로도 경제적으로도 필요하다.

관심이 집중되고 있는 또 다른 가능한 발효 제품은 **바이오부탄올**이다. 이것은 비슷한 원료로부터 만들어지고 에탄올 발효와도 공정이 유사하며 최종 사용자에게는 에탄올보다 장점을 가지고 있다.

휘발유와는 더 높은 농도로 혼합될 수 있으며 물이 존재하더라도 혼합물로부터 쉽게 분리가 안 되므로 현재 엔진에 더 적합하다(BP, 2006).

효소를 이용한 전환

에탄올을 생산하기 위한 발효는 어떤 용해된 설탕의 형태가 필요하나 우리가 보았듯이 많은 바이오매스는 셀룰로스, 헤미셀룰로스, 리그닌으로 주로 구성되어 있다.

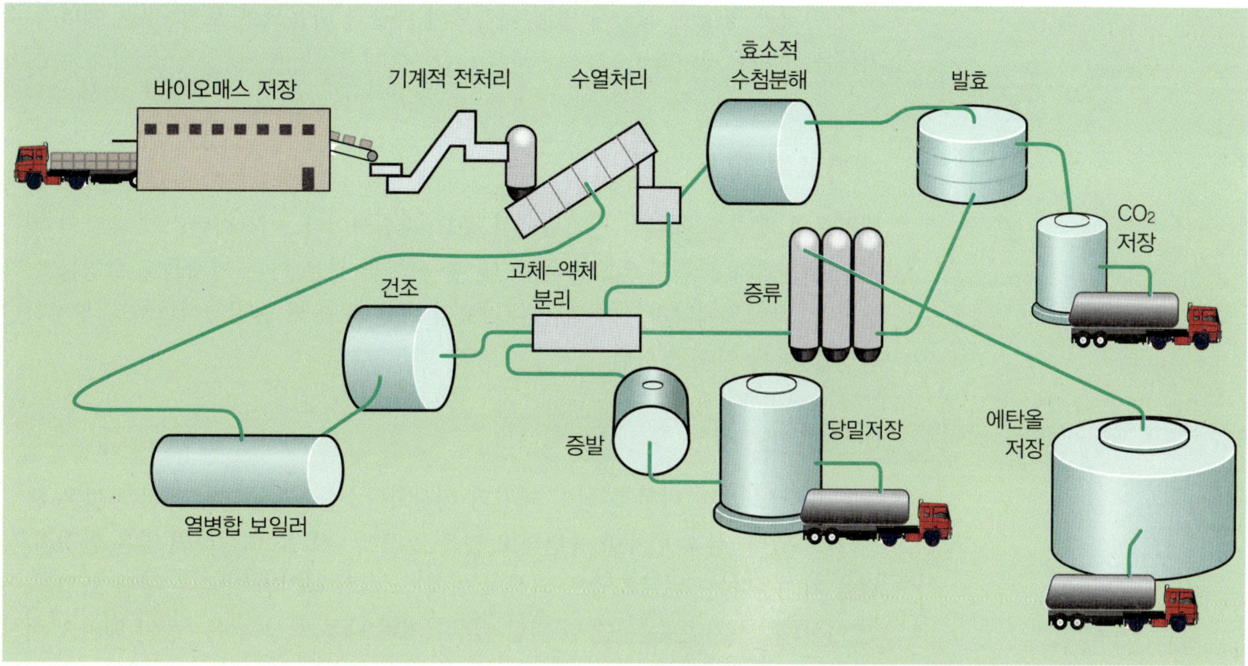

그림 4.23 • 짚으로부터 에탄올을 생산하기 위한 Inbicon 통합공정의 개략도. 열병합 보일러는 수열처리로 스팀을 제공한다.

예를 들면 수열처리로 이러한 물질을 전처리한 후 셀룰로스와 헤미셀룰로스 현탁액은 생물학적 촉매인 효소로 처리될 수 있다. 이런 효소는 박테리아나 곰팡이 같은 미생물로부터 얻어지며 기존의 효소기에서 사용될 수 있는 더 단순환 탄수화물이 되도록 셀룰로스와 헤미셀룰로스를 분해할 수 있다. 셀룰로스 바이오매스로부터 에탄올을 만드는 데 사용되는 열화학 및 효소 전환공정의 조합이 오늘날 최신의 진보된 차세대 바이오에탄올 기술이라고 일반적으로 불린다. 이러한 새로운 기술은 원료공급의 잠재력을 크게 높이면서 식량이나 사료 공급과의 경쟁을 피하고 최근의 바이오에너지 지속가능성 기준을 쉽게 맞추고 있다.

Inbicon회사에 의해 덴마크 칼룬보그에 세워진 파일럿 규모의 2세대 공장이 있다. 원료로 매시간 4톤의 밀짚을 사용하며 셀룰로스와 리그린을 분리하기 위해 기계적 및 수열적 처리를 하고 있다. 셀룰로스는 효소 수분해와 발효를 통해 에탄올이 된다. 리그닌과 발효되지 않은 당밀로부터 에탄올을 분리하기 위해 증류한 후 리그닌은 열병합발전 보일러의 연료로 사용되기 위해 건조된다. 그림 4.23은 공정도이며 연간 4,300톤의 에탄올, 13,000톤의 리그닌, 11,000톤의 당밀을 생산하도록 설계되었다.

4.10 환경적 이익 및 영향

이 장의 처음에서 보았듯이 세계 바이오매스는 환경을 유지하는데 매우 기초적인 역할을 하며 따라서 바이오에너지의 이익뿐만 아니라 세계적 혹은 지역적으로 우리의 자연적인 과정에서의 해로운 효과까지 고려하는 것이 중요하다. 우리는 더 중요한 이익과 영향에 집중해 먼저 대기로의 배출과 다음으로 토지 사용, 에너지 수지들을 살펴볼 것이다.

대기로의 배출

대기로의 배출은 에너지 시스템에서 주요 관심사이다. 이산화탄소와 메탄의 배출은 기후변화와 관련이 있으며 질소 및 황 산화물 같은 다른 기체들도 오염물로 작용한다. 바이오에너지 시스템은 대기로의 배출에 대해 긍정적이면서도 부정적인 측면을 둘 다 가지고 있다.

이산화탄소

매우 큰 규모에서 나무를 심어 대기의 이산화탄소를 '고정'하는 개념은 많은 관심을 끌고 있다. 산림 벌채를 중단하고 넓은 면적에 나무를 이식하면 많은 환경적 장점을 가져온다는 것은 조금도 의심의 여지가 없다. 하지만 새로운 산림 조성에 의한 이산화탄소의 흡수는 단 한 번만 이루어지며 나무가 성숙하는 동안 대기의 이산화탄소를 고정하는 기간은 30~60년이며, 그 이후에는 CO_2를 다시 내어놓을 수도 있다. 화석연료에 대한 바이오연료의 대체에 집중하는 더 넓은 바이오에너지의 전략은 보다 효과적이고 지속적인 해결책이 될 수 있다.

대체의 이익을 분석하려면 **생명주기분석(life-cycle analysis, LCA)**에서 모든 효과를 평가하는 것은 필수적이다. 이것은 바이오매스 성장을 포함한 전체 바이오연료 시스템에서 나오는 모든 이산화탄소의 입력과 출력을 고려하며 쓸모 있는 생성물로의 전환, 필요한 경우 최종 사용자까지의 수송, 최종 사용자와 관련된 영향 등도 고려한다. 그림 4.24는 이러한 해석의 하나를 보여주는데 다양하며 서로 다른 가능한 **시스템 경계**를 사용하고 있다. 따라서 바이오연료 작물 시스템의 입력과 출력을 분석할 수 있다(그림 4.24에서 가장 안쪽에 있는 색칠된 영역이다). 또한 작물을 위한 입력을 생산하거나 바이오연료를 사용하는 데 있어 관여된 영향을 포함하기 위해 경계를 넓힐 수도 있다. 가장 넓은 경계는 에너지용 바이오매스 사용으로 야기된 토지 사용 변화로부터 발생한 이산화탄소 배출의 변화를 포함하나 작물이 자라는 동안 대기에서 제거된 이산화탄소에 대한 '보상'도 있다. 바이오매스 환경 평가도구 같은 이런 종류의 생명주기분석 도구는 영국에서 보고되고 있는 바이오에너지 지속가능성에 사용하기 위해 정부기관에 의해 개발되고 있다(Biomass Energy Centre, 2011b).

LCA의 한 예로서 이 책을 쓸 당시에 운전 중이거나 상업화 이행에 가까운 전기 발전 설비를 고려할 수 있다. 표 4.5는 이산화탄소와 **산성비**의 두 가지 주된 원인인 이산화황과 질소산화물의 배출을 보여준다. 그 자료는 포함된 모든 공정을 고려하는 단위 전력당 생명주기 배출이다.

최고의 시스템조차도 완전히 탄소-중립적이지 않은 것으로 보이나 모든 바이오에너지 시스템은 도시 고형 쓰레기 연소조차도 어떤 화석 연료 공장보다 이산화탄소 배출량이 적다.

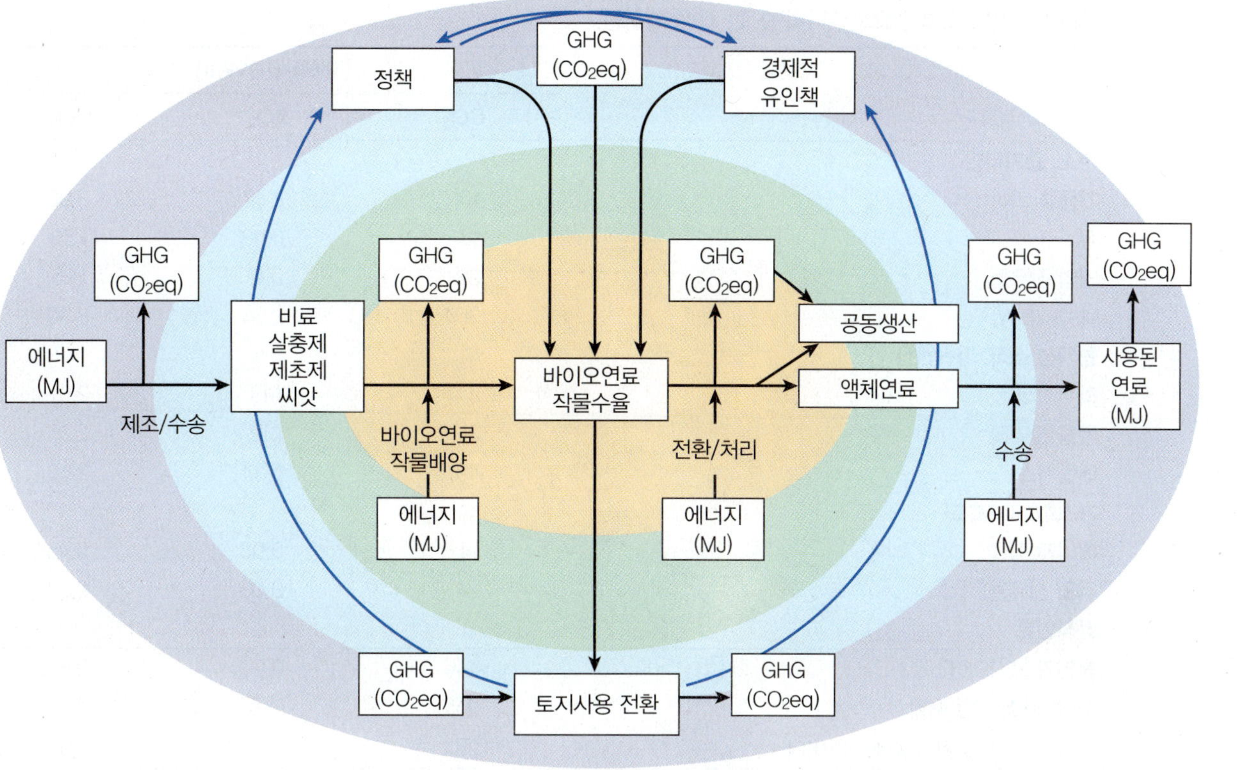

그림 4.24 • 바이오에너지시스템의 전과정 분석을 위한 다른 시스템 경계(Davies et al., 2009). (GHG = 온실가스, 온실효과에 해당하는 CO_2 양으로 측정됨, CO_2eq).

다른 오염 배출물

산화질소는 공기 중의 4/5가 질소이기 때문에 어떤 연료의 연소에서도 피할 수 없는 생성물이다. 화로나 내연기관에서의 고온은 산화질소 발생을 증가시키고, 바이오에너지 시스템도 화석연료를 사용하는 경우에서와 같이 '정화'를 필요로 하게 된다. 이는 또한 미립자의 제거에도 적용된다. 황산화물의 배출은 원료의 독특한 특성에 따라 변하는 바이오연료의 황 함유량에 달려 있다. 많은 바이오연료 원료는 매우 적은 황을 함유하므로 석탄이나 기름 같은 황이 많이 포함된 연료와 비교해 볼 때 이산화황의 배출은 크게 감소할 것이다. 예를 들면 배기가스 정화에서 나오는 액체 배출물도 있을 수 있으므로 이들은 방출 전에 처리되어야 한다. 또 다른 오염원으로는 도시 고형 쓰레기 연소에서 나오는 비산재가 포함되는데 이것은 상대적으로 고농도 중금속을 가지고 있으므로 특별 처리가 요구된다(예를 들면 위험 폐기물 매립지).

다이옥신(연소 중 나오는 복잡한 발암물질)은 지속해서 대중의 관심사이나 폐기물로부터 얻는 전력설비에서 나오는 다이옥신량은 영국의 다이옥신 배출량의 0.1%에 불과하다. 스위스 조사 (EDIE, 1999)에서도 도시 고형 쓰레기 연소보다 자국의 모닥불이 더 큰 다이옥신을 발생하고 있다는 것을 알아냈다. 영국과 유럽연합은 더 엄격한 배출 기준과 오염 제어 기술의 정립을 점차 강제화하고 있다. 그러나 기준

표 4.5 영국의 발전으로부터의 순 전 과정 배출량.

	[1]배출(t/GW h)		
	CO_2	SO_2	NO_x
연소, 증기터빈			
기름류 퇴비	10	2.42	3.90
짚	13	0.88	1.55
임업 잔유물	29	0.11	1.95
MSW (EfW)	364	2.54	3.30
혐기성 소화, 가스엔진			
하수기체	4	1.13	2.01
동물 슬러리	31	1.12	2.38
매립가스	49	0.34	2.60
가스화, BIGCC[2]			
에너지 작물	14	0.06	0.43
임업 잔유물	24	0.06	0.57
화석연료			
천연가스: CCGT[2]	446	0.0	0.5
석탄: 최소 오염 저감	955	11.8	4.3
석탄: 배가스 탈황과 저 NO_x[3] 버너	987	1.5	2.9

[1] 1 g/kWh가 1 t/GWh와 같음을 유의하시오.

[2] 바이오매스 통합 가스화 복합 사이클. 목재는 가스화되고 가스터빈으로 들어가는 가스는 전기를 생산하고, 뜨거운 배출가스는 스팀을 더 높여 스팀터빈에 사용된다.

[3] 배기가스 탈황은 연소후 황화합물을 제거하기 위한 공정이며, 질소산화물의 배출을 최소화하기 위해 특수 형태의 버너가 사용될 수 있다.

출처: Adapted from ETSU, 1999.

들이 항상 유지되지 않고 있다는 우려도 있으며 데이터가 개선되면서 역사도 이러한 오염물에 대한 '안전한' 기준이 점점 더 낮아지는 경향이 있음을 보여주고 있다.

메탄

메탄은 영향력 있는 온실가스로 혐기성 소화의 생성물이다(자연적이든 인간 활동의 결과이든). 메탄 분자는 이산화탄소 분자보다 지구의 복사열을 붙잡는 데에 약 22배 정도 유효하다. 혐기성 비료나 슬러리, 매립지에서 나온 메탄의 포집과 이의 연소는 효과적으로 각 메탄 분자를 이산화탄소 분자로 대체한다. 예를 들면 매립가스의 연소는 2002년 영국 온실가스 배출의 70 Mt 정도 이산화탄소탄소를 줄이는 것으로 추정되었다. 만약 매립가스의 연소가 없었다면 그 해에 영국의 총 온실가스 배출은 10% 이상 많았을 것이다. 이와 같이 영국의 농장 비료와 슬러리의 약 1/5을 처리하도록 농장 내에 혐기성 소화장치를 이용한다면 메탄 배출량을 0.6 Mt 줄일 수 있을 것이다.

표 4.5에서 보듯이 도시 고형 쓰레기 연소의 전 과정 이산화탄소 배출은 매립가스 연소보다 더 많으나 조심스러운 저장 및 효율적 연소로 메탄 배출은 감소할 수 있다. 매립 처리에서 기체 모두를 포집하는 것은 절대 불가능하고 불가피하게 대기로

메탄이 배출된다. 포집 효율에 따라 표 4.5에서 보인 실제 이산화탄소 배출에 또 다른 100~200 g/kWh에 상당하는 양을 추가될 수 있다.

토지 이용

어떤 단계에서 모든 형태의 바이오매스는 식물이 자라기 위해 토지나 물의 표면적이 필요하다. 바이오매스 보다 비생물학적 형태의 신재생 에너지를 위해 토지를 이용하는 것이 이산화탄소의 영향을 보다 완화할 수 있다는 의견도 있다(Smith et al., 2000). 예를 들어 1.5 MW 발전소에 상당하는 연간 천만 kWh의 전력 생산을 위해 필요로 하는 부지를 생각해 보자. 태양광발전 모듈의 배열은 이를 제공하는데 약 30~35 ha, 풍력단지는 그보다 약간 더 많아서 아마 100 ha 정도의 면적이 필요하다(필요한 거리 간격을 포함해). 이미 축조된 건물 말고도 대부분 토지는 여전히 가축이나 가금류를 먹이는 등의 목적으로 사용될 수 있다. 합리적인 수율과 변환 효율을 가진 이런 발전 설비에 연료를 공급하는 데 필요한 에너지 작물의 토지 면적은 600~900 ha(6~9 km^2)의 범위를 가진다.

물론 토지 면적은 유일한 고려 사항이 아니며 어떤 경우라도 위의 세 시스템이 같은 토지를 두고 경쟁하게 되지는 않을 것이다. 태양광발전 배열은 일반적으로 시골의 큰 면적보다는 지붕에 놓이는 경향이 있다.

특히 옥수수나 기름씨 같은 에너지 작물의 경우 식량보다 바이오연료로 사용하는 것에 대한 우려가 널리 퍼져 있다. 금세기 첫 10년 동안 에탄올 생산을 위한 미국에서의 옥수수 사용에 대한 관심은 폭발적이었으며, 이러한 전환은 멕시코의 경우 주식인 옥수수가루의 공급 감소를 야기시켜 식량 폭동을 가져올 것이라는 주장도 있었다. 따라서 옥수수가루의 부족은 많은 투자자로부터 매점매석의 결과를 가져올 것 같았으나 식량과 바이오연료 사이에 이익충돌이 있을 것이라는 의심은 여전히 남아 있다. 기존의 채소를 연료작물로 전환함으로써 발생하는 생물 다양성 감소는 또 다른 우려가 되고 있다. 비록 연료작물이 식량만큼 엄격한 품질관리를 요구하지 않는다 하더라도 이러한 직접적 손실은 바이오에너지 작물에 대한 살충제 사용으로 증폭될 수 있다. 단주기의 숲이나 벌채 같은 바이오에너지 시스템은 종전의 농업과 비교하여 실제로 식물 다양성을 증가시킬 수 있다. Field et al.(2008)은 식물 다양성을 보존하기 위해 농업용을 포기한 토지만이 바이오에너지 생산에 사용되어야 한다고 제안했다.

토양의 효과도 또한 고려될 필요가 있다. 토양은 리그닌 같은 물질을 포함해 부수기 힘든 작물로부터 만들어진 대량의 유기물이나 부식토를 함유하고 있다. 토양이 영향을 받지 않는다면 부식토는 장기간(수십 년에서 수백 년)에 걸쳐 대량의 탄소 저장소 역할을 한다. 토양에 있는 안정된 탄소함유 물질의 증가는 대기 중의 이산화탄소 수위를 줄이는 수단으로 제시됐다. 토양의 유기물을 **토양 구조**를 유지하는 데 또한 필수적이다. 토양의 부식토 분량은 더 작은 토양 입자를 함께 묶을 뿐 아니라 식물 영양물 저장소로 역할을 하면서 토양의 배수 특성을 개선하는 화합물을 함유하고 있다. 그러나 토양의 경작은 유기물을 대기로 노출시키며 더 급속히 부식시켜 이산화탄소를 배출한다. 더 빠른 주기의 변화 때문에 탄소의 이러한 손실은 나무같은 다년생 식물보다 일년생 식물에서 더 큰 문제가 된다. 이것은 더 새로운 경작 형태로 인해 어느 정도 해결될 수 있다. 액체 수송 연료와 고체 바이오에너지에 대한 최근의 국가적 국제적 지속가능성 기준들은 토양 유기물(예를 들어 적도의 이탄 토양)이나 초목(전형적으로 숲) 형태이건 간에 과거의 고탄소 원료로 토지를 사용하는 것을 배제하도록 수단들을 합병하고 있다.

최근에 주목 받고 있는 개념은 바이오매스의 열 분해나 가스화에서 부산물로 얻어지는 바이오숯의 사용이다. 이러한 숯은 연료로 사용되기보다는 오히려 토양에 직접 넣어질 수 있다. 이것은 장기간의 탄소 저장과 토양의 비옥성을 증가시키는 역할을 한다고 주장되고 있다. 이러한 접근의 가치와 실용성은 지속적인 연구에 달려있다(Shackley et al., 2011). 실제로 2011년 구체적인 바이오숯 연구센터가 에딘버그 대학에 개소되었다. 이 책이 기술될 시점에서의 근본적인 문제는 바이오숯을 에너지 자원으로 사용하는 것보다 바이오숯으로 탄소를 저장하는 것에 재정적 유인책이 없다는 것이다.

에너지 수지

에너지 수지, 에너지 회수 비율 또는 단순하게 **에너지 비율**은 시스템의 에너지 산출과 시스템을 작동하는 데 필요한 에너지 투입(보통 화석연료로부터 얻음) 사이의 관계를 묘사하는 용어이다. 그 개념은 1970년대 유가가 상승함에 따라서 도입된 초기의 바이오매스로부터의 연료 합성 프로젝트에 관해 의심이 발생했을 때 표면화되었다. 모든 에너지 투입(비료, 수확, 운송, 가공 등)이 고려되었을 때 몇몇 계획에서 화석연료에너지 투입은 실제로 그들의 바이오에너지 생산에 비해 많았다는 주장들이 있었다.

투입량에 대한 생산량의 비는 물론 시스템의 유형과 포함된 처리의 정도에 영향을 받는다. 특히 마지막 '산출물'이 전기이면 발전에 사용된 열 엔진의 카르노 효율(Box 2.4 참조)에 대한 내재적인 제약 때문에 바이오연료의 열 함량에 비해 비율은 보통 낮아진다.

Davis(2009)은 2008년까지 문헌에 보고된 바이오연료의 선택을 위해 연료 에너지 비율을 조사했다(표 4.6). 연료에너지 비율은 장치를 만드는데 사용된 것을 포함하여 연료를 생산하는데 사용된 화석연료 총량에 대한 연료의 유용한 에너지 비율이다. 이 비율이 1보다 적으면 바이오연료로부터 얻어지는 유용한 에너지보다 바이오연료를 만드는데 더 많은 에너지가 사용된다. 비율은 5 이상 1 미만으로 변하나 바이오연료에너지 효율의 LCA 추정치는 거의 일관성이 없다.

신재생 에너지원의 넓은 범위에 걸쳐서 입력에 대한 출력비는 1:1만큼 작은 값에서부터 300:1(이것은 수력발전소에 해당)만큼 크게 변할 수 있다. 목재에너지 작물은 산출 기준에서 10:1~20:1 사이의 비를 얻고, 곡물에서 얻는 에탄올은 1:1을 조금

표 4.6 2008년 문헌에 보고된 일부 바이오에너지 시스템에 대한 연료에너지 비율 범위.

	연료에너지 비율	
	최저	**최고**
리그노셀룰로스 작물(일반화)	1.8	5.6
스위치 풀	0.44	4.43
옥수수	0.69	1.95
미스캔더스(연소)	1.16	1.16
미스캔더스(가스화)	0.99	0.99

미스캔더스 시스템에 대해서는 오직 한 세트의 데이터만 유용하였다.
출처: Davies et al., 2009에서 얻음.

넘어 거의 득실이 없는 데 반해 바이오디젤은 단지 3:1을 얻을 수 있다. 폐기물이 입력일 때 폐기물 처분과는 반대로 전체 시스템에 대해 얼마나 많은 에너지가 에너지 추출 시스템 때문인지의 문제가 생긴다. 폐기물 처분은 필수적으로 에너지 비용을 가져오며 에너지 회수를 위한 추가비용은 적을 수 있다. 이것은 사용된 에너지에 대한 산출물로 높은 에너지 비율의 결과를 가져온다. 예로 목재, 제재소 쓰레기에서 전기를 얻는데 30:1의 값을 가진다.

에너지 비율은 에너지 손실이 없도록 생산 및 처리 공정을 잘 설계함으로써 향상될 수 있다. 바이오연료와 연관된 볏짚이나 버개스 같은 부산물은 관련 공정들에 필요한 열을 공급하는 데 화석 연료를 대체할 수 있다. 사탕수수로부터 에탄올을 만드는데 필요한 공정 열을 제공하기 위해 석탄이나 천연가스 대신 버개스를 사용하는 것은 전통적인 예이다.

바이오매스에너지 시스템의 에너지 수지는 또한 환경적 영향을 반영한다. 최종 에너지 생산이 클수록 더 많은 화석연료를 대체한다. 화석연료 투입이 적을수록 바이오매스 시스템에 의한 환경에 부과되는 추가적인 요구는 줄어든다.

4.11 경제성

모든 종류의 다양한 바이오물질들의 경제성과 전환 공정들을 다루는 것은 가능하지 않으므로, 우리는 여기에서 바이오연료와 연관된 구체적인 결과들을 보여주는 일부 주요 공정의 경우만 제한적으로 살펴보기로 한다.

에너지 가격

어떤 에너지 자원이든 최종 사용자에게는 비용이 되는데 경쟁이 되는 자원(현재로는 화석연료)의 비용과 적어도 비교되어야 한다. 바이오에너지는 오염 감소라는 현저한 장점을 제공하므로 높은 가격을 유지할 수 있다. 표 4.7은 2010년 영국의 에너지 가격을 요약하고 있으며 단위 에너지 당 가격으로 나타나 있다.

표 4.7 2010년 영국의 평균 연료 소매 가격.

	대규모 산업 사용자 (세금 제외)[1] (p/kWh)	가정용 소비자(세금 포함) (p/kWh)
석탄	1	3.5
석유	3.25	3.2
천연가스	1.5	4.2
페트롤, 디젤	No data	~8
전기	8.5	13

[1] 대규모 소비자에 의해 지불된 화석연료가격은 대량 세계 가격과 직접 관련된다. 영국 전기생산자간의 경쟁은 낮은 가격으로 전기계약을 협상할 수 있다(see Chapter 10). 비교되는 연료가격 주제는 Everett et al. (2012)에 더 상세히 논의된다.

출처: DECC, 2010b.

표 4.7은 어떤 바이오에너지 시스템도 비교될 수 있도록 기준선을 제공하고 있다. 이 책이 써질 시점에서 전 세계 많은 정부는 바이오매스를 포함한 신재생 에너지 사용을 유도하기 위해 화석연료 가격을 높이는 방향의 정책을 도입하고 있다. 예를 들면 2010년 영국은 신재생 에너지로부터 만들어지는 전기에 대해 호의적인 발전차액보전제도를 도입했으며 열에 대한 신재생에너지 자원에 대해서도 비슷한 정책을 2011년 11월부터 시작했다. 이어지는 각 절에서는 서로 다른 바이오에너지 정책의 비용을 들여다볼 것이나 이러한 비용은 매우 급격히 변화하기 쉽다.

바이오에너지 비용 추산

시스템에서 에너지 비용을 결정하는 네 가지 주된 요인들은 부록 B에 설명되어 있다. 대부분 신재생 에너지 시스템에서(돈을 빌리는 비용을 포함해서) 초기 **자본 비용**이 주된 구성 요소이다. 다른 많은 신재생 에너지 기술과는 다르게 바이오에너지 시스템은 **연료 비용**이 상당할 수 있다. 예를 들어 에너지 작물은 심어져 재배되고 잡초와 해충들로부터 보호되며 수확되어 배송되어야 한다. 그에 반해서 폐기물 에너지는 폐기물 처분에 대한 수압이 발생하므로 **음의 연료 비용**을 가질 수도 있다.

나머지 두 가지 요소는 대부분의 에너지 시스템에서 공통적이다. **유지 관리 비용**은 발전소의 출력에 비례하며 어떤 종류의 연료를 사용하느냐에 따라 특히 그 배출물과 잔여물에 의해 결정된다. 바이오에너지 공장의 **폐업 비용**은 설비의 잔존 가치에 의해서 보상될 수 있다고 가정된다.

또한 발전소에서 생산되는 kWh당 비용은 연간 발전량에 달려 있으므로 **부하율**(*capacity factor*)을 최대화하는 것의 중요함을 언급할 가치가 있다(5장 Box 5.1 참조).

폐기물로부터의 전기

매립가스로부터의 전력 발전의 경제적 측면은 비교적 간단하다. 가스 자체가 환경을 보호하고 폭발을 막기 위해 어떤 경우에도 반드시 수집되어 태워야 하는 쓸모

없는 생성물이다. 따라서 그것을 가스 엔진으로 옮기기 위한 배관에 대한 부가적인 비용이 작은 경향이 있다. 그러므로 주요 비용은 엔진, 발전기 및 전력 배관망으로의 연결에 대한 자본 비용과 적당한 유지관리비를 합한 것이다.

그러나 전례가 없던 폐기물 매립지의 공급 부족으로 먼 거리로부터의 수송 비용이 증가하고 있고 몇몇 위원회에서는 톤 당 £20 이상을 지불하고 있다. 특히 큰 도시 가까이에 있는 매립지 소유주는 쓰레기를 수용하기 위해서 더 높은 입장 요금을 부과할 수 있으며 많은 국가는 쓰레기 매립세도 따로 징수하고 있다. 유럽의 폐기물 지령은 매립 사용을 줄이고자 의도하고 있으며 2007년 영국 예산 담당자는 매립세가 계획했던 것보다 더 급속히 그리고 더 높은 수준으로 인상될 것이라고 발표했다. 2013년 이후 매립으로 가는 폐기물의 축소 목표가 실패할 경우 톤당 £150까지 벌금이 늘어날 것으로 예상하고 있다. 장기적으로 이러한 정책변화들은 매립으로 이어지는 폐기물의 양을 감소시킬 것이다. 결국 유럽에서의 매립가스 잠재력은 아마도 줄어들 것이다.

매립에 대한 분명한 대안은 폐기물의 소각이다. 2010년 영국에서 21개의 폐기물 소각기가 운행 중이며 또 다른 11개가 건설 승인을 받아놓은 상태이다. 최신 폐기물 에너지 발전 설비는 배출, 폐기물 및 다른 환경적으로 민감한 사항들을 엄격히 충족시켜야만 한다. 이는 복잡하고 비싼 배기가스 정제 설비를 필요로 하며 이는 공장 자본비의 30~60%를 차지하고 있다. 영국은 최근 65 MW 발전설비에 대하여 kW 당 자본 비용은 £4000 이상이라고 추정했다(Rawlinson and Hicks, 2010). 이런 발전소는 매년 600,000톤의 폐기물을 처리할 수 있다. 소각기는 판매할 수 있는 전기를 생산하는 폐기물을 처분해준다. 폐기물 에너지 발전 설비에 쓰이는 소각기의 전체 비용은 폐기물 톤당 £65에서 £136 정도의 범위이다(이는 kWh당 10p의 추가 비용에 해당한다). 그러나 이는 처리를 위해 쓰레기를 수용하는데 부과하는 입장 요금으로 어느 정도 차감될 것이다. 폐기물 에너지 발전 설비의 폐열을 지역 난방에 이용하는 것은 쓸모 있는 추가 고려사항이 될 수 있다.

다른 쓰레기처리 전략에 대한 대중의 수용성과 지역 당국들의 열정은 적어도 단순한 경제성 못지않게 중요하다. 폐기물 에너지 발전 설비가 채택된 거의 모든 경우 특히 다이옥신과 관련된 건강 위해성에 근거해 지역적 반대가 있었다. 이에 대한 영국 보건보호국의 가장 최근의 견해는 다음과 같다.

> 최신의 잘 제어된 위생적 폐기물 소각기로부터 오는 건강의 악영향을 완전히 배제하는 것은 가능하지 않지만, 인근 주민의 건강에 대한 잠재적 피해는 있더라도 매우 작을 것이다
>
> (Health Protection Agency, 2009).

이러한 재확신과 대규모 소각장으로부터의 배출은 지금 전체 다이옥신 노출량에 대해 극히 소량임에도 불구하고 대중의 소극적 수용과 이로 야기된 계획된 승인의 지연은 폐기물 에너지 발전 설비 기술의 사용을 확장하는데 주요 방해물로 보고되었다.

깨끗한 임업 폐기물 혹은 짚을 사용하는 전통적인 보일러 기술에 기반한 전력 설비의 자본 비용은 현재 가격으로 kW 당 £2500에서 £3500 정도이다. 가금 공장 등 특수한 폐기물에서 유래된 연료를 태우는 공장에 대한 비용은 조금 더 비싸다. 더불어 수송, 저장 등에 대한 연료 비용도 있는데 폐기물 자원에 인접한 소규모 공장에 대해서는 이 비용은 분명 더 낮을 것이다. 더 높은 발전 효율을 포함한 규모의 경제로 볼 때, 대규모 공장은 폐기물 자원에 인접한 소규모 공장들의 장점도 극복할 수 있다.

바이오매스로부터의 에탄올

이것은 특히 브라질의 경우 가장 잘 정립된 바이오연료 기술이겠지만 공정의 경제성(및 에너지 효율)은 특히 미국 내에서 많은 논쟁거리가 됐다. 21세기 초 미국 연방 정부는 옥수수로부터 에탄올 생산을 장려하는 정책을 강력하게 추진했고 상당 기간 이 문제에 대해 많은 대응이 있었다. 그러나 2008년까지 에탄올을 생산하는 많은 공장은 거의 수지를 맞추지 못했고 옥수수 에탄올의 반대자는 전반적으로 프로그램을 비난하는데 목소리를 높였다. 이 공정에 대한 경제성에 대해 권위 있는 데이터를 얻기는 힘들고 실제 데이터도 곡물 및 화석연료 가격 변동에 따라 매우 급격하게 변하고 있다. 표 4.8은 2006~2007년 미국 중서부 지역에 대한 하나의 수치를 보여주고 있다. 비용의 주요 성분은 옥수수 원료이며 그 다음은 공정에 사용된 천연가스 비용이다.

Oil Drum 웹사이트에 올라온 것을 보면 바이오에탄올 갤론당 평균 비용은 화석연료 및 특히 옥수수 가격 상승으로 인해 2008년까지 생산된 에탄올 갤론당 $2.68까지 증가했다(The Oil Drum, 2008). 미국의 에너지 및 농업 정책 변화와 옥수수의 식량과 연료 사용 사이의 직접적인 경쟁 때문에 에탄올에 대한 가격 폭등 문제는 특

표 4.8 2006~2007년 7개의 미국 중서부 옥수수 에탄올 공장의 생산 비용(미국 갤론당 $).

항목	비용($)
전기	0.025
천연가스	0.190
변성물	0.070
효소 등	0.063
노무와 관리	0.051
유지와 보수	0.019
기타	0.037
총 처리	0.450
원료	1.063
증류기 곡물(동물 사료용)	−0.229
운전비용	1.288
추정된 투자비용	0.350
추정된 총 비용	1.640

출처: Perrin, 2009.

히 심각했다. 다른 바이오매스 자원은 덜 영향을 받는 것 같으나 화석연료 가격, 식량 가격, 바이오매스 에너지의 경제성 사이의 연관성은 여전히 문제가 될 것이다.

에너지 작물

바이오에너지 작물을 위한 재배토지 문제는 이미 언급되었으며 바이오매스의 전환이나 직접 활용을 위한 효율적인 기술들이 개발될 수 있다는 가정 아래 바이오에너지 작물의 향후 개발은 재배토지의 다른 활용의 경제성에 좌우될 것 같다. 쉽게 경작될 수 있는 토지에 대한 분명한 경쟁자는 식용 작물이다. 헥타르 당 효율적인 식량 생산량의 감소를 가져오는 증가일로의 세계 인구와 육류 소비 증가와 같은 식단 변화가 있는 현황에서 이러한 경쟁은 줄어들지 않을 것 같다. 이 책을 쓸 당시 세계 식량 공급에 대해 광범위하게 퍼진 우려가 있었으며, 이러한 우려는 주기적으로 제기되었고 지금까지 이러한 상황이 적절하게 항상 개선됐다. 그러나 종전의 농업에 한계를 보이거나 현재 생산을 위해 활용되지 못하고 있는 토지를 활용하여 바이오매스 사용의 증가를 꾀하는 것은 의미가 있다. 이것이 사용되기 위해서는 비용과 잠재적 수입이 현실적일 필요가 있다.

실제 예로서 영국에서 단기간 숲의 회전을 위해 다양한 나무종류의 잠재력 분석이 제공되고 있다(LTS International, 2006). 작물을 위한 토지, 울타리, 제초제 등의 비용을 마련하여야 한다. 가로 세로가 2m 간격으로 심어진 나무를 경작하기 위한 총비용은 헥타르 당 £2,841로 추정되고 있다. 초기 단계에서 서로 더 가까이 심어 잡초제거를 덜 해도 되는 단기간 회전의 벌채에 대해 경작비용은 헥타르 당 £1,200 정도였다. 이러한 비용들은 작업자에 대해 주요 투자를 보여주고 있으며 얻어지는 작물의 수익성은 헥타르 당 수율, 작물이 수확되기 전 걸리는 시간, 유용한 정부의 재정 지원정책, 작물의 최종 가격에 결정적으로 좌우된다.

톤 당 £10의 생산지 목재 가격에서는 경작 비용을 망라하는 현저한 정부 지원 없이는 어떤 종류의 나무도 이익을 낼 수 있는 잠재력이 없을 것이라는 LTS 연구 조사가 있다. 톤 당 £25의 상황은 훨씬 더 나으나 정부의 자금지원 없이는 재배자의 초기 투자비에 대해 수익률은 매년 평균 3% 정도에 불과하다. 이런 투자의 위험성 아래에서 많은 사람은 초기 지원금 없이는 이러한 위험을 감수하지는 않을 것 같다. 초기 투자비에 대해 수용될 수 있는 수익률은 초기 투자비를 망라할 수 있는 헥타르 당 £2,000 정도의 지원금 수준이 필요할 것이다. 단기간 회전의 벌채 경작 비용이 낮을수록 이 경제성은 더 긍정적이 될 것이다.

2003~2004년 영국에서 대규모 작물 농장의 헥타르 당 평균 연간 비용은 약 £300 정도이다(Centre for Rural Policy Research, 2005). 전체 판매액은 헥타르 당 약 £600 정도로 연간 수익이 헥타르 당 £600이 된다.

이 영역에 내재해 있는 약간의 위험들은 영국 North Yorkshire에 있는 ARBRE(Arable Biomass Renewable Energy) 발전소에서 찾을 수 있다. 이 발전소는 세계에서 가장 진보된 에너지 작물 시스템의 하나로 바이오매스 통합 가스화 복합

사이클(BIGCC) 발전소이며 목재 가스화기로부터 얻은 가스로 운영되고 있다(Box 4.9 참조). 초기 8 MW의 시험공장을 위해 약 200 ha에서 얻어지는 연료가 계획되었다. 불행히도 영국의 신재생 의무화 계획의 승인과 지원에도 불구하고 이 프로젝트는 재정적 및 기술적 문제로 인해 중단되었다. 투자자는 벌채된 재료를 즉각 판매할 곳을 잃어버렸다. 따라서 에너지 작물의 개발은 생성물에 대해 현실화된 가격에 의해 결정적으로 좌우된다. 이 가격은 경쟁자인 화석연료 가격, 정부 정책과 재정 지원에 달려 있다. 이러한 정치적인 것은 예측하기 어렵다.

일반적인 그림

2008년 영국 Royal Society는 표 4.9에서 보듯이 바이오연료의 현재 및 미래 가격 범위를 제시했다. 사탕수수로부터의 에탄올이 가장 값싼 바이오연료이며 남아도는 동물 지방에서 얻어지는 바이오연료가 두 번째이다. 육류 처리에서 부산물로 나오는 동물 지방의 사용은 윤리적 문제를 야기하나 부산물의 사용은 일반적으로 경제적이며 에너지 측면에서도 우호적이다. 2030년 화석연료 가격은 2006년 인용된 가격보다 낮아지지 않을 것이므로 많은 바이오연료는 부과되는 세금에 따라 합리적인 가격으로 소비자에게 제공될 것이다.

Royal Society 자료는 리그노셀룰로스에서 얻어진 에탄올이 사탕수수에서 얻어진 에탄올과 가격 면에서 필적할 것으로 보여준다. 리그노셀룰로스는 사탕수수와 달리 대부분 지역에서 유용하므로 가장 큰 잠재력을 갖는 바이오연료라고 볼 수 있다. 리그노셀룰로스 전환에 대한 과학과 기술이 비교적 잘 개발되어 있으며 최대 규모의 데모 및 상용화 공장이 가동 중이다.

표 4.9 추정된 바이오연료 가격과 화석연료 가격. 미국에서의 바이오연료 가격은 세금을 제외한 리터 당 센트이다.

연료 형태	2006 (가격/¢ l^{-1})		2030 (가격/¢ l^{-1})	
	저가	고가	저가	고가
세금제외 페트롤	35	60		
세금포함 페트롤(유럽)	150	200		
세금포함 페트롤(미국)	80	80		
사탕수수로부터 얻은 에탄올	25	50	25	35
옥수수로부터 얻은 에탄올	60	80	35	55
사탕무로부터 얻은 에탄올	60	80	40	60
밀로부터 얻은 에탄올	70	95	45	65
리그노셀룰로스로부터 얻은 에탄올	80	110	25	65
동물지방으로부터 얻은 바이오디젤	40	55	49	50
기름씨앗으로부터 얻은 바이오디젤	70	100	40	75
Fischer–Tropsch 합성유	90	110	70	85

Royal Society, 2008로부터 얻음.
미국 페트롤에 대해서는 오직 하나의 수치만 사용되었다.

4.12 바이오에너지에 대한 미래 전망

산업화한 국가인 27개의 유럽연합 국가에서 2009년 최종 에너지의 약 12%는 신재생 에너지로부터 얻는다(REN21, 2011). 이러한 많은 유럽연합 국가에서 대규모의 수력발전은 신재생 에너지 공급의 대부분을 차지한다. 다음의 주된 기여는 폐기물의 연소와 혐기성 소화에서 오는 바이오에너지이며 이는(상당한 지열 자원을 가진 국가는 예외로 할 때) 나머지 신재생 에너지 대부분을 차지한다.

수력은 산업화한 세계 대부분에서 확장에 제약을 받고 있다(5장 참조). 비록 풍력과 태양전지는 빠르게 확장하고 있으나 태양력, 풍력, 조력, 파력에너지에 대한 현재의 기여도는 여전히 낮다. 따라서 가까운 미래의 신재생 에너지 공급의 주된 성장은 열과 발전을 위한 다양한 바이오매스원료의 직접 연소 증가에 기인할 것으로 보인다. 장기적으로, 바이오매스 통합 복합 발전 설비나 연료전지 그리고 차세대 액체바이오연료 등과 같은 보다 새로운 바이오매스 기술의 역할이 증가할 것으로 기대된다. 그러나 그때까지 선진국에서의 바이오매스는 풍력, 태양력같이 급성장하고 있는 다른 신재생 에너지에 의해 추월 될 것이다. 특히 다양한 범위의 바이오원료의 건조로부터 얻어지는 바이오석탄과 같은 바이오매스에 대한 대규모 수요는 계속 있을 것이다. 탄소 포집 및 저장과 합병된 바이오매스 또는 바이오석탄 발전소는 탄소 감소의 전기 생산 형태가 될 것이다. 이는 바이오매스의 성장이 대기로부터 이산화탄소를 제거하기 때문이다.

영국 임피리얼 대학의 에너지 정책 및 기술 연구센터(Slade et al., 2010)의 연구는 영국의 에너지 공급에 대한 주요 바이오매스 자원의 잠재적 기여도에 대한 유용한 추정치를 조사했다. 그림 4.25는 각각 다른 기간에서의 그들의 추정치 범위를 보여주고 있다.

심지어 실제 데이터가 있는 2005년과 2010년에 대해서도 바이오매스 기여도에 대한 추정치는 폭넓게 퍼져 있다. 비록 더 낙관적인 연구에서는 2배가 가능할 것으로 보지만 많은 연구에서는 2020년까지 영국에 대한 바이오매스의 잠재적 공급량은 증가하기 힘들 것이라고 제시하고 있다. 2030년까지 매년 250PJ 정도에서 약 600PJ로 상승하는 것은 가능할 것으로 간주한다. 두 자료에서 생산량 증가를 가져올 가장 큰 잠재력을 갖고 있는 것은 폐기물과 SRF/SRC 같은 영구적인 에너지 작물이라고 제시하고 있다(영국의 에너지 필요량에 대한 잠재적인 바이오에너지 기여도에 대한 더 낙관적인 추정치는 영국의 바이오에너지 전략(DECC, 2012)에 나타나 있다).

개발도상국에서 바이오매스에 대한 장래의 수요는 주로 상반된 두 요인에 의해 결정될 것이다: 두 요인은 인구 증가에 기인한 총 에너지 수요의 상승과 전통으로부터 에탄올 젤 같은 더 '최신'의 에너지 형태로의 전이에 따른 바이오에너지에 대한 수요 감소이다. 대부분의 전망은 앞으로 몇 십 년 동안 바이오매스의 소비는 계속 증가할 것이라고 하지만 그 상승비율은 다른 일반적인 신재생 에너지 혹은 총 1차 에너지에 비해 작다. 그럼에도 불구하고 전통적인 바이오매스는 2030년 28억 세계

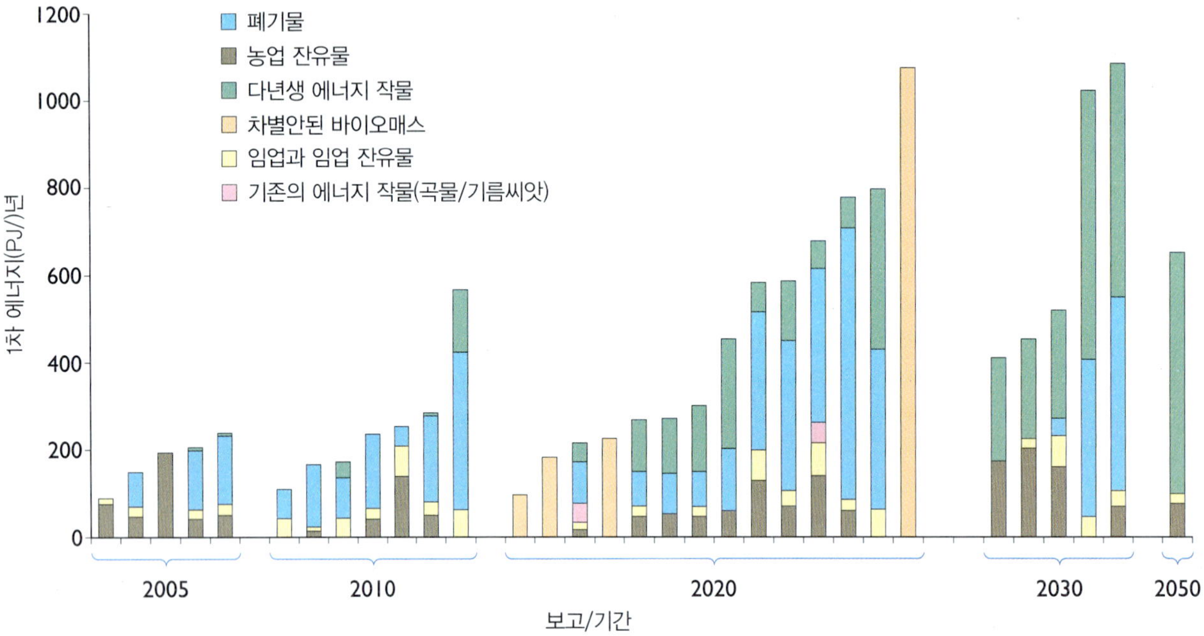

그림 4.25 • 개별적 연구로부터 얻어진 영국에서의 1차 에너지에 대한 바이오매스의 기여도 추정치(각 막대는 서로 다른 데이터세트를 나타내고 있음). 추정치는 시간대별로 그룹화되어 있음. 연구는 서로 다른 자원으로 분류되어 있고 잠재력에 대한 많은 정의를 포함하고 있음(자료: Slade et al., 2010).

인구에 여전히 유일한 가정용 연료로 남아있으리라 예측되었다(IEA 2010c). 그러나 순전히 양적인 관점에서 목재 및 석탄 난로의 개선은 오늘날 바이오에너지 분야에서의 가장 중요한 기술적인 목적이 되어야 한다는 것은 논쟁의 여지가 있다. 쌀겨나 볏짚 같은 목재가 아닌 바이오매스의 더 낫고 효율적인 활용은 또 다른 중요한 기술적인 목적이 된다.

중기적으로 인구증가와 식단 변경 때문에 토지 사용이 에너지를 위한 것과 식량을 위한 것 사이에서 토지 이용에 대한 경쟁이 증가할 것으로 보인다. 이러한 경쟁은 농업과 바이오에너지에 대한 더 나은 인프라 구조, 기술, 다른 자원에 대한 투자로 인해 완화될 것이다. 증가하는 세계 인구에 대한 증가한 식량 생산을 허락된 후에 받아들일 수 없는 생물 다양성의 손실 없이 2050년에는 세계적으로 4~7억 ha 만큼의 추가적인 양이 에너지 작물 경작에 이용될 수 있을 것으로 제시되고 있다(UNDP, 2000). 다른 저자(예, Field et al., 2008)는 이보다 훨씬 낮은 수치를 제시하고 있다. 표 4.10은 저자에 따라 바이오에너지의 잠재적인 미래 기여를 요약하고 있다. 대부분이 전통적인 바이오매스(예를 들어 목재나 배설물 등의 직접 연소)로부터의 기여가 감소한다고 전망했고 바이오매스를 연료로 하는 발전 용량의 증가로부터 오는 성장과 함께 장기적으로 액체 바이오연료로부터 오는 성장, 바이오매스 기반의 수소 경제도 예견하고 있다.

가장 낙관적인 최근의 예측은 현 시점에서의 에너지 총사용량을 뛰어넘는 매년 1500 EJ 이상을 제시하고 있다. 가장 폭넓게 받아들여지고 있는 숫자는 100~200 EJ 정도의 바이오에너지이다. 우리가 보았듯이 전통적인 바이오매스는 '새로운' 바이오

표 4.10 바이오에너지에 대한 잠재적인 미래 세계의 역할

출처, 시기	시간기준 (년)	바이오에너지 기여	
		EJ per year	총 지구 1차 에너지의 퍼센트
UNDP[1], 2000			
Shell, 1994	2060	220~222	15~22%
WEC, 1994	2050	94~157	~15%
	2100	132~215	11~15%
IPCC, 1996	2050	280	50%
	2100	325	46%
Hoogwijk et al., 2003	2050	33~1130	5~190%
Moreira, 2006	2100	164	15%
Ladanai and Vinterbäck, 2009	2050	1135~1548	~200%
Beringer et al., 2011	2050	126~216	13 to 22%

[1] UNDP, 2000은 다량의 출처로부터 얻은 추정치를 포함하였다.

에너지(주로 전기의 형태)로부터의 추가적인 9 EJ 정도와 함께 현재 세계 1차 에너지에 30 EJ 기여하는 것으로 추산되고 있다. 그러므로 200 EJ는 5배 증가를 나타내며 새로운 기여는 현재 세계 총 1차 에너지 소비량의 1/5을 넘는 양이다.

전 세계 규모에서 신재생 에너지에 대한 미래는 이 책의 10.10절에서 보다 자세하게 제시했고 거기서 설명된 각 시나리오는 바이오매스 기여가 증가한다고 전망하는 것은 주목할 만하다.

4.13 요약

바이오에너지는 인간활동을 위해 에너지 근원으로서 살아있는 물질을 사용하는 것이다. 모든 바이오에너지의 사용은 궁극적으로 광합성에 의존한다. 광합성에서는 공기로부터 이산화탄소를 취해 이를 에너지가 풍성한 탄소복합물로 전환하기 위해 태양에너지를 사용한다. 따라서 광합성의 초기 결과는 에너지가 풍성한 다른 형태로 전환될 수 있다.

바이오에너지를 위해 사용되는 원료로는 크게 목재, 셀룰로스 및 기름 함유 식물재료, 미생물 생성물, 생물체에서 나온 탄소 함유 폐기물 등으로 분류될 수 있다.

크기 줄이기, 펠렛화, 추출과 같은 물리적 공정이 이러한 원료를 더 유용한 형태의 물질로 변환시키는데 사용된다. 또한 열화학 공정을 이용하거나 직접 열에너지를 만들거나 열 분해나 가스화를 통해 더 바람직한 고체, 액체, 기체의 바이오연료를 생산할 수도 있다. 미생물이나 효소를 이용한 생화학 처리도 일부 생물학적 재료를 액체나 기체의 바이오연료로 전환하는데 사용될 수 있다. 이러한 바이오연료는 열을 생산하거나 엔진을 가동하는데 사용될 수 있다.

바이오에너지는 사용될 때 대기 중으로 방출되는 모든 탄소 그 자체가 비교적 짧은 시간 안에 대기로부터 얻어졌기 때문에 근본적으로 탄소 중립이다. 여러 생성물의 유용성과 사용 가능성이 사용자에게 다르듯이 여러 다른 공정의 에너지 및 경제적 효율성은 다 다르다.

바이오에너지 시스템의 선택에 영향을 미칠 수 있는 요인을 검토하면서 각종 공정과 생성물들이 실제 예들과 함께 제시되었다. 실제로 채택될 기술들은 정부 정책, 그 나라의 물리적/생물학적/경제적 상황, 세계적인 화석연료 가격에 좌우될 것이다.

References

AEA (2011) *2011 Guidelines to Defra/DECC's Greenhouse Gas Conversion Factors for Company Reporting*, Excel spreadsheet, available at http://www.defra.gov.uk (accessed 14 November 2011).

Ahrer, W. (2008) *Bio-methane and bio-hydrogen from organic by-products and their applicability as transport fuels* [online], Profactor, http://www.a3ps.at/site/images/stories/a3ps_allgemein/A3PS_TPF_2008/Biofuels/02_ahrer_tpf2008_05_28.pdf (accessed 20 January 2011).

Anderson, T., Doig, A., Rees, D. and Khennas, S. (1999) *Rural energy services: A Handbook for Sustainable Energy Development*, London, Practical Action.

Beringer T. D., Lucht, W. and Schaphoff, S. (2011) 'Bioenergy production potential of global biomass plantations under environmental and agricultural constraints', *GCB Bioenergy*, vol. 3 [online] doi: 10.1111/j.1757-1707.2010.01088.x (accessed 4 April 2011).

BFM (2005) *Benchmarking wood waste combustion in the UK furniture manufacturing sector* [online], London, Association for British Furniture Manufacturers, BFM Ltd http://www.bfmenvironment.co.uk/images/BFM%20Wood%20combustion%20benchmarking%20-%20full1.pdf (accessed 31 March 2011).

Biomass Energy Centre (2011a) *Typical calorific values of fuels* [online], http://www.biomassenergycentre.org.uk/portal/page£_pageid=75,20041&_dad=portal&_schema=PORTAL (accessed 18 May 2011).

Biomass Energy Centre (2011b) *BEAT2* [online], http://www.biomassenergycentre.org.uk/portal/page£_pageid=74,153193&_dad=portal&_schema=PORTAL (accessed 12 January 2011).

Björheden, R. (2006) 'Drivers behind the development of forest energy in Sweden', *Biomass and Bioenergy*, vol. 30, no. 4, pp. 289–95.

BP (2006) *Biobutanol fact sheet* [online] http://www.bp.com/liveassets/bp_internet/globalbp/STAGING/global_assets/downloads/B/Bio_biobutanol_fact_sheet_jun06.pdf (accessed 16 June 2011).

BP (2010) BP Statistical Review of World Energy 2010, *London, The British Petroleum Company*; available at http://www.bp.com (accessed 3 October 2011).

Centre for Rural Policy Research (2005) Farm Management Handbook 2005, Exeter, University of Exeter.

Clarens, A. F., Resurreccion, E. P., White, M. A., Colosi, L. M. (2010) '*Environmental life cycle comparison of algae to other bioenergy feedstocks*', *Environ. Sci. Technol.*, vol. 44, no. 5, pp. 1813–19.

Davies, S. C., Anderson-Teixeira, K. J. and DeLucia, E. H. (2009) '*Life-cycle analysis and the ecology of biofuels*', *Trends in Plant Science*, vol. 14, no. 3, pp. 140–6.

DECC (2010a) *Energy statistics: renewables* [online], http://www.decc.gov.uk/en/content/cms/statistics/source/renewables/renewables.aspx (accessed 29 March 2011).

DECC (2010b) *Quarterly Energy Prices, December 2010* [online], http://www.decc.gov.uk/en/content/cms/statistics/publications/prices/prices.aspx (accessed 4 April 2011).

DECC (2011) *Energy statistics: calorific values* [online], http://www.decc.gov.uk/en/content/cms/statistics/source/cv/cv.aspx (accessed 13 May 2011).

DECC (2012) *UK Bioenergy Strategy* (online), http://www.decc.gov.uk/en/content/cms/meeting_energy/bioenergy/strategy/strategy.aspx (accessed 26 April 2012).

DEFRA (2007) *Waste strategy for England 2007 Annexes* [online], http://archive.defra.gov.uk/environment/waste/strategy/strategy07/documents/waste07-annexes-all.pdf (accessed 16 June 2011).

DEFRA (2008) *Waste Wood as a Biomass Fuel: Market information report, London, DEFRA*; also available at http://archive.defra.gov.uk/environment/waste/topics/documents/wastewood-biomass.pdf (accessed 16 June 2011).

DEFRA (2009) *Developing an Implementation Plan for Anaerobic Digestion: Report of the Anaerobic Digestion Task Group July 2009* [online], http://archive.defra.gov.uk/environment/waste/ad/documents/implementation-plan.pdf (accessed 16 June 2011).

DTI (2004) *Renewables Innovation Review: Biomass* [online], Department of Trade and Industry http://webarchive.nationalarchives.gov.uk/+http://www.berr.gov.uk/files/file22017.pdf (accessed 31 March 2011).

EDIE (1999) *Switzerland: illegal waste burning is largest source of dioxin says environment agency* [online], http://www.edie.net/news/news_story.asp£id=1693

(accessed 18 May 2011).

EIA (2010) *World Coal Consumption 1980–2008* [online], US Energy Information Administration, http://www.eia.doe.gov/aer/txt/ptb1115.html (accessed 29 March 2011).

El Bassam, N. (2010) Handbook of Bioenergy Crops: A Complete Reference to Species, Development and Applications, London, Earthscan.

EPA (2010) *Methane: Sources and emissions* [online], http://www.epa.gov/methane/sources.html (accessed 31 March 2011).

ETSU (1999) *New and Renewable Energy: Prospects in the UK for the 21st Century: Supporting Analysis, Energy Technology Support Unit,* ETSU R-122; also available at http://webarchive.nationalarchives.gov.uk/+http://www.berr.gov.uk/files/file21102.pdf (accessed 31 March 2011).

European Pellets Centre (2008) *2nd Newsletter of the Pellets@las project* [online], http://www.pelletsatlas.info/pelletsatlas_docs/showdoc.asp£id=090313113002&type=doc&pdf=true (accessed 11 Nov 2010).

Everett, B., Boyle, G. A., Peake S. and Ramage, J. (eds) (2012) *Energy Systems and Sustainability*: Power for a Sustainable Future (2nd edn), Oxford, Oxford University Press/Milton Keynes, The Open University.

Faaij, A. P. C. (2006) 'Bio-energy in Europe: *changing technology choices*', *Energy Policy*, vol. 34, no. 3, pp. 322–42.

Field, C. B., Campbell, J. E. and Lobell, D. B. (2008) 'Biomass energy: *the scale of the potential resource*', *Trends in Ecology and Evolution*, vol. 23, no. 2, pp. 65–72.

Forestry Commission (2010) *UK Wood Production and Trade (provisional figures)* [online], Edinburgh, Economics & Statistics, Forestry Commission http://www.forestry.gov.uk/pdf/trprod10.pdf/ $FILE/trprod10.pdf (accessed 31 March 2011).

Griffiths, M. J. and Harrison, S. T L. (2009) *'Lipid productivity as a key characteristic for choosing algal species for biodiesel production', Journal of Applied Phycology*, vol. 21, no. 5, pp. 493–507.

Haberl, H., Erb, K. H., Krausmann, F., Gaube, V., Bondeau, A., Plutzar, C., Gingrich, S., Lucht, W., Fischer-Kowalski, M. (2007) 'Quantifying and mapping the human appropriation of net primary production in Earth's terrestrial ecosystems', *Proceedings of the National Academy of Sciences of the USA*, vol. 104, no. 31, pp. 12942–7; also available from http://www.pnas.org/content/104/31/12942.full.pdf+html (accessed 29 March 2011).

Hall, D. O. and Rao, K. K. (1999) *Photosynthesis (Studies in Biology)* (6th edn), Cambridge, Cambridge University Press.

Haq, Z. (2002) *Biomass for energy generation* [online], Washington, Energy Information Administration http://www.eia.gov/oiaf/analysispaper/biomass/pdf/

biomass.pdf (accessed 31 March 2011).

Health Protection Agency (2009) *The impact on health of emissions to air from municipal waste incinerators* [online], http://www.hpa.org.uk/web/HPAwebFile/HPAweb_C/1251473372218 (accessed 4 April 2010).

Hoogwijk, M., Faaij, A., van den Broek, R., Berndes. G., Gielen, D. and Turkenburg, W. (2003) 'Exploration of the ranges of the global potential of biomass for energy', Biomass and Bioenergy, vol. 25, no. 2, pp. 119–33.

IEA (2007) *'Biofuel production', IEA Energy Technology Essentials, ETE02, January 2007* [online], http://www.iea.org/techno/essentials2.pdf (accessed 9 February 2011).

IEA (2010a) *Key World Energy Statistics 2010, International Energy Agency; also available at*: http://www.iea.org/textbase/nppdf/free/2010/key_stats_2010.pdf (accessed 29 March 2011).

IEA (2010b) *Member Country Reports* [online], http://www.iea-biogas.net/_content/publications/member-country-reports.html (accessed 3 January 2010).

IEA (2010c) Energy Poverty: *How to make modern energy access universal£, International Energy Agency; also available at*: http://www.worldenergyoutlook.org/docs/weo2010/weo2010_poverty.pdf (accessed 4 April 2011).

IEA Bioenergy (2009) *Bioenergy – a Sustainable and Reliable Energy Source (Executive Summary)* [online], IEA Bioenergy, www.ieabioenergy.com/MediaItem.aspx£id=6360 (accessed 29 March 2011).

Inbicon (2010) *Background: Bringing cellulosic ethanol production to industrial scale at Kalundborg* [online], http://www.inbicon.com/projects/kacelle/pages/background.aspx (accessed 7 January 2011).

Jannasch, R., Quan, Y. and Samson, R. (2002) *A process and energy analysis of pelletizing switchgrass* [online], REAP-Canada http://www.reap-canada.

com/online_library/feedstock_biomass/11%20A%20Process.pdf (accessed 31 March 2011).

Jin, J-Y., Wu, R. and Liu, R. (2002) *'Rice production and fertilization in China', Better Crops International, vol. 16, Special Supplement May 2002, pp. 26–9; also available online a*t: http://www.ipni.net/ppiweb/bcropint.nsf/$webindex/BD1D60B1CA86D2D185256BDC007762DC/$file/BCI-RICEp26.pdf (accessed 31 March 2011).

Kantor, L. S., Lipton, K., Manchester, A. and Oliveira, V. (1997) *'Estimating and addressing America's food losses', Food Review*, vol. 20, no. 1, pp. 1–12; also available at http://www.ers.usda.gov/Publications/FoodReview/Jan1997/Jan97a.pdf (accessed 9 February 2011).

Kato, M., DeMarini, D. M., Carvalho, A. B., Rego, M. A. V., Andrade, A. V., Bonfim, A. S. V. and Loomis, D. (2005) *'World at work: Charcoal producing industries in northeastern Brazil'*, *Occupational and Environmental Medicine*, vol. 62, pp. 128–32.

Kishore, V. V. N., Bhandari, P. M. and Gupta, P. (2004) *'Biomass energy technologies for rural infrastructure and village power – opportunities and challenges in the context of global climate change concerns'*, *Energy Policy*, vol. 32, no. 6, pp. 801–10.

Kuiper, L. and Oldenburger, J. (2006) *The harvest of forest residues in Europe* [online], Biomassa-upstream Stuurgroep, Report on bus ticket no. D15a, http://www.probos.net/biomassa-upstream/pdf/reportBUSD15a.pdf (accessed 31 March 2011).

Ladanai, S. and Vinterbäck, J. (2009) *Global potential of sustainable biomass for energy, SLU, Swedish University of Agricultural Sciences, Department of Energy and Technology Report 013; also available at*: http://www.bioenergypromotion.net/bsr/publications/global-potential-of-sustainable-biomass-for-energy (accessed 4 April 2011).

LTS International (2006) *A review of the potential impacts of short rotation forestry* [online], LTS International http://www.forestry.gov.uk/pdf/SRFFinalReport27Feb.pdf/$FILE/SRFFinalReport27Feb.pdf (accessed 4 April 2011).

Mani, S. (2006) *'Simulation of biomass pelleting operation'* [online], Bioenergy Conference & Exhibition 2006, Prince George, May 31, http://www.bioenergyconference.org/docs/speakers/2006/Mani_BioEn06.pdf (accessed 31 March 2011).

Manurung, R. and Beenackers, A. A. C. M. (1990) *'Field test performance of open core downdraft rice husk gasifiers'*, *Biomass for Energy and Industry, 5th EC Conference*: proceedings of the International Conference on Biomass for Energy and Industry, Lisbon, October 9–13, London, Elsevier, pp. 2.512–2.523.

Ministry of New and Renewable Energies (2010) *Implementation of National Biogas and Manure Management Programme (NBMMP) during 11th Five Year Plan* [online], Government of India, Ministry of New and Renewable Energy (Bio-energy technology development group), No. 5-5/2009/BE; available at http://www.mnre.gov.in/adm-approvals/biogasscheme.pdf (accessed 9 February 2011).

Mitchell, P., Kiel J., Livingston, B. and Dupont-Roc, G. (2007) *A foresighting study into the business case for pellets from torrefied biomass as a new solid fue*l [online], http://www.all-energy.co.uk/UserFiles/File/2007PaulMitchell.pdf (accessed 31 March 2011).

Moreira, J. R. (2006) *'Global biomass energy potential'*, *Mitigation and Adaptation Strategies for Global Change*, vol. 11, pp. 313–42.

NNFCC (2007) *NNFCC Position Paper. Biorefineries: Definitions, examples of current activities and suggestions for UK development* [online], http://www.nnfcc.

co.uk/publications/NNFCC-position-paper-biorefineries-definitions-examples-of-current-activities-and-suggestions-for-UK-development (accessed 16 June 2011).

NNFCC (2010) *Environmental Assessment Tool for Biomaterials* [online], http://www.nnfcc.co.uk/chemicals-materials/our-services/lca-of-chemicals-and-materials/environmental-assessment-tool-for-biomaterials (accessed 30 March 2011).

Perrin, R. K. (2009) *Is Corn Ethanol Economically Viable in the Long Run£* [online], Lincoln, NE, Department of Agricultural Economics, University of Nebraska-Lincoln http://digitalcommons.unl.edu/ageconfacpub/79/(accessed 4 April 2011).

POST (2007) *'Energy and Sewage' Parliamentary Office of Science and Technology postnote April 2007, Number 282* [online], http://www.parliament.uk/documents/post/postpn282.pdf (accessed 31 March 2011).

Purohit, P. and Michaelowa, A. (2007) *'CDM potential of bagasse cogeneration in India', Energy Policy*, vol. 35, no. 10, pp. 4779–98.

Rawlinson S. and Hicks M. (2010) *Cost model: Energy from waste* [online], Building.co.uk, http://www.building.co.uk/data/cost-model-energy-from-waste/3162156.article (accessed 4 April 2011).

REN21 (2011) *Renewables 2011 Global Status Report*, REN21 Secretariat, Paris, 216pp. http://www.ren21.net/Portals/97/documents/GSR/GSR2011_Master18.pdf (accessed 18 November 2011).

Risovic´, S., Djukic´, I. and Vucˇkovic´, K, (2008) *'Energy analysis of pellets made of wood residue', Croatian Journal for Engineering*, vol. 29, no. 1, pp. 95–108; also available at http://crojfe.sumfak.hr/v29no1/11risovic95.pdf (accessed 31 March 2011).

Royal Society (2008) *Sustainable biofuels*: prospects and challenges, London, Royal Society; also available at: http://royalsociety.org/Sustainable-biofuels-prospects-and-challenges/(accessed 16 June 2011).

Sapphire Energy Recovery (2009) *Press Release: Lafarge becomes sole owner of Sapphire Energy Recovery* [online], http://www.sapphirerecovery.co.uk/media/pr_2009/Lafarge%20Cement%20UK%20becomes%20sole%20owner%20of%20Sapphire%20Energy%20Recovery.pdf (accessed 31 March 2011).

Scurlock, J. (2011) *Personal communication.*

Shackley, S., Carter, S., Sims, K. and Sohi, S. (2011) 'Expert perceptions of the role of biochar as a carbon abatement option with ancillary

agronomic and soil-related benefits', Energy & Environment, vol. 22, no. 3, pp. 167–88.

Sims, R. E. H. (2002) *The Brilliance of Bioenergy*: In Business and in Practice,

London, James and James.

Slade, R., Bauen, A., and Gross, R. (2010) *The UK bio-energy resource base to 2050: estimates, assumptions, and uncertainties, UK Energy Research Centre*, UKERC/WP/TPA/2010/002; also available at http://www.ukerc.ac.uk/support/tiki-download_file.php£fileId=727 (accessed 1 April 2011).

Slesser, M. and Lewis, C. (1979) Biological energy resources, London, E.& F.N. Spon.

Smith, P., Powlson, D. S., Smith, J. U., Falloon, P. and Coleman, K. (2000) *'Meeting Europe's climate change commitments: quantitative estimates of the potential for carbon mitigation by agriculture', Global Change Biology*, vol. 6, pp. 525–39.

The Oil Drum (2008) *Updated Corn Ethanol Economics* [online], http://www.theoildrum.com/node/4208 (accessed 4 April 2011).

UNDP (2000) *World Energy Assessment,* New York, United Nations Development Programme; also available online at http://www.undp.org/energy/activities/wea/drafts-frame.html (accessed 29 March 2011).

United Nations Foundation (2008) *Sustainable Bioenergy Development in UEMOA Member Countries* [online], http://www.globalproblems-globalsolutions-files.org/gpgs_files/pdf/UNF_Bioenergy/UNF_Bioenergy_exec_summary.pdf (accessed 16 June 2011).

USDA (2007) *Fuel Value Calculator* [online], Madison, WI, Forest Products Laboratory http://www.fpl.fs.fed.us/documnts/techline/fuel-value-calculator.pdf (accessed 31 March 2011).

WHO (2003) *Diet, nutrition and the prevention of Chronic Diseases*: Report of a Joint WHO/FAO Expert Consultation, WHO Technical Report Series 916.

WRAP (2009) *Household food and drink waste in the UK, Banbury*, WRAP; also available online at http://www.wrap.org.uk/downloads/Household_food_and_drink_waste_in_the_UK_-_report.70fec881.8048.pdf (accessed 11 January 2010).

WRc (2003) *Refuse Derived Fuel, Current Practice and perspectives* (B4-3040/2000/306517/MAR/E3), WRc plc, CO 5087-4; also available online at http://ec.europa.eu/environment/waste/studies/pdf/rdf.pdf (accessed 31 March 2011).

Chapter 5

수력발전

5.1 도입

> 환경 파괴를 최소화하면서 사회 경제적 발전을 촉진하고 빈곤을 탈피하는 것은 21세기를 시작할 때 가장 심각한 도전 중의 하나이다. 이 도전은 인류의 생존에 필수적인 요소인 물과 에너지의 정책에서 가장 확연하게 드러난다.
>
> (지속 가능한 수력발전, 2011a)

풍력발전처럼 대부분의 다른 재생에너지와 마찬가지로 수력은 태양의 에너지를 간접적으로 이용하면서 수 세기 동안 여러 지역에서 에너지 공급원으로 역할을 수행해 왔다. 100여 년이 넘게 주요한 '현대적' 에너지원이 되어 몇몇 초기 발전소로 사용되었다. 수력발전은 이미 기술적으로 성숙되어 가격 경쟁력까지 어느 정도 확보되어 (저술되고 있는 시점에) 세계의 연간 전기 생산량의 1/6정도를 차지한다(그림 5.1).

수력발전 시스템의 주요한 구성과 용어를 설명하기 위해 이번 장에서는 상대적으로 근대적인 수력발전소를 설명하겠다.

약 75년 전에 건설되었고 여전히 초기 형태로 운영되고 있는 스코틀랜드의 수력발전소들은 수력발전의 기술적, 경제적 측면의 전형적인 사례로 사용할 수 있다.

이번 장에서는 수자원의 특성에 대해 살펴보고 나서 현재 전 세계 에너지에서 차지하는 비중에 대해 다루겠다. 수력발전의 기본적 과학원리 및 수력 발전 개발에 대한

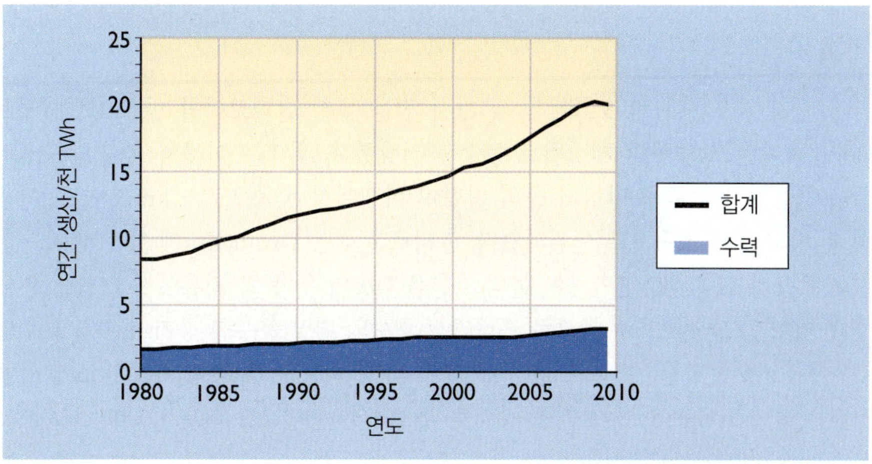

그림 5.1 • 1980~2009년 세계 전체 전기 생산량과 수력 발전(출처 : BP 2010).

간략한 역사를 요약하고 7과 8절에서는 근대적 터빈 시스템에 대해 설명한다.

나머지 절에서는 수력발전의 잠재력과 문제점을 다룰 것이다. 모든 재생에너지를 다룰 때 흔히 언급되는 비용과 출력의 변동성, 그리드 시스템에 통합되는 비용, 신뢰성의 이슈를 살펴볼 것이다. 그러나 대형 수력발전에서는 그 규모의 확장에 대한 한계가 있는지 한계를 결정하는 요소는 무엇인지 그리고 우리가 그 한계에 도달했는가와 같이 다른 주요한 질문을 다룰 것이다.

5.2 갤러웨이 수력발전

스코틀랜드 남서부 Dee 강에 있는 갤러웨이 수력발전 단지는 다양한 측면에서 흥미로운 연구 주제이다. 이는 1935년에 준공 당시 영국 최초로 전력 수요가 가장 높을 때를 대비해 추가 전력을 공급하기 위해 설계되었다. 6개의 발전소로 구성되어 있지만 하나의 통합된 시스템으로 구성되어 제어된다. 몇몇 댐은 주요 연어 낚시로 이용되던 강들이어서 수력발전에 흔히 발견되는 환경 문제에 대한 논쟁을 불러일으키기도 했다. 발전소별 건설 장소 여건이 매우 달라서 각각 몇 가지 형태의 다른 터보 발전기를 사용해야 했기 때문에 기술적으로도 흥미로운 점을 지니고 있었다.

기원

갤러웨이 수력발전 단지에 대해서는 지역적 필요성이 인식되어 의회의 시행령 법에 의해 건설되게 되었다(Scottishpower, 2011). 처음 강과 남서 스코틀랜드의 호수의 수력을 사용해 전기를 생산하려는 제안이 1890년대에 등장했지만 그 계획은 1920년대 전국 전력망(National Grid)이 설립된 이후에야 실현 가능해졌다. 대규모 산업 광역도시권인 글래스고라는 고객이 있었고 일별 그리고 계절별 수요 증대에 신속하게 대응할 수 있는 발전소가 필요했기 때문에 석탄 화력발전에만 의존했을 뻔했던 이곳에 수력발전소가 건설되었다.

계획

발전 단지 시스템(그림 5.2)에서 세 가지 점을 우선 살펴보아야 한다. 첫 번째로 Doon 호수는 오랫동안 계절별로 용수를 저장했다. 원래는 이곳의 물이 북쪽으로 흐르지만 여기에 댐을 만들어 물의 방향이 바뀌어서 동쪽으로 2 km 터널을 이용해 켄 강의 상부 계곡으로 연결되었다. 흥미로운 점은 Drumjohn에 있는 밸브이다. 전력 수요가 낮을 때 이 밸브는 물의 흐름을 Dee의 두 동쪽 지류에서 터널을 통해 '반대 방향'인 Doon 호수 쪽으로 흘러가서 호수의 저장 용수를 증가시킨다. 호수의 수위를 12 m나 바꿀 수 있고 80만 m^3의 물을 방류할 수 있다. 높이 200 m에서 떨어지는 물이 Tongland에서 최종 방류될 때 1억 5,000만 MJ 혹은 4,000만 kWh 이상 되는 에너지를 생산할 수 있다.

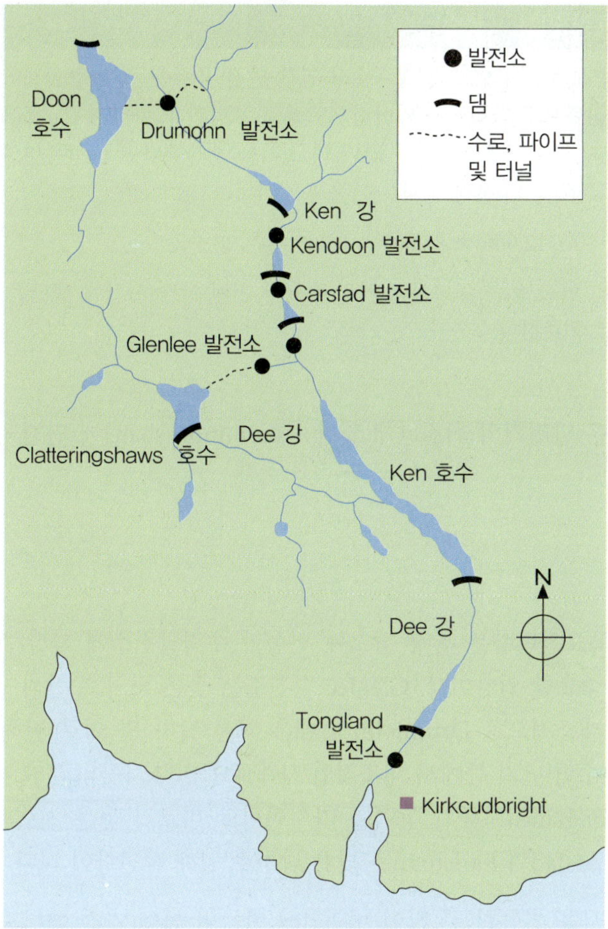

그림 5.2 • 갤러웨이 수력발전소(출처: Hill, 1984에서 변형).

그림 5.3 • Carsfad 발전소와 댐.

두 번째는 하루 동안에도 단기간에 변화하는 수요에 대한 빠른 대응을 위해서 Ken(Water of Ken) 강을 따라서 Dee 강의 입구 근처인 Kendon, Carsfad, Earlstoun, Tongland에 건설된 일련의 발전소이다.

세 번째로 Clatteringshaws 호수는 Dee 강에 지류가 흘러 물이 공급되며 주 계곡의 서쪽으로 이어진다. 이 호수는 발전단지 내에서 유일한 완전 인공 저수지인데 약 6 km 길이의 터널과 파이프를 통해 100 m 이상의 낙차를 이용해 Earlstone 밑에서 Ken 강에 합쳐지기 전에 24 MW의 전력을 Glenlee 발전소에서 생산한다.

전력

수력발전의 핵심이 되는 특성변수는 실제 낙하 높이(물이 떨어지는 높이, H라 표시, 낙차)와 유량(초당 발전소를 통과하는 물의 세제곱미터의 양, Q)이다. 5절에서 더 자세히 살펴보겠지만 발전양은 두 변수의 곱의 약 10배 정도이다.

$$P\,(\text{kW}) = 10 \times Q \times H$$

물이 가지고 있는 에너지가 전기에너지로 전환되는 것은 터보 발전기에 의해 이루

Box 5.1 용량 인자 – 복습

1장에서 살펴 보았듯이 어느 발전소든지 연간 발전 용량은 그것의 실제 연간 생산량을 최대 가능 생산량으로 나누어서 일반적으로 %로 표현된다. 따라서 Carsfad가 12,000 kw의 용량을 가지고 1년 동안 3천만 kWh의 전기를 생산했다면 (1년은 8,760시간이라는 것을 기억) 그 발전소의 용량 인자는 다음과 같다. :

$$30 \times 10^6/(12{,}000 \times 8{,}760) = 0.285 \text{ 혹은 } 28.5\%$$

물론 실제로는 연간 용량 인자는 전기의 수요와 어떤 특정 시간에 생산한 양의 두 가지에 공통적으로 의존한다.

어진다. 터빈은 발전기의 회전날개 일반 축(common shaft)에 연결되어 물에 의해 회전한다.

터빈

낙하높이와 목표전력량은 특정 장소에 건설할 수력발전소에 가장 적합한 터빈을 결정하는 데 중요한 인자이다. Glenlee 발전소는 높은 낙차로 인해 최대 생산량을 보이며 이에 대조적으로 Drumjohn의 매우 낮은 낙차 및 이로 인해 적은 발전량은 Galloway 수력 단지 중에서 대조적인 사례로 꼽힌다. 4곳의 주요 발전소 중에서 Kendon과 Tongland는 중간 높이를 가지면서도 비교적 높은 전력을 생산한다고 평가받으며 Carsfad와 Earlstoun은 낮은 낙차로 인해 발전량이 적다.

모든 터빈은 물을 가능한 한 많이 비껴가게 만들어 물이 가진 에너지를 최대로 추출하도록 설계된 곡선 모양의 날개들로 구성되어 있다. 날개와 그 지지대는 터빈 날개(runner)를 구성하고 물은 터빈의 종류에 따라 터널과 유도날개 혹은 제트(jet, 분출관)를 통해 터널 날개로 연결된다. 갤러웨이 발전소는 두 가지 종류의 날개(runner) — 프로펠러형(propeller)과 프랜시스 터빈(Francis turbines) — 를 가지고 있다(그림 5.17 참조). 나중에 더 자세히 살펴보겠지만 '프로펠러형'은 낮은 높이에서 많은 유량의 용수를 처리하는데 프랜시스 터빈은 낙차가 중간 정도에서 클 때까지 적합하다. 표 5.1과 표 5.2를 비교해보면 갤러웨이 단지에서 선택된 터빈은 이러한 요건에 부합한다는 것을 알 수 있다.

연어

그림 5.4 • Tongland의 어로.

발전소 인가 과정에서 주요 환경 문제로 대두한 것이 연어에 대한 잠재적 영향이다. 몇몇 댐의 건설은 산란을 위해 상류로 올라가는 어미 연어와 반대방향으로 내려가는 어린 연어들의 이동을 막게 될 것이라는 우려가 제기됐다. 이에 대한 대책으로 자유로이 물고기가 이동할 수 있도록 4개의 댐에서 어로(fish ladder)가 만들어졌다. 어로는 계단식으로 이어진 웅덩이 형태인데 계속해서 아래로 물길을 만들어 물고기를 유도하고 물고기는 댐 한쪽에서 다른 쪽으로 이동하게 된다(그림 5.4). Doon 댐은 웅덩이가 길게 연속될 만큼 충분하지 않아 어로가 원형탑 안에 있다.

표 5.1 갤러웨이 발전 단지의 발전소 구성.

발전소	평균높이(m)	최대유량(m^3/s)	출력용량(MW)	터빈 갯수
드럼존	11	16	2	1
켄둔	46	55	24	2
카스파드	20	73	12	2
얼스토운	20	71	14*	2
글렌리	116	26	24	2
통랜드	32	127	33	3

* 비록 평균 높이와 유량은 Carsfad와 비슷하지만 Earlstoun의 약간 높은 댐은 계절적 변화를 이용할 수 있게 해 준다(출처: ScottishPower, 2011).

표 5.2 갤러웨어 발전단지에서 사용된 터빈.

발전소	터빈(MW)	터빈 방식	회전 수(rpm)
Drumjohn	2	프로펠러	300
Kendoon	12	프란시스	250
Carsfad	6	프로펠서	214.3
Earlstoun	7	프로펠러	214.3
Glenlee	12	프란시스	428.6
Tongland	11	프란시스	214.3

* 이들 비율이 의미하는 바는 7절에서 설명됨(출처: Scottish power, 2011).

물고기가 이 나선형 계단을 찾는 데는 어려움이 없다고 한다. Glenlee에서는 이 연어가 문제가 되지 않는데 이는 연어가 독립적으로 만들어진 Clatteringshaws 호수로는 가지 않기 때문이다(더 상세한 환경 영향 평가가 필요하다는 것을 지적할 필요가 있다).

경제성

갤러웨이 발전소 시스템은 전기 수요가 최대일 때 전력을 공급하는데 초점을 두고 구축되었다. 즉, 하루에 단지 몇 시간 동안만 전력을 생산한다고 가정했다. 따라서 연간 용량 인자 또는 부하계수가 25%보다 낮을 것으로 예상하며 이는 투자 대비 빈약한 결과라고 생각될 수 있다. 실제로 수력 발전소는 유사한 용량의 화력발전소보다 비용이 더 많이 소요된다. 그러나 몇 가지 상황을 고려할 때 이것은 경제적으로 매력적이다.

- 계획된 출력에 대해 확실한 수요를 예측 가능.
- 처음 3년간 연간 6만 파운드(현재 화폐 가치로 100만 파운드)의 재정 지원을 받아 20% 정도의 단위 비용을 절감.
- 석탄 화력발전보다 낮게 지방 세금 비율을 책정.

처음부터 수요와 그에 따른 경제적 성과는 예상을 초과했고 지금까지도 단지 몇 년의 심각한 가뭄 때에만 계획된 수준 아래로 떨어졌다(ScottishPower, 2010). 거의 70년이 지난 지금까지도 초기의 5개 발전소는 여전히 전력을 생산하고 Drumjohn 밸브에는 2 MW 발전소가 1984년 추가로 지어졌다. 전체 발전 단지는 Glenlee의 엔지니어에 의해 운영되었는데 이곳에서만 사람이 운전했다. 물론 초기 건설비용은 오래전에 회수되었다.

5.3 수력: 자원

수력발전의 '자원(resource)'은 다른 재생에너지 자원과 같이 기본적으로 에너지가 전달되는 전력의 양이다. 그러나 자원이 실질적으로는 저장된 에너지의 양(석탄 톤, 석유 배럴 등)을 의미하는 다른 주요 에너지원과 비교를 위해서 수력 자원을 1년 동안에 총 발전량에 의해서 설명하는 것이 일반적이다. 국가적 혹은 전 세계적으로 사용되는 단위는 연간 테라와트 시간(terawatt hours per year, TWh/년 (1TWh = 3.6 PJ or 1 EJ = 278 TWh))이다.

세계 자원

우리는 그림 1.9에서 지구 표면에 도달하는 태양에너지의 540만 EJ(15억TWh)의 약 1/4이 매년 지구에서 물이 수증기로 증발되는 데 사용된다는 사실을 알았다. 따라서 대기 중의 수증기는 지속해서 변환되는 막대한 에너지 저장고라 말할 수 있다. 불행히도 그 에너지의 대부분은 우리가 사용할 수 없다. 수증기가 물로 응축될 때 대부분의 저장된 에너지는 열의 형태로 대기 중에 방출되고 결국에는 우주로 재발산된다. 그러나 아주 적은 양, 약 200,000 TWh/년은 비나 눈으로 지구 표면에 도달한다. 대략 이러한 강우량의 1/5은 산이나 구릉 지대로 떨어져 강을 따라 흘러 바다에 도달한다. 이러한 물의 흐름에 의한 에너지의 양이 대략 40,000 TWh/년이며 이것이 전 세계 수력 발전 자원이라고 여겨진다.

모든 강이나 개울에 수력발전소를 건설하는 것은 분명히 가능하지도, 바람직하지도 않다. 따라서 이러한 에너지양 중에 실제로 이용 가능한 부분은 더 적으며 이 책을 작성할 시점 기준으로 전 세계의 **기술적 가용 수력발전 양**은 연간 16,000 TWh/년이며 대략 위 에너지양의 2/5에 해당한다. 60년 전에는 이러한 발전량이 6,000 TWh/년이었다는 것을 감안한다면 이 수치는 미래에도 증가할 것이다. 그리고 몇몇 국가들은 그들의 '기술 잠재량'을 완전히 조사된 지역에 한해서만 포함하는 것처럼 국가별로 측정방법이 서로 다르므로 이 수치 변경의 가능성은 충분히 있다.

> 실제 자원을 측정하는데 한 가지 중요한 문제가 남아 있다: '다른 자원으로 만든 전력에 비교하여 경쟁력이 있는 가격에 생산 가능한 수력 발전량은 얼마인가?' 다르게 말하면 수력발전의 **경제적 잠재량**은 얼마인가? 수력발전의 재정에 대한 이슈는 11절에서 다루었고 10장에서는

> 다양한 자원으로 만든 전기의 상대적 가격을 고려했다. 그러나 국가별 경제적 잠재량은 다양한 인자에 따라 달라진다. 어떤 학설에 의하면 전체 자원의 부분은 현재의 기술적 한계와 현재 및 미래의 지역 경제 여건에 따라 이용될 수 있다. 이 수치는 사회적, 환경적 측면에서 경제적 한계치에 포함될 수도 혹은 안 될 수도 있다
>
> (WEC, 2010a).

이것은 많은 문제가 있음을 나타내며 신뢰할 수 있는 국가별, 지역별 수력발전의 경제적 잠재량을 계산하는 것이 기술적 잠재량의 총량보다 훨씬 더 산출하기 어려운 것이 명확하다. 따라서 다음은 단지 총자원량과 기술적 잠재량만을 고려하고 경제적 비용 부분은 11절에서 다룰 것이다.

국내외적으로 두 가지 중요한 질문을 할 수 있다. 수력발전의 잠재량 중에서 얼마나 상용화가 가능하며 이를 위해 우리가 얼마나 투자해야 하는가이다. 다시 말해서 우리는 실현 가능성과 경제성을 고려해야 한다. 이러한 문제에 대해 나중에 다시 살펴보겠다.

지역별 자원

표 5.3의 첫 째 칸에서 전 세계 지역별 수력발전 자원의 추산치와 기술적 잠재량을 전체 발전 가능량과의 비율과 함께 보여준다. 이전에 우리가 살펴보았듯이 전 세계의 기술적 잠재량은 전체 가능량의 2/5 이상 된다는 것을 보여준다. 또한 이 수치는 각 지역별로 서로 다름을 알 수 있다.

그러나 우리가 지역별로 그들의 잠재량에 비교해 얼마나 수력발전을 개발했는가를 살펴보면 상황은 매우 다르다. 이 표에서는 2009년 전 세계 잠재량이 기술적 잠재량의 약 1/5에 해당하며 앞으로 약 4배의 출력 향상이 가능한 것처럼 보인다. 하지

표 5.3 지역별 수력발전 잠재량과 출력(2009).

지역	자원			출력		
	총자원량 (TWh/년)	기술적 잠재량 (TWh/년)	기술적 잠재량의 비중	기 설치용량 (GW)	연간출력 (TWh/년)	세계 총 출력 대비 비중
북미	5500	2420	15%	168	670	21%
남미	7500	2840	18%	132	730	22%
유럽	4900	2760	17%	221	750	23%
중동	690	280	1.7%	22	11	<1%
아프리카	3900	1890	12%	22	97	3%
아시아	16600	5590	35%	307	980	30%
오세아니아	700	230	1.5%	13	36	1%
전세계	39800	16000		874*	3272	

* 여기서 총량은 소수력을 포함하거나 포함하지 않는 국가별 데이터에 근거함. 어떤 문헌들은 소수력을 포함한 전 세계 총 용량이(4절 참조) 1,000GW에 근접한다고 함(출처 : WEC, 2010a; BP, 2010).

만 이것은 각 국가별로도 가능하다는 것은 아니다.

상당한 수력발전이 가능한 지역은 세 군데로 나눌 수 있다. 아메리카와 유럽의 현재 출력은 기술적 잠재량의 약 1/4과 1/3 사이에 있고 이는 아마도 향후 성장의 최소치가 될 것이다. 아시아는 아직 1/5에 훨씬 못 미친다. 그러나 중국과 인도의 경우 개발 비율이 발전 속도에 따라 크게 달라진다.

12%의 전 세계 기술적 잠재량을 가지고 있지만 단지 3%의 출력을 내는 아프리카의 경우 이와 매우 다른 상황이다. 아프리카 대륙의 강을 주로 개발했다: 가나의 볼타 강, 이집트 나일 강, 짐바브웨와 모잠비크의 잠베지 강. 그러나 향후 아프리카의 발전 방향에는 많은 논의가 필요하다. 여기에 주요한 부분이 콩고 강의 수력발전소들을 건설하는 친아프리카 발전 개발 계획인 그랜드 잉가 프로젝트이다(상세 설명은 12절 참조).

국가별 자원

표 5.4는 2009년의 수력발전이 50 TWh이상인 11개국과 주목해야 할 주요 유럽 국가의 데이터를 보여 준다. 몇몇 국가는 벌써 기술적 잠재량의 절반 이상을 개발한 것은 주목할 만하다. 그러나 위에서 언급했듯이 어떤 나라들은 '기술적 잠재량'을 이미 상세하게 연구된 지역으로 한정하는 나라도 있다. 거대한 미개척지를 가지고 있는 캐나다와 이미 완전한 환경적 산정이 완료된 지역에만 '기술적 잠재량'을 포함하는 스위스가 대표적인 예이다.

표 5.4 국가별 수력발전 잠재력과 기여도(2009)

국가	기술적 잠재량 (TWh/년)	기 설치용량 (GW)	연간 출력 (TWh/년)	평균 용량 비중	국가 발전 비중
China	2500	171	616	41%	17%
Canada	830	73	399	62%	63%
Brazil	1250	78	391	58%	84%
USA	1340	77	275	41%	7%
Russia	1670	50	176	40%	18%
Norway	240	30	127	49%	96%
India	660	38	106	32%	12%
Venezuela	260	15	89	67%	69%
Japan	136	28	74	30%	7%
Sweden	130	16	76	54%	49%
France	100	21	58	32%	11%
Austria	75	8	37	50%	53%
Italy	65	18	46	28%	16%
Switzerland	43	14	36	31%	52%

출처: WEC, 2010a; BP, 2010.

어떤 수력발전소의 출력은 물론 이용 가능한 용수의 양에 의존한다. 그러나 국가별 전체 출력은 국가별 전력 시스템에서 수력발전이 차지하는 비중에 따라 달라진다. 표 5.4에서 알 수 있듯이 가장 높은 용량 인자를 가지고 있는 국가는 수력발전이 상당한 부분을 차지하지만 단일한 전력원이 아닌 나라라는 사실을 알 수 있다. – 이는 상대적으로 저렴한 수력발전이 잠재량만큼 충분히 이용할 수 있고 수력발전이 수요를 만족시키지 못할 경우에 다른 대안이 있는 나라이다(브라질은 거의 전적으로 수력발전에 의존하고 있지만 Box 5.12에서 기술되어 있듯이 파라과이와의 독특한 전력 공유 정책 때문에 이에 해당한다.)

거의 모든 국가가 수력발전에서 전기를 생산하면 일별(혹은 연간) 최대 수요치를 만족시킬 정도로 설치 용량이 커야 하므로 용량 인자는 대부분 더 작아질 것이다. 대조적으로 일본, 프랑스, 스위스와 같은 상당한 원자력을 사용하는 국가는 수력발전을 수요가 높은 시점에 전력을 이용하는 데 주로 사용하기 때문에 모두 낮은 수력발전 용량 인자를 가지고 있다는 것은 주목할 만하다.

전 세계 수력발전 출력

그림 5.5는 그림 5.1보다 더 장기간에 걸쳐 전 세계적 수력전력량의 출력량의 변화량을 더 자세하게 보여준다. 최초의 상용 수력발전소가 건설되고 나서 약 20년이 지난 1900년도에 전 세계 연간 발전량은 설치 용량인 1.3 GW에서 약 3.7 TWh에 달했다(대략 2010년도 영국의 용량에 해당한다).

두 차례의 세계 대전과 1930년대의 경제 불황에도 불구하고 발전량은 급속하게 증가했다. 상승 곡선이 보여주듯이 20세기 초반에는 연간 거의 10% 비율로 증가해 1950년에는 1900년에 비교해 거의 백배나 증가했다.

이러한 급격한 증가세는 연도별로(year-on-year) 지속적으로 증가해 20세기 후반기에는 연간 출력이 50 TWh에 달했다(그림5.5). 주목할 만하게도 전쟁기간 동안 경제적 위기와 심각한 연간 강수량에도 불구하고 연간 수력발전량이 감소한 적이 없었다.

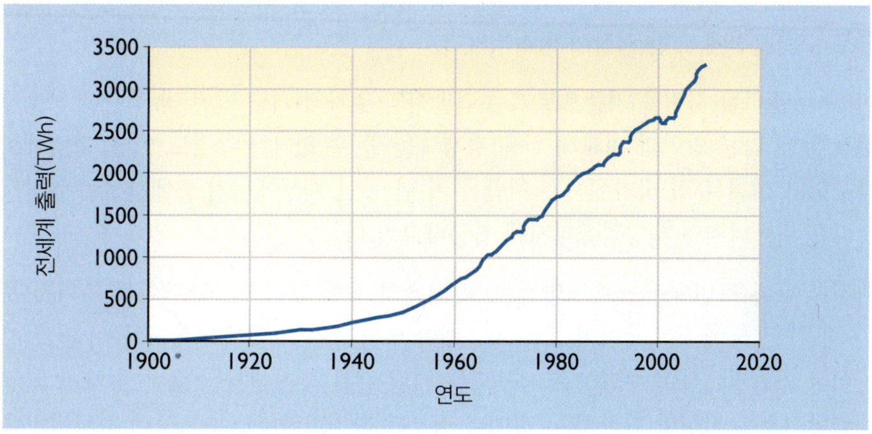

그림 5.5 • 1900~2009년 전 세계 연간 수력발전량(출처: Romer, 1976; BP, 2010).

시설 용량이 증가하지만 2001년에 처음으로 약 5% 출력이 감소했다. 이러한 감소는 전 세계 출력의 1/3이나 차지하는 아메리카 대륙의 기록적인 건기 때문이라 분석할 수 있다(표 5.3). 그 다음해인 2002년은 복합적이었다. 유럽에서는 70 TWh나 감소했음에도 불구하고 전 세계 출력은 50 TWh 정도 증가했다(비록 영국은 '다습한' 해였기 때문에 출력이 1 TWh의 약 1/10에 해당하는 20%나 증가했다).

그림 5.5가 보여주듯이 2003년부터 2008년까지 5년 동안 전 세계 총량이 약 600 TWh나 증가했다. 평균 연간 용량 인자가 약 43%로 일정했다고 가정한다면 이러한 증가는 수력발전에서 약 30 GW의 증가한 것을 나타낸다.

이러한 시기에 전 세계적으로 최대 용량을 가지는 수력발전소인 삼협 댐과 이타이푸 댐 때문에(Box 5.10과 Box 5.12 참조) – 이 둘을 합친 용량이 30 GW나 된다 – 그러한 증가가 가능했다고 말할 수도 있다. 그러나 비록 이들 신규 대형 발전소의 기여가 연관이 있지만 지금 세기의 처음 10여 년 동안의 변화하는 환경은 훨씬 복잡하며 향후 수력발전의 성장에 몇 가지 시사점을 준다. 따라서 이러한 최근의 발전은 따라서 12절에서 향후 수력발전의 미래에 대한 토론의 시작점이 될 것이다.

5.4 작은 규모 수력전기(소수력발전)

전기 생산 초창기에는 강과 지류에 오래된 물방앗간의 수문(sluice)이나 댐을 이용해 수 kW부터 수 MW급까지의 발전기가 설치되었다. 20세기 중반 이후에 유럽 등지의 많은 마을들은 여전히 이러한 규모의 수력발전시설에서 전력을 공급받았다. 그러나 전기 수요가 지속해서 증가하면서 전국적인 송전 네트워크가 발달하여 수백 MW급이 현대적 발전소의 표준이 되었다. 따라서 10 MW 미만의 출력을 하는 발전소가 지금은 일반적으로 소수력이라 불린다(Box 5.2 참조).

지난 몇 세기 동안 소수력발전은 몇 가지 이유로 인해 새롭게 주목받았다. 선진국에서는 환경적 문제 때문에 신규 대형 수력발전 개발을 제약하지만 소수력 발전은 더 적은 악영향을 준다고 판단되어 점점 더 주목받고 있다(Box 5.3 참고). 더 최근에는 고립된 가옥이나 농장 대상으로 수십 킬로와트 정도의 전력을 생산하는 마이크로 수력발전에 대한 시장이 형성되었다.

이 책이 준비될 시점을 기준으로 소수력발전의 추가적 기술 발전 및 적당한 장소를 선정할 때 다른 방안과 비교해 비용 경쟁력을 줄 수 있다는 주장도 있다. 그럼에도 불구하고 여러 유럽 국가에서는 지난 십여 년 동안 재생에너지 중에서 소수력발전보다 풍력에너지와 태양광에너지에 집중하고 있다.

완전히 다른 측면에서 소수력발전은 고 비용의 전력 그리드 시스템이 구축되지 못한 개발도상국에 독립적이며 실용적인 대안이다. 많은 지역에 전기 공급이 없고 사람이나 조랑말이 운송수단으로 사용되는 네팔 같은 국가에서는 '높은 수차'를 가진 수력발전소를 건설할 만한 많은 강이나 지류를 가지고 있다. 예를 들어 펠트릭(Peltric) 터보 발전기 세트는 작은 펠톤 바퀴(8절 참조)로 구성되어 있다. 50~70미터

Box 5.2 무엇이 소형 수력발전인가?

대부분의 국제 에너지 기구들의 일반적인 견해는 만약 그 용량 혹은 평가된 출력이 10 MW를 넘지 않으면 소수력(small-scale hydro(SSH)) 혹은 '소형 수력발전 small hydro' 이다.

하지만 이러한 정의는 보편적으로 받아들여지지는 않는다. 몇몇 국가들(예를 들어 스위스)는 위 숫자를 사용하지만 많은 국가는 자체적인 기준을 사용한다. 주목할 만한 사례로 인도(25 MW), 미국(30 MW) 그리고 중국의 제한은 50 MW인데 이는 작은 도시 하나에 전력공급이 가능하다(REN21, 2010; 미국 재무국, 2010).

국가별 에너지 데이터를 공표하는데 영국은 모든 수력 발전을 그 발전소의 크기에 관계없이 '재생에너지'에 포함시킨다. 그러나 많은 다른 나라는 더 자세한 기준을 만들어 수준에 따라 정부차원에서의 지원을 한다(DECC, 2010a).

마이크로 수력발전(micro-hydro)라는 용어는 100 kW이하에 사용되며 pico 수력발전은 가끔씩 아주 작은 발전소의 경우 사용된다. 하지만 국가별로 이들 기준에 대한 공감대는 크게 형성되지 못하고 있다.

이하의 수력 발전은 약 1킬로와트 정도의 출력을 생산한다. 저렴하고 비교적 단순한 '토목 작업'을 통해 이러한 소규모 시스템은 다른 국가에서도 시도될 수 있을 것이다.

소규모 발전의 기여도 측정

소수력발전을 이용한 출력이 전 세계에서 증가하고 있다는 것은 일반적으로 동의한다. 단지 얼마나 급격하게 증가하느냐를 정확하게 추산하는 것은 힘들다. 2010년 세계 에너지 위원회(WEC, 2010a) 보고서에 의하면 2009년 말 기점으로 전 세계 소수력발전 총량(<10MW)은 60 GW(여기에는 10 MW 미만을 만족시키는 중국의 33 MW를 포함한다)정도라고 한다. 이 수치는 전 세계 수력발전 총량의 6%이며 그 비율은 수세기 동안 거의 비슷하게 유지하고 있다.

차별화는 왜 필요한가?

모든 수력발전은 크기와 관계없이 같은 원리에 따라 작동한다: 물을 운반해 터빈을 작동시키고 이를 이용해 발전기를 돌린다. 수력발전은 크기에 따라서만 다르고 결국은 그 출력이 바뀐다. 위에서 말한 소형 펠트릭 발전은 그보다 10,000 배 이상 큰 발전소의 터빈과 같은 형태이다. 따라서 대형과 소수력발전을 구별하는 기술적인 이유는 전혀 없다.

REN21 보고서에서 대형과 소형 수력발전에 대한 개별적 수치를 제시하는 이유를 다음과 같이 설명했다.

소수력발전은 다양한 정책 및 시장 분석에 있어 재생에너지 포트폴리오 기준 feed-in tariffs, 세제 지원, 개발 등을 수행하는 투자 및 재정 지원 기관들을 위해서 대형

Box 5.3 엘란 계곡

웨일즈 중부의 캄브리안 산맥의 엘란 계곡 개발은 하나의 비화석 연료 의무 사용 규약에 다섯 개의 발전소 개발을 지원하는 측면에서 이례적이다. Galloway 수력발전단지(6절)처럼 발전소들이 한 강을 따라서 연달아 있다. 그러나 이러한 발전소(플랜트)들은 댐과 기존 급수 시스템의 저수지를 이용한다(버밍엄에서 70마일 거리). 그리고 그 발전소의 최대용량은 단지 4.2메가와트이다.

표 5.5는 발전소의 세부사항이다. Garreg-Ddu 저수지의 Foel Tower로부터의 기여를 주목할 필요가 있다. 이 시설의 Kaplan 터빈(8절 참조)은 버밍엄시의 물 공급을 운송하고 있는 직경 14 m의 파이프 가운데 하나에 자리 잡고 있다.

모든 저수지와 댐들은 20세기 초에 건설되었고 그 댐들은 오래되어 역사적 유적의 범주에 들어간다. Caban Coch는 기존 수력발전소였는데 오래된 터빈 중 하나는 한참 전에 교체되었고 나머지가 1998년도에 이 계획의 일부로 교체되었다. 자연보호구역과 천연기념물 보호구역이 90%를 넘게 차지하고 있기 때문에 4개의 새로운 발전소를 건설하기 위해 신중하게 위치를 선택해야 했다. 환경 규제를 만족시키기 위해 기존의 배출관을 사용했고 공장의 관련건물은 주로 땅 아래에 있다(Elan Valley Trust, 2011).

그림 5.6 • 엘란 계곡 주변 수력발전소들.

표 5.5 엘란 계곡 수력 발전소

장소	Craig Goch	Pen-y-Garreg	Caban Coch	Foel Tower	Claerwen
낙차(m)	36.5	37.5	37	13.5	56
용량(kW)	480	810	950	300	1680
터빈	Francis	Francis	2 × Francis	Kaplan	Francis

수력발전과 구별하여 관리, 보고, 선정되어야 한다.

> 몇몇 정책 목표는 소수력발전을 재생에너지에서 전력 생산 부분을 산정하는 데 포함하고 대형 발전은 제외한다. 또한 많은 국가가 재생에너지를 개발하는데 소형과 대형 발전을 구별한다. 더구나 전 세계 기준 및 개별 국가에서 이 둘을 구별하지 않는다면 풍력, 바이오매스, 태양광 등 다른 '신규 재생에너지'와 비교해 두드러지는 비중을 차지한다.
>
> (REN21, 2010)

다시 말하면 대부분 국가가 위에서 언급한 이유로 소형과 대형의 상세한 데이터를 구분하기 때문에 소형과 대형을 구분한다. 모든 사람이 이러한 이중 시스템에 동의하지는 않는데 두 가지 극단적 관점은 다음과 같이 정리될 수 있다.

- 대규모 수력발전소는 재생할 수 있지만 지속 가능한 자원은 아니다. 따라서 1장 서두에서 설명했던 환경적 사회적 영향 때문에 재생 가능성의 핵심적 필요조건을 만족시키지는 못한다. 하지만 소규모 발전은 대형발전에 수반된 악영향을 가져오지는 않는다.
- 수력발전 원리는 단순하게 하나의 재생에너지로 다루어야 한다. 규모와 관계없이 기술이 같다. 임의의 크기를 포함하거나 제외하는 규칙이 없다. 더구나 대규모의 수력발전에너지 저장 잠재량은 변화하는 출력에 대응할 수 있는 핵심적 역할을 수행한다.

이러한 논의는 앞으로도 지속할 것이다.

5.5 저장된 에너지와 이용 가능한 전력

위치에너지

높은 곳에 있는 물은 에너지를 저장하고 있다– 1장에서 다룬 중력의 위치에너지. 만약 M kg을 H m 들어 올리면 이 물체에 저장된 위치에너지는 다음과 같이 된다.

$$\text{위치에너지} = m \times g \times H$$

여기에서 'g'는 중력 가속도이며(약 9.81 m/s^{2}이며 근사치 10 m/s^{2}를 사용한다). 즉 1 kg의 물체를 수직으로 1 m만큼 들어 올리는데 약 10 J의 에너지가 필요하다.

Box 5.4 수력의 직접적인 사용

물은 발전 이외의 많은 용도로 사용될 수 있다. 흘러가는 물의 운동에너지(또는 높은 곳에서 물의 위치에너지)는 직접 기계를 운전하는데 사용할 수 있고 실제로 이러한 수력 사용은 19세기 중반까지 이루어졌다.

옛날 방식의 물레방아가 현대의 공업화된 국가에서 몇몇은 여전히 옥수수를 분쇄하거나 나무를 자르는 데 쓰이는 경우가 있다. 그리고 몇몇 산악 철도에서 산 정상과 산 아래의 물탱크를 이용해서 — 산 정상에서 물을 채우고 산아래에서는 그 물을 비움으로써 — 균형을 맞춘다고 한다. 그러나 이러한 것은 매우 드문 경우이다.

개발도상국에서는 아직 물을 직접 사용하는 것이 보다 더 활용도가 크다. 네팔 일부 지역에서는 간단한 터빈이 여전히 기계를 운전하는데 사용되고 중동과 아시아에서는 흐르는 개울의 물을 올려 관개용수로 사용하고 있다. 그럼에도 불구하고 물을 직접 사용하는 비율은 수력발전이 세계 에너지 분포에 기여하는 것에 비교하면 무시할 수 있을 정도로 작다.

그러나 크기가 질량이 아닌 m^3의 부피로 대부분 주어지는 저수지를 다룬다. 담수 1 m^3의 질량이 998 kg이기 때문에 필요한 변환은 간단하다: 대부분의 계산에서 1,000 kg과의 차이가 거의 나지 않는다. 따라서 우리는 어느 정도 오차 범위 내에서 부피 V m^3를 가지는 물이 높이 H m만큼 올려져 있을 때 저장된 에너지의 양은 다음과 같다.

$$\text{저장된 에너지} = 1{,}000 \times V \times g \times H \quad (1)$$

그리고 이 식은 이만큼의 부피를 가지는 물이 수직 높이 H m만큼 떨어질 때 방출되는 에너지의 양과 같다.

수력발전의 에너지 저장

선진국을 중심으로 최근 전기에너지의 저장에 대한 관심이 급속도로 증가하고 있는데 이는 원자력과 재생에너지라는 두 가지 매우 다른 에너지원 때문이다. 핵반응기를 이용한 원자력발전은 수요의 시간 당 변화에 쉽게 대응할 수 없다. 만약 원자력 출력이 국가적 기본 수요 수치(base-load level)보다 높을 경우 잔여 출력을 저장할 수단을 찾는 것이 매우 중요하다(실제로 다른 많은 발전 방식도 최대한 출력으로 운전될 때 가장 효율적으로 전기를 생산할 수 있고 출력이 계속해서 변한다면 비용은 상당하다). 두 번째 이유는 전기를 생산하는데 재생에너지의 사용이 증가하는 것이다. 여기서 문제는 많은 재생에너지 출력이 변화하며 때로는 갑자기 그리고 작업자의 제어 범위를 벗어날 정도로 변화한다. 따라서 즉시에 전력을 공급할 수 있는 보조 발전이 필요하다.

현재로서는 대규모로 에너지를 저장할 수 있는 실용적이며 경제적인 방법으로는 물을 산 위에 펌프로 옮기는 것이다. 따라서 펌프 저장이 매우 중요하게 되어 2005년의 78 GW에서 2009년에는 127 GW까지 증가해 거의 전 세계 수력발전의 1/7에 해당한다(REN21, 2010).

원리는 간단하다. 물을 낮은 곳에서 높은 곳으로 펌프를 통해 보내면 전기에너지가 중력의 위치에너지로 바뀌고, 다시 위에서 아래로 흐르게 하면 터보 발전기를 돌려 전기를 만든다(그림 5.7). 이러한 방법의 경제적 가능성(viability)은 두 가지 근사한 기술적 사실로 가능하다.

- 적절하게 설계된 발전기는 '거꾸로' 회전하는 전기 모터로 사용될 수도 있다: 기계적에너지를 전기적에너지로 바꾸거나 그 반대 되는 역할도 같이 수행
- 적절하게 설계된 터빈(그림 5.8 참고)은 한편으로 터빈의 역할을 하면서 물에서 에너지를 끌어내거나 혹은 펌프로 물에 에너지를 전달할 수 있다.

터보-발전기의 완벽한 반대역할이 **전기 펌프**이다. 물론 이러한 두 가지 역할을 수행하게 설계되어야 한다. 그러나 이를 통해 절약 가능한 비용은 확실히 상당하다.

변환공정은 언제나 손실이 따르게 마련이지만 터빈과 발전기는 매우 효율이 높으며 투입된 전기에너지의 약 80%는 필요할 때 전기적 출력으로 되살릴 수 있다. 반응하는 속도에 따라 이러한 시스템의 가치가 향상될 수 있다. 6개의 300 MW 프란시스 터빈으로 구성된 웨일즈의 Dinorwig 에너지 저장 시스템은 초기에 공기 중에서 회전을 시작하고 나서 단 12초 만에 최대 출력으로 가동할 수 있으며 완전히 정지된 상태에서도 몇 분 만에 가동을 시작할 수 있다(Dinorwig, 2011). 펌프를 이용한 저장 시스템은 특별히 갑작스러운 수요의 증가나 주 전력 그리드의 오작동 같은 경우에 비상전원으로 유용하게 사용될 수 있다.

위치 역시 매우 중요하다. 낮은 곳의 용수 저장소, 저수지는 적어도 상부의 용량과 같은 크기를 가지도록 건설되어야 한다. 스코틀랜드의 크루찬 지역(그림 5.8)은 산이 대규모 호수에서 높이 솟아있기 때문에 이상적이다. 대형 댐이 있는 상부 저수지가 365 m의 발전 높이를 가지고 있다. 4개의 100 MW 역동작이 가능한 발전기는 한 시간에 최대 용량으로 전기 펌프나 터보 발전기로 사용될 수 있어서 저수지의 수치를 약 1 m씩 조정할 수 있어서 40만 킬로와트-시의 에너지를 저장하거나 생산할 수 있다(Cruachan, 2011).

펌프에 의해 저장된 용수는 수차가 있는 곳에서는 '정상적인' 수력발전과 합쳐서

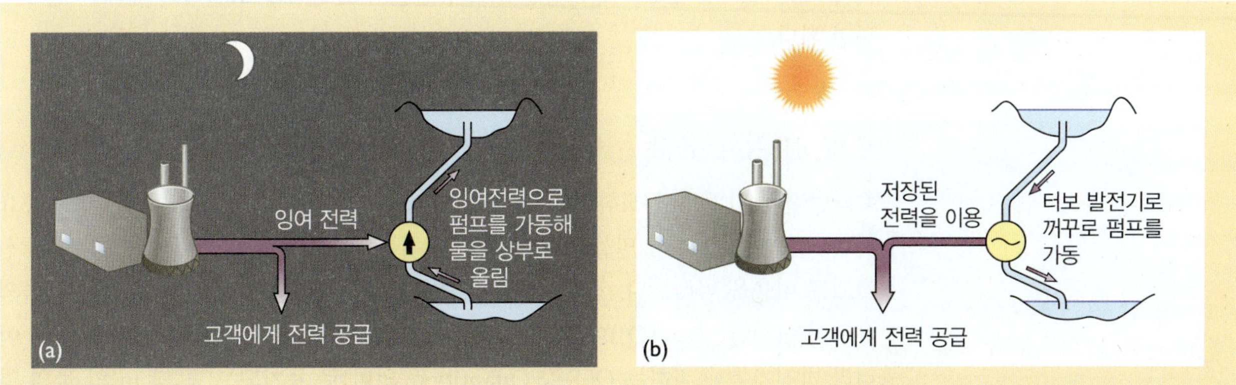

그림 5.7 • 펌프를 이용한 저장 시스템. (a) 수요가 적을 때, (b) 수요가 많을 때.

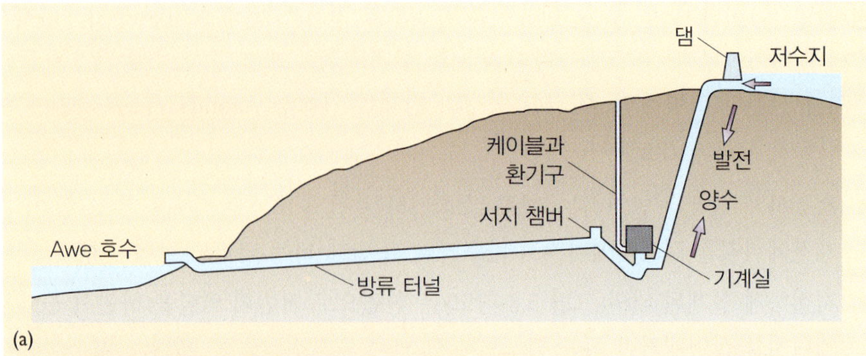

(b)

그림 5.8 • 크루찬 펌프 저장 시설. (a) 설계 개요. (b) 실제 댐 사진.

사용될 수 있다. 상부 저수지는 어느 경우에도 수력발전 출력이 실제로 이익이 되도록 지역적 저수지로 사용될 수 있을 것이다.

하지만 상충관계가 있다. 매우 높은 수차는 동일한 양의 에너지를 저장하기 위해서 더 작은 저수지가 필요하지만 고수위(8절을 참조)에 적합한 터빈의 형태는 '거꾸로' 펌프 역할을 할 수 없다. 이와 반대로 매우 낮은 수차는 훨씬 더 많은 양의 용수가 필요하지만 펌핑에서 전력생산으로의 전환이 단순히 프로펠러의 피치만 반대로 하면 된다.

전력, 머리와 유량

수력발전의 가치를 산정하는데는 어떤 시점에서 이용 가능한 발전량이 가장 중요하다. 수력발전소에서 만들어진 전력량(단위는 와트, watt로 표기)은 에너지가 전달되는 비율을 나타낸다. 전달 속도, 즉 초 당 J를 나타낸다. 이 값은 흘러가는 물의 유량비율(시간 당 m^3(Q))에 따라 달라진다. 이는 단순히 물의 속도에 따른 것이 아니라 발전기를 통과하는 Q(유량 Quantity를 의미)로 표기되는 초 당 m^3의 물의 양이다.

따라서 위의 식(1)에서 발전량 P(watt)는 초 당 에너지양인데 다음과 같이 나타낼 수 있다.

$$P = 1{,}000 \times Q \times g \times H \tag{2}$$

자원 예측 시에는 에너지 손실량을 고려해야 한다. 실제 시스템에서 물은 마찰과 교란운동 때문에 에너지를 잃게 될 것이고 실제 낙하 높이(effective head)는 표면적 높이(actual head)나 전체 높이(gross head)보다 적게 될 것이다. 이러한 흐름 손실은 시스템에 따라 크게 다르다. 몇몇 경우에 실제 낙하 높이가 75%밖에 안 되기도 하고 어떤 경우에는 95%나 되기도 한다. 이에 덧붙여 발전 설비 자체의 에너지 손실도 고려해야 한다. 최적의 조건에서 수력 터보 발전기는 매우 효율적으로 몇 퍼센트를 제외하고는 모든 입력되는 에너지를 전기적 출력으로 변환한다. 그럼에도 불구하고 효율, 즉 입력에 대한 출력의 비(%로 표기)는 항상 100%보다 작다. 이러한 요소를 고려하면 출력은 다음과 같이 된다.

$$P = 1{,}000 \times \eta \times Q \times g \times H \tag{3}$$

여기서 H는 실제 낙하 높이이고 η(그리스어 에타, eta)는 터보 발전기의 효율이다 (비록 효율을 %로 표기하지만 이는 0과 1 사이의 숫자로 수식에서는 쓰인다. 예를 들어 85%는 0.85이다).

만약 우리가 P를 킬로와트 단위를 사용하고 $g = 10\ \text{m/s}^2$라고 한다면 다음의 간단한 식을 얻게 된다.

$$P\ (\text{kW}) = 10 \times \eta \times Q \times H \tag{4}$$

Box 5.5는 전기 출력의 대략적인 계산에 대한 예제를 보여준다.

5.6 수력의 간단한 역사

원동력

흐르는 물을 이용하면서 사람과 동물의 작업 강도를 줄이는데 가장 먼저 사용된 에너지 자원 중의 하나이다. 정확히 언제 물레바퀴(water-wheel)가 발명됐는지 알려지지는 않았다. 그러나 관개용수 시스템은 최소 5,000년 전부터 있었으며 최초로

Box 5.5 가능한 전력

전력 계산 예로 83%의 같은 발전 효율을 가지지만 서로 다른 두 시스템을 생각해 보자.

첫 번째는 실제 낙하 높이가 25 m로 산에 있으며 분당 600 *l*의 유속을 가지고 있다. 즉 초 당 0.01 m^3이다. 수식 (4)를 사용하면, 약 2 kW 정도의 전력을 생산할 수 있다.

이와 대조적으로, 실제 낙하 높이가 100 m이며 유량비가 초 당 6,000 m^3라고 하자 – 대략적으로 나이아가라 폭포의 유량이다. 이때 전력은 500만 kW, 5 GW이다.

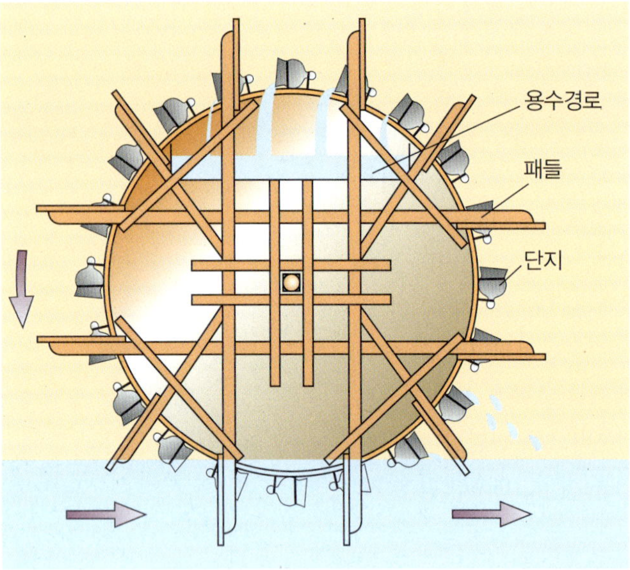

(a)

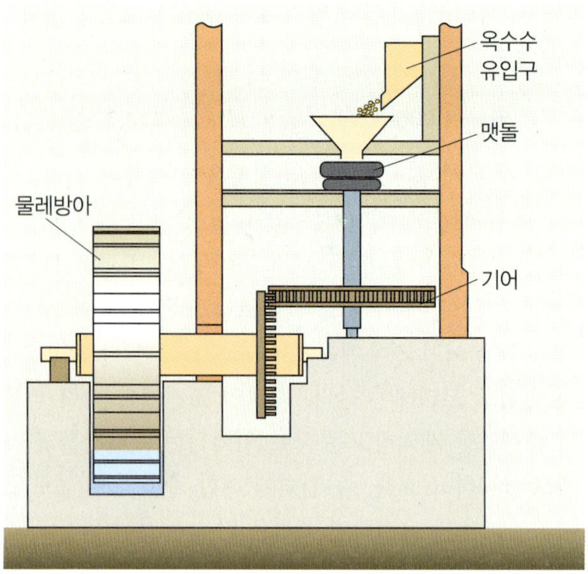

(b)

그림 5.9 • (a) 노리아 – 이 초기 물레바퀴에서 페달이 흐르는 물을 퍼 담고 바퀴를 회전시키면서 연속된 단지들을 들어올려 물을 관개사업에 이용하게 해준다. (b)로마 물레방아–수평축 물레바퀴를 가진 옥수수 분쇄용 물레방아로 기원전 1세기 고대 로마 건축가인 비트루비우스 폴리오에 의해 묘사되었다.

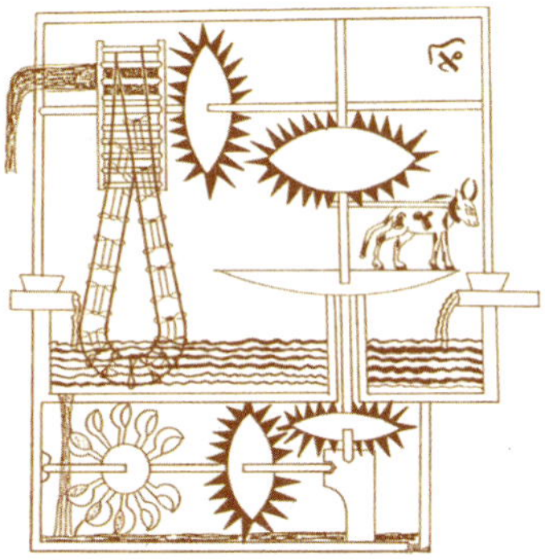

그림 5.10 • 소가 끄는 중세 물레방아. 이 그림은 메소포타미아에서 700여 년 전에 al-Jahazi의 기발한 기계 장치의 지식이란 책에서 인용됐다(황소는 눈에 보이지 않는 안의 물, 바퀴 그리고 기어 대신 대중들을 속이기 위해 나무로 만든 것임).

물을 끌어 올리는 데 사용되었던 수력 장치는 노리아이다. 이 장치(그림 5.9(a))는 적어도 기원전 6세기 전부터 중동과 극동의 몇몇 지역에서 개별적으로 발전되어 왔다고 알려졌다(Strandh, 1989).

초기 물방앗간(water mill, 수력 제분소)은 제분소이며 기원전 1~2세기 전에 중동 지역 그리고 몇 세기 이후에 스칸디나비아에서 나타난 것 같다.

시간이 흘러 점점 더 정교한 수력 방앗간이 로마 제국과 그 경계에 있는 중동 및 북부 유럽에서 사용되었다(그림 5.9(b)와 그림 5.10). 영국의 색슨 족은 수직축, 수평축 바퀴를 모두 사용했다고 여겨진다. 처음으로 기록에 남은 방앗간은 8세기에 있었다. 하지만 3세기가 지난 서기 1086년 Domesday 책에는 방앗간의 수가 약 5,000개 정도로 기록되어 웬만한 정착지에는 물방앗간이 있었다고 말할 수 있다.

끌어 올린 물을 이용해 가루를 만드는 것이 물방앗간의 유일한 용도는 아니었다. 이 동력원은 탄광, 제철, 제지, 양모, 면화 기술 등 인류 기술의 발달과 같이 그 용도가 확대되었다. 물은 기계적 힘의 주요 동력원이었는데 17세기 말에 영국에서만 20,000여 개 정도의 작업 물방앗간이 운영되었다고 추산된다.

물레바퀴의 형태에 따른 효율에 대해 많은 논쟁이 있었다(그림 5.11). 약 1650년부터 1800년까지 다양한 설계에 대한 몇몇 우수한 과학적, 기술적 조사가 수행되었다. 1마력에서부터 최대 60마력까지(현대 기준으로 약 1~50 kW), 상사식(overshoot wheel)이 원칙적으로는 가장 우수한 것으로 여겨졌다. 물의 최대 효율을 얻기 위해서는 물이 날을 부드럽게 통과해야 하고 가능한 저속으로 떨어져서 모든 운동에너지를 거의 잃어버려야 우수하다는 것 또한 증명했다.

그러나 증기발전의 등장으로 수력발전의 미래에 어두운 그림자가 드리워졌다.

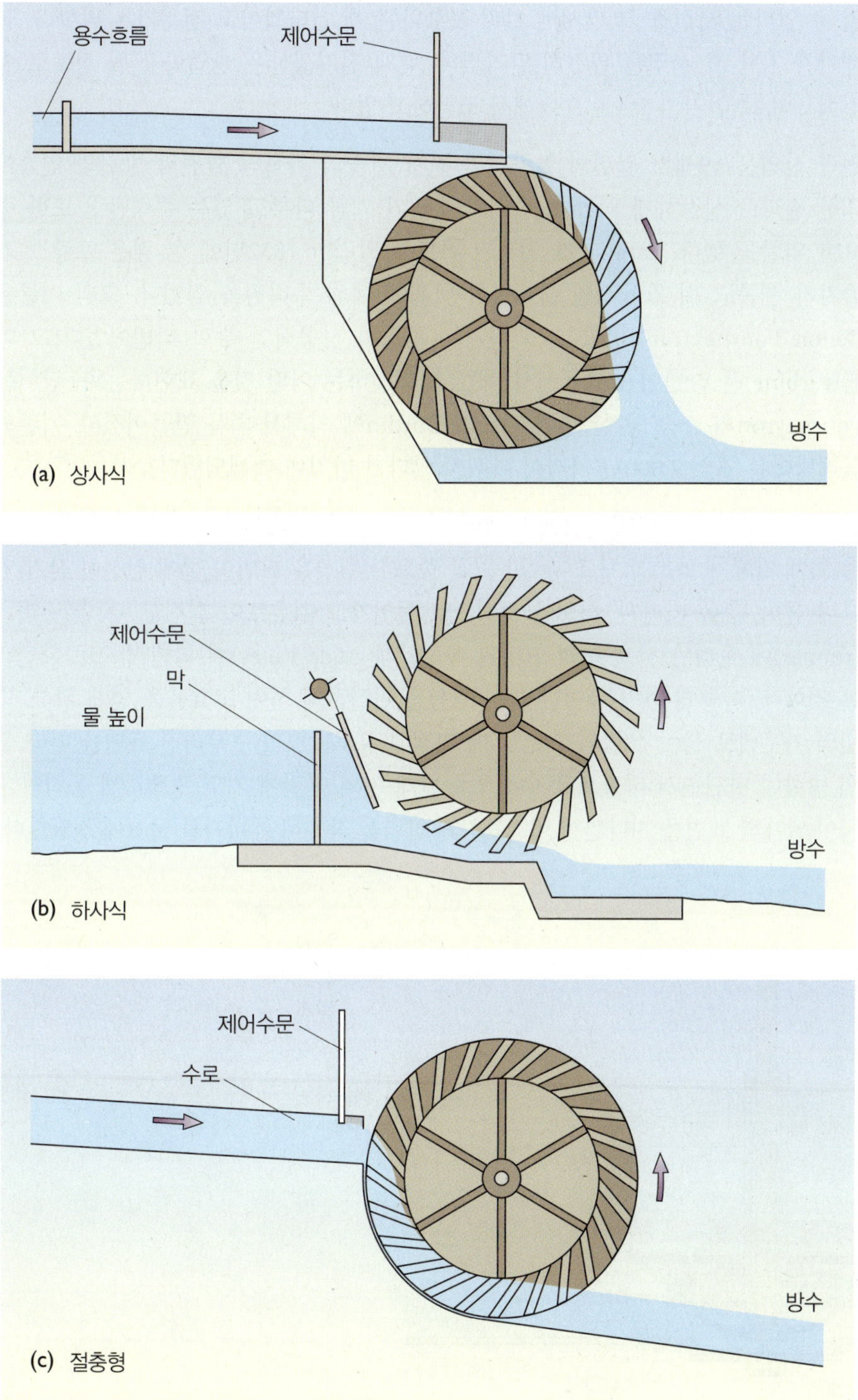

그림 5.11 • 전통적인 물레바퀴들. (a) 상사식–물이 안쪽이 막힌 날개로 떨어짐 (b) 하사식–낮은 쪽 날개에 대한 물의 압력에 의해 움직임 (c) breastshot 절충형–물이 회전축 수준의 노를 때려준다.

19세기 수력발전

1800년의 에너지 분석가는 수력 이용의 미래에 대해 아주 비관적인 견해를 가졌을 것이다. 석탄으로 움직이는 증기 엔진이 점점 발전되어 각광을 받고 있었고 물레방아는 빠르게 구식이 되었다. 그러나 수력에너지가 미래에 무척 유용한 에너지로 쓰일 수 있다는 사실을 그 당시에 알지 못했다는 게 안타깝다고 전문가는 말한다. 한 세기가 지난 후 사정은 완전히 달라졌다. 현재 전기생산은 산업화가 될 정도로 발전했으며 그 전기의 1/4은 수력에서 조달하고 있다.

전력 산업은 19세기 일련의 놀랄만한 전기 기술의 과학적 발견과 발전의 연속에 의한 결과로 성장하게 되었다. 하지만 우리가 지금 다루고 있는 수력발전 또한 중요한 역할을 했다. Faraday가 전자기 유도를 발견한 1832년에 한 젊은 프랑스 기술자가 새롭고 더 효율적인 물레방아 바퀴에 대해 특허권을 얻었다. 그의 이름은 Benoit Fourneyron이었고 그의 장치는 최초의 성공적인 수력 터빈이었다(그 이름(turbine)은 라틴어 'turbo'에서 나왔다. 회전하는 어떤 것을 표현하는 이 단어는 Fourneyron의 스승 중 한 명인 Claude Burdin에 의해서 처음 만들어졌다. 기존의 물레방아는 거의 2,000년 가까이 바뀌지 않다가 마침내 대체되었다).

Fourneyron의 터빈(그림 5.12)은 여러 가지 새로운 특징들을 가지고 있었다. 수직축 기계 자체가 독특한 구조이지만 가장 중요한 혁신은 터빈이 물에 완전히 잠겨 있으며 물이 '축을 따라서' 터빈에 수직으로 들어가고 자유로이 회전할 수 있는 러너(runner)에 올라탄 날개 깃의 고정된 유도날개(guide vanes)에 의해 밖으로 나간다는 것이다. 이렇게 하면 유연한 물의 흐름을 확실하게 하여 고효율을 얻게 된다. 터빈의 가운데로 물이 유입되고 난 후에 고정된 유도날개의 구부러진 표면을 따라 물의 방향이 바뀌면서 바깥으로 수직으로 날개 깃의 곡면에 거의 평행하게 움직인다. 물이 날개의 표면을 지나면서 비스듬하게 압력을 작용해 에너지를 날개에 전달한다.

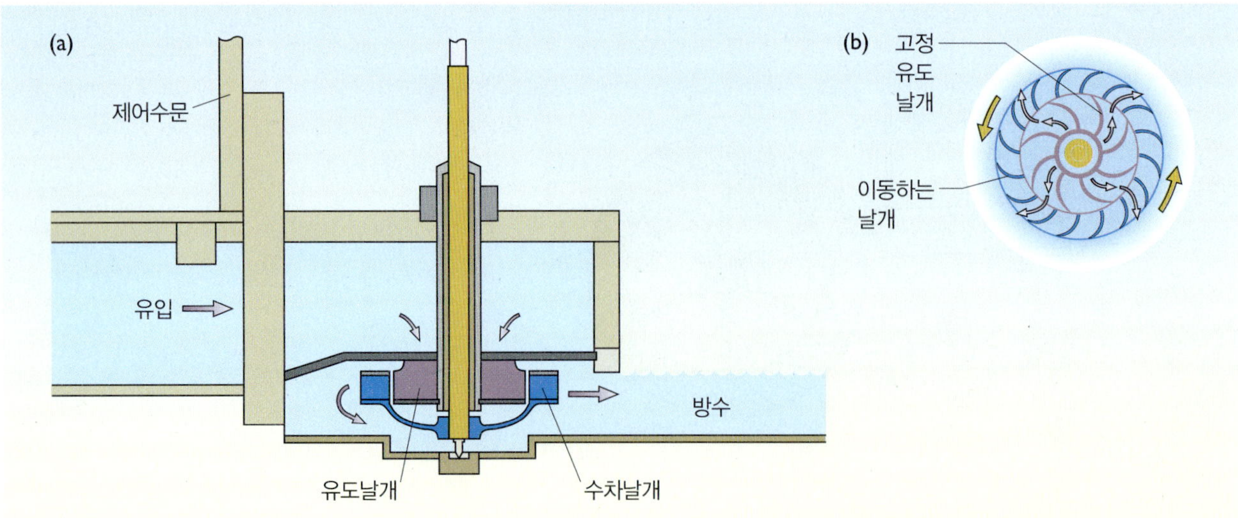

그림 5.12 • Fourneyron의 터빈. 날개(runner)는 둘레의 구부러진 날과 그 가운데 축의 원형 판으로 구성된다. 물이 고정된 유도 날개와 날을 따라서 가는 사이에 터빈은 밖으로 나가는 물을 힘에 다해서 돌리게 된다. (a) 수직 측면, (b) 유도 날개와 날개를 따른 흐름 측면.

실험을 통해 Fourneyron의 터빈이 물이 가진 에너지의 80%나 기계적 출력으로 변환한다는 것을 밝혀냈다. 그 효율은 이전에 최고 수준의 상사식 방식에서만 얻을 수 있었다. 회전축은 훨씬 빨리 회전할 수 있어서 근대화된 기계를 운전할 수 있게 하는 장점이 되었다. 이러한 터빈은 바덴 대공국의 세인트블라시엔의 작은 마을(현재 독일 남부)에 1837년에 처음 설치되었다.

발전기 개발은 거기서 멈추지 않았고 몇 년 뒤에 미국 엔지니어 제임스 프란시스(James Francis)가 내부로 흐르는 방사 터빈 실험을 시작했고 그 터빈은 결국 그에 의해 최신식 기계로 완성되어 그의 이름을 따라 명명되었다(5.8절).

이들 터빈은 물론 기계적 파워를 공급하는 데 이용되었지만 Faraday가 전기를 발견하고 이를 수력발전소로 발전시키기까지 50여 년이 필요했다. 1878년도 부유한 빅토리아 시대의 엔지니어이자 발명가인 암스트롱경은 'Cragside'에 전기 조명을 사용한 최초의 '수력발전' 공장을 만들었다(National Trust, 2011). 약 3년 후에 300마일 남쪽의 작은 마을인 고달밍에 세계 최초로 Wey 강에서 생산한 전기를 이용한 공공 전기가 공급되었다. 그러나 불행하게도 이 설비는 재생에너지의 공통적 문제처럼 불규칙해 Wey 강의 유량에 변화가 생기자 물레바퀴는 증기 엔진으로 곧 대체되었다. 최초의 '성공적인' 공공 수력발전은 1882년부터 미국 위스콘신의 폭스 강의 12 kW 수력발전소로 알려져 있다.

이러한 원시적 시작을 통해서 전기 산업은 19세기의 막바지에 다른 어떤 기술도 능가할 수 없이 빠른 속도로 비율로 성장했다. 대부분 수력발전소였던 개별 발전소의 규모 또한 확장되어 1890년대에는 수 kW에서부터 1 MW 이상이 되었다. 이러한 증가세는 지속했다. 3절에서는 전 세계 수력발전 총량이 1900년도의 3.7 TWh에서 2009년에는 3,272 TWh로 거의 900배나 증가했다. 같은 시기에 대형 터보 발전기들의 총량이 700 MW나 증가해 중국의 삼협 댐에는 이 터보 발전기들이 26대나 사용되어 총 용량이 18.2 GW로 현존 세계 최대의 용량을 가진다.

하지만 현대적인 대형 터보 발전기의 작동 방법이나 주요 구성 부품이 100여 년 전의 훨씬 작은 시초적 모델과 매우 비슷한 것은 흥미롭다. 터빈과 같은 주요 부품은 다음 절에서는 살펴보겠다.

5.7 수력발전소의 유형

현재 수력발전소의 용량은 몇백 W에서부터 십 GW이상까지- 수백만 배의 차이로 다양하다. 따라서 우리는 몇 가지 방법으로 이들을 구분할 수 있다.

- 물의 실제 낙하높이(head)에 따라 구분
- 출력비에 따른 용량에 따라 구분
- 사용되는 터빈 형태에 따라 구분
- 댐 및 저수지의 위치, 형태 등에 따라 구분

이들 항목은 물론 서로 독립적이지 않다. 실제 낙하 높이는 다른 특징들을 결정하는 중요한 요인이며 높이와 출력은 주로 시설과 발전소 설비의 형태를 결정한다. 그러므로 우리는 통상적인 분류법에 의해 낙하높이로부터 시작하겠지만 결국 그것이 네 번째 요소로 그중에서 중요한 요소라는 것을 알게 될 것이다.

저 · 중 · 고 수위

같은 출력을 가진 수력발전소도 서로 다를 수 있다. 적은 유량을 가지고 있지만 빠른 속도로 움직이는 산속에 위치한 발전소와 대규모 유량을 가지고 있지만 유속이 느린 강에 위치한 발전소를 생각해 보자.

건설 장소 그리고 그에 따른 수력발전소의 건설형태에 따라 저 · 중 · 고 수위로 나뉠 수 있다. 그 구분은 모호해 논의의 주체가 토목 건설이냐 터빈의 선택이냐에 따라 유동적일 수 있다. 그러나 고 수위의 경우 통상 실제 낙하 거리가 100 m 이상이며 저 수위의 경우 10 m 미만을 말한다. 그림 5.13은 이 세 가지 주요 형태를 보여준다.

그림 5.13(a)의 저낙하 댐은 물의 낙하를 일정하게 유지해 주고 발전설비를 운영한다. 여기서는 배가 정박할 수도 있다(혹은 우리가 전에 살펴본 연어가 다닐 수 있는 어로 또한 설치 가능하다). 강의 발전소는 유수 저장 공간이 적기 때문에 우선적으로 유속에 의존하며 날씨의 영향에 의한 유량 변화에 따른 가동 가능성의 문제를 가지고 있다. 저수 발전소는 대용량의 용수를 처리하기 위해서 발전소와 연계된 토목 건축물이 대규모 형태이어야 한다. 따라서 대규모 자본 투자가 필요한데 여기서 수력발전 이외의 유량 조정이나 관개와 같은 다목적 토목건축물일 경우 그 실질 투자비용이 상쇄될 수 있다.

그림 5.13(b)와 그림 5.14의 발전소는 계곡에 있는 협곡에 건설된 대규모 수력발전소의 전형적인 모습을 보여준다. 댐으로 만들어진 대규모 저수지는 극건기를 제외하면 수요를 만족할 만한 충분한 용수를 제공한다(또한 광범위한 지역에 홍수 피해를 줄 수도 있어서 사람들에게 전적으로 환영받지 않을 수도 있다. 10절 참조).

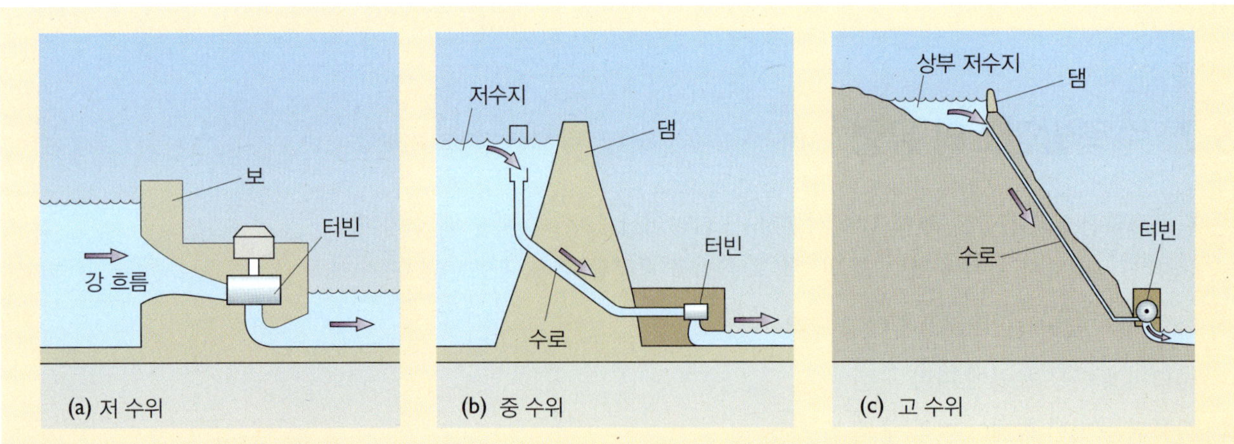

그림 5.13 • 수력발전기의 설치 방식. (a) 저낙하 높이형, (b) 중간낙하 높이형, (c) 고낙하 높이형.

미국에는 이러한 형태의 대규모 댐이 몇 개가 있다. 예를 들어 Grand Coulee는 피라미드보다 더 큰 부피를 차지하며 역사상 최대의 인공구조물이다. 이 정도 규모의 토목공사는 상당한 비용이 들지만 대규모 저수지는 용수를 안정적으로 공급해 준다. 이러한 형태의 시스템이 반드시 대규모일 필요는 없으며 상당히 작은 저수지로도 수력발전을 할 수 있다.

220 m의 낙하높이를 가진 후버 댐을 중간층이라 부르는 것은 매우 이상하게 들리겠지만 수위 구분이 설치 형태에 따라 달라진다는 것임을 감안해야 한다.

그림 5.13(c)는 둘의 차이를 보여 준다. 고수위 설비는 전체 저수지가 배출구보다 한참 위에 위치할 때이며 물이 수압관(penstock)을 통해 산을 통과해 터빈에 연결된다. 수압관(penstock)이란 원래 나무로 된 문이나 올라오는 물의 흐름을 조절하는 저장소를 의미했는데 나중에는 그 물이 지나가는 관이나 수로의 의미로 쓰이게 되었다.

낙하높이가 높을 경우 동일한 파워를 내는 데 필요한 유량이 낙하 높이가 낮은 경우보다 훨씬 적다 따라서 발전기나 관련 시설이 훨씬 간단하다. 그러나 결국에는 긴 수압관으로 인한 비용이 올라가고, 구조물이 매우 높은 압력을 —예를 들어 1,000미터일 경우에는 100기압이나 되는—견딜 수 있어야 한다(Box 5.6).

그림 5.14 • 콜로라도 강의 후버 댐(애초 명칭은 보울더 댐)은 총 높이가 220미터이고 그 저수지인 호수 Lead는 350억 세제곱미터의 물을 저장한다. 두 발전소는 1936년에 가동해 현재는 17개의 주 터보 발전기가 2.1 GW의 출력으로 발전한다.

회전 비율

표 5.2의 갤러웨이 발전소에서 보았듯이 터빈의 회전 비율은 1분 당(rpm) 회전수를 나타내며 장소와 터빈의 형태에 따라 달라진다. 하지만 터빈이 발전기를 직접 작동시킨다면 다음과 같은 이유로 특정 회전 비율만 허락된다.

Box 5.6 높이와 압력

기체나 액체의 압력은 그 물질을 포함하고 있는 곳의 표면의 제곱미터 당 가해지는 힘이다.

우리 위의 공기의 무게 때문에 생기는 대기압은 해수면을 기준으로 어느 지표면 제곱미터 당 작용하는 10톤의 공기의 무게와 같다. 우리가 위로 올라갈수록 그 압력은 감소하며 처음에는 수직으로 약 100미터마다 약 1%씩 감소한다.

물 속으로 내려갈 때 압력이 증가하는 것은 우리 위의 물의 무게가 증가하기 때문이다. 왜냐하면 물은 공기보다 수백 배 더 밀도가 크기 때문에 그 변화도 눈에 보이는 것보다 훨씬 크다. 수심 10미터 깊이의 압력은 지표면의 압력의 두 배이다. 그리고 깊이가 깊어질수록 10미터 당 약 1기압씩 계속해서 증가한다(그림 5.15).

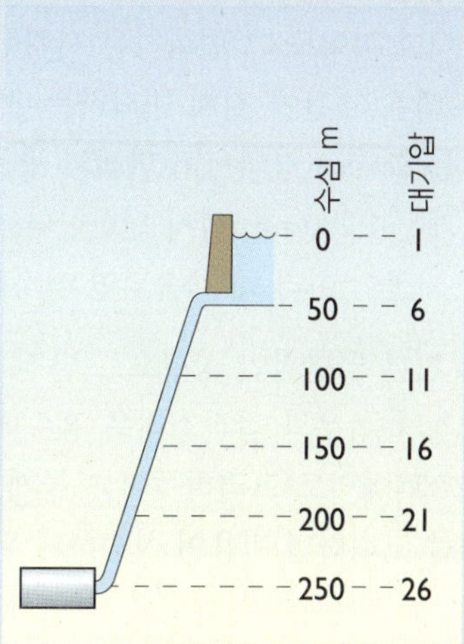

그림 5.15 • 깊이에 따른 물의 압력.

전력 시스템에 연결되는 모든 교류는 같은 주파수를 가져야 한다. 유럽 및 몇몇 국가는 50 Hz(헤르쯔, 초 당 회전수)의 주파수를 갖도록 했다. 자석과 코일을 가진 매우 단순한 발전기의 경우 자석이 초 당 50회를 회전하며 50 × 60 = 3,000 rpm이다. 일반적인 용어로 이러한 단순한 시스템은 **이극 발전기**(two-pole generator)라 불릴 것이다.

그러나 대용량 발전기는 회전 로터에 몇 쌍의 전자석을 가지고 있어서 가는 구리선으로 된 코일을 가지고 있는 고정자(stator)로 촘촘히 둘러싸여 있다(그림 5.16과 그림 5.22). 예를 들어 20극을 가진 발전기는 50 Hz를 만들기 위해서는 약 300 rpm으로 회전해야 한다. 표 5.2의 회전 비율을 가지고 간단한 수학을 해 보면 3,000 rpm의 배수임을 알 수 있다.

그러나 미국과 다른 나라에서는 전원 공급이 60 Hz이며 회전 비율이 3,600 rpm의 배수이다(발전기는 9장 전기, Everett 등(2012)에서 보다 더 자세히 다룬다).

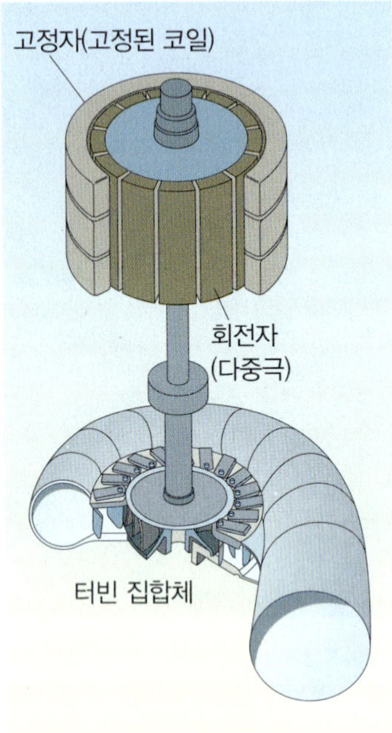

그림 5.16 • 수력발전 장치의 다중-극(multi-pole) 발전기.

전력 추정

유수(流水)의 속도와 그 변화에 대한 정확한 데이터는 개별 장소에서의 수력발전의 가능한 전력 생산량을 파악하데 꼭 필요하다. 실제로 물을 막아 가두고 직접 유량을 측정하는 것은 대규모 시설에서는 현실적이지 않다. 대신 특정 지점에서 유량과 수심 또는 유속 사이의 연관식을 구하는 방법을 더 선호한다. 이를 이용해서 간단히 깊이나 유속을 측정해 그 유량을 추정할 수 있다. 특히 선진국의 다수의 큰 강에서는 이렇게 데이터를 오랫동안 축적해 왔다.

이러한 기록이 없으면 대안으로 지역의 연간 강수량을 재는 방법이 있다. 이를 통해 유입되는 전체 유량을 계산할 수 있는데 이는 특히 대규모 시설에 적절하다. 그러나 증발되거나 농사로 작물이 소비하는 양 또는 지하 누수와 같은 손실분을 고려해야 하는데 때때로 그 양이 총량의 3/4이나 되는 경우가 있어 무시할 수 없다.

시간에 따른 변화는 더 어려운 문제이다. 대부분 지역은 계절에 따라 강수량이 변하지만 적어도 그 변화하는 시기를 알 수 있다. 심각한 문제는 아주 길거나 혹은 아주 짧은 기간에 걸쳐 변화하는 것이다. 연간변화는 클 수 있다. 예를 들어 영국에 있는 Severn 강의 집수면적의 평균 강수량은 900 mm이지만 적게는 600 mm에서 많게는 1,200 mm까지 변화한다. 대부분의 전기를 수력발전에 의존하는 국가는 만약 가뭄이 여러 해 계속되면 심각한 전력 공급부족을 감수해야 할 것이다.

또 다른 극단적인 상황으로 발전 설비는 비정상적인 '100년에 한 번 있을 수 있는' 엄청난 폭우와 갑작스러운 홍수에도 견딜 수 있도록 설계되어야 한다. 다른 전력 시스템에서도 그러하듯이 드물게 실제로 일어날 수 있는 재앙에 대비해야 하는데 이를 고려하면 비용이 상승하게 된다.

5.8 프랜시스 터빈

오늘날의 터빈은 다양한 형태를 가지고 있다(그림 5.17). 또한 다양한 크기를 가지며 날개 지름은 적게는 1/3 m에서 크게는 이보다 20배까지 되기도 한다. 다음 네 절에서는 어떻게 그것이 작동하는지와 성능을 결정하는 요소 및 가장 적당한 터빈을 결정하는 장소 변수에 대해서 살펴보겠다.

프랜시스 터빈

프랜시스 터빈(그림 5.17에서 그림 5.20까지)은 오늘날 중형 및 대형 수력발전에서 낙하수위가 2 m에서부터 300 m 되는 곳까지 가장 흔하게 사용된다. 이는 방사류(radial flow) 터빈이고 물의 흐름이 Fourneyron 터빈처럼 밖으로 흐르는 대신 가운데 방향으로 흐른다. 하지만 기본 원리는 서로 같다.

터빈의 동작

프랜시스 터빈이 물에 완전히 잠길 때, 이는 수평축(그림 5.19) 또는 수직축(그림 5.20)으로도 같이 잘 작동할 수 있다. 중간 또는 고수위 터빈에서는 유도날개 세트가 그 안쪽 표면에 위치하며 달팽이 껍질처럼 감소하는 구부러진 튜브 모양의 스크롤(또는 소용돌이)을 따라서 물이 흐르게 된다. 물은 유도 날개를 따라서 날개 안

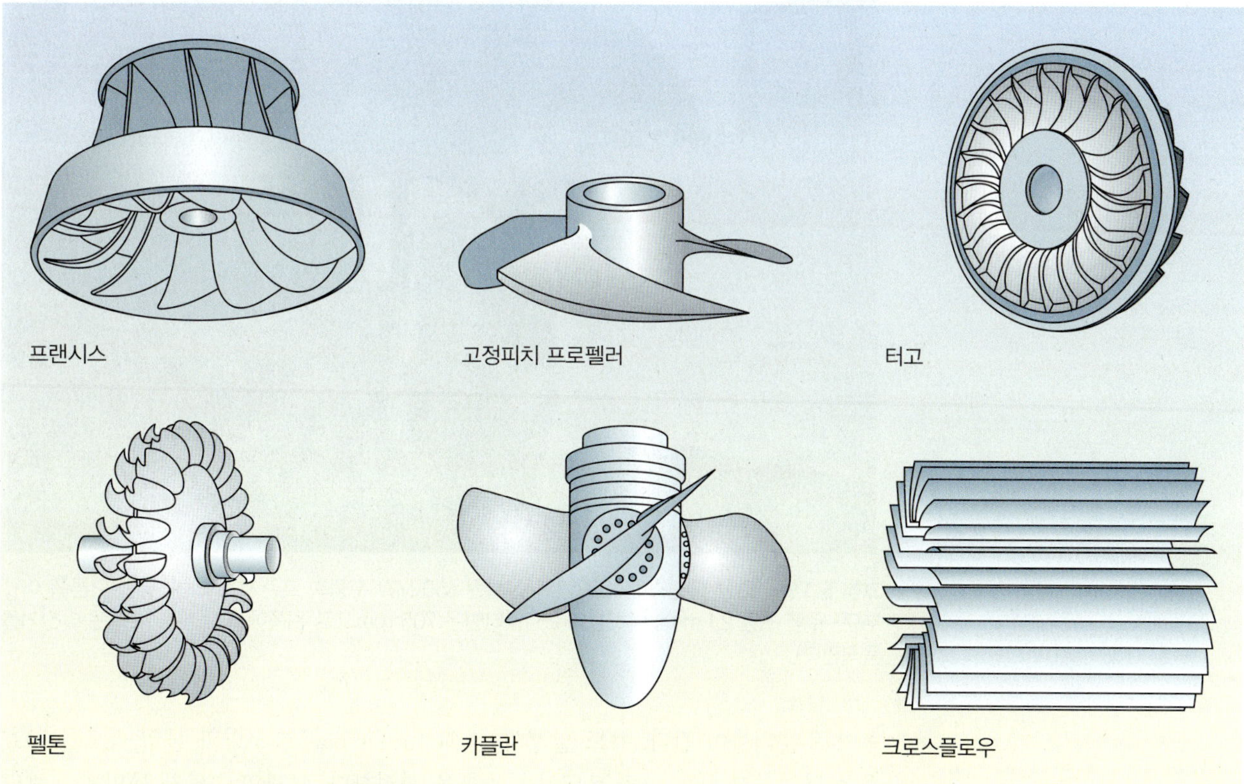

그림 5.17 • 터빈 날개의 다양한 형태.

그림 5.18 • 여섯 개의 프랜시스와 뒤의 세 가지 터고 날개. 각각의 다른 크기와 모양은 출력과 또한 각각이 조업할 '높이 차'를 반영한다. 예를 들어 프랜시스 터빈 중의 가장 큰 것은 출력 10 MW에 높이 280 m에 대해 설계됐지만 가장 작은 것은 80 m 높이에 600 kW의 출력을 보인다(아래의 활용 범위 부분에서 이들 요소를 다룬다).

그림 5.19 • 소형 발전소에 1993년에 설치된 450 MW 수평축 프랜시스 터빈. 유입(오른쪽 아랫부분) 유량 초당 2.1 m^3에 낙하높이 25 m(터빈은 705 rpm으로 왼쪽에서 덮개가 보이는 발전기를 움직인다).

쪽으로 흘러들어 간다. 유도 날개와 날개(runner blade) 모양과 물의 속도가 고효율을 달성하게 하는 물의 부드러운 흐름을 결정한다. 날개의 속도가 물의 속도보다 조금 작을 때 프랜시스 터빈이 가장 효율적이다.

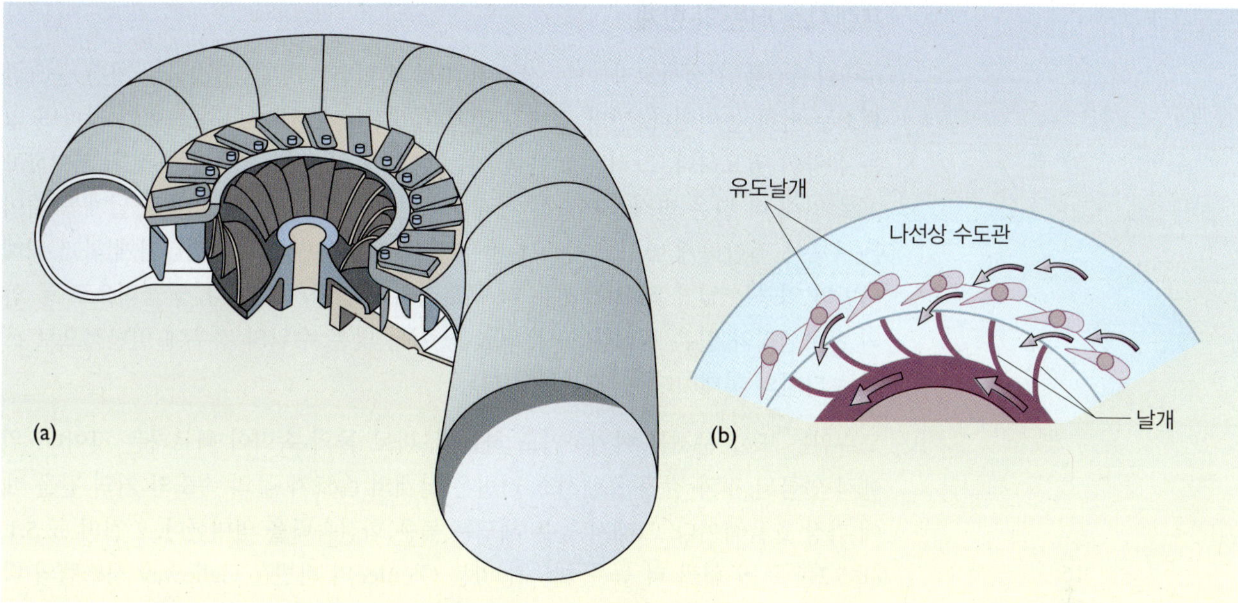

그림 5.20 • 프랜시스 터빈의 구조 중심 날개, 피봇 유도 인자와 주변의 소용돌이 모양. (a) 단면 (b) 유도 날개와 날개를 따른 물의 흐름.

물이 구부러진 날개를 따라 흐를 때 옆으로 굴절되어 회오리치고 밑으로 내려가며 축 방향으로도 비틀어져 나아간다. 결국 방수로의 중앙 흡출관(central draft tube)을 따라 방수로(tail race)로 흐르게 된다. 그 물이 날개에 힘을 가하기 때문에 터빈을 통과하면서 방향이 변한다. 날개에 의해서 굴절되면서 그것이 반대 방향으로 밀어서 그 반동에 의한 힘이 에너지를 날개로 전달하면서 회전하게 된다. 이런 이유로 **반동 터빈(reaction turbine)**이라고 한다. 이러한 유형의 중요한 특징은 물이 날개바퀴에 도달하면서 수압이 감소한다는 것이고 그 수압의 저하는 터빈을 통해 에너지가 전달되는 것을 의미한다.

효율성 극대화

5절에서 살펴보았듯이 현대식 터빈은 항상 에너지 손실이 있기 때문에 최적의 조건에서나 95% 정도의 효율을 낼 수 있다. 프랜시스 터빈에서는 흘러들어오는 물의 적당한 속력과 방향을 유지하기 위해 유도 날개를 이용한다. 하지만 이것은 물이 움직이는 날개와 부딪히는 각도를 바꿔서 효율이 떨어지게 된다. 이것은 이런 타입의 터빈에서 어쩔 수 없는 특성이다(아래서 보겠지만 몇몇 '프로펠러' 타입은 새로운 조건에 맞추기 위해 각도를 바꾸면서 그 경사(pitch)를 조정한다).

효율이 100%보다 낮을 수밖에 없는 또 다른 이유는 흐르는 물이 운동에너지를 가져가기 때문이다. 부분적으로 이를 해결할 수 있는 한 가지 방법은 흡출관(draft tube)을 펼치는 것이다. 튜브가 점점 커지고 물의 부피가 같다면 실제 물의 속도는 감소하고 에너지 감소를 줄일 수 있다. 터빈에서 물이 빠지기 시작한 후에 발생하는 이 변화가 에너지 차이를 만들 수 있다는 것은 예상 밖일 수도 있지만 이 감속이 주는 효과는 바로 터빈을 나간 다음에 터빈을 나간 출구에서 뒤의 압력을 감소시켜 압력 감소 폭을 증가시키고 결과적으로 추출하는 에너지를 증가시킨다는 것이다.

프랜시스 터빈의 한계

수력발전소를 건설하고자 하는 장소에 가장 적합한 터빈을 결정하는 가장 중요한 요소는 낙하 높이이다. 만약 정해진 전기를 생산하기 위해 낙하 높이가 낮다면 많은 유량이 필요하다. 그러나 낮은 높이는 물의 속력 또한 느리다는 것을 의미하고 이로 인해 더 넓은 면적을 필요로 한다. 이 면적을 증가시키기 위해서 날개를 줄어든 유속에 적합하게 바꾸고 동시에 많은 양을 흡출관 안으로 비껴나가게 하기 위해 터빈의 입구는 넓게 하고 날개는 더 구부러지게 만들기도 했다. 궁극적으로 통 안의 프로펠러와 같은 형태를 띠게 되었다. 이는 낮은 수위의 경우에 일반적으로 쓰이는 터빈의 형태이다(아래를 보시오).

고수위는 또한 문제를 야기하기도 하는데, 바로 물의 속력이 빠르다는 것이다. 위에서 언급된 것과 같이 프랜시스 터빈은 날개의 속도가 물의 속도와 거의 같을 때에 가장 효율적이다. 그래서 높은 헤드는 높은 회전속력을 의미한다. 2 절의 표 5.1, 표 5.2를 보면 훨씬 더 높은 헤드가 있는 Glenlee의 터빈은 Galloway 시스템의 다른 프랜시스 터빈보다 두 배의 속도로 회전한다는 것을 알 수 있다. 아주 높은 수위차를 가지는 경우 프랜시스 터빈이 부적절해 새로운 형태가 쓰이며 이에 대해 살펴보겠다.

'프로펠러'

그림 5.17과 그림 5.21에서 보이는 '프로펠러'나 축류 터빈(axial-flow turbine)에서는 물이 유입되는 면적이 매우 크기 때문에 날개가 전체 면적을 휩쓸고 지나간다(이들 터빈은 또한 반동 터빈이다). 그러므로 축류 터빈은 유량이 큰 경우에 적합하며 낙하 높이가 수 미터일 때 쓰인다. 방사류 터빈보다 전력 수요에 변화가 필요할 때 날의 각도를 바꿈으로써 효율성을 증가시키는 것이 간단하므로 유리하다. 이러한 모습을 가진 축류 터빈을 **카플란 터빈(Kaplan Turbine)**이라 한다.

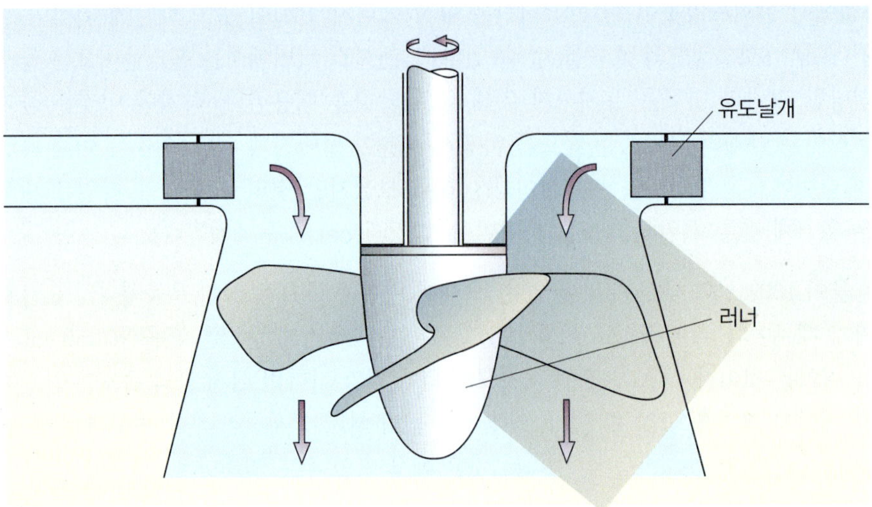

그림 5.21 • '프로펠러', 축류 터빈.

'프로펠러' 터빈의 가장 중요한 특징은 바로 최대 효율을 위한 날개의 최적속도가 물의 속력보다 빠르다는 것이다(2배나 빠르다). 이로 인해 물의 속력이 상대적으로 낮아도 발전기의 회전 속도가 빨라야 한다(날의 바깥 부분이 중심 부분보다 더 빠르므로 날의 각도는 중심선에서부터 점점 커져야 한다는 것을 주목하라. 이것이 바로 프로펠러가 꼬아진 모양을 한 이유이다).

물이 축류(axial flow)의 흐름을 갖고 있다면 측면에서 안으로 물이 유입될 필요가 없다. 축을 따라서 알맞은 각도를 따라 통해 구부리는 것보다 중심을 통해 흐르게 놔두는 것이 더 나을지도 모른다. 하지만 이렇게 한다면 발전기의 위치를 정하는 것이 문제가 된다: 만약 터빈의 중심부를 통해 물이 흐른다면 발전기는 흐름에 방해가 되거나 심지어는 젖게 될 것이다. 이 문제를 위한 몇 가지 해결책-테두리(rim) 발전기와 관형 터빈-은 6장에서 설명되었다.

펠톤 바퀴

그림 5.13(c)와 같이 수위가 대략 300 m가 넘을 경우(혹은 소형 수력발전으로 더 적을 때) 터빈으로는 펠톤 바퀴(Pelton Wheel)가 적합하다. 펠톤 바퀴는 19세기 후반 캘리포니아의 골드러시 때에 크게 발전했고 1880년에 Lester Pelton이 특허를 냈는데 위에서 설명한 방식과 전혀 다른 모습을 보인다. 이전에 설명한 반동 터빈(reaction turbine)이 아니라 '충격 터빈'이다. 이들 간에는 중요한 차이가 있는데 반동 터빈은 완전히 물에 잠기고 날개에 압력차이가 있지만 충격 터빈은 일반 대기압 하의 공기 중에서 동작한다.

펠톤 바퀴는 기본적으로 일련의 두 쌍의 컵 또는 '양동이(bucket)'가 가장자리를 둘러싼 바퀴의 형태이다(그림 5.22와 그림 5.23(a)). 높은 낙하 압력을 통해 고속의 제트 물살이 만들어져서 각 컵 사이의 가장자리를 교대로 치면서 바퀴가 돌게 된다(그림 5.23(b)). 물이 구부러진 그릇을 지나고 최적의 조건에서 모든 운동에너지를 잃어버리게 된다. 유량 비율을 바꾸기 위해서 제트 크기를 바꾸거나 전체 제트 물

(a)

(b)

그림 5.22 • 스코틀랜드 Tay 호수 기슭의 핀라리그(Finlarig) 발전소. na Lairige 호수에서 415 m의 낙하높이로 물을 가져온다. 평균 연간 출력은 70 GWh(SSE, 2011) (a) 발전소 (b) 초기 이중 쌍발(twin-jet) 펠톤 바퀴와 수평축 30 MW 다중-극 발전기.

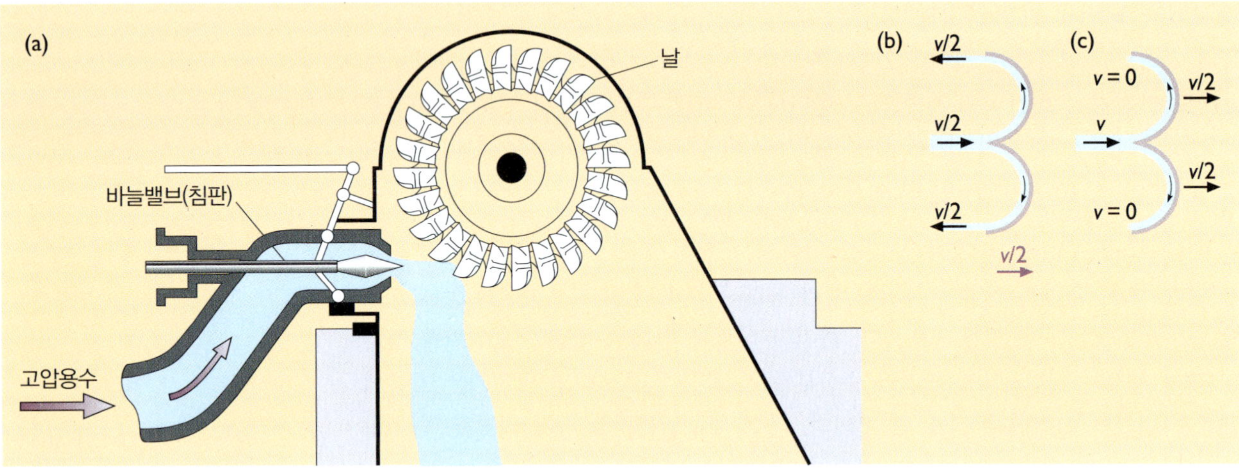

그림 5.23 • 펠톤 바퀴 터빈의 구조. (a) 수직 부분, (b) 움직이는 컵으로부터 보이는 물의 흐름, (c) 물과 컵의 실제 운동.

살을 바퀴로부터 굴절시킴으로써 그 파워를 변동시킬 수 있다.

펠톤 바퀴의 효율성이 가장 높을 때는 컵의 속도가 물이 분사되는 속도의 절반 정도 일 때이다(Box 5.7 참조). 컵 속도는 회전 속도와 바퀴의 직경에 따라 달라지고 물 속도는 낙하높이에 따라 달라지므로 이들 세 요소에 의해 최적의 관계가 결정된다.

입력 파워

펠톤 바퀴의 입력 파워는 실제 높이와 물 유량에 따라 결정된다. Box 5.8이 보여주듯이 이상적인 상황에서 유체의 체적 비율(Q)은 실제 높이 H로 다음과 같이 나타낸다.

$$Q = A \times \sqrt{(2gH)}$$

여기서 A는 물이 분사된 면적이다.

Box 5.7 펠톤 바퀴에 대한 최적의 속도

컵 속도가 물의 분사속도의 절반이 될 때 펠톤 바퀴가 물에서 최대 에너지를 얻게 된다는 주장을 생각해 보자.

컵에서 볼 때 현재 물이 속도 v로 이 속도의 절반인 $v/2$의 속도로 이미 움직이고 있는 컵을 향해 이동한다고 가정해보자. 컵에서 볼 때 이 물이 상대속도로 접근하게 될 것이고 이 경우 또한 $v/2$이다.

현재 물은 부드럽게 굽어진 컵의 안으로 이동해서 반대 방향으로 빠져나갈 때까지 이동한다고 생각해보자. 컵에서 볼 때 이제 물이 $v/2$의 속도로 뒤로 움직이고 같은 속도로 앞으로 움직이게 된다. 땅 위의 사람에게는 컵이 움직이고 물은 거기로부터 수직으로 빠져나와 떨어지는 것으로 보인다. 물은 원칙적으로 그것이 가진 모든 운동에너지를 바퀴에 100% 효율로 주게 된다. 이것은 대략적인 분석이고 최대 컵 속도는 $v/2$ 미만이다.

5절에서 식(2)는 터빈의 입력 파워는 다음과 같다.

$$P = 1{,}000 \times Q \times g \times H$$

따라서 우리는 다음을 알 수 있다.

$$P = 1{,}000 \times A \times \sqrt{(2gH)} \times g \times H$$

g의 근사값(10 m/s^2)을 사용하면 킬로와트 단위의 전력은 다음과 같다.

$$P(\text{kW}) = 45A\sqrt{(H^3)}$$

만약 인접한 컵들이 물의 흐름을 방해하지 않는 경우 바퀴 지름은 분출 직경의 약 10배가 되어야 한다. 크기를 크게 하지 않고 출력을 증가시키기 위해서는 2개 또는 4개의 분출 콘(jet con)들이 바퀴를 따라서 자리 잡아야 한다. 만약 분출구의 숫자가 *j*라면 파워의 식은 다음과 같다.

$$P(kW) = 45jA\ \sqrt{(H_3)}$$

터고 및 교차 유량 터빈

펠톤 바퀴의 변형인 터고 터빈(그림 5.17 및 그림 5.24)은 1920년대에 개발됐다. 물이 한 쪽으로 들어가서 다른 쪽에서 나가면서 더블 컵 대신에 단일 컵이거나 얕은 컵으로 대체되었다. 물은 제트류로 들어가서 컵들을 차례로 때리기 때문에 이 시스템은 여전히 충격 터빈이다(그리고 Box 5.8은 여전히 적용된다). 그러나 같은 직경의 펠톤 바퀴보다 큰 부피의 물을 처리할 수 있기 때문에 중간 정도의 높이에서 전기 생산에 유리하게 된다.

교차 흐름 터빈(cross flow turbine, **Mitchell-Banki**, 또는 **Ossberger 터빈**(그림 5.17)은 또 다른 형태의 충격 터빈이다. 그러나 여기에서 물은 구부러져서 분출되지 않고 평평하게 들어간 뒤, 칼날을 가로질러 중심 축 주위를 흐르고 날의 반대편에 걸쳐 떨어진다. 교차 흐름 터빈은 출력 100 kW 이하의 소규모 설비에 많이 쓰인다. 이 터빈은 간단한 형태이면서도 독창적인 기술 아이디어로써 복잡한 엔지니어링 설비 없이도 건설 및 관리를 할 수 있으며 외딴 지역에서도 쉽게 사용할 수 있다.

활용 범위

지금까지 우리는 일반적으로 높은 낙하높이에 펠톤 바퀴가 낮을 경우에는 프로펠러가, 중간 범위에는 프랜시스 터빈이 적합하다는 것을 알아보았다. 그러나 낙하높이가 발전기의 가장 적합한 유형을 결정하는 유일한 요인은 아니다. 가용전력 또한 중요하다.

그림 5.25는 다양한 터빈에 대해 낙하높이, 유량 및 대응 전력에 따라 가장 잘 맞는 각 유형의 활용범위를 보여준다. 하지만 주목할 점은 경계가 명확하지는 않으며 가격, 제작 편이성이나 운영의 편리함 등의 다른 기술적 문제나 기준이 이들 범위에

Box 5.8 실제 높이, 물의 속도 및 유량

비록 실제로 분출구를 형성하는데 항상 에너지가 손실되더라도 우리는 실제 높이에서 자유낙하를 하면서 얻었을 속도로 물이 분출구를 떠난다고 가정하자.

5절에 있는 수식(1)을 통해 발생하는 위치에너지는 H m를 통해 물 M kg일 때 다음과 같다는 것을 알고 있다.

$$\text{위치에너지} = MgH$$

제1장에서 우리는 움직이는 물체의 운동에너지는 질량과 속도의 제곱에 비례한다는 것을 보았다.

$$\text{운동에너지} = \frac{1}{2}Mv^2$$

따라서 잃어버린 위치에너지가 모두 운동에너지로 변환되었을 때 다음의 식이 성립한다.

$$\frac{1}{2}Mv^2 = MgH$$

따라서 $v^2 = 2gH$이고

$$v = \sqrt{(2gH)} \qquad (5)$$

만약 물이 $A\text{m}^2$의 원형 분출구로 흐른다면 초당 흘러나가는 부피는 A와 v를 곱한 값이다. 그래서 실제 낙하높이 H에 의한 유량의 부피는 다음과 같다.

$$Q = A \times \sqrt{(2gH)}$$

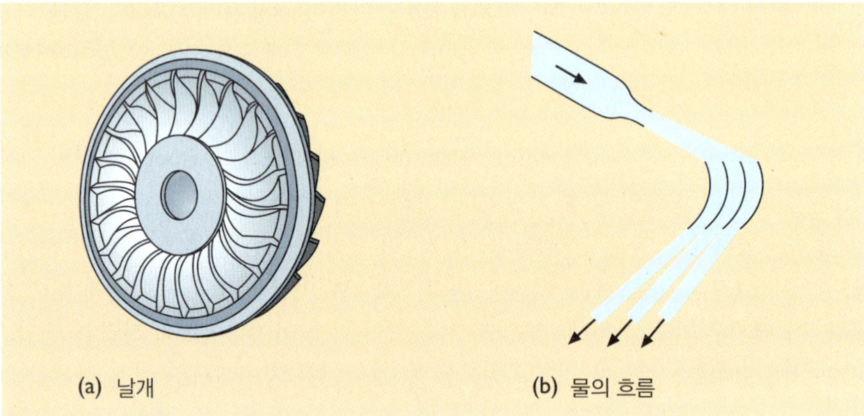

그림 5.24 • Turgo 터빈. (a) 날개, (b) 물의 흐름.

경계를 결정한다. 그림 5.25에서 갤러웨이 발전소(이 장에서는 다른 곳도 포함)에 대한 데이터를 찾아서 실제로 사용된 터빈과 다이어그램에서 제안된 터빈을 비교하는 것은 좋은 경험이 될 것이다.

소규모 설치는 사용 가능한 높이와 유량에 의해 구별될 수 있는데 대형 발전의 경우와 매우 다를 수 있다. 많은 발전소가 강(run-of-river)에 설치되어 수 미터에 불과한 높이를 가지는데, 10미터의 경우도 매우 작은 발전소에는 '고수위'로 분류될 수 있다. 터빈의 종류를 선택하는 것은 그림 5.25에도 나타나듯이 크게 달라질 수 있다.

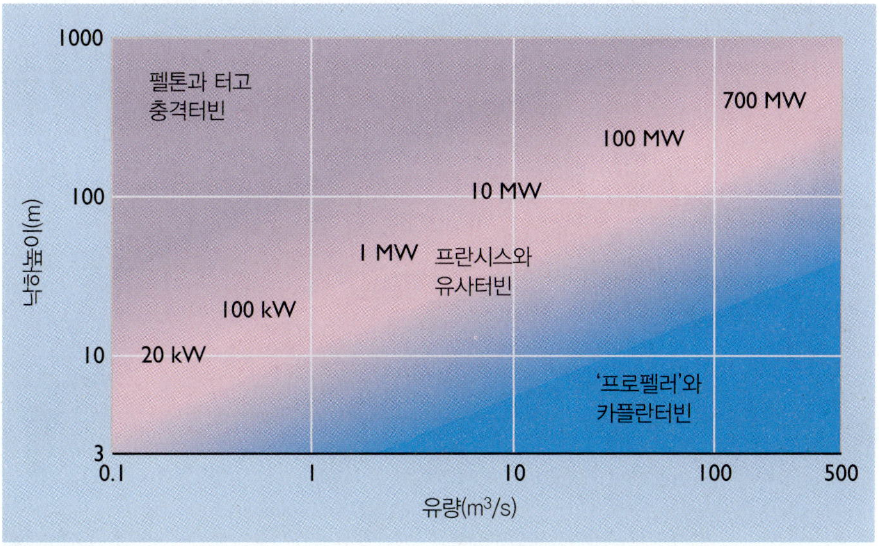

그림 5.25 • 터빈의 활용 범위.

5.9 시스템의 일원으로서의 수력발전 – 환경 고찰

전기 발전 방식이 환경적으로나 경제성 측면에서 적합하더라도 실행하기 위해서는 다른 문제도 고려되어야 한다. 대형 발전소는 독립적으로 운영될 수 없고 건설된 발전소가 전력 공급 시스템의 유용한 부분을 구성하는가는 중요한 문제이다.

발전소의 운영자 관점에서 보면, 이상적인 발전소의 특성은 다음과 같다.

1 지속적인 이용 가능성

2 입력의 변화를 보완하기 위한 에너지 비축 저장고

3 발전소 사이에 입력 변화에 따른 연관성이 없을 것

4 수요의 변화에 신속한 대응

5 용수 공급

6 갑작스럽거나 예측할 수 없는 입력 변경이 없음

7 생산한 전기를 너무 멀리 송전하지 않아도 되는 거리의 적절성

이 모든 기준을 맞출 수 있는 발전소는 매우 적겠지만 부합하지 않는다면 각 부분을 보완하는 데 실질 비용이 추가되어야 한다.

대부분의 수력발전소는 4번 항목에 잘 맞으며, 춥고 어둡고 겨울이 습한 지역에서는 얼어서 고정되지만 않는다면 5번도 문제는 되지 않는다. 6번 항목은 적어도 대형 발전소라면 입력의 갑작스러운 변동은 드물다.

수력발전소가 1~3번을 어떻게 만족시키는 것은 어느 정도는 그 발전소 형태에 따라 다르다. 고 낙하수위와 대규모 저수지를 가지고 있다면 건기 출력을 정상적으로 유지하기는 어렵지 않다. 반면 작은 댐에 흐르는 강은 유량이 적은 시기에 전력을

그림 5.26 • 1942년에 설치된 콜롬비아 강의 Grand Coulee 댐은 170 m 높이와 1 km의 폭을 가지고 있음. 30개의 터보 발전기 세트로 구성된 전체 발전 용량은 6.8 GW이며, 300 MW가 펌프 저장 발전에 이용된다(USBR, 2011).

안정화시키는 데 충분하지 않을 것이다. 가뭄이 심각해지면 광범위한 지역의 모든 발전소에 영향을 준다. 따라서 3번 항목을 완전히 만족시키기는 어렵다.

마지막 기준이 난관이다. 수력발전은 지형 의존성이 강한데, 흐르는 강에 설치한 댐은 때때로 인구 밀집 지역 근처에 있기도 하다. 고수위 시스템은 지형상 그렇지 않다.

소수력 발전소의 경우는 다를까? 소수력발전소는 흐르는 강이나 상대적으로 작은 저수지엔 적합하지만 두 경우 다 확실한 공급이 어렵다. 한편, 각기 다른 강수 패턴을 가진 지역에 발전소들이 산재해 있다면 확실히 공급을 안정적으로 유지할 수 있다. 작은 규모의 발전소 지역은 비록 일반적인 생산 비용 비율은 더 높겠지만, 장거리를 송전할 필요가 없어 손실과 비용을 줄일 수 있다.

종합적으로, 수력발전은 위의 기준에서 볼 때 상당히 우수하다. 그리고 큰 저수지를 낀 수력발전소는 저수 용량이 크기 때문에 그 저수지에 보존된 에너지뿐만 아니라 다른 발전소의 산출 잉여물(방출된 용수)의 저장소를 제공하는 추가적인 기능을 가지고 있다.

5.10 환경적 요소

수력발전과 연관된 환경 문제는 다른 어떤 에너지원보다도 논란의 소지가 많다. 우선 수력발전을 다른 발전 방식과 비교해 환경적 장점을 간략하게 요약하고자 한다.

- 수력발전은 CO_2를 방출하지 않고 산성비를 유발하는 질소와 황의 산화물을 방

출하지 않는다.

- 사람의 건강에 직접 해로운 다이옥신과 같은 분체나 화학물질이나 분진을 방출하지 않는다.
- 방사능을 방출하지 않는다.
- 댐이 만약 붕괴한다 해도 큰 폭발이나 불이 일어나지 않는다.

더욱이 수력발전소는 홍수 통제나 관개용수와 같이 환경에 긍정적으로 작용하는 측면도 없지 않고 때로는 그것의 개발이 풍경을 바꿔주면서 시각적으로 좋게 만들어준다.

그러나 20세기 동안에 대형 댐을 건설하면서 수백만 명이 집에서 떠나야 했다. 댐의 붕괴로 수천 명에 달하는 인명 피해를 봤다. 우리는 이러한 점과 그 밖의 유해한 영향을 다음 세 가지 항목으로 구분 지어 살펴보고자 한다.

- 수리학적 영향 — 지표수, 지하수, 용수 공급, 관개 등
- 대형 댐과 저수지의 다른 물리적 영향
- 사회적 영향

수리학적 영향

위에서 세 가지 항목은 당연히 독립적이지 않다. 어떠한 수리학적 변화도 생태와 지역사회에 당연히 영향을 미칠 것이다. 수력발전소는 단순히 물을 소비하는 것이 아니라 자원을 '재배치'하는 장치이다. 강을 운하로 우회시키거나 산의 지류 대신에 관을 통하게 하면 전체적인 흐름을 엄청나게 변화시키지 않을 수도 있다. 그러나 이는 환경에 명백한 영향을 끼칠지도 모른다(Box 5.9에 예로 든 것을 보라). 그리고 큰 저수지 수면에서 물의 증발은 이용 가능한 물 공급량을 눈에 띄게 감소시킬지도 모른다.

다른 물리적 영향

대규모 수력발전 댐과 같은 대규모 구조물은 여러 가지 측면에서 환경에 영향을 미친다. 비록 건설기간은 몇 년밖에 안 되지만 건설 과정 자체가 광범위하게 교란을 일으킬 수 있고, 생태계의 균형을 한 번 붕괴시키면 그 영향은 오래간다. 장기적으로 대형 저수지는 중요한 환경 변화를 가져올 수밖에 없다. 이들이 비극적으로 될지, 효과적으로 될지 또는 중립인지는 지리적, 생물학적 관점에서 상황에 따라 달라지며 이해당사자들의 견해와 관심에 따라 달라진다.

댐 피해

1960년대 이후 반세기 동안 심각한 물질적, 인명 피해가 발생한 35개의 대형 댐 붕괴 사고가 보고되었다(위키피디어, 2011a;2011b). 많은 댐이 홍수 조절, 용수 공급, 관개용수로 혹은 여가 활용 등 수력발전 이외의 목적으로 사용된다. 미국의 연구에 의하면 8만여 개의 댐 중에 단지 2,400개만이 수력발전 시설이 있다(미국 에너

지성, 2005). 따라서 세계적인 주요 댐 사고 중에서 단지 대여섯 개만이 수력발전 사고라는 것이 그리 놀라운 것은 아니다. 그러나 한 가지 위험 부담이 있다: 중국의 관련 정보가 빈약하다는 것이다. 예를 들어 중국에서의 1975년의 대홍수로 많은 댐이 붕괴했는데 그 추산되는 사상자 수가 7만 명에서 25만 명으로 다양하다(New Scientist, 2011). 만약 그 숫자가 이들 범위에 있고 수력발전소가 붕괴된 댐들 중에 상당히 많이 설치되어 있었다면 수력발전은 사용된 에너지 kWh 당 사망자 수를 산정한다면 여러 에너지원 중에 상위권에 들어가야 할 것이다.

발전소 사고

역사적으로 다른 발전방식과 비교할 때 발전소 이상으로 인해 심각한 피해를 주는 측면에서 수력발전소는 고온, 방화, 방사능 등의 문제가 없다. 하지만 고압 문제가 있다. 낙하 수차가 200 m나 될 경우 20기압이나 된다. 이는 25 TWh의 출력으로 세계에서 여섯 번째 규모의 수력발전소인 러시아 서부 시베리아의 에니세이 강의 10개의 640 MW 사나요–슈센스카야 발전소의 낙하 수위 차이이다(위키피디어, 2011c).

2009년 8월 17일 오전 8시에 사나요 슈센스카야 붕괴되어 남아있는 9개의 터빈에 손상을 입혀 75명의 근로자가 사망했으며 40톤의 기름이 강으로 방류 되었으며 발전소 주변 지역의 전력 공급이 끊겼다(이로 인해 약 50만 톤의 알루미늄 생산에 차질이 생겼다). 후속 조사로 사고 발생 1년 전에 노후 및 정비 불량으로 10기의 터빈 모두 운영 부적합 판정이 내려졌다는 것이 밝혀졌다.

토사

댐의 안쪽에 퇴적되는 토사는 오랫동안 알려진 문제였다. 댐 내에 침적토가 계속 누적되어 저수량이 줄어들게 되고 결국에는 수력발전량마저 감소했다. 이러한 문제는 아스완 댐에만 국한되지 않는다. 예를 들어 지금은 거의 70년이 된 후버 댐(그림 5.14)은 처음 30년 동안 저수용량이 약 1/6이나 감소했으며 Glen Canyon댐이 370마일 상류에 건설되고 나서야 그 감소 비율이 줄어들었다.

아스완 하이(Aswan High) 댐은 1960년대에 지어져 이집트 전력의 상당 부분을 공급한다. 하지만 댐 하류에서는 매년 나일 강 범람으로 운반되던 영양분을 더 이상 받을 수 없게 되었다. 수천 년 동안 계속됐던 농업 시스템은 축소되거나 파괴되어 관개 사업과 비료에 의존하게 되었다(El-Sayad and van Dijken, 1995).

물고기

2절에서 갤러웨이 수력발전소가 연어의 상류 이동을 방해하는 것이 주요한 환경 문제이기 때문에 어로를 이용해 해결했다. 프랑스는 20세기 이전에 대서양 조업에 이용되던 강에 많은 댐을 건설했는데 1990년대에 허가권에 대한 재계약이 다가왔다. 어로나 비슷한 통로의 건설을 요구하는 강력한 사항이 더해졌다. 이로 인해 재개통이 부적합하거나 환경적, 경제적 문제로 부적합한 댐은 해체되었다(ERN,

Box 5.9 Gabcikobo-Nagymaros

다뉴브 강은 이미 몇몇 나라에서 그 긴 강줄기를 따라 수력 발전으로 사용됐지만, 슬로바키아와 헝가리의 국경지방(그림 5.27) 개발은 30년이 넘도록 논쟁거리이다. 애초에 협정된 1977년의 8880 MW 계획안은 Bratislava의 하부에 대형 댐을 건설하는 것이었다.

이 댐으로 만들어지는 저수지는 다뉴브 강으로 연결되기 전에 Gabcikovo의 수력발전소에 용수를 공급하는 새로운 운하에 공급원으로 사용될 예정이었다. 또한 두 번째 관문과 발전소가 Nagymaros에 건설될 예정이었다.

공사가 대략 10년 동안 계속됐지만 1980년대 말의 정치적인 변화, 특히 헝가리에서 환경 문제 때문에 점점 반대 목소리가 커졌다. 헝가리 측에서는 건설을 1989년에 실질적으로 중지했고, 1992년 5월에 정부는 1977년 협정의 취소를 공표했다

새로 건국된 슬로바키아는 그 계획을 지속하겠다고 공헌하며 취소하는 것은 불법이라고 선언했다. 1992년 10월 슬로바키아 엔지니어들이 강 수위가 최저일 때 18 km 길이에 높이 15 m인 콘크리트 운하를 건설했다.

그 결과 지하수(water table)가 마르고 식물이 말라죽고 희귀 야생동물의 생존이 위협받는 등 우려했던 일들이 현실화되어, 물길을 인공적으로 우회시키는 것에 대해 법적인 제약이 강화되었다. 인공적인 관개 사업이 상황을 다소 완화시켜 줄 뿐이어서, 1993년에 헝가리와 슬로바키아 정부는 헤이그에 있는 국제사법재판소에 이를 회부했다. 재판소의 판결이 있기 전인 1995년에 슬로바키아는 우회시키는 용수량을 감소시키겠다는 것에 대해 동의했다.

1997년 9월에 국제사법제판소는 두 나라가 불법적인 행동을 했다고 판결했다(ICJ, 1997). 판결은 그들이 새로운 해결책(Nagymaros발전소 없이)을 협상하도록 했다.

환경 위험에 대한 지속적인 측정에 대한 필요성이 초기 협약 이후 더 강력해지면서 '양 쪽이 환경적 문제를 심각하게 받아들이고, 필요한 사전 준비적 제도를 시행할 것이다. 그러나 양쪽이 근본적으로 이것이 공동 프로젝트에 미치는 영향에 의견에 일치를 보지 못한다'고 재판소는 언급했다.

양국 정부는 협상을 지속하고 있지만 본 책의 저술 시점까지 해결책을 찾지는 못했다(2013년 중반 현재). 현재의 반쪽 체계는 하나의 발전소에서만 소득을 창출해내는 재정적인 재앙이라고 알려져 있다.

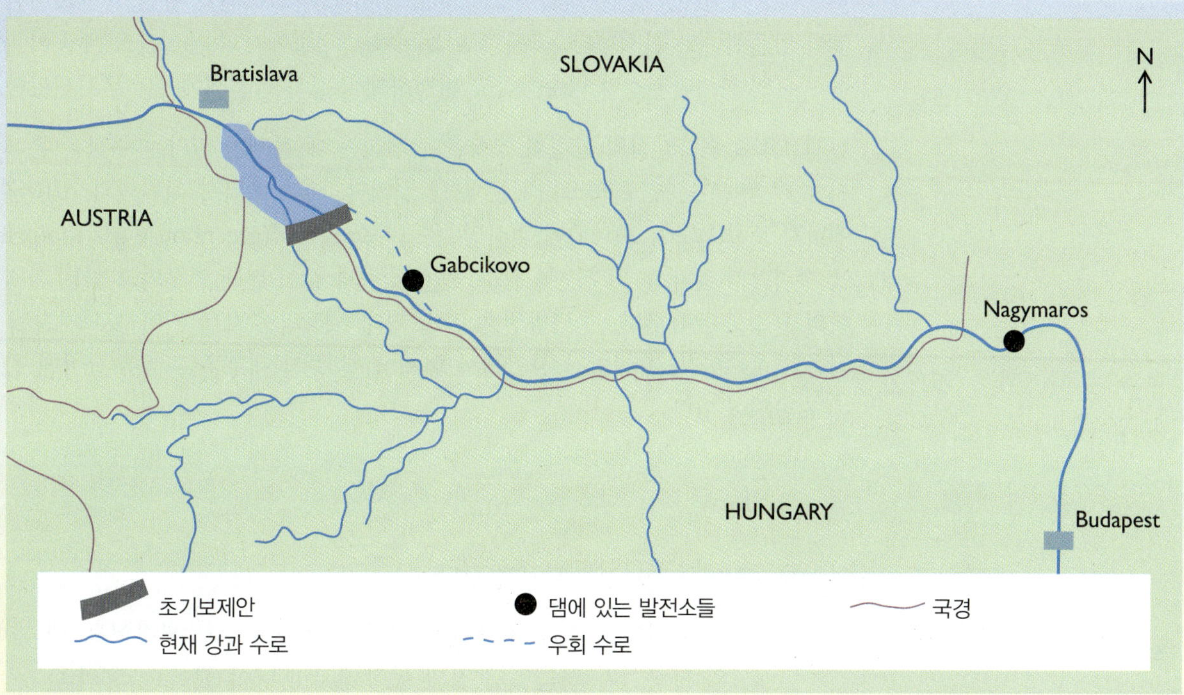

그림 5.27 • 다뉴브 강 발전단지 제안.

2000).

상대적으로 소형인 댐에 대한 프랑스의 해체 시도는 20세기 초 중반에 유럽 전역에서 지어진 여러 댐의 개수 및 보수 시점이 다가오면서 이에 대한 파일롯 형태였다. 최근에는 미국에서도 환경 문제로 인해 수력발전용 댐을 해체해야 한다는 사람들과 또한 환경적 문제 때문에 수력발전을 찬성하는 사람들 사이에 흥미로운 논쟁이 생기고 있다(ORNL, 1993).

메탄

수력발전은 온실가스를 거의 배출하지 않는 재생에너지원으로 여겨졌지만 이러한 생각을 21세기 초반부터 의심하게 되었다. 일반적으로 대기 중에서 부패될 때 이산화탄소(CO_2)를 만들어내는 식물류(vegetable matter)가 저수지에 침수될 때 혐기성 분해를 통해 메탄(CH_4)을 방출할 수도 있다고 오랫동안 알려져 왔다. 메탄은 이산화탄소보다 훨씬 더 심각한 온실가스임을 감안할 때 수력발전이 화석연료와 같이 지구 온난화에 심각한 영향을 준다고 할 수도 있다.

이러한 우려 때문에 개별 저수지에 대해 상세한 연구가 시행되었다. 스위스 해양연구소 EAWAG의 연구팀에 의하면 수력발전소가 있는 스위스 북부 Aare 강의 저수지에서 여름 동안 거품이 생겨났다고 한다. 상세한 보고서(EAWAG, 2010)는 하루 동안 호수 표면의 약 1 m^2 당 약 0.15그램의 메탄이 방출된다고 추산했다 – 이는 온화한 기후를 감안하면 훨씬 높은 수준이며 약 150톤의 메탄 방출과 맞먹는다. 특별히 많은 식물류(예 낙엽 등)의 혐기성 소화가 그 원인으로 분석되고 있다. 그 보고서는 또한 이러한 수력발전소와 비슷한 규모의 화석연료 발전소는 40배나 더 많이 방출한다고 분석했다. 하지만 이는 수력발전소에서의 온실가스 배출이 비슷한 규모의 화력발전소와 비슷하다고 빈번하게 주장하는 견해에서는 무시되었다.

전체적으로 수력발전의 환경적 영향을 측정하는 데 문제가 있다는 주장은 본 책의 저술 시점에서는 별로 중요하지는 않을 것이다. 세계 에너지 위원회의 2010 재생에너지 조사(WEC, 2010a)에 의하면 '온실가스 발자국(greenhouse gas footprint)'을 수리학적 취약성, 기후변화 감소, 환경 적응과 같이 현재 연구되고 있는 환경 영향의 요소로 분류했다. '수력발전은 탄소 거래 시장의 주요한 기여자로 지속될 것'이라고 예측한다. 수력발전 산업에서 현재 진행 중인 새로운 프로토콜(아래 참조)에 포함되어 있다.

사회적 영향

아이들 동화에서 에너지는 다음과 같다:

> 아메드가 살던 호수 근처에 댐이 만들어지고 호수가 생겼어요. 아메드와 가족들은 정들었던 집과 농장에서 떠나야 했어요. 그의 할아버지부터 거기에 살았고 아메드는 거기서 태어났어요. 그는 떠나

Box 5.10 삼협댐

양쯔강의 삼협댐(Three Gorges project)은 사상 최대의 연속적인 수력발전소들로 환경적, 사회적인 측면에서 큰 반대를 불러온 프로젝트이다. 많은 정치적 우여곡절에도 불구하고 1919년에 Sun Yat Sen에 의해 처음 제안되었던 이 사업은 국회 대표 1/3의 공전의 반대에도 불구하고 1992년에 승인되었다. 표 5.6는 그 당시 중국의 주요 논점들을 정리했다.

표 5.6 댐 건설에 대한 찬성과 반대 의견 요약

이슈	반대	찬성
비용	댐은 공식적 비용치를 훨씬 초과할 것이며 투자비는 더 값싼 전력원이 사용가능해지면 투자 회수가 불가능	댐은 예산 안에서 건설 가능하고 송배전망이 전기 수요를 증가시켜 투자 회수가 가능
이주	이주민들은 전보다 더 어려워지고 그들의 인권이 침해	1천 5백만 인구가 전기와 홍수 조절로 더 잘 살수 있다
환경	수질 오염과 삼림 피해 증가하고 해안선 침식, 생태계 변화를 통해 동식물 생존 위협	수력발전은 석탄화력보다 청정하고 원자력보다 더 안전하고 환경을 보호하도록 조치가 취해질 것임
지역문화와 자연보호	많은 역사유적을 수몰시키고 역사적 경치, 지역 여행 산업 파괴	많은 역사 유적이 옮겨지고, 절경은 많이 바뀌지 않음
항해	토사누적으로 선박, 항구 운영 방해하고 항해 불가능	빠른 강물이 길들여지고, 배 선착장이 설치되어 빠르고 값싸고, 안전하게 항해가 가능
전력 발전	기술발달로 수력발전은 무용지물	대체에너지는 아직 이용가능하지 않고, 상대적으로 값싼 수력 전기에 대한 막대한 잠재적 수요가 존재
홍수 조절	토사누적으로 홍수 저장능력이 감소해 댐은 지류의 홍수 예방 불능, 더 효과적인 홍수 제어 방법이 가능	대규모 홍수 저장용량으로 빈번한 대형 홍수 발생 빈도 감소, 댐이 홍수를 증가시킬 위험은 적음

그림 5.28 • 삼협댐

이 표는 원래 ChinaOnline에 영어로 발표되었으며 여기서 원문 그대로 표기했다.

국내외적으로 집, 농토 및 직장을 잃은 113만 명이나 되는 이주민 문제에 반대가 우선 집중되었다. 댐에 토사가 누적되어 강 상류에 위치한 항로가 막히게 되고 홍수 위험성이 커지며 결국에는 전력 생산이 예상보다 감소할 거라는 보다 심각한 문제들이 제기되었다. 더구나 중국에서 가장 아름다운 자연 경관을 잃는다는 것 또한 중요했다.

세계은행과 기타 주요 금융기관들은 프로젝트에 참가하지 않았

지만, 다른 곳에서는 자금을 구할 수 있었고 공사는 1993년에 시작되었다. 길이 1 마일, 높이 181 m인 댐은 2003년 상반기에 완성되었다. 수문은 6월 1일 자정에 완성되었다. 강물은 5년여 우회 공사를 통해 다시 흐르게 되었고 물길이 열리고 다음날 이른 아침에 댐의 수위가 100 m 이상 되었다. 2주 후에 최종 예상 수위보다 1 m를 넘었다.

댐 가동

댐의 좌측에 있는 초기 14개의 700 MW 터보 발전기는 2005년 9월부터 가동을 시작하였고 우측의 12개 발전기가 2008년 10월부터 가동되었다. 전체 26개의 발전기가 2009년 6월에 처음으로 동시에 작동되었다. 하지만 홍수 계절에 상대적으로 낮은 수위로 인하여 전체 출력은 단지 16.1 GW이었는데 전체 잠재 가능량 18.2 GW보다는 상당히 낮다.

> 게 되어 슬펐어요.

이처럼 비용효과 분석은 일반적으로 나는 비용을 지불하고 당신이 혜택을 받는다.

Aswan과 Kariba 댐 때문에 각각 8만 명과 6만여 명이 이주해야 했다. 불어나는 삼협 댐(Box 5.10)의 물로 100여개 마을과 백만 명이 넘는 이주민이 발생했다. 20세기 후반 중국에서만 1천만 명의 사람들이 댐으로 인해 강제 이주했다.

하지만 댐의 건설로 인해 즉시 영향을 받는 사람에 대해서도 댐의 건설은 매우 다른 결과를 줄 수도 있다. 당신이 살고 있던 계곡이 수몰된다면 당신의 집, 생활과 당신의 지역사회를 잃어버리는 것이다. 이와 대조적으로 정기적으로 제방이 범람하는 강가에 살고 있던 사람들에게 수력발전을 위한 둑과 제방의 건설은 마침내 무시무시한 홍수에서 벗어나게 해 준다. 그리고 더 작은 규모의 영향으로는 강가에서 산책할 기회를 잃는 대신에 몇몇 사람들은 새로운 레저 활동의 기회를 맞아 환영할 수도 있다.

산업체의 반응

상기의 비판에 따라 최근 (대형)수력발전에 대한 우려가 커지고 있다. 이에 대한 다음의 두 가지 주장이 있다.

지속 가능한 수력발전

관련 업계를 대표하는 국제기구인 국제 수력발전 연합(IHA)의 웹사이트 '지속 가능한 수력발전'은 이들과 관련해 다음과 같이 설명하고 있다.

> 100년이 넘는 경험을 통해 수력발전의 장단점은 모두 잘 이해하고 있다. 수력발전의 부정적 영향 또한 잘 이해하고 있지만 이를 모두 제거할 수는 없다. 따라서 이를 완화하기 위해서 많은 일을 할 수 있다. 다음의 표에서 수력발전의 경제적, 사회적, 환경적 측면에서 이를 요약했다.

수력발전 지속가능성 측정 프로토콜

국제 수력발전 협회(IHA)에 의해 다양한 수력발전 업계의 협동에 의한 결과로 수력발전 지속가능성 평가 프로토콜(HSAP)이 만들어졌다. 기본적으로 신규 수력발

환경적 측면	
장점	**단점**
유해 대기물을 배출하지 않는다.	수자원 체제의 변화.
폐기물을 만들지 않는다.	수질을 모니터하고 관리해야 한다.
대규모 에너지원보다 매우 적은 온실가스 배출 생산력을 증가시켜 담수 생태계를 새롭게 만들 수 있다.	일시적인 메틸수은의 먹이사슬 유입을 모니터하고 관리해야 한다.
영향받는 지역에 대한 현재의 환경문제에 대해 주목하게 한다.	어류의 이동과 생태학적 변화(fish entrainment)에 장애물.
수력발전을 위해 사용할 때 물을 소비하거나 오염시키지 않는다.	유해동물의 유입을 모니터하고 관리해야 한다.
재생 불가능한 연료 자원(예 석탄, 가스, 석유)을 고갈시키지 않는다.	주변 지역의 침수.
연구 조사를 통해 주요 종(species)에 대한 지식을 넓히고 관리를 강화.	수생 생물체의 변화.
	적도 지역 저수지에서 온실가스 배출될 수 있다.
	어종과 그 개체 수를 모니터하고 관리해야 한다.
	침전물 조성 및 운송에 대해 모니터하고 관리해야 한다.

사회적 측면	
장점	**단점**
다른 용도로 물을 사용할 수 있다.	이주가 필요할 수 있음.
해상 수송 상태를 개선할 수 있다.	지역의 육지 이용 현황이 변화됨.
지역과 그 지역의 자원에 대한 접근성을 높인다(접근 도로, 다리, 경사로).	수자원 사용이 상충될 수 있고 이를 관리해야 한다.
생활환경 개선.	문화적 유산에 대한 영향을 해결해야 한다.
홍수 예방.	지역의 육지 이용 현황이 변화됨.
레저 용도로 자주 활용할 수 있다.	수자원 사용이 상충될 수 있고 이를 관리해야 한다.
지역 인력을 건설과 운영에 고용할 기회 제공.	이동을 제약할 수 있음.
지속 가능한 환경(맑은 물, 식량 공급).	수인성 전염병 매개체가 발생할 수 있음.

출처: 지속가능한 수력발전, 2011b.

전 프로젝트를 위해서는 만족시켜야할 목록으로 2010년 11월에 IHA 회원국에서 인가받았다.

이 프로토콜(HSAP, 2010)은 관련 배경 자료와 신규 프로젝트의 네 가지 단계를 다루는 네 가지 평가 부분-초기 단계, 준비, 시행 그리고 **운영**-으로 구성되어 있다. 이들은 대형 수력발전소의 많은 비판에 대해 대응하기 위한 것이다. 만약 제대로 시행된다면 '지속 가능한 수력발전'의 발전을 위해 크게 기여할 것이다.

그러나 프로토콜을 위한 관리 모델(governance model)이 아직 확립되지 않았고 실제 얼마나 실행될 수 있을지에 대해서는 아직 할 일이 많이 남아 있다.

소수력발전의 환경적 영향

일반적으로 작은 규모의 수력발전소가 대형 시스템보다 단점이 적다는 공감대가 형성되어 있다. 이는 몇 가지 측면에서 분명한 사실이다. 작은 5 MW 발전소라면 훨씬 적은 사람들이 이주할 것이고 그러한 작은 지류에 있는 댐이 붕괴한다면 피해 보는 사람 또한 적을 것이다.

하지만 모든 사람이 그 결론에 동의하는 것은 아니다. 최근 제정되는 법규가 10 MW를 기준으로 그 이상과 이하 용량에 따라 구별을 두고 그 이하인 프로젝트를 선호하고 있다. 하지만 이에 대한 과학적, 기술적 근거는 없으며 이를 통해 더 큰 환경적 영향이 있을 수 있다. 대규모 발전을 지지하는 사람은 '작은 것은 아름답다'는 일반적인 세계관은 상세한 분석결과를 무시한다고 생각한다. 소수력발전(SSH)은 효율과 부하계수가 작고 어떤 경우에는 발전 출력 단위 당 저수지 면적이 더 클 수도 있어서 증발 면적이 늘어나며 온실가스인 메탄 배출 또한 증가시킬 수 있다. 그러나 이런 모든 요소는 지역별로 크게 다를 수 있어서 일반화하기가 매우 어렵다.

비교

수력발전 아니면 아무것도 안 된다는 이분법적 사고가 아니라 수력발전 혹은 다른 발전 형태 사이의 결정이라는 것을 잊어서는 안 된다. 위에서 언급한 불이익에도 불구하고 수력발전은 다른 방식보다 좋은 점수를 얻고 있다. 댐 건설을 포함한 전체 온실가스 배출은 다른 경쟁 되는 화석연료 발전보다 훨씬 작을 것이다(10장 참조). 현재 수력발전 이슈로는 메탄 배출과 주요 신규 수력발전에 의해 이주해야 하는 사람들의 이주에 대한 장기적 비용산정이다. 그럼에도 불구하고 이번 장에서 사용된 기준으로 볼 때 수력발전은 환경에 유해함이 가장 적은 발전 방법인 것처럼 보인다.

5.11 경제성

> 발전소는 대략 무료로 혹은 저비용으로 에너지를 전기로 만드는 비싼 기계이거나 비싼 연료를 전기로 만드는 더 값싼 기계로 나눌 수 있다
>
> (Mott MacDonald, 2010).

아무리 기술이 멋있다고 하더라도 그 기술로 이익을 만들어 낼 수 없다면 아무도 투자하지 않을 것이다. 잠재적 투자자는 관련된 모든 요소를 고려해 킬로와트 당 생산 비용이 얼마인지를 알려고 한다. 그 요소는 초기 자본 비용, 운영과 관리 비

용, 예상 가동 수명, 용량 인자(capacity factor) 같은 발전소 자료와 할인율, 대출 비용 등 외적 요소 등이다.

자본 비용

수력발전은 성숙기의 기술이고 위 정보의 대부분은 쉽게 구할 수 있다. 수처리 시스템, 터보 발전기와 출력 제어는 몇 백 와트에서 수백 메가와트의 출력 범위를 모두 포함하는 표준화된 항목이다. 기계장치의 예상 수명은 25~50년이며 외부 구조물은 50~100년이다. 그러나 3절에서 언급되었듯이 '수력발전 비용'에 대해 정확하게 일반화하는 것 혹은 한 국가나 지역의 수력 발전의 경제적 잠재성을 측정하는 것은 매우 어려운 일이다.

그 이유는 초기에 내는 '초기 비용(front-end loading)'이 너무 크고 장소에 따른 건설비용이 극단적으로 차이가 나는 문제 때문이다. 즉 수력발전에 의한 단위 전기 생산 비용을 결정하는 지배적인 요인이 초기 투자 자본 비용을 결정하는데 이 비용의 대부분을 차지하는 것이 장소에 따라 크게 다른 토목 건설비용이라는 것이다.

단위 비용

미국에서 잠재적 수력발전 가능성이 있어서 1~1,300 MW의 용량을 가질 수 있는 2,000여 개가 넘는 후보들을 대상으로 개발 비용을 조사했다(Hall et al , 2003). 이 중 1,000여 개소는 주변에 댐이나 수력발전소가 없는 그린 존이다. 같은 규모의 유사 발전소의 자료와 비교해 이들은 kW 당 2,000~4,000달러에 불과하다(이 책이 저술될 시점에 인플레로 인해 이들 초기 비용이 kW 당 약 2,400~4,800달러로 증가해 영국 화폐로 kW 당 약 1,500~300파운드이다).

이 연구에서 놀라운 사실은 수력발전소의 킬로와트-시간 당 출력 기준으로 단위 비용을 산정할 때 전체 수명에서 초기 비용의 중요성이다.

토목공사가 전체 비용 중 65~75%를 차지하며 환경 및 관련 허가를 만족시키기 위해 15~20%가 추가될 수 있다. 전체 중에서 85~95%는 '현장' 건설비용이며 터보 발전기 및 제어 시스템은 단지 10% 정도를 차지한다.

수력발전은 연료비용이 없고 운영과 유지 보수비용이 적어서 전기 비용을 결정하는 초기 투자비용의 연간 회수에서 주요한 부분이 현장 건설비용이다.

Box 5.11의 표 5.8의 아래 줄에는 전력 생산의 실제 단위 비용을 산정하는데 할인비율의 중요성을 나타낸다. 고려된 두 가지 경우에서 수력발전의 비용이 CCGT 발전보다 할인율이 10%보다 클 경우에는 더 많이 소요된다. CCGT 발전의 매우 큰 용량인자를 주목할 필요가 있는데 이는 거의 일정한 사용을 통해 단위 비용에 영향을 준다. 수력발전이 주 전력공급원인 지역에서 안정적 전력 공급을 하고 있다면, 단위 비용은 물론 상당히 줄어들 것이다.

Box 5.11 수력발전과 CCGT 발전의 비용 비교

복합 사이클 가스 터빈(CCGT, combined cycle gas turbine)은 수력발전의 가장 반대되는 형태이다. 표준형 부품으로 빨리 지어지며, 자본 비용도 상대적으로 적다. 그러나 연료비는 높고(그리고 미래에는 예측 불가능하다) 수명은 수력발전소보다 훨씬 적다. 그럼에도 불구하고 투자자들은 최근 영국에서와 마찬가지로 수력발전보다는 CCGT에 투자할지도 모른다. 그 이유는 다음과 같다.

표 5.7은 두 개의 100 MW 발전소의 데이터를 보여준다. 주요한 차이점은 명확하다. 사례에서 CCGT의 고용량 인자는 거의 일정하게 사용된다는 것을 의미하며 반면에 수력발전은 비상보조용이다(혹은 유량 변화에 따라 달라질 수 있다). 표의 마지막 칸은 100 MW 출력을 가진 두 발전소와 각각의 용량 인자에서 산출되었다.

각각 이들 100 MW 발전소의 1 kWh 당 비용은 부록 B에 설명된 방법에 의한 각각의 할인율로 계산되었다. 부록에서는 단계별 전기 요금을 결정하는 할인된 현금 흐름을 설명하는 예제가 있다. 표 5.8에서, 표 B1에서 나온 데이터가 각 발전소에서 네 가지 선택한 할인율에 따라 연간 분할 상환액을 계산하는데 쓰였다. 표 5.7의 발전소 출력과 수명을 이용하여 이들 데이터가 출력 킬로와트-시간 당 연간 상환 비용으로 환산되었다. 마지막으로 표 5.7의 다른 단위 비용을 합쳐서 각 발전소에서 전기 kWh당 전체 비용이 얻어졌다.

표 5.7 비용 관련 데이터 및 성능 요소들

	자본비용 (£million)	수명/연	평균 용량 인자	출력 kWh당 O&M 비용	출력 kWh당 연료비용	연평균 발전소 출력
CCGT	80	25	80%	0.6 p	4.4 p[1]	701
수력발전	200	60	50%	2.0 p[2]	–	438

[1] 가스 가격이 kWh 당 2.2p 이며 연료-출력 효율이 50%라 가정.
[2] 60년 수명 중 가능한 기계 교체를 위해 수력발전은 상대적으로 높은 운전 및 관리(O&M) 비용을 가짐.
출처: (Mott MacDonald, 2010 편집; Hall et al, 2003)

표 5.8 금융 비용 요소

할인율	0%	5%	10%	15%
CCGT 회수요소/£ per £1000 capital	40	71	110	155
CCGT 연간회수/£ million	3.2	5.7	8.8	12.4
연간회수/pence per kWh of output	0.46	0.81 p	1.26 p	1.77 p
CCGT 총비용 kWh of output	**5.46 p**	**5.81 p**	**6.26 p**	**6.77 p**
수력회수인자/£ per £1000 capital	17	53	100	150
수력연간회수/£ million	3.4	10.5	20.0	30.0
연간회수/pence per kWh of output	0.78 p	2.42 p	4.57 p	6.85 p
수력 총 비용 per kWh of output	**2.78 p**	**4.42 p**	**6.57 p**	**8.85 p**

수리(Refurbishing) 및 개선(upgrading)

최근 몇 년 동안 추가로 건설 가능한 수력발전 자원이 거의 없는 나라를 대상으로 두 가지 접근 방법이 제안되었다.

- 기존 다른 목적으로 건설되어있던 댐에 수력발전시설을 설치
- 수리 또는 유지 보수 및 업그레이드 — 수력발전소를 수리 향상

두 접근 방법은 미개발된 지역에서 처음부터 시작하는 것보다 저렴한 비용으로 수력발전 용량을 증가시키고 더 적은 환경문제를 유발한다. 위에서 언급한 두 가지 연구결과 모두 기존 댐이 있을 경우 새로 개발하는 것보다 신규 증가 전력 kW 당 절반 비용으로 기존 발전소를 보수할 경우 1/3 정도의 비용만 소요될 것이라고 추산하면서 이들 방법이 저렴한 방법이라고 지적한다.

금융 지원 제도는 업자가 유지 개선에 투자하는 결정에 영향을 준다.

영국의 Elan Valley 계획(Box 5.3)은 이러한 선택을 한 소규모 사례이며 스코티쉬 및 남부 에너지(SSE)는 스코틀랜드의 두 개의 주요한 수력발전소 중의 하나의 소유권을 가지고 있는데 20 MW 이하 정부 지원 자격을 가지고 있는 다섯 개의 발전소를 유지 개선할 수 있는 프로그램을 만들었다. 그림 5.22는 핀라리그(Finlarig) 발전소의 5개 시설 중 하나이며 보수 작업을 통해 날개, 노즐 등 주요 장비들을 교체했다(EEF, 2003, GE Power, 2003).

다른 나라에서도 유사한 정책을 채택하고 있다. 미국과 캐나다는 대형 수력발전 사업에 광범위한 보수와 기존 장치에 대한 업그레이드 작업을 수행했다. 유럽에서는 수력발전 용량이 2010년에서 2020년 사이의 10년 동안 20 GW 이상 증가하리라 예상되고 있다. 오스트리아, 이탈리아, 노르웨이, 스페인, 스웨덴, 스위스 등의 나라에서는 이를 통해 생산량이 10% 정도 증가했다.

5.12 미래 가능성

> 오랜 역사와 대규모 사용을 감안할 때 수력발전은 재생에너지 중에서 가장 완숙한 분야이다. 대부분의 수력발전소가 30~40년 전에 건설된 유럽, 미국, 캐나다, 일본과 같은 선진국에서 수력발전사는 재허가 및 재가동과 수력발전 시설을 기존의 댐에 설치하는 데 집중하고 있다. 중국, 브라질, 에티오피아, 인도, 말레이시아, 터키, 베트남 등 개발도상국에서는 신규 수력발전소 건설에 치우치고 있다
>
> (REN21, 2010).

> 수력발전 용량을 증가시키는 가장 저렴한 방법은 발전소를 현대화하고 확장하는 것이다. 현재 가동 중인 대부분의 수력발전소는 2030년까지 현대화가 필요하다. 기존의 수력발전소에 설비 확대한다, 기존의 비수력발전 댐에는 발전기를 설치할 수 있을 것이다. 전 세계적으로 4만 5천 개의 대형 댐이 있으며 대부분이 수력발전설비를 가지고 있지 않다
>
> (WEC, 2010b).

2009년의 전 세계 총 발전량은 20,000 TWh였고, 총 전기 생산 용량은 약 4,500 GW이었다. 이 중 수력발전은 900 GW의 용량으로부터의 3,270 TWh의 발전량으로 약 16%를 차지하며 용량 기준으로 20%를 차지한다. 급격한 전체 전기 소비에 신규 발전 시설이 따라가지 못하기 때문에 수력발전이 차지하는 비율은 수십 년간 계속해서 하락 중이다(그림 5.1). 그러나 2005년 이후 전체 전기 소비에는 변동이 있는데 수력발전은 변동이 없었다. 이는 연료비가 없는 재생에너지이기 때문이다.

수력발전의 일반적 미래에 대해 위에 언급된 두 개의 인용문은 전체적으로 비슷하지만 약간은 다른 부분을 강조하고 있다. 물론 개발도상국에서 신규 대형 발전소를 건설하는 것에 묵시적 허가를 많은 사람이 반대하는 것은 사실이다(예를 들어 Box 5.12 참조). 그러나 미국, 스위스나 다른 유럽 지역(영국 포함)에서는 추가적 수력발전 여력이 없다는 것에 모든 사람이 동의하지는 않는다. 이들 국가 중 최근에 몇몇은 대형 수력발전 용량이 증가했지만 이는 상대적으로 점진적이었으며 주요 선진국이 기존 시설을 유지 개선한 것이 주요한 상황이라 할 수 있다.

지난 십여 년을 돌아보면 수력발전의 미래를 보기 위해서는 중국을 반드시 고려해야 함을 알 수 있다.

> 중국의 수력발전 자원은 거대하다. 중국은 기술적으로 이용할 수 있는 잠재적인 수력발전 자원은 용량 378 GW에 연간 1,920 TWh의 전기 생산이 가능하며, 이론적으로는 676 GW의 용량으로 연간 5,900 TWh의 전기를 생산할 수 있다. 용량 및 전기 생산량 둘 다 세계 최대이다.
>
> (Ni, 2009).

연간 1,920 TWh의 수력발전의 기술적 잠재량 값과 표 5.4의 연간 2,500 TWh의 차이는 데이터의 불확실성을 감안할 때 상대적으로 적다고 할 수 있다. 더 중요한 사실은 두 예측 모두 미래 중국의 수력발전 출력이 현재 전 세계 출력의 절반을 넘는다는 것이다(현재 중국의 수력발전 비율이 평균적으로 41%에 불구하며 60% 용량 인자는 낙관적이지는 않다).

2009년까지 십여 년 동안 중국의 보고된 수력발전은 세배나 증가하여 표 5.4에 나오듯이 연간 600 TWh에 달한다. 하지만 최근의 중국의 절대적인 전기 수요는 단기간 건설 기간을 감안하여 석탄 화력 발전에 치중했고 이러한 추세는 앞으로도 상당 기간 계속할 것이다. 결국에는 석탄화력 발전에 대한 투자는 환경 문제 때문에 감소할 것이며 원자력, 풍력, 수력 발전이 증가할 것으로 예측된다(Ni, 2009).

아프리카는 3절에서 살펴보았듯이 전 세계 어떤 지역보다 수력발전의 기술적 잠재량이 적다. 이러한 상황이 콩고 강의 대규모 잉가 프로젝트에 대한 찬성하는 쪽과 반대하는 쪽 사이의 격렬한 논쟁을 야기시켰다.

앞으로 일반적인 협조를 이끌어낼 수 있는 수력발전의 형태가 펌프를 이용한 에너지 저장이다. 전 세계 펌프 에너지 저장 용량이 2009년에 127 GW에 달하며(Hydroworld, 2009) 적어도 15개의 프로젝트가 건설 중이어서 총량 기준으로

Box 5.12 브라질의 대형 발전소 프로젝트

Itaipú 댐

브라질과 파라과이 사이의 파라나 강에 있는 Itaipú 수력발전소는 1975년도에 건설되기 시작했으며 20개의 700 MW 발전기 중의 마지막 두 기가 2006~2007년도 사이에 완성되었다.

실제 낙하높이는 약 200 m이며 저수 면적이 1,350 km^2이고 초 당 10,000 m^3의 물을 방출하며 최고 초당 30,000 ton을 방출한다.

이 발전소는 파라과이 전력의 95%와 브라질 전력 수요의 1/4을 공급하는데 다른 발전소와는 다른 독특한 특징이 있다. 20기의 발전기 중 절반은 파라과이에서 사용하는 50 Hz AC 전력을 생산하고 나머지는 브라질에서 사용하는 60 Hz AC의 전력을 생산한다. 파라과이는 그 생산량 중 일부만 실제로 사용하고 나머지는 브라질로 수출한다. 따라서 브라질에서 이를 정류(rectified)하여 직류로 만들고 다시 60 Hz로 전환해 공급한다.

전체 출력은 거대한 담수 지역 강우량과 브라질의 전력 수요에 의존하는데 둘 다 최근 몇 년 동안 심한 변동을 보여 왔다. 2006~2010년의 5년간 연간 평균 출력이 91.1 TWh 이었는데 연간 용량 인자가 75%에 약간 못 미쳤는데 이는 애초 계획한 85%에 심각하게 미달이다.

그럼에도 불구하고 비판론자는 이 발전소를 잘못된 장소에서 불필요한 전력을 생산하는 흰 코끼리라고 부른다. 그러나 실상은 비판론이 잘못되었다는 것을 보여주는데 연간 100 TWh 이상의 전기를 발전하는 최초의 단일 발전소라는 목표는 확실하게 달성되었기 때문이다(Itaipú, 2011).

벨로 몬테의 씽구 강 프로젝트

아마존 강의 지류인 브라질의 씽구 강에 수력발전소를 개발하는 것에 대해 1975년에 최초로 제안되었다(그 해 Itaipú 강에서 작업이 시작했다). 초기 안은 여섯 개의 대형 수

그림 5.29 • Itaipú 댐.

력발전소를 건설하는 것이었지만 1987년도에 이 계획이 발표되자 영향을 받는 지역 토착민의 거친 반대를 맞게 되었다. 그들의 캠페인은 광범위한 국제사회의 호응을 받았고, 그 뒤 20여 년 동안의 한개에서 여섯개 정도의 댐을 건설하겠다는 계획을 지속적으로 반대하였다. 기술적 이유로 또한 반대가 있었다. 강의 수량의 변동성은 연간 용량 인자가 30%로까지 낮아질 수 있다는 것을 의미했다(삼협댐에서도 제기되었던 문제였다).

2008년에 새로운 환경 영향 평가에서 벨로 몬테에 하나의 주 발전소를 건설하는 안을 만들었다. 그러나 강의 구부러지는 부분인 '토착민 거주 지역'이 침수되는 것을 막기 위해서 두 번째 라져 피멘탈 댐을 건설해야 했다. 이로 인해 두 개의 저수지가 생겨났다: 하나는 상류의 강의 줄기를 따라 두 번째는 이전에는 벨로 몬테 댐 뒤의 육지였던 지역이 두 개의 500 m 폭의 운하로 구성된 지류에 의해 만들어졌다. 2010년 2월에 브라질 정부의 환경 기관은 이 계획에 예비 환경 허가를 인가했다.

다음 해에 이 허가에 대해 반대와 재번복이 계속되어 2011년 6월 1일에 Norte Energia 컨소시엄에 최종 허가가 승인되었는데 19억 달러를 사회적 환경 문제에 지불하기로 약속했다(Barrionuevo, 2011; Wikipedia, 2011d).

그림 5.30 • 씽구 강 프로젝트.

9 GW나 증가할 것이다. 최대 전력수요를 맞추거나, 풍력이나 태양광처럼 지속적이지 못한 발전량이 증가하면서 에너지 펌프 저장에 대한 수요는 향후 4년간 60%나 증가할 것으로 예측된다(WEC 2010a).

마지막으로 이번 절의 시작에서 언급되었던 WEC 보고서에서 알 수 있듯이 대형 수력 발전 시설이 없는 전 세계 45,000여 개 댐은 잠재적 대형 수력 발전 가능성이 있다.

Box 5.13 그랜드 잉가

지금은 콩고 민주공화국의 바스 콩고 지역인 예전 자이레의 잉가 지역의 콩고 강에 1972년 최초의 잉가 발전소가 6개의 터빈으로 351 MW의 예상 출력으로 건설되었다. 1982년에 이 발전소(현재 잉가 1호기)는 8개의 터빈을 가진 1,424 MW 잉가 2호기로 이어졌다.

불행히도 재정적, 정치적, 구조적 문제로 이들 발전소의 실적은 좋지 않았다(2008년에 그 회사의 두 명의 감독자가 잉가 2호기의 개선을 위한 650만불이 사라지고 난 뒤에 체포되었다). 이로 인하여 2011년 초 단지 각 발전소의 절반만이 가동되어 875 MW의 전체 용량을 보였다. 2008년도에 세계은행은 잉가 1, 2호기의 열 개의 터빈을 수리할 계획을 발표했다. 하지만 세계 재정 위기로 인해 저술하는 시점에서 잉가 2호기의 네 개의 터빈만 개선이 계획 중이다.

그러나 2008년도 세계 에너지 카운실은 그랜드 잉가 제안서의 타당성 평가를 위한 재정 지원을 요구했는데 그 주요 골자는 다음과 같다.

- 높이 205 m의 댐과 길이 15 km에 달하는 저수지를 가진 출력 40 GW 잉가 3호
- 북으로는 이집트와 서로는 나이지리아, 남으로는 남아공까지 연결된 전 아프리카 전력망 시스템

많은 사람이 이를 비현실적이거나 혹은 바람직하지 않다고 여겼고, 그 계획은 실패라고 생각했다. 그러나 2011년 3월에 Aecom(미국 테크놀로지 서비스 회사)와 Electricite de France(EDF)가 수력발전 개발과 관련된 연결 송전에 대한 타당성 검사를 위한 1,340만 달러 계약을 확보했다고 발표했다.

(참조문헌: BBC, 2008; BP, 2010, The Economist, 2010, Hydro World, 2011; International Rivers 2008, 2010, 2011(a), 2011(b); WEC, 2007.

소형 수력 발전

우리는 4절에서 전 세계 소형 수력 발전량을 측정하기가 쉽지 않다는 것을 알았다. 따라서 어떤 출력 범위를 '소형'이라 해야 하는지에 대해서도 아직은 공감대가 형성되지 않았기 때문에 전 세계적인 자원이 더 불확실하며 어떤 국가나 지역별로 소형 수력발전의 잠재력을 상세하게 예측하는 것이 거의 없다는 것은 놀라운 일이 아니다. Box 5.14는 영국에서의 두 가지 연구를 요약해 보여준다.

BOX 5.14 영국의 소수력 발전

2008년의 연구에 의하면 스코틀랜드의 소수력 발전 후보지가 약 36,000군데에 달하며 총량은 26,000 MW에 연간 약 10 TWh이라고 한다. 단지 1,000군데 정도가 경제적으로 가능성이 있으며 이보다 훨씬 적은 수가 총 660 MW의 용량으로 연간 약 2.7 TWh를 생산해 현재 영국 전체 수력 발전의 절반 정도를 기여할 수 있다고 한다(FHSG).

2년 후에 잉글랜드와 웨일즈의 소수력 잠재량에 대한 연구가 발표되었다(DECC, 2010b). 이 연구가 스코틀랜드에 대한 연구와 다른 점은 이전 분석(기술적 및 기타 변화에서 재측정된 관점)에서 평가된 대상지들에 대하였다는 것과 또한 신규 댐이나 보를 설치해야 하는 지역은 제외했다는 것이다. 그럼에도 불구하고 잉글랜드와 웨일즈의 예상 전체 용량이 150~240 MW 범위로 예상되었다('비관론'에서 '낙관적'으로).

5.13 요약

스코틀랜드의 작은 수력발전소에 대한 사례에서 수력발전의 주요 용어에 대해 살펴본 다음, 이번 장은 다음의 세 가지 부분으로 나누어졌다.

- 현재 상황에 대한 분석 – 수력발전 자원과 대형 및 소형 규모의 이용 상황
- 수력발전과 연관된 기술에 대한 설명
- 수력발전의 사용과 연관된 장점과 문제점에 대한 토론

이번 장에서 우리는 비록 '대형'과 '소형' 수력발전이 그 기술에서 거의 다르지 않지만 그들의 이점과 불이익은 크게 다르다는 것을 살펴보았다. 이러한 차이점이 앞으로 미래에 커지느냐 아니면 좁혀지는가가 수력발전이라는 '재생 가능한' 에너지의 미래를 결정할 것이다.

References

Barrionuevo, A. (2011) 'Brazil, After a Long Battle, Approves an Amazon Dam', *The New York Times*, 1 June [online], http://www.nytimes.com/2011/06/02/world/americas/02brazil.html?_r=2&scp=1&sq=belo%20monte&st=cse (accessed 20 October 2011).

BBC (2008) *Africa plans biggest dam project* [online], http://news.bbc.co.uk/1/hi/business/7358542.stm (accessed 8 June 2011).

BP (2010) *Statistical Review of World Energy 2010* [online], http://www.bp.com/productlanding.do?categoryId=6929&contentId=7044622 (accessed 2 January 2011).

Cruachan (2011) *Cruachan Power Station* [online], www.scottishpower.com/uploads/CruachanPowerStation.pdf (accessed 8 June 2011).

DECC (2010a) *Digest of United Kingdom Energy Statistics* [online], www.decc.gov.uk/en/content/cms/statistics/publications/dukes/dukes.aspx (accessed 12 June 2011).

DECC (2010b) *England and Wales Hydropower Resource Assessment*, Department of Energy and Climate Change and Welsh Assembly Government (WAG), URN 10D/556 [online], www.decc.gov.uk/assets/decc/what we do/uk energy supply/energy mix/renewable energy/explained/microgen/753-england-wales-hydropower-resource-assess.pdf (accessed 10 May 2011).

EAWAG (2010) *Reservoirs: a neglected source of methane emissions* [online], http://www.eawag.ch/medien/bulletin/20101011/delsontro_etal_2010_est.pdf (accessed 6 June 2011).

Elan Valley Trust (2011) *Elan* [online], http://www.elanvalley.org.uk (accessed 23 January 2011).

El-Sayad, S. and van Dijken, G. L. (1995) 'The southeastern Mediterranean ecosystem revisited: Thirty years after the construction of the Aswan High Dam', *Quarterdeck*, vol. 3, no. 1 [online], http://ocean.tamu.edu/Quarterdeck/QD3.1/Elsayed/elsayed.html (accessed 18 March 2011).

ERN (2000) *Dam decommissioning*, European Rivers Network [online], http://www.rivernet.org/general/dams/decommissioning/decom3_e.htm (accessed 22 March 2011).

Everett, B., Boyle, G. A., Peake S. and Ramage, J. (eds) (2012) *Energy Systems and Sustainability: Power for a Sustainable Future* (2nd edn), Oxford, Oxford University Press/Milton Keynes, The Open University.

FHSG (2008) *Scottish Hydropower Resource Study Final Report* [online], Hydro Sub Group of the Forum for Renewable Energy Development in Scotland (FHSG) http://www.scotland.gov.uk/Resource/Doc/917/0064958.pdf (accessed 24 March 2011).

Hall, D. G., Hunt R. T., Kelly, S. R. and Greg, R. C. (2003) *Estimation of Economic Parameters of U.S. Hydropower Resources*, Idaho National Engineering and Environmental Laboratory, USA. The main report and the related database may both be accessed at http://hydropower.inel.gov/resourceassessment/index.shtml (accessed 4 October 2011).

Hill, G. (1984) *Tunnel and Dam: the Story of the Galloway Hydros*, Glasgow, South of Scotland Electricity Board.

HSAP (2010) *Hydropower Sustainability Assessment Protocol* [online], http://hydrosustainability.org (accessed 14 May 2011).

Hvistendahl, M. (2008) 'China's Three Gorges Dam: An Environmental Catastrophe?', *Scientific American* [online], http://www.scientificamerican.com/article.cfm?id=chinas-three-gorges-dam-disaster (accessed 23 March 2011).

HydroWorld (2009) *Hydro Review*, vol. 17, issue 6 [online], http://www.hydroworld.com/index/current-issue/hydro-review-worldwide/volume-17/issue-6.html (accessed 23 March 2011).

HydroWorld (2011) *Aecom, EDF partner for Grand Inga hydropower project feasibility study in Congo* [online], http://www.hydroworld.com/index/display/article-display/3703861373/articles/hrhrw/hydroindustrynews/newdevelopment/2011/01/aecom_-edf_partner.html (accessed 14 June 2011).

ICJ (1997) *Gabcíkovo-Nagymaros Project (Hungary/Slovakia)* [online], http://www.icj-cij.org/docket/index.php?sum=483&code=hs&p1=3&p2=3&case=92&k=8d&p3=5 (accessed 22 June 2011).

International Rivers (2008) *Grand Inga Dam, DR Congo* [online], http://www.internationalrivers.org/africa/grand-inga-dam (accessed 12 June 2011).

International Rivers (2010) *World Rivers Review: Focus on the New Dam Builders*

– *December 2010* [online], http://www.internationalrivers.org/node/6029 (accessed 24 March 2011).

International Rivers (2011a) *Three Gorges Dam Key documents* [online], www.internationalrivers.org/featured/112/461 (accessed 23 March 2011).

International Rivers (2011b) *World Economic Forum, Davos* [online], http://www.internationalrivers.org/en/blog/lori-pottinger/2011-1-31/grand-illusions-african-energy-davos (accessed 12 June 2011).

International Water Power & Dam Construction (2007) 'Beyond Three Gorges in China', *International Water Power & Dam Construction* [online], www.waterpowermagazine.com/story.asp?storyCode=2041318 (accessed 23 March 2011).

Itaipú (2011) *ITAIPÚ – largest power plant on Earth* [online], www.solar.coppe.ufrj.br/itaipu_conv.html (accessed 4 June 2011).

McKenna, P. (2011) 'Fossil fuels are far deadlier than nuclear power', *New Scientist*, 23 March [online], http://www.newscientist.com/article/mg20928053.600-fossil-fuels-are-far-deadlier-than-nuclear-power.html (accessed 25 October 2011).

Mott MacDonald (2010) *UK Electricity generation costs update* [online], http://www.decc.gov.uk/assets/decc/statistics/projections/71-uk-electricity-generation-costs-update-.pdf (accessed 22 June 2011).

National Trust (2011) *Cragside* [online], http://www.nationaltrust.org.uk/main/w-vh/w-visits/w-findaplace/w-cragsidehousegardenandestate (accessed 15 March 2011).

Ni, C. (2009) *China Energy Primer* [online], Earnest Orlando Lawrence Berkeley National Laboratory, LBNL-2860E http://china.lbl.gov/sites/china.lbl.gov/files/China%20Energy%20Primer%20w%20LBNL%20cover.Sept2010.pdf (accessed 23 March 2011).

ORNL (1993) *Exploring the issues involved in developing hydropower resources in the United States*, Oak Ridge Environmental Sciences Division. Available at http://www.ornl.gov/info/ornlreview/rev26-34/text/hydmain.html (accessed 6 June 2011).

REN21 (2010) *Renewables 2010 – Global Status Report*, Renewable Energy Network for the 21st Century [online], http://www.ren21.net/REN21Activities/Publications/GlobalStatusReport/tabid/5434/Default.aspx (accessed 14 March 2011).

Romer, R. H. (1976), *Energy: An Introduction to Physics*, San Francisco, W. H. Freeman and Company.

ScottishPower (2010) *Tongland Power Station Turns 75 - But Retirement Not In Sight* [online], http://www.scottishpower.com/PressReleases_1995.htm (accessed 11 March 2011).

ScottishPower (2011), *Galloway Hydroelectric Scheme*, ScottishPower; also available online at www.scottishpower.com/uploads/GallowayHydroElectricScheme.pdf (accessed 11 March 2011).

SSE (2011) *Power from the Glens* Available as pdf at http://www.sse.com/uploadedFiles/Content/11_About_Us/How_we_run_are_business/Community/PowerFromTheGlens.pdf (accessed 4 November 2011).

Strandh, Sigvard (1989) *The History of the Machine*, London, Bracken Books.

Sustainable Hydropower (2011a) *About Sustainability in the Hydropower Industry: Sustainability Challenges* [online], http://www.sustainablehydropower.org/site/info/aboutsustainability.html (accessed 21 June 2011).

Sustainable Hydropower (2011b) *About Sustainability in the Hydropower Industry: Hydropower Strengths and Weaknesses* [online], http://www.sustainablehydropower.org/site/info/aboutsustainability/strengthsweekness.html (accessed 22 June 2011).

The Economist (2010) *Dams in Africa 'Tap that water'* [online], http://www.economist.com/node/16068950 (accessed 8 June 2011).

USBR (2011) *Grand Coolee Dam Statistics and Facts*, U.S. Department of Interior, Bureau of Reclamation, Pacific Northwest Region. Available as pdf at www.usbr.gov/pn/grandcoulee/pubs/factsheet.pdf (accessed 14 May 2011).

U.S. Department of Energy (2005) *Energy Efficiency and Renewable Energy* Available at http://www1.eere.energy.gov/windandhydro/hydro_plant_types.html (accessed 20 March 2011).

U.S. Department of Treasury (2010) Available at http://www.dsireusa.org/incentives/index.cfm (accessed 11 June 2011).

WEC (2007) *How to make the Grand Inga Hydropower Project happen for Africa*, London, World Energy Council [online], www.worldenergy.org/documents/grandingapressfile2.pdf (accessed 24 March 2011).

WEC (2010a) *2010 Survey Of Energy Resources*, London, World Energy Council; [online], http://www.worldenergy.org/documents/ser2010_report.pdf (accessed 11 March 2011).

WEC (2010b) *Survey Of Energy Resources, Executive Summary*, London, World Energy Council; [online], http://www.worldenergy.org/documents/ser2010exsumsept8.pdf (accessed 24 March 2011).

Wikipedia (2011a) *Major dam failures* [online], http://en.wikipedia.org/wiki/Dam_failure#List_of_major_dam_failures (accessed 18 March 2011).

Wikipedia (2011b) *Hydroelectric power station failures* [online], http://en.wikipedia.org/wiki/List_of_hydroelectric_power_station_failures (accessed 14 May 2011).

Wikipedia (2011c) *2009 Sayano-Shushenskaya hydro accident* [online], http://en.wikipedia.org/wiki/2009_Sayano-Shushenskaya_hydro_accident (accessed 24 June 2011).

Wikipedia (2011d) *Belo Monte Dam* [online], http://en.wikipedia.org/wiki/Belo_Monte_Dam#cite_note-elehis-2 (accessed 20 October 2011).

Wilson, D. (2003) 'Up-grading plants in Scotland', *The Engineer* [online], http://www.theengineer.co.uk/news/upgrading-plants-in-scotland/279545.article (accessed 24 June 2011).

Chapter 6

조력

6.1 도입

그림 6.1 • 랑스 강 조력발전소 전경.

바다의 조수간만은 거대하고 커뉴트 왕(King Canute, 990−1035, 역주: 밀려오는 바다에게 멈추도록 명령했다는 영국의 왕)이 입증한 것처럼 지속적으로 일어나는 자연현상이다. 에너지를 생산하기 위한 조수간만의 차 이용은 오랜 역사를 갖고 있다. 중세시대 영국과 프랑스에서는 옥수수를 경작하기 위해 강에서 소형 조력 물레방아가 사용되었다. 나중에 조력을 더 큰 규모로 이용해 전력을 사용하는 아이디어가 제시되었는데 이는 적당한 강 하구에 작은 댐에 가까운 커다란 둑을 건설하고 이에 터빈을 장착하는 것이었다. 최근에 독립된 터빈을 조류 속에 직접 넣는 것이 관심을 끌고 있다.

이번 장은 이런 조력 기술의 몇가지 예와 잠재력과 한계점에 대해 살펴본다. 여러 프로젝트가 존재할지라도 아직까지 여전히 상대적으로 미개발된 분야이다. 중형급 240메가와트 시설용량의 발전설비가 프랑스의 랑스(Rance) 강 하구에 건설(그림 6.1) 되었으며 집필시점에 비슷한 규모의 계획이 한국에서 시행되고 있다(역주: 254메가와트급 시화호 조력발전소는 이미 2011년 9월부터 가동 중). 세계 각지에 더 작은 규모의 여러 조력 둑이 건설되었고 반대로 여러 곳에서 큰 규모의 계획이 제안된 바 있었다. 예로 그림 6.2는 영국 세번(Severn) 강(역주: 영국 남부에 위치한 영국에서 가장 긴 강으로 조력관련 중요지명) 하구의 16킬로미터에 걸쳐 건설이 제안되었던 8.6기가와트급의 시설용량을 가진 세번 강 하구둑사업에 대한 상상도이다. 만약 이것이 건설된다면 이 시설은 연간 17테라와트시의 전력을 생산할 수 있으며 이는 2010년 한 해 동안 영국에서 생산된 전력의 약 4.5%에 달하는 막대한 양이다. 그러나 최근에 다양한 장치로 개발되고 있는 단독 형태의 조류 터빈에 많은 중점을 두어왔으며 이미 실규모로 배치되어 왔었다.

Box 6.1은 조력의 초기 역사개요를 서술하고 세계 각지의 몇몇 현존 및 제안된 조력사업에 대해 서술하고 있다.

자원의 본질

우선 조력과 수력을 구분하는 것이 중요하다. 5장에서 살펴본 바와 같이 수력은 물 순환에서부터 나오는 것이다. 이는 태양에너지에 의해 생겨나며 주로 수력발전용 댐에 의해 전환된다. 반면 조력은 달과 더 적은 양이지만 태양이 바다에 미치는 인력의 상호작용에 의해 발생한다. 조력을 사용하는 시설은 일 2회 발생하는 조수간

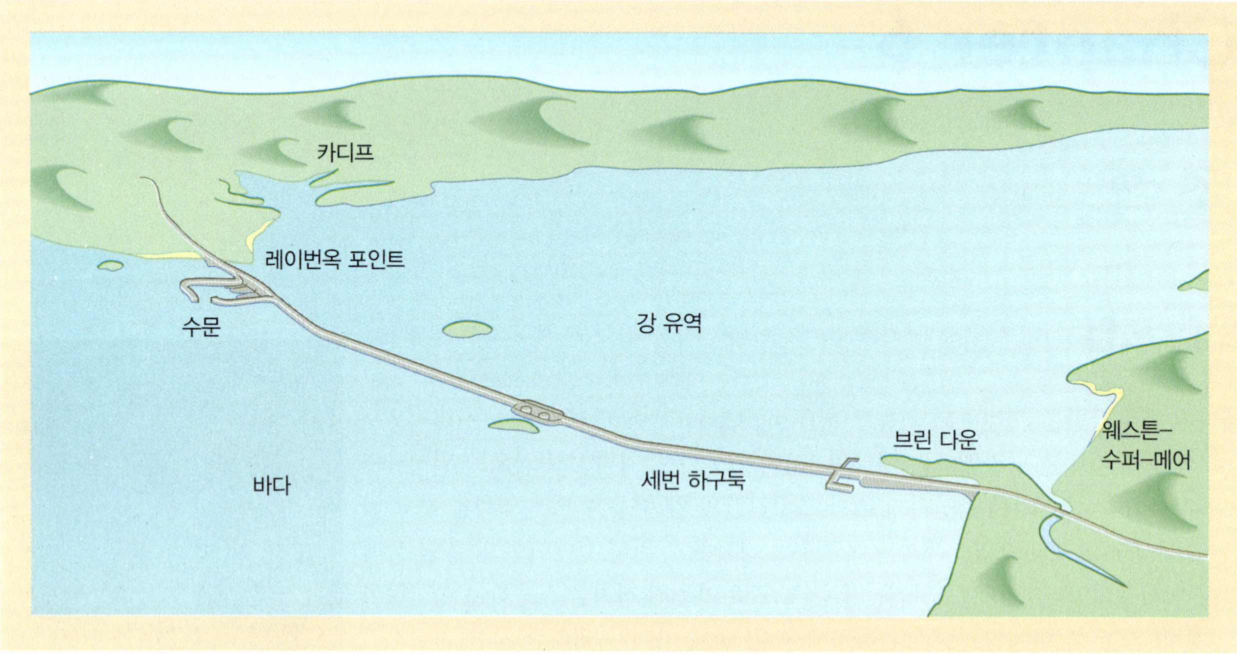

그림 6.2 • 제안된 카디프–웨스튼 세번 강 하구둑 상상도.

만에 의존하며 강 하구 및 하류에서 발생하는 밀물과 썰물뿐만 아니라 때로는 강에서 바다로 향하는 조류의 흐름에도 의존한다.

마찬가지로 조력과 파력에너지에 대해 구분해야 한다. 일반적인 파도는 물 위에 부는 바람에 의해서 발생한다. 바람은 육지와 바다 위의 공기를 덥히는 태양열의 차이에 의해 발생하는 것이다(8장 참조). 파력에너지를 수력과 마찬가지로 태양에너지의 한 형태로 생각한다면 조력은 '달에너지'라고 말할 수 있을 것이다. 사용하는 용어는 이러한 구분을 내리는 것에 불행하게도 도움이 되지는 않는다. 예를 들어 '조수 파도(tidal wave)'는 때때로 요즘 쓰나미로 더 불리며 급격한 해일을 나타내는 데 사용되는데 이는 달에 의한 조류나 바람에 의한 파도 중 어느 것도 아니며 해저 지진으로 인해 발생할 수 있다. 또한 멕시코 만류와 같은 큰 기후현상으로 인한 해양에서의 물 흐름이 있는데 이는 태양열에 의한 결과이다. 완벽을 기하기 위해 태양과 달 중력이 지구와 대기중에서의 조수현상을 또한 야기한다는 걸 주지해야 한다.

이러한 다양한 물의 움직임에 연관되는 에너지는 적어도 이론적으로는 끌어다 쓸 수 있다. 조수간만은 하구를 가로지르는 둑을 이용하지 않고도 앞에 언급한 대로 강에서 조수간만 차가 일어나는 영역에 설치한 전통적인 물레방아를 통해 활용할 수 있다. 작은 연못이나 저수지를 밀물 때 가득 채우고 물길을 막은 다음에 썰물 때 저장된 물은 전통적 물레방아와 마찬가지로 조력 물레방아를 돌리게 된다.

수평적인 흐름인 **조류**(또는 **조수흐름**, 두 용어 혼용 가능)에 독립적으로 설치된 터빈을 이용할 가능성은 또한 있다. 실제로 중세시대에 조류에 움직이는 몇몇 떠있는 하사식 수차가 있었다. 이 운동에너지의 물 흐름은 예를 들면 섬이나 다른 좁은 곳

그림 6.3 • 멀린(Marine)사의 1.2메가와트급 조류터빈 시젠(SeaGen) 개념도.

Box 6.1 조력 이용 역사

전통적인 물레방아와 다를 바 없는 소형 조력 물레방아는 중세시대에 옥수수를 분쇄하기 위해 강역에 종종 설치되었다. 그러나 전기를 생산하고자 강 하구의 조수의 최대력을 이용하려는 생각은 상대적으로 최근의 일이다.

세계 최대 조수간만의 차를 가진 영국의 가장 큰 하구인 세번 강을 가로지르는 다양한 형태의 하구둑에 대한 많은 제안이 있었으나 지금까지 아무것도 진행되지는 않았다. 일례로 영국 토목기술자 토마스 텔퍼드(Thomas Telford)가 1849년 전력 생산과는 상관이 없는 하구둑 설치를 제안했다. 전력 생산을 포함하는 첫 번째 구체적인 제안은 1920년 영국교통부에 의해 제안되었으며 1925년 수립된 브라바존(Brabazon)위원회가 주요 연구를 진행했다. 그 위원회의 1933년 보고서는 잉글리쉬스톤라인(English Stones line)을 따라 강 어귀를 횡단하는 둑에 대한 아이디어에 집중했으며 이는 현대의 세번 강 다리와 크게 다르지 않다. 72개 터빈을 지닌 총 804메가와트 용량의 시설을 구축할 예정이었으며 도로와 철도 또한 포함시켰다. 이 계획은 채택되지 않았으며 1944년 재검토되었으나 역시 시행되지 않았다.

1960년대와 1970년대에 걸쳐 서로 다른 위치에서 강 하구를 연결하는 다수의 계획이 제안되었다. 이 제안은 1978년 헐만반디(Hermann Bondi) 교수가 이끄는 세번 강 하구둑 위원회가 진행한 또다른 정부지원연구사업을 통해 절정에 이르렀다. 위원회는 1981년 보고서(영국에너지부, 1981)에서 포락(Porlock)에서부터 웰시(Welsh)해안의 북쪽을 잇는 선의 오른쪽 영역에 위치하는 임의의 둑을 건설해 하구를 연결하는 것이 기술적으로 가능하다고 결론지었다. 가능한 모든 연결 중에 세 가지 안이 선호되었는데 가장 도전적인 안은 마인헤드(Minehead)부터 알버쏘(Aberthaw)에 이르는 것으로 12기가와트급의 설비를 통해 연간 20테라와트시의 전력을 생산할 수 있을 것으로 예상되었다.

이후 덜 도전적이지만 여전히 거대한 '안쪽하구둑(inner barrage)'라고 불리는 안이 대두되었다. 1966년 이엠 윌슨(E.M. Wilson)에 의해 최초로 제안된 이 안은 브린 다운(Brean Down) 및 웨스튼-수퍼-메어(Weston-super-Mare)부터 레이번옥포인트(Lavernock Point)를 잇는 것이었으며 세번조력그룹(STPG) 산업컨소시엄에 의해 추구되었다. 초기에 7기가와트급 시설에서 연간 13테라와트시 전력을 생산할 것으로 예상되었으나 이후 8.64기가와트급 시설을 이용해 연간 17테라와트시 생산능력을 지닐 수 있도록 개선되었다.

조력 이용에 대한 열정은 프랑스 브르타뉴(Brittany)의 생 말로(St Malo) 근처 랑스 강 하구에 건설된 시설의 성공이 부분적으로 영향을 미쳤다. 이것은 1961년부터 1967년에 걸쳐 건설되었으며 1966년 240메가와트급 터빈 설비에 의해 최초로 전력을 생산했으며 이 구조는 도로시설을 포함했다. 1975년 발전기 장착에 발생한 문제를 제외하면 매우 성공적으로 운영되었다. 이후 이일디 쇼제(Ile de Chausey)사업과제로 불려지는 남쪽으로는 프랑스 생 말로로부터 북쪽으로는 프랑스 챕디 카트레(Cap de Carteret)의 거대한 영역 바다를 잇는 15기가와트급의 확장된 시설이 제안되었으나 이는 시행되지 않았다.

캐나다 펀디(Fundy)만과 북러시아의 여러 곳에 대규모 시설이 제안되었지만 이후 건설된 주목할만한 유일한 조력발전소는 랑스 발전소를 제외하면 캐나다 노바 스코티아 주의 아나폴리스로얄(Annaplois Royal)에 1984년 완성된 18메가와트급 단독 설비로 림 타입 발전기(그림 6.14)를 이용한 것과 1968년에 완성된 러시아 무르만스키(Murmansk)로부터 100킬로미터 떨어진 키슬라야(Kislaya) 만의 400킬로와트급 발전소와 동중국해의 지앙시아(Jangxia)의 500킬로와트급 발전소뿐이다.

그러나 집필시점에 한국에 254메가와트급 조력 하구둑(시화호 조력발전소)을 포함한 몇몇 중형급 사업과제가 건설되고 있고 다른 다수의 하구둑 계획이 한국과 세계 각지 모두에서 고려되어 왔다. 더 큰 규모의 세번의 안쪽 하구둑(inner barrage) 개념에 대한 관심은 계속 되었지만 경제적 환경적 난관이 있었다.

대신에 영국과 많은 국가의 주안점은 더 작은 규모의 모듈형 조류터빈 쪽으로 옮겨갔으며 이는 수직형의 조차상이라기 보다도 수평형의 조류상에서 작동된다. 세계 최초의 상용급 계통연계형의 1.2메가와트급 이중 블레이드형 조류 터빈(그림 6.3과 그림 6.31)은 북아일랜드의 스트랭포드해협(Strangford Narrows)에서 2008년이후 성공적으로 운영되어 왔다. 영국과 다른 곳에서 다양한 설계의 많은 다른 조류장치도 개발 중에 있으며 더 확대될 것 같다(9절과 10절 참고).

또는 곶 사이의 좁은 수로에서의 집중효과로 인해 몇몇 위치에서 향상될 수 있다.

또한 멕시코 만류와 같은 큰 규모의 해류에너지의 일부를 동력화하는 방안도 존재한다. 조류와 해류에 대한 최근의 연구개발은 8절에서 다루어진다. Box 6.1에서 언급된 것처럼 조류발전은 특히 큰 강 하구둑과 달리 모듈식이고 점진적으로 개발될 수 있으므로 선두적인 조력방식처럼 지금 부상하고 있다.

조류발전 시스템을 살펴보기전에 이 장의 앞절은 강 하구둑에 중점을 둔다. 썰물과 밀물의 수위 차를 보통 **조차**라고 한다. 대부분의 조차에너지 발생시스템에서 조류에 의해 상류로 올라오는 **밀물**은 강 하구둑 뒤편에 모아진다. 썰물같이 둑의 하류 쪽 수위는 감소되고 수두(수위차)는 둑에서 형성된다. 수두는 터빈발전기로 물을 유도하는데 사용되며 하구둑은 저수두 수력발전소(5장 참조)와 같이 작동한다. 이 같이 하구둑은 수직적인 조차에 의한 위치에너지를 이용하는데 사용된다. 염수환경을 제외하고 수력과 주된 다른 점은 조수 하구둑에서 전력발전 터빈이 주기적으로 변화하는 수두를 다루어야 한다는 것이다.

변형된 하구둑 개념은 조수 인공호이며 강 하구 전체에 작용하는 하구둑과는 대조되며 강 하구 물의 작은 비율을 유지하기 위해 강 하구 내에 설치되는 하나의 용기구조에 의존한다. 그러나 동작방식은 유사하며 조차는 용기구조 내의 수두를 형성하는데 사용된다. 그러므로 조류를 이용하는 시스템과 구분하기 위해 조수 하구둑과 조수 인공호는 **조차시스템**으로 통들어 표기된다.

하구둑과 인공호와 조류기법을 상세하게 살펴보기 전에 조수 물리학을 고려하는 것과 조수에너지 시스템의 위치결정관련 인자가 무엇인지 알아보는 것은 유익하다.

조수에너지의 물리학

조수의 존재는 지구와 달 사이의 중력 상호작용에 주로 기인한다. 이 힘은 지구의 자전과 결합해 지구의 특정 영역에 일 2회에 걸친 해수면 상승과 하강을 일으키며 이 해수면 변동 정도는 태양의 인력과 대륙과 해저 지형에 영향을 받게 된다. 지구와 달과 태양 간의 이런 상호작용에 대한 자세한 분석은 매우 복잡하나 이를 간단히 설명하고자 한다.

설명의 첫 부분은 매우 간단하다. 우선 달과 지구만을 고려하면 달의 인력은 달에서 가장 가까운 바다를 달 쪽으로 끌어당겨 달 쪽을 향해 볼록하게 만든다. 이렇게 바다의 볼록한 부분이 형성된 상태에서 지구가 자전하므로 모든 지역에서 이 볼록한 부분을 지날 때 하루에 한 번의 만조 현상이 일어나게 된다. 그렇다면 하루의 두 번째 조수간만은 어떻게 생기는 것인가? 이는 설명하기 더 어렵다. 종종 간단하게 말해서 달 쪽을 향해 불룩해진 바다는 지구의 각 지점의 바다에서 끌어 올려져 형성되나 달에서 먼 쪽의 바다는 그렇지 않고 원래 해수면 높이로 유지된다. 하지만 이는 두 번째 만조가 거의 첫 번째 만조의 높이와 비슷하다는 것을 설명하지 못한다. 부분설명은 될지 모르지만 달에서 가장 먼 쪽의 물이 멀어짐으로써 달의 인력을 좀 더 적게 받는다는 것 또한 이를 설명하지 못한다.

달에서 가장 먼 쪽의 해수면 상승에 대한 설명은 좀 더 복잡한 방법으로 이루어지며 이는 지구와 달간의 상대운동의 영향을 통해 이해된다.

그러므로 기본 패턴은 태양의 인력에 의해 변형되며 비록 태양이 달에 비해 훨씬 크지만 지구에서부터의 거리 역시 멀다. 그래서 바다에 가해지는 달의 중력 영향은

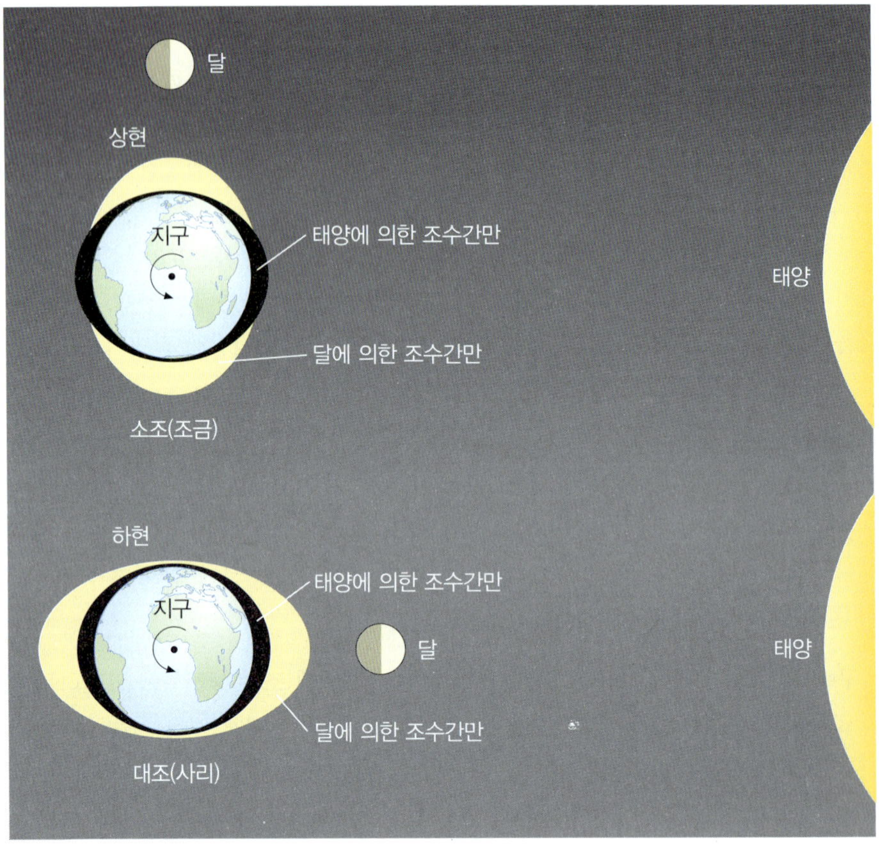

그림 6.4 • 태양과 달의 조차에 대한 영향.

태양의 영향에 비해 결과적으로 약 두 배 정도가 된다. 최종적인 영향은 그들의 상대적 위치에 의해 결정된다.

태양과 달이 함께 작용할 때(같은 선상에 있을 때) 그들이 같은 쪽에서 잡아당기거나 서로 반대쪽에서 잡아당길 때 조차가 높은 대조(사리)가 나타난다. 태양과 달이 서로 직각 상태(지구와 관련지어 볼 때)에 있을 때는 조차가 낮은 소조(조금)가 나타나며 대조와 소조의 간격은 약 7일이다. 이는 달 공전주기 29.5일의 1/4이다(그림 6.4). 대조 시의 최대높이일 때 출력과 소조 시의 최소높이 때의 출력 간의 비율은 2배 이상 차이가 날 수 있다(그림 6.5).

그러나 그것은 중력에서 지구해양의 상승과 하강의 일만은 단순히 아니다. 얕은 접시 안에서 약간 흔들릴 때 물이 왔다갔다 출렁거리는 것과 같이 달의 인력은 전체 바다를 진동상태로 설정해 준다. 이런 진동의 규모와 진동수는 주위 대륙으로 정해지는 것처럼 물 형태와 면적크기에 의해 영향을 받는다. 그 효과는 다소 다양한 진동수와 음량에서의 악기안에 일어나는 공진과 같다. 조수공진은 잘 정해진 하구에서 일어날 수 있으나 해양 전역에서도 또한 중요할 수 있다. 예를 들면 대서양 바다 가운데서 조차가 약 0.5미터인 반면에 해안에서는 약 3미터까지 강화될 수 있다. 더욱 넓은 태평양의 경우에 공진효과는 매우 더 작아져서 조수는 더 작아질 수 있다. 지구자전은 조류를 약간 아래로 굽어지게 일으키며 이는 소용돌이 형태를 발생

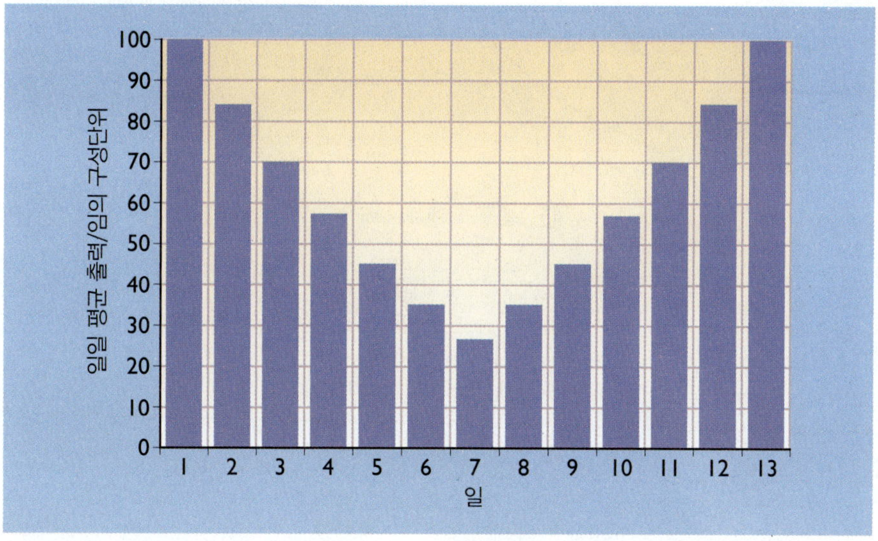

그림 6.5 • 사리-조금 주기의 조차발전소 일일평균 출력의 전형적인 변화(출처: SDC, 2007).

시킬 수 있다. 북대서양에서 느린 반시계방향 운동이 존재한다.

또한 지구자전은 만조가 다른 시간대에 지구의 각지점에서 일어난다는 것을 의미한다. 조수가 해안에 이를 때 대륙의 일반적 지형은 해안을 따라 조수의 이동속도를 제한한다. 예를 들면 랜즈엔드(Land's End, 역주: 영국판 최남서단 땅끝마을)에서 도버까지 조수가 영국해협으로 진전하기 위해 6시간 정도 걸리며 영국의 동서쪽 해안가 주변의 다른 지점에서 만조 사이에 여러 시간의 차이가 생긴다. 이것은 조력발전소의 출력과 전력망의 통합을 위한 중요한 의미를 갖는다.

조력발전을 위해 똑같이 중요한 사항은 해안가에서 실제 경험되는 조차와 조류속도가 얕은 연안해역과 하구같은 현지지형 변화에 의해 상당히 변경되고 증폭된다는 점이다. 조수가 해안에 접근해 물깊이가 감소할 때 조류는 집중적으로 모이고 조차는 일반적으로 3미터까지 증가될 수 있다. **깔대기효과**와 조차증대를 불러일으키는 해안선의 예로 영국 세번 강 하구(그림 6.6)와 프랑스 생말로 만과 캐나다 펀디 만이 포함된다.

만약 조류가 집중된다면 조류의 속도가 증가한다. 그 예로 올더니섬과 프랑스 사이의 레이스오브올더니(Race of Alderny)를 들 수 있다(그림 6.7).

그러나 고려해야 할 마찰효과도 또한 존재한다. 예를 들면 조류가 다른 하구의 바닥물질 위로 움직일때 에너지는 잃게 된다. 이와 같이 어떤 지점에서 얼마만큼 조차가 확대되는지 그 정도는 에너지 손실과 지형에 의한 조류 집중 사이의 균형에 의존한다. 하구의 깔대기 같은 배치가 더 평행한 옆면과 평평한 바닥형태의 강 배치로 바뀔 때 보통 마찰효과는 어느 순간의 상류지점에서 집중의 득보다 더 커지기 시작한다. 세번 강에서 이같은 자연적 최적위치는 보통 제일세번교 장소주변에서 일어난다. 유량과 조차는 더 상류로 갈수록 감소한다.

종종 몇몇 긴 하구에서는 급격한 조수간만의 영향이 나타날 수 있다. 예를 들면 세

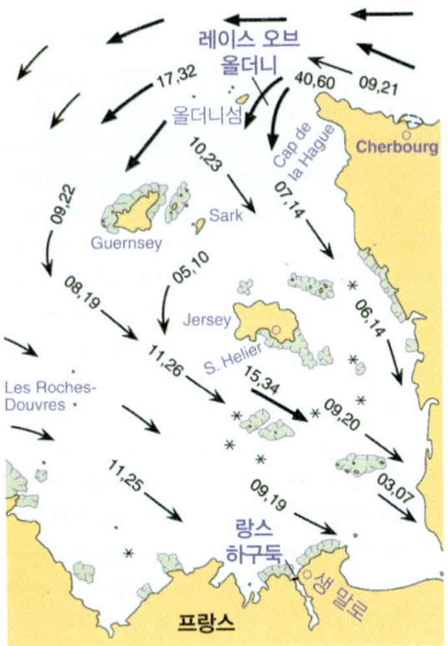

그림 6.7 • 도버에서의 만조직후 4시간의 레이스오브올더니(Race of Alderney)와 랑스 하구둑의 조류지도: (소조, 대조) 조류속도 단위는 노트의 십 분의 일(그림 속 10, 23 표기는 소조유속이 1.0노트, 대조유속이 2.3노트임을 뜻함) 1노트는 초당 0.51미터(출처: Admiralty Tidal Stream Atlas: The English Channel NP250, 1992).

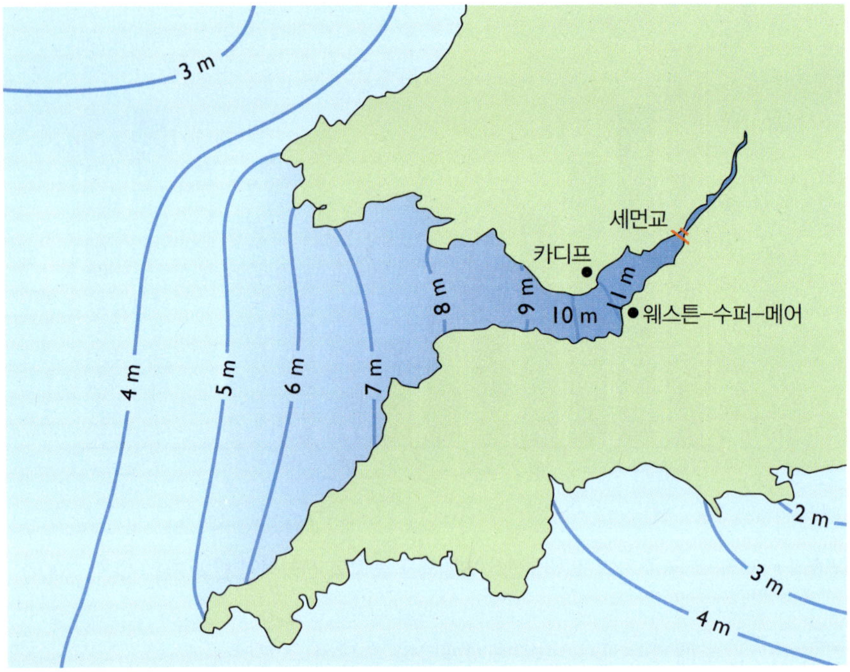

그림 6.6 • 깔대기 효과: 세번 강 하구의 조류 집중효과(미터단위의 조차)(출처: 영국에너지부, 1981).

번 강 하구에서 상대적으로 느린 수면상승을 일으키는 대신에, 세번 강 상류로 거슬러 올라오는 조류는 갑자기 집중될 수 있어 계단이나 파도의 모양처럼 수면상승이 나타나게 되는데 이를 세번보어(Severn Bore, 역주: 세계 절경중 하나)라 한다. 이와 비슷한 현상이 다른 긴 하구에서 발생하는데 영국의 험버(Humber) 강이나 인도 캘커타 근처의 후글리(Hoogly) 강이 좋은 예이다.

주어진 위치에서 실제 경험하는 수위는 날씨에 의해 또한 영향을 받는다. 소위 **급상승조수**(surge tides)는 달과 태양이라기 보다 폭풍에 의해 발생한다. 이 효과는 지형에 의한 압도적인 영향으로 증폭될 수도 있고 조력발전소는 이러한 극단적 현상을 견디도록 건설되어야 한다.

세번보어(Severn Bore)와 같은 특이현상과 간헐적인 급상승조수를 제외하고도 복잡한 조석현상이 있다. 다행히 조력발전용 둑을 설계할 때 있어서는 최종결과(강 하구의 조석 패턴)는 지역에 따라 상이하지만 예측 가능하다. 조석은 예정에 맞춰 끊임없이 밀물썰물을 반복할 것이다.

그러나 조수에너지는 정말 '재생가능'한가? 확인했던 것처럼 조력발전의 기본적 메커니즘은 지구와 달 사이 중력의 상호작용이며 상대적 궤도이동에 의해 생긴 힘이다. 이들 힘은 물의 부풀음을 만든다. 지구자전 결과로 바다를 조수간만에 의해 부풀어 오르게 한다. 보다 정확하게 말하면 바다물이 지구와 함께 회전함에 따라 부풀어오르게 된다. 그 결과 물이 부풀어오름 속으로 들어갈 때 밀물이 있게 된다. 지구자전은 조석과정에 의해 매우 조금씩 늦어지며(매 1,000년간 1/15초) 마찰효과 때문이다. 이는 특히 지형적 장애물이 있는 지역에서 마찰이 존재해 물을 끌어당기기 위한 에너지가 필요하기 때문이다. 그러나 하구둑의 광범위한 사용에 의해서도 발생할 수 있는 이 추가적인 마찰에 의한 영향은 극히 미미하며 달의 공전속도에 대한 영향(조수영향에 의해 매우 천천히 감소하는)은 더욱 작다. 그래서 종합적으로 조수 에너지는 재생가능하다고 합리적으로 볼 수 있다.

6.2 조수 하구둑 발전

조력발전의 기본적인 개념과 기술은 대단히 직관적이다.

적당한 강 하구를 가로질러 건설된 하구둑은 조수로부터 에너지를 뽑아내기 위해 설계되었다. 하구둑의 물길에 건설된 터빈을 이용해서 하구둑 전후의 수위 차에 의해 존재하는 위치에너지는 터빈을 통과하는 빠른 속력의 물 형태의 운동에너지로 변환된다. 이 회전하는 터빈은 발전기를 통해 전력을 생산한다.

하구댐에 의한 평균 전력생산량은 조차의 제곱에 대략 비례하는데 이에 대한 수학적 도출은 매우 간단하며 Box 6.2에 소개되어 있다.

조차의 작은 차이로도 둑의 실현가능성 및 경제성에 큰 차이를 가져올 수 있다. 5미터 평균조차는 조력발전의 실현가능성의 최소한계로 고려되고 있는데 이는 어떠한 경제성 평가기준을 도입하느냐에 따라 달라진다. Box 6.2의 분석에서 보는 것처럼 에너지 발생량은 둑 내에 갇힌 물 표면적에 대략 비례하므로 지역의 지리적 조건은 매우 중요하다. 이 모든 것은 둑 위치 선정이 타당성의 결정적 요소라는 것을 보여준다.

1990년대 초반부터 영국의 조력발전에 대한 많은 연구가 지속되었다(Box 6.1). 영국이 세계에서 가장 조력발전 가능성이 높은 세번 강 하구를 포함해 전 유럽의 조력발전 가능량의 절반 가까이 점유하고 있다는 것을 생각하면 이례적인 일은 아

Box 6.2 조수 하구둑에서 발생하는 전력량의 계산

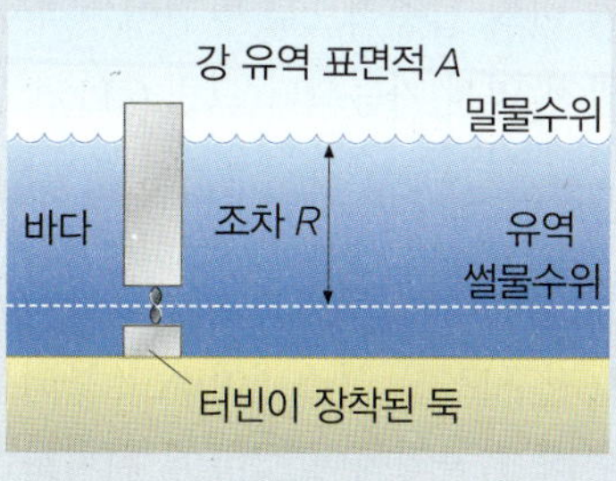

그림 6.8 • 조류에서의 전력생산(출처: Twidell and Weir, 2006).

하구둑 뒤에 일정한 표면적 A와 조수간만의 차 R를 가지는 사각형 유역이 있다고 가정하자(그림 6.8). 종래의 썰물발전 시 조수가 유입될 때는 유역 내로 자유롭게 유입되나 조수가 나갈 때는 유역 내의 물은 만조 시의 수위를 유지하며 유역 내에 갇히게 된다(둑의 수문이 닫힌 상태). 바다수위가 간조 시의 수위까지 내려가면 해수면과 둑 안쪽에 갇혀 있는 물과의 수위차는 R이 될 것이다.

사각형 유역에서 물의 중력중심은 간조 시의 수위면을 기준으로 $R/2$ 높이에 위치한다. 물전체 부피는 AR이 될 것이며 만약 물밀도가 ρ일 경우 물은 ρ를 물부피에 곱한 ρAR의 질량을 가지게 될 것이다. 이 물은 이제 터빈을 통해 저수면으로 모두 배출될 수 있다. $R/2$ 높이에서 모든 물이 떨어질 경우 한 번의 조수간만으로 인해 얻어지는 최대 위치에너지 E는 물질량(ρAR)에 높이($R/2$)와 중력가속도(g)를 곱해서 얻어지는데 즉 $E = \rho AR\text{g}(R/2)$이 된다. 이후 공간은 다음 조수가 유입되며 이러한 과정이 계속 반복된다. 만약 조수주기가 T라면 평균 에너지는 E/T또는 $\rho AR^2\text{g}/2T$가 된다.

니다. 머지 강과 솔웨이 만(6절 참조)을 포함하는 중소형급 발전을 위한 지역을 분포하고 있다. 영국의 조력둑 자원가능량은 이론적으로 연간 약 53테라와트시이며(ETSU, 1990) 이는 2010년 영국의 연간발전량의 약 14%를 차지하는 양이다. 영국과 다른 지역의 발전가능량은 기술적 환경적 경제적 요인에 좌우된다. 비록 이 요소가 상호관련이 있더라도 이들을 종합해서 생각하기 전에 먼저 각각 나누어 살펴볼 필요가 있다.

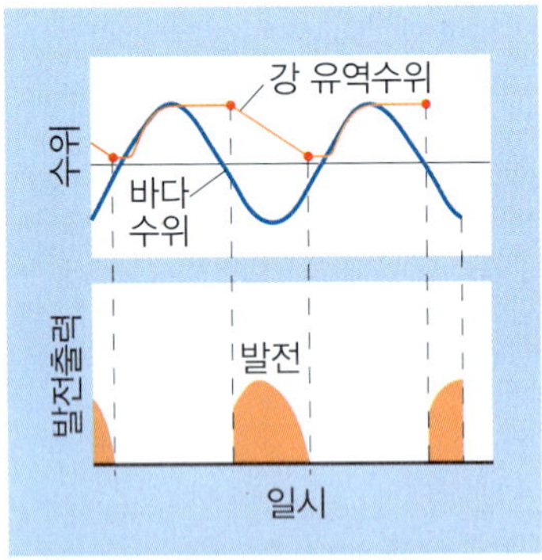

그림 6.9 • 썰물발전의 수위와 발전에 대한 개념도(출처: 영국에너지부, 1981).

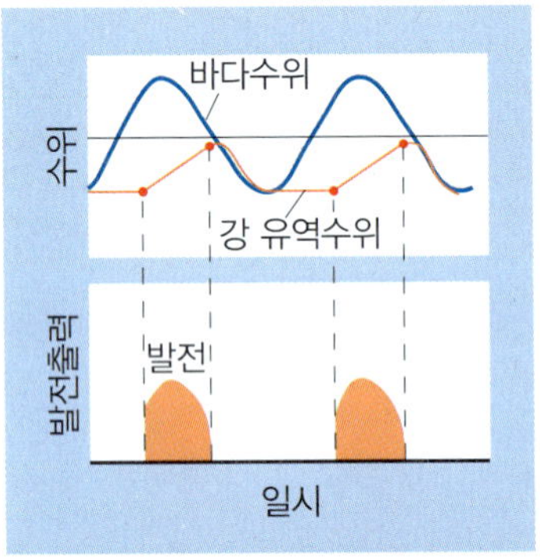

그림 6.10 • 밀물발전의 수위와 발전에 대한 개념도(출처: 영국에너지부, 1981).

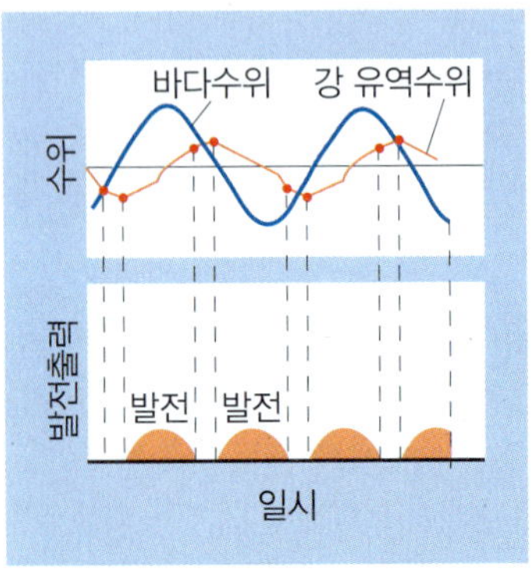

그림 6.11 • 양방향발전의 수위와 발전에 대한 개념도(출처: 영국에너지부, 1981).

조수 하구둑 설계

하구둑의 에너지원인 밀물과 썰물은 대략 사인파 패턴을 가진다(그림 6.9, 그림 6.11의 해수면곡선 참고). 조수는 12.4시간 주기를 가지며 실제 조차는 복잡한 공진 효과와 깔대기 효과에 의해 지역마다 변화하는 모습을 보인다.

복잡한 강 하구구조를 고려했을 때 실제 작용하는 공진 효과와 깔대기 효과는 정확하게 모사하기 매우 어려우며 깊이와 폭과 다양한 강바닥 물질에 의한 마찰변화는 다양한 세부 변화를 가져온다.

그러나 하구둑의 정확한 위치와 배치를 결정할 때 이러한 영향에 대해 분석하는 것은 시도할 가치가 있는데 이는 이것이(공진효과) 효율에 직접적인 영향을 미치기 때문이다. 하구에서 공진 효과를 증가시키기 위해 둑을 설치하고 운영해 그 발전량을 증가시키는 것이 가능하나 현재 존재하는 공진 효과를 감소시키는 요인은 피해야 한다.

위치선정과 형태에 대한 기본적인 요인에 더해 조력발전량에 연관되는 두 번째 요인은 그 운영패턴에 관련되어 있다.

조력발전은 세 가지 방법으로 이루어질 수 있다. 가장 흔하게 사용되는 발전방식은 **썰물발전**이다. 여기에서는 들어오는 조류는 둑의 수로를 통해 터빈이 가동하지 않은 상태에서(전력발전 없이) 둑을 통과한다. 수로가 폐쇄되면 물은 만조 시의 수위에서 둑 안에 갇힌다. 수위차를 가지고 있던 물은 터빈을 통해 발전하며 썰물을 통해 나간다(그림 6.9). 한편 **밀물발전**은 유입되는 조수가 둑에 설치된 터빈을 통과하면서 발전하게 된다(그림 6.10). 각 경우에 24.8시간마다 한 번씩 집중적으로 발전이 이루어지게 되며 밀물과 썰물때에 모두 발전되는 **양방향발전** 역시 가능하다(그림 6.11).

발전에 대한 기본 기술은 잘 구축되어 있으며 일반적인 저수위 수력발전과 많은 공통점을 갖는다(5장 참조). 그림 6.12는 발전설비 배치에 대한 상상도이다.

다수의 구조가 가능하며 랑스 발전소에서는 **벌브**(전구모양) 시스템이라고 불리는 형태가 사용된다. 이는 터빈 발전기가 벌브형태의 벽에 둘러싸여 수류에 위치하는 것이다(그림 6.13). 물이 큰 전구형태 주위를 흐를 때 내부 발전기로 접근(점검보수 목적)하기 위해서는 수류를 차단하는 과정이 요구된다.

이러한 문제점은 (캐나다 아나폴리스 로얄에서 사용된 것처럼) **스트라플로** 또는 **림**(테모양) **발전** 터빈을 이용해 해결될 수 있다. 여기서는 발전기가 림을 따라 원형으

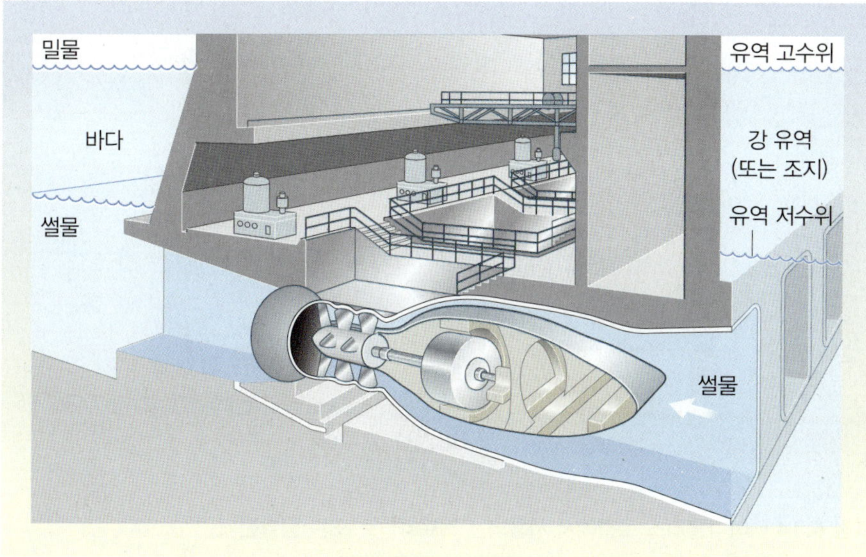

그림 6.12 • 일반적인 발전설비 배치에 대한 상상도.

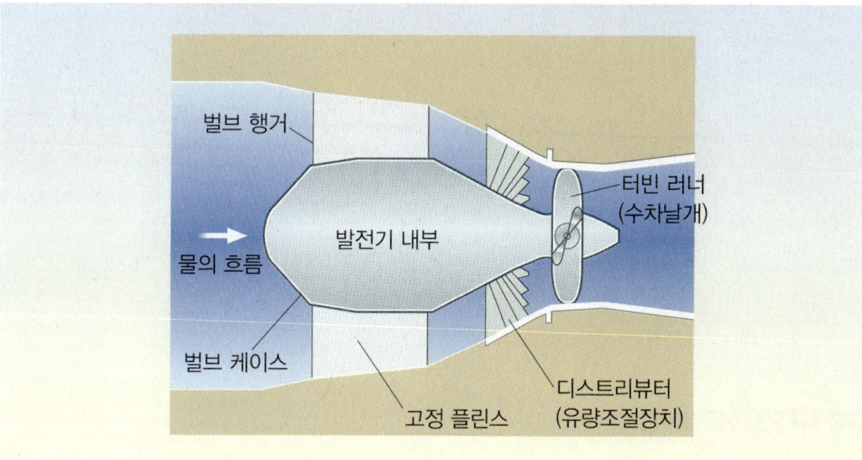

그림 6.13 • 랑스 발전소에서 사용되는 벌브 터빈.

로 배열되며 구동부(터빈블레이드)만이 수류 속에 있다(그림 6.14). 물 흐름이 제약을 덜 받기 때문에 이 디자인은 벌브 디자인에 비해 더 효율적이지만 구동부 날개와 발전기 사이의 방수 등 추가적인 문제를 유발시킨다.

이를 대신해 구동부가 비스듬하게 설치되어 장축이 외부에 위치한 발전기로 회전력을 전달하는 **튜블러**(튜브관 모양) 터빈구조가 있다(그림 6.15). 이 디자인은 수류에 대한 방해요소를 제거하며 발전기가 한정된 공간에 위치하지 않기 때문에 보통 수력발전에 사용되는 고속발전기를 설치할 수 있게 해주는 변속기를 설치할 공간을 확보할 수 있다. 미국의 수력발전을 위해 여러번 사용되었으며 가장 큰 규모는 25메가와트급 용량이다. 그러나 장축으로 인한 진동문제가 있었고 지금까지 벌브 터빈이 조력둑 설계자에게 가장 인기있는 것으로 입증되어 왔다.

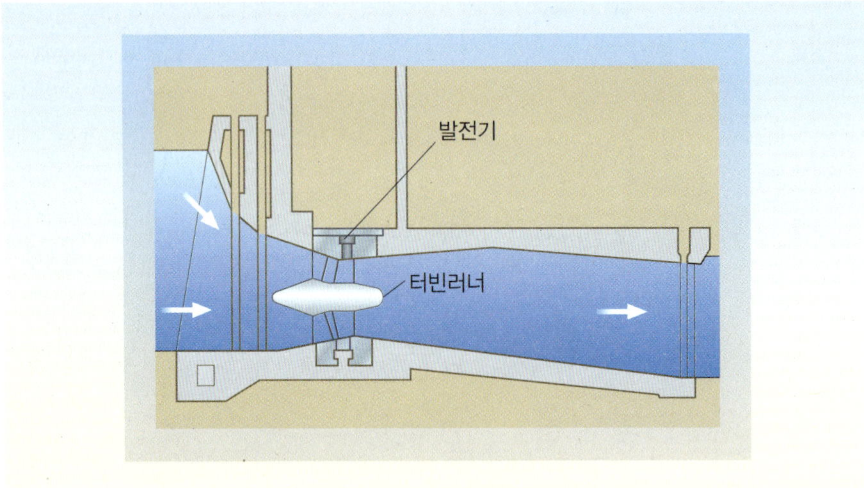

그림 6.14 • 아나폴리스 로얄에서 사용되는 스트라플로 또는 림발전기.

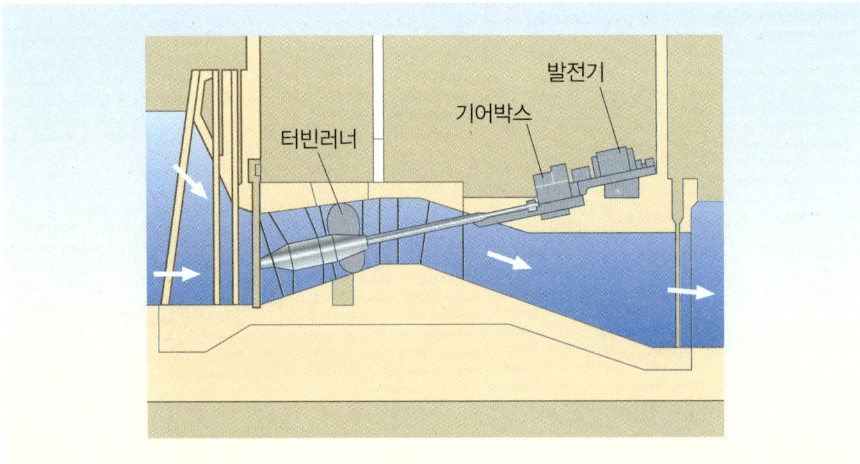

그림 6.15 • 튜블러 터빈.

Box 6.3 랑스 강 조수 하구둑

740미터에 이르는 랑스 강 하구둑은 1961년부터 1967년에 걸쳐 건설되었다. 도로 및 선박용 수문(그림 6.16)이 있으며 최대한의 조업 변동성을 확보할 수 있게 설계되었다. 24개 가역(양방향) 펌프터빈(각각 10메가와트급)을 설치하고 있으며 최대 12미터 조차를 감당할 수 있고 일반적으로 5미터 정도의 수위 차를 발생시킨다.

랑스 강의 초기 운영패턴은 양방향 발전과 저수 과정의 조합을 통해 전력생산의 균일성을 최적화하는 것을 목적으로 했다. 이는 최대 수위 차에 못 미치는 수준으로 터빈을 운영하는 것을 의미했다. 대조(사리) 때에는 양방향 발전이 선호되었으며 소조(조금) 및 중간조 때에는 추가적인 썰물발전을 위해서 바다로부터 저수지로의 직접적인 양수과정이 이루어졌다.

비록 1975년 몇몇 기계적 문제가 발생해 이후 양방향 발전을 거의 도입하지 않게 되었지만 이 하구둑은 전반적으로 매우 성공적이었다. 일반적으로 발전소는 제대로 기능했으며 90% 이상의 가동률을 보였다. 발전량은 연간 480기가와트시에 이르렀으며 이는 일부의 경우에는 양수과정을 통한 발전 가능량 확보를 통해 이루어졌다.

하구둑의 건설은 두개의 임시 물막이를 건설한 뒤 그 사이의 물을 빼내어 건설과정이 육지 상태에서 이루어질 수 있게 했

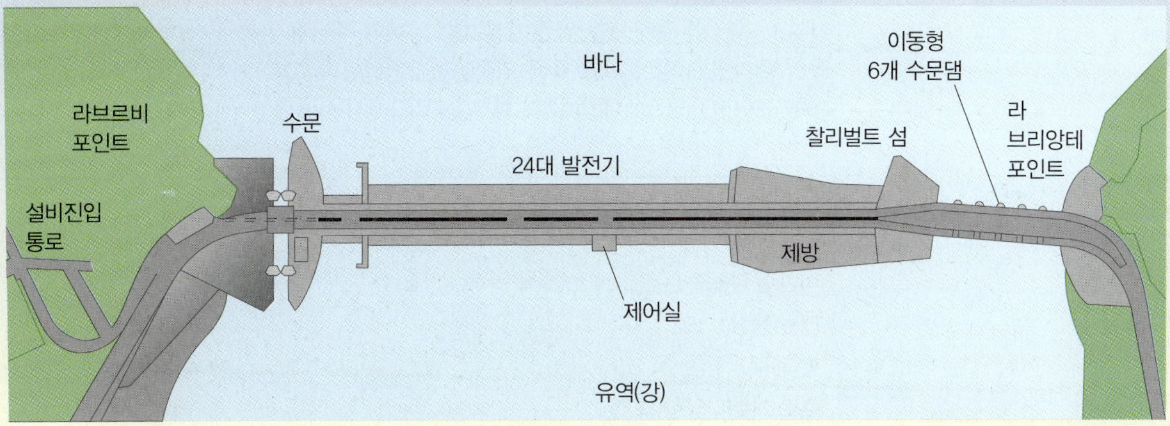

그림 6.16 • 랑스 강 하구둑의 구조(출처: 영국에너지부, 1981).

다(그림 6.17). 강물은 수로를 통해 흐를 수 있었으나 조류의 감소는 하구에서 수류의 확연한 정체현상을 일으켰으며 하구 생태계의 부분적인 파괴를 일으켰다. 건설이 종료된 뒤 바다와 하구 사이의 물의 교환을 통해 하구생태계를 복구시켰으나 자세한 모니터링이 이루어지지 않았기 때문에 하구둑 건설이 기존 하구생태계에 어떤 변화를 일으켰는지는 정확히 판명하기 힘들다.

그림 6.17 • 랑스 강 하구둑 건설 중의 임시 물막이(역주: 시화조력발전소 건설도 임시물막이 공법 사용).

간단한 썰물 · 밀물발전에서는 이런 큰 규모의 설비가 조수간만 주기마다 비교적 짧은 시간만 운행하게 된다(3시간에서 최장 6시간). 이 과정에서 짧은 시간에 많은 양의 전력이 집중적으로 생산되며 이는 전력수요와 잘 맞지 않는다. 그러나 (회전방향 변경이 가능한) 가역피치 터빈을 사용하면 양방향 발전이 밀물과 썰물 모두에서 작동하는 것이 가능하게 된다. 가역피치 터빈은 표준 터빈보다 더 복잡하고 고가이며 비록 발전량이 시간에 따라 보다 균일하게 분포되어 있지만 주기마다 썰물발전에 비해 발전량이 감소하는 경향을 보인다. 그 이유는 다음 주기의 발전을 준비하기 위해 썰물 · 밀물 발전 단계에서 발전가능량 한계까지 발전을 완료할 수 없기 때문이다. 반드시 수문을 열어 수위를 감소시켜 다음의 밀물발전 단계를 대비해야 하며 썰물발전 단계 전에도 마찬가지이다(그림 6.11).

양수펌프방식은 전력발전을 위한 또 다른 선택사항이다. 여기서는 터빈 발전기가 반대방향으로 운행해 외부전력망에서 공급되는 전력을 이용, 모터펌프처럼 작용한다. 둑을 가로질러 낮은 수위가 있는 만조 때 추가적인 물이 둑 너머에서부터 유역

Box 6.4 제안된 세번 강 하구둑

카디프-웨스튼 하구둑을 위한 기본 자료는 아래 주어진 바와 같다(영국에너지부, 1989). 동일 디자인 사양이 2007년에 지속가능발전위원회(SDC)에 의해 사용되었으며(SDC, 2007) 2010년 영국에너지기후변화부(DECC)에서 사용되었다(DECC, 2010a).

터빈발전기 개수	216
터빈 지름	9.0 m
터빈 운행속도	50 rpm
터빈 용량	40 MW
총 용량	8640 MW
수로 개수(다양한 크기)	166
총 수로면적	35000 m^2
평균 연간발전량	17 TWh
발전모드	양수펌프가 있는 썰물발전
둑 길이	전체 15.9 km
전력 잠수구	4.3 km
수로 잠수구	4.1 km
기타 잠수구	3.9 km
제방	3.6 km
평균해수면 기준 저수지면적	480 km^2

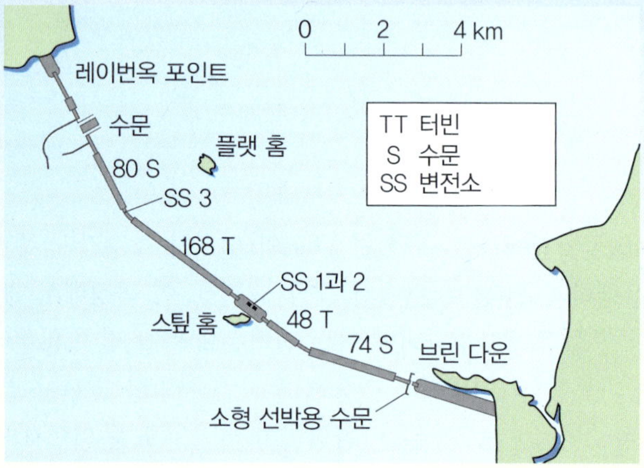

그림 6.18 • 카디프-웨스튼 세번 강 하구둑 제안에 대한 개괄도(출처: 영국에너지부, 1989).

내로 끌어올려진다. 이는 큰 수위가 있는 썰물발전 단계를 위해 추가적인 물을 제공한다. 사실상 외부전력망에서 잉여 비첨두전력을 저장하는 방식이며 네트 에너지 이득을 가진다.

더 자세히 논의될 것으로 이중유역지 시스템에 대한 다양한 형태가 제안되어 있으

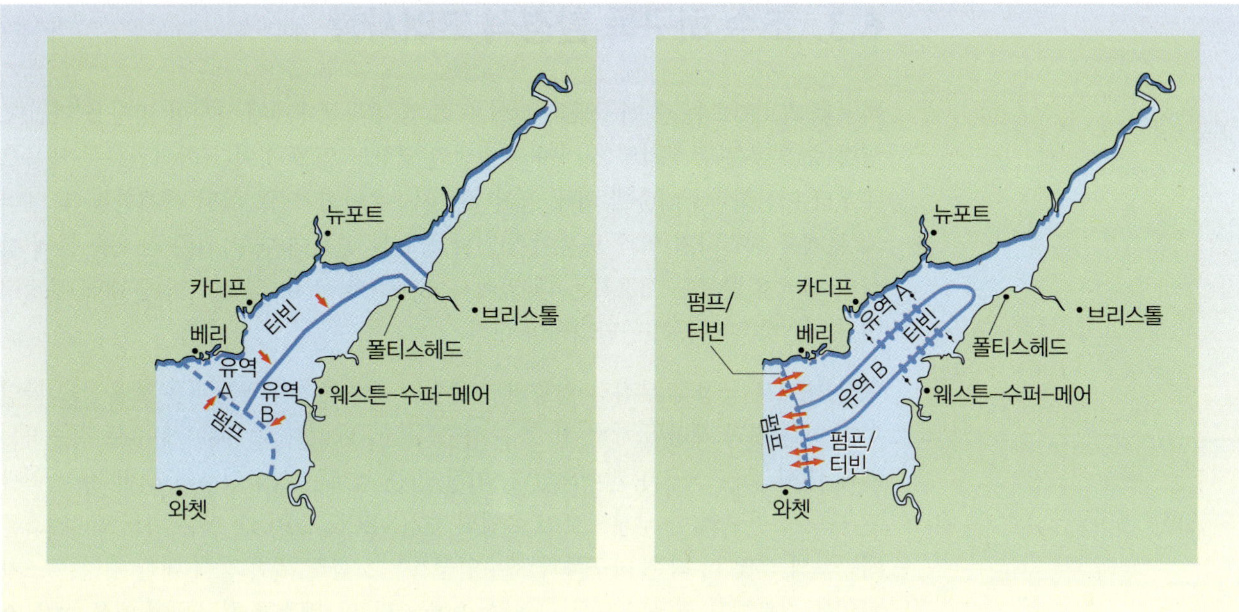

그림 6.19 • 이중유역지구조가 설치 가능한 세번 강 하구(출처: 영국에너지부, 1981).

며 주로 유역지 사이의 펌프를 이용한다(그림 6.19 참조). 1차 유역지의 터빈에서 생산된 전력 수요가 적은 시기의 잉여 전력은 2차 유역지로 물을 끌어올리기 위해 이용되며 이후 전력수요가 높을 시기의 발전을 위해 사용된다.

조력발전을 위해 어떤 구조가 선택되던 간에 기본 구성요소는 모두 같다. 터빈과 수로와 선박이 지나갈 수 있게 해 주는 수문이 있으며 이들은 제방을 통해 연안과 연결된다.

터빈은 주로 큰 콘크리트구조 내에 설치된다. 세번 강 둑의 경우 터빈을 설치하기 위해 커다란 콘크리트나 철제나 케이슨의 사용이 제안되었다. 이 구조는 해안의 드라이 독 시설에서 건조된 뒤 설치 지역까지 해상으로 운송되어 가라앉혀졌다(비록 강한 물살 속에서 케이슨을 장착할 때 추가적인 어려움이 있을수 있지만). 이 기술은 랑스 강에서 취해진 임시 물막이와 비교 할때 30%까지 토목공사 비용을 줄일 수도 있다고 주장되었다.

수로는 하구둑을 위한 또 다른 핵심적 운영요소이며 썰물발전을 위한 밀물을 저수지 내로 받아들이거나 밀물발전이 끝난 뒤 내보내는 역할을 한다. 이들 역시 잠수구 내에 설치될 수 있다.

하구둑의 나머지 영역의 설치는 간단하며 예를 들어 랑스 강의 경우에는 돌로 채워진 제방이며 제안된 세번 강 하구둑의 경우 콘크리트나 암석 지지층을 포함하는 모래로 채워진 제방으로 이루어진다.

6.3. 조수 하구둑 환경적 고려사항

하구를 가로지르는 큰 하구둑의 건설은 그 영역의 생태계에 명확한 영향을 미친다. 영향 중 일부는 부정적일 것이며 긍정적인 영향도 있을 것이다(화석연료를 태움으로부터 이산화탄소배출에 의해 일어나는 지구온난화처럼). 어떤 세계환경 및 에너지 문제를 해결하기 위해 도움이 되거나 중요한 연료에 대한 의존 감소를 통해 향상된 에너지 안보를 제공하는 데 있어서 하구둑이 할 수 있는 역할에 대해 부정적인 지역영향은 신중히 판단되어야 한다

영국 내에서 긍정적 부정적 영향의 그럴듯한 최종균형과 종합비용 효율성을 확인하려 하는 것과 제안된 세번 강 조수 하구둑(영국에너지부, 1989)에 주로 집중하는 것에 대해 많은 연구가 진행되었다. 가장 최근 검토는 영국정부의 세번 강 조력발전 타당성 연구의 한 부분으로써 수행되었다(DECC, 2010a). 이는 카디프 – 웨스튼 하구둑과 몇몇 더 작은 하구둑과 조수인공호을 포함해 세번 강에 대한 수많은 조차사업을 검토했고 연구된 모든 구조물 중에 카디프 – 웨스튼 하구둑이 매우 높은 자본비용뿐만 아니라 서식지와 조류개체군과 하구항만에 가장 큰 영향을 끼칠 것이라고 결론지었다.

분명히 모든 하구둑이 미칠 수 있는 영향 중에 가장 분명한 것은 그 지역의 야생동물 즉 어류와 대부분이 철새인 조류에 대한 것이다. 영국 강 하구는 유럽의 백조 및 오리류 28%와 거위류 47%의 서식지이다. 어류의 수 또한 많아서 세번 강의 경우 연어와 뱀장어의 서식지로 잘 알려져 있다. 이들 중 많은 종이 강 하구에서 먹이를 찾으며 하구둑의 건설에 의해 먹이로의 접근이 영향을 받을 수 있다(영국에너지부, 1989).

세번 강 하구둑에 대한 제안은 현재의 넓은 영역(200킬로미터제곱 또는 그 이상)에 걸친 진흙탕 배출을 감소시키는데 이는 하구둑 안쪽의 수위변화가 확연히 감소하기 때문이다(그림 6.20). 몇몇 새들(예를 들면 섭금류의 새)은 노출된 개펄속의 지렁이와 다른 무척추동물을 먹으며 역으로 영향을 받을 수도 있다. 다른 중요 하

그림 6.20 • 12시간 주기 동안에 세번 강 하구둑의 유무에 따른 조수면의 변화(영국에너지부, 1989).

구둑 부지에서의 조수에 의해 매일 노출될 지도 모르는 염습지에도 유사문제가 적용될 것 같다.

그러나 하구둑은 물 속에 떠다니는 침적토와 침전물의 농도를 상쇄시킬 수 있다. 침적토를 휘젓는 조수의 행위는 세번 강 하구의 물속으로 햇빛이 투과되지 못하게 막는다. 하구둑이 건설되고 밀물과 썰물이 감소하면 이 침적토 중 일부는 가라앉아 물을 보다 맑게 할 것이다. **혼탁도**에서의 이런 변화가 주어진다면 햇빛은 보다 깊이 들어갈 것이며 물의 생물학적 생산성을 증가시키며 따라서 어류와 조류의 먹이감을 증가시킬 것이다. 최종적인 영향은 엇갈릴 것도 같다. 하구 생태계에서 이전에 제외 되었던 다른 종들이 새 자리를 잡을지도 모르는 동안에 일부 종은 새로운 생태계 균형 속에서 설 자리를 잃을 지도 모른다.

이런 간단한 예는 실제 둑의 도입과정에 복잡한 상호작용이 존재한다는 것을 시사하는데 이는 최종 결과를 예측하기 힘들게 한다.

비슷한 상호작용과 균형이 하구둑이 주위환경에 영향을 미칠 수 있는 다른 경우에 관해 일어나고 있다. 확실한 것은 하구둑 건설은 비록 선박용 수문이 건설된다고 하더라도 선박통행을 방해할 것이라는 점이다. 하구둑 안쪽수면이 평균적으로 상승할 것이라는 점은 항구로의 선박 접근성을 향상시킬 수 있어 최종효과는 조수사이클 및 하구둑과 항구의 위치에 의해 좌우된다.

시각적으로 하구둑은 일반댐과 비교했을 때 상대적으로 적은 문제점을 지니며 썰물 때도 노출되는 둑의 측면은 만조 때의 수위에 비해 크게 높지 않을 것이다. 멀리서 볼 때에는 이들은 마치 수면처럼 보일 것이다.

하구둑은 홍수와 폭풍에 의한 피해를 억제하는 기능을 지니는데 매우 높은 조류성 해일을 조절하는 기능을 지니고 파도발생을 억제하기 때문이다. 역으로 일부 지역에서는(보다 긴 시간동안 중간수준 이상의 수위를 유지하는 상류의 조류를 가진) 변화된 조류형태로 인해 향상된 상류의 지면 배수시설을 필요로 할지도 모른다.

하구둑은 고용창출과 지역소비증가와 관광 및 특히 수상스포츠를 위해 강화된 기회 측면에서 건설 단계와 결과 동안 모두 지역경제에 영향을 줄 수 있다. 규모와 지역에 따라 새로운 도로나 철도의 건설기회를 제공하며 이는 랑스 강 하구둑의 경우에서도 찾아볼 수 있다. 공공도로와의 결합안은 세번 강 하구둑을 위해 제안된 계획안의 하나였다.

이러한 지역기반 시설의 확충이 환경적으로 이득이 되는지 아니면 환경적 비용에 포함되는지는 모든 것이 산업 및 상업적 발전에 대한 개인시각에 의해 좌우된다 (일례로 몇몇 보존주의 및 야생동물보호그룹에서는 관광객 증가의 영향에 대해 부정적 입장을 보인다). 그러나 많은 사람들이 지역경제발전을 반기는 경향을 보인다. 이는 하구둑건설에 대해 지역주민이 보이는 자세이다. 자연보호론자 및 보존론자 등을 포함하는 다른 특별 이익집단이 하구둑에 대해 반대하는데 반해 지역산업체 및 자치단체와 주민은 이러한 계획에 협조적이다. 예를 들면 영국왕립애조협회(RSPB)는 하구둑을 본질적으로 핵심 생물종을 위한 서식지를 파손하거나 감소시키는 것으로 본다. 이 문제는 여러 개의 하구둑이 건설되었다면 분명히 복잡해질 수 있었을 것이다. 2008년에 세번 강 하구둑 개념이 영국 정치적 의제로 진행 되었을 때 다른 단체와 연합해 영국국민신탁과 영국왕립애조협회와 세계자연보호기금(WWF)은 하구둑안에 강하게 반대하고 나섰다.

6.4 조수 하구둑 전력통합

하구둑에 의해 생산되는 전력은 일반적으로 다른 발전소에서 생산되는 전력과 통합되어 국가전력망에 공급되어야 한다.

조력발전소에서 발생된 전기를 국가전력망에 공급하는데 있어서의 핵심적 문제점은 전통적 썰물 · 밀물 발전의 경우 조력이 12시간 주기를 가지고 상대적으로 짧은 시간 동안 폭발적으로 공급된다는 데 있다. 일반적으로 전력은 고조 시 5~6시간 소조 시 3시간 정도 생산될 수 있으며 12.4시간 주기를 가지고 반복된다(그림 6.21).

분명히 이러한 하구둑에서의 에너지 공급상황은 전력망에서의 전력수요패턴과 항상 일치하지는 않는다. 영국과 같이 전력망의 규모가 크고 잘 발달된 경우에는 이런 문제는 하구둑발전량의 영향을 받기는 하지만 그 영향이 치명적이지는 않다. 일 2회 폭발적으로 공급되는 조력에 의한 전력은 오래되고 효율이 떨어지고 비용이 비싼 기존 발전소의 부하를 줄이기 위해 이용될 수 있다. 하구둑은 '연료저감' 모드로 이용될 것이며 조류에 대해 예측이 가능한 점은 대체과정에 있어서 사전에 충분

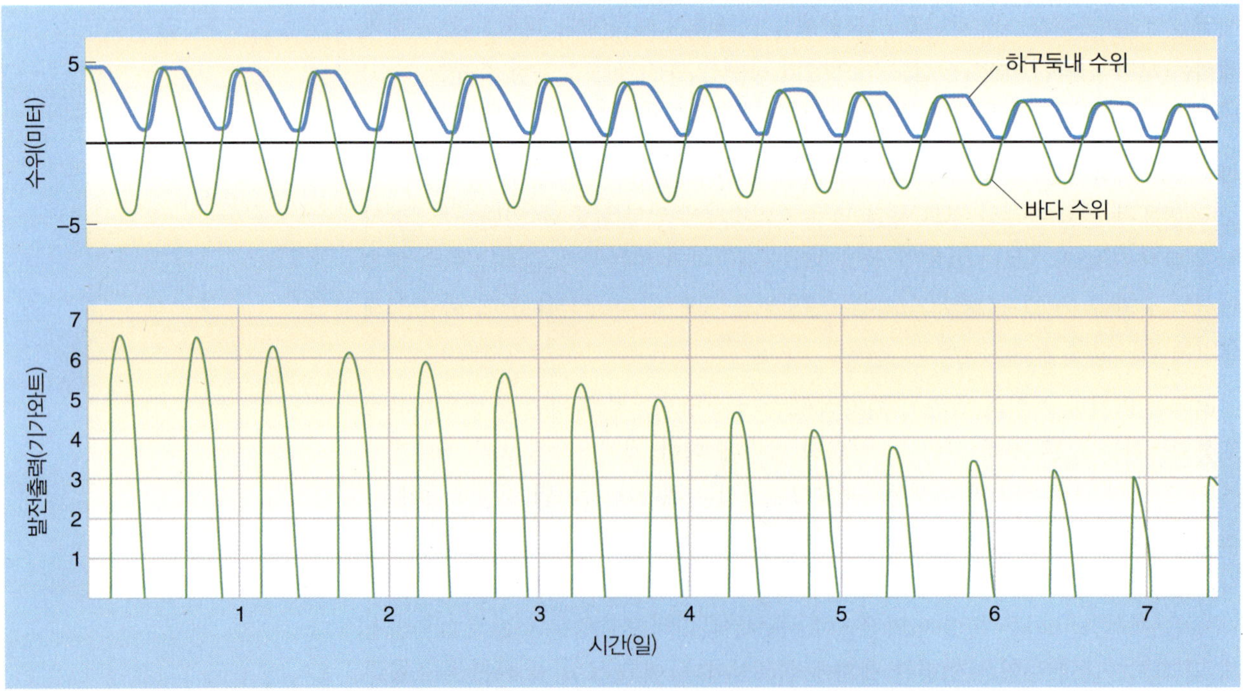

그림 6.21 • 세번 강 하구둑 제안에서의 고조시기의 수위와 전력생산량(출처: Laughton, 1990).

한 계획을 세울 수 있게 한다. 그럼에도 불구하고 세번 강을 위해 제안된 하구둑 규모에서 발생하는 모든 전력을 흡수하는 것은 분명히 중요한 일에 해당한다. 최대치에서는 8기가와트 용량의 전력이 생산되며 이는 영국의 피크수요전력인 60기가와트(2010년 기준)의 상당 부분이며 심지어 여름밤(대략 20기가와트−그림 10.12 참조)동안 최소 수요치의 더 큰 부분에 해당된다.

밀물과 썰물에서의 양방향 발전은 각 24시간 주기동안 4차례씩 출력을 제공하므로 몇몇 이점을 줄지도 모르지만 앞에서 언급한 것처럼 요구되는 더 복잡한 터빈으로 인해 추가비용이 든다. 썰물 단계 동안 하구둑 뒤편으로 추가적인 물을 양수하기 위해서(비첨두 시기 동안) 전력계통망으로 작동하는 펌프로써의 변형된 터빈을 사용하는 방법도 있다. 보통 약간의 추가 자본비용과 발전효율의 감소 없이 5%와 15% 사이의 추가 출력을 얻을 수 있다. 이는 영국에서 제안된 모든 하구둑 계획 방법 중에 선호하는 선택이었다. 그렇지만 양수의 전체적인 경제적 이점은 상당히 적을 수 있으며(사용된 전기에 대해 지불해야 한다) 비첨두 전력계통망 유용성과 꼭 들어맞지 않는 조수 시간에 결정적으로 의존적이다.

앞서 살펴본 전력의 안정적인 공급을 위한 또 다른 대안은 두개(또는 복수의) 유역지를 건설하는 것이다. 예를 들면 첫 번째 유역지는 정상적으로 가동될 수 있으나 수요 침체 기간 동안 생산할 수 있는 잉여전력은 두 번째 유역지 밖으로 물을 양수하기 위해 사용될 수 있으며 이는 두 번째 유역지의 수면이 조수 수면보다 낮은 상태로 유지시키기 위해서이다. 그래서 터빈을 통해 채움으로서 필요시 두번째 유역지로부터 전력이 생산될 수 있다. 이들 배치구성이 두 개 또는 그 이상 경우 하구둑 비용이 얼마만큼 심각하게 증가하는지 따져보게 되면 어떤 이중 하구둑 시스템도 심각히 고려되진 않았으며 간단한 썰물발전이 가장 경제적인 선택사항으로 보여진다.

어떤 시스템이 사용되건 조력발전의 전체적 경제적 적용가능성은 이론적으로는 복수의 하구둑이 도입될 경우 증가한다. 이는 조수의 최고수위가 해안을 따라 조금씩 다른 시간에 나타난다는 사실 때문이다. 일례로 솔레이(Solway) 만과 모컴(Morecambe) 만은 세번 강 하구와 비교해서 약 5~6시간 정도 차이를 보인다. 그래서 더 오랜기간에 걸쳐 조력발전으로 부터 기여를 주기 위해서 이들 지역과 다른 지역의 하구둑이 결합해 전력망으로 더 일정한 분포를 지니는 전력을 공급할 수 있다. 물론 소조의 경우 전력생산량은 감소한다.

게다가 부가적으로 조력발전과 다른 신재생 에너지 시스템의 결합 또한 가능하다. 이 예는 운하 주위를 따라 풍력발전기를 설치하는 것처럼 풍력발전용 터빈을 하구둑을 따라 설치하는 것이다. 이 풍력발전기는 하구둑 뒤로 물을 퍼올릴 때 또한 이용될 수 있다. 그러나 이로 인해 얻어지는 에너지 이득은 발전기를 하구둑의 전체 영역에 설치하더라도 조력발전량에 비교하면 상대적으로 적다. 예를 들어 세번 강 하구둑의 16킬로미터에 걸쳐 30개의 2메가와트급 풍력발전시설을 설치한다고 했을 때 그 연간 전력생산량은 조력발전량과 비교해 약 1%에 불과하다.

마지막으로 하구둑에서부터 국가전력망으로의 연결 또한 몇 가지 실질적인 문제점을 야기한다. 다른 형태의 새롭고 큰 규모의 발전소와 마찬가지로 추가적인 전력망 연결이 요구되며 몇몇 상황에서는 현재 존재하는 전력망을 보강해야 한다. 다행히도 영국 대부분의 하구둑 설치가능 지역은 현재 존재하는 전력망과 가깝게 위치하며 해저류를 이용한 발전과 같은 경우에서 발생하는 문제점은 발생하지 않는다(이는 스코틀랜드 북쪽에서부터 전력을 수송해야 하며 8장에서 자세히 소개된다). 제안된 세번 강 하구둑의 새로운 전력선의 경우에 아마도 미드랜드(Midland)에 주요 도로의 연장이 요구되었을 것이다. 이 전력망 연결이 하구둑 자본비용에 10%를 추가 할지도 모른다고 평가되어 왔다.

요약하면 통합의 주요사항은 비용이며 이는 추가전력망 연결을 위해서든 더 연속적인 기반위에 생산되는 전력을 허용해주는 시스템을 위해서든 필요한 비용이다. 이제 더 일반적으로 경제적인 요인을 살펴보고자 한다.

6.5 조수 하구둑 경제학

조수 하구둑의 전반적 경제학은 작동성능과 초기자본 비용에 의존한다. 후자는 높다. 10마일 길이의 카디프(레번옥 포인트)–웨스튼수퍼메어(빈 다운) 세번 강 하구둑은 300억 파운드(약 50조원) 비용이 들 것으로 2000년 후반에 추산되었다(DECC, 2010a). 토목공사비는 전체비용에 가장 큰 단일요소이며, 그 다음 터빈의 제작비와 설치비가 따른다. 건설과 장비 비용 외에도 하구둑이 가동되기 전 수입이 전혀 없는 건설기간 동안 지불될 이자와 함께 돈을 빌릴 비용 또한 존재한다. 이는 긴 건설기간을 가지는 이와 같은 대형 자본집약사업의 경제학을 위한 중요 쟁점을 제기한다.

비록 운영비용이 들지만(매년 총자본 비용의 대략 1%) 자연적인 흐름을 기반으로 한 조수 하구둑과 같은 재생에너지 시스템은 연료비가 들지 않는다. 초기 건설 후에 30년마다 교체를 필요로 하는 저속 터빈이 포함된 주요 토목공사 없이 여러 해를 거쳐 전력을 생산할 수 있다.

더욱이 중요한 초기 자본비용 이외에 적어도 단순한 단독 저수지 썰물 또는 밀물발전 시스템에서 발전이 가능한 시기는 전통적인 발전소보다 확연히 짧다. 예를 들어 그것이 오직 조수간만이 일어날 때만 운행되기 때문에 서번 강 하구둑을 위해 제안된 8.6기가와트급 용량설비는 연간 평균으로 따지면 2기가와트급의 기존 발전설비과 동일한 정도의 전력만을 생산한다. 다시 말해서 하구둑은 비싼 설비를 포함하는 큰 자본비용을 요구하며 이는 간헐적으로만 사용되어 기존 발전량의 대체효과를 제한적으로만 보여주게 된다. 기존발전의 대체로서의 하구둑 가치는 연속적으로 발전할 수 있는 사항보다 실제는 발전출력의 규모와 시간대에 의존할 것이다.

1장과 5장에서 설명한 것처럼 시스템을 비교하는 재래식 방식은 생산능력인자(최대가동용량으로 가동된다고 가정될 때 발전소 이론치에 대한 실제출력치의 비율)에 관한것이다. 제안된 세번 강 하구둑의 연간 부하율은 약 23%로 예측되는 반면 전형적 영국조건에서 핵발전소의 연간평균 부하율은 현재 약 77%이며 복합사이클

가스 터빈발전의 경우 84%대에 이른다.

대부분의 다른 발전소 형태와 비교했을 때 조력발전은 발전량과 비교해 상대적으로 높은 자본비용을 보이며 이는 결과적으로 긴 자본 회수기간과 투자자본 대비 낮은 수익률을 보인다. 구체적인 사항은 전력에 매겨지는 가격에 의해 좌우된다.

1980년대에 세번강조력단체(Severn Tidal Power Group)에서 세번 강 하구둑의 경제를 분석했을 때 영국전력산업은 국유산업이었다. 그래서 투자한 것의 대략 1년에 5% 정도 돌려 받을 것으로 기대되었다. 그러나 이 당시 정부의 보수진영 정책은 산업을 민영화시키는 것이었다(결국 1989년에 시행되었다). 이처럼 어떠한 하구둑 사업도 현존하는 석탄연료와 핵 발전과 경쟁할 것으로 기대되었다. 또한 개인 재정투자가 있을 것이고 상업수익율을 내도록 요구될 것이다(10~15%). 이것은 큰 자본 경비의 이자를 때우기 위해 높은 전기요금을 요구하게 될 것이다. 세번 강 하구둑은 이러한 조건에서 경제적이지 않다고 여겨졌다(STPG, 1986). 이 사업이 그 특정시점에 지원되지 않았던 이유 중 하나이다.

비록 연료가격이 급격하게 증가하고 기후변화에 대한 관심이 많아졌을지라도 기본 경제 평가는 그 이후로 변한 것이 크게 없다. 하지만 기후변화와 에너지안보 같은 더 넓어진 전략적 관심을 고려했을 때 공공사업과 비슷한 낮은 반환율을 받아들이는 것이 정당한지에 대한 논쟁이 있었다.

2003년 그린북(정부 간행물)에 영국재무부는 비록 이것이 적절한 평가에 대한 긴 토의와 낙관주의적 편견에 의해 한정되지만 공공부문 단체가 실제 6%의 투자수익율을 내야 한다고 제안했다(HM Treasury, 2003).

세번 강을 위한 조력선택사항에 대한 2007년 연구에서 영국정부의 지속가능발전위원회(SDC)는 '높은 자본비용의 하구둑사업이 아주 높은 할인율의 민감성을 초래한다'는 것에 주목하였다(복합사이클가스터빈(CCGT)과 수력발전소의 가격비교가 있는 5장에서 예를 들었듯이 상당한 초기자본 지출의 사업에 대한 자명한 이치임). 논의된 2%의 낮은 할인율에 기후변화완화사업으로 정당화 될 수 있고 '전기 산출량은 다른 형태의 발전과 비교해 굉장히 경쟁력 있다'. 이것을 기반으로 그들은 그 사업이 공공과제로써 지원받아야 한다고 생각했다(SDC, 2007).

그들이 주목한 바와는 반대로 더 '상업적인' 8% 또는 더 높은 할인율에서 비용이 상당히 치솟았고 정부의 상당한 시장개입 없이는 민간부문 투자를 힘들게 했다. 예를 들어 그들은 10% 할인율에서는 킬로와트시 당 11.18~12.37p로 증가하는 반면에 2% 할인율의 카디프-웨스튼 하구둑은 건설되는데 걸리는 시간에 따라 킬로와트시 당 2.27p과 2.31p 사이가 될 것으로 계산했다. 이들 비용은 그 당시 파운드(2006년 시세)로 표현된다.

2010년 세번 강 조력계획 연구에서 영국정부는 3.5% 공공부문의 '사회적' 할인율과 10% 상업 '투자자' 할인율의 영향을 비교했다(할인율에 대한 더 많은 논의를 위해 10장과 부록 B 참조). 표 6.1은 에너지비용에서 극적인 차이를 보여주고 있으며, 또한 환경영향의 차이를 보여주고 있다. 표 6.1은 세번 강의 대형급과 더 소형의 조

표 6.1 세번 강의 대형 및 소형 하구둑 비용과 영향의 비교

계획안	설비용량 (메가와트)	연간 발전량 (연간 테라와트시)	에너지 평준화 비용[1](파운드 메가와트시)		조간 환경 서식지 손실 (평방 킬로미터)
			투자자 (10% 할인율)	사회자본 (3.5% 할인율)	
카디프-웨스트튼 하구둑	8640	15.6	312	108	160
슈츠 하구둑	1050	2.7	335	121	33
비취리 하구둑	625	1.2	419	151	27

[1] 단위에너지를 생산하는데 들어가는 총비용

출처: DECC, 2010a.

수하구둑 계획의 비용을 비교하고 있다. 더 소형급 계획일수록 더 쉽게 건설될 수 있기 때문에 더 거슬러 올라간 상류부는 재정상 더 매력적일 수 있을 것으로 기대될지도 모른다. 그러나 이 조수하구둑은 상류위치에서 더 작아진 조수차로부터 얻을 수 있는 에너지출력은 그만큼 더 작아진다. 그래서 투자자이든 사회적자본틀 아래이든 간에 세번 강의 더 소형급 하구둑은 생산전력의 비용 관점에서 덜 매력적이 된다. 세번 강의 경우에 이것이 명백할 것 같을지라도 더 높은 조수차를 보이는 위치인 다른 강어귀에서의 소형 하구둑은 더 잘 할지도 모른다.

저속 터빈의 수명을 고려할 때(30년에 한번 교체가 필요할 수 있다) 적은 운영비용(대략 연간 총 자본비용의 1%)에 연료비용은 전혀 없기 때문에 수력사업과 같이 하구둑은 굉장히 좋은 장기투자로 논의되었다. 보통 단기수익에 중점을 두기 때문에 이것은 불행히도 현재의 재정적 접근을 반영하지 않는다.

투자문제와 금융자본과 이자율 등 예상 밖의 문제들 외에도 '공급'부분에서 작동효율성과 미치게 될 영향사이의 교환과 함께 기술과 환경적 불확실성이 있다. 이 불확실성에 '수요'부분도 포함되었을 것이고 종래의 연료가격과 비교되고 오랜 기간 측정된 조력전기로 요금이 청구 될 수 있다.

주기적으로 전력을 변화시키기 위해 300억 파운드(약 50조 원)쯤에서 세번 강 하구둑은 사용 가능한 자본에 있어 최선의 선택이 아닐지도 모른다. 영국국민신탁과 영국왕립애조협회(RSPB)와 세계자연보호기금(WWF)과 세번 강 하구둑에 반대하는 다른 환경단체의 프런티어경제학 연구에 의하면 다른 어떠한 주요 에너지발전 방법보다 메가와트시 당 파운드가 훨씬 비싸다고 했다(Frontier Economics, 2008; 그림 6.22). 이것에 근거해 다른 방법이 더 매력적으로 보이고 정부와 공유한 듯한 견해로 보이며 이는 2010년 세번 강 조수 선택에 대한 연구에서 다음과 같이 말했던 바와 같다. '정부는 풍력에너지의 확장과 탄소포집 및 저장기술(CCS)과 정부보조금이 없는 핵발전과 같은 다른 방법이 이 시점에서는 납세자와 소비자에게 더 나은 거래를 제공한다고 믿는다'(DECC, 2010a).

화석연료(그리고 핵연료) 전기료가 시간이 지나면서 올라 조수 하구둑사업이 더 매력적으로 보일 것 같아도 집필 시점에서는 조수 하구둑이 비교적 상업투자옵션

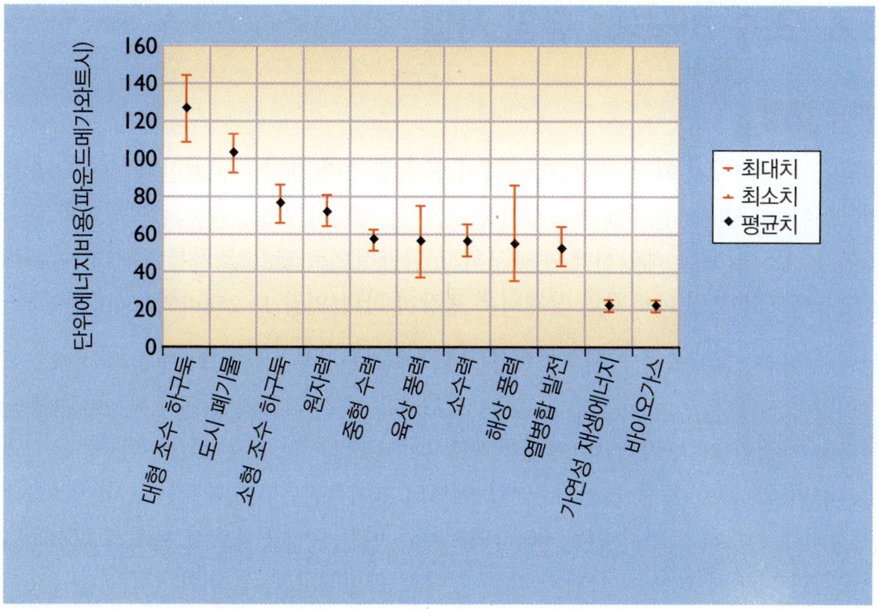

그림 6.22 • 조수에너지와 다른 재생에너지 사업의 7% 할인율 하에서 에너지비용의 비교(출처: adapted from Frontier Economics, 2008).

으로 덜 매력적으로 보인다. 그럼에도 불구하고 기후변화와 에너지안보에 대한 걱정으로 부분적으로는 발전될 수 있는 재생에너지의 양이 많기 때문에 이것에 대한 관심이 다시 살아 날 수 있다.

탄소평형의 관점에서 하구둑은 작동 중에 이산화탄소를 생산하지 않지만 불가피하게 건설할 때에는 이산화탄소를 생산한다. 영국지속가능발전위원회(SDC)는 카디프-웨스튼 하구둑을 건설하고 재료를 만들 때 생산되는 이산화탄소 양이 킬로와트시 당 2.42그램 이산화탄소를 생산할 것으로 측정했다. 이것은 다섯달에서 여덟달 동안의 탄소 회수기간(화석연료발전 대신에 하구둑을 사용해 방출한 양을 되찾는데 걸리는 시간에 근거)으로 나타난다(SDC, 2007).

일단 완성되면 하구둑은 기존의 화석연료 발전량을 대신하거나 필요로 하는 새 용량의 다른 형태와 관련된 배출을 대신하는 것으로 볼 수 있다. 영국지속가능발전위원회는 후자에 집중하고 영국 대부분의 석탄용량이 서비스가 중단될 기간 동안 세번 강 하구둑이 적어도 10년 동안은 가동하지 않을 것으로 보이기 때문에 세번 강 하구둑이 복합사이클가스터빈(CCGT) 발전소의 필요를 대신할 것이라고 가정하기로 결정했다(SDC, 2007).

이를 근거로 하면 영국지속가능발전위원회는 카디프-웨스튼 세번 강 하구둑이 대체 가능한 복합사이클가스터빈 가스연료전기발전과 비교할 때 매년 5.5메가톤 이산화탄소의 배출을 피할 수 있다고 계산했으며 이는 정부에서 사용한 1990년 기준점과 비교해 영국 탄소배출량에서 0.92% 감소를 나타낸다. 그것은 300억 파운드 정도 지출에 대한 상대적으로 적은 감소로 보일지도 모른다.

6.6 조수 하구둑: 유망 사업

영국 현황

영국에는 세계에서 가장 크고 가장 많이 연구된 조력 자원이 존재한다. 일반적으로 영국에서 하구둑을 설치할 가능성이 큰 장소는 조차가 가장 높은 서쪽 해안과 웨일즈이다. 들쭉날쭉한 해안선에도 불구하고 일반적으로 낮은 조차를 가졌기 때문에 스코틀랜드의 조력 에너지의 잠재력은 굉장히 작다(연간 1~2테라와트시).

살펴본 바와 같이 조력의 실용적인 잠재력은 상당한 부분 경제와 환경적인 요소에 달려있다. 이론적으로 이용할 수 있는 잠재력은 매번 실용적인 영국계획이 개발되었다고 가정할 때 대략 연간 53테라와트시까지 오를 수 있고 2010년에 영국 전기 발전량의 약 14%가 될 것이다. 대략 90%의 잠재력(연간 48테라와트시)이 8개의 큰 지역에 존재하고 각각 연간 1테라와트시와 연간 17테라와트시 사이의 잠재력을 제공하며 나머지 10%는 34개의 작은 지역과 관련되고 각각 대략 연간 20~150기가와트시를 제공한다(ETSU, 1990).

카디프-웨스튼 세번 강 하구둑이 지어졌다면 연간 17테라와트시로 가장 큰 기여를 하게 되었을 것이지만 와시만과 멀지강과 솔웨이 만과 모캄 만과 아마도 험버강과 같은 곳에서도 상당한 기여를 할 것이라고 추측했다(그림 6.23).

이러한 큰 지역에 더해 사용할 수 있는 더 작은 강어귀와 강이 많이 존재한다. 타당성 연구가 1980년대에 로퍼 강 어귀(8메가와트)와 웨일즈의 콘위 강 어귀(33메가와트)와 랭카셔의 와이어 강(64메가와트)과 컴브리아주의 더든 강(100메가와트)에서 행해졌다.

전체적으로 영국의 소형 조력(최대 300메가와트 용량)의 잠재력은 거의 영국의 전력소비량의 2%로 측정되었다.

이러한 더 작은 지역에 대한 연구가 계속되었는데 예를 들면 더든 강과 같은 곳에서 연구되었고 메드웨이 섬과 캔비 섬 사이의 조류급증장벽과 횡단터널용 200~400억 파운드 사업과 함께 와시의 11마일 횡단 1기가와트급 200억 파운드 하구둑과 템스 강 어귀에 4.75킬로미터제곱 조수 인공호을 포함한 더 큰 계획에 대한 제안도 있었다.

게다가 몇몇 더 큰 계획이 가능할지도 모르는 다른 지역에도 지속적인 관심이 있다. 예를 들면 북서지역개발단체(NWRDA)에서 주도한 연구에서 영국과 스코틀랜드의 경계에 있는 영국에서 세 번째로 큰 어귀인 솔웨이 강 어귀를 조력에너지의 옵션으로써 살펴보았다. 워킹턴에서 에비헤드로 흐르는 가장 큰 구조물인 네 개의 조수 하구둑을 포함해 아홉 개의 주요 옵션을 확인했다.

이 계획은 그럴듯한 환경적인 영향과 발전된 에너지 균등화 비용을 기반으로 비교된다. 하구둑 사업에 대한 결론은 다음과 같다.

- 워킹턴-에비헤드: 160억 파운드 비용과 환경영향 높음: 5.9기가와트 설치와 연

그림 6.23 • 영국 내 조수 하구둑을 위한 몇몇 잠재력 있는 위치.

간 11.5기가와트시 생산 – 전력요금(CoE) 메가와트시 당 183파운드(킬로와트시 당 18.3p)

- 사우더니포인트–벡폿: 61억 파운드 비용과 환경영향 상당함: 2.7기가와트 설치되었고 메가와트시 당 175파운드(킬로와트시 당 17.5p)이며 솔웨이 계획 중 가장 낮은 전력요금
- 보우니스–아난: 12억파운드 비용: 연간 320기가와트 생산 316메가와트 설치 – 전력요금 389메가와트 당 389파운드(킬로와트시 당 38.9p)
- 모캄 만 하구둑(생태계에 미치는 영향을 줄이기 위해 주요 강 어귀 밖에 위치): 113메가와트 설치와 연간 120기가와트 생산 – 전력요금 메가와트 당 553파운드(킬로와트시 당 55.3p)
- 8.6기가와트 카디프–웨스튼 세번 강 하구둑은(표 6.1에 10% 할인율이 아닌 8% 반환율을 이용) 전력요금 메가와트시 당 160파운드(킬로와트시 당 16.0p)로 예측됨

시험된 바 하구둑 조수 사업(조수인공호와 조류터빈 시스템을 포함)은 전력요금이 유사하게 높지만 환경영향은 더 적다(Halcrow Group Ltd et al., 2009).

2010년에 북서지역개발단체와 재생에너지 개발업체인 피어에너지(Peel Energy)의 연구에서 다양한 크기의 하구둑뿐만 아니라 조수 인공호와 다양한 조류 터빈 개념을 포함해 머지 강을 위한 일련의 선택사항을 살펴보았다. 이 연구에서는 이전의 멀지바리쥐(Mersey Barrage) 회사의 700메가와트급 하구둑 제안을 검토했지만 비록 실행가능 하더라도 해상 하구둑, 퇴적, 수질과 지역 생태계의 영향을 조심스럽게 평가해야 한다고 제안했다. 연간 900기가와트시를 생산하는 500메가와트급 하구둑 또한 실행 가능한 것으로 보여진다. 게다가 비록 더 적은 에너지를 생산하더라도 몇몇 다른 조류 선택사항이 상당히 낮은 환경 영향을 가질지도 모른다는 것을 알게 되었다(Peel Energy/NWRDA, 2010).

세계 현황

세계적으로 조수의 총 에너지 규모는 대략 3천기가와트로 상당히 크다.

실제로는 하구둑 위치 선정을 하거나 조수에너지를 추출하는 다른 수단에 대해서 지리학적 접근과 위치적 제한이 있고 전국 송전선망의 주요라인과 상당히 가깝기 때문에 현실적으로 사용할 수 있는 자원은 훨씬 적다. 잭슨(1992)은 현실적으로 얻을 수 있는 자원을 100기가와트로 보았다. 비록 전 세계에 존재하는 수력용량의 12%도 안되지만 여전히 중요한 자원이다. 표 6.2에서 나타내는 것처럼 러시아, 캐나다, 미국, 아르헨티나, 한국, 호주, 프랑스, 중국, 인도 등 전 세계 각지에 조수 하구둑을 위한 잠재력 있는 대규모 장소가 상당히 있으며 대략 총 300테라와트시로 추정된다. 소형급 사업과 마찬가지로 대형급 사업이 가능할 만한 장소가 존재한다(예, 러시아 펜진스크(Penzhinsk)의 87기가와트급 잠재성있는 계획).

지금까지 여러 잠재적 장소 중에서 소수만이 활용되었으며 이는 캐나다와 러시아의 몇몇 소형급 사업과 프랑스 랑스 강의 중형급 사업과제였다. 하지만 한국에서는 상당한 조수 하구둑 프로그램이 있으며 2001년 세계에너지회의(WEC)에서 확인된 것 말고도 여러 지역을 개발하고 있다(표 6.2 참조).

2006년 연구(Lee, 2006)에서 인천에 700~1000메가와트, 천수에 600~800메가와트, 가로림에 480~520메가와트(표 6.2에 언급된 400메가와트보다 실제 증가추정)를 포함해 한국에 대략 2.4기가와트의 하구둑 잠재력이 있다고 예상했다. 2008년 연구에서 새만금에 있는 댐 근처에 새로운 430메가와트 하구둑사업이 가로림에 있는 520메가와트 사업과 함께 계획되고 있고 강화도 · 인천에 812메가와트 사업은 2014년에 완공될 것이라고 보고했다. 집필 현 시점에 254메가와트 조력발전이 서해 경기도 시화호에 완공되어가고 있다. 이것은 5.64미터의 밀물로부터 전력이 생산되도록 설계되었고 완전 가동될 시에는 세계에서 가장 큰 조력발전소가 될 것이다(시화조력발전소 2011년 9월 가동운영 중).

베링 해협과 아일랜드 해를 횡단하는 대형 하구둑과 같은 초대형급 하구둑를 위한 몇몇 야심찬(매우 투기적인) 제안이 있어 왔다. 비록 후자 제안은 많은 공학자에 의해 경제적 정치적 뿐만아니라 기술적으로 비현실적인 것으로 간주되었다.

표 6.2 영국외 잠재가능성 있는 조력장소

국가	평균조차 (미터)	유역면적 (킬로미터제곱)	설치용량 (메가와트)	평균출력 (테라와트시)	평균발전소용량인자 (%)
아르헨티나					
산호세	5.8	778	5040	9.4	21
골포 뉴보	3.7	2376	6570	16.8	29
데세도강	3.6	73	180	0.45	28
산타쿠루스강	7.5	222	2420	6.1	29
리오갈레고스	7.5	177	1900	4.8	29
오스트레일리아					
세큐만	7.0	140	1480	2.9	22
월콧만	7.0	260	2800	5.4	22
캐나다					
코베쿼드만	12.4	240	5338	14.0	30
컴벌랜드	10.9	90	1400	3.4	28
세포디만	10.0	115	1800	4.8	30
인도					
카치지만	5.0	170	900	1.6	22
캄베이만	7.0	1970	7000	15.0	24
한국[1]					
가로림만	4.7	100	400	0.836	24
천수만	4.5	–	–	1.2	–
멕시코					
콜로라도강	6~7	–	–	5.4	–
미국					
파사마쿼디만	5.5	–	–	–	–
크닉암	7.5	–	2900	7.4	29
턴에게인암	7.5	–	6500	16.6	29
러시아연방					
메제만	6.7	2640	15 000	45	34
투기강[2]	6.8	1080	7800	16.2	24
펜자스크만	11.4	20 530	87 400	190	25

[1] 더 최근정보 위해 문헌 참조.
[2] 7000메가와트급 연구중(WEC 2001년 참조).

6.7 조수 인공호

큰 하구둑 외에도 다소 덜 야심적이지만 여전히 제안수준에 머물고 있는 것으로는 근해의 '가두어진 저수지' 또는 '조수 인공호(tidal lagoon)' 시스템을 위한 것이었다. 이는 개방된 물 속에서 원형의 저수위 차 댐으로 구성되며 만조(밀물) 때 물을 가두었다가 그 물은 일반적으로 터빈을 돌리기 위해 방류된다(그림 6.24).

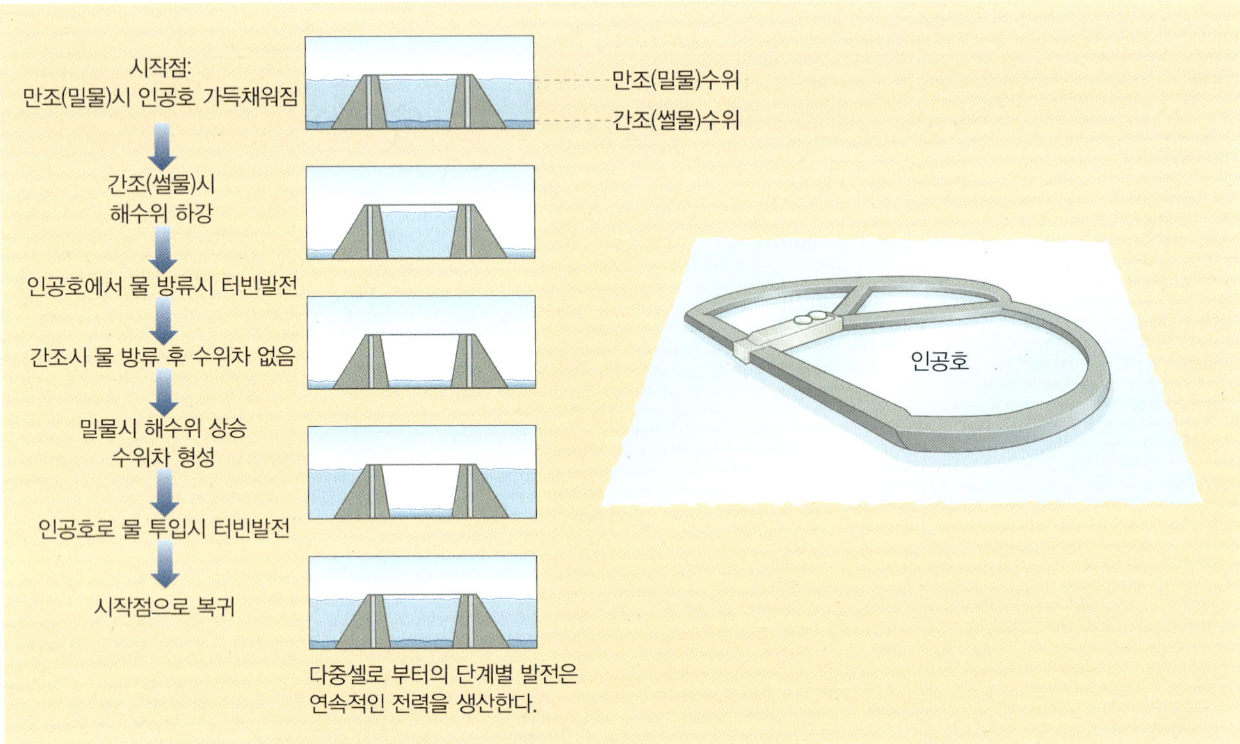

그림 6.24 • 타이들 일렉트릭(Tidal Electrics)사의 '가두어진' 저수지(조수인공호) 제안.

조수 인공호는 상대적으로 얕은 물 안에 있고 석재둑길처럼 구성될 것이다. 인공호는 가장 중요한 장점을 가지고 있는데 기존 하구둑과 마찬가지로 수위 차를 발생시키지만 강하구를 막지 않아서 환경영향도 덜하며 선박의 진행통로에 대한 간섭도 피할수 있다.

전력망을 위해 직접 발전을 할 뿐 아니라 조수 인공호는 저수위 차 근해 펌프저장 설비(5장 참조)로 사용될 수도 있다. 게다가 이중 하구둑 개념과 마찬가지로 분할 인공호는 단계별 작동과 분할체 간에 양수도 가능할 수 있다.

미국 타이들 일렉트릭사는 알라스카, 아프리카, 멕시코, 인도, 중국 등에 조수 인공호를 위한 잠재적 장소를 조사해 오고 있었다. 현시점 인도에서 1000메가와트급 사업이 고려되고 있으며, 이 회사는 중국정부와도 대화해 왔었으며 중국정부가 압록강 입구 근처에 설치 될 300메가와트급 근해조수 인공호에 관심을 보여왔다고 언급했다. 세 장소가 영국 웨일즈 연안에서도 고려되고 있으며 스완지(Swansea) 연안의 60메가와트급 인공호를 포함하고 있다. 그림 6.25에서 보여진 것처럼 많은 다른 위치도 가능성 있는 인공호 장소로 보여 왔다.

근해 인공호의 단점은 전체 방지벽이 설치되어야 해서 가격이 상승한다는 점이다. 이점은 하구둑과 대조되며 이 하구둑 뒤로 담아지는 대량 물을 위해서 만조 때 강어귀 해안은 무상 방지벽을 제공한다. 그렇기는 하지만 인공호 건설이 하구둑보다 더 쉽고 더 빠르게 건설된다는 걸 고려해 본다면 근해 인공호의 전력비용은 경쟁력

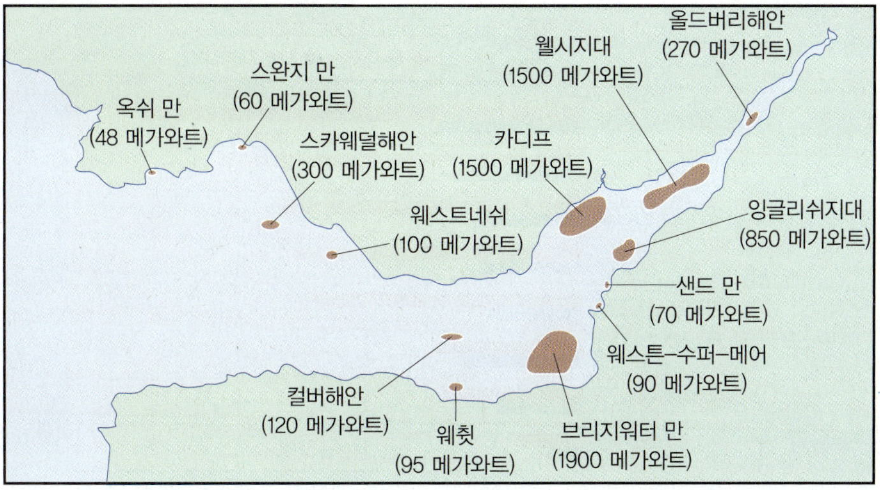

그림 6.25 • 세번 강 하구 안과 주변에서의 가능성 있는 조수인공호 장소(출처: Salter and Walker, 2010).

이 있을 수 있다고 주장된다(Atkins Consultants Ltd, 2004).

타이들 일렉트릭사가 근해 인공호에 완전히 주력해 오는 동안에 비용을 더 저감하기 위해서 절충옵션은 해안선인 방지벽 일부와 함께 해안 가까이에 인공호를 위치시키는 것이 될 것이다. 그러나 이런 종류의 해안인공호는 근해 인공호 계획보다 개펄과 이를 사용하는 야생동물에게 더 영향을 미칠것 같다.

세번 강 조수옵션(DECC, 2010a)의 2010년도 영국 에너지기후변화부(DECC) 검토결과는 에너지 비용이 상대적으로 높았지만 영국측 브리지워터만의 근해 인공호는 하구둑 옵션보다 환경영향이 덜해서 실현가능할 수 있으나 웰시지대의 인공호는 실현가능하지 않다는 것이었다(표 6.3 참고). 타이들 일렉트릭사의 스완지 만을 위한 근해 계획은 검토되지 않았으며 그 연구의 지질적 영역 외로 간주되었다.

인공호 제안은 또한 영국 주변의 다른 위치인 특히 솔웨이 만과 머지 강 어귀(6절 참고)에 대해 대두되었으나 지금까지 추진된 사항은 없었다.

하구둑과 해안과 근해의 대소형 인공호의 상대적 가치에 대한 논의에 대해서는 의심의 여지가 계속 없을 것이다. 통합된 자원이 분명히 대수롭지 않은 것은 아니다. 즉, 2010년 영국 내 조수차사업에 의해 제안된 에너지 자원평가의 제시에 따르면 최

표 6.3 세번 강의 인공호 비용과 영향의 비교(하구둑 해당정보 위해 표 6.1 참조)

계획안	설비용량 (메가와트)	연간발전량 (연간 테라와트시)	에너지평준화비용[1] (파운드 메가와트시)		조간환경 서식지 손실 (평방킬로미터)
			투자자 (10% 할인율)	사회 (3.5% 할인율)	
웰시지대 인공호	1000	2.1	515	169	73
브리지워터만 인공호	3600	6.2	349	126	25

[1] 단위에너지를 생산하는데 들어가는 총 비용.
출처: DECC, 2010a.

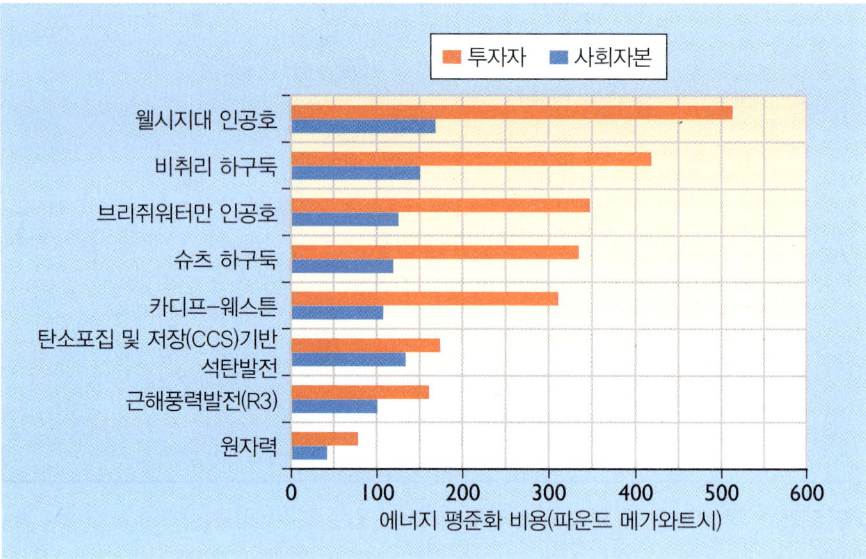

그림 6.26 • 투자자(10%)와 사회적 할인율(3.5%)에서 다른 옵션과 비교된 영국 에너지기후변화부의 세번 강 하구둑과 인공호의 전력가격 예측치(자료제공: DECC, 2010a).

대가능확대계획을 가정해 볼 때 20기가와트급 조차용량은 매년 40테라와트시를 제공하는 2050년에 나올것으로 예상될지도 모른다. 그것은 세번 강, 머지 강, 솔웨이 강(DECC, 2010b)의 하구둑 뿐만 아니라 조수 인공호의 공헌을 포함한 것이었다.

2010년 영국 에너지기후변화부 세번 강 조수타당성연구회(Tidal Feasibility Study)가 내렸던 결론은 전력생산을 하는 다른 방법과 비교할 때 카디프-웨스튼 하구둑의 300억 파운드(50조원) 이상 비용은 고비용과 고위험을 초래했고 더 소형의 하구둑과 인공호조차도 경제적으로 덜 매력적이었다는 것이다(그림 6.26).

영국에너지기후변화부 보고서가 영국주변의 다른 위치에 대한 결과는 다를지도 모른다고 언급했을지라도 조수차에 관해서는 비록 미래에 다른 요인들이 더 중요하게 판명될지도 모르지만 최고의 장소인 세번 강보다 얼마큼이나 더 좋을수 있다고 보는 것은 사실상 힘들다.

6.8 조수 흐름 · 조류

이번 장의 소개에서 언급된 것처럼 조수 흐름 또는 조류 이용은 활발하게 이루어지고 있다. 수직방향의 조수간만과 댐 또는 인공호 후방에 가두어진 물수위 차의 위치에너지를 이용하기 위해서 강 어귀에 위치한 비용이 높고 잠재적 침습성 하구둑을 이용하는 대신 조류의 수평방향 움직임 속의 에너지 즉, 조류의 썰물과 밀물의 운동에너지를 얻는 것이 가능하다.

탁트인 바다에서 조류의 썰물과 밀물의 속도는 상대적으로 낮으나 협수, 섬 주위, 곶, 다른 지형학적 제약지 등을 지나감에 따라 조류 움직임이 집중될 때 조류 속도는 더 높아질 수 있다. 그런 위치에서 높아진 조류 속도는 최대의 에너지 추출을 가능하게 해주는데 예를 들면 비교적 단순하고 수중 속의 터빈과 같은 로터를 사용함으로써 가능하다(역주: 앞서 언급된 하구둑과 같이 물을 가두어 발전하는 방식을 조력발전이라 하고 가두지 않고 흐르는 물 속에서 발전하는 방식을 조류발전이라 분류하고 있으니 서로 다른 방식임을 염두에 두고 그 차이점을 살펴본다면 이해에 흥미를 더할 수 있다).

1절에서 언급되었던 바와 같이 '조류(tidal current)'와 '조수흐름(tidal stream)'의 용어는 자주 교체 사용이 가능하며 문제를 훨씬 더 복잡하지 않게 하기 위해서는 달에 의해 운행된다는 의미에서 해양 속 모든 물의 흐름은 실제로 '조류'이다. 이런 흐름 중에 어떤 것은 특히 멕시코 만류와 같은 더 큰 규모의 근해 흐름은 지구 전반 바다 속의 난류와 한류 사이의 복합적인 작용과 사실상 태양에 의한 염분 변화와 관련된 영향의 결과이다. 그런 조수흐름이 아닌 것을 위한 옳바른 표현은 엄밀히 말하자면 '해류(ocean currents)'와 '해양흐름(ocean stream)'이 된다. 이 에너지를 이용하는 것을 목표로 하는 일부 사업과제는 뒤 절에서 살펴볼 예정이다.

흐름의 종류가 무엇이 사용되든 터빈을 통한 전력추출의 기본 원리는 풍력 터빈과 유사하다. 7장에서 설명처럼 풍력파워 P는 $P = 0.5\ \rho a v^3$ 공식으로 주어지며 여기서 ρ는 공기 밀도, v는 풍속, a는 로터에 의해 지나가는 원의 면적(이는 πr^2이며 여기서 r은 로터블레이드 길이)이다. 이와같이 가능한 에너지는 로터 크기의 제곱에 비례하며 수중 터빈의 경우 유속의 세제곱에 비례한다.

풍력터빈과 조류장치 사이의 주된 차이는 물은 공기보다 더 밀도가 높다는 것이다. 더욱 조류는 해저 및 다른 지형 특성과 상호작용 하며 이의 마찰영향은 바람흐름의 경우보다 훨씬 더 중요하다(물 밀도와 자주 좁고 얕은 수로와 관련됨을 고려해 볼 때). 이런 상호작용은 더 복잡한 수로에 특히 중요하며 이 수로에서는 방향변화와 지형 특성변화가 있으며 또한 가끔 한 몫을 하는 복잡한 공진도 있다(공진 설명은 1절 참조). 조류는 또한 바다 · 강의 수면에서 공기와 물 사이의 계면과 상호작용함에 따라 영향을 받는다. 그러므로 이용할 수 있는 에너지 자원을 예측하는 것은 복잡하며 위치 특정적이어서 상세한 현지모델링이 요구된다(Hardisty, 2007; Bryden et al., 2007 참조).

그와 같이 높은 조류대 지역이 중요한 동안에 현지 지형도 조수 · 조류의 흐름을 효과적으로 이용할 수 있는지를 결정하는데 있어서 아주 중대하다(그림 6.23 참조). 유동률은 때때로 높은 조류대 위치에서 낮을 수도 그 역으로도 가능하다.

조류 자원과 위치

조류 자원이 위치 특정이긴 하지만 적절한 위치에서 강화한 조류에는 많은 에너지가 있다. 예를 들면 아일랜드의 북쪽해협을 통해 흐르는 파워는 3.6기가와트와 대등한 반면에 스코틀랜드의 펜트랜드(Pentland) 해협을 통한 흐름은 6.1기가와트와 대등하다고 추정되어 왔다.

그림 6.27 • 영국제도 근처의 가능성 있는 조류 위치.

표 6.4 영국제도 인근의 주요 몇몇 조류 위치와 이와 관련된 자원잠재성

명칭	위치	연간 테라와트시
펜트랜드 스케리즈	펜트랜드 만	3.9
스트롬	펜트랜드 만	2.8
던컨스비 헤드	펜트랜드 만	2.0
카스퀘츠	올더니섬	1.7
사우스 로널드세이섬	펜트랜드 만	1.5
호이섬	펜트랜드 만	1.4
레이스오브올더니	올더니섬	1.4
사우스 로널드세이섬	펜트랜드 만	1.1
래틀린섬	노스해협	0.9
뮬 오브 갈로웨이	노스해협	0.8

출처: SDC, 2007.

적어도 초당 2~2.5미터(4~5노트)의 봄 평균최대 조류와 20~35미터 사이의 깊이는 경제적 이용을 위해 필수적으로 보여진다. 이를 기반으로 나타낸 바(그림 6.27 참조)와 같이 영국은 조류의 흐름으로부터 에너지를 생산하기 위해 세계 최고 위치 중 몇몇을 갖고 있다. 표 6.4는 이 위치 중에 예측 에너지 출력의 세부사항을 제공하고 있다.

2010년 에너지기후변화부(DECC)가 제작한 2050 페스웨이 보고서는 영국 조류사업을 최대 가능 개발로 가정할 때 설치발생용량 21.3기가와트 기준 2050년까지 총 연간 69테라와트시까지 잠재적으로 제공할 것으로 보고 있다(DECC, 2010b).

게다가 공공정보연구센터(RIPC) 주관의 산업체팀의 연구는 조류를 위한 실제자원 잠재력을 33기가와트 설치용량기준 연간 116테라와트시로 더 높게 보고 있다. (OVG, 2010)

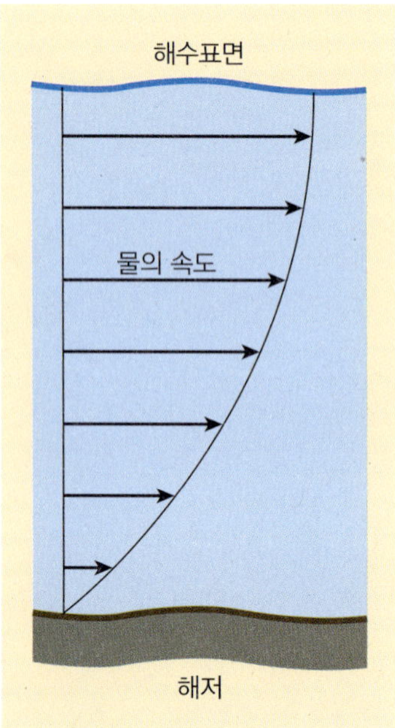

그림 6.28 • 전단효과–물의 속도(화살표 길이로 표시)는 깊어짐에 따라 감소한다.

조류 터빈 설계 제약

장치 설계와 위치를 고려할 때 주목할 중요한 사항은 해저 마찰이 조류에서 수직 '전단(shear)' 효과를 발생시킨다는 점인데 표면의 물 흐름이 가장 빠르게 움직이고 더 아래로 갈수록 흐름이 더 느려진다. 흐름 속 에너지의 75% 정도가 물 상부의 절반 안에 함유되어 있으나(그림 6.28) 로터는 완전히 잠겨야 효율적이며 수면 밖으로 나오는 것을 피해야 하므로 물 깊이로 제한되는 장치크기와 함께 중간 깊이 위치가 이치에 맞을 수 있다. 높은 속도의 물 흐름을 가진 대부분 위치가 상대적으로 얕다(40~50미터 이하)는 것을 고려하면 조류장치는 이처럼 풍속터빈에 적용되지 않는 크기 제약을 갖게 된다.

이용 가능한 에너지는 로터블레이드 길이의 제곱과 물 속도의 세제곱에 비례하므로 블레이드 크기 또는 물 속도의 작은 증가조차도 크게 증가된 에너지생산량을 낼 수 있을 것이다. 그림 6.29는 실제 관계가 어떻게 계산되는지 보여주고 있으며 흐

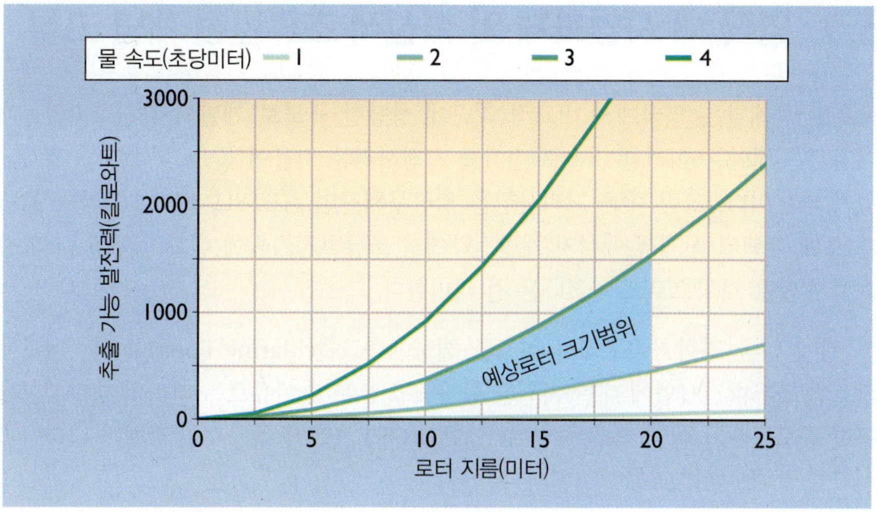

그림 6.29 • 로터 지름, 물 속도, 추출 가능 파워 간의 관계(출처: Marine Current Turbines, 2010).

름이 빠를수록 더 큰 로터(실제 고려조건으로)가 더 나을수 있다.

수중 단독 조류로터는 풍력터빈보다 더 낮은 회전속도에서 작동할수 있으며 이는 흐름 속도에 비례하는 두 경우의 로터 속도이며 풍력기를 위한 초당 5~15미터와 비교했을 때 단지 대략 초당 3미터인 전형적 해류속도이다. 작동유체밀도가 훨씬 더 높아짐을 고려하면 조류기기를 위한 파워출력은 동일 로터 지름을 가진 풍력기 기보다 훨씬 더 커진다(역주: 물밀도가 공기밀도보다 대략 800배 이상 크다는 점을 고려할 때 동일파워출력을 위해 조류 로터 지름은 풍력시보다 더 작아질 수 있는 이점이 있다).

하구둑 시스템과 비교할 때 조수 흐름 터빈 출력은 강화된 수두생성과 깔대기 효과의 장점을 갖고 있는 동일 크기의 하구둑 재래식 터빈 출력보다 더 낮을 수 있다. 그러나 단독 조류 시스템은 하구둑 탑재 터빈에서 가능한 것보다 훨씬 더 큰 로터를 가질수 있다.

단순 형태의 썰물 또는 밀물 조수 하구둑보다 조류기기의 장점은 썰물과 밀물 모두에서 작동할 수 있으며 그것 때문에 더 높은 용량인자를 얻을 수 있다는 점이다. 다른 장점은 개별 단위가 모듈식 기초 위에 구성될 수 있으며 투자와 수익 증대 사이에서 규모경제와 더욱 짧아진 소요시간 둘 다 줄 수 있는 배열형태를 확장하면서 점진적으로 증가해 설치할 수 있다.

파도에너지와 마찬가지로(8장 참조) 극복해야 할 부착물(예를 들면 해초와 분실된 낚시줄 등)과 매임과 동력인출장치 등의 문제점이 있을지도 모르나 한편으로는 고가이고 환경을 침해하는 하구둑은 필요치 않다. 모든 수중기기의 대부분 설계에서처럼 경관의 영향은 거의 없을 것이고 거의 무소음이다.

가능할 수 있는 기기구성의 범위가 있다. 조류와 해류에너지는 풍력 터빈과 유사한 수평축형 또는 수직축형 로터를 이용해 수집할 수 있으며 이 로터는 해저에 매인 부유식 부교 아래에 지지되거나 해저에 직접 고정되거나 타워에 탑재된다.

6.9 영국 내 사업과제 및 혁신적 조류발전 개념 고찰

조류발전 개발은 영국에서 비교적 최근에 상당한 규모로 개발되기 시작되었는데 이것은 이전에는 이러한 기술로 전기를 발전시키는 비용이 높을 것 같다고 생각되었기 때문이다. 그런 비용 고려사항은 영국무역산업부(ETSU, 1993)에 의해 90년대 초에 채택된 신재생 에너지 개발전략에서 조류발전기술에 대한 업무가 그리 중요하지 않은 사항으로 주어졌다는 걸 의미한다.

그 뒤에 영국 과학기술부에서 설치한 해양예측그룹(Marine Foresight)의 검토에 따르면 조류발전사업에 대한 지원은 증가했고 부분적 이유로는 터빈의 대량생산을 통한 규모경제가 이 가격을 줄일 수 있었고(OST, 1999) 독창적인 장치가 나타나기 시작했기 때문이라고 보고서에서 주장했다.

1994년에 선도적 사업에서 2익형 블레이드 10킬로와트급 조류발전 터빈의 시제품은 스코틀랜드 윌리엄 항구 근처인 로크린(Loch Linnhe)에 있는 코런(Corran)수로에서 영국 국립공학연구소(National Engineering Laboratory)와 스코틀랜드 원자력(Scottish Nuclear)와 아이티파워(IT Power)회사가 포함된 협력단에 의해 테스트되었다. 이것이 세계최초의 조류발전 터빈이었다. 이 테스트는 5미터 깊이 바다에서 작은 쌍동선부교 아래에 잠긴 3.9미터직경 로터를 포함시켰다. 최대 가동된 시스템에서 로터가 부표에 부착된 케이블에 의해 지지되거나 해저에 묶이는 것이 제안되었다. 이렇게 하면 조류의 변화에 따라 회전하며 어떠한 방향의 조류에서도 에너지를 흡수할 수 있게 한다(그림 6.30).

이러한 자유롭게 떠다니는 중간 깊이용 회전시스템 개념은 어떤 지역에서는(예를 들면 구조물이 여기저기 움직일 수 있는 충분한 공간이 있는 곳에서는) 고정된 바

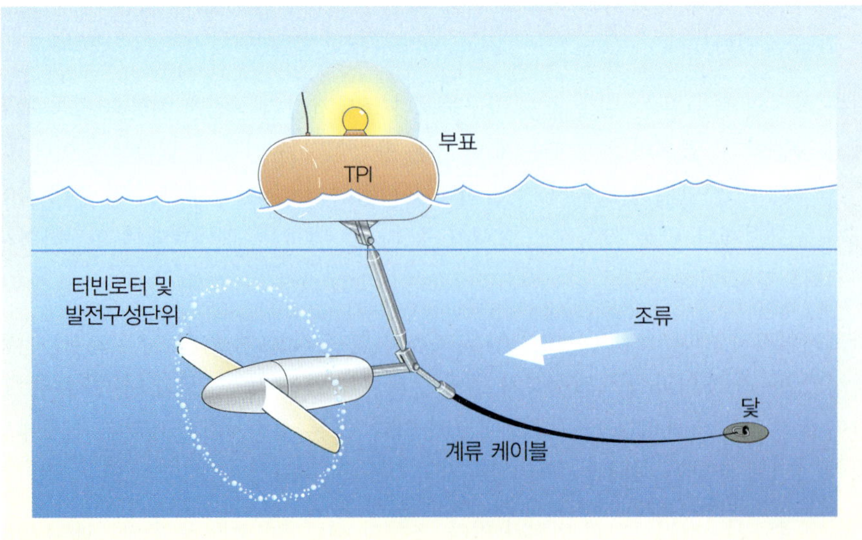

그림 6.30 • 스코틀랜드 로크린(Loch Linnhe)에서 개발되고 실험된 아이티 파워(IT Power)사의 조류 터빈 개념도(출처: Marine Current Turbines, 2010).

닥탑재장치에 비해 비용상의 이점이 있을지도 모른다. 그러나 유연한 해상케이블 전력착탈 배열장치에 대한 필요는 전체적인 비용을 증가시킬 수 있으며 MCT사(IT Power사에서 기업분리)는 해저로 들어 간 고정 강철파일에 탑재된 로터를 가진 시스템을 개발하기 시작했다.

그 뒤에 MCT사는 이 방식을 시플로(SeaFlow)라 불리는 2익 블레이드형 300킬로와트급 실증 시제품에 수행했으며 테스트 종료 후 2009년 해체 전인 2003년과 2006년 사이에 린마우스(Lynmouth)근처 북쪽 데번(Devon)해변서 1킬로미터 떨어진 곳에서 테스트되었다.

그리고 MCT사는 2008년에 북쪽 아일랜드 스트랭포드 해협에 설치된 시젠(SeaGen)이라고 불리는(초 당 2.4미터에서) 1.2메가와트급의 더 큰 2익형 쌍로터 디자인을 개발했다(그림 6.31). 첫 시제품 로터는 16미터직경이며 방향을 바꿀 경우 조류방향으로 재조정하기 위해서 피치는 180도 회전이 가능하다. 이와같이 썰물과 밀물 모두에서 효율적으로 작동할 수 있게 되어 있다. 그것은 쉽게 접근할 수 있도록 물 밖으로 들어 올릴 수도 있다. 시제품이 비교적 낮은 출력등급이지만 이것의 후속급은 최대 20미터직경 로터를 이용해 최대 2메가와트까지 가능할 것이라고 예상하고 있다.

시젠(SeaGen)은 전력망으로 전력을 전송하고 2009년부터 계속 영국의 재생에너지 의무화 방안(Renewable Energy Obligation)에서 공급전기를 위한 재생 의무화 인

그림 6.31 • 보수용 접근을 위해 물 밖으로 들어 올려진 로터 날개를 지닌 MCT사의 1.2메가와트급 시젠(SeaGen)의 스트랭포드 해협에서의 모습.

증을 얻으면서 매우 성공적으로 입증되었다. 이 방안으로부터 지원을 얻은 첫 조류 발전사업이었다. 이 사업 후의 목표는 스코틀랜드의 스카이(Skye)섬 근처 카일레아(Kyle Rhea)를 위해 계획된 유사사업과 함께 앵글시(Anglesey) 근처의 웨일즈 해안의 몇몇 기기를 이용해 10메가와트급 '조류발전단지(tidal farm)' 배열형태를 구축하는 것이다. MCT사와 ESB International사는 북쪽 아일랜드에 있는 앤트림(Antrim) 해안 연안에 100메가와트급 사업의 초기 단계를 개발하고 있으며 그 중에 초기 50메가와트는 2018년이면 작동할 수 있을 것이다. MCT사는 또한 2020년 완공 날짜까지 오크니(Orkney)제도 부근에 100메가와트급 사업을 위해 계획을 하고 있다.

시젠(SeaGen)의 새로운 개발에는 규모경제를 더 얻기 위한 다중(3~6개) 로터가 있다. 이것은 완전히 수중에서 작동하지만 리모컨으로 자동으로 뜰 수 있게 하는 시설이 있으며 이것은 더 쉽고 더 안전한 유지보수를 할 수 있도록 한다. 시제품 2메가와트 3중살 로터 장치는 2012년에 캐나다 펀디 만에 설치하기 위해서 의도되고 있다.

통상적인 MCT사의 시젠(SeaGen)과 같은 축류형 또는 프로펠러형 디자인은 앞으로 나아가기에 가장 확실한 방법으로 보인다. 이것은 풍력산업에서의 성공적인 접근방식을 모방했다. 아직 MCT의 시스템처럼 완전히 개발되고 테스트된 것은 아니지만 스완지 대학에서 개발한 스완터빈(Swanturbine)의 해저장착된 시그넷(Cignet)과 웨일스에서 테스트된 타이들에너지(Tidal Energy)사의 델타스트림(DeltaStream) 삼각대 해저탑재 시스템과 같은 비슷한 디자인들이 몇몇 있다. 두 개 모두 시젠처럼 2익 터빈을 쓰기 보다는 3익 터빈을 쓴다. 이 중 로터 시스템에 축에 고정된 두 개의 3익 역회전 로터는 스트래스클라이드(Strathclyde) 대학에서 개발되었고 500킬로와트급 버전은 기업분리된 노트리시티(Nautricity)사에서 테스트 되었다.

독창적 디자인

우리가 지금까지 살펴 본 터빈은 항공기나 배의 프로펠러같이 생겼을지 모르나 날아가지는 않고 조류로부터 에너지를 흡수한다. 그 동안 프로펠러형 배열이 인기가 많았지만 이외에도 많은 선택사항이 있으며 조류 터빈 영역은 현재 다양한 개념이 제안되고 테스트되는 혁신 단계에 있다. 예를 들면 공학사업(Engineering Business)단체에서 독창적인 디자인을 개발했는데 이는 조류에서 상하로 진동하고 해저에 탑재된 발전기를 작동시키며 완전히 수중에 잠긴 수상비행기형태의 세트를 가진것으로 **스팅레이**(Stingray 가오리형)라 불린다(그림 6.32). 150킬로와트급 시제품은 셰트랜드(Shetlands) 섬의 옐 해협(Yell Sound)에서 2002년 그리고 다시 2003년에 설치되고 테스트되었다. 하지만 굉장히 비효율적인 것으로 입증되어서 그 뒤에 포기되었다.

에너지 변환효율이 부분적으로는 비교적 느린 진동비율 때문에 낮았을(대략 9.5%) 것 같았지만 더욱 더 빠르게 진동하는 '시소' 배열 위에 두 쌍의 수중익선을 가진 파생물은 그 뒤에 펄스 타이들(Pulse Tidal)사에 의해 개발되었다. 2009년에 100킬로와트급 시험장치는 험버(Humber) 강 하구에서 테스트 되었고 전력이 해

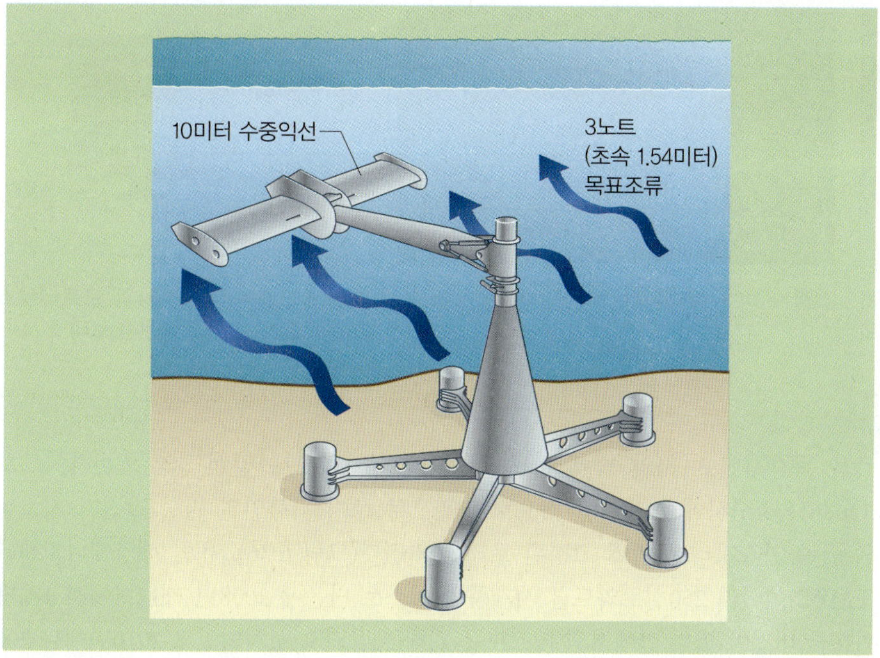

그림 6.32 • 스팅레이(가오리 형태) 조류발전기.

안으로 전송되었다. 이 회사에서는 1.2메가와트급 한 개를 위한 장소로 특히 카일 레아(Kyle Rhea)을 살펴보았고 8개 조력발전장치가 9.6메가와트급 조력펜스(그림 6.33)에 연달아 연결될 수 있다.

대부분의 조류 수로의 상대적으로 얕은 깊이가 주어진다면 수중 비행기형 디자인은 얕은 물에서 작동할 수 있다는 점에서 프로펠러형 디자인보다 이점을 가진다고 주장되고 있다. 이는 프로펠러형 기기의 회전하는 날개에 의해 정해지는 원형면적보다 조류의 더 큰 단면적을 횡단할 수 있는 날개를 가짐으로써 가능하다. 이렇게 비교할 시에는 주의할 점이 있는데 왕복 운동을 하는 장치는 중간 행정상태에서 가장 효율적으로 작동하고 각 행정 끝 상태에서 느려질 때 에너지를 잃는다.

수많은 다른 디자인이 제안되어 왔다. 한 접근방식은 재래식 수평축형 로터 주위를 감싸는 환형배관을 이용해 조류를 향상 · 가속화 했다(그림 6.34).

배관양식에 대한 매우 색다른 접근방식이 넵튠리뉴어블에너지(Neptune Renewable Energy)사에 의해 채택되었다. 그들의 프로테우스(Proteus) 시스템에는 떠다니는 부교 아래에 잠긴 배관시스템에 탑재된 수직축형 로터가 있다(그림 6.35). 이 시스템은 헐(Hull)대학에서 시험되었고 험버 강 어귀에 150톤의 시제품이 제작되어서 헐 대학의 수족관 센터인 더딥(The Deep)의 전력 공급을 위해 발생되는 전기를 사용하는 목적으로 설치되었다.

배관형태에 있어 쟁점은 흐름의 향상이 배관의 추가 비용을 정당화 시킬 수 있냐는 것이다. 풍력 터빈에 있어서 특히나 바람의 방향은 다양해서 이것은 문제가 될 것이 없지만 조류는 항상 앞과 뒤 고정된 길로 흐르기 때문에 고정된 배관형태가 경제적으로 실행가능 할 수 있다.

그림 6.33 • 펄스타이들(Pulse Tidal)사의 시소(see-saw) 개념위에 장착된 두쌍의 수중익선.

그림 6.34 • 로텍(Rotech)사의 배관형 로터.

그림 6.35 • 넵튠리사의 프로테우스(Proteus) - 수직축 배관형 로터.

가장 독창적인 디자인 중에 하나는 개방중심형이고 아일랜드의 오픈하이드로(OpenHydro)사에서 개발한 것으로 배관으로 쓰이는 봉인된 원형 발전기 시스템의 안쪽 가장자리 주변에 고정된 로터를 가졌다(그림 6.36). 유럽 해양에너지센터(EMEC)에서의 250킬로와트급 시제품의 테스트 다음에 2008년 캐나다에서 1메가와트급 버전이 펀디 만에서의 테스트를 위해 개발되고 설치되었고 2010년에는 200메가와트급 사업이 스코틀랜드 북쪽 해안의 펜트랜드(Pentland) 해협에 자리잡았다. 이에 더해 올더니(Alderney)에 284메가와트급 사업에 대한 계획이 있다고 한다.

파동에너지 장치와 마찬가지로 조류 터빈 설계에서의 주요사항은 유지 보수를 위한 접근편리성이며 이는 운영 비용에 있어서 지배적인 요인이 될 거 같기 때문이다. 많은 장치는 로터 단위부품과 또는 발전기는 배에 의해 윈치로 수면으로 들어올릴 수 있도록 디자인되었다. 그렇지 않으면 그림 6.31에 MCT사의 시젠(SeaGen)의 경우처럼 어떤 것은 물에서 터빈 조립체를 들어올리기 위한 내제된 메커니즘을 갖고 있다. 비슷한 맥락에서 타이들스트림(TidalStream)사의 트리톤(Triton) 설계는 해저에 고정된 힌지구조물 위에 일련의 프로펠러 타입의 단위부품을 가지며 이는 터빈이 수면 위에 있을 수 있도록 기울여 질 수 있다(그림 6.37). 1/10 규모의 시제품이 템스 강에서 테스트되었다. MCT사는 후속 시젠 배치를 위해 유사한 것을 제안했으며 이는 해저에 고정된 힌지대이다(그림 6.38).

위에서 언급된 대부분의 조류발전계획과 설계는 단독 형태의 조류발전단지 배열

Box 6.5 유럽 테스트 센터

오크니 제도의 스톰니스(Stromness)에 있는 유럽 해양에너지센터(EMEC)는 조력연구를 지원하는 이데이(Eday) 섬 근처 폴오브워니스(Fall of Warness) 지역과 파력 장치가 테스트 될수 있는 빌리아크루(Billia Croo, 본토) 지역에서 조력과 파력 개발을 위한 지원을 제공한다.

개발 중인 시스템이 공해에 배치되고 전력망에 연결되는 것을 허용하는 제공된 장소와는 별도로 유럽 해양에너지센터는 장비 모니팅의 전문가이고 다른 개발자와의 연결로 이 부분의 신재생산업에서 모범 실무를 지원할 수 있게 된다. 이곳은 전 세계의 개발자들에 의해 사용됨에 따라 이 영국 장치로만 제한되어 있지 않다.

그림 6.36 • 오픈하이드로(OpenHydro)사의 개방중심형 터빈.

그림 6.37 • 타이들스트림(TidalStream)사의 트리톤(Triton).

(a) 운영시 해저에 고정 (b) 유지보수시 수면 위로 부상

그림 6.38 • MCT사의 차세대 시젠(SeaGen)—해저에 탑재된 배열은 접근을 위해 수면으로 올릴 수 있다.

속에서 단일 또는 그룹 형태의 기기를 포함하고 있으나 강 어귀를 횡단하는 투과성의 조류펜스와 같은 구조물에 장착된 장치와 함께 더 통합된 계획을 위한 제안도 또한 있다(Box 6.6 참조).

세번초기기술계획(SETS)에서 살펴본 장치는 모두 매우 초기 개발단계에 있으며 위에서 언급된 다른 장치의 몇몇과 같이 오직 소수만이 테스트되었다. 최근에 생겨난 다른 많은 독창적인 디자인들도 또한 있다. 비록 MCT사의 시젠(SeaGen)이 상업적 규모의 배치를 돌파했고 다른 몇몇도 그런것 같지만 언급한 디자인들 모두가 성공적이지 않다는 것은 명백하다.

2010년에 더 크라운 이스테이트(The Crown Estate)사에서 스코틀랜드의 펜트랜드 만과 오크니 제도에 있는 10개의 조류와 파력에너지 사업에 대한 입찰자를 발표했다. 파력과 조류 사업경매입찰로 부터 각각 600메가와트, 설치용량 1.2기가와트의 총 사업은 개발되도록 승인되었으며 완공 목표는 2020년이다.

성공적인 조류 경매입찰은 MCT사의 100메가와트급 사업과 200메가와트급 오픈

Box 6.6 세번 강 위한 통합 조류터빈 구조물

비록 몇몇 통합된 계획이 조력 하구둑과 조수 인공호와 함께 영국 정부의 세번조수타당성연구회(Severn Tidal Feasibility Study)의 첫 회에 검토되었지만 최종 후보에 포함되지 못했다. 2008년에 시작한 보조적인 영국 에너지기후변화부(DECC)의 지원평가프로그램인 세번초기기술계획(SETS)은 여기서 언급된 몇몇 아이디어를 따라 했다.

조류 펜스

세번조력하구둑의 대안으로 세번조류펜스단체(STF)는 같은 장소에 큰 직경의 배관형 조류발전 터빈의 열을 가진 1.3기가와트급 투과성 조류펜스를 제안했다. STF에서 말하길 하구둑보다 환경적으로 덜 해로운데 이는 수두(물의 낙차)를 만들지 않으므로 강 어귀 전체를 막지 않아도 되기 때문이다(그림 6.39).

조류 암초

조류 암초 개념은 에반스엔지니어링(Evans Engineering)사에서 개발했고 최대 조력 하구둑과 조류펜스 사이의 타협점이며 환경적인 영향을 최소화하도록 설계되었다. 그것은 웨일즈에 있는 마인헤드(Minehead)부터 알버쏘(Aberthaw)까지 15마일 길이의 둑이 될 것이며 이는 떠다니는 카이슨에 고정되어 썰물과 밀물 모두에서 작동하는 수직축 조류 터빈을 가진다. 사업은 연간 대략 20테라와트시를 발전하는 10미터직경의 1,000개의 5메가와트급 터빈으로 구성된다. 카디프-웨스튼 조력 하구둑로부터 기대되는 17기가와트시와 비교된다.

기본 개념은 조류 암초가 매우 투과적이라는 것이고 그래서 카디프-웨스튼 세번 강 조력 하구둑과는 다르게 전체 높이의 조수를 보관하지 않거나 큰 수두를 만들지 않는다. 환경에 영향을 덜 주도록 저속 터빈은 오직 2미터에서만 작동할 것이다. 그 뒤로 알킨스(Atkins)사와 롤스로이스(Rolls Royce)사에서 그 아이디어의 새 버전 조류막대(Tidal Bar)를 개발했으며 이는 STF의 조류펜스와 함께 정부의 세번초기기술계획(SETS)에서 지원받는 추가평가에서 선택되었다.

스펙트럼 해양에너지 변환장치(SMEC)

세번초기기술계획(SETS)에 검토된 세번째 사업은 스펙트럼 해양에너지변환장치(SMEC)이며 이는 VerdErg사에서 개발한 벤튜리 효과를 이용한 독창적 장치인데 협착통로를 통해서 유체가 흘러 나올 때 유압이 감소한다. 이 시스템에서는 조류가 날개를 통해 흐르며 이것은 압력을 감소시키면서 물의 2차 흐름을 통해 터빈과 발전기를 작동시킨다. 2차 흐름은 1차 흐름보다 높은 속도를 가진다(그림 6.40). 게다가 2차 흐름은 편리하게 물 밖에 위치한 터빈과 발전기를 발전시킬 수 있다.

SMEC개념은 다양한 규모로 이용될 수 있으며 강 중간급류 위치에서 단독 형태이거나 강어귀 전체를 횡단하는 투과성의 펜스같은 구조물 형태이다. 수직형 날개는 압력을 감소시킬 수 있도록 후자의 경우에 사용될 것이며 수평형 날개는 강의 얕은 중간수로(그림 6.41)에서 사용된다. VerdErg사가 주장하기를 강 어귀 폭의 조류펜스(그림 6.42)는 훨씬 적은 환경적인 영향과 2/3의 가격에서 전재래식 조력 하구둑과 같은 전력을 생산한다고 한다.

2010년 세번초기기술계획(SETS) 사업의 결과를 보고할 때 영국 에너지기후변화부(DECC)의 세번조수타당성연구회(STFS)는 조류 막대(Tidal Bar)와 조류 암초(Tidal Reef)와 SMEC가 조수 인공호나 조력 하구둑보다 잠재적으로 더 낮은 비용과 더 적은 환경적인 영향으로 인해서 세번 강 어귀

그림 6.39 • STF 조류펜스 계획안.

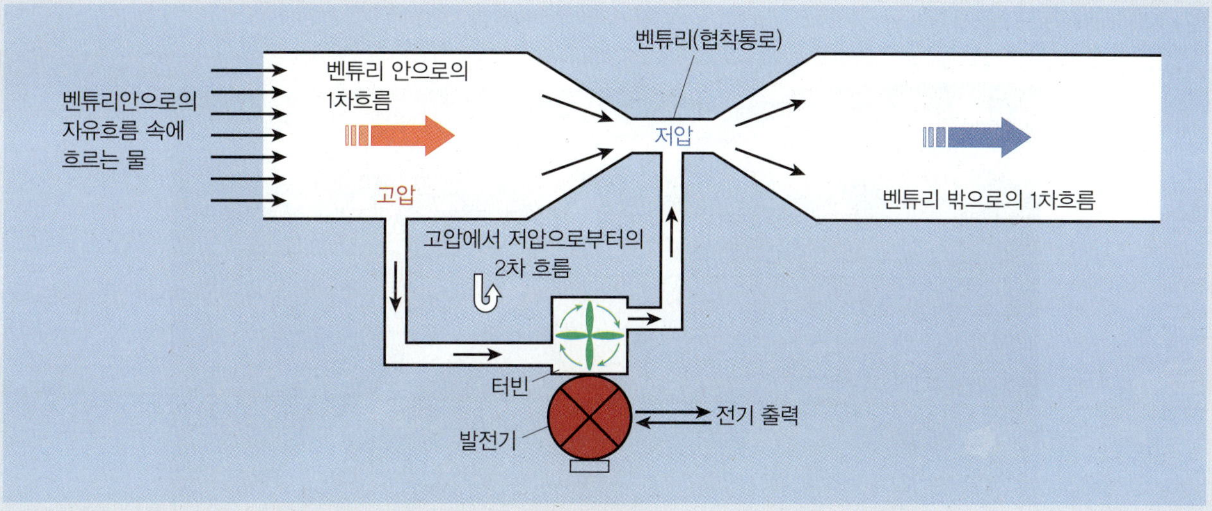

그림 6.40 • SMEC 벤튜리 개념 - 기본 원리(VerdErg, 2009 참조).

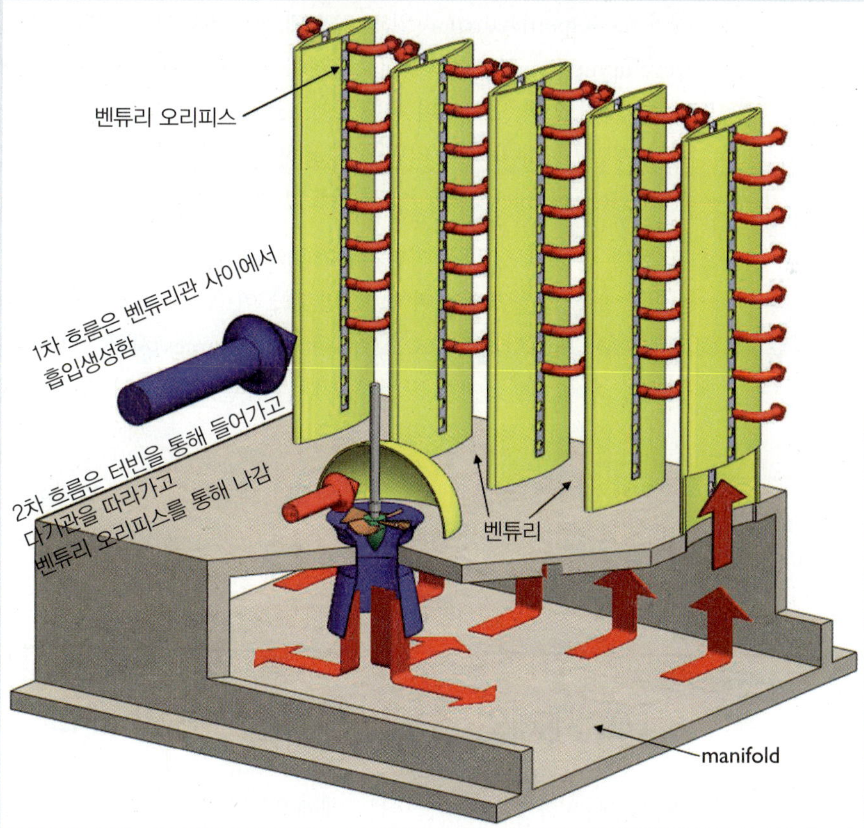

그림 6.41 • 강을 위해 제안된 SMEC 조류 시스템.

내에 미래 배치를 위해서 유망하다고 작성했다. 하지만 이 제안은 기술이 완성되려면 아직 멀었으며 이 연구에서 생각하는 정형화된 계획보다 더 높은 위험성을 갖고 있을 것이라고 덧붙였다. 제대로 평가 받는 지점에 가기 위해서는 더 많은 개발이 이루어져야 한다(DECC, 2010a).

그림 6.42 • 강 어귀를 위해 제안된 SMEC 조류펜스 시스템.

하이드로(OpenHydro) 사업과 에스에스이 리뉴어블 디베럽먼츠(SSE Renewables Developments, 영국)사가 웨스트레이 사우스(Westray South)에서 주도한 200메가와트급 사업과 노르웨이 함메르페스트 스트롬(Hammerfest Strøm)사(그림 6.43)에서 개발한 1메가와트 터빈을 사용하는 스코티쉬 파워리뉴어블 유케이(Scottish Power Renewables UK)사에서 주도한 100메가와트급 사업을 포함한다.

그 뒤에 펜트랜드 만에 이너사우스(Inner Sound)라는 지역에 있는 400메가와트 사업도 또한 진행되었으며 1메가와트급 이중 로터 터빈(그림 6.44)을 개발한 싱가포르 회사 아트란티스리소스(Atlantis Resources)사를 포함했다. 이 장치의 로터 중에서 하나는 썰물에서 작동하고 다른 것은 썰물에서 작동한다(각각의 경우에 작동하지 않는 로터는 고정된다).

모두 합쳐 1기가와트의 조류발전사업이 계획되어 있고 영국해안 외에 다른 곳에도 사업을 위한 계획들이 있으며 총 1.2기가와트 용량이 2020년쯤에 영국에 설치될 전망이다.

6.10 세계의 조류발전 사업과제와 개념

조류를 이용하자는 아이디어는 세계각지에서 또한 탐구되고 있다. 그러할지라도 영국의 조류자원이 세계 최고이므로 영국이 아닌 회사가 개발한 몇몇 장치는 영국 바다에 테스트되고 있으며 그 뒤에 영국 바다에 실물크기로 배치되도록 지정되고 때로는 영국 회사와 협력사업과제로 개발되고 있다. 앞절에서 언급했듯이 노르웨이 햄메르페스트스트롬(Hammerfest Strom)사(그림 6.43 참조)와 싱가포르 아트란티스 리소스즈(Atlantis Resources)사(그림 6.44 참조) 모두 영국 바다에 장치를 배치하고 있다.

그림 6.43 • 노르웨이 함메르페스트 스톰(Hammerfest Strøm)사의 조류 터빈.

그림 6.44 • 1메가와트급 이중 로터식 조류 터빈 아트란티스(Atlantis) AK-1000.

그림 6.45 • 포이트사의 1메가와트급 터빈.

그림 6.46 • 2007년 뉴욕시 이스트 강 속으로 내리고 있는 벌덴트 파워(Verdant Power)사의 터빈.

조류발전사업 – 세계 현황

다방면의 개념이 개발되고 시행되고 있는데 예를 들면(특히 노르웨이, 프랑스, 네덜란드, 독일, 이탈리아를 포함한) 유럽, 미국, 캐나다, 뉴질랜드 그리고 호주에서 시행되고 있다. 이 절에서는 집필시점에서 진행 중인 대형급 사업개요가 서술 될 것이며 중형급 사업과제를 여러 개 진행 중인 한국부터 다룰까 한다.

한국

2003년 초속 5.5미터 조류 속도의 협수로를 가진 울돌목(진도대교 남단)에 설치된 100킬로와트 조류발전시설을 테스트 한 후 1메가와트급 시설이 지어 지고 있으며(역주: 울돌목 조류발전 시스템은 2009년 5월 국내 최초 준공되어 실증시험 중) 경남 남해군 사천 대방수도에 20메가와트급 대형급 사업과제를 지을 계획이 있다고 한다(역주: 최적지로 선정되었으나 환경문제 등 주민 반대로 추진 지연 중). 이미 조력발전 하구둑이 완공 직전인(역주: 시화조력발전소 2011년 완공가동 중) 시화 지역에 해양조력발전단지를 지을 더 큰 사업이 계획되고 있다. 2015년까지 300메가와트급 조력발전 터빈이 설치될 예정인 완도에 현재까지는 가장 큰 조류발전사업이 있다. 여기서 독일 포이트하이드로(Voith Hydro)사는 1메가와트급 시터틀(Seaturtle)조류 터빈을 600개 까지 설치하려고 한다.

포이트사는 또한 유럽해양에너지센터(EMEC)에서 테스트 하기로 계획한 1메가와트급 3익 해저탑재 프로펠러형 시스템을 개발했고 전남 진도에 100메가와트급 배열을 설치할 계획이다(역주: 2016년까지 진도 장죽수도에 200메가와트급 세계최대 조류발전단지 개발을 추진 중이며 실증연구 일환으로 2012년 110킬로와트급 실증 프로젝트가 완료되었으며 이때 독일 포이트사의 터빈이 사용되었음). 특이점은 개봉 상태의 해수호환 베어링을 가지고 있다는 것이며 유지비를 감소시킨다고 주장되고 있다(그림 6.45).

노르웨이

앞서 언급한 함메르페스트 스톰(Hammerfest Strøm) 사업 외에도 하이드라 타이들(Hydra Tidal)사가 적층나무복합재 날개를 지닌 다중 로터 부유식 프로펠러형 장치를 개발하고 있다. 2010년에 전력망에 연결될 계획인 1.5메가와트급 4개로터 23미터직경 2익형의 모리드(Morlid)II는 노르웨이 북쪽 로포텐(Lofoten) 연안에서 공식적으로 가동되었다.

미국

벌덴트파워(Verdant Power)사의 소형(35킬로와트) 3익프로펠러형 조류 터빈 6개가 루즈벨트(Roosevelt)섬 근처 뉴욕 이스트 강에서 시험을 거쳤다. 그들은 2008년에 터빈 작동시간이 9,000시간을 도달했다고 주장했다(그림 6.46). 근처 UN 건물로 전력을 공급할 수 있는 30개 터빈으로 사업을 확장할 계획이 있다. 게다가 매사츄세츠 타이들 에너지(Massachusetts Tidal Energy)사는 뉴잉글랜드 해안에 있는

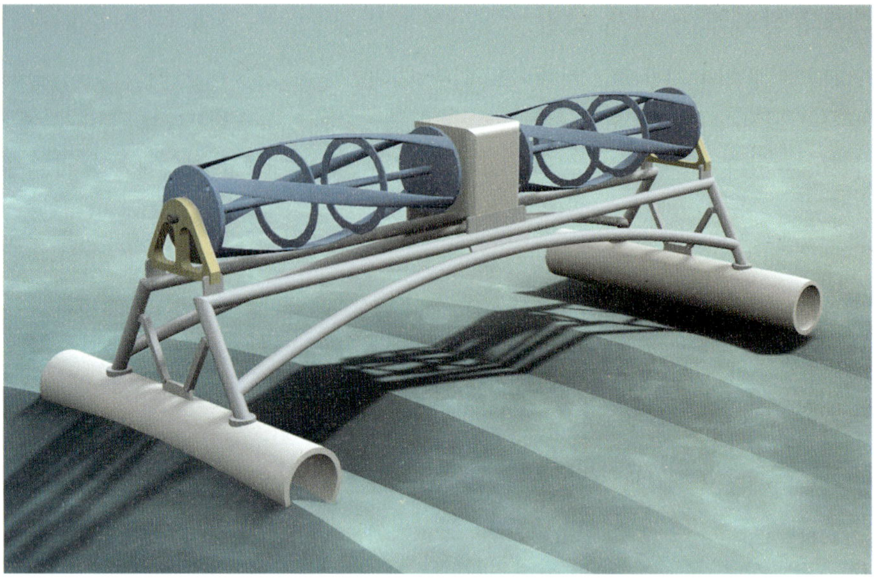

그림 6.47 • ORPC사의 교차유동 터빈: 250킬로와트급이 계획되고 있다.

바인야드 사운드(Vineyard Sound)에 2메가와트급 장치를 150개까지 설치할 수 있을 것으로 가능성을 보고 있다.

한편 시제품 테스트 후에 아나폴리스(Annapolis)에 거점을 둔 UEK사는 델라웨어강 어귀에 설치할 계획이며 일련의 양방향 45킬로와트급 언더워터 일렉트릭 카이트(Underwater Electric Kite) 배관 터빈을 이용하고 있다.

게다가 오션 리뉴어블 파워 컴퍼니(Ocean Renewable Power Company ORPC)사가 메인(Maine) 주의 이스트포트(Eastport)에 교차유동 조류 터빈을 설치하고 있으며 전하는 바에 따르면 2010년에 60킬로와트급 시제품으로부터 전력을 끌어냈다고 한다(그림 6.47). 그 장치는 골로프(Gorlov)사가 개발한 디자인과 비슷한 나선형 터빈을 갖고 있다(그림 6.46). 또한 그 회사는 미국에서 가장 많은 조류 자원이 있는 알래스카 주에 좋은 위치를 알아보고 있다.

미국 서쪽해안에 퍼시픽 개스 앤 일렉트릭(Pacific Gas & Electric)사는 샌프란시스코 만에 있는 조류를 활용할 수 있는 가능성을 평가하기 위해서 골든 게이트 에너지 컴퍼니(Golden Gate Energy Company)사뿐만 아니라 샌프란시스코시와 카운티와 협정을 맺었다. 영국 개발업체 하이드로벤튜리(Hydroventuri)사 역시 그 지역에 혁신적인 벤튜리 터빈(Box 6.6 참조)을 이용할 가능성을 모색해왔다.

캐나다

캐나다는 조력 하구둑 기술에 오랜 기간 연관되어 있었고 이제는 조류발전 시스템을 살펴보고 있다. 예를 들어 대서양조수에너지재단(Atlantic Tidal Energy Consortium)은 펀디 만에 600메가와트급 조류 시스템을 설치할 계획의 개요를 설명했다. 캐나다 크린커런트(Clean Current)사는 배관형 로터디자인 버전을 개발했고 펀디 만에서 시험할 계획했다. 게다가 캐나다 마이너스 베이진 펄프 앤 파워(Minas Basin Pulp and Power)사는 영국 MCT사와 펀디 만에 2메가와트급 시젠(SeaGen) 장치를 설치하기로 협의했고 오픈하이드로(OpenHydro)사의 터빈도 그 곳에서 테스트되었다(1메가와트급 장치는 날개파손을 겪었을지라도 2008년에 설치되었다).

호주와 뉴질랜드

호주 테낵스 에너지(Tenax Energy)사는 호주북쪽과 티위(Tiwi)섬 사이를 지나는 빠른 유속의 크라렌스(Clarence)해협에 200메가와트 조류사업과제를 지을 계획을 갖고 있고 뉴질랜드의 넵튠파워(Neptune Power)사는 북쪽과 남쪽섬 사이의 쿡(Cook)해협에 1메가와트급 부유식 수중 터빈 배열을 지을 계획이 있으며 시알이에스티에너지(CREST Energy)사는 오크랜드(Auckland)근처 카이파라(Kaipara)항만에 400만불 300메가와트급 사업과제를 지을 중대한 계획을 갖고 있다.

인도

아트랜티스리소스(Atlantis Resources)사는 인도 서쪽지역 구자라트(Gujarat)에 있는 쿠치(Kutch)만에 50메가와트급 조류발전단지를 설치할 계획이고 잘 진행될 경우 250메가와트급 사업이 연이어 추진될 것이다.

다른 독창적 사업과제와 장치

EU 지원연구는 시실리(Sicily)와 이탈리아 본토 사이에 있는 메시나(Messina)해협에서의 조류발전의 가능성을 생각했었다. 이것은 100미터 깊이 해저에 100개의 수직축형 터빈을 설치하는 것을 포함한다(그림 6.48). 이를 대비해 EU 후원받은 에너마(Enemar)사업은 메시나해협에서 독창적인 수직축형 터빈을 테스트했다. 이 시

그림 6.48 • 메시나(Messina)해협 사업.

스템에 대한 중국의 관심은 저우산(Zhoushan)제도에 있는 진탕(Jintang)해협에서의 사업 가능성에 대해 고려하게 하고 있다.

전 세계적으로 참신한 많은 사업과제가 개발 중이며 어떤 것은 꽤나 이국적이다. 예를 들면

- 조류연(tidal kite)(해저에 고정되었으나 조류에서 효과적으로 '비행할 수있는' 경량 로터와 발전기를 적재한 에어로포일 날개)
- 조류항해(tidal sails)(수중 스키리프트와 같은 배치 위에 장착된 조류운행식 항해)

비록 기본 물리법칙에는 반대될지라도(빠른 유속의 물에서 같은 출력을 얻기 위해서는 더 큰 로터가 필요하다) 어떤 장치는 더 느린 유속용과 더 작은 로터로 강에서 사용 용도로 맞춰 디자인 되었다. 일반적으로 비록 큰 것이 최선일 지라도 그런 시스템에서 유용하고 상업적으로 성공할 수 있는 에너지를 얻을 수 있는 장소가 될지도 모른다.

대규모 조류사업과 해류적용제안

소규모 사업이 들어설 자리가 있는 반면에 대규모 사업에 대한 제안도 존재한다. 예를 들면 보스턴에 위치한 놀스이스튼(Northeastern)대학의 기계공학과 교수인 알렉산더고르로프(Alexander Gorlov)는 좀 더 먼바다에 사용할 터빈 장치에 대한 아이디어를 개발해왔다. 고르로프 박사는 고르로프헬리컬터빈(Gorlov Helical Turbine)을 발명했고 특허를 가지고 있으며(그림 6.49) 이는 데리우스식 수직축형 풍력 터빈 디자인의 변형(7장 참조)이다. 소형의 시제품이 시험되었으며 고르로프 박사는 대형급으로 연안(특히 멕시코 만류)에 설치할 것을 제안하고 있다. 그는 플로리다 근처 멕시코 만류에서의 총 운동에너지의 전력량은 대략 65기기와트 정도 될 것이라고 언급했다.

분명히 상당한 양의 잠재적 에너지가 존재하고 고르로프는 그 에너지를 이용할 야심 찬 계획을 가지고 있다. 그의 목표는 백개 파워 모듈의 아주 큰 조류발전단지를 건설하는 것이며 이는 격자 배열 안에 각각 기둥에 고정된 수백 개의 트리플나선형 고르로프 터빈을 갖고 있다.

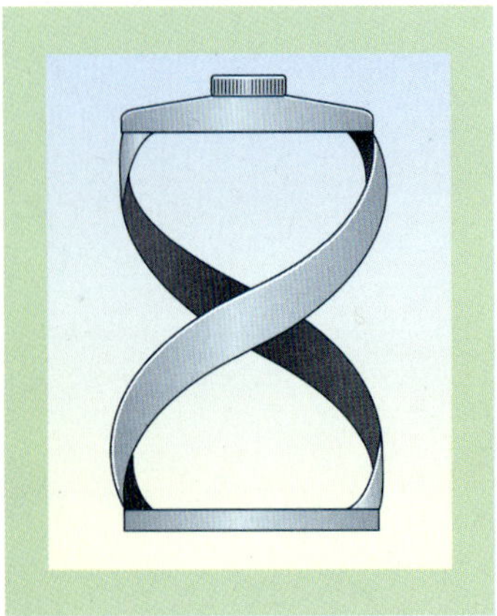

그림 6.49 • 고르로프 박사의 헬리컬 터빈.

비록 고르로프의 계획이 여전히 추측에 근거해 있더라도 미국 내 조류발전에 대한 관심은 증가하고 있다. 해양에너지 기술을 위한 플로리다 아트랜틱(Atlantic)대학의 센터는 현재 멕시코 만류의 잠재력을 살펴보고 있으며 최고 10기가와트급 용량이 궁극적으로 설치될 수 있을 것이라고 시사하였다.

동등하게 야심찬 구상으로 캐나다 블루 에너지(Blue Energy)사가 모듈식 틀구조에 고정된 H자 모양의 수직축형 터빈 안에 조력펜스 개념을 개발하고 있다(그림 6.50). 블루 에너지사는 필리핀에 50메가와트급 실증용 조력발전소를 조사해 오고 있으며 가능하다면 1,000메가와트 발전소를 연이어 계획하고 있다. 이는 투과성 둑

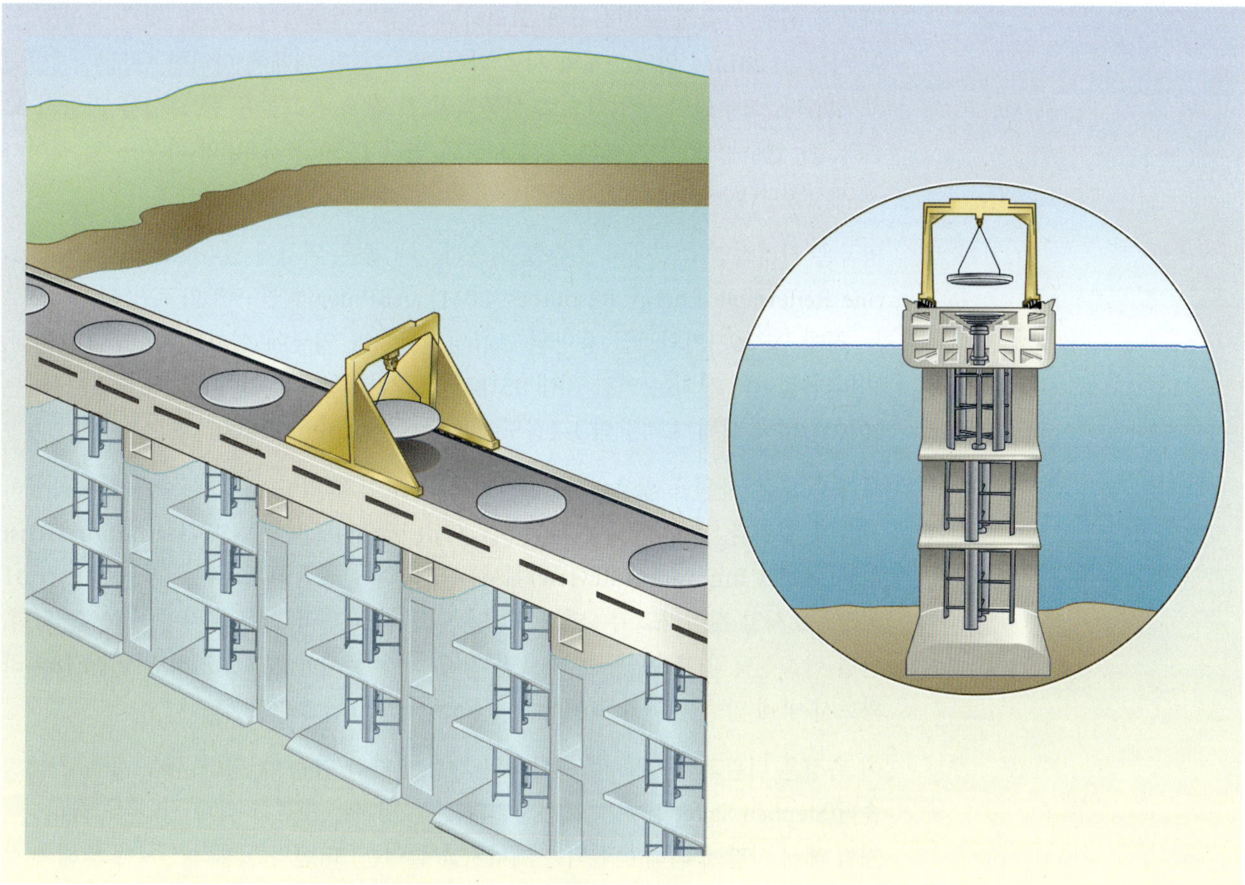

그림 6.50 • 블루에너지사의 조류펜스 개념도(출처: Blue Energy, 2011).

길이거나 두 섬 사이의 조류펜스에 장착된 수직축형 터빈 배열이며 조류으로부터 전력을 추출한다.

비록 이런 규모의 사업이 추측에 근거하고 있을지도 모르지만 대형급 조류발전 시스템에 대한 잠재력을 암시한다.

6.11 조류발전의 평가

비록 조력발전 하구둑이 한 사업당 더 많은 에너지를 공급하고 조류발전기술이 초기발전단계에 있어도 집필시점에서 후자에 대한 전망이 더 유망해 보인다.

조류발전 시스템은 8장에 나올 파력에너지 시스템보다 더 개발되기 쉬울지 모른다. 파력에너지 시스템은 물과 공기 사이의 무질서 경계에서 작동을 해야 하고 복잡한 기술을 이용해 다중벡터인 파도의 움직임으로부터 에너지를 얻기 위해 노력해야 하는 반면에 조류는 더 부드럽고 층류유동이고 훨씬 더 안정적이며 여전히 난류이고 해저 환경이지만 에너지는 상대적으로 간단한 터빈을 사용해 획득할 수 있다.

비교적 쉬운 기술적 도전사항을 고려하면 조류발전사업이 급증한 것은 놀라울 일이 아니다. 2011년 약 100개의 서로 다른 장치가 전 세계에 다양한 규모로 개발되고 있었다. 소수만이 상업적으로 성공적일 거 같으나 그들은 큰 보상을 거둘지 모른다. 한 연구는 조수 기술의 세계 시장이 연간 1550억~4440억 파운드 일 것이라고 제시했다(Westwood, 2005).

영국은 지리적인 측면에서 조류를 이용하기에 좋은 위치에 있다(Atlas of UK Marine Renewable Energy Resources, 2011). ABPmer의 연구에 따르면 이론상으로는 최대 약 36기가와트급 용량의 조류발전장치가 영국에 설치될 수 있다고 한다. 40미터 깊이의 장치는 연간 최대 95테라와트시를 생산할 것이라고 추정했다. 이는 2010년 영국 전력 소비량의 1/4정도에 해당한다(ABPmer, 2007).

하지만 모든 자원을 활용하는 것은 가능해 보이지 않고 그렇게 하기에는 확실히 시간이 걸린다. 2004년 통산산업부(DTI) · 탄소신탁재생혁신리뷰(Carbon Trust Renewables Innovation Review)에서는 영국의 실질적인 조류발전자원이 연간 31테라와트시일 것이라고 추산했고 그 양은 그 당시 영국 전력 소비량의 10%이었다. 반면 탄소신탁의 후속연구에 따르면 경제와 다른 제약들을 고려하면 연간 18테라와트시 밖에 안될 것이라고 예상했다(Carbon Trust, 2006).

이 측정은 비관적일 수도 있고 사용된 가정에 따라 다를 수 있다. 예를 들어 스테펀 솔터(Stephen Salter)교수는 조류자원의 현존 평가는 조류를 감속 시키는(그리고 이처럼 해저 마찰에 의해 손실되는 에너지를 줄이는) 터빈의 실제적 설치에 의해 생길 수 있는 자원의 변화를 무시한다고 주장했다. 펜트랜드(Pentland)만을 살펴볼 때 그는 터빈을 설치하면서 발생하는 어떠한 작은 감속도 많은 양의 에너지를 방출할 것이라고 주장한다. 현재 마찰에 의한 손실의 1/3이 추출될 수 있으며 10~20기가와트의 가능한 자원을 제공하고 이것은 이전의 측정보다 훨씬 많은 양이다(Salter, 2008).

유사한 기준으로 캠브리지 대학의 데이빗 멕케이(David Mackay) 교수는 영국의 조류발전 자원이 10개나 그 이상의 요인으로 인해 심각하게 과소평가 되었다고 주장한다(MacKay, 2007). 영국 에너지기후변화부(DECC)의 2050년 페스웨이(Pathways) 보고서는 다음과 같이 언급했다.

> 전체 영국의 조류 잠재력은 대략 연간 17테라와트시라고 널리 인용되어왔다. 이것은 가장 적게 잡아 추산하는 방식에서 도출된 것이다. 그러나 학술연구는 실제 자원의 계산을 둘러싼 불확실성과 연간 197테라와트시까지의 더 높은 기술의 잠재력을 야기하는 조류자원을 측정하는 다른 방식을 강조했다. … 산업과 해양학과 난류와 해양에너지 그리고 물리를 포함한 넓은 범위에 걸친 학문은 자원과 이후의 예측 결과를 측정하기 위한 적절한 방법에 대해 합의를 하기 위해 협력해야 한다.
>
> (DECC, 2010b)

이 전망이 확실시 되든 안 되든 자원은 작지 않고 상당한 자원이 세계의 다른 곳에서도 확인되었다(Hardisty 2007, 2009).

아마도 불가피하게 기술이 상대적으로 개발 초기단계에 있기 때문에 실제로 얻을 수 있는 것의 측정치는 유동적일 것이다. 길게 두고 봤을 때 어떤 시스템이 성공적일 지 분명하지 않고 어디가 가장 적절한 설치 장소인지와 얼마큼 자원을 얻을 수 있는지 그리고 비용이 얼마인지에 관한 것은 더욱 더 불분명하다.

풍력과 비교하는 것이 합리적이다(7장 참조). 용량이 구축되고 대량생산 경제가 달성되면 상당한 비용을 절감할 개선을 기대 할 수 있을 것이다. 2011년 탄소신탁 보고서에서는 목표화되고 가속화된 개발이 주어진다면 2025년까지 전기요금이 해상풍력사업과 비슷해지고 최대치에서는 심지어 육지풍력사업과 핵발전과도 비슷해질 것이라고 주장한다.

환경에 미치는 영향

운영과 경제문제에 추가적으로 조류발전장치가 넓은 규모로 사용될 것이라면 핵심적인 사안은 환경적인 영향이 될 것이다. 앞서 말했듯이 이것은 조력발전 하구둑에 있어 주요 관심사이고 조수 인공호 또한 마찬가지이다. 이와는 대조적으로 현재까지의 조류발전 터빈에 대한 대부분의 연구에 따르면 그 영향이 적을 것이라고 한다. 심지어 큰 배열이 바다 흐름을 크게 방해 하지 않을 것이고 로터블레이드는 천천히(풍력 터빈보다는 느리고 조력 하구둑과 조수 인공호의 터빈보다 훨씬 느리게) 돌 것이며 물고기에게 영향을 끼치지 않고 해양 생물에게 위협을 가하지 않을 것이라고 한다. 확실히 MCT사의 시젠(SeaGen)에서의 경험에서는 어떠한 문제점도 나타나지 않았다. 집필시점에서 2008년에 터빈이 설치되고 나서부터 터빈 때문에 바다표범이 죽지는 않았다. 수중음파탐지 시스템을 이용해 어떠한 해양 포유생물의 접근을 감지해 터빈의 작동을 멈추었다.

어떠한 구조물도 바다 속에 넣으면 영향을 끼치게 되며 이를 위해서 이미 하고 있고 해야 하는 것이 설치 가능한 위치를 선정할 때 신중히 평가하는 것이다. 다양한 조수계획을 비교하는 것은 어렵다. 조류발전 터빈이 조력 하구둑과 조수 인공호에 비하면 영향은 덜 끼치더라도 수많은 2메가와트급 조류발전 터빈은 말하자면 8기가와트급 조력 하구둑의 출력과 같을 것을 요구 받고 한편으로는 낮은 등급의 터빈 발전단지의 네트워크와 영국 해안의 배열은 하나의 큰 조력 하구둑처럼 필요할 때 쓸 수 있는 더 유용한 출력을 줄 수 있을 것이다.

6.12 요약

실제 개발관점에서 본다면 전 세계의 조력 하구둑과 조수 인공호에 대한 지속적인 관심이 쏟아지고 한국에 중대한 조력 하구둑사업이 진행되는 동안 집필시점에 많은 공학자들의 상상력을 사로잡았던 것은 조류 터빈이며 몇몇 큰 개발이 지속될 것 같다.

이 장에서와 같이 에너지 잠재력은 특히 영국에서 중요하다. 확대프로그램(DECC, 2010b)은 이론상으로 2050년까지 결과를 내놓을 수도 있다.

- 최대 21.3기가와트 조류발전 용량으로 연간 69테라와트시 생산
- 20기가와트의 조차용량(조력하구둑과 조수인공호)으로 연간 40테라와트시 생산

이 기술영역이 직면하는 주요안건은 비용과 환경에 끼치는 영향이다.

조력 하구둑은 저낙차 수력과 유사한 점이 있고 이처럼 그것의 경제성은 상대적으로 도전적인 일을 겪을 것 같다. 일단 조력 하구둑을 지으면 장기간 경쟁력 있는 합리적인 가격의 전기를 발전시킬 수 있지만 자본비용은 여전히 상당할 것이다. 그러므로 공공부문에서 실시한 사업이라는 것 외에는 대형급 조력 하구둑은 실행 가능하다고 보기 어렵다. 그와 대조적으로 조수 인공호는 더 작게 더 쉽게 더 빠르게 설치 할 수 있어서 상상컨대 민간투자로서 더 실행 가능할지도 모른다.

하지만 집필시점에서 영국 재정 분위기가 고려된다면 전반적으로 조차사업은 경제적으로 영국의 관심을 끌지 못한 것 같다.

환경적인 측면에서 어떤 점은 긍정적이고 세계적으로 중요할 것이다. 예를 들어 화석연료 발전 대신에 조력 하구둑을 통해 발전을 하면 이산화탄소 배출을 줄일 수 있다. 부정적인 영향은 더 국소화 되고 추후 연구는 이것을 감소시킬 수 있다는 것을 보여줄 것이다. 주요 요인 중 하나는 사람이 조력 하구둑에 대해 어떻게 인식하느냐이다. 지금까지 영국 대부분의 대규모 조력 하구둑 사업이 환경단체의 반대에 부딪힌 것을 고려한다면 승인되기 어려울지도 모르며 최소한 공적인 문제에 대한 응답으로 디자인 타협안이 필요할 지 모른다. 전반적으로 의견 불일치가 있지만 하구 전체를 막는 방식이 일반적으로 설치 메가와트 당과 유효생산 메가와트시 당 최대치를 가질 것으로 보인다.

모듈형식으로 비교적 짧은 설치소요시간과 환경적인 영향이 적어서 조류발전에 대한 전망은 고무적이다. 현재 조류발전 터빈의 발전비용은 상대적으로 높지만 이것은 시제품형태이다. 어떤 생산업체는 제대로 된 지원이 주어지고 팽창하는 상업소비시장과 터빈의 대량생산으로 비용이 상대적으로 빨리 감소할지 모른다고 주장해 왔다.

조력에너지의 상당한 잠재력에 대해서 오랫동안 얘기 되어 왔지만 경제 상태가 좋지 않을 때가 종종 있었다. 이제 기후 변화와 에너지 안보에 대한 걱정이 늘어나면서 우선순위가 바뀌고 신기술 발전에 들이는 노력이 많아지고 있다. 조력 하구둑과 조수 인공호에 대한 관심이 유지되는 동안 조류발전기술의 빠른 발전이 호의를 가질수 있어서 이 분야의 주도적 방식이 될 것이다.

References

역주: 제공된 웹주소 접근 불가 문헌 확인(*표기), 2/12/2014 기준.

*ABPmer (2007) *Quantification of Exploitable Tidal Energy Resources in UK waters*, ABPmer, R.1349; available at http://www.abpmer.co.uk/files/report.pdf (accessed 7 March 2011).

Admiralty Charts and Publications (1992) *Admiralty Tidal Stream Atlas: The English Channel NP250*, Taunton, UK Hydrographic Office.

Atkins Consultants Ltd (2004) *Feasibility Study for a Tidal Lagoon in Swansea Bay* [online], http://www.tidalelectric.com/ws-atkins-feasility-study (accessed 2 Febuary 2014).

Atlas of UK Marine Renewable Energy Resources (2011) *Atlas of UK Marine Renewable Energy Resources* [online], http://www.renewables-atlas.info/ (accessed 11 August 2011).

Blue Energy (2011) *Blue Energy* [online], http://www.bluenergy.com (accessed 21 May 2012).

Bryden, I. G., Couch, S. J., Owen, A. and Melville, G. (2007) 'Tidal current resource assessment', *Proc IMechE, Part A: Journal of Power and Energy*, vol. 221, no. 2, pp. 125–135.

*Carbon Trust (2006) *Future Marine Energy: Results of the Marine Energy Challenge: Cost competitiveness and growth of wave and tidal stream energy*, Carbon Trust, CTC601; available at http://www.carbontrust.co.uk/Publications/pages/PublicationDetail.aspx?id=CTC601 (accessed 7 March 2011).

*Carbon Trust (2011) *Accelerating Marine Energy*, Carbon Trust, CTC797; available at http://www.carbontrust.co.uk/publications/pages/publicationdetail.aspx?id=CTC797 (accessed 25 August 2011).

*DECC (2010a) *Severn Tidal Power: Feasibility Study Conclusions and Summary Report*, Department of Energy and Climate Change, URN 10D/808; available at http://www.decc.gov.uk/assets/decc/What%20we%20do/UK%20energy%20supply/Energy%20mix/Renewable%20energy/severn-tp/621-severn-tidal-power-feasibility-study-conclusions-a.pdf (accessed 8 March 2011).

*DECC (2010b) *2050 Pathways Analysis*, Department of Energy and Climate Change, URN 10D/764; available at http://www.decc.gov.uk/assets/decc/What%20we%20do/A%20low%20carbon%20UK/2050/216-2050-pathways-analysis-report.pdf (accessed 8 March 2011).

Department of Energy (1981) *Tidal Power from the Severn Estuary, Vol. I*, Department of Energy, Energy Paper 46, HMSO.

Department of Energy (1989) *The Severn Barrage Project: General Report*, Department of Energy, Energy Paper 57, HMSO.

ETSU (1990) *Renewable Energy Research and Development Programme*, Report R56, Energy Technology Support Unit.

ETSU (1993) *Tidal Stream Energy Review*, Energy Technology Support Unit, ETSU-T-05/00155/REP.

Frontier Economics (2008) *Analysis of a Severn Barrage, A report prepared for the NGO steering group*, London, Frontier Economics; available at http://assets.wwf.org.uk/downloads/frontier_economics_barrage_repo.pdf (accessed 8 March 2011).

Halcrow Group Ltd, Mott MacDonald and RSK Group plc (2009) *Solway Energy Gateway Feasibility Study*, Halcrow Group Ltd, Mott MacDonald and RSK Group plc; available at http://www.solwayenergygateway.co.uk/(accessed 11 August 2011).

Hardisty, J. (2007) 'Assessment of tidal current resources: case studies of estuarine and coastal sites', *Energy & Environment*, vol. 18, no. 2, pp. 233–49.

Hardisty, J. (2009) *The Analysis of Tidal Stream Power*, London, Wiley.

HM Treasury (2003) *The Green Book: Appraisal and Evaluation in Central Government*, London, TSO; available at http://www.hm-treasury.gov.uk/data_greenbook_index.htm (accessed 12 March 2011). See especially Annex 4 on risk and uncertainty and Annex 6 on discount rate.

Jackson, T. (1992) 'Renewable energy: Summary paper for the renewables series', *Energy Policy*, vol. 20, no. 9, pp. 861–83.

Jo, C. H. (2008) 'Recent Development of Ocean Energy in Korea', *BWEA Marine '08*, Edinburgh, February 28, 2008.

Laughton, M. A. (1990) *Renewable Energy Sources, Report 22*, London, Watt Committee on Energy/Elsevier Applied Science.

*Lee, K-S. (2006) *Tidal and Tidal Current Power Study in Korea*, OREG 2006 Spring Symposium, Victoria, May 4–5, 2006 [online], www.oreg.ca/docs/May%20Symposium/KOREA.pdf (accessed 25 August 2011).

MacKay, D. J. C. (2007) *Under-estimation of the UK Tidal Resource* [online], Cavendish Laboratory, University of Cambridge http://www.inference.phy.cam.ac.uk/sustainable/book/tex/TideEstimate.pdf (accessed 8 March 2011).

Marine Current Turbines (2010) 'Presentation to 4th International Tidal Energy Summit', *4th International Tidal Energy Summit*, London, November 23–24, 2010.

OST (1999) *Energies From the Sea: Towards 2020*, Marine Foresight Panel Report.

OVG (2010) *The Offshore Valuation – A valuation of the UK's offshore renewable energy resource*, Machynlleth, Public Interest Research Centre; available at http://www.offshorevaluation.org/downloads/offshore_vaulation_full.pdf (accessed 11 August 2011).

Peel Energy/NWRDA (2010) *Mersey Tidal Power Feasibility Study: Stage 1 Options Report*, Peel Energy/North west Regional Development Agency; available at http://www.merseytidalpower.co.uk/content/project(accessed 2 February 2014).

Salter, S. (2008) *Renewable electricity generation technologies, Fifth Report of Session 2007–08, Volume II, HC216-II*, page Ev 106, House of Commons, Innovation, Universities, Science and Skills Committee, London, The Stationery Office; available at http://www.publications.parliament.uk/pa/cm200708/cmselect/cmdius/216/216ii.pdf (accessed 11 August 2011).

*Salter, M. and Walker, C. (2010) *The Severn Barrage Digest*, report by two Members of Parliament, London, All Party Parliamentary Group on Angling; available at http://www.martinsalter.com/wp-content/uploads/2010/04/severn-barrage-digest-chapter-6-post-short-list-conclusions.pdf (accessed 11 August 2011).

SDC (2007) *Turning the Tide: Tidal Power in the UK*, Sustainable Development Commission; available at http://www.sd-commission.org.uk/publications/downloads/Tidal_Power_in_the_UK_Oct07.pdf (accessed 8 March 2011).

STPG (1986) *Tidal Power from the Severn*, Severn Tidal Power Group.

Twidell, J. W. and Weir, A. J. (2006) *Renewable Energy Resources* (2nd edition), Oxford, Taylor & Francis.

*VerdErg (2009) *'SMEC' Spectral marine energy converter* [online], http://www.verderg.com/attachments/-01_SMEC_Doc_Oct%2009.pdf (accessed 8 March 2011).

WEC (2001) *2001 Survey of Energy Resources*, London, World Energy Council; available at http://www.worldenergy.org/documents/ser_sept2001.pdf (accessed 12 August 2011).

Westwood, A. (2005) *Refocus Marine Renewable Energy Report: Global Markets, Forecasts and Analysis 2005–2009*, London, Elsevier Science.

Chapter 7

풍력

7.1 도입

바람에너지는 수천 년 동안 곡식의 가공과 물 끌어올리기 그리고 여러 기계적 동력을 얻는데 사용됐다. 오늘날도 세계에서 수많은 풍차가 작동 중이며 그중 많은 수가 물을 끌어올리는 용도로 사용되고 있다. 하지만 바람에너지는 전기를 대규모로 생산하는 무공해 방법으로 사용되면서 현재 에너지 분야에서 가장 흥미롭게 취급되고 있다. 엄밀히 말해 풍차는 곡식을 가는 용도로 사용되었으며 최근에 전기 생산의 기술은 **풍력 터빈**이라는 용어로 사용함으로써 차별화되었는데 그 이유는 부분적으로는 증기 가스 터빈을 이용해 전기를 생산하는 것과 기능적으로 유사하고 부분적으로는 풍차의 조상과는 약간 다르기 때문이다. 풍력 터빈은 또한 때때로 **바람에너지 전환시스템(wind energy conversion system: WECS)**으로 부르기도 하고 때때로 **풍력발전기(Wind generator 또는 aerogenerator)**로 부르기도 한다.

19세기 말부터 바람에너지로 전기를 생산하기 위해 다양한 시도를 했고 지금의 Strathclyde 대학인 왕실과학기술대학의 James Blyth가 교수가 1887년에 처음으로 전기를 생성하는 풍력에너지 장치를 구성했다. 후에 스코틀랜드의 Marykirk에서 20년 이상 전기 생산을 위한 설계를 지속해서 진행했다.

여러 해 동안 작은 규모의 풍력 터빈은 원격 주택, 농장과 지역사회 그리고 보트의 배터리 충전과 카라반 그리고 배의 객실에 전기를 제공하기 위해 제조되었다(그림 7.1과 같은 수천 개의 작은 터빈이 전 세계에서 사용 중이다). 최근에는 휴대전화 중계기와 원격 전화박스에 전기를 제공해주고 있다.

그러나 1980년대가 되어서야 기술의 발전으로 대규모 사업을 진행하게 되었다. 1980년대 초반에서 2000년대 후반 사이에 풍력 터빈의 가격은 꾸준히 하락했고 기계의 용량도 크게 증가했다. 지금은 상당한 바람과 이를 이용 가능한 지역에서의 풍력 터빈이 전기를 생산하는 방법 중에 가장 효과적인 것이다. 가격과 용량 그리고 신뢰성을 계속 향상시켜 주므로써 앞으로의 십여 년 안에 풍력에너지가 더 큰 경제적인 경쟁력을 갖추게 될 것을 예상할 수 있다. 더욱이 바람의 속도는 일반적으로 빠르며 예상된 제한조건이 적게 요구되는 연안에 풍력 터빈의 배치가 설치된다면 바람 자원의 기술적인 이용은 크게 증가할 것이다. 물론 나중에 검토하겠지만 해상 풍력과 관련하여 기술적인 어려움이 있어 발전기의 비용은 불가피하게 높아질 것이다. 설치된 정격 용량의 관점에서 풍력 발전 기술의 향상은 가장 빠르게 성장하고 있는 재생 가능한 에너지 기술 중의 하나이다. 2010년 말 기준 설치된 풍력

그림 7.1 • Marlec사의 70 W 용량의 Rutland 풍력 충전기.

Box 7.1 지구의 바람시스템

모든 기체처럼 공기는 가열되면 팽창하고 냉각되면 수축한다. 대기 중에서 더운 공기는 찬 공기보다 더 가볍고 밀도가 낮아서 태양 복사에너지에 의해 많이 가열되면 높은 고도까지 올라간다.

저압대(구름이 많고 비가 많은 기후)는 적도에서 발생하는데 그 원인은 대기 중의 덥고 습한 공기가 **대류권계면**(**tropopause**)(**대류권**(**troposphere**)의 상층부)까지 상승하기 때문이다. 적도 부근 지역은 적도 무풍대 또는 열대수렴대(doldrum)(고대 영어 단어인 dull에서 유래)라 불리었는데 그 지역에서 바람이 불지 않아 배가 멈추자 두려움을 느낀 예전 선원들이 그렇게 부르기 시작했다.

대류권계면에서 북반구의 공기는 북쪽으로 이동하고 남반구의 공기는 남쪽으로 이동한다. 이동한 공기는 위도 30도 부근에 도달할 때까지 점차 냉각되고 거기서 지표면으로 가라앉아 그 지역에 고압대(건조하며 맑은 기후형태)를 만든다. 위도 30도 부근을 아열대 고압대(또는 아열대 무풍대, 말위도)(horse latitudes)라 알려졌다. 그 이름의 유래는 서반구가 식민지화되던 시대까지 거슬러 올라간다. 항해하던 배의 선원들이 장기간 바람이 불지 않거나 바람의 변화가 심해 식수를 보존하기 위해 말을 배 밖으로 던져야 했기 때문이다. 세계의 대다수 사막이 이 고기압 지역에서 발견된다.

위도 30도 지역의 지표면에 도달한 공기 중의 일부는 적도의 저압대로 다시 돌아가는데 이 공기의 흐름이 '**무역풍**(**trade wind**)'이다. 이 공기가 적도에 도달했을 때 순환이 완료되고 이를 **해들리 순환**(**Hadley cell**)이라고 부르고 1753년에 그것을 처음 언급한 과학자 George Hadley의 이름을 따서 명명했다.

그러나 위도 30도에서 가라앉은 공기가 모두 적도로 이동하는 것은 아니다. 그것의 일부는 위도 60도 지역에 도달할 때까지 극지방으로 이동해 '한대전선 또는 극전선(polar fronts)'이라 알려진 극지방의 차가운 공기와 만난다. 두 공기의 상호작용으로 더운 공기는 상승하는데 이 사이클에서 공기 대부분은 위도 30도 지역으로 되돌아가 지표면으로 가라앉아 고기압대의 형성에 이바지한다. 이렇게 해서 완료된 순환이 **페렐 순환**(**Ferrel cell**)이라 알려졌다. 이것을 1856년 처음 확인한 William Ferrel의 이름을 따서 명명한 것이다.

한대전선에서 상승한 나머지의 공기는 극지방으로 이동하면

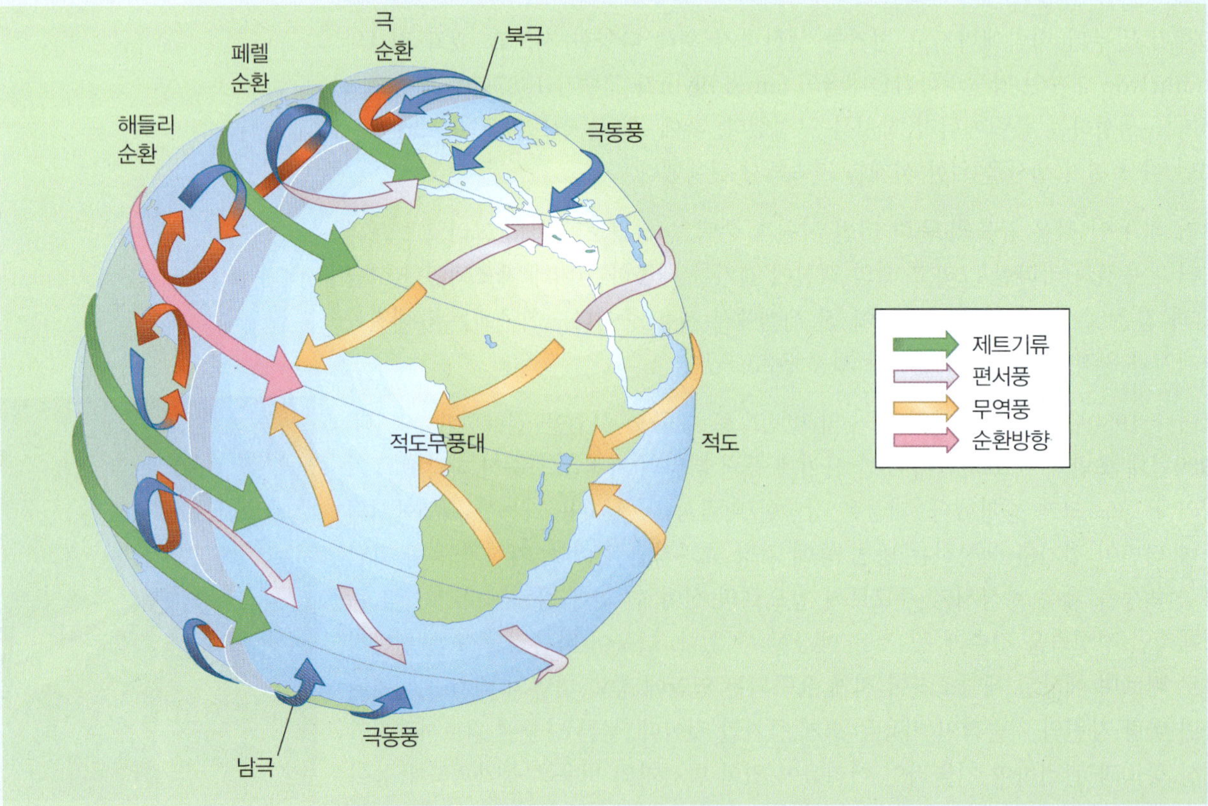

그림 7.2 • 지구의 바람순환(출처: Burroughs et al., 1996).

서 냉각되어 극지 표면에 가라앉는다. 그 다음 위도 60도 지역으로 되돌아와 **극해들리 순환**(**polar hadley cell**) 또는 **극순환**(**polar cell**)이라 알려진 순환을 완료한다.

지구가 자전하기 때문에 더 복잡하고 지구 표면에서 움직이는 바람은 **코리올리 효과**(**Corkolis Effect**) **또는 전향력**이라 알려진 현상의 영향을 받는다. 동쪽 방향으로부터 지구의 회전이 주어지는 이 영향의 최종적인 결과는 북향의 바람을 북반구에서는 '오른쪽'으로 방향을 바뀐다. 이런 바람은 편서풍(westerlies)으로 알려졌으며 반면에 동쪽을 향해 기울어져 있고, 이것은 바람이 불고 있는 방향을 사용하는 방향으로 바람을 언급할 때의 규칙이다. 남반구에서는 '북향'의 바람은 '왼쪽'으로 방향을 바꾸게(무역풍, 'trade winds') 한다. 이와 비슷하게 남향의 바람은 북반구에서는 '오른쪽'으로 방향을 바꾸고(무역풍) 남반구에서는 '왼쪽'으로 방향을 바꾸게(편서풍) 한다. 그림 7.2는 지구상의 모든 바람의 순환 형태를 보여준다.

발전 용량은 전체적으로 194 GW 이상이며 이중 36 GW가 그 해에 증가했다. 이것은 2000년 말에 설치되었던 용량의 11배에 해당하는 것이며 현재 시점에서 해마다 약 22%의 평균적인 증가를 보인다.

바람에서 에너지를 이용하는 기계장치나 시스템을 이해하기 위해서는 여러 분야의 지식이 필요한데 기상학, 공기역학, 전력생산공학, 구조공학, 토목공학 그리고 기계공학 등을 포함한다. 따라서 이번 장에서는 바람에너지를 발생시키는 대기과정부터 기술하기로 한다. 그 다음에 풍력발전과 공기역학을 기술하고 이와 함께 출력 및 에너지 생산량을 계산하는 다양한 방법을 기술할 것이다. 다음으로 풍력발전의 환경영향 및 경제성에 대한 논의와 함께 실제 현장에서 상업적으로 개발한 최근 사례와 미래의 가능성에 관해 토론해 보기로 하겠다. 마지막 부분에서는 해상풍력발전(offshore wind power)을 살펴볼 것이며 그것은 특히 영국와 유럽 북부와 같은 지역에서 다가오는 10년 안에 풍력발전 개발과 관련된 매우 중요한 부분 중 하나이다.

7.2 바람

2장에서 기술한 대로 지구 표면의 동일한 1 m² 면적에서 받는 연간 일사량은 적도 근처가 고위도보다 더 많다. 지구의 곡률 때문에 위도가 높아지면서 표면에서 태양광선에 대해 점점 더 기울기가 증가하게 된다. 또한 위도가 높아지면서 태양광선은 대기 속을 더 오래 지나가게 되어 태양에너지가 지표면에 도달하기에 앞서 흡수되어 버린다. 이 영향으로 적도는 고위도 지역보다 상당히 덥다.

지구 표면에서 태양열의 차이는 지구의 풍력 시스템의 주원인이 되며 이는 공기 덩어리의 움직임을 야기하는 대기압의 변화를 일으킨다.

대기압은 규정된 면적에서 공기기둥의 무게 때문에 발생하는 압력으로 기압계를 이용해 측정한다. 대기압의 단위는 bar로 알려졌다(그림 7.3). 기압계는 보통 밀리바(mbar)로 측정하고 그것은 1/1,000 bar이다. 해수면에서의 평균대기압은 약 1,013.2 mbar이다. 압력은 파스칼(Pa)로도 측정되는데 1 Pa는 1 N/m²와 1 bar는 100 kPa로 정의된다.

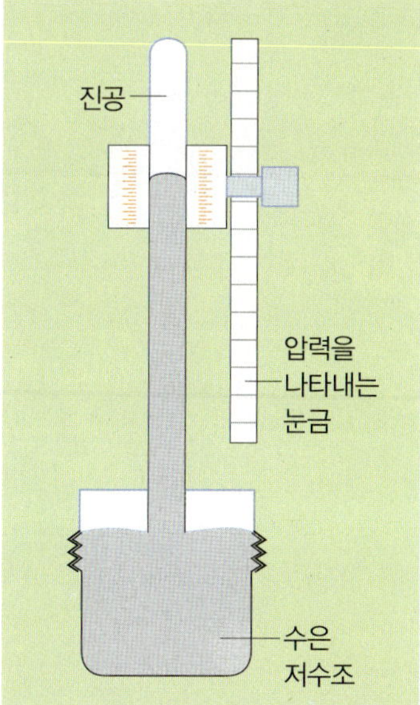

그림 7.3 • (포르탕 형)수은기압계. 대기압을 측정하는 데 사용하는 사례 중 하나. 수조의 수은에 작동하는 대기압의 변화는 수은 기둥을 오르내리게 함.

텔레비전이나 신문의 기상예보에서 다루는 일기도에서 윤곽선으로 둘러싸인 고(H)나 저(L)로 표시된 지역이 있는 것을 보았을 것이다(그림 7.4 참조). 고(H)나 저(L)로 표시된 지역은 대기압과 관련이 있고 윤곽선은 **등압선(isobars)**이라 불리는 압력이 동일한 선을 나타낸다. 고기압 지역은 적은 바람과 맑은 날씨를 나타내는 경향이 있지만 저기압 지역은 변덕스럽고 바람이 많이 불며 비나 눈이 내리는 경향이 있다.

Box 7.1에서 살펴본 지구의 바람 시스템 외에 국지적인 바람 형태로 해풍(sea breeze)(그림 7.5)과 산곡풍(mountain valley wind)(그림 7.6) 등이 있다.

바람 속도의 에너지와 동력

바람에 내포된 에너지는 운동에너지(kinetic energy)이고 1장에서 살펴본 것처럼 일정한 질량을 가지고 움직이는 공기의 운동에너지는 질량(m)의 1/2과 속도(V) 제곱의 곱과 같다.

$$운동에너지 = \frac{1}{2}mV^2 \tag{1}$$

여기서 m의 단위는 kg, V의 단위는 m/s이다.

만약 공기가 원형 단면을 둘러싼 고리나 테를 통과한다면 바람의 운동에너지를 계산할 수 있다. 단면적 A는 100 m^2, 속도 V는 10 m/s라고 가정해보자(그림 7.7 참조). 공기가 10 m/s의 속도로 움직임에 따라 초당 10 m 길이의 공기 원통이 고리를 통과할 것이다. 따라서 다음의 공기 체적이 매 초 고리를 통과할 것이다. 이 체적에 공기의 밀도 (해수면에서 1.2256 kg/m^3)을 곱하면 매 초 고리를 통과하는 공기의 질량 유량(kg/s)을 구할 수 있다. 다시 말해 아래와 같은 식이 얻어진다.

초 당 공기 질량(m) = 공기밀도 × 초 당 공기의 체적유량

= 공기밀도 × 면적 × 초 당 흐르는 공기 원통의 길이

= 공기밀도 × 면적 × 속도

즉, 이다.

$$m = \rho AV$$

식(1)에서 m을 대체하면

$$초\ 당\ 운동에너지 = \frac{1}{2}\rho AV^3 (J/s)$$

여기서 ρ는 (kg/m^3), A는 (m^2), V는 (m/s)의 단위이다.

시간 당 에너지가 출력이므로 바람의 출력 P(watt) = 초 당 바람의 운동에너지(J/s) 이다.

즉, $P = \frac{1}{2}\rho AV^3$ 이다.

위 식에서 명확히 알 수 있는 관계는 바람의 출력은 다음에 비례한다는 것이다.

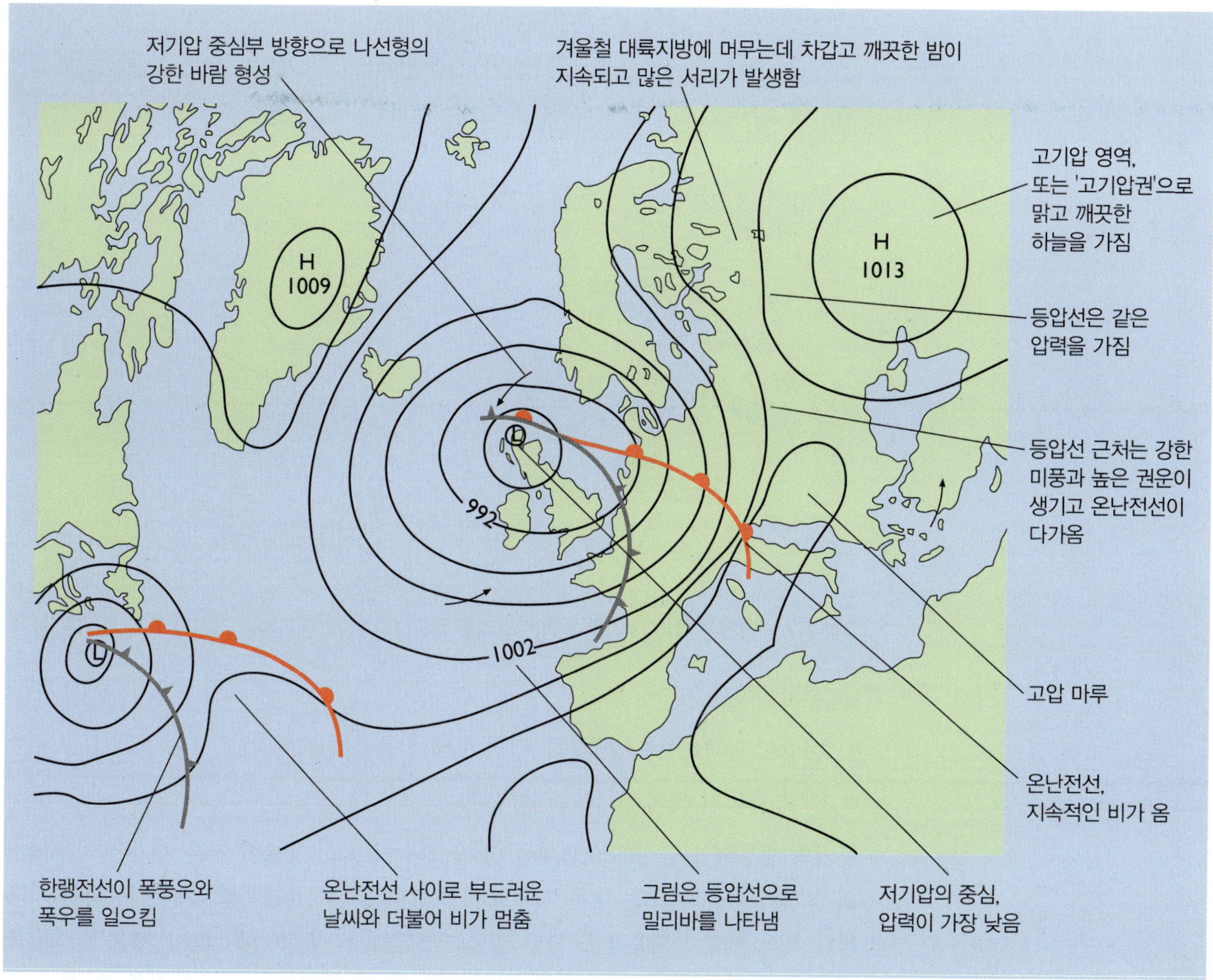

그림 7.4 • 고(H)기압과 저(L)기압 지역을 보여주는 대표적인 일기도.

그림 7.5• 해풍. 바다와 육지의 열용량(heat capacity)의 차이로 해안지역에서 발생하며 열용량은 가열 및 냉각속도의 차이를 야기한다. 육지는 바다보다 열용량이 작아 낮에 바다보다 더 빨리 가열되고 밤에는 더 빨리 냉각된다. 따라서 낮에 바다는 육지보다 더 냉각되어 육지의 따뜻한 공기가 상승한 것을 대신하기 위해 바다의 찬 공기가 육지로 흐른다. 밤에는 이러한 공기 흐름이 반대가 된다.

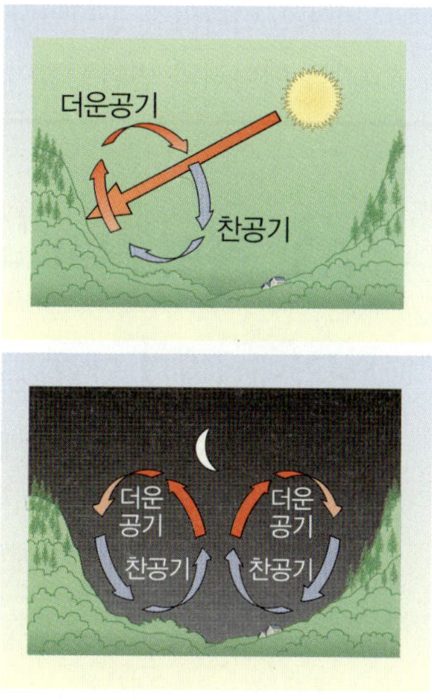

그림 7.6 • 산곡풍. 냉각된 산 공기가 아침에 따뜻해져 더 가벼워짐에 따라 상승하기 시작하면 발생한다. 아래쪽 골짜기의 찬 공기는 그것을 대신하기 위해 경사면 위로 이동한다. 밤에는 흐름이 반대로 되어 찬 산 공기가 골짜기로 가라앉는다.

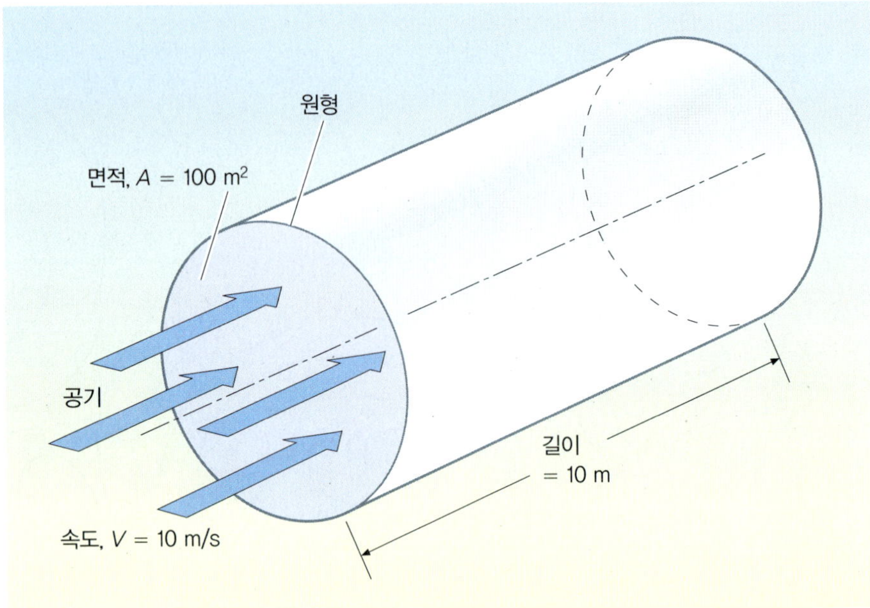

그림 7.7 • 단면적 A(100 m²)를 둘러싼 고리를 속도 10 m/s로 통과하는 공기의 초 당 원기둥 체적.

- 공기의 밀도
- 바람이 통과하는 단면적(즉, 터빈 로터를 통과하는 바람)
- 바람 속도의 세제곱

공기의 밀도는 높은 고도(산)에서 더 작으며 아마 더 중요한 것은 차가운 기후에서의 공기의 평균 밀도는 더운 지역보다 상당히 클 것이다(예를 들면 전형적인 기후보다 10% 이상 크다). 또한 바람 속도는 '세제곱의 법칙(cube law)' 때문에 출력은 매우 큰 영향 받는다. 예를 들면 바람 속도 6 m/s에서 8 m/s의 증가는 두 개 이상의 요소에 의해 바람의 출력은 증가할 것이다.

바람에 내포된 출력은 풍력 터빈에 의해 추출될 수 있는 실제의 출력량이 아닌 것을 인식하는 것은 중요하다. 왜냐하면 에너지 추출 및 변환과정에서 손실이 발생하기 때문이다(4절 공기역학(aerodynamics) 부문 참조). 더욱이 추가적인 기계적, 전기적 에너지의 변환손실이 있다.

7.3 풍력 터빈

바람에너지의 연혁

바람에너지는 초기 문명에서 이용된 최초의 비동물 에너지원이다. 바람은 처음에 배를 움직이는데 사용되었다고 생각되지만 바람에너지의 정적인 이용은 풍차라는 수단으로 약 4,000년 전에 발생한 것으로 보인다(Colding, 1995).

풍차는 전통적으로 곡식을 갈거나 양념 으깨기, 재료를 염색하거나 색칠하기, 종이를 만들거나 나무를 베는 작업 등의 용도로 사용되었다. 전통적인 풍력 펌프(wind pump)는 네덜란드와 영국의 East Anglia에서 물을 끌어올리는 용도로 사용되었다. 돛이나 지지물의 형태가 동일하게 많이 사용되는 형태여서 자주 풍차(windmills)라 언급되기도 한다.

초기 풍차의 형식은 수직축 형식이 많았고 양력에 의해 작동되는 현대 풍력 터빈(그림 7.8)과 달리 이것은 수직축 양쪽에 발생하는 항력의 차이를 이용한 항력유도장치이다. 그림 7.8에 이에 해당하는 몇몇 예를 보여주고 있다.

Screened windmills. 풍차의 날개가 바람 앞쪽으로 움직일 때 바람으로부터 풍차의 날개를 막도록 풍차 주위에 차폐물이나 부분적인 벽을 사용한다.

'Clapper' windmills. 로터(rotor)가 바람 전방(forward) 쪽으로 회전함에 따라 공기 저항력을 최대로 만들어 멈추지 않게 하는 유동 깃(moveable sail)인 'clap' 때문에 그렇게 불린다. 하지만 바람 후방(backward) 쪽으로 움직이는 회전 사이클(cycle) 부분에서는 깃과 바람이 일직선이 돼서 저항력이 감소한다(그림 7.8).

Cyclically pivoting sail windmills. 이것은 Clapper windmill과 유사하지만 날개의 방향 변화를 더 점진적으로 하기 위해 더 복잡한 메커니즘을 가지고 있다. 각 날개의 피치(pitch) 각도는 회전 사이클 동안 깃의 위치와 풍향에 따라 주기적으로 조절된다. 이것은 풍차의 회전축 양쪽에 저항의 차이를 주어서 바람에 노출이 되면 회전하게 만든다(그림 7.8).

Differential resistance or cup type windmills. 이 풍차는 다른 풍차와 비교해서 하나의 표면이 바람에 더 큰 저항력을 가지는 형상을 지니고 있다. 이 때문에 풍차 축의 양쪽에 바람 저항력의 차이가 발생해 풍차는 회전한다. 위에 언급된 James Blythe 교수에 의해 발명된 첫 전기적인 생산품인 풍력 발전기는 지름 10m의 컵 타입 장치인 수직축이다. 바람 구동형인 이 형식의 최근 견본이 컵 모양의 풍속계(anemometer)이고 풍속측정용 도구이다. 간단한 'S'형 풍차와 다수의 블레이드 'S'형 풍차가 또한 이 형태에 속하는데, 말하자면 Savonius Rotor이다(그림 7.9에 보이는 대로 split-S 형태). Savonius Rotor는 트럭이나 밴의 동력 팬(powering fan) 용도로 사용되거나 간단한 자가발전용 풍차로 사용됐다. 이것은 소형 풍력발전기로 생산되고 나선형으로 꼬인 반원통 컵을 가진 변형된 형태도 포함한다.

더 친숙한 수평축 풍차(horizontal-axis windmill)는 12세기 유럽에서 나타난 것으로 생각된다. 처음 기록은 영국에서 AD 1185년에 나오는데 Yorkshire의 Weedley 마을의 풍차를 언급하고 있다(Reynolds, 1970). 이 전통적인 기계는 바람이 부는 방향으로 향하는 수평축에 대해 회전하는 방사상 암(radial arm)으로 구성된다. 돛(sail) 또는 블레이드(blade)는 바람에 대해 약간 비스듬한 각도를 유지하도록 설치되어 바람 방향에 대해 직각의 평면 내에서 움직인다. 다른 특징은 회전축이 항상 수동 또는 자동으로 바람 방향과 일직선이라는 것이다.

유럽 지중해 지역의 전통적인 풍차는 방사상 암이 부착된 삼각형의 천으로 된 깃 형태를 가진다. 북유럽에서는 보통 4개의 긴 직사각형 깃으로 된 풍차들이 있다. 깃은

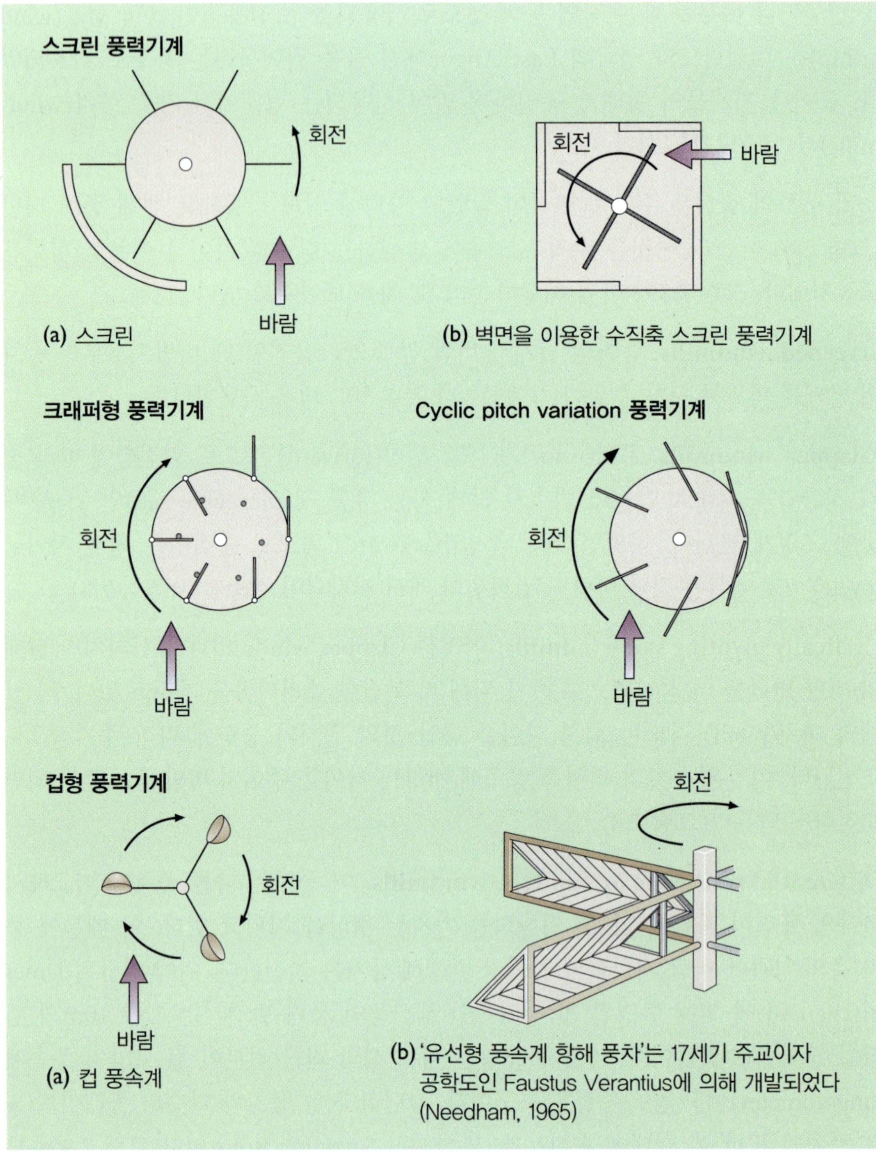

그림 7.8 • 전통적인 수직축 풍차의 예.

격자구조의 천으로 구성되어 'common sails' 또는 venetian blinds와 비슷한 'shutter-type sails'으로 불린다. Shuttering은 배열 시작, 통제 및 힘을 바람에 따라 풍차를 제어한다.

북유럽에서는 두 가지 형태의 풍차가 있었다. 하나는 기둥 풍차 'post mill'로 일반화가 덜 되어 있으며 풍향이 바뀌면 전체 몸통이 대형 직립 기둥에 대해 움직인다. 다른 하나는 더 일반화된 '타워 풍차(tower mill)'(그림 7.10)로 로터와 캡(cap)은 상대적으로 더 큰 타워(tower)에 의해 지지된다. 타워는 보통 벽돌로 만들어지는데 'smock tower'으로 알려진 목재로 만든 변형된 형태도 있다. 타워 풍차에서 로터(rotor)와 로터의 회전축(shaft)이 조합으로 된 캡(cap)만이 풍향의 변화에 반응해 움직인다. 깃은 아주 천천히 회전하며 기계적 동력을 제공한다. 여전히 곡식을 가

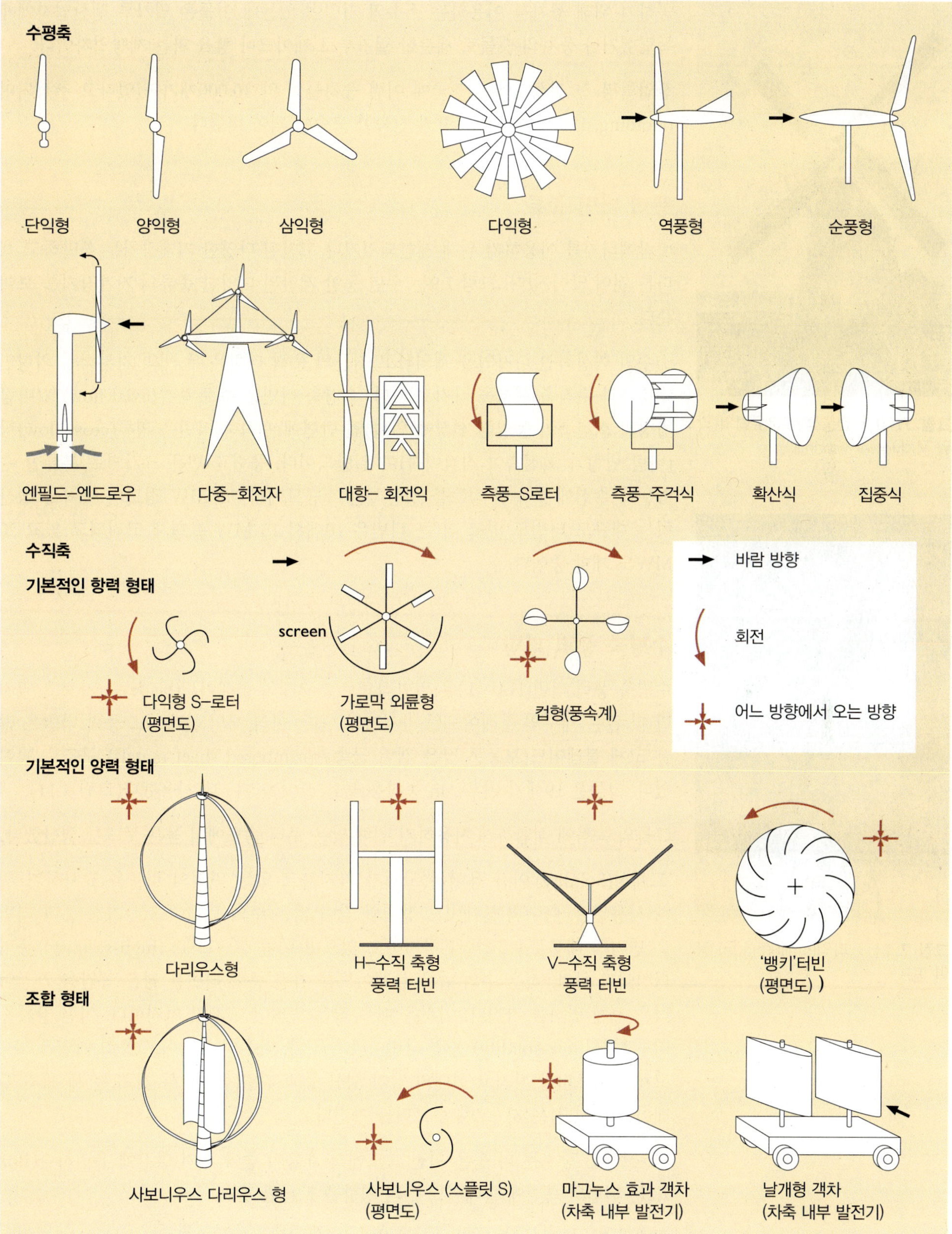

그림 7.9 • 바람에너지 변환을 위해 제안된 몇 가지 기계장치(출처: 1975년도 Eldridge 참조. 더 자세한 정보는 Eldridge 1975와 Golding 1955 참조). 이 그림은 수평축과 수직축 두 부분으로 나뉘어 있다.

공하기 위해 풍차를 이용하는 소수의 기업이 있는데 이들은 밀가루 생산업자에게 독립했거나 풍차의 맷돌로 제분한 밀가루로 케이크나 빵을 파는 제빵업자이다.

산업혁명 전 전성기에는 영국에 이런 풍차들이 약 10,000개가 있었다고 추정되며(Golding, 1955) 풍차는 지방의 친숙한 모습이 되어 버렸다.

그림 7.10 • 전통적인 북유럽의 타워 풍차(tower windmill).

풍력 터빈 종류

바람에너지를 이용하기 위해 제안되었거나 고안된 다양한 기계장치는 쓸만하고 색다른 것이 많이 있다. 그림 7.9는 수년 동안 제안된 다양한 종류의 기계장치를 보여준다.

소수의 혁신적인 디자인을 제외하고 최근의 풍력 터빈은 두 개의 기본적인 외형인 수평축과 수직축 형식을 가지고 있다. 수평축 터빈은 주로 축류(axial flow)형(바람 방향과 회전축이 동일한 선상에 있다)인 반면에 수직축 터빈은 횡류(cross flow)형(바람 방향과 회전축이 직각이다)이 일반적이다. 풍력 터빈은 크기별로 분류할 수 있는데 수십에서 수백 와트를 생산하는 소규모에서 7.5 MW 정도의 동력을 생산하는 대규모 터빈도 있고 더 큰 터빈은 10에서 15 MW로 현재 고려되고 있고 20 MW도 개발 중이다.

그림 7.11 • 다익(multi-blade) 풍력 펌프.

수평축 풍력 터빈

수평축 풍력 터빈(HAWT)은 일반적으로 2~3개의 블레이드(blade)를 가지고 있지만 더 많은 개수의 블레이드를 가지기도 한다. 여러 개의 블레이드 풍력 터빈은 많은 고체 블레이드(보통은 작은 캠버 금속판(cambered sheet metal)) 구조로 덮여 있다. 그들은 19세기 이후부터 농사용 물을 끌어올리는 데 사용했다(그림 7.11).

그들의 목적에 적합하게 사용하기 위해 낮은 로터 속도에서 높은 토크를 생산했다.

'고체성(Solidity)'이란 용어는 고체가 차지하고 있는 면적의 비율을 묘사하기 위해 사용된다. 다수의 블레이드 장치와 같이 많은 수의 블레이드를 가진 풍력 터빈은 면적의 대부분을 고체가 차지하고 있으며 이를 고-고체성(high-solidity) 풍력 터빈이라 한다. 적은 수의 좁은 블레이드를 가진 풍력 터빈은 넓은 공간을 가지며 적은 고체 면적을 가진다. 이것은 매우 작은 면적만 고체가 차지한다. 이런 장치는 저-고체성(low-solidity) 풍력 터빈이라 부른다. 다수의 블레이드 풍력 터빈은 고-고체성의 로터를 가지고 현대의 전기 생산 풍력 터빈(한 개, 두 개 또는 세 개의 블레이드를 지닌)은 저-고체성 로터를 가진다.

저-고체성 장치는 더 높은 회전 속도에서 효율이 좋아 전기 발전에 유리하다(Box 7.2는 터빈의 특성에 블레이드 수의 영향을 토론한 것).

현대의 저-고체성 HAWT는 전통적인 풍차에서 발전했고 로터는 비행기 프로펠러와 유사하다. 그런 로터와 함께 풍력 터빈은 오늘날 생산하는 풍력 터빈의 가장 일반적인 형태이다. 로터는 매끈한 유선형의 외형을 가지게 되었는데 그 이유는 풍력

Box 7.2 블레이드 개수의 영향

풍력 터빈의 회전속도는 보통 분 당 회전수(rpm)나 초 당 회전각도(rad/s)로 측정한다. 분 당 회전수(rpm)의 **회전속도(rotation speed)**는 보통 N으로 표시하고 초 당 회전각도(rad/s)의 **각속도(angular velocity)**는 보통 Ω(때로는 ω)로 표시한다. 2개 사이의 관계는 다음과 같다.

$$1\ \text{rpm} = \frac{2\pi}{60}\ \text{rad/s} = 0.10472\ \text{rad/s}$$

풍력 터빈 로터 속도를 측정하는 유용한 다른 방법은 **끝단속도(tip speed)**이고 그것은 블레이드 끝에서의 로터의 **접선속도(tangential velocity)**로 초 당 미터로 측정된다. 끝단속도는 로터의 각속도 Ω와 **끝 반지름(tip radius)** R의 곱으로 구해진다.

즉, $U = \Omega R$ 이다.

U는 다음과 같이 다르게 정의할 수 있다.

$$U = \frac{2\pi RN}{60}$$

끝단속도(U)를 로터 상류방향(upstream), 풍속(undisturbed wind velocity) V_0로 나누면 무차원수인 **끝단속도비(tip speed ratio)**를 얻고 그것은 보통 λ로 표시한다. 이 비는 공기 역학적 효율을 그리는 데 유용하다. 풍력 터빈의 효율적인 공기역학은 대게 동력계수(바람에 이론적인 터빈의 동력으로부터 출력 동력의 효과적인 비율)로 묘사된다. 이 양은 C_p에 의해 정의되고 100% 효율을 1의 비로 주어진다. 끝단속도비에 대항해 동력계수를 그릴 때 C_p-λ 선도를 사용하는데 이는 로터와 풍력 터빈의 다른 특성을 비교하고 로터의 성능을 효율적으로 제시한다.

특별히 설계된 풍력 터빈은 다양한 범위의 끝단속도비에서 운전될 수 있지만 보통은 특정 끝단속도비에서 최대 효율을 가지도록 설계될 것이다. 다시 말해 블레이드 끝의 속도가 풍속의 특정 배수가 될 때이다. 최고의 끝단속도비율(λ_{opt})은 $C_{P_{max}}$에 해당하는 효율(동력 계수)과 함께 λ_{max}로서 일반적으로 의미한다. 주어진 풍력 터빈 로터를 위한 최적의 끝단속도비는 블레이드 개수와 각 블레이드 너비 영향을 받을 것이다.

가능한 효율적으로 에너지를 얻기 위해서 블레이드는 로터의 접수면적(swept area)을 통해 가능한 많이 바람이 지나가는 곳과 상호작용해야 한다. 효율적으로 에너지를 얻기 위해서 블레이드는 로터의 접수면적을 통해 가능한 많이 바람이 자나가는 곳과 상호작용해야 한다.

고-고체성의 블레이드, 다익(multi-blade) 풍력 터빈은 낮은 끝단속도비에서 바람과 모두 접촉하는 반면 저-고체성의 풍력 터빈의 블레이드는 회전면적을 실제적으로 채우기 위해서 더 빨리 회전해야 하는데 이유는 통과하는 모든 바람과 접촉하기 위해서이다. 끝단속도비가 너무 낮다면 일부 바람은 블레이드와 접촉 없이 로터 회전면적을 통해 흐른다. 반대로 끝단속도비가 너무 높으면 터빈은 바람 대해 저항이 너무 높아져 일부의 바람은 주위로 흐른다. 3-blade와 동일한 블레이드 너비를 가진 2-blade 풍력 터빈 로터의 최적 끝단속도비는 3-blade보다 1/3이 더 높다. 2-blade와 동일한 블레이드 너비를 1-blade의 최적 끝단속도비는 2-blade의 2배가 될 것이다. 최근에 개발된 저-고체성 풍력 터빈의 최적 끝단속도비는 6~20의 범위를 가진다.

이론적으로 더 많은 블레이드를 가진 풍력 터빈 로터가 더 높은 효율은 가진다. 하지만 많은 수의 블레이드는 서로 간섭이 발생할 수 있어서 고 고체성 풍력 터빈은 저-고체성에 비해 전반적으로 효율성이 더 낮다. 저-고체성 풍력 터빈 중에서 3-blade로터가 가

그림 7.12 • 2-blade HAWT(WEG MS400 터빈).

그림 7.13 • 3-blade HAWT(Vestas V52 850kW 터빈).

그림 7.14 • 1-blade HAWT(MBB 600 kW 터빈).

장 에너지 효율적이고 반면에 2-blade와 1-blade는 약간 덜 효율적이다. 더 많은 블레이드를 가진 풍력 터빈은 블레이드를 적게 가진 것보다 일반적으로 공기역학적 소음이 적게 발생한다(7.6 절 참조).

풍력 터빈이 바람에서 추출하는 기계적 출력은 터빈의 각속도와 바람이 전달한 토크의 곱이다. **토크(Torque)**는 바람이 로터 블레이드(rotor blade)에 전달한 구동력에 의한 회전중심의 모멘트(moment)이다. 토크는 보통 *Nm* 단위이다. 주어진 출력 크기에 대해 각속도가 작을수록 토크는 더 커지며 반대로 각속도가 클수록 토크는 더 작아진다.

물을 끌어올리는 데 사용하는 풍력 터빈 펌프를 작동하기 위해서 높은 기동토크(starting torque)가 요구된다. 따라서 낮은 끝단속도비와 높은 토크 특성 때문에 일반적으로 다익 터빈이 이러한 목적에서 주로 사용된다.

재래식 전기 발전기는 대부분의 풍력 터빈로터보다 몇 배나 빠른 속도로 작동한다. 그래서 풍력 터빈을 사용하면 일반적으로 몇 가지 형태의 기어(gear)가 필요하다. 저 고체성 풍력 터빈이 전기 발전에는 더 적합하다. 이유는 높은 끝단속도비에서 작동하므로 발전기에 로터의 속도를 맞추기 위해 높은 기어비(gear ratio)가 필요하지 않기 때문이다. 추가로 많은 저-고체성 작은 풍력 터빈(그리고 심지어 어떤 큰 풍력 터빈)은 직접 결합한 저속 다극 발전기를 사용하여 기어박스 사용을 피할 수 있다.

터빈 설계자의 공기역학을 고려한 항공기 날개와 프로펠러 설계의 발전에서부터 파생되었다. HAWT 로터는 일반적으로 블레이드처럼 2~3개의 날개(wing)를 가진다(그림 7.12, 그림 7.13 참조). 이들은 전기를 생산하는데 보편적으로 사용된다. 몇 개의 실험적인 1-blade가 개발되기도 하고(그림 7.14) 계속 연구되고 있다.

수직축 풍력 터빈

수직축 풍력 터빈(VAWT)은 수평축 풍력 터빈(HAWT)과 달리 바람의 방향이 변했을 때 로터를 재배치할 필요 없이 어느 방향의 바람도 이용할 수 있다. 하지만 이런 장점에도 불구하고 그들은 타워 시스템의 전력 품질 주기적 부하 문제 및 일부 VAWT 디자인의 낮은 효율로 인해 상업적으로 성공한 경우를 찾아보기 힘들다. 수직축 풍력 터빈이 어떻게 작동하는지 4절에 기술했다.

현대식 수직축 풍력 터빈은 프랑스 공학자인 Geroges Darrieus의 아이디어에서 발전했는데 1925년에 그가 발명한 VAWT 중 한 개에 그의 이름을 사용했다 - 그런 장치는 캐나다 남부와 1960년에 국가 조사 의회의 국가 항공학 기관인 Rangi에서 독립적으로 다시 발명되었다. 대형 교반기(eggbeater)와 유사한 이 설비는 각각 대칭의 에어포일(aerofoil) 횡단면을 가진 곡선의 블레이드를 가지고 있고 날개 끝은 수직축의 위와 아래에 붙어 있다(그림 7.15 참조). 다리우스(Darrieus)형 수직축 풍력 터빈은 가장 진보적인 현대식 장치이다. 몇백 개가 미국에서 생산되어 1980년대에 캘리포니아의 풍력기지에 설치되었다. 또한 캐나다에서도 적은 수량을 생산했으며 아직 건설되지 않은 가장 큰 VAWT인 'Eole'을 포함해 높이 100 m, 지름 60 m인 터빈도 있다. Eole은 Quebec에서 1988년부터 6년 동안 작동했고 94% 유용성을 나타냈다(그림 7.15(b)).

이러한 다리우스 VAWT는 고정된 구조물 형태로서, 복잡성과 높이 제한이 있었다. 그러나 다리우스 VAWT의 새로운 설계는 고정의 어려움을 피할 수 있는 자유 외팔보로 건물에 설치되는 형태는 뉴멕시코에서 발전해 왔다. 또한 발전된 제품 중에 부유형태의 향상된 다리우스 VAWT도 있다(FWC 2011).

다리우스 수직축 풍력 터빈의 블레이드는 회전하는 줄넘기 모양을 가진 곡선의 아치(arch-like) 형상의 'Troposkien'형태를 가진다. 이 형상은 구조적으로 효율적인데 수직축 풍력 터빈의 블레이드에 작용하는 상대적으로 높은 원심력을 극복하는데 더 적합하다. 하지만 제조와 운반 및 설치가 어려웠지만 현대 복합 재료의 출현과 제작하는 방법은 문제의 일부를 해결하는 데 도움이 될 수 있다. 이 문제를 해결하기 위해 직선 블레이드형 수직축 풍력 터빈이 개발되었다. 이것에는 수평형의 H-VAWT와 수직형의 V-VAWT가 포함된다.

H-VAWT(그림 7.16)는 1개의 타워(보통은 수직 회전축의 케이스)로 구성된다. 타워는 직선, 직립, 에어포일 형상의 블레이드를 지탱하는 2개의 수평 교차 암(arm)에 붙어 있는 1개의 허브에 의해 덮여 있다. 영국에서 이 종류의 발전기를 VAWT사가 개발해 Carmarthen Bay에 125 kW와 500 kW 견본을 설치했고 1980년대에 Scilly 섬에 100 kW 터빈을 설치했다. 설치된 터빈은 이후 해체되었고, 건물 일체형 바람에너지 적용을 위한 H-VAWT의 변형시스템에 대한 관심은 지속되었지만 그 때 이후부터 H-VAWT의 개발이 제한되었다. 작은 규모와 대규모 해상 발전에서 H-VAWT는 계속 관심을 끌고 있다.

V-VAWT는 직선 에어포일 블레이드로 구성되어 있다. 블레이드는 수직 회전축 위의 1개의 허브에 날개 끝이 부착되어 'V'자 형태로 경사져 있다. 주요 특징은 짧은 타워와 지상 및 수면에 가깝게 블레이드와 발전기를 설치할 수 있으며 복잡한 다양한 각의 블레이드 필요 없으며 다른 타입의 VAWT에서 필요한 초기 강제 구동이 필요 없다는 것이다. 실험용 견본이 Open University에서 Sycamore 로터로 시험되었고(그림 7.17 (a) 참조) 한 개의 블레이드 버전이다. 새로운 발전인 V_2 터빈(그림 7.17 (b))은 큰 규모에 적합하고 바다에 고정되어 있거나 떠있는 형태로의 적용이 저자에 의해 연구되고 있다.

VAWT는 HAWT보다 더 큰 고체성을 가지고 있어서 로터는 보통 더 무거우면서 비싸다. 따라서 HAWT와 비교해서 VAWT는 오늘날에는 경제적이지 않다. 하지만 큰 크기(해안에 적용을 바랐던 것)로 설치할 수 있다면 기본적으로는 HAWT에 비해 블레이드에 하중(loading)과 피로(fatigue) 관점에서 커다란 이점이 있기 때문에 계속해서 연구가 진행되고 있다. VAWT가 바람을 유도한 주기적인 하중(터빈의 크기 증가와 함께 점진적으로 증가하지 않는)의 대상이 되는 동안 그들은 큰 지름의 HAWT 실험의 주된 중력의 주기적인 하중(로터의 직경과 함께 점진적으로 증가함)은 중요한 대상이 아니었다. 캐나다인 Eole는 큰 VAWT가 매우 높은 신뢰성으로 작동될 수 있다고 1980년/90년에 증명했다.

(a)

(b)

그림 7.15 • (a) 17 m 직경의 다리우스형 수직축 풍력 터빈(US, New Mexico의 Sandia National Lab.에 위치). (b) 60 m 직경의 Eole 수직축 풍력 터빈(Canada, Quebec).

그림 7.16 • 500 kW급 H타입 수직축 풍력 터빈(Wales, Camarthen Bay).

(a)

(b)

그림 7.17 • (a) 'V'형태의 VAWT 시험설비(Milton Keynes, Open Univ.) (b) 가변출력 V-터빈 컨셉(해안배치).

최근에 풍력 터빈의 수직축에 변화는 나선형 모양의 블레이드 VAWT 이다. 이것은 1990년대에 Swedish 엔지니어 Olle Ljungstrom과 *US* 엔지니어 Alexander Gorlov가 첫 번째로 개발했다. 6장에서 제시한 것과 같이 수력에 사용할 수 있고 현재 조력에 적용 가능한(Gorlov, 1998) 터빈을 제시하고 있다. 주기적인 토크(VAWT 블레이드의 위치의 주기적인 다양성 때문에 바람의 방향과 관련적임- 4절)에 대한 문제에 대해 해석을 진행했고 1990에 Ljungstrom은 나선형 모양의 블레이드를 써서 다리우스 VAWT의 디자인을 적용한 제품을 생산했다. 현재 더 많은 수의 디자인이 그런 블레이드를 사용하고 있다. 그러나 실제는 세 개의 블레이드를 간단하게 적용함으로써 추가적인 복잡성과 나선형 블레이드 제작의 추가적인 비용 없이 VAWT에 토크 변화 문제는 충분히 해결되었다.

위에 언급한 바와 같이 대부분 VAWT(aerofoil 블레이드) 형태는 다른 추가 장치(그들은 대게 공기 역학적으로 시작하는 충분한 토크 생산을 할 수 없다) 없이 자동 시작 될 수 없다. 추가적인 예를 들면 '수직축 스타터 로터'(공기 역학적 효율을 감소시킬 수 있는) 드래그 구동, 복잡하고 다양한 각 블레이드, 전기적인 시작 메커니즘의 일부 형태이다. 전기적으로 도움을 받는 시작은 농장의 바람에 적용된 규모가 중간과 큰 VAWT에 주요 문제가 되지 않는다. 하지만 이것은 작은 규모의 VAWT에는 주요 단점이 되는데 특히 특정 지역에 적용이나 바람 속도가 느린 지역에서는 VAWT의 전기적 시작은 많은 양의 전기를 소모할 수 있으므로 그들의 생산성 차이는 크게 줄어든다(Day et al., 2010).

7.4 풍력 터빈의 공기역학

공기역학적 힘

하나의 고체가 움직여 다른 고체에 힘을 전달할 때 만약 다른 힘이 작용하지 않는다면 두 번째 물체는 첫 번째 물체의 운동방향과 동일한 방향으로 또는 첫 번째 물체의 움직임의 방향에서 작은 각도 방향(90도보다 적은)으로 움직일 것이다. 반면에 유체에서 고체로 힘이 전달되는 방식은 매우 다르다.

풍력 터빈은 구속되지 않은 유체(여기서는 공기)에서 작동한다. 어떻게 작동하는지 이해하기 위해서 공기역학 분야의 두 가지 용어인 항력(drag)과 양력(lift)을 소개할 것이다.

공기 흐름 속의 물체는 공기 흐름이 물체에 부여하는 힘을 받는다(그림 7.18 참조). 이 힘은 서로 직각 방향으로 작용하는 항력과 양력으로 알려진 두 가지의 힘과 동일하다. 항력과 양력의 크기는 물체의 형상과 공기 흐름에 대한 방향 그리고 공기 흐름의 속도에 좌우된다.

항력(Drag force)은 공기 흐름과 같은 방향의 성분이다. 예를 들어 공기 흐름 속의 평판은 공기 유동의 방향이 평판(flat plat)의 평탄한 면과 직각일 때 최대의 항력을 경험하고 공기 흐름의 방향과 평판의 평평한 면이 나란할 때 항력이 최소다. 전통적인 수직축 풍차와 하사식 물레방아(undershot water wheel)가 주로 항력에 의해 구동된다.

공기 흐름 속에서 존재하는 항력을 최소화하도록 설계된 물체를 유선형(streamlined)이라 부르는데 이유는 그 물체 주위의 유선(flow line)이 부드러우면서 흐름과 유사한 선이기 때문이다. 유선형 모양의 사례는 눈물방울(teardrop), 상어(shark)나 송어(trout) 같은 물고기의 외형, 비행기 에어포일(aerofoil) 등이다(그림 7.19 참조).

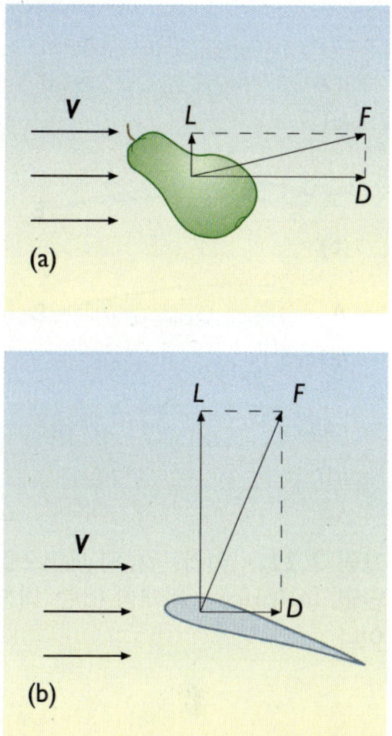

그림 7.18 • (a)와 (b) 힘(F)을 받는 유선 안의 물체. 유동 방향과 나란히 작용하는 항력(D)과 유동 방향에 90도로 작용하는 양력(L)의 두 가지 힘의 성분으로 유선 안의 힘이 만들어진다.

양력(Lift force)은 공기 흐름 방향에 대해 직각 방향의 성분이다. 비행기가 지상에서 떠서 날아가도록 하는 힘이기 때문에 양력이라고 불린다. 하지만 다른 응용 분야에서는 돛단배의 경우는 측방력(sideward force), 경주용 차량의 스포일러 에어포일(spoiler aerofoil)에서는 하향력(downward force)을 야기하기도 한다. 평판에 작용하는 양력은 공기 흐름 방향이 평판의 평평한 면과 0°각도일 때 최소이다. 공기 흐름의 방향에 대해 작은 각도에서는 저(低)압력 지역이 평판의 '하류지점(downstream)' 또는 '바람이 불어가는 쪽(leeward)' 방향에 발생하는데 그 이유는 그 방향의 유속이 증가하기 때문이다(그림 7.21과 그림 7.22가 에어포일 단면에 미치는 영향을 보여줌). 이런 상황에서 공기의 속도와 압력은 직접적인 관계가 있어 유속이 빠를수록 압력은 낮아지는데, 다시 말해 흡입 효과(suction effect)가 더 커진다는 것이다. 이 현상이 그것을 처음 설명한 스위스의 수학자인 Daniel Bernoulli의 이름을 따서 **베르누이 효과(Bernoulli effect)**라고 알려져 있다. 그러므로 양력은 유속에 직각방향으로 '흡입(suction)'이나 '밀기(pulling)' 힘으로 작용한다.

양력은 새, 비행기, 글라이더가 날 수 있게 하고 현대식 요트를 움직이게 하며 헬리콥터를 떠받치면서 날아가게 한다. 그 힘은 또한 현대식 풍력 터빈이 전기를 생산하게 하는 힘이다.

에어포일(Aerofoil)

아치형(arching) 또는 캠버형(cambering) 평판은 주어진 받음각(angle of attack)에서 더 큰 양력을 발생시킬 것이다. 에어포일 단면에는 대칭(symmetrical)과 비대칭(asymmetrical)(그림 7.22)의 두 가지 주요 종류가 있다. 두 가지 모두 많이 볼록

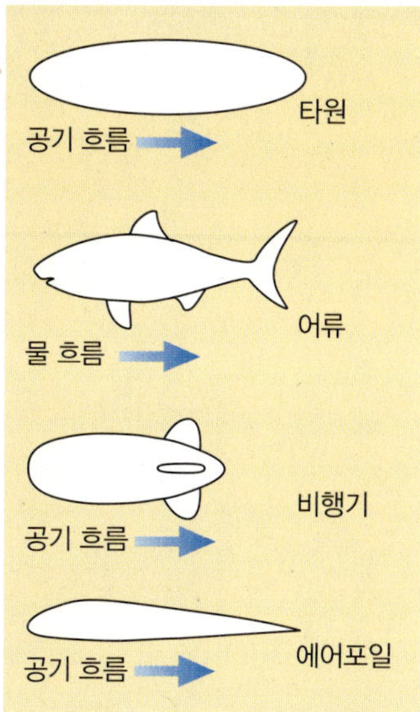

그림 7.19 • 몇 가지 유선형 모양.

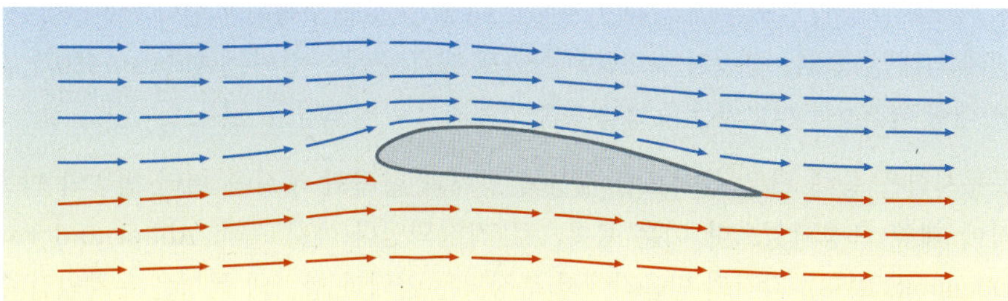

그림 7.20 • 날개 단면 주위의 유선형 흐름.

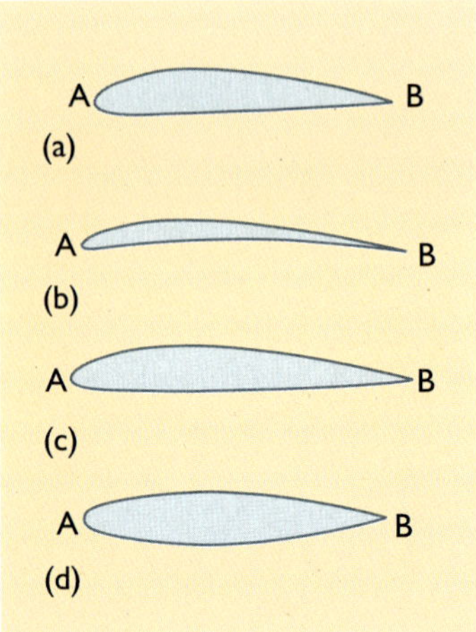

그림 7.22 • 여러 종류의 에어포일 단면. (a),(b),(c)는 비대칭 (d)는 대칭이다.

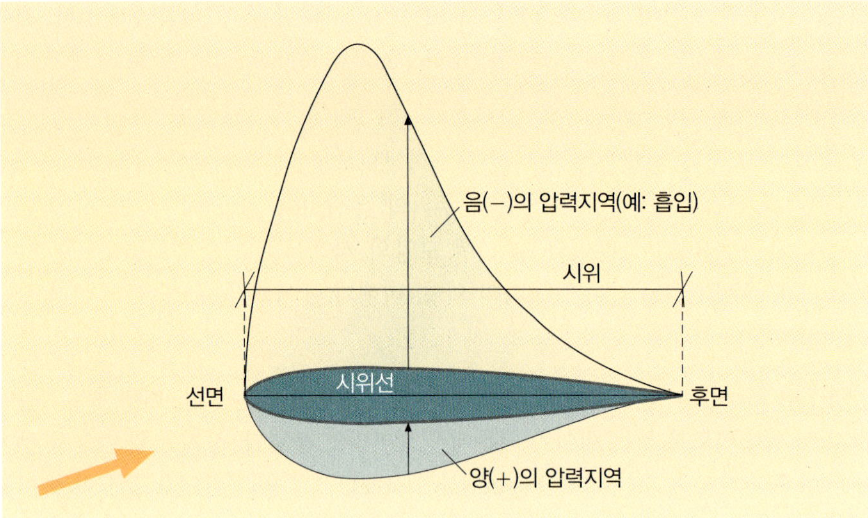

그림 7.21 • 날개 단면 주위의 공기 흐름 속에서 고압 영역과 저압 영역.

한 윗면과 전연(=앞전)(leading edge)(다가오는 공기의 흐름에 방향에 직면한 것) 및 후연(=뒷전)(trailing edge)을 가지고 있다. 이것은 'under surface'의 모양이거나 형태를 확인하는 그 단면의 높은 압력쪽이다. 비대칭 에어포일은 밑면이 공기 흐름 방향과 가까울 때 가장 큰 양력이 발생하도록 최적화되어 있다. 대칭형 에어포일은 양면에서 공기의 흐름이 시위선(에어포일 단면의 앞전의 끝부터 뒷전의 끝까지의 그 '길이')의 다른 쪽으로부터 접근하면(정반대의 방향일지라도) 똑같은 양력이 발생한다.

물체의 기준선(대게 에어포일의 시위선)에 대해 물체와 공기 흐름의 방향이 이루는 에어포일(또는 평판 또는 캠버형 평판 프로파일)의 각도를 **받음각 또는 영각 (angle of attack)** α**(alpha)**라 한다. 공기 흐름이 에어포일 아랫면을 향할 때 받음각은 보통 양(+)의 값을 가진다.

비대칭 에어포일 단면을 날개 프로파일로 적용했을 때 공기 흐름의 속도(비행기에서 이것은 앞 방향 비행 때문에 발생함)에 변하는 에어포일 단면의 볼록한 윗면(convex upper)에서 공기 흐름이 가속된다. 그러므로 고속의 공기속도는 아랫면보다 윗면의 압력 감소를 더 크게 만든다. 이 결과는 에어포일 형상의 날개를 뜨게 하는 흡입 효과(suction effect)를 발생시키지만 그것은 고압의 공기가 뒤쪽 가장자리 주위에 순환 및 감소된 압력을 상쇄 방지하는 부드러운 방식으로 아래쪽 가장자리(후연)로 알려진 에어포일의 앞인 경우에 상승만 지속할 수 있는 것을 주목해야 한다. 에어포일 단면에 의해 발생하는 양력의 강력함은 아마도 대기 중에 운전되는 Airbus A380과 같은 대형 여객기를 떠받치는 능력을 통해 효과적으로 설명될 수 있을 것이다.

풍동시험을 통해 많은 에어포일 형상의 양력과 항력의 특징이 여러 범위의 받음각에 대해 측정되었으며 이는 목록으로 작성되었다(예를 들어 Abbot and von Doenhoff, 1958). 각각의 받음각에서 측정되는 양력과 항력의 특성은 무차원인 수인 **양력계수**(C_L)와 **항력계수**(C_D) 또는 **양항비**라 부르는 **양력과 항력의 비**(C_L/C_D)

를 통해 측정된다. 이것은 Box 7.3에 정의되어 있다. 에어포일은 이제 특별히 개발된 소프트웨어를 이용해 설계할 수 있어 새로운 에어포일은 풍력 터빈이 작동하는 공기역학적인 조건에서 더 효율적이도록 설계되고 최적화된다. 예를 들면 *DU* 에어포일(Rooij와 Timmer, 2004)과 NREL 에어포일(Tangler와 Somers, 1995)을 포함한 특별한 풍력 터빈 에어포일이 있다. 그림 7.23은 하나의 에어포일 단면에 대한 대표적인 양력계수, 항력계수, 양항비를 보여주고 있다. 풍력 터빈 블레이드 설계를 위해 적절한 에어포일 단면을 선택할 경우에 이 계수들을 아는 것은 필수적으로 필요하다. 양력과 항력은 둘 다 중력에너지에 비례한다.

상대풍속

풍력 터빈이 정지되었다면 풍력 터빈 블레이드에서 보는 바람의 방향은 비교란(undisturbed) 풍향과 동일하다. 그러나 일단 블레이드가 움직이면 블레이드로 접근 중인 바람의 방향은 블레이드의 속도에 비례해서 변화한다. 움직이는 수직축 풍력 터빈 블레이드의 경우 블레이드에서 바라보는 풍향은 회전 사이클 중에 블레이드의 위치에도 영향을 받는다(그림 7.27 참조). 2차원 **벡터(vector)**가 이 영향을 도식적으로 표시하는데 사용된다. 2차원 벡터는 크기와 방향의 두 가지 성분을 가진

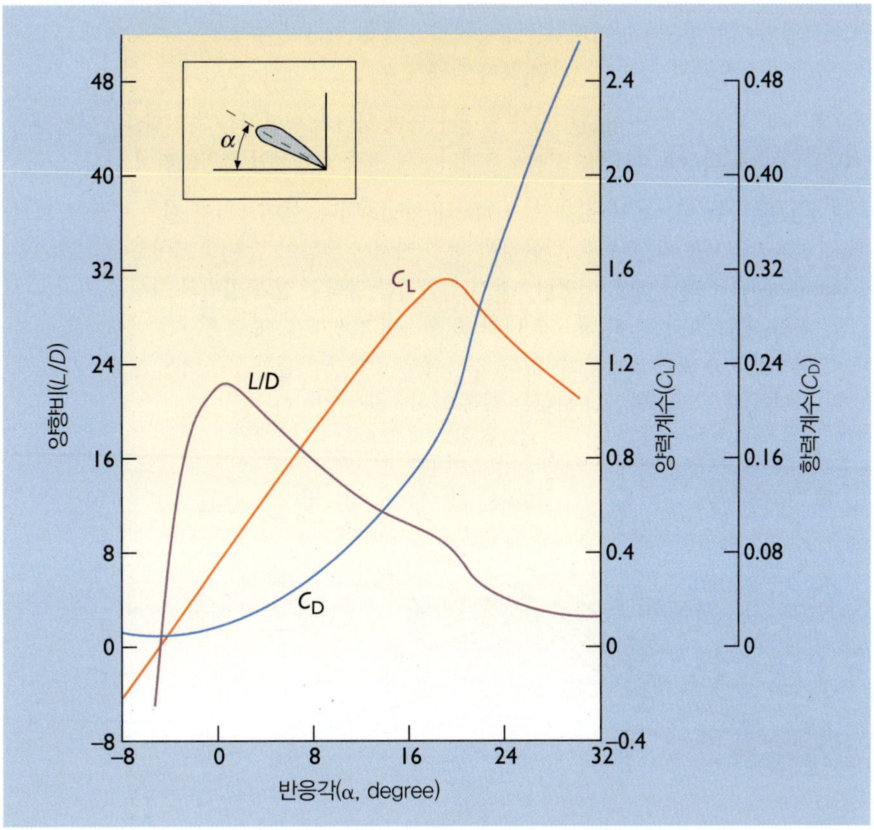

그림 7.23 • 받음각(α)에 따른 양력계수(C_L), 항력계수(C_D), 양항비(L/D)(Clark Y 에어포일 단면의 경우). C_L곡선의 최고점 우측영역은 실속이 발생하는 받음각에 해당한다.

Box 7.3 에어포일 단면과 양력계수 및 항력계수

에어포일 평면의 시위는 블레이드에 따라 지정된 위치에서도 풍력 터빈 블레이드의 폭과 동일하다는 점을 명심한다.

항력계수(C_D)

에어포일의 항력계수는 다음 식으로 표현된다.

$$C_{\mathrm{D}} = \frac{D}{0.5pV^2A_{\mathrm{b}}}$$

D: 항력 (N)

ρ: 공기의 밀도 ($\mathrm{kg/m^3}$)

V: 에어포일에 접근하는 공기의 속도 (m/s)

A_b: 블레이드의 면적(시위 길이) (m^2). 블레이드 부품의 경우에 면적은 블레이드의 평균 시위 길이.

양력계수(C_L)

에어포일의 양력계수는 다음 식으로 표현된다.

$$C_{\mathrm{L}} = \frac{L}{0.5pV^2A_{\mathrm{b}}}$$

L: 양력 (N)

에어포일의 양력계수와 항력계수는 풍동시험을 통해 여러 받음각과 풍속에 대해 측정할 수 있다. 측정결과는 그림 7.23처럼 표나 그래프 형태로 소개할 수 있다.

각각의 에어포일은 양항비(C_L/C_D)가 최대가 되면 하나의 받음각을 가진다. 이 받음각은 최대의 합력을 발생시켜서 HAWT의 블레이드의 가장 효율적인 운전조건이 된다.

에어포일의 다른 중요한 특징은 실속각(stall angle)이다. 에어포일이 실속 반응을 보일 때의 받음각을 말한다. 실속은 받음각이 너무 커져서 유동이 갑자기 에어포일의 흡입면(suction side)을 떠날 때 일어난다. 그 결과 급격한 양력 손실과 항력의 향상을 가져온다(그림 7.23과 그림 7.24). 비행기가 비행 중 실속이 발생했을 때 조종사가 비행기를 회복시키지 못한다면 매우 위험할 수 있다. 강풍에서 로터가 추출하는 출력을 제한하기 위해 풍력 터빈이 사용하는 방법의 하나는 실속을 이용하는 것이다.

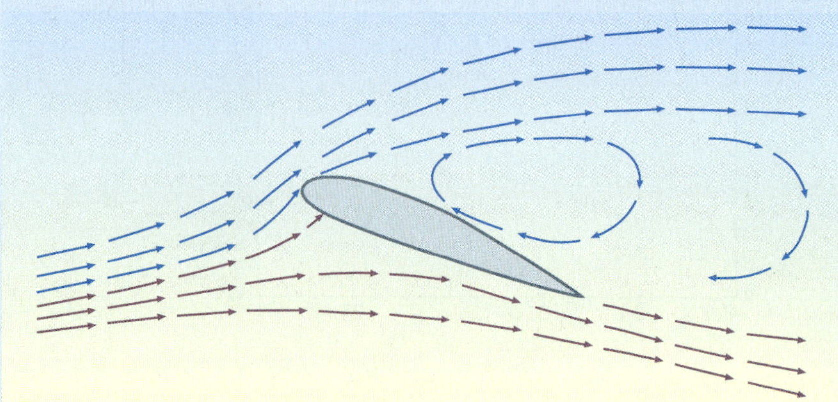

그림 7.24 • 실속 상태의 에어포일 단면.

다. 속도 벡터는 화살표 형태로 표시할 수 있는데 화살표의 크기는 속력에 비례하고 그것의 각도는 흐름의 방향을 나타낸다.

움직이는 블레이드 관점에서 본 바람은 상대풍(relative wind)이며 그 속도는 상대풍속(일반적으로 W로 표시)으로 알려져 있다. 로터에서 바람 속도(즉, 벡터 합) 벡터 V_1(즉, 그대로 풍속 벡터(V_0)에서 축 간섭 요인으로 알려진 요인에 의해 감소)과의 그 지점에서 블레이드의 접선 속도 벡터 $\boldsymbol{u}$(Box 7.4 참조). 초(m s^{-1}) 당 미터로 측정 접선 속도는 초 당 또는 분 당 회전 수(Box 7.2)에서 라디안 단위로 측정되는 각속도와는 다른 값이다.

움직이는 블레이드 위의 한 점에서 상대풍을 바라본 각도가 **상대풍 각도(relative wind angle)**(대게 ϕ로 표시)이고 접선속도 벡터(u)로부터 측정된다. 블레이드 각도 β는 블레이드 한 점에서 받음각 α를 빼주는 것과 관계가 있다(Box 7.4).

공기역학적 힘 이용하기

최신 수평축 및 수직축 풍력 터빈은 바람에서 동력을 발생시키기 위해 에어포일에서 발생하는 공기역학적 힘을 이용하는 것은 비슷하지만 이 힘을 이용하는 방식은 터빈마다 다르다.

로터축이 비교란 풍향과 항상 일직선을 이룬다는 가정에서 고정 피치 블레이드를 갖는 HAWT의 경우 풍속과 회전속도가 일정한 경우 로터 블레이드의 받음각은 회전 사이클 동안 일정하게 유지된다(Box 7.4).

반면 동일한 조건에 고정피치 블레이드를 가진 VAWT의 블레이드의 받음각은 회전 사이클 내내 일정하게 변화한다.

수평축 로터(horizontal axis rotor)의 일반적인 작동 중에 에어포일이 바람을 바라보는 방향에서 항상 받음각이 양(+)의 값을 유지한다.

그러나 수직축 로터의 경우에는 회전 사이클마다 받음각이 양(+)에서 음(−)으로 변하고 다시 원래대로 돌아간다. 이것은 '흡입' 면이 사이클마다 역전된다는 것을 의미하므로 받음각이 양(+)인지 음(−)인지에 상관없이 전력이 확실히 생산되도록 대칭 에어포일을 사용한다.

수평축 풍력 터빈

대부분의 수평축 풍력 터빈은 회전축이 풍향과 일직선이 되도록 작동해서 축류(axial flow) 장치라고 부른다. 회전축은 요잉장치(yawing mechanism)에 의해 풍향과 일직선이 되도록 유지된다. 요잉장치는 풍향의 변화에 따라 풍력 터빈 로터를 항상 재조정한다.

축류 수평축 풍력 터빈의 성능(출력, 토크, 회전속도)은 블레이드가 스쳐지나는 회전면적(swept area)과 로터 직경 외에도 다른 수많은 요소의 영향을 받는다.

Box 7.4 HAWT 로터 블레이드 풍력과 속도

그림 7.25는 HAWT의 움직이는 로터 블레이드의 단면을 보여준다. 또한 어느 순간에 블레이드 임의 위치에서 힘과 속도의 벡터선도를 보여준다.

블레이드가 움직이고 있어 블레이드가 상대풍속 W를 바라보는 방향은 그 지점에서 블레이드의 접선속도 u와 로터에서의 풍속 V_1의 합성방향이다. 이 다이어그램에서 u의 방향이 회전 블레이드의 이동방향과 반대방향으로 표시되어 있으며 같은 방법으로, 모터에 있는 깃발은 바람이 없는 날씨 지점에서 그 배의 선미로 움직일 때 그 배의 전진 운동에 반대 방향에서 'flowing' 되는 공기를 보여준다.

로터풍속(V_1)은 로터의 상류방향(upstream)의 비교란 풍속(V_0)에서 동력 추출에 의해 풍속이 주는 것을 고려한 요소 때문에 감소한 양이다. 이용소를 종종 축 방향 간섭계수(axial interference factor)라 부르고 로 표시한다.

블레이드 상의 한 지점의 접선속도 u(m/s)는 로터의 각속도 OMEGA(rad/s)와 그 지점의 국부(local) 반경 r(m)의 곱이다.

$$u = \Omega r \tag{3}$$

1928년 Albert Betz는 풍속에서 이론적으로 추출할 수 있는 최대 출력률(power fraction)은 16/27(59.23%)임을 밝혀냈다. 이것은 비교란 풍속이 1/3 감소했을 때 발생하는데 다시 말해 축 방향 간섭계수 a가 1/3이 될 때이다. 59.3%를 **Betz 한계(Betz limit)**라 부르고 수평축 및 수직축 풍력 터빈 모두에 적용할 수 있다.

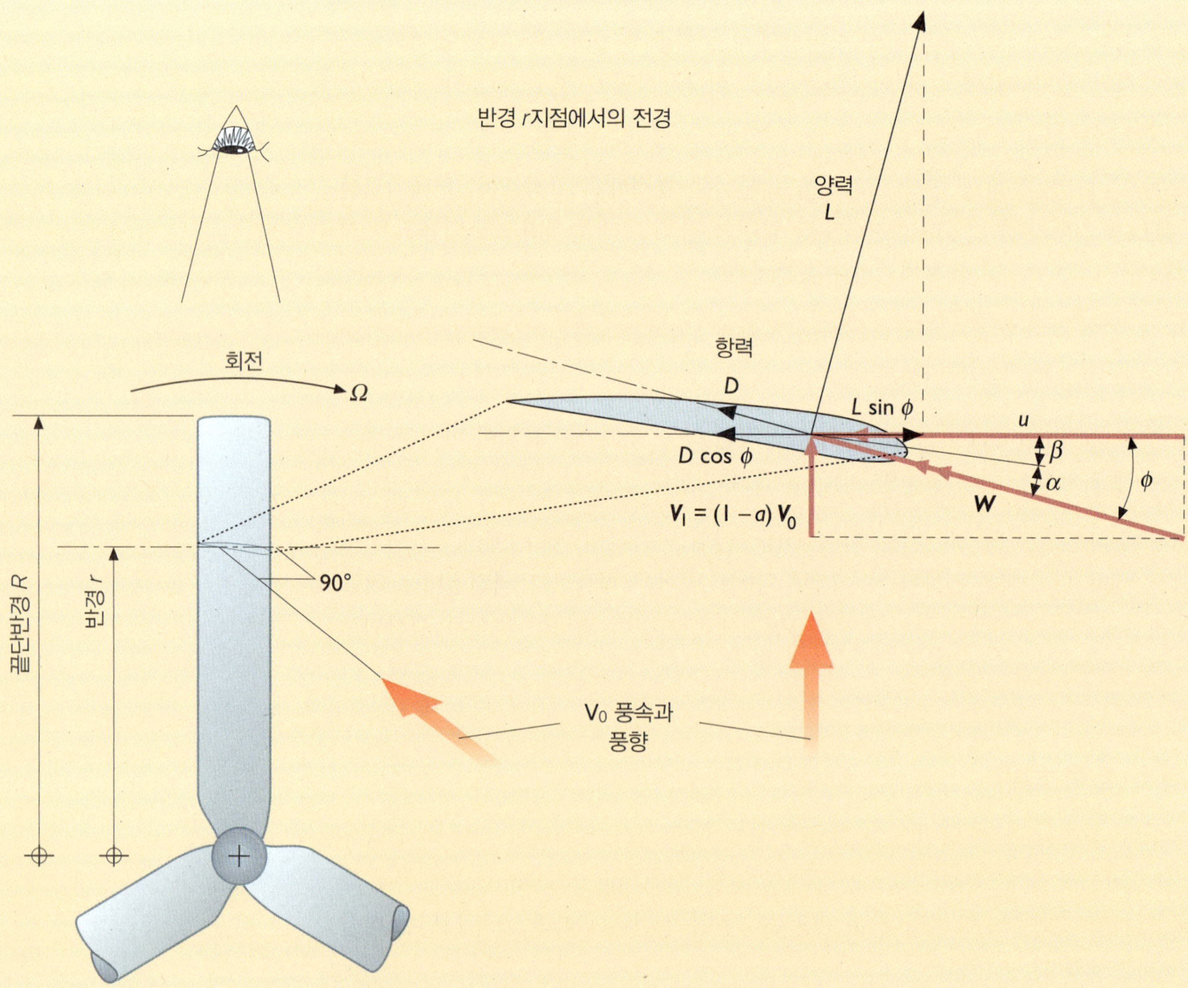

그림 7.25 • 움직이는 HWAT 로터 블레이드 단면도의 벡터선도. 블레이드 위의 지점에서 항력(D)은 상대풍속(W)의 방향과 일직선상에 작동하고 양력(L)은 그것에 90도로 작동하고 있다.

상대 풍 각도(ϕ)는 상대 풍과 블레이드(위의 한 지점에서 국부 반경 r인 임의 지점)가 이루는 각도로 **회전 평면(plane of rotation)**에서 측정된다. [주의: 에너지를 추출하는 풍력 터빈으로 인한 풍속이 감소하지 않는다면 국부 끝단속도비는 블레이드에서 tangent(ϕ)의 역수와 같을 것이다] 블레이드의 그 지점에서 받음각 α는 상대 풍 각도(ϕ)에 대하여 측정될 수 있다. **블레이드 피치각도(blade picth angle)**는 보통 β로 표시하는데 상대풍 각도에서 받음각을 뺀 각도이다.

로터는 비교란 바람의 직각평면 안에서 회전하도록 고정되어 있기 때문에 블레이드 위의 정해진 지점에서의 **구동력(driving force)**은 회전면 내에서 작동하는 에어포일 양력의 성분이다. 구동력은 양력(L)과 $sin\phi$의 곱으로 구해진다. 이 지점에서 로터 평면 내의 항력성분은 항력(D)와 $cos\phi$의 곱이다.

토크 $q(Nm)$는 로터 평면 내에서 로터의 **회전 중심에 대한 모멘트(moment)**이다. 블레이드의 임의 지점에서서의 토크는 회전 평면 내의 순(net) 구동력(말하자면 양력에서 항력을 차감한 힘)과 국부 반경(r)과의 곱이다. 로터에 작동하는 **전체 토크(Q)**는 블레이드의 길이 상의 모든 점에 대한 토크를 합해서 블레이드 수와 곱하면 구할 수 있다. 로터의 출력은 전체 토크(Q)와 로터의 각속도(OMEGA)의 곱이 된다.

왜 로터 블레이드는 비틀어지는가?

상대적인 바람의 각도 ϕ의 크기와 방향은 주변 반경 r에 따른 블레이드의 길이에 따라 변화한다. 방정식(3)은 접선속도가 반경에 따라 변화하는 것을 보여준다. 접선속도가 허브 쪽에서 감소하기 위해서는 상대적인 바람의 각도가 점진적으

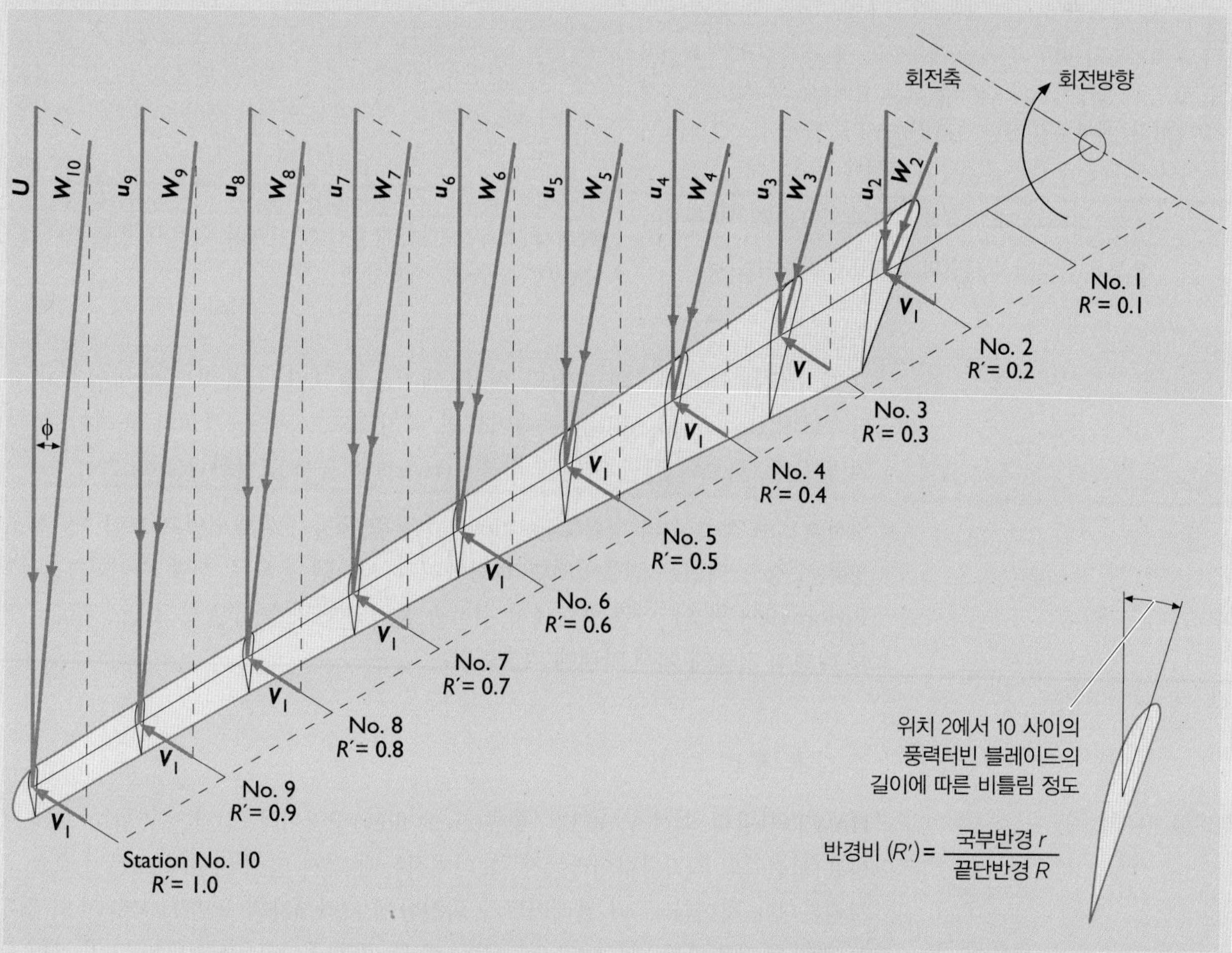

그림 7.26 • HWAT 로터 블레이드 디자인의 3차원 모양(블레이드는 수평위치에 표시되고 회전축의 위쪽 일부를 통해 이동됨)을 보여주고 있다. 바람의 각도(f)가 블레이드 길이(span)에 따라 어떻게 변화하는지 보여준다(비고: 블레이드 익형 및 받음각을 블레이드의 길이를 따라 일정한 것으로 가정하면 다이어그램(오른쪽 하단)은 블레이드 길이의 블레이드 길이 방향으로 기본 비틀림 크기가 나타나는데 이는 위치 2에서 10 사이의 풍력 터빈 블레이드의 길이에 따른 비틀림 정도를 나타낸다).

로 증가해야 한다(그림 7.26). 최적의 성능을 위해 디자인된 HAWT 로터는 점점 가늘어진 블레이드를 가질 것이고 로터의 길이(로터의 길이에 걸쳐서 사용된 에어포일 단면이 같다는 가정)에 속한 받음각도 일정할 것이고 이것은 비틀어진 형태가 될 것이다. 비틀어진 정도는 처음에서부터 끝까지 점진적으로 다양(상대적인 바람의 각도처럼)할 것이다. 그림 7.26은 HAWT 로터 블레이드처럼 점진적인 비틀림을 보여준다. 비록 비틀림이 없는 기능적인 HAWT 로터 블레이드를 만드는 것은 다른 방법으로도 가능하지만 HAWT 블레이드의 대다수 제작자는 가늘어진 형태와 비틀린 블레이드를 사용한다. 이것은 더 싸지만 효율이 더 작고 얼마나 잘 작동하는지는 에어포일의 특성과 전반적인 블레이드의 피치각의 둘의 부분에 따라 달라진다.

블레이드 간격

블레이드 간격뿐 아니라 블레이드 사이의 각은 가변 간격 로터 블레이드의 경우 전체 블레이드는 축을 중심으로 회전할 수 있도록 블레이드의 길이와 전체 블레이드의 각도를 설정해야 한다. 대부분의 가변 간격 HAWT의 블레이드 간격을 변화시킬 때 다음과 같은 조건을 수렴해야 한다:

- 풍속의 조건에 따라 터빈의 발전력을 최적화할 것
- 높은 풍속에서 터빈의 출력량을 감소시킬 것
- 매우 높은 풍속 조건이거나 공원과 같은 장소에서 로터의 회전을 방지할 수 있도록 블레이드의 각도를 회전방향의 90도에 가까워지도록 설정할 것

블레이드의 각도와 간격이 고정된 경우 로터의 제어가 어려우며 생산력이 떨어진다. 대부분의 대형 풍력 터빈의 경우 가변 간격 블레이드를 적용했지만 대부분의 마이크로 풍력 터빈, 소형 풍력 터빈과 몇몇 중형 풍력 터빈은 블레이드의 간격을 고정한 경우도 있다.

풍력 터빈의 실속제어

풍력 터빈이 풍속과 상관없이 일정 회전속도로 회전하고 블레이드 피치각도가 고정되었다고 가정하면 풍속이 증가함에 따라 끝단속도비는 감소한다. 동시에 바람의 각도는 증가해서 받음각이 증가한다.

받음각이 실속각에 접근하기 때문에 만약 로터 블레이드가 정격 풍속 이상에서는 효율을 조금 낮추게 설계할 수 있다면 강풍에서 터빈을 제어하는데 이 특성을 이용할 수 있다. 실속상태가 된 블레이드 영역에서 이러한 현상은 양력의 손실을 가져오고 따라서 토크도 감소하게 된다.

실속제어라 부르는 이 방법은 수많은 고정피치 HAWT 로터에서 성공적으로 사용되고 있으며 최신식 양력 구동형 VAWT 로터에도 이용된다.

그 요소에는 블레이드의 숫자와 형상, 에어포일 단면, 블레이드의 시위길이, 끝단속도비(tip speed ratio), 블레이드의 피치각도, 상대풍 각도와 블레이드에서의 받음각, 허브와 끝단 사이의 비틀림(twist)양 등을 포함한다(Box 7.4).

역사적으로 적은 수의 횡류(cross-flow) 수평축 풍차가 개발되었고(그림 7.9 참조) 횡류 수평축 터빈은 건물일체형 바람에너지 시스템 용도로 개발 중이다(7.8장과 Taylor, 1998 참조). 이런 맥락에서 수직축 풍력 터빈과 동일한 방식으로 횡류 수평축 터빈의 기능에 대해 아래에 기술했다.

수직축 풍력 터빈

HAWT와 달리 최신 VAWT는 횡류(cross-flow)장치이다. 이것은 바람이 오는 방향은 회전축의 직각방향이라는 것을 의미하는데 다시 말해 바람의 흐름이 축을 가로지른다는 것이다. 로터 블레이드가 회전함에 따라 3차원 표면(H-VAWT의 경우는 원기둥 표면이고 V-VAWT의 경우는 원뿔 표면)을 지나가고 HAWT의 로터 블레이드가 지나가는 하나의 원형평면과 구별된다.

재래식 수직축 풍차와는 다르게 현대식 VAWT의 블레이드는 회전표면의 전후(풍향에 관련된 면과 구분됨)를 통과하는 바람으로부터 대부분의 동력을 추출한다.

VAWT는 모든 방향의 바람에서 작동할 것이다. 하지만 하나의 특정 방향에서 바람이 불고 있고, 블레이드의 각도 선정은 시위(chord)가 원형 회전경로의 접선과 일직선이 되도록 했다고 가정해보자(말하자면 0피치 설정이다). 확실하게 비교란 풍향에 대해 블레이드의 각도는 회전 사이클마다 0~360° 까지 변한다. 블레이드에 대해 바람의 받음각은 똑같이 변할 것처럼 보인다. 그러므로 VAWT가 모든 각도에서 작동하는 것은 불가능해 보인다. 하지만 블레이드가 움직이면 블레이드에서 보이는 상대풍 각도는 로터에서의 풍속(V_1)과 블레이드 속도(u)의 합성(W)라는 것을 고려해야 한다(Box 7.4 참조). 블레이드가 풍속에 대해 충분히 빠르게 움직인다면(이것은 끝단속도비(끝속도/풍속)가 실제로는 3이상이라는 것을 의미) 블레이드와 상대풍 속도(W)가 이루는 받음각은 작은 범위 안에서만 변화할 것이다(그림 7.27 참조).

7.5 풍력 터빈의 출력과 에너지

얼마나 많은 출력을 생산할 수 있을까?

풍력 터빈의 출력은 풍속에 따라 변화하고 모든 터빈은 고유의 **풍속-출력곡선(wind speed- power curve)**을 한 개씩 갖는다. 풍속-출력곡선의 형상은 다음과 같은 조건에 의해 영향을 받는다.

- 로터의 회전면적
- 에어포일의 종류

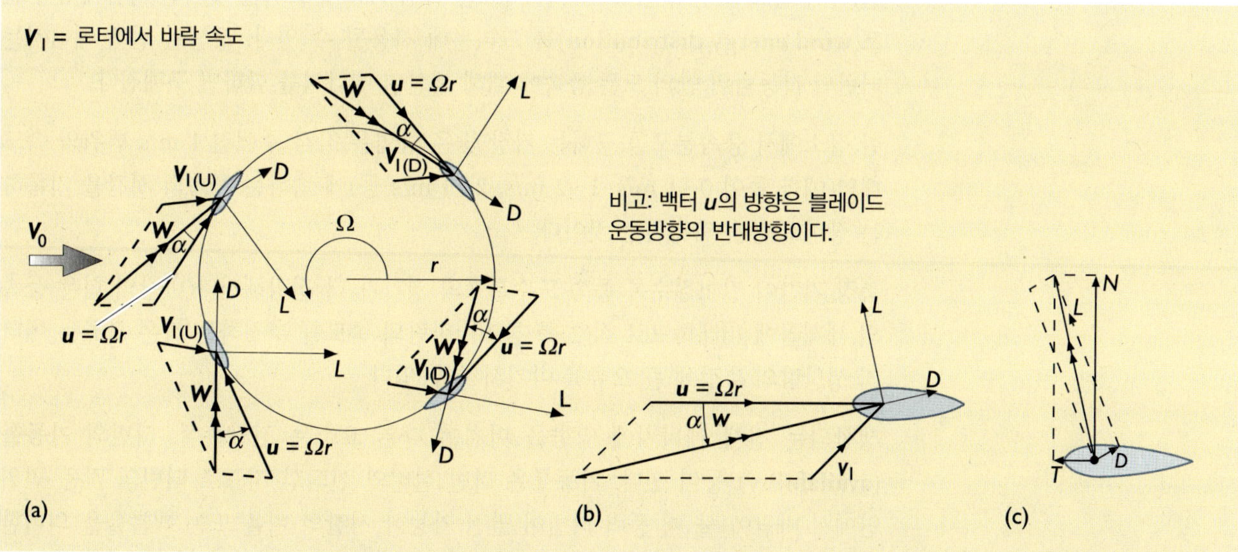

그림 7.27 • VAWT 로터 블레이드에 작용하는 양력과 항력은 두 성분으로 나눌 수 있다. 수직 N(반경이 가진 선)과 접선 T(반경에서 직각). 받음각이 다양하므로 두 성분의 크기는 다양하다. (a) VAWT에 대한 블레이드 힘과 상대속도 다른 위치에서 받음각을 보이고 있다. (b) VAWT 로터 블레이드의 한 블레이드 요소의 양력 세부사항 (c) VAWT 로터에 수직(반지름)과 접선(현의 폭) 힘의 구성요소 주의) $V_1(u)$는 역풍 방향에서 로터에서 바람 속도이다. $V_1(D)$는 순풍 방향에서 로터에서 바람 속도이다.

- 블레이드 개수
- 블레이드 형상
- 최적의 끝단속도비
- 회전속도
- 시동 속도(터빈이 전력을 생성하기 시작하는 바람의 속도)
- 정격 속도(터빈의 정격 출력을 생성하는 바람의 속도)
- 정지 풍속(터빈이 정지하고 전기 생산을 중지하는 바람의 속도 – 퍼링 바람의 속도라고도 함)
- 공기역학적 효율(전력계수)
- 기어 효율
- 발전기 효율

이러한 곡선의 예는 그림 7.28에 표시되어 있다.

얼마나 많은 에너지를 생산할 수 있을까?

풍력 터빈이 생산할 에너지는 풍속–출력 곡선과 현장의 **풍속 도수분포(wind speed frequency distribution)** 두 가지의 영향을 받는다. 후자는 원래 주어진 기간 동안 다양한 풍속에서 바람이 부는 시간을 나타내는 그래프나 히스토그램이다. 그림 7.29는 대표적인 풍속 도수분포이다.

터빈의 작동범위(시동 속도와 정지 속도 사이) 안의 각 풍속증분에 대해 생산되는 에너지는 이 풍속에서 바람 지속시간과 터빈출력(터빈의 풍속–출력 곡선에서 구해짐)과의 곱으로 얻어진다. 그다음 자료는 그림 7.30에 보이는 것처럼 **바람에너지 분포(wind energy distribution)**를 그리는데 사용될 수 있다. 생산된 전체 에너지는 터빈의 작동범위 안의 모든 풍속에 대해 생산된 에너지를 합하면 구해진다.

한 장소에서 풍속분포를 구하는 가장 좋은 방법은 각각 주어진 1 m/s 범위의 속도 대역(예를 들어 0~1 m/s, 1~2 m/s, 2~3 m/s 등)에 속하는 풍속의 시간을 기록하는 장비로 풍속 측정하는 것이다.

측정 기간이 길어질수록 풍속 도수분포의 평가가 더 정확해진다(바람의 힘은 풍속의 세제곱에 비례하므로 식(2)를 참조). 바람의 속도를 추정하는 작은 오류는 에너지 생산량의 추정에 큰 오류를 야기시킬 수 있다.

생산되는 전체 에너지에 영향을 미치는 다른 요소는 전달손실, 터빈의 **가동률(availability)** 등이 있다. 가동률은 터빈 설비의 신뢰성 지표로 터빈의 작동 범위 안에서 바람이 불 때 풍력 터빈이 발전 가능한 시간의 비율 또는 백분율을 의미한다. 현재 상업용 풍력 터빈은 일반적으로 연간가동률이 90%를 초과하고 높은 것들이 95% 이상이며 일부는 98%를 달성하고 있다.

한 장소의 연간 평균 풍속을 알거나 계산할 수 있다면 다음의 공식(EWEA ,1991;

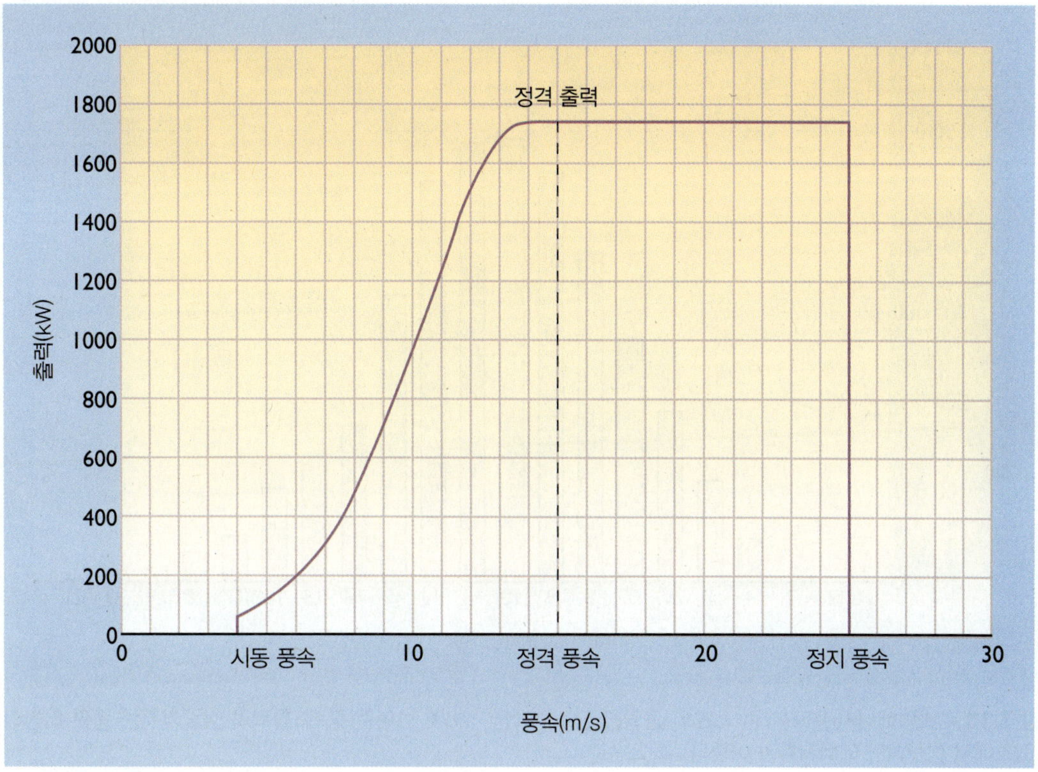

그림 7.28 • 풍력 터빈의 대표적인 풍속–출력곡선.

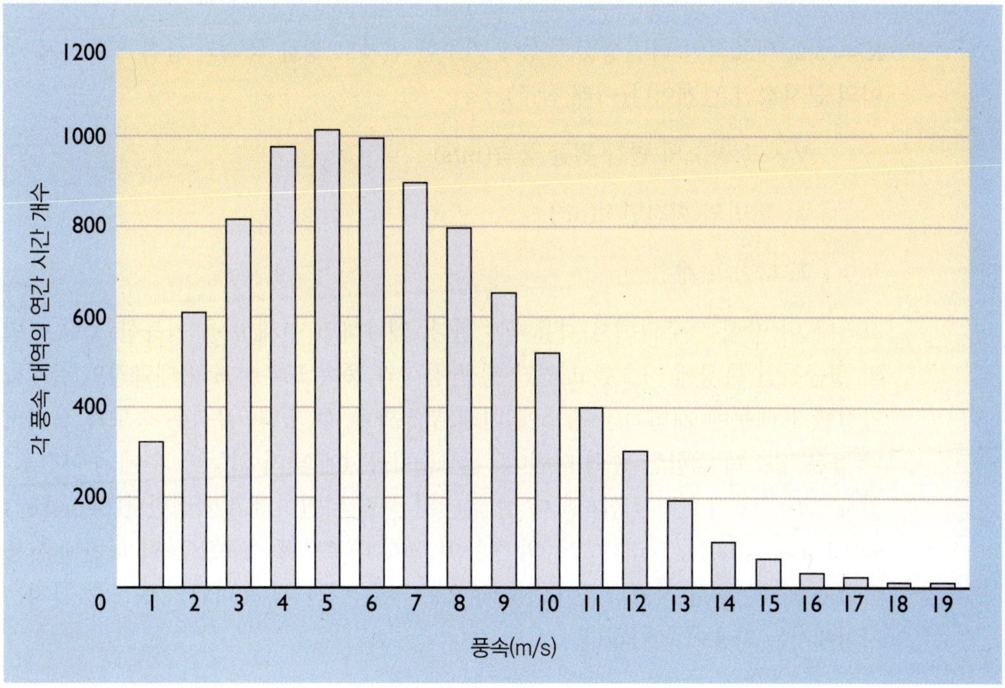

그림 7.29 • 대표적인 지역의 풍속 도수분포.

Anderson, 1992, Beurskens and Jensen, 2001)은 그 장소의 풍력 터빈에서 나오는 대략적인 초기 전기생산량(kWh/year)을 계산하는 데 사용할 수 있다.

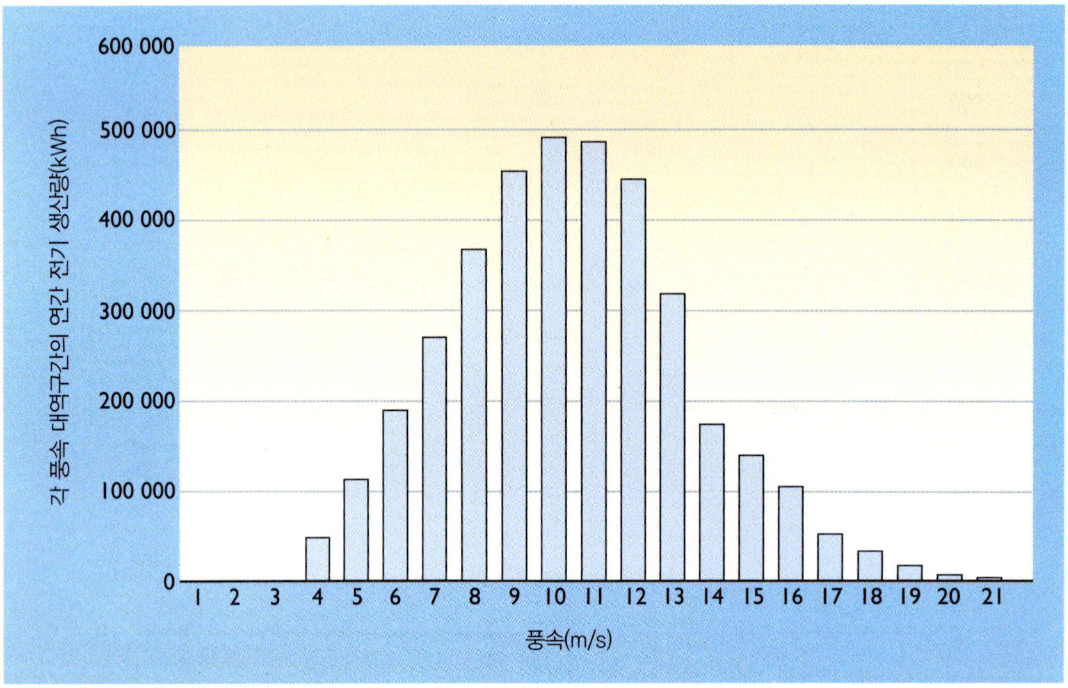

그림 7.30 • 바람에너지 분포(그림 7.29와 동일한 장소). 그림 7.28에 보여준 풍속—출력곡선을 가지는 풍력 터빈이 이 장소에서 생산하는 에너지를 보여준다.

연간 전기생산량(Annual electricity production) = $KV_m^3A_tT$

K = 3.2, 대표적인 터빈성능 특성에 기초한 인자로 평균 풍속과 풍속 도수분포 사이의 근사적인 관계이다(아래 참조).

V_m: 그 장소의 연간 평균 풍속(m/s)

A_t: 터빈의 회전면적(m^2)

T: 터빈의 개수

그러나 이 공식은 주의해서 사용해야 한다. 왜냐하면 현재 이용 가능한 풍력 터빈의 평균적인 특성에 기초했고 연간 평균 풍속과 풍속 도수분포의 대략적인 관계를 가정했기 때문에 개별적인 장소에 대해 부정확할 수 있다. 공식은 속도가 느리거나 높은 장소에 적합한 풍력 터빈의 다른 출력곡선에 맞지 않는다. 위에 주어진 K-인자 3.2는 그 장소에 적합하도록 잘 설계된 풍력 터빈이라고 가정한다(Beurskens and Jensen, 2001). 그러나 그들의 성능이 크게 다르므로 소규모 풍력 터빈에 사용하고 교외 및 도시 지역과 같이 잠재적으로 낮은 연간 평균 바람의 속도를 가지는 지점에서는 사용이 불가하다.

비록 도심지역의 불확실성이 여전히 높다 하더라도 작은 풍력 터빈(이하 200 m^2 회전면적)의 잠재적인 전력 생산은 공급 업체가 영국 풍력에너지 협회 기준 연간 에너지(RAE) 값(BWEA, 2008) 또는 연간 미국 풍력에너지협회 정격에너지(RAE)을 제공하고 함께 연간 에너지 생산 곡선(AWEA, 2009)을 통하여 충분히 추정이 가능하다.

한 장소의 풍속특성 평가

어떤 장소에서 자세한 측정을 하는 것은 비용이 많이 들며 크기가 작은 풍력 터빈에서 바람의 속도 측정은 거의 실시되지 않는다. 하지만 SODAR(초음파 검출 거리측정)와 도플러 LIDAR(광 검출 거리측정)와 같은 원격 감지방법을 이용해 큰 설비 없이 풍속을 측정할 수 있다. 게다가 낮은 비용으로 작은 크기의 풍력 터빈의 모니터링이 가능하다.

특정 위치에서 풍속과 풍향을 측정하기 위해선 최소한 1년간 측정하는 것이 바람직하다. 그러나 측정값은 단지 특정 기간의 정보를 제공할 뿐이지 기상예보는 언제든지 변할 수 있다. 더 긴 기간 동안 바람의 특성을 확인하기 위해 하나 이상의 가까운 위치의 관측소에서 측정된 데이터와 비교 분석하는 것이 바람직하다. 그리고 2개의 데이터의 통계분석 후 기상 관측소에서 측정된 데이터를 비교하는 것이 유용하다. 그리고 2개 데이터의 통계분석과 기상관측소에서 장기간 측정한 데이터를 외삽법에 의해 구할 수 있는데 이 방법을 측정-연관성-예측법 또는 MCP 방법이라고 한다.

다양한 통계 분석 기술을 기반으로 MCP 방법론은 구현시키는 수많은 상식이 있다(Rogers et al, 2005, 2006). 이러한 방법은 다양한 소프트웨어 패키지에 내장되어 있지만 이러한 응용 프로그램은 신중한 판단을 필요하며 여러 알고리즘은 편견을 방지하기 위해 사용되어야 한다.

한정된 위치에서 풍속과 풍향을 측정하는 것이 불가능하거나 예비분석 기기가 설치되지 않은 곳에서 바람의 속도나 방향 등을 계산할 수 있는 수많은 기술들이 있다.

근접 장소의 풍속 측정값 이용하기

하나 이상의 근처 장소의 존재하는 풍속 측정값을 이용하거나 내삽법과 외삽법으로 제안된 장소를 위한 풍속의 자료를 얻는 것은 그 지역에서 측정한 값과는 차이가 있다는 것을 항상 고려해야 한다.

풍속지도 이용하기

풍속지도는 영국과 많은 다른 나라에서 평균 풍속의 추정값을 얻는 데 이용한다. 그러나 풍속지도 대부분은 기상관측소에서 측정한 자료를 사용해서 만들어졌는데 기상관측소는 풍력에너지에 대해서는 적당하지 않은 장소에 위치한 곳이 많았다.

덴마크의 Riso 연구소가 유럽 집행위원회(European Commission)를 위해 *A European Wind Atlas*(Troen and Peterson,1989)를 출판했다. 650장이 넘는 방대한 이 책은 유럽연합(*EU*)내 여러 지역의 지도를 포함하고 있다(그림 7.31 참조). 이것은 다섯 개의 다른 지형 조건(주거지형, 벌판, 해안, 공해, 언덕과 능선 등)에 대해 지표면 위 50 m 지점에서의 연평균 풍속을 나타낸다. 지도는 이용할 수 있는 바람에너지를 추정하기 위해 장소의 특성을 고려한 전체적인 모습을 포함한다. 이 과정은 완만한 지형에서 매우 효과가 있지만 도심이나 가파른 지형에서는 그렇게 좋지는 않다. 비슷한 지도책(그림 7.31 포함)은 유럽연합(Ris, 2009)에서 바닷가에서의 바람 에너지 자원을 보여주고 있다. 동일한 방법으로 러시아, 남아프리카, 북아프리카의 일부분 그리고 아일랜드, 미국 및 캐나다의 풍속지도를 생산하고 있다.

에너지 기술 지원단(The Energy Technology Support Unit: ETSU)이 또한 영국의 풍속지도를 준비했다. 기상관측소, 영국의 디지털 지형모델(Digital Terrain Model), 풍속 예측 전산모델 등에서 나온 풍속 자료를 사용해서 ETSU는 영국 국립지리원(Ordnance Survey)의 각각의 1 km 대한 연평균 풍속을 추정했다(Burch and Ravenscroft, 1992): 이것은 시골 지역을 위한 유용한 풍속지도/데이터베이스이지만 시골 지역에서의 연간 바람 속도를 과하게 예측해 도시와 같은 지역에 적용하면 안 된다(바람이 부는 지역에 풍력에너지 개발을 위한 대부분의 풍력지도임). 영국 Microgeneration의 설치 기준은 MIS 3003(MIS, 2011 그리고 MCS, 2011) 소형 풍력 터빈 또는 마이크로 풍력 터빈을 고려하고 몇 가지 조정 요소를 포함하지만 다양한 상황에서 적용될 때 그것의 신뢰성은 매우 떨어진다. 이 풍력지도는 더 이상 업데이트되지 않고 있지만 여전히 기후변화 및 Renewable UK와 Department for Climate Change(DECC) 웹사이트(Renewable UK, 2011a; DECC, 2011a)를 통해 접속할 수 있다.

NOABL 데이터베이스의 비신뢰성 때문에 영국 에너지 절약 신뢰원에서는 영국의 소형 풍력 터빈을 시험하면서 상당한 축적량의 풍속 데이터베이스를 만들었다. AMWS의 데이터베이스는 도시뿐 아니라 교외에서도 영국의 우편코드를 입력함으로써 접근할 수 있다(EST, 2011년).

비슷한 이유로 UK Carbon Trust는 도시 및 교외 지역에 대한 번호 조정과 함께 그 자체의 광범위한 풍속 데이터에서 파생된 새로운 풍속 데이터베이스를 개발하도록 영국 기상청에 의뢰했다. 영국 기상청의 수많은 변수와 함께 적절한 OS 그리드 기준 또는 우편번호를 입력함으로써 Carbon Trust의 웹사이트(Carbon Trust, 2011)를 통해 접근할 수 있다. 그것은 도시뿐 아니라 교외를 위한 NOABL 데이터베이스의 개선으로 보이지만 여전히 같은 장소에서 풍력 터빈을 설치하는 것은 주의할 필요가 있다.

바람 흐름의 해석 모델

많은 전산 모델이 풍속에 미치는 지형의 영향을 예측하기 개발되었다. 장소에 대한 설명과 함께 가장 가까운 풍속 측정 장소에서의 자료가 필요하고 계획된 풍력 터빈 장소를 위해 추정된 바람 자료에 근접하도록 지역적 영향이 고려된다. 두 개의 가장 유명한 모델이 NOABL과 WASP이다. NOABL은 영국 바람지도 개발 시, WASP는 유럽 바람지도 개발 시 사용되었다(그림 7.31). WASP는 적어도 2개의 독점 풍속평가 전산 소프트웨어 모델의 기초로 한다. 그러한 모델은 신중히 사용한다면 초기 평가를 수행하는 데 유용할 것이다.

CFD(computational fluid dynamics)는 복합적인 영역에서 산지에 풍력 기지를 설계하기 위해 풍력 흐름을 모델링하는데 사용된다. Berge et al.(2006)는 복

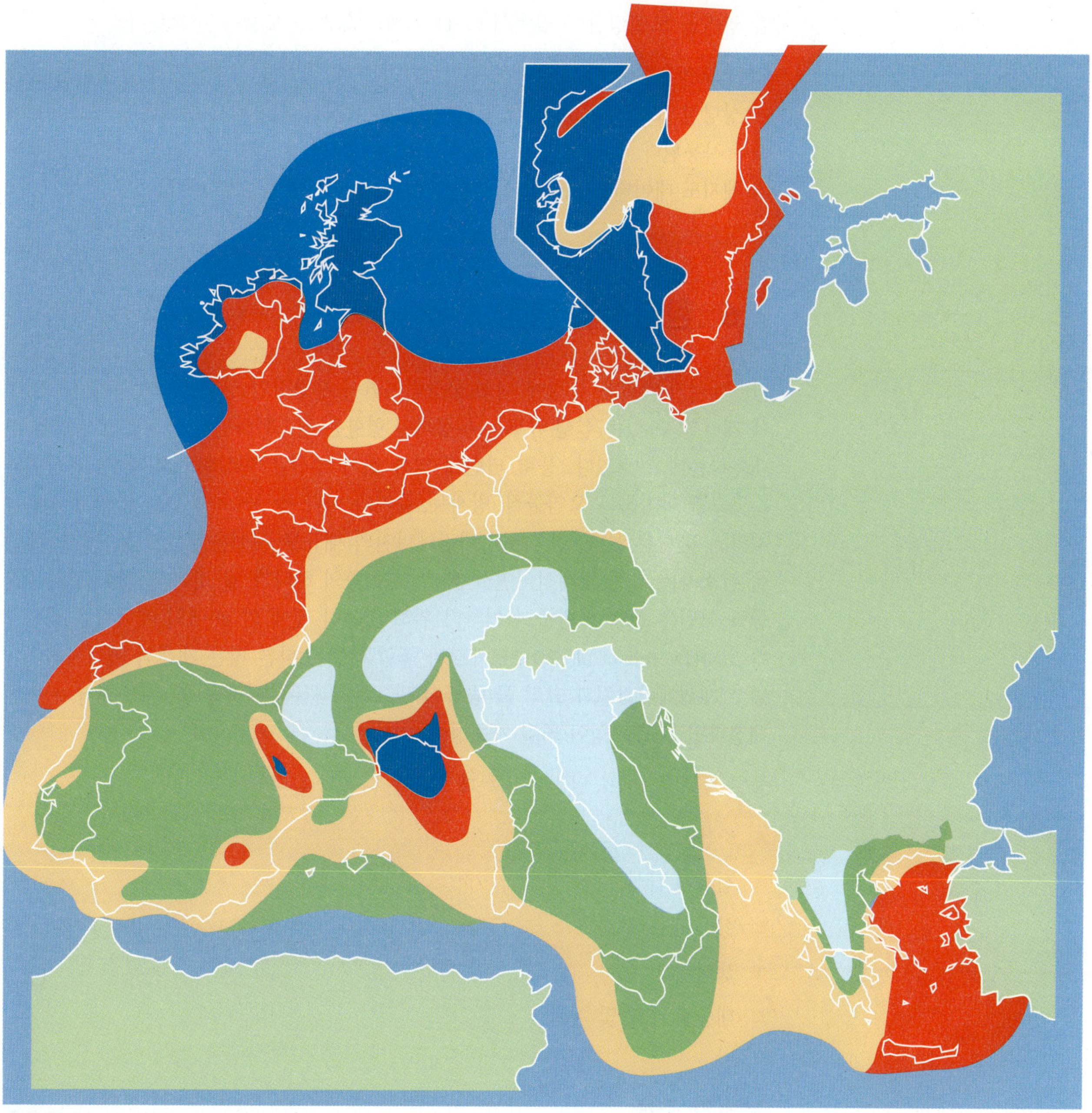

다섯개의 다른 지형 조건에 대한 지표면 위 50 m 에서의 바람자원

Wind class		주거지형		벌판		해안		공해		언덕과 능선	
		m/s	W/m²	m/s	W/m²	m/s	W/m²	m/s	W/m²	m/s	W/m²
5	(청색)	>6.0	>250	>7.5	>500	>8.5	>700	>9.0	>800	>11.5	>1800
4	(적색)	5.0–6.0	150–250	6.5–7.5	300–500	7.0–8.5	400–700	8.0–9.0	600–800	10.0–11.5	1200–1800
3	(황색)	4.5–5.0	100–150	5.5–6.5	200–300	6.0–7.0	250–400	7.0–8.0	400–600	8.5–10.0	700–1200
2	(녹색)	3.5–4.5	50–100	4.5–5.5	100–200	5.0–6.0	150–250	5.5–7.0	200–400	7.0–8.5	400–700
1	(하늘색)	<3.5	<50	<4.5	<100	<5.0	<150	<5.5	<200	<7.0	<400

그림 7.31 • 육상과 연안의 풍속지도를 연합한 연간 유럽 전역의 육상 및 해상 풍력에너지 자원 분포지도(출처: Troen and Petersen, 1989).

합 영역을 모델링함에 있어서 CFD 모델과 WASP 모델을 비교했다.

CFD 모델은 사용하기 상당히 복잡하지만 초기 평가를 수행하기에 유용하기 때문에 상당한 교육이 필요 하다. CFD 모델은 복잡한 지형에서 풍력발전 프로젝트에 자주 사용된다. 일부 모델이 구글 어스와 동기화할 수 있지만 고품질 디지털 지형도(입체지도 데이터를 포함한 특별한 데이터)에 접근이 필요로 한다.

7.6 환경적인 영향

바람에너지 개발은 환경에 대해 긍정적이면서 부정적인 영향을 모두 가진다. 미래에 개발할 수 있는 실행 규모는 부정적인 영향은 최소화하면서 긍정적인 영향을 최대화하는데 달려있다. 풍력 터빈에 의한 전기 생산은 이산화탄소 배출, 산성비와 스모그를 야기하는 오염물질, 방사능, 육지와 바다 및 물 오염 등을 발생시키는 문제와는 관련은 없다. 영국에서 바람에너지의 대규모 시설운영은 이산화탄소 배출을 감소하는 가장 경제적이면서 빠른 수단 중의 하나가 될 것이다. 작동수명 동안 풍력 터빈은 풍력 터빈을 설치하기 위해 사용한 것에 약 80배의 에너지를 생산할 수 있다(Everett et al., 2012). 게다가 풍력 터빈은 다른 많은 재래식 에너지원이나 일부 재생에너지원과 달리 물 공급이 필요하지 않는다. 장래 물 부족 현상이 빈번해진다면 그 중요성이 커질 가능성이 있다.

물론 풍력발전에도 단점이 있는데 그것은 다음과 같다.

- 소음
- 전자기 간섭
- 항공 관련 문제
- 생태계
- 대중적 태도 및 계획

터빈의 소음

바람에너지 반대자는 종종 풍력 터빈의 소음을 언급하는데 일반적으로 비슷한 전력등급의 다른 기계류와 비교해서 특별히 소음이 있는 것은 아니다(표 7.1과 그림 7.32 참조). 하지만 풍력 터빈 소음이 방해된다고 언급된 적은 있었다. 현재 이용하는 풍력 터빈은 일반적으로 구형보다 훨씬 더 조용하고 소음 방출 요구조건을 맞추고 있다. 소음 방사는 시간이 지나면서 누적된 소음에너지의 척도이다. 그것은 사람이 1년 동안 받는 소음의 약 log10에 해당한다.

(참고: 그림은 수평을 따라 나타내는 위치로부터 소음 레벨을 보여준다. 표 7.1과 같이 참고하면 더 정확한 값을 볼 수 있다.)

풍력 터빈 소음의 두 가지 주요 원인이 있다. 하나는 기계적 소음(mechanical

표 7.1 풍력 터빈과 다른 활동 소음의 비교

소음원/활동수준	소음 수준(dB(A))*
고통 시작	140
제트항공기/250 m	105
공압드릴/7 m	95
48 km/h (30 mph) 속도의 트럭/100 m	65
바쁜 일반 사무실	60
64 km/h (40 mph) 속도의 차	55
풍력단지/350 m	35 45
조용한 침실	20
시골의 야간 환경	20 40
듣기 시작	0

dB(A)*: 데시벨(사람의 귀는 주파수에 따라 민감정도가 다르기 때문에 음향학적으로 가중치를 두었음).
출처: ODPM, 2004b.

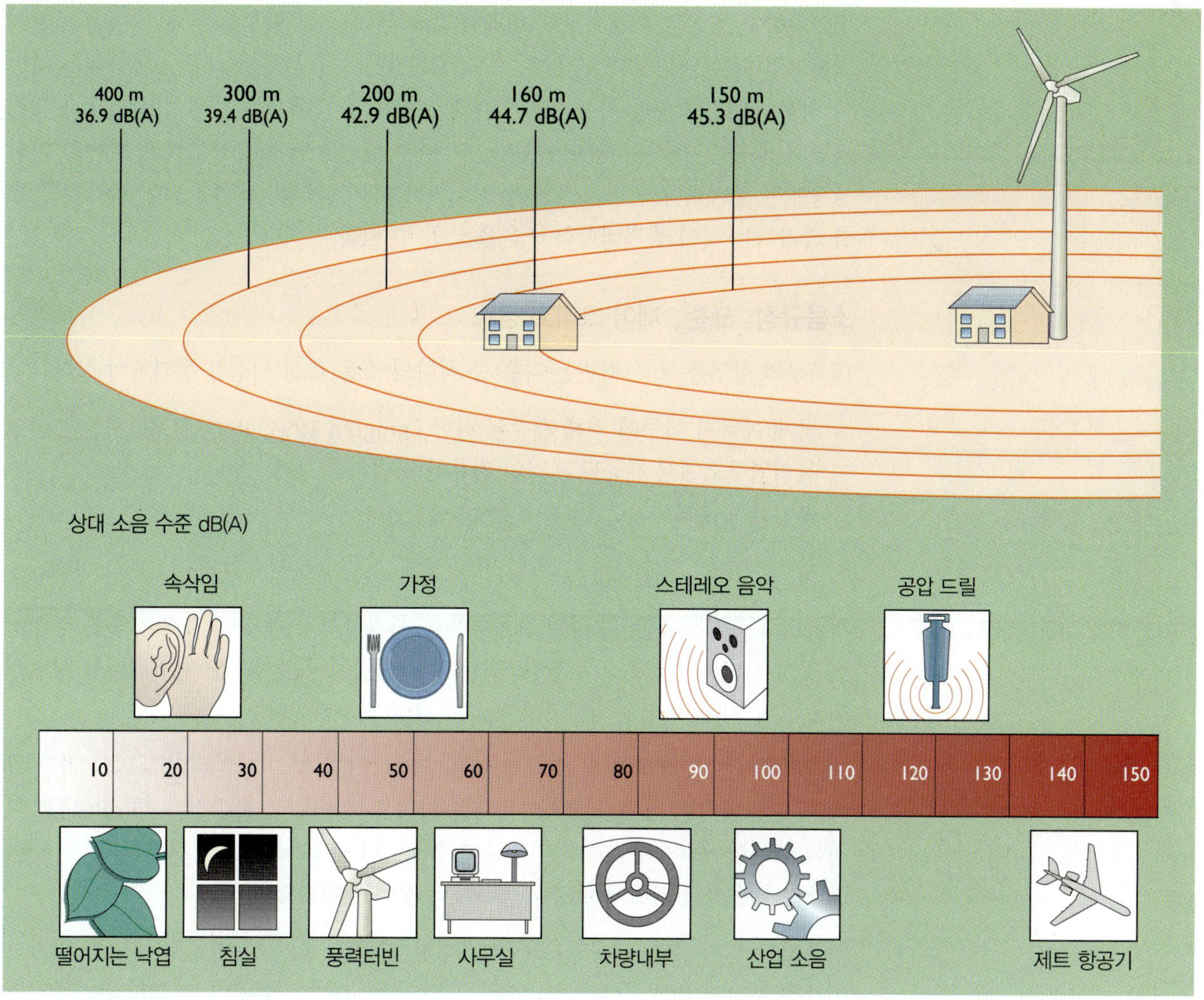

그림 7.32 • 풍력 터빈의 대표적인 소음 유형(출처: EWEA, 1991)

noise)으로 증속기(gearbox)나 발전기 같은 기계적인 또는 전기적인 설비에 의해 발생한다. 다른 하나는 공기역학적 소음(aerodynamic noise)으로 공기 흐름과 블레이드의 상호작용으로 발생한다.

기계적 소음이 보통 주요 문제이지만 다음의 방법을 사용해 꽤 쉽게 개선할 수 있다. 그 방법은 특수 정속 기어의 사용, 탄성 마운트(resilient mount) 위의 설비 설치, 음향차폐장치 사용, 직접 구동형 저속도 발전기를 선택하여 증속기를 제거하는 것 등이다.

공기역학적 소음

풍력 터빈에서 발생하는 공기역학적 소음은 아마 '휙' 소리(swishing)로 묘사하는 것이 가장 적절할 것이다. 소음은 블레이드의 형상, 블레이드나 타워(tower)와 공기 유동의 상호작용, 블레이드 후연부 형상, 끝단형상, 블레이드가 실속조건에서 작동하는지 여부, 난기류 상태 등의 영향을 받는다. 난기류는 블레이드에 불안정한 힘을 발생시켜서 소음을 방출하게 한다.

공기역학적 소음은 회전속도에 비례한다. 이런 이유로 일부의 풍력 터빈은 바람이 저속도일 때는 바람보다 더 낮은 속도로 회전하도록 설계되었다. 소음공해는 바람이 약할 때 더 발생할 가능성이 있는데 고속의 풍속에서는 주위 바람소음이 풍력 터빈의 소음을 가리는 경향이 있다. 더 낮은 회전속도에서 작동하면 저속의 바람 상황에서 공기역학적 소음 방출을 최소화하는데 일조할 것이다. 또한 블레이드 수를 증가하는 것이 공기역학적 소음을 줄일 수 있을 것이다.

소음규정, 표준, 제어 그리고 감소

대부분의 상업용 풍력 터빈은 다음 중 하나의 소음 측정 시험을 통과해야 한다.

- 국제 에너지 기구에 의해 개발된 시험(Ljungren 1994, 1997년). 이 시험은 국립물리연구소에서 제공된 온라인 컴퓨터 모델이다(NPL, 2011).
- 절차는 덴마크 소음규제에 따른다(하단 참조7).
- 방법은 IEC(국제 전기 표준 위원회) 국제 표준에 문서 61400-11(IEC, 2006년).

시험으로 측정된 소음 수치는 소음공해를 회피하기 위해 거주지에서 충분히 떨어진 곳에 터빈을 설치하도록 한다. 또한 이 표준절차에는 제조업자가 기계를 상업적으로 출시 전에 소음 문제를 확인하고 해결하게 조치한다.

덴마크에서는 풍력 터빈의 소음 영향을 규제하기 위해 미개발된 변두리의 가장 가까운 곳에 위치한 거주지에서 허용되는 최대 풍력 터빈 소음수치를 45 dB(A)로 지정한 표준이 있다. 주택가의 거주구역에서는 단지 40 dB(A)가 허용된다. 이 소음한계는 상용화된 터빈이 달성 가능하다는 것이 증명되었다.

영국에서 현재 소음 허용 한도(중형, 대형 터빈)는 다양한 기준뿐 아니라 주간과 야간을 포함해 변경되어야 한다(주간은 35, 40 dB(A), 야간은 43 dB(A)). 주간의 소음 허용 한도 기준인 35 dB(A)과 40 dB(A)은 다음에 기준에 근거한다.

- 풍력 기지의 주변의 주거민 수
- 시간당 생산 전력에 따른 소음 제한 효과
- 소음 노출의 지속시간과 강도

마이크로 터빈 또는 소형 풍력 터빈을 위한 소음 제한은 45 dB LAEQ 5분에서 약간 높은 수준이다(DCLG, 2007, 2009).

BMEW 표준(BMEW, 2008)에 따라 터빈의 소음 배출 지도를 배포해야 하며 지정된 방법(BSI, 2003)을 사용해 작성된다. 다양한 거리에서 다양한 풍속을 위한 풍속 허브로부터 터빈의 작동범위에 걸쳐 소음을 나타낸다. 기록 시간에 터빈의 위치에 따른 자세한 정보는 Planning Policy Statement 22(PPS 22)(ODPM, 2004a)와 그에 따른 지도(ODPM, 2004b)에 나와 있다. Fiumicelli와 Triner(2011)은 풍력 기지 소음의 피해의 방법론과 함께 광범위한 정보를 제공한다. 자가전력 인증 방식(MCS)도 소규모 풍력 터빈 부분에서 논의될 것이다.

소음은 민감한 문제이다. 풍력 터빈 설계와 프로젝트 계획단계에서 영향을 받는 사람의 문제를 신중히 고려하지 않는다면 바람에너지 개발에 반대할 가능성이 있다.

증속기를 제거하면 기계적 소음을 상당히 감소시킬 수 있다. 제조업자들은 증속기가 필요 없이 로터에 직접 연결되는 저속도 발전기를 가진 풍력 터빈을 개발했다. 이런 터빈은 매우 조용해서 건물의 가까운 곳에 편안하게 설치할 수 있다.

또한 풍력 터빈 소음을 줄이기 위한 많은 연구가 진행 중이다. 이 작업에 대한 충분한 개요가 Legerton(1992)에 포함되어 있고 측정방법의 개선과 소음전파모델링이(Kragh et al, (1999), Rogers et al, (2006b) and IEC (2006))에 기술되어 있다.

전자기 간섭

풍력 터빈이 라디오, 텔레비전, 마이크로파(microwave) 등의 송수신기 사이에 위치할 때는(그림 7.33) 간혹 전자기 방사선의 일부를 반사할 수 있는데 간섭은 원래 신호가 수신기에 도달하는 것을 반사된 전파가 간섭하는 방식으로 발생한다. 이것은 수신신호를 크게 왜곡되게 할 수 있다.

풍력 터빈에 의해 발생하는 전자기 간섭의 범위는 주로 블레이드 재질과 타워의 표면형상에 주로 영향을 받는다. 만약 터빈 블레이드가 금속재질 또는 금속성분을 함유한 강화플라스틱(glass-reinforced plastic: GRP)이라면 전자기간섭은 풍력 터빈이 무선통신국(radio communication service)에 근접하여 위치했을 때 발생한다. 몇몇 풍력 터빈에 사용되는 얇은 목재 블레이드는 라디오파를 반사하기보다는 흡수(RAMs)를 해서 일반적으로 문제가 발생하지 않는다. 깍은 면이 있는 타워(faceted tower)는 평평한 면 때문에 매끄러운 원형보다 더 반사한다.

Chignell(1987)과 ODPM(2004 b)은 전자기 간섭을 막거나 최소화하는 방법을 단

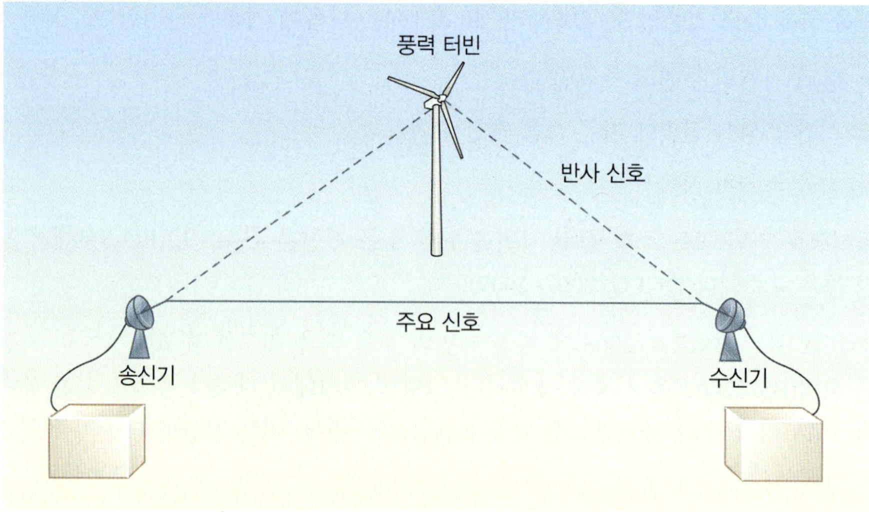

그림 7.33 • 풍력 터빈에 의한 라디오 신호의 산란.

순화해 검토했고, Ofcom은 방송 및 기타 무선 서비스의 풍력 터빈 등 높은 구조물의 영향을 조사했다(Ofcom, 2009).

전자기 간섭은 텔레비전 수신부에서 발생할 가능성이 아주 높다. 이것은 중계기(relay)를 설치하거나 텔레비전 수상기(services)와 영향받는 시청자를 케이블로 연결하는 방법에 따라 쉽게 처리할 수 있다. 영국 BBC는 TV 방송서비스(BBC, 2011)에 풍력 터빈의 영향을 측정하기 위해 온라인 평가 서비스를 제공했다(BBC, 2011).

VOR(VHF Omni-directional Ranging)과 ILS(Instrument Landing System)을 연결하는 극초단파연결은 풍력 터빈의 영향을 받을 수 있다. Radio transmission link 근처의 만족스러운 배제 구역을 결정하는 방법은 안테나의 특성을 고려해 개발되었고 전자기 간섭을 회피하는 간단한 접근법이 개발되었다(Bacon, 2002). 영국에서 Ofcom은 고정 링크와 원격 측정장치(Randhawa and Rudd, 2009)에 대한 잠재적 풍력 간섭에 대해 연구해 웹사이트를 통해 정보를 제공한다(Ofcom, 2011).

풍력 터빈과 군사비행

영국에서 계획 중인 절반 이상의 풍력 터빈(주요 영국 재생에너지 중 하나)이 군용 레이더에 간섭을 일으킬 수 있다. 영국 국방부(MOD)는 풍력 터빈이 군용 레이더와의 간섭에 대해 우려를 표명했다. 특히 큰 직경과 큰 타워를 가진 풍력 터빈이 어떤 장소에 설치되었을 때 군용기가 사용하는 저공비행 영역, 특별히 전술훈련지역(Tactical Training Area)이라 부르는 낮은 지역을 침범할 것이라고 걱정했다. 이 걱정이 정당한지는 아직 확인 중이지만 MOD의 간섭은 이미 영국 북쪽의 큰 풍력 단지의 개발을 방해했다. NATS(국립항공교통관리)는 레이더의 간섭이 항공기에 잠재적인 위험으로 간주 될 수 있는 영국 주위의 지역을 보여주는 지도를 발표했다. 이 지도는 다양한 높이의 풍력 터빈을 포함한다(20~200 m).

Renewable UK은 NATS, MOD와 RESTATS로부터 풍력 터빈 건설을 위해 영국 전 지역의 풍력 터빈과 비행기의 영향을 보여주는 지도(RESTATS, 2011)를 웹사이트(Renewable UK, 2011a)를 통해 알리고 있다.

군용 레이더와 풍력 터빈의 영향은 여러 유럽 국가의 경험과 수많은 연구(예, Jago and Taylor, 2002)를 통해 항공에 풍력 터빈의 영향이 크지 않음을 알 수 있다.

영국 정부와 풍력발전 관련 산업은 이러한 문제를 해결하기 위해 수많은 프로젝트에 투자했고 이들은 MOD와 CAA의 허용 결과에 알맞은 것으로 보인다. 그중 하나는 풍력 터빈의 블레이드에 RAMs(레이더 전파 흡수제)를 바르는 것이다. QinetiQ와 Vestas의 공동 프로젝트는(Appleton, 2010) 노퍽에서 일종의 램 블레이드를 설치한 터빈을 시험했으며 이 스텔스 터빈은 레이더에 전파충돌이 감소하는 것을 확인할 수 있었다. 또 다른 방법은 풍력 터빈으로부터의 전파간섭을 여과할 수 있는 필터링 시스템의 개발이다. 이러한 시스템은 BAE의 ADT(Advanced Digital Tracking) 시스템(Butler, 2007)으로 이 시스템은 영국 주위에 영향을 받는 레이더 기지에 보급 할 수 있는 또 다른 해결책으로 보인다.

야생동물에 미치는 영향

영국에서 영국과 자연, 왕실 조류보호협회(RSPB), 세계자연보호기금(WWF)과 영국 풍력에너지협회는 자연보호를 위해 영국의 풍력발전소 건설 시 참고할 지침서를 만들었다(English Nature et al., 2001). 이것은 자연보호, 환경 영향 평가의 계획, 과정 등의 점검표를 포함하고 있다. 이러한 보고서는 네츄럴 잉글랜드에 발표된 이후 웨일즈, 스코틀랜드의 자연유산을 위해 풍력에너지와 야생동물에 대한 광범위한 가이드라인을 개발했다.

해상 풍력 터빈의 경우 물고기, 갑각류, 해양 포유동물, 해양조류 등에 미칠 가능성이 우려되며 이들은 네츄럴 잉글랜드, 스코틀랜드 자연 유산, COWRIE(Collaborative Offshore Wind Research Into the Environment)과 CEFAS(Centre for Environment, Fisheries and Aquaculture Science)에서 연구 중이다.

그리고 미국 어류 및 야생동물청은 야생동물과 야생동물의 서식지에 미치는 영향을 최소화하기 위해 육상 풍력발전 프로젝트에 대한 조언과 제언(USFWS, 2011)을 제공하고 있다.

다음은 특별한 관심인 풍력 터빈이 새와 박쥐에게 미치는 영향을 설명한다.

풍력 터빈과 새

잠재적 방해현상, 서식지 손실뿐만 아니라 풍력 터빈이 조류에게 주는 주요 위험 요소는 블레이드의 회전으로 죽는 것이다(Drewitt and Langston, 2006).

지금까지 버드 스트라이크에 의한 최악의 사고 장소는 맹금류가 죽은 미국 캘리포니아주의 알타몬트이다. 하지만 스페인의 타리파와 너바나의 풍력 터빈 버드 스트라이크는 맹금류의 사망률은 의외로 높지 않으며 미국에서 일어난 일은 특별한 이유가 있을 것이다.

미국 조류보호협회(ABC)는 10만에서 44만 마리의 조류가 풍력 터빈과 충돌하는 것으로 보고했으며 탑과 4~5천만 마리, 전력선과 1천만~1억 5천4백 마리, 도로/차량과 1천만~3억8천 마리, 3천만 마리 이상이 도시의 가로등과 충돌하며 1억~10억 마리의 조류가 유리에 충돌하는 것으로 보고되었다.

미국 FWS는 풍력 터빈의 조류에 대한 영향을 피하거나 최소화하기 위해 몇 가지 가이드라인(USFWS, 2010)을 정했다. 그리고 미국 국립풍력협력은 풍력 터빈과 야생동물의 상호관계를 위한 가이드(NWCC, 2011), 그 관계를 완화하는 방법(NWCC, 2007), 조류와 박쥐의 팩트 시트(NWCC, 2010)를 연구 개발했다.

네츄럴 잉글랜드(2010)에 따르면 영국의 풍력발전소가 조류에 큰 영향을 준 증거는 거의 없지만, 네츄럴 잉글랜드와 스코틀랜드의 자연유산위원회는 풍력 터빈과 조류 그리고 건설이후 조류에 대한 영향을 감시하게 하고 있다.

의도적으로 대형 해양조류가 있는 곳에서 해양 풍력 터빈과 조류의 상호작용을 덴마크 국립 환경 연구소의 Tun Knob에 의해 실시되었다. 해양 풍력 터빈은 해양 조류에 상당한 영향을 미칠 수 있는 것으로 판단되었다. 해양의 조류는 터빈에서 안전거리를 유지하지만 먹이가 있다면 두려워하지 않고 다가오는 것을 알 수 있었다(NERI, 1998).

풍력 터빈의 증가에 따라 조류 충돌 빈도에 상당한 증가를 야기시킬 수 있다는 우려에 따라 건설을 할 때 조류에게 민감한 지역과 새들의 이동경로를 고려하여야 한다. RSPB는 풍력 터빈의 적절한 위치선정에 대해 개발자에게 공지할 수 있는 스코틀랜드의 야생동물 감지 영역 지도를 개발했다. 또한 다가오는 조류를 자동으로 탐지한 조류방제 레이더 시스템을 설치하는 것은 조류와 풍력 터빈의 충돌을 방지할 수 있다.

풍력 터빈과 박쥐

풍력 터빈이 박쥐의 이동 경로에 얼마나 영향을 미치는지에 대한 관심이 증가하고 있다.

네츄럴 잉글랜드는 풍력 터빈 개발자를 위해 박쥐의 잠재적인 영향을 고려해 임시 지도(Nature England, 2009a and 2009b)를 생산하고 있다. 집필 시점에 영국 농림부와 식량농촌위원회(DEFRA)는 엑터 대학(Exeter Univ.)에 연구비를 제공하고 있었다.

영국 박쥐 보전신탁(BCT)은 박쥐와 풍력발전에 관한 보고서(BCT, 2009)를 발표했고 박쥐와 마이크로 풍력 터빈에 대해 우려를 표하고 있다. BCT는 마이크로 풍력 터빈의 박쥐에 대한 잠재적 위험을 표명했다(BCT, 2010).

풍력/설비 계획에 대한 대중적 태도

풍력 터빈 설치의 영향을 평가할 때 고려해야 할 추가적인 환경요인은 안정성과 그림자 어른거림(PDPM. 2004 b)이지만 터빈의 시각적인 영향 측면도 고려해야 한다.

시각적 영향과 태도

풍력 터빈이나 풍력단지의 시각적 인지는 다양한 요소로 결정된다. 시각적 영향은 터빈 크기, 터빈 설계, 블레이드 수, 색깔, 풍력단지 내의 터빈 수, 풍력단지의 배치, 관심을 끄는 로터 블레이드가 움직이는 범위 등의 물리적 요소들을 포함할 것이다. 그림 7.34는 풍력 터빈과 영국의 대형 구조물을 비교한 것이다.

'반짝거림'은 화창한 날에 회전하는 블레이드와 상호 작용하는 태양에 의해 발생할 수 있다. DECC의 풍력 터빈에 의해 발생하는 반짝거림에 대한 종합적인 위탁연구에 따르면 '풍력 터빈에 의해 발생하는 깜빡이는 주파수는 건강에 심각한 위험을 주지 않음'(PB, 2011)이라는 연구 결과를 보였다.

바람에너지 프로젝트에 대하여 개인의 인지는 대체로 쉽게 정의되는 심리학적이고 사회학적인 인자라는 여러 사소한 것들의 영향을 받는다. 이것은 개인의 기술 이해도, 에너지원의 선호도, 프로젝트에 관련된 사람들의 수준 등을 포함할 수 있다. 신문과 텔레비전의 보고서는 대부분의 사람이 바람에너지에 접근하는 유일한 정보원이라 신문과 텔레비전의 견해가 그 주제에 영향을 주는 것은 당연하다.

바람에너지 개발에 관한 많은 논쟁이 풍경의 시각적 외관 변화와 관련해 반대하기 때문에 발생한다. 그러나 이것이 명확히 풍력 터빈에 대한 시각적 혐오인지 또는 신축 건물이 계획되면 일어날 수 있는 단순히 풍경의 외관 변화에 대한 일반적

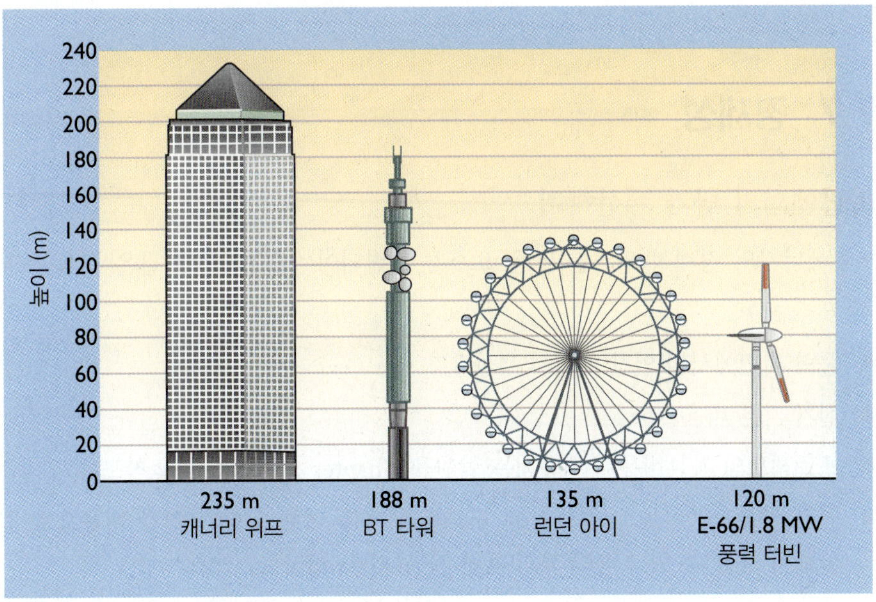

그림 7.34 • 풍경 내 풍력 터빈과 다른 구조물의 비교.

혐오인지는 종종 명확하지가 않다. 새로운 구조나 별난 건물의 시각적 외관에 대한 저항은 새로운 현상이 아니고 일단 구조가 익숙해지면 의견은 자주 변한다.

1990년대 이후 60개 이상의 풍력발전에 대한 대중의 태도를 관찰하기 위한 독립적인 연구가 진행되었으며, 그 결과는 평균 70%에서 80%의 대중이 영국에 풍력단지 개발을 지지(NOP, 2005와 YouGov, 2010)하는 것으로 나타났다. 그러나 여전히 반대가 있고, 이는 프로젝트를 성공적으로 수행하기 위해 디자인과 계획을 세우는 데 중요하며, 또한 지역사회에 믿고 신뢰할 수 있는 정보를 제공하고 충분한 이익을 얻기 위해 지역사회와 함께 해야 한다.

계획

계획 관리는 풍력 터빈의 개발에 큰 영향을 미치고 지역 당국은 바람에너지의 계획에 대한 정책지침을 개발했다. 그러나 이런 양상은 여러 지역에서 서로 다르게 다루어지고 있다. 영국 정부는 정책성명 22(PPS 22)(ODPM, 2004a) 계획에서 풍력발전 단지에 대한 내용도 포함했다. 하지만 PPS 22와 그와 관련된 가이드(ODPM, 2004b)는 유용한 가이드를 제공하지만 새로이 국가정책기획 분류(DCLG, 2011)-작성 당시의 초안상태-로 대체될 것이다.

개발자와 계획자용 지침과 점검표는 Natural England, Scottish Natural Heritage and the Countryside Council for Wales에 의해 작성되었다.

풍력에너지 계획 조건의 지침서 중 유용한 것은 영국의 사업부를 위해 TNEI Service(TNEI, 2007)에 의해 제작된 규제개혁(BEER)이다. 이것은 풍력에너지 프로젝트 계획을 허가받는 데 필요한 다양한 요인과 조건을 정리한 것이다.

소형 혹은 마이크로 풍력 발전기는 'Permitted development' 규정에 따라 설치할 수 있다(MCS, 2011a 참조).

7.7 경제성

바람에너지 단가 계산하기

바람에너지의 경제성 평가는 많은 요소가 관련되어 있고 다음과 같은 것을 포함한다.

- 풍력 터빈에서의 연간 에너지 생산량
- 설치 자본 비용
- 프로젝트의 자본비용에 적용되는 할인율(Chapter 10, Appendix 참조)
- 연간 자본충전비율, 자본비용에 지불할 이자를 더해서 등가 연간 비용으로 전환해서 구할 수 있다. 연금화의 개념 사용(Appendix A1 참조)
- 생산된 전기의 구매자와의 계약기간

- 프로젝트의 투자금 회수기간(또는 대출금 지불기간) 그것은 계약기간과 같을 수 있다.
- 운전관리비, 풍력 터빈의 유지보수, 보험, 토지 임대 등을 포함

풍력에너지 비용을 계산하기 위한 간단한 절차는 부록 B에 나와 있으며 에너지 프로젝트에 대한 비용과 투자에 대한 자세한 내용은 Everett(2012) 등에서 찾을 수 있다.

육상 풍력발전 운영 및 유지보수 비용에 대한 예측은 변수가 매우 많지만 연간 자본비용의 3%에서 4.5% 정도로 연간 약 £40/kW에서 £50/kW 정도(Renewable UK, 2010a)이다. 하지만 해상 풍력발전 프로젝트 운영 및 유지보수 비용을 예측하는 것은 육상 풍력에너지 프로젝트와 극도로 다르며 원천적으로 육상보다 3에서 5배의 비용을 요구할지도 모른다. 하지만 이것은 아직 확인되지 않았다.

Greenacre 등(2010)은 해상풍력 발전에 있어 O&M 비용 예측의 어려움과 위치, 연안 거리, 물의 깊이, 터빈 중복과 신뢰성, 원격 상태 모니터링, 불확실한 웨더 윈도우(Weather window)(특히 겨울), 재료공급 체인, 환율 요금 그리고 선박의 사용 가능성 등의 많은 인자가 비용 예측에 영향을 줄 수 있다고 보고했다.

이미 보았다시피 풍력 터빈 설비에 의해 생산되는 연간 에너지는 터빈의 풍속-출력 곡선, 장소의 풍속 도수분포, 가동률에 주로 영향을 받는다.

이전 장에서 이미 기술한 것처럼 설비이용률은 주어진 기간에 대해 발전장치의 생산성을 기술하는데 널리 사용되고 있다.

풍력 터빈이 일 년 내내 최대 정격출력 상태로 작동될 수 있다면 **설비이용률(capacity factor)**은 100%가 될 것이다. 그러나 현실에서는 바람이 항상 최대 정격풍속으로 일 년 내내 불지는 않기 때문에 실제로는 설비이용률이 훨씬 더 낮은 값을 가질 것이다. 영국에서 연평균풍속이 정격 풍속의 1/2인 곳의 터빈의 설비이용률은 0.25(25%)가 전형적일 것이다. 그러나 Wales의 Carmarthen Bay, Cornwall의 St Austell, Orkney Island와 같이 더 바람이 강한 장소에서 설비이용률은 0.35~0.40이나 그 이상이 얻어진다.

현재 대형 및 중형 규모의 육상 풍력 터빈의 자본비용은 출력(kW) 당 약 £1,300에서 £1,600 범위이다(Renewable UK, 2010a, 또한 Renewable UK, 2010b). 충분한 바람이 부는 장소에서 15~20년 계약을 하면 풍력발전은 기존의 발전소들과 경쟁을 할 수도 있다. 풍력발전 전기비용은 자금을 조달하는 방식에 매우 큰 영향을 받으며 이는 생산된 전기의 가격에 많은 영향을 줄 수 있다.

바람에너지의 비용은 연료비용이 포함되지 않기 때문에 미래의 연료가격에 영향을 받는 연료를 소비하는 발전소의 비용과 비교해서 상대적으로 결정하기가 간단하다. 연료가격이 높거나 상승하면 바람에너지처럼 연료가격이 0이거나 낮은 연료비용 시스템을 선호하게 되지만 연료가격이 안정되거나 떨어지면 이러한 시스템을 덜 선호하게 된다.

풍력 터빈은 매우 빨리 설치할 수 있어서 건설하는 동안 소비되는 자본에 상당한 수준의 이자가 발생하기 전에 전기를 생산할 수 있다. 반면에 수력발전소, 조력발전소, 핵발전소 등 다른 여러 시설은 자본을 많이 소모하는 전기 생산시설이다.

7.8 상업적 개발과 풍력에너지 가능성

세계적인 풍력에너지 개발

현재 풍력에너지 산업이 상대적으로 활발하게 된 것은 1970년대와 1980년대에 덴마크, 1990년대와 2000년대에 독일에서 개발을 주도했기 때문이다.

덴마크에는 역사적으로 재래식 풍차를 이용했던 다른 대부분의 유럽 국가들과 달리 풍력에너지의 이용을 완전히 중지하지 않았는데 주된 이유는 정부가 부족한 화석연료를 보존하면서 전기발전용 풍차를 연구해 19세기부터 1960년대 후반까지도 지속해서 제조했기 때문이다. 풍력에너지에 대한 관심은 1973년의 오일 위기로 인해 1970년대에 새로운 자극을 받았다. 작은 덴마크 농업기기 회사는 농지규모의 작업용 새로운 풍력발전기 개발을 시작했다.

그러나 초기의 풍력에너지는 소규모이면서 상대적으로 중요하지 않은 산업부터 시작되었으나 상당한 규모의 전기를 생산할 잠재력을 가지도록 박차를 가한 것은 미국의 캘리포니아(California)에서였다. 풍력에너지 개발이 급격히 발전한 것은 풍력단지가 많이 설치되기 시작한 1980년대 중반이었다. 관대한 세금혜택 때문에 회사는 풍력으로 생산한 전기를 캘리포니아 전력회사에 판매하거나 풍력 터빈을 제조함으로써 수익을 얻는 것이 가능해지는 환경이 조성되었다. 새로운 캘리포니아 시장은 내수시장에서 축적한 경험을 활용하는 덴마크 제조업자에게 성공적인 수출산업의 기회를 제공했다.

1980년대부터 유럽은 풍력에너지 분야에서 선두였고 2010년 말까지 설치된 풍력발전의 용량은 전 세계의 44%에 육박하는 86,000 MW를 보유하게 되었다. 특히 독일은 보급의 선봉이었고 2010년 말까지 27,000 MW 이상을 설치했다. 중국은 2010년 말까지 세계 최대 용량인 42,000 MW 이상의 풍력에너지 설비를 완공했으며 미국은 두 번째로 큰 발전용량인 40,000 MW 이상의 풍력발전 설비를 보유하고 있다.

이와 대조적으로 영국에서는 발전이 훨씬 적었다. 3,100개가 넘는 전력망(grid)이 2010년 말까지 설치된 풍력 터빈을 연결했고 그 합쳐진 용량은 5,200 MW 이상을 나타냈으며 발전된 전기는 290만 세대에 공급할 수 있고 연간 580만 톤의 CO_2를 저감한다. 그림 7.35는 2011년 영국의 풍력에너지 프로젝트의 위치를 나타낸다.

2010년에 여러 나라와 대륙에 설치된 풍력 발전 용량의 세부적인 수준을 표 7.2에 표시되었다.

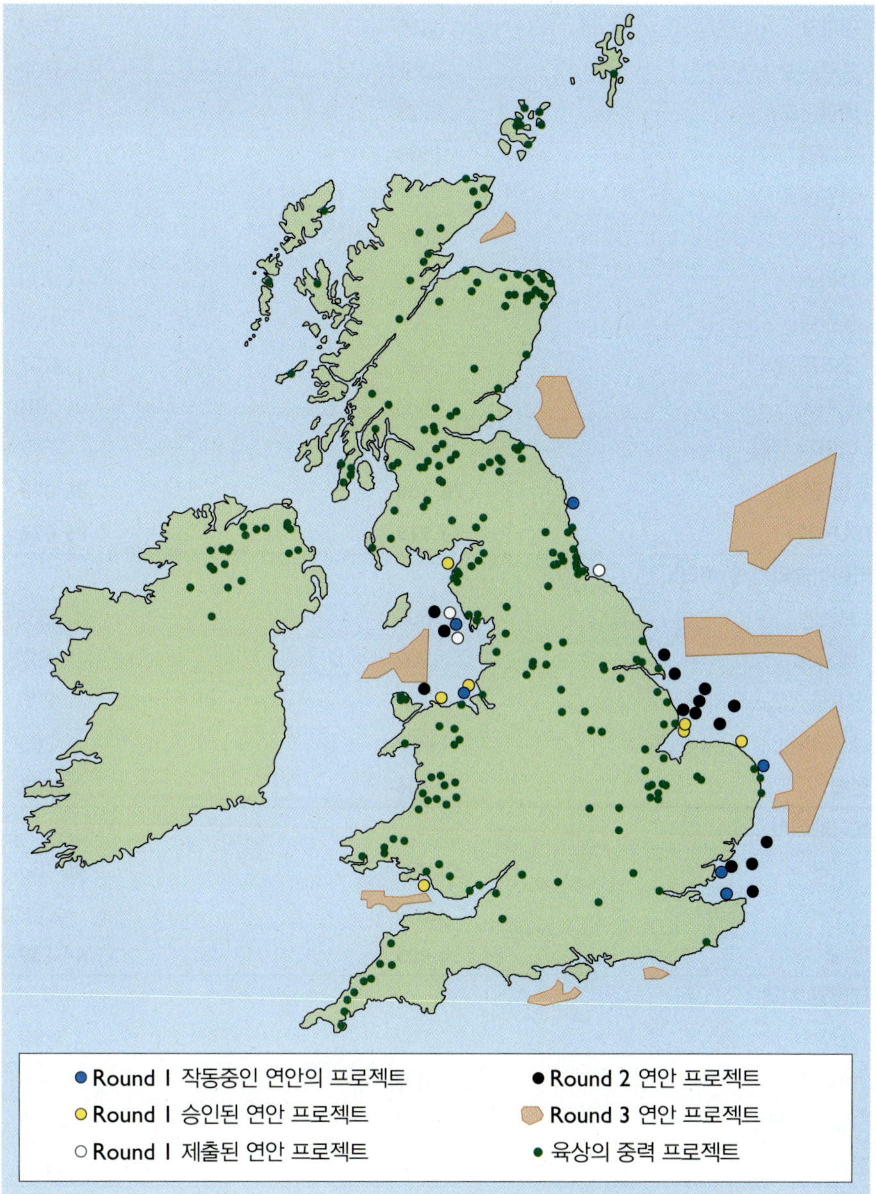

그림 7.35 • 영국 내 풍력 프로젝트 위치(출처: Renewable UK, 2011c).

표 7.2 세계 풍력발전 용량(2010년)

	출력(MW)	
	2010 시작	**2010 끝**
유럽		
독일	25 777	27 214
스페인	19 160	20 676
이탈리아	4849	5797
프랑스	4574	5660
영국	4245	5204

(계속)

덴마크	3465	3752
포르투갈	3357	3702
네덜란드	2223	2237
스웨덴	1560	2163
아일랜드	1310	1428
터키	801	1329
그리스	1086	1208
폴란드	725	1107
오스트리아	995	1107
벨기에	563	911
나머지 유럽	1611	2677
유럽 전체	**76 300**	**86 075**
(EU-27)	**74 919**	**85 074**
라틴아메리카 & 캐리비안		
브라질	606	931
멕시코	202	517
칠레 + 코스타리카	291	295
캐리비안 + 다른나라들	207	265
전체	**1306**	**2008**
북아메리카		
미국	35 086	40 180
캐나다	3319	4009
전체	**38 405**	**44 189**
태평양 지역		
호주	1712	1880
뉴질랜드	497	506
태평양 섬들	12	12
전체	**2221**	**2397**
아시아		
중국	25 805	42 287
인도	10 926	13 065
일본	2085	2304
나머지 국가들	823	985
전체	**39 639**	**58 641**
아프리카 그리고 중동		
이집트	430	550
모로코 + 튀니지	307	400
나머지 국가들	129	129
전체	**866**	**1,079**
세계 전체	**158 738**	**194 390**

출처: GWEC, 2011.

소규모 풍력 터빈

초기 시절의 소규모 풍력 터빈을 이용한 풍력발전은 멀리 떨어진 가구, 농장, 지역사회를 위해 그리고 선박, 이동주택(caravan), 전원주택(holiday cabin) 등의 배터리(battery) 충전용으로 전기를 공급하기 위해 만들어졌다. 보다 최근에는 휴대전화와 도서 지역의 공중전화에 전기를 공급하는데 사용된다.

소규모 풍력 터빈은 중간규모의 풍력 터빈보다 kW 당 발전단가가 더 비싸다. 대부분 소규모 풍력 터빈이 생산하는 발전단가는 제도적 지원과 도서 지역을 제외하고는 기간전력(main electricity)과 경쟁이 되지 못하고 있다. 또한 배터리의 필요성 때문에 비용이 크게 증가한다. 하지만 유럽 일부 지역의 발전차액지원제도와 함께 넓게 발달하고 있으며 2010년에 영국에 도입되는 등 관심이 높아지면서 배터리가 필요 없는 전력망에 연결되는 소형 풍력발전시스템에 대한 새로운 시장이 생기고 있다.

무공해 자원에서 전기를 얻고자 하는 사람들이나 재래식 공급이 가능하지 않은 지역에 있는 사람들이 전기를 얻고자 하는 꾸준한 수요는 전 세계 많은 수의 소형 풍력 터빈 제작자를 뒷받침하는 토대가 되고 있다(그림 7.1, 그림 7.36 참조).

영국에서 마이크로 풍력 터빈에 대한 통제는 관대한 편으로 일반적으로 계획 허가를 받을 필요가 없으며 풍력 터빈의 최대 높이, 최대 소음 등 최대 크기 측면의 조건을 만족하면 개발이 허용된다. 하지만 소형 풍력 터빈은 생산을 위해 상대적으로 높은 타워를 요구하는 데 이에 반해 최대 허용 높이는 만족스러운 출력이 나오기에

그림 7.36 • 소형 풍력 터빈

는 너무 낮게 설정되어 있다. 따라서 현재의 현재 허용되는 마이크로/소형 풍력 터빈 개발은 불합리한 설치로 인해 손해를 야기시킬 수 있다.

최근의 잘못 구상된 마이크로 소형 풍력 터빈과 잘못 사용된 도시와 교외 지역의 NOABL 풍속 데이터베이스 그리고 부적절한 부지 선정으로 인해 영국의 마이크로/소형 스케일 풍력 터빈의 명성이 손상되는 경험을 했다.

Renewable UK는 소형 풍력발전의 상황을 개선하기 위해 소형 풍력 터빈 규격을 도입했다(BWEA, 2008). 이것은 일관성 있고 독립적인 데이터를 제공하기 위해 200 m^2 혹은 이하의 행정 구역의 마이크로/소형 풍력 터빈 제조업자를 필요로 하며 BWEA 풍속 11 m/s에서의 참고 전원출력과 표준 BWEA RAE(5절)을 포함한다. 추가로 풍력 터빈을 설치하기 위한 마이크로/소형 풍력 터빈(MCS, 2011b)의 영국 자가 전력 제도 표준(MCS, 006)(MCS, 2009)과 자가 전력의 설치 기준(MIS 3003)(MIS, 2011), 그리고 영국의 발전차액지원제도가 활용된다.

지역사회와 공동 소유의 풍력 터빈

지지를 얻고 있는 풍력에너지 개발의 또 다른 유형은 지역사회의 후원을 받는 풍력 터빈 개발이다. 이것은 다양한 형태를 취할 수 있겠지만 덴마크에서는 보통 하나의 풍력 터빈이나 그룹 단위의 풍력 터빈을 구매하는 지역사회의 구성원 단체와 연결되어 있다. 지역사회는 생산된 전기를 팔아서 이익을 얻거나 자신의 목적에 맞게 이용한다.

이런 접근 방식은 상업적 풍력에너지 개발에 반대하는 집단이 풍력에너지에 대해 긍정적인 태도가 되도록 변화시킨다. 많은 단체가 영국에서 이런 프로젝트를 개발하도록 시도했으며 새롭고 혁신적인 프로젝트가 다수 있고 몇몇은 완공되었다. 최초의 지역사회 소유 풍력단지는 컴브리아에서 1990년대부터 성공적으로 운영되어 왔다. 많은 지역사회 풍력단지가 영국에 존재하며 대부분 스코틀랜드에 모여 있다.

최근의 획기적인 프로젝트는 옥스퍼드 주에 있는 웨스트밀 풍력농장 협동조합(Westmill Wind Farm Cooperative, 2011)이 운영하는 다섯 개의 1.3 MW급 풍력 터빈(그림 7.37)이다. 이것은 2008년에 영국에서 가장 큰 지역사회 소유 풍력단지였다.

지역주민이 지역사회 풍력 터빈을 더 지지하는 것이 점점 더 인정되고 있고 'viliage 풍력 터빈' 또는 'town 풍력단지'의 개념에 대한 관심이 증가하고 있다.

현재 영국에서는 하나의 중형 풍력 터빈이나 대형 풍력 터빈이 지역공동체 풍력 터빈 또는 공장용, 병원용, 슈퍼마켓용, 주택용 풍력 터빈으로 작동 중이다.

풍력에너지와 빌딩

경험이 풍부한 소형 풍력 터빈 디자이너와 설치기사가 수년 동안 소형 풍력 터빈을 설치한 결론은 '풍력 터빈과 빌딩은 일반적으로 생각하지 말 것'이다. 소형 동력 터빈의 경우 가장 가까운 빌딩과의 거리가 빌딩 높이의 10배 정도 그리고 풍력 터빈

(a) (b)

그림 7.37 • (a) Westmill Wind Farm 협동조합, (b) 축하 행사.

허브의 높이가 최소 빌딩의 2배여야 한다. 이것은 좋은 조언이지만 안타깝게도 영국의 마이크로/소형 풍력 터빈 개발허용 조건과는 일치하지 않는다. 이 제안에 따르지 않으면 어떻게 되는지의 예는 가정용 풍력 터빈의 에너지 절약에 대한 Trust의 현장 시험에서 모니터링 건물에 설치된 풍력 터빈의 성능이 낮은 것으로 증명된다(EST, 2009).

이러한 확실한 설치 지식에도 불구하고 영국 정부는 건물 고정형 마이크로/소형 풍력 터빈을 홍보하고 있는데 이는 NOABL의 도시와 교외 지역의 바람 속도를 잘못 예측해 많은 논문과 보고서가 이 지역에서 건물 고정형 마이크로 풍력 터빈의 전력 생산을 낙관적으로 예상했고 새로운 마이크로 풍력 터빈 생산업자들의 지나치게 낙관적인 추정 때문이다. 이러한 지역에서 지나치게 낙관적으로 건물 고정형 풍력 터빈에 대해 추정하는 반면 건물 고정형 풍력 터빈은 높은 수준의 난류가 생산성을 더욱 감소시키는 것으로 나타났다. 일부 건물 고정형 풍력 터빈은 건물의 박공 끝의 벽에 부착되어 절벽 가장자리 근처에 장착된 풍력 터빈과 비슷하다: 이러한 유형의 풍력 터빈은 이전에 확실히 자리 잡고 있는 소형 풍력 터빈 업체에 의해 좌절되었다. 이렇게 구조적 건전성의 문제가 제기되며 풍력 터빈의 크기에 따라 집에 손상을 줄 수도 있다. 다른 설치방법으로 설치할 수 있으며 일부 제조업체는 설치 지침(Udell et al. 2010)을 제공하지만 큰 주의가 필요하다.

만약 건물이 풍력 터빈을 통합해 설계된 경우 풍력 터빈은 난류와 손상 흐름으로부터 영향을 작게 받을 수도 있지만 여전히 설치 지역의 풍속 조건에 따라 달라진다. 하지만 예를 들어 런던의 Strata 3 Tower와 같은 높은 빌딩은 빠른 풍속에서 오는 이익을 얻을 수 있다. 이러한 접근 방식은 건물 맞춤형이 될 가능성이 높으므로 다른 건물에 쉽게 적용할 수 없다.

추가로 풍속이 빨라지도록 건물 형상의 설계를 함으로써 풍력에너지를 추출하는 수단으로 건물을 이용할 기회를 가질 수 있다. 그렇게 하면 주어진 동력을 얻기 위해 요구되는 풍력 터빈의 크기를 줄이는 것과 도시나 교외 환경에서 국지풍의 속도

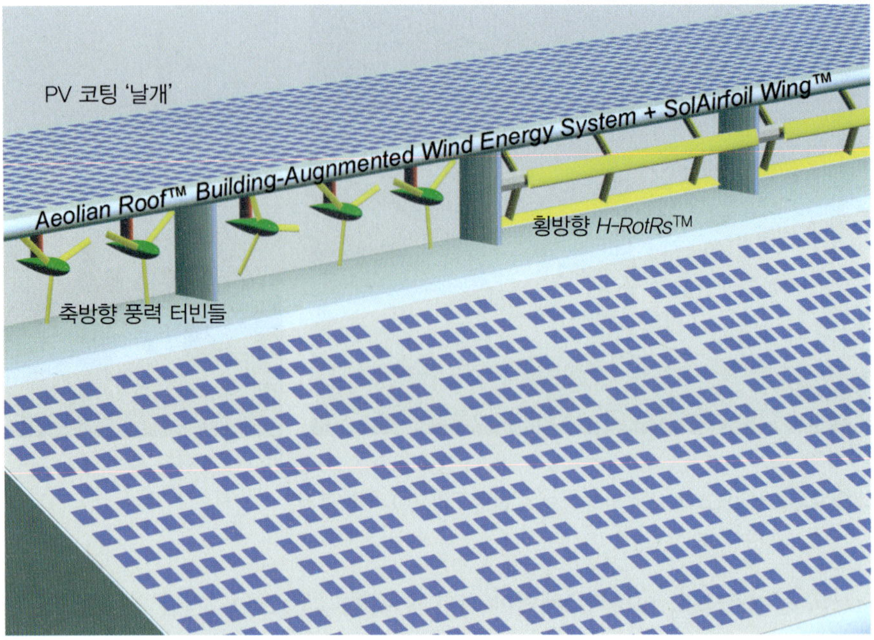

그림 7.38 • 건축물과 결합된 Aeolian Roof 풍력에너지 시스템.

를 줄이는 지형적 영향을 줄일 수 있다.

저자는 하나 이상의 날개 형상 평면형 집중기(planar concentrator)에 대해 특허를 받았다. 이것은 개별적 직렬 형태 또는 건물의 지붕 등과 조합된 풍력 발전 시스템('Aeolian Roof', 그림 7.38)으로 사용할 수 있다.

축류형과 선호형 풍력 터빈은 평면 사이 또는 평면과 건물 지붕 사이에 위치한다. 이 방법은 주어진 풍속에서 일반 비 증강 풍력 터빈보다 출력 증가에 상당한 효과를 보인다. 이러한 시스템은 새로운 빌딩과 기존 빌딩 모두에 사용할 수 있으며 에너지 효율적인 건물을 지향하는 데 필요한 전기요구량의 많은 비율을 생산할 수 있을 것이다.

풍력에너지 잠재량

Greenblatt(2005)는 광범위한 연구를 통해 Class 4+ 위치에서 세계 육상 풍력에너지 잠재력(Grubb and Meyer, 1993)의 추정치를 타워의 높이와 풍력 터빈 허브의 높이를 고려해 조정했다. 그 결과 일 년에 약 185,000 TWh라는 결론에 도착했다.

낮은 풍속에서도 발전할 수 있는 터빈의 개발로 Greenblatt은 만약 Class 3+ 지역이 풍력에너지 잠재력 분석에 포함된다면 세계 연간 풍력 발전량 자원이 335,000 TWh가 될 수 있다고 결론 내렸다(표 7.3).

스탠포드 대학의 글로벌 기후와 에너지 프로젝트는 5년간의 미국국립 기후 데이터 센터와 예측 시스템 연구실의 데이터를 이용해 풍력에너지의 글로벌 잠재력을 평가했다(Archer and Jacobson, 2005). 이 연구는 지상 위 80 m에서 세계의 풍속(2000년도 풍속 데이터 기준)을 추정한 결과 잠재력의 오직 20%(e.g. 14.4 TW)만

표 7.3 이용 가능한 세계의 육상 풍력 자원과 미래의 전기 수요 예상

지역	2025년까지 요구전력 TWh/y	설치 용량 GW	풍력 자원 TWh/y (Class 4+ sites)	풍력 자원 TWh/y (Class 3+ sites)
북아메리카	6700	18700	62400	93500
라틴아메리카	1800	6100	20400	36300
유럽	6200	15200	50500	92500
서부	3100	4400	14700	21000
동부 그리고 구 소련 연방	3100	10800	35800	71300
아프리카/중동	2200	10400	34700	71300
아시아	8700	1900	6400	21500
인도	1300			
중국	4300			
다른 아시아	3100			
호주/대양주	400	3200	10700	20200
세계 전체	**26 000**	**70 400**	**185 000**	**335 400**

비고: Class 4+ = Class 4 그리고 그 이상; Class 3+ = Class 3 그리고 그 이상.
출처: Greenblatt, 2005.

을 사용하고 있으며 육상기반의 풍력에너지 자원은 세계 전기 수요(동시에 1.6에서 1.8 TW)를 7배 이상 충족시킬 수 있다는 것을 발견했다.

2010년 GWEC(Global Wind Energy Council)는 2020, 2030, 2050년까지 풍력에너지의 미래 가능성을 검토하기 위해 세계 풍력에너지의 전망에 대한 시나리오 시리즈를 제작했다. 이는 다음과 같은 세 가지 시나리오를 기초로 가정하였다.

(1) 국제 에너지기구 2009 세계 에너지 전망을 기초로 한 참고 시나리오(RS)

(2) 신재생 에너지 지원 정책 방안을 고려하며 재정이나 세계의 계획단계를 목표로 한 중도적인 시나리오(MS)

(3) '풍력에너지 비전'에서 최상의 발전 경우를 가정해 추산한 발전적 시나리오(AS)

그림 7.39는 이러한 시나리오에 기초해 2030년까지 글로벌 누적 풍력발전 증가량을 보여주고 있다.

유럽의 풍력에너지 잠재량

EEA(European Environment Agency)는 유럽 내 육상 및 해상 풍력에너지 잠재력의 상세한 분석을 수행했다(EEA, 2009). 이 분석은 2020년과 2030년에 육상기반의 허브 높이 80 m와 연안에 120 m 높이의 허브를 가진 풍력 터빈을 제작할 수 있는지에 대한 기술적 가능성을 추정(TP)했다.

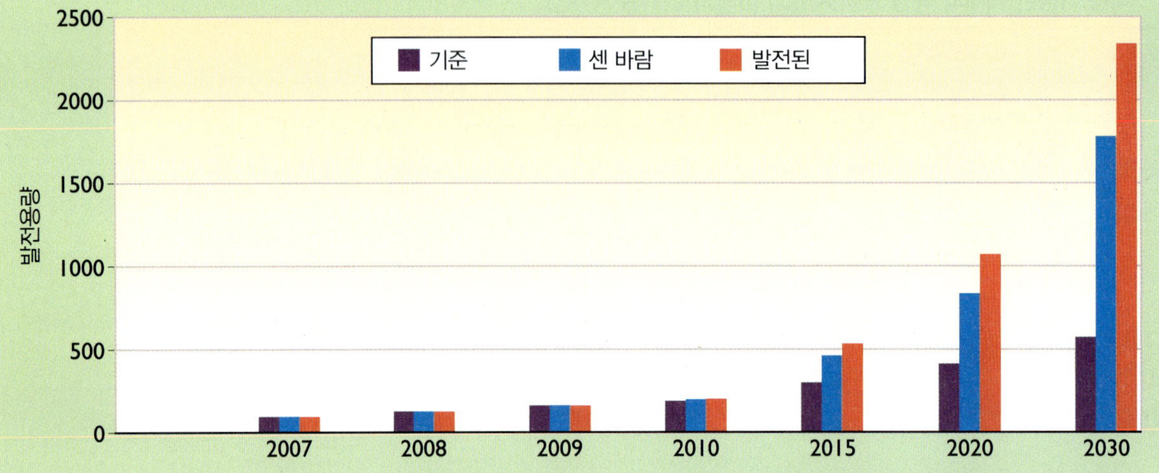

	2007	2008	2009	2010	2015	2020	2030
기준 [MW]	93,864	120,297	158,505	185,258	295,783	415,433	572,733
[TWh]	206	263	347	406	725	1,019	1,405
센 바람 [MW]	93,864	120,297	158,505	198,717	460,364	832,251	1,777,550
[TWh]	206	263	347	435	1,129	2,041	4,360
발전된 [MW]	93,864	120,297	158,505	201,657	533,233	1,071,415	2,341,984
[TWh]	206	263	347	442	1,308	2,628	5,429

그림 7.39 • 2030년 글로벌 누적 풍력 발전 용량(출처: GWEC, 2010).

이것은 작업 환경이 민감한 지역과 수많은 항로 등으로 제약이 있는 연안 또는 잠재력이 부족한 지역(CP)을 걸러내 제외했다. 또한 2020년과 2030년의 경제적 경쟁 가능성(ECP)이 EC, 2009를 근거로 프로젝트 개발 비용과 풍력 단지의 유지비용이 계산되었다. 2009년 EEA 보고서는 2030년에 육상기반에서 연간 27,000 TWh, 연안 프로젝트에서 3,400 TWh의 경제적 경쟁 가능성이 있다고 추정했다. 표 7.4는 2020년과 2030년의 TP, CP, ECP의 추정값을 요약해서 보여주고 있다

EWEA(European Wind Energy Association) 위원회는 유럽의 2020년과 2030년의 풍력에너지 목표를 설정하기 위해 연구했다. 이 연구는 2020년의 낮은 시나리오와 높은 시나리오를 기반으로 추정했다. EU27의 낮은 시나리오는 190 GW(land-based)와 40 GW(offshore)의 생산능력을 설치 완료할 것으로 예측했으며 높은 시나리오의 경우 210 GW(land-based)와 55 GW(offshore)의 생산능력을 갖출 것으로 예측했다. 낮은 시나리오의 2020년 총괄 생산능력은 연간 589.1 TWh를 발생시킬 것으로 예측됐으며 높은 시나리오의 총괄 연간 생산능력은 683 TWh로 예측되었다. EWEA는 EU 전력의 50%는 결국 최종적으로 풍력에서 생산될 것으로 전망하고 있다(EWEA, 2010).

유럽위원회의 보고서(EC, 2009)는 전략적인 에너지기술국가계획(SET-Plan(EU, 2010))에 대한 투자를 언급하고 있다. 전략적인 에너지기술국가계획의 추가적인 연

표 7.4 2020년부터 2030년까지 풍력에너지에 대한 제약된 기술 전망과 경제적 경쟁 가능성

		년도	TWh	2020~2030년의 요구량 (*)
기술적 잠재력	육상	2020	45 000	11~13
		2030	45 000	10~11
	해상	2020	25 000	6~7
		2030	30 000	7
	전체	2020	70 000	17~20
		2030	75 000	17~18
제한된 잠재력	육상	2020	39 000	10~11
		2030	39 000	9
	해상	2020	2 800	0.7~0.8
		2030	3 500	0.8
	전체	2020	41 800	10~12
		2030	42 500	10
경제적으로 경쟁력 있는 잠재력	육상 (*)	2020	9 600	2~3
		2030	27 000	6
	해상	2020	2600	0.6~0.7
		2030	3400	0.8
	전체	2020	12 200	3
		2030	30 400	7

*주의: 유럽연합 집행위원회의 2020부터 30년(EC2008 a,b)의 에너지 수요의 추정치는 두 가지 시나리오인 '온실가스 배출 전망치'와 'RES 거래에 대한 유럽연합 집행위원회의 제안(2020년 4078 TWh, 2030년 4408 TWh 출처: EEA, 2008)'에 기초를 두었다. 이 수치는 두 가지 시나리오에 관련된 11.12.7의 2020년 예상 수요는 배 크기인 4,500TWh의 풍력 용량을 나타내고 있다.
*그 수치에는 자연보호 지역으로 지정된 EU-풍력네트워크의 Natura 2000 지역이 포함되지 않았다(출처: EEA, 2008).

구와 더불어 결정적으로 향후 10년 동안 필요한 전력망 구축에 큰 진전이 필요하며 이 경우 풍력에너지는 2020년 EU 전기수요의 25%를 충족할 것이며 2030년 33%, 2050년 50%를 충족할 것으로 예측하고 있다(참고 Zervos and Kjaer, 2009). 이것은 2020년에 400 GW 용량의 풍력에너지 달성과 2050년에 600 GW의 용량을 달성할 수 있으며 이중 절반 이상(350 GW)이 연안에서 생산될 것이다. 표 7.5는 유럽위원회의 SET-Plan 목표를 달성하는 데 필요한 에너지 용량의 요약을 보여주고 있다.

7.9 해상풍력발전

해상풍력 발전단지의 에너지 자본비용은 일반적으로 육지 설치물의 가격보다 더 비싸다. 그 이유는 기초공사를 위한 토목공학, 더 높은 전기연결 비용, 바다의 부식

표 7.5 유럽위원회의 SET-Plan 달성을 위한 필요 에너지 용량

	육상 바람 (GW)	해상 바람 (GW)	전체 풍력 에너지 용량 (GW)	평균 용량 계수 (육상)	평균 용량 계수 (해상)	TWh 육상	TWh 해상	TWh 전체	EU-27 총 전력 소비량*	전기 요구량에 부합한 풍력 출력
2020**	210	55	265	26.0%	42.3%	479	204	683	3494	20%
2030	250	150	400	27.0%	42.8%	592	563	1155	3368	34%
2050	250	350	600	29.0%	45.0%	635	1380	2015	4000	50%

* 유럽위원회의 새로운 에너지 정책인 $100 oil/barrel 계획에 따라 가정된 2020년 까지의 전기수요. 그리고 높은 재생가능/ 에너지 효율성 계획에 따른 2030년까지로 추정값. 2050년의 수요는 4000 TWh로 가정함.
** 유럽 위원회의 '새로운 에너지 정책' (수요를 위한 추정) 과 결합된 EWEA의 'high' 계획에 따라 2020년 까지 265GW를 추정함.
출처: 제르보스와 예르(Zervos and Kjaer), 2009년.

성 환경을 견디는데 필요한 고가의 재료사양 등에 의해 별도의 비용이 들어가기 때문이다.

그러나 특정한 산이나 언덕 꼭대기를 제외하고 일반적으로 해상풍속은 육지풍속보다 더 빠르고 이런 환경에서 기존의 경험에 의하면 해상풍력 발전비용이 감소할 가능성이 있다. 덴마크 Tun Knob에서의 시험 결과는 풍속 예측 모델에서 추정한 양보다 실제의 해상 풍력에너지의 출력이 20~30% 더 높다는 것을 보여줬다. 또한 해상 풍속이 예측한 풍속 모델보다 더 크게 나타났다. 따라서 가동률(Availability)은 예측한 것보다 더 높은 평균 98%를 달성했다. 이러한 풍력에너지의 특성은 중기적으로 볼 때 해상풍력발전에너지 비용이 가격 경쟁력이 있을 것으로 예상된다(Willow and Valpy, 2011). 그리고 깊은 수중에서는 초기 투자비용이 더욱 증가할 것으로 예상되지만, 더 큰 로터로부터 훨씬 더 많은 양의 에너지를 얻을 수 있다(표 7.5를 참고하면 해상풍력발전은 육지에서의 풍력발전보다 훨씬 큰 로터를 사용할 수 있다(Willow and Valpy, 2011).

유럽은 9개 나라의 해안선을 따라 약 30~45 m의 깊이의 1,136개의 해상풍력 터빈으로(45개의 해상풍력 발전단지에서 2,946 MW의 발전량) 세계의 해상풍력발전을 선도하고 있다(EWEA, 2011a). EWEA는 새로운 해상풍력 발전단지로 약 1,000~1,500 MW의 추가 에너지 생산이 가능할 것이라고 예상한다. 총 3 GW의 발전 용량을 가지는 열 개의 풍력 발전소를 새로이 건설 중이며 이것이 완료될 시에 유럽에서는 6,200 MW의 이상의 발전용량을 가지는 풍력 발전소를 건설할 계획이다. 또한 19,000 MW 이상의 풍력 발전 계획 현재 동의 되어 진행 중이다(EWEA, 2011b).

140 GW 이상의 해양 풍력 발전 계획은 유럽에서의 개발자에 의해 현재 계획 중이거나 개발 중에 있다. EWEA's 계획에 의하면 2020년에 40 GW, 2030년 150 GW 이상의 발전을 할 계획이다(EWEA, 2011b).

Box 7.5 매우 큰 터빈

풍력발전은 육지보다 해양에서 매우 큰 규모로 풍력 터빈을 활용하는 것이 가능하다. 해양에서의 풍력발전은 경제성을 향상시킬 수 있으며 개 당의 플랫폼에서 더 많은 에너지를 생산할 수 있으며, 유지 보유 비용을 감소할 수 있다는 장점을 가지고 있다.

이러한 혜택에 대한 작업은 약 2 MW 정격 용량 이상의 터빈과 관련된 증가 자본 비용 경향이 있다. 또한 후자의 효과는 로터의 회전면적의 증가에 따른 재료와 강도의 배율법과 더불어 경험 보다 큰 기어 박스에서 토크 부하가 존재한다.

5 MW 해양풍력발전은 Repower에 의해 설치되었으며 6 MW의 풍력해양발전도 개발하고 있다. Enercon은 기어박스가 없는 6과 7.5 MW의 직접 구동 터빈을 모사했으며 Alstom Wind와 Siemens은 각각 6 MW의 터빈을 개발했다. Vestas는 7 MW의 터빈의 후행으로 15 MW 터빈을 해양 발전을 고려해 *GE*와 Gamesa와 적용해 설계하고 있다.

터빈의 수평축을 얼마나 크게 제작할지는 불확실하다. 또한 브레이즈의 개발은 더욱 가볍고 강한 피로저항을 요구한다. 왜냐하면 HAWT의 설비 시에 높은 파워를 달성하기 위해서는 크기는 필수적이며 로터의 중력(블레이드가 로터의 회전에서 아래쪽으로 움직일 때)을 이겨내기 위해서는 중요한 구조적 한계가 되기 때문이다.

이와 유사하게 큰 HAWT에서의 터빈 블레이드의 사이클 주기는 매우 중요하다. 왜냐하면 높은 단계의 '바람 전단'이 큰 로터 직경에 따라 일어나기 때문이다. 길이에 따라 속도가 증가함에 따라 큰 직경의 HWAT의 블레이드의 제작은 회전 사이클에서의 상단과 하단 사이의 크기에 따라 다르며 더욱 큰 직경은 더욱 많은 바람 속도의 차이를 가지게 되므로 바람의 속도를 통해 블레이드 크기를 예측할 수 있다.

설계 제작의 연구들은 20 MW 이상의 큰 HAWT 발전 시스템이 가능할 수 있는지 그리

그림 7.40 • E126 7.5 MW, 직경 126 m의 Enercon 풍력 터빈, 매우 큰 터빈 중 하나(자료 출처: Enercon, 2011).

고 블레이드의 구조 설계의 강화와 동시에 대체 재료에 대해 탐구해 왔다.

풍력 터빈의 수평축에서는 큰 HWAT에서 중력 구동에 따른 피로 하중은 발생하지 않았다. 또한 VAWT 블레이드는 반복 하중에 의한 바람 전단의 영향을 크게 받지 않았으며 넓은 면적에 VAWT 설계 시 해양에서는 충분한 여유를 두기 위해 크게 높게 설치할 필요가 없다. 또한 전복 움직임을 감소시킨다. 따라서 VAWT 발전 시스템은 잠재적으로 매우 큰 면적에 설치할 수 있다.

그림 7.41 • Hywind의 떠있는 2.3 MW 풍력 터빈.

2009년 EEA 연구는(EEA, 2009) 이전의 추정값을 언급했는데 경제적으로 분석 결과 2020년의 경우 2,600 TWh/y은 60%이상 충당 가능하며 2030년은 3,400 TWh/y로 증가하며 이는 전체 소비량의 80%이상 충당할 수 있다고 보고했다. 또한 EEA 2009에서 해상 풍력 발전의 잠재적 기술은 2030년 EU 전기 소모량보다 7배 이상 발전 가능하다고 예측했다.

실현 가능할 때 해상 풍력 발전은 유럽의 몇몇 나라에 야심찬 프로그램이 될 것이며 궁극적으로 그 나라의 주요 전기 생산 방법이 될 것이다.

하나의 흥미로운 개발은 Hywind project로 알려진 노르웨이에 위치하고 있는 부유형 2.3 MW의 풍력 발전이다. 이 풍력발전은 220 m의 바다에 성공적으로 작동

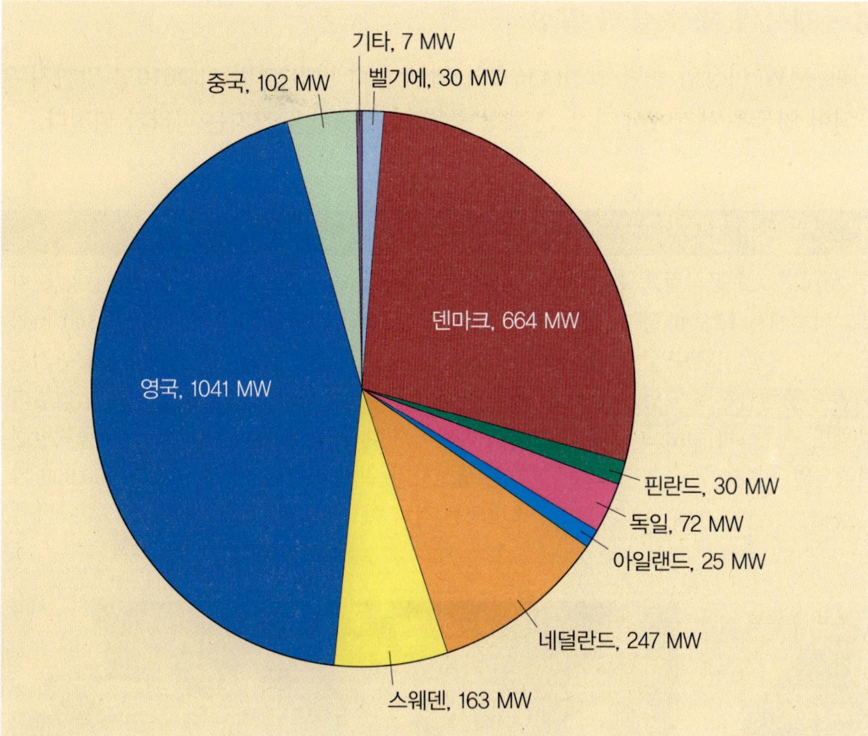

그림 7.42 • 국가별 해상풍력 발전용량(2010년 1월 기준)(출처: 4C Offshore Ltd, 2010; Musial and Ram, 2010).

하고 있다. 이것은 얕은 대륙붕 이상의 해양에서의 풍력발전에 대해 매우 중요한 의미를 가지고 있다.

반면 미국은 두 번째로 큰 육지에서의 풍력 발전소를 가지고 있다. 이것은 해상 풍력 발전이 아니다. 그러나 미국의 국립 신재생 에너지 연구소(NREL)는 해상 풍력 발전에 대해 연구를 완성했다. 미국에서의 해상풍력발전은 약 4,000 GW 이상의 발전 용량을 가질 것으로 예상했다(이것은 7 m/s의 평균 이상의 풍속을 받는다는 가정에 하나의 터빈이 1 km의 공간을 차지하며 약 5 MW의 발전 용량을 갖는다고 예측함 – 터빈 위치에 대한 제약 조건은 고려하지 않는다). 이 보고서는 대략 미국의 발전 용량의 4배 이상의 발전 용량을 갖는다고 할 수 있다.

약 20개의 미국의 해상풍력발전계획은 (2,000 MW 이상의 발전 계획 포함)은 2010년 9월부터 계획되고 있거나 허용되고 있다. 그중 주요한 해상풍력발전계획은 동쪽 해안, 중앙 대서양 지역의 미국 해안선, 큰 호수, 멕시코의 걸프지역과 태평양 지역이 있다(Musial and Ram, 2010).

현재 Global Offshore Wind Farm에 따르면(4C Offshore, 2011) 전 세계적으로 설치된 있는 전체 풍력 발전 용량은 약 2,377 MW이며 다른 54,813 MW가 허용, 개발, 진행 중에 있다. 현재 900개 이상의 해상 풍력 단지가 조성 중에 있으며 36개의 국가가 참가하고 있다. 표 7.6과 그림 7.42는 2009년 완료된 세계 해상 풍력 발전 계획을 정리해 나타냈다.

영국에서의 해상 풍력 발전

1,300 MW 이상의 풍력 발전(436개의 해상 풍력 발전 터빈)이 2010년 말까지 완공되어 영국은 세계에서 가장 큰 해상 풍력 발전 용량을 가지는 나라가 되었다.

Box 7.6 Thanet 해상풍력발전단지

세계에서 가장 큰 단일 해상풍력발전은 2010년 9월 공식적으로 작동하고 있으며 **Thanet**의 Foreness 지점에서 12 km 떨어진 곳(잠재적으로 총 5개 풍력발전소 개발 예정)인 템즈강 하구에서 켄트 미어 풍력 발전소의 두 번째 풍력발전소가 있다. **Thanet** 풍력 발전 소비 비용은 780백만 파운드가 들었으며 2년 동안 공사되어 2010년 6월에 완공되었다.

이 프로젝트는 개 당 3 MW의 발전 용량을 가지는 V90−3 터빈이 100개가 설치되었으며 300 MW의 총 발전용량을 가진다. 또한 90 m의 직경의 터빈이 각각의 직경 당 500 m씩 떨어졌으며 각각 800 m 간격으로 설치되었다. 전제 면적은 35 km²이며 바다의 깊이는 20 m에서 25 m이다. 각각 터빈의 허브 높이는 바다에서 대략 70 m로 설치되었다. 이 풍력발전소는 전기를 생산하기 위해 설치되었으며 영국의 200,000 가구에서 소비되는 전력 이상 발전할 수 있다.

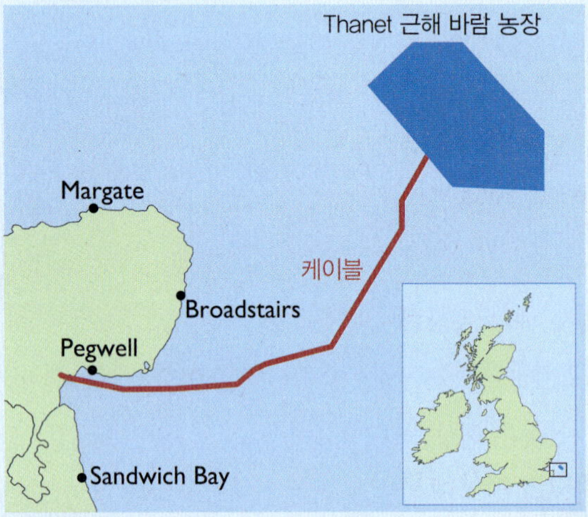

(a)

(b)

(c)

그림 7.43 • Thanet 해상풍력발전단지. (a) 위치, (b) 풍력단지 전경, (c) 풍력 터빈(출처: Vattenfall, 2011).

표 7.6 국가별 해상풍력 발전 목표와 구성단계(출처: 4C Offshore Ltd, 2010; Musial and Ram, 2010)

나라	승인, 허가 또는 건설중 (MW)	작동중 (MW)
벨기에	1194	30
캐나다	1826	0
중국	201	102
덴마크	653	664
에스토니아	1000	0
핀란드	1306	30
프랑스	1455	0
독일	25411	72
그리스	1101	0
아일랜드	1530	25
이탈리아	2526	0
일본	0	1
말리브	75	0
네델란드	3969	247
노르웨이	565	2
루마니아	500	0
스페인	70	0
영국	3346	163
미국	6085	1041
전체	~2000	0
Total	54813	2377

출처: Musial and Ram, 2010; 4C Offshore, 2010.

2008년 영국 BERR 부서가 설립되었으며 해양 신재생 에너지 지도책을 새롭게 출판했다(BERR, 2008). 여기에는 영국의 해양에서 100 m 위의 평균 속도를 표시했으며 '영국 해양 에너지 지역'이라고 표시했다.

이 책자는 영국 해양 풍력에너지의 잠재력에 관하여 좀 더 세부적으로 보여주고 있으며 Offshore Valuation Gruop(OVG, 2010)을 포함하고 있다. 또한 이 책자에는 영국에서 이용 가능한 모든 해양 신재생 에너지에 대해 평가하고 있다(조수, 파력에너지, 해상풍력에너지 포함). 또한 고정식 해상풍력발전은 매년 406 TWh(이미 설치된 전력 포함)를 제공한다고 추정되고 있다. 그리고 부유형 풍력 발전은 깊은 물에서 약 1,533 TWh의 전력을 매년 공급하며 1,900 TWh 이상의 전력(고정 풍력발전, 부유 풍력발전)을 매년 제공한다,

2000년 Blyth의 첫 번째 영국 해상풍력발전 설치 이후로 많은 해상풍력발전이 영국 및 유럽의 다른 나라에 설치되었으며 이를 통해 많은 것을 배웠으며 실험을 통해 자신감을 얻고 작동하는 해상 풍력 블레이드의 강화 물질을 개발을 통해 주요

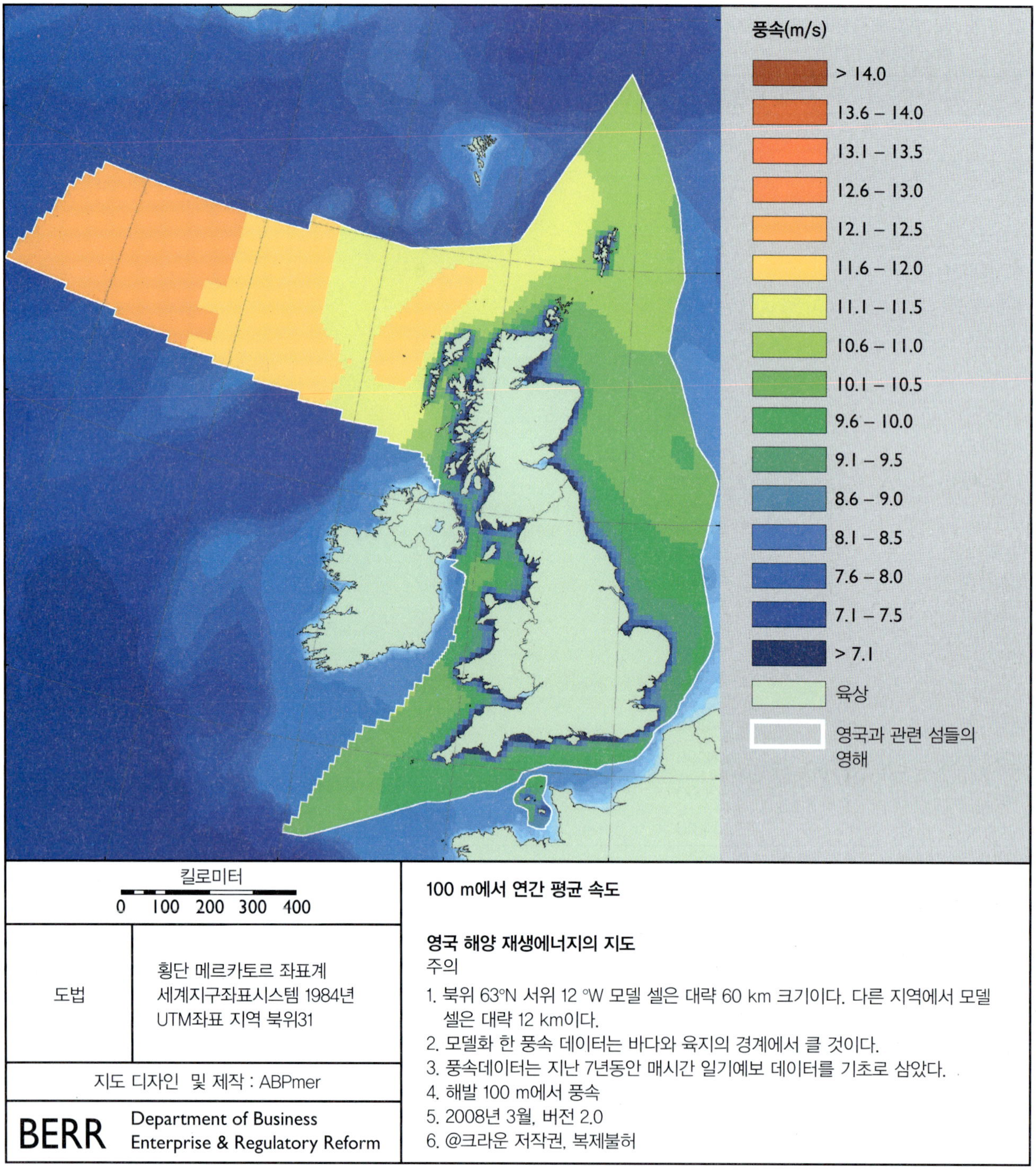

그림 7.44 • 영국 주위 해수면 100 m에서의 풍속지도(출처: BERR, 2008).

해상풍력발전 투자를 이끌어 냈다.

영국 정보는 해상풍력발전의 초기 투자비용을 제공했으며 Crown Estates Offices를 통해 해상풍력발전 특허를 3단계로 나누어 할당했다.

1단계(2001년에 발표). 효율적으로 해외 개발자를 허용하는 시범단계인 동시에 풍력 터빈의 실험을 통한 생산, 영국 근해의 오일과 가스 산업의 전문 전송을 목포로 했다. 1단계에서는 12 km이하 근해의 20 m 이하에 해상풍력발전을 설치했다. 17개의 라운드 중 1개의 프로젝트만 성공했으며 현재 11개의 전기발전소가 가동 중이다(전체 발전 생산량 962 MW).

2단계(2003년에 발표). 15개의 업체에서 총 7000 MW 이상의 전력을 생산하겠다고 2003년에 발표했다. 그중 첫 번째와 두 번째는(Gunfleet 2 and Thanet) 현재 영국에서 해상풍력발전 용량으로 1,330 MW 이상 발전 중에 있다. 또한 다섯 군데(Greater Gabbard, London Array, Sheringham Shoal and Walney 1)가 현재 건설 중에 있다.

3단계(2010년에 발표). 이번 계획은 33 GW의 전기 생산 개발에 목표를 두고 있다. 9개의 지역으로 할당했으며 그림 7.36에 나타냈다. 또한 발전 지역에 대해 표 7.7에 제시하고 있다. 대부분은 잘 진행되고 있다.

2009년 영국의 Renewable Energy Strategy(DECC, 2009)가 설립되었다. 여기에는 2020년 신재생 에너지가 약 30% 이상의 발전 용량을 차지한다고 제시되어 있다. 이 계획은 전 세계의 육상에서의 풍력 발전과 해양에서의 풍력 발전의 대부분을 정확히 예측하고 있다.

이것은 영국의 풍력 발전에 대해 중요한 발판이 되었다. 또한 이런 프로젝트가 성공적으로 이루어졌을 때 영국은 풍력 발전이 전기 생산의 중요한 요소 중 하나가 될 것이다.

영국 정부는 2050 Pathwayts Analysis(DECC, 2010)에서 풍력 개발에 대한 예상 궤적 수와 4단계의 해상풍력개발 방침을 언급하였으며 4단계의 해상풍력발전은 가장 큰 관심을 가졌다. 상담에 대한 응답으로 제출된 결과 DECC는 두 가지 결론을 제시했다. 2050년 해상풍력발전을 포함하면 430 TWh/y로 929 TWh/y로 기여도가 증가할 것이다. 이것은 또한 부유형 해상 발전 터빈을 포함하고 있다. 2011

표 7.7 Round 3 지점의 상세

Round 3 zone	이름	면적(km^2)	길이(m)	용량(GW)
지역 1	머리만(英)	520	30 ~ 57	1.3
지역 2	포스만(英)	2852	30 ~ 80	3.5
지역 3	도거뱅크(英)	8660	18 ~ 63	9
지역 4	혼 해	4735	30 ~ 40	4
지역 5	노퍽(美버지니아)	6036	5 ~ 70	7.2
지역 6	헤이스팅스(英)	270	19 ~ 62	0.6
지역 7	와이트섬 서부(英)	723	22 ~ 56	0.9
지역 8	브리스틀 해협(英)	949	19.5 ~ 60.9	1.5
지역 9	아일랜드 해	2200	28 ~ 78	4.2

출처: Derived from Crown Estate, 2008a.

년 12월 Carbon plan에 의해 새롭게 제시되었으며 DECC는 2050년에는 육상 및 해상의 풍력에너지 기여도 목적이 확대될 것으로 예측했다. 이 계획에서는 2050년 풍력 발전이 전기 생산에 있어 주요 요소가 될 뿐 아니라 저탄소에너지 난방(열 펌프를 통해)에 이용될 것으로 예측했다. 그리고 2050년 전기자동차에 주요 생산원이 될 것으로 예측했다(DECC, 2011C).

7.10 요약

이 장에서는 바람이 발생하는 원인, 바람에서 관계된 에너지와 전력 그리고 전통적 풍차에 의한 발전 및 현재 풍력 터빈, 수평축과 수직축에 관한 풍력 일의 발생 등 넓은 분야에서의 풍력 발전을 제시하고 있다. 또한 풍력 터빈에서의 공기역학의 중요성에 대해 제시하고 있다.

이 장에서는 풍력 터빈의 전력 곡선을 포함하고 있으며 특정 지역에서의 풍력 터빈의 전기 생산의 비용에 대해 제시하고 있다.

풍력 터빈에 환경적 영향에 대해 논의하고 있으며 잠재적인 소음, 전자 간섭, 비행, 야생생물, 대중의 태도, 비행기 간섭 등에 얘기하고 있다. 풍력 발전의 경제성에 대해 평론을 하고 있으며 부록 B는 이를 좀 더 세분해 나타냈다.

풍력 발전의 전체적인 개발 현황과 미래 잠재적 요소에 대해 제시하고 있으며 현재 세계적인 풍력 발전 시장과 유럽에서의 육상 풍력 발전에 대해 나타냈다. 비록 이번 장이 주로 큰 풍력 발전에 대해 논의하고 있지만 작거나 중간 사이즈의 풍력 터빈과 풍력 단지 계획 및 풍력 터빈을 적용한 건물에 대해 논의 하고 있다.

마지막 장은 해상풍력발전기술과 대형 터빈에 대해 간단한 도약을 제시하고 있다. 또한 현재 해상풍력발전의 현황에 대해 설명하고 있으며 요약해 제시하고 있다. 현재 해상풍력발전에 기대되고 있는 프로젝트를 설명하고 있으며 미국, 유럽, 다양한 나라에서의 풍력 발전의 가능성에 대해 설명하고 있다.

풍력에너지는 가장 빠르고 지속적으로 발전되는 기술이다. 또한 이것은 세계적으로 전기 생산에 주요방법이 될 것이다. 특히 유럽은 전기 생산에 있어서 탄소를 발생하지 않는 가장 주요한 방법으로 풍력 발전을 중요시 여기고 있다. 그러나 EWEQ가 2030년 EU 국가의 전기 소모의 약 30%를 충당할 수 있으며 2050년 에는 50%이상을 충당할 수 있을 것으로 예상했으며 이를 달성하기 위해서는 다른 시스템과 연계와 새로운 구조가 필요하다. 하지만 이러한 확장성을 가지기 위해서 정부와 산업체의 강력한 동기부여가 있어야 한다.

풍력발전기술을 많은 위험요소와 불확실성을 가지고 있다는 것은 명백하다. 그러나 20년간 진행되었던 덴마크에서 먼저 실시한 Vindeby 프로젝트나 다른 900개의 프로젝트를 통해 인상 깊은 성과를 보였다–특별히 바람이 강한 해안에 적용하기 위한 여러 어려움이 그러하다.

References

4C Offshore (2010) website (updated weekly) http://www.4coffshore.com (accessed 8 January 2010).

4C Offshore (2011) *Global Offshore Wind Farm Database, 4C Offshore Ltd.* (accessed March 2011) http://www.4coffshore.com/offshorewind/.

Abbott, I. H. and von Doenhoff, A. E. (1958) *Theory of Wing Sections*, New York, Dover Publications Inc.

ABC (2011) *American Bird Conservancy (ABC) policy on bird collisions*, http://www.abcbirds.org/abcprograms/policy/collisions/index.html (accessed 8 November 2011).

Appleton, S. (2010) *Stealth blades – a progress report*, http://www.all-energy.co.uk/UserFiles/File/25Appleton.pdf (accessed 8 November 2011).

Archer, C. L. and Jacobson, M. Z. (2005) 'Evaluation of global wind power', *J. Geophys Res.*, 110, D12110, http://www.agu.org/journals/jd/jd0512/2004JD005462/ (accessed 8 November 2011).

AWEA (2009) *AWEA Small Wind Turbine Performance and Safety Standard*, AWEA 9.1, American Wind Energy Association.

Bacon, D. F. (2002) *Fixed-link wind turbine exclusion zone method, A proposed method for establishing an exclusion zone around a terrestrial fixed radio link outside of which a wind turbine will cause negligible degradation of the radio link performance*, Ofcom. http://licensing.ofcom.org.uk/binaries/spectrum/fixed-terrestrial-links/wind-farms/windfarmdavidbacon.pdf (accessed 8 November 2011).

BBC (2011) *Wind Farm Assessment Tool*, http://www.bbc.co.uk/reception/info/windfarm_tool.shtml (accessed 8 November 2011).

BCT (2009) *Determining the potential ecological impact of wind turbines on bat populations in Britain, Phase 1 report Final Report*, Scoping & Method Development Report, May. www.bats.org.uk/pages/wind_turbines.html and http://www.bats.org.uk/data/files/determining_the_impact_of_wind_turbines_on_british_bats_final_report_29.5.09_website.pdf (accessed 9 December 2011).

BCT (2010) Position Statement: *Microgeneration Schemes: Risks, Evidence and Recommendations*, Bat Conservation Trust. http://www.bats.org.uk/publications_download.php/1042/Position_Statement_Microturbines_2010.pdf (accessed 9 December 2011).

Berge, E., Gravdahl, A. R., Schelling, J., Tallhaug, L. and Undeheim, O (2006) *A comparison of WAsP and two CFD-models*, Presentation for EWEC 2006 http://www.windsim.com/documentation/papers_presentations/0602_ewec/ewec_berge.pdf (accessed 9 December 2011).

BERR (2008) *Atlas of UK Marine Renewable Energy Resources*, Department for Business & Regulatory Reform, April http://www.renewables-atlas.info/downloads/documents/Renewable_Atlas_Pages_A4_April08.pdf (accessed 9 December 2011).

Beurskens, J. and Jensen, P. H. (2001) 'Economics of wind energy – Prospects and directions', *Renewable Energy World*, July–Aug.

BSI (2003) *Wind turbine generator systems Part 11: Acoustic noise measurement techniques*, (BS) EN 64100-11:2003, London, British Standards Institution.

Burch, S. F. and Ravenscroft, F. (1992) *Computer Modelling of the UK Wind Energy Resource: Final Overview Report*, ETSU WN7055, ETSU.

Burroughs, W. J., Crowder, B., Robertson, E., Vallier-Talbot, E. and Whitaker, R. (1996) *Weather – the ultimate guide to the elements*, London, HarperCollins.

Butler, G. (2007) 'Advanced Digital Tracker – Update' at *All Energy '07 Aviation and Technical Workshop*, May http://www.all-energy.co.uk/UserFiles/File/2007GeoffButler.pdf (accessed 9 December 2011).

BWEA (2008) *BWEA Small Wind Turbine Performance and Safety Standard*, 29 February.

Carbon Trust (2011) *Wind Power Estimator*, Carbon Trust, http://www.carbontrust.co.uk/cut-carbon-reduce-costs/products-services/technology-advice/renewables/Pages/small-scale-wind-energy.aspx (accessed 8 November 2011).

Chignell, R. J. (1987) *Electromagnetic Interference from Wind Turbines – A Simplified Guide to Avoiding Problems*, National Wind Turbine Centre, National Engineering Laboratory, East Kilbride.

Crown Estate (2008a) *Round 3 offshore wind farms table*, The Crown Estate, June, http://www.thecrownestate.co.uk/interactive_map_round3_table.

Crown Estate (2008b) *Round 3 Offshore wind farms map*, The Crown Estate, http://www.thecrownestate.co.uk/media/158181/round3_map.pdf (accessed 8 November 2011).

Day, A., Dance, S., Moseley, T. and Dunlop, B. (2010) *Ashenden Wind Turbine Trial: Phase II Progress Report*, London, South Bank University.

DCLG (2007) *Domestic Installation of Microgeneration Equipment – Final report from a Review of the related Permitted Development Regulations*, London, Department for Communities and Local Government.

DCLG (2009) *Permitted development rights for small scale renewable and low carbon energy technologies, and electric vehicle charging infrastructure – Consultation*, London, Department for Communities and Local Government.

DCLG (2011) *Draft National Planning Policy Framework*, London, Department for Communities and Local Government.

DECC (2009) *The UK Renewable Energy Strategy*, London, Department of Energy and Climate Change, HMSO.

DECC (2010) *2050 Pathways Analysis*, London, Department of Energy and Climate Change.

DECC (2011a) Department of Energy and Climate Change's wind speed database website URL: http://www.decc.gov.uk/en/content/cms/meeting_energy/wind/windsp_databas/windsp_databas.aspx (accessed 9 December 2011) or http://www.bwea.com/noabl/index.html (accessed 9 December 2011).

DECC (2011b) *2050 Pathways Analysis – Response to Call for Evidence*, London, Department of Energy and Climate Change.

DECC (2011c) *The Carbon Plan: Delivering our low carbon future*, London, Department of Energy and Climate Change.

Drewitt, A. L. and Langston, R. H. W. (2006) 'Assessing the impacts of wind farms on birds', *British Ornithologists' Union*, vol. 148, pp. 29 to 42.

EC (2009) *Investing in the Development of Low Carbon Technologies (SET-Plan)*, European Commission.

EEA (2009) *Europe's on shore and offshore wind energy potential – An assessment of environmental and economic constraints*, EEA Technical Report No. 6/2009, European Environment Agency.

Eldridge, F. R. (1975) *Wind Machines*, Mitre Corporation.

English Nature, RSPB, WWF-UK, BWEA (2001) *Wind farm development and nature conservation*, WWF-UK.

EST (2009) *Location, location, location: Domestic small-scale wind field trial*, Energy Savings Trust.

EST (2011) *Domestic Wind Speed Prediction Tool*, Energy Savings Trust, http://www.energysavingtrust.org.uk/Generate-your-own-energy/Can-I-generate-electricity-from-the-wind-at-my-home (accessed 8 November 2011).

EU (2010) *The European Strategic Energy Technology Plan – SET-Plan – Towards a low carbon future*, European Union.

Everett, B., Boyle, G. A., Peake S. and Ramage, J. (eds) (2012) *Energy Systems and Sustainability: Power for a Sustainable Future* (2nd edn), Oxford, Oxford University Press/Milton Keynes, The Open University.

EWEA (1991) *Time for Action: Wind Energy in Europe*, European Wind Energy Association.

EWEA (2010) *2050: Facilitating 50% Wind Energy – Recommendations on transmission infrastructure, system operation and electricity market integration*, European Wind Energy Association.

EWEA (2011a) *List of Operational Wind Farms end 2010*, European Wind Energy Association.

EWEA (2011b) *The European offshore wind industry – key trends and statistics*, European Wind Energy Association, January.

EWEA (2011c) *Offshore wind*, www.ewea.org/index.php?id=203 (accessed 8 November 2011).

Fiumicelli, D. and Triner, N. (eds.) (2011) *Wind Farm Noise Statutory Nuisance Complaint Methodology* (NANR 277) AECOM for DEFRA.

FWC (2011) http://floatingwindfarms.com/index.html) (accessed 8 November 2011).

Golding, E. W. (1955) *Generation of Electricity by Wind Power*, London, E. and F. N. Spon.

Gorlov, A. (1998) *Development of the helical reaction hydraulic turbine*, Final Technical Report (DE-FG01-96EE 15669), Northeastern University for US Department of Energy.

Greenacre, P., Gross, R. and Heptonstall, P. (2010) *Great Expectations: The cost of offshore wind in UK waters – understanding the past and projecting the future*, London, UK Energy Research Centre.

Greenblatt, J. B. (2005) *Wind as a source of energy, now and in the future*, Amsterdam, Environment Defense for InterAcademy Council.

Grubb, M. and Meyer, N. (1993) 'Wind energy resources, systems and regional strategies' in Johansson, T. B. et al (eds) *Renewable Energy – Sources for Fuels and Electricity*, Earthscan, pp. 157–212.

GWEC (2010) *The Global Wind Energy Outlook 2010*, The Global Wind Energy Council.

GWEC (2011) *Global Wind Statistics 2010*, Global Wind Energy Council.

IEA (2009) *World Energy Outlook*, Paris, International Energy Agency.

IEC (2006) *Wind turbine generator systems – Part 11: Acoustic noise measurement techniques, IEC Standard 61400-11*, Geneva, International Electrotechnical Commission.

IPCC (2011) *Special Report of Renewable Energy Sources and Climate Mitigation (SEREN) - Summary Report*, Abu Dhabi, Inter-government Panel on Climate Change.

Jago, P. and Taylor, N. (2002) *Wind turbines and aviation interests – European Experience and Practice*, STAYSIS Ltd for the DTI, ETSU W/14/00624/REP (DTI PUB URN No 03/5151).

Kragh, J. et al. (1999) *Noise imission from wind turbines*, National Engineering Laboratory for the Energy Technology Support Unit (ETSU), ETSU W/13/00503/REP.

Legerton, M. (ed.) (1992) *Wind Turbine Noise Workshop Proceedings,* ETSU-N-123, Department of Trade and Industry/British Wind Energy Association.

Ljungren, S. (ed.) (1994) *Recommended practices for Wind Turbine Testing. 4. Acoustics Measurement of Noise Emission from Wind Turbines* (3rd edn), submitted to the Executive Committee of the International Energy Agency Programme for Research and Development on Wind Energy Conversion Systems.

Ljungren, S. (ed.) (1997) *Recommended practices for Wind Turbine Testing. 10. Measurement of Noise Emission from Wind Turbines,* submitted to the Executive Committee of the International Energy Agency Programme for Research and Development on Wind Energy Conversion Systems.

McMillan, D. and Ault, G. (2007) 'Quantification of Condition Monitoring Benefit for Offshore Wind Turbines' in *Wind Engineering,* vol. 31, no. 4, pp. 267–285.

MCS (2009) *MCS 006 Issue 1.5 – Product certification scheme requirements: Micro and Small Wind Turbines,* MCS Working Group 3 'Micro and Wind Systems' for DECC, http://www.microgenerationcertification.org/admin/documents/MCS%20006%20-%20Issue%201.5%20Product%20Certification%20Scheme%20Requirements%20-%20Micro%20and%20Small%20Wind%20Turbines%2010%20July%202009.pdf (accessed 9 December 2011).

MCS (2011a) *MCS 020 Planning standards for permitted development installations of wind turbines and air source heat pumps on domestic premises,* MCS for DECC, http://www.microgenerationcertification.org/admin/documents/MCS%20020%20Planning%20Standards%20Issue%201.0.pdf (accessed 9 December 2011).

MCS (2011b) *Microgeneration Certification Scheme* website: URL www.microgenerationcertification.org.

MIS (2011) *MIS 3003:Version 3 Microgeneration Installation Standard: Requirement for contractors undertaking the supply, design, installation, set to work commissioning, and handover of micro and small wind turbines.* For DECC http://www.microgenerationcertification.org/admin/documents/MCS%20006%20-%20Issue%201.5%20Product%20Certification%20Scheme%20Requirements%20-%20Micro%20and%20Small%20Wind%20Turbines%2010%20July%202009.pdf (accessed 9 December 2011).

Musgrove, P. J. (1990) 'Vertical axis WECS design' in Freris, L.L. (ed.) *Wind Energy Conversion Systems,* Prentice Hall.

Musial, W. and Ram, B. (2010) *Large Scale Wind Power in the United States – Assessment of opportunities and barriers,* National Laboratory for Renewable Energy.

Natural England (2009a) Technical Information Note TIN051: *Bats and onshore wind turbines – Interim guidance,* First Edition, February.

Natural England (2009b) Technical Information Note TIN059: *Bats and single large wind turbines: Joint Agencies interim guidance*, First Edition, September.

Natural England (2010) Technical Information Note TIN069: *Assessing the effects of onshore wind farms on birds*, First Edition, January.

Needham, J. (1965) *Science and Civilisation of China*, Cambridge University Press.

NERI (1998) *Impact Assessment of an Off-shore Wind Park on Sea Ducks*, National Environmental Research Institute (NERI) Technical Report No. 227, Denmark.

NOP (2005) *Survey of Public Opinion of Wind Farms*, NOP for BWEA, UK.

NPL (2011) *Wind Turbine Noise Model*, National Physical Laboratory, http://resource.npl.co.uk/acoustics/techguides/wtnm/ (accessed 9 November 2011).

NRC (2007) *Environmental Impacts of Wind Energy Projects*, Committee on Environmental Impacts on Wind Energy, Washington DC, National Academies Press.

NWCC (2007) *NWCC Mitigation Toolbox*, National Wind Coordinating Collaborative.

NWCC (2010) *Wind Turbine Interactions with Birds, Bats and their Habitats: A Summary of Research Results and Priority Questions*, National Wind Coordinating Collaborative.

NWCC (2011) *Comprehensive Guide to Studying Wind Energy/Wildlife Interactions*, National Wind Coordinating Collaborative.

ODPM (2004a) *Planning Policy Statement 22 (PPS22): Renewable Energy*, Office of the Deputy Prime Minister.

ODPM (2004b) *Planning for Renewable Energy – A Companion Guide to PPS22*, Office of the Deputy Prime Minister.

Ofcom (2009) *Tall structures and their impact on broadcast and other wireless services*, http://licensing.ofcom.org.uk/radiocommunication-licences/fixed-terrestrial-links/guidance-for-licensees/wind-farms/tall_structures/ (accessed 9 November 2011).

Ofcom (2011) *Ofcom website guidance on wind farms and electromagnetic interference*, http://licensing.ofcom.org.uk/radiocommunication-licences/fixed-terrestrial-links/guidance-for-licensees/wind-farms (accessed 9 March 2012).

OVG (2010) *The Offshore Valuation – A valuation of the UK's offshore renewable energy resource*, Offshore Valuation Group and Public Interest Research Centre, 108pp. Downloadable from http://offshorevaluation.org/downloads/offshore-valuation-full.pdf (accessed 26th June 2012).

PB (2011) *Update of UK Shadow Flicker Evidence Base – Final Report*, Parsons Brinckerhoff for Department of Energy and Climate Change.

Randhawa, B.S. and Rudd, R. (2009) *RF Measurement Assessment of Potential*

Wind Farm Interference to Fixed Links and Scanning Telemetry Devices, ERA Report Number 2008-0568 (issue 3) Final Report, ERA Technology Ltd for Ofcom.

RESTATS (2011) *Aviation Safeguarding Maps*, https://restats.decc.gov.uk/cms/aviation-safeguarding-maps/&sa=U&ei=k_eaTb7SBoi7hAe49cDQBg&ved=0CBsQFjAC&usg= AFQjCNEYtrYHSkp2NDen0qGJsAVExTLupw (accessed 9 March 2012).

Renewable UK (2010a) *Wind Energy Generation Costs*, Fact Sheet 04, June, http://www.bwea.com/pdf/briefings/Wind-Energy-Generation-Costs.pdf (accessed 9 December 2011).

Renewable UK (2010b) *Onshore Costs/Benefit Study*, November, http://www.bwea.com/pdf/publications/RenewableUK_Onshore_costs.pdf (accessed 9 December 2011).

Renewable UK (2011a) *UK wind speed database* http://www.bwea.com/noabl/ (accessed 9 November 2011).

Renewable UK (2011b) *Aviation resources* http://www.bwea.com/aviation/aviation_resources.html (accessed 9 November 2011).

Renewable UK (2011c) *UKWED the UK Wind Energy Database*, www.bwea.com/ukwed/index.asp (accessed 9 November 2011).

Reynolds, J. (1970) *Windmills and Watermills*, London, Hugh Evelyn Ltd Publishers.

Risø (2009) *European wind resources over open sea*, http://www.windatlas.dk/europe/oceanmap.html (accessed 9 November 2011).

Rogers, A. L., Rogers, J. W. and Manwell, J. F. (2005) 'Comparison of the Performance of Four Measure-Correlate-Predict Algorithms' in *Journal of Wind Engineering and Industrial Aerodynamics*, vol. 93, no. 3, pp. 243–264.

Rogers, A. L., Rogers, J. W., Manwell, J. F. (2006a) 'Uncertainties in Results of Measure-Correlate-Predict Analysis', *European Wind Energy Conference*, February/March.

Rogers, A. L., Manwell, J. F., Wright, S. (2006b) *Wind Turbine Acoustic Noise – A White Paper*, Renewable Energy Research Laboratory, University of Massachusetts at Amherst, 2003, amended January 2006.

Rooij, R. van and Timmer, N. (2004) *Design of Airfoil for Wind Turbine Blades*, DUWIND, Delft University of Technology, The Netherlands.

South, P. and Rangi, R. (1972) *Wind tunnel investigation of a 14 feet diameter vertical axis windmill*, Report Number LTR-LA-105, National Aeronautical Establishment, National Research Council, Canada.

Tangler, J. L and Somers, D. M. (1995) NREL *Airfoil Families for HAWTs*, Golden, USA, National Renewable Energy Laboratory.

Taylor, D.A. (1998) 'Using buildings to harvest wind energy' in *Building Research and Information*, E & FN Spon.

TNEI (2007) *Onshore Wind Energy Planning Conditions Guidance Note, A report for the Renewables Advisory Board and BERR*, TNEI Services Ltd.

Troen, I. and Petersen, E. L. (1989) *European Wind Atlas*, Risø, Denmark for the Commission of the European Communities.

Udell, D., Infield, D. and Watson, S. (2010) 'Low-cost mounting arrangements for building-integrated wind turbines', *Wind Energy*, vol 13, no. 7, pp. 657–669.

USFWS (2010) *Wind Turbine Guidelines Advisory Committee – Recommended Guidelines*, US Fish and Wildlife Service.

USFWS (2011) *US Fish and Wildlife Service Land-Based Wind Energy Guidelines*, Draft, July, US Fish and Wildlife Service.

VertAx (2011) *VertAx Wind Offshore Wind Energy H-Type VAWTproject*, http://vertaxwind.com/ (accessed 9 March 2012).

VPM (2011) Information from website: http://www.vawtpower.blogspot.com/ (accessed 9 March 2012).

Westmill Wind Farm Co-operative (2011) *Westmill Wind Farm Co-operative Website*, http://www.westmill.coop/westmill_home.asp (accessed 9 March 2012).

Willow, C. and Valpy, B. (2011) *Offshore Wind – Forecasts of future costs*, BVG Associates for Renewable UK, April.

Wolfram (2011) The *Wolframs Demonstrations Project demonstration of 2D Vector Addition*, http://demonstrations.wolfram.com/2DVectorAddition/ (accessed 9 March 2012).

YouGov (2010) *Public Attitudes to Wind Farm YouGov Survey*, YouGov plc for Scottish Renewables.

Zervos, A and Kjaer, C. (2009) *Pure Power – Wind energy targets for 2020 and 2030*. 2009 update. European Wind Energy Association.

Chapter 8

파력

8.1 도입

해양의 파도(ocean wave)에서 에너지를 추출하는 가능성은 수세기 동안 사람들의 흥미를 끌었다. 그러나 200년에 걸쳐서 개념이 확립되었지만 겨우 20세기 말에서야 실현 가능한 시스템이 나타났다. 최근 파력 발전기는 환경적인 단점이 거의 없고 일부 시스템은 에너지 제공에 상당히 공헌할 것이라는 전망이 유력해지고 있다. 실제로 파도가 왕성한 지역과 외딴 섬처럼 재래식 에너지 자원이 비싼 지역에서 일부 시스템은 이미 경쟁력이 있다. 2020년까지 수많은 상업적인 시스템이 전 세계적으로 운영될 것이며 노하우가 쌓일수록 얻어지는데 필요한 비용은 감소할 것으로 예상된다.

전체적인 파력에너지 자원은 크지만 대양에서 정확한 값을 확인하기 위해 충분히 긴 시간동안 모니터링 되지 못했기 때문에 파력에너지 규모의 추정치는 매우 넓다. 더욱이 적절한 값이 결정될 수 있는 경우에도 위치와 기술의 제한을 받아 어느 정도의 자원이 경제적으로 실용적인지에 대해 어려운 문제가 있다.

그럼에도 불구하고 파력에너지가 세계 에너지 수요를 충족시키기 위해 지속 가능한 방법 중 하나로 기여를 할 수 있다는 것은 명백하다. 세계에너지협회(World Energy Council)는 연간 기존 장치에서 모든 잠재적 개선이 실현되면 세계적으로 자원이 연간 2,000 TWh로 추정하고 있다(WEC, 2010). 그러므로 영국 같은 일부의 나라는 파력에너지는 개발할만한 거대한 잠재적 자원으로 제시된다. 토프는 현재 영국 전기 수요의 15~20%가 해양 에너지원으로 충족될 수 있다고 추정한다(Thorpe, 2003).

기술발전은 파력에너지가 이 전망을 만족할 수 있게 한다. 많은 수의 해변설치(shore-mounted)와 근해(near-shore) 및 해상(offshore)에 설치된 시제품(prototype)이 이미 계획되었으며 또한 일부는 작동 중이다. 이 시제품의 설계개선은 특히 수십 또는 수백 개의 장치로 구성된 부유식 해상 파력단지에서 해양으로부터 막대한 양의 에너지를 얻을 수 있는 가능성을 높이고 있다.

유럽 해양에너지협회의 에너지 로드맵(EU-OEA, 2010)은 막대한 양의 유럽 해양에너지 자원의 개발을 촉진시키고 2020년까지 설비용량 3.6 GW 그리고 2050년까지 188 GW의 실현을 가능하게 할 일련의 과정을 보여주고 있다(이러한 그림은 6단원의 조력기술과 이 장의 파력 장치 모두를 포함함).

역사

1973년 영국의 '에너지 위기' 이후, 스티븐 솔터는 상업적인 후원자와 영국 에너지부 등의 지원을 받아 아주 많은 장치의 개념을 확립하고 수학적으로 모델을 세우고 실험을 실시한 결과를 기념비적인 논문으로 발표하였다.(Salter 1974) 불행히도 다양한 개념과 이에 연관된 기술이 개발될 시간과 자금이 충분하지 않았으며, 1982년 에너지부는 영국 파력에너지 프로그램을 축소하였다(Ross, 1995).

그러나 관련된 연구팀의 일부는 파력에너지 프로젝트에 대한 최소한의 노력을 유지할 수 있었다. 1989년 75 kW급 시제품 진동수주(Oscillating Water Column, OWC)형 파력 발전기(wave energy converter)가 스코틀랜드의 아일레이 섬에 설치되었다. 디젤이 보통 주요 에너지원인 섬과 오지 지역을 위해서 소규모 설비는 계속 연구해야 한다는 권고에 따라 에너지부가 전적으로 지원했다(ETSU, 1985).

한편 영국의 자금지원이 축소되는 동안 많은 다른 나라 특히 노르웨이와 일본에서 파력에너지 연구개발 프로그램이 증가했다. 노르웨이는 실질적으로 수력발전에 의해 전기를 모두 공급한다는 구상안을 가졌지만 파력에너지에 대한 국내에서의 필요성은 적었다. 하지만 파력에너지 기술을 수출하기 위한 시장을 개척하고자 했다. 이와 대조적으로 일본은 에너지 자원이 더 필요했지만 파력을 사용하기 위한 기후조건이 유리하지 않다.

일본은 실질적인 파력에너지 연구개발을 위해 많은 팀들이 다양한 프로젝트를 진행했다(BBDB와 Pendulor, Whale의 상세내용은 5절 참고). 1940년 대에 일본에서 작업을 시작한 파력에너지의 선구자인 고요시오 마스다는 종종 파력에너지의 '아버지'와 같이 묘사되며 일반적으로 진동수주형의 발명가로 간주된다(아래 참고). 그는 첫 번째 큰 부유식 파력에너지 발전소인 가이메이에 고취되었다. 더 자세한 사항은 미야자키(1991)에서 찾을 수 있다(Miyazaki and Hotta (1991), Kondo (1993)와 국제해양극지공학회(ISOPE) (2002)).

1990년대 많은 나라에서 파력에너지의 가능성에 대한 인식의 회복이 있었다. 특히 EU 장려책이 착수되었는데(Carratti et al., 1993) 그것은 소수의 프로젝트를 위한 자금을 지원해 유럽 파력에너지 주제별 네크워크(European Wave Energy Thematic Network)의 형성을 이끌었다. 1992년과 2002년 사이에 토프(Thorpe)는 영국의 무역산업국(DTI)과 여러 조사를 수행했고 장치의 주요 유형을 조사한 결과 30 TWh(1992; 1998; 2001)의 연간 실용적인 파력 자원을 기반으로 전기발전 원가가 5 p/kWh라고 추정했다.

2001~2011년까지 상업적 투자자와 영국정부 모두 파력에너지 기술에 상당한 투자를 해왔다. 두 개의 해양에너지센터는 스코틀랜드와 콘웰에 설치되었고 센터는 실험계획이 있는 개발자에게 시설을 제공하였다. 영국은 상당한 파력에너지가 존재하며 특히 스코틀랜드, 아일랜드, 영국제도에서 파력에너지의 관심이 상당히 증가했다.

또한 파력에너지에 대한 국제적인 관심은 인도, 중국, 미국, 한국, 남아프리카, 호주, EU에서 개발과 함께 지난 10년 동안 증가했다. 파력장치와 개발의 광범위한 목록은 2010년 세계에너지협회 조사이며 14장에서 찾을 수 있다(WEC, 2010).

8.2 사례연구

다음에 나오는 사례연구는 파도의 특성과 파력에너지를 이용하도록 설계된 시스템의 특징을 이해를 돕기 위해 기술되었다.

탑찬(TAPCHAN) 장치는 고유의 저장소를 가진 것이 중요한 반면, 진동수주형 개념은 많은 나라에 보급되어 가장 일반적인 형태의 파력 발전기를 대표하는데 이는 단순함과 견고함이 그 이유일 것이다.

진동수주형 해양설비는 해안선설비보다 건설하고 유지하는 것이 더 쉬울 것으로 간주되지만 실제로는 더 어렵다. 해안선설비는 정확히 지정된 위치에 맞는 목적으로 구축 할 수 있는 반면, 해양설비는 잠재적으로 다수의 생산 시설을 구축할 수 있다. 이는 최종적으로 대용량, 고품질, 저비용 제작이 가능할 것이며 복합된 구조는 파력단지에서 활용하기 위해 바람이 없는 조건에서도 운영될 수 있다. 바다 전역을 이용해서 몇 킬로의 해양을 가로지르는 파력 발전기를 배치하여 파력단지로 만들어서 대규모의 에너지를 획득하고 에너지를 해저 전기케이블을 통해 육지로 송전할 수 있다. 해양 장치는 큰 에너지양을 얻을 수 있으며 심해에서의 파도는 육지 근처의 얕은 물에서 보다 더 큰 에너지 밀도를 가진다.

탑찬(TAPCHAN)

1985년 노르웨이 회사가 350 kW급 TAPCHAN형 파력 발전기 시제품을 베르겐 북서쪽 40 km 지점의 작은 섬에 설치해 운영했다.

TAPCHAN이라는 이름은 '수렴형 수로 즉, 끝이 가늘어지는 수로(TAPered CHANnel)'라는 설계구상의 이름에서 유래했다. 먼저 지금까지 유일한 예는 폭 40 m, 뿔(horn)형상의 집파기(collector)의 수로이다. 집파기에 들어가는 파도는 우상향 수로의 넓은 끝으로 공급된 후 파도의 높이가 증가하면서 좁은 끝으로 이동된다. 시제품의 수로 벽(wall) 높이는 10 m(해수면 아래 7 m에서 위쪽으로 3 m)이고 길이는 170 m이다. 파도가 점점 좁아지는 수로로 들어가기 때문에 파봉(crest)이 벽을 넘쳐 평균해수면 위 3 m 높이의 저수조(reservoir)로 흐를 때까지 파도의 높이는 증폭되었다. 따라서 파도의 운동에너지(kinetic energy)는 위치에너지(potential energy)로 전환이 되고 그 후 저수조의 물을 저수두(low-head) 카플란(Kaplan) 터빈을 통해 바다로 되돌려 보내 전기를 발생시킨다(Kaplan 터빈의 세부사항에 대해 5절 참고). 이것은 350 kW 전력을 생산해 노르웨이 전력망으로 전송된다.

TAPCHAN 개념은 간단하다. 유동부(moving part)가 거의 없어 유지보수 비용이 낮아야 하며 신뢰성은 높아야 한다. 저수조가 또한 전기 출력이 일정하도록 돕는다. 3절에서 해양 파도는 불규칙적인 특성이 있어서 대부분의 파력 발전기는 변동하는 출력을 생산한다고 할 수 있다. 대조적으로 TAPCHAN 장치는 저수조에서 파도를 모으기 때문에 카플란 터빈의 출력은 저수조와 바다의 상대적으로 안정된 수위 차의 영향을 받는다. 그러므로 TAPCHAN 장치는 일체형 저장용량을 가지는데 그것은 일반적으로 다른 파력 발전기에는 발견되지 않는 점이다.

1990년대 노르웨이는 미래의 TAPCHAN 건설비용을 줄이는 방법을 고려했다. 이 방법 중에는 파도를 예측하는 구상이 있는데 큰 파도가 많이 도착하기에 앞서 카플란 터빈이 단시간에 더 큰 출력으로 작동하게 하는 것이다. 이것으로 저수조의 수

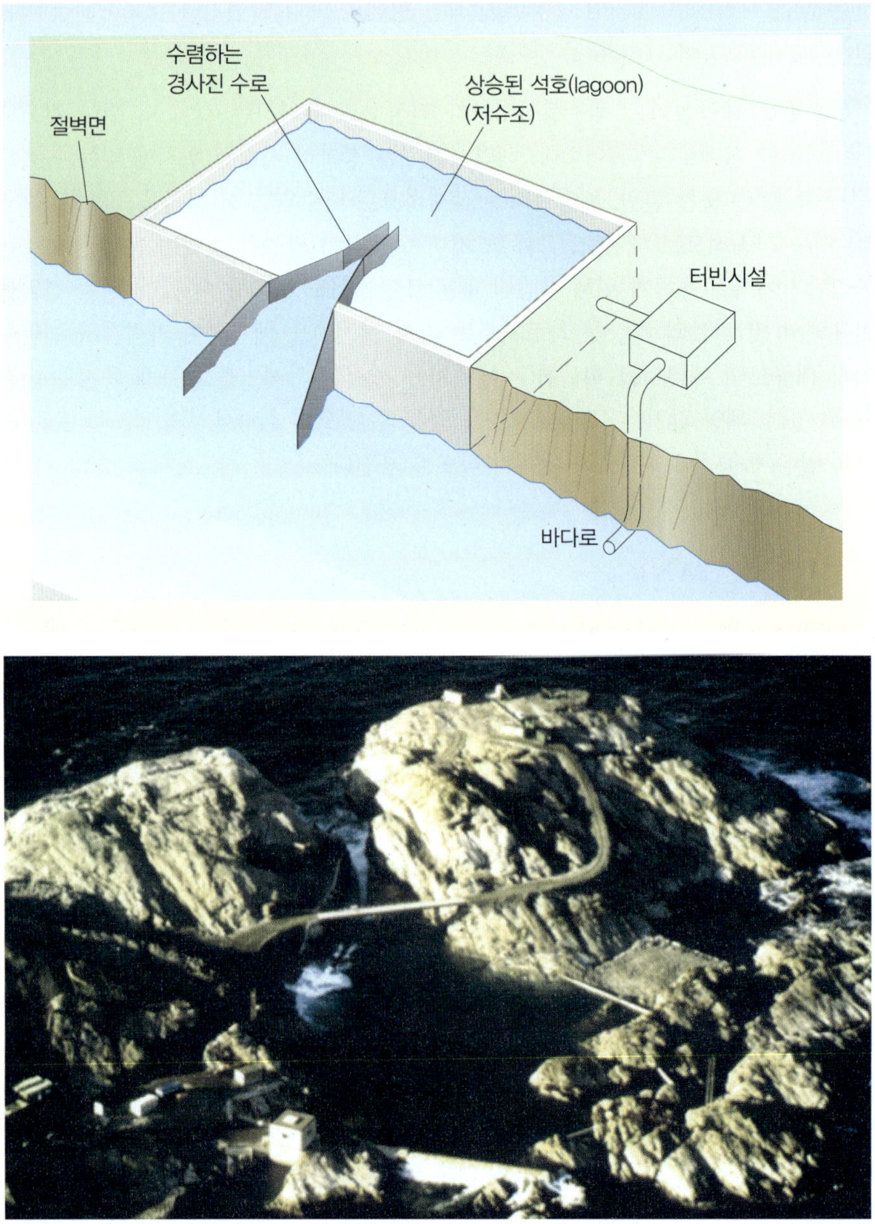

그림 8.1 • (a) 수렴 수로형(TAPCHAN) 파력 발전기, (b) TAPCHAN의 항공사진(노르웨이): 물은 이미지의 중심에 저수조를 들여오고 수로장치 클리프 벽 사이에서 볼 수 있다.

위차가 감소해서 큰 파도를 위한 공간을 만들게 된다. 이 기술은 설계자가 더 작은 저수조를 가진 시스템을 만들 수 있게 해 건설비용을 줄인다. 제안된 두 번째 비용 절감 방법은 더 짧은 수로를 만드는 것으로 Bergen에 있는 시제품은 수로 길이를 축소하면서 시험하고 있다. 불행하게도 콘크리트(concrete) 수로를 폭파하는데 약간의 기술적 어려움이 있었으며 영리적인 문제가 발생해 시제품이 더 이상 운영을 하지 않게 되었다(Petroncini and Yemm, 2000).

아마 다른 파력에너지 시스템보다 TAPCHAN 형식은 매우 특별한 장소에서만 사용될 수 있다: 효과적이기 위해 좋은 파도기후가 필요하다(말하자면 끊임없는 파도를 가진 평균 파력에너지가 높은 기후): 작은 조차(tidal range)(1.0 m 이하), 그렇지 않으면 저수두 수력발전 시스템은 하루 중 24시간동안 원활히 작동할 수 없다(따라서 셰틀랜드 제도(Shetland Isles)의 영국 남부 대부분은 제외한다) 그리고 저수조를 건설하기에 편리하고 값싼 수단, 보통은 해안선의 자연적 모양이 요구된다.

아일레이섬 해안선 협곡 진동수주

1980년대 중반, 벨파스트의 퀸스 대학교(Queen's University, Belfast(QUB))는 해안선 진동수주형 장치를 개발했다. 스코틀랜드 섬의 몇 곳을 조사한 후 아일레이 섬이 첫 번째 진동수주형(OWC) 구상안을 위해 선택되었으며 1989년 자연 협곡에 설치되었다. 그것은 1991년부터 75 kW 발전기를 기초로 지역 전력망에 간헐적으로 전기를 공급했으며 1999년에 폐기되었다.

그 접근법은 지역적으로 이용 가능한 기술과 발전기를 사용해 저렴한 장치를 개발하는 것이다. 진동수주 장치의 주요부분은 폐쇄된 쐐기 형태의 챔버로 구성되며 자연계곡 위에 위치한 콘크리트 구성요소로 조립식 모듈로부터 만들어진다. 이 챔버는 해수면 아래로 경사졌으며 챔버의 아래부분에 갖혀있던 수주기둥은 파도에 의해 마치 피스톤처럼 아래 위로 움직이다. 대기에 연결된 원통형 관은 공기가 챔버 안으로 배출되거나 흡입되도록 허용된다. 공기의 출입은 웰스터빈(Box 8.3 참고)을 구동시키고 터빈은 전기발전기에 직접 연결되었다.

이 자연 협곡 프로젝트에서 경험을 얻은 다음 QUB팀은 인버네스의 웨이브젠(Wavegen)사와 첫 번째 아일레이 프로젝트의 몇 가지 문제점을 해결하기 위해 Designer gully's 진동수주형라고 명명된 것을 개발하기 위해 협력했다. LIMPET(Land Installed Marine Powered Energy Transformer)로 불린 두 번째 아일레이 진동수주형에 적용된 주요 변경은 건설방법과 진동기둥(oscillating column)의 형상 변경이다.

Designer gully는 자연 암벽 뒤에 파서 제작했고 시설의 끝부분만 제거되었다(그림 8.2). 수주기둥 관련해 아일레이의 첫 번째 진동수주 장치에서 챔버는 뒷벽(back wall)에 수직인 수평바닥을 가졌는데 난류를 야기해서 결국 챔버 자체 내에서 에너지 손실을 발생시켰다. 그래서 진동 챔버(oscillating chamber channel) 안과 밖으로 흐르는 물의 흐름을 개선하기 위해 진동수주형의 챔버 주요부분을 경사지게 만

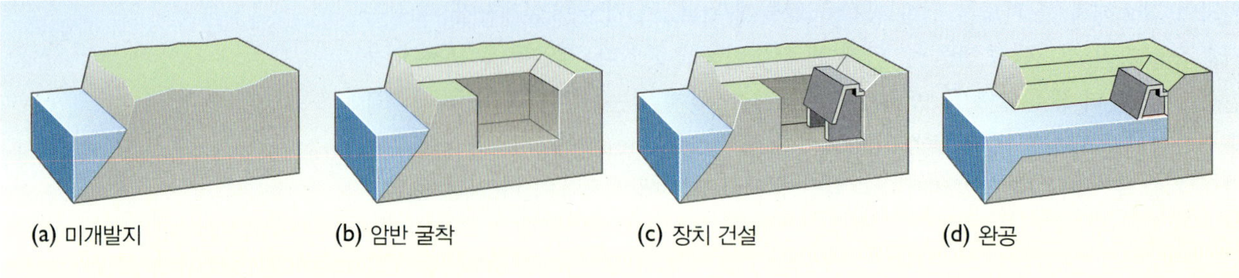

그림 8.2 • Queen's 대학과 Wavegen에서 사용한 'Designer gully' LIMPET 진동수주형 건설단계.

들어서 물의 움직임이 수평에서 수직으로 또는 반대의 방향으로도 효과적으로 변화하게 만들었다(그림 8.3).

LIMPET의 건설은 2000년 9월에 완료되었고 그림 8.4는 완료된 구조로 직사각형의 경사진 챔버로 구성되어 두 개의 상반회전(contra-rotating) 웰즈 터빈를 통해 공기를 보내는 것을 보여준다. 각 터빈은 250 kW급 유도발전기(induction generator)에 연결되어 장치에 최대 500 kW의 출력을 공급한다. LIMPET 가동의 첫 해 세부사항은 Boake et al.(2002)에서 발견할 수 있다. LMPET는 현재 작동을 10년 이상 수천 시간 축적해왔으며 에어 터빈에 대해 실험용으로 웨이브젠(Wavegen)을 사용한다.

그림 8.4 • LIMPET 진동수주형 사진.

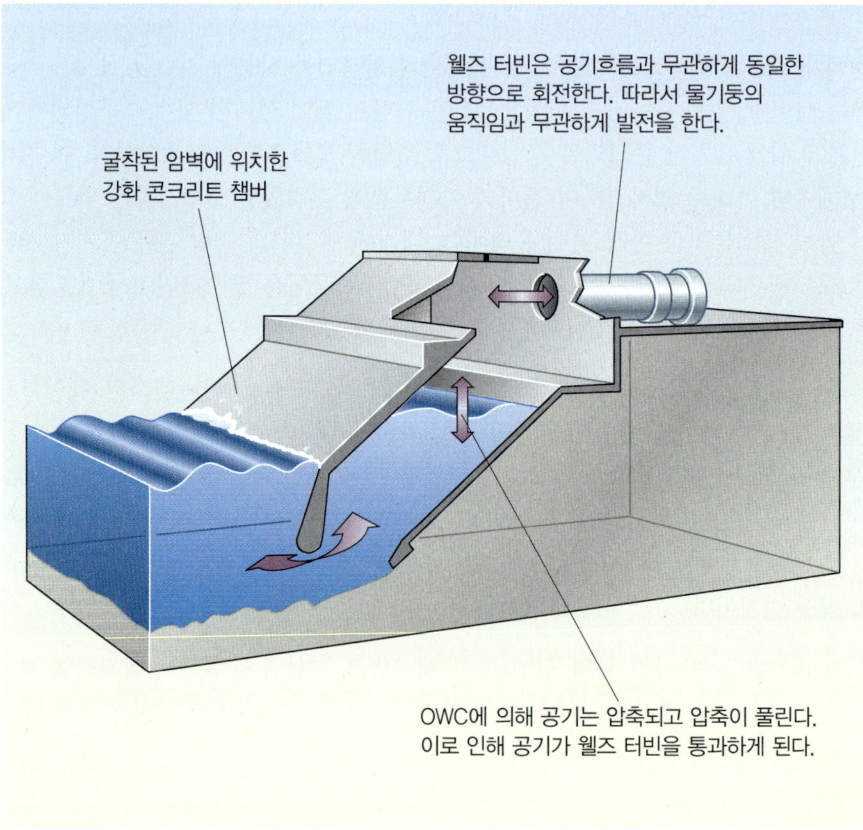

그림 8.3 • Islay의 LIMPET 개요.

8.3 파력에너지의 물리적 원리

파도는 긴 해수면을 가로지르는 바람에 의해 발생한다('취송거리'로 알려짐). 바람과 해수면 사이의 상호작용에 관련된 정확한 메커니즘(mechanism)은 복잡하고 아직 완전히 파악되지 않았지만 다음 세 가지 주요한 과정이 관련된 것으로 보인다.

1. 처음에 바다 위를 흐르는 공기가 해수면에 접선응력(tangential stress)을 발휘하고 그 결과 파도의 형성과 성장이 생긴다.
2. 해수면에 가까운 난기류(tubulent air flow)가 빨리 변화하는 전단응력(shear stress)과 압력변동을 일으킨다. 이 진동이 기존의 파도와 동조해 나중에는 파도의 확장이 일어난다.
3. 결국 파도가 어떤 장소에 도달했을 때 바람은 파도면의 맞바람 방향에 더 강한 힘을 발휘해서 부수적인 파도의 성장을 일으킨다.

바람은 원래 태양에너지(solar energy)에서 기인하기 때문에 해양 파도에 저장된 에너지는 태양에너지의 다소 고밀도(high-density) 형태라고 생각할 수 있다. 평균 100 W/m^{2}의 정도의 태양에너지 수준은 결국 파봉선(crest length) 단위길이(m) 당 100 kW의 출력을 가진 파도로 변형될 수 있다. 이러한 에너지 수준이 다른 단위인 1평방미터 당과 파봉선의 1미터 당과는 다른 점에 유의해야 한다. 이것은 파도의 성질은 단위 면적 당 동력을 공급하는 것을 언급하는 것이 불가능하기 때문이다: 파도의 작용이 모든 수심에 걸쳐 진행되는 것을 고려해야 하나 우리는 물의 수심 1미터 내의 힘만을 고려한다. 태양과 파도에너지 밀도를 직접적으로 비교할 수는 없지만 태양에서 바람으로, 바람에서 파도로 점차 에너지 밀도를 농축시킨다고 명시할 수 있다.

간단하게 '일정한' 파도는 파장, λ; 높이, *H*와 주기, *T*(Box 8.1 참고)에 의해 규정지어 질 수 있다. 더 큰 높이의 파는 작은 파보다 미터 당 파봉선에 더 많은 에너지를 포함한다. 이는 파도의 에너지 함유량보다 파도 속의 에너지를 정량화하는 것이 일반적이다.

파도가 내부 또는 근처에서 발생하는 지역은 때때로 '바람의 바다'로 언급된다. 바람의 세기와 방향이 변할 때 결과적으로 파형의 패턴은 매우 복잡하게 변화될 수 있다. 파도는 최소한의 에너지 손실을 가지고 발생지역을 벗어나 시작지역(origin)에서 멀리 떨어진 거리에 너울파(swell wave)를 생성할 수 있다. 파도가 이동하게 되면 주기와 파장이 증가하는 경향이 있고, 너울파는 비교적 긴 장파로 구성되어 있다. 파도의 높이와 기울기는 3가지 요소에 따라 결정된다. 그 요소는 풍속, 바람 지속시간(duration), 취송거리(fetch, 바람에너지가 파도를 형성하기 위해 해양으로 전달되는 거리 또는 바람이 불어온 거리) 등이다. 지속적인 바람이 충분히 긴 취송거리에 충분한 시간동안 불 때 파도는 완전히 발달된 바다로 되어졌다고 한다.

바람이 영국을 향해 불며 취송거리의 끝(대서양, Atlantic Ocean)에 위치하고 있으므로 영국은 파력에너지를 이용하기에 좋은 곳에 위치하고 있다. 따라서 영국의 서

Box 8.1 파도 특성과 파력

전형적인 파도의 형상은 **정현파**(**sinusoidal**) 모양이다(즉, 수학의 사인(sine) 함수의 형태이다). 파봉(peak)과 파저(trough) 사이의 높이가 **파고**(**height**, H)로 알려져 있고 파도의 연속되는 파봉(또는 파저) 사이의 거리가 **파장**(**wave-length**, λ)으로 알려져 있다.

파도의 골과 파봉이 속도(velocity, upsilon)로 해수면을 따라 움직인다고 가정하자. 연속되는 파봉(또는 파저)은 주어진 고정된 점을 통과하기 위해 요구되는 초(second))단위의 시간이 주기(period, T)이다. 파도의 진동수(frequency, f)는 고정된 관찰자가 봤을 때 시간 당 파도 표면의 마루에서 마루의 갯수를 말하고 주기의 역수이다. 즉, $f = 1/T$ 이다.

만약 파도가 속도 v로 주어진 고정점을 지나 움직이고 있다면 그것은 주기(T)에 해당하는 시간 안에 파장 λ에 해당되는 거리를 움직일 것이다. 따라서 속도는 파장을 속도로 나눈 것으로 다음 식으로 구해질 것이다.

$$v = \lambda/T$$

이상화된 해양 파도의 출력(P, 단위: kW/m)은 파고(H)의 제곱 값에 주기(T, 단위: s)를 곱한 값과 근사적으로 같다. 정확한 표현은 다음과 같다.

$$P = \frac{\rho g^2 H^2 T}{32\pi}\ \mathrm{W\ m^{-1}}$$

또는 (대략) kW/m, $P \approx H^2 T$ kW/m

ρ는 물의 밀도, g는 중력가속도이다.

심해파

파랑 전파의 항에서 물은 물의 깊이가 파장 λ의 반(1/2)보다 더 클 때 '깊이'로 간주된다. 심해 해양의 파도속도는 다음과 같이 주기에 비례한다고 볼 수 있다.

$$v = gT/2\pi$$

이것으로 속도(m/s)는 주기(s)의 1.5배라는 유용한 근사값을 얻을 수 있다.

이 결과의 흥미로운 점은 심해(deep ocean)에서 긴 파도가 짧은 파도보다 더 빨리 이동한다는 것이다.

이것은 심해파의 고유특성으로 '확산'이라 언급하며 파봉의 결합을 예측하기는 어려우며 위험을 이끈다. 만약 위 2개의 관계식을 적용하다면 주어진 주기에 대해 심해의 파장 λ을 알 수 있다.

$$\lambda = gT^2/2\pi$$

중간파

바다가 점점 얕아지면 파도의 특성은 점점 바다 수심에 의해 지배된다. 파도가 얕은 바다에 도착했을 때 파도의 특성은 전적으로 바다 수심에 지배당하지만 중간 깊이($d = \lambda/2$ 에서 $d = \lambda/4$ 사이)에서는 파도의 특성이 수심(d)과 주기(T)에 영향을 받을 것이다.

천해파

파도가 해안에 접근함에 따라 해저가 파도 속도에 영향을 미

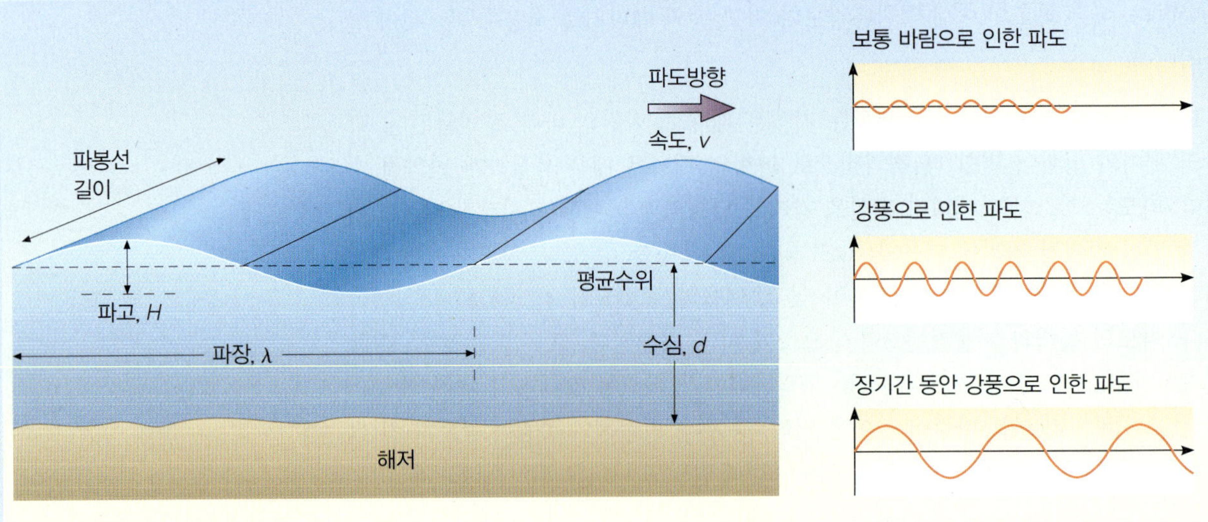

그림 8.5 • 이상화된 파도의 특징.

치기 시작하고, 만약 수심(d)이 파장의 1/4보다 작다면 속도는 다음에 의해 구해진다.

$$v = \sqrt{g(d)}$$

다시 말해, 이 조건에서 속도는 대략 d의 제곱근에 3배인 $3 \times \sqrt{d}$와 같다. 더 이상 주기의 영향을 받지 않는다.

쪽은 파도에너지 엔지니어와 개발자가 가장 큰 관심을 가지고 있었다. 자주 폭풍우가 있지만 북해의 취송거리는 상대적으로 짧고 파도에너지 밀도는 일반적으로 대서양의 파도에너지 밀도보다 작다.

전형적인 해수상태

전형적인 해수상태는 실제로 많은 개별적인 성분으로 이루어져 있으며 각각은 Box 8.1에서 기술한 이상화된 파도와 비슷하다. 각각의 파도는 주기, 파고, 방향 등 고유의 특성을 가진다. 우리가 해수면에서 관찰하는 파도는 이 파도의 조합이고, 불규칙한 바다의 에너지(power)의 합은 물론 모든 성분의 출력의 합이다. 모든 파고와 주기를 독립적으로 측정하는 것은 분명히 불가능하고 따라서 평균화 과정이 전체 출력을 평가하는데 사용된다. 이는 다음과 같다.

1. 파고계(wave-rider buoy)를 배치해 선택된 시간동안 해수면 높이의 변화를 기록하는 것이 가능하다.

2. 평균값이 0으로 정의되기 때문에 평균 파고(mean water height)는 항상 0일 것이다. 하지만 **유의파고(significant wave height, H_s)**를 계산해서 의미있는 수치를 얻을 수 있다. 이것은 4 × 수위(water elevation)의 평균제곱근(root mean square)으로 정의되는데 말하자면 순간 높이(elevation)를 우선 제곱해서 모든 값을 양(+)으로 만든 다음 많은 파도에 대한 평균을 구한 값이 제곱평균제곱근이 되는데 유의파고는 이 제곱평균제곱근에 4배를 해서 구한다. 유의파고는 가장 높은 수위 1/3 범위 안 값들의 평균값과 같다(그것은 일반적으로 눈으로 본 진폭의 평가와 부합하는데 이는 작은 파도는 주목하지 않는 경향이 있기 때문이다).

3. **영점상향교차주기(zero-up-crossing period)**(T_z)(또는 축약된 형태로, 영점교차주기)는 평균 수위를 통과하는 표면의 상향 운동사이의 평균시간(합리적인 평균을 얻기 위해 10개 또는 그 이상의 교차점에 대해 구함)으로 정의한다(주의: 하향운동을 포함한다면 주기는 1/2로 감소한다.).

에너지 주기 T_e는 파도에서 에너지 특성으로써 더욱 유용한 반면, T_z는 작은에너지를 가진 요소들을 포함한 모든 요소를 포함한다. 에너지 주기는 영점상향교차주기보다 약간 더 길다: $T_e \sim 1.12T_z$

4. 대표적인 불규칙적 바다에 대해 파봉 1 m의 총 출력의 평균은(도출은 이 책의 부록에 있음) $P = 0.5H_s^2T_e$ 으로 대략적일 수 있다. P는 미터(m) 단위의 파봉선(crest length) 단위길이 당 kW의 단위. 근사 $P = 0.5H_s^2T_e$ 은 일반적으로 사용된다.

그림 8.6(a)는 대표적인 파도기록이며 유의파고와 영점상향교차주기(zero-crossing

period)를 표시한다. 그림 8.6(b)은 동일한 장소에서 다른 날에 기록된 2개의 파도 기록을 보여준다.

임의 장소에서의 파력 변화

다른 시간 또는 다른 날짜에 기록한 해수면은 물론 다를 것이고 이는 H_s와 T_e 값의 차이를 불러온다. 각각의 기록이 1년의 1/1,000 기간 또는 8.76시간(hour)을 나타낸다고 가정해보자. 1년 전체 기간에 대해 선택한 장소에서 바다의 상태를 기록해 H_s와 T_e의 특징을 기술해보면 선택한 장소의 파도 상태 분포의 통계도(statistical picture)를 그릴 수 있다. 이 그림이 산포도(scatter diagram)로 1,000번 당 H_s와 T_e의 상대적인 발생 빈도를 보여준다. 그림 8.7의 산포도 예시는 북대서양에 대한 것이고 이 장소에서의 파도는 연평균 출력밀도(power density)가 높다는 것을 보여준다. 예를 들어 South Uist(Scotland의 Hebrides)의 수심 100 m에서 연평균은 일

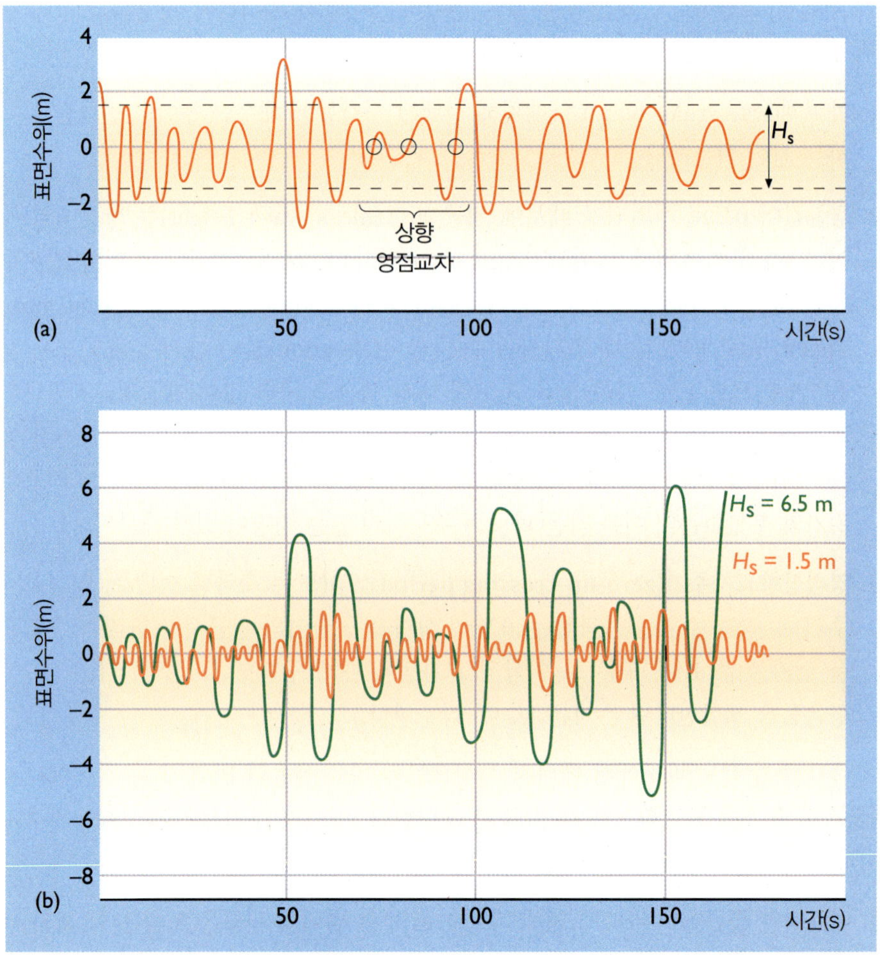

그림 8.6 • 대표적인 파도기록. 유의파고 Hs = 3 m(−1.5 m~+1.5 m). 연속되는 표면의 상향 운동은 작은 원으로 표시했다. 150초에 15번의 교차점이 있으므로 T_z = 10(s). 그리고 T_e = 11.2(s)이것으로부터 $P = 0.5(3^2 \times 11.2)$ kW/m = 50.4 kW/m 이다. (b) 두 개의 파도기록(동일한 장소지만 다른 날에 측정).

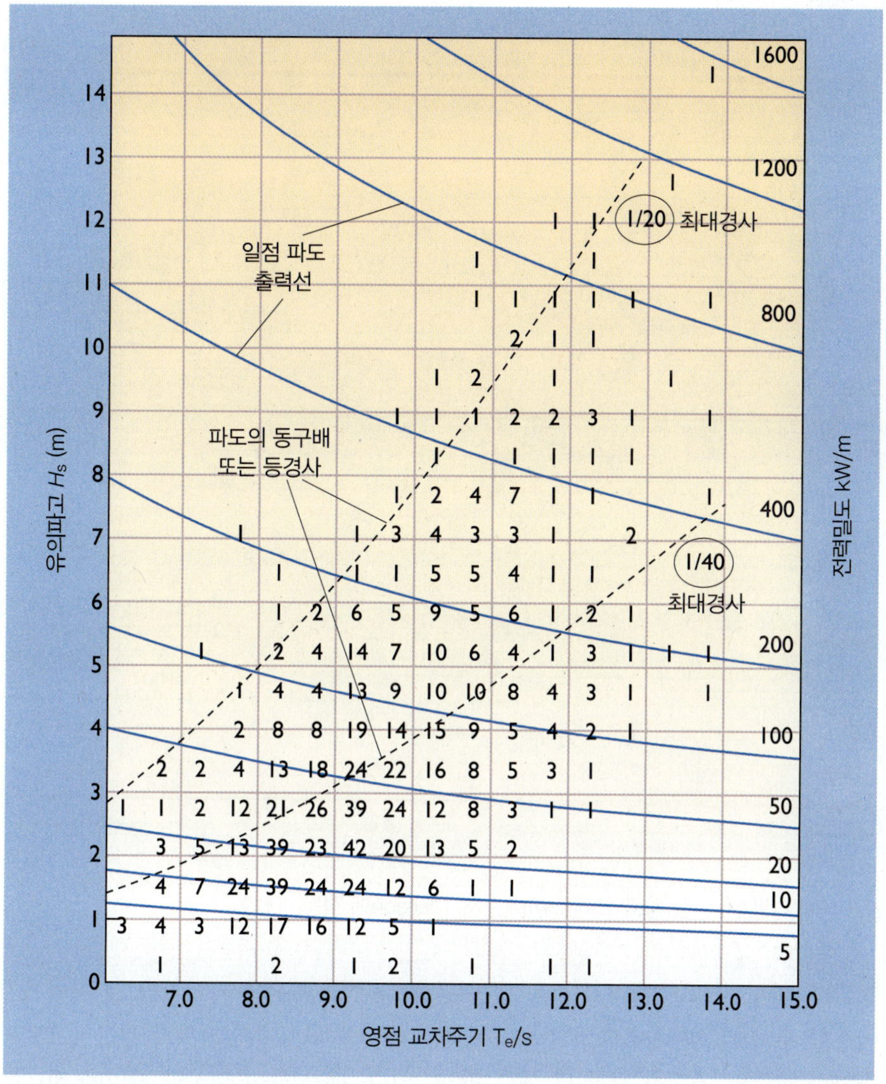

그림 8.7 • 에너지주기(T_e)에 대한 유의파고(H_s) 산포도(북대서양 중앙 58 N 19 W). 그래프의 숫자들은 1년 내내 8.76시간으로 1,000번의 측정해 발생한 각각의 결합 H_s와 T_e 평균 발생개수를 의미한다. 가장 빈번히 발생한 것은 $H_s \sim 2$ m와 $T_e \sim 9$ s에서이다.

반적으로 약 70 kW/m(또는 연간 613,000 kWh/m)이고 반면에 수심 40 m인 해안에 가까우면 해당 수치는 약 50 kW/m(또는 연간 438,000 kWh/m)이다. 이 수치들은 북대서양이 정말 유익한 파력에너지 자원이 있다는 것을 나타낸다.

그림 8.8은 전 세계 다양한 지역의 파력밀도 평가치를 보여준다. 정기적인 바람의 흐름의 영향을 받는 지역이 가장 큰 파력에너지 자원을 가지고 있다. 대서양에서는 남서풍이 일반적이고 종종 상당한 거리를 이동해서 유럽 해안선으로 큰 파도를 형성하는 바닷물로 에너지를 공급한다.

파도의 패턴 및 방향

심해(deep water)에서 이동하는 파도의 방향은 그것을 발생시키는 풍향에 의해 결

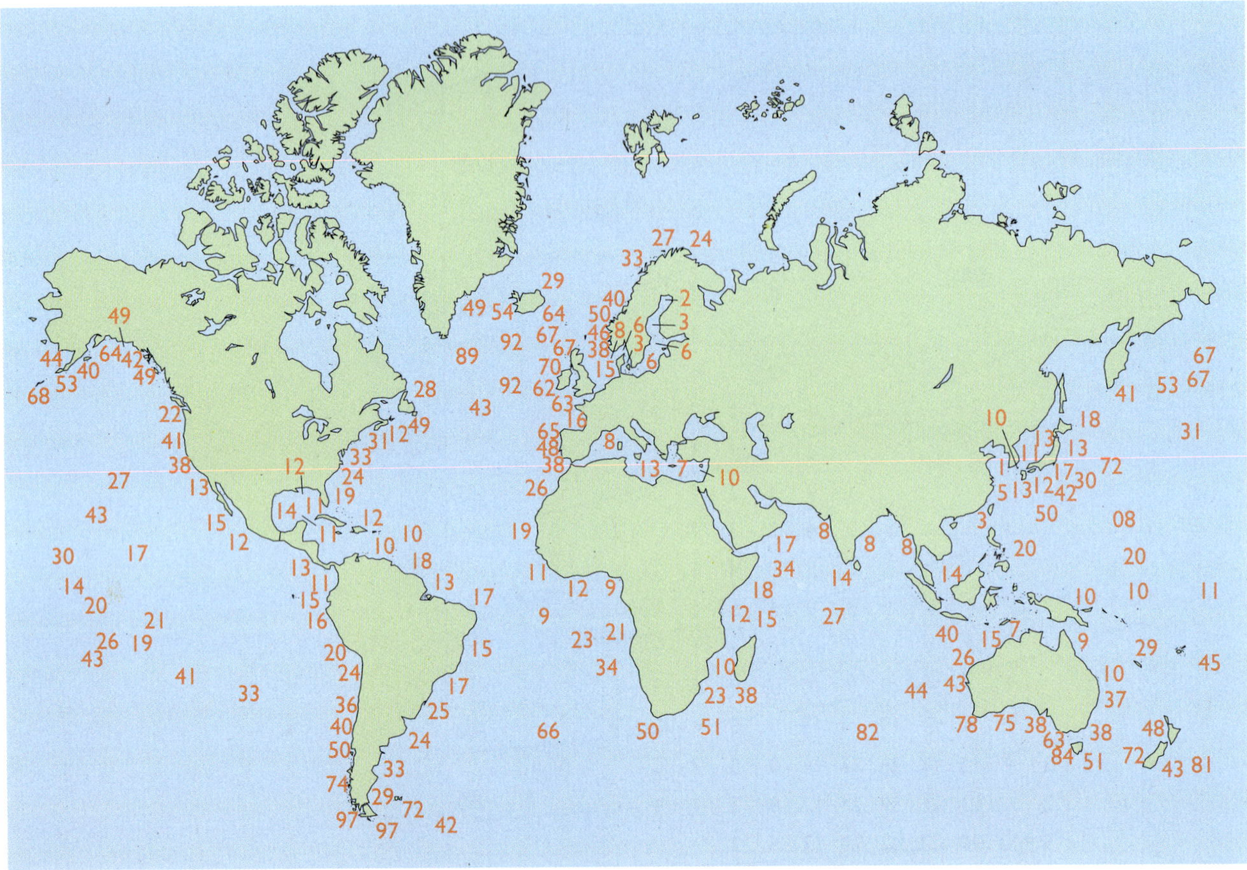

그림 8.8 • 세계 다양한 장소에서의 연평균 파력(파봉선(m) 당 킬로와트)(kW/m)(출처: Claeson에 적용, 1987).

정된다. 파도는 많은 에너지 손실 없이 공해(open water)를 가로질러 먼 거리까지 이동할 수 있다. 따라서 임의의 장소에서는 다양한 위치에서 파도가 접근함으로써 다양한 방향의 파도를 관찰 및 예측 할 수 있다. 예를 들어 대서양 중앙을 지나는 바람에 의해 생성된 남서쪽 방향의 파도가 접근하는 것을 볼 수 있지만 그와 동시에 남쪽과 동쪽의 위치에서 폭풍이 만든 파도를 발견할 수 있다.

그 결과로 만들어진 파도 형태는 복잡하다고 쉽게 생각할 수 있을 것이고 실제로도 그런 형태가 일반적으로 관측된다(그림 8.9(a)). 주어진 장소에 대해 방향 함수로서 연평균 출력을 표현하는 것은 '방향장미도(directional rose)'로 나타낼 수 있다(그림 8.9(b)).

해수면 아래에서 어떤 일이 발생할까?

바다의 표면 윤곽은 바람의 존재에 대한 확실한 증거이다. 하지만 파도에서 에너지를 얻기 위해 설계 구상을 한다면 파도의 바다 속 특성을 이해할 필요가 있다(그림 8.10).

파도는 물입자의 궤적으로 구성된다. 표면 근처에서 궤적들은 파고에 따라 동일한 크기를 가지지만, 표면 아래로 더 깊게 가면 궤적들은 크기가 감소한다. 궤적의 크기는 깊이에 따라 지수함수적으로 급격하게 감소한다.

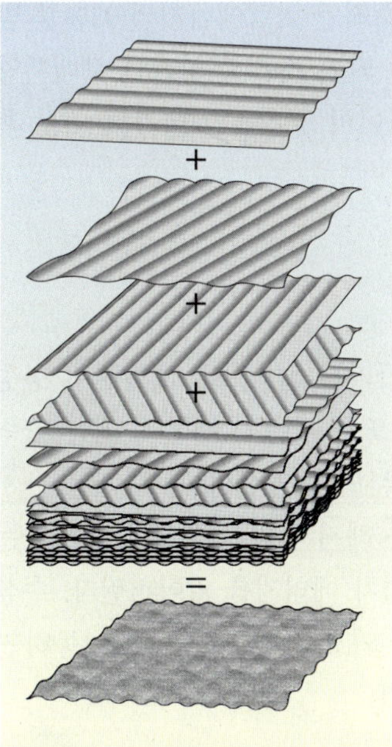

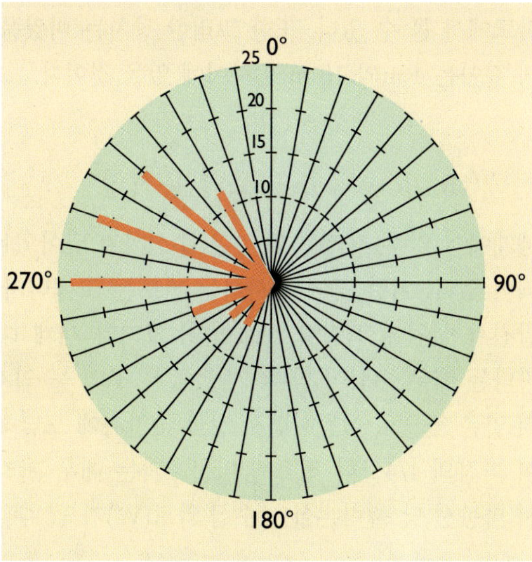

그림 8.9 • (a) 복잡한 바다의 발전–다양한 먼 지리적인 영역에서 다양한 날씨 상황에 의해 생성된 파동 성분은 지역주변에서 도달하고 결합한다(출처: Claeson, 1987). (b) 파도의 방향장미도. 각 구역의 직선 길이가 그 구역의 연평균출력을 나타낸다. 이 경우는 대부분의 파도가 서쪽에서 생긴다(출처: Thorpe, 1999).

파도에서 최대의 에너지를 얻고 파도의 모든 궤적을 잡아내기 위해 충분히 깊은 곳에 장치를 건설해야 한다. 하지만 가장 아래쪽 궤도는 실질적으로 에너지를 거의 포함하지 않기 때문에 이러한 방법은 비실용적이면서 비경제적이다. 파력에너지를 추출하기 위해 얼마나 깊은 곳에 구조물을 건설할 것인지 결정할 때 파력에너지의 95%가 표면과 파장(λ)의 1/4에 해당하는 깊이 h (즉, $h = \lambda/4$) 사이의 층(layer)에 포함되어 있다는 것을 아는 것은 유용하다.

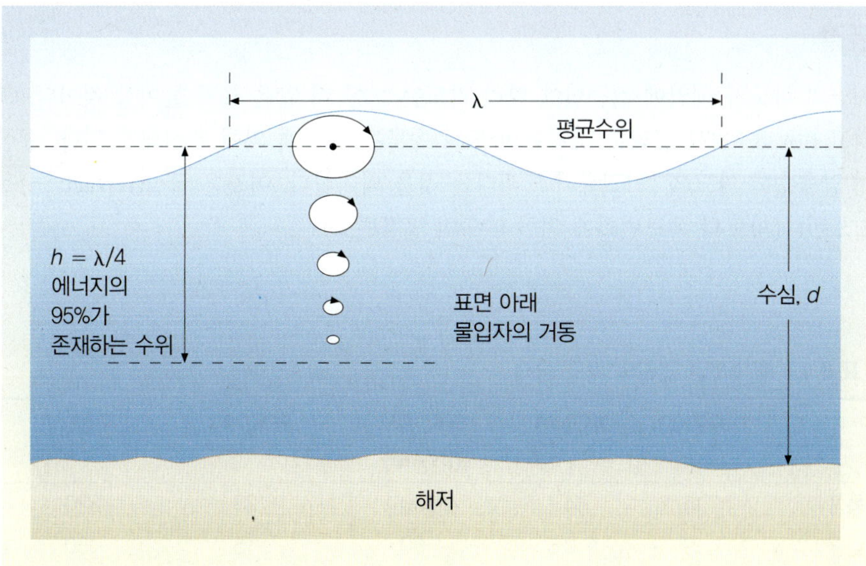

그림 8.10 • 표면 아래 물입자의 거동.

표 8.1로부터 우리는 파도 길이가 약 150 m이며 부수적인 파력에너지의 95%를 받을 수 있도록 장치를 수심 38 m에 장치를 설치해야 되는 것을 전형적인 북대서양 파도에서 볼 수 있다. 또한 그러한 장치는 비쌌을 것이며 실용적인 장치를 위한 최적 깊이는 4 m와 10 m의 사이에 있을 것이다.

천해(shallow water)로의 움직임

세계에서 일부 지역은 꽤 깊은 수심까지 닿아있는 가파른 절벽으로 해안선이 형성되어 있다. 이런 곳에 입사하는 파도는 고에너지 밀도를 가졌기 때문에 해안 파력발전기 설치에 적합한 장소이다. 그러나 세계 대부분의 해안선의 경우 해안 근처 바다는 매우 수심이 얕다. 가장 깊은 곳의 물 입자와 해저의 마찰 때문에 심해파는 더 얕은 곳으로 이동하면서 결국 해안가에 도달해 점차 에너지를 잃어버린다. 수심이 파장의 1/4보다 적으면 마찰효과는 매우 커지게 되고 해안 가까이로 이동하면서 파봉선 당 출력손실은 수십 와트(W)가 될 수 있다.

파력에너지 자원을 감소시키기 때문에 에너지 손실은 매우 중요하다. 대표적으로 심해에서 50 kW/m의 출력밀도를 가진 파도는 얕은 수심의 육지 근처에 가까워지면 얕은 수심에서(이동한 거리와 해저 표면 거칠기의 영향을 받아) 20 kW/m 이하의 출력밀도를 가질 수 있으므로 해안의 설비의 파손이 줄어든다. 그러나 폭풍파도 역시 동일한 방식으로 약화되기 때문에 해안선의 장치들의 파괴는 다소 줄어든다.

파도가 해변에 부딪칠 때 에너지 손실을 위한 추가적인 메커니즘(mechanism)은 거친 파도로 에너지를 소산시키는(energy-dissipating) 쇄파(breaking wave)를 만든다. 수영이나 서핑(surfing)처럼 여가활동을 위해 이러한 파도가 잠재적으로 바람직할지라도 쇄파는 파력 발전기와 같은 설비에 매우 위험할 수 있기 때문에 파력 발전기 설치의 적당한 장소를 선택할 때는 반드시 회피해야 한다.

굴절

해양의 파도가 해안에 접근함에 따라 파도는 보통 더 얕은 물로 들어갈 것이다. 그리고 Box 8.1에서 살펴본 것처럼 파도의 속도는 수심에 의해 조절되게 된다. 수심이 얕을수록 파도의 속도는 더 느리다는 것을 의미한다. 이것은 굴절(refraction)을 일으킨다(파도의 속도변화에 의한 파도의 방향변화).

표 8.1 북대서양 연안의 파도 상태

	주기(s)	높이(m)	출력 밀도 (kW/m)	속도(m/s)	파장(m)
폭풍	14	14	1700	23	320
평균	9	3.5	60	15	150
잔잔함	5.5	0.5	1	9	50

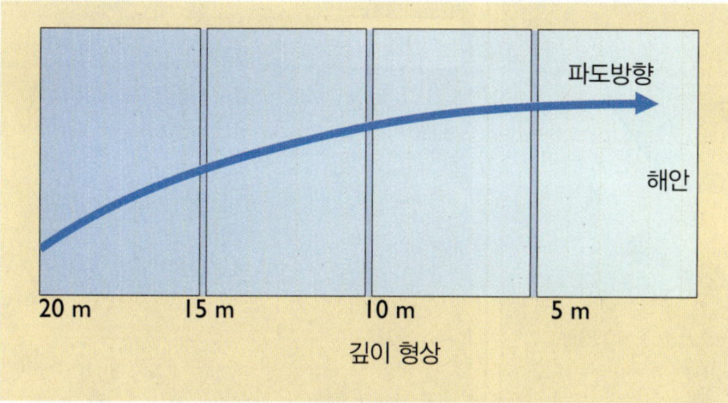

그림 8.11 • 파도가 심해에서 천해로 이동함에 따라 속도가 감소하고 그것은 굴절을 일으켜서 일반적으로 파도가 육지에 수직 방향으로 해변에 접근하게 한다.

파봉이 어느 각도로 얕은 물에 접근해서 파봉의 한 끝이 제일 먼저 얕은 물에 도착한다고 가정해보자. 그러면 도착한 부분은 방향을 바꾸면서 나머지 부분보다 더 천천히 움직이게 된다. 파봉의 나머지 부분도 얇은 물로 들어가면서 속도가 감소함에 따라 단계적으로 새로운 방향으로 나아간다. 깊이가 감소해 속도가 줄어들면서 발생한 굴절의 영향은 점차적으로 파봉의 방향을 해안의 방향과 대략 일치하게 변화시킨다(그림 8.11).

해안 근처의 수심 형상에 대한 지식은 파도가 집중될 지역을 확인할 수 있다. 그러므로 파력에너지 개발 시 가장 비용 경제적인 곳이 될 것이다. 곶(headland)이 있는 해안선을 고려해보자(그림 8.12). 흰 선 형상으로 보이는 것처럼 변화하는 수심이 굴절을 어떻게 일어나게 하는지 주목해라. 이것은 파도를 곶으로 집중시키고 나머지 지역은 감소된 파도밀도가 남게 된다.

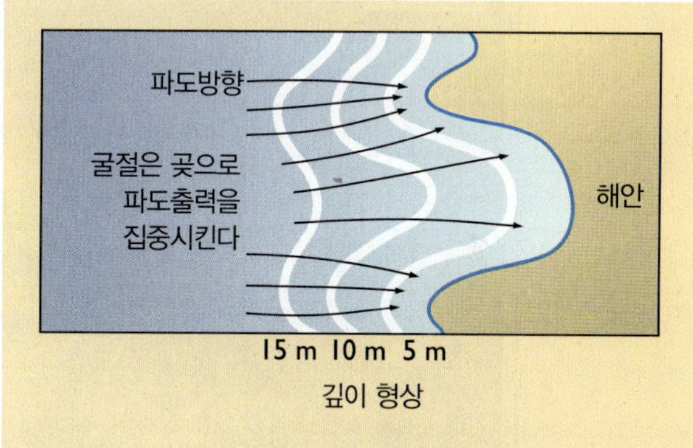

그림 8.12 • 곶(headland)을 가진 해안선 주위의 굴절의 집중 효과.

8.4 파력에너지 자원

전 세계의 파력 자원(파봉선 당 연평균 kW, kW/m)을 그림 8.8에서 보여주고 있다. 이미 언급한 것처럼 비록 다음과 같은 사실이 다른 것보다 높은 수치를 제안된 것으로 다소 과장된 내용이라도 세계에너지협회(World Energy Council)는 전 세계의 자원 총합은 2,000 TW/year라고 평가했다(Thorpe, 1999).

영국의 경우 Thorpe(2003)는 영국 북서쪽 방면(남서쪽에서 Shetland로 접근하는 방향)의 총 연평균 파력은 해안가에서는 연간 100~140 TWh이고 심해에서는 연간 약 600~700 TWh에 해당) 범위라고 평가했다. 그림 8.13은 영국 수면에서 중요한 파의 높이, 사용 가능한 자원의 측정에 대한 계절별 변화를 보여 준다(BERR,

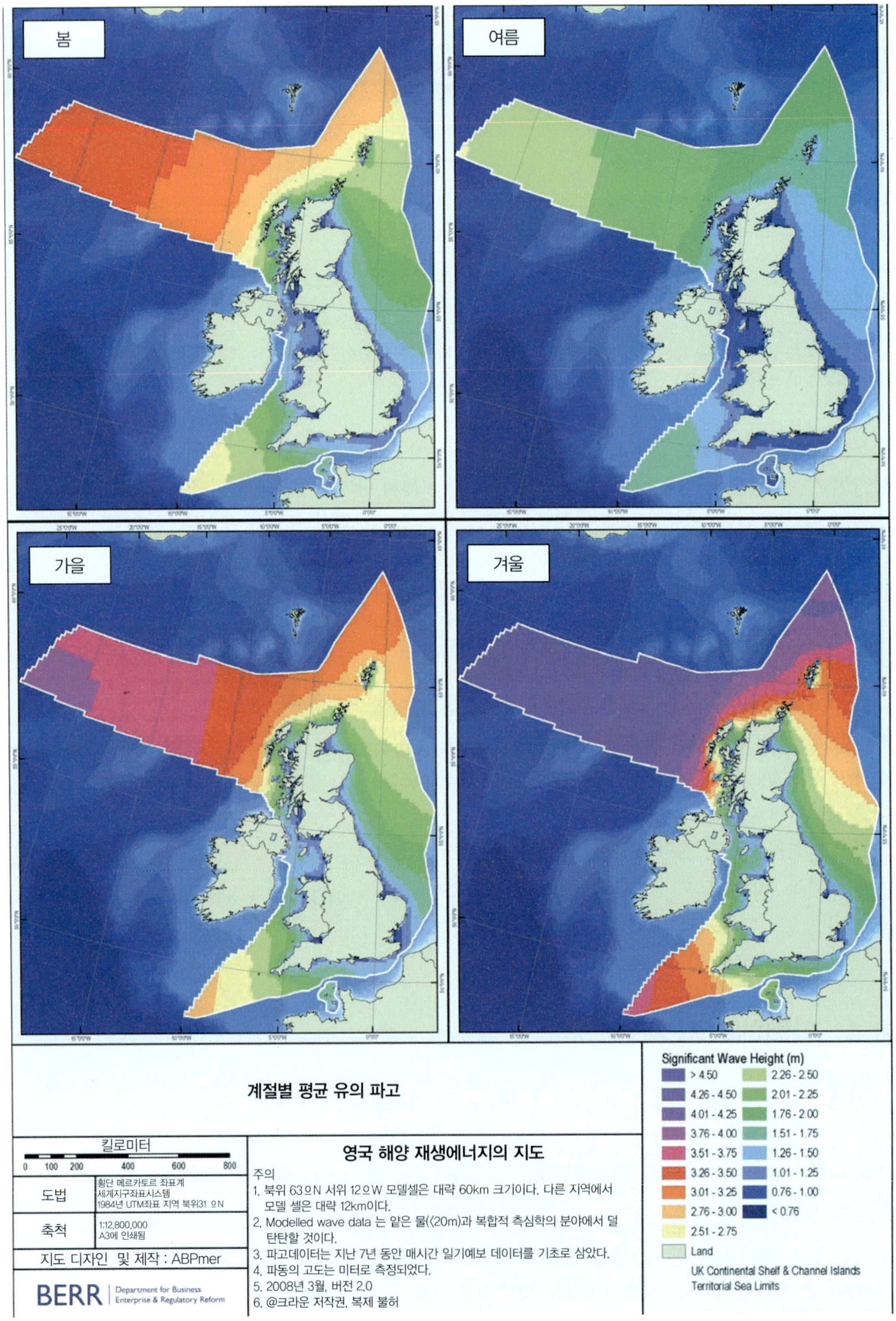

그림 8.13 • 영국 주변의 중요한 파도 높이에 대한 계절변화(출처: BERR, 2008).

표 8.2 자연적이면서 기술적인 파력에너지 자원(영국의 북서쪽 지역)

수심(m)	평균 자원		평균 기술적 자원	
	GW	연간 TWh	GW	연간 TWh
100	80	700	10	87
40	45	394	10	87
20	36	315	7	61
해안선	30	262	0.2[1]	1.75

[1] 기술적인 해안선 자원은 지역 해안선 구조의 세부사항에 크게 영향을 받는다. 그 세부사항은 자연, 바위 배치 형상, 협곡, 해변의 형상 등이다(출처: Thorpe 1992, 2001).

2008년). 변화는 에너지에 대한 가장 높은 수요에 일치하며 평균적으로 겨울 동안에 이용 가능한 자원이 가장 많다고 확실히 나타났다. 전기를 생산하는데 실제로 이용할 수 있는 이 자원의 비율은 당연히 여러 가지 실용적 제약과 기술적 제약의 영향을 받는다.

Thorpe(1992)는 기술적 자원(비용에 상관없이 기술적으로 이용 가능한 자원, 10장 참고)을 수심에 영향을 받는 연평균 출력을 연간 7~10 GW로 평가했으며 이것은 61~87 TWh와 동일하다. 비교해 보자면 2010년 영국 전체 매년 전기 생산은 대략 360 TWh였다. 표 8.2는 여러 수심에서의 자원의 내역을 보여주고 있다.

8.5 파력에너지 기술

해파(sea wave)의 에너지를 획득하기 위해서는 파도가 가하는 힘에 적절히 반응하는 구조물로 파도를 가로막는 기술이 필요하다. 해안에 설치된 장치의 경우 TAP-CHAN과 대부분의 진동수주 장치와 같이 구조는 견고하게 해저에 고정되고 파도는 물을 유용한 방법으로 이동시키게 된다. 다른 유형의 장치를 위해 구조의 일부분은 고정될 수 있고 아마 해저에 고정될 수 있지만 또 다른 부분은 닻을 당김으로써 파도에 반응해 움직이는 설비일 수 있다. 이 경우에 닻과 설비 사이에 상대 운동은 에너지를 추출하기 위한 기회를 제공한다.

매우 느슨하게 묶인 부유형(floating) 구조물을 사용할 수 있지만 장치의 가동부가 주요 시설에 대해 움직이도록 하기 위해서는 안정적인 기준틀이 설치되어야 한다. 이러한 시설은 관성력(inertia)을 이용하거나 또는 주요 구조물을 몇 개의 파봉선을 연결한 정도로 크게 만들어서 대부분의 바다에서 상당히 안정적인 상태를 유지할 수 있다.

바다에서 파도에 대한 구조는 6가지의 이동 종류로 분류할 수 있다. 이러한 롤과 요의 흔들림은 일반적으로 파동에너지 변환 기술에 동력화 되지 않으며 수직이동, 서지와 피치는 대부분의 파력에너지 변환장치에서 변하는 정도에 따라 동력화 된다. 운동의 이러한 3가지 형태는 다음과 같이 정의할 수 있다:

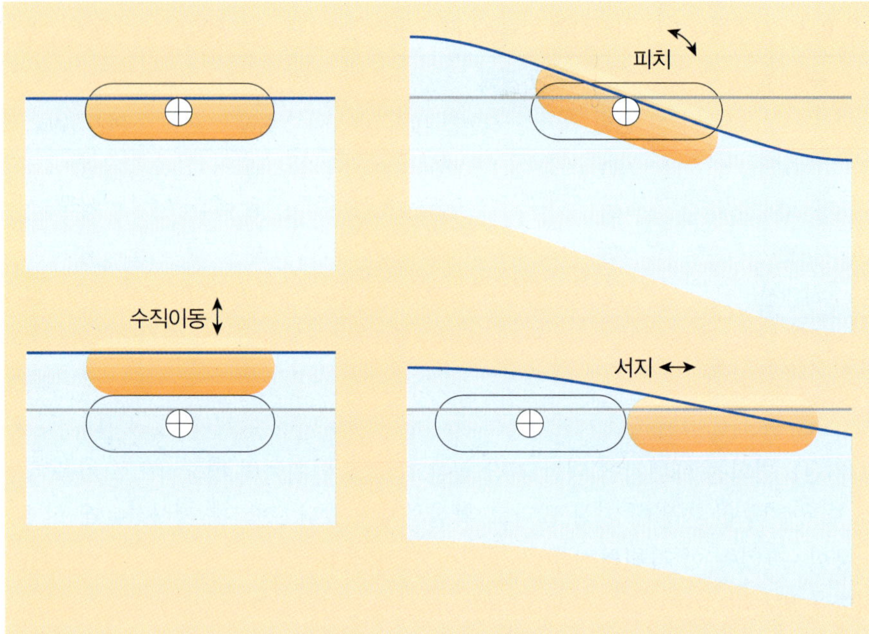

그림 8.14 • 입사파도에서 부동 물체의 피치, 수직이동 그리고 서지응답.

- 피치(pitch)–파도는 장치나 장치의 일부를 축에 대해 회전하도록 해준다.
- 수직이동(heave)–파도는 장치가 수직적으로 오르락내리락 하도록 장치를 유도한다.
- 서지(surge)–파도는 장치가 수평으로 앞쪽과 뒤쪽으로 움직이도록 유도한다.

파도가 오르락내리락 하면서 끌어올리는 장치를 생각하는 것은 쉽지만 이와 같은 장치는 효과적이기 위해 높은 고유 진동수를 가져야 한다(자세한 내용은 다중공진 진동수주 장치를 참고). 서지 장치는 낮은 고유진동수를 가지고 파도 주파수의 넓은 범위에 응답할 수 있다. 이론상으로 밀려 들어오는 파도의 운동은 상하병진운동을 하는 파도에너지의 2배이다. 그러므로 파도의 밀려 들어오는 요소를 활용하는 것이 바람직하다(Salter and Lin(1995) 예제 참고).

경제적으로 제작된 설비는 최소 5년간 해상에서 사용해야 할 것을 요구한다. 그동안 장치의 구성요소 중 일부는 재료 선택과 변형 수준의 심각한 상태에 처하게 되고, 약 15~30만회 사이클을 수행 할 것이다. 또한 특별한 설계 파도에너지 밀도에 작동하기 위해 설계된 구조는 설계 값보다 10~30배 높은 에너지 밀도를 가진 폭풍을 견뎌야 할 것이다.

파력 발전기 구조물의 물리적 크기는 성능을 결정하는 주요 요인이다. 적당한 크기는 파도의 높은 입자 궤도와 관련된 물의 유량을 고려해 평가될 수 있다. 대부분의 환경에서 파력 발전기는 파도 안에 포함된 모든 에너지를 얻기 위해서 이 물의 체적과 비슷한 행정체적(swept volume)을 가져야 할 것이다. 다양한 파력에너지에 대한 개념들은 아래에서 논의될 것이다. 각 장치의 정확한 물리적 크기와 형상은 작동방식에 의해 좌우될 것이지만 지침(guide)에 따르면 행정체적(swept volume)

은 장치의 폭(m) 당 수십 m³의 정도일 것이다. 행정체적을 가진 장치는 각각의 대표적인 파도 주기에서 얻을 수 있는 총 에너지의 제한보다 훨씬 더 작을 것이다. 작은 파도로부터 대부분의 에너지를 얻을 수 있는 장치라도 더 큰 파도에 반응하기에 제한이 있을 것이고 따라서 이때 전체 효율은 아마 감소할 것이다.

다양한 파력 발전기 형상이 있고 그것을 분류하는 많은 방법이 소개되었다. 한 가지 방법은 작동 모드에 따라 분류하는 것이다(그림 8.15).

또 다른 방법은 장치의 위치를 고려하는 것이다(그림 8.16) – 여기에서 소개하는 세 가지 일반적인 분류는 다음과 같다 :

- 해저에 고정, 일반적으로 얕은 물(예를 들어 TAPCHAN)
- 중간 깊이에 유삭식(tethered)(예를 들어 Oyster)
- 심해 중 부유식(예를 들어 AWS-III)

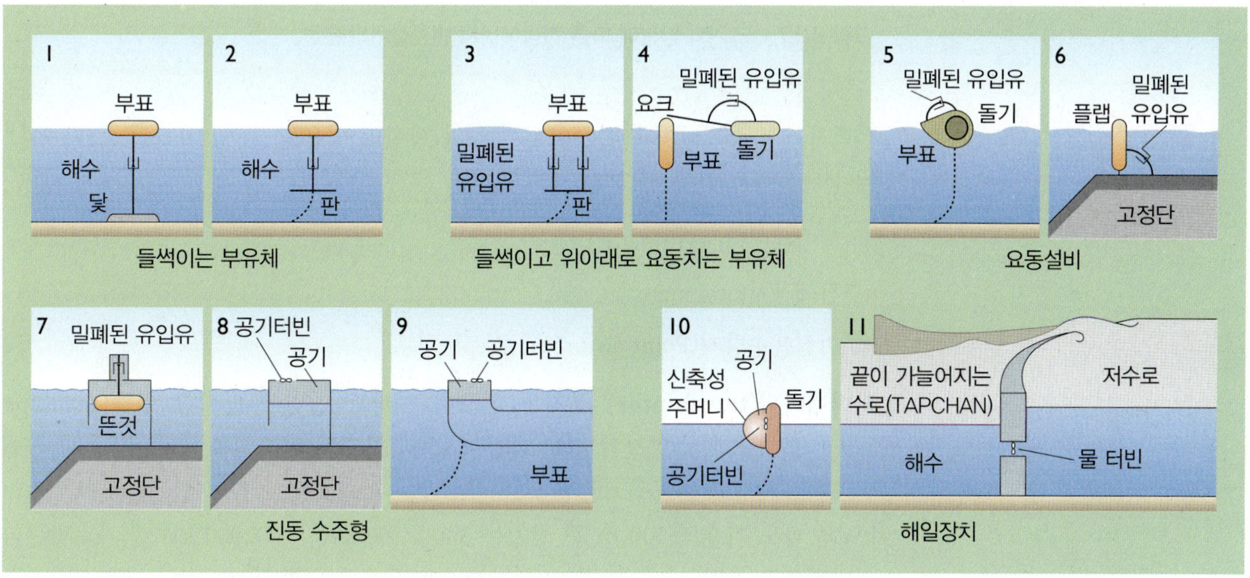

그림 8.15 • 다양한 형식의 파력 발전기의 대략적인 표현(출처: Falnes and L vseth, 1991).

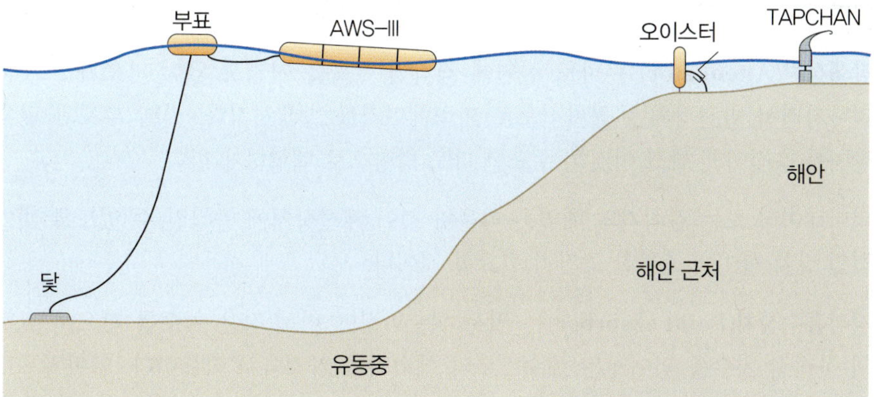

그림 8.16 • 위치에 따른 파력에너지의 분류.

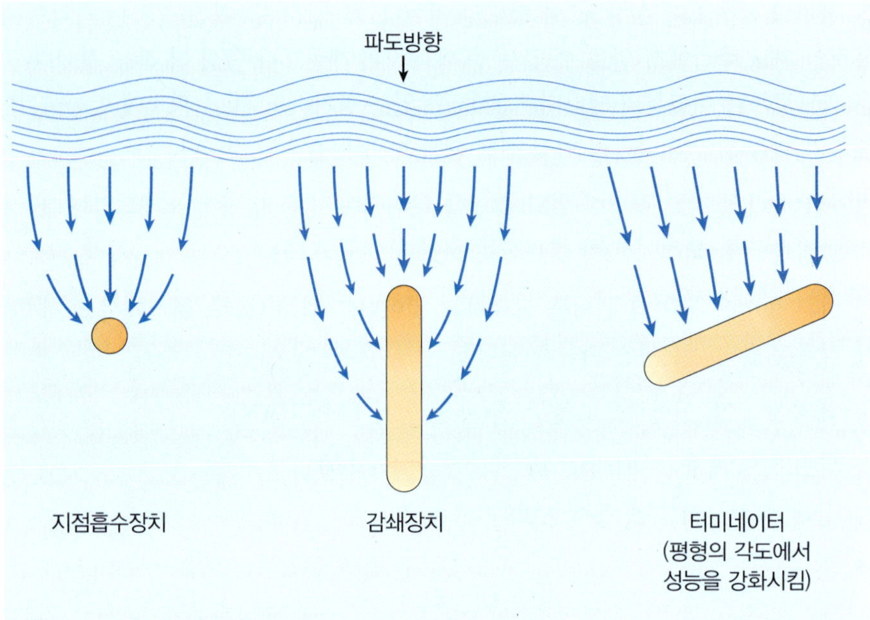

그림 8.17 • 크기와 방향에 따른 파동에너지 변환장치의 분류.

선택적인 파력에너지 변환장치의 형상과 방향이 이용될 수 있다(그림 8.17)−여기에 선택사항은 다음과 같다.

- 터미네이터(terminator)
- 감쇄장치(attenuator)
- 지점흡수장치(Point absorber)

터미네이터(terminator) 장치는 입사하는 파도 전면에 평행한 주축(principal axis)(거의 평행은, 약간의 각도 때문에 전체 구조의 안정성을 증가시키는데 도움이 됨)을 가지고 물리적으로 파도를 가로막는다. 그러므로 깊이에 따라, 미터 당 60 kW의 파도 기후의 300 m 긴 장치는 300 × 60 kW = 18,000 kW를 가로막는다. 일반적으로 이것의 1/3은 전기(즉, 6,000 kW급)로 변환 할 수 있다. 터미네이터는 파도 방향 변화로서 터미네이터가 선회하도록 부표와 닻을 이끌기 위해 묶여질 수 있다.

감쇄장치(Attenuator)는 파도 전면에 직각인 주축을 가지고 있어 파도가 그것을 지나가면서 발전장치는 점차적으로 파력에너지를 발생시킨다. 선행 부표와 닻은 장치를 움직이게 하고 이것은 주요한 파도 방향으로 배향하게 한다.

터미네이터 또는 감쇠기의 배열은 파울링 없이 계선장치에 움직일 수 있도록 개별적인 장치 사이에 충분한 공간이 필요할 것이다.

지점흡수장치(Point absorber)는 입사하는 파장에 비해 작은 치수를 갖으며 그것의 물리적 치수를 넘어서는 해수로부터 에너지를 가져와서 작동한다. 일반적으로 모든 방향의 파도에 반응하며, 들어오는 파도 방향으로 지향할 필요성이 없어 단단

Box 8.2 실제에서 지점흡수장치

이론적으로 수직 운동에 응답하는 완전한 파력에너지 지점흡수장치는 $\lambda/2\pi$ 미터와 동일한 길이를 가진 파도로부터 에너지를 얻을 수 있다. 예를 들면 6초의 주기를 가진 파는 물이 깊거나 얕을지에 따라서 56 m과 72 m 사이의 파장을 가지고 있고 완전한(1 m 넓이) 지점흡수장치는 약 9 m과 12 m 사이의 폭으로부터 에너지를 흡수할 것이다. 그러나 실제로 포획 폭은 흡수체의 운동의 수직 진폭의 제한에 거의 영향이 없다.

이것의 수학적 설명은 실험결과를 바탕으로 보고된 Nielsen과 Plum(2000)에 의해 계략화되었다. 이러한 장치는 1보다 큰 물리적 직경을 가지며 이를 침전 직경비(capture width ratio)를 가지고 있다고 한다. 그림 8.25, 그림 8.26과 그림 8.27은 부유식 시스템의 수직운동에 의한 작동의 예를 보여준다. 1초 동안 물에서 부유 또는 파도를 따라 허용하기 전에 홀딩 또는 래치의 개념은 최적의 성능을 위해 필요한 부유식 모션의 큰 진폭을 허용함으로써 에너지 획득을 최대화하기 위해 개발되었다.

히 계류해도 된다. 원칙적으로 그것은 입사파도에 반응해 큰 수직 왕복운동을 하는 매우 얇은 수직 원통일 수 있지만 실제적으로 관련된 설비는 직경이 몇 미터이고 자신의 폭에 2배 정도 되는 파도로부터 에너지를 흡수할 수 있다. 예를 들어 유삭식 부표(tethered buoy) 시스템이 지점흡수장치(Point absorber)처럼 작동하기도 한다.

무선 안테나 이론에서 파생된 지점흡수장치의 이론(Budal과 Falnes, 1975년)은 몸체가 파장에 비해 충분히 작다면, 그것이 흡수할 수 있는 전력은 구조의 크기가 아니라 파장에 관련되었다고 표현한다. 그러므로 지점흡수장치 이론은 물리적으로 외부에서 많은 에너지를 흡수할 수 있는 소형 장치를 만들 기회를 파력에너지 변환장치 설계자에게 제공한다. 이론적으로 완전한 지점흡수장치에 의해 흡수되는 최대 일률 P_{max}는 진동하는 모드(heaving or surging)에 의해 결정되고 다음과 같다:

$$P_{\max} = \varepsilon\left(\frac{\lambda}{2\pi}\right)P_{\mathrm{i}}$$

여기서 P_i는 파봉길이 미터 당 입사파 일률이며 ε은 서징 장치에 대하여 2이고 수직이동장치에 대해 1이다. 이 방정식으로부터 서지에서 발진하는 구조는 이론상으로 수직이동에서 발진하는 구조의 전력을 2배 흡수할 수 있고, 장치의 폭에 따라 입사파의 일률에 몇배에 해당할 수 있다.

실물크기의 설비는 일반적으로 에너지를 얻는 파장과 비슷한 크기일 필요가 있어서 매우 크기 때문에 대부분의 파력에너지 기술개발 단계에서는 축척크기로 실험을 한다. 내부에 특별히 건설된 수조(indoor tank)에 대한 실험은 호수와 저수조를 이용했다. 1977년 Edinburgh University의 한 팀이 반복적인 다 방향 혼합 바다조건을 만들 수 있는 넓은 조파수조(wave tank)를 설치하고 파력 발전기의 특정 설계 변수(parameter)를 변화시키면서 영향을 시험했다. Edinburgh 수조는 2002년에 개조되었고 조파기(wave-maker)가 배열되어 있는 것을 그림 8.18에서 볼 수 있다.

그림 8.18 • Edinburgh 조파수조(28 m)

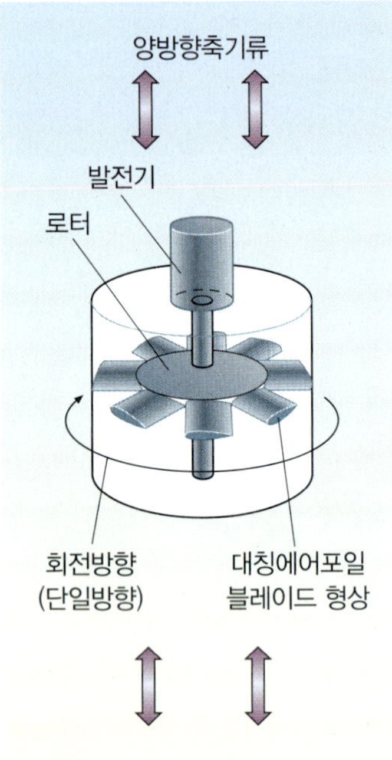

그림 8.19 • 웰즈 터빈.

고정 장치

고정된 해저나 해안(shore-mounted)의 장치는 보통 터미네이터(terminator) 형태이고 이런 것이 바다에서 시제품으로 시험된 가장 일반적인 파력 발전기 형태이다. 전력망에 더욱 가까워진 고정된 기준틀(frame of reference)에 부착된 고정설비는 유지보수 목적을 위해 좋은 접근성을 가지기 때문에 부유식 설비에 비해 확실한 장점을 가졌다. 더욱이 해저면은 폭풍파도를 감쇄시켜 장치와 터빈을 보호할 수도 있다.

그러나 이러한 장치는 낮은 파도에너지 수준으로 얕은 물에 따라서 작동하는 단점이 있다. 해안에 장착된 장치의 또 다른 단점은 지리적 위치이다–단지 제한된 장소의 적당한 수가 존재한다: 출력을 최적화하기 위해 그들은 작은 조수간만 차의 지역에 위치될 필요가 있고 반면에 그들의 성능은 반대의 영향을 받을 수 있다. 또한 대량 생산 기술은 특정지역–요구사항에 따라 생산 비용을 증가하면서 각각 장치를 위해 고안된 설계를 필요로 하는 완전한 해안–에 탑재 설계 가능성이 없다는 것은 주목할 만하다.

시험이 진행되고 계획된 대다수의 장치는 진동수주형(oscillating water column, OWC)이다. 이 장치에서 공기 챔버는 해수면을 통과하며 포함된 공기는 접근하는 파봉과 파저에 의해 강제로 배출되고 그 다음 챔버로 다시 들어간다. 챔버를 드나드는 공기가 에어 터빈 발전기(air turbine generator)를 통과하면서 전기를 생산한다. 웰즈 터빈(그림 8.19)은 기류의 방향에 상관없이 같은 방향에서 회전한 축–흐름 장치이고 공력 특성을 특히 파도 적용(Box 8.3)에 적합하다. 진동수주형 장치의 매우 매력적인 특징은 공기 터빈의 단면적이 이동하는 물의 표면적보다 훨씬 작을 수 있다는 것이다. 이용 가능한 면적을 축소시키면 터빈을 통과하는 공기의 속도를 증가되며 공기의 유동을 고속으로 작동시킬 수 있는 기어와 같은 역할을 한다.

Box 8.3 웰즈 터빈

앨런 웰스 교수가 발명한 웰즈 터빈은 자가정류(self-rectifying)를 한다. 다시 말해 어느 한쪽 축방향의 공기흐름만 받아들일 수 있다는 것이다. 이것을 이루기 위해 에어포일 형상의 회전날개(aerofoil-shaped blade) 외형은 비틀리지 않고(untwisted) 피치(pitch)가 0이며 회전면에 대해 대칭이어야 한다. 즉, 시위선(chord line)이 회전면과 일직선이어야 한다. 그림 8.20의 벡터 선도는 이것이 어떻게 발생하는지 보여준다. 벡터 선도가 풍력발전기의 에어포일(wind aerofoil)의 특성을 설명하기 위해 7장에서 사용한 것과 매우 유사함에 주목하라. 회전날개가 받음각(angle of attack)(상대풍 속도와 회전날개 속도 사이의 각도) 방향으로 움직임에 따라 각도는 작아지고 따라서 큰 양력(L)을 발생시킨다. L의 순방향성분은 회전날개가 작동하는 추진력(thrust)을 제공한다.

웰즈 터빈은 대칭이고 비틀리지 않은 회전날개, 피치각도 0을 가진 수평축 풍력 터빈(HAWT)과 거의 같은 방법으로 작동한다. 상향 방향의 공기흐름에 가장 근접한 회전날개를 고려해보자(그림 8.20(a)). 만약 회전날개의 좌표계에서 작업해본다면(실제로 움직이고 있을지라도 회전날개를 정지한 것처럼 보이게 만드는 것으로 회전날개의 실제 움직이는 방향과 반대가 되도록 회전날개 속도벡터를 고려하는 것) 그림 8.20(b)를 얻을 것이다. 회전날개 시위가 회전면과 일직선이기 때문에 7장의 4절에서 언급한 받음각 α은 상대풍 각도 ϕ 와 동일하다. 이제 이 벡터를 분해하면 그림 8.20(c)를 얻을 것이다. 이 벡터 선도로부터 만약 $(L \sin \alpha)-(D \cos \alpha)$ 이 0보다 크다면 회전면내에 작용하는 회전날개 상의 최종순방향으로 힘을 얻을 수 있을 것이다. 반작용 성분은 거의 흥미가 없지만 로터베어링(rotor bearing)은 최소 마찰손실을 지탱할 수 있어야 한다. 만약 최종 순방향 추진력이 0보다 크다면 회전날개는 순방향으로 구동될 것이고 공기흐름에서 유용한 에너지를 추출할 수 있다. 회전날개의 형상이 매우 중요한데 그 이유는 그것이 양력계수(C_L) 및 항력계수(C_D)(7장의 4절에서 정의됨)를 결정하고 따라서 순방향 추진력의 크기도 결정하기 때문이다.

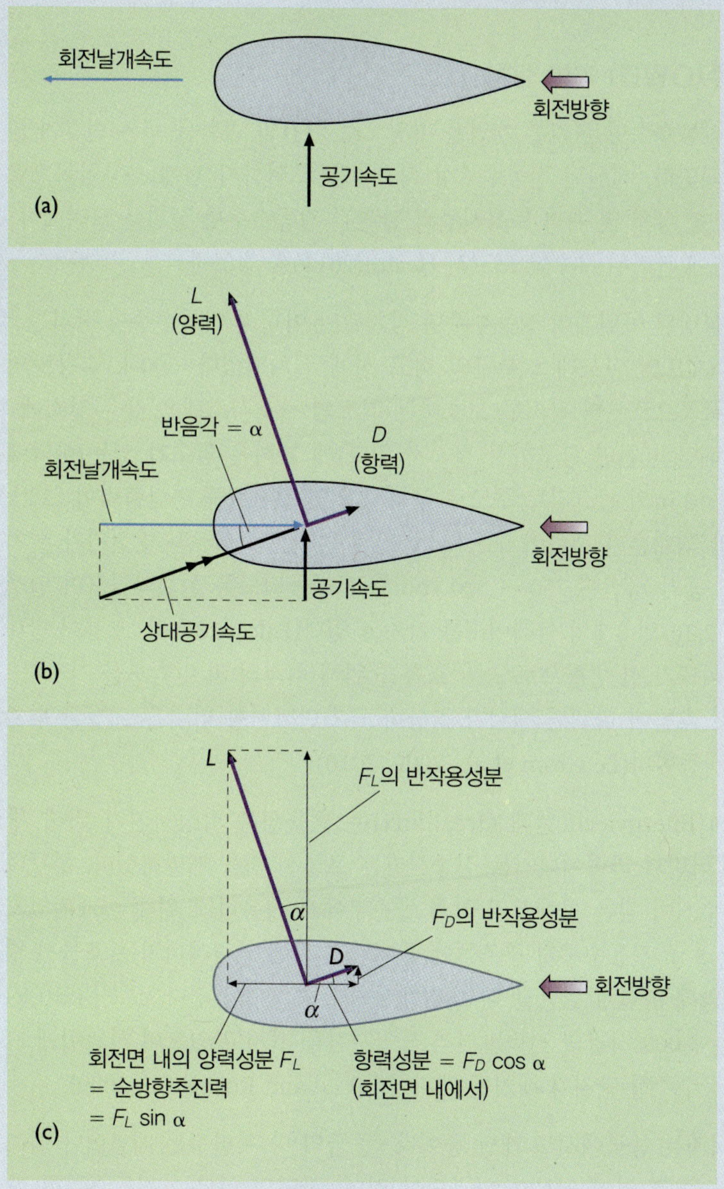

그림 8.20 • 웰즈 터빈. (a) 공기흐름과 회전날개 속도, (b) 상대속도와 양력 및 항력, (c) 회전면 내의 힘.

일정한 속도로 회전하는 웰즈 터빈에 대해 공기흐름과 압력강하(pressure drop) 사이에는 선형적인 관계가 있다. 이것은 웰즈 터빈이 공기흐름에 대해 일정한 임피던스(impedance)를 가졌다는 것을 의미한다. 설계변수를 신중히 선택하면 선택된 장소에서 파도 기후의 요구조건에 이 임피던스 정합(impedance match)을 확실히 할 수 있다. 이처럼 임피던스 정합은 파도에서 발전기로 에너지 전달을 최대화한다. 웰즈 터빈이 일정한 임피던스 때문에 파력에너지 적용을 위해 이상적으로 적합한 반면에 구형 에어 터빈의 임피던스는 공기흐름에 따라 변한다. 구형의 공기 터빈은 우수한 최고의 효율을 가지지만, 웰즈 터빈은 넓은 범위의 공기유량에서 더 높은 효율을 가진다. 웰즈 터빈의 추가로 유익한 특징은 대표적으로 사용하는 크기에서 높은 속도로 회전(1,500~3,000 rpm)할 수 있어서 발전기 속도를 높이기 위해 전기 발전기를 터빈의 축(shaft)에 직접 부착시키기 때문에 증속기(gear box)가 필요 없다는 점이다.

진동수주(OWC) 기반 장치

고정식 진동수주형은 기본 개념을 바탕으로 약간의 변화를 주는 연구가 많은 곳에서 진행되었다. 개선된 진동수주형 디자인을 고려하기 전에 세부항목으로 적합한 진동수주형 장치 및 기타 토목사업과 관련된 진동수주형 설비를 고려해야 된다. 진동수주형에 관련된 우수한 보고서 Health(2011)을 참고하라.

앞에서 설명된 아일레이 진동수주형 장치뿐만 아니라 진동수주형 장치는 북대서양 아조레스제도의 아조레스 부근의 피코 섬에 설치되었다. 500 kW 용량의 장치는 거대한 폭풍으로부터 장치를 보호하는 최소의 보호시스템을 갖춘 장소에 있다. 시스템은 해안선(천연 항구까지 걸쳐져 있다)에 가까운 암초가 있는 바닥에 지어진 12 m × 12 m의 콘크리트 구조로 구성되어 있으며 평균 연간출력이 124 kW를 생산하지만 최대순간 출력이 525 kW급인 수평식 웰즈 터빈-발전기가 설치되어 있다. 웰즈 공기 터빈은 750~1,500 rpm으로 작동되도록 설계되었으며 일정한 코드와 직경 2.3m의 8개의 블레이드를 가지고 있다(Falcao, 2000). 흐름이 반대로 변하면 블레이드가 한 방향으로 공기 흐름을 위해 최적의 피치 각도를 가지며 그 뒤 반대쪽으로 흐름이 바뀌면 센서가 작동하고 가변피치형 터빈은 고정된 피치의 블레이드로 작동한다(Le Crom et al., 2009, 2010).

호주에서 Energytech(현재 Oceanlinx)는 효율성을 향상시키기 위해 새로운 가변 피치 터빈과 파력에너지를 집중시키는 포물선 벽을 개발하였다. 항구나 해안지대에서 수심이 깊은 곳에서의 암석 돌출부에서 사용하기 위해 설계되었기 때문에 10 m × 8 m 진동수주형 구조물에 들어가기 전에 파력에너지는 포물선 형상의 수집기에 의해 파면이 접근할 때 초점에서 3배 증폭되어 진다. 오션링크(Oceanlinx)(2011)는 5,000 시간의 전력발전의 작업시간을 가지고 있으며 하와이에 그들의 집중식 진동수주형 단지가 배치될 계획이다(Gill and Rocheleau, 2009).

파력에너지는 중국에서도 개발 중이다-중국의 다수 연구는 개념이나 아이디어 및 직원의 교류로 인해 일본과 연관되어 있다. 작업의 일부는 진동수주형 장치 전원 항해 부표(부유하는 장치의 개발품은 아래에 논의되었다)와 이론적 모델링 중 몇몇에 집중되어 있다. 진주강의 다완산 섬의 자연 협곡에서 3 kW급 진동수주형 장치를 시험한 해안선은 20 kW급 터빈으로 업그레이드하여 운영할 수 있음을 충분히 보장하였다.

항구와 방파제 시스템

진동수주형 설비가 방파제에 포함될 때 방파제에는 2가지 장점-항구의 건설과 전력생산-이 있으며 전체 자본비용으로 판단하면 안 된다는 것을 의미한다. 그리고 이것은 전력생산비용을 더 낮출 수 있다.

일본 개발자는 일본 북서해안의 사카타의 방파제에 20 m 확장한 구역에 진동수주형 장치를 포함시켰다. 장치는 1989년에 설치되었으며 60 kW의 웰즈 터빈을 가지고 있다.

인도에서는 방파제에 설치된 직경 2 m, 150 kW급 발전기(그림 8.21)를 구동하는 웰즈 터빈을 가진 다중공진 진동수주형 장치(아래 참고)를 1991년에 트리반드룸 해안에서 설치했다(Ravindran et al., 1995).

이 장치는 4월부터 11월의 몬순기간동안 평균 75 kW를 12월에서 3월에는 25 kW를 제공할 것으로 예상된다. 2개의 장치가 포함된 전력 변환 시스템이 설치되었다. 두 장치를 통합한 전력 변환 시스템은 보다 전력 기간에 두 장치를 가동할 수 있도록 하기 위해 설치되었다. 실험은 공장에서 담수를 생산하고 임펄스 터빈을 실험하기 위해 수행되었다(Jayashankara et al., 2009).

인도 해안을 따라 연간 평균 파력의 전력 밀도는 단지 단위 길이 당 5~10 kW이기 때문에 연구와 개발활동을 보는 것이 아마 놀라울 것이다. 하지만 더 많은 항구가 인도 해안에 계획되어 있으며 진동수주형 장치 파력에너지 변환기 사용의 잠재성이 고려되었다.

2011년 7월 다른 곳에서는 총 설치 용량이 300 kW급인 16개의 웰즈 터빈 진동

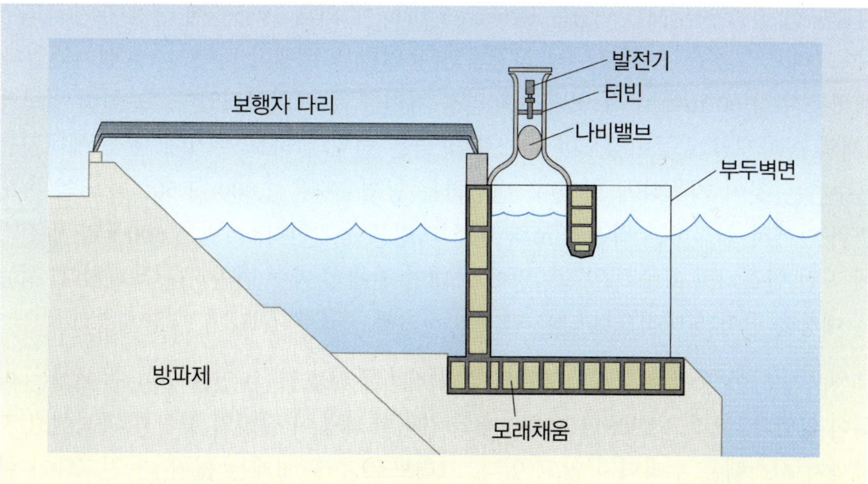

그림 8.21 • 인도의 방파제 진동수주형의 횡단면.

수주형 장치 파력에너지 시스템인 16개의 챔버가 Basque unity Ente Vasco de la Energia에 의해 Basque Country의 무트리쿠의 방파제에서 가동을 시작했다(Renewable Energy Focus, 2011). 중국 팀 또한 방파제 진동수주형 장치 계획을 설명했다(Liu et al.. 2009).

다공진형 진동수주(MOWC)

대다수 파력에너지 장치는 다중공진 시스템으로-파력은 그들의 행동을 반복하는 동안 고유공진주기 또는 시간을 가진다. 이는 마치 몇 초 동안의 주기를 가지고 움직이는 그네를 타는 행동과 같다. 이 주기는 그네의 로프의 길이에 의해 결정되어 진다-로프가 더 길수록 더 긴 기간을 제공한다.

OWC의 경우 고유주기는 장치 내부의 물 표면에 외부의 물이나 파도 표면에서 물의 길이에 의해 결정된다. 이는 연결 길이(l)로 나타낼 수 있다. 그리고 '*U*' 관에 담겨있는 물처럼 행동 할 수 있다. 진동주기(T)는 다음과 같이 주어진다.

$$T = \pi\sqrt{\frac{2l}{\mathrm{g}}}$$

예를 들면 만약 l = 25 m이면 T는 약 7초이다. 파력에너지 상황에 맞춰서 이를 대입하면: 만약 OWC가 25 m의 연결 길이를 가진다면 이는 7초의 주기를 가진 채 공진할 것이다. 그리고 7초의 에너지 주기를 가진 파도에 맞춰 작동할 것이다. 만약 들어오는 파도가 더 크거나 작은 주기를 가진다면 OWC의 응답은 감소할 것이다. 이는 대다수 파동에너지 장치에서 그러하다-이러한 설명의 이유는 파도의 상태와 파도의 주기로부터 에너지를 추출하는 것을 어렵다는 것을 보여주기 위함이다.

방파제에 앞으로 돌출되어 있어 다가오는 파도와 더 긴 연길 길이(coupling length)에 응답할 수 있음으로 연길 길이는 이와 자동적으로 부합될 수 있기 때문에 다중공진 진동수주(그림 8.22)는 넓은 파도 스펙트럼에 걸쳐 더 활발하게 반응한다-그러므로 용어는 다중공진이라 불린다.

다중공진 진동수주(MOWC)는 Kvaerner Brug에 의해 1985년에 설계해 제작되었다. 그리고 그것은 TAPCHAN 시제품과 동일한 노르웨이 작은 섬에 설치되었다. 챔버는 수심 60 m에 수직 절벽면과 일정 거리를 두고 설치되었다. 그 설비 입구에 2개의 방파제가 만들어졌으며 시스템이 넓은 범위의 파도 주기에 대해 에너지를 흡수하는 것이 가능하게 하였다. 변동하는 공기유량은 1,000~1,500 rpm의 속도 범위 안에서 회전하는 직경 2 m의 웰즈 터빈을 통과한다. 터빈은 600 kW 발전기에 직접 연결되었고 출력은 전력망에 보내기 전에 주파수 변환기를 통과했다. 성능은 예상을 넘어 상대적으로 낮은 단가의 전기를 공급했다.

불행하게도 이 장치는 고정된 진동수주형 장치를 보호할 수 있는 얕은 물에서는 이득이 없었다. 그리고 1988년 12월 2개의 강력한 태풍이 절벽의 장치를 파괴했고 지금까지 시스템은 수리되지 않고 있다. 그러므로 추후 설계는 훨씬 더 견고해야 할 것이고 2절에서 이미 언급한 것처럼 스코틀랜드의 Islay 섬의 소형 진동수주형처럼

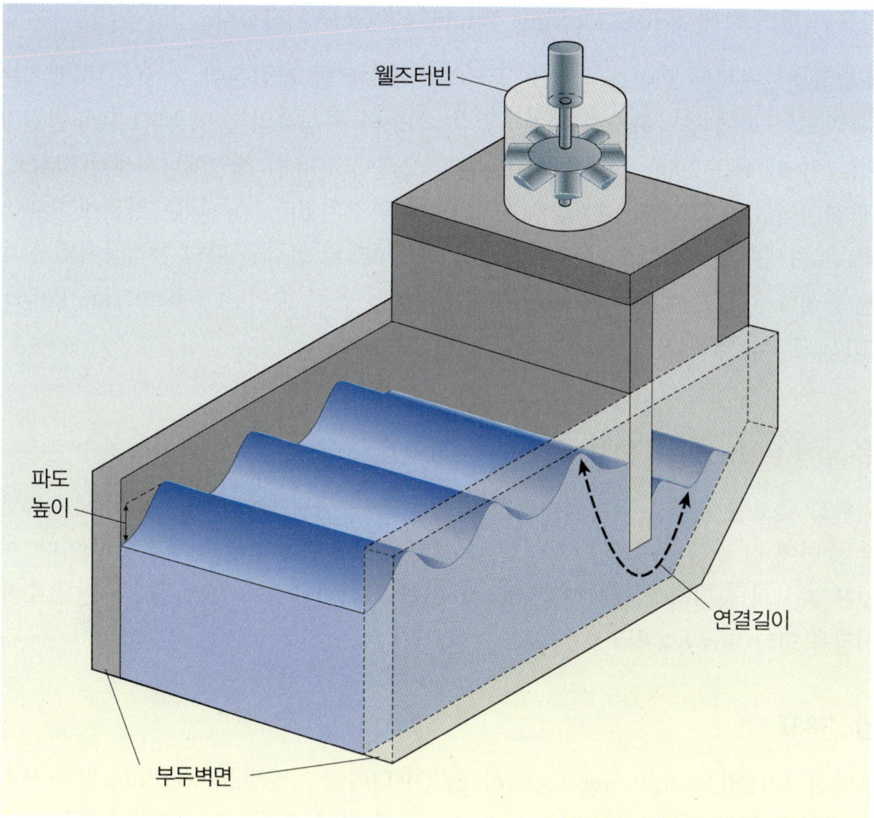

그림 8.22 • 다중공진 진동 물수주형.

아마도 절벽에 장치를 설치할 것이다(2절 참고 – 첫 번째 Islay 진동수주형은 자연적인 좁아지는 협곡의 암벽에 설치되었고 따라서 수렴수로형 효과의 혜택을 얻을 수 있었다: 두 번째 'LIMPET' 진동수주형 장치는 'designer' gully에 설치되었다).

비진동수주형 고정장치

다른 비진동수주형의 고정형 설비 시제품들은 일본에서 시험되었다. 힌지(Hinged) 플랩(flap)처럼 움직이는 요소와 설비의 고정된 부분 사이에 하나의 기계적 연결장치가 사용되었다. 이 방식의 하나의 예시가 **Pendulor**이다(그림 8.23).

Pendulor는 상부에 연결된 수문이 있고 케이슨(caisson)의 후벽으로부터 파장의 1/4에 적절하게 설치되어 있다. 이것이 첫 번째 반절점(antinode)(예: 연속된 파도의 최대 진폭점)이고 따라서 수문은 파도에서 발생된 최대 움직임에 지배를 받는다(주위 수문은 특정한 단 하나의 파장에 대한 반절점에 위치할 수 있다). Pendulor 설비가 시험되는 일본의 지역에서 바다는 일반적으로 연중 대부분 설계 파장에 근접한 파장을 갖는다.

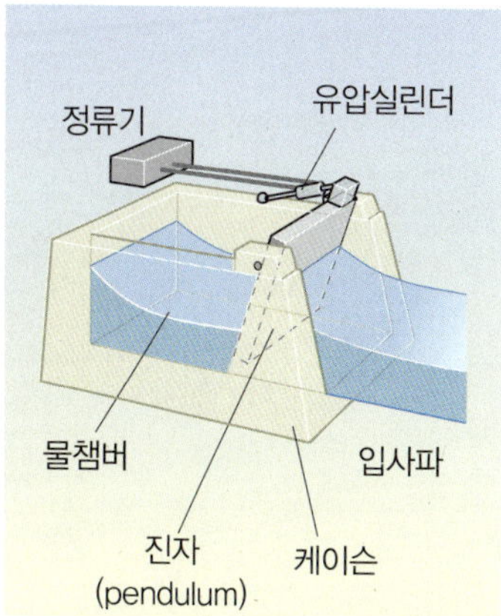

그림 8.23 • 일본의 Pendulor 장치.

푸시–풀(push-pull) 유압 시스템은 Pendulor 수문의 운동에서 발생한 기계적 에너지를 전기적 에너지로 전환한다. 5 kW의 공칭출력(nominal power output)을 가진 두 개의 시제품이 1980년대 초반부터 일본의 홋카이도에서 작동되고 있다. 한국 파력에너지 전환연구협회(KORDI)는 개념의 개발을 가속화하기 위해 일본연구

그림 8.24 • The 315 kW Oyster 1 in the factory.

그룹과 협력 하에 2010년 Flowing Pendulor 연구를 시작했다.

스코틀랜드에서는 오이스터 힌지 방식의 시험설비를 시험운행 중이다. 이 장치는 큰 파도의 힘에 응답하도록 설계되었다. 최초의 완성품인 오이스터1 파력발전장치(그림 8.24)는 2009년 여름 스코틀랜드 오크니의 유럽 해안에너지센터(EMEC)에 설치되었으며 2009년 11월 국가전력망에 연결되었다. 가동되는 시간에 오이스터1은 차세대 장치인 2.3 MW의 용량을 가진 3개의 연결된 파력 발전장치의 설계를 완성하기 위한 데이터 수집을 위해 해상에서 운전 중이다(Aquamarine Power, 2011a 참고). 이 장치의 설치는 2011년에 시작되었다.

유삭식(tethered) 장치

외관상 플로팅 본체를 표류시키지만 펌프를 통해 해저에 계류하는 부유식 시스템은 수년에 걸쳐 관심을 끌었고 현재 몇 가지 프로젝트에서 활발히 진행 중이다. 이것은 자신의 물리적 직경보다 큰 바다로부터 에너지를 발생시켜 흡수하는 흡수체 역할을 한다(Box 8.2 참고).

발전부표

해양전력기술(Ocean Power Technology-OPT)에서 개발된 'PowerBuoy'라고 불리는 파력에너지 변환 장치는 장치의 수직 운동에 의해 발생되는 기계적인 힘을 이용하는 발전기가 포함된 모듈화된 부표기반 시스템으로 구성된다. 각각의 모듈은 상대적으로 작고 저비용으로 정기적으로 유지 관리가 필요하며 최소 30년의 예상수명을 가진다.

PowerBuoy의 초기형태는 2009년 12월 Oahu 연안에서 약 1.2 km 떨어진 수심 30 m에서 작동되었다. 현재까지 이 장치는 이탈(take-off)사이클(이 장치의 이탈 사이클은 중요한 파형 주기의 작동주기에 대한 용어임)은 3백만 kW 이상의 전력을 생산하며 4,400시간의 작동시간으로 운행되어 왔다. 이 프로젝트는 PowerBuoy 기술을 개발하고 시험하기 위한 미국 해군이 진행하는 OTC 프로그램의 일부이며 전력 사용

Box 8.4 유럽 해양에너지센터(EMEC)의 지원과 웨이브허브

6장 Box 6.6에서 언급된 유럽 해양에너지센터(EMEC)는 과거에 파력 발전기의 프로토타입 건설에서 발생되는 지속적인 많은 문제를 해결하도록 돕는다. 예를 들면 폭풍에 견딜 수 있도록 개선하는 것과 외장 케이는 단순하고 저렴한 설치, 신제품의 테스트를 용이하게 한다. 또한 유럽 해양에너지센터(EMEC)는 동시에 최대 4대의 기계를 수용할 수 있어 설계자는 에너지 생산 효율을 향상시킬 수 있는 '트윅'이라 불리는 작은 기기를 위치시키기 때문에 동일 조건 하에 장치를 직접 비교할 수 있다.

지속적인 시간주기 동안 파력 발전기의 배열과 시가동을 위한 인프라를 제공하는 또 다른 설비는 콘웰의 북쪽 해안으로 16 km 떨어진 그리드 연결 해안 설비인 Wave Hube이다. 그곳은 해저 8 sq km에 25년 간 임대로 보유하고 4~5 MW 용량의 네 개의 개별 파동 에너지 시스템을 각각 수용할 수 있다.

시장을 위해 150 kW의 발전용량을 가진 OTC의 차세대 발전기 PB150 system의 출시에 기여했다. 이 책이 쓰여 질 때 첫 번째 PB150 장치는 계획된 해양 실험을 위해 스코틀랜드의 인버네스 해양연안으로 운송하려고 준비 중이다(OPT, 2011 참고).

OPT는 장치개발을 위한 추가적 계획을 가지고 있다. OPT는 북아메리카의 쿠스만에 상업용 파력파크를 개발을 위해 제안되었고 일본의 파력 발전소 개발에 관한 계약을 체결했다.

쿠스만 파크(Coos Bay Park)는 완공 시 지구에서 가장 큰 파력 프로젝트일 것이며 최고 100 MW까지의 용량을 가질 수 있을 것이다. 그것은 해안으로부터 4.3 km 떨어져 위치하며 OPT의 다음 발전기 또한 이용될 것이다 −PB500 PowrBuoy은 500 kW의 최대 지속 발전용량은 가진다. 파력파크는 최대 200대의 PowerBuoy, 20대의 해저 변전소 그리고 파력파크에서 발전된 전기를 태평양 서북부 전력망에 전달하기 위한 해저 케이블로 구성될 것이다(OPT, 2011 참고).− 일본에서의 개발은 용량 10 MW 또는 더 큰 상업용 스케일의 파력발전의 기초를 제공할 것으로 예상된다. 이 계약의 초기 단계는 상업적인 잠재력을 기반으로 시범 발전소를 위한 이상적인 위치를 식별하기 위한 이데미쓰 고산, 미쯔이 엔지니어링 및 조선, 일본 풍력 개발 등 일본 컨소시엄과 OPT의 작업을 확인할 수 있다. 협회는 실증 플랜트의 3대의 PowerBuoy를 구축하기 위해 OPT와 공동으로 작업할 것이다(OTP, 2010).

호스 펌프(Hose pump) 파력 발전기

스웨덴의 해안을 따른 평균 파력전력량은 0.57~1.1 GW이며 수요의 3~7%를 차지한다. 게다가 이웃의 노르웨이 해안을 따른 전력량은 북유럽 전력망을 통해 스웨덴의 전력수요의 12~15%를 기여할 수 있는 3.0~3.5 GW를 차지한다−그러므로 스웨덴은 파력에 관심을 갖고 있다. 또한 두 나라는 노르웨이 해안 파력 자원을 이용 할 수 있다.

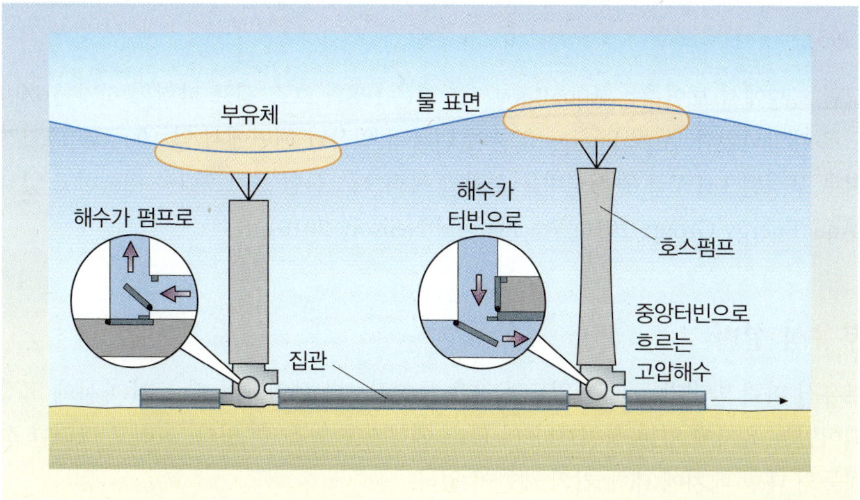

그림 8.25 • 스웨덴의 호스 펌프 파력 발전기.

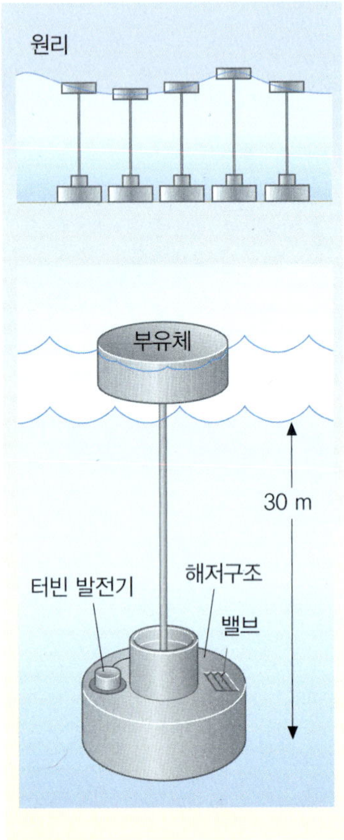

그림 8.26 • 고정된 부표 파력 발전기.

호스 펌프 파력 발전기는 스웨덴의 Technocean에 의해 개발되었으며 해저에 고정되고 나열된 호스 펌프로부터 바닷물을 끌어올리는 것이 목적이다(그림 8.25 참고). 호스 펌프는 수직의 강화 고무실린더로 구성되어 있으며 해수면 위의 부유물에 부착된다(따라서 그것은 고정 끈과 펌핑 메커니즘 역할을 둘 다 한다).

호스의 보강 끈은 호스 주축의 선택 각도에 따라 배열된다. 부표가 파도와 함께 상승함으로서 호스가 뻗어 호스의 내수체적을 감소시키는 방식으로 끈의 각도를 변경한다. 이는 호스 내에 함유된 해수의 압력을 증가시킨다. 그 뒤 해수는 관 밖으로 펌핑해 육지의 저장탱크까지 펌핑한다. 펠론 수차(Pelton wheel)(5장 8절 참고)는 물이 저수조에서 바다로 다시 방출될 때 물에서 에너지를 얻는다. 관은 한 방향 밸브를 통해 다시 물로 채워진다. 이 개념은 많이 활용되지 않았다.

덴마크의 연구에서 발전기(그림 8.26 참고)를 탑재한 각각의 부유장치가 있는 고정된 부유 시스템이 이 지역에서 연구되었다. 이러한 부표는 효율적으로 활용되고 배열되어 통합된 출력을 가질 수 있도록 준비되고 있다(Nielsen and Plum, 2000 참고).

부표는 해저에 설치된 유닛이 피스톤을 당김으로서 파도에 활발하게 반응한다. 이 피스톤은 가라앉은 터빈을 통해 물을 끌어올린다.

인터프로젝트 서비스(Interproject Service) 발전기

인터프로젝트 서비스(IPS) 발전기는 1980년대 초에 스웨덴 Interproject Service AB에서 개발해 호수에서 1/10 크기로 실험했으며 바다에서 실물크기 시제품으로 시험했다. 그것은 양쪽 끝이 밑에 부착되고 한 개의 튜브가 개방된 긴 부표로 구성되어 있다. 튜브 내의 한 개의 피스톤은 부표에 연결되고 출력은 부표와 물의 상호 작용으로 얻게 된다. 새로운 형상인 경사진 IPS는 많은 중요한 특징을 구현했는데 특히 수직면의 각도에서 작동해 추가적인 에너지를 얻을 수 있다. 유압식 어큐뮬레이터를 사용해서 효과적이며 상당히 일정한 출력을 제공할 수 있어서 빈약한 전력망 또는 작은 섬에 안정된 출력을 제공할 수 있는 가능성이 높다(Salter and Lin, 1995).

그림 8.27에서 보여주는 AquaBuoy 시스템은 IPS와 호스 펌프 파력 발전기를 기반으로 개발되었다. AquaEnergy 그룹이 미국의 워싱턴 해변에서 약 100 kW 단일장치로 구성된 1MW급 발전설비를 설치할 목적으로 실험 프로그램을 수행하고 있다(AquaEnergy Group, 2010; Wacher and Neilson, 2010).

그림 8.27 • AquaBuoy 시스템(IPS와 호스 펌프 개념의 기반).

부유식 설비

부유식 파력 발전기는 파력 밀도가 얕은 물에서보다 해안에서 더 크기 때문에 고정되어있는 육지에 있는 장치보다 더 많은 에너지를 얻을 수 있다. 그리고 그러한 장치들의 대형 배치에 대해 거의 제한이 없다.

부유식 설비에는 다음과 같이 다양한 장치가 있다.

- OWEL과 후방 벤트 덕트 부표(BBDB) 그리고 부유하는 고정 수로(부유하는 파력 발전 용기로 설명됨, FWPV)와 같은 진동수주, Duck을 포함한 터미네이터 장치
- AWSIII와 같은 포인트 흡수기
- 페라미스 같은 감쇄 장치

터미네이터 장치

진동수주(OWC) 기반 장치

많은 부유식 진동수주형 기반 장치가 개발되었으며–부유식 진동수주형 장치와 원양 웰즈 터빈에 최적화된 가변형 부선인 가이메이는 1977년 일본에서 처음 테스트되었다– 이전에 언급된 것처럼 이는 최초의 부력식 파력 발전소였다.

앞에서 언급한 것과 같이 중국에서 파력에너지의 관심이 커지고 있으며–많은 진동수주형 발전 항해 부선이 개발되었고 원래 Masuda에 의해 제안된 BBDB 개념은 모델 스케일로 실험했다(Masuda et al., 2000)–그림 8.28에 설명된 BBDB 개념에 대한 실험은 광저우 에너지전환협회에서 수행되었다(Masuda et al., 200; Xianguang et al., 2000).

㈜오션 에너지(Ocean Energy Ltd)는 후방 벤트 덕트 부표를 개선하였으며 선체의 1/4 크기의 모델에 대한 아일랜드의 골웨이에 스피달의 파력에너지 테스트 현장의 해양 테스트에서 20,000시간 이상의 작동시간을 달성했다(그림 8.29 참고). 풍속이 초당 30~35 m이며 파도 높이가 8.2 m를 기록할 때 심한 폭풍우를 포함한 다양한 파도 조건에서 실시되었다. 실험이 수행되는 동안 기류와 전력출력이 예상대로 실험비율에 따라 늘어났으며 선체의 움직임 또한 지속적이고 신뢰할 수 있었다. 3/4

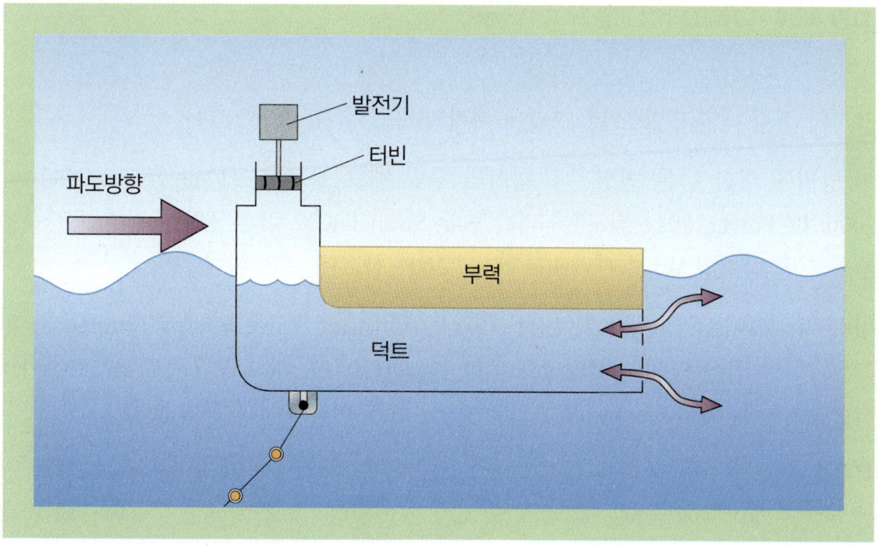

그림 8.28 • 후방 벤트 덕트 부표(BBDB).

그림 8.29 • 오션 에너지(Ocean Energy) 웰즈 터빈을 장착한 부표(Ocean Energy 의 예).

그림 8.30 • OWEL의 형상(출처: IT Power).

크기의 장치 배치가 2011년 12월에 계획되어 있다(Health, 2011).

이 방법에 대한 다른 변형은 L 형상의 후방 벤트 덕트 부표(Meyer and Nielsen, 2000; IT Power, 2011 참고)에 기반을 둔 Swan DK^{3}으로 부유하는 전방면 진동수주형 기반 장치인 Whale(Washio et al., 2001 참고)를 포함한다.

BBDB와 OWEL의 다중 셀 버전은 OWEL(Offshore Wave Energy Limited)가 이끄는 컨소시엄에 의해 개발되었으며 IT Power(2011) 500 kW급으로 45 m 길이의 시험장치인 2013년 Cornwall에 있는 Wave Hab 현장에서 시험되었다.

부유식 진동수주형의 다른 설계가 오션링크에 의해 개발되었다. 최근에 그들의 진동수주형 개발품에는 Mk^3 부유식 장치가 포함된다. 이 장치는 2.5 MW급의 전체 크기의 1/3의 시험판이다. 이것은 2010년 2월부터 5월까지 켐블라 항구 포트의 동쪽 방파제로부터 떨어진 인근 해안가에 설치되었다. 이 장치는 지역 전력망을 통해 직접 전기를 공급했다. 2010년 5월에 심한 폭풍우기간 동안 계류용 체인이 파손되어 해변으로 올라갔다.

오션링크는 현재 얕고 깊은 물을 이용하는 새로운 설계의 진동수주형 실제크기의 개발품인 그린웨이브와 블루웨이브를 각각 완성했다. 그린웨이브는 얕은 물의 해저에 고정된 단일 형태의 진동수주형 챔버이다(그림 8.31 참고). 좋은 파도의 기후에서 그린웨이브는 1 MW급으로 평가된다. 블루웨이브 유닛은 깊은 물에서 부유하는 장치로서 계류형 체인으로 구속된 6개의 진동수주형 챔버의 클러스터이다. 두 버전은 향후 2년 내에 상업 운전형으로 출시 될 것으로 예상된다(Oceanlinx, 2011 참고).

부유형 파력발전 선박

1992년 Sea Power International은 부유형 파력발전 선박(FWPV)을 스웨덴의 서해안에서 시험을 진행하기 위해 설치하였다. 이 강철 선박은 파도가 경사면을 올라간다는 점에서 부유식 TAPCHAN과 유사하며 내부에 넘쳐 들어온 파도를 모은다. 물은 낮은 수두의 터빈을 통해 유역 뒤편에서 바다로 흐른다. 이 장치는 조수의 범위에 민감하지 않으며 선박의 밸러스트(ballast)를 다르게 함으로써 다른 파도의 높이에 맞출 수 있다.

다음으로 선박형태의 시험버전은 2002년 수심 500 m인 스코틀랜드 해안의 수심 50~80 m에 고정시켰다. 이 설비는 스웨덴 회사 Sea Power International이 스코틀랜드 신재생 에너지 조례계획의 일환으로 개발되었다. 그것은 최대 출력 1.5 MW, 7p/kWh의 단가로 매년 520만kWh 정도를 생산하도록 설계되었다(Lagstr m, 2000 참고). 이 설비(그림 8.21)는 경사면 전면에 파도가 올라오면 파도에서 물을 포착해 작동한다. 포착된 물은 표준 카플란 수력발전 터빈(5장 참고)을 경유하여 바다로 되돌아간다. 여러 가지 면에서 이 설비는 TAPCHAN의 부유식 버전과 비교될 수 있다.

그림 8.31 • 오션 링크의 그린웨이브 장치의 사진.

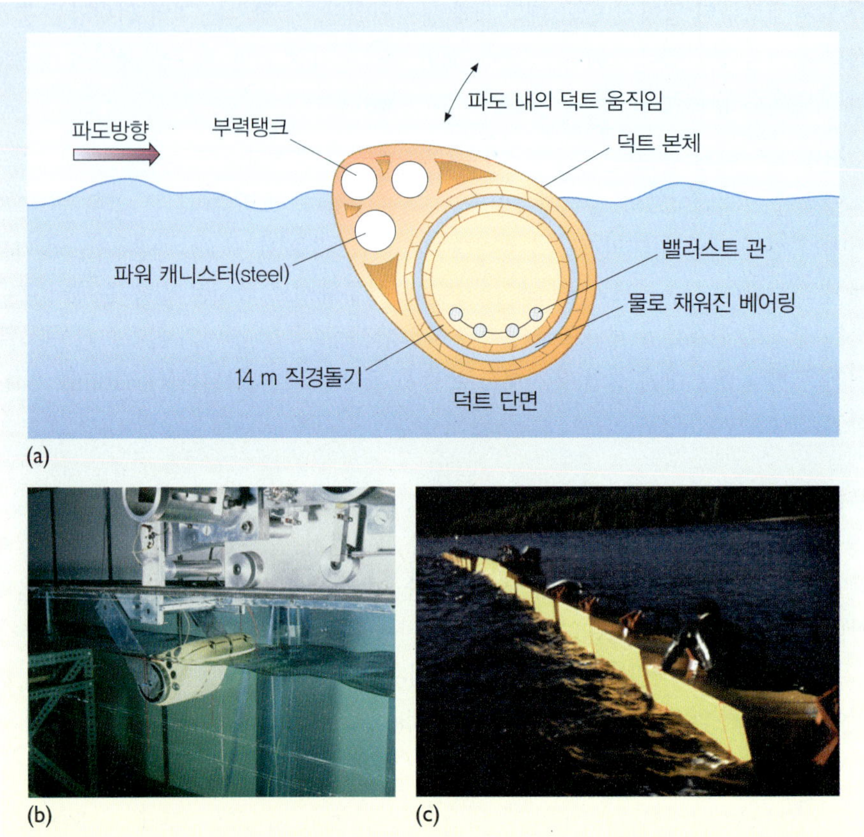

그림 8.32 • (a) 에딘버리 덕트의 발전기 (b) 웨이브 탱크에서 테스트를 받고 있는 덕트 모델 (c) 스코틀랜드의 네스 호수에서 코벤트리 대학이 실험한 덕트의 스케일 모델.

이 TAPCHAN 개념의 부유식 덴마크 버전은 웨이브 드라곤(Wave Dragon)이다. 파도가 가느다란 채널에 다시 올라가고 물 수두는 탱크에 저장 된다–그 뒤 물은 단순화된 카플란 수력 터빈을 통해 바다로 돌이간다. 실제 크기 버전은 2003년 3월 올보르 대학 근처에서 운행이 시작되었고 2003년 6월에 처음으로 전력이 전력망에 전송되었다. 바다에서 유지보수가 가능하다는 것을 증명하기 위해, 2003년 9월에 해안에 더 많은 터빈이 설치되었다(Sorensen et al., 2003). 7 MW의 실제 크기의 시험 설비는 2011년 남웨일즈에서 배치하기 위해 설계되었다.

또한 다른 덴마크 장치는 직접 터빈을 구동하기 위해 물을 사용 한다–Waveplane은 터빈을 운전하는데 사용된 와류를 만들면서 나선형 구조에서 트로프 안으로 가변 주파수의 내습파를 지향하는 쐐기형 장치이다. 1/5 스케일의 모델을 사용한 테스트는 1999년 유틀란트 반도의 Mariager Fjord에서 수행되었다.

덕트

에딘버러 덕트 개념(그림 8.32)은 1970년대 에딘버러 대학의 스테판 샐러 교수가 고안한 것으로 원래 많은 캠(cam) 형상 몸체가 바다에서 몇 킬로미터 범위에 이르는 길고 유연한 부유돌기(floating spine)가 함께 연결된 것으로 상상했다. 스파인(spine)은 덕트를 대부분이 터미네이터(terminator)를 만드는 파도의 전면부와 거의 평행 할 것이다. 덕트는 이미 논의한대로 물입자의 궤도 운동과 일치해 상하로 요동치면서 에너지를 얻도록 설계되었다. 전력을 발전하기 위해 각각의 캠-또는 덕트 형상은 수력발전시스템에서 고압을 만드는 스파인(spine)에 상대적으로 움직이거나 ducks의 돌출부에 탑재된 자이로스코프 세트를 움직인다. 이러한 조합을 통해 하나의 파도 주파수에 대해 거의 완벽하게 맞출 수 있고 장파(long wave)에서 효율은 접합부를 통해 스파인 굴곡을 제어하여 향상시킬 수 있다. 그 개념은 이론적으로 모든 파력에너지 구상 중에 가장 효율적인 것 중에 하나이다. 하지만 이 개념을 실제 크기로 개발하는데 필요한 공학적 해석을 완전히 개발하기 위해서는 몇 년이 필요할 것 같다. 어려움 중의 하나는 무작위로 진동하는 물체에서 에너지를 추출해야 한다는 것이다. 임으로 흔들리는 몸체로부터 일정하게 전기에너지를 생산하는 동안 최적화된 전력 변환효율의 제어 및 설계 과제는 Salter과 그의 팀이 상세히 연구하고 있다.

지점 흡수 장치

AWS-III/Clam

AWS Ocean Energy는 1980년대 영국의 코벤트리 대학에서 개발된 원형 클람(clam)으로 최초로 등장한 기술의 핵심요소를 최근에 재 정의했다.

AWS-III/Clam는 각 셀에는 웰즈 터빈이 탑재된 환상면의 원주 주위에 배치된 12개의 서로 연결된 에어 챔버 또는 셀로 구성된다. 전체 크기는 직경이 60 m정도이고 수심 40~100 m에 배치될 것이다. 각 셀은 유연한 강화 고무막으로 바닷물에 대해 밀폐된다. 파도가 셀 사이의 공기 운동을 야기한다. 입사한 파도가 밀어낸 공기는 다른 셀을 채우러 가는 도중에 적어도 12개의 웰즈 터빈 중 하나를 통과한다. 공기 시스템이 밀폐되어서 공기 흐름은 원의 변화에 따라 파봉과 파저의 위치에 따라 변화할 것이다. 그림 8.33은 2010년 네스호에서 수행된 1:9 스케일의 실험 장치를 보여준다. 거대한 단일 셀을 테스트를 통해 증명한 후에 실험 계획은 2011년 12월에 예정되어 있다(AWS, 2011참고).

그림 8.33 • 네스호에서 AWS–III/Clam 1:9 스케일의 실험 장치.

AWS-III/Clam에서 중요한 점은 전 방향에서 에너지를 흡수하며 파도의 움직임으로부터 에너지를 받아들이는 매우 민감한 진동판이라는 점이다. 이 장 앞부분에서 언급한 대로 파도의 구성요소들은 2배의 에너지만큼 상하 병진왕복운동을 할 수 있다.

감쇄장치

페라미스(Pelamis)

페라미스 또는 'sea snake'은 에딘버리 덕트 계열 중 일부로 분류될 수 있다; 그것은 구동조인트로 서로 각각 연결된 수많은 부유하는 원통단면 튜브로 구성되어 있다. 튜브는 하부파도 방향에 약간 다른 방향으로 배열되며 감쇄기로서 역할을 한다. 매끄러운 유압장치를 통해 유압 모터가 고압 오일을 펌핑 하는 유압 램에 저항하는 튜브의 상하 병진왕복운동과 흔들림을 유도하는 파도를 견디며 유압모터는 전기를 생산하는 발전기를 구동한다.

높은 파도의 에너지 밀도를 견디는 능력은 설계의 핵심 목표이다. 페라미스는 고유부하를 흘려보내는 능력이 있으며 이는 달리 말하면 돌기가 폭풍동안 부여되는 전체 구조 하중을 받지 않는다는 것이다. 감쇄기가 파도를 가로질러 파도를 아래도 위치시키기 때문에(그림 8.34 참고) 설비보다 훨씬 더 긴 폭풍 속 파도에서 운전이 된다.

750 kW의 시험 설비 장치는 길이 150 m, 직경 3.5 m이며 5개의 모듈섹션으로 구성되어 있다. 위험성을 줄이기 위해 어디에서나 사용이 가능하도록 해상에서 실증된 기술로 만들어졌다. 3개의 750 kW의 설비는 2008년에 포르투칼 북부에서 5 km 떨어진 대서양에 배치되었다. 페라미스 P2는 스코틀랜드 오크니 제도의 유럽해양에너지센터(EMEC)에서 테스트를 받았으며 개발자들은 스코틀랜드 근방에 총 50 MW의 설치용량을 제공 할 수 있는 몇몇의 파력 단지를 개발할 권한을 확보했다(Temm et al., 2012).

맥케이브 웨이브 펌프

맥케이브 웨이브 펌프라고 불리는 40 m 길이의 시험 설비는 2004년에 아일랜드의 Kilbaha의 해안에 배치되었다(그림 8.35 참고). 이 장치는 들어오는 파도를 가리키는 기둥을 가로질러 상하 병진왕복운동을 하는 세 개의 좁은 직사각형 강철로 구성

그림 8.34 • 페라미스 P2.

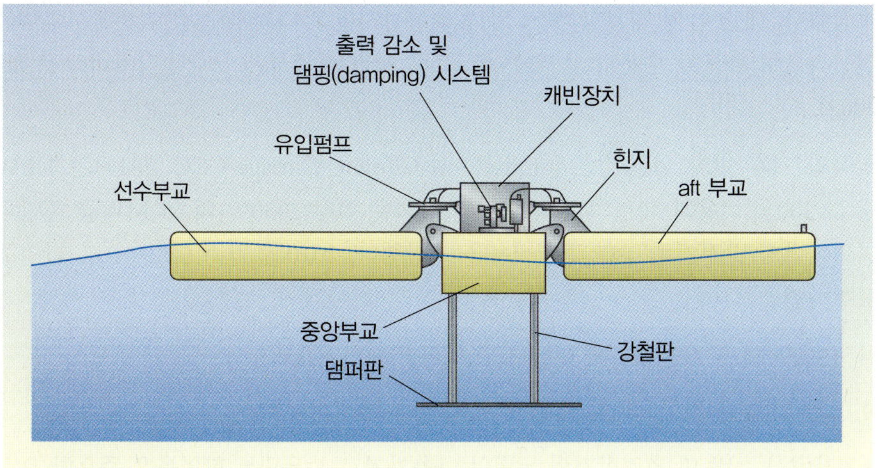

그림 8.35 • McCabe wave pump – 작동 계략도.

되어 있다. 강철은 서로 상대적으로 움직이며 에너지는 힌지(hinges) 근처에 있는 강철 사이에 부착된 선형 유압 램에 의한 움직임으로부터 에너지를 얻는다. 부산물은 전기 발전 뿐만 아니라 담수와 같은 응용분야로의 사용하려 한다. 맥케이브 웨이브 펌프의 실험 및 이론적 운전 결과는 Kraemer et al.(2000)에 의해 보고되었으며 Nolan et al.(2003)은 Power take-off system을 모델링했다.

Pitching and Surging FROG

Lancaster 대학의 French 교수와 그의 동료들에 의해 개발된 Pitching and Surging FROG는 내부 관성 질량(McCabe et al.,2003)의 이동에 의한 에너지 흡수 운동을 달성하는 반응 파동 발전기이다(McCabe et al.,2003). 따라서 그림 8.36의 안정적인 프레임을 제공하는 거대한 스파인이 필요없는 컴팩트한 구조이다.

그림 8.36 • Piching and surging FROG의 파력 발전기.

8.6 경제성

운전관리비를 줄이는 것이 파력에너지 발전소를 경제적 운영을 하기 위한 핵심요소이다. 파력에너지 발전소의 kW 당 자본비용은 화석연료로 운영하는 재래식 발전소보다 적어도 2배 이상이고 용량계수는 파도 기후의 변동성 때문에 훨씬 낮을 것이다. 따라서 만약 운영비용이 재래식 발전소보다 상당히 아래로 맞춘 경우에만 파력에너지 단가는 가격 경쟁을 할 수 있을 것이다. 결정인자로서 운전관리비가 남지만 당연히 연료비 또는 파력에너지 비용은 0이다. 그러기에 구상안은 에너지 전환을 확실하게 해야 하고, 여러 해 동안 파도 기후에서 운전하기에 충분히 튼튼해야 한다. 이것은 내구수명은 길면서 파손을 최소화하기 위해 구상안의 유동부를 적게 하는 설계가 필요하다는 것을 의미한다. 진동수주형과 TAPCHAN 구상안은 실제로 무엇이 필요한지를 보여주는 좋은 본보기이다.

반면에 파력에너지 선구자인 Stephen salter는 오랫동안 '단순함'을 선호했고 이를 주장했다. 예를 들어 정교한 제어 및 유용에너지를 극대화 하는 전력변환시스템은 전통적으로 파도를 수용할 수 있는 크고 값 비싼 구조물에 포함된다(Salter et al., 2002).

영국의 기후 변화 위원회(Committee on Climate Chnage-CCC, 2011)은 1 kW 당 £2,200의 비용과 40년의 수명을 가진 가까운 미래(2030년)의 50 MW급 해안의 파력에너지 발전기로 부터 전력비용을 계산했다. 2010년 기준 £으로 10% 할인해 표현하면

- 15%의 낮은 자본요인에 대한 전기 비용은 29.1 p/kWh
- 22%의 높은 자본요인에 대한 전기 비용은 19.9 p/kWh

5, 6장에서 수력 및 조력발전의 논의와 마찬가지로 사용되는 할인율은 중요한 요소이며 이는 10장과 부록B에서 논의될 것이다.

이는 되도록 큰 용량을 가지고 사용할 수 있는 장치를 만드는 것이 높은 자본 요소를 달성하는 중요한 요소임을 보여준다. 보고된 비용 수치는 높으며 특정장소 건설이 목적이기 때문에 일반적으로 고정된 설비는 대량 생산 혜택을 얻을 수 없음을 반영한다. 또한 그러한 설비는 일반적으로 파력에너지 기후가 많이 감소하는 얕은 물가에서만 작동한다.

파력에너지 구상에 필요한 전체 자본투자는 총 평균효율과 설치장소에 영향을 받는다. 여기에 열거된 수많은 장치들의 전체 평균 효율은 대략 30%이다. 일반적으로 낮은 총 효율의 원인은 주파수응답특성(Frequency response characteristic)과 행정체적(swept volume)의 한계 그리고 매우 격렬한 바다에서 작동할 때 수명 등이 그 이유이다. 특정 구상안의 비용에 의해 이 영향이 현저하게 변할지라도 자본비용은 대체로 설치된 용량(kW) 당 대략 £3,000~ £4,500이다.

북대서양 파도 기후에 의해 가해지는 높은 구조적 부하 때문에 대규모 시스템의 기술이 요구되고 있다. 시간이 흐름에 따라 몇몇 문제의 이론적 설명과 더 작은 규모의 구상안의 설계, 성능, 건설기술 등이 향상되었다. 소규모 구상안은 기술적으로 더 간단하고 재정적으로 위험성이 적어서 생산된 에너지 비용이 감소한 정도에 따라 자본비용과 보험비용은 감소되었다.

파력에너지 기술은 영리적 목적으로 전 세계로 보급되었고 몇 명의 개발자는 이미 시제품을 개발하고 있다. 일부는 적절한 가격에 전력을 발전하거나 해수를 담수와 하는 시스템을 만들고 있는 중이다. 이산화탄소 배출을 줄이고자 하는 동기와 연관되어 상업용 파력에너지 개발은 경제적으로 좋은 전망을 가진다.

파력에너지는 환경 친화적으로 간주되기 때문에(7절 참고) 만약 기술이 성공적으로 개발된다면, 매력적인 상업 및 정치적인 제안이 될 수 있을 것이며 이는 많은 곳에 배치된 파력단지를 가진 광범위한 건설 프로젝트를 이끌어 낼 것이다. 대량 생산이 가능할 때 이러한 설치의 비용은 보다 더 효율적인 설계 개선과 더 낮은 공급 단가 때문에 현 수준보다 낮아 질 것이다.

8.7 환경적 영향

에너지 기술 중에 파력 발전기는 환경적으로 가장 양호한 기술일 것이다. 그 이유는 다음과 같다.

- 화학적 오염 가능성이 거의 없다. 윤활제 또는 유압유를 약간 포함하지만 철저하게 환경으로부터 밀폐될 것이다.
- 해안에 설치된 것을 제외하고 시각적 영향이 거의 없다.
- 소음 발생이 낮다. 일반적으로 파도가 부딪치는 소음보다 더 낮다(낮은 주파수가 소음이 고래에게 영향을 줄 수 있지만 아직 확인되지 않았음).
- 선박에 적은(아무리 중요하지 않더라도) 위험성을 가진다.
- 이동하는 물고기에 어려움을 주지 않는다.
- 폭풍에너지에서 아주 일부만 추출할 수 있기 때문에 부유식 구상안은 해안 환경에 크게 영향을 미치지 않을 것이다. 물론 파력에너지 장치를 결합한 새로운 방파제와 같은 구상안은 해안보호를 할 것이고 해안선의 변화를 야기할 것이다. 콘크리트 구조물이 작동수명(Operating life)이 끝나면 제거될 필요가 있다.
- 해안 근처의 파력에너지 시스템은 생산된 전기의 kW 당 CO_2 11g, SO_2 0.03g, NO_x 0.05g정도를 배출(예를 들어 건설 및 물자 수송)할 것이다(Thorpe, 1999). 이것은 석탄, 가스, 원자력 발전을 혼합한 영국의 재래식 전기발생과 비교해서 매우 매력적이다(10장 참고). 그러므로 파력에너지는 기후변화와 산성비 저감 목표를 만족시키는데 큰 공헌을 할 수 있을 것이다.

8.8 통합

파력에너지 구상안으로 생성되는 전기출력을 직접 사용할 수도 있지만 전기가 전력망으로 보내질 가능성이 훨씬 많다. 이러한 계획과 관련된 전기 문제는 파도의 특성으로 인해 전력 공급의 변화, 위상, 열률 보정 및 전송 손실 등이 있다(Freis and Infield, 2008).

오지 지역사회를 위한 파력에너지

만약 전력망이 소형이고 소규모의 오지 지역사회에 전력을 공급한다면 출력전기를 파력에너지 구상안에서 전력망으로 연결할 때 많은 주의가 필요하다. 이는 파력 시스템의 출력이 시간에 따라 변동하며(TAPCHAN의 경우를 제외하고) 이는 전압과 주파수 변동을 유발할 것이다. 따라서 에너지 저장 또는 다른 원활한 대책이 필요하다.

많은 소규모 지역 사회가 현재 전기용 디젤 발전기에 의존하고 있다. 디젤 발전기는 설계용량(말하자면 50 kW)에 가까운 일정한 출력조건에서 잘 작동한다. 그러므로 만약 디젤장치가 전력의 단일 전원이라면 전력망으로 부터의 부하는 항상 50 kW에 일치되어야 한다. 분명한 것은 소비자들은 전기제품을 켰다 껐다하면서 부하를 변동하게 만들 것이며 이를 극복하기 위해 'dump' 부하는 시스템에 통합되어야 한다. 전력망의 부하가 떨어지면 디젤출력은 'dump' 부하에 곧바로 전달된다. 예를 들어 수요가 낮은 밤에 에너지는 난방기, 냉장고, 온수기에 사용되거나 세탁기 등을 작동하는데 사용될 수 있다.

이와 유사하게도 파력에너지 장치의 변화하는 전기출력을 전력망으로 연결시킬 때 전력망 전압을 안정화시키기 위해 가정, 학교, 공장 등 'dump' 부하 같은 설비를 사용할 수 있다(그림 8.37).

통합된 장치의 전체 설계를 신중하게 수행으로써 원격지 지역사회는 파력 발전기로부터 전기를 공급받는데 상당한 장점을 가질 수 있을 것이다. 만약 대부분의 에너지를 생산할 경우 경유 소비의 감소는 상당할 것이다. 그리고 이는 원거리에 경유를 수송하는 비용이 많이 들기 때문에 비용을 크게 절감할 수 있다. 이상적으로 디젤발전기는 예비로 가동이 되며 파력의 활동이 수요를 충족하기에 너무 낮을 때에만 사용될 것이다. 배터리와 같은 에너지 저장 시스템은 공급을 원활히 하고 디젤발전기의 사용을 최소화하는데 유용할 것이다.

대형 전력망을 위한 파력에너지

몇 개의 파력에너지 장치의 전기출력이 함께 연결된다면 전체 출력은 일반적으로 한 개의 장치일 때 보다 더 원활하게 진행될 것이다. 만약 이것을 수백 개가 배열된 부유식 장치로 확장해 본다면 합쳐진 출력은 더 원활하게 될 것이다. 게다가 대부분의 장소에서 전력망이 변동하는 공급처(source)의 영향을 완화시키기에 충분히 안정된 영국처럼 대규모의 국가 전력 시스템으로 전기가 보내진다면 출력에 있어서 변동은 덜 중요해질 것이다. 그림 8.38은 전형적인 개요를 설명하고 있다.

최종적으로 몇 초 또는 몇 분의 단기간 변동에 유의할지라도 파력에너지는 날마다 그리고 계절별로 변한다. 영국, 아일랜드, 스페인, 노르웨이 같은 북동 대서양의 나라들의 경우 계절적 변화가 적용에 유리하다. 그 이유는 전력수요가 최대인 겨울

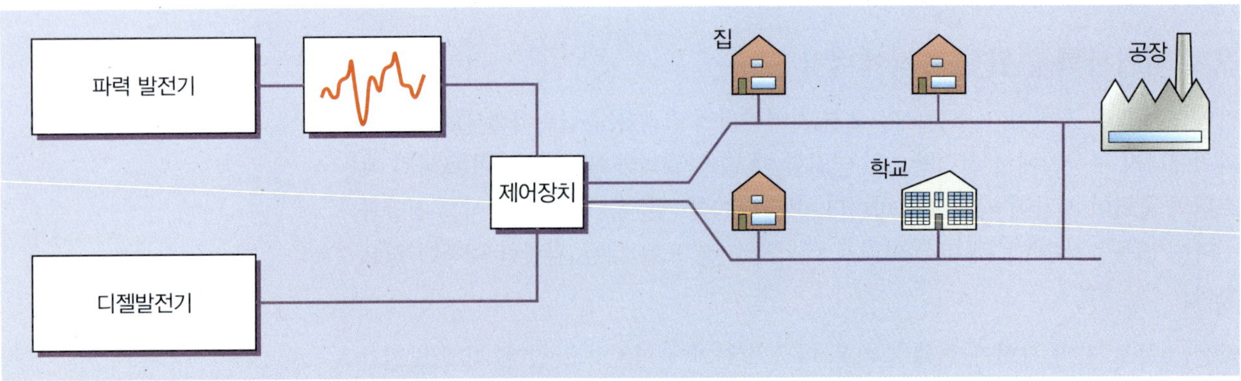

그림 8.37 • 통합된 파력/디젤 시스템.

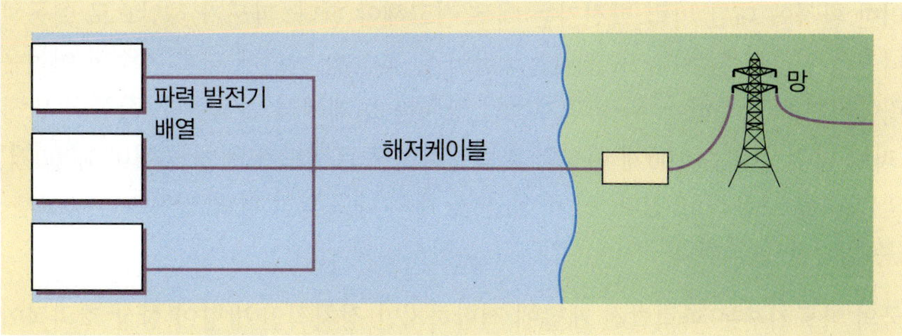

그림 8.38 • 파력 발전기의 배열에 대한 전기 연결.

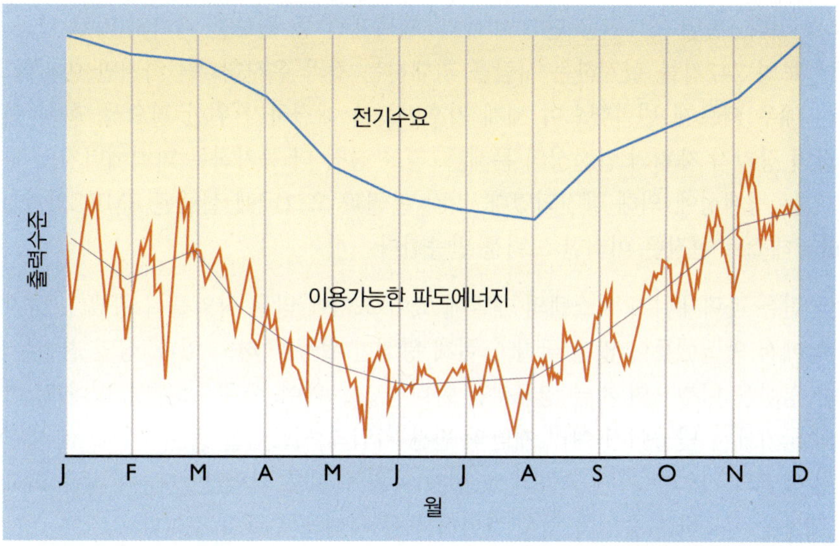

그림 8.39 • 파력에너지의 계절별 가동률(availability)과 영국의 전기수요.

의 나쁜 날씨에서 더 활동적인 파도가 발생되기 때문이다(그림 8.39)(Rugbjerg et al.(2000), Petroncini and Yemm(2000) 참고).

8.9 요약

파도에서 에너지를 얻는 개념은 수세기 동안 사람들에게 흥미를 불러 일으켰다. 다양한 주파수로 서로 다른 속도와 방향으로 움직이는 파도로 구성된 일반적인 해양 상태에 대해 설명하기 때문에 파력에너지를 상세히 이해하는 것은 복잡하다. 하지만 간단한 형태의 파력 이론을 개발함으로서 우리는 파력 발전기를 설계에 적합한 지식을 얻을 수 있다.

파도의 기본적 응용에 관해 몇 가지 중요한 결과가 있다–첫째로 세계 파력에너지 자원은 매우 크다(그리고 지금까지 완전히 평가되지 않았다). 만약 단지 적은 비율을 이용할 수 있다면 세계 에너지 요구량을 충족시키는데 큰 기여를 할 것이다.

깊은 수심의 파도는 매우 에너지가 풍부하다. 하지만 작동하는데 조건이 혹독하며 이러한 환경에 대한 파력 발전기는 매우 견고해야 한다. 파도가 해안으로 이동하면 에너지의 일부를 잃는다. 또한 작동조건이 덜 혹독한 반면에 다른 기술적 어려움은 파력에너지를 획득하기 위해 경제적인 장치를 설계에서 발생한다. 통틀어 말하자면 파력 발전 설비는 100개 이상의 파력에너지 프로젝트가 진행 중이며 1,000개 이상의 특허를 보유하고 있다. 이 장에서 몇 개의 대표적인 파력 발전기의 중요한 범주 중 일부를 고찰했다.

영국의 파도기후는 파력발전 개발에 적합하지만 정치적인 방향이 항상 호의적이지는 않았다. 1970~80년대 영국 정부의 파력에너지 팀의 지침서는 2 GW 시스템을 설계하는 것이었다. 돌이켜보면 우리는 이것을 매우 야심 찬 것이라는 것을 인지할 수 있다-복엽기, 1인승 단엽 비행기, 제트엔진 등 진보를 거치지 않고 항공 초기에 보잉 747기를 설계하는 사람을 기대하는 것과 유사하다- 하지만 이러한 자세는 배우 빠르게 변화했으며 세계 기후변화를 해결하기 위한 필요성, 화석 연료 공급의 장기적 자원의 안전성의 문제, 그리고 점점 더 증가하는 파력에너지의 경쟁력 있는 경제성에 의해 발전되었다. 각각 콘월과 오크니에 설립된 EMEC와 Wave Hube 테스트 현장은 이러한 노력을 반증한다.

영국 팀은 파력에너지 시스템의 개발에 있어 초기에 많은 작업을 수행했다. 하지만 이 장에서 언급했듯이 많은 국가가 현재 왕성한 활동을 하고 있다. 상업 참여는 중요한 영향을 미쳤으며 지금 영국뿐만 아니라 노르웨이, 호주, 스웨덴, 덴마크, 미국 등의 국가에서 만들어진 여러 개념과 민간 기업의 시스템을 볼 수 있다. 전 세계에 걸쳐 몇몇의 기업은 이미 그들의 첫 번째 파력 단지를 의뢰받았다. 더 많은 회사들은 해상을 이용하는 승인을 얻을 것이며 해상 시험을 수행할 것이다.

전기의 생산은 에너지를 전달하는 유일한 방법이 아님을 기억해야 한다. 바닷물과 수소 생성으로부터 담수호, 해안보호, 물 펌핑, 양식업, 미네랄 복구 등이 가능하면 에너지를 전달하는데 유용하게 쓰일 수 있다.

파력 발전기의 현재 에너지 비용은 높시만 파력에너지 개발자는 시간, 경험 그리고 기술의 발전이 비용을 감소시킬 것이라 자신하며 파력에너지를 친환경적으로 매우 매력적이며 지속가능한 산업으로 만들 것이다. 일부 평론가들은 다른 에너지 기술(석탄, 석유, 원자력, 풍력)에 비해 파력에너지가 예상처럼 낮은 가격에 상업적으로 생산하지 않을 것이라 말한다. 하지만 만약 파력에너지의 비용이 풍력에너지의 예를 따른다면 그 후 빠른 비용 절감이 예상된다(Aquamarine Power, 2011b).

파력에너지 기술의 발전은 장기간의 과정이지만 잠재적으로 현재 설계 장치의 경제성은 매력적이다. 장기간 수명과 기술적 완성으로서 설비의 비용 및 효율성이 증명된다면 큰 규모의 파력에너지 단지의 개발이 가능할 것이다-우리는 몇몇 지역에 있는 상당한 파력에너지를 얻는 수많은 파력 발전기를 보게 될 것이다-.

References

AquaEnergy Group (2010) http://aquaenergygroup.com (accessed 18 November 2011).

Aquamarine Power (2011a) Technical Paper 'The Danish wind industry 1980–2010', *International Journal of the Society for Underwater Technology*, vol. 30, no. 1, pp. 27–31.

Aquamarine Power (2011b) http://www.aquamarinepower.com/ (accessed 18 November 2011).

AWS Ocean Energy Ltd (2011) http://www.awsocean.com (accessed 18 November 2011).

BERR (2008) *Atlas of UK Marine Renewable Energy Resources* http://www.renewables-atlas.info/ (accessed 18 November 2011).

Boake, C. B., Whittaker, T. J. T., Folley, M. and Ellen, H. (2002) 'Overview and initial operational experience of the LIMPET wave energy plant', *The Proceedings of the Twelfth (2002) International Offshore and Polar Engineering Conference*, Volume I, Kitakyushu, May 26–31, Cupertino, CA, ISOPE, pp. 586–594.

Budal, K. and Falnes, J. (1975) 'Power generation from ocean waves using a resonant oscillating system', *Marine Science Communications*, vol. 1, pp. 269–288.

Caratti, G., Lewis, A. and Howett, D. (eds) (1993) 'Wave energy R&D', *Workshop Proceedings*, Cork, 1–2 October, 1992, Commission of the European Communities, EUR 15079 EN.

Carbon Trust (2010) http://www.carbontrust.co.uk (accessed 18 November 2011).

CCC (2011) *The Renewable Energy Review: May 2011*, Committee on Climate Change [online], http:/www.theccc.org.uk/reports/renewable-energy-review (accessed 16 July 2012).

Claeson, L (1987) 'Energi från havets vågor', (in Swedish) published by Energiforskningsnämnden Efn-rapport nr 21.

ETSU (1985) *Wave Energy: The Department of Energy's R&D Programme 1974–1983*, Energy Technology Support Unit, Report R26.

EU-OEA (2010) *Oceans of energy: European Ocean Energy Roadmap 2010–2050*, Brussels, European Ocean Energy Association; also available at http://www.eu-oea.com/euoea/files/ccLibraryFiles/Filename/000000000827/ocean%20vectorise%2010%20mai%202010.pdf (accessed 27 May 2011).

Everett, B., Boyle, G. A., Peake S. and Ramage, J. (eds) (2012) *Energy Systems and Sustainability: Power for a Sustainable Future* (2nd edn), Oxford, Oxford University Press/Milton Keynes, The Open University.

Falcão, A. F. de O. (2000) 'The shoreline OWC wave power plant at the Azores',

Fourth European Wave Energy Conference, Aalborg, Denmark, pp. 42–48.

Falnes, J. (2011) *Heaving buoys, point absorbers and arrays*, Paper given at the meeting on Wave Energy at the Royal Society 12–15th October 2010, to be published October 2011.

Falnes, J. and Lillebekken, P. M. (2003) 'Budal's latching controlled buoy type wave power plant', *Fifth European Wave Energy Conference*, Cork, Ireland.

Falnes, J. and Løvseth, J. (1991) 'Ocean wave energy', *Energy Policy*, vol. 19, pp. 768–775.

Freris, L. and Infield, D. D. (2008) *Renewable Energy in Power systems,* Wiley.

Gill, A. T. and Rocheleau, R. E. (2009) *Advances in Hawaii's Ocean Energy RD&D*, The eighth European Wave and Tidal Energy Conference EWTEC 2009, Uppsala, Sweden, September 2009.

Heath, T. (2011) *A Review of Oscillating Water Columns*, Paper given at the meeting on Wave Energy at the Royal Society 12–15th October 2010, published October 2011.

ISOPE (2002) *The Proceedings of the Twelfth (2002) International Offshore and Polar Engineering Conference, Volume I: Ocean Resources and Engineering*, Kitakyushu, Japan, ISOPE.

IT Power (2011) http://www.itpower.co.uk (accessed 18 November 2011).

Jayashankara V. S., Anand A. T., Geetha A. S., Santhakumar B. V., Jagadeesh Kumar A. M., Ravindran C. T., Setoguchi D. M., Takao E. K., Toyota F. S. and Nagata F. (2009) 'A twin unidirectional impulse turbine topology for OWC based wave energy plants', *Renewable Energy,* vol. 34, pp. 692–698.

Kondo, M. (1993) *Proceedings of International Symposium on Ocean Energy Development*, Muroran Institute of Technology, Japan.

Kraemer, D. R. B., Ohl, C. O. G. and McCormick, M. E. (2000) 'Comparisons of experimental and theoretical results of the motions of a McCabe wave pump', *Fourth European Wave Energy Conference*, Aalborg, Denmark, pp. 211–218.

Lagström, G. (2000) 'Sea Power International – Floating Wave Power Vessel (FWPV)', *Fourth European Wave Energy Conference*, Aalborg, Denmark, pp. 141–146.

Le Crom, I., Brito-Melo, F., Neumann, A. and Sarmento A. J. N. A. (2009) 'Numerical Estimation of Incident Wave Parameters Based on the Air Pressure Measurements in Pico OWC Plant' EWTEC 2009, *The eighth European Wave and Tidal Energy Conference EWTEC 2009*, Uppsala, Sweden September 2009.

Le Crom, I., Brito-Melo, A., Neumann, F. and Sarmento, A. J. N. A. (2010) 'Portuguese Grid Connected OWC Power Plant: Monitoring Report', *Proceedings of the 20th Int. Offshore and Polar Eng Conf, ISOPE*, Beijing, China, June 2010.

Liu, Z., Hongda Shi N. S. and Beom-Soo Hyan (2009) 'Practical design and investigation of the breakwater OWC facility in China', EWTEC 2009. *The eighth European Wave and Tidal Energy Conference EWTEC 2009*, Uppsala, Sweden, September 2009.

Masuda, Y., Kuboki, T., Xianguang, L. and Peiya, S. (2000) 'Development of terminator type BBDB', *Fourth European Wave Energy Conference*, Aalborg, Denmark, pp. 147–152.

McCabe, A. P., Bradshaw, A., Widden, M. B., Chaplin, R. V., French M. J. and Meadowcroft, J. A. C. (2003) 'PS FROG MK 5: an offshore point absorber wave energy converter', *Fifth European Wave Energy Conference*, Cork, Ireland.

Meyer, N. I. and Nielsen, K. (2000) 'The Danish wave energy programme second year status', *Fourth European Wave Energy Conference*, Aalborg, Denmark, pp. 10–18.

Miyazaki, T. (1991) 'Wave energy research and development in Japan' *Oceans 91 Symposium*, Honolulu, Hawaii.

Miyazaki, T. and Hotta, H. (eds) (1991) *Third Symposium on Ocean Wave Energy Utilization*, (in Japanese) Tokyo, Japan.

Nielsen, K. and Plum, C. (2000) 'Point absorber – numerical and experimental results', *Fourth European Wave Energy Conference*, Aalborg, Denmark, pp. 219–226.

Nolan, G., O'Cathain, M., Ringwood, J. V. and Murtagh, J. (2003) 'Modelling, simulation and validation of the power take-off system for a hinge barge wave energy converter', *Fifth European Wave Energy Conference*, Cork, Ireland.

Oceanlinx (2011) http://www.oceanlinx.com/ (accessed 18 November 2011).

OPT (2010) http://www.oceanpowertechnologies.com/ (accessed 18 November 2011).

OPT (2011) http://www.oceanpowertechnologies.com/projects.htm (accessed 18 November 2011).

Petroncini, S. and Yemm, R. W. (2000) 'Introducing wave energy into the renewable energy marketplace', *Fourth European Wave Energy Conference*, Aalborg, Denmark, pp. 33–41.

Ravindran, M., Jayashankar, P. Jalihal and Pathak, A. G. (1995) 'Indian wave energy programme: progress and future plans', *Proceedings of the Second European Wave Power Conference*, Lisbon, November 1995.

Renewable energy focus (2011) http://www.Renewableenergyfocus.com (accessed 4 september 2011).

Ross, D. (1995) *Power from the Waves*, Oxford, Oxford University Press.

Rugbjerg, M., Nielsen, K., Christensen, J. H. and Jacobsen, V. (2000) 'Wave energy in the Danish part of the North Sea', *Fourth European Wave Energy Conference*,

Aalborg, Denmark, pp. 64–71.

Salter, S. H. (1974) 'Wave power', *Nature*, vol. 249, pp. 720–724.

Salter, S. H., Taylor, J. R. M. and Caldswell, N. J. (2002) 'Power conversion mechanisms for wave energy', Proc. Inst. Mech. Engineers, vol. 216, Part M: *Engineering for the Maritime Environment.*

Salter, S. and Lin, C. P. (1995) 'The sloped IPS wave energy converter', *Second European Wave Power Conference*, Lisbon.

Sorensen, H. C., Christensen, L. and Hansen, L. K. (2003) 'Development of Wave Dragon from scale 1:50 to prototype', *Fifth European Wave Energy Conference*, Cork, Ireland.

Thorpe, T. W. (1992) *A Review of Wave Energy*, Energy Technology Support Unit, ETSU Report R-72.

Thorpe, T. W. (1998) *Overview of Wave Energy Technologies*, The Marine Foresight Panel, AEAT-3615.

Thorpe, T. W. (1999) *A Brief Review of Wave Energy*, Energy Technology Support Unit, ETSU Report R-122.

Thorpe, T. W. (2001) 'The UK market for marine renewables', *All-Energy Futures Conference*, Aberdeen; also available at http://www.wave-energy.net/Library/The%20UK%20Market%20for%20Marine%20Renewables.pdf (accessed 18 November 2011).

Thorpe, T. W. (2003) *A Brief Overview of Wave & Tidal Energy*, Supergen Future Networks http://oxfordoceanics.co.uk/supergen_future_networks.pdf (accessed 18 November 2011).

Wacher, A. and Neilsen, K. (2010) 'Mathematical and Numerical Modeling of the AquaBuOY Wave Energy Converter', *Mathematics-in-Industry Case Studies Journal*, vol. 2, pp. 16–33.

Washio, Y., Osawa, H. and Ogata, T. (2001) 'The open sea tests of the offshore floating type wave power device "Mighty Whale" – characteristics of wave energy absorption and power generation', *Ocean 2001 Symposium.*

WEC (2010) *Survey Of Energy Resources*, London, World Energy Council; also available online at http://www.worldenergy.org/publications/ser2010_report_1.pdf (accessed 27 May 2011).

Xianguang, L., Peiya, S., Wei, W. and Niandong, J. (2000) 'The experimental study of BBDB model with multipoint mooring', *Fourth European Wave Energy Conference*, Aalborg, Denmark, pp. 173–185.

Yemm, R., Pizer, D., Retzler, C. and Henderson, R. (2012) 'Pelamis: Experience from concept to connection', *Philosophical Transactions of the Royal Society*: A, vol. 370, no. 1959, pp. 365–380.

Chapter 9

지열에너지

9.1 도입

지열에너지(지구로부터 나오는 에너지)는 신재생 에너지의 형태로 잘 인식 되지 않고 있는 것 중의 하나이다. 이번 장은 지열의 특성에 대해 설명할 것이고 일부에서는 채굴되어 사용되고 있음에도 불구하고 신재생 에너지로 취급되고 이유와 과거 백 년 동안 사용되어온 과정과 앞으로의 가능성에 대해 설명할 것이다. 지열은 계속 사용될 수 있는 몇 안 되는 신재생 에너지 중의 하나이다. 비록 지금까지 지열은 화산이 활발한 지역에 보존되는 것으로 생각되어져 왔으나 현재 이러한 생각은 바뀌어 가고 있다. 새로운 기술이 지열에너지를 지구의 거의 모든 곳에서 사용이 가능하게 했고 21세기 내에 지열에너지가 지구의 에너지 수요의 큰 부분을 차지할 수 있게 될 것이라는 생각을 가능하게 하고 있다. 이 장에서는 현재 지열에너지의 사용 현황과 향후 예측이 실현되기 위해 현재 수행되어지고 있는 지열에너지 개발의 개요 및 단계를 설명한다.

지열에너지 – 지열의 획득

지구 온난화와 국가안보에 해를 끼치지 않으며 비용적인 측면에서도 효과적인 에너지원을 찾는 연구가 계속되는 가운데, 현재 지열은 중요한 역할을 한다. 지열은 신재생 에너지로 태양의 영향을 받지 않는 독립된 에너지로 지구 내부 에너지에서 발생된다. 지열은 비교적 분산되어 있는 자원으로 지구의 표면을 통해 흐르는 열량은 10^{21} J/y이며, 이 양은 지구의 대기와 물의 순환에 의해 이동하는 태양에너지(5.4 × 10^{24} J/y)와 비교하면 작은 에너지이다. 다행히 지구의 열이 얕은 암반지대에서 전기를 생산 할 만큼 자연적으로 증기와 온수(180-250°C)의 형태로 발생되는 곳이 많이 있다. 이 에너지를 흔히 '고엔탈피' 자원이라 칭한다(Box 9.1).

자원을 활용하는 기술은 원리가 매우 간단하고 석유와 가스를 추출하기 위한 이미 확립 된 기술과 유사하다. 몇 개의 시추공(borehole)을 통해 뜨거운 유체가 있는 땅속 저장소에서 고온 유체는 지상으로 스스로 나오게 하거나 펌프를 이용해 이송한 후 전통적인 증기터빈 또는 난방 설비에 사용한다. 일반적으로 지열 우물은 700~3,000 m깊이로 뚫고 있다.

확실히 전기는 최종 생성물로 온수보다 더 가치가 크고 유용하다. 그런데 이러한 온수가 전기를 발생하는 데 경제성이 있기에 대부분 이 자원에 가장 초점을 두고

Box 9.1 엔탈피

엔탈피는 단위 질량 당 그 물질 속에 축적된 열 함량으로 정의되고 온도뿐만 아니라 압력, 체적의 함수로 나타낸다.

지열 자원은 대개 고엔탈피(물과 증기 온도가 대략 180~200°C), 중엔탈피(대략 100~180°C)와 저엔탈피(100°C 이하)로 분류된다. '엔탈피'란 용어를 오직 온도 정의에 의해, 사용가능한 증기/물의 혼합 에너지로 정의하기에는 충분하지 않기 때문에 사용한다. 온도와 압력이 주어진 증기의 양은 같은 조건하에 있는 같은 물의 양보다 더욱 많은 에너지를 제공할 수 있다.

주목하고 있다. 2010년까지 지열 자원으로부터의 세계 전기생산량이 10.7 GW_e에 이르고 있어 몇몇 지역에서 에너지 수요는 작지만 의미 있는 기여를 하고 있다(표 9.1). 11개국은 2015년까지 지열 발전소를 늘리고 세계 전기 생산량을 18.5 GW_e까지 증가시키려 하고 있다.

약 50 GW_t의 열은 비전기식인 '직접적인 사용'에 적용되고 있는데 주로 난방, 농업, 수경재배 등 다양한 산업과정에 이용된다. 이런 부분에 대한 적용의 대부분은 지질 조건이 따뜻한 물(100°C이하)이 지표면에 흘러나올 정도의 적합한 고엔탈피 지역에서 발생한다. 대부분의 경우 따뜻한 물이 직접 사용되며 소수는 펌프를 통해 물의 온도를 올려 사용한다(2절 참조). 2010년에는 저엔탈피 자원이 총 122,000 GWh(표 9.2) 공급되었다. 이것은 거의 1,000만 톤의 기름의 양과 비슷하다.

거의 모든 열 형태는 빠르게 사라지고 다시 복원되기 때문에 '열 추출'의 개념이 적당하다. 비록 지열자원이 인간 삶의 범주 내에서 비 재생적이지만 엄격하게 이 책의 범위 벗어나는 그들이 진정한 재생 가능한 자원과 많은 기능을 공유하기 때문에 이 책에 포함되어 있다. 예를 들면 지열에너지는 화석연료나 원자력보다 자연에너지의 흐름에 더 가깝다. 고엔탈피 자원은 재생이 가능하여 무한대로 개발할 수 있다고 생각했지민 개발할수록 일부 스팀 생산 현장에서 스팀 온도가 하락하는 것을 체험했으며 단순 열 수요와 공급의 계산에서도 이런 자원은 지속되지 않는 것으로 밝혀졌다(Box 9.2). 그럼에도 불구하고 특히 자연적으로 물이 투과해 흐를 수 없는 바위(화강암, 정확한 용어로 Engineered Geothermal Systems(EGS), 4절 참조)로부터 에너지를 뽑아 쓰는 기술이 가능하게 됨에 따라 개발 가능한 암석 규모가 지하 온수 저장소보다 커지게 되었으며 이에 따라 농업과 유사하게 자원이 회전방식으로 배양될 수 있게 되었다. 특정 지역에서 열이 고갈되면 시추공은 더 멀리 더 깊은 층 또는 수 km 깊이에 시추할 수 있으며 생산이 계속된다. 몇 가지 이러한 작업 후 20~30년의 수명을 가진 원래 영역은 재개발 할 수 있을 정도의 수준으로 재생된다.

열원

지구 표면과 내부의 큰 온도차에 의해 열 유동이 발생한다. 지구 내부는 7,000°C의 온도를 가지고 있다. 그러면 지구는 왜 뜨거울까? 여기에는 두 가지 이유가 있다.

표 9.1 지열 발전 : 2005년과 2010년의 설치용량 및 에너지 생산, 그리고 2015년의 예측능력

Country	설치용량 2005(MW)	에너지 2005(GWh)	설치용량 2010(MW)	에너지 2010(GWh)	2015 forecast(MW)
아르헨티나	–	–	–	–	30
오스트레일리아	0.2	0.5	1.1	0.5	40
오스트리아	1.1	3.2	1.4	3.8	5
캐나다	–	–	–	–	20
칠레	–	–	–	–	150
중국	28	96	24	150	60
코스타리카	163	1 145	166	1 131	200
엘살바도르	151	967	204	1 422	290
에티오피아	7.3	0	7.3	10	45
프랑스	15	102	16	95	35
독일	0.2	1.5	6.6	50	15
그리스	–	–	–	–	30
과테말라	33	212	52	289	120
온두라스	–	–	–	–	35
헝가리	–	–	–	–	5
아이슬란드	202	1 483	575	4 597	800
인도네시아	797	6 085	1 197	9 600	3 500
이탈리아	791	5 340	843	5 520	920
일본	535	3 467	536	3 064	535
케냐	129	1 088	167	1 430	530
멕시코	953	6 282	958	7 047	1 140
네비스	–	–	–	–	35
뉴질랜드	435	2 774	628	4 055	1 240
니카라과	77	271	88	310	240
파푸아뉴기니	6.0	17	56	450	75
필리핀	1 930	9 253	1 904	10 311	2 500
포루투갈	16	90	29	175	60
로마	–	–	–	–	5
러시아	79	85	82	441	190
스페인	–	–	–	–	40
슬로바키아	–	–	–	–	5
태국	0.3	1.8	0.3	2.0	1
네덜란드	–	–	–	–	5
터키	20	105	82	490	200
미국	2 564	16 840	3 093	16 603	5 400
합계	8 933	55 709	10 717	67 246	18 500

출처: Bertani, 2010.

표 9.2 2010년 세계 지열 데이터 직접 사용하여 요약 (지열 열펌프에서의 열을 포함)

국가	용량 (MWt)	연간사용량 (GWh/y)	설비이용률	국가	용량 (MWt)	연간사용량 (GWh/y)	설비이용률
알바니아	11.5	11.2	0.11	이탈리아	867	2 761.6	0.36
알제리	55.6	478.7	0.98	일본	2 100	7 138.9	0.39
아르헨티나	307.5	1 085.3	0.40	요르단	153.3	427.8	0.32
아르메니아	1	4.2	0.48	케냐	16	35.2	0.25
오스트레일리아	33.3	65.3	0.22	대한민국	229.3	543.0	0.27
오스트리아	662.9	1 035.6	0.18	라트비아	1.6	8.8	0.62
벨라루스	3.42	9.4	0.31	리투아니아	48.1	114.3	0.27
벨기에	117.9	151.9	0.15	마케도니아	47.2	167.1	0.40
보스니아	21.7	70.9	0.37	멕시코	155.8	1 117.5	0.82
& 헤르체고비나				몽골	6.8	59.2	0.99
브라질	360.1	1 839.7	0.58	모로코	5.0	22.0	0.50
불가리아	98.3	380.6	0.44	네팔	2.72	20.5	0.86
캐나다	1126	2 464.9	0.25	네덜란드	1 410	2 972.3	0.24
캐리섬비안	0.1	0.8	0.85	뉴질랜드	393	2 653.5	0.77
칠레	9.1	36.6	0.46	노르웨이	3 300	7 000.6	0.24
중국	8 900	20 931.8	0.27	파푸아뉴기니	0.1	0.3	0.32
콜롬비아	14.4	79.7	0.63	페루	2.4	13.6	0.65
코스타리카	1	5.8	0.67	필리핀	3.3	11.0	0.38
크로아티아	67.5	130.3	0.22	폴란드	281	417.0	0.17
체코	151.5	256.1	0.19	포르투갈	28.1	107.3	0.44
덴마크	200	694.5	0.40	로마	153.2	351.5	0.26
에콰도르	5.2	28.4	0.63	러시아	308.2	1 706.7	0.63
이집트	1	4.2	0.48	세르비아	100.8	391.7	0.44
엘살바도르	2	11.1	0.63	슬로바키아	132.2	852.1	0.74
에스토니아	63	98.9	0.18	슬로베니아	104.2	315.7	0.35
에티오피아	2.2	11.6	0.60	남아프리카 공화국	6.0	31.9	0.61
핀란드	857.9	2 325.2	0.31	스페인	141.0	190.0	0.15
프랑스	1 345	3591.7	0.30	스웨덴	4 460	12 584.6	0.32
조지아	24.5	183.1	0.85	스위스	1 061	2 143.1	0.23
독일	2 485.4	3 546.0	0.16	타지키스탄	2.9	15.4	0.60
그리스	134.6	260.5	0.22	태국	2.5	22.0	0.99
과테말라	2.31	15.7	0.78	튀니지	43.8	101.1	0.26
Honduras	1.93	12.5	0.74	터키	2 084	10 246.9	0.56
Hungary	654.6	2 713.3	0.47	우크라이나	10.9	33.0	0.35
아이스란드	1 826	6 767.5	0.42	영국	186.6	236.1	0.14
인도	265	707.0	0.30	United States	12 611	15 710.1	0.14
인도네시아	2.3	11.8	0.59	베네수엘라	0.7	3.9	0.63
이란	41.6	295.6	0.81	베트남	31.2	25.6	0.09
Ireland	152.9	212.2	0.16	예멘	1	4.2	0.48
이스라엘	82.4	609.2	0.84	합계	50 583	121 696	0.27

출처: Lund et al. (2010).

Box 9.2 Deep geothermal extraction and recharge rates

다음 간단한 계산은 상업용 지열 추출률과 지구의 자연적 열 흐름에 의해 이루어지는 열 충전율 사이 크기에 있어서 불일치 정도를 보여준다. 이는 고엔탈피 지역일지라도 개발되는 것이 열 흐름이 아니라 저장된 열이라는 것을 증명한다.

(a) 최근 이탈리아 Tuscany 지역에서는 약 2500 km^2정도를 이용한다. 이것은 실제량이 아닌 이상적인 가정이다. 평균 열 유동은 200 mW/m^2이고 표면을 통한 열 유동은 $2500 \times 10^6\ (m^2) \times 200 \times 10^{-3}\ (W\ m^{-2}) = 500\ MW_t$ 이다.

이 지역은 현재 생산 용량이 700 MW 이상이다. 생산효율이 15%면 4,600 MW_t이 필요하다는 것을 의미한다. 또한 1,500 MW_e의 전기 생산을 하려면 많은 스팀이 필요하게 되는데 이때 10,000 MW_t의 입력을 필요하게 된다. 열적 재충전율과 예측된 상업적 생산속도의 비율은 적어도 10,000 MW_t/500 MW_t 혹은 20:1이다.

(b) 미국 California Imperial Valley에서는 4 km^2의 상업 임대지에서 40 MW_e의 용량을 생성하는 것으로 예상한다(250 MW_t가 필요함). 평균 열 유동이 200 mW/m^2이라 가정하고 열적 재충전이 1 MW_t보다 작다고 가정할 때 $\frac{10\,000\ MW_t}{500\ MW_t}$ 혹은 250:1의 비율이 된다.

(c) 아이슬란드의 Krafla평원은 50 km^2지역이다. 현재 약 60 MW_e의 전력 생산을 하는데 이것은 약 400 MW_t의 열 추출을 나타낸다. 지속 가능한 기준으로 그곳에서 열 유동은 8 W/m^2가 된다. 이 경우 매우 활성 된 지역에서 예상할 수 있는 것보다 훨씬 높은 수준이다. 물론 지구의 자연 열 유동에 의해 재충전되지만 열적으로 고갈된 장소는 많게는 수십 도는 수백 년이 걸릴 수 있다. 그러나 일반적으로 큰 지열원이 있는 지역에서는 별로 문제가 되지 않는다.

참조: 여기서 MW_t는 메가와트의 열에너지를 의미하고, MW_e는 MW의 전기에너지를 의미한다.

첫째는 46억 년 전 지구가 생성되었을 때 지구 내 물질의 확대와 운동, 중력으로 인한 에너지 변환이 열을 급격히 증가시켰다는 것이다. 그러나 이것이 사실이면 지구는 100만 년 내에 냉각되었어야 한다. 현재 더 중요하게 생각되는 두번째 이유는 지구는 오랜 기간 동안 지구에 포함된 작은 양의 물질 특히 토륨 232, 우라늄 238, 포타슘 40 등 방사성 동위원소가 붕괴하면서 열을 생성한다는 것이다. 이런 방사성 원소들은 지구 내부에 많이 분포한다. 비록 방사성 원소 붕괴 법칙에 따르면 지구 생성 후 5배나 더 많은 열을 생산해야하지만 이런 방사성 동위원소(현재 거의 5×10^{20} J/y)로부터 누적된 열 생산은 지표면 열 유동의 약 절반을 차지한다. 열은 주로 대류의 형태로 변형된 고체가 서서히 움직이는 것과 연관되어 지구의 몸체를 통해 이동한다. 이것은 대류층의 깊이 방향으로 작은 온도변화를 주는 효과적인 열 수송 방식이다. 지표면에서 가까운 지역, 지표로부터 100 km 정도 된 곳에서는 온도가 낮기 때문에 물질들이 대류하기에는 버겁다(큰 열 변화도, 2절 참조). 이런 딱딱한 바깥층 또는 외피는 다양한 부분으로 쪼개진다. 암석권은 대류 운동에 의해 1년에 몇 cm정도 속도로 지구 표면을 타고 움직인다(그림 9.1). 이 마지막 지점만이 지열 추출과 직접적인 관련이 있다. 그래서 지구의 내부 열이 우리에게 도달하는 메커니즘과 위치를 항상 파악해야 한다.

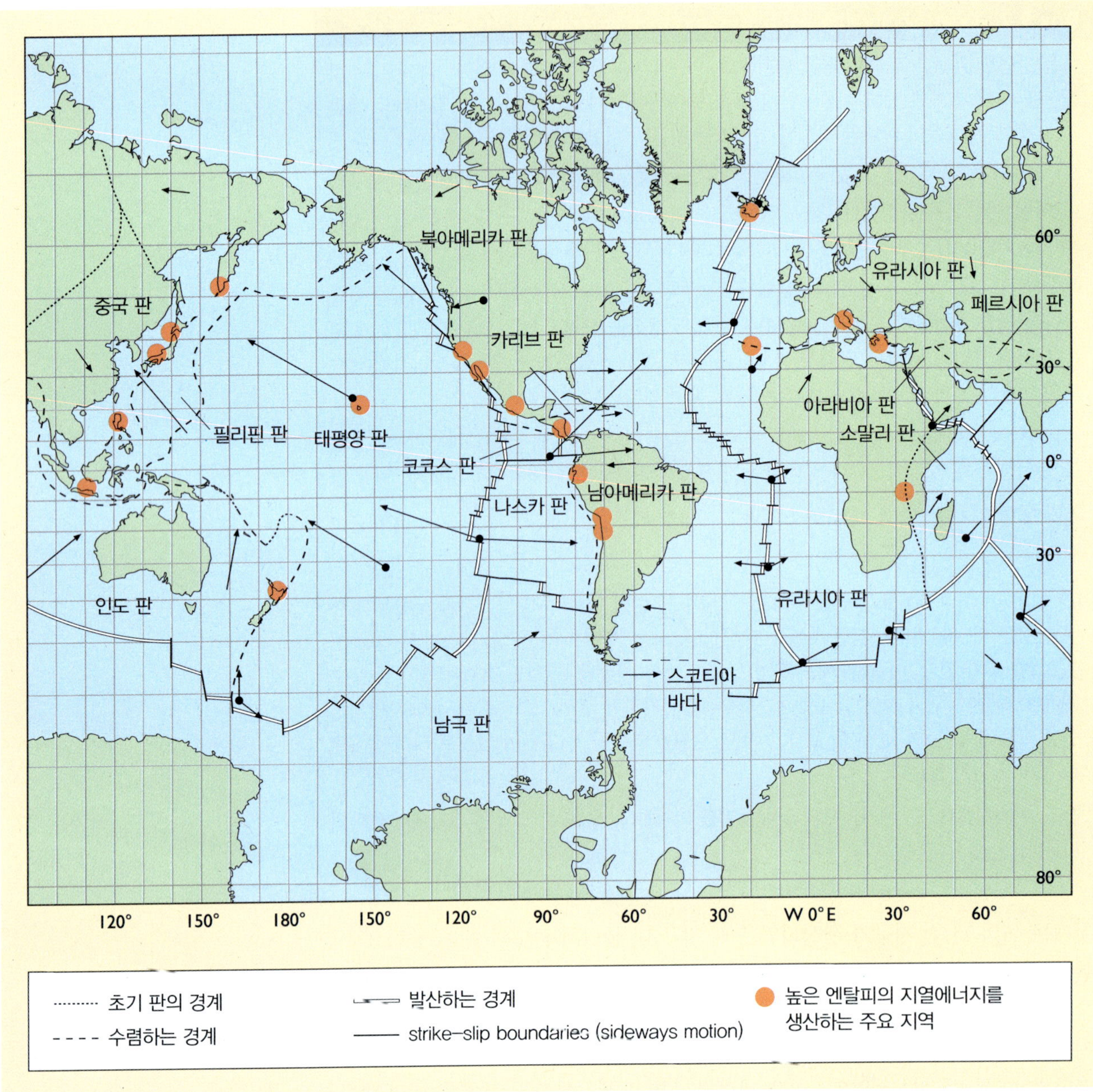

그림 9.1 • 지구 지각면의 움직임에 대한 상대 속도에 의해 화살표의 길이를 나타내는 지도.(일반적으로 매년 1 cm~10 cm). 큰 점은 주요 고-엔탈피 지열에너지 생산 영역을 나타낸다.

우리의 관점으로 판들의 경계에서 이 층이 상대적으로 확장 또는 압축되는 곳에서 열 유동이 최대가 된다. 여기서 표면을 흐르고 있는 에너지는 지구의 평균인 약 60 mW/m^{2}과 비교했을 때 약 300 mW/m^{2}이 된다.

그러나 암반물질이 녹은 상태로 표면에 도달하기 때문에 판의 가장자리를 따르는 열 흐름은 국소적으로 집중된다. 이로 인해 엄청난 화산 활동이 자주 일어난다. 전체 또는 부분적으로 녹은 형태로 저장된 약 1,000°C의 암석들은 지표면 몇 km 밑에서 휴화산이더라도 열 유동을 크게 증가시킨다. 이런 열 유동은 고엔탈피 지역의 전형적인 특징인 높은 열 수송을 발생시키며 이것은 상부지역에서 뜨거운 물의 대류 현상에 의해 더 증가하게 된다. 지질 시대동안 높은 열 유동은 얕은 암석층 깊이에서 열을 대량으로 저장하게 되며 이런 자원들은 지열을 추출하고 일반적으로 전기를 생산하는 것에도 사용된다. 열 유동이 낮은 지역, 용융 암석 또는 물의 대류가 감소하거나 없는 지역에서는 얕은 암석층이 갖고 있는 온도가 낮아 직접 활용하는 것 외에는 이용하기가 어렵다. 따라서 우리는 고엔탈피 자원과 전력생산을 포함한 지열(그림 9.1)은 화산 활동이 활발한 판의 가장자리나 하와이와 같이 국소적인 곳에 국한되어 있다. 끓는 진흙웅덩이, 간헐천, 뜨거운 스팀이 있는 화산 분출구 등을 지열 구역으로 특성화시켜야 한다.

역사적 관점

지열 자원의 역사적 관점은 그리스 시대와 로마 시대까지 거슬러 올라간다. 일찍부터 뜨거운 물을 의학, 가정, 여가 등에 응용해 왔다. 영국의 Roman spa town은 일반적으로 수준 높은 배관 기술을 통해 자연 상태의 따뜻한 물을 이용하려 했다. 18세기까지 유럽인에게 영향을 받지 않은 뉴질랜드의 초기 이주민인 폴리네시아인들은 수백 년 동안 요리, 난방, 온수 수영, 세탁, 치료 등에 지열을 이용했다. 확실히 지열의 치료 속성은 세계에 걸쳐 유명해졌고 중요한 의료 자원이 되었다.

19세기 공학과 기술의 진보로 지하암석과 유체의 열 특성을 관찰할 수 있었고 초창기 기초적인 방법으로 지열을 개발할 수 있게 되었다. 18세기 이후 Tuscany 지역에서는 온천에서 붕소의 원료를 추출 개발했는데 용액을 농축하거나 가공하는데 나무 대신 자연적인 열에너지가 사용되었다. 독창적인 스팀수집 장치인 lagone copertod는 이탈리아 화학공업의 급속한 발전을 일으켰으며 국제무역이 번창하게 되었다. 1904년 전력시대가 시작되었고 1913년 Larderello에서 처음으로 250 kW_e급 발전소가 등장했으며 이는 새로운 산업 활동의 시작을 알렸다. 오늘날 Larderello 발전소 단지는 800 MW_e를 가졌으며 1,000 MW_e를 생산할 수 있도록 확장공사를 하고 있다(그림 9.2).

(a)

(b)

그림 9.2 • (a) Larderello의 오래된 지열발전소, (b) 최신지열발전소.

1950년대 초 뉴질랜드의 Wairakei 지역은 상업용 전력을 위해 개발되기로 예정된 두 번째 지역이었다. 이에 이어 1960년대 전기가 처음으로 생산한 북부 California Geysers 지역에 개발되었다. 1900년대 초 2,800 MW_e급이 설치된 Geysers 지역은 세계에서 가장 광범위하게 개발되었음에도 불구하고 필리핀에 따라잡혔다. Geysers 지역은 무분별한 개발의 위험성을 말해주었다. 개발 회사 간 협력과 외부 유체의 재투입 없이 여러 개의 각각 다른 회사들이 개발했다. 그 결과로 스팀 압력이 감소했고 수백 MW의 출력이 감소했다. 그 하락세는 1900년대 후반 동안 세계적으로 가장 낮은 발생량으로 나타났다. 다행스럽게도 문제는 제때 발견되었고 현재 재투입이 광범위하게 진행되고 있다. 이로 인해 스팀 압력과 체적이 회복되고 있다.

유럽에서 가장 활동적인 화산지역인 이탈리아와 중앙 대서양 화산지대에 속한 아이슬란드를 제외하면 가장 활발한 지열 발생 국가는 환태평양 주위에 모여 있다. 일본, 필리핀, 인도네시아, 멕시코는 최근 과학적인 개발을 공유해왔다. 엘살바도르, 니카라과의 설비는 전략적으로 그 국가의 경제에 매우 중요하고 몇몇 주목할 만한 주변 국가들인 코스타리카, 에콰도르 칠레 등은 최근 지열 전기 생산 명단에 합류했다.

그 동안 지역난방과 농업에 지열을 직접 활용하려는 계획은 중국, 미국, 터키, 일본, 노르웨이, 아이슬란드가 선진 기술을 이끌어 갔다. 프랑스는 1970년대와 1980년대에 난방 시스템이 상당히 발전했다. 하지만 유럽대륙 내에서 가장 중요한 사건은 동유럽의 중앙집중식 계획경제활동 개방이었다. 수많은 국가 중 동독, 폴란드, 루마니아, 헝가리, 슬로베니아는 저엔탈피의 대수층을 갖고 있다. 낡고 더러운 고형의 연료의 환경적 영향을 최소화시키기 위한 노력으로 그들은 파리 지역을 따라서 지역난방을 개발하려는 계획을 시작했다(동유럽 개방 전 소수의 계획이 이미 이 국가들 안에서 독립적으로 개발되어 왔다. 그러나 시스템에서의 물의 부식에 잘 저항할 수 있는 파이프라인, 펌프와 열 교환기를 위한 고품질 재료의 부족으로 인해 개발은 잘 진척되지 못했디).

마지막으로 특히 유럽과 미국에서 널리 적용된 지열원 히트 펌프(GSHP)로 인해 지열에너지 사용에 놀라운 혁명이 일어났다. 특히 여러 사용자가 이용하는 지역난방용보다는 단독 주택용이라는 점에서 그 차이가 두드러진다. GSHP는 100~150 m 깊이로부터 12~15°C의 열기를 추출해내며 그 깊이에 함수암석층의 존재여부는 중요하지 않게 되었다. 결론적으로 이 방법은 거의 모든 장소에서 적용될 수 있었다. 전형적인 설비는 12 kW_t의 출력을 가지며, 300만 대에 가까운 장비가 세계 전역에 설치되었다(Lund et al., 2010). 그것은 겨울철 난방뿐만 아니라 여름철 건물에 필요한 냉방 또는 공기조화가 더 가치를 발휘하고 있다.

9.2 지열 자원의 물리학

주된 구성요소

가장 많은 유형의 지열 자원은 그림 9.3에서 보는 것과 같이 세 가지 중요한 특징을 지닌다; 시추에 의해 접근가능한 대수층, 지열유체를 덮어주는 덮개암석층, 열원.

첫 번째 대수층이란? 자연적인 대수층은 다공성이 있는 암석으로 이는 흐르는 물을 저장하고 통과시킨다. 다공성이란 암석 속에 존재하는 구멍을 나타내는 것으로 물을 전달하는 능력인 투과성을 지닌다. 지열 대수층은 반드시 지열 유체유동이 유지되어야 하는데 구멍이 서로 상호 연결되어 있다면 높은 다공성 암석이 지열 대수층으로 적당할 것이다. 그림 9.4에서 암석(a)와 (c)는 다공성이고 투과성이 매우 뛰어날 것으로 예상되고 (b)와 (d)는 낮은 다공성과 투과성을 가진다. 그러나 예를 들어 (e)는 낮은 투과성에도 불구하고 높은 다공성을 지닌다. 반면 (f)는 물에 잘 녹는 성분이 용해되어 기공이 발달되어 높은 다공성과 투과성을 가진다. (g)에서와 같이

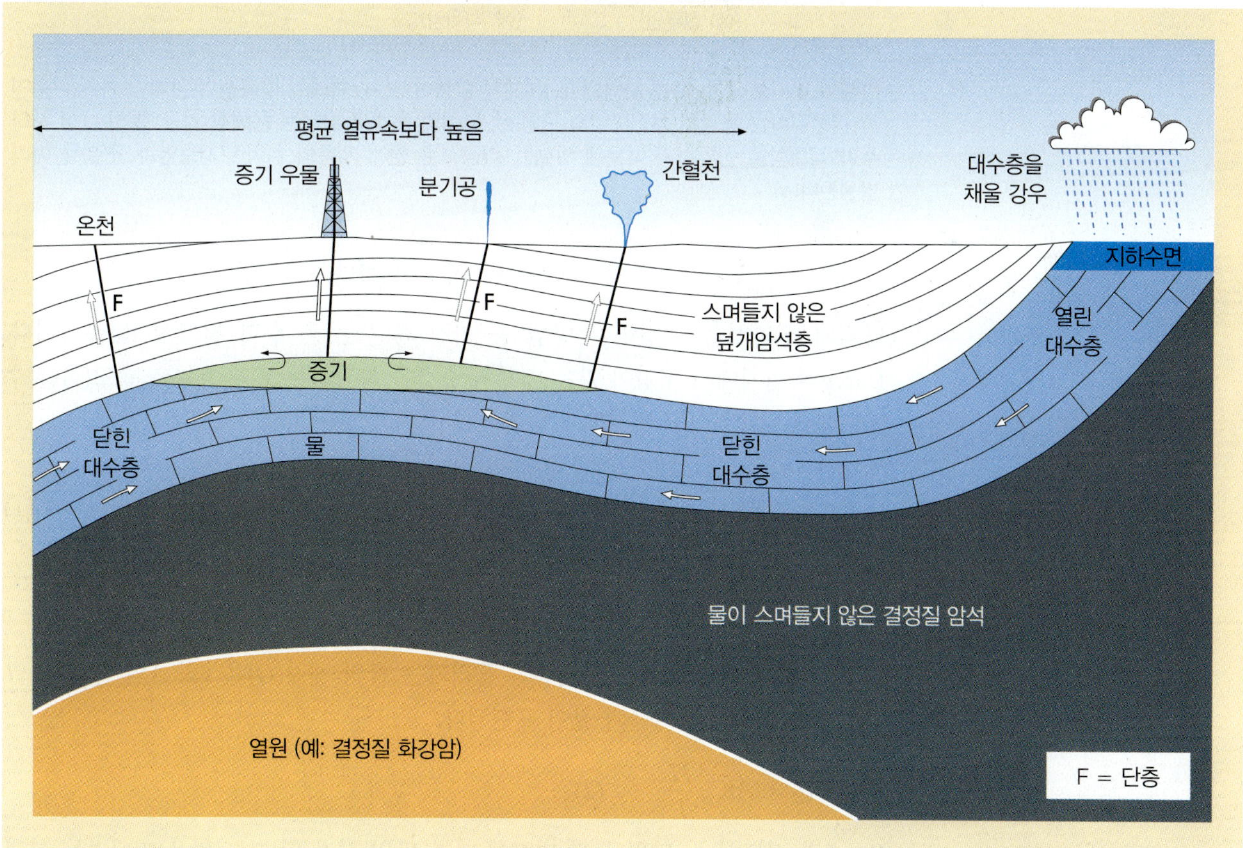

그림 9.3 • 지열 발생의 3가지 필수적인 특성을 보여 주기 위해 단순화시킨 횡단면 개요 : 대수층(예: 액체를 가진 다공질 균열이 있는 석회암); 대수층을 밀봉하기 위한 스며들지 않은 덮개암석층(cap rock)(예: 점토 또는 혈암); 그리고 열 소스(예:. 결정질 화강암). 증기와 뜨거운 물은 분기공(증기만 분출), 간헐천(온수와 증기가 분출) 또는 온천(온수만 분출)을 이루면서 덮개암석층(cap rock)의 갈라진 틈(F)을 자연스럽게 지나 지표로 분출된다. 물이 스며들지 않는 결정질암은 대수층의 물이 아래쪽으로 스며드는 것을 막는다.

그림 9.4 • 퇴적암, 특히 사암의 (a–d)에서 알갱이 크기, 형태와 다공성의 관계 : 가스 거품인 한 결정질화된 용암의 물집모양의 구멍(e); 암석의 용해로 발생된 용해성 기공, 특히 산성 지하수가 석회함을 침투하기 때문에 발생(f). 다공성은 원래 지층의 취약점(지층면과 균열)을 따라 발생된다(g).

균열에 의한 투과성은 지열 분야에서 매우 중요하다.

암석의 투과성을 측정하는 방법 중 가장 좋은 것은 수력 전도성 K_w측정이다. Darcy의 법칙에서 구멍이 많은 매체의 중간을 통과하는 유체 흐름의 속도(v)는 수압구배에 비례한다고 명시되어 있다.

$$v = K_w \frac{H}{L} \qquad (1)$$

여기서 H는 흘러가는 물의 실질적인 수두이다. 압력변화 또는 수력변화(H/L)은 흐름 방향에 대한 길이 L 대비 수두의 변화량이다.

단면적 A m^2에 대한 단위시간동안 흘러가는 물의 체적(Q)은 v와 A의 곱이다. 그리고 Darcy 법칙은 다음과 같이 표현된다.

$$Q = AK_w \frac{H}{L} \qquad (2)$$

K_w(수력 전도성)는 단위 수력 변화에 따라 단위 시간 당 1 m^2면을 지나가는 부피의 흐름으로 해석된다. 다양한 암석에 대한 수력 전도성을 표 9.3에 요약해두었다.

여기서 주목해야 할 것은 가장 높은 K_w값은 거친 알갱이로 굳어지지 않은 암석에서 발생되는데 이는 특히 일반적으로 화산 지역의 화산재 층에서 발생된다. 석회암과 사암에서도 그 값이 마찬가지로 아주 높다. 이는 대수층의 암석이며 높은 투과

표 9.3 일반적인 다공성 및 수력전도성

물질	다공도(%)	수력 전도성(m/day)
굳지 않은 침전물		
점토	45~60	$<10^{-2}$
침점토	40~50	10^{-2}~1
모래, 화산재	30~40	1~500
자갈	25~35	500~10,000
결합되어 침전되는 암석		
진흙암	5~15	10^{-8}~10^{-6}
사암[1]	5~30	10^{-4}~10
석회암[1]	0.1~30	10^{-5}~10
결정질암		
응고된 용암[1]	0.001~1	0.0003~3
화강암[2]	0.0001~1	0.003~0.03
점판암	0.001~1	10^{-8}~10^{-5}

[1] 다공성과 수력 전도성의 큰 값은 심한 균열이 있는 바위에 적용되고 석회암에 구멍이 생기게 하는 이유가 될 수 있다[그림 9.4(f) 참조].

[2] 화강암은 지구의 깊은 곳에서 융해된 것들이 천천히 식은 거친 수정 같은 바위이다. 이런 바위는 일반적으로 비다공성으로 물이 스며들지 않지만, 많은 균열을 갖고 있고 제한된 투과성을 갖게 된다.

성을 갖는다. 균열 투과성은 지열의 대수층에 중요하고 고온 건조암(HDR), 심부지열발전(EGS) 개념에서 중심이 된다(그림 9.4(g)).

그림 9.3과 같이 밀폐된 대수층의 추출점 아래의 유체압력은 높은데 그 이유는 상대적으로 불투수성 암석층인 덮개암석층이 있어 위쪽으로 새어나오는 유체를 막고 있기 때문이다. 만약에 증기 발생지가 발달하려면 '덮개암석층(cap rock)'은 기본적이다. 이것은 이암(mudrock), 점토와 균열되지 않은 용암이 이상적이다. 덮개암석층의 중요성이 잘 나타난 장소로는 Vesuvius 화산지역이 있는데 1980년대 전반에 이 화산의 측면에서 지열 자원을 위한 탐사 기간 동안 그 중요성을 보여주었다. 그 측면을 이루는 화산재는 상당한 투수성을 갖고 있었기 때문에 적은 양의 저압유체가 발견되었다. 뜨거운 물과 증기에 의해 발생되는 침전물 가장 위쪽의 변성작용은 다공층에 점토나 소금을 만드는데 이에 따라 대수층을 밀봉하게 되며 결론적으로 이러한 방식으로 많은 지열 발생처에 덮개암석층을 형성하게 된다. 하지만 지열의 관점에서 이런 이유로 Vesucius와 같은 가장 신생 화산지대가 반드시 생산적이라는 말은 아니다.

지열 자원을 개발 가능하도록 하는 세 번째 전제 조건은 열원의 존재이다. 고엔탈피 지역에서는 풍부한 화산의 열을 이용할 수 있으나 저엔탈피 지역에서는 열원이 명백하지 않다. 이런 지역에서는 2개의 중요한 유형이 있다. (a) 퇴적 작용으로 생긴 유역에 위치한 대수층에 의해 개발할 가치가 있을 정도로 충분히 따뜻해지는 깊이까지 물이 이동된 형태 (b) 자연적인 열 발생량은 높으나 지열 자원을 개발하기 위해서는 암석에 균열을 만들어 인공적 대수층을 만들어야 하는 고온 건조 암석층 지역 등이다. 지금부터 좀 더 상세한 자원의 각 유형을 알아보겠다.

화산과 관련된 열원과 유체

고엔탈피 지역에서 열 공급은 마그마(부분적인 용융암석)를 냉각하거나 응고시키는 열에서 추출해내며 반드시 지열발생지의 중심 아래에 있지 않아도 된다(그림 9.5). 화산 아래에서 올라가고 있는 마그마 대부분이 분출되지 않고 주위의 바위와 비슷한 밀도로 부력이 중립을 이뤄 어느 정도 수준에만 도달하는 것이 의외로 보일 수 있다. 솟아오르는 마그마를 정지시키는 두 가지 요인이 있다. 첫 번째, 마그마가 상승함에 따라 바위 위를 누르는 압력은 줄어든다. 이는 소실되는 용해 가스로부터 액체상태의 마그마 분리를 촉진하고 두 번째, 얕은 곳의 암석은 깊은 곳의 암석보다 적은 압축을 받기 때문에 밀도가 높지 않다. 따라서 화산의 분출은 예외적으로 높은 가스 압력에 의해 올라오기 때문에 대부분의 마그마는 침입형 타입으로 1~5 km 깊이의 표면 아래에 정지하면서 결정을 이룬다.

1980년대 미국에서 1,800°C 이상에 가까운 마그마의 중심에 직접 구멍을 내서 외부를 통해 물을 순환해 지열을 동력화 하는 것을 궁극적인 목표로 실험에 착수했다. 이를 준비하는 미국 마그마에너지 프로그램은 녹아 있는 Kilauea 용암(하와이)에 구멍을 내는 것에 성공했고 성공적인 에너지 추출 실험을 했다. 시추 작업에서 순환 유체(주로 물, '진흙'으로도 언급)에 의해 드릴은 냉각되거나 윤활 되고 또한 잘려진 것들을 표면까지 끌어 올렸다. 이 경우 예상대로 순환되는 물은 드릴 주위에 굳어진 용암껍질을 형성시켰다. 마그마 대류에 의해 시추 구멍으로 전해진 열의 교환 역할은 열적으로 균열이 생긴 암석이 아니라 고체 튜브가 수행했다. 고압의 분출가스가 있는 마그마가 있는 공간에 구멍을 내는 작업은 오랜 시간이 걸리고 아직 어떤 그 이상의 작업은 최근에 착수하지 않았다.

마그마와 가깝게 접한 때는 1977년 북 아이슬란드에서 Krafla 지역을 개발하는 동안 발생했다. 솟아오르는 마그마는 1,138m의 보어홀까지 도달했으며 3톤 가량의 마그마가 구멍을 통하여 20분 동안 흘러나왔다. Krafla 250년간 첫 번째 개발로 1975년과 1984년 일련의 분출로 인해 주춤했지만 분출이 멈춘 후 발전을 이루어 지금은 60 MW_e의 동력을 생산하고 있다. Krafla는 Icelandic Deep Drilling project(IDDP)의 현장으로 초임계 유체(>350°C)를 찾아 동력생산의 효율화를 목표로 했다. 첫 번째 홀은 4,500 m를 목표로 했으나 2010년 2,100 m에서 마그마를 만났고 이를 1,000°C 이상에서 냉각시켜야 하기때문에 중단되었다.

몇몇 세계에서 가장 진보된 지열의 장소(예를 들면 이탈리아 북부와 미국의 서부)는 활동을 멈춘 화산의 지역에 위치한다. 다행히도 지열의 개발에 대해 바위가 좋은 단열재이기 때문에 마그마 침입을 주위온도로 냉각하는 데에는 수백만 년이 걸릴 것이다. 그러므로 그러한 관입은 '뜨거운 유체' 또는 그림 9.5에서처럼 투수층에서의 열수 대류 사이클로서의 역할을 계속 할 것이다. 그 후 자원의 질은 대수층에

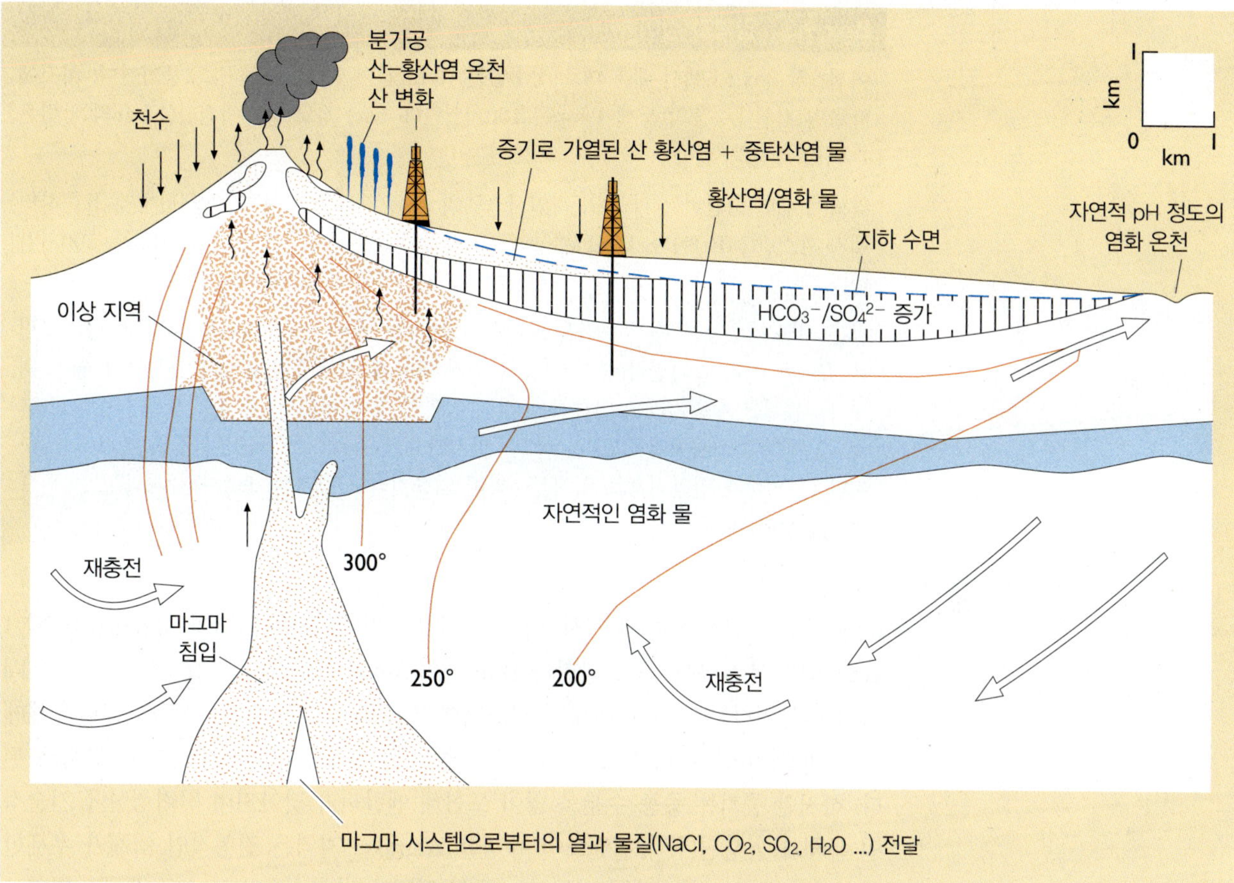

그림 9.5 • 상승하면서 용해된 가스가 방출되는 마그마에 의해 가열된 화산 상부 구조에 빗물이 침투하는 형태의 전형적인 화산의 지열 시스템의 개념적 모형. 고온의 수성 유체는 상승하여 증기와 이상유체(물+증기)를 형성시키는 지점까지 도달한다. 수력 구배는 지열유체가 화산지대의 침투성 암석을 통하여 유체를 이동하게 한다. 이동하는 동안–포화된 빗물과 서로 섞임에 의해 유체의 화학적 변화가 발생한다.

서의 압력과 온도에 따라 달라질 것이고 이것은 추출기술과 그곳의 수익성을 결정할 것이다.

압력과 온도의 범위는 전형적으로 100~300°C 사이이며(간혹 400°C 초과) 물과 수증기를 구별할 수 없는 임계점 아래의 값이다. 압력의 범위는 약 20 MPa이다. 그러나 위에 언급한 바와 같이 개발 가능한 초임계 지열 유체가 관심을 끌며 연구가 증가하고 있다. 이것은 매우 큰 변환 효율의 전망을 제공하는 것이 있다.

간단히 말하자면 고엔탈피 시스템은 증기가 우세한 경우와 액체가 우세한 경우로 나뉘는데 이것은 저장소에서 압력이 조절되는 상(스팀 또는 액체상태의 물)에 따라 달라진다. 증기가 우세한 시스템이 가장 좋고 가장 생산적인 지열 자원인데 이는 증기가 건조(물이 없는)해 매우 높은 엔탈피를 가지기 때문이다. 거기서 저장소인 암석은 정수압보다 낮은 압력을 받는데 그것은 증기를 형성하게 하며(2 km 아래에서 약 3~3.5 MPa 정도), 땅속의 물이 수직으로 침투하지 못하도록 방해할 것이다. 이런 유형에는 이탈리아 Larderello 지역이 있다(그림 9.2).

Box 9.3 압력과 깊이

이전 5장 Box 5.6에서 배운 대로 정수압은 10 m 깊이 당 1대기압 정도 증가한다. 이것에 따르면 지열대수층의 두께 1 km는 100기압(100 bar) 정도 증가시킨다(1 bar의 압력은 1대기압과 거의 같다).

압력에 대한 SI단위는 파스칼, 지열시스템의 높은 압력을 고려해 더 정확하게 표현하면 메가 파스칼(MPa)이다. 1 MPa은 대략 10기압이고 본문에서 언급된 20 MPa은 200기압이다.

많은 지열 대수층은 증기 구역을 포함하고 증기가 물보다 밀도가 낮기 때문에 증기압력은 깊이에 따라 증가한다(증기 기둥의 무게 때문에 압력은 정수압 증가량보다 훨씬 더 적다). 증기를 수증기라고 언급하는 것은 정확한 것이 아니다. 증기는 작은 물방울로 응축되는데(구름에서처럼) 그것은 볼 수 있지만 수증기는 눈에 보이지 않는 가스이다. 하지만 그 의미가 일반적으로 일맥상통하지 않을지라도 증기는 종종 수증기와 같은 뜻으로 사용된다.

그에 반해서 액체가 우세한 시스템은 정수압보다 더 높은 압력이 작용하는데 약 1 km 아래에서 10 MPa를 초과한다(1km 깊이에서의 정수압이 약 100 bar = 10 MPa이기 때문이다). 액체가 우세한 시스템에서 전력생산은 깊은 지점의 고압유체에서 얻게 되며 물은 표면으로 가는 도중 물의 끓는점을 지나면서 증기로 변하게 된다. 하지만 증기는 종종 수분을 많이 포함해 엔탈피가 낮아지며 전력생산에 기술적인 문제가 발생된다. 뉴질랜드의 유명한 Wairakei 지역은 전형적인 액체가 우세한 시스템이지만 그 시스템이 작동하는 동안 압력을 낮춰 2개의 상이 존재하는 영역을 발전시켰다. 다행히도 땅속의 물이 있는 구역은 상대적으로 낮은 투과성을 가지고 있으며 그것은 대부분의 Wairakei 지역에서 증기가 빠져나가지 못하게 억누른다.

퇴적분지의 열 공급원

많은 지열 자원을 이해하기 위해 가장 중요한 것은 열전도 방정식이다

$$q = K_T \frac{\Delta T}{z} \tag{3}$$

이를 Darcy의 법칙이라 하는데 여기서 q는 1차원에서의 단위면적 당 열 유동($W \cdot m^{-2}$)을 나타내며 ΔT은 높이 z방향에 따른 온도차이고 $\Delta T/z$은 열 구배를 나타낸다. 이러한 양과 관계가 있는 K_T는 암석의 열전도도이고 이것은 열 구배가 열 흐름 방향에 따라 1°C/m일 때 면적 1 m^2에 대한 열 흐름 값과 동일하다.

대부분의 암석에 대한 K_T값은 거의 비슷하며 사암, 석회암, 결정질 암석은 2.5~3.5 W/mK사이의 값을 갖는다. 하지만 이암(점토와 셰일)은 예외적이며 1~2 W/mK 정도의 낮은 값을 갖는다. 또한 불침투성을 가진 암석(표 9.3)도 있으므로 이암은 2가지 중요한 특질을 가지고 있다. 그것들은 불침투성 밀폐 암석으로 단열을 위한 덮는 작용을 하며 이는 대수층 위에서의 다른 일반적인 열 유동이 있는 지역에서 지열구배를 증가시켜 준다.

그래서 심지어 평균 열 유속(60 mW/m²)의 조건에서 지구표면 2 km 내에서 약 60도의 온도를 얻을 수 있다. Box 9.4는 바위의 단열상태가 깊이에 따른 온도변화에 어떻게 영향을 미치는지를 보여준다. 수직 열 유동을 유지하기 위해 낮은 열 전도성을 가진 암석을 상대적으로 뛰어난 열전도성을 가진 암석의 온도보다 더 가파른 온도구배가 요구되고 그에 맞춰 깊이에 따라 증가하는 온도가 중요하다.

이것은 이암과 침투성을 가진 석회암 또는 사암으로 구성된 두꺼운 퇴적암 영역에서 물이 있는 위치를 찾는 탐사 프로그램을 요구한다. 예를 들어 프랑스 파리의 중심부에는 약 200 km에 걸쳐서 지하에 결정질암이 있다. 1960년대와 70년대의 석유 자원 탐사는 1~2 km 깊이에서 55~70°C 사이의 온수를 찾은 것은 성공적이었

Box 9.4 열 구배와 열 유동

지구 표면에 수 km 위로 열이 지속적으로 흐르는 상황을 생각해보자. 우리가 바위의 열 전도성을 알고 있으면 어떤 깊이라도 이 흐름을 온도와 관계 짓기 위해 수식3을 사용할 수 있다.

만일 2 km(2,000 m)에서 온도가 58°C 이고 표면온도가 10°C 일 때 온도의 변화량은

$$(58 - 10)/2000 = 0.024\ ^\circ\mathrm{C\ m^{-1}}$$

그리고 만일 암석의 열전도도가 2.5 W/mC이면 열 유동 비율은

$$2.5 \times 0.024 = 0.060\ \mathrm{W\ m^{-2}}$$

또는 60 mW/m²이다.

이 같은 60 mW가 다른 열전도성을 가진 몇 개의 층을 통해 위로 흐른다고 가정하자. 우리는 수식3을 통해 아래 그림 9.6과 같이 낮은 전도성 층을 통해 가장 빠르게 변하고 있는 온도와 더불어 열구배량이 각 층에서 다르다는 것을 알 수 있다.

그림은 수식3을 이용해 각층에서 온도 기울기를 계산하고 그래프로부터 읽은 기울기와 비교할 수 있게 해준다.

Layer1

계산된 기울기는 0.060/2.5 = 0.024 C/m정확히 측정한 기울기는 (34.5 − 10.0)/1,000 = 0.0245 C/m

Layer2

계산된 기울기는 0.060/1.5 = 0.040 C/m정확히 측정한 기울기는 (54.5−34.5)/500 = 0.040 C/m

Layer3

계산된 기울기는 0.060/3.0 = 0.020 C/m

정확히 측정된 기울기는 (64.5 − 54.5)/500 = 0.020 C/m

그러므로 데이터의 정밀도 내에서 온도는 각 층에서 m²

당 60 mW의 열 유동과 일치함을 볼 수 있다. 이 경우 그림 9.6을 위에 고려된 균일한 암석과 비교해 보면 낮은 열전도도를 갖고 있는 얇은 층의 존재가 2 km 깊이 지점에서의 온도를 명백히 증가시켜왔다는 것이다.

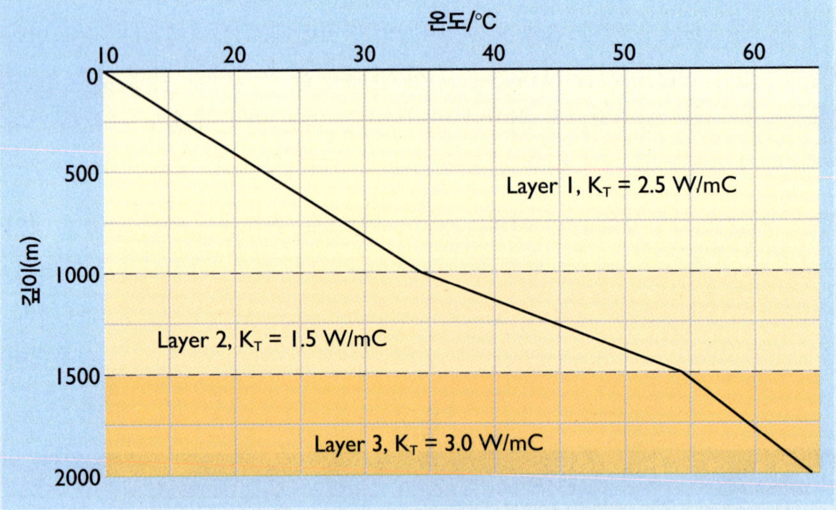

그림 9.6 • 열전도성 K_T의 3지역에 걸친 다른 깊이 상태에서의 온도 변화.

지만 기름과 가스는 매우 적은 양만 찾을 수 있었다. 저엔탈피의 물 자원은 전기 발전에는 적합하지 않음에도 불구하고(높지 않은 압력의 증기가 있었고 온도도 너무 낮아 발생효율을 얻을 수 없었다.) 낮은 등급의 열이 필요한 곳에 공급해 상당한 이익을 얻을 수 있었다(실내난방 등). 하지만 더욱 경제적이기 위해서는 열 부하에 가까워야 한다. 파리 지역은 이러한 점을 고려했을 때에 아주 인상적이었다. 이와 유사한 자원은 영국의 퇴적분지 지역의 일부와 Yorkshire주 Lincolnshire 해안과 Southampton 지열 계획을 진행하고 있는 Hampshire에서 발견되었다.

마지막으로 퇴적분지를 더 효과적인 자원으로 만들기 위한 2가지 논의된 기준이 있다.

1. 세계적으로 시열에너지가 발생시키는 대규모 비전기 적용은 열 유동이 평균 이상인 분지 지역에서 일어난다. 지질학적인 이유 때문에 퇴적 분지와 높은 열 유동이 연관되어 있는 점이 놀랄만한 일은 아니다. 지구의 외부 판 층이 늘어나는 과정은 표면을 얇게 만드는데 이것은 퇴적작용이 일어나는 곳의 표면이 움푹 들어가게 만들뿐만 아니라 열 유동이 급격하게 증가하게 한다. 예를 들면 헝가리의 평지를 살펴보면 0.15 C/m지열 구배량을 갖고 1 km 깊이에서 120°C의 물이 발생한다.

2. 다른 지역에서도 매우 두꺼운 퇴적층이 발견되었는데 예를 들어 멕시코-텍사스 남부와 Louisiana에서는 3~5 km 깊이에서 160~200°C정도의 높은 압력 유체가 발견되었다. 깊이와 온도 및 불침투성 암석에 의한 효율적인 밀봉작용으로 인해 일어나는 화학작용 때문에 압력은 기준 압력을 초과하게 되고 국부적으로 100 MPa을 기록한 경우도 있다. 이 유동체는 특히 메탄과 같은 가스가 포함되어 있는 염분이 높은 소금물이다. 이것은 '지압 소금물'이라고 불리는데 전력 발전에 있어서 잠재적으로 중요한 지열 자원이다. 이것이 갖는 자원은 현재까지

미개발 상태로 있었다. 하지만 미국에서는 이 연구에 대해 간헐적인 정부 자금 지원이 있었다. 지압 자원의 큰 장점은 3가지의 에너지를 제공한다는 점이다. 지열에너지, 수력에너지(고압이기 때문) 그리고 발견된 매우 많은 양의 유체에 메탄이 용해되어 있다.

지열수

앞에서 말한 것 중의 대부분은 지열에너지의 근원에 관계된 것들이다. 그러나 열을 개발하는 것은 지하의 물을 표면까지 끌어 올리는 것이 필요하고 그렇게 함으로써 또 다른 문제점을 가지고 오게 된다. 물은 오랜 기간 동안(그리고 지하의 물은 수천 또는 심지어 수백만 년 동안) 용해된 미네랄과 함께 암석과 접촉하고 있었다. 뜨거운 물은 차가운 물보다 반응이 더 잘 일어나기 때문에 지하의 물은 용해된 고체의 약 1%를 포함할 수 있다. 일반적으로 포함되어 있는 물질은 탄산염, 황산염 또는 염화물일 것이 200°C보다 높은 물이 암석과 접촉하고 있는 곳에서는 용해된 이산화규소가 있다. 이런 이유 때문에 지열의 유동체는 종종 '소금물(brines)' 이라고 불린다. 용해된 가스 또한 일반적으로 포함되어 있는데 특히 더 높은 온도에 많이 포함되어 있다. 기술적으로 이 모든 것을 처리하는 것은 가능하지만 이것을 설비의 설계단계에서 필수적으로 고려해야한다. 이를 통해 이러한 오염물질을 구동 또는 환경오염의 어려움 없이 처분할 수 있다. 그러나 물의 적절한 특성을 무시하고 설비를 설계하면 몇 개월 안에 전체 시스템이 실패하게 될 수도 있다. 이 장에서 이런 내용의 여러 가지 기술들을 배운다면 이번 장의 범위를 넘어가게 되는 것이지만 9.3절에 인용된 몇몇 예제를 살펴보도록 하자.

뜨거운 건조암석 또는 엔지니어링 지열 시스템

이제부터 퇴적층에서부터 '지하층'의 기본 결정질암을 살펴보도록 하자. 대부분의 암석은 특히 수정과 지하층 암석은 충분한 지열자원을 제공하기에 적당한 물이 함유되어 있지 않다. 하지만 대수층 안의 암석은 훨씬 더 많은 양의 열이 축적되어 이용할 수 있다. 이것은 예상보다 깊은 대수층의 암석이 확실히 건조되어 있으며 이것을 뜨거운 건조암석 hot dry rock(HDR)이라 한다. HDR은 1970년대에 스며들지 않는(또는 투과성이 낮은) 암석층에 존재하는 열과 그 열을 추출하려고 하는 것으로 명명되었다. 근대에는 암석이 건조된 것으로 알려지고 'enhanced' 또는 'engineered'-'geothermal systems'(EGS)라는 분류, 이 열을 이용한 다양한 프로젝트가 진행되고 있다.

이것을 이용하기 위해서는 뜨거운 암석 안에 인공적인 열 교환기 지역을 만드는 것이 요구된다. 그 이유는 암석의 열 전도성이 낮기 때문에(보통의 기준에 비교해) 열을 유용한 비율로 추출하려면 매우 넓은 열 전달 표면(km^2 단위를 필요로 함)이 필요하기 때문이다. 이것은 모든 결정질에서 발생하는 자연적인 균열 시스템을 개선하면 가능하다. 열을 추출할 수 있는 지역을 통해서 물이 순환해야 이상적으로 증기와 전력을 생산할 수 있게 된다. 재생 가능한 열의 회복을 위한 기술은 아직 완성되진 않았지만 적어도 이론상으로 EGS 기술은 지구 표면의 중요한 일정부분 이상에 적용될 수 있다고 여겨진다.

시추는 깊이에 따라 기하급수적으로 비용이 증가되어 값이 비싸기 때문에 지구표면을 덮고 있는 위쪽 6 km 정도를 잠재적인 지열에너지로 계산하는 것이 일반적이다(약간의 탄화수소와 시추에 대해서 연구함으로써 15 km만큼 더 깊게 되었지만). 시추를 깊은 곳까지 사용하는 것은 현재는 기술적, 경제적 제약을 받게 되지만 만약에 경제적 제약이 줄어들게 된다면 최소 약 0.025 C/m의 지열의 변화량도 사용할 수 있게 된다. 3 W/mC의 열 전도성을 가진 일반적인 경우에는 단지 지구 평균보다 조금 높은 75 mW/m^{2}의 열 유동이 필요하게 된다(수식3). 그러나 실제로는 75 mW/m^{2}보다 더 높은 열 유동을 가진 암석을 찾는 것이 일반적이다(미국, 일본과 프랑스의 실험적인 장소에서). 화강암은 수명이 긴 방사성 동위원소(우라늄, 토륨과 칼륨 같은 화학 원소)를 가져 자연적으로 높은 밀도를 가진 마그마가 결정된 것이기 때문에 우리가 추구하는 이상적인 목표물이다. 여기서 우리는 결정질암 내의 열 생산 때문에 지구의 표면 자체에서 열 유동이 증가하게 된다는 것을 알 수 있게 된다. 또한 만약에 전도가 낮은 퇴적암 위에 화강암이 있다면 그 '담요 효과'로 인해서 온도 변화가 증가하게 될 것이고 얕은 깊이에서도 이용 기능한 더 높은 온도가 발생하게 될 것이다.

9.3 고엔탈피 증기분야를 이용한 기술

화산 지역에서 지열 자원에 대한 당장의 첫 번째 단계는 뜨거운 지열에 의해 화학적으로 바뀐 암석을 찾고 표면의 온천 또는 진흙 웅덩이와 같은 표면 열 징후를 찾는 것을 목표로 하는 지질학적 연구와 관련되어 있다. 이 연구는 있을 법한 지열 존재의 첫 번째 단서와 개발 가능한 자원의 위치를 제공한다. 그러나 지구물리학적 탐사기술, 특히 저항력 조사와 전기적 전도유체(예: 염수)를 가진 지역을 감지하기 위해 설계된 다른 전기적 방법은 매장된 지열 자원의 정확한 위치를 알기 위해 가장 효과적이다. 일단 적합한 지열 대수층이 발견되기만 하면 탐사용과 생산용 우물은 매우 높은 온도에 대응하는 특별한 기술을 사용해 구멍을 뚫는데 어떤 경우에는 물과 기름 유정에 있는 것보다 바위들의 상태가 더 단단하다. 대수층 안의 압력은 최대 약 10 MPa 이상이기 때문에 구멍을 파는 작업자는 사용되는 진흙이 이러한 압력에 대용하기에 충분할 만큼 밀도가 있는지 확인해야 하고 통제 불가능한 가스 기둥이 방출되는 곳을 피해야한다. 우물에는 그 자리에 접합된 강철 튜브가 늘어서 있는데, 그것은 개방된 상태로 놔두거나 지열 생산 깊이까지 구멍 난 철 케이스로 감싸기도 한다. 각각의 케이싱 세트는 우물의 깊이가 깊어짐에 따라 그 앞 케이스에 삽입되어야 하는데 그에 따라 지표에서는 50 cm의 구경이 끝에서는 15 cm로 줄어든다. 밸브 기어를 가진 wellhead는 지면 수준까지 강철포장으로 용접되어 있다. 이것은 지열 지역에서 흔하게 볼 수 있는 절연된 파이프의 구조를 통하여 우물이 전력소로 연결되게 한다.

전기적 전력 생산에 대한 기술은 자원의 상태에 크게 좌우된다. 유체의 온도와 압력뿐만 아니라 염도와 다른 가스의 성분까지도 시설 효율과 설계에 영향을 미친다. 발전소의 크기는 경제학적 규모에 의해 결정된다. 전통적인 석탄 또는 석유화력발전소는 전형적으로 단위 당 수백 MW_e을 생산한다. 대조적으로 전형적인 지열의 단위는 보통 30 – 50 MW_e이다. 이것은 하나의 우물에서 전달된 증기의 양이 보통 몇 MW_e를 생산하기에 충분하며 우물은 파이프라인에 의해서 지면을 지나 전력소로 연결되어 있다. 그 이상의 높은 용량에서는 파이프라인의 비용때문에 다른 곳에 새로운 발전소를 짓는 것이 오히려 저렴할 수 있다.

이러한 이유로 투자 환수를 고려해서 지열 발전에서 생산된 전기 단가를 산정해야 한다. 매일 매일의 운전비용은 상대적으로 작은(그리고 출력 변화에도 둔감한)반면, 상대적으로 낮은 수준의 열원을 발전에 의해서 유용한 에너지로 바꾸어 효율을 극대화할 수 있다는 매우 큰 이점이 있다. 오늘날 세계적으로 작동하고 있는 수백 개의 장치가 있고 이것은 아래에 기술된 주요한 4가지 유형을 포함한다.

건조증기 발전소

이름이 암시하듯이 이 시스템(그림 9.7(a))의 형식은 증기 생산에 액체가 유입되지 않는 곳에서 수증기 비중이 우세한 자원을 위해 이상적인 타입이다. 그 저장소는 과열 증기를 생산하는데 전형적으로 그 온도는 180~225°C 이고 압력은 4~8 MPa 이며 수백 km/h로 표면에 도달한다. 만약에 대기에 방출하게 되면 제트기 엔진과 유사한 소리가 난다. 터빈을 통과하면서 증기는 팽창하고 날개와 축이 회전을 하면서 결국 전기를 생산한다. 최대 300~350°C의 온도와 상응하여 더 높은 압력이 점점 개발되고 있으며 전기 발전에 있어서 더 높은 효율을 가져다준다.

가장 간단한 형태의 전기 발전소에서는 저압 배출 증기를 대기에 직접 방출하게 된다. 그러한 구성단위는 단순하지만 또한 매우 비능률적이다. 그들은 주로 새로운 지열 발생지역을 개발하는 동안 사용되는 이동형 발전용 기기로 쓰인다. 일단 증기 공급이 확실하게 되면 일반적인 운영은 그림 9.7(a)에 제시된 것처럼 압축설비를 설치한다. 배출가스를 액체로 응축해 매우 높은 효율이 얻어지는데 물은 같은 질량의 증기보다 약 1,000배 정도 적은 체적을 차지하기 때문에 터빈을 지나면서 매우 큰 압력 강하가 발생하게 된다. 물론 냉각탑은 전통적인 석탄과 석유 발전소(또는 실제 증기 엔진에서)와 같은 방법으로 폐열을 생산한다. 지열 유체의 전형적인 온도에서 20%를 초과하지 않는 높은 온도의 과열 증기 사용에도 불구하고 효율성은 낮다. 그럼에도 불구하고 1960년대 설비는 최적의 조건에서 상용성 있는 전기 kWh 당 15 kg의 증기 사용을 요구했기 때문에 더 높은 온도의 증기와 좀 더 나은 터빈 디자인을 가진 현대식 건증기 발전소는 6.5 kg/kWh까지 달성할 수 있으며 이에 따라 55 MW_e의 시설은 100 kg/s의 증기를 필요로 한다. 그러므로 발전 효율과 수익성은 지열 유체에 있는 이산화탄소와 수소 황화물과 같은 이른바 '불응축성 가스'에 의해 크게 영향을 받는다.

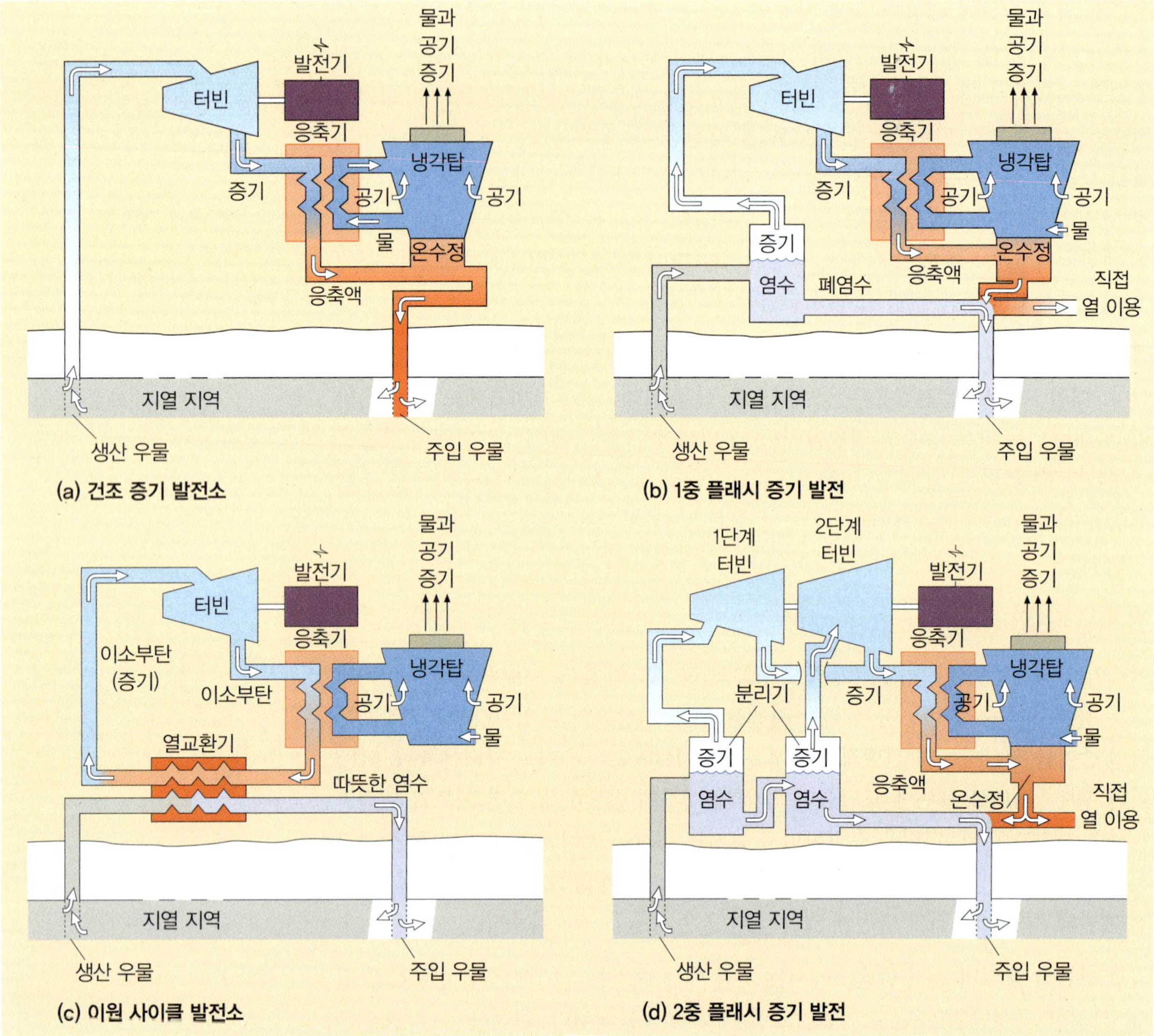

그림 9.7 • 4종류의 주요한 형식의 지열 전기 에너지 발전의 단순화된 흐름을 보여주고 있는 그림(a~d).

그러므로 유용한 발전소 효율은 가스라는 지열 유체안의 이산화탄소와 황화수소 같은 '불응축성' 가스 존재로 수익성에 큰 영향을 미쳤다. 터빈 배기가스가 냉각될 때 물(스팀)이 100°C부근에서 액체로 응축이 되는 흡입효과가 생기는데 이러한 응축되지 않은 가스는 터빈 후단부에 높은 잔여 압력을 유발하게 된다. 이와 같은 적은 량의 가스는 흡입 효율을 감소시키고 시스템의 경제성에 영향을 주기 때문에 많은 지열 발전소에서는 가스 이젝터를 장착하고 있다. 그러나 이젝터는 터빈 발전기로부터의 증기 공급과 전기 공급을 필요로 하기 때문에 출력은 줄어들게 된다. 불응축 가스는 추가적으로 정제적성에 영향을 준다. 이제는 더 이상 그러한 가스를 대기로 무단 방출할 수 없기 때문이다. 그러나, 이젝터 자체는 스팀 공급 장치나 전력 터빈 발전기가 필요하며 결과적으로 출력을 감소시킨다. 비응축 가스가 추가로 경제적 영향을 미친다; 그것은 대부분의 장소에서 대기로 그것들을 배출하는 것을 더 이상 허용되지 않는다. 그래서 그것들을 화학적인 트랩이나 오염을 방지하기 위해 폐수와 함께 재주입하고, 두 옵션은 추가 비용을 수반한다.

일반적으로 건조 증기 발전은 단순하고 상업적으로 가장 매력적이다. 이러한 이유로 건조 증기 분야는 일찍이 개발되었고 널리 알려졌다. 사실상 인도네시아, 일본과 멕시코(이런 국가나 대부분의 지역에서는 액체가 많은 지열지역이 훨씬 더 일반적이다)에도 몇 개의 이러한 지열지역이 있지만 미국과 이탈리아에는 보다 넓은 건조 증기 자원이 있다. 몇몇 지역에서는 사용된 액체를 재주입하는 것이 흔한 관행인 반면에 미국의 간헐천 지역에서 방출 유체 압력감소로 지열 지역이 과잉 개발되고 있다는 것을 사용자들이 알게 되기 전까지 이것은 큰 지열지역에서는 적용되지 않았다. 그래서 자원을 오랫동안 사용하기 위해 합의된 재주입 정책이 생겼다. 현재 생산된 증기 양의 70%는 재주입되고 생산량은 다시 증가했다(많은 양의 증기가 냉각탑에서 증발되기 때문에 모든 유체가 터빈으로부터 압축 증기로 부터 오는 것은 아니다. 그 대신 새롭고 창의적인 환경발전으로 다루어지고 있는 것은 처리된 하수도 물을 지역 사회부터 48 km 길이의 파이프로 연결하는 것으로 이것은 지열 저장소를 유지하는 것에 도움이 될 뿐만 아니라 하수를 버리는 문제도 동시에 해결하게 되었다).

단일 플래시 발전소

여기 그림 9.7(b)에서는 표면에 도착하는 지열의 유체는 증기(상승하는 동안 압력 강하로 우물 내에서 증발된 물은 플래시 즉, 증발된다)이거나 고압(저장소에 갇혀)에서는 온수일 수 있다. 첫 번째 경우 분리기는 상태 변화로 대량으로 유입되는 물로부터 단순히 터빈을 보호하기 위해 설치된다. 그러나 이는 유체에 용해되어 있는 미네랄이 용출되어 스케일 침전물의 빠른 증가를 초래해 우물의 폐쇄를 이끌기 때문에 우물에서는 플래싱을 피하는 것이 더 좋다. 이러한 이유로 우물은 유체(물) 상태를 유지하기 위해 종종 압력을 유지한다. 고온 고압의 물을 다루는 것은 조정 가능한 방법으로 압력을 감소시키거나 플래싱을 유도해 스팀을 분리하기 위해 복잡한 장치의 설계가 요구된다. 종래의 응축 증기 터빈은 발전소의 플랜트 시설의 핵심이지만 낮은 압력과 온도(0.5~0.6 MPa, 155~165°C)가 일반적이므로 발전소는 일반적으로 건조 증기 발전소에서 요구되는 것보다 kWh 당 더 많은 증기를 필요로 하며 대략 8 kg/kWh이다. 직접 가열을 위한 활용이 없다면, 최대 80%까지 생산된 유체의 대부분은 플래시되지 않은 염수(brine) 상태로 남아 재주입될 수 있다. 그러므로 일반적으로 재주입용 우물은 단독 플래시 설비와 아래에 기술할 새로운 타입의 발전소에서 유체 처리를 위해 유용할 것이다.

이원 싸이클 발전소

이 타입의 발전소 그림 9.7(c)는 터빈을 구동하기 위해 물보다 펜탄이나 부탄 같은 끓는점이 낮은 유체를 주로 사용한다. 이는 일반적으로 유기 랭킨 싸이클(ORG)

발전소로 알려져 있다. 중요한 이점은 싱글 플래시 시스템이 적합하지 않다고 증명된 곳에서 저온 자원이 개발될 수 있다는 것이다. 게다가 플래싱의 발생을 막기 위해 일정 압력에서 유지되게 하는 화학적으로 불순물이 섞인 지열 유체가 개발될 수 있다. 지열 염수(brine)는 열 교환기를 통해서 저장소 압력으로 펌프되고 재주입된다. 지면에서는 폐순환하기 때문에 환경에 어떤 배출물도 배출하지 않는다. 이상적으로 공급된 열에너지는 2차 유체를 과열시키는 데 충분하다(추가: 과열 유체는 끓는점을 초과하는 액체이기 때문에 보통 압력을 증가시켜 격렬하게 끓어오르지 못하게 한다). 약 170°C 이하의 온도에서는 저온 증기 플래시 발전보다 더 높은 발전 효율을 얻을 수 있다. 이 방식으로 약 100개가 오늘날 가동되고 있다. 단점은 큰 펌프가 요구되기 때문에 압력 하에서 지열 유체를 유지하는 것과 2차 유체에 재압력을 가하는 것이 시스템 전체 전기 출력의 30%를 소비할 수 있다는 것이다. 또한 많은 양의 지열 유체가 필요하다. 예를 들어, 캘리포니아의 Mammoth 지열 발전소는 30 MW_e를 생산하기 위해 700 kg/s을 사용한다. 최근 250개의 2중 싸이클 유닛이 운영된다. 이 유닛은 종종 작고(5~10 MW_e이 보통) 언젠가는 더 큰 시스템이 필요하며 설치해야 할 것이다.

2중 플래시 발전소

최근에 향상된 플래싱 기술을 개발하기 위해, 특히 높은 비용과 이원 발전소의 의도치 않은 전기 손실(예를 틀어 2차 유체를 위한 순환 펌프)을 피하기 위해 몇몇 시도들이 이루어져 왔다. 2중 플래시 그림 9.7(d)는 지열 유체가 낮은 수준의 불순물을 포함하고 유용성에 영향을 주는 스케일링과 불응축 가스 문제가 최소화되는 곳에서 이상적이다. 간단히 말하면 초기 고압 플래싱 후에 남아있는 플래시 되지 않은 액체가 또 다른 압력강하가 추가적인 증기를 발생되게 하는 저압탱크로 들어간다. 이 증기는 2차 터빈을 구동(또는 같은 터빈의 두 번째 단계)을 하기 위해서 고압 터빈으로부터 배출과 함께 혼합된다. 그렇게 함으로써 발전 비용을 단지 5%만 증가시켜 이상적으로는 20~25%의 발전량을 상승시킨다. 따라서 상당히 큰 양의 유체가 필요한데 1988년에 권한을 받은 남캘리포니아의 East Mesa 발전소를 예를 들면 37 MW_e를 생산하기 위해 16개의 우물로부터 1,000 kg/s의 염수를 사용한다. 유사한 건조 증기 발전에 필요한 유체의 양보다 5배 이상 많은 유체를 사용한다(물론 후자의 경우에서는 온도가 매우 높겠지만).

미래의 발전

지열 산업이 계속 확장함에 따라 건조 증기보다 덜 이상적인 다양한 자원으로부터 지열 전기를 생산하기 위한 기술 개발이 필요할 것이다. 건증기 발생지역의 온도보다 낮거나(압력은 비슷하더라도) 같고 혹은 높은 온도를 가지면서 높은 압력을 갖는 지열 유체의 활용이 증가하고 있다. 비록 고엔탈피라 할지라도 액체가 대다수인 자원이 매우 큰 양으로 존재하고 있다. 필연적으로 이원 플래시 시스템과 2중 플래시 시스템이 변형된 사이클은 현재 최첨단 연구이기 때문에 계속 발전될 것이다.

더욱이 최근에 메인 터빈에서 배출 또는 분리된 물로부터 보다 많은 에너지를 얻기 위해 유기적인 랭킨사이클(ORC)을 사용하는 복합 사이클 사용이 더 증가했다. 저온 유체로부터 생산 효율성을 증가시키기 위해 다른 작동 유체 또는 칼리나 사이클과 같은 새로운 동력 사이클을 사용하는 수많은 연구가 이루어지고 있다. 후자는 작동 유체로 암모니아-물 혼합물을 사용하며 그 구성은 사이클 전체에 걸쳐서 변하게 된다. 자본 비용은 ORC보다 상당히 낮아질 것으로 기대가 되고 정미 생산효율은 최대 40% 높아질 것이다. 130°C의 입구 온도에서 정미효율은 13% 이상으로 추정된다(이론 카르노 사이클의 58%, Box 2.4). 일찍이 선을 보인 발전소(아이슬란드, 일본 각 1대, 독일 2대)는 아직 문제가 있지만, 운영자는 낙관적인 상태로 보고 있다.

9.4 지열에너지의 직접적인 사용을 위한 자원

비전기적인 목적을 위한 지열 자원을 개발하는 몇몇 국가가 지열 증기 발생지역에서 응용제품을 직접적으로 사용하고자 했다. 일본, 뉴질랜드, 아이슬란드 그리고 이탈리아가 그 예인데 그 곳에서는 다양한 온도의 습증기 또는 온수가 산업, 국내 그리고 레저 적용에 이용 가능하다. 그러나 여기에서 몇몇 중앙 유럽 전체에 걸쳐 개발된 퇴적 분지 지역에서의 저온 자원에 관한 것을 논의한다. 이는 먼저 거론된 시추 기술과 유사하지만 고온 증기 분야에서보다 지열 유체가 저온 저압 조건에 있기 때문에 일반적으로 위험성이 적고 펌프는 적절한 유량으로 표면에 유체를 보내는 것을 요구한다. 그러나 온수를 열 시스템에 직접 이용하기에는 너무 염분이 많고 부식성이 있어서 부식을 방지하는 열 교환기가 널리 사용되고 있다. 2차 순환은 공기와 지하 파이프를 모두 사용하는 방대한 온실 복합체이거나 방바닥과 라디에이터 파이프 조합으로 이루어진 집안의 열 부하일 수도 있다. 파리 교외에 밀집한 아파트는 이러한 지역 자원을 위한 이상적인 열 부하이다. 유럽에서 프랑스 사람들은 저엔탈피 자원의 발달을 이끌었다. 지난 40년 동안 적어도 55개의 지열 그룹 정도가 난방 계획을 파리 유역과 몇몇의 남서부 프랑스에서 실행했다. 설계 단계에서 트윈 생산과 재주입 보어홀 시스템은 30~50년 기간 동안 3~5 MW_t의 열에너지(60~70°C의 물 25~50 Ls^{-1}) 공급을 기초로 하여 계획된 것이다. 자본비용이 회수될 때까지 우물의 공간은 지열생산용 우물로 향하는 한랭전선(즉 재주입 온도에 있는 유체)이 앞으로 나아가는 것을 막으면서 재주입에 의해 높은 유체 압력을 유지하도록 설계되어야만 하며 이는 대수층의 유동 상태를 상세하게 연구해야 한다는 것을 의미한다. 열 전달 기술의 도식과 함께 트윈 생산 계획을 위한 전형적인 개요는 그림 9.8에서 보여주고 있다. 이 그림은 재주입 온도를 낮추는 것에 의해 시스템 효율이 증가하는 히트펌프의 흥미로운 적용에 대해서 적어 놓았다. 히트펌프는 냉장고와 같은 원리로 구동되지만 여기서는 고온출력을 생산한다. 물론 히트펌프는 전기에너지는 소비하지만 그림 9.8에 나타나 있는 예를 보면 히트펌프는 난방된 아파트의 수를 2배로 늘려준다.

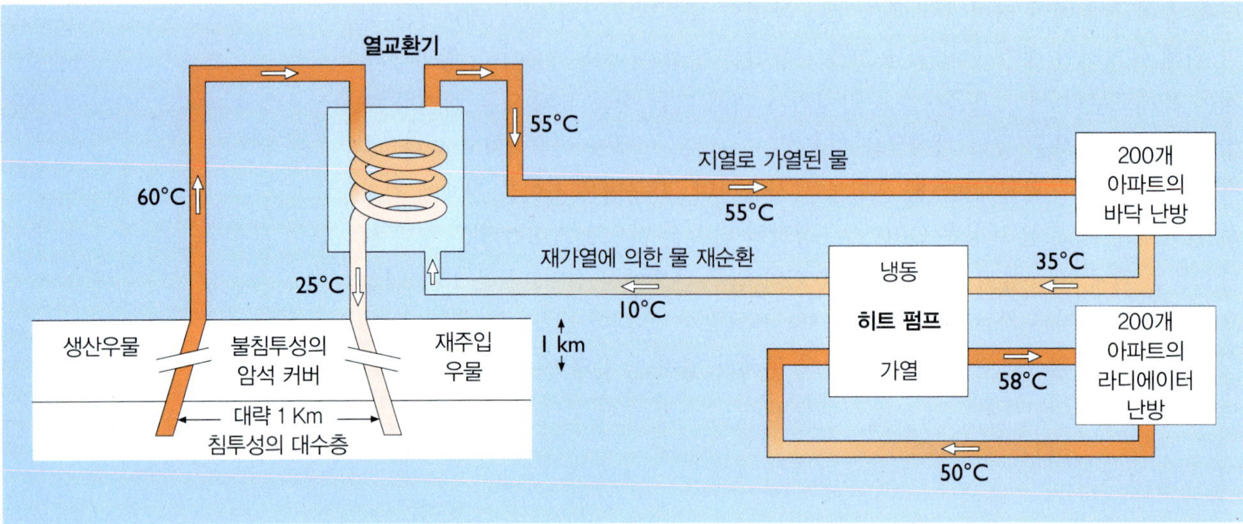

그림 9.8 • 이것은 지열이 2차 순환수와 어떻게 열교환 하는지를 보여주고 있다. 그 순환은 2,000개의 아파트에 바닥 난방을 하는 것에 사용된다. 그 다음에 잔류 에너지는 다른 2,000개의 아파트에서 라디에이터 난방을 제공하기 위해 히트 펌프에 공급하게 된다. 히트 펌프의 중요한 기능은 재주입 온도를 낮추어서 지열 유체에서 더 많은 열을 추출하는 것이라는 것에 주의하라.

비록 프랑스인 그룹 난방 계획은 굉장한 실용적인 성공이었지만 그들의 경제적 이익은 저가 오일 시대이기에 미미했고 천연가스의 이용과 은행 이자율이 증가했다. 이런 이유 때문에 개발 작업이 1989~1992년 동안 멈추었다. 기술적 또는 경제적 이유 때문에 몇몇 계획은 포기되었지만 34개는 가동 중에 있으며 새롭고 확대된 계획이 만들어지고 있다. 2011년 6월에 두 개의 새로운 계획이 완료되고, 이 계획은 연중 가동되고 있다. 이 두 가지 계획에 대해 향후 10년 동안 발전할 것으로 예상된다. 현재 그들은 40년 전에 지열 잠재력이 분명하지 않았던 지역에서 매년 200,000톤의 기름(또는 다른 화석연료와 동등) 절약을 이루어 낸다. 이 같은 개념은 Southampton에서 아날로그 UK 계획에 적용하고 있다.

독일에서는 더 좋은(여전히 낮은 온도이지만) 자원이 국가의 동부에 집중되는 경향이 있어서 통일은 지열 발전에 상당한 영향을 미쳤다. 비록 자본 동결과 함께 몇몇 계획이 통일 전에 존재했지만 화석 연료로부터 이산화탄소에 대한 문제가 발생했다. 몇몇 대규모 지역난방 계획은 이미 가동되고 있었고 더 활발하게 개발 중이다. 2009년말까지 162개의 열 계획 그룹으로 독일 지열에너지의 직접적 열 사용은 설치된 열적 동력으로 약 250 MW_t이다. 몇몇 작은 랭킨사이클 동력 발전소는 북쪽과 북서쪽에서 개발되거나 가동하고 있다. 게다가 최근 180,000지열 원 히트펌프가 총 1860 MW_t의 용량을 가지고 있다. 상당한 새로운 계획은 크고 작고를 불문하고 개발 중이다.

지열구동 히트펌프

히트펌프 기술은 2장 Box 2.3에 소개되었다. 이것은 건물에서 냉장고, 공기조화장치 또는 공간을 시원하게 하고 물을 가열했다. 후자의 사용은 점점 흥미를 갖는다.

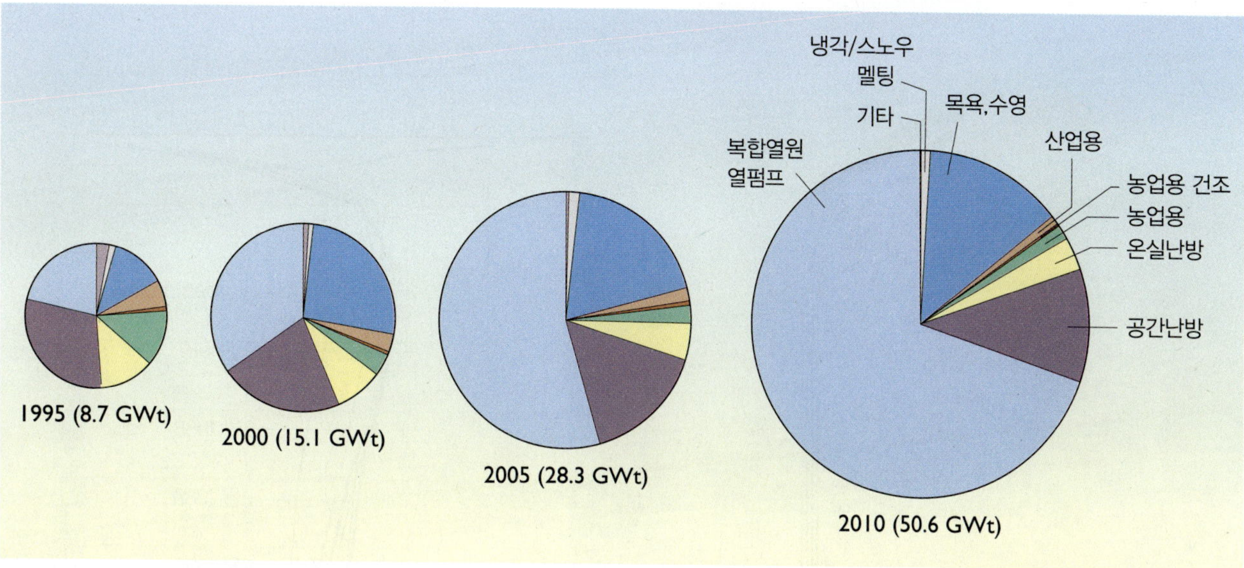

그림 9.9 • 다른 직접 지열 응용 프로그램의 세계적인 성장. 원의 영역 설치 용량에 비례한다.

전동 압축기는 낮은 온도에서 열을 높여 건물에 높은 온도로 전달하기 위해 사용될 수 있다. 소비하는 전력보다 많은 열이 전달된다.

1995년과 2010년 사이, 전 세계적으로 직접 열 설비의 총 용량은 8,664 MW_t 에서 50,000 MW_t 이상으로 증가했다. 사실 상기와 같은 큰 직접 사용 설비의 증가는(최근까지 높은 금리와 낮은 화석 연료 가격과 같은 이유로) 완만한 것이다. 용량 증가의 80%는 지열 설치의 새로운 유형인 지열구동 히트펌프(GSHP)이다.-그림 9.9를 참조. EU 신재생 에너지 지침(CEC, 2009)에서 이는 '신재생 에너지'로 정의된다.

먼저 2장에서 설명한 바와 같이 히트펌프의 주요 파라미터는 성능계수(COP)이고 이는 압축기와 연결된 펌프를 구동하는 데 사용되는 전력에 대한 열(또는 냉각 에너지)의 비율이다. 가능한 최대 COP는 카르노 효율의 동일한 고려 사항에 의해 전기 생성 효율 (Box 2.4 및 Everett et al, 2012 참조)이 제한된다. 열은 높은 COP와 함께 작은 온도 차이를 통해 상승한다. 그러나 온도 차가 증가하면 가능한 COP는 감소한다. 잘 디자인 된 영국 시추공 GSHP의 결과에서 전형적인 COP가 3에서 4.5(EEPH, 2005)에 이른다. 공간 가열 GSHP를 온돌 배관과 함께 사용할 수 있다.

GSHP의 일반적인 배치는 그림 9.10(a)에 설명되어 있다. 다른 지열 기술과는 달리 이것은 지하수의 추출이 아니라 시추공의 벽에서 전도에 의해 열 전달에 의존한다. 거의 100~150 m의 깊이에서 사용할 수 있는 열은 몇 kW_t이다. 하지만 이것은 단일지역 설치에 충분하며 이 깊이의 시추공은 종종 기존의 난방 시스템과 경쟁력을 가질 만큼 충분히 저렴하다. 파이프의 간단한 루프는 제자리에 잘 삽입된다. 열 전달 유체(보통 물)는 루프 내에서 순환하거나 주변 지반에서 히트펌프로 열을 순환한다. 20년 이상 적은양의 킬로와트급 난방이 필요한 시기에 가능하다는 것을 보여주었다. 지반의 온도는(그림 9.10(b)) 몇 도 떨어지지만 그해의 나머지 기간동안 다

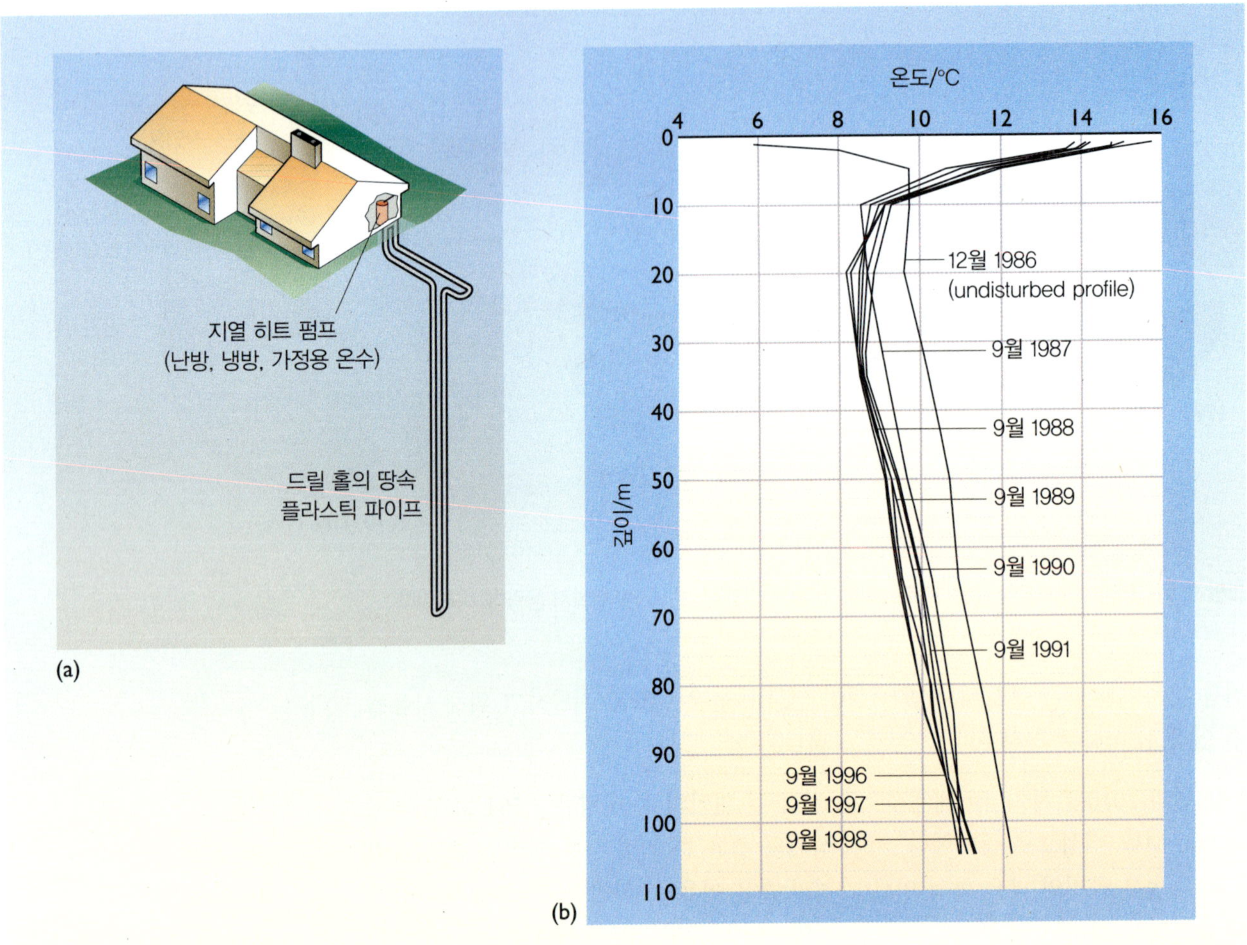

그림 9.10 • (a) 지열 히트 펌프(GHP) 개념은 공급되는 따뜻하고 얕은 지하수로부터 열을 추출하여 한 가정 주택에 사용한다는 것이다. 겨울철에 열은 땅에서 추출되어 히트 펌프를 통해 전달된다. 사실상 열의 온도를 증가시키기 위해서는 전기를 사용한다. 하지만 GHP는 열을 생성하기 위해 전기를 소비하는 것이 아니기 때문에 소비하는 전기의 에너지의 양 보다 열과 같은 에너지를 3~4배 많이 전달할 수 있나. (b) 스위스의 GSHP 설비로부터의 측정된 데이터이다. 초기 하강 이후, 태양이 비치는 지상(Box 9.6 참조) 지역의 땅의 온도는 매년 같은 수준으로 회복된다. 이는 재생 기능한 운용이 실현 되는 것을 보여준다.

시 회복한다. 표 9.4는 100~150 m 깊이 구멍에서 연속적 방법으로 에너지를 추출하는 비율을 보여준다.

이런류에 대한 변형된 형태는 다음과 같다. 새로 건물을 지을때 건물의 무게를 지탱하기위해 암반까지 파일을 받을때 파일에 열 교환기를 설치하여 비용을 줄일 수 있다. 이 방법을 에너지 파일이라 한다. 열 추출의 결과로 토양의 수분 함량의 변화는 파일의 거동에 변화를 줄 수 있다. 따라서 이 방법은(예를 들어 콘크리트 건물이 점토층 위에 있는 경우) 마찰 더미에게 추천하지 않는다.

만일 가역 히트펌프가 사용되면 동일한 시스템은 여름철 냉방을 제공할 수 있다. 아울러 이것은 지하의 열을 재충전하는 것을 돕게 되어 지속적인 열 추출을 가능하게 해준다. 다른 지열 시스템과 달리 GSHP는 단지 몇 kW_t를 제공하는 단일 모듈로서 가정의 규모에 이상적으로 적합하다는 것을 강조한다.

표 9.4 다른 암석 형태에 따른 보어홀 열교환기 성능

암석 유형	열 전도도 (Wm/K)	특정 적출 비율 (Wm)	보어홀의 미터당 에너지 산출량 (kWh/m/a)
단단한 암석	3.0	max. 80	135
굳지 않은 암석, 포화된	2.0	45~50	100
굳지 않은 암석, 건조한	1.5	max. 30	65

출처: Rybach and Eugster, 1998.

지하수의 존재가 전제조건이 아니기 때문에 이 기술은 거의 모든 곳에 적용시킬 수 있다. 매우 큰(MW 규모) 기관이나 상업 건물부터 작은 공익사업이나 공영주택까지 땅을 열의 원천으로 이용한 냉/난방을 적용할 수 있다. 이 기술은 이산화탄소 배출을 최고 40%까지 감소시킬 수 있다. 만약 비화석 연료로 공급되는 전기가 히트펌프를 구동해 건물 난방과 냉방을 한다면 어떠한 이산화탄소 배출도 없을 것이다.

이 개념은 미국과 유럽에서 독자적으로 개발되었다. 북반구(북아메리카, 유럽, 중국)에서 활용되었지만 용량이 커지면서 15년 전보다 20% 증가했다. 이는 12 kW_t급 300백만 대가 설치된 것으로 예상된다(보통 미국과 서유럽의 단독주택에 설치).

최근 미국에서 물을 공급받을 수 없는 큰 복합건물에 냉난방을 제공하기 위해 깊은

Box 9.5 태양열 또는 지열?

문제는 주로 GSHP가 정확히 지열의 장치인지 태양열의 장치인지를 묻는다. 그에 대한 대답은 열 교환기 루프의 형상에 의존하게 된다. 땅 아래 약 100 m에 위치한 열 교환기와 이 장에서 논의된 모든 GSHP는 '보어홀'의 일종이고 이는 진정한 지열 시스템이다. 또 다른 종류의 GSHP가 있지만 그것은 단지 그라운드 코일을 표면 아래에 파묻은 배관으로 수평의 루프를 사용한다. 후자에 설명된 GSHP는 하루하루 받는 태양열로부터 에너지를 발생시킨다. 그렇기 때문에 설치비는 저렴하지만 그 성능은 태양열의 입력에 따라 계절마다 변화하게 된다.

이러한 성능의 차이는 토양의 낮은 열전도율에서 발생한다. 매일 또는 계절의 변화에 따른 태양열의 입력으로부터의 열 파동은 매우 천천히 통과되고 실질적인 목적을 위한 15~20 m 이상의 깊이에서는 열 파동이 사라진다(그림 9.11). 깊은 깊이에서 온도는 지구열역학적인 열 유동에 의해 거의 완전히 지배받게 된다(국부적으로 지하수의 흐름에 의해 영향을 받는 곳은 제외). 만일 이 시스템이 정확하지 않다면 재충전을 한 후 매년 지중 온도가 감소하는 결과를 볼 수 있다.

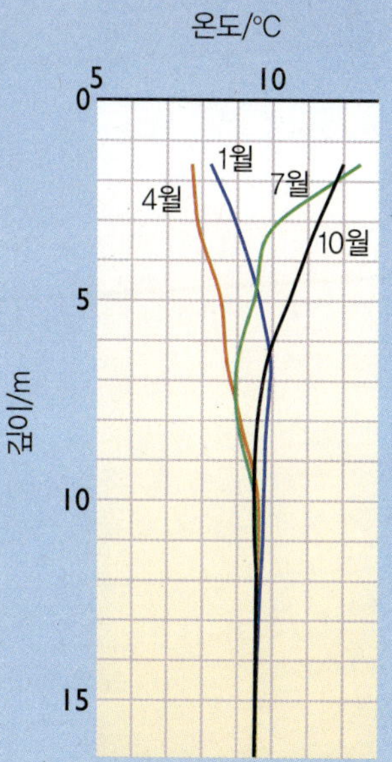

그림 9.11 • 북유럽에서 1년 중 각 기간 동안 깊이에 따른 땅의 온도(출처:Sanner, 2001).

깊이의 지열을 이용한 몇 개의 대규모 설비가 설치되었다. 현재까지 가장 큰 발전은 Louisiana 미군 기지에 있는 각각의 보어홀과 더불어 4,000개의 구성 단위를 가지는 것으로 냉난방을 위해 설치되었다. 이전 설비와 비교했을 때 최대 전기 수요는 6.7 MW_e정도 떨어졌고 가스 절약은 2.6 TJ/y에 달하며 수리요청 전화는 여름에 매일 90통에서 거의 0으로 떨어졌다.

영국은 이러한 추세를 따르기엔 늦었지만 1990년대 중반부터 2009년까지 성장이 빨랐다. 그들이 무엇을 말하는지 알리기 위해 지반 컨설팅 그룹은 1996년부터 이 방법으로 사무소를 가열하고 있다. 1998년 네 개의 시추공 시스템은 25 kW 가역 열 펌프를 사용해 건물을 냉각, 온수, 난방을 시실리섬의 세인트 메리의 신규 건강센터에 공급하였다. 아마도 12,000~15,000개가 작동중일 것이다. 유닛이다. 다음과 같이 2010년 후반의 상황은 정리되었다;

> 매우 낮은 수준에서 시작해 연간 약 3,000~5,000개가 설치 될 것이다. 이들 중 소수는 큰 규모의 오픈 루프 시스템(~ 500 kW~2 MW)이고 대부분은 폐쇄 루프 시스템이다. 이 범위의 크기는 주택의 가열을 위한 3.5 kW에서 난방과 냉방을 위한 수 MW 까지 다양하다. 이 활동의 주요 동인은 전통적인 방법에 비해 전체 탄소 배출량의 상당한 절감을 제공 할 수 있는 GSHP를 영국의 송배전방에 연결하는 것이다. 이 방안의 개선을 통해 탄소 집약도가 높은 영국의 전력 생산 방법에, GSHP는 더 많은 이산화탄소 배출감소를 가능하게 해준다는 것이다.
>
> (Batchelor et al., 2010).

GSHPs를 활용하는 주요 동인은 가열 및 냉각 시스템으로부터의 이산화탄소 배출을 감소시키는 것이라는 것을 강조할 필요성이 있다. 지금 영국(EEHP, 2005)에서 시추공의 성능계수—n—는 성능(COP)의 계수에 따른-전기적 입력에 열 출력의 비율- 3~4.5의 범위로서 이산화탄소 절감은 상당하다.

강화 된(또는 조작) 지열 시스템

모든 종래의 지열 시스템(GSHP 제외)은 열을 얻어내고 표면으로 열을 가져오기 위해 암석을 통해 순환하고 있는 물을 사용한다. 그러나 좋은 대수층에서조차 열의 90% 이상이 물보다 바위에 더 많이 포함되어 있다. 더욱이 아무리 좋은 암석이라도 대다수는 투과율이 낮고 개발 가능한 지열의 저장소(reservoir)는 거의 드물다. 반면에 열은 어디에나 존재하고 접근 가능한 구멍(7,000 m에 이르는 깊이)의 깊이 내에 저장된 에너지의 양은 엄청나다. 만약에 암석 1 m^3(지열 저장소의 규모의 단위) 당 1°C가 식혀지면 석탄 70,000톤과 동등한 에너지를 제공할 것이다.

2006년(MIT, 2006) 미국 에너지부에 MIT가 보고한 보고서에 따르면(알래스카, 하와이 및 옐로스톤 국립공원 제외) 미국 대륙의 여러 깊이에서 추정된 총 열 에너지는 1,300만 exajoules(13×10^{24} Joule)이었다: 이에 비해 미국에서 연간 총 에너지 소비는 약 100 exajoules이다. 이 자원의 단지 작은 부분이 개발 될 가능성이 있더라도 이러한 에너지 자원의 잠재력은 무시할 수 없다.

이 상황은 미국에만 국한되지 않는다. 전 세계적으로 약 200°C 온도는 대륙에서 쉽게 얻을 수 있다. 만일 이 저장된 열이 개발된다면 그것은 거의 모든 국가에 고유 자원이면서(실질적인 목적을 위한) 재생할 수 있는 자원으로부터 전기를 생성할 수 있는 기회를 주는 것이다. 이 자원을 활용하는 방법을 찾아내기 위해 많은 국가가 과거 40년 동안 350만 달러 이상을 사용했다.

생산 및 주입 시추공의 익숙한 개념은 시스템 설계의 기초를 제공하지만 여기에 상대적으로 단단한 결정암석을 수백 미터 떨어진 곳까지 뚫어야 한다. 원칙적으로 물은 첫번째 구멍을 통과하고 암석으로 부터 열을 획득하고, 두 번째 시추공을 통해 표면으로 올수 있어야한다. 근본적인 문제는 2절에서 언급 한 바와 같이 암석의 낮은 열 전도성과 일정 깊이에 도달할 때까지 필요한 보어홀의 높은 비용을 충당하기 위해서는 이에 따른 충분한 양의 에너지를 추출해야하므로 몇 km^2에 다다르는 열전달 면적이 필요하다. 현재 이 수치를 달성하는 실질적인 유일한 방법은 자연을 이용하는 것이고 대부분 깊은 곳에 위치한 암석은 광범위한 자연 균열 네트워크를 지닌다는 점을 활용하는 것이다. 원칙적으로 적합한 열 교환 표면은 이러한 기존의 균열을 개방함으로써 생성 될 수 있다.

그러므로 요점은 시추공 간 물의 흐름을 유용하고 제어 가능한 지원을 위해 균열 네트워크를 관리하는 방법을 학습하고 있다. 이것은 수력 균열(hydro-fracturing)

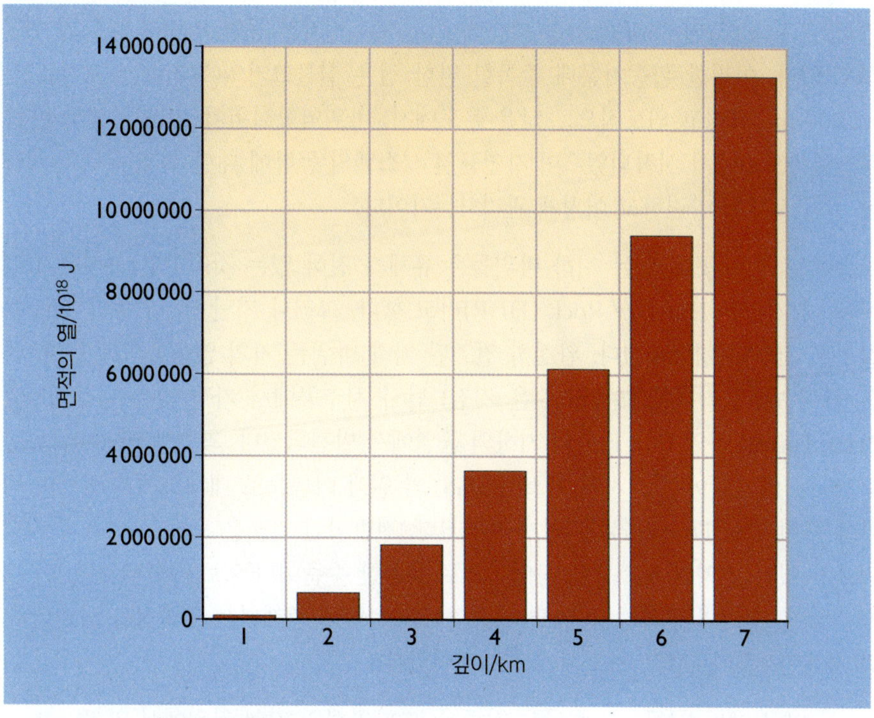

그림 9.12 • 알래스카, 하와이 및 옐로스톤을 제외하고 미국 대륙 아래 다양한 깊이의 장소에서의 전체 열 (출처: adapted from MIT, 2006).

로 알려져 있는 석유 산업 기술을 사용해 암석에 균열이 생성 될 때까지 보어홀의 아래에서 압력을 증가시켜 물을 퍼 올리는 것이다. 이 분야의 진보적인 발전은 각각의 암석 위를 옮겨가면서 소리를 듣고 암석 표면의 위치를 찾는 것인데 이것은 미소지진(microseismic) 모니터링으로 알려져 있다.

만약에 두 번째 보어홀이 이미 뚫려 있다면 첫 번째 지역과 함께 연결하기 위해 홀에 충격을 반복하는 것이 필요할 수 있다. 두 번째 보어홀은 첫 번째 보어홀의 충격 이후에 충격지역을 가로지르게 파질 수 있다. 그렇게 함으로써 균열 시스템을 통한 폐회로 물 순환이 생성된다. 물이 최소 저항으로 시스템을 흐르게 하기 위한 비결은 각각의 보어홀에서의 주입 상태를 제어하는 정확한 방법을 습득하는 것이다. 충격지역 주위의 각각의 구멍은 물 손실을 줄이기 위해 상호 연결되어야한다. 왜냐하면 물 손실은 펌핑 비용을 낭비한다는 것을 의미하기 때문이다(그리고 많은 지역에서 물 자체가 가치 있는 원자재이다). 물은 열 교환 터보 발전기 저장소를 통해 주입용 우물에 아래로 순환되고, 발전용 우물의 열 교환기와 열에너지를 전기에너지로 바꾸는 터보 발전기로 위로 순환하게 된다(저온 지역난방 계획 또한 고려 중이지만 높은 자본이 필요하기 때문에 열을 생산하기 위해서는 큰 지역 시장이 필요하다).

로스 알라모스 국립실험실(LANL)이 200°C와 300°C 이상의 온도에서 개발한 두 개의 시스템은 1970년대와 80년대에 뉴멕시코의 Fenton 언덕에서 선도 작업으로 실행되었다. 1979년에 60 kW ORC 발전기는 한 달 동안 작용해 봄으로서 Fenton 언덕 프로젝트는 원리를 증명했다. 작동 매개변수는 상업용 시스템에서 매우 필요한 것은 아니었지만, 필요한 기술을 이해하고 개선하기 위해 많은 팀이(미국, 일본, 영국, 프랑스, 독일 그리고 가장 최근에 스위스) 이 기간 동안 밀접하게 함께 연구하고 있다. 이러한 활동가운데 주목할 만한 점은 실물크기의(그러나 비교적 얕은 −2,000 m−그리고 의도적으로 낮은 온도에서) 바위역학실험이 1975년 영국 콘월, 로스알라모스에서 시작되었으며 자연균열 시스템의 동작에 대한 현재 우리의 이해를 위한 토대를 마련하고 어떻게 관리하는가이다.

처음에는 깊은 곳에 있는 지하 바위들은 유체가 전혀 없는 것이라고 가정했기 때문에 이 기술은 Hot Dry Rock (HDR)라고 했다. 그러나 지난 몇 년 동안 'Dry'는 잘못된 것임이 명백해졌다: 완전히 건조된 지하 바위는 거의 없음을 입증했다. 물은 콜라 반도, 러시아(15 km 깊은 지점) 탐사 시추공에서 가장 깊은 수준에서와 Black Forest, 독일 (>8 km)의 지하의 균열에서 발견되었다. 최근에 이 용어는 '강화'(또는 '엔지니어링'), '지열 시스템(EGS)'의 원래 이름으로 대체하게 되었으며 덕분에 구어 'Hot Dry Rock'는 쉽게 사라졌다. 전반적인 기술은 크게 '생산을 유지할 필요가 있는 임의의 시스템은 상업적으로 유용한 수준이다'으로 정의되었다. 이 재정은 낮은 수지의 투과성 및 지열 기술의 스펙트럼에 존재하는 연속성을 강조한다. 더 자세한 정의는 MIT 보고서에 제시되어있다;

> 미국 에너지부는 크게 낮은 침투성 및 다공성의 지열 자원에서 열 경제적인 금액을 추출하기 위해 생성된 설계 저수지 지열 시스템(EGS)

> 을 강화를(또는 조작) 정의했다. 이 평가를 위해 우리는 상업 생산에 있지 않은 자극 또는 개선을 필요로 하는 모든 지열 자원을 포함하는 이 정의를 적용했다. EGS는 고급 열수를 포함하지 않으나 지배 전도, 퇴적 및 지하 구조물에서의 낮은 투과성 자원뿐만 아니라 지리적 압력, 마그마 그리고 낮은 수준의 비생산적인 열수 자원을 포함 할 것이다. 또한 우리는 단기간에 개발 될 수 있는 틀에 얽매이지 않는 EGS 자원 유형으로 석유와 가스 생산으로부터 뜨거운 물을 공동 생산할 수 있으며 가능한 더 고전적인 EGS 착취에 대한 첫 번째 단계를 제공했다.
>
> (MIT, 2006, p. 1.10).

주로 연구에 포함된 국가는 1980년대와 1990년대에 걸쳐 함께 긴밀하게 협력했다: 이런 유형의 연구는 돈과 전문 지식 모두 큰 요구를 하게하고 일반적으로 적용 가능한 기술을 증명해야하는 것을 목표로 하기 때문에 국제 협력이 이상적으로 될 수 있다. 이 논리에 따라 1980년대에 유럽위원회의 지원으로 영국, 프랑스, 독일의 여러 팀은 상부 라인 계곡에 Soultz-sous-Forcts에서 하나의 실험 사이트를 개발하기 위해 자원을 지원하기로 합의했다. 목표는 콘월의 네트워크에서 파생된 결과를 구현하는 것이었다. 그러나 그곳의 깊은 곳의 온도가 더 높을 것으로 예상했다. 알고 보니 깊은 곳에서의 온도는 콘월의 온도와 유사했지만, 결국 프랑스의 국가에 전력을 제공하기 시작함으로써 EGS 개념의 실용성을 입증(three-well system)했다.(Box 9.6 참조).

앞서 언급한 바와 같이 이산화탄소 배출과 화석 연료에 대한 의존도를 줄이기 위해 최근 몇 년 필요성을 강조해왔으며 이러한 화석 연료에 대한 의존도는 지열 자원을 개발하기 위한 노력을 강화하는 국가의 숫자를 증가시켰다. 이 중 주목할 만한 곳은 독일과 호주이다. 독일은 로스알라모스에서 작업 초기 시절부터 EGS 연구에 참여하고 있다. 하지만 다음과 같은 Soultz에서의 작업 경험은 국내에서 기술을 적용하기 시작했다. 최초의 상용 EGS 시스템은 도시에 열과 전력을 모두 제공하기 위해 약 50 km 떨어진 지점 Soultz의 Upper Rhine Valley, Landau에 설치되었다. 그것은 약 2,700 m의 깊이의 두 개의 우물 시스템으로 초당 70 l 의 160°C 물을 생산할 수 있다. Landau 발전소는 2007년 11월에 개통되었으며 그 이후 약간의 유지보수 작업을 제외하고 지속적으로 운영하고 있다. 그 발전소는 약 3 MW_e 혹은 약 4 MW_e를 제공 할 수 있다.

아마도 지난 10년간 지열 분야에서 가장 놀라운 입문 국가는 호주이다. 이전에는 호주 지각의 나이를 고려한다면 온도가 너무 낮을 수 있다고 간주되었지만, 2000년 이후 모든 것이 바뀌었다: 연방 정부의 지원과 함께 모두 법률과 경제적인 관점에서 지열에 대한 상업적 관심이 폭발하였다. 2011년 초에 약 56개 기업이 418 지역에 탐사 라이선스를 보유하고 있었다(그림 9.15). 주로 잠재적인 EGS 기술에 대한 관심을 가졌지만, 남서부와 북동쪽에서는 고온의 대수층도 관심의 대상이 되었다.

Box 9.6 The EGS site at Soultz-sous-Forêts

Fenton 언덕과 같은 Soultz현장은 결정질 기반암 위에 1,000 m의 퇴적암은 담요 효과 주는 이익을 얻었다. 침전물을 통한 지열의 변화는 평균 0.08~0.1 C/m를 나타내고 결정질 기반암에서는 0.028 SIM 0.05 C/m 아래로 떨어졌다. 기반암의 일정한 깊이에서 온도는 남서부 영국의 화강암보다 높다. 프랑스, 독일, 영국, 이탈리아 그리고 스위스의 팀은 2개의 깊은 보어홀(>3800 m, 170°C)을 450 m 간격으로 위치하도록 했고, 5,000 m에 보어홀 한 개, 미소지진 모니터링 시스템(그림 9.13)을 위해 사용한 몇 개의 얇은 보어홀을 뚫어 함께 연구 했다. 지질학적으로 Rhine Graben 위에 위치한 현장은 E-W방향의 장력에 의해 표면이 늘어났고 화강암 지반층이 가라앉게 되었다. 기반층은 심하게 균열이 가고 심지어 미량의 유체가 흐르게 되었다.

활동한지 15년 후에 유럽위원회에 의해 구성되고 부분적이 연구비를 받은 Soultz 프로젝트는 HDR 기술 발전에 세계적인 리더로서 인정받게 되었다. 압력과 충격 유체의 밀도의 제어에 의해 충격 받은 구역이 수직방향으로 발달하도록 한다는 것을 보여주기 위해 반대 방향으로 2개 이상의 보어홀이 기존 배열에서 벗어나도록 했다. 1997년말 3.5 km 깊이에서 균열 시스템의 수력 충격과 몇 년의 테스트 후 4달 동안의 순환 테스트가 이루어졌다. 25 kg/s의 물은 2개의 깊은 우물 사이에서 지속적으로 순환되었다.

폐루프에서 그 시스템은 열교환기를 경유해 생성된 열을(ca. 10MWt) 버리면서 작동 했다. 총체적인 손실 비율은 0이거나 보충수를 필요하지 않았다. 이와 같은 2개의 우물 시스템에서 down-hole 펌프를 생산용 우물에서 사용해 하부면 압력을 바꾸어 주입 우물에서의 손실이 자연적인 본래 유입 유체에 의해 균형을 잡을 수 있게 함으로써 이런 결과가 가능했다. 추적 물질을 주입된 유체에 첨가함으로서 순환이 발생하고 있다는 것을 증명했다. 재주입이 멈추게 되었을 때 생산도 매우 빠르게 감소했다. 이 두 관찰을 통해 이것이 올바른 HDR 시스템이라는 것을 증명했다. 이와 같은 중요성은

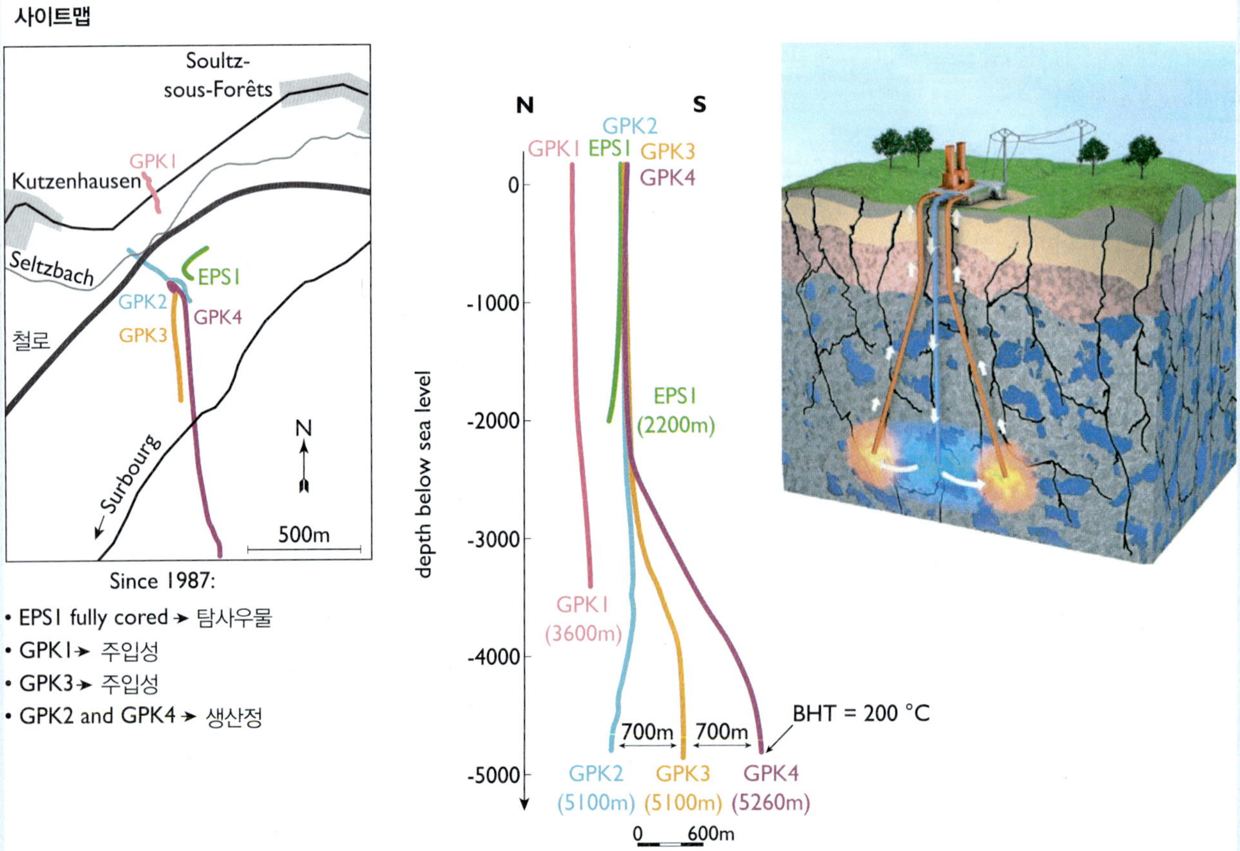

그림 9.13 • Soultz의 우물들 배열(출처: Genter et al., 2009).

이전의 어떤 프로젝트보다도 목표에 가깝게 총체적인 시스템 임피던스가 0.2 MPa/l/s미만이라는 것을 발견했다. 지난 20년 동안 발전되어온 협력적인 연구의 이해를 기초로 자연적인 시스템의 세심한 자극에 의해 이러한 결과가 달성되었다(EGS 개발을 위한 대상 매개 변수는 나중에 설명하는 표 9.6에 요약되어있다).

이 성공에 따라 그것은 파일럿 플랜트/개념 증명 단계를 계속하기로 결정했다. 저장조의 흐름 분포를 개선하기 위해 세 개의 우물 시스템 중 두 개의 우물은 단일 인젝터의 측면에 위치하도록 디자인 되어 있다. GPK2는 깊게 위치해 있고 GPK3 와 GPK4는 약 5,000 m 아래에 온도가 200°C인 지점에 구멍을 뚫었다. 우물은 바닥에서 700m 간격으로 구멍에 위치했다. 우물 사이의 균열 영역의 자극 후 1.5 MW_e ORC의 터보 발전기를 설치했다. 첫 번째 전원은 2008년 6월에 생산 되었고 유도의 지진에 대한 예방 조치로 낮은 초기 유량(<35 l/s)에도 불구하고 지속적인 생산은 2011년 1월에 시작되었다(Box 9.7 참조).

그림 9.14 • Soultz-sous-Forets의 EGS 단지.

2011년까지 AU$ 671,000,000(US$ 663,000,000) 이상으로 지구 물리학 조사, 시추, 저수지 자극과 흐름 테스트를 위해 지출했던 것으로 추정했다. 2015년까지 개념을 증명하기 위한 지열 프로젝트에 대한 투자는 AU$ 3,227,000,000(US$ 3,187,000,000)를 초과 할 것으로 예상된다. 다른 나라와는 달리 이 자금의 상당 부분은 기업과 개인 주주가 제공했다.

가장 진보 된 EGS 프로젝트는 쿠퍼 분지에 Geodynamics사에 의해 개발되고 있다. 이 지역에서 Geodynamics사는 세 개의 필드(하바네로, Jolokia 및 사비나)를 탐험하고 자원의 정도를 평가하는 목적으로 화강암에 3,800~5,000 m의 깊이의 총 다섯 개의 우물을 뚫고 있다. 2009년 개념의 증명은 순환 테스트를 통해 4,400 m의 깊이에 자극 수평 균열 네트워크를 통해 하바네로 #1과 #3 의 흐름을 확인할 때 입증되었다. 추가적인 구멍 뚫기는 25 MW_e 급의 상용설비의 위치를 확정하기 전에 수행되어야하며, 이의 건설은 EGS 기술이 비용 효율성이 있음을 증명

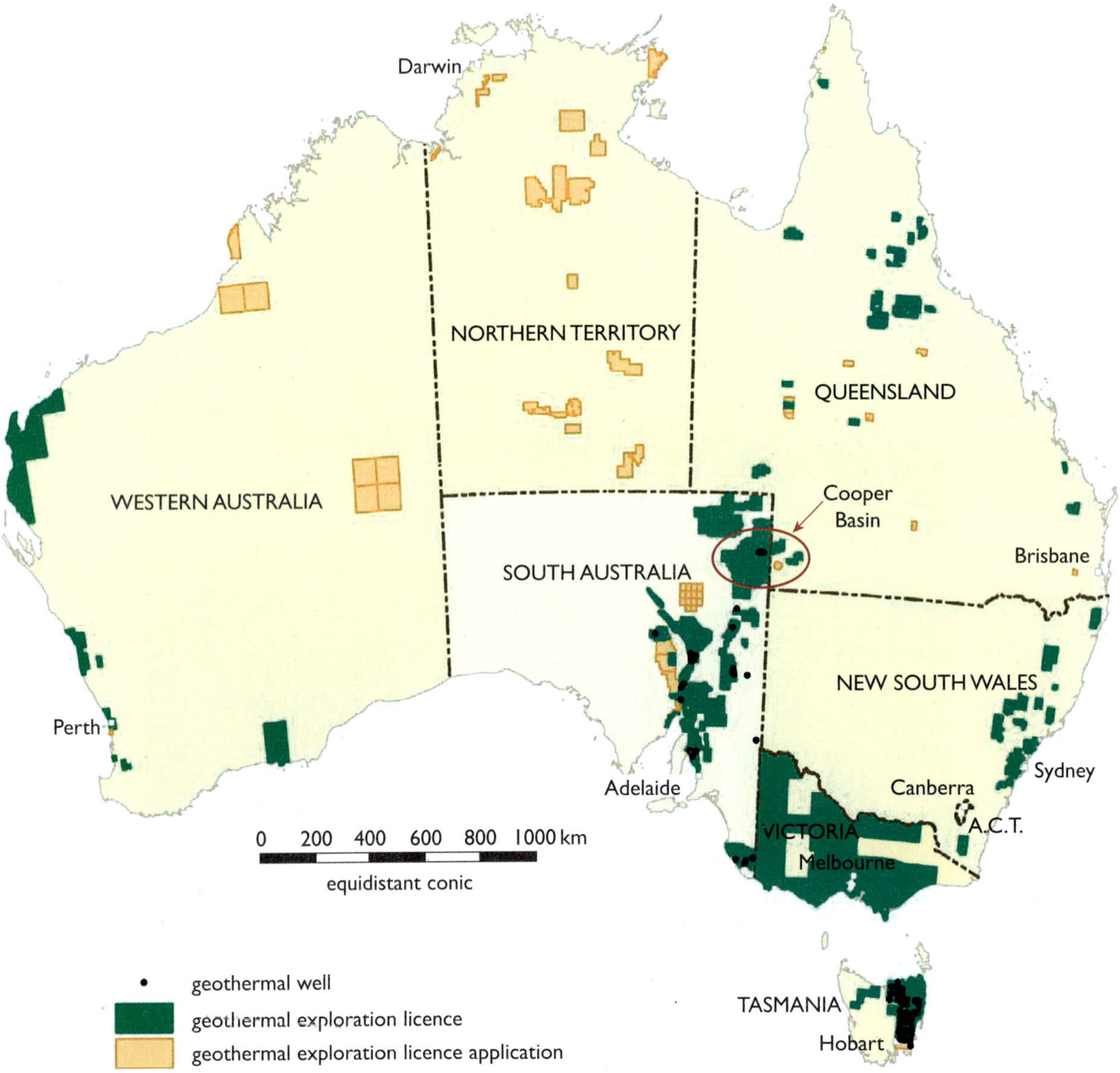

그림 9.15 • 2011 년 호주의 지열 탐사(출처:Goldstein et al., 2011).

하기 위한 것이다. 2012년 사업자들은 25 MW_e CDP의 지열 발전소를 시운전 할 전망이다.

9.5 환경에 미치는 영향

지열에너지 이용에 있어서 우물을 시추하는 동안의 소음 공해와 구멍을 뚫고 난 후에 나오는 침전물을 처분하는 것이 필요하므로 장소 선정은 매우 중요한 환경적 요소이다. 또한 우물 테스트가 진행되는 동안 소음은 증기가 새어 나갈 때 고엔탈피 지열 지역의 중요한 요소이지만 필드에서 일단 생산이 시작되면 소음의 정도는 다른 형태의 발전소의 소음 크기를 능가하게 된다. 부지가 개발되는 동안 사고는 드물지만 1981년 과테말라 Santiaguito 화산의 측면인 Zumil 지열 현장에서의 사고는 주목할만한 예외적인 사항이다. 이 사고는 수백 톤의 암석, 진흙 그리고 증기들이 대기 중으로 내뿜어졌다. 이것은 발전소 지반이 무너져서 발생한 것으로 보인다.

지열 생산의 장기적인 영향은 지반 침하, 지진을 유발하고 가장 중요한 점은 대기의 오염에 영향을 미친다. 저장소 압력이 비교적 낮고 암석이 튼튼한 건조 증기 필드에서의 침하는 드물다(간헐천과 Larderello와 같은 곳). 그러나 액체가 지배적인 시스템에서 예를 들어 부적합한 유체 재주입으로 인해 높았던 압력이 크게 감소하면 보통 mm에서 cm 크기로 침하를 유발할 수 있다. 재주입 없는 초기 개발의 결과로 최대 3 m의 침하가 발생했지만 저장소 압력 저하는 고엔탈피 지역에서 일반적으로 생기는 것이며 지역 관광 산업에 있어서 중요한 자연적 간헐천에 부정적인 영향을 줄 수 있다. 그런 이유로 인해서 일본에서는 전력 생산 개발에 대해 규제가 심하게 이루어졌다.

지열 생산으로 인한 오염물질은 주로 불응축 가스에 한정된다. 매우 적은 양의 수소황화물(H_2S) 또는 황이산화물(SO_2), 수소(H_2), 메탄(CH_4) 그리고 질소(N_2)와 더불어 이산화탄소(CO_2)가 발생한다. 또한 생산된 물에서는 용해된 실리카, 중금속, 나트륨과 염화칼륨 그리고 때때로 탄산염이 저장소 깊이에서 자연적인 물-암석 상호작용의 성질에 따라 발생하게 된다. 하지만 요즘에는 이것을 대부분 재주입해 폐수 처리 문제를 해결한다. 전통적으로, 지열 필드는 수소황화물(H_2S)의 썩은 달걀 냄새로 인해 부정적인 평가를 받았다.

하지만 오래된 발전소에서 새어나오던 수소황화물과 다른 기체 형태의 오염물질이 감소함에 따라 지열 발전의 환경적인 영향이 최소화되고 있다. 현대의 발전소들은 수소황화물(H_2S)을 저장하고 제거하기 위해 정교한 화학 시스템을 갖추었다. 흥미롭게도 간헐천 필드 위의 대기 중 수소황화물(H_2S)보다도 낮다. 그럼에도 불구하고 환경을 오염시키는 지열 시스템이라는 이미지로 인해 몇몇 새로운 개발을 더디게 만들었다. 예를 들면 환경 법률 개정으로 인해서 코스타리카 북부 우림보존지역의 주위에 위치한 Miravelles 발전소의 완공을 4년 동안 지연시켰다. 필리핀 Mindanao 섬의 Apo 산 프로젝트는 사회 및 환경 문제로 인해 세계 은행과 아시아 개발 은행에 의해 거절당했다. 그 프로젝트를 반대하는 사람들은 숲 111 ha와 28개의 강이 오염되며 국립공원이 파괴될 것이라고 주장했다.

상당히 중요한 온실효과 가스 물질인 이산화탄소의 방출은 약간 더 복잡하다. 지열 저장소는 종종 상당한 양의 이산화탄소(CO_2)를 발생시킨다. 그래서 발전소에서 기대했던 것보다 이산화탄소의 발생량이 높을 수 있다. 반면에 지열발생지의 개발은 종종 자연적인 방출량을 줄인다. 그로 인해 얻을 수 있는 이익을 떠나 국제지열협회(IGA, 2002)에 의해 수행된 최근의 연구는 현재의 발전소로부터 이산화탄소(CO_2)의 방출이 kWh 당 4~740 g까지 폭넓게 변화한다는 것을 보여주었다. 평균 이산화탄소(CO_2) 방출량은 kWh 당 122 g이다. 전형적인 화석연료 발전소의 이산화탄소(CO_2) 방출 비율은 최신식 천연가스 복합 사이클에서의 kWh 당

400g으로부터 가장 좋은 석탄 화력 발전소에서의 kWh 당 900 g까지이다(10장 참조).

유도지진 활동도

기존의 지열 사이트 주위에 유도된 지진 활동의 문제는 많은 논란이 되고 있으며 높은 엔탈피 시스템의 경우 대부분의 증기 필드가 있기 때문에 판의 경계와의 근접 구역은 자연 지진이 발생하기 쉬운 지역에 있는 것을 인식해야한다. 특히 유체 분사는 재주입이(주로 유체 처리 강도 이유로) 생산 대수층과 같은 깊이에 있지 않아 작은 지진(마이크로 지진 활동)을 생성, 균열 압력 증가, 윤활이 있다는 증거가 있다(주로 유체 처분의 이유). 그러나 재주입이 저수지의 압력을 유지하도록 설계한 경우 지진 활동에 따라 크게 지열 생산이 증가하지 않는다.

재주입이 단지 저수지 압력의 자연적인 수준을 유지하고 기존의 낮은 엔탈피 시스템에서 유도 지진은 드물거나 부재이다.

다른 한편으로 EGS 시스템에서 주입은 높은 압력에서 발생하고 유도된 지진 활동은(Box 9.7 참조) 적어도 프로젝트 개발 단계에서는 일반적이다. 유도 활동의 대부분은 오직 도구를 써서 감지하고 있지만 종종 표면에서 느낄 수 있을 정도로 크다. 이것은 심각하게 발전을 저해 할 수 있을 정도로 대중적 우려의 증가를 제공하고, 다국적 연구 프로그램은 이러한 효과를 이해하고 최소화하기 위해 장착되어 있다.

9.6 경제성과 세계 잠재력

국제적인 관점에서 지열은 가장 중요한 재생에너지 자원 중의 하나다. 이러한 측면에서 지열의 장점은 하루 24시간 단위로 예상해 전력을 안정적으로 제공할 수 있다는 점이다. 표 9.5는 높은 수용능력과 이용 가능성의 요소를 나타내는 몇 가지 전형적인 고엔탈피 발전소의 능력을 보여준다. 이러한 높은 자원 이용가능성은 지열

표 9.5 일반적인 지열 발전소의 성능

	이탈리아 60 MW	이탈리아 20 MW	일본 50 MW
년도	1999	1999	1/4/97~31/3/98
설치된 능력(MW_e)	60	20	50
최대 부하(MW_e)	55	17	48.3
연간 생산 전력(MWh)	462,845	142,248	361,651
발전소의 가동 시간	8,748	8,483	8,112
부하율(%)	96.1	95.5	85.5
이용률(%)	99.9	96.8	92.6

출처: IGA, 2001.

Box 9.7 EGS 프로젝트에서 유도 지진

유도 지진은 거의 기존의 지열 발전에 문제가 없었다할지라도 EGS 프로젝트 맥락에서 훨씬 더 큰 중요성을 가정하고 있다. EGS의 일반적인 대상이 되는 단단한 결정 바위에 응력장은 변함없이 이방성이다. 즉 세 가지 주요 응력(세 개의 직교축을 따라 해결되는 응력장)은 다른 규모이다. 이것은 정확하게 응력장과 정렬되지 않은 균열 면이 슬립 하는 경향이 있다는 것을 의미한다. 자연 파괴를 자극 EGS 기술은 폐쇄를 유지하는 힘이 감소하고 두 표면이 서로를 지나 미끄러질 수 있다. 균열은 항상 거칠게 되므로 균열의 폐쇄와 같은 정렬불량은 이것을 내놓고 유지하는 경향이 있으며 이는 자극의 기초이다. 일반적으로 밀리 정도의 균열의 미끄러짐은 실제로 마이크로 지진이며 이러한 현상에 의해 생성된 노이즈를 찾아야한다. 자극의 진행을 추적하는 데 사용되는 주요 도구 –미세지진활동–이다. 일반적인 자극 작업은 사실상 그들 모두 지금까지 인간의 지각의 임계값 이하로 수천 수만 마이크로 지진을 발생한다.

하지만 지진 진동은 때때로 자극하는 동안 표면에서 검출 될 정도로 크지만 우물이 폐쇄되었을 때 더 많이 발생한다. 일반적으로 Soultz의 자극 절차를 적어도 3 이상의 국지 규모에서 모두 5가지 events까지 결과를 나타냈다. 이 크기의 events는 물질적 손상 – 그들이 통과하는 무거운 트럭의 효과와 유사하다 –하지만 그들은 지역 주민에게 경보를 일으킬 수 있는 가능성이 매우 높다.

이것이 오히려 실제 문제보다 인식의 문제가 될 수 있지만 대중의 인식은 유렵과 미국에서 EGS 계획의 중요한 요소가 되고 있다(여기서 이미 지진 활동에 EGS의 간헐천 – 자체 재주입 영역–은 향상된 지진 활동의 결과이다). Landau에서 작은 지진의 연속 – 지역에서 이미 낮은 수준으로 알려져 있지만 지속적인 지진 활동하는 – 은 지진활동 증가의 원인이 더 잘 이해될 때 까지 유량(따라서 출력)을 줄이기 위해 연산자를 엄수하라는 메시지가 있다.

더 심각하게 바젤, 스위스(그림 9.17)에서 제안된 EGS 프로젝트는 첫 번째 시추공에서 유압 자극 작업을 ML 3.4까지 여러 작은 이벤트를 트리거 할 때 더 심각하게 강요했다. 아무도 다치게 하지 않고 재료의 손상을 최소화했지만 여론의 압력으로 프로젝트의 포기를 강요했다.

EGS 시스템의 발전을 목표로 하는 조직과 기업은 이 문제의 심각성을 인식하고 있다. 그것은 잘 유도된 지진은(아마도 중요한 자연 지진 활동의 역사를 가진 그 지역 제외) 생명이나 재산에 대한 실제 위협이 그 어느 때 보다 높을 수 있지만 부정적인 여론은 진짜 명연기라는 것을 입증 할 수 있다. 그 이유에 대해 유도지진이 산발적으로 발생하는 이유와 event의 '느낌' 등을 최소화하거나 제거하는 방법을 고안해 이해하는 것을 목표로 진행 하는 다국적 연구 프로그램이 있다.

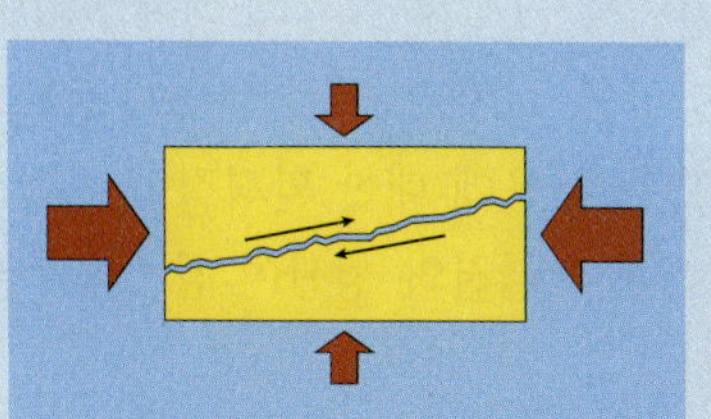

그림 9.16 • 불균일한 응력장을 유발하는 균열의 개략도.

그림 9.17 • Basel의 EGS 설치.

을 다른 재생에너지들과 구별되게 하고 많은 양의 에너지를 주어진 설치 수용량에 제공 할 수 있게 해준다.

기존 발전 설비량이 연간 0~3% 증가 할 때 1970년대 초반의 오일쇼크 사태로 인해서 매년 대략 14% 정도 지열 발전 설비량이 급상승하게 되었다. 유가의 안정세로 인해 1990년 초반에는 연간 약 8% 정도 지열 발전 설비량이 감소하게 되었고 전력 마켓의 자유화로 인해 천연가스의 값이 하락하면서 1990년대에는 3% 정도까지 감소하게 되었다. 이런 경향은 현재에는 화석연료 사용에 대한 환경적인 관심으로 인해 반대로 흘러가고 있다. 이런 경향으로 인해 간헐천의 생산이 감소했지만, 최근에는 연간 10%에 근접했다.

이러한 경향은 시추의 발전, 연구 그리고 변환 기술이 도입됨에 따라 계속되고 있다. 간헐천 영역을 위한 데이터는 복잡하게 구성되어 있으며 이미 언급된 생산 문

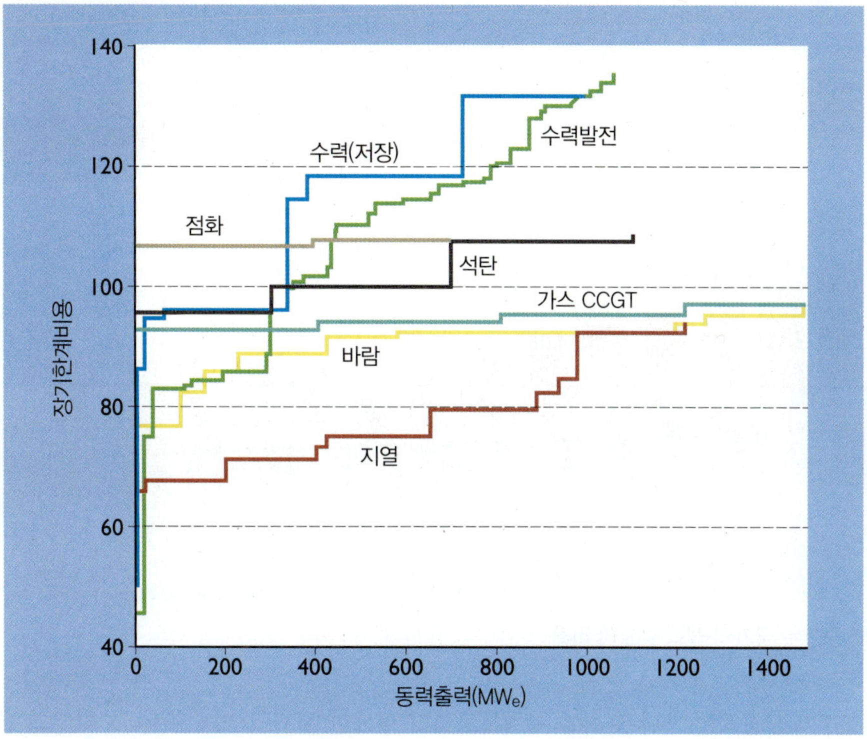

그림 9.18 • 뉴질랜드에서 건설발전 비용(출처: Harvey et al., 2010).

제와 재주입을 개발할 필요가 있기 때문에 자본 비용이 추가로 투입되었다. 그럼에도 불구하고 지열발전에 대한 개발 분위기는 계속 발전하는 것으로 생각되고 있다. 예를 들어 뉴질랜드는 1990년대에 전기산업이 민영화되면서 현재 다른 연료인 수력발전과 동등한 조건으로 경쟁해야 하는데 새로운 민간소유의 55 MWe급 발전설비가 1996년에 두 번째로는 1999년에 그리고 몇몇은 2003~2010년 기간 동안 제작되었다. 가장 오래된 거의 50년 동안 사용된 발전 장비도 업그레이드되고 있다. 경제 발전의 역사(그림 9.18)의 최근 연구는 지열은 현재 가장 경쟁력 있는 새로운 건축 옵션으로 나타났다(Harvery et al., 2010).

여러 사업자 사이에서 연구 결과와 R&D 비용을 공유하는 것은 목표를 달성하기 위한 필수 요소이다. 손익분기점을 넘기는 것에 있어서 고엔탈피 자원의 명백한 경제적 이점은 특히 중앙, 남아메리카 국가의 지열 발전에 대해 세계은행과 같은 국제적인 기관의 투자를 자극했다. 그러나 아마도 일반적으로 얻는 가장 큰 경제적인 장점은 매년 1억 배럴의 석유를 이미 절감했다는 것이다.

비록 몇몇 고엔탈피 지역에서 지열 자원은 중요한 기여를 하고 있지만(예를 들어 케냐와 엘살바도르의 에너지 사용의 30%, 필리핀의 21%, 뉴질랜드의 10%), 2010년 지열 발전의 총량(약 67TWh)은 전 세계 전기 소비의 단지 약 0.32%일 뿐이다(그림 9.19). 아직 화산 활동이 활발한 나라의 장기적인 잠재력은 매우 높고 기술적인 발전이 이루어짐에 따라 현실화될 것이다. 먼저 언급된 EGS 기술의 개선은 고엔탈피 자원이 부족한 나라일지라도 잠재력을 급격하게 증가 시킬 것이다. 이론적으로

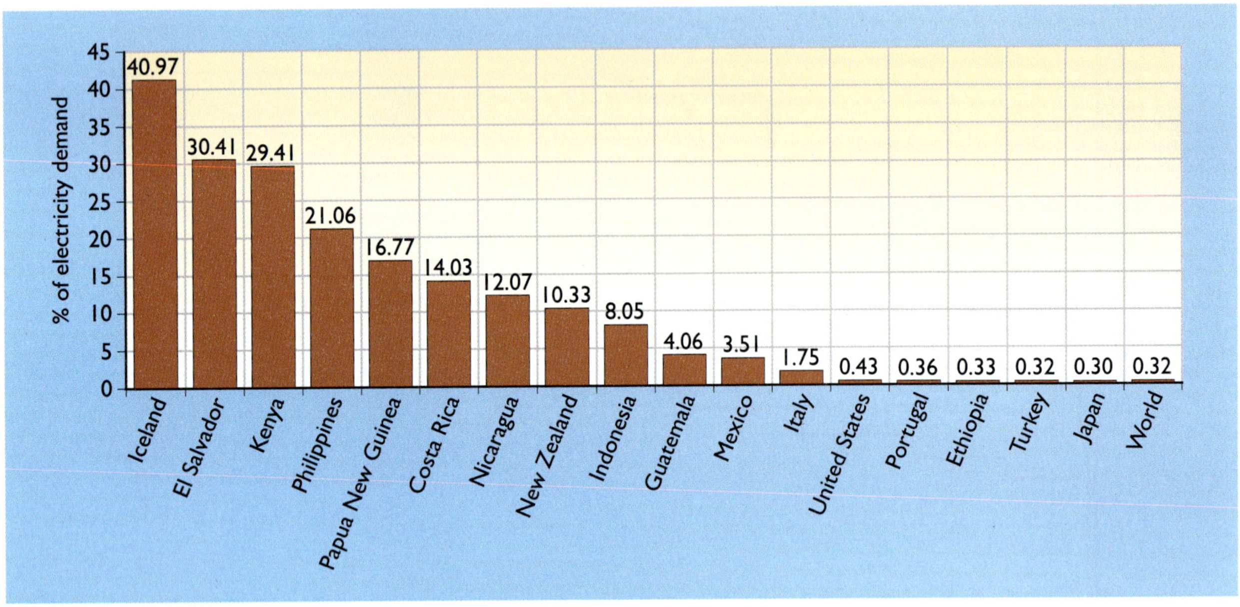

그림 9.19 • 2010 년 지열에너지에 의해 공급된 국가의 전력 수요의 비율.

EGS의 성공적인 개발은 지열 자원으로부터 필요한 전력의 10% 또는 그 이상의 발전을 일반적인 지역에서 얻을 수 있다.

이 제안을 지지해 2011년 중반 국제에너지협회에서 'Technology Roadmap for Geothermal Heat and Power'(IEA,2011)을 출판했다. 이 로드맵은 2050년에 지열 전력 발전이 세계 전력 생산의 약 3.5 %에 해당하는 연간 1,400 TWh 에 달할 것이라고 예상했다. 지열은 2050년 까지 매년 5.8×10^{18} J를 기여 할 것으로 예상했다. 낮은 품질의 지열 자원의 경제성은 아직 한계가 있고 화석연료의 가용성 및 가격, 새로운 에너지에 투자하는 정부의 의지, 환경 인식 정도와 상업적으로 '청정' 에너지를 증진시키는데 필요한 세금 감면 조치와 같은 지역적인 정책과 경제 상태에 달려 있다. 온실가스 방출 문제와 최근 기후 변화에 대한 경각심은 최근까지 무시된 재생 가능한 자원에 대해 많은 정부들이 지원하는 계기가 되었다.

그것은 공간 난방 운영의 경제성도(자본 집약적이지만 낮은 운영비용 소비) 지열 자원의 최대 활용에 의존한다는 점을 지적 할 필요가 있다. 지열 시스템은 열 부하의 최대 수요를 충족 할 수 있는 크기 인 경우에는 거의 1년 내내 idle 상태에 있다. 일반적으로 연중 국내 난방 부하 지속 곡선의 형상은 전체 에너지 수요의 약 80%를 단지 최대 수요 전력 출력 시스템의 40%에 의해 충족 될 수 있는 것이다. 결과적으로 시스템의 지열 성분(그리고 성공적인 반응식이다)은 부족 부분은 화석 연료 보일러에 의해 보조적으로 구성되는 피크 수요의 절반 이상을 충족하도록 설계되어야한다.

경제성의 미래

미래의 EGS 시스템 발전의 경제적인 측면은 현재에는 추측에 의한 것이지만 기술이 완전히 증명될 때까지 계속될 것이다. 최근 저장소 개발 기술의 발전과 시추작업의 비용 감소로 35~40 C/km의 평균 온도 변화를 지닌 부지를 시추하는 데 필요한 비용 등을 고려한 가장 우수한 예상치는 초기의 시험용 공장에서 kWh 당 대략 €0.12~0.20로 되는데 멀티 모듈 상업적인 시스템에서는 절반이 될 것이다. 그러나 여기에는 주의해야 할 점이 있다. 그것은 재정 분석이 아닌 비용 모델로부터 산출되었다는 것이다.

재정 분석은 현재 구동되는 기술 또는 입증된 기술만 분석해 적용했다. 또한 알려져 있는 과정에서 모든 단계와 각각의 단계에서의 비용으로만 산출되었다. 이 점은 명백한 방법으로 제품의 개발비용을 회수하는 데 사용되었다. 반면에 비용 모델은 일반적으로 증명되지 않은 기술에 적용 된다. 그 기술이 아직 개발되고 있는 것이라도 각 단계의 성과와 이전 단계의 성과에 대해 가정된 시점으로부터 각 과정의 비용은 조사 가능하다. 그것은 단지 기술이 이와 같이 발전하는 경우 그 후에 이 정도의 비용이 발생할 것이라고 추정하는 것이다. 그 결과는 최초의 가정과 마찬가지이다. 비용 모델은 달성해야 하는 기술적으로 다양한 요소의 목표를 설정하거나 연구의 어느 방향이 개선을 위한 최고의 기회를 제공하는지 알 수 있는 유용한 방법이지만 가격을 예측할 수 없다. 이는 일반적인 오류이며 특히 영국의 EGS 연구가 겪는 오류 중의 하나이며 이것은 종종 오해를 야기했지만 올바르게 사용하면 매우 유용한 분석법이다.

이 형태의 가격 분석이 EGS에 포함된 모든 연구팀에 의해 2개의 우물 시스템을 위해 실행되었으며 2개의 우물 EGS 저장소에서 달성하기 위한 일반적인 목적 변수에 일치된 결과로 20년 이상의 기간 동안 전력 발전을 위해 200°C의 물을 생산하는 것이 목표이다(표 9.6).

최근의 프로젝트 중 어느 누구도 필요한 유량, 임피던스 그리고 손실률을 전부 달성하지 못했다. 그러나 1997년 8월 Soultz 프로젝트는 필요한 목표에 근접하기 위해 4개월 동안 폐루프 순환을 실험해 0에 가까운 손실과 임피던스를 실행해냈다. 이는 이전에 언급한 비용 산출 실험으로부터 찾아낸 것을 기초로 했다. 그러나 재정적인 분석이 아닌 비용 모델로부터 산출되는 수치는 여전히 반복해서 찾아야만 한다. 비록 EGS 계획의 자본 비용의 타당한 산출법을 만들 수 있지만 훌륭한 저장소의 건축 방법에 대해 확실한 방법을 여전히 알지 못한다. 그래서 그 성과와 특성

표 9.6 2개의 우물 HDR 시스템의 목적 변수

유량(kg/s)	75~100
유효 열교환 면적(m^2)	$>2 \times 10^6$
접근 가능한 암석 체적(m^3)	$>2 \times 10^8$
임피던스[1](MPa/l/s)	0.1
물 손실(%)	<10

[1] 엄밀히 말하면 임피던스는 상수가 아니지만, 유동률(압력)에 따라 변화한다. 지정한 수치는 구동 비율의 유동에 대한 저항이다.

을 추정한 것에 기초를 두어야 한다. EGS 비용의 예측은 더욱 기술이 발전해 더 좋은 저장소 성능 데이터를 제공할 때까지는 아직 시기상조이다. Landau와 Soultz의 기존 개발은 호주와 독일의 절박한 시스템의 문제를 명확히 하기 위한 방법을 찾을 것이다.

9.7 영국의 지열 잠재력

퇴적분지 대수층

다른 많은 나라에서와 같이 1970년대 중반의 오일 쇼크는 영국의 지열 자원 가치를 검토하는 원동력이 되었다. 1984년 열 유동(그림 9.20(a))과 촉망받는 지열자원(그림 9.20(b))의 새로운 지도를 제공했다. 세 곳의 방사선열 화강암 지역은 높은 열 유동 흐름 수치와 함께 두드러졌지만 중요한 이례적인 열 유동 또한 부분적으로 자연적으로 위로 흐르는 온수가 있기 때문에 확인된 퇴적 작용으로 생긴 5개의 분지를 발생시켰다. 아주 얕은 열 유동 보어홀이 그림 9.20(b)와 표 9.7 4개의 깊은 탐사 우물 위치와 함께 이 기간 동안 시추되었다. 각각의 경우에 주요 대수층은 침투성이 존재하는 Lower Triassic Sherwood 사암(Midlands 동부에 있는 가장 주목할 만한 노두(露頭: 광맥-암석 등의 노출부)에서 따서 명명했다)이다.

Larne과 Cleethorpes에서 대수층의 얕은 교차지점에서의 지열 이용은 약간 낮은 온도로 되어 있지만 큰 대수층 두께 때문에 상당히 높은 흐름 비율을 가진다. 불행하게도 더 나은 온도의 대수층을 가진 교차지점의 2개의 다른 우물은 좋은 대수층 암석의 수직 높이 제한으로 인해 오히려 낮은 유동율을 가진다. Southhampton 지역에서 퇴적층이 얇기 때문에 감소했을 뿐만아니라 Sherwood 사암이 단단하여 투과성은 더 낮기 때문에 산출량이 감소하였다. 그럼에도 불구하고 이 자원 역시 중요하다(표 9.8).

이 가정은 40~60°C의 자원은 히트펌프의 사용으로 10°C의 방출 온도를 생성하면서 개발되는 반면 60°C 이상의 자원은 30°C 의 온도를 방출해 사용할 수 없다는 추정에 근거한다. 후자의 자원은 히트펌프로 인해 2배가 될 수도 있다. 비교해보면 현재의 영국 전기 에너지 수요는 1년에 약 350 TWh이다(1년에 1.3 × 10^{18} J 또는 대략 30 GW_e와 같은 지속적인 전력). 그래서 우리는 재생에너지의 큰 자원으로 전기에너지보다 열에너지를 고려하고 있다.

그런데 지열 대수층은 왜 훨씬 폭 넓게 개발되지 않는가? 문제는 단지 투자비용의 손익분기점과 지질학적 불확실성 때문이 아니라 오히려 자원 이용도 사이의 불일치와 열 부하, 인구밀도 문제이다. 파리 분지 지방과는 달리 영국 자원의 절반이 인구가 적은 동 요크셔와 링컨셔에 있다. 전기는 발전소로부터 시장까지 즉각적으로 전달되지만 온수는 긴 거리를 수송되는 동안 많은 문제가 발생한다. 영국에서 후자의 경우 전달 거리가 단지 수 km 로 제한될 것이기 때문에 개발하지 않은 상태로

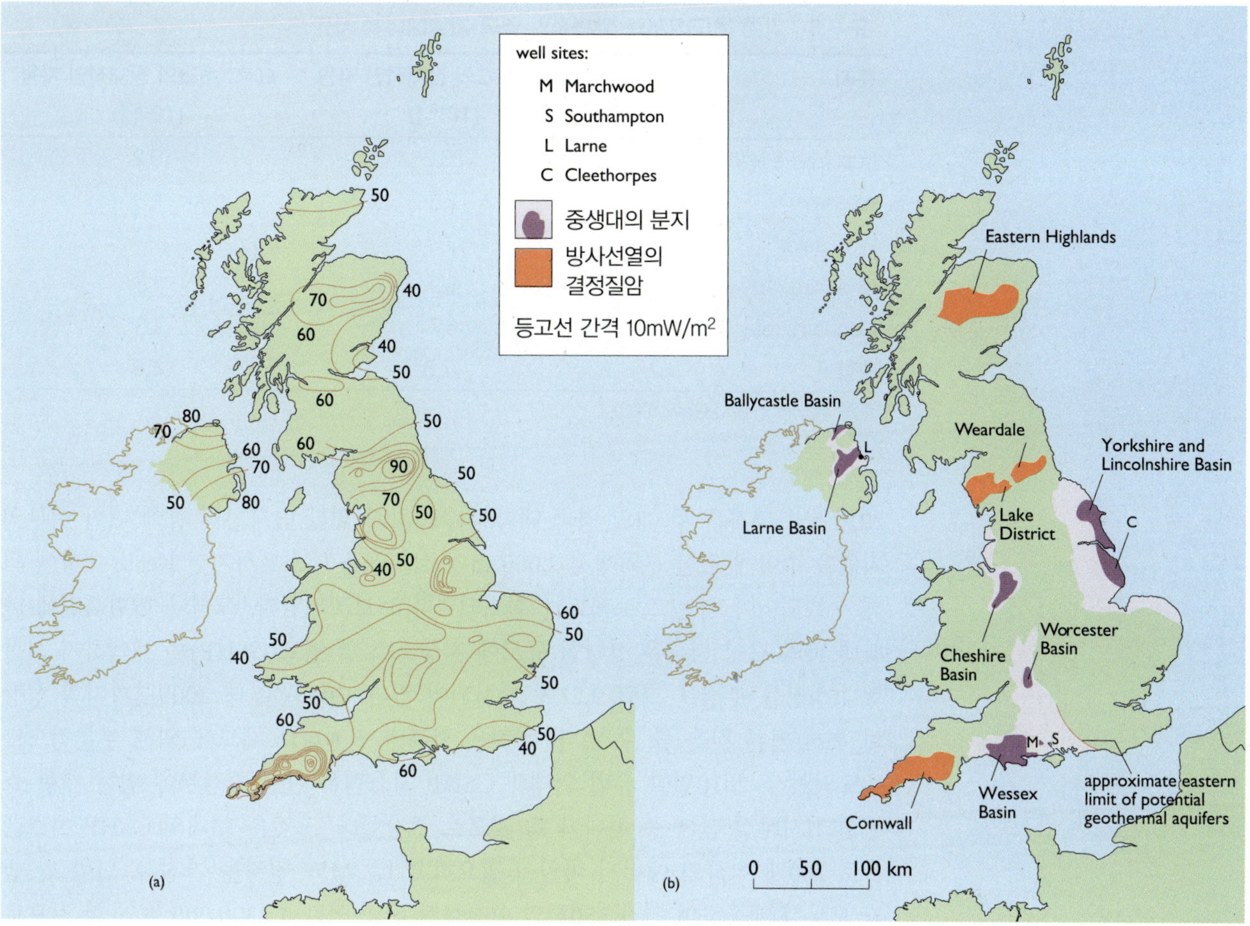

그림 9.20 • (a) 영국 지질학적 조사에서 1984년에 편찬한 모든 이용 가능한 측정을 기초로 한 영국의 열 유동 지도; (b) 방사선열의 결정질암 암석(화강암)의 분포와 영국의 중요한 지열 대수층을 포함하고 있는 주요 퇴적 분지.

표 9.7 깊은 탐사 우물 장소의 특성

위치	완공	우물 깊이 (m)	윗면 온도 (°C)	주요 대수층 깊이(m)	온도(°C)
Marchwood	2월 1980	2609	88	1672~1686	70
Larne	7월 1981	2873	91	960~1247	40
Southampton	11월 1981	1823	77	1725~1749	76
Cleethorpes	6월 1984	2092	69	1093~1490	44~55

출처: Downing and Gray(1986).

자원이 많이 남아 있다. 그 점은 흥미로운 일이지만 거리제한은 열 손실보다 비용 때문에 문제가 발생한다. 아이슬란드의 경우를 보면 몇몇 50 km가 넘는 파이프라인은 대략 1°C 정도만 온도가 떨어진다.

이것의 결과는 지열 시추를 이용해 도시의 그룹 난방 시스템에 약 2 MW_t에 기여하는 Southampton이다. 영국의 유일하게 깊은 지열 자원의 직접 사용하고 있다.

표 9.8 다른 온도에서의 잠재적인 영국 지열에너지 자원

분지	40~60°C의 잠재적인 자원 (10^{18} J)	60°C 초과의 잠재적인 자원 (10^{18} J)
East Yorks and Lincs	26.2	0.2
Wessex	2.8	1.8
Worcester	3.0	–
Cheshire	8.9	1.5
Northern Ireland	6.7	1.3
총합	**47.6**	**4.8**

출처: Downing and Gray(1986).

2010년말 그것은 두 개의 영국 대학이 추출하기 위한 탐사 시추공에 대한 정부의 지원을 수여해 도심 근처에서 2,000 m의 시추공을 테스트하지만 Keele 대학에 의해 수행되어야 하는 프로젝트가 취소되었다고 보고되었다. 그러나 한편 4절에 나타낸 바와 같이 영국은 상당한 규모에 지상소스 열 펌프(GSHP)를 채택하기 시작했다.성장율 추정은 그림 9.21에 제시되어 있다. 2005년부터 2009년까지의 성장이 특히 빠른 것을 볼 수 있다. 이것은 정부의 인센티브 제도에 의해 부분적으로 주도되었다: 2010년말 유럽 최대의 GSHP 시스템은 런던 중심부에 있는 대형 쇼핑센터/사무실 단지 중 하나가 될 것으로 주장했다. 그것은 13개의 GSHP 시스템으로 200개 이상의 에너지 파일이 필요하고 1.7 MW 정격을 가진다. 난방 및 냉각 모두를 제공하며 연간 350톤의 이산화탄소 및 연료비 £300,000 절약 할 것으로 예상된다.

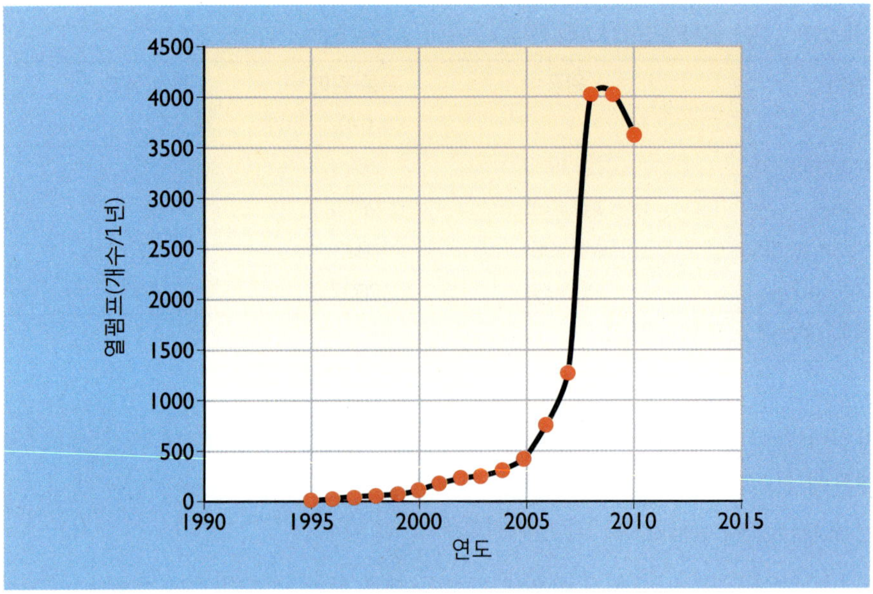

그림 9.21 • 영국에서 매년 설치된 열펌프 유닛의 추정 수(출처: 사설통신).

그러나 그림 9.21은 2008년부터 상당한 침체를 보이고 있다. 이는 경기침체, 건설 부분의 몰락, 유가의 최고치에서부터 일시적인 검소, 인센티브 제도의 철회, 보조금 정책의 지원과 같은 복합적인 요인에 의한 것이다.

이 지열 이용의 발전의 장벽이 기술적 불확실성이 아닌 비기술적 및 규제 문제의 결과라는 사실의 불운한 그림이다.

지열 시스템 설계

동쪽의 산악지역, 영국 북부, 영국 남서 등 3곳의 중요한 화강암 지역은 그림 9.20(a)에 보이는 것처럼 높은 열 유동이 특징이다. 그러나 더 북쪽의 넓은 화강암 지역은 낮은 열 전도성 퇴적암에 의해 덮여 있고 따라서 온도는 표면보다 더 깊은 곳에서 더 높다(그림 9.6). 그림 9.22의 Cornwall과 Devon의 대부분 지역은 6 km의 깊이에서 약 200°C의 열기를 가지고 있고 영국 남서부의 EGS 자원은 현재 영국이 보유한 석탄에너지의 양과 필적할지도 모른다고 추정된다. 추정치중 하나는 20~30년 동안 Cornwall 지방에서 300~500 MW_e (대략 1016 J/y)을 개발할 수 있다고 주장했다.

1976년~1992년까지 Cornwall 은 이후 Soultz의 다국적 유럽 프로젝트의 기반을 마련해주는 주요 EGS 연구 프로젝트의 현장이었다. 깊게 균열 된 화강암에서 생성되는 전력의 가능성에 대한 술츠에서 입증 계획은 2012년 콘월에서 시작하는 두 가지 EGS 프로젝트의 손에 있다. 첫 번째는 10 MW전력을 생성하는 멀티 우물 시스템 구축을 목표로(그림 9.22에서 'R'표시는 이전 프로젝트의 사이트에 대한 Rosemanowes) Carnmenellis 화강암의 북쪽 가장자리에 5 km 탐색 시추공으로 시작된다. 두 번째는 세인트 오스텔의 화강암에 있을 것이다. 주로 에덴 프로젝트(환경 중심의 관광 시설)를 공급하기 위해 4 MW의 열 및 몇 MW의 전력을 생산하도록 설계 되었다.

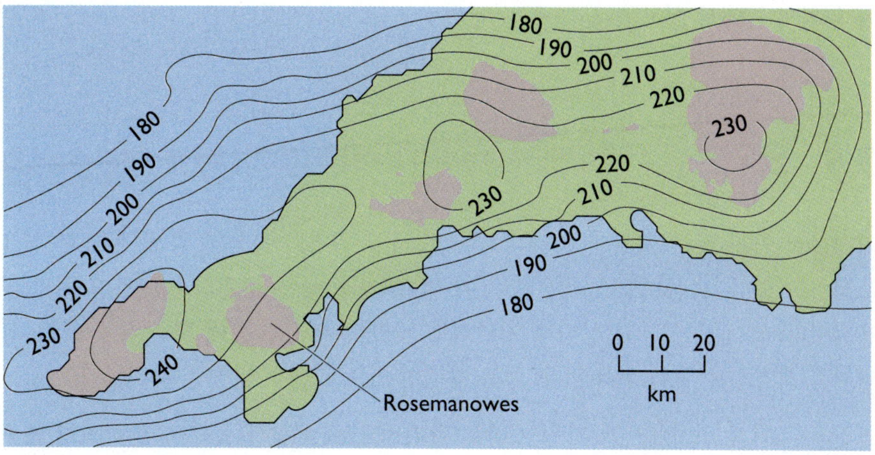

그림 9.22 • 영국 남서부의 6 km 깊이에서의 온도(°C) 프로젝트. 화강암의 표면은 어둡게 보인다.

9.8 법률 및 규제 문제

지열 자원의 개발은 각국에서 기술적 고귀함에서 상업적 현실로 변천되었다. 그래서 개발지는 경제성을 심각하게 고려해야 했다. 그래서 각 국가의 규제 시스템에 지열 자원을 통합하기 위한 노력이 필요했다.

이 문제의 중심은 자원 소유권의 문제이다. 개발자(또는 은행) 그들이 추출 될 자원에 대한 권리가 있음을 확신 할 수 있어야 하며 또한 이에 대한 규정이 있어야한다: (a) 개발자의 권리를 보호하고 (b) 제3자(예: 이웃 개발자 또는 부동산 소유자 등)의 권리를 보호 할 수 있다. 모든 국가는 각자 고유의 법률 조항이 있다. 따라서 지열 산업과 모든 국가는 자신의 배경 법적 틀과 조건에 따라 이들 권리와 책임을 정의하고 있다.

대부분의 경우 자원의 소유권은 지정된 조건에서 라이선스 및 정확한 로열티를 부여하는 힘을 가진 국가 또는 지자체가 소유하고 있다. 일반적으로 이러한 조건이 정의된 영역 내에서 지정된 기간 안에 자원을 탐구하고 개발하는 의무를 부과하고 얕은 물 자원을 보호하고 주변 지역에 미치는 영향을 제한하는 조항이 포함된다. 환경 보호 및 저장소 관리 등의 이유로 이제 처리보다는 표면 재주입을 필요로 하는 것이 일반적으로 되고 있다. 재주입 역시 제어되고: 예를 들면 이탈리아에서 자원 이외 대수층 주입이 다시 허용되지 않는다. 대부분의 국가에서 규정이 다르고 부담이 적은 세트는 작은 규모의 GSHP 개발에 너무 큰 부담을 부과하지 않기 위해 '작은' 지열 프로젝트에 적용된다.

불행하게도 영국은 지열 개발을 위한 법적 근거를 설립하지 않는 몇 안 되는 국가 중 하나이다. 영국의 광산 법은 광물 자원의 서로 다른 소유권의 대상이 되는 등 상당히 복잡하다. 그래서 지열 자원에 적용하는 쉬운 전례가 없다. 설립 수요의 부재에서 새로운 법안을 작성하는 인센티브가 없었다. 그 프로젝트의 자금 조달에 대한 복잡한 소유권 또는 권리에 대한 명확한 정의는 현재 없다는 것을 의미한다. 이제 관심이 일어나기 시작했고 그 상황을 변화시켜야만 한다. 적절한 토론은 이미 부처와 의회 수준에서 시작했다.

9.9 요약

지질학적 기간 동안 지구의 지각은 주로 방사성 원소의 붕괴를 통해, 광대한 열을 축적하고 있다. 광물처럼 지열은 고르지 않고, 가장 높은 수준의 사이트가 먼저 활용되었다. 일세기 이상의 상업적 지열획득 기술의 개발을 통해 낮은 수준 혹은 광범위한 지역의 지열을 활용할 수 있는 경제성 있는 기술의 발전을 가져왔다.

그것은 주어진 위치에서의 자원 개발은 단기적으로는 '광산' 열을 수반하지만 영역이 비교적 짧은 기간에서 재생된다. 악용영역의 사실은 단기자원과 비교될 만큼 재생된다는 것이다. 주요 장점은 온실 가스(있는 경우) 몇 가지를 방출하면서 기후에 관계없이 또는 일광 지속적으로 사용할 수 있다는 것이다.

최근까지 지열 자원의 주 관심은 증기 또는 다공성 바위에서 높은 온도의 뜨거운 물과 전기를 생성하여 추출 된 증기의 사용 여부에 초점을 맞추고 있다. 초기 화산 활동 지역에 있는 몇몇 국가는 보존되고, 지난 100년 동안 상업적 사용되는 국가는 20개국 이상으로 확산했으며 2015년까지 30개국을 초과해야한다. 요점은 이들 국가의 대부분에서 아직도 이미 일부 공급 시스템의 핵심 구성 요소인 지열 전기의 영향이 적다는 것이다.

이러한 발전과 병렬로, 낮은 온도가 물은-이는 기록된 역사를 통해 소규모로 사용되는- 70개 이상의 국가에 있는 공간 난방과 농업에 대한 광범위한 상업적 사용에 있다. 지난 20년에 걸쳐 열 펌프를 포함하는 작은 규모의 시스템을 더욱 신속하게 개발했다. 개별적 도착 주거의 규모 착취가 가능하게 되었으며 이 응용프로그램은 지금까지 공급된 에너지의 측면에서 깊은 자원을 능가했다는 정도로 구현된다.

단 몇 개의 선호하는 위치에 사용할 수 지열 한계를 극복하기 위해 연구는 자연적으로 물을 포함하지 않는 깊은 뜨거운 바위의 더 큰 비율에서 저장된 열을 추출하는 방법이 지난 40°C년 동안 수행되었다. 이 작업은 처음에 '뜨거운 건조한 바위'라고 불리다가 지금보다 현실성 있게 '강화된(또는 조작) 지열 시스템(EGS)'으로 알려져 지금은 결실을 맺고 있다. 처음 두 파일럿 시스템은 이제 전기를 생산하는 등 여러 가지가 향후 몇 년 동안 의뢰해야 한다.

EGS 시스템의 성공적인 개발은 대부분의 국가에서 지열 전기를 사용할 수 있도록 해야 한다. 지열 발전은 2050년까지 많은 국가에서 전력 수요의 약 10%를 공급하고 세계 수요의 일부 약 3.5% 정도 공급할 것을 추정할 수 있다.

References

Batchelor, A. S., Curtis, R. and Ledingham, P. (2010) 'Country update for the United Kingdom', *Proc. World Geothermal Congress 2010*, Bali, Indonesia, 25–30 April 2010, International Geothermal Association.

Bertani, R. (2010) 'Geothermal power generation in the world – 2005–2010 Update report', *Proc. World Geothermal Congress 2010*, Bali, Indonesia, 25–30 April 2010, International Geothermal Association available at http://www.geothermal-energy.org/pdf/IGAstandard/WGC/2010/0008.pdf (accessed 27 March 2012).

CEC (2009) *Directive 2009/28/EC on the Promotion of Energy from Renewable Sources*, Commission of the European Communities, [online] available from: http://eur-lex.europa.eu (accessed 20 September 2011).

Downing, R. A. and Gray, D. A. (eds) (1986) *Geothermal Energy: The Potential in the United Kingdom*. London, HMSO.

EEPH (2005) *UK Heat pump study*, Hard to Heat Group, Energy Efficiency Partnership for Homes, available at http://www.docstoc.com/docs/34919819/Heat-Pumps-Study (accessed 22 Feb 2012).

Everett, B., Boyle, G. A., Peake, S. and Ramage, J. (eds) (2012) *Energy Systems and Sustainability: Power for a Sustainable Future* (2nd edn), Oxford, Oxford University Press/Milton Keynes, The Open University.

Genter, A., Fritsch, D., Cuenot, N., Baumgärtner, J. and Graff, J.-J. (2009) 'Overview of the current activities of the European EGS Soultz project: from exploration to electricity production', *Proc. Thirty-Fourth Workshop on Geothermal Reservoir Engineering*, Stanford University, Stanford, California, February 9–11, 2009.

Goldstein, B., Bendall, B., Long, A. and Budd, A. (2011) 'Converting geothermal plays to projects in Australia – a national review', *Proc. Thirty-Sixth Workshop on Geothermal Reservoir Engineering*, Stanford University, Stanford, California, 31 January – 2 February 2011.

Harvey, C. C., White, B. R., Lawless, J. V. and Dunstall, M. G. (2010) '2005–2010 New Zealand Country Update', *Proc. World Geothermal Congress 2010*, Bali, Indonesia, 25–30 April 2010, International Geothermal Association.

IEA (2011) 'Technology Roadmap for Geothermal Heat and Power', OECD/IEA, Paris. Available from www.iea.org/books. http://www.iea.org/papers/2011/Geothermal_Roadmap.pdf (accessed 27 March 2012).

IGA (2001) 'Performance indicators for geothermal power plant', *IGA News*, no. 45, July–September 2001.

IGA (2002) 'Geothermal power generating plant: CO2 emission survey', *IGA News*, no. 49, July–September 2002.

Lund, J. W., Freeston, D. H. and Boyd, T. L. (2010) 'Direct utilization of geothermal energy 2010 worldwide review, *Proc. World Geothermal Congress 2010*, Bali, Indonesia, 25–30 April 2010, International Geothermal Association.

MIT (2006) 'The future of geothermal energy: impact of EGS on the United States in the 21st century', Report for US DoE, Massachusetts Institute of Technology, 2006. Available at http://web.mit.edu/mitei/research/studies/documents/geothermal-energy/geothermal-energy-full.pdf (accessed 27 March 2012).

Rybach, L. and Eugster, W. (1998) 'Reliable long-term performance of BHE systems and market penetration – the Swiss success story,' Proc. 2nd Stockton International Geothermal Conference, March 1998, Richard Stockton College, New Jersey.

Sanner, B. (2001) 'Shallow geothermal energy', Proc. Int. Geothermal Days 2001, Bad Urach, Germany, 2001.

Chapter 10

재생에너지 통합

10.1 도입

재생에너지는 이미 전 세계 1차 에너지(primary energy) 수요에 큰 기여를 하고 있다. 2009년에 약 13%(1장 그림 1.2 참조)를 차지했다. 2005년과 2010년 사이에 화석연료 소비는 완만히 상승한 반면에 원자력 발전에 의한 전기 소비는 성장하지 않았다. 그러나 다양한 재생에너지 기술은 큰 성장세를 보였다(그림 10.1 참조).

이들 재생에너지의 성장 비율은 꾸준히 증가할 것으로 보이며 이는 기후 변화가 심해지고 화석연료 매장량 감소 그리고 화석연료와 원자력 연료 사용의 외적 비용에 대한 우려 때문이다.

2장에서 9장까지 각각 주요 재생에너지원들에 대해서 살펴보았고 각각이 미래의

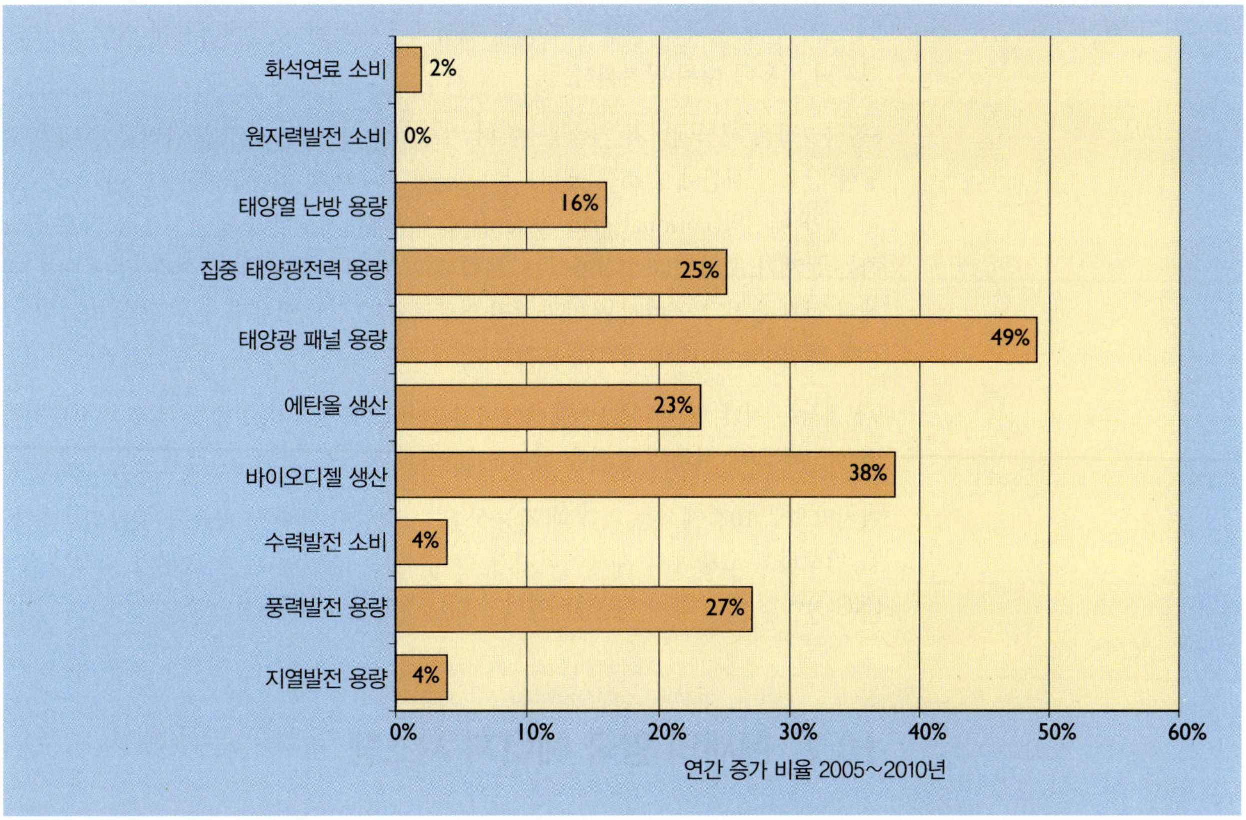

그림 10.1 • 세계 화석연료, 원자력 발전 및 수력발전의 소비와 재생에너지 용량과 바이오연료 생산 2005~2010년 (참고문헌 BP,2011;REN21, 2011).

수요에 어떻게 기여 할 수 있는지를 고려했다. 현대적 산업 사회는 극단적으로 많은 양과 매우 다양한 형태의 에너지를 요구한다. 이들 요구를 만족시키기 위해서 거대한 전 세계적인 에너지 공급과 분배 시스템이 만들어졌다. 만약 재생에너지를 계속해서 기여도를 증가시키기 위해서 이들 현재의 에너지 네트워크가 어느 정도나 변경되고 보완되어야 할까? 재생에너지를 필요한 양과 적절한 가격뿐만 아니라 알맞은 형태, 시간, 장소에 공급할 수 있을까? 재생에너지원이 기존의 에너지원과 경쟁할 때 어떤 요소를 어렵게 만들까? 그들의 사용을 촉진시키기 위해 사회는 무엇을 할 수 있을까?

마지막 장에서 이러한 질문 중의 일부를 다룰 것이다. 우리는 이전 장에서 다루었던 주제들을 복습하고 이들 중 몇몇을 같이 연결할 것이다. 먼저 영국의 경우와 관련해 이러한 문제를 살펴보겠다.

우선 우리는 현재의 에너지 시스템과 어떻게 이들이 우리의 다양한 요구에 대응하는지를 간단히 살펴볼 것이다(2절). 재생에너지를 사용하는 주요한 이유는 전 세계의 온실가스 배출을 줄이기 위해서이다. 3절에서는 기존 에너지와 다른 재생에너지의 상대적 배출에 대해 논한다.

4절에서는 각각의 재생에너지 기술의 이용 가능한 '자원(resource)'과 '잠재력(potential)'에 대해 살펴본다. 그리고 현실적, 경제적 제약 조건이 각각의 기여를 어떻게 제약하는가를 알아볼 것이다.

5절에서 현재 영국의 경우에 집중해 재생에너지(특히 재생에너지에 의한 전기)의 경제적 비용에 대해 살펴본다.

6절과 7절은 재생에너지 기술을 좀 더 자세히 볼 것이며 그것을 알맞은 형태와 적당한 장소와 시간에 맞추어 에너지를 공급할지에 대해 알아볼 것이다. 여기에는 전체 국가 배전망(national grid system)에 재생에너지로부터 얻어지는 전기를 통합하는 문세가 포함된다. 8절에서는 '유럽 통합 슈퍼 그리드'의 창설과 같은 대륙 전체의 전기 송전과 에너지 운반과 운송연료로써 수소의 활용과 같은 몇몇 가능한 시스템 해결방안에 대해 생각해 보겠다.

9절에서는 지난 몇 세기동안 재생에너지 사용을 촉진하기 위해 정부와 비정부조직(NGO)에 의해 시행된 방법을 살펴볼 것이다.

마지막으로 10절에서는 미래의 가능성 있는 다양한 에너지 공급과 수요의 패턴들을 탐색하고 그중에서 재생에너지가 할 수 있는 역할에 대한 정부와 비정부조직(NGO)에 의해 구축된 다양한 '에너지 시나리오'를 살펴볼 것이다.

10.2 현재의 영국 에너지 시스템

1장의 그림 1.5는 영국의 1차 및 운반된(혹은 최종)에너지 사용을 보여준다. 운반된 에너지는 다섯 가지 주요한 형태가 있다.

재생에너지는 현재의 에너지 사용 패턴에 딱 들어맞아야 한다. 현재 영국 시스템은 5 가지 종류의 에너지가 사용된다.

- 액체연료: 2010년에 약 43% – 거의 전적으로 석유와 관련 제품 –가솔린, 디젤, 등유, 케로센 등 비록 에탄올과 바이오디젤의 퍼센트가 증가하지만(액체 연료 중 약 2%)(DECC, 2011a)
- 가스연료: 2010년에 약 34% – 대부분 메탄('천연가스'), '용기에 담겨진' 액화석유 가스(LPG – 프로판, 부탄)
- 고체연료: 거의 전적으로 석탄과 코크스. 2010년에 이들은 2% 미만. 그러나 바이오매스의 부활과 함께 나무 연소와 덤불의 기여도가 증가하여 추가 0.5%
- 전기: 2010년 약 19% – 거의 화석연료나 원자력 발전소로부터 공급되고 수력과 다른 재생에너지원으로부터 약 7% 공급
- 열: 2010년에 약 2% – 영국은 한정된 지역에만 에너지를 온수 또는 증기의 형태로 건물에 직접 공급하는 지역난방(district heating, DH, 또한 공동체 난방)이 이용된다. 여기서 열은 중앙 통제화된 보일러(일부는 쓰레기 연소를 통해) 혹은 발전소로부터 나오는 열과 전력(combined heat and power, CHP)을 합한 폐열도 있다. 이것은 또한 땅 속 밑에서 나오는 지열이나 대규모의 히트펌프도 포함된다.

이러한 에너지의 형태가 다양한 분배 네트워크로 흘러 들어가고 일반적으로 가정, 서비스, 산업 그리고 수송 분야로 구분되는 주 에너지 소비자인 최종 소비자에게 공급된다.

각 영역에서 이렇게 전달된 에너지가 우리가 실제로 필요로 하는 에너지 서비스로 이용된다.

첫째, 먼저 열과 관련된 서비스가 있다. 난방, 음식 요리 혹은 산업적 공정에 사용하기 위한 열이 그 예이다. 열은 미지근한 물에서 과열증기까지 씻기, 요리하기, 지역난방과 산업 공정과 같은 많은 형태로 필요하다. 열은 필요로 하는 장소와 가까운 곳에서 연료를 연소시키거나 보다 더 멀리 있는 중앙난방이나 지역난방 발전소에서 배관을 통해 공급되거나 저항 히터나 전자레인지 오븐과 같은 더욱 정교한 장치를 이용해 공급된다. 여기서 주의해야 할 점이 있다. 따뜻한 집이란 반드시 많은 열에너지가 공급될 필요는 없다. 필요한 수준의 에너지 서비스가 단열을 향상시키거나 2장에서 설명된 패시브 하우스와 같은 유사한 에너지 보존 방법을 이용해서도 제공될 수도 있다.

둘째, 움직이는 힘에 기반한 에너지 서비스가 있다. 이 에너지의 상당한 부분은 시계에서 CD 플레이어, 승강기와 산업 중장비와 같은 전기 모터로 작동되는 전기의 형태를 가진다. 동력은 또한 분명히 운송(자동차, 트럭, 버스, 기차, 배, 우주선 등)하는데 필요하다. 대부분 현재의 에너지 전달은 석유를 이용한다. 그러나 동력을 위한 에너지의 상당한 부분은 전기를 이용한 철도, 새롭게는 전기 자동차와 같이 전력으로 공급된다.

운송의 최종 에너지 서비스 중의 대부분이 '기동성'으로 설명될 수 있지만 이것은 반드시 사람을 물리적으로 수송하는 것은 아니다. 많은 경우에 통신 서비스의 사용으로 수송을 대체할 수 있는 에너지 서비스 역할을 한다.

셋째, 전기 기반 에너지 서비스가 있다. 전기는 열, 빛 그리고 동력을 포함하는데 각각은 다른 형태의 에너지로 공급받을 수 있다. 그럼에도 불구하고 전력은 컴퓨터나 통신 기기, 알루미늄이나 염소의 제조 공정과 같은 전기화학 공정과 같이 다른 어떤 에너지로는 작동할 수 없는 시스템에서는 필수적이다

분배

우리의 에너지 분배 시스템의 변화하는 특성에 대해 조금 더 생각해 볼 필요가 있다. 대부분의 에너지 수요는 상대적으로 작은 지역인 주요도시에서 실제로 발생한다. 도시는 극심한 바람이나 파도를 피할 수 있는 보호를 받는 안정된 계곡에서 조성되었다. 많은 거대 산업도시는 연료, 석탄, 나무 등 연료 공급지 근처에서 발전했다. 어떤 도시는 연료가 바닥났을 때 사라져버렸다. 또 다른 도시는 화석연료를 수입함으로써 생존했다.

19세기 말 영국은 석탄의 주요한 생산국이자 수출국이었다. 모든 유럽의 도시는 석탄을 주로 사용해 왔고 도로나 해상으로 사들였다. 그것이 필요할 때 즉시 태워버리거나 전기로 전환시키거나 지역발전소에 도시가스로 전환시켰다. 우리가 사용하는 전기(AC 230 V)와 가스(저압의 파이프로 공급)의 형태는 거의 20세기 초에 확립되었다. 그러나 당시에 우리가 오늘날 알고 있는 석유는 상업적 생활필수품으로는 존재하지 않았다.

오늘날 석탄, 석유, 천연가스 그리고 전기는 국내뿐만 아니라 국제적으로도 공급된다. 석탄은 한때 영국의 주요한 연료이었지만 지금은 발전소에서만 연료로 주로 사용된다. 약간의 석탄은 영국 내 탄광에서 채굴되지만 대부분은 러시아, 콜롬비아와 미국에서 선박으로 수입한다.

지금 영국은 북해에서 석유를 생산하며 쓰고 남은 것을 수출하는 수출국이지만 1970년대까지는 석유 수입국이었다. 국가 전체에 기름을 운반하는 파이프라인으로 구성된 광대한 네트워크가 있다. 북해의 석유 생산량이 1999년에 정점이었지만 지금은 감소하고 있기 때문에 영국은 다시 한 번 순 석유 수입국이 될 것이다.

1960년대까지 영국의 가스 공급은 석탄을 이용해 만든 일산화탄소, 메탄, 수소의 혼합 성분인 '도시 가스'였다. 그런데 북해에서 다량의 천연가스(거의 순수 메탄)가 발견되면서 산업에 큰 변혁을 일으키게 된다. 수백 개의 소규모 도시가스 생산 설비(gasworks)는 문을 닫게 되었고 북해의 가스를 가져오는 장거리 배관 파이프의 새로운 인프라가 구축되었다. 천연 가스는 도시 가스보다 더 에너지 밀도가 높아서 모든 가스보일러나 조리기구가 새롭게 변경되었다. 그러나 동시에 기존에 있던 파이프망의 에너지 수용량(energy carrying capacity)이 두 배가 되었다. 이로 인해 가스 연소 중앙 난방시스템의 판매가 급속히 증가했기 때문에 이것은 유용했다. 천

연가스는 20세기 마지막 분기의 대표적 연료였다. 석탄과 비교했을 때 낮은 탄소 함량을 가지고 있고 통합 사이클 가스 터빈(CCGT) 발전에서 고효율로 작동 가능하다. 전혀 새로운 가스 연소 발전소가 영국에 건설되었고 이를 통해 더욱 더 가스 수요가 증가하게 되었다.

영국을 벗어나서 더 멀리 볼 때 인상적인 가스 배송 파이프라인 시스템이 유럽 전체에 건설되어 있어서 남쪽의 알제리에서 북쪽 노르웨이, 동쪽의 시베리아와 서쪽의 아일랜드 공화국으로 넓혀지고 있다. 그림 10.2와 같은 주요 파이프라인은 1 km 당 백만 파운드 이상의 비용이 소요된다.

영국의 북해 가스 생산은 2000년에 정점을 찍었고 석유 생산과 같이 감소하고 있으며 영국은 2005년 이후 가스 수입국이 되었다. 이 상황은 최근의 영국의 세일 가스 발견에 의해서도 크게 바뀔 것 같지는 않다. 세일 가스 잠재 매장량은 약 천오백억 m^3 혹은 영국의 2년간 소비량 정도로 예측된다(DECC, 2010a). 일부 천연 가스는 노르웨이와 북해의 네덜란드 지역에서 파이프라인으로 운송되고 있다. 선박으로 액화 천연 가스(LNG)로 북아프리카의 알제리아나 페르시아 걸프만의 카타르 등의 나라에서 수입하는 비중이 늘어나고 있다. 섭씨 −162도로 냉각되어 액체 상태인데 단열된 탱크로리로 운송되고 대형 단열 탱크에 저장된다(그림 10.3 참조).

인프라에 대한 이러한 많은 투자에도 불구하고 화석연료 다음으로 천연 가스가 장기적인 미래의 연료로 사용될 것인지에 대해서는 몇몇 에너지 시나리오가 제시하듯이 여전이 불명확하다(10절 참조).

오늘날 대부분의 전기는 보통 200 MW나 그 이상의 출력을 내는 대형 발전소에서 생산된다. 비록 영국의 대부분의 전기 수요가 남쪽이지만 웨일즈와 잉글랜드 북쪽의 석탄 산지에 석탄 화력발전소를 건설하는 것이 더 편리했다. 이로 인해 황산화물이 도심 지역에 배출되는 문제를 피할 수 있었다. 오늘날 대부분의 이들 발전소는 해상으로 수입되는 석탄으로 운전된다. 영국의 원자력발전소는 대부분 냉각수

그림 10.2 • 건설 중인 고압가스 파이프. 이런 파이프는 수 기가와트의 전력을 공급: 400 kV 전력선이 공급하는 양과 비슷하다.

(a) (b)

그림 10.3 • (a) 켄트의 그레인 LNG 터미널에 정박 중인 LNG 탱크 운반선 Arctic Princess호, (b) 그레인 터미널의 지상 단열 LNG 저장 탱크: 190,000 m^3의 LNG가 −162°C에서 저장.

의 접근성을 높이기 위해 해안 지역에 자리잡았다. 가스 연소 발전소는 발굴하는 장소에 가깝거나 위에서 설명한 고압의 파이프라인을 이용해 대량으로 공급받는다. 황과 같은 불순물이 채굴장에서 바로 제거되기 때문에 이들 발전소는 오염 문제는 석탄 화력 발전소보다 적다.

이들 발전소에서 생산된 전기는 소비자에서 고압의 케이블로 영국 전역을 커버하는 전력 배전망을 통해 소비자들에게 전달되고 영국을 포함한 주변 국가까지도 연결되어 있다(그림 10.4). 미래에는 재생에너지 또한 이를 이용해야 하기 때문에 우리는 영국과 아일랜드 전력 배전망에 대해서 좀 더 자세히 살펴볼 것이다.

마지막으로 열 배송 네트워크가 있다. 비록 지역난방이 영국에서는 거의 이용되지 않지만 덴마크에서는 가정의 60%에 공급된다. 그림 10.5와 같은 배송 파이프는 4장에서 나왔던 덴마크의 Avedore와 같은 지역난방과 가스 발전소에서 가정으로 연결된다.

10.3 재생에너지는 온실 가스 배출을 얼마나 줄일 수 있는가?

1장의 그림 1.7은 화석연료의 연소로부터 이산화탄소의 전 세계적 배출이 증가하는 것을 보여주었다. 4장의 Box 4.4는 메탄과 같은 연료의 연소로부터 이산화탄소가 만들어지는 공정을 보여준다. 또한 석탄과 같은 고탄소 연료가 석유나 메탄보다 이산화탄소 배출 요소가 더 높다. 즉, 연소되었을 때 배출된 단위 열량마다 더 많은 이산화탄소가 배출된다는 것이다.

만약 화석연료가 재생에너지로 대체된다면 얼마만큼의 이산화탄소가 절약될 것인가? 이에 대한 답은 어떤 화석연료가 대체될 것이며 전기 생산이나 난방 혹은 운송의 용도로 에너지가 쓰이는가에 크게 달라진다.

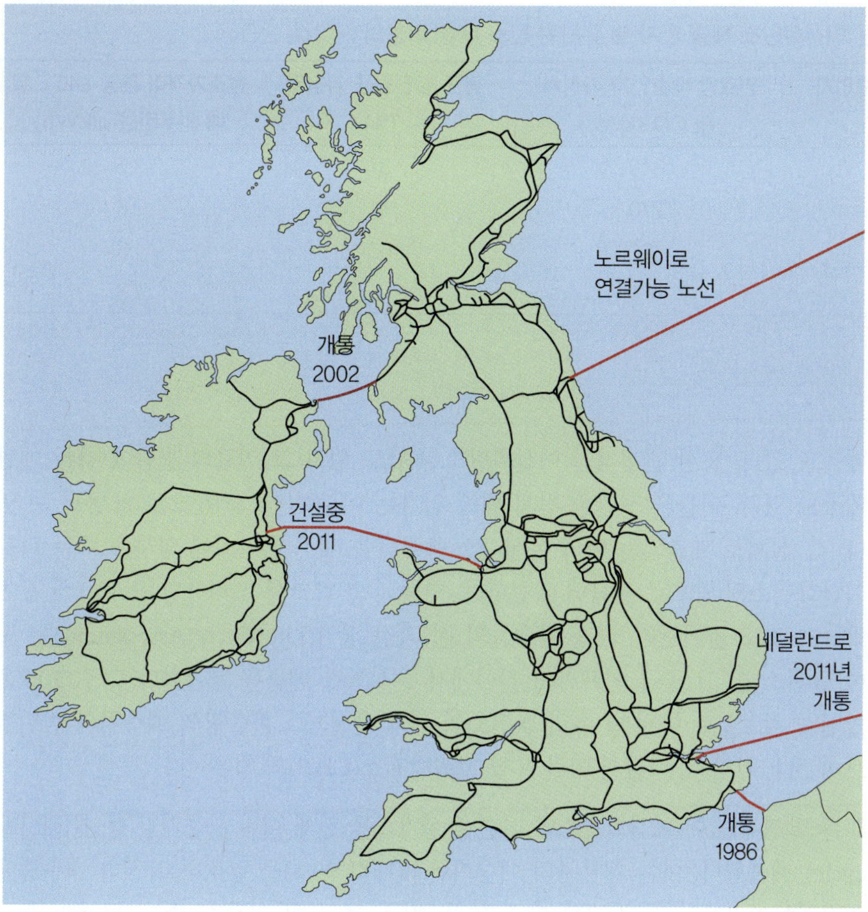

그림 10.4 • 노르웨이, 네덜란드, 프랑스와 연결되어 있는 현재의 영국과 아일랜드의 고압 전기 배송망.

그림 10.5 • 덴마크에서 건설되는 지역난방 파이프. 이들 파이프는 단일 포장으로 되어 있어 온수와 사용 후 배수관 및 단열재를 포함.

발전은 전 세계 이산화탄소 배출의 1/3에 해당하며 전 세계 석탄 생산의 2/3를 소비했다. 이것이 재생에너지를 전기 생산에 이용하는 것이 특별하게 관심을 끄는 이유이다.

재생에너지를 이용한 전기 생산

화석연료를 이용해 전기를 생산하는 것은 상당히 많은 폐열을 만든다. 킬로와트 - 아워의 전기를 만드는데 배출되는 이산화탄소양은 연료의 특정 배출 인자와 발전 효율에 따라 달라진다. 표 10.1은 2010년 영국 발전의 평균값을 보여준다. 대략적으로 석탄으로 1 kWh의 전기를 생산할 때 약 0.9 kg의 이산화탄소가 발생하며 가스의 경우 0.4 kg이 배출된다.

영국의 발전은 가스, 석탄, 원자력 및 기타 에너지원으로 구성되어 있다. 그림 10.6은 2010년에 대한 상세히 구분된 값을 보여준다. 비록 1/4정도가 석탄으로부터 만들어지지만 또 다른 1/4은 저탄소원인 원자력이나 재생에너지에서 얻어진다. 전체 평균 배출 인자는 0.5 kg CO_2 kWh이다.

발전소에서의 이산화탄소 배출이 물론 전부는 아니다. 메탄과 같이 다른 온실가스

표 10.1 영국의 2010년 발전에 따른 이산화탄소 배출 인자 및 연관된 탄소 배출 비용의 근삿값.

Fuel	단위전기생산당 배출인자 (g CO_2/kWh)	연료당 배출인자 가정치[1] (g CO_2/kWh)	평균 발전효율 가정치[2] (%)	탄소가격이 톤당 £40 t 일 때 외부비용(p/kWh)
석탄	909	340	37	3.6
석유	653	270	41	2.6
가스	398	200	50	1.6
영국발전-평균	458			1.8

[1] 전체 칼로리 혹은 연료의 더 낮은 발열량.
[2] 전기 배출 인자/연료 배출 인자(출처: DECC, 2011b, AEA, 2011).

배출도 있다. 또한 간접적인 이산화탄소 배출도 있고 그 연료의 공급에 따른 메탄 배출도 있다. 이들을 포함한 전체 배출 인자는 이산화탄소 기준으로 표현될 수 있다. 즉 실제로 배출되는 여러 온실가스 종류들을 지구 온난화에 영향을 주는 바를 이산화탄소의 양으로 환산해 표현한다. 이들 추가 요소를 고려하면 표 10.1의 값이 약 15%정도 늘어난다. 경쟁 기술들의 전 과정 평가(Life Cycle Assessment)는 또한 발전소 및 그 공급 인프라의 건설에서 온실가스 배출을 포함한다. 그림 10.7은 발전량 킬로와트 아워 당 유럽 발전소의 전체 온실가스 배출량의 예측치의 범위를 보여준다. 가장 적은 값이 아마 복합 화력발전소(CHP)의 경우이다.

모든 발전 기술이 이산화탄소와 다른 온실가스를 전체 설비 사용기간 동안(full life cycle) 배출한다. 이는 대부분의 이산화탄소(대략 90%)를 분리하고 지하 대수층에 저장하는(8절에서 더 자세히 다룰 예정) 탄소 포집 및 저장(Carbon capture and storage, CCS) 기술을 가진 미래의 화석 연료 발전소에도 해당한다. 그러나 일반적인 재생에너지의 배출량은 기존의 화석연료 배출량의 아주 적은 부분일 뿐이다.

석탄화력 발전이 가능한 빨리 대체되어야 하기 때문에 재생에너지를 이용한 이산

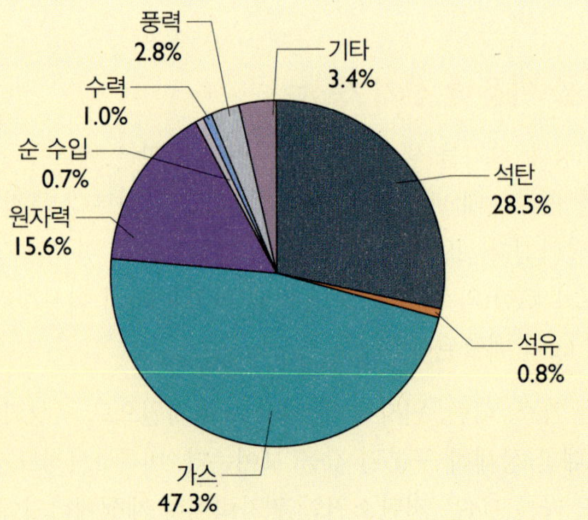

그림 10.6 • 영국의 발전 연료별 비중 2010년 기준. '기타'는 수력, 풍력, 폐기물에너지 이외의 재생에너지원(출처: DECC, 2011c).

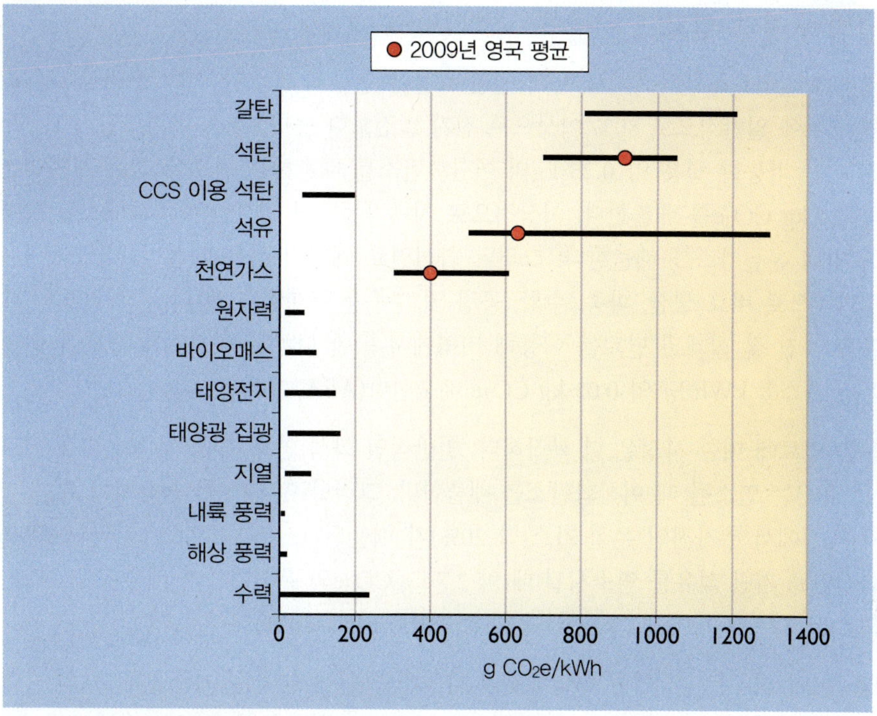

그림 10.7 • 유럽의 다양한 발전 기술별 특정 온실가스 배출 범위: 영국의 2010년 평균 성능값은 이산화탄소 배출만 고려. 저화석연료 값은 복합 화력발전 사용에 따른 크레딧 때문임(출처: EEA, 2011,DECC, 2010b).

화탄소 절약과 비교해야 한다는 주장이 있다. 중국과 같이 거의 80%의 전기가 석탄을 이용해 생산되는 나라에 이는 합리적인 주장이다. 그러나 그 절약 효과는 대부분의 전기생산에 가스가 사용되는 영국이나 유럽국가와 비교해 볼 수 있다.

경쟁 기술 사이의 경제성 비교는 환경에 배출되는 오염에 의한 피해에 대한 비용인 '외부 비용'을 포함해야 한다. 전 지구적 피해를 산정하기 위한 1톤의 이산화탄소(혹은 다른 온실 가스)의 비용을 산정하기 위해 많은 노력이 시행되고 있다. 이 값은 이산화탄소 톤당 약£30~60 정도이다(Everett et al., 2012 참조). 표 10.1은 샘플 가격으로 CO_2 £40을 톤당 기준으로 한 전기의 외부 비용을 보여준다. 2010년대 대형 영국의 산업체 소비자는 그들 전기에 약 5 p/kWh를 지불했는데 이들 외부 비용을 포함시킨다면 심각하게 추가적으로 가격이 인상될 수 있다.

마지막으로 온실가스는 단지 오염물 배출만을 의미하지는 않는다. 4장의 표 4.5에서 설명하듯이 석탄화력 발전은 산성비의 주원인인 대량의 황산화물을 배출한다. 이를 줄이기 위해 대부분의 유럽 및 미국 석탄 화력 발전소는 지금은 배출 가스 탈황설비 시설(Flue Gas desulfurization, FGD)을 갖추고 있다. 연소의 모든 형태(바이오매스를 포함해)는 잠재적으로 산성비에 원인이 되는 질소산화물(NO_x)을 배출할 수 있는데 이 또한 연소기의 설계를 개선해 최소화할 수 있다.

전체적으로 재생에너지 발전 기술은 전 지구적 이산화탄소 배출과 산성비 배출을 줄이는데 상당한 역할을 한다.

난방과 운송 연료

열은 화석연료로부터 생산되는데 변환 효율은 현대적 가스나 석유 콘덴싱 보일러의 경우에 일반적으로 80% 이상으로 전기 발전보다 높다. 가스 화력보일러 1kWh의 이용 가능한 열은 약 0.25 kg의 이산화탄소를 배출하는 반면에 석유 보일러는 약 0.4 kg CO_2e를 배출한다. 이상적으로 지속가능하게 생산한 바이오매스는 상당한 양의 온실가스를 배출한다. 그러나 화석연료 에너지 사용과 온실 가스 배출은 일반적으로 비료 생산, 파종, 수확, 공정 및 수송을 포함한다. 따라서 약 70%의 효율을 가진 잘 설계된 난로를 이용해 지역에서 구한 나무로 연소시켜 난방을 하면 온실 가스를 kWh 당 약 0.03 kg CO_2e 배출한다(AEA, 2011).

운송 연료에 대한 사정은 더 복잡하다. 일반적인 화석 연료 기반 석유와 디젤 연료(DERV)는 연소될 때 이산화탄소를 배출한다. 그러나 이 연료를 생산하기 위한 정제 과정에서 추가적인 온실 가스(약 20%)가 배출된다. 결과적으로 1리터의 100% 화석연료 기반 석유를 연소시킬 때 약 2.7 kg CO_2e의 온실가스가 배출된다. 1리터의 DERV는 그 값이 3.1 kg CO_2e(AEA, 2011; BEC, 2011)이다.

영국에서 석유는 4장에서 설명했듯이 다양한 근원에서 만든 에탄올을 5%의 혼합하여 판매된다. 이상적으로 에탄올은 저탄소 연료이지만 실제로는 그 생산에서도 온실가스가 배출된다. 1리터의 바이오에탄올을 연소시킬 때 전주기적 온실가스 배출은 일반적 석유의 25%에 불과하다. 유사하게 유채 씨에서 추출한 1리터의 바이오디젤을 연소시킨다면 일반적 디젤 연료의 40%만큼을 배출한다. 이들 값은 물론 바이오연료를 생산하는데 사용된 세부 생산기술에 크게 의존한다.

10.4 얼마나 많은 재생에너지가 이용가능한가?

영국에서의 재생에너지의 기여도가 얼마인지 알아보도록 하자. 막연하게 매우 많은 천연 자원이 이용 가능하다고 말하기는 쉽다. 이는 '전체적, 이론석으로 이용 가능한 자원'을 나타낸다. 특정 에너지원이나 특정한 기술이 얼마만큼 실질적으로 에너지를 공급할 수 있는가를 보기 위해서는 실행에 필요한 다양한 기술적, 사회적 그리고 경제적인 제약조건을 살펴볼 필요가 있다. 이것들은 '자원'이나 '잠재력'을 더 현실적인 것으로 만들어 준다. Box 10.1에 그러한 제약 조건의 예상되는 순위를 보여 준다. 마지막에 나온 '경제적인 잠재력'은 총 이용 가능한 자원보다 훨씬 작을 것이다(그림 10.8 참조).

전 세계적으로 재생에너지의 기술적 잠재량은 매우 크다. 표 10.2는 몇몇 재생에너지의 발전 기술에 대한 예측치를 보여준다. 재생에너지와 비재생에너지 등 전체에너지 원별로 2010년의 실제 발전량은 약 21,000 TWh를 넘는다.

직접적 태양광에 의한 기술적 잠재량에 대한 예측량은 연간 1,575부터 50,000 EJ (IPCC, 2011)이다. 바이오에너지의 전 세계적 기술적 잠재량은 연간 1,500EJ 이상

Box 10.1 자원의 크기에 관련된 용어

화석연료 자원은 에너지를 저장하고 있으며 지하에서 추출되고 나면 잠재적으로 이용가능하게 된다. 이들 자원은 대규모이지만 한계는 있다. 화석연료 매장량은 더 제한적이다: 이는 알려졌고 현재 전체적인 실용성, 법적 그리고 환경적 제약범위 내에서 추출하는 것이 경제적이라고 알려진 것이다.

이와 대조적으로 재생에너지 자원은 잠재적인 에너지의 흐름이며 화석연료 소비 비율과 유사하다. 그들의 연간 기여할 수 있는 잠재적인 양을 구체적으로 말하는 것이 관습적이다. 화석연료와 재생에너지원의 잠재적 기여도를 비교할 때 이 차이를 구별하는 것을 명심해야 한다.

특정 형태의 재생에너지의 연간 자원이나 잠재량에 대한 정의는 많은데 이것은 사용에 실질적이고 경제적인 제약을 고려하는 정도에 따라 달라진다. 다음의 항목이 최근 영국 에너지 관련 보고서에 나오는 것이다.

이용 가능한, 이론적 혹은 **전체** 자원 – 그 에너지원에서 매년 공급되는 총 에너지. 예를 들어 대양의 파도, 바람 혹은 총 입사된 태양에너지에 의해 공급되는 전체 에너지.

기술적 잠재량(또한 **접근 가능한 자원**으로도 불린다) – 연간 최대 에너지는 현재까지 개발된 기술을 사용해 이용 가능한 자원으로부터 최대한 추출할 수 있는 에너지를 말한다. 이것이 기술의 발전에 따라 변할 수 있지만 물리학의 기본 법칙에 따라 궁극적으로는 제한된다. 또한 다음과 같은 기본적인 접근가능성의 제약에 의해 제한될 수 있다.

- 도로, 건물 및 호수의 존재와 같은 실질적인 어려움.
- 제도적으로 접근이 제한되는 지역: 국립공원, 자연보호구역 혹은 기타 다른 과학적 목적에 의해 접근이 제한되어야 하는 곳(영국의 경우 특별 과학 목적 지역(SSSIs, Site of Special Scientific Interest) 혹은 우수 자연 경관 지역(AONBs, Area of Outstanding Natural Beauty)이라 함).

실질 잠재량(또한 **실질 자원**이라고도 불린다) – 기술적인 잠재량에서 다음을 고려하게 되면서 감소된다.

- 운송 문제와 송전망 연결 혹은 간헐적인 공급과 같은 에너지 사용과 배송에 대한 제약.
- 일반 대중의 허용 가능성에 따른 토지나 기술사용에 대한 추가적 제약.
- 계획 허가를 신청하고 환경적으로 반대가 표출되어야 그들이 명확해지기 때문에 이들을 처음부터 수치화하는 것은 매우 어렵다.

경제적 잠재력 – 경제적으로 성공 가능한 기술적 잠재량. 이러한 판단을 위해서는 투자를 위한 출자비용에 대한 인정할 수 있는 에너지 가격과 투자를 위해 돈을 빌릴 이자율을 명시해야 한다. 그림 10.8은 잠재량의 다른 크기의 개념적인 순위를 보여준다.

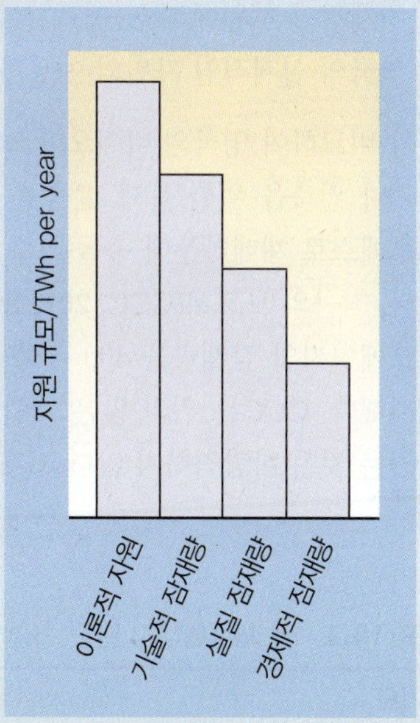

그림 10.8 • 재생에너지 자원의 규모에 대한 개념적 순위 – '기술적' '실용 가능한' '경제적' 잠재력은 '이용 가능한' 자원보다 상당히 적다. 정확한 수치는 각 기술별로 크게 다를 것이다.

예를 들어 영국의 육상 풍력은 이론적으로 연간 약 4,000 TWh 즉, 2010년 영국 전기 수요인 약 340 TWh보다 열배 이상이다. 기술적 잠재량은 연간 약 660 TWh이라 추산되며 실질 자원은 약 연간 약 80 TWh이라 한다(CCC, 2011a). 현재까지 단지 소량만이 개발되었다: 2010년 육상 풍력 발전량은 7 TWh가 조금 넘는다(DECC, 2011a).

이러한 유형의 추산치는 경제 상황에 대한 가정과 함께 여러 가지 에너지 시나리오의 기본이 된다.

즉, 현재 전 세계 1차 에너지 소비의 300%에 달한다(4장의 표 4.10 참조). 4장에서 설명되었듯이 식량을 토지에서 재배하는 것과 에너지 식물을 재배하는 것 사이의 가능한 상충점이 있다. 영국의 기후변화 위원회(UK Climate Change, UK CCC)에 의한 최근 보고서는 바이오연료가 전세계 에너지 수요에 대한 과도한 낙관론을 경고하면서 훨씬 더 낮은 10–120 EJ 을 제시한다.

영국의 재생에너지 잠재량

지난 20여 년간 특히 발전 에너지원 중심으로 미래 영국의 다양한 재생에너지 기술에 대한 상세한 평가가 진행되어 왔다. 전기 공급의 신속한 탈–탄소화가 영국의 온실 가스 배출을 2050년까지 80% 감축하는 주요한 방법이라 여겨져 왔다. Box 10.1에서 지적했듯이 육지 풍력 발전의 기술적 잠재량만으로도 현재 연간 영국 전기 수요인 약 340 TWh 의 두 배이다. 그러나 가까운 장래에 필요한 것은 실용적이며 경제적인 자원에 대한 예측치이다. 표 10.3은 전기를 생산하는 재생에너지에 대한 영국의 실제적인 자원의 예상치와 그의 제약조건에 대한 논평과 같이 정리했다.

이와 비교하여 영국의 바이오매스의 잠재량은 제한될 수 있다. 육지를 식량을 재배하거나 건축을 위한 목재, 운송을 위한 바이오연료 그리고 난방과 발전을 위한 바이오매스로 재배하는데 충돌될 수 있다. 4장 그림 4.25는 그 예상치의 범위를 보여준다. 최근의 보고서(CCC, 20111b)에서 영국의 기후변화 위원회는 2050년대에 바이오에너지의 잠재량을 400~750 PJ(현재 영국의 1차 에너지 소비의 4~8%)이라 제시했다. CCC는 위의 많은 대안들 중에서 비–열병합발전에 바이오에너지를 사용하는 것은 바람직하지 않다고 제시했다.

표 10.2 몇 재생에너지 발전 기술의 전 세계 기술적 잠재량

기술	기술적 잠재량(TWh/y)
수력	~14 000
풍력	24 000 – 160 000
대양에너지	2 000 – 90 000
지열	33 000 – 310 000

출처: IPCC, 2011.

표 10.3 영국의 실제적 발전용 재생에너지의 실제자원에 대한 예측치

기술	실제 자원 (TWh/y)	제한성
태양광 발전	140	간헐적, 고비용 비록 이 비용은 하락
수력	8	수력발전 저수지에 가용 장소가 적고 연안 발전소의 자원이 제한적
조력 범위	~40	가격, 환경적 수용 가능성. Severn Barrage은 자원의 절반을 차지할 수 있었음
내륙 풍력	80	간헐적, 대중 인정가능성
해상 풍력	>400	간헐적, 가격이 미래 보급에 따라 가격은 감소
파력	~40	간헐적, 가격, 여전히 개발 초기 단계
심해 지열	35	더 장기적 가능성이 여전히 영국에서 실증되지 못했음

출처: CCC, 2011a.

10.5 재생에너지는 우리가 받아들일 수 있는 가격에 공급 가능할까?

몇몇 재생에너지 기술은 의심할 여지없이 다른 에너지원보다 저렴하다: 그리고 그 출력은 다른 경쟁자의 가격과 비교할 수 있다. 경쟁자는 원자력 발전과 탄소 포집 및 저장 기술(CCS)을 사용하는 화석연료 발전 같은 다른 저탄소 기술을 포함한다. 다음 절들에서는 여러 발전 기술에 대한 예상 가격과 다양한 활용성을 살펴보겠다.

영국에서의 발전용 재생에너지

2009년에 건설된 신규 가스연료 기반 CCGT 발전소는 10%의 할인율을 감안한 자본 상환을 가정할 때 6.5 p/kWh만큼 비용이 소모된다.

그림 10.9는 몇 가지 발전용 재생에너지의 평준화된 예상 비용(용어 '평준화한(levelized)'에 대한 설명은 부록 B를 참조)에 대해 보여준다. 일반적인 가스와 석탄 발전, CCS 설비를 가동한 석탄 화력 발전이나 원자력 발전과 같은 저탄소 발전과 같은 기준 기술과 비교했다.

이전에 언급했듯이 화석연료와 저탄소 기술의 정당한 비교를 위해서는 탄소 가격을 고려해야 한다. 그림 10.9의 계산을 위한 값들은 2009년부터 점진적으로 미래에 상승하는 추세로 되어 있다. 그러나 평균 비율은 배출되는 이산화탄소 톤 당 약 40파운드에 해당하다. 탄소 가격을 반영하면 가스 발전의 전체 비용이 6.5 p/kWh에서 8.0 p/kWh으로 상승한다. 일반적인 석탄 화력 발전은 10 p/kWh가 넘게 된다. CCS를 갖춘 석탄 화력 발전은 여전히 적은 양의 탄소 가격을 포함하는데 이는 90%의 이산화탄소가 포집되고 나머지 부분을 고려했기 때문이다. 그것은 포집된 이산화탄소의 운송 및 처리-아마도 지하나 북해 밑의 심해저 염수층에 저장하는 비용을 포함하는 추가 비용을 포함한다.

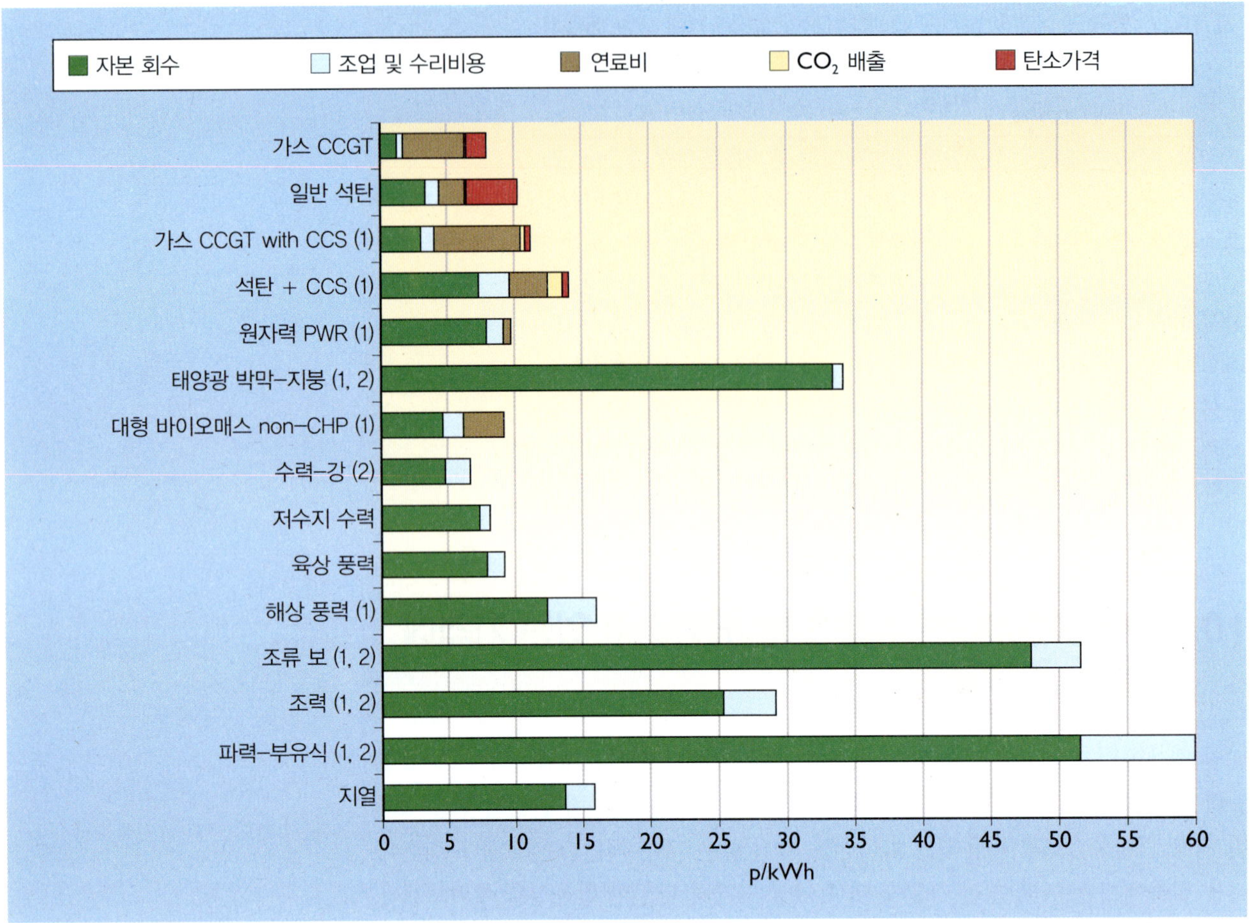

그림 10.9 • 기존과 저탄소 발전 기술 사이의 가격비교. 10% 할인율과 별도 표시 제외한 2009년 기준(참고: (1) 가격은 '종류별 최초'의 가격과 그에 따른 잠재적 가격 절감 고려. (2) 2011 시작 및 다른 할인율: 파력 15.5%, 조력 14.5%, 수력 -유입식(run-of-river) 7.5%, 태양광 7.5%(출처: Mott Macdonald, 2010, 2011).

이전에 설명했듯이 다른 기술 중의 상당수가 낮은 온실가스를 배출하지만 그림 10.9에는 그 탄소 비용이 포함되지 않았다.

가격, 대량 생산과 인지된 투자 위험

그림 10.9에서 어떤 기술은 현재는 다른 것보다 훨씬 비싸지만 미래에는 더 싸질 것으로 예측되기 때문에 여전히 지원을 받고 있다는 것을 알 수 있다.

바이오매스를 제외하고 위에 나열된 재생에너지 기술은 모두 자본 집중적이다. 이들 기술은 모두 상당이 긴 수명(18년 이상 된다고 가정)을 가지고 있다. 그들의 연료비용은 0이며 전기 가격은 초기 자본 투자 경비에 대한 회수 비용만 있다. 전기 가격은 따라서 설치된 용량에 대한 kW 당 자본 비용과 재정에 적용된 할인율에 의해 크게 영향 받는다(부록 B에 설명했듯이 이것은 '실제' 인플레이션 보정된 이자율이 고려 된 것임).

할인율의 중요성은 수력발전과 관련되어 5장 Box 5.11에서 토론했고 6장에서

Severn Barrage 사례에서 다루어졌다. 실제 프로젝트에서 할인율은 개인 투자자의 인지된 투자 위험과 성능이 부실하거나 혹은 완전히 실패할 수 있는 확률에 의해 결정된다.

그림 10.9에 대한 모트 맥도날드의 분석에 의하면 내륙 풍력, 태양광, 수력발전 등 몇몇 기술은 '성숙된 기술'로 취급된다. 그들은 '저위험' 투자이며 10% 미만의 할인율로 자금 조달할 수 있다. 그럼에도 불구하고 태양광 발전은 여전히 비싼데 자본 비용이 높고 3장에서 설명했듯이 생산 방식이 향상되고 생산량이 증가하면서 미래에는 하락할 것이다.

해상 풍력은 약간 더 위험이 있는 투자이며 자금 조달이 할인율 12% 정도에 가능할 것이다. 또한 자본 비용이 크지만(일반적으로 내륙 풍력발전보다 kW용량 당 두 배 이상) 미래 대량 생산에 따라 그 비용이 떨어질 것이다. 성공적 자금 조달은 인지되는 투자 위험을 줄여 더 저렴한 할인율에 자금을 조달할 수 있을 것이다.

여기서 조력이나 파도의 동력을 이용하는 '신규' 기술은 여전히 개발 중이거나 완성되지 않은 시제품이다. 미래의 자본 비용은 단지 대략적으로 예측되며 미래의 생산량에 달려있다. '매우 위험한' 이자율 14.5%의 할인율이 이들 투자에는 사용되었다. 10% 할인율을 반영할 경우 전기 가격을 그림 10.9에 보여주듯이 약 20%나 절감할 수 있다.

마지막으로 조수 보(조력 발전 댐)가 있다. 비록 이것이 일반적인 수력발전 기술을 이용하지만 그것은 '1회성인' 프로젝트이다. 그림 10.9의 예상치에서 할인율 15%의 매우 위험한 투자이어서 전기 가격이 50 p/kWh이 넘게 된다. 이러한 인지할 수 있는 위험을 줄일 수 있어 할인율 10%를 사용할 수 있다면 전기 가격을 30 p/kWh(6장 표 6.1)로 낮출 수 있을 것이다. 국가적으로 이산화탄소를 절감하는 상당히 전망이 있지만 자본 집중적인 프로젝트는(정부로부터) 매우 낮은 '사회적' 할인율인 3.5%에 대출을 받아야 할 것이다. 이렇다면 전기 가격을 단지 11 p/kWh로 극적으로 낮출 수 있다. 그렇게 저 이율 금융은 물론 경쟁인 다른 저탄소 기술 특히, 원자력 발전의 비용 또한 낮출 것이다(CCC, 2011a 참조).

영국의 난방 재생에너지

1장에서 지적했듯이 영국의 최종 사용 연료의 1/3 이상이 저온 난방에 사용된다. 국내 실내 난방만으로 영국 1차 에너지 소비의 15% 이상이 사용되며 국내 온수난방에 추가로 5% 사용된다(DECC, 2011d). 2장에 서술했듯이 단열과 유사한 에너지 절약 방법은 기존 건물에서 조차 실내 난방 수요를 극적으로 절감시킨다.

현재로서는 천연 가스가 영국의 주요한 난방 연료이다. 그러나 미래에 화석연료 사용이 줄어들면서 어떤 역할을 수행할 것인지 불명확하다. 만약 재생에너지와 원자력발전과 같은 저탄소에너지원에서 허용할 수 있는 가격대에서 대량 발전이 가능해지면(특히 겨울철에) 열 펌프가 아마 가능한 대안일 것이다. 바이오매스가 특히 가스 망으로 연결되지 못한 시골 지역(연료가 이용가능여부에 따라)에서 난방 연료로 유용할지 모르며, 태양열 난방 또한 다른 선택이 될 것이다. 표 10.4는 현재 국내 난방 연료 결정을 위한 대안의 난방 시스템의 자본 비용을 고려한 평균화된 비용 예측표이다.

범위에서 큰 숫자는 단열이 잘 된 주택의 에너지가 낮은 수요의 경우에 해당한다.

재생에너지와 에너지 효율의 균형

에너지 효율 향상에 대한 투자와 저탄소 에너지 공급을 위한 투자 사이의 균형을 맞추는 것은 매우 중요하다. 절약과 효율 향상은 일반적으로 많은 저탄소 공급 방안들보다 더 비용 효과적이며 에너지 수요와 재생에너지 공급의 차이를 좁힌다.

그림 10.9는 에너지 가격 기준으로 기술 비교를 보여주지만 여기서 개념상 탄소 가격을 포함하고 있다. 비교를 하는 또 다른 방법은 다른 기술을 사용해 1톤의 이산화탄소를 절약하는 각각의 비용을 조사하는 것이다. 이것을 경계 감소 비용 곡선(marginal abatement cost curve, MACC)라 한다. 그림 10.10은 2020년 영국 국내 혹은 가정용 잠재적 절약양에 대한 사례를 보여준다(CCC, 2008). 향상된 지붕 단열과 같은 많은 기본적 정책이 이미 그때까지는 시행되었다는 가정을 하고 있다. 기술들은 가장 낮은 비용이 왼쪽이며 가장 비싼 기술이 오른쪽에 자리 잡고 있다.

다양한 선택을 할 수 있다. 몇몇 효율성 향상 기술은 비용이 들지 않는다. 더 효율적인 모델의 냉장고로 대체할 경우 전기 수요를 줄일 수 있다. 수백만 가정의 벽을 단열하면 전국의 난방 수요를 줄일 수 있다. 이들 두 방법 모두 태양광 발전이나 태양전지 난방과 같은 재생에너지 공급 방법보다 더 적은 비용이 든다. 이것이 재생에너지원이 에너지 효율의 개선에 대한 완전한 프로그램이 달성될 때까지 재생에너지의 보급을 미루는 이유가 될 수도 있다. 실제 전국 이산화탄소 배출 저감을 위해서 필요한 비율을 달성하기 위해 모든 방안을 동시에 진행해야 한다.

전 세계 재생에너지 가격

영국은 우수한 바람, 파도, 조력 자원을 가지고 있다. 그러나 특별히 맑은 날씨가 있거

표 10.4 국내용 다른 용도에 따른 열의 평균화 비용

열 형태	Cost(p/kWn)
천연가스 보일러	6.8~10.5
대기 열 펌프	10.9~16.5
지하원 열 펌프	12.8~18.6
바이오매스 보일러	15.3~23.7
태양열 난방	26.6

비고: 2011 비용 기준으로 15년 장치 수명 8% 할인율.
출처: CCC, 2011a.

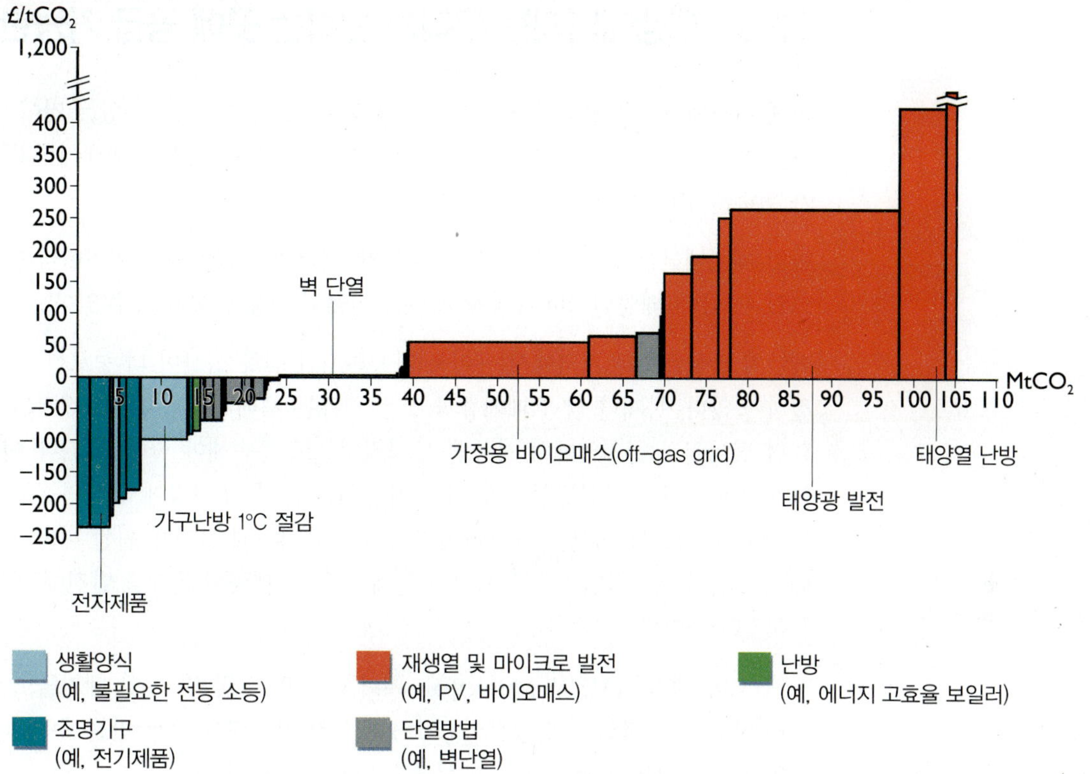

그림 10.10 • 2020년 영국 국내 개별 기술별 한계 저감 비용 곡선(MACC). 2010년 영국 전체 이산화탄소 배출량의 거의 500 Mt(출처: CCC, 2008).

나 지열 자원이 잘 발달된 것도 아니다. 표 10.5는 전 세계 측면에서 재생에너지를 통한 전기 비용에 대한 예측치를 보여준다. 특히 적당한(맑은) 장소에서 집중 태양광 발전이 매우 경쟁력이 있다. 또한 적당한 자원이 있다면 지열발전이 매우 경쟁력이 있다.

표 10.5 재생에너지 발전에 전 세계 평준화 비용 예측치

기술	비용(US 센트 kWh)
집중형 태양열 발전	20~31
태양전지(가정용)	23~86
태양전지(발전용)	15~62
바이오매스	2.9~7.1
수력	2.4~15
지열	4.5~13
조력	23~32
육상 풍력(대형)	5.2~17
해상 풍력(대형)	12~23

비고: 2008 data, 10% discount rate, 1 US cent ≈ 0.65 p.
출처: IPCC, 2011.

10.6 재생에너지는 우리가 원하는 곳에 공급 가능한가?

이제 재생에너지가 영국의 에너지 수요에 잠재적으로 기여할 수 있는 것이 매우 크다고 할 수 있다고 하자. 그럼 첫 번째 현실적 제약조건을 보자. 재생에너지는 우리가 원하는 곳에 공급될 수 있을까?

만일 재생에너지 공급이 주요 도시의 최대 에너지수요 지역에 위치한다면 몇몇은 그럴 수 있다. 태양열이나 태양광 패널은 건물의 지붕에 설치될 수 있다.

에너지 작물은 농촌지역에서는 이용 가능하지만 식량 생산이 더 중요한 곳에는 적절하지 않다. 목재나 삼림 폐기물과 같은 연료는 재배지에서 수확 · 집결되어 훨씬 멀리 떨어진 시골지역에서 사용될 도시지역으로 운송해야 한다. 그러나 이것들은 목재 팰릿이나 미세분말등과 같이 재가공 되기도 한다. 4장에서 설명했듯이 나무는 에너지 밀도가 석탄의 반밖에 안되고 기름의 1/3에 불과해 훨씬 비싸며 운송할 때 에너지와 이산화탄소 배출시키는 문제가 있다. 대량의 목재를 발전에 사용될 때 특히 그러하다.

도시 고형 폐기물(MSW, Municipal solid waste), 삼림 및 농업 폐기물도 연료로 널리 사용된다. 복합 화력발전소(CHP)에서 전기와 열을 모두 만들 수 있다. 또한 지역 공동체 난방 발전소에서 열 생산을 위해 사용되어진다.

이 경우 열은 덴마크에서 행해진 것처럼 도시 규모의 난방 네트워크를 통해 공급된다. 영국의 사우스 햄프턴과 같은 곳에서처럼 사용할 수 있다면 그러한 네트워크는 지열을 공급하는데 사용될 수도 있다.

식물 기름이나 당분과 같이 석유 대체 연료로 사용될 수 있는 바이오연료는 수확 후 가공 공장으로 운송되는 과정을 통해 연료가 된다. 모든 단계를 거치는 동안 이산화탄소나 다른 온실가스를 배출할 수도 있다. 결과적으로 3절에서 언급했듯이 바이오에탄올과 바이오디젤은 결코 무–탄소 배출 연료가 아니다.

비록 풍력이 지역적으로 소규모로 사용될 수 있어도 영국(그리고 대부분의 북서 유럽에서)에서의 대규모 사용은 내륙 및 해상풍력에 고속의 대형 터빈을 사용해야 한다. 이와 유사하게 파력이나 조력 발전을 위한 주요 장소는 수요지와 상대적으로 멀리 떨어져있는 경우가 많다. 대규모 재생에너지 공급을 기존의 송전 시스템에 통합하는 것은 세심한 계획, 투자 그리고 아마도 시장 구조의 변화를 필요로 한다.

영국의 전기 그리드(배전망, 전력망)

영국과 아일랜드에서 새로운 재생에너지 발전은 과거 80년 이전에 지어진 기존의 전력망에 연결되어야 한다(그림 10.4 참조). 잉글랜드와 웨일즈의 전국 전력 배전망은 요크셔와 웨일스의 탄광에 인접한 대형 화력 발전소(하지만 지금은 해상으로 수입된 석탄에 의해 운영된다)에서 잉글랜드 남부로 계속해서 집중되고 있는 주요 도시들로 전기를 공급하도록 설계되었다. 추가적인 연결망이 해안가의 원자력 발전소로부터 추가되었다. 또한 해저로 프랑스와 네덜란드에 연결되어 있으며 아일랜드와의 연결이 2012년까지 추가 예정이다.

스코틀랜드의 전기 시스템은 비교적 자급자족적으로 운영되고 있는데 석탄 화력, 원자력 그리고 수력발전을 혼합해 대응되고 있다. 물론 잉글랜드, 북아일랜드와 웨일즈 등에 연결되어 있다. 다른 쪽으로는 아일랜드 공화국과도 연결돼 있다. 동부 해안의 주요한 전기 수요를 차지하는 더블린은 서부 해안에 있는 수입 석탄을 사용하는 화력발전소를 통해 공급한다.

파력, 풍력 그리고 조력

그림 10.11은 영국 주변에 있는 풍력, 조력 그리고 조수 에너지원의 가장 좋은 위치를 이전의 장에서 요약해서 보여주고 있다. 그림에서 보듯이 전기 공급원이 광범위하게 퍼져있다. 영국과 아일랜드 모두 상당한 재생에너지 잠재력을 가지고 있다. 그림 10.4와 이 지도를 비교해 보면 기존의 전국 전력 배전망을 어떻게 새로운 에너지원와 대응하도록 발전시킬 것인가라는 문제를 찾게 된다.

가장 좋은 **파력**에너지원은 스코틀랜드, 아일랜드의 대서양 해안과 잉글랜드의 남서부에 있다. 시범 사업 개발이 스코틀랜드에서 주로 진행되고 있다.

최고의 **육상**(onshore) 풍력 후보지는 스코틀랜드와 웨일즈, 콘월, 영국의 북쪽과 서쪽 그리고 아일랜드의 서부이다. 이 모든 지역에서 현재 급속히 개발 중이다.

해상(Offshore) 풍력 발전의 가장 주요한 지역은 북해와 아일랜드의 얕은 바다이다. 그림 10.11에서 보여지 듯 가능한 지역은 불가피하게 선박 수송로에 의해 제한된 곳이다. 그러나 단지 폭 30 km, 길이 40 km의 면적을 가진 해상 풍력만 있으면 영국 전체 전기 수요의 10%를 공급할 수 있다. 지금까지 해상 풍력발전 개발은 육지에 가까운 곳에서 진행되어 왔다. 하지만 앞으로 영국의 대형 개발 개획은 바다 쪽으로 더 들어가서 진행될 것 같다. 7장에서 살펴보았듯이 이를 위해 몇몇의 '3단계' 지역이 정해졌다.

조수보(tidal barrage)의 주요 후보지는 특히 세번 강과 Solway Firth와 같은 몇몇 큰 하구에 있는 반면, 석호(라군, 큰 바다와 모래나 바위들로 연결된 호수형태의 지역) 타입의 경우에는 보다 넓은 바다에서 건설될 수 있다. 조수 해류 장치(tidal stream device)를 설치하기 위한 가능성이 있는 위치는 조수보와 비슷한 하거나 그보다는 주목을 끄는 곳은 갑(곶, headland) 그 중 Orkney와 스코티시 본섬 사이의 Pentland Firth와 Channel Islands의 Alderney와 프랑스 해안의 Cap la Hague의 사이에 'Race of Alderney'가 가능성이 크다.

그림 10.4에서 보았듯이 영국과 아일랜드 전력 배전망은 대부분 밀집된 '지점에서 지점으로 (point to point)' 방식으로 연결되지는 않는다. 그들은 그물(mesh) 형태로 만들어졌고 몇몇의 연결은 명확히 중첩되어 있다. 어떤 일부 라인이 문제가 생기더라도 계속해서 가동될 수 있도록 계획적으로 연결되어 있다. 이로 인해 가동의 유연

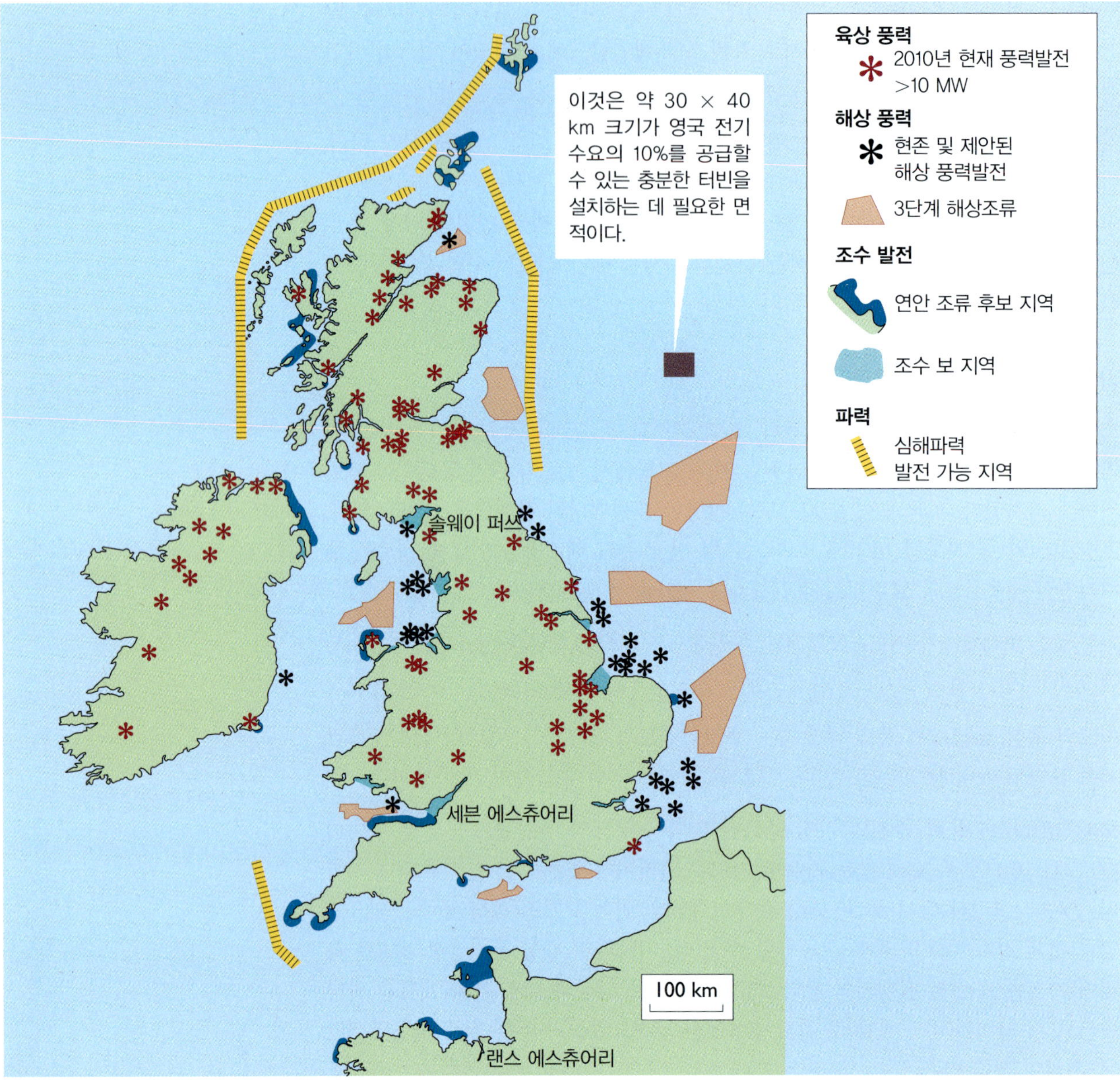

그림 10.11 • 육상 및 해상 풍력발전 그리고 영국 근해 해상 풍력, 파력, 조력 에너지 프로젝트의 잠재적 구역(출처: DECC, 2011b, Hibernian 풍력, 2011, Offshore Valuation Group, 2010, BERR, 2008).

함과 추가적인 공급이 기존 시스템에 가능하도록 해준다. 국가 전력망은 또한 아래에서 논의할 몇몇 재생에너지의 시간에 따른 변동성을 대응할 주요한 열쇠이다.

범 유럽적(pan-European) 관점

'국가적' 전력망의 개발에 다른 압력이 있다. 유럽 연합은 범 유럽적 전력 시장을 창설하고 싶어 한다. 이러한 교역 관점에서 프랑스부터 영국으로 이어진 2 GW 배전망과 스코틀랜드에서 아일랜드 북쪽으로 이어진 500 MW을 전력망은 국제적 전력 거래를 제한하는 '병목(bottlenecks)점'이라고 인식하고 있다. 재생에너지에 의한 발전 측면에서 영국과 아일랜드는 풍력, 파력, 조력 등 풍부한 자원을 가지고 있어 노르웨이와 스웨덴의 수력발전, 중부 유럽의 바이오매스 그리고 남유럽 및 북부 아프리카의 태양광 자원과 상호간에 잠재적으로 상호보완적이다(8절 참조).

10.7 재생에너지는 우리가 원할 때 공급 가능할까?

에너지에 대한 우리의 수요는 일정하지 않다. 하루 중, 주간 그리고 연간 다양하게 바뀐다. 영국에서 우리는 여름보다는 겨울에 건물 난방으로 더 많은 에너지를 사용한다. 영국은 일반적으로 12월에 여름철보다 두 배나 많은 천연 가스를 소비한다.

일반적으로 '선진국'에서 에너지 수요에 대해서는 제약조건이 별로 없다. 우리의 전기 공급 시스템은 우리가 스위치를 킬 때 언제든지 이용할 수 있도록 구성되어 있다. 가스는 항상 요리 기구를 사용할 수 있도록 대기 중이다. 모든 주요 고속도로의 주유소는 일정한 간격을 두고 설치되어 있어서 우리가 원할 때마다 사용할 수 있다.

공급을 수요에 맞출 수 있도록 복합적 기반시설이 갖추어져 있다. 가령 수요가 커질 경우에는 전국에 연결된 배관망을 통하여 한 곳의 가스 저장탱크에서 다른 가스 저장탱크로 연결된 연속적 펌프들이 가동되어 가스가 공급된다. 이때 에너지 수요에 맞추어 공급하지 못하는 인프라의 어떤 실패라도 –그것이 가스나 전기, 난방유나 휘발유일지라도– 소비자의 항의를 야기시킨다.

바이오연료는 화석연료의 장점을 많이 가지고 있다. 대부분의 바이오연료는 저장하기가 용이하고 수요에 쉽게 대응 가능하다. 그러나 다른 재생에너지원의 공급은 비연속적일 수 있다. 즉 풍력, 파력 그리고 태양에너지는 날씨에 따라 달라진다. 이들 재생에너지는 완전하게 '확정된' 공급원이라고는 말할 수 없다. 즉, 우리는 그것을 필요로 할 때 절대적으로 그것이 즉시 사용 가능하다는 것을 보장할 수 없다. 수력은 또한 날씨에 의존하지만 그것의 가용성은 대부분의 수력발전 시설의 한 부분인 저수지의 저장 기능에 의해 향상된다. 조력은 때로는 중단되지만 전적으로 예측할 수 있다.

이번 절에서는 이러한 특징의 결과를 살펴보는데 열에너지 측면에서 살펴보고 더 까다로운 주제인 전기에 대해 이어서 다루겠다.

열 공급 재생에너지

열은 비교적 쉽게 다룰 수 있는 주제이다. 개별 태양열 집열기는 주택의 지붕이나 빌딩에 설치할 수 있다. 태양 온수기는 효과적으로 다른 형태의 온수 수요를 감소시키고 여름에 주로 사용된다.

위에서 지적한 바와 같이 화석연료와 함께 다양한 바이오연료, 가정 및 농업 폐기물이 열을 생산해 지역 또는 공동체 난방 네트워크에 사용될 수 있다. 그러한 시스

그림 10.12 • 런던 중심의 핌리코의 저수탑: 일일 4천 가구 공급 가능한 온수 저장.

템에는 또한 태양 발전, 히트펌프, 지열 대수층 또는 잉여 풍력으로부터 생산된 열이 도입될 수 있다. 비록 열을 '다른 계절'까지 저장하는 즉, 여름에 발전한 열 자원을 겨울까지 저장시키는 실증 계획이 선보였지만 아직은 가격이 비싸다. 대부분 공중 난방과 관련된 열저장 시스템은 그림 10.12에서 보여주고 있는 것처럼 하루 정도만 사용할 양 밖에 공급을 할 수 없다. 따라서 이러한 시스템 설계자는 지역/건물의 열에너지 수요가 하루 동안 어떻게 변하는지는 제약을 받지 않지만 연중 어떻게 변화하는지는 고려해야 한다.

도시 고형 폐기물(Municipal solid waste)은 오랜 기간 동안 저장하기에 바람직한 연료는 아니다. 쓰레기를 열과 전기로 전환하기 위한 수단이 대규모 소각, 가스화, 열 분해 등 무엇이던 간에 작업을 연중 계속하는 것이 최상이다. 다른 바이오연료는 저장해 겨울철 난방수요에 대응할 수 있다.

많은 국가의 사례를 통해 기존 건물의 난방 수요가 극적으로 줄어들 단계까지 단열을 할 수 있다는 것을 알 수 있다. 일단 그렇게 된다면 비교적 저온의 지역난방 시스템으로도 쉽게 난방할 수 있고 겨울철 수요의 과다한 증가라는 문제점은 아주 심각하지 않게 될 수도 있다.

통합 재생 가능한 전기

현재(2012년 기준) 재생에너지를 이용해 생산된 전기를 기존 전력망에 통합하는 것은 상당한 이슈이다. 2020년까지 재생에너지 원천으로부터 전기 공급의 30%를 충족시키는 영국정부의 목표를 위해서는 30 GW 정도의 재생에너지가 전력망과 연결되어야 한다.

그러한 크기의(재생에너지 출력으로 인한) 변동성이 있는 에너지 입력을 무리 없이 처리해야 하는 매우 어려운 문제를 이해하기 위해서는 먼저 기존의 시스템을 자세히 설명할 필요가 있다. 대부분의 경우 어니서와 언제라는 실질적인 자원의 제약성의 문제는 서로 겹쳐진다는 것을 알게 될 것이다.

현재 영국의 시스템은 어떻게 작동하는가

전기는 열보다는 신축적이고 가치 있는 생활필수품이지만 저장하기 어렵다. 전기는 수요에 맞추기 위해서는 즉시 생산되어야 한다. 다른 나라와 마찬가지로 영국도 전기 수요는 계절이나 시기에 따라 매우 크게 변화한다. 그림 10.13은 여름과 겨울의 일별 수요 패턴을 보여준다.

밤에는 상대적으로 수요가 적다(여름의 경우 25 GW 이하). 그러나 아침 일찍 수요가 무척 빠르게 증가하고 낮 동안에는 일정하다. 겨울에는 초저녁에 두드러지게 높아진다(55 GW가 넘을 때도 있음).

우리가 이러한 대규모 전기 수요를 집계할 수 있는 것은 전국적인 배전망이 있기 때문이다. 비록 개별 소비자는 여기에는 전등을, 저기에는 히터를 틀어놓듯이 전기

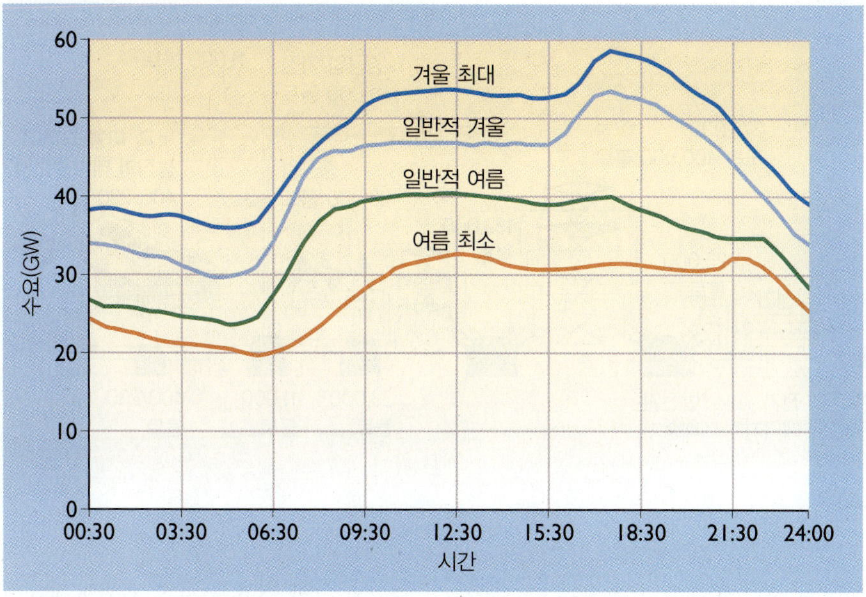

그림 10.13 • 영국의 여름철, 겨울철 일별 전기 수요 변화 2010/2011년(출처: National Grid Co., 2011).

를 약간 다른 시간대에 사용한다. 이것을 전력 배전망 체계가 상대적으로 대응하기 쉽도록 변하는 수요를 차근차근 합쳐서 나타낸다. 이러한 효과를 수요의 다양성으로 알려져 있다. 소비자들의 행동이 모두 비슷하게 되는 동조화 현상이 나타나는 예외 상황도 있는데 이는 나중에 다루겠다.

영국 배전망 개발의 역사는 Everett al., 2012에 자세하게 기술되어 있다. 1930년대 처음 만들어졌을 때 전기는 수백 개 소규모의 낮은 생산율을 가진 지역별, 개별 발전소에서 생산되었다. 처음에는 영국의 가장 효율이 좋은 발전소 사이에 연결되어 상호간에 최대 수요를 대비하기 위한 상호 백업과 대응을 목적으로 했다. 이것은 교류(AC)로 사용하고 공통 주파수로 초 당 50사이클(50 Hz)로 선택되었다. 그 후에 수백 개의 비효율적인 소형 발전소는 폐쇄되었다.

1937년 시험을 통해 영국, 스코틀랜드 그리고 웨일스로 각 국가의 지역별 네트워크의 체계를 하나의 국가적인 네트워크로 연결하는 것이 안전하다고 알려졌다. 개별 발전소의 출력은 전체 시스템 성능을 최적화하기 위해 중앙에 통제되었다. 1938년 이후 대체로 그렇게 운용되었다.

당시 많은 발전소와 지역 송전 네트워크는 민간 소유였다. 비록 영국 산업은 1947년에 국영화되었고 1989년에 사유화되었지만 이러한 변화가 분배 체계의 '국가적으로 단일하게' 운용되는 형태에는 영향을 미치지는 않았다.

배전망은 1934년 이래 지속적으로 강화되었다. 현재 주송전 선로는 2 GW 이상을 운영할 수 있는 275 kV와 400 kV로 되어 있다. 전체적으로 중앙 통제되고 규모의 경제에 따라 운영되며 전압이 외부적으로(outward) 그리고 전압 강하 방향으로(downward) 소비자에게 공급한다는(그림 10.14의 왼쪽에서 오른쪽으로) 생각에

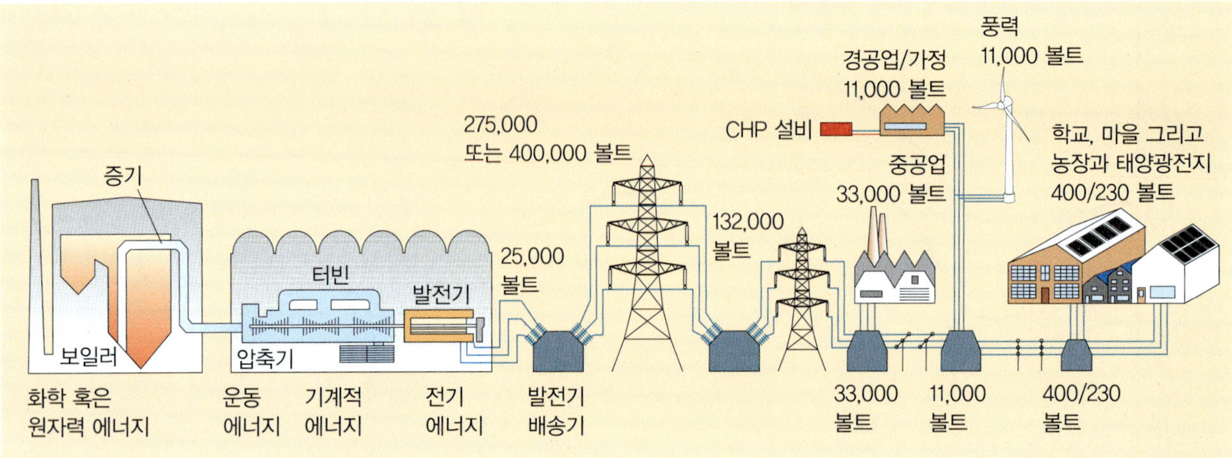

그림 10.14 • 영국 전기 시스템의 계통도.

기반한 하나의 대규모 발전이라는 것이다. 여기서 가장 낮은 전압으로 시스템은 길거리에 매립된 400 V 3상 AC와 230 V 단상 AC(일반 소비자 사용 형태)를 공급하는 케이블로 구성되어 있다.

이것은 '중앙 집중적 발전'의 하나의 단면을 보여준다. 반면에 수요인 소비자들에게 더 지역적으로 가까운 소형 발전기들로 구성된 근접발전(**embedded generation**)으로 변화하는 추세가 있다.

태양광 패널 혹은 소형 열병합 발전 시설은 주택, 학교 혹은 지역 체육 센터에도 설치되어 400/230 V로 그리드에 연결될 수 있다. 개개의 1 MW 출력의 내륙 풍력 터빈이나 산업용 열병합 CHP 설비를 11,000 V로 연결될 수 있다. 더 큰 규모의 해상 풍력 단지는 11,000 V나 33,000 V의 고압으로 연결될 수 있다.

실제로 그리드는 전력망 유영에 있어 막대한 유연성을 제공해 준다. 옥스퍼드의 수요는 요크셔의 발전소나 웨일스에 있는 저장 발전소로 충족될 수 있다. 유럽을 통틀어 전기 체계는 50 Hz의 공용 주파수로 운용한다. 그들이 국경을 넘어서 연결되기 때문에 발전소는 부하 부담을 공유할 수도 있고 잉여전력을 수출할 수 있다.

공급과 수요의 맞춤

잉글랜드, 웨일즈, 스코틀랜드의 고압 전기 그리드는 **시스템 운영자**와 국가 그리드 주식회사에 의해 중앙에서 제어된다. 영국의 총 수요 패턴은 각기 다른 회사가 소유하는 발전소의 연합을 통해 중앙에서 조정되는 전력 풀(power pool)이라는 전기의 경쟁 시장 안에서 경쟁하면서 이루어진다. 어떤 주어진 시간에 컴퓨터 모델이 시스템 운영자에 의해 앞으로 몇 시간동안 국가 전체의 수요가 얼마나 될지 예측하고 전기의 공급에 대한 입찰을 받는다.

발전소 소유자(혹은 그들의 컴퓨터 프로그램이 행한다)는 응답을 하고 가장 싼 제안이 채택되어 그 시스템은 원격제어에 의해 가장 적당한 발전소를 정하게 된다.

가장 저렴한 운영비용을 공급하는 발전소가 기저 부하(base load)를 공급한다.

가장 싼 가격의 에너지원은 연료비용이 전혀 없는 풍력과 같은 재생에너지 발전기일 가능성이 높다. 다음으로 낮은 연료비용을 가지는 원자력이 풍력 다음이다. 그리고 석탄과 가스 발전소 사이에 경쟁이 있다. 비록 수력은 연료비용이 없지만 높은 탄력성은 그것은 일반적으로 최고 수요일 때까지 보존된다. 아무때나 경쟁력이 있는 가격이 선택되어 충분한 발전소가 온라인이 되어 수요를 만족시킨다. 피크 수요일 때의 가격은 매우 높다.

입찰 과정은 단지 어떤 규모 이상의 발전기에만 해당한다. 1 MW 이하의 소형은 일반적으로 그들이 작동될 때가 제한된다 하지만 '시스템 가격'보다는 생산한 전기에 대해 고정된 비율로 지불받는다.

변화하는 부하에 대응하는 각각의 발전소의 대응하는 능력은 발전소의 규모에 따른다. 대형 석탄 혹은 원자력 발전소는 시작에서부터 최고 출력까지 24시간 혹은 36시간까지 걸린다. 정상적인 CCGT 발전소는 한 시간 이내 약간의 파워를 공급할 수 있지만 최고 출력까지 8시간 정도 걸린다. 변화하는 수요를 따르기 위해서는 발전소가 기저 부하에 따라 운영할 때 가능하다. 전체적인 효율은 떨어진다(그리고 전기 kW 당 이산화탄소 배출량을 증가시킨다). 그 발전소는 최대 출력으로 연속적으로 운영하는 것이 가장 최적이다.

그러나 수요는 변화하여 지속적이지는 못하다. 몇 가지 이유 때문에 수요는 급속하게 변화한다.

- 사무실이나 공장에서 활동의 일별 증가로 인해 두 시간 사이에 12 GW 만큼이나 수요는 증가할 수 있다.
- 전국에 동시에 방송되는 유명 TV 프로그램은 소비자의 행동을 동일하게 할 수 있다. 광고가 방송될 때 상당한 인구가 동시에 전기 주전자를 사용하게 하며 몇 분 내로 1 GW 이상의 갑작스럽게 전기 수요를 급증시킬 수 있다.
- 갑자기 대규모 발전소의 고장이나 전력 공급 라인이 폐쇄된다는 것은 600 MW 나 그 이상의 발전소가 사라진다는 것을 의미하고 이를 다시 수분 내에 대응해야 한다는 것을 의미한다.

수력발전의 유연성은 이러한 수요 변화를 빠르게 만족시킬 수 있다. 한정된 수력전기 자원을 가진 국가에서 그것들을 대응할 수 있는 전통적인 방법은 운전 예비(spinning reserve)를 유지하는 것이다. 즉, 대규모 화석연료를 소비하는 화력발전소나 원자력 발전소를 부분적 부하만큼 생산을 계속하면서 충분한 스팀을 비축해 갑작스런 수요 증가를 대응할 수 있게 한다. 그러나 이런 방식으로 발전소를 운용할 경우 효율을 떨어트리고 연료를 낭비하게 된다. 따라서 오랫동안 여러 가지 기술들이 이런 문제를 대처하기 위해 도입되었다(Box 10.2 참조).

Box 10.2 단기적인 수요 변동에 전기 공급 대응

전기는 수요에 따라 생산되어야 하며 생산된 전기의 전압과 교류 주파수는 철저한 범위 내에서 유지되어야 한다. 갑자기 증가하는 수요에 대응하기 위해서 일련의 기술이 사용되고 있다.

양수 저장 발전

5장에서 주로 설명되었다. 낮은 수요의 경우에 물을 고지대의 저장소로 올려 보내는 데 잉여전기를 쓴다. 갑작스럽게 수요가 최대치로 될 경우 물의 저장된 위치에너지를 사용해 짧게는 10초 이내로 전기를 발전할 수 있다. 영국은 현재 4개의 발전소가 있는데 그 중 두 개는 웨일즈에 그리고 나머지 두 개는 스코틀랜드에 있다. 그들의 최고 출력 통합 발전량은 2.7 GW로 영국의 일반적 겨울 전기 수요의 약 5%를 차지한다. 다른 나라도 비슷한 발전소가 있다. 그런 발전소에는 총 저장 효율성이 70~80%이다. 비록 겨울에는 높은 피크 출력을 보이지만 그를 위한 용수 저장은 단지 몇 시간의 조업만 가능한 양이며 다른 대체 발전소가 시작을 준비하고 연결될 때까지만 사용 가능하다.

개방 사이클 가스 터빈과 디젤 피크 발전소

이들을 30분 이내에 최대 출력에 도달한다. 소형의 '개방형 사이클' 가스 터빈은 CCGT의 증기 단계 없이 천연가스나 난방유로 운영되며 10 MW에서 100 MW 사이의 전력을 공급한다. 그림 10.15는 두 개의 66 MW 터빈을 보여준다. 약 1 MW 출력의 소형 디젤 발전기는 전기를 몇 분 내로 생산해 온라인으로 공급할 수 있다. 이 두 타입의 단점은 화석연료를 소비하고 기저부하용 발전소보다 열효율이 낮다는 것이다.

그림 10.15 • 런던 북부의 132 MW 개방형 사이클 가스 터빈(Open Cycle Gas Turbine, OCGT) 발전소. 경질 난방유(light heating oil)로 운전되는 두 개의 티빈이 있음.

공기 압축에 의한 에너지 저장(CAES)

가스 터빈 발전소에서 많은 양의 에너지가 연소실에 공기가 도달하기 전에 이를 압축하기 위해 사용된다. CAES발전소는 수요가 적을 때(오프피크, offpeak) 남는 여분의 전기를 공기를 압축시키고 지하에 저장한다. 최대 수요의 경우에 가스 터빈으로 저장된 압축공기를 사용해 60% 이상의 가스 소비를 감소시킨다. 첫 상업용 발전소는 소금 광산에 있는 저장소를 사용하여 1978년 독일에서 건설된 290 MW의 발전소이다. 2.7 GW 규모의 발전소가 오하이오 주에 건설을 계획하고 있다. 압축 공기는 100기압 이상이고 거의 700미터 땅 아래에 석회암 광산에 저장할 계획이다. 추가적으로 200 MW 용량의 발전이 2013년에 건설 준비 중이다.

재충전 가능한 전지

납축전지는 전기유틸리티 회사들에서 19세기 후반부터 최고 출력 및 비상용(backup) 목적으로 이용된다. 현재 캘리포니아에 있는 40 MWh가 가장 규모가 크다. 납을 이용한 기술은 배터리의 반복적 사용을 통해 방전될 때까지 사용 횟수에 따라 제한된다.

황화나트륨(Sodium sulphur batteries)은 양극으로 용융 황화물을, 나트륨을 음 전극에 사용한다. 이들이 합쳐져서 나트륨 다황화물(polysulphides)과 전기가 생산된다. 배터리는 산화반응을 일으키기 위해 300℃ 이상 유지해야 한다. 배터리가 충전될 때 황이나 나트륨과 같은 원료가 재생된다. 일본에서 메가와트 규모의 발전소가 전기 유틸리티 시설로 지어졌다.

액체 유량 배터리

주요 화학 반응물이 고체인 기존의 배터리와 다르게 배터리 자체로부터 분리되어 탱크에 액체로 저장되어 있다. 이것은 가스 배터리인 수소연료전지(Box 10.3 참조)와 유사하다. MW급 액체유량 배터리는 일본에서 바나듐(Vanadium) 또는 브롬화아연(Zinc Bromide)을 사용해 개발 중에 있다.

최선의 선택은 무엇인가?

전국적 전력 송전망의 균형은 막대한 출력과 상당한 양의 저장된 에너지를 필요로 한다. 현재 양수 발전만이 한 시간 이상의 출력을 공급할 수 있는 1 GW 규모를 가지고 있지만 이러한 시스템은 산악지형과 같은 적당한 장소가 필요하다. 피크 수요 대비용 가스터빈은 거의 모든 곳에서 설치 가능하지만 화석연료를 비효율적으로 소비해야 한다. CAES 시스템은 100 MW 이상 공급할 수 있지만 고압 압력 저장소를 설치할 수 있는 특별한 지질학적 조건이 필요하다.

배터리는 어느 곳에서나 설치될 수 있는 잠재력이 있지만 현재 이용 가능한 출력은 50 MW 이하이고 일반적으로 한 시간 이하의 출력을 공급하는 할 수 있다. 배터리는 반응이 매우 빠른 장점이 있는데 분 단위가 아닌 몇 초 만에 공급이 가능하다. 배터리는 갑작스런 전압 증가(short surge)를 흡수하고 지역 배송시스템의 제어 불안정을 조절하는 데 사용 가능할 것이다. 이 배터리는 마치 시동 배터리(starting batteries)처럼 행동하며 black start로 알려진 전력 송전망의 순간적 오작동에서 발전소가 정상 작동하는 데 사용될 수 있을 것이다.

재생에너지의 포함

재생에너지를 이 모든 것 중 어디에 들어맞을까? 각각의 재생에너지원은 특히 변동성에 관하여 고유한 특성을 가지고 있다. 우선 '확정적' 재생에너지를 먼저 살펴 보자.

확정적 재생 발전원

바이오매스와 폐기물 발전소

도시 고형 폐기물(MSW), 버려진 나무나 쓰레기 매립지 가스 등을 사용하는 발전소는 비교적 소규모로 100 kW에서 50 MW 정도의 출력 용량을 가진다. 이 발전 시스템은 11 kV나 33 kV로 연결되고 상당히 지속적으로 운영될 수 있다. 많은 소규모 발전소는 무인 자동화되어 자동제어 된다. 바이오매스는 또한 일반 대형 수 MW 발전소와 같이 연소될 수 있다. 또한 50 MW 이상의 신규 바이오매스 발전소가 영국과 다른 국가에서 건설되고 있다.

지열 발전

비록 영국에서 이용되지는 않지만 외국의 지열 발전은 100 MW 이상의 용량이 될 수 있고 그들의 그리드 연결과 운영은 다른 일반적 석탄이나 원자력 발전소와 동일하다. 그들이 연료비가 없기 때문에 거의 연속적으로 운영될 수 있어서 '기저 부하'의 전기 발전을 공급할 수 있다.

수력발전

수력발전소는 탄력성 있게 전기 공급이 가능하기 때문에 모든 재생에너지 중에 가장 바람직한 형태이다. 물은 몇 달 내지 몇 년 동안 저수지에 저장할 수 있고 발전기는 몇 분 내로 최대 출력에 도달하거나 정지시킬 수 있다. 더 작은 '수로(run-of-river)' 발전소는 충분한 용수의 확보에 따라 거의 연속적으로 운영될 수 있다.

영국에서 대부분의 수력 발전소는 100 kW에서 100 MW급 용량을 가지며 11 kV나 그 이상의 전압으로 연결되어 있다. 노르웨이나 스웨덴 등 여타 유럽에서의 수력발전은 주요한 에너지 공급원이며 자체적 혹은 양수 발전을 통해 저장하거나 잉여분을 다른 나라에 판매하기도 한다.

비록 수력발전은 단기간에 변화하는 수요를 해결할 수 있지만 장기간의 변화는 연도별로 변화하는 잠재적인 강수량에 의존한다.

변동성 재생에너지: 더 큰 그림

남아있는 재생 발전원 –태양광, 풍력, 파력과 조력–은 모두 시간에 따라 달라져 시간변동 수요에 기여할 수 있다. 먼저 유럽 규모의 재생에너지 공급과 수요의 타이밍(시기선택)을 살펴볼 필요가 있다.

태양과 자전하는 지구

태양은 동쪽에서 뜨고 서쪽에서 진다. 그리니치 표준시를 기준으로 새벽과 업무 시작은 영국보다 독일이 더 일찍 시작한다. 지구가 24시간마다 한 번씩 자전하기 때문에 태양은 매 시간 경도 15도만큼 횡단한다. 베를린과 버밍햄은 대략 같은 위도에 있지만 경도 15도만큼 차이가 난다(그림 10.16 참조). 따라서 베를린의 일상적인 활동들과 연계된 전기 수요가 영국보다 한 시간 빨리 일어날 것이다.

태양은 직접 조명에 대한 전기 수요와 태양광 발전의 발생 시간에 직접적으로 영향을 준다. 남향 태양전지 패널의 최고 출력은 베를린이 버밍햄보다 한 시간 먼저 일어날 것이다.

태양광은 물론 시간별로 혹은 연중 일정하게 이용할 수 있지는 않다. 여름이 겨울보다, 북 유럽보다 남부 유럽이 더 많은 일조량을 확보할 수 있다(2장 그림 2.7, 그림 2.8 참조)

풍력

7장에서 설명되어 있듯이 유럽 풍력 자원의 대부분이 북서쪽에 자리 잡고 있다. 연속적인 사이클론이나 저기압과 이를 동반한 강한 바람들에서 나온다. 이러한 날씨는 대서양으로부터 서쪽에서 동쪽으로 서서히 움직인다. 이들이 특히 가을, 겨울

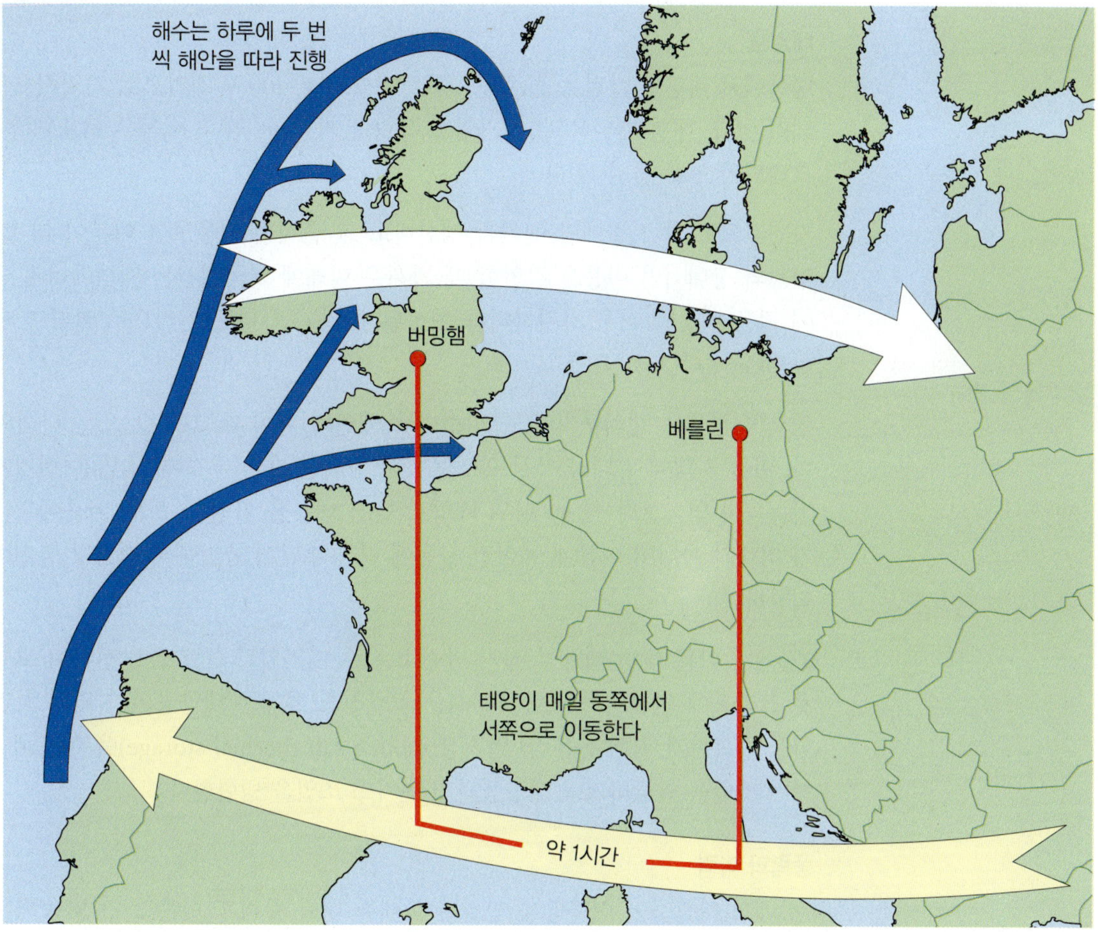

그림 10.16 • 유럽 전역에서 잠재적 전기 수요와 재생에너지 발전에 영향을 주는 태양, 바람 그리고 조수 현상.

그리고 봄에 심한데 약 1,000 km에 걸쳐서 유럽전체를 가로지르는데 단 며칠 밖에 걸리지 않는다. 따라서 어떤날 아일랜드에서 부는 바람이 덴마크에서는 잠잠해질 수 있다. 이틀 후에는 상황이 반대로 될 수 있다.

강력한 바람이 겨울에 분다는 것은 증가된 풍력 발전 자원을 의미하며 부분적으로 증가된 겨울 전기 수요에 대응할 수 있다.

조력

비록 일반적으로 조수는 특정한 장소에서 높아지거나 낮아진다고 생각하지만 유럽의 대서양 해안가를 따라서 하루에 두 번씩 진행되는 것으로 볼 수도 있다(지중해는 단지 매우 낮은 조수가 있다). 조수의 높이는 또한 긴 이 주일의 주기로 한사리(spring tide, 밀물이 가장 높을 때)와 조금(neap, 조수 간만 차가 가장 적은 때) 사이에 변화한다.

변동 재생에너지: 상세

태양광

영국에서 태양광 발전은 킬로와트 규모로 230 V, 400 V 전압으로 지역적으로 연결되어 있다. 대형 패널은 수 메가와트 용량을 가질 수 있다. 이들은 11 kV 수준으로 그리드에 연결 될 수 있다.

자연적으로 낮 시간에만 전기를 생산하고 그 출력은 겨울보다 여름이 더 높다. 태양광의 상대적인 비용을 감안할 때 가까운 미래에 영국에서는 재생에너지 발전 중에 적은 비중만 겨우 차지하리라 예상된다. 하지만 더 장기적으로 본다면 더 공급할 수도 있다(3장 참조).

영국의 경우는 캘리포니아, 그리스나 스페인과 같이 햇빛이 잘 드는 나라와 다르다. 이들 지역에서 태양 복사도가 높아서 정해진 자본 투자에 더 많은 전기가 생산 가능하며 영국보다 더 싼 단위 태양광 발전 비용을 가진다. 또한 겨울에 전기수요가 최대가 아니며 여름에 에어컨 사용에 따른 부담이 증가해서 태양광 발전이 더욱 적합하다.

2장에서 다룬 대형 태양열 전기 발전소는 수 메가와트 규모로 발전하며 고 전압으로 그리드에 연결되어 있다. 더 최근의 발전소 설계는 태양광의 입력의 시간적 제한을 극복하기 위해 용융 염 열저장(molten salt thermal storage)을 이용해 저녁때까지 조업을 연장하거나 태양광과 천연가스 조업을 병합한다.

풍력과 파력

7장에서 나왔듯이 전력망에 연결된 현대적 내륙 풍력 터빈은 2~3 MW의 출력이다. 이들은 전력망에 11 kV로 연결된다.

해상 풍력 터빈은 더 크며 새로운 설계로 인해 10 MW까지 될 수 있다. 현재 해상 풍력 단지는 전체 규모가 300 MW 이상 되며 내륙의 전력망과 특별히 높은 전압으로 연결되어야 한다.

비록 파력이 훨씬 덜 발전되었지만 개별 해안가의 설비는 약 1 MW로 평가되며 연안의 '파도 단지'는 100 MW 이상이어야 해상 풍력단지와 비슷한 연결 문제를 가지고 있다.

풍력과 파력 발전의 출력은 어느 정도까지는 상세한 날씨 예측기술을 이용해 예측 가능하다.

일반적으로 1 MW 풍력 터빈은 1년에 300~400 kW를 평균적으로 생산한다. 바람 부는 날에 최대 출력을 생산하지만 조용한 날에는 출력이 없다. 평범한 바람 속도에서 그 출력은 분 단위로 바뀔 수 있다. 유사하게 파력 발전의 출력도 파도의 무작위한 파도의 본성에 따른다. 태풍이 부는 날 최대 출력을 내지만 잔잔하고 조용한 날에는 전혀 생산하지 못하며 중간적인 경우에 그 출력은 변동적이다.

조력

6장에 기술되었던 조력은 간헐적이지만 예측 가능하다.

세번 강의 댐과 같이 댐은 썰물에서만 발전하는데 6시간 동안 12.4시간 주기로 약 8 GW 정도의 출력을 생산한다(그림 10.17(a)). 비록 최대 한사리 출력이 8 GW가 될 수 있지만 일주일 뒤의 조금에는 단지 4 GW이다.

이러한 대규모 출력을 대응하기 위해 이론적으로는 조력발전이 처음으로 발전을 시작할 때 기존 발전소는 정지하도록 일정을 계획하는 것이 필요하지만, 주어진 그들의 열 관성(thermal inertia) 때문에 연료 활용도 측면에서 비효율적이다. 그러므로 높은 상태를 유지하는 구역과 낮은 상태를 유지하는 구역 그리고 이들 사이에서 융통성 있게 발전과 양수를 하는 이중(혹은 삼중의) 분할 계획이 더 나을지도 모른다. 비록 비싸지만 이렇게 하며 '고정적' 재생에너지 발전에 근접하게 발전할 수 있다.

조류 터빈의 상황이 아마 더 가능성이 있다. 터빈은 흘러드는 물의 속도의 세제곱에 비례한다(이는 풍력터빈의 성능과 유사하다). 출력은 들어오는 조수와 썰물이 변하는 6.2시간마다 최대값을 가진다. 출력은 한사리와 조금 사이의 또한 더 긴 2주 사이클에 따르며 최대 출력인 한사리 때가 최저인 조금보다 대략 4배 정도 된다(Carbon Trust, 2005).

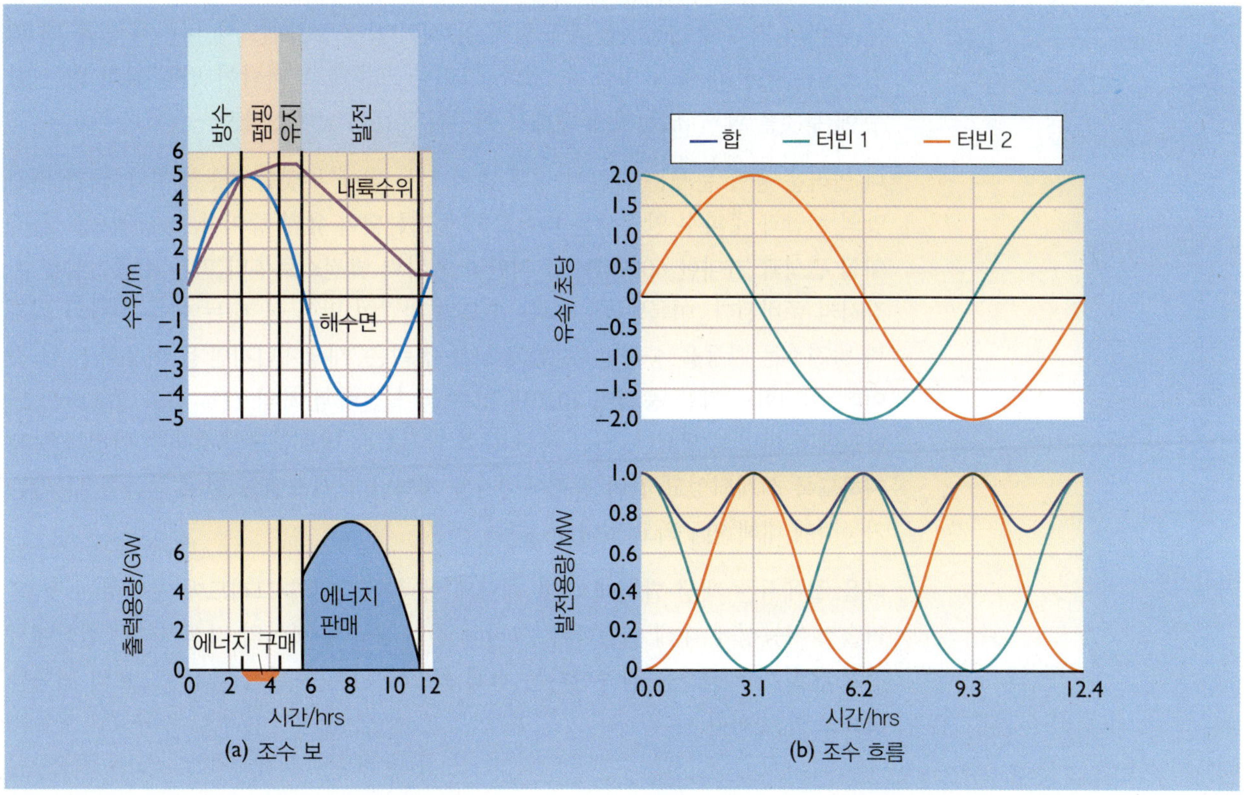

그림 10.17 • (a) Severn Barrage와 같은 조력 발전소는 거의 8 GW나 되는 엄청난 양의 전기를 6시간 동안 생산 가능하다. (b) 이론적 만조 시간이 약 3시간 차이가 나는 다른 위치에 있는 두 개의 조력 터빈을 조합한다면 거의 연속적으로 전기를 공급할 수 있다.

터빈의 출력은 다소 동일하지 않은 3~4시간 길이의 연속적인 파동같이 나타난다. 그러나 조수의 차이가 약 3시간만큼 떨어진(예를 들어 도셋의 포트랜드 빌과 Isle of Wight) 다른 장소에 있는 두 개의 동일한 설비의 출력은 더 일정한 전력을 공급할 수 있다(그림 10.17(b)). 실제로 그런 터빈들은 다양한 장소에 설치될 수 있다. 다양한 장소에 설치한 발전량을 합치면 그 공급량은 하루 중에는 거의 변하지 않고 단지 2주 간격으로 한사리와 조금 사이에 변할 것이다.

변동성의 문제: 요약

옛날에는 연속적 기저 부하 조업을 위해 설계된 화석 연료 그리고 원자력 발전에 의해 전기가 생산되었다. 이러한 경향은 최소 비용을 위한 발전소 사이의 시장 경쟁 철학에 의해 자극되었다. 수요의 변동성이나 대형 발전소로부터의 갑작스런 출력 손실을 상대하는 것은 이 순위로 밀려왔다. Box 10.2에 설명된 석탄 화력 발전소의 부분적 부하인가(partial loading)는 적절하다고 검증되었다.

그러나 미래의 전기 배전망은 위에서 설명한 변동성을 가진 재생에너지원으로부터 보다 대규모 입력(수십 기가와트)을 받을 것이다. 관련된 문제와 해결책은 대규모 풍력 발전이 이용되는 덴마크와 독일과 같은 나라에서 이미 명백하게 드러났다.

개별 풍력 터빈이나 조수 발전 터빈이 매우 급변하는 출력을 가지고 있어도 만약 그러한 시설이 광범위하게 분포되어 있다면 마치 다양한 수요가 합쳐져서 국가 단위 배전망에서 부드럽게 변화하는 전체 수요처럼 다양한 공급(diversity of supply)도 출력의 지역적 변동성을 부드럽게 할 것이다. 스코틀랜드에 바람이 멈출 때 웨일즈에는 여전히 불고 있을 수 있다. 그러나 드물게도 '바람이 전혀 불지 않는 한 주'에 무엇을 할 수 있는가에 대해서 여전히 의문이 남아있다.

더 놀라운 통합 문제는 바람이 너무 많이 부는 밤에 무엇을 하는가이다. 국가 배전망의 전압과 주파수 안정성은 타이트하게 제한되어 유지 중이다. 전통적으로 플라이휠 관성과 거대한 600 MW급 석탄과 원자력 발전소로부터 만든 수증기압을 저장시켜 준비된다. 여름밤에는 낮은 수요와 바람이 많이 불 때는 이들 석탄과 원자력 발전소는 가동을 중지할 수 있고 모든 전력은 '재생에너지만'을 이용하면 될 것이다. 이러한 문제는 풍력이 2010년 기준 국가 전력의 거의 21% 정도 공급하는 덴마크에서 이미 발생했다. 신규 해안 풍력 발전소는 네트워크의 주파수 안정성을 유지하도록 설계되었고 잔여 풍력에너지를 지역난방 시스템의 열로 공급할 수 있는 가능성에 대해 연구되고 있다.

다음 절에서는 재생 발전에 의한 대량의 에너지를 전기 그리드에 통합하는 몇 몇 기술적 가능성에 대해 설명한다. 그러나 전기 공급자 사이의 경쟁이라는 철학에서 전체 온실가스 배출을 감축한다는 전체 목표에 따른 보완적 발전원으로의 변화를 필요로 할 것이다.

10.8 몇 가지 부분적 해결책

미래의 대규모 온실가스 배출 감축하기 위해 여러 측면에서 중복되는 다양한 과제를 수행해야 한다.

3절에서 설명했듯이

- 발전에서 이산화탄소의 제거
- 화석연료 기반의 석유와 디젤을 교체하기 위한 대체연료의 개발
- 건물의 열에너지 수요 절감
- 난방연료로 석유와 천연가스의 대안 개발

미래의 에너지 특히 전기에 대해 현재 온실가스 배출이 적은 공급원으로 세 가지 주요 경쟁자가 있다.

- 탄소 포집 및 저장(CCS) 설비를 가진 석탄과 천연가스 발전
- 원자력
- 재생에너지

이 책을 쓰는 시점에서 CCS를 이용한 대형 발전 설비는 아직 실증화되지 못했지만 다양한 부분 기술이 실증화 되고 있다.

원자력은 성숙된 기술이지만 장기간 우라늄 공급 특히 2011년 일본의 후쿠시마 사고 이후에 대두되는 대중적 수용성, 핵무기의 생산에 연계될지도 모른다는 지속적인 우려라는 문제점을 가지고 있다.

재생에너지를 대규모로 배치한다는 것은 문제가 없지 않으며 기존 에너지(특히 전기) 시스템을 재조정해야 한다. 이러한 문제에 몇 가지 대책은 다음과 같다 :

- 전기 배전망에서 수요 관리의 도입
- 단기간의 공급 다양성을 제공하고 연중 더 다양한 공급원을 중복시키는 전력배전망의 강화와 확충
- 경쟁적 보다는 보완적인 전력 발전의 도입
- 잠재적 운송연료 및 천연가스를 대체하는 수소의 개발

전기 수요 관리

영국처럼 전기 발전이 매우 세심하게 관리되는 송전망 관리에 비해 전기 수요에 영향을 줄 여지가 매우 적다

만약 낮과 밤에 전기 수요 변화가 가능한 적다면 화석연료, 원자력 그리고 많은 재생에너지를 사용한 전기 공급은 매우 편할 것이다. 이것은 오프피크(수요가 가장 높을 때를 피하는) 보조금을 통해 장려할 수 있다. 난방(혹은 다른)을 목적으로 하는 전기는 밤에 좀 더 값싸게 공급되고 그 열은 다음 날까지 저장될 수 있다. 이것

은 기존의 발전소가 밤에도 계속 가동되기 때문에 높은 수요에 대처할 수 있게 여분의 발전소를 피크 수요에 대응하기 위해 건설하는 것보다 차라리 낫다.

영국에서 비교적 적은 양의 전기가 난방을 위해 사용된다. 그러나 만약 가스 배송망이 없는 지역에서 석유 난방을 대체하기 위한 전기 열 펌프를 이용할 수 있게 되면 이용도가 증가할 것이다.

이 시도를 더 깊이 있게 활용한다면 즉시 필요로 하지 않는 많은 전기 수요가 있다. 한 예로 충분한 저장량을 가지고 있는 대형 용수 펌프는 전기 수요를 완화시키게 조절할 수 있을 것이다. 재생 전기 공급이 갑작스럽게 중단될 때 펌프는 멈출 수 있다. 현재 그러한 '부하 분배(load-shedding)'는 완전히 개발되지 못했다. 그러나 스마트 그리드라는 개념은 전기 수요와 공급에서 융통성을 증가시키는 전기와 가격 정보의 두 개의 평행한 흐름을 다룬다.

전기 송전망 강화와 확대

국가 전기 송전망을 강화하고 국제적 송전망 연결 링크를 건설해야 하는 데는 많은 이유가 있다. 현재의 전력 배전망은 과거의 발전소 주변에서 확장되었다. 미래의 대규모 재생에너지 발전원은 더 다양하며 광범위하게 분포되어있다. 영국에서 스코틀랜드의 대규모 풍력 발전량을 합해 남쪽의 부하에 연결하기 위해 이미 스코틀랜드 중심과 더 남쪽의 잉글랜드와 연결되는 송전선망 링크를 강화해야 했다.

비록 전압을 높이고 다중 도체 전선을 이용해 기존의 송전망을 향상시킨다하더라도 경치가 좋은 곳에 새로운 송전로를 건설할 경우 극심한 반대를 겪게 될 것이다. 일반적으로 3 GW를 송전하는 400 kV 오버헤드(overhead) 교류 전선의 비용은 약 km 당 1.3 M 파운드이다(PB Power/IET, 2012). 지하 땅속 케이블을 설치하면 눈에 보이는 반대는 피하겠지만 km 당 천만 파운드 정도로 매우 고비용이다.

그림 10.11에서 알 수 있듯이 재생에너지원은 육지에만 있지 않고 바다에도 있다. 대규모 해상 'Round 3' 풍력 발전 개발 구역은 터빈 해저 건설을 위한 상대적으로 낮은 수심이 있는 지역의 확보에 따라 제한된다. 부유 풍력 터빈(그림 10.18)은 풍력 발전 단지의 가능한 위치를 더 다양하게 해 준다(Offshore Valuation Group, 2010 참조).

그림 10.18 • 심해 지역의 해상 풍력발전으로 확장 가능한 스타토일 2 MW 부유형 풍력 터빈 시제품(2009년). 이것은 세 개의 당김줄(guy wire)로 연결.

해상 풍력을 육지로 연결하기 위해서는 해저 케이블이 필요하다. 그러나 잉글랜드와 스코틀랜드의 미래의 송전망 또한 새로운 육상 기반의 전력선의 환경 문제를 피하기 위해 바다에 위치해야 한다(그림 10.19 참조). 케셔의 아이리시 해와 스코틀랜드의 에어셔 사이의 2.2 MW 케이블이 2012년에 건설되었다. 그 케이블이 2016년까지 작동하도록 계획되었다. 그러한 연결망은 원유 시추선과 비슷한 플랫폼에 대규모 고압 스위칭 및 변전소를 건설한 해상 '슈퍼노드'를 필요로 할 것이다.

현재 영국 제도의 수중 링크는 그림 10.4에 나와 있다. 이러한 연결망에 대한 애초에 경제적 당위성은 최대 전기 수요 피크(그리고 피크 전기 요금)가 영국 대륙에서 영연방 보다 먼저 발생한다는 것이다. 그러한 연결망은 결코 싸지 않다: 잉글랜드

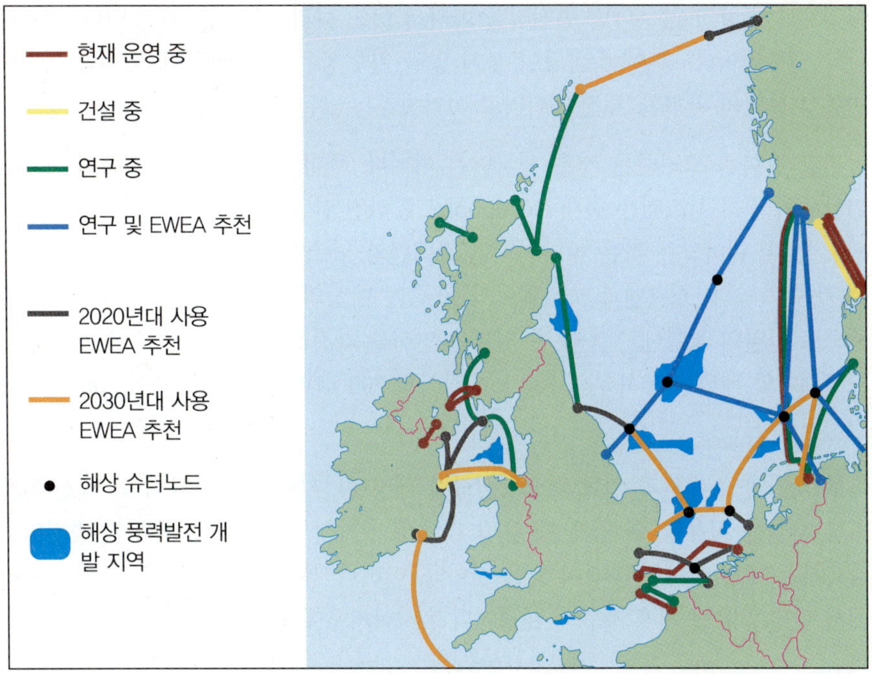

그림 10.19 • 미래 해상 및 국제 송전망 링크(출처: Offshore Valuation Group, 2010) EWEA 5 유럽 풍력에너지 연합.

와 네덜랜드를 연결하는 1,000 MW BritNed 링크는 260 km이며 2011년에 개통되었는데 6억유로가 소요되어 킬로 미터 당 2백만 파운드 이상이나 소요되었다.

비록 고압의 교류가 일반적으로 육상 송전 선로로 이용되지만 지하 케이블로 사용하기는 매우 어렵다. 따라서 전기는 고압 직류(high voltage direct current, HVDC)로 송전을 위해 변환되어야 하고 반대쪽에서 다시 교류로 변환되어야 한다. 변환은 고파워 반도체 설비를 이용해 이루어진다. 300 km 이상의 새로운 장거리 육상 송전을 위해서 고압 교류를 이용하는 것보다 전체적 송전 송실을 줄일 수 있기 때문에 비록 설비가 비싸지만 HVDC 기술은 이용할 만한 가치가 있다.

송전망을 이용한 변동성의 제거

재생에너지 전기 공급의 변동성을 제거하기 위해 전기 송전망을 이용하는 데는 몇 가지 방법이 있다. 예를 들어 그림 10.16에서 보여 주듯이 해안의 조류의 이동은 하루 중의 다른 때에 다른 장소에서 전기 발전을 가능하게 해준다. 그림 10.17(b)에서 볼 수 있듯이 다른 출력을 합쳐서 더 연속적인 발전량으로 만들어줄 수 있다. -그러나 이들 해안 단지와 최종 고객 전기 부하에 충분한 용량의 송전망이 이용 가능할 때에만 가능하다.

그림 10.16은 유럽 전역에서 기상이 서쪽에서 동쪽으로 풍속이 높을 때와 낮을 때 교차하는 패턴을 가져오는 것을 보여 준다. 최서쪽 아일랜드에서 영국, 독일, 덴마크를 가로질러 발틱 해까지 연결된 국가 및 국제 송전망 링크의 망(chain)을 개발하면 이들 나라에서 풍력발전의 전체 변동성을 줄일 수 있을 것이다. 만약 바람이

아일랜드에 불지 않는다면 송전망을 따라서 어느 나라에선가는 불 것이다. 그러나 만약 일주일이나 그 이상 바람이 불지 않을 가능성은 있기 때문에 송전망 확장이 변동성 문제의 완벽한 '해결책'이라고 여겨지지는 않는다.

송전망 강화를 고려하는 것은 영국만은 아니다. 덴마크, 노르웨이, 스웨덴 그리고 핀란드의 전기 시스템은 현재 Nordpool로 알려진 단일 전력 거래 시장으로써 운영되고 있다. 덴마크는 작은 나라이지만 스웨덴과 노르웨이와 연결된 강력한 송전망을 가지고 있다. 스웨덴과 노르웨이의 40 GW 이상의 수력을 유연성 있는 비상 전원으로 만일의 상황에 이용할 수 있다는 인식을 가지고 덴마크는 풍력을 개발했다. 노르웨이와 네덜란드 북부의 580 km 길이의 700 MW 해저 케이블이 2008년도에 완성되었다.

북부 국가가 스페인과 이탈리아의 상당한 태양에너지와 스위스의 수력 발전 펌프 저장 시설을 이용할 수 있게 해 유럽 내에서 추가적으로 북부와 남부의 송전망을 강화하는 데는 상당한 장점이 있을 것이다. 이러한 '유럽 슈퍼그리드' 개념은 이 장에서 설명할 유럽 기후 재단의 재생에너지 시나리오에 핵심 개념이 된다.

데져텍(Desertec)

전력 송전망 확장의 보다 야심찬 제안은 유럽, 중동, 북아프리카(Middle East and North African, MEAN) 국가 사이에 강력한 HVDC 전력 송전망 연결을 가시화하는 대형 독일 회사 데져텍에 의한 제안이다(그림 10.20). 초기에는 사하라 사막의 태양광에 의해 생산된 전기, 북서 아프리카 대서양 해안을 따른 풍력 발전과 중부 및 북부 유럽의 다른 재생에너지를 상호 교환하려고 했다. 더 장기적으로 이 링크가 중동으로 확대될 수 있을 것이다.

2050년까지 2,500 km^{2}의 사막을 포함하는 용융염 저장(2장 2.9절 참조) 시설을 가진 집중 태양광 발전소(concentrated solar power, CSP)로 연간 약 700 TWh의 전력을 공급해 유럽 예상 수요의 약 15% 만큼 공급하는 것이었다. 이를 위해서 약 20 개의 5 GW HVDC 송전선로를 건설해야 한다(Desertec, 2009).

유럽과 주변 국가인 중동, 북아프리카의 전기 수요에 재생에너지 네트워크를 이용하는데 타당성 조사에 대한 매우 상세한 연구가 Czisch(2011)에 있다.

보완적 발전

이전 절에서 설명했듯이 영국과 다른 많은 국가의 현재 전기 시스템은 발전소 사이의 경쟁에 기반 한다. 겨울에 현재 시장 관계에서 대형 석탄 혹은 가스 발전소는 애초에 설계되도록 되었던 것 같이 몇 달씩 계속해서 운전되어야 한다. 영국의 전력 송전망에 수십 개의 풍력 발전소와 다른 유럽 국가의 비슷한 양만큼 도입하면 상황을 극적으로 바꿀 것이다. 화석연료 발전소는 아마도 일주일에 한번 정도씩 빈번한 간격으로 정지될 수 있고 여전히 몇 시간만의 통지로 다시 재가동되어야 할지도 모른다.

그림 10.20 • EU와 중동 및 북아프리카(MENA) 국가의 재생에너지 발전을 연결하는 데저텍 제안. 좌측 하반부의 갈색 사각형은 전 세계와 EU의 2005년 전기 수요를 집중 태양광 발전(CSP) 기술을 이용해 공급할 때 필요한 사막의 면적을 나타냄.

이는 두 가지 문제점을 유발한다. 첫째로 어떻게 '추가적인' 재생에너지 전기를 저장하거나 사용하는가이다. Box 10.3은 몇 가지 선택권을 보여준다. 두 번째로 더 어려운 것은 어떤 종류의 발전소가 풍력과 다른 변동성 있는 재생에너지의 운전에 그리고 '바람이 없는 일주일'을 대응할 수 있을 정도로 상호 보완적인가이다. 그러한 발전소는 또한 연중 30% 이하의 기간 동안 운전되더라도 경제적이어야 한다.

한 가지 선택은 덴마크에서 광범위하게 사용되며 특히 석탄, 천연가스와 바이오매스를 원료로 스팀 터빈 기술을 이용해 전기와 열을 생산하는 대형 열병합(CHP) 발전소를 사용하는 것이다. 여름에 열 수요가 낮을 때 전기 출력을 최대화한다. 하지만 겨울에 축소된 발전량과 발전 효율의 댓가로 열을 더 생산한다. 비록 전체 연료 도입은 일정하게 남아 있지만 열과 전기의 상대적 비율은 아주 신속하게 바뀔 수 있다. 대규모 열저장은 조업의 융통성을 주어 발전소가 발전량을 아주 빠르게 바꿀 수 있게 한다. 내연기관에 기반하고 천연가스나 바이오가스를 사용하는 더 작은 열병합 발전은 빠른 출력변화와 신축적인 조업을 할 수 있다.

2007년도에 독일 캇셀 대학의 연구진은 풍력, 태양광, 수력 그리고 바이오가스 에너지를 이용하는 36개의 분산된 발전소를 통합해 같이 운영하면서 독일 송전망의 1/10,000 만큼의 변동하는 부하를 맞출 수 있게 설계된 '통합된 발전 공장(combined power plant)'을 실증했다(Kombikraftwerk, 2007). 그들은 이것을 더 많은 재생에너지원이 조업할 미래의 송전망의 모델로 생각한다.

Box 10.3 잉여 전기를 사용하는 방법

양수 발전(pumped storage)

이 기술은 이전에 Box 10.2에서 설명했다. 비록 전기를 저장하는 것이 상대적으로 80%로 효율적이지만, 대규모 고수위 저수지와 대량의 용수를 필요로 한다. 5장 5.5절에서 설명했던 스코틀랜드 크루아찬 발전소처럼 1 kWh를 저장하기 위해서 거의 1톤의 물을 높이가 370 m 차이나는 두 저수지 사이를 움직여야 한다. 그것의 전체 저장 용량은 약 800 GWh이다.

열 저장

전기는 내수용 고열 실린더나 지역난방에 연결된 더 대규모의 열저장을 이용해 물을 가열할 수 있다. Box 4.8에서 지적했듯이 물의 비열용량이 4.2 kJ/kg K이므로 1 kg의 물을 섭씨 10도에서 60도로 가열하는데 210 kJ이 필요하다. 1 kWh(3.6 MJ)의 전기는 17 kg의 물을 가열하는데 충분하다. 이 저온도 열에너지는 2장에서 설명된 카놋의 법칙 때문에 효율적으로 전기로는 재전환될 수는 없다. 그러나 그 에너지는 잠재적으로 유용하게 사용할 수 있고 용수 저장에 비교해 저장하는데 필요한 부피가 그다지 크지 않다. 만약 그림 10.12의 지역난방 2,500 m^3이 전기적으로 가열되면 거의 150 MWh의 전기를 흡수할 수 있다.

수소와 합성 천연가스의 생산

물에 잠긴 두 전극 사이에 직접 전기를 흐르게 하면 수소와 산소가 각 전극에 모이게 된다. 이 프로세스는 전기 분해(electrolysis)로 알려져 있다. 실제 시스템은 50~80% 효율을 가지고 있다. 만약 75%의 효율을 가정하면 1 kg의 수소를 얻기 위해 약 50 kWh의 전기를 필요로 한다. 원칙적으로 이것은 연료전지(아래 참조)나 효율이 50%인 CCGT에서 지역난방에 사용할 수 있는 몇몇 저온 열과 같이 전기를 생산하는데 사용할 수 있다. 수소를 메탄(합성 천연가스)으로 추가 전환 시키는 것이 이 절의 마지막 부분에 간략하게 설명되어 있다.

영국에서 단기간에 상대적으로 낮은 탄소를 배출하며 아마 가장 저렴한 대규모 보완적 발전 기술이 일반적 가스 사용하는 CCGT 발전이다. 가장 현대적 발전소는 연속적으로 고효율 조업을 최대 출력으로 설계되었으며 처음부터 최대 출력에 도달하는데 약 세 시간까지 걸릴 것이다. 그러나 반복적인 정지-시작 조업으로 인한 온도 순환으로 금속 피로(특히 스팀 엔진)으로 인해 보수비용이 증가된다. 그러한 문제점을 인식하여 미국의 General Electric은 반복적인 시작과 일반 발전소의 수명 동안 두 배나 많은 정지와 시작을 대응하며 부분 부하 조업이 가능한 510 MW CCGT, Flexefficiency 50을 개발했다(GE Energy, 2010).

그러한 발전소의 경제성에 대해 그림 10.9로부터 대부분 재생에너지원과 달리 CCGT의 자본 비용이 최종 전기 비용의 15%에 불과하다. 단일 최대 항목은 연료 비용이다. 비록 발전소를 연중 대부분 정지시키는데 비용이 들더라도 지불할 만한 가치가 있는 가격이다.

장기적 측면에서 그런 CCGT 발전은 석탄, 천연가스 혹은 바이오매스에서 생산한 수소를 이용하고 탄소 포집 및 저장 설비를 갖출 것이다. 기화장치는 연속적으로 운전되어 저장되거나 다른데서 사용할 수 있는 수소를 생산할 수 있고 CCGT는 필요할 때 가동될 수 있을 것이라도 제안되었다(Starr et al., 2005; Starr, 2007). 온도 순환의 영향은 기화장치로부터 폐열을 이용해 발전소를 따뜻하게 함으로 감소시킬 수 있을 것이다.

더구나 수소에 의해 작동되는 연료전지(아래 설명됨)는 출력을 빠르게 변화시킬 수 있기 때문에 보완적 발전에 좋은 후보이다.

연속적 기저 부하 조업 이외에 원자력발전을 사용하는 데는 아직 연구가 거의 없다.

수소 – 미래의 연료인가?

수소는 미래의 '에너지 공급원'으로 널리 인식되고 있다. 수소가 연료로써 가지고 있는 많은 장점은 다음과 같다.

- 수소는 계절과 계절 사이 재생에너지의 저장 역할을 할 수 있다.
- 수소는 전 세계 석유의 매장량이 감소되는 것에 관계없이 운송연료로 사용될 수 있다.
- 연소의 부산물은 물과 작은 양의 질소산화물인데 이 조차 연료전지를 사용한다면 오염 물질의 방출을 0으로 감소시킬 수 있다.

화석 연료 기반 수소

연료로서 수소의 생산과 용도는 잘 알려져 있다. 천연가스가 등장하기 전에는 많이 사용되는 도시 가스는 석탄으로부터 생산되었는데 주로 수소와 일산화탄소의 혼합물로 구성되었다. 수소는 이미 화학 산업에서 주로 비료의 생산에서 반응물로 대량으로 사용되었다. 현재 주로 천연가스(메탄)의 수증기 '개질(reforming)' 로 주로 생산하고 필연적인 이산화탄소를 부산물로 생산한다.

$$2H_2O + CH_4 \rightarrow CO_2 + 4H_2$$

스팀 + 메탄 → 이산화탄소 + 수소

비록 기술적으로 복잡하지만 석탄 가스화를 통해 비슷하게 이산화탄소와 수소를 생산하도록 확장시킬 수 있다.

생산된 이산화탄소는 대기 중으로 배출될 필요가 없게 할 수 있다. 그것은 포집되고 압축되어 지하 염수층과 같은 저장고에서 오랫동안 파이프에 담겨 있을 수 있다. 그러한 대규모 이산화탄소 처리, '분리(sequestration)'가 10년 넘게 노르웨이 회사 스타토일(Statoil)에 의해 Sleipner 천연가스전에서 수행되어왔다(여기서 이산화탄소는 천연가스의 원하지 않는 오염물이다).

더 일반적으로 발전이나 산업 프로세스에서 생산된 이산화탄소의 분리와 이후의 포집은 탄소 포집 및 저장(carbon capture and storage, CCS)이라고 알려져 있다.

미래 화석연료 기반 '수소 경제'의 한 가지 가능한 비전은 CCS를 병합하여 석탄, 가스로부터 광범위한 수소를 생산하는 것이다. 수소는 저장되고 파이프라인을 통해 배송되고 효율적 CCGT나 연료 전지발전소에서 발전할 수 있다. 여기서 주연소물질은 단순히 수증기이다. 수소는 현재 천연가스 공급에 대체제가 될 것이다.

비록 현재(2012년 초) 대규모 CCS 발전소는 아직 건설되지 못했지만 그런 기술은 재생에너지 발전의 잠재적 경쟁자이다.

CCS를 갖추고 천연가스에서 추출한 수소를 이용한 CCGT의 이용은 해상 풍력발전 비용과 대등할 것이다(그림 10.9 참조). 이 기술 자체만으로 잠재적으로 어느 변동성 문제없이 '고정적' 발전이 될 수 있다. 그러나 위에서 설명했듯이 변동하는 재생에너지의 보완적 발전기술의 기반이 될 수 있다.

재생에너지 기반 수소

수소는 재생에너지 혹은 '태양'을 이용해 부산물로 이산화탄소 발생없이 다음과 같은 몇 가지 방법으로 생산될 수 있다.

- 태양에너지 집광판(아마도 사막 지역에)을 이용해 **열해리(thermal dissociation)**로 물을 수소와 산소로 만든다. 2,000°C 이상의 높은 온도가 필요하지만 화학적 합성물을 사용해 더 새로운 공정을 통해 700°C 이하의 온도에서 동일한 결과를 얻을 수 있을 지도 모른다. 이러한 프로세스는 아직 상업적 규모로는 개발되지 못했다.
- 바이오매스의 가스화. 석탄과 유사하게 바이오매스의 탄소 성분이 이산화탄소로 변환된다. 만약 바이오매스가 지속가능하게 재배되었다면 이 이산화탄소는 그것이 자라면서 새로운 바이오매스에서 재흡수된다. 이 기술을 CCS와 같이 사용하면 이산화탄소 배출을 저감하면서 수소를 생산할 수 있다.

인공적인 광합성으로 물로부터 직접 수소를 생산하는 광전지 화학전지의 이용 등 기타 여러 기술이 연구되고 있다.

수소의 이용

수소가 연소할 때 발생되는 물이 모두 수증기로 된다고 가정하면 1 kg의 수소는 연소할 때 120 MJ의 열을 생산한다. 만약 수증기를 물로 응축시킬 수 있다면 추가적으로 20 MJ이 더 얻을 수 있다. 비록 이것이 휘발유와 디젤연료의 단위 질량 당 에너지의 약 3배 정도 에너지를 갖지만 수소는 가스형태이기 때문에 대기압에서의 단위 체적당 낮은 에너지를 갖는다. 이것은 다양한 형태로 저장될 수 있다.

- 가스를 가압된 컨테이너에 저장할 수 있는데 일반적으로 약 300기압 정도 된다. 이러한 컨테이너는 무거워서 중량에 제약(weight penalty)을 받게된다.
- 수소를 몇 가지 금속에 반응시켜 흡수시키면 수소화 금속(hydride)을 만들 수 있다. 그 금속을 가열하면 수소가 방출될 수 있다.

- 액체로 저장하기 위해서는 −253°C까지 냉각시킬 필요가 있고 매우 단열이 잘 된 저장 용기를 이용해야 한다. 천연가스(메탄)는 액체 형태로써 선박에서 이미 널리 사용되고 있지만 상대적으로 높은 −162°C의 온도가 필요하다.

수소는 파이프라인을 통해 운반될 수 있다. 이때의 단점을 살펴보자: 대기압에서 에너지 밀도는 단지 10 MJ/m^{3}이고 천연가스의 1/4에 해당한다. 또한 기존의 난방 네트워크에 직접 사용하는 것을 제한하지만 이에 대한 간단한 대답은 기존의 천연가스 흐름에 적당 비율을 추가하는 것이고 이를 통해 효과적으로 그 전반적인 탄소 함량을 감소시킬 수 있을 것이다. 이것은 기존의 버너나 다른 최종 기술의 변경이 불필요하도록 체적 당 15~20% 정도의 수소를 첨가하도록 제한되어야 한다.

미개발된 수력전기나 지열 에너지를 가진 아이슬란드와 같이 풍부한 재생에너지원을 가진 나라는 전기분해를 통해 수소를 생산해 화석연료 사용을 전적으로 포기할 수도 있다고 제안되었다. 이렇게 한다면 모든 운송수단의 연료를 수소로 변환할 수 있을 것이다.

2006년부터 시작해 유럽 연합의 수소를 이용한 유럽 청정 도시 수송(HyFleet Clean Urban Transport for Europe(CUTE)) 프로젝트에서 47대의 수소 버스를 유럽과 중국 베이징, 호주의 퍼쓰 등 10개 도시에서 실제로 사용했다(HyFleet, 2009). 베를린에서는 내연기관을 이용했고 다른 곳에서는 전기 모터를 움직이는 연료전지를 이용했다(그림 10.21 참조). 연료 전지의 원리는 Box 10.4에서 설명했다.

일반적으로 연료전지 발전 효율은 현재 40~60% 정도이다. 천연가스나 수소를 이용한 소형 피스톤엔진에서 예상되는 25~30%보다는 높지만 여전히 대형 CCGT 발전의 45~60% 효율과는 경쟁하는 단계이다.

그림 10.21 • 런던 동부 재급유소에 있는 수소 연료전지로 가동되는 런던 교통 버스.

Box 10.4 연료 전지

2장에서 살펴봤듯이 모든 열 기관은 본래부터 열을 동력으로 전환시키는데 혹은 엔진이 발전기를 움직일 경우에는 전기를 발생시키기 때문에 그 효율성이 제약된다. 정상적으로 대부분 에너지로 들어간 연료는 폐열로서 빠져 나온다(비록 이들 또한 다시 좋은 목적으로 재사용될 수 있을 것이다).

연료 전지(그림 10.22 참조)는 수소와 산소를 열 기관에 의한 연소 효율성보다 잠재적으로 더 높게 전기로 직접 변환을 시킬 수 있다. 연료 전지는 기본적으로 배터리인데 주요 구성요소가 고체(차량용 배터리의 납과 이산화납처럼)나 액체(위에서 말한 액체 배터리)가 아니라 기체이다. 1839년에 연료 전지를 처음 발명한 찰스 그루브 경은 발명 당시에 그것을 '가스 배터리(gas battery)'라고 불렀다.

연료 전지의 가동 원리는 전기분해의 역반응과 비슷하다. 수소나 산소(혹은 공기) 같은 기체가 압축되어 공급되고 직류 전기가 생성된다.

부산물은 단지 물이며 오염을 유발하는 배출물질은 거의 없다. 약간의 폐열은 있지만 연소 기반인 대부분의 발전 시스템보다는 적다. 그리고 움직이는 부속품이 없다. 다른 종류의 배터리와 같이 개별 전지의 전압이 낮은데 대표적으로 하나의 셀에서 0.7~0.8 V의 전압이 생기며 유용하게 쓰일 수 있는 전압을 얻기 위해 셀을 연속적으로 연결한 다중 전지를 사용한다.

발명이 일찍이 되었음에도 불구하고 1950년대 후반에서야 개발이 본격적으로 시작되었다. 현재 몇 가지 종류가 있다.

알칼리 연료전지(AFC, Alkaline Fuel Cell) 1960년대 미국 제미니와 아폴로 우주 프로그램을 위해 처음 개발되었다. 간단한 공정에 낮은 단가의 장점은 있지만 AFC는 공기에서 수산화칼륨(KOH)의 전해물 오염을 예방하기 위해 이산화탄소를 제거할 필요가 있어서 그 발전이 제한되었다.

고체형 고분자 연료전지(SPFC). 두 가지 형태로 개발 중:

- 양성자 교환 멤브레인 연료 전지(PEMFC)는 운송과 휴대용 기기에 적용이 강력히 추천되고 있다. 자동차, 버스 그리고 250 kW 정도의 크기로 실증사업화 되었다.

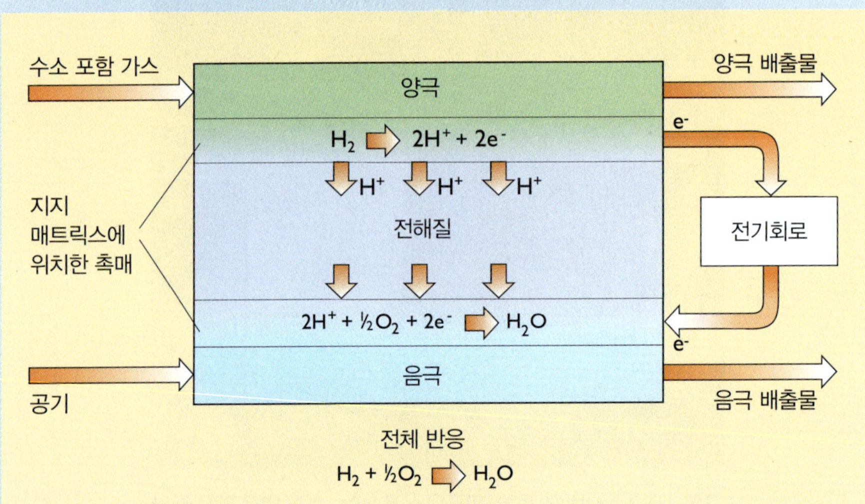

그림 10.22 • 연료 전지의 동작 원리.

- 직접 메탄올 연료전지 수송목적으로 추천되지만 아직 개발 중인 단계. 또한 메탄올은 독성이 있지만, 연료로써 수소보다 다루기가 더 쉽다.

인산염연료 전지(PAFC). 연료 전지 타입 중 가장 개발되어 있고 천연가스를 이용해 증기 개질로 200 kW 단위로 상용화가 되었다. 일본에서 PAFC 개발이 상당히 발전되어 50 kW에서 11 MW의 출력을 가진 발전소가 100개 이상 조업 중이다.

다른 형태 또한 현재 개발 중이다.

연료 전지 개발자는 더 일반적인 공장과 더 고효율로 가격 경쟁력이 있는 설비를 제작하는데 집중하고 있다. 현재로서는 연료전지의 장점은 소음이 적으며 사용단계에서 환경오염이 적고 발전 출력을 몇 분의 일 초 이내에 발전 출력을 바꿀 수 있는 '가스 전지'로서 탄력성이다.

미래의 운송 수단으로서 연료 전지와 배터리 전기 기술 사이에 여전히 큰 경쟁이 남아 있다. 전기 배터리 차량의 상대적으로 긴 충전시간에 비교해 연료전지는 빠른 재급유라는 장점을 가지고 있다. 둘 다 특정 화학물질의 이용 가능성에 따라 잠재적으로 제한될 수 있다. 많은 종류의 연료전지는 촉매로 백금, 전기배터리 자동차는 리튬 이온 전지를 만들기 위한 리튬이나 니켈 금속 하이드라이트 전지를 위한 란타늄과 같은 귀금속의 전 세계 공급에 따라 영향을 받을 수 있다.

전체적인 경제성은 배터리를 충전하기 위한 저탄소 전기와 연료전지를 위한 저탄소 수소, 메탄올과 같은 연료의 상대적 비용에 따라 또한 영향을 받는다.

수소를 대규모로 사용하기 위해서는 그림 10.23에 묘사된 것처럼 많은 단계를 필요로 하며 각각 대규모 자본 투자를 필요로 한다. 예를 들어 잉여 수력, 풍력 발전으로 전기분해해 수소를 만들 수 있다. 생산된 수소는 액화 천연가스를 보관하는 그림 10.3(a)과 같은 특별한 단열 탱크에 실려 목적지로 운송되기 전에 고압가스나 저온 액체로 저장할 수 있다. 그리고 추가적 저장 시설이 필요하다. 그림 10.3(b)와 같은 190,000 m^3의 단열 탱크는 1.5 PJ의 에너지를 저장할 수 있다. 액화 수소를 재가스화 시킬 설비도 필요하고 그것을 탱크로리나 파이프라인으로 배송해야 한다. 마지막으로 다음과 같은 다양한 최종 사용 방식을 생각할 수 있다.

- 가정에서 요리와 난방을 위해 아마도 천연가스와 혼합사용
- 전기나 유용한 열을 발생시키는(모든 크기의) 연료 전지 발전소
- 연료 전지를 이용하는 육상 교통수단이나 수소 연료 내연엔진
- 그리고 현재의 케로센 항공유보다 단위질량 당 더 높은 에너지양을 가진 장점을 이용해 궁극적으로 제트 비행기

육상 교통으로 전기의 이용이나 난방으로 전기 열 펌프를 이용하는 등 다른 에너지 운송 서비스와 수소가 경쟁을 해야 하기 때문에 이러한 비전을 현재의 에너지 시장에서 구현하기 위해서는 수소가 탄소를 발생시키지 않고 무공해라는 장점을 강조해야 한다.

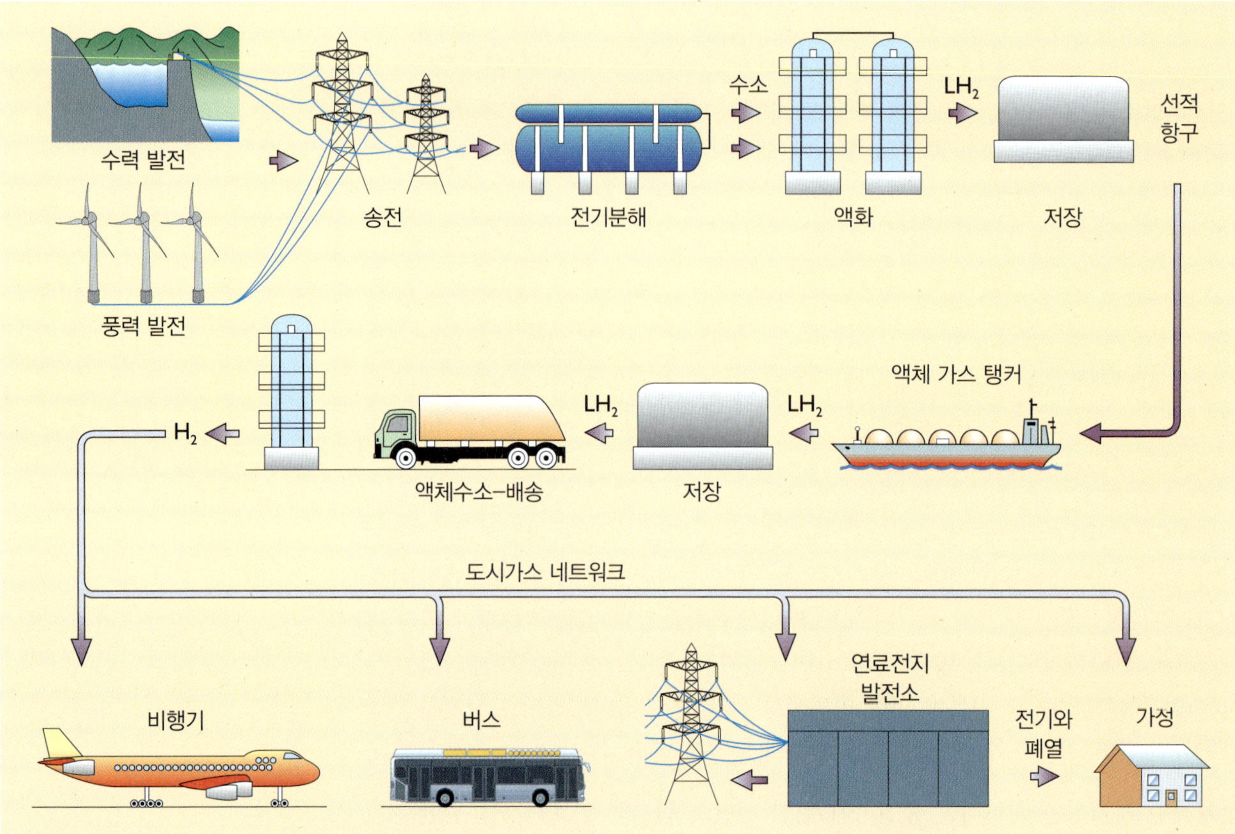

그림 10.23 • 미래 수소 경제 예상. 많은 재생에너지원이 수소를 생산하도록 연결될 것이며 이를 여러 가지 방법으로 소비자에게 전달되고 다양한 방법으로 사용될 수 있을 것이다.

수소는 난방용으로 천연가스와 같이 경쟁해야 하는데 천연가스는 이미 저장 및 물류 인프라를 확보하고 있다. 전기분해를 통해 위에서 설명한 스팀 개질 프로세스를 역으로 이용해 생산된 수소와 이산화탄소를 메탄(말하자면 합성 천연가스)과 물로 만드는 것이 더 경제적일지도 모른다. 이것은 재생에너지를 화석연료와 비슷한 연료로 전환시키는 것으로 이해할 수도 있지만 주목적은 지속가능하게 키운 바이오매스에서 나온 이산화탄소를 이용하는 것이다. 이렇게 하면 대기 중의 탄소를 이용하고 메탄이 연소되면서 그것이 다시 대기로 돌아가게 된다(Sterner et al., 2010 과 Wenzel, 2010참조).

10.9 재생에너지 홍보

재생에너지는 여러 가지 방법으로 홍보, 옹호될 수 있다. 다음과 같은 방법을 포함한다.

매스컴과 교육

광고를 통해 최신 기술에 대한 충분한 정보를 잠재적인 사용자에게 설명하는 것이 매우 효과적일 수 있다. 일단 진행되면 풍력과 같은 기술은 그 자체로 홍보가 된다. 풍력 터빈의 사진은 현재 해마다 가장 에너지 혹은 녹색과 연관되고 싶어하는 회사의 보고서에 장식되고 있다. 그러나 바이오연료와 같은 다른 기술의 잠재성은 아직 널리 알려지지 않았다.

다음으로는 전 세계의 대학과 교육기관에서 예를 들어 이 책과 Open University (한국 방송통신대학과 유사, 역자주)의 관련 교과목과 같이 교육적인 이니셔티브를 생각할 수 있다.

연구 개발(R&D) 지원

이전의 장에서 설명된 많은 실험 프로젝트는 정부, 유럽연합 혹은 민간 부분에서 연구개발 지원을 받았다.

R&D를 위한 지원은 아직도 약간 실험적인 새로운 대규모 상업 개발에 보조금을 지원하는 것과 다르다. 후자의 경우에 포함된 돈의 합계는 연간 수백만 파운드나 된다(아래 재정적 인센티브 참조).

R&D에 비록 적은 투자도 상당한 결과를 가질 수 있다. 1980년대 중소 덴마크 기업들이 캘리포니아에 판매할 풍력 터빈을 개발할 때 덴마크 Risø 연구실은 실험 시설과 인증 절차를 제공했다. 이로 인해 제품의 신뢰성과 세계를 이끄는 덴마크 터빈 제조 공업의 급속적인 확장에 기초가 되었다.

목표 산정

정부는 목표를 수립해 재생에너지를 촉진시킬 수 있다. 예를 들어 유럽 연합은 재생에너지가 반드시 2020년까지 유럽연합 에너지의 20%를 차지해야 한다는 목표를 정했다. 이 안에서 각 나라는 개별 목표를 가지게 된다: 영국의 경우 2020년까지 15%이다.

법률 제정과 규제

정부의 또 다른 중요한 임무는 재생에너지의 새로운 형태의 사용을 위한 표준과 형식 코드를 정하는 것이다. 예를 들어 재생에너지 발전시스템과 송전망과의 연결을 다루는 엔지니어링 권고사항이 있다.

재생에너지 프로젝트의 인허가를 받기 위한 개발 계획절차는 매우 복잡하고 많은 시간을 소요한다. 그러나 이들은 몇몇 경우에 단순화될 수 있다. 예를 들어 영국에는 몇몇 소형 재생에너지 설치는 정식 허가를 필요로 하지 않는 '인가받는 개발'로 간주된다.

더 강력한 방법은 건축 법규에 재생에너지를 포함시키는 것이다. 과거에 영국 건물 관련 법규는 에너지 절약에 집중되어 있다. 그러나 2006년 이후 법규가 이산화탄소 배출 저감과 연계되었으며 미래의 법규는 '무탄소' 가정을 만드는 목표를 가지고 점진적으로 강화되어 왔다. 이를 위해서 일정 양만큼의 재생에너지를 포함해야 한다. 그리스나 이스라엘과 같은 다른 나라에서는 신규 건물에 난방을 위한 태양 집광판을 요구하고 있다.

재정적 인센티브 – 장려금

많은 국가가 재생에너지를 장려하기 위해서 재정적 인센티브를 도입했다. 요약하면 다음과 같다.

자본 보조금

재생에너지를 촉진하기 위해 다양하게 사용되어 왔다. 영국에서 해상 조력과 파력 발전과 에너지 곡식을 재배하는데 보상 기반으로 이용 가능하다

에너지 세금의 공제

영국 정부는 대부분 회사의 에너지 공급에 대해 기후 변화 추가부담금(CCL)을 도입했다(그러나 국내 소비자는 제외되었다). 영연방에서 현재 전기 가격은 kWh 당 0.509 p, 가스와 석탄은 kW 당 0.177 p 그리고 LPG는 kWh 당 1.137 p의 세금을 부과한다. 이는 대략 1톤 이산화탄소당 약 10파운드의 탄소 세금과 비슷하다. 신규 재생에너지원이나 고품질 열 병합 발전소는 면제된다. 이것은 재생에너지에 대한 관심과 에너지 효율의 향상에 자극제가 되고 대략 연간 10억 파운드를 징수할 수 있다. CCL은 대량의 온실가스를 발생시키지 않는 원자력 발전소를 면제시키지 않았다.

국내 소비자를 제외시킨 것은 '연료 빈곤'에 처하는 가구의 수를 증가시키는 문제를 피하기 위해서이다. 게다가 알루미늄 산업과 같은 대량의 전기를 사용하는 회사는 면제되었지만 배출을 억제하도록 위임받았다.

자본 대출

자본 대출 또한 재생에너지 촉진을 위해 널리 사용되었다. 영국에서는 내륙(on-shore) 풍력 개발과 에너지 식물 수확 그리고 태양열과 태양광 PV시스템 등에 대해 경쟁 방식으로 지원 가능하다.

재생에너지의 의무

매년 전기 공급자에게 재생에너지원으로부터 그들이 총 생산하는 전기의 일정 부분을 생산해야 한다는 것을 의무화한다는 것이다. 어떻게 이것을 완벽하게 하느냐는 시장에 맡겨져 있다. 매년 그 비율은 일정한 목표를 향해서 증가된다. 발전 회사는 소비자에게 추가적인 비용을 전가할 수 있지만 이 추가 비용의 한계가 정해졌다.

재생에너지 발전차액지원 제도(Feed-In Tariffs, REFIT)

재생에너지원으로부터 생산된 전기에 대해 고정된 프리미엄 가격을 정하는 것이다. 이 제도는 덴마크, 독일 그리고 스페인에서 재생에너지원으로부터 생산된 전기에 대해 높은 구매 가격을 보증하는 것으로 상당히 효과가 있었고 이것은 발전 차액지원 제도(renewable feed-in tariff 또는 REFIT)라고 한다. 영국의 발전차액지원 제도는 '청정 캐시백'이라고 불려진다. 이 체제에서 생산된 재생에너지 전기에

대한 지불이 2011~12년 수준으로 축소되었고 2015년에는 이것이 새로운 '차이 따른 계약 보조 지원제도(Feed-in Tariff with Contracts for Differences')'로 대체되며 이것은 상세 항목은 아직 자문 중이다.

재생 열 인센티브

2011년에 영연방 정부는 재생에너지 열 인센티브(Renewable Heat Incentive, RHI)를 도입한다고 발표했다. 태양 온수 히터기, 나무 화로, 대기 및 지하 열 펌프 등과 같은 재생에너지로부터 열 에너지를 생산하는 국내외 생산자들에게 양만큼 추가 소득을 지원하는 것을 목표로 한다.

10.10 에너지 시나리오

여기서는 앞으로 수십 년간 영국, 유럽연합 그리고 전 세계를 전체로 볼 때 에너지 시스템에서 재생에너지가 어떤 역할을 수행할 것인가에 대한 다양한 시나리오를 살펴보고자 한다. 그러한 시나리오는 무엇이 일어나리라는 예측이 아니라는 것을 강조하고 싶다: 시나리오 제작자가 가장 타당하다고 생각하는 몇몇 가정과 이들 가정으로 인한 논리적 결과에 따라, 가능한 혹은 일어나리라 생각되는 예상이다. 우리가 살펴보겠지만 시나리오 제작자의 가정은 서로 다르며 다른 예상을 한다. 어떤 시나리오에서는 과거 경향성을 다소 직선적으로(혹은 어떤 경우에는 지수 함수적으로) 미래에도 계속되리라 추정한다. 다른 시나리오는 때때로 '재구성(backcasting)'이라고 불리는 형태를 띠는데, 미래의 바람직한 에너지 상태에서 출발해 그러한 미래를 얻기 위해서 현재로부터 어떤 단계를 거쳐야 할 것인지를 살펴본다.

영국의 재생에너지 시나리오

앞으로 수십 년 동안 재생에너지는 얼마만큼의 에너지 수요를 담당할 것인가? 1장 그림 1.10은 온실가스 배출을 감축하기 위한 정책에 대한 조언을 하기 위해 영국 정부에 의해 만들어진 독립적 기후변화 위원회(CCC)가 영국이 2020년부터 2030년까지 10년 동안 열, 전기 그리고 운송 기관에 대한 재생에너지의 잠재적 기여를 예상한 그림이다. 이 분석에 의하면 2030년까지 재생에너지는 영국의 **상업용에너지**(*delivered energy*)의 28%와 45%를 차지할 수 있으며 전기에서 재생에너지의 비중이 30%에서 65% 사이, 열에너지의 경우 35%에서 50% 사이, 운송 기관의 경우 11%에서 25% 사이에 기여하리라 예상 한다(CCC, 2011).

영국의 재생에너지 사용에 대한 2020년까지의 단기간적 전망이 2011년에 에너지, 기후변화부의 **재생에너지 로드맵**(DECC, 2011e)에서 발표되었다. 영국은 유럽연합 재생에너지 훈령(유럽연합, 2009)에 의해 2020년까지 **최종** 에너지 수요의 약 15%를 재생에너지에서 생산하도록 위임받았고 영국 정부가 이를 달성할 것이라는 로드맵이 상세하게 발표되었다. 표 10.6은 DECC가 각 에너지원의 활용 잠재력에 대

표 10.6 2020년까지 잠재적 재생에너지 기술의 DECC 재생에너지 로드맵 중도적 관점

기술	2020년까지 도입 범위(TWh/y)
육상 풍력	24~32
해상 풍력	33~58
바이오매스 전기	32~50
해상	1
바이오매스 열(국내용 제외)	36~50
대기 및 지하 열 펌프(국내용 제외)	16~22
재생에너지 이용 운송	UP to 48
기타(수력, 지열, 태양광과 내국 열)	14
15% 목표 예측치	234

출처: DECC, 2011e.

한 '중심적 관점'에서 15% 목표를 달성하기 위해 가장 큰 기여를 하리라 예상하는 8가지의 기술의 연간 에너지 기여도의 범위를 요약해 보여준다.

2030년 이후 2050년까지 미래 예측에 대해서는 DECC는 2010년에 에너지 경로 분석(Pathways analysis)(DECC, 2010c)을 발표했다. 이 보고서는 정부의 온실가스 80% 감축이라는 목표를 달성하기 위해서 2010년부터 2050년 사이에 영국 정부가 추구해야할 다양한 1차 에너지(primary energy) 공급과 수요의 진로를 설명하고 있다.

여기에는 A에서 Z라고 명명된 여섯 가지 '사례' 경로와 함께 R이라 불리는 기준 경로가 나와 있다. 우선 경로 A(알파)는 모든 영역에서 '균형 잡힌 노력'을 바탕으로 한다. 에너지 수요를 감축하기 위한 단결된 노력: 재생에너지, 원자력 및 CCS 갖춘 화석연료 발전의 세 가지 주요한 저탄소 에너지 공급의 동등한 수준의 노력과 바이오에너지를 생산하고 수입하는 협동의 노력이다.

경로 B(베타)는 만약 CCS를 이용한 발전이 불가능할 때 어떻게 되리라에 대해 살펴본다.

경로 C(감마)는 만약 신규 원자력 발전소가 건설되지 않을 경우에 대해 살펴본다.

경로 D(델타)는 만약 최소 재생에너지 발전 설비만 건설될 경우에 대해 살펴본다.

경로 E(엡실론)는 만약 바이오에너지의 공급이 제한될 때 무엇이 일어날까에 대해 살펴본다.

경로 Z(제타)는 소비자와 비즈니스가 행동 양식에 변화가 없을 경우에 대해 살펴본다.

경로 R(기준 경로)은 탄소를 제거하려는 노력이 거의 없거나 새로운 기술이 등장하지 않을 때를 가정한다. 감축 목표를 맞출 수 없으며 영국은 공급 부족으로 인한 에너지 안보에 매우 취약하게 될 것이다.

그림 10.24는 1960년부터 2010년까지 영국 1차 에너지 사용과 알파와 감마로 표기

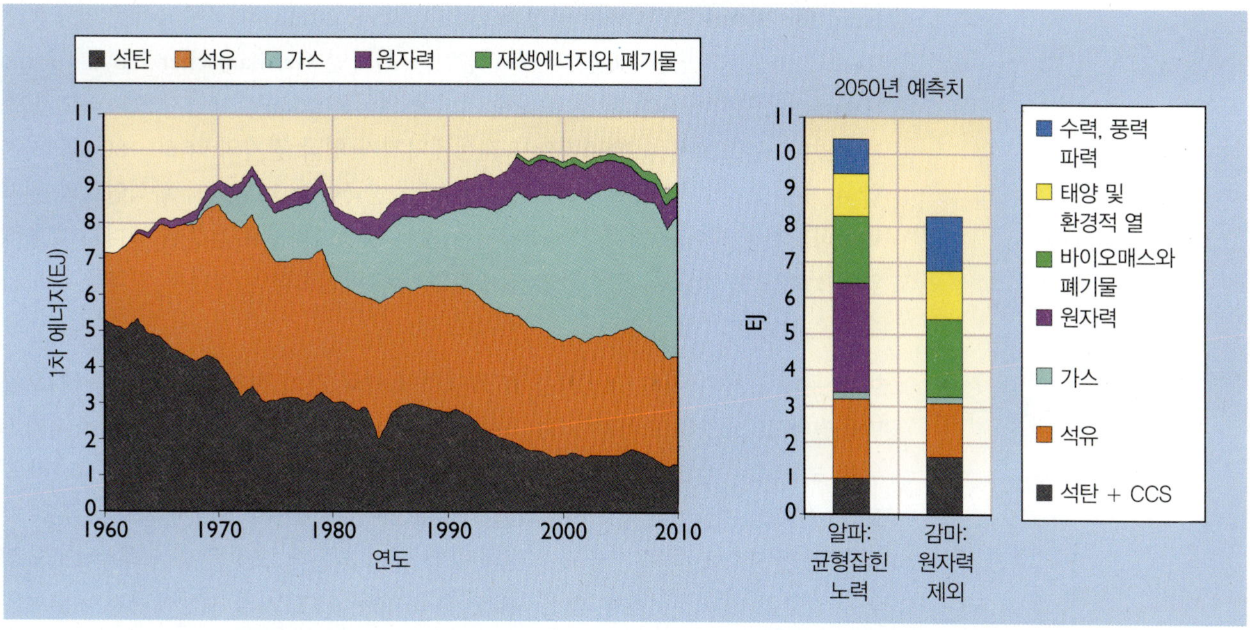

그림 10.24 • 영국 1차 에너지 공급 1960~2010과 2050년 가능한 에너지 공급 혼합하는 두 DECC예측(알파, 감마).

된 DECC의 경로에 따른 에너지의 공급과 수요에 추정되는 구성을 보여준다. 경로 알파('균형잡힌 노력')는 재생에너지가 영국 1차 에너지의 삼분의 일을 차지할 것이라고 가정한다. 재생에너지를 강조하는 경로 감마에서 재생에너지 기여도 (폐기물 포함)는 2050년까지 약 60%까지 증가한다.

환경 자선단체인 대안 기술 센터(Centre for Alternative Technology, CAT)의 보다 더 야심찬 시나리오에 따르면 2030년에 영국이 전적으로 재생에너지만 사용하는 무탄소 사회로 전환된다고 가정한다. 이 결과의 핵심은 두 프로세스를 통해 얻어 진다: '출력 감소' –삶의 질을 줄이지 않고 에너지 수요를 감소시키고 '출력 증대'– 재생에너지를 대규모로 매우 신속하게 도입한다.

2030년까지 CAT 연구는 영국이 195 GW 이상의 해상 풍력 발전 시설을 설치할 수 있다고 제시한다. 유럽 슈퍼 그리드가 완공되었다면 고용량 풍력발전으로 바람이 아주 많이 부는 때에는 대량의 잉여 전기가 수출될 수 있다고 가정한다. 20년 내에 195 GW의 해상 풍력 발전시설을 건설하는 것은 웅대한 도전이다. 그러나 의심의 여지없이 바람, 파도, 조수를 이용한 영국의 해상 재생에너지 자원은 막대하다. 왕실재단, 영국 및 스코틀랜드 정부 기관 과 몇몇 주요 기업들에 지원받는 해상 가치 연구(Offshore Valuation Group, 2010)는 2010년에 해상 자원의 규모가 석유와 가스 자원만큼 하다고 결론지었다. 그러나 화석연료와 다르게 재생에너지 자원은 고갈로 고생하지 않고 무한정한 시간동안 이용가능하다. 그 연구는 또한 풍력 자원의 대부분이 먼 해상에 위치하여 매우 깊은 바다에 정박시킨 부유 터빈을 이용해 사용할 수 있을 것이라 예측한다. 노르웨이의 스타토일은 그림 10.18과 7장 그림 7.43과 같은 2 MW 부유식 터빈 시제품을 만들었다.

2011년에 또 다른 환경 자선단체인 자연을 위한 세계야생 기금(World Wilde

Fund for Nature, WWF)은 긍정적에너지(WWF, 2011a)라는 보고서를 발표했다. 이 보고서에는 저명한 재생에너지 컨설턴트 회사인 Germanischer Lloyd Garrad Hassan(GLGH)에 의한 상세 분석에 기반해 영국의 2030년 에너지 시나리오가 소개되었다. 그 보고서는 2030년까지 재생에너지가 영국 전기의 약 60~80%를 차지할 수 있다고 한다. 그 보고서의 핵심 이슈는: 영국이 2030년까지 화석연료와 원자력에너지에서 벗어나 청정하고 소멸되지 않는 재생에너지로 건설된 에너지 효율적인 시스템으로 전환해, 안전하며 지속가능하며 비탄소적인 에너지 영역을 확보할 수 있는가이다.

이 질문에 답하기 위해 GLGH는 2030년까지 영국 전기 산업의 6가지 시나리오를 만들었다(표 10.7에 요약되었다). 처음의 3가지는 영국의 전기 수요를 감소시키기 위한 보통 수준의 노력을 한다고 가정한 것이다. 이들 중 첫 번째는 '핵심 시나리오'로 73 GW의 재생에너지가 61%의 전기 수요를 만족시키며 에너지 안보는 주로 가스 화력 발전소에 의해(지금도 그러하지만) 달성 되는데 그것들 중 일부는 CCS 설비를 갖추고 있다. 두 번째 '핵심 시나리오'는 또한 73 GW의 재생에너지가 61%의 전기를 공급한다 하지만 여기서 에너지 공급이 유럽 대륙과의 높은 수준의 송전망의 상호연결에 의한다. 세 번째 핵심 시나리오는 '확장형(stretch)'시나리오로 105

표 10.7 2030년 영국 전기 공급의 6가지 시나리오. '중도적' 3가지 및 '과감한' 3가지

	A '핵심' 시나리오. 시스템 보안이 주로 가스에 의해 유지	B '핵심' 시나리오. 시스템 안정이 주로 유럽과 높은 수준의 상호연결	C. '확장형' 시나리오. 높은 수준의 재생에너지와 높은 상호연결성
1 전기 수요에 대한 중도적 시나리오	A1 **61% 연간 전기 수요가 재생에너지 용량 혼합으로 대응** • 73 GW 재생에너지 규모 • 56 GW 가스 용량 (18 GW는 CCS로 처리) • 3 GW 상호 연결 용량 (이미 사용가능) 가스 용량의 평균 이용비율: 33%	B1 **61% 연간 전기 수요가 재생에너지 용량 혼합으로 대응** • 73 GW 재생에너지 규모 • 24 GW 가스 용량 (17 GW는 CCS로 처리) • 35 GW 상호 연결 용량 (이미 사용가능) 가스 용량의 평균 이용비율: 78%	C1 **88% 연간 전기 수요가 재생에너지 용량 혼합으로 대응** • 105 GW 재생에너지 규모 • 20 GW 가스 용량 (CCS 필요 없음) • 3 GW 상호 연결 용량 (이미 사용가능) 가스 용량의 평균 이용비율: 30%
2 전기 수요에 대한 과감한 시나리오	A2 **62% 연간 전기 수요가 재생에너지 용량 혼합으로 대응** • 59 GW 재생에너지 규모 • 44 GW 가스 용량 (14 GW는 CCS로 처리) • 3 GW 상호 연결 용량 (이미 사용가능) 가스 용량의 평균 이용비율: 33%	B2 **62% 연간 전기 수요가 재생에너지 용량 혼합으로 대응** • 59 GW 재생에너지 규모 • 20 GW 가스 용량 (13 GW는 CCS로 처리) • 27 GW 상호 연결 용량 (이미 사용가능) 가스 용량의 평균 이용비율: 73%	C2 **87% 연간 전기 수요가 재생에너지 용량 혼합으로 대응** • 83 GW 재생에너지 규모 • 16 GW 가스 용량 (CCS 필요 없음) • 27 GW 상호 연결 용량 (이미 사용가능) 가스 용량의 평균 이용비율: 31%

비고: 이용효율 = 연간 용량 인자.
출처: WWF, 2011a.

GW의 재생에너지가 88%의 전기 수요를 공급하며 유럽 전역과 높은 수준의 송전망이 상호연결되어 있다고 가정한다.

3가지의 두 번째 세트는 더 과감한 에너지 절약 정책을 실천에 옮기는 '과감한 전기 수요 시나리오'이다. 이들 중 첫 번째는 59 GW의 재생에너지가 총 전기를 62% 만큼 공급한다. 그러나 CCS를 포함한 가스 발전이 공급의 안정성을 확보하는 주요한 수단이다. 두 번째는 또한 59 GW의 재생에너지가 총 전기의 62%를 차지하지만 공급 안정성이 주로 유럽과의 상호연결에 의존한다. 세 번째 시나리오는 재생에너지가 더 대규모로 설치되어 약 83 GW가 전기수요의 87%를 포함하며 공급 안정성은 높은 수준의 유럽 상호연결에 의해 제공된다. GLGH 보고서는 다음과 같이 말한다:

> 모든 경우에 시나리오는 전기차(Electric Vehicles, EV)와 전기 난방의 과감한 증가를 제공한다. 에너지 효율과 행동 변화는 과감한 수요 시나리오에서 수요의 감소로 연결될 수 있다.
>
> 2020년까지 모든 시나리오에서 설치될 재생에너지의 규모는 정부가 2011년 7월에 발표한 재생에너지 로드맵에 나온 것과 비슷하다. 그러나 이 시나리오는 그 설치가 2020년대에 비슷한 속도로 계속된다고 가정한다. 이것은 영국 재생에너지 산업의 '호황과 불황(boom and bust)'이라는 위험을 피할 것이며 재생에너지가 적어도 영국 전기의 60%를 공급할 것이라는 것을 의미한다.
>
> 영국이 이룰 수 있고 이루어야 하는 재생에너지 규모는 이용가능한 자원이나 얼마나 빠르게 인프라가 건설될 수 있는가 보다는 경제적 제약조건에 의해서 결정된다. GLGH는 재생에너지가 수요의 60% 만큼 공급하는 것이 경제적이라고 가정한다. 60% 이상을 가지는 것은 영국이 많은 양의 재생에너지를 생산할 때 여분의 전기를 다른 국가에서 판매할 시장이 있는가에 달려있다.
>
> 따라서 미래 시장의 불확실성에 따라 핵심 시나리오(A와 B)에서 GLGH는 B 시나리오에 의한 높은 수준의 상호연결성이 이루어진다 하더라도 유럽 시장에 대한 영국의 재생에너지 판매는 가정하지 않는다. 대조적으로 확장형 시나리오(C)는 상호연결성이 영국의 잉여 전력을 유럽시장에서 판매할 수 있다고 가정하며 재생에너지 규모를 더 키우는 것이 경제적이라고 가정한다.
>
> (WWF, 2011a)

유럽 국가를 위한 재생에너지 시나리오

재생에너지가 유럽의 전기를 모두 혹은 대부분이라도 공급할 수 있을까? 유럽 기후 재단(Europena Climate Founduation)에 의한 2010년 보고서에서는 컨설팅 회사인 맥킨지, 임페리얼 칼리지 및 Oxford Economics 등에서 만들어진 분석과 시

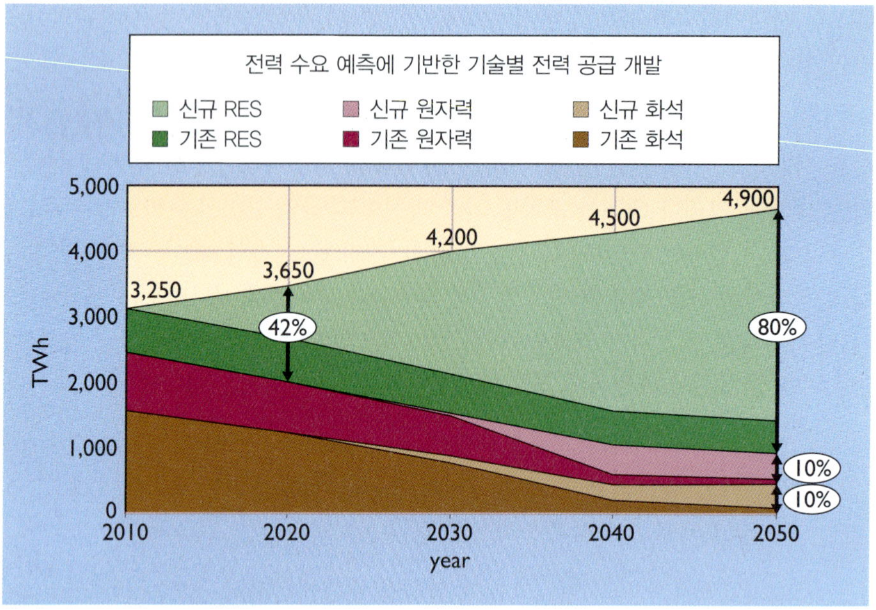

그림 10.25 • 유럽 기후 재단 로드맵 2050년 추정치. 재생에너지가 2050년까지 유럽전기의 80% 공급. '신규' 발전소는 2010까지의 신설을 포함.

나리오에 따라 이것이 가능하다고 주장한다. 여기서 재생에너지 발전의 비율이 40%에서 100%를 차지하는 '번영하는 저탄소 유럽'에 다다르기 위한 다양한 경로를 상세하게 설명한다. 그림 10.25는 그러한 경로 중의 하나를 설명하는데 ECF의 80% 재생에너지 발전 시나리오는 수력, 태양, 풍력, 바이오매스 그리고 지열 발전으로 2050년까지 유럽 전기의 80%를 차지하는 것이다.

영국 이외의 다른 EU 국가는 재생에너지로부터 에너지 공급에 어떤 기여를 앞으로 미래에 생각하고 있을까? 지금부터 재생에너지 개발에 덴마크와 독일의 선도적 EU 국가 사례를 살펴보겠다.

덴마크의 재생에너지 시나리오

1960년대 덴마크 에너지 사용은 값싼 석유의 시대에 급속히 증가했다(그림 10.26(a) 참조). 덴마크의 유일한 국내 자원은 소량의 갈탄 탄광이었다. 1972년까지 전적으로 수입된 원유에 의존하다가 석유수출국기구(OPEC)의 1973년과 1979년에 있던 유가 인상에 심각한 타격을 받았고 정치적으로까지 심각한 곤란을 겪게 되었다.

그러한 상황은 1983년에 덴마크 대학 에너지 연구자들이 '대안적 에너지 시나리오(AE83)'를 작성하는 계기가 되었다. 이것은 전체 에너지 수요를 감소시키고 2030년까지 원유와 석탄 수입을 전혀 하지 않도록 삭감하며 그 대신재생 에너지(풍력, 태양열과 바이오연료)의 비중을 증가시키는 프로그램을 제시했다. 이것은 당시에는 덴마크에서는 별로 인기가 없었던 원자력 발전을 포함하지 않았다. 그림 10.26(b)에 나와 있는 이 추정치는 지속적인 에너지 수요의 증가를 가정했던 1981년 덴마크 정부의 추정치(EP81)와는 대조적이다(Norgaard and Meyer, 1989).

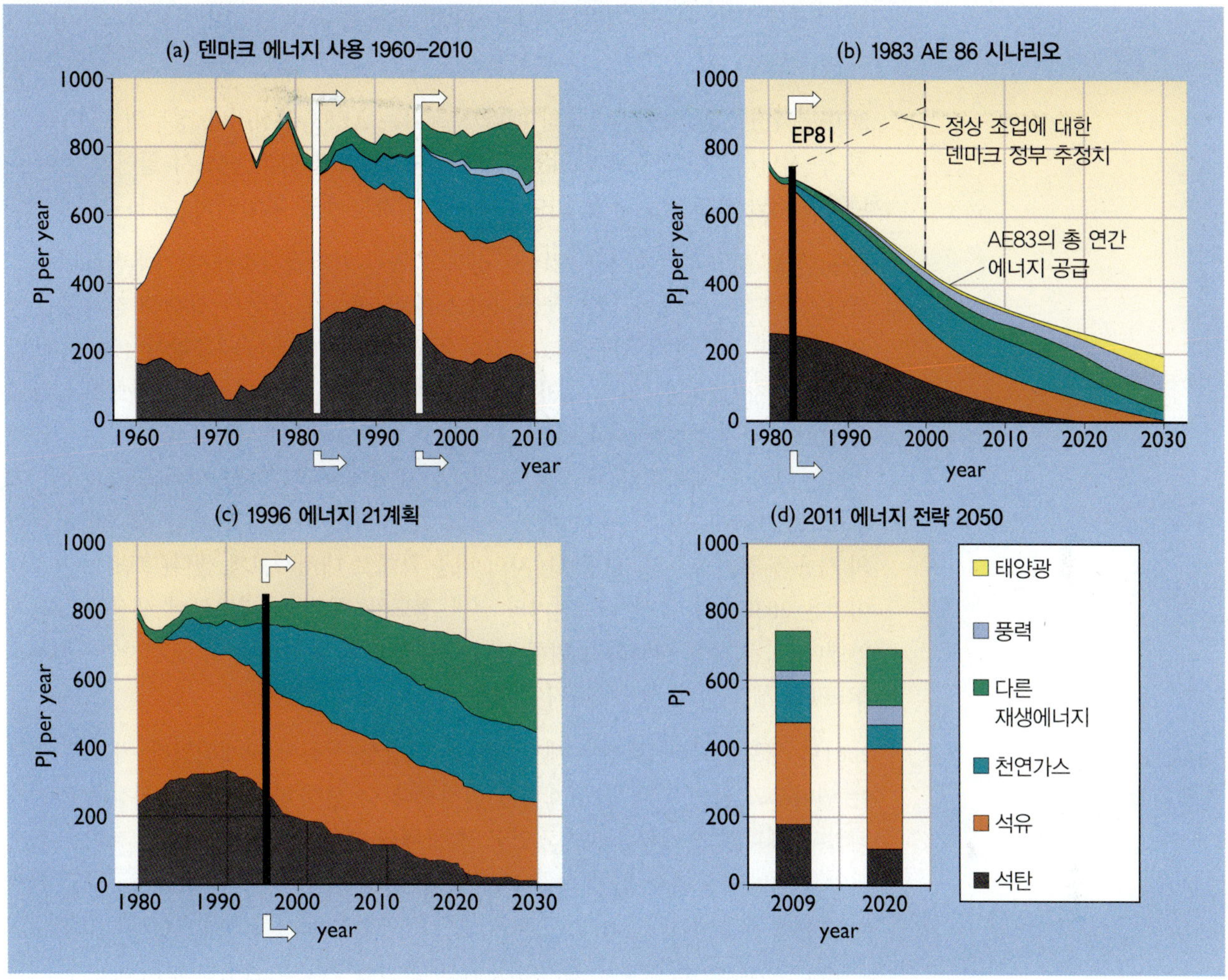

그림 10.26 • (a) 덴마크 1차 에너지 소비 1960~2010년 (b) 덴마크 1983년 대안 에너지 시나리오(AE83), 덴마크 정부 1981년 'business as usual' 추정치(EP81) (c) 1996 에너지 21 시나리오 (d) 에너지 전략 2050년 시나리오의 2020년 추정된 에너지 사용 비교. 그림 (c) '기타 에너지'에서는 풍력을 포함 그림 (d)는 석유 가스 산업의 에너지 사용 제외(출처: Norgaard and Meyer, 1989, Eurostat 1993, MEE, 1996, DEA, 2010, DEA, 2011a, Danish Government, 2011).

실제로 덴마크 정부는 즉각적인 에너지 안보 문제를 다음의 몇 가지 방법으로 해결했다.

- 에너지 절약을 위해 에너지 세금을 높게 부과하고 건물의 단열 효율을 장려하며 고효율 복합화력발전(CHP) 사용을 촉진하는 신규 정책을 추진했다. 이에 따라 난방 에너지 사용의 감소 결과는 매우 인상적이었다. 1972년과 1985년 사이에 건물 총 난방 면적은 30% 정도 상승되었지만 난방 사용 에너지 총량은 반대로 30% 감소되었다(Dal and Jensen, 2000).
- 발전 방식을 석유 화력발전에서 석탄 화력발전소로 전환했다. 결과적으로 석유에 대한 국가적 의존도가 1972년에 93%에서 20년이 지난 1992년에는 43%로 감소했다.
- 북해에 덴마크 자체적인 원유와 가스 자원을 개발했다. 그 결과 덴마크는 1980년대 초기에 채굴 시작해 1997년에는 총 에너지 수출국이 되었다.

- 재생에너지 자원을 개발하는 데 상당한 노력했다. 특별히 바이오매스와 풍력에 집중했다.

2010년까지 실제적인 덴마크의 에너지 소비는 AE83 추정치나 정부의 EP81 추정치 두 시나리오대로 따르지 않았다. 이는 시나리오란 향후 반드시 일어날 것이 아니라 일어날 수도 있는 것을 보여준다는 말이라는 것을 확인시켜 준다.

1990년대 중반까지 덴마크 에너지 정책의 핵심이 자급자족에서 기후변화로 변경했다. 덴마크는 지대가 낮은 국가이며 미래의 해수면 상승은 심각한 결과를 가져올 수 있다. 석유에서 석탄으로의 전환은 국가 이산화탄소 배출량이 1970년대 수준으로 유지되었다는 것을 의미한다. 1996년에 중도 좌파 정부는 이산화탄소 배출을 2005년까지 1988년 수준에서 20% 감소하고 2030년까지 약 50% 정도 감소하겠다는 정책을 채택했다. 이것은 에너지 21계획에 따라 시행되었다(환경과 에너지부, MEE 1996). 이 시나리오에서 전체 1차 에너지 사용은 약간만 감소했고 석탄의 사용은 천연가스 및 재생에너지의 비중 확대로 대체하고자 했다(그림 10.26(c)). 이것은 2030년까지 덴마크 전기의 절반 정도가 재생에너지로부터 생산하도록 제안했다. 이 정책을 실천하기 위해 에너지 세금을 계속 높게 하고 발전차액지원제도(REFIT) 체제 아래 재생에너지에 대한 지원이 계속되었다.

2001년 새로운 우파 정부는 세제 개혁을 주장한 정권이 교체되었다. 새로운 정부는 덴마크의 환경적 정책이 '계획된 일정보다 더 선행'하고 있다는 입장을 가지게 되었다. 에너지 21계획은 폐지되었고 세 군데의 해상 풍력발전소 설치 계획은 취소되었고 에너지 효율을 위한 세금 보조 정책은 폐지되었다. 그럼에도 불구하고 현재의 정책은 재생에너지 사용의 지속적 증가는 여전히 보장하고 있다(그림 10.26(a)).

그러나 이산화탄소 배출과 에너지 안보에 관련된 이슈를 무시하지 않았다. 덴마크의 석유 생산이 2004년에, 천연 가스 생산은 2006년도에 정점에 다다랐다. 둘 다 그 이후 심각하게 감소했지만 여전히 2011년도에 덴마크는 순 에너지(net energy) 수출국이다.

2011년 5월 덴마크 정부는 새로운 '에너지 전략 2050'을 발표해 2050년까지 화석연료에서부터 완전한 전환을 위한 장기적 목표를 선정했다(덴마크 정부, 2011. 그림 10.26(d) 참조). 이것은 근본적으로 1983년 AE83 시나리오와 같은 목표이지만 달성 시기가 20년 연장된 것으로 다음을 제안했다:

- 전체 에너지 수요의 지속적 감축
- 석탄 발전량 감소하는 대신재생 에너지로 대체 예를 들어 4장 Box 4.6에서 설명된 Avedore-2 열병합 발전소
- 재생에너지 사용의 지속적 증가 특히 고형 바이오매스와 풍력 발전. 재생에너지가 2020년까지 최종 에너지 사용의 30% 이상 즉, 연간 약 200 PJ 이상의 기여도와 10%의 수송 분야 기여도를 달성한다. 발전 분야에서 60%는 재생에너지에서 나오고 40%는 풍력발전이라고 제안했다.

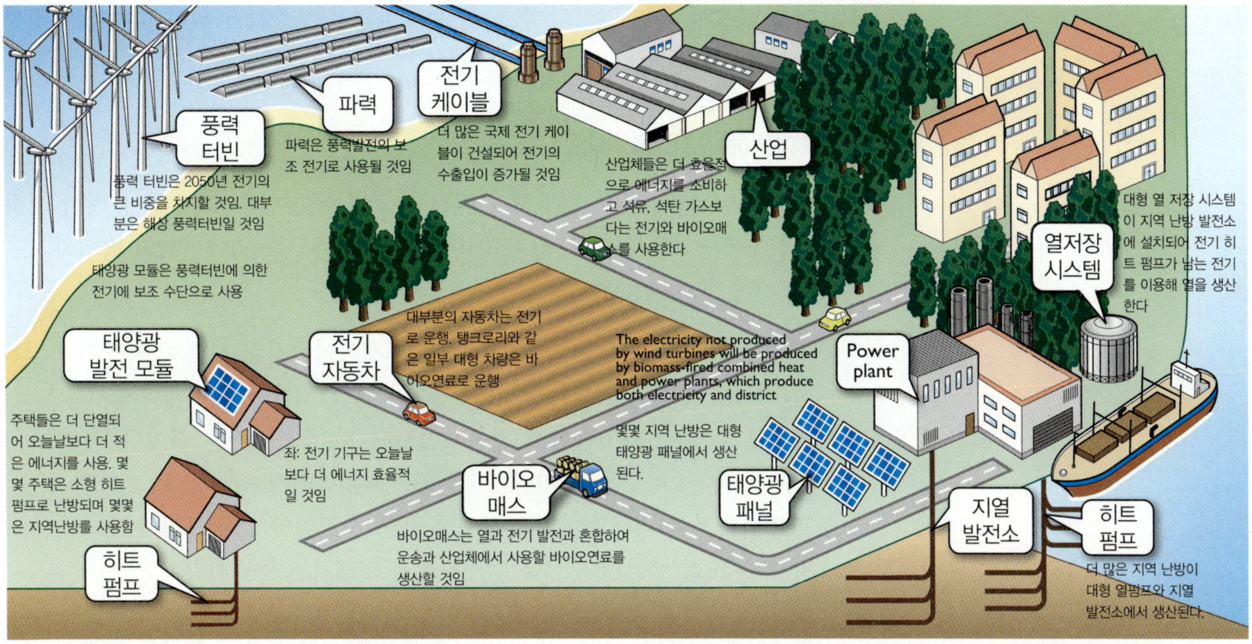

그림 10.27 • 2050년에 에너지 미래에 대한 덴마크의 비전. 덴마크 정부의 기후변화 위원회(2011)– 덴마크 공학한림원의 초기 연구(2010)에 의해 뒷받침됨. 모든 화석연료 사용은 중단되고 국가는 내륙 및 해상 풍력, 태양광 및 태양열, 바이오매스 연료(일부는 수입됨), 전기 히트펌프, 지열, 열병합 발전 및 대형 열 저장 시설 등이 혼합되어 100% 재생에너지로 운전됨. 국제 전기 연결로 덴마크가 여분이 남거나, 모자랄 때 수출하거나 수입할 수 있다.

그림 10.26(d)는 2009년도 대비 2020년 추정 에너지 사용에 대해 비교해 보여준다. 이 시나리오는 재생에너지 배치 및 재생에너지 의존도 축소 측면에서 현재의 '포기된' 에너지 21계획보다 더 야심적이다.

1970년대 이후 덴마크의 에너지 정책에서 몇 가지 교훈을 얻을 수 있다.

- 1차 에너지 사용과 GDP는 반드시 같이 가지 않는다. 1972년부터 2008년까지 덴마크 GDP는 거의 두 배나 증가되었지만 1차 에너지 소비는 거의 변하지 않았다.
- 전체 에너지 수요를 줄이는 것은 실제로 어려울 수 있다. 특히 그 국가가 원유나 가스의 매장량을 가지고 있을 경우 그렇다. 높은 세금과 진보적인 정책에도 불구하고 같은 기간에 자동차 연료 소비는 거의 80% 증가하고 전기 소비는 두 배나 증가했다.
- 지역난방과 복합화력발전은 성공적으로 홍보될 수 있다. 2007년까지 60%이상 덴마크 가구는 지역난방이 공급되었고 80%의 지역난방은 복합 화력발전소에 의해 운영된다 (DEA, 2011b).
- 재생에너지 사용은 효과적으로 촉진될 수 있다. 2010년 재생에너지는 국가 전기의 33%를 공급했고 풍력이 21% 가까이 공급했다. 1차 에너지에 대해 재생에너지는 연간 거의 170 PJ 만큼 공급해 AE83 시나리오에서 제시된 것보다 더 큰 수치이다.
- 덴마크의 고에너지 세금과 지역난방 홍보로, 자유 시장과 에너지 가격의 조화 정책을 추구하는 브뤼셀의 유럽 연합과 의견이 불일치가 되었다. 덴마크 정부

는 이들 정책이 유럽 연합의 주요 목표인 환경을 보호하기 위한 것이라고 주장하면서 방어했다.

독일의 재생에너지 시나리오

독일 정부는 2011년 일본의 후쿠시마 원전 사고에 이어 향후 40여 년에 대한 개정된 '에너지 개념'을 채택하기로 해 원자력에 대한 의존성을 2022년까지 탈피하기로 결정했다. 연방 환경부(BMU, 2011)에서 의하면:

> 목표는 2022년까지 원자력에서 탈피해 재생에너지의 시대로 빠르게 전환하는 것이다. 의도는 재생에너지의 발전 비중을 현재에너지 소비의 17%에서 2020년까지 적어도 35%까지 증가시키는 것이다. 독일 정부는 이 비중을 2030년까지 50%, 2040년까지 60퍼센트 그리고 2050년까지 80퍼센트에 도달하도록 애쓰는 것이다. [...] 그러나 에너지 효율 또한 에너지 수요를 감소시키기 위해서는 중요하다.
>
> 말하자면 기존의(즉 가스나 석탄 화력) 발전소는 공급의 안정성을 확보하는데 여전히 중심적 역할을 수행할 것이다: 그것은 어느 때나 전력을 공급할 수 있다. 송전망의 확대, 부하 관리 응용, 풍력과 태양광의 전력 공급 예측 능력의 확대 그리고 저상 기술의 개발 등을 통해 월등하게 재생에너지 위주의 전력 시스템이 우리의 에너지 공급을 안전하게 확보할 수 있게 할 것이다. 계획된 조치를 통해 2050년까지 이산화탄소 배출을 적어도 80% 감축할 수 있을 것이다.

독일의 환경에 대한 독립적 자문 기관(SRU)은 또한 2011년에 독일의 재생에너지 발전이 100%에 도달하는 더 과감한 목표가 타당하며 경제적이라고 제안하는 상세한 보고서를 발표했다. 이 보고서는 다음과 같이 말한다:

우리 시나리오 계산은 독일이 안정적이며 적당한 가격에 전적으로 재생에너지에서 전기를 공급할 수 있도록 순조롭게 달성할 수 있다. 적절한 저장 능력이 공급되고 송전망을 설치한다면 재생에너지 전기 공급 가용량의 변동성에도 불구하고 독일과 유럽의 재생에너지 잠재량은 풍력 터빈, 태양광과 다른 현재 이용 가능한 기술을 이용해 최대 전기 수요를 연간 내내 만족시킬 수 있을 것이다.

> 풍력은 특히 해상 풍력 터빈을 이용한다면 2050년까지 가장 저렴한 에너지 자원으로 현재 논의된 모든 시나리오에서 중요한 역할을 수행할 것이다. 그와 반면에 태양에너지 사용의 수준은 여러 시나리오별로 전기 수요와 수입되는 전기의 양에 따라 다르다. 전환적 에너지 공급 네트워크에 사용되는 바이오매스의 사용량은 토지 사용 충돌과 상대적으로 비싼 에너지원 때문에 전기 수요의 7%에 불과할 것이다.
>
> SRU의 관점에서 전적으로 재생에너지 공급을 2050년까지 구축하는 것은 환경 보호를 확대하면서 경제적 장점을 확보할 수 있게 해 줄

> 것이다. 여기서 그러한 시스템의 통합 비용은 크게 다른 유럽 국가와 연결하는 네트워크가 어느 정도 구축되느냐에 따라 달라진다. 인플레이션을 감안하면 독일의 재생에너지 자원을 가지고 전기를 공급하는 것은 수요에 따라 kWh 당 9~12유로 센트이다. 그와 반면에 독일-덴마크-노르웨이 지역 공동 혹은 더 큰 규모의 유럽-북아프리카 네트워크는 국제 송전망과 저장 용량 확대비용을 포함해 단지 kWh당 6~7유로 센트에 공급할 수 있다. 우리의 대략적 추산치는 독일의 송전망을 확대하는 것은 약 kWh 당 1~2센트가 추가로 필요할 것이다. 결국에 장기적 관점에서 재생에너지 전기는 CCS 화력발전이나 개별적으로 제한된 우라늄 자원이나 저장 용량 때문에 제약받는 신규 원자력 발전소처럼 기존 저탄소 기술보다 더 가격 경쟁력이 덜하다.

여덟 개의 SRU 시나리오는 표 10.8에 정리되어 있다.

처음의 네 가지 시나리오는 독일의 에너지 수요가 연간 약 500 TWh(SV500), 두 번째 네 시나리오는 전기 수요가 연간 700 TWh로 상승(SV700). 독일의 자급자족 정도 및 주변 국가들과의 연결 네트워크의 강점에 대한 다른 가정에 따라 각각 네 가지로 변형된다.

전 세계 재생에너지 시나리오

재생에너지가 세계에 충분한 에너지를 공급할 수 있을까? 이것이 가능하다는 것을 실증한 보고서가 대중적 형태로 2009년에 캘리포니아 스탠포드 대학의 두 과학자에 의해 Scientific America에 발표되었다(Jacobson and Delucchi, 2009). 다음 해에 그들은 두 편의 후속 논문을 학술 저널인 Energy Policy(Jacobson and Delucchi, 2010a and 2010b)에서 발표했다. 그들은 전 세계의 전기와 다른 목적의 통합 에너지 수요가 2030년까지 11.5~16.9 TW라고 예측하면서 이는 대규모의 풍력 터빈, 태양광 발전소, 파력, 수력 그리고 지열 발전 시설을 설치하면 해결할 수 있다고 주장한다. 제이콥슨과 델루치는 이들 수치가 매우 엄청나지만 설치 과정이 20

표 10.8 2050년까지 독일의 전적으로 재생에너지 전기 공급에 대한 8가지 시나리오.

가정	2050년 독일 전기 수요: 500 TWh	2050년 독일 전기 수요: 700 TWh
자급자족	Scenario 1.a: DE 100% SV-500	Scenario 1.b: DE 100% SV-700
통합 자급자족, 덴마크 노르웨이와 상호 교환	Scenario 2.1.a: DE-DK-NO 100% SV-500	Scenario 2.1.b: DE-DK-NO 100% SV-700
덴마크와 노르웨이에서 최대 15% 수입	Scenario 2.2.a: DE-DK-NO 85% SV-500	Scenario 2.2.b: DE-DK-NO 85% SV-700
유럽-북아프리카 지역에서 최대 15% 통합 수입	Scenario 3.a: DE-EUNA 85% SV-500	Scenario 3.b: DE-EUNA 85% SV-700

DE: 독일; DK: 덴마크; NO: 노르웨이; EUNA: 유럽과 북아프리카; SV: 자급.
SRU/SG 2011-1/Table 10-1.
출처: SRU, 2011.

표 10.9 2030년도 전세계 최종 에너지 수요를 공급하기 위한 풍력, 파력 및 태양광 발전소 혹은 장치의 수. 발전소나 장치들 사이에 수요가 주어진 할당을 받았다는 가정. 또한 전 세계 수요를 만족하는데 필요한 발자국 면적과 장소 면적을 전세계 육지 면적 1.446 × 108 km²의 비율로 나타내었다.

에너지 기술	단일발전소의 추정 출력(MW)	2030년 수요 대응 비율	세계 에너지 수요 대응 위해 필요한 발전소 갯수	발자국 면적 (지구 육지 면적 %)	장소 면적 (세계 육지 면적 %)
풍력 터빈	5	50	3.8 million	0.000033	1.17
파력 설비	0.75	1	720 000	0.00026	0.013
지열 발전소	100	4	5350	0.0013	0
수력 발전소	1300	4	900[a]	0.407[a]	0
조력 터빈	1	1	490 000	0.000098	0.0013
지붕 태양광	0.003	6	1.7 billion	0.042[b]	0
태양전지 발전	300	14	40 000	0.097	0
집중 태양광	300	20	49 000	0.192	0
합계		100		0.74	1.18
신규 육지 합계				0.41[c]	0.59[c]

[a] 수력발전소들 중의 약 70%는 이미 설치되어 있음.
[b] 지붕은 이미 존재하는 것이며 다른 용도로 사용되지 않기 때문에 지붕위 태양광 발전의 발자국 면적은 육지의 증가를 나타내지 않는다.
[c] 50%의 풍력 발전소는 물 위에 설치되어 있고, 파력과 조력은 물 안에 설치되어 있다. 70%의 수력 발전소는 이미 설치되어 있다. 지붕위 태양광은 신규 토지를 필요로 하지 않음.
출처: Jacobson and Delucchi, 2010a.

여년에 걸쳐 있고 전 세계가 현재 7천 3백만 대의 자동차와 경트럭을 생산하기 때문에 전 세계의 산업 생산 용량은 이 방법을 채택하기로만 결정한다면 아마도 충분할 것이라 설명한다.

비슷한 결론에 도달한 또 다른 연구가 자연을 위한 세계야생기금(World Wilde Fund for Nature, WWF)의 2011년 에너지 보고서에서 발표되었다(WWF, 2011b). 저명한 네덜란드의 에너지 자문기관인 에코피스(Ecofys)에 의한 분석과 시나리오에 기반한 이 보고서에서 2050년까지 세계가 어떻게 대규모 에너지 절약 정책, 현재 우리 에너지 시스템에 있는 대규모 폐기물 감축을 시행할 수 있는지 보여준다. 우리가 동시에 풍력, 태양광, 지열, 수력 바이오매스 에너지를 혼합해서 사용한다면 그림 10.28과 같이 전 세계 최종 에너지 수요의 95%를 공급할 수 있을 것이다.

연속적인 재생에너지 중심의 미래 세계 에너지 시나리오 또한 지난 십여 년간 환경 그룹인 그린피스에 의해 만들어졌고 최신판이 2010년에 발표되었다. 이전 시나리오에 대해 초기의 회의론자는 태양광이나 풍력에너지의 성장에 대한 추정치가 비현실적이라고 무시 받았다. 하지만 최근에 시행된 재생에너지 용량에 대한 고성장 비율을 감안할 때 이들의 초기 예측 중 많은 부분이 실제로 비관적이라고 증명되었다(그림 10.1 참조).

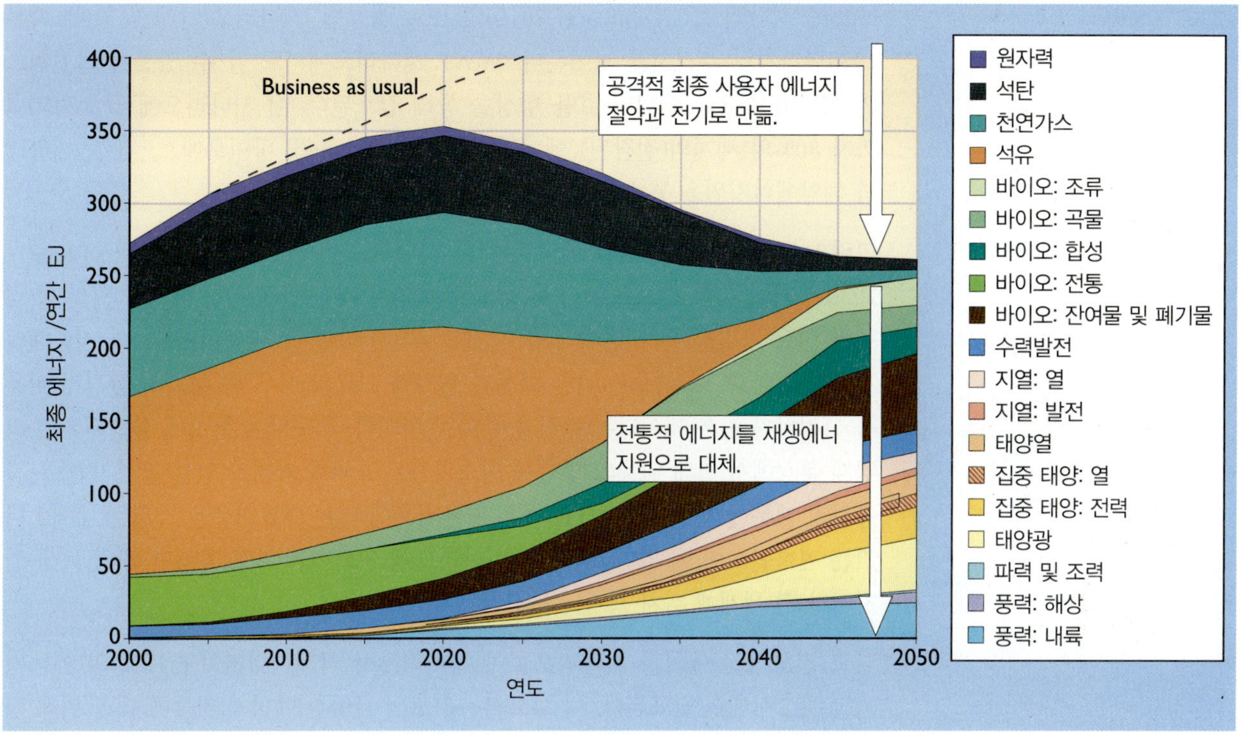

그림 10.28 • WWF 에너지 리포트 시나리오에서 2050년까지 에너지 효율 측정이 그러한 대책이 없을 경우와 비교해 최종 에너지 수요를 절반으로 감축한다. 2050년까지 약 95%의 나머지 에너지 수요는 그림과 같이 재생에너지원의 조합으로 대응된다.

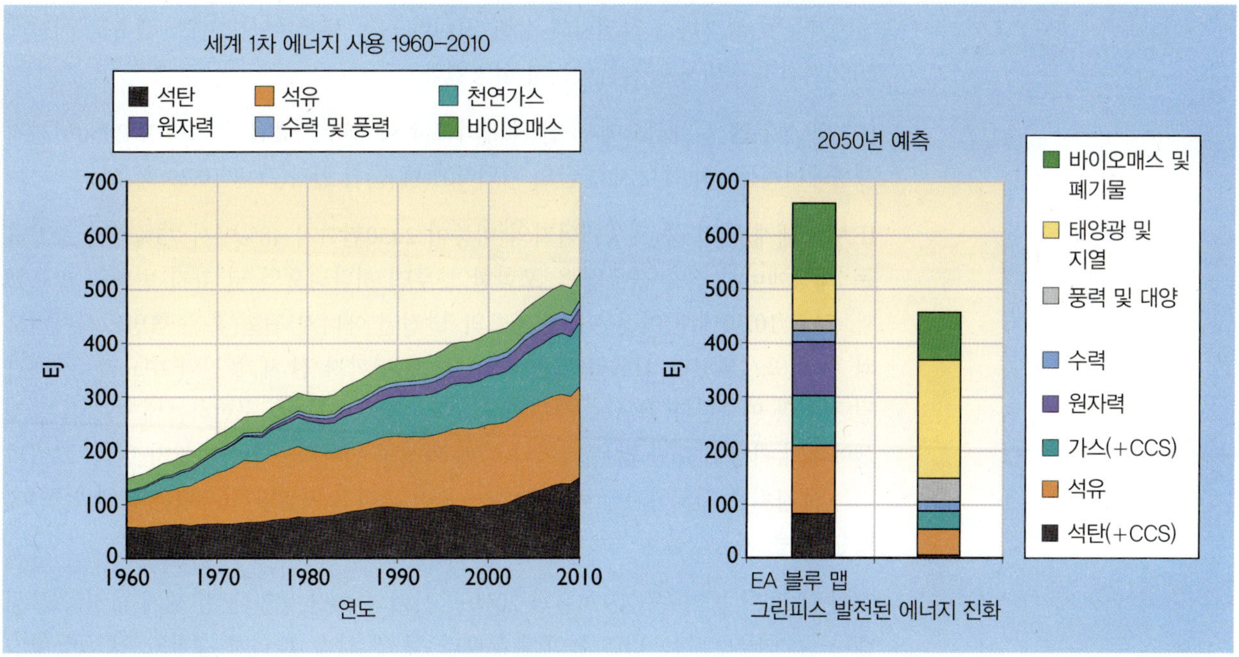

그림 10.29 • 1960~2010년 세계 에너지 사용과 IEA 블루맵과 그린피스 발전적 시나리오 2050.

그림 10.29는 1960년과 2010년 사이의 세계 1차 에너지의 성장세를 보여준다. 그것은 또한 그린피스의 발전된 에너지 진화(혹은 혁명)(Advanced energy (r)evolution) 시나리오(Greenpeace, 2010)와 IEA '블루맵' 시나리오(아래 참조)에 따른 2050년까지의 추정치를 보여준다. WWF 시나리오에서도 알 수 있듯이 그린피스의 에너지 수요는 에너지 효율 향상을 통해 감소된다. 이 시나리오에서는 2050년까지 80%의 세계의(절감된) 에너지 소비가 수력, 풍력, 바이오매스, 지열, 태양광과 해양에너지원을 통해 공급될 수 있을 것이라고 예측한다.

그린피스는 그들의 발전된 에너지 진화 시나리오가 높은 초기 자본 비용(2007~2030년 사이 미화 17.9조 달러)을 필요로 한다는 것을 인정한다. 하지만 훨씬 더 저렴한 연료 가격을 통해 전체 사용 시간을 감안한다면 총 비용이 훨씬 더 저렴해질 것이라 말한다. 이 비용은 기존 화석과 원자력 연료의 매우 큰 사회적 환경적 비용을 고려하지 않은 것이라는 주장을 주목할 만하다. 더구나 부록 B에 설명된 기존의 경제 분석에서 미래 비용의 영향을 최소화하는 효과를 가지고 있는 할인 방법을 사용하기 때문에 재생에너지처럼 높은 자본비용에 낮은 연료비용을 가지는 대체에너지는 편향될 수밖에 없다. 또한 이 시나리오에 의하면 추가로 팔백만 개의 녹색 일자리가 전 세계에 걸쳐 생겨날 것이라고 계산한다.

다소 전통적인 에너지 시나리오들이 정기적으로 국제에너지기구(IEA)의 에너지 기술 보고서에서 발표된다. 이 보고서는 IEA의 다양한 에너지 기술에 대한 미래 전망에 대한 의견을 개괄적으로 보여준다. 2010년 보고서(IEA, 2010)는 '블루맵' 시나리오를 발표했는데 현 수준에 비교해 이산화탄소의 대기 농도를 450 ppm 이하로 유지하고 전 세계 평균 기온 상승을 섭씨 2°C 이내로 하기 위해서 −이는 많은 전문가들이 생각하는 한계치의 상한 값이다− 전 세계 이산화탄소 배출을 어떻게 2050년까지 절반으로 감축하는지 설명했다.

IEA의 블루맵 시나리오에서 전 세계의 1차 에너지 사용은 증가하며 2050년까지 재생에너지는 1차 에너지 공급의 거의 40%에 근접 한다(그림 10.29 참조).

IEA는 세계 발전 중 재생에너지의 비중이 2050년까지 48%에서 75%까지 증가하는 '재생에너지 집중 블루맵'을 포함한 블루맵 시나리오의 몇 가지 변형도 발표했다. 그림 10.30에서 이것은 그린피스의 '발전된 에너지 진화(혹은 혁명)' 시나리오와 함께 표시되었다. IEA와 그린피스는 2050년까지 전 세계 전기 수요가 두 배가 될 것이라 예측한다. IEA는 '광범위한 노력'이라는 개념을 구현하는데 여기서는 재생에너지 확장에 대한 많은 기여와 함께 화석과 원자력을 활용하고자 한다. 그린피스는 원자력은 제외하지만 바이오매스, 풍력 그리고 지열발전(수력은 포함 안함)에 대한 더 큰 가능성을 주목한다.

그림 10.30이 보여주듯 1970년과 2010년 사이의 40년 동안에 전 세계 발전량은 세 배나 증가했다. 다음 40년 동안에 두배나 될 것 같다. 따라서 새롭고 청정한 발전 시설과 그에 따른 네트워크를 건설하고 설치하는 것은 앞으로 다가올 시기에 전 세계의 주요한 도전이 될 것이다.

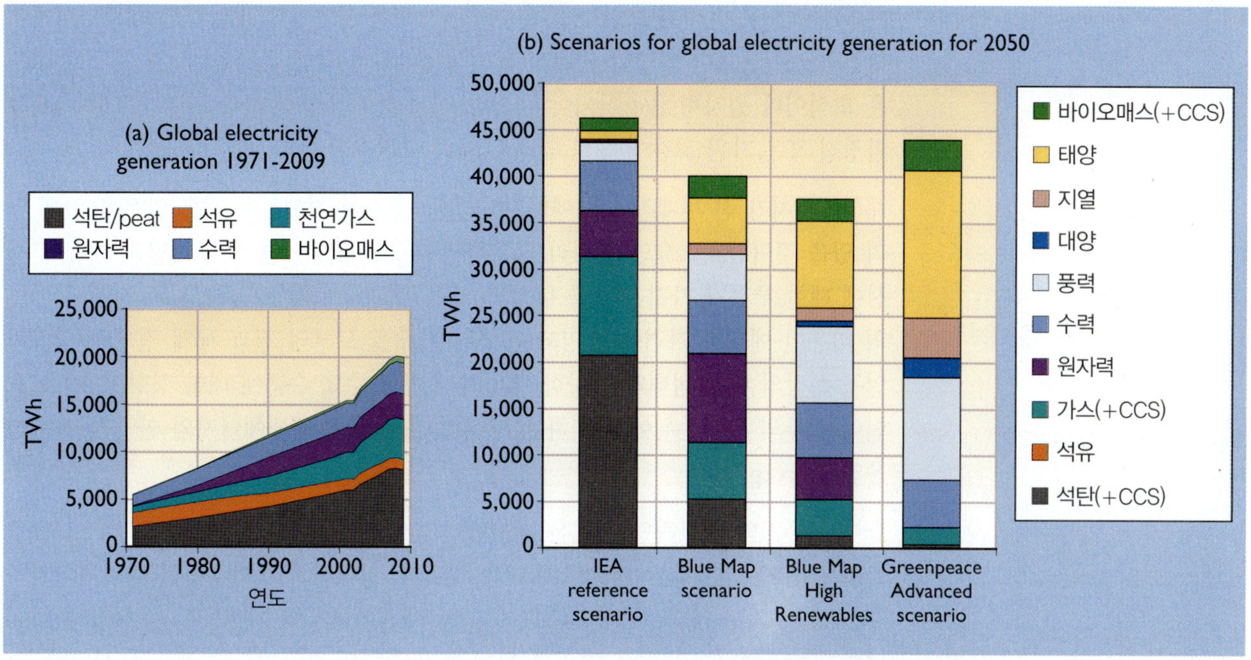

그림 10.30 • 이 복합 도표는 (a) 연료별 1971~2009년 세계 전기 생산 (b) IEA 기준 시나리오 2050년: IEA 블루맵 시나리오 2050: IEA 블루맵 재생에너지 중심 시나리오 2050: 그리고 그린피스 발전적 에너지 진화 시나리오 2050.

10.11 요약과 결론

이번 장에서는 다양한 재생에너지원이 계속해서 전 세계 에너지 수요에 상당한 기여를 할 수 있는 조건을 살펴보았다. 먼저 다양한 형태로 에너지를 분배하는 현존하는 시스템을 검토했다. 그리고 재생에너지가 온실가스 배출을 감축하기 위한 잠재적 기여도가 얼마인지를 보았다. 재생에너지가 영국의 감축 필요성에 전체적으로 얼마만큼의 기여를 할 수 있으며 재생에너지가 에너지 수요의 중심에 얼마나 가까이 할 수 있는가를 산정했다. 다양한 재생에너지원이 에너지 수요가 원하는 때에 어떻게 맞출 수 있는가에 대해 논의했다.

8절에서 유럽 전역 슈퍼그리드와 재생 수소 경제의 건설이라는 에너지 시스템에 대한 혁신적 변화를 두 가지 관점에서 제안했다.

그 뒤에는 재생에너지 사용을 더 다양하게 사용하기 위한 방법을 간략하게 보았다. 이 장은 다양한 장기적 에너지 시나리오 -영국 다른 유럽 국가 그리고 전 세계 통합- 를 리뷰하면서 다가올 세기에 재생에너지 미래를 위한 다양한 합리적 전환기의 연결 통로를 살펴보면서 끝내고 있다.

화석과 핵연료의 의존도를 탈피하고 재생에너지로 이를 개괄적으로 혹은 완전히 전환하기 위한 기술적, 사회적 및 정치적 도전은 매우 힘든 일이다.

반면에 21세기에도 세계 인구와 경제는 점진적으로 성장할 것이라는 것은 의문의 여지가 없다. 따라서 이로 인한 세계적 1차 에너지 사용의 동반 상승을 피하는 것은 극단적으로 어려워 보인다(비록 기술적으로는 불가능하지 않다고 해도). 더욱이 추가적으로 필요한 상당한 에너지가 재생에너지에 의해 공급될 수 없을 경우 그것은 화석이나 원자력에서 찾아야 하는데 이들을 사용함에 따라 반복적으로 나오는 환경적 혹은 자원 고갈에 대한 염려는 계속 고민해야 한다.

재생에너지가 전 세계적으로 에너지 공급량 증가에 기여하는 것은 많은 요인에 달려 있을 것이다. 그 요인을 정리 요약하면 다음과 같다: 연구 및 개발과 대규모 생산에 대한 투자가 가져올 효율 향상과 가격 절감에 미치는 범위, 기존 자원과 이들의 비용이 에너지 가격에 반영되는 범위에 대한 토론의 결과 세계 경제적 성장과 인구 성장의 미래 형태와 다양한 에너지 유형별 수요 수준에 대한 영향력, 이들 요인이 정부의 우선순위에 차지하는 영향력, 대중에게 재생에너지의 환경적 사회적 용인성(acceptability) 등이다.

그러나 우리의 전반적인 결론은 재생에너지가 세계 에너지 공급시장에서 크게 증가하는 역할을 수행하리라 예상한다는 것이다. 상대적으로 보수적인 세계에너지기구(IEA) 조차도 세계 에너지 수요에 따른 재생에너지의 기여도는 증가해서 2050년까지 1차 에너지의 40% 그리고 세계 전기 수요의 48~75% 사이로 예상한다. 그리고 만약 역시에 훨씬 낙관적인 WWF와 그린피스의 예측이 더 정확하다는 것을 증명하는 경우엔 재생에너지가 전 세계의 에너지 수요의 90% 혹은 대부분을 이번 세기 중반이내에 공급할지도 모른다.

그 사이 21세기 동안에 지속가능한 세계 경제로 각 국가가 전진하는 가운데 우리는 이 책이 재생에너지원에 대한 잠재력에 대해 향상된 이해를 촉진하는 데 도움이 될 뿐만 아니라 재생에너지가 전 세계적으로 배치되는 데 도움이 되길 바란다.

References

AEA (2011) *2011 Guidelines to Defra / DECC's GHG Conversion Factors for Company Reporting: spreadsheet*, [online] available at http://www.defra.gov.uk (accessed 6 December 2011).

BEC (2011) *Carbon Emissions of Different Fuels*, Biomass Energy Centre, [online] available at http://www.biomassenergycentre.org.uk/portal/page?_pageid=75,163182&_dad=portal&_schema=PORTAL (accessed 2 April 2012).

BERR (2008) *Atlas of UK Marine Renewable Energy Resources*, Department of Business, Energy and Regulatory Reform, [online] available at http://www.renewables-atlas.info (accessed 12 December 2011).

BMU (2011) *Questions and answers about transforming our electricity system*, Federal Ministry for the Environment, Nature Conservation and Nuclear Safety (BMU), [online] http://www.bmu.de/english/energy_efficiency/doc/47589.php (accessed September 2011).

BP (2011) *BP Statistical Review of World Energy 2011*, London, The British Petroleum Company; available at http://www.bp.com (accessed 29 February 2012).

Carbon Trust (2005) *Variability of UK Marine Resources*, [online] available at http://www.carbontrust.co.uk (accessed 29 December 2011).

CCC (2008) *Building a low-carbon economy – the UK's contribution to tackling climate change*, Committee on Climate Change, London, available at http://www.theccc.org.uk (accessed 30 November 2011).

CCC (2011a) *The Renewable Energy Review*, Committee on Climate Change, London, available at http://www.theccc.org.uk (accessed 30 November 2011).

CCC (2011b) *Bioenergy Review*, Committee on Climate Change, London, available at http://www.theccc.org.uk (accessed 7 December 2011).

Centre for Alternative Technology (CAT) (2010) *Zero Carbon Britain 2030: A New Energy Strategy, The second report of the Zero Carbon Britain Project*, Centre for Alternative Technology, Machynlleth, Wales. Available from http://www.zerocarbonbritain.com (accessed 2 April 2012).

Czisch, G. (2011) *Scenarios for a Future Energy Supply*, Institution of Engineering and Technology, London.

Dal, P. and Jensen, H. S. (2000) *Energy Efficiency in Denmark*, Danish Energy Ministry.

Danish Government (2011) *Energy Strategy 2050*, available at http://www.denmark.dk (accessed 28 November 2011).

Danish Society of Engineers (2010) *The Danish Society of Engineers Energy Plan 2010, Summary*. Danish Society of Engineers, Copenhagen, Denmark, [online] http://ida.dk/sites/climate/introduction/Documents/Energyplan2030.pdf (accessed 17 January 2012).

DEA (2010) *Annual energy statistics: data tables*, Danish Energy Agency, available at http://www.ens.dk (accessed 25 November 2011).

DEA (2011a) *Monthly energy statistics: data tables*, Danish Energy Agency, available at http://www.ens.dk (accessed 25 November 2011).

DEA (2011b) *Danish Energy Policy 1970–2010,* Danish Energy Agency, available at http://www.ens.dk (accessed 25 November 2011).

DECC (2010a) '*The unconventional hydrocarbon resources of Britain's onshore basins – shale gas*', Department of Energy and Climate Change; available at http://og.decc.gov.uk/assets/og/bo/onshore-paper/uk-onshore-shalegas.pdf (accessed 24 April 2012).

DECC (2010b) *Digest of UK Energy Statistics (DUKES)*, Department of Energy and Climate Change, available at http://www.decc.gov.uk (accessed 5 April 2011).

DECC (2010c) *2050 Pathways Analysis*, Department of Energy and Climate Change. Available from http://www.decc.gov.uk/assets/decc/What%20we%20do/A%20low%20carbon%20UK/2050/216-2050-pathways-analysis-report.pdf (accessed April 2 2012).

DECC (2011a) *UK Energy in Brief 2011*, Department of Energy and Climate Change, available at http://www.decc.gov.uk (accessed 2 November 2011).

DECC (2011b) *Digest of UK energy statistics*, Department of Energy and Climate Change, available at http://www.decc.gov.uk (accessed 30 November 2011).

DECC (2011c) *Energy Trends*, Department of Energy and Climate Change, available at http://www.decc.gov.uk (accessed 10 April 2011).

DECC (2011d) *Energy consumption in the UK: data tables*, Department of Energy and Climate Change, available at http://www.decc.gov.uk (accessed 9 December 2011).

DECC (2011e) *UK Renewable Energy Roadmap*, Department of Energy and Climate Change. Available from http://www.decc.gov.uk/en/content/cms/meeting_energy/renewable_ener/re_roadmap/re_roadmap.aspx (accessed 2 April 2012).

Desertec (2009), *Clean power from deserts: Whitebook*, Desertec Foundation, Bonn, available at http://www.desertec.org (accessed 31 December 2011).

EEA (2011) 'LCA emissions of energy technologies for energy production' [online], Copenhagen, European Environment Agency, http://www.eea.europa.eu/data-and-maps/figures/lca-emissions-of-energy-technologies (accessed 9 July 2011).

ETSU / PB Power (2002) *Concept Study – Western Offshore Transmission Grid*, available at http://www2.env.uea.ac.uk/energy/energy_links/transmission/file15105.pdf (accessed 3 January 2012).

European Climate Foundation (2010) *Roadmap 2050: a Practical Guide to a Prosperous, Low-Carbon Europe. Volume 1, Full Report 100pp, and Appendix A: Generation*. European Climate Foundation, Berlin and Brussels. Downloadable from http://www.europeanclimate.org (accessed 5 December 2010).

European Commission (2009) *Renewable Energy Targets by 2020*. Commission of the European Communities. Available at http://ec.europa.eu/energy/renewables/targets_en.htm (accessed 2 April 2012).

DEA (2011a) *Monthly energy statistics: data tables*, Danish Energy Agency, available at http://www.ens.dk (accessed 25 November 2011).

DEA (2011b) *Danish Energy Policy 1970–2010*, Danish Energy Agency, available at http://www.ens.dk (accessed 25 November 2011).

DECC (2010a) '*The unconventional hydrocarbon resources of Britain's onshore basins – shale gas*', Department of Energy and Climate Change; available at http://

og.decc.gov.uk/assets/og/bo/onshore-paper/uk-onshore-shalegas.pdf (accessed 24 April 2012).

DECC (2010b) *Digest of UK Energy Statistics (DUKES)*, Department of Energy and Climate Change, available at http://www.decc.gov.uk (accessed 5 April 2011).

DECC (2010c) *2050 Pathways Analysis,* Department of Energy and Climate Change. Available from http://www.decc.gov.uk/assets/decc/What%20we%20do/A%20low%20carbon%20UK/2050/216-2050-pathways-analysis-report.pdf (accessed April 2 2012).

DECC (2011a) *UK Energy in Brief 2011*, Department of Energy and Climate Change, available at http://www.decc.gov.uk (accessed 2 November 2011).

DECC (2011b) *Digest of UK energy statistics*, Department of Energy and Climate Change, available at http://www.decc.gov.uk (accessed 30 November 2011).

DECC (2011c) *Energy Trends*, Department of Energy and Climate Change, available at http://www.decc.gov.uk (accessed 10 April 2011).

DECC (2011d) *Energy consumption in the UK: data tables*, Department of Energy and Climate Change, available at http://www.decc.gov.uk (accessed 9 December 2011).

DECC (2011e) *UK Renewable Energy Roadmap*, Department of Energy and Climate Change. Available from http://www.decc.gov.uk/en/content/cms/meeting_energy/renewable_ener/re_roadmap/re_roadmap.aspx (accessed 2 April 2012).

Desertec (2009), *Clean power from deserts: Whitebook*, Desertec Foundation, Bonn, available at http://www.desertec.org (accessed 31 December 2011).

EEA (2011) 'LCA emissions of energy technologies for energy production' [online], Copenhagen, European Environment Agency, http://www.eea.europa.eu/data-and-maps/figures/lca-emissions-of-energy-technologies (accessed 9 July 2011).

ETSU / PB Power (2002) *Concept Study – Western Offshore Transmission Grid*, available at http://www2.env.uea.ac.uk/energy/energy_links/transmission/file15105.pdf (accessed 3 January 2012).

European Climate Foundation (2010) *Roadmap 2050: a Practical Guide to a Prosperous, Low-Carbon Europe. Volume 1, Full Report 100pp, and Appendix A: Generation*. European Climate Foundation, Berlin and Brussels. Downloadable from http://www.europeanclimate.org (accessed 5 December 2010).

European Commission (2009) *Renewable Energy Targets by 2020*. Commission of the European Communities. Available at http://ec.europa.eu/energy/renewables/targets_en.htm (accessed 2 April 2012).

Eurostat (1993) *Energy Statistical Yearbook 1992*, The Statistical Office of the European Communities.

Everett, R., Boyle, G.A., Peake, S. and Ramage, J. (eds) (2012) *Energy Systems and Sustainability: Power for a sustainable Future* (2nd edn), Oxford, Oxford University Press/Milton Keynes, The Open University.

GE Energy (2010) *Flexefficiency 50 Combined Cycle Power Plant*. Available at http://www.ecomagination.com/portfolio/flex-efficiency (accessed 12 December 2011).

Greenpeace (2010) *Energy (r)Evolution: A Sustainable World Energy Outlook*, Greenpeace International and European Renewable Energy Council, [online] http://greenpeace.org/international/en/publications/reports/Energy-Revolution-A-Sustainable-World-Energy-Outlook/ (accessed 5 June 2012).

Hibernian Wind Power (2011), *Hibernian Wind Power Sites in Ireland; Northern Wind Power Sites in Northern Ireland*, available at http://www.hibernianwindpower.ie (accessed 2 March 2012).

HyFleet (2009) *What is HyFLEET:CUTE?* [online], available at www.global-hydrogen-bus-platform.com (accessed 9 May 2012).

IEA (2010) *Energy Technology Perspectives: Scenarios and Strategies to 2050. Part 1: Technology and The Global Energy Economy to 2050. Part 2: The Transition from Present to 2050.* International Energy Agency, Paris. Part 1: 458pp. Part 2: 252pp.

IPCC (2011) *Special report on renewable energy sources and climate change mitigation*, Intergovernmental Panel on Climate Change, available at http://www.ipcc.ch (accessed 31 October 2011).

Jacobson, M. Z. and Delucchi, M. A. (2009) 'A path to sustainable energy by 2030', *Scientific American*, November, pp. 58–65.

Jacobson, M. Z. and Delucchi, M. A. (2010a) 'Providing all global energy with wind, water and solar power, part 1: Technologies, energy resources, quantities and areas of infrastructure, and materials', [online] available at http://www.rgo.ru/wp-content/uploads/2011/12/JDEnPolicyPt1.pdf (accessed 16 April 2012).

Jacobson, M. Z. and Delucchi, M. A. (2010b) 'Providing all global energy with wind, water and solar power, part 2: Reliability, system and transmission costs, and policies', [online] available at http://www.rgo.ru/wp-content/uploads/2011/12/JDEnPolicyPt2.pdf (accessed 16 April 2012).

Kombikraftwerk (2007) *Background Paper: The Combined Power Plant*, available at http://www.kombikraftwerk.de (accessed 4 January 2012).

Maddison, A. (2009) *Statistics on World Population, GDP and Per Capita GDP, 1–2008 AD*; available at http://www.ggdc.net/MADDISON/oriindex.htm (accessed 28 November 2011).

MEE (1996) *Energy 21*, Danish Ministry of Environment and Energy, Copenhagen.

Mott MacDonald (2010) *UK Electricity Generation Costs Update*; available at http://www.decc.gov.uk (accessed 2 March 2012).

Mott MacDonald (2011) *Costs of low-carbon generation technologies*; available at http://hmccc.s3.amazonaws.com/Renewables%20Review/MML%20final%20report%20for%20CCC%209%20may%202011.pdf (accessed 2 March 2012).

National Grid (2011) 'National Electricity Transmission System Seven Year Statement' [online], http://www.nationalgrid.com/ (accessed 24 April 2012).

Norgaard, J. S. and Meyer, N. I. (1989) 'Planning implications of electricity conservation: the case of Denmark' in Johansson et al. (eds) *Electricity – Efficient End Use*, Lund University Press.

Offshore Valuation Group (2010) *The Offshore Valuation: a valuation of the UK's offshore renewable energy resource*, available at http://www.offshorevaluation.org (accessed 7 December 2011).

PB Power/IET(2012) Electricity Transmission Costing Study. Institution of Engineering and Technology, London, 180pp.

REN21 (2011) *Renewables 2011 Global Status Report*, Renewable Energy Policy Network for the 21st Century, REN21 Secretariat, Paris, France, 116 pp. Available from www.ren21.net (accessed December 2011).

SRU (2011) *Pathways Towards a 100% Renewable Electricity System*, Special Report, October 2011, German Advisory Council on the Environment, Berlin, Germany, 435pp. Downloadable from: http://www.solarserver.com/solar-magazine/solar-news/current/2011/kw07/sru-special-report-pathways-towards-a-100-renewable-electricity-system.html (accessed 17 January 2012).

Starr, F., Tzimas, E., Steen, M. and Peteves, S. D. (2005) *Flexibility in the production of hydrogen and electricity from fossil fuel power plants,* Proceedings International Hydrogen Energy Congress and Exhibition IHEC2005; available at http://ie.jrc.ec.europa.eu/publications/scientific_publications/2005/P2005–096%20PUBSY%20Request%201287.pdf (accessed 5 January 2012).

Starr, F. (2007) 'Flexibility of Fossil Fuel Plant in a Renewable Energy Scenario: Possible Implications for the UK', in Boyle, G. (ed) *Renewable Electricity and the Grid: The Challenge of Variability*, Earthscan, London, pp. 121–140.

Sterner, M., Jentsch, M., Saint-Drenan, Y-M., Gerhardt, N., von Oehsen, A., Specht. M., Baumgart, F., Feigl, B., Frick, V., Stürmer, B., Zuberbühler, U. and Waldstein, G. (2010) *Renewable (power to) methane: Storing renewables by linking power and gas grids*, available at http://www.iset.uni-kassel.de (accessed 3 January 2012).

Wenzel, H. (2010) *Breaking the Biomass Bottleneck of the Fossil Free Society*, Concito report, Denmark, 34pp.

WWF (2011a) *Positive Energy: How Renewable Electricity can Transform the UK by 2030*, World Wide Fund For Nature, Godalming, UK, 64pp. Quotation on page 6. Table on page 7. Downloadable from http://assets.wwf.org.uk/downloads/positive_energy_final_designed.pdf (accessed 17 January 2012).

WWF (2011b) *The Energy Report: Part 1: 100% Renewable Energy by 2050; Part 2: The Ecofys Energy Scenario*. World Wide Fund for Nature, WWF International, Gland, Switzerland and Ecofys, Utrecht, the Netherlands. 256 pp. Downloadable from http://wwf.panda.org/what_we_do/footprint/climate_carbon_energy/energy_solutions/renewable_energy/sustainable_energy_report/ (accessed 17 January 2012).

Appendix A

에너지의 수학 – 빠른 참조

1장에서 설명했듯이 이 책은 SI 단위계를 채택하고 있다. 이 부록은 가장 큰 값과 작은 값을 표현하는 방법과 각 단위 간의 변환 방법을 설명하고 있다. Section A1은 10의 지수승으로 값을 표현하는 방법을 설명하고 Section A2는 이 책에서 사용된 에너지와 전력에 관한 단위 간의 변환 방법을 설명해 두었다. Section A3에서는 비 SI 단위와 이에 상응하는 SI 단위 간의 관계를 설명해 두었다.

A1 크기의 순서

에너지 소비와 생산에 대해 논의 할 때 가장 큰 값이 자주 언급되고, 원자 수준의 과정을 논의 할 때에는 가장 작은 값이 언급된다. 이러한 값을 표기하는 2가지 방법을 설명해 두었다: 간단한 수학적인 표현법과 접두어를 이용하는 방법이다.

10의 지수승

200만은 백만의 두 배이며, 10의 10배의 10배의 10배의 10배의 10배이다(10을 6번 곱한 값이다). 이를 수학적으로 표기하면 아래와 같다:

$$2{,}000{,}000 = 2 \times 10 \times 10 \times 10 \times 10 \times 10 \times 10 = 2 \times 10^6.$$

10^6은 10의 6승 혹은 10의 6 거듭제곱이라 부르며 6을 지수라 한다. 이렇게 10의 지수승의 이용은 매우 큰 값을 표기할 때 장점이 있다. 2009년 전 세계 1차 에너지 소비량은 502,000,000,000,000,000,000 J이며 이를 502×10^{18}이라고 표현하는 것이 훨씬 편리하다.

이 방법은 작은 값을 표기할 때에도 편리하다. 1/10(0.1)은 10^{-1}, 1/100(0.01)은 10^{-2}이다. 전형적인 금속에서 두 원자 간의 거리는 약 천만분의 0.25 m로서, 이는 0.000,000,000,25 m이다. 좀 더 간략하게는 0.25×10^{-9} m이다.

과학적 표기법은 이러한 개념에 기초하고 있으며 좀 더 구체적인 규칙을 따른다. 즉, 과학적인 표기법에서는 1과 10 사이의 값에 적절한 10의 지수승을 곱해 표기한다. 따라서 위에서 언급했던 값들은 아래와 같이 표현 된다:

$$502 \times 10^{18} \rightarrow 5.02 \times 10^{20}$$
$$0.25 \times 10^{-9} \rightarrow 2.5 \times 10^{-10}.$$

표 A.1 접두어

기호	접두어	10의 지수승
E	엑사(exa)	10^{18}
P	페타(peta)	10^{15}
T	테라(tera)	10^{12}
G	기가(giga)	10^{9}
M	메가(mega)	10^{6}
k	킬로(kilo)	10^{3}
h	헥토(hecto)	10^{2}
da	데카(deca)	10^{1}
d	데시(deci)	10^{-1}
c	센티(centi)	10^{-2}
m	밀리(milli)	10^{-3}
μ	마이크로(micro)	10^{-6}
n	나노(nano)	10^{-9}
p	피코(pico)	10^{-12}

왼쪽의 표현법에 의한 표기는 여전히 사용되기도 하고 컴퓨터나 계산기에서도 사용 할 수 있다. 그러나 많은 경우에 이러한 값은 계산기나 컴퓨터에서 풀어써지거나 과학적 표기법으로 다시 환산되어진다.

접두어

접두어를 이용하여 10의 승수를 표기하기도 한다. 표 A.1은 지수승과의 관계를 보여주고 있다.

A2 단위와 변환 방법

1장에서 에너지나 전력의 양을 '실생활'에서 사용되는 양으로 표현하고 있다. 아래의 표는 서로 상관관계를 정리한 것이다.

에너지

에너지는 J, kWh로 표기되며 종종 석유나 석탄이 평균적으로 가지는 에너지양에 비견해 석유에 상응하는 질량(tonne of oil equivalent, toe)이나 석탄에 상응하는 질량(tonne of coal equivalent, tce) 등을 사용하기도 한다. 일반 가정 수준의 에너지 변환표(A2)와 국가 및 전 세계 통계에 활용되는 변환표(A3)로 분리해 제시했다. toe와 tce는 유효숫자 2개로 제시하고 있다. 연료에 포함된 에너지는 자료를 제공하는 기관에 따라 서로 상이한 값을 사용 할 수도 있기 때문에 약간의 혼동을 발생시킬 수 있어 항상 주의를 기울여야 한다. kWh와 TWh의 값은 100% 효율을 가정한 것이다.

일률

kWh는 천연가스와 전기의 에너지 단위의 기준이다. 일률은 에너지를 사용, 소모, 전달, 변환하는 비율이다. 일률의 단위는 W이다. kW의 일률은 시간 당 kWh의 에너지를 사용한 것이다. 1 W의 일률은 1초에 1J을 사용한 것과 동등하다.

표 A4는 일률에 따른 시간 당 및 년 간 에너지 사용량이다. 즉, 1 kWh는 3.6 MJ이고, 1 TWy는 31.54 EJ 혹은 750 Mtoe이다.

표 A2 가정 수준의 에너지 변환관계

	MJ	GJ	kWh	toe	tce
1 MJ =	1	0.001	0.2778	2.4×10^{-5}	3.6×10^{-5}
1 GJ =	1000	1	277.8	0.024	0.036
1 kWh =	3.60	0.0036	1	8.6×10^{-5}	1.3×10^{-4}
1 toe =	42 000	42	11 667	1	1.5
1 tce =	28 000	28	7778	0.67	1

표 A3 국가 수준의 에너지 변환관계

	PJ	EJ	TWh	Mtoe	Mtce
1 PJ =	1	0.001	0.2778	0.024	0.036
1 EJ =	1000	1	277.8	24	36
1 TWh =	3.60	0.0036	1	0.086	0.13
1 Mtoe =	42	0.042	11.667	1	1.5
1 Mtce =	28	0.028	7.778	0.67	1

표 A4 일률과 에너지 사용량

비율	J		년 간 kWh	년 간 toe	년 간 toc
	시간 당	년 간			
1 W	3.6 kJ	31.54 M MJ	8.76	0.75×10^{-3} toe*	1.13×10^{-3} tce*
1 kW	3.6 M MJ	31.54 GJ	8760	0.75 toe	1.13 tce
1 M MW	3.6 GJ	31.54 TJ	8.76×10^{6}	750 toe	1130 tce
1 GW	3.6 TJ	31.54 PJ	8.76×10^{9}	0.75 M Mtoe	1.13 M Mtce
1 TW	3.6 PJ	31.54 EJ	8.76×10^{12}	750 M Mtoe	1130 M Mtce

*즉, 0.75 kg의 석유와 1.13 kg의 석탄은 동등한 에너지이다.

A3 기타 단위들

아래 표는 일부에서 사용되고 있는 단위와 SI 단위의 환산표이다.

표 A5 단위 환산표

물리량	단위	SI 환산량	역환산 값
질량	1 oz (ounce)	$= 2.835 \times 10^{-2}$ kg	1 kg $=$ 35.27 oz
	1 lb (pound)	$=$ 0.4536 kg	1 kg $=$ 2.205 lb
	1 ton (= 2240 lb)	$= 10^{16}$ kg	1 kg $= 0.9842 \times 10^{-3}$ ton
	1 short ton (= 2000 lb)	$=$ 907 kg	1 kg $= 1.102 \times 10^{-3}$ short tons
	1 t (tonne)	$=$ 1000 kg	1 kg $= 10^{-3}$ t
	1 u (unified mass unit)	$= 1.660 \times 10^{-27}$ kg	1 kg $= 6.024 \times 10^{26}$ u
길이	1 in (inch)	$= 2.540 \times 10^{-2}$ m	1 m $=$ 39.37 in
	1 ft (foot)	$=$ 0.3048 m	1 m $=$ 3.281 ft
	1 yd (yard)	$=$ 0.9144 m	1 m $=$ 1.094 yd
	1 mi (mile)	$= 1.609 \times 10^{3}$ m	1 m $= 6.214 \times 10^{-4}$ mi
속도	1 km/h (kph)	$=$ 0.2778 m/s	1 m/s $=$ 3.600 kph
	1 mi/h (mph)	$=$ 0.4470 m/s	1 m/s $=$ 2.237 mph
	1 knot	$=$ 0.514 m/s	1 m/s $=$ 1.944 knots
면적	1 in^2	$= 6.452 \times 10^{-4}$ m^2	1 m^2 $=$ 1550 in^2
	1 ft^2	$= 9.290 \times 10^{-2}$ m^2	1 m^2 $=$ 10.76 ft^2
	1 yd^2	$=$ 0.8361 m^2	1 m^2 $=$ 1.196 yd^2
	1 acre	$=$ 4047 m^2	1 m^2 $= 2.471 \times 10^{-4}$ acre
	1 ha (hectare)	$= 10^{4}$ m^2	1 m^2 $= 10^{-4}$ ha
	1 mi^2	$= 2.590 \times 10^{6}$ m^2	1 m^2 $= 3.861 \times 10^{-7}$ mi^2
부피	1 in^3	$= 1.639 \times 10^{-5}$ m^3	1 m^3 $= 6.102 \times 10^{4}$ in^3
	1 ft^3	$= 2.832 \times 10^{-2}$ m^3	1 m^3 $=$ 35.31 ft^3
	1 yd^3	$=$ 0.7646 m^3	1 m^3 $=$ 1.308 yd^3
	1 litre	$= 10^{-3}$ m^3	1 m^3 $=$ 1000 litres
	1 gallon (UK)	$=$ 4.546 litres	1 m^3 $=$ 220.0 gallons (UK)
	1 gallon (US)	$=$ 3.785 litres	1 m^3 $=$ 264.2 gallons (US)
	1 barrel	$=$ 159 litres	1 m^3 $=$ 6.3 barrels
	1 acre–ft	$= 1.233 \times 10^{3}$ m^3	1 m^3 $= 0.811 \times 10^{-3}$ acre–ft
	1 bushel	$= 3.637 \times 10^{-2}$ m^3	1 m^3 $=$ 27.50 bushels

(계속)

물리량	단위	SI 환산량	역환산 값
힘	1 kgf (weight of 1 kg mass)	5 9.807 N	1 N = 0.102 kgf
	1 lbf (weight of 1 lb mass)	5 4.448 N	1 N = 0.2248 lbf
압력	1 bar (≈1 atmosphere)	5 105 Pa (pascals)	1 Pa = 10^{-5} bar
	1 kgf/m^2	5 9.807 Pa	1 Pa = 0.102 kgf/m^2
	1 lbf/in^2 (or psi)	5 6895 Pa	1 Pa = 1.450×10^{-4} psi
에너지	1 barrel of oil equivalent (boe)	5 5.7 GJ (lower heating value)	1 GJ = 0.175 boe
	1 cal (calorie)	5 4.2 J	1 J = 0.24 cal
	1 ft lb (foot pound)	5 1.356 J	1 J = 0.7375 ft lb
	1 eV (electron–volt)	5 1.602 3 10219 J	1 J = 6.242×10^{18} eV
	1 M MeV	5 1.602 3 10213 J	1 J = 6.242×10^{12} M eV
일률	1 H HP (horse power)	5 745.7 W	1 W = 1.341×10^{-3} H P

Reference

The Royal Society (1975) Quantities, Units and Symbols, London, The Royal Society.

Appendix B

재생에너지 간 비용 평준화

B1 도입

이 책에서는 열만 생산하는 태양을 이용한 온수 시스템에서부터 열과 전기를 동시에 생산하는 바이오매스를 이용한 열병합 발전에 이르기까지 다양한 재생에너지 생산 방식을 설명하고 있다. 전기를 생산하는 방법에 대해서는 정확하게 연구되어 있으며 이는 화석연료와 원자력 발전과 직접적으로 비교할 수 있다. 각 장에서 설명되어 있지만 전기 생산에 드는 비용을 산정하는 배경과 주요 용어에 대해 설명하고자 한다.

이상적인 발전소는 년 중 밤낮없이 전기를 생산 할 수 있다. 그러나 다수의 재생에너지 생산 방식은 다양한 이유로 전기 생산에 제약이 있다.

화석연료를 이용한 발전, 원자력 발전 혹은 재생에너지 방법에 의한 전기 생산에 필요한 비용을 산정 할 때 아래의 4가지 요소를 감안해야 한다:

- 연료비용
- 유지 보수비용(폐기물 처리 비용 포함)
- 초기 자본 비용
- 최종 폐기 비용

많은 재생에너지 방식은 연료비용이 거의 없으나 초기 자본 비용이 최종 생산 전기값의 80% 이상에 이르기도 한다. 원자력에너지도 비슷해서 연료비용은 낮으나 초기 자본이 많이 필요하고 덧붙여 사용 후 최종 폐기하는데 비용이 많이 든다. 반면에 천연가스를 이용한 발전은 초기 자본이 적게 필요하나 연료가 비싸 최종 전기 생산 비용의 70%에 이르기도 한다.

이렇게 서로 다른 발전 방식을 비교하기 위해 발전소의 수명기간 동안 kWh 당 비용으로 평준화된 비용으로 비교하는 것이 편리하다. 이 값에는 연료비, 유지 보수비, 자본과 이자까지를 포함한다. 인플레이션에 따라 구매력에 변화가 있을 수 있으므로 이러한 비용을 산출 할 때는 2010년과 같이 특정 년도를 기준으로 한다.

평준화된 비용을 사용한다면 년 간 운영시간이 상이하고 비용에 영향을 미치는 요소가 서로 상이한 육상 풍력 발전과 장작을 연료로 하는 발전 방식의 kWh 당 비용을 비교할 수 있다.

아래에 간략하게 비용 산정 하는 방식을 소개해 두었으며 좀 더 자세한 내용은 다음의 자료를 참조하기 바람 (Mott Macdonald 2010, Everet et al 2012, 특히 재생에너지는 Mott Macdonald 2011).

B2 비용에 기여하는 기본적인 사항

전기 생산량에 영향을 미치는 요소

정격용량 (설비량)

이는 발전소의 최대 발전 가능양이다. 보통 kW 혹은 MW로 표현된다. 열 병합 발전의 경우 전기 정격 용량(MWe)와 열 정격 용량(MWt)로 표기된다. 태양전지의 경우 최대 출력(kWp)으로 표기된다.

년 간 설비 이용률

년 중 쉬지 않고 작동 했을 때 발전 가능한 최대 발전량에 대한 총 전력 생산량의 비율을 의미한다. 다양한 요소들에 의해 영향을 받는다:

(1) 발전 이용률 – 수리 혹은 보수 유지를 위해 정지하지 않고 발전하는 년 간 비율. 기술이 성숙한 재생에너지 방식은 발전 이용률이 95% 혹은 그 이상이다.

(2) 에너지원의 사용 가능성 – 명백하게 바람은 항상 부는 것이 아니며 태양 빛도 항상 비추는 것은 아니다. 태양, 바람, 파도, 조수간만과 관련된 기술의 에너지원의 활용 가능성은 물리적인 한계가 존재한다. 또한 이들이 생산한 전기 발전과 수요 사이에는 불일치가 존재한다. 전체 기본적인 발전에 의한 전기 공급에 덧붙여 대형 수력 발전과 같이 몇몇 기술을 수요 급증에 대비하기 위해 예비해 두어야 한다. 바이오매스를 이용한 열 병합 발전은 열과 전기 수요가 동시에 발생하는 겨울에 주로 운전한다.

년 간 총 발전량은 수요에 영향을 받으므로 설비 이용률은 부하율이라고도 한다.

전형적인 설비 이용률은 구름이 많은 경우의 태양전지의 10%부터 25~40%에 이르는 풍력 발전과 거의 100%인 매립가스 발전까지 범위가 다양하다.

따라서 년 간 전기 생산량은 다음과 같이 계산된다:

년 간 전기 생산량(kWh) = 정격 용량(kW) × 이용률 × 365 × 24(hrs)

총 비용에 영향을 주는 요소

연료비용

많은 재생에너지 기술에서 '연료'는 공짜이나 바이오매스의 경우 상당한 연료비용이 발생한다. 비용에는 2가지가 있다:

- 연료 구매 비용

- 총 전기 생산 비용에 대한 연료비용의 기여도.

연료 구매 비용은 GJ 당 비용으로 계산된다. 예를 들어 톤 당 18 GJ의 에너지를 포함하는 장작을 톤 당 £60에 구매했다면 연료비용은 £3.33/GJ이다. 도시 폐기물과 매립가스의 연료비용은 이들을 얻는 과정이 폐기물 처리 과정의 일환이므로 '0'으로 본다.

최종 전기 값에 영향을 주는 투입된 에너지 비용의 기여도를 계산하는 주요 인자로는 발전 효율이다:

$$\text{효율} = \frac{\text{에너지 생산량}}{\text{에너지 투입량}}$$

효율은 25% 정도인 도시 고형물을 이용 방법에서부터 35% 이상인 최신 장작을 이용하는 방법까지 다양하다.

최종 전기 생산 비용에 대한 기여도는 단위 kWh 당 비용으로 표기된다.

$$\text{kWh 발전 당 연료비용} = \frac{\text{투입된 에너지의 비용}}{\text{효율}}$$

많은 재생에너지 기술에서 연료비용이 0일지라도 에너지 변환효율이 중요하지 않다고 생각해서는 안 된다. 20%의 효율을 갖는 태양전지는 10%짜리에 비해 공간이 절반정도만 필요하다.

운영과 유지비용

이는 두 부분으로 나누어 볼 수 있다: 발전량과 무관한 '고정' 비용과 발전량에 비례하는 '변동' 비용이다.

고정 비용은 보험료, 송배전망 연결 비용, 정기 검사 비용 등등이 포함된다. 초기 자본 비용에 대한 비율로 산정할 수 있다. 발전소에 대한 접근성은 매우 중요하며 육상 풍력이 해양 풍력보다 비용이 많이 든다는 것을 알 수 있다.

변동비용은 연료 및 폐기물 수송료, 장비 수선비 등등이 포함된다. 이는 kWh 당 비용으로 표기된다. 간단하게는 총 운영 및 유지비용을 동일한 방법으로 표기 할 수도 있다.

실제 비용은 저렴한 육상 풍력부터 고가의 폐기물 발전까지 다양한 범위를 갖는다.

자본 비용과 수명

이들은 어떤 의미에서는 재생에너지에서 가장 중요한 요소이다. 자본 비용은 종종 설비 kW 당 비용으로 표기된다. 발전 설비량 kW 당 자본 비용은 육상 풍력이 해상 풍력의 약 2배에 해당한다. 이는 육상 풍력의 약 절반에 해당하는 화석연료 순환 가스 터빈과 대비된다.

자본 비용이 많이 드는 경우에는 수명이 매우 중요한 요소이다. 풍력과 태양전지의 수명은 약 20년에 달한다. 수력과 조력 발전은 60년 이상의 수명이 예상된다. 또 다른 주요 요소는 건설 기간이다. 대형 풍력발전은 1년 안에 건설 할 수 있으며, 대형 수력 발전이나 원자력 발전은 수 년간의 건설 기간이 필요하다. 이 기간 동안 전기 생산을 통한 수입이 없으므로 자본은 묶여있다.

B3 비용 계산

여기에서는 먼저 간단한 자본 회수 기간 계산을 먼저 소개하고, 좀 더 복잡한 평준화 비용에 대해 논의하겠다.

여기에서는 1 MW(1000 kW)급 육상 풍력 발전에 대해 계산해 보았으며 이는 kW 당 £1500의 자본 비용이 소요되며 운영과 유지비용으로 년 간 £37,500가 필요하다. 25년의 수명이 예상되며 이용률은 28%이다. 건설 기간은 매우 짧으며, 당연히 연료비용은 없다.

자본 회수 기간

단순화하기 위해 자본비용, 에너지 생산량과 경쟁 에너지 가격으로부터 자본을 회수하는데 걸리는 '자본 회수 기간'을 계산해 보자. 이 계산에서는 운영 및 유지비용, 이자 비용은 포함시키지 않았다.

화석연료를 이용한 전기의 가격을 kWh 당 6펜스라 하자.

년 간 총 발전량 = 정격용량 × 이용률 × 24 × 365

= 1 × 28% × 24 × 365 = 2453 MWh

총 자본 비용 = 1000 × £1500 = £1,500,000

년 간 생산된 전기의 가치 = 2453 × 1000 × 6펜스/100 = £147,000

자본 회수 기간 = 자본 비용/년 간 생산 가치

= £1,500,000/£147,200 = 10.2 년

물론 이 기간 동안 운영 및 유지비용 10.2 × £37,500 = £382,500을 포함한다면 자본 회수 기간은 길어질 것이다.

단순한 년 간 평준화 비용

다른 방법으로는 년 간 '평준화 비용'을 계산 할 수 있다. 자본 비용은 수명 기간 동안 년 간 동등한 수준으로 상환된다고 하자. 계산의 단순화를 위해 이자는 0%라고 가정하자. 즉, 자본에 대한 이자는 없다. 운영 및 유지비용과 연료비용은 포함된다. 평균적인 전기료는 다음과 같이 계산된다:

$$\text{kWh 당 가격} = \frac{(\text{평균적인 년 간 자본 상환금} + \text{평균적인 년 간 운영비용})}{\text{평균 년 간 에너지 생산량}}$$

따라서 계산은 아래와 같다:

25년간 평균 자본 상환액 = £1,500,000/25	= £60,000/년
운영 및 유지비용	= £37,500/년
총 년 간 비용	= £97,500/년
전기 단가 = £97,500/2453 MWh	=£39.7/MWh
	=3.97 펜스/kWh

현금 흐름 할인법 활용

현실에서는 많은 이유로 오늘의 돈의 가치와 내일의 돈의 가치에 차이가 발생한다.

먼저 돈에 대한 시간적인 선호도가 있다. 많은 경우에 내일보다는 오늘 당장 돈을 가지기를 원한다. 달리 표현 한다면 오늘의 돈에 x%의 추가 비용을 내일 제공해야 한다.

다음으로 자본 대출에는 이자가 발생한다. 이자율이 높고 기간이 길다면 이자는 상당한 수준에 이른다. £100을 투자하고 년 간 이자가 10%라면 10년 후에는 약 £260을 회수 할 수 있다. 즉, 오늘의 £100은 미래가치로 £260이다. 달리 표현하면 현재가치 £260은 10% 이자율로 10년 전 £100의 가치를 가진다.

미래 가치에 대한 '할인'은 아래와 같이 표현 가능하다:

$$V_\text{p} = \frac{V_n}{(1+r)^n}$$

V_p는 현재가치, V_n은 n년 후의 미래가치, r은 할인율이다.

이러한 개념은 경제학적으로 현금 흐름 할인법 분석으로 알려져 있다. 컴퓨터의 일반적인 통계 분석 프로그램으로 계산 할 수 있다.

마지막으로 인플레이션을 고려해야 한다. 이는 시간에 따라 돈의 가치를 갉아 먹는 '돈의 질병'으로 간주할 수 있다. 이 효과를 적용하기 위해 단순히 표기된 명목금리를 적용하기 보다는 좀 더 '현실'적인 실질금리를 적용해야 한다. 이 방법은 간단하게 아래와 같다:

$$\text{실질금리} = \text{명목금리} - \text{인플레이션 비율}.$$

일반적으로 '할인율'과 '실질금리'는 동등한 의미로 사용되기도 한다.

n년 동안 전체 빌린 금액, V_p,를 매년 현재 가치로 같은 금액인 A로 갚아나가고 할인율이 r이라면 다음의 관계가 성립 한다:

$$V_\text{p} = \frac{A}{(1+r)} + \frac{A}{(1+r)^2} + \frac{A}{(1+r)^3} + \dots + \frac{A}{(1+r)^n}.$$

이를 조금 정리하여 매년 갚아야하는 금액을 산정한다면 아래와 같이 표현된다:

$$A = V_{\mathrm{p}} \cdot \frac{r(1+r)^n}{(1+r)^{n-1}-1}$$

A/V_p를 자본회수계수라 한다.

이러한 계산 방법은 일반적인 통계 프로그램을 이용하여 계산할 수 있으나 간단한 계산으로 직접 계산할 수도 있고, 일반적으로 은행 등에서 간단하게 미리 계산해둔 표를 이용하기도 한다. 아래 표는 £1,000을 빌렸을 때 매년 갚아야 하는 금액을 보여주고 있다.

일반적으로 대출 상환 기간을 합의를 한다. 그러나 은행들은 미래의 불확실성으로 인해 25년 이상의 장기 상환 방식을 꺼리기도 한다. 따라서 상환 기간은 프로제트의 수명 보다 짧을 수도 있다.

할인율을 포함한 풍력 발전의 평준화된 전기 가격

표 B1을 이용해 앞에 나온 예제를 다시 풀어 보자. 할인율은 10%이고 기간을 25년으로 하자.

먼저 자본에 대한 년 간 균등 상환 금액을 알아보자. 표 B1에서 10%에 25년이면 £1,000에 대한 년 간 균등 상환 금액은 £110이다.

총 £1,500,000을 빌렸다면 년 간 £110 × 1,500 = £165,000을 갚아야 한다.

이 금액은 앞에서 계산한 단순 균등 상환 금액 £60,000보다 매우 큰 차이를 보이고 있다.

년 간 비용은 아래와 같다:

년 간 균등 상환액	= £165,000/년
운영 및 유지비용	= £37,500/년
총 년 간 비용	= £202,500/년
kWh 당 총 비용 = £202,500/2453MWh	= £82.6/MWh
	=8.26펜스/kWh

따라서 10% 할인율에 25년의 수명을 예상한 경우 우리가 처음에 예상안 전기료 3.97펜스/kWh는 저평가 되었으며 실제로는 더 많은 8.26 펜스/kWh가 될 것이다.

최종 전기료의 80%는 초기 자본을 상환하기 위한 비용 때문에 추가된 비용이다.

할인율을 포함한 장작을 연료로 하는 발전 방식의 편준화 된 전기료 계산

연료비용이 발생하면서도 효율이 연관되는 발전 방식과 비교해볼 수 있다.

장작을 연속적으로 태울 수 있는 100 MW급 발전 시설의 자본 비용은 kW 당

£2,500이다. 가동률 85.6%(= 7,500/8,760)로 년 간 75,00 시간을 최대 발전이 가능하고 수명이 25년이라고 하자. 전기 발전 효율은 36%이다. 운영 및 유지비용은 1.6펜스/kWh이다. 총 운영 기간 동안 연료는 £3.33/GJ 혹은 1.2펜스/kWh이다.

년 간 7,500시간 동안 발전을 한다면 총 발전량은 7,500시간 × 100 MW = 750,000 MWh이다.

필요한 총 자본은 £2,500 × 100,000 = £250,000,000이다.

먼저 자본에 대한 년 간 균등 상환 금액을 알아보자. 표 B1에서 10%에 25년이면 £1,000에 대한 년 간 균등 상환 금액은 £110이다.

따라서 £250,000,000에 대한 년 간 균등 상환해야할 금액은 £250,000,000 × (£110/£1000) = £27,500,000이다.

따라서 년 간 상환금액에 대한 kWh 당 전기료는 아래와 같다.

£27,500,000/750,000 MWh = £36.7/MWh = 3.67펜스/kWh.

kWh의 전기 생산을 위한 연료비용을 계산하면 다음과 같다:

1.2 펜스/kWh/36%	= 3.33펜스/kWh
운영 및 유지비용	= 1.60펜스/kWh
총 kWh 당 비용(= 3.67 + 3.33 + 1.60펜스/kWh)	= 8.60펜스/kWh

이 경우 최종 전기료에 약 40%가 연료비용이다.

좀 더 복잡한 계산

건설기간이 짧고 운영 및 유지비용과 발전량이 수명기간 동안 일정하다면 간단한 표를 이용한 계산도 유용하다. 대형 수력이나 조력 발전과 같이 주기적인 재설비가 필요한 경우에는 좀 더 정확한 계산을 위해 '순 현재가치' 계산이 필요하다.

이는 아래의 5단계가 필요하다:

(1) 전체 수명 기간 동안 매년 자본과 운영비용을 세분해야 한다.

(2) 각각의 항목에 대해 정확한 할인율을 반영한 현재가치를 따로 계산하고 이를 합해 순 현재가치(Net Present Value, NPV)를 계산한다.

(3) 수명 기간 동안 매년 발전량을 따로 계산해야 한다.

(4) 생산된 전기의 가치를 계산한다. 인플레이션을 반영한 평준화된 가치를 계산한다. 즉, P 펜스/kWh이다. 따라서 kWh 당 순 현재가치의 전기료는 P × NPV 이다.

(5) kWh 당 펜스로 단위 전기 비용을 계산 한다:

$$P = \frac{\text{비용의 순 현재가치(펜스)}}{\text{발전량의 순 현재가치(kWh)}}$$

표 B1 £1,000 빌렸을 때 할인율과 상환 기간에 따라 균등 상환 금액.

상환기간 (년)[1]	할인율(%)						
	0	2	5	8	10	12	15
5	200	212	231	250	264	277	298
10	100	111	130	149	163	177	199
15	67	78	96	117	131	147	171
20	50	61	80	102	117	134	160
25	40	51	71	94	110	127	155
30	33	45	65	89	106	124	152
40	25	37	58	84	102	121	151
50	20	32	55	82	101	120	150
60	17	29	53	81	100	120	150

[1] 상환 기간은 프로젝트의 물리적 수명과 같을 필요성은 없음.

Mott Macdonald 2010, Everett et al 2012에 같은 계산법이 소개되어 있다.

할인율 선택

원자력 발전처럼 많은 재생에너지 방식은 자본이 많이 요구된다. 따라서 이들의 경제성은 자본과 할인율에 민감하다.

과거 영국에서 재생에너지 프로젝트에 대한 할인율은 8% 혹은 사금융에서는 심지어 15%에 이르기도 했다. 10장에서 논의했듯이 기술에 대한 '위험성'을 감안한 것이다. 파력 혹은 조류 발전처럼 상대적으로 초기단계의 기술에 비해 기술적으로 성숙한 태양전지, 수력, 육상풍력의 경우 훨씬 낮은 할인율에 자본을 끌어들일 수 있다(Mott Macdonald 2011 참조).

찾아보기

한글

영문

J

K

L

M

N

O

P

Q

R

S

T

U

V

W